JN411809

Periodic Table

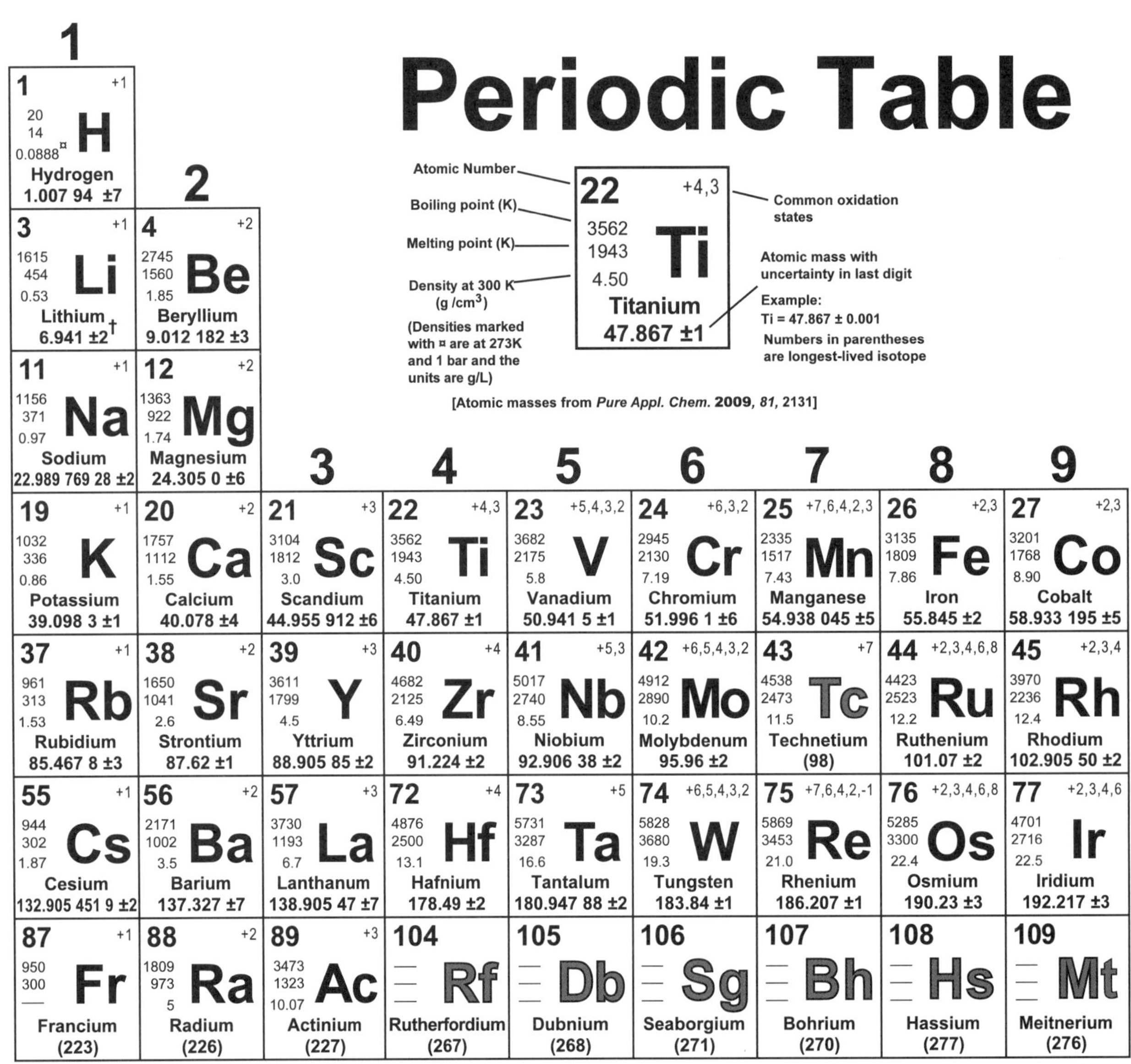

Atomic Number — 22

Boiling point (K) — 3562

Melting point (K) — 1943

Density at 300 K (g /cm^3) — 4.50

(Densities marked with ¤ are at 273K and 1 bar and the units are g/L)

Common oxidation states — +4,3

Ti — Titanium

Atomic mass with uncertainty in last digit — 47.867 ±1

Example: Ti = 47.867 ± 0.001

Numbers in parentheses are longest-lived isotope

[Atomic masses from *Pure Appl. Chem.* **2009**, *81*, 2131]

1	2	3	4	5	6	7	8	9
1 +1 20 14 0.0888¤ **H** Hydrogen 1.007 94 ±7								
3 +1 1615 454 0.53 **Li** Lithium† 6.941 ±2	4 +2 2745 1560 1.85 **Be** Beryllium 9.012 182 ±3							
11 +1 1156 371 0.97 **Na** Sodium 22.989 769 28 ±2	12 +2 1363 922 1.74 **Mg** Magnesium 24.305 0 ±6							
19 +1 1032 336 0.86 **K** Potassium 39.098 3 ±1	20 +2 1757 1112 1.55 **Ca** Calcium 40.078 ±4	21 +3 3104 1812 3.0 **Sc** Scandium 44.955 912 ±6	22 +4,3 3562 1943 4.50 **Ti** Titanium 47.867 ±1	23 +5,4,3,2 3682 2175 5.8 **V** Vanadium 50.941 5 ±1	24 +6,3,2 2945 2130 7.19 **Cr** Chromium 51.996 1 ±6	25 +7,6,4,2,3 2335 1517 7.43 **Mn** Manganese 54.938 045 ±5	26 +2,3 3135 1809 7.86 **Fe** Iron 55.845 ±2	27 +2,3 3201 1768 8.90 **Co** Cobalt 58.933 195 ±5
37 +1 961 313 1.53 **Rb** Rubidium 85.467 8 ±3	38 +2 1650 1041 2.6 **Sr** Strontium 87.62 ±1	39 +3 3611 1799 4.5 **Y** Yttrium 88.905 85 ±2	40 +4 4682 2125 6.49 **Zr** Zirconium 91.224 ±2	41 +5,3 5017 2740 8.55 **Nb** Niobium 92.906 38 ±2	42 +6,5,4,3,2 4912 2890 10.2 **Mo** Molybdenum 95.96 ±2	43 +7 4538 2473 11.5 **Tc** Technetium (98)	44 +2,3,4,6,8 4423 2523 12.2 **Ru** Ruthenium 101.07 ±2	45 +2,3,4 3970 2236 12.4 **Rh** Rhodium 102.905 50 ±2
55 +1 944 302 1.87 **Cs** Cesium 132.905 451 9 ±2	56 +2 2171 1002 3.5 **Ba** Barium 137.327 ±7	57 +3 3730 1193 6.7 **La** Lanthanum 138.905 47 ±7	72 +4 4876 2500 13.1 **Hf** Hafnium 178.49 ±2	73 +5 5731 3287 16.6 **Ta** Tantalum 180.947 88 ±2	74 +6,5,4,3,2 5828 3680 19.3 **W** Tungsten 183.84 ±1	75 +7,6,4,2,-1 5869 3453 21.0 **Re** Rhenium 186.207 ±1	76 +2,3,4,6,8 5285 3300 22.4 **Os** Osmium 190.23 ±3	77 +2,3,4,6 4701 2716 22.5 **Ir** Iridium 192.217 ±3
87 +1 950 300 — **Fr** Francium (223)	88 +2 1809 973 5 **Ra** Radium (226)	89 +3 3473 1323 10.07 **Ac** Actinium (227)	104 — — — **Rf** Rutherfordium (267)	105 — — — **Db** Dubnium (268)	106 — — — **Sg** Seaborgium (271)	107 — — — **Bh** Bohrium (270)	108 — — — **Hs** Hassium (277)	109 — — — **Mt** Meitnerium (276)

58 +3,4 3699 1071 6.78 **Ce** Cerium 140.116 ±1	59 +3,4 3785 1204 6.77 **Pr** Praseodymium 140.907 65 ±2	60 +3 3341 1289 7.00 **Nd** Neodymium 144.242 ±3	61 +3 3785 1204 6.48 **Pm** Promethium (145)	62 +3,2 2064 1345 7.54 **Sm** Samarium 150.36 ±2	63 +3,2 1870 1090 5.26 **Eu** Europium 151.964 ±1
90 +4 5061 2028 11.7 **Th** Thorium 232.038 06 ±2	91 +5,4 — — 15.4 **Pa** Protactinium 231.035 88 ±2	92 +6,5,4,3 4407 1405 18.9 **U** Uranium 238.028 91 ±3	93 +6,5,4,3 — 910 20.4 **Np** Neptunium (237)	94 +6,5,4,3 3503 913 19.8 **Pu** Plutonium (244)	95 +6,5,4,3 2880 1268 13.6 **Am** Americium (243)

†Commercial lithium compounds are artificially depleted of ^{6}Li. The atomic mass of commercial Li is in the range 6.939 to 6.996. If a more accurate value is required, it must be determined for the specific material.

of the Elements

10	11	12	13	14	15	16	17	18
								2 4.2 0.95 0.176¤ **He** Helium 4.002 602 ±2
			5 +3 4275 2300 2.34 **B** Boron 10.811 ±7	6 ±4,2 4470 4100 2.62 **C** Carbon 12.010 7 ±8	7 ±3,5,4,2 77 63 1.234¤ **N** Nitrogen 14.006 7 ±2	8 -2 90 50 1.410¤ **O** Oxygen 15.999 4 ±3	9 -1 85 53 1.674¤ **F** Fluorine 18.998 403 2 ±5	10 27 25 0.889¤ **Ne** Neon 20.179 7 ±6
			13 +3 2793 933 2.70 **Al** Aluminum 26.981 538 6 ±8	14 +4 3540 1685 2.33 **Si** Silicon 28.085 5 ±3	15 ±3,5,4 550 317 1.82 **P** Phosphorus 30.973 762 ±2	16 ±2,4,6 718 388 2.07 **S** Sulfur 32.065 ±5	17 ±1,3,5,7 239 172 3.12¤ **Cl** Chlorine 35.453 ±2	18 87 84 1.760¤ **Ar** Argon 39.948 ±1
28 +2,3 3187 1726 8.90 **Ni** Nickel 58.693 4 ±4	29 +2,1 2836 1358 8.96 **Cu** Copper 63.546 ±3	30 +2 1180 693 7.14 **Zn** Zinc 65.38 ±2	31 +3 2478 303 5.91 **Ga** Gallium 69.723 ±1	32 +4 3107 1210 5.32 **Ge** Germanium 72.64 ±1	33 ±3,5 876 — 5.72 **As** Arsenic 74.921 60 ±2	34 -2,4,6 958 494 4.80 **Se** Selenium 78.96 ±3	35 ±1,5 332 266 3.12 **Br** Bromine 79.904 ±1	36 120 116 3.69¤ **Kr** Krypton 83.798 ±2
46 +2,4 3237 1825 12.0 **Pd** Palladium 106.42 ±1	47 +1 2436 1234 10.5 **Ag** Silver 107.868 2 ±2	48 +2 1040 594 8.65 **Cd** Cadmium 112.411 ±8	49 +3 2346 430 7.31 **In** Indium 114.818 ±3	50 +4,2 2876 505 7.30 **Sn** Tin 118.710 ±7	51 ±3,5 1860 904 6.68 **Sb** Antimony 121.760 ±1	52 -2,4,6 1261 723 6.24 **Te** Tellurium 127.60 ±3	53 ±1,5,7 458 387 4.92 **I** Iodine 126.904 47 ±3	54 165 161 5.78¤ **Xe** Xenon 131.293 ±6
78 +2,4 4100 2045 21.4 **Pt** Platinum 195.084 ±9	79 +3,1 3130 1338 19.3 **Au** Gold 196.966 569 ±4	80 +2,1 630 234 13.5 **Hg** Mercury 200.59 ±2	81 +3,1 1746 577 11.85 **Tl** Thallium 204.383 3 ±2	82 +4,2 2023 601 11.4 **Pb** Lead 207.2 ±1	83 +3,5 1837 545 9.8 **Bi** Bismuth 208.980 40 ±1	84 +4,2 1235 527 9.4 **Po** Polonium (209)	85 ±1,3,5,7 610 575 — **At** Astatine (210)	86 211 202 9.78¤ **Rn** Radon (222)
110 — — — **Ds** Darmstadtium (281)	111 — — — **Rg** Roentgenium (280)	112 — — — **Cn** Copernicium (285)	113 (284)	114 (289)	115 (288)	116 (293)	117 (294)	118 (294)

64 +3 3539 1585 7.89 **Gd** Gadolinium 157.25 ±3	65 +3,4 3496 1630 8.27 **Tb** Terbium 158.925 35 ±2	66 +3 2835 1682 8.54 **Dy** Dysprosium 162.500 ±1	67 +3 2968 1743 8.80 **Ho** Holmium 164.930 32 ±2	68 +3 3136 1795 9.05 **Er** Erbium 167.259 ±3	69 +3,2 2220 1818 9.33 **Tm** Thulium 168.934 21 ±2	70 +3,2 1467 1097 6.98 **Yb** Ytterbium 173.054 ±5	71 +3 3668 1936 9.84 **Lu** Lutetium 174.966 8 ±1
96 +3 — 1340 13.5 **Cm** Curium (247)	97 +4,3 — — — **Bk** Berkelium (247)	98 +3 — 900 — **Cf** Californium (251)	99 — — — **Es** Einsteinium (252)	100 — — — **Fm** Fermium (257)	101 — — — **Md** Mendelevium (260)	102 — — — **No** Nobelium (259)	103 — — — **Lr** Lawrencium (262)

EXPLORING CHEMICAL ANALYSIS

Daniel C. Harris

Fifth Edition

제5판

최신분석화학

박정학 · 여인형 · 이범규
이승호 · 이인호 공역

자유아카데미

Rosalyn Yalow (1921~2011)

[Veterans Administration undated photo courtesy Benjamin Yalow.]

분석 화학은 다양한 과학 분야에서 필수적입니다. Rosalyn Yalow는 Solomon Berson과 함께 의학 및 생물학에서 사용되는 방사면역측정법 (radioimmunoassay, RIA)을 개발하였고, 이 책을 쓰는 동안 세상을 마감하였다. 그녀는 1997년 노벨 생리 · 의학상을 받은 두 번째 여성이 되었다. Berson도 공동 수상자였으나 1972년 사망하여 노벨상을 받을 수 없었다. RIA의 개발은 "분석 화학자"가 아닌 다른 분야의 사람에 의해 분석 화학에 큰 기여를 한 좋은 예이다.

Yalow는 1945년 Illinois 대학에서 핵물리학 박사를 받고 뉴욕의 Bronx 육군병원에서 의학연구를 하였다. 그녀는 19세에 뉴욕의 Hunter 대학에서 우수한 성적으로 최초로 물리학을 전공하였지만, 대학에서는 유대인 여성에게 사회적 활동이 개방되지 않았기 때문에 그녀가 아무리 유능하여도 직업을 갖거나 졸업은 할 수 없었다. 2차 세계대전이 일어났을 때 그녀는 대학원에 입학할 수 있었지만 세계대전이 끝난 뒤어서 사회 활동을 할 수 없었다.

그녀는 Hunter 대학에서 일시적으로 학생들을 가르쳤고, Mildred Dresselhaus와 같이 젊은 여성들의 멘토가 되었으며, 나아가 M.I.T.의 교수가 되었고, 국립 과학상 훈장 (National Medal of Science)도 받게 되었다. Yalow는 말했다 "배경은 중요하지 않다고 누구에게나 쉽게 이해할 수 있도록 이해시킬 수 있다." 그녀는 낮에는 물리학을 가르치며 밤에는 Bronx 육군병원에 자원하여 3년 동안 의학 연구를 하여 결국 취직할 수 있었다. 그녀는 가식없었다. "젊은 여성 물리학자로 모든 것에 정략적 접근을 하여 눈에 띄었다." 그녀는 8세에 과학자가 되는 것을 꿈꿨다. "내가 어렸을 때, 나는 사람들과 기관들이 나를 필요로 하게 만들겠다고 다짐했었다." 그녀는 여성으로는 거의 불가능했던 것들을 극복하였으나, 그것이 그녀의 특별한 장점이 된다고는 믿지 않았다. 그녀는 여성들도 남성과 같은 기회를 갖고 있으며 "좋기 때문에 해야 한다."라고 믿었다.

---

*E. Straus, *Rosalyn Yalow, Nobel Laureate: Her Life and Work in Medicine* (New York: Basic Book, 1999); S. B. McGrayne, *Nobel Prize Women in Science*, 2nd ed. (Washington, DC: Joseph Henry Press, 1998). Quotations come from these sources.

저자 서문

이 책의 목적은 화학을 전공하는 학생은 물론, 화학을 전공하지 않는 학생을 위하여 간략하게 흥미로우며 기본적인 분석화학을 소개하기 위함이다. 분석 화학을 처음 공부할 때 필요하다고 판단되는 주제들을 선택하였으며, 필요 이상으로 깊이 들어가지 않도록 노력하였다.

무엇이 새로워졌나?

분산도의 비교를 위한 *F* 시험은 통계를 다룬 장의 앞부분에 소개하였고, 평균값을 비교하기 위하여 *t* 시험에 적용하였다. 통계적 가설 검증의 의미는 역학으로부터의 예를 사용하여 설명하였다. 부피를 변화하거나 일정 부피, 두 경우에서의 표준물 첨가를 더 명확하게 구분하였다. pH 측정에서의 오차 전파에 대하여 설명하였다. 전자저울의 작동을 더 잘 보여주는 그림과 자외-가시선 분광계의 광학장치 그림을 추가하였다. 갈바니 전지에서 전자의 흐름은 상대적으로 높은 양전위 쪽으로 이동하는 전자의 개념으로 설명하였다. 고분리능 질량 분광법에 대하여 간략하게 논의하였다. 액체 크로마토그래피에서의 새로운 주제로, 초고성능 액체 크로마토그래피, 표면 다공성 입자, 친수성 상호작용 크로마토그래피, 도파관 흡수 검출기, 그리고 하전 에어로솔 검출기의 그림을 추가하였다. 엑셀 스프레드시트의 사용에 대한 설명은 엑셀 2007로 업데이트하였다.

새로운 응용에는, 카페인 측정을 위한 고체상 추출법, 석영결정 미량저울과 각인 고분자를 이용한 감기 바이러스의 측정, 화성 탐사선 피닉스(*Phoenix Mars Lander*)에서 수행한 침전 적정, 해수 수족관으로부터의 최신 데이터, 생물학적 시료처리를 위한 미소투석, 지시약과 분광광도법을 이용한 바다 및 강물의 pH 측정, 바다 및 대기에서의 이산화탄소 함량의 증가효과에 대한 강조, 리튬-이온 배터리에 대한 설명, 이온선택성 전극을 이용한 화성에서의 과염소산염의 발견, 고체상 이온선택성 전극을 이용한 단백질의 면역반응감지, 테이프를 벗겨낼 때 발생되는 X-선, 가정용 임신 테스트기의 작동 원리, 화성에서의 레이저융삭(laser-ablation) 원자방출, 고고학에서의 납 동위원소, 식품용기의 비스페놀 A, 이온성 액체 기체 크로마토그래피 정지상을 이용한 식품의 트랜스 지방 측정, 목재 내 크롬비산구리(chromated copper arsenate) 방부제, 해수로부터 미량원소의 농축, 양이온과 음이온의 동시 분리, 해파린 오염 검출, lab-on-a-chip을 이용한 DNA 프로파일링 등을 포함하였다.

문제 풀기

이 과목을 완전히 익히기 위한 가장 중요한 두 가지 방법은 문제를 풀어보는 것과 실험실 경험을 쌓는 것이다. **예제**는 문제풀이를 가르치고, 방금 읽은 내용을 적용하는 방법을 보여 주기 위해 고안된 주된 교육 도구이다. 각 예제의 마지막에는 비슷한 유형의 복습용 문제와 답이 있다. 예제를 풀어본 후에 즉시 **복습문제**에 답할 것을 권장한다. 각 절의 끝부분에 있는 **자습문제**는 이 책을 공부하는 과정에서 반드시 도전해 보아야 할 것이다. 이곳의 문제들은 여러 개의 기초적인 단계들로 나누어져 있다. 자습문제의 **해답**은 이 책의 뒷부분에 있다. 각 장의 끝에 있는 **연습문제**는 그 장 전체의 내용을 포함한다. 연습문제의 **간략한 해답**은 이 책의 뒷부분에 있으며, 자세한 풀이는 **해답집**에 있다. **응용문제**의 해답은 제한되어 있지 않으며, 많은 좋은 답들이 있을 수 있다.

특징

각 **장의 시작 부분**은 분석 화학이 실제 사회 및 과학의 다른 분야와 어떻게 관련되는지를 보여 준다. **보충**에서는 여러분이 지금 공부하고 있는 것과 관련된 흥미로운 내용을 다루거나 본문의 요점을 상세히 설명한다. **시범**에서는 교실에서 보여 주는 시범을 설명하고, 이 책에 있는 **천연색 사진**에서는 시범이나 다른 요점을 시각적으로 보여 준다. 페이지 **여백 부분의 노트**에서는 본문에 있는 내용을 상세히 설명한다. **스프레드시트**는 3장에서 소개하고, 스프레드시트의 응용에 관해 이 책의 여러 부분에서 설명한다. 스프레드시트를 사용하지 않고도 이 책을 공부할 수 있다. 그러나 스프레드시트를 이용함으로써 여러분의 경험은 보다 풍부해질 것이고, 화학 외의 영역에서도 도움이 될 것이다. 각 장의 끝에 있는 문제 중에서 스프레드시트를 사용하여 풀 문제들은 아이콘으로 표시하였다. 그러나 아이콘이 표시되지 않은 문제들을 푸는 데에 스프레드시트를 이용해도 좋다.

본문에서 중요한 단어는 고딕 **볼드체**로 강조하였고, 각 장의 끝부분에 **알아두어야 할 술어**에 나열했다. 기타 자주 접하지 않는 용어들은 보통 볼드체로 표시하였다. 이 책의 끝에 있는 **용어 모음**에 고딕 볼드체 혹은 볼드체로 표시된 용어들을 설명하였다. **주요식**은 본문에 눈에 띠게 나타내었고, 각 장의 끝에 모아 놓았다. **부록**에는 화학 정보를 표로 나타내었고, 산화환원식을 맞추는 방법에 관해 설명하였다. 이 책의 **표지 안쪽**에는 주기율표, 물리 상수, 그리고 기타 유용한 정보를 보여 준다.

보충 매체

책 안내 웹사이트, www.whfreeman.com/exploringchem5e에는 실험에 관한 설명, *Journal of Chemical Education*에서 따온 분석 화학 실험 목록, 각 장에 관한 퀴즈가 있다. 책에서 보여 주는 모든 그림들은 비밀번호로 보호된 교수 웹사이트에서 찾을 수 있다.

사람들

나의 부인 Sally는 이 책을 전체적으로 작업해 주었다. 그녀는 이 책의 명료함과 정확도를 성취하는 데 크게 기여하였다.

W. H. Freeman and Company의 나의 편집자 Brittany Murphy 그리고 Jessica Fiorillo는 독자 리뷰를 통해서 의견과 조언을 통해 개정의 방향을 설정하는 중요한 역할을 하였다. Jodi Simpson은 철저하게 원고의 내용과 영어를 지적해주었고, Georgia Lee Hadler는 편집 및 제작을 통해 책을 만족스럽게 원고를 정리하는 데 큰 도움을 주었다. Diana Blume는 디자인을 담당하였고, Ted Szczepanski은 사진들을 준비하였다. Harvey Mudd 대학의 두 수석 화학자인 Heather Audesirk와 Thomas Avila가 문제에 대한 해답을 검토해주었다.

저자는 학생들과 선생님들의 의견, 비판, 그리고 제안을 진심으로 환영한다. 다음의 주소로 연락 바란다. Chemistry Division, Mail Stop 6303, 1900N. Knox Road, China Lake, CA 93555.

감사의 글

Tufts 대학의 Sam Kounaves는 흔쾌히 화성 탐사선 피닉스의 임무에 대한 정보와 삽화를 제공해주었다. Harvey Mudd 대학의 Hal Van Ryswyk 는 개정에 대한 문제 점검을 위해 학생들에게 나를 소개했고, Hal은 그의 실험실에서 수족관의 해수를 분석한 데이터를 제공해 주었다. Florida 국제대학의 Yong Cai와 Lucy Yehiayan은 그들의 CCA 나무 방부제 연구과정과 크로마토그래피에 대한 나의 질문에 끝까지 답해주었다. Arizona 대학의 Cedirc Hurth, Frederic Zenhausern 그리고 Amol Surve는 그들이 개발한 lap-on-a-chip으로 DNA 프로파일링 하는 자료를 제공해 주어 큰 도움을 받았다. 12페이지에 있는 Benjamin Yalow의 사진은 그녀의 어머니로부터 제공받았다. 4판에 대한 수정은 Carleton 대학의 Jeffrey Smith, California 주립대학의 Barbara Belmont, North Central 대학의 Dominguez Hills와 Jeffrey Jankowski의 도움을 받았다.

5판을 위해 방향을 정하는 데 도움을 주신 4판 검토사들은 Zhigang Liu (New York University), Binyomin Abrams (Boston University), Barbara Belmont (California State University, Dominguez Hills), Grady Hanrahan (California Lutheran University), Chu-Ngi Ho (East Tennessee State University), William R. Lammela (Nazareth College), Gerald Morine (Bemidji State University), Daniel C. Robie (City University of New York-York College), Daniel J. Swart (Minnesota State University, Mankato), Kevin L. Braun (Beloit College) 그리고 Maureen Ronau (Connecticut College) 이다.

5판의 원고를 검토해 주신 분들은 Darrin L. Smith (Eastern Kentucky University), Gary Long (Virginia Tech University), Stephen S. Lawrence (Saginaw Valley State University), Mary Sohn (Florida Institute of Technology), John T. Williams (Waynesburg College), Richard H. Hanson (University of Arkansas, Little Rock), Samuel MelakuAbegaz (Columbus State University), Karl Bishop (Husson College), Thomas X. Carroll (Keuka College), Zhan Chen (University of Michigan), Salim M. Diab (Lewis University), Diego J. Diaz (University of Central Florida), Susan Godbey (Eastern Kentucky University), Isabelle G. Haithcox (College of Notre Dame), Kazi Javed (Kentucky State University), Christopher C. Mulligan (Illinois State University), Diep Nguyen (Illinois Institute of Technology), Aisling M. O'Connor (Fitchburg State College), Peng Sun (East Tennessee State University), David O'Dell (Glenville State College), Timothy T. Ehler (Buena Vista University), Mark Dietz (University of Wisconsin, Milwaukee), Heather L. Holmes (Eastern Michigan University), John Richardson (Shippensburg University of Pennsylvania), Shyam S. Shukla (Lamar University), Nancy Breen (Roger Williams University), Erin M. Gross (Creighton University), Lisa M. Reilly (Bethany College), Kevin Cantrell (University of Portland), Paul A. Flowers (University of North Carolina, Pembroke), Marta Maurer (Pennsylvania State University, Altoona), Donald Mencer (Wilkes University) 그리고 Seong S. Seo (Albany State University이다. 의견과 제안을 주신 모든 분에게 감사드린다.

역자 서문

물질의 분석이란 물질을 검출하여 확인하고 그 물질의 화학적 조성을 알아내는 과정이다. 분석화학은 물질을 분석하기 위한 이론과 방법을 연구하는 화학의 한 분야로서, 화학의 여러 분야 중에서 가장 오랜 역사를 가지고 있다. 현재에도 분석화학은 가장 기초적인 학문 분야로서 매우 중요한 위치를 차지하고 있다.

분석화학은 실생활과 밀접하게 관련되어 있다. 건강검진을 할 때 우리는 채혈을 한다. 이는 사람 몸속에 있는 피의 화학적 조성을 알면 그 사람의 건강 상태를 알 수 있기 때문이다. 채혈하고 며칠 후 피검사 결과를 보면서 우리 몸의 건강 상태를 상담받는다. 피검사 결과는 어떻게 얻어진 것일까? 보통 우리 몸에서 채혈된 피는 우리가 병원을 나서기도 전에 병원 내 분석실로 옮겨져서 분석 전문가들에 의해 분석된다. 분석 결과를 표준화된 양식으로 작성한 것이 바로 우리가 의사와 상담할 때 참고하는 서류인 것이다.

요즈음 많은 분석에서 자동화된 기기를 사용한다. 그렇다고 해서 사람이 아닌 기기들이 분석을 수행한다고 생각하는 것은 매우 잘못된 것이다. 얼핏 보면 분석 담당자는 단순히 기기만을 작동하는 것처럼 보인다. 그러나 분석 담당자가 분석 장비를 올바르게 작동하기 위해서는 그 기기의 작동 원리와 이론을 정확히 이해하고 있어야 한다. 그뿐만 아니라 분석 담당자에게는 전체 분석 과정에 대한 이해와 고도의 전문성이 요구된다. 피를 분석하는 경우, 분석 기기의 작동 원리 및 방법에 대한 지식뿐만 아니라 채혈된 피를 취급하는 방법, 피를 분석하기 전 수행해야 할 전처리 방법 등에 대한 전문적인 지식과 경험이 요구된다. 분석 담당자의 전문성이 부족하여 여러분의 피검사 결과에 오류가 있다는 상상을 해 본 적이 있는가? 이것은 아마도 여러분이 상상하기도 싫은 가장 끔찍한 경험이 될 것이다.

요즈음 단백질을 분석하는 분야를 뜻하는 프로테오믹스(Proteomics)가 급격하게 성장하고 확산되고 있다. 프로테오믹스에는 주로 질량 분석기가 사용된다. 프로테오믹스 역시 질량 분석을 전공하는 분석화학자들이 단백질 분석 방법을 개발하였기에 가능해진 분야이다. 이외에도 자동차의 배출 가스의 환경 오염 측정, 화성에 어떤 물질이 존재하는지 측정 등 실생활에서 분석화학을 필요로 하는 분야는 셀 수 없을 정도이다.

이 책의 저자는 저자 서문에서 이 책의 목적이 화학을 전공하는 학생은 물론, 화학을 전공하지 않는 학생을 위하여 흥미로우며 기본적인 분석화학을 간략하게 소개하기 위함이라고 기술하였다. 또한 분석화학을 처음 공부할 때 필요하다고 판단되는 주제들을 선택하였으며, 필요 이상으로 깊이 들어가지 않도록 노력하였다고 하였다.

5판에서는 새롭고 흥미로운 주제와 그림들이 추가되었다. 고분리능 질량분광법 및 초고성능 액체 크로마토그래피에 대한 설명이 추가되었으며, 전자 저울의 작동과 자외-가시선 분광계의 광학 장치를 보여 주는 그림들이 추가되었다. 또한 새로운 응용 예로서 화성탐사선에서의 침전 적정, 리튬-이온 베터리, 이온 선택성 전극을 이용한 화성에서의 과염소산염의 발견, 가정용 임신 테스트기, 이온성 액체-기체 크로마토그래피 정지상을 이용한 식품의 트렌스 지방 측정, lab on-a-chip을 이용한 DNA 프로파일링 등을 추가하였다.

이 책의 저자는 이 책을 완전히 이해하기 위한 가장 중요한 방법 중의 하나로 문제 풀이를 권하고 있다. 이 책의 예제들을 풀어봄으로써 방금 읽은 내용을 적용하는 방법을 배울 수 있다고 하였다. 또한 예제를 풀어본 후에는 즉시 복습 문제를 풀어볼 것을 권장하고 있다. 그리고 각 절의 자습 문제들은 반드시 도전해야 할 문제들이라 말하고 있다.

전 세계의 많은 대학에서 분석화학 교재로 가장 널리 애용되는 이 책을 번역하게 되어 역자들은 매우 기쁘고 영광으로 생각한다. 앞으로 국내외 과학계를 이끌어갈 많은 젊은 학생들이 본 교재를 통하여 분석화학을 공부한다고 생각하니 흥분을 감출 수 없다.

역자들은 원문의 의미가 제대로 전달될 수 있도록 노력하였다. 그러나 표현이 매끄럽지 않거나 직역으로 인해 의미가 분명히 전달되지 않는 부분이 분명히 있을 것이다. 이 책을 분석화학 강의용 교재로 채택하는 교수님이나 강의를 듣는 학생들이 이 책을 사용하면서 잘못 번역된 부분이나 용어가 일치하지 않은 부분, 오자 등을 지적해 주시면 모두 겸허히 수용할 것이다.

이 교재와 함께 분석화학을 공부한 학생들이 학문적으로 그리고 인간적으로 성장하여 다양한 분야로 진출하고, 각 분야에서 전문가로서의 역할을 수행하게 되기를 희망한다. 나아가서는 우리나라가 과학 선진국이 되고, 모두가 풍요로운 세상을 만드는 데에 각자의 역할을 완수함으로써 성취감(feeling of accomplishment)을 만끽할 수 있게 되기를 간절히 기원한다.

끝으로 전판에서 발견된 오류를 지적해 주신 맹춘옥 선생과 명노승 교수님에게 감사드리며, 이 책이 출판되도록 많은 도움을 주신 자유아카데미의 주정희 사장님과 임철석 상무님, 그리고 편집부 여러분께 깊은 감사를 드린다.

2013년 1월

역자 대표 이승호

차 례

코카인 사용량? 강에게 물어봐

코카인(cocaine) 대사를 측정하기 위해 물을 채취한 Po강의 위치를 보여 주는 이탈리아 지도.
[코카인 연구에 대한 참고문헌: E. Zuccato, C. Chiabrando, S. Castiglioni, D. Calamari, R. Bagnati, S. Schiarea, and R. Fanelli, *Environ. Health* **2005**, *4*, 14. The notation refers to the journal *Environmental Health* published in the year **2005**, volume *4*, 14쪽, available at http://www.ehjournal.net/content/4/1/14.]

코카인

↓

벤조일렉고닌

불법 약물 사용에 관한 질문을 받는다면 사람들은 얼마나 정직하게 대답할까? 2001년 설문조사에서 15세에서 34세 사이의 이탈리아 사람들 중 1.1%는 전 달에 적어도 한 번 코카인을 사용하였다고 응답하였다. 하수 내 치료약물의 존재를 조사하던 연구자들은 불법약물 사용량을 측정할 수 있는 방법을 알아내었다.

섭취 후, 코카인은 소변으로 배출되기 전에 주로 벤조일렉고닌(benzoylecgonine)으로 바뀐다. 과학자들은 Po강물을 대표할 수 있는 물과 4개의 이탈리아 도시의 정수처리장으로 들어가는 폐수를 모았다. 그들은 22장에서 설명할 고체상 추출법(solid-phase extraction)을 이용하여 대량의 물 시료로부터 미량의 벤조일렉고닌을 농축시켰다. 소량의 용매로 추출된 화합물을 고체상으로부터 씻어낸 후, 액체 크로마토그래피로 분리하였고, 질량 분석기로 측정하였다. 코카인 사용량은 벤조일렉고닌의 농도, 강에 흐르는 물의 부피, 그리고 540만 명이 시료 수집 장소의 상류에 산다는 사실로부터 측정하였다.

Po강에서 측정된 벤조일렉고닌은 15~34세의 사람 천명이 매일 100 mg의 코카인을 27±5회 복용하는 경우에 해당하는 양이다. 4곳의 정수처리장에서 채취한 물 시료에서도 비슷한 결과가 얻어졌다. 코카인 사용량은 설문조사에서 사람들이 응답한 양보다 훨씬 높았다.

00

분석 과정

초콜릿은 밤을 새워가며 숙제를 해야 하는 많은 학생들의 구세주이다. 33%의 지방과 47%의 당이 섞여 있는 초콜릿바는 California의 Siera Nevada 산맥을 넘을 수 있는 에너지를 제공한다. 초콜릿에는 높은 에너지 함량뿐 아니라, 자극제인 카페인(caffeine)과 그 생화학적 전구체인 테오브로민(theobromine)이 들어 있다.

초콜릿은 먹기는 아주 좋으나 분석하기는 그리 쉽지 않다. [출처: Salina Hainzl / Stock. xchng.]

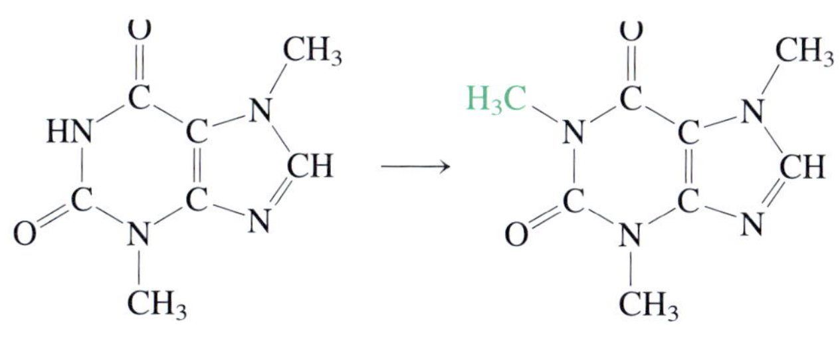

테오브로민
이뇨제, 근육이완제, 심장자극제, 혈관 확장제

카페인
중추 신경계통 자극제, 이뇨제

이뇨제 (*diuretic*)는 이뇨를 돕는다.

혈관확장제 (*vasodilator*)는 혈관을 확장한다.

과량의 카페인은 대다수의 사람들에게 해롭고, 어떤 사람들에게는 소량으로도 고통을 준다. 초콜릿바에는 카페인이 얼마나 들어 있는가? 커피나 청량음료에 들어 있는 양에 비해 얼마나 될까? Maine주 Bates College의 Tom Wenzel 교수는 위와 같은 질문들을 통하여 학생들에게 화학적 문제를 해결하는 방법을 가르친다.[1] 여러분은 초콜릿바의 카페인 함량을 어떻게 측정합니까?

0-1 분석 화학자의 임무

Denby와 Scott, 두 학생은 초콜릿 내 카페인을 분석하는 방법을 도서관에서 컴퓨터로 찾기 시작했다. 그들은 카페인과 초콜릿을 주단어로 사용하여 **화학초록집**(*Chemical Abstracts*)을 검색하여, 화학 학술지에 실린 여러 개의 논문을 찾았다. "고성능 액체 크로마토그래피(HPLC)를 이용한 코코아 및 초콜릿 상품 내 테오브로민과 카페인의 정량"[2] 이라는 논문이 그들의 실험실에 갖춘 장비에 적당하였다.

화학초록집 (*Chemical Abstracts*)은 화학 문헌의 가장 포괄적인 데이터베이스이다. 보통 *Scifinder* (**검색사이트**)를 통해 온라인에 접속한다.

시료채취

화학 분석의 첫 단계는 분석하기 위한 대표시료를 소량 취하는 것이나—이 과정을 **시료채취**(**sampling**)라 한다. 모든 초콜릿이 같은가? 물론 아니다. Denby와 Scott은 근처 상점에서 초콜릿을 구입하고 조각내어 분석하였다. "초콜릿에 있는 카페인"에 대하여 일반적인

볼드체로 쓴 단어들은 잘 알아두어야 한다. 그런 단어들은 각 장의 끝과 이 책 끝부분의 '용어모음 (Glossary)'에 정리되어 있다. *이탤릭체* 단어들은 그만큼 중요하지는 않지만 역시 '용어모음'에서 정리하였다.

균일한 (Homogeneous): 전체적으로 동일한

불균일한 (Heterogeneous): 부분 부분이 서로 다른

언급을 하고 싶다면, 여러 제조업체들의 다양한 초콜릿을 분석할 필요가 있다. 또한 같은 제조업체가 제조한 각종 초콜릿의 카페인 양의 범위를 결정하기 위해서는 각 종류에 대해 여러 개의 시료들을 측정할 필요가 있다.

순수한 초콜릿바는 상당히 **균일 (homogeneous)** 할 것이다. 이것은 모든 곳에서 같은 조성을 가진다는 것을 의미한다. 한쪽 끝의 조각에 있는 카페인 함량은 다른 한쪽 끝의 함량과 같다고 할 수 있다. 중간에 마카다미아가 들어 있는 초콜릿은 **불균일 (heterogeneous)** 하다. 이는 견과류는 초콜릿과는 다르기 때문에 각 부분의 조성이 다르다는 것을 의미한다. 만약 불균일한 물질을 시료채취하려면 균일한 물질과는 다른 전략을 사용해야 한다.

시료 전처리

Denby와 Scott은 초콜릿바의 한 조각을 분석하였다. 그 과정의 첫 단계는 초콜릿 조각의 무게를 달고, 지방을 탄화수소 용매에 녹임으로써 초콜릿으로부터 지방을 추출해 내는 것이다. 지방은 분석의 나중 단계 (크로마토그래피)에서 방해하므로 제거해야만 한다. 불행히도, 초콜릿 덩어리를 용매와 함께 흔들어서는, 초콜릿 속으로 용매가 들어가지 못하므로 추출이 그다지 효과적이지 못하다. 그래서 재치있는 학생들은 초콜릿을 작은 조각으로 잘라서 막자사발에 담고 막자로 잘게 갈았다 (그림 0-1).

그림 0-1 고체를 미세한 분말로 가는 데 사용되는 막자사발과 막자.

초콜릿을 간다고 상상해 보라! 너무 유연해서 갈아지지 않는다. 그래서 Denby와 Scott은 잘게 자른 초콜릿과 함께 막자와 막자사발을 얼렸다. 초콜릿이 차가우면, 부서지기 쉬워져서 차가운 막자사발에서 갈 수 있다. 그 다음 작은 조각을 미리 무게를 단 15밀리리터 (mL) 원심분리관에 넣고 무게를 측정한다.

그림 0-2는 그 다음 부분의 실험 과정을 요약한다. 유기 용매인 석유 에테 10 mL를 그 관에 넣고 마개로 막는다. 고체 초콜릿의 지방이 용매에 녹도록 관을 세차게 흔든다. 카페인과 테오브로민은 이 용매에 녹지 않는다. 그 다음, 액체와 미세 입자의 혼합물을 원심분리기에서 돌려 초콜릿을 관의 아래에 모은다. 녹인 지방이 들어 있는 맑은 액체는 **기울여 따른다 (decant)**. 새 용매로 추출을 두 번 더 반복하여 초콜릿으로부터 지방을 완전히 제거한다. 마지막으로 물이 담긴 비커에 뚜껑을 벗긴 원심분리관을 넣고 가열하여 초콜릿에 남은 용매를 제거한다. 지방을 제거한 초콜릿 잔여물이 담긴 관의 질량을 달고 빈 관의 질량을 빼주면, 초콜릿 잔여물의 질량을 계산할 수 있다.

측정하려는 물질—이 경우에는 카페인과 테오브로민—을 **분석물질 (analyte)** 이라 한다. 시료 준비 과정의 그 다음 단계는 화학 분석을 위해 지방을 제거한 초콜릿 잔여물을 삼각

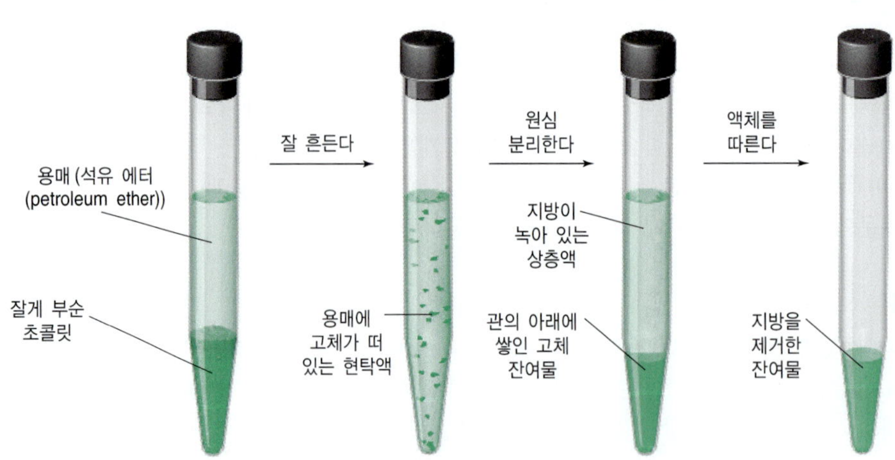

그림 0-2 초콜릿으로부터 지방을 추출하여 분석에 이용할 지방이 제거된 고체 잔여물을 얻는 과정.

플라스크(Erlenmeyer flask)에 **정량적으로 옮기고(quantitative transfer**, 완전히 옮김) 분석물질을 물에 녹이는 것이다. 만약 관에 소량의 잔여물이라도 남아 있으면, 마지막 분석에서 오차가 생긴다. 이는 분석물질의 일부가 포함되지 않기 때문이다. 정량적으로 옮기기 위해서 Denby와 Scott은 원심분리관에 수 mL의 물을 가하고, 흔들면서 가열하여 가능한 한 많은 양의 초콜릿을 녹이거나 물에 뜨게 하였다. 그 다음, 관의 **곤죽(slurry**, 액체에 고체가 떠 있는 현탁액)을 50 mL 플라스크에 붓는다. 깨끗한 물로 이 과정을 여러 번 반복하여 원심분리관의 초콜릿을 남김없이 플라스크로 옮긴다.

초콜릿 진여물로부터 분석물질을 물에 완전히 녹이기 위해서, Denby와 Scott은 물을 첨가해서 부피를 약 30 mL로 만들었다. 그들은 물중탕으로 플라스크를 가열하여 초콜릿으로부터 카페인과 테오브로민을 물로 추출하였다. 나중에 분석물질의 양을 계산하려면, 전체 용매(물)의 질량을 정확히 알아야 한다. Denby와 Scott은 원심분리관의 초콜릿 잔여물 질량과 빈 삼각 플라스크의 질량을 알고 있다. 그들은 저울 위에 플라스크를 얹고 플라스크에 담은 물의 질량이 정확히 33.3 g이 될 때까지 한 방울씩 물을 가하였다. 그들은 나중에 순수한 분석물질의 기지 수용액과 물 33.3 g에 들어 있는 미지 용액을 비교할 것이다.

무엇이든 물에 녹아 있으면 **'수용액(aqueous solution)'**이라 부른다.

화학 분석을 하기 위해서 미지 용액을 크로마토그래프에 주입하기 전에, 미지 용액을 더 "씻어내기(clean up)"(정제)해야만 한다(그림 0-3). 초콜릿 잔여물에 들어있는 미세 입자들은 비싼 크로마토그래피 칼럼을 막히게 하고 못쓰게 만들 수 있다. 그래서 그들은 곤죽의 일부를 원심분리관으로 옮기고 원심분리하여 가능한 한 많은 고체를 관의 바닥에 가라앉도록 하였다. 그 다음, 뿌연 황갈색의 **상층액(supernatant liquid**, 쌓인 고체 위의 액체)을 걸러줌으로써 액체로부터 미세 입자들을 한 번 더 제거하였다.

크로마토그래피 칼럼에 고체 입자가 주입되지 않도록 하는 것은 매우 중요하다. 그런데 황갈색 액체는 여전히 탁해 보였다. 그래서 Denby와 Scott은 원심분리와 거르기를 5회 더 반복하였다. 상층액은 원심분리하고 거르기를 할 때마다 더 맑아졌다. 그러나 액체는 완전히 맑아지지는 못하였다. 시간을 충분히 주면 더 많은 고체가 거른 용액으로부터 침전할 것이다.

지금까지 기술한 지루한 절차를 **시료 전처리(sample preparation)**— 시료를 분석에 적합한 상태로 변형시키는 것— 라 한다. 이 경우에는 초콜릿으로부터 지방을 제거해야 했고, 분석물질을 물로 추출해야 했으며, 잔여물을 물로부터 분리해야 했다.

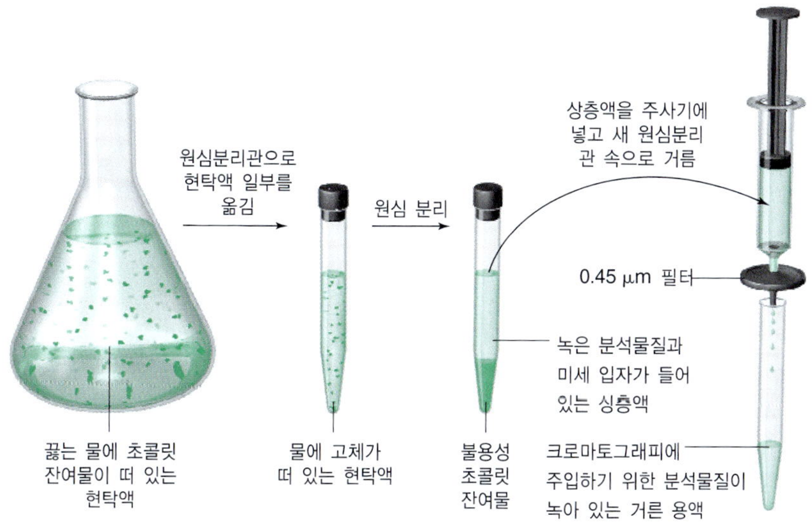

그림 0-3 분석물질의 수용액으로부터 원치 않는 고체 잔여물을 분리하기 위한 원심분리와 거르기.

분석 화학자들은 항상 더 좋은 도구를 개발하고 있다. Denby와 Scott은 1970년대에 개발된 **프로토콜**(*protocol*, 과정)을 이용하여 1990대 중반 초콜릿에 들어 있는 카페인을 분석하였다. 오늘날 우리는 빠른 시료 전처리를 위해 용매 추출, 원심분리와 거르기를 대신하여 **고체상 추출법**(*solid-phase extraction*)을 이용하고 있다(그림 22-33).

화학 분석(드디어!)

Denby와 Scott는 분석물질이 들어 있는 수용액을 주어진 시간 내에서 할 수 있는 한 깨끗하게 하기로 결정하였다. 그 다음 단계는 분석물질을 분리하고 그 양을 측정하기 위해 **크로마토그래피**(*chromatography*) 칼럼에 용액을 주입하는 것이었다. 그림 0-4a의 칼럼은 표면이 탄화수소 분자와 공유 결합한 작은 실리카(SiO_2) 입자로 채워져 있다. 초콜릿 추출 용액 20 μL (20.0×10^{-6} L)를 칼럼에 주입하고, 79 mL 순수한 물, 20 mL 메탄올과 1 mL 아세트산을 섞어 만든 용매를 흘려준다. 카페인은 실리카 표면의 탄화수소에 테오브로민보다 더 잘 녹는다. 따라서 카페인은 테오브로민보다 칼럼의 실리카 입자에 더 강하게 "붙는다". 두 분석물질이 용매의 흐름으로 칼럼을 통해 씻겨 내려감에 따라, 테오브로민이 카페인보다 먼저 칼럼을 빠져 나온다(그림 0-4b).

크로마토그래피 용매는 체계적인 시행착오를 거쳐 선택한다. 아세트산은 소량의 카페인 및 테오브로민을 강하게 잡을 수 있는 실리카 표면의 하전된 산소 원자들을 중화시킨다.

$$\underset{\text{분석물질과 매우 강하게 결합한다.}}{\text{silica-O}^-} \xrightarrow{\text{아세트산}} \underset{\text{분석물질과 강하게 결합하지 않는다.}}{\text{silica-OH}}$$

자외선 빛을 흡수할 수 있는 분석물질은 출구에서 검출된다. 각 화합물이 칼럼을 나오면, 그림 0-4a의 램프에서 방출되는 빛을 흡수함으로써 램프에서 방출되는 빛보다 적은 양의 빛이 검출기에 이른다. 그림 0-5의 시간 대 검출기 감응의 그래프를 **크로마토그램**(*chromatogram*)이라 한다. 테오브로민과 카페인이 크로마토그램의 주봉우리이다. 작은 봉우리들은 초콜릿에서 물로 추출된 다른 성분들이다.

그림 0-5에서는 254 nm 자외선을 흡수하는 물질만 관찰된다. 지금까지 알려진 바로는 수용액 추출물의 주된 성분은 당이다. 그러나 당은 이 실험에서 검출되지 않는다.

크로마토그램만으로는 미지 시료에 들어 있는 화합물이 무엇인지 알 수 없다. 사전에 어떤 물질인지 예측할 수 없다면, 크로마토그램에 있는 봉우리들을 확인할 필요가 있다.

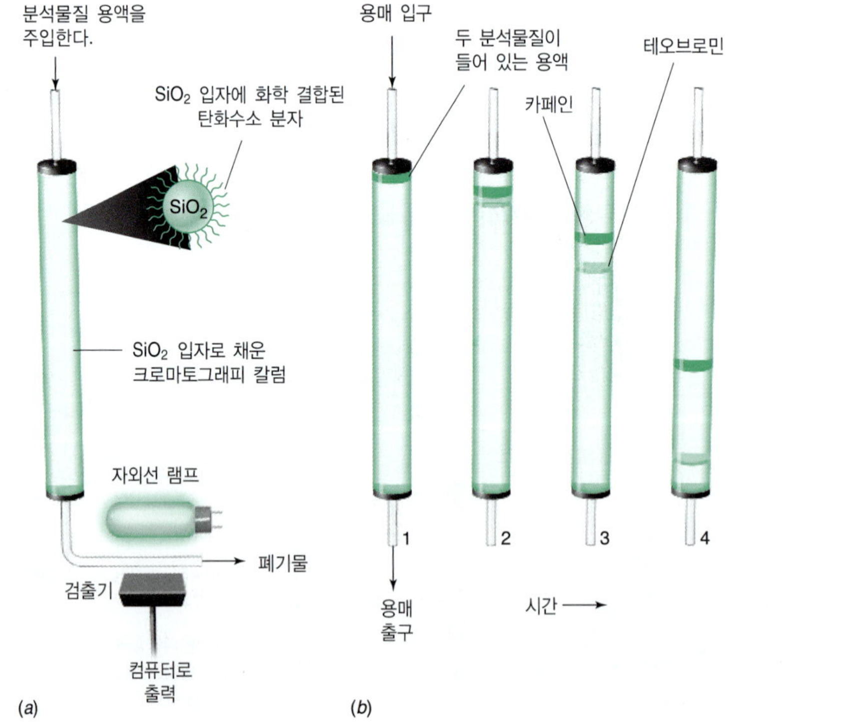

그림 0-4 액체 크로마토그래피의 원리. (*a*) 칼럼의 출구에서 분석물질을 검출하기 위하여 자외선 흡광도 검출기를 쓰는 크로마토그래피 장치. (*b*) 크로마토그래피로 카페인과 테오브로민의 분리. 카페인은 칼럼의 입자 표면에 결합된 탄화수소에 테오브로민보다 더 잘 녹는다. 따라서 카페인은 테오브로민보다 더 강하게 붙들려 칼럼을 더 천천히 통과한다.

각 봉우리를 확인할 수 있는 한 가지 방법은 미지 시료에 인증된 카페인 또는 테오브로민 시료를 첨가하여 두 봉우리 중에서 어느 것이 커지는지를 관찰하는 것이다. 다른 방법은 칼럼을 빠져 나오는 각각의 봉우리에 대한 **질량 스펙트럼**(*mass spectrum*, 21장)을 얻는 것이다.

미지 시료에 **무엇**(*what*)이 들어 있는지 확인하는 것을 **정성 분석**(**qualitative analysis**)이라 한다. **얼마나 많이**(*how much*) 들어 있는지 확인하는 것을 **정량 분석**(**quantitative analysis**)이라 한다. 이 책의 대부분은 정량 분석에 관해 다룬다.

그림 0-5에서 각 봉우리 밑의 **면적**(*area*)은 검출기를 통과한 성분의 양에 비례한다. 그 면적을 측정하는 가장 좋은 방법은 크로마토그래피 실험에서 검출기의 출력을 처리하는 컴퓨터를 사용하는 것이다. Denby와 Scott은 크로마토그래피에 컴퓨터가 없었으므로, 그 대신 각 봉우리의 **높이**(*height*)를 측정하였다.

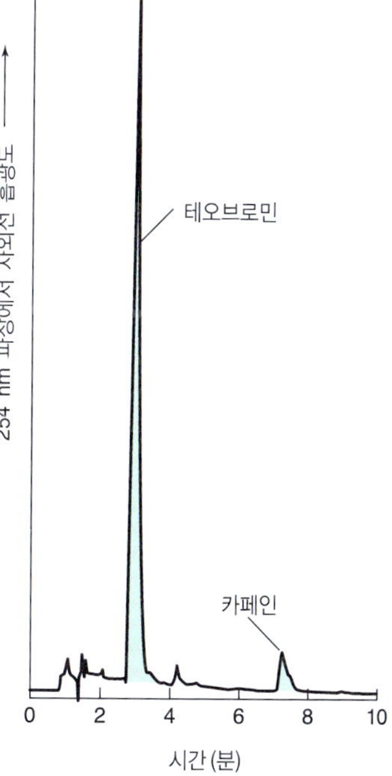

그림 0-5 다크 초콜릿 추출물 20 μL의 크로마토그램. 5 μm 입자의 Hypersil ODS로 채운 4.6 mm 지름 × 150 mm 길이의 칼럼을 물 : 메탄올 : 아세트산(부피비 79 : 20 : 1) 혼합용액으로 분당 1.0 mL 유속으로 용리하였다(씻었다).

교정 곡선

일반적으로 같은 농도의 두 분석물질에 대한 크로마토그래피 검출기의 감응은 같지 않다. 따라서 각 분석물질에 대해 아는 농도에 대한 검출기의 감응을 측정해야 한다. 분석물질의 농도에 대한 검출기의 감응을 나타내는 그래프를 **교정 곡선**(**calibration curve**) 또는 **표준 곡선**(*standard curve*)이라 부른다. 교정 곡선을 그리기 위해서는 아는 농도의 순수한 테오브로민이나 카페인이 포함된 **표준 용액**(**standard solution**)을 만들어 칼럼에 주입하여, 얻어지는 봉우리의 높이를 측정한다. 그림 0-6은 한 표준 용액의 크로마토그램이고, 그림 0-7은 1 g 용액당 각 분석물질 10.0 μg, 25.0 μg, 50.0 μg, 100.0 μg이 포함된 용액을 주입함으로써 얻은 교정 곡선이다.

실험으로 구한 교정점(calibration point)을 지나는 직선은 미지 시료의 테오브로민과 카페인의 농도를 구하는 데 쓰인다. 예를 들어, 그림 0-7에서 미지 용액의 테오브로민의 봉우리 높이가 15.0 cm로 관찰되었다면, 농도는 용액 1 g당 76.9 μg이다.

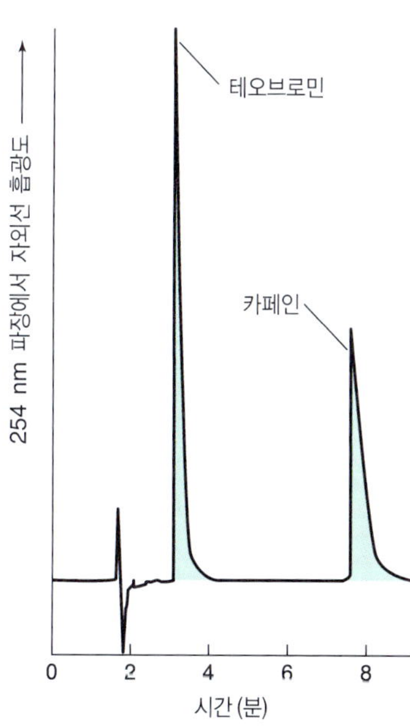

그림 0-6 용액 내에 50.0 μg의 테오브로민과 50.0 μg의 카페인을 함유하는 표준 용액 20.0 μL의 크로마토그램.

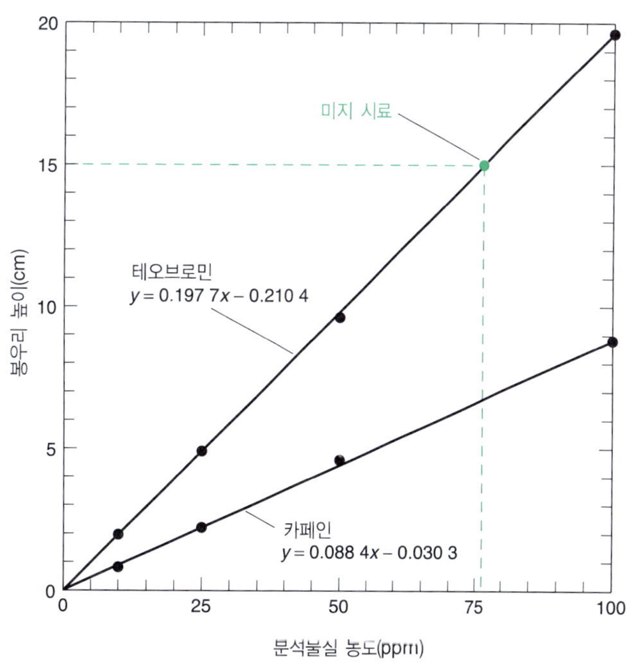

그림 0-7 순수한 화합물의 농도에 따른 봉우리 높이의 변화를 보여 주는 교정 곡선. 1 ppm은 1 g 용액에 1 μg의 분석물질이 들어 있다는 뜻이다. 실험 데이터들을 통과하는 직선식은 4장에서 설명할 **최소 제곱법**(*method of least square*)을 이용하여 결정하였다.

표 0-1 다크 초콜릿과 화이트 초콜릿의 분석

초콜릿 100 g당 분석물질 g

분석물질	다크 초콜릿	화이트 초콜릿
테오브로민	0.392 ± 0.002	0.010 ± 0.007
카페인	0.050 ± 0.003	0.000 9 ± 0.001 4

불확정성은 각 추출액 주입을 세 번 반복한 것의 **표준 편차** (*standard deviation*) 이다.

결과의 해석

초콜릿을 추출한 수용액에 분석물질이 얼마나 함유되어 있는지 알아낸 후, Denby와 Scott은 원래 초콜릿에 테오브로민과 카페인이 얼마나 들어 있는지 계산할 수 있었다. 다크 초콜릿과 화이트 초콜릿의 결과는 표 0-1에 나타내었다. 화이트 초콜릿에는 다크 초콜릿에 들어 있는 양의 약 2%에 지나지 않는다.

표 0-1에는 또한 각 시료를 세 번 반복 측정해서 얻은 **표준 편차** (*standard deviation*)를 보여 준다. (**반복** (*replicate*) 이란 같은 양을 여러 번 측정하는 것을 의미한다.) 4장에 기술한 표준 편차는 결과에 대한 재현성의 척도이다. 세 시료가 똑같은 결과를 준다면, 표준 편차는 0이다. 표준 편차가 매우 크면, 그 결과는 그다지 재현성이 없다. 다크 초콜릿의 테오브로민에 대한 표준 편차 (0.002) 는 평균 (0.392) 의 1% 미만이므로, 그 측정은 매우 재현성이 있다고 말한다. 화이트 초콜릿의 테오브로민에 대한 표준 편차 (0.007) 는 거의 평균 (0.010) 만큼 크므로, 그 측정은 그다지 재현성이 없다.

믿을 만한 분석결과를 얻는 일은 이것으로 끝나지 않는다. 분석의 목적은 어떤 해석이나 결정에 이르는 것이다. 이 장의 서두에 제기한 질문은 "초콜릿바에 카페인이 얼마나 들어 있는가?"와 "커피나 청량음료에 들어 있는 양에 비해 얼마나 될까?"였다. Denby와

표 0-2 음료수와 식품의 카페인 함량[a]

종류	카페인 (1인분당 mg)	1인분 양[b] (온스)
보통 커피	106 ~ 164	5
카페인을 제거한 커피	2 ~ 5	5
차	21 ~ 50	5
코코아 음료	2 ~ 8	6
베이킹 초콜릿	35	1
스위트 초콜릿	20	1
밀크 초콜릿	6	1
카페인 첨가한 청량음료	36 ~ 57	12
IGA 콜라	5	12
Sam's 콜라(월마트)	13	12
코카콜라	34	12
펩시	39	12
Dr. Pepper	43	12
Mountain Dew	55	12
Vault Zero	74	12
Red Bull	80	8.2

a. 데이터 출처: http://www.holymtn.com/tea/caffeine_content.htm. 탄산 음료의 데이터 출처: K.-H. Chou and L. N. Bell, *J. Food Sci*. **2007**, *72*, C337. Red Bull의 데이터 출처: http://wilstar.com/caffeine.htm.

b. 1온스 = 28.35 g

Scott은 그들이 분석한 특정한 **한 개**의 초콜릿바에 카페인이 얼마나 들어 있는가를 알아내었다. 보다 보편적 견해를 제시하기 위해서는 같은 종류의 여러 초콜릿바와 여러 다른 종류의 초콜릿 시료에 대한 엄청난 양의 분석이 필요할 것이다. 표 0-2에는 카페인이 들어 있는 여러 식품에 대하여 다양한 분석을 통해 얻은 결과들을 나타내었다. 청량 음료 한 캔이나 차 한 잔에는 커피 한 잔에 있는 카페인의 1/4에서 1/2 정도가 들어 있다. 초콜릿에는 더 적은 양의 카페인이 들어 있으나, 허기진 등산객이 많은 양의 베이킹 초콜릿을 먹으면 큰 충격을 받을 수 있다!

품질 보증

Dendy와 Scott은 그들의 분석 결과가 믿을 만한지 어떻게 확신할 수 있는가? 분석전문가들은 그들 자신과 그들의 고객에게 그들이 얻은 결과에 대한 확신을 주기 위해 **품질 보증(quality assurance)**이라 불리는 일련의 절차를 따른다. Denby와 Scott이 그들이 이용한 분석 방법의 신뢰성을 평가할 수 있는 한 가지 방법은 약간의 초콜릿을 녹이고, 아는 양의 카페인을 첨가하여 가능한 한 잘 섞은 후 얼린다. 첨가한 카페인은 **소량첨가**(*spike*)라 한다. 소량첨가된 초콜릿을 분석하여 얻는 카페인의 양은 원래 초콜릿에 들어 있던 카페인과 첨가된 카페인을 합한 양과 같아야 한다. 만약 예상했던 대로 분석 결과를 얻는다면, 그들이 이용한 방법이 존재하는 모든 카페인을 추출하였고, 또한 정확히 측정하였다는 것을 어느 정도 확신할 수 있다.

품질 보증에 대해서는 5장에서 다시 다룬다.

0-2 화학 분석의 일반적 단계

분석 과정은 종종 다음과 같은 질문으로 시작한다. "이 물은 마셔도 안전할까?" 또는 "자동차의 배출가스 검사로 대기 오염이 줄어들까?" 과학자는 이런 질문들을 특정한 측정에 대한 필요성이 있는 것으로 받아들인다. 분석 화학자는 그러한 측정을 수행할 방법을 선택하거나 고안해야 한다.

분석이 끝나면 분석자는 그 결과를 일반 대중이 이해할 수 있는 말로 바꾸어야만 한다. 모든 결과의 가장 중요한 특징은 그것의 한계이다. 그 결과에 통계학적 불확정성이 얼마인가? 다른 방법으로 시료를 취했더라도 같은 결과를 얻을까? 시료에서 발견된 매우 적은 양 [**미량**(*trace*)]의 분석물질은 실제로 그 시료에 존재하는 것인가? 아니면 오염된 것인가? 관련된 모든 사람들이 결과와 한계를 이해한 다음에, 그들은 결론을 도출하여 결정에 이를 수 있다.

이제 분석 과정의 일반적 단계를 요약하면 다음과 같다.

질문의 체계적 표현	일반적인 질문을 화학 측정을 통하여 답할 수 있는 구체적인 질문으로 바꾼다.
분석 과정의 선택	화학 문헌을 조사하여 적절한 실험 과정을 찾거나 필요하다면 측정을 하기 위한 새로운 방법을 개발한다.
시료채취	보충 0-1에서 설명하였듯이 분석하기 위한 대표 물질을 선택한다. 만약 시료의 선택이 잘못되었거나, 혹은 시료가 채취된 후 분석되는 시간 사이에 시료에 변화가 일어난다면 분석 결과는 무의미하다. "쓰레기가 들어가면, 쓰레기가 나온다!"

보충 0-1 대표성 있는 시료의 구성

아래 그림은 복잡한 물질을 분석이 가능한 각각의 시료로 변환시키는 단계를 보여 준다. **로트**(*lot*)는 시료를 취할 전체 물질(예를 들면, 곡물을 가득 채운 기차 화물칸 혹은 마카다미아 초콜릿 한 상자)을 의미한다. 분석 및 **보관**(*archiving*, 나중에 참고하기 위해 저장하는 것)을 위해 로트로부터 **벌크 시료**(*bulk sample*)를 취한다(**전체 시료**(*gross sample*) 라고도 한다). 이때 취하는 벌크 시료는 로트를 대표하여야 한다. 그렇지 않으면 분석은 무의미하다. 대표성을 가지는 벌크 시료로부터 소량의 균일한 **실험실 시료**(*laboratory sample*)를 만든다. 이때 실험실 시료는 벌크 시료와 같은 조성을 가져야 한다. 예를 들어, 고체 벌크 시료 전체를 미세한 분말로 갈은 후 잘 섞어서 병에 보관함으로써 실험실 시료를 얻을 수 있다. 실험실 시료의 일부(**분취량**(*aliquot*)이라 한다)를 취하여 분석한다.

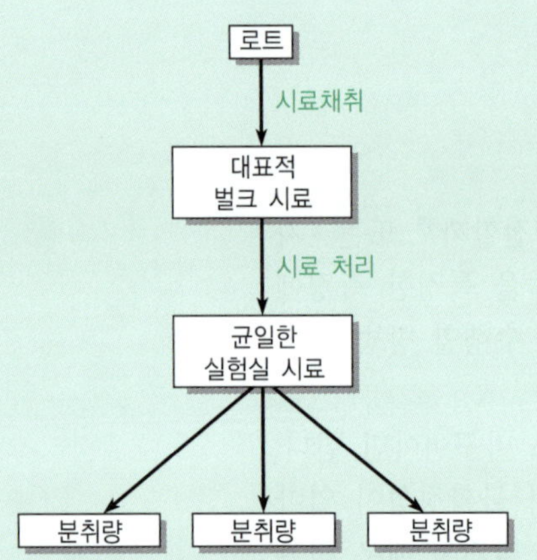

시료채취(*sampling*)는 로트로부터 대표적 벌크 시료를 선택하는 과정이다. **시료 전처리**(*sample prepara-tion*)는 벌크 시료를 균일한 실험실 시료로 바꾸는 과정이다. 시료 전처리는 또한 방해하는 화학종을 제거하거나 분석물질을 농축시키는 단계를 뜻하기도 한다.

무작위 불균일 물질(**random heterogeneous material**)에서는 조성의 차이가 무작위 또는 작은 규모로 나타난다. 분석을 위해 물질의 일부를 취할 때, 조성이 다른 각 부분에서 시료를 조금씩 모아야 한다. 불균일한 물질로부터 대표성 있는 시료를 구성하려면, 우선 그 물질을 시각적으로 여러 개의 작은 부분으로 나눠야 한다. 예를 들어, 아래 패널 *a*의 10 m × 20 m 면적의 잔디 중 마그네슘 함량을 측정하려고 할 때, 한 변이 10 cm인 20 000개의 작은 땅으로 나눈다. **무작위 시료**(**random sample**)는 무작위로 선택한 원하는 개수의 작은 땅에서 각각 일부분을 취해 모은다. 각 작은 땅에 숫자를 부여한 후, 1에서 20 000 사이에서 컴퓨터 프로그램을 이용하여 무작위로 100개를 뽑는다. 그 100개의 작은 땅에서 각각 잔디를 채취하고 혼합하여 분석을 위해 대표성을 갖는 벌크 시료를 만든다.

격리된 불균일 물질(**segregated heterogeneous material**)에서는 부분적으로 조성이 다르다. 물질의 대표 표본을 얻기 위해 대표 **복합 시료**(**composite sample**)를 만든다. 예를 들면, 패널 *b*의 땅에는 A, B, C의 세 구역으로 나누어져서 세 종류의 다른 풀이 있다. 그래프 용지에 땅의 지도를 그려서 각 구역의 넓이를 측정한다. 이 경우 전체 면적 중에서 A 구역이 66%, B 구역은 14%, 그리고 C 구역은 20%를 차지한다. 이 분리된 물질에서 대표 벌크 시료를 구성하려면 A 구역에서 66개, B 구역에서 14개, 그리고 C 구역에서는 20개의 작은 땅을 택한다. 1에서 20 000까지 무작위로 숫자를 뽑아 각 구역에서 원하는 작은 땅의 수를 얻을 때까지 반복한다.

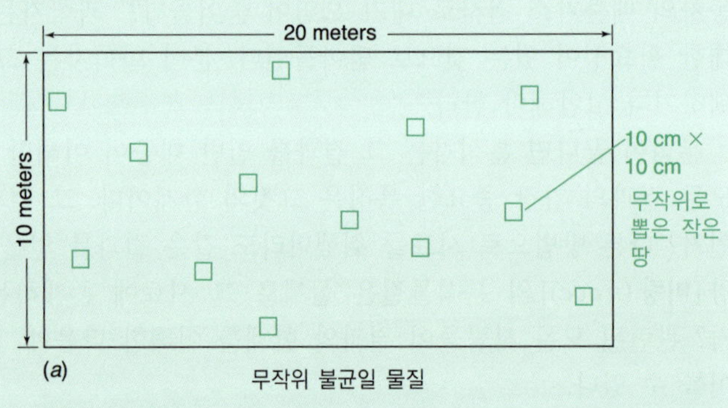

(*a*) 무작위 불균일 물질

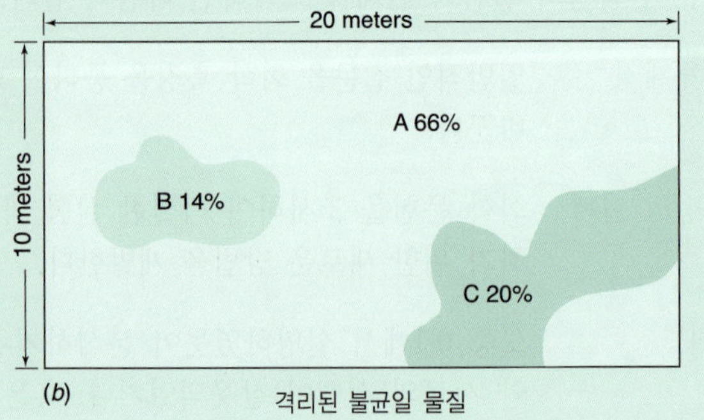

(*b*) 격리된 불균일 물질

시료 전처리　　대표성 있는 시료를 화학 분석에 적당한 형태로 바꾸는 것을 **시료 전처리**(*sample preparation*)라 한다. 이는 일반적으로 시료를 녹이는 과정을 의미한다. 분석물질의 농도가 낮은 시료는 분석하기 전에 농축해야할지도 모른다. 필요하다면 화학 분석을 방해하는 화학종을 제거하거나 **가린다**(*mask*). 초콜릿바의 경우, 시료 전처리 과정은 지방을 제거하고 원하는 분석물질을 녹이는 것이다. 지방을 제거하는 이유는 지방이 크로마토그래피를 방해하기 때문이다.

화학자들은 관심의 대상이 되는 화학물질을 **화학종**(**species**)이라 한다. Species는 단수와 복수 모두 쓰인다. 분석물질이 아닌 어떤 화학종이 측정 신호를 증가 혹은 감소시켜 분석물질이 실제보다 많거나 적은 것처럼 보일 때 **방해**(**interference**)가 일어났다고 한다. **가림**(**masking**)은 방해하는 화학종을 검출되지 않는 형태로 바꾸는 것이다. 예를 들어서, 호수 속의 Ca^{2+}는 EDTA를 이용하여 측정할 수 있다. Al^{3+}가 이 분석을 방해하는데, 그것은 Al^{3+}도 EDTA와 반응하기 때문이다. 과량의 F^-로 시료를 처리하면, EDTA와 반응하지 않는 AlF_6^{3-}를 형성하므로써 Al^{3+}를 가릴 수 있다.

분석　　여러 개의 동일한 **분취량**(**aliquot**, 부분)에 들어 있는 분석물질의 농도를 측정한다. **반복 측정**(*replicate measurement*)의 목적은 분석의 가변성(불확정성)을 평가하고, 분취량 한 개만을 측정할 때 따르는 전체 오차를 막기 위함이다. **측정의 불확정성은 측정 그 자체만큼 중요하다.** 왜냐하면 불확정성은 측정이 얼마나 신뢰할 만한지를 말해주기 때문이다. 필요하다면, 동일한 시료에 대해 다른 분석 방법을 사용함으로써 각 방법이 같은 결과를 주는지, 그리고 분석 방법의 선택이 결과를 왜곡하지는 않는지를 확인한다. 또한 여러 개의 다른 벌크 시료를 구성하고 분석함으로써 시료채취 과정에서 어떤 변화가 일어나는지를 알아볼 수도 있다. 분석의 신뢰성을 입증하기 위해 취하는 단계들을 **품질 보증**(**quality assurance**)이라 한다.

보고와 해석　　결과에 대해 명료하게 쓰인 완벽한 보고서를 제출한다. 여기에는 특별한 한계를 첨부하여 강조한다. 보고서는 전문가(강사와 같은)만이 보도록 작성하거나 또는 일반 대중(여러분의 어머니와 같은)을 위해 작성할 수 있다. 대상 독자에 맞추어 보고서를 작성한다.

결과 도출　　보고서를 작성한 다음, 분석자는 공장의 원료 물질 공급을 바꾼다거나, 또는 식품 첨가제를 규제하는 새 법을 제정하는 등 실험 정보를 처리하는 데에 연루될 수도 있다. 보고서를 명료하게 작성할수록 그것을 이용하는 사람이 잘못 해석할 가능성이 줄어든다.

이 책의 대부분은 미지의 균일한 분취량에 들어 있는 화학 농도를 측정하는 방법을 주로 다룰 것이다. 시료를 정확히 채취하지 않거나, 분석 방법의 신뢰도를 보증하지 못하는 측정을 하거나, 분석 결과를 명료하고 완전하게 전달하지 않는다면 분석은 무의미하다. 화학 분석은 질문으로 시작하고, 결론으로 끝나는 과정의 중간 부분일 뿐이다.

자습문제

자습문제의 해답은 책의 뒤편에 있음.

0-A. 보충 0-1을 읽고 다음에 답하시오.

(a) **불균일**(*heterogeneous*) 물질과 **균일**(*homogeneous*) 물질의 차이는 무엇인가?

(b) **무작위**(*random*) 불균일 물질과 **격리된**(*segregated*) 불균일 물질의 차이는 무엇인가?

(c) **무작위**(*random*) 시료와 **복합**(*composite*) 시료의 차이는 무엇인가? 각각은 언제 이용되는가?

알아두어야 할 술어*

가림 (masking)
격리된 불균일 물질(segregated heterogeneous material)
곤죽 (slurry)
교정 곡선 (calibration curve)
균일 (homogeneous)
기울여 따르기 (decant)
무작위 불균일 물질(random heterogeneous material)
무작위 시료 (random sample)
방해 (interference)
복합 시료 (composite sample)
분석물질 (analyte)
분취량 (aliquot)
불균일 (heterogeneous)
상층액 (supernatant liquid)
수용성 (aqueous)
시료채취 (sampling)
시료 전처리 (sample preparation)
정량 분석 (quantitative analysis)
정량적으로 옮김 (quantitative transfer)
정성 분석 (qualitative analysis)
품질 보증 (quality assurance)
표준 용액 (standard solution)
화학종 (species)

문제

0-1. **정량** (*quantitative*) 분석과 **정성** (*qualitative*) 분석의 차이는 무엇인가?

0-2. 화학 분석의 단계를 나열하시오.

0-3. 방해하는 화학종을 **가린다** (*mask*) 는 것은 무엇을 뜻하는가?

0-4. 교정 곡선의 목적은 무엇인가?

주와 참고문헌

1. T. J. Wenzel, *Anal. Chem.* **1995**, *67*, 470A.

2. W. R. Kreiser and R. A. Martin, Jr., *J. Assoc. Off. Anal. Chem.* **1978**, *61*, 1424; W. R. Kreiser and R. A. Martin, Jr., *J. Assoc. Off. Anal. Chem.* **1980**, *63*, 591.

*술어들은 본문에서 **볼드체**로 소개되었으며 용어모음 부분에 정의되었다.

나도 전극을 이용한 생화학적 측정

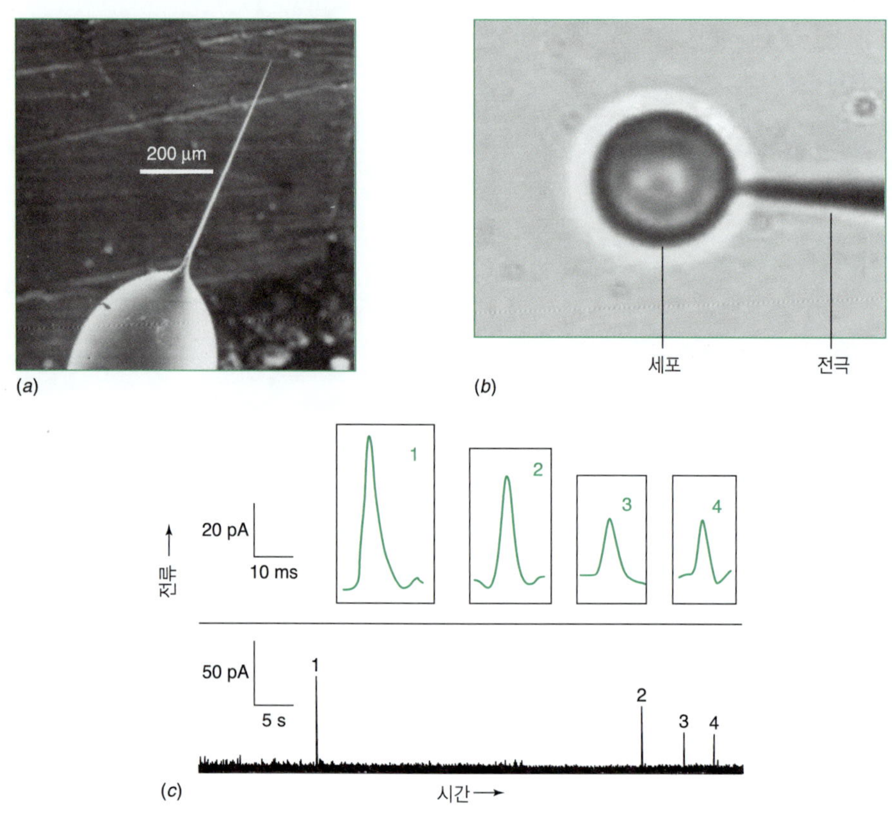

(*a*) 유리 모세관을 연장시켜 끝의 지름을 100 나노미터 (100×10^{-9} m)로 만든 탄소 섬유 전극. 표지 막대는 200 마이크로미터 (200×10^{-6} m)이다. [출처: W.-H. Huang, D.-W. Pang, H. Tong, Z.-L. Wang, and J.-K. Cheng, *Anal. Chem.* **2001**, *73*, 1048.] (*b*) 세포에서 분비되는 신경전달물질인 도파민을 검출하기 위하여 세포 곁에 위치한 전극. 근처에 있는 큰 상대 전극은 보이지 않는다. (*c*) 도파민이 분비될 때마다 검출된 전류. 삽입된 그림은 확대한 것이다. [출처 : W.-Z. Wu, W.-H. Huang, W. Wang, Z.-L. Wang, J.-K. Cheng, T. Xu, R.-Y. Zhang, Y. Chen, and J. Liu, *J. Am. Chem. Soc.* **2005**, *127*, 8914.]

끝이 세포 한 개보다 작은 전극은 화학적 자극에 반응하여 신경세포에서 분비되는 신경전달물질 분자를 측정할 수 있다. 전극은 활성 영역이 나노미터 정도 (10^{-9} m)이기 때문에 나노전극 (*nanoelectrode*) 이라고 한다. 신경세포의 소낭 (*vesicle*, 작은 방) 에서 분비되는 신경전달물질 분자들이 전극으로 확산되어 전자들을 주거나 받을 때, 밀리초 (10^{-3}초) 사이에 피코암페어 (10^{-12} 암페어) 크기의 전류가 발생된다. 이 장에서는 원자에서 은하계에 걸쳐 있는 물질들의 화학적 · 물리적 측정 단위들에 대해서 논의한다.

01

화학 측정

분석 화학을 공부하는 대부분의 학생들은 스스로를 분석 화학자라고 생각하지 않는다. 예를 들면, 생물학자들이 유기체의 기능을 이해하거나 의사들이 질병을 진단하고 치료에 대한 환자의 상태를 모니터하기 위해 이용하는 필수적인 도구가 화학 분석이다. 또한 환경 과학자들은 인간과 자연의 활동으로 대기, 물 및 토양에서 일어나는 화학적 변화를 측정한다. 법의학자들은 범죄현장에서 약물, 연소 잔여물 및 섬유 등을 확인하고 분석한다. 여러분은 스스로 화학적 측정을 하거나 다른 사람들에 의해서 보고된 분석결과를 이해하기 위하여 이 과정을 이수하는 것이다. 이 장에서는 측정과 평형에 대한 기본적 사항을 소개한다.

그림 1-1 표 1-1에 수록한 SI 기본 단위 중에서 킬로그램만은 재현성 있는 물리적 측정이 아닌 인공적으로 만든 원기로 정의된다. 1885년 국제 표준을 정하기 위해 프랑스에서 Pt-Ir 합금으로 만들어졌고, 모조품의 질량을 검증하기 위해 지금까지 1890, 1948, 1992년에만 보호함에서 꺼냈었다. 이것은 닳거나 대기와 반응하여 질량이 변할 수 있기 때문이다. 따라서 세월이 흘러도 변하지 않는 측정에 기초한 표준을 찾는 연구가 진행되고 있다. [Bureau International des Poids et Mesures.]

1-1 SI 단위와 접두어

측정의 **SI 단위**(**SI units**)는 프랑스어인 *Système International d'unités*에서 유래되었다. **기본적인 단위**(*fundamental unit*, 기본 단위)들은 표 1-1에 수록하였으며, 이들로부터 다른 모든 단위가 유도된다. 길이, 질량, 시간의 표준 단위는 각각 **미터**(*meter*, m), **킬로그램**(*kilogram*, kg, 그림 1-1), **초**(*second*, s)이다. 온도는 **켈빈**(*kelvin*, K), 물질의 양은 **몰**(*mole*, mol), 그리고 전류는 **암페어**(*ampere*, A)로 측정된다. 기본 단위들로부터 정의된 다른 몇 가지 양들은 표 1-2에 나타내었다. 예를 들면, 힘은 **뉴턴**(*newton*, N), 압력은 **파스칼**(*pascal*, Pa), 그리고 에너지는 **주울**(*joule*, J)로 측정되는데, 이들은 각각 길이, 시간, 질량의 기본 단위들로 나타낼 수 있다.

압력은 단위면적당 작용하는 힘이다. 즉, 1 파스칼 (Pa) = 1 N/m^{2}이다. 따라서 대기압은 약 100 000 Pa이다.

많은 **자릿수들**(**orders of magnitude**, 10의 배수)에 걸쳐 변화하는 양을 나타낼 경우에는 지수 표기법을 사용하는 것보다 표 1-3에 수록된 접두어를 사용하는 것이 더 편리하다. 예를 들면, 동맥 혈액 중의 용존 산소의 압력은 1.3×10^4 Pa이다. 표 1-3에서 10^3은 "킬로(kilo)"에 대한 접두어 k로 나타낸다. 그러므로 10^3의 배수로 압력을 나타내면 다음과 같다.

$$1.3 \times 10^4 \cancel{\text{Pa}} \times \frac{1\ \text{kPa}}{10^3\ (\cancel{\text{Pa}})} = 1.3 \times 10^1\ \text{kPa} = 13\ \text{kPa}$$

단위 kPa는 "킬로파스칼(kilopascal)"로 읽는다. 계산할 때 각 숫자의 뒤에 단위를 표시하고, 분자와 분모에서 같은 단위는 삭제하는 것이 옳다. 이와 같은 습관은 해답의 난위를 명확하게 알 수 있도록 해준다.

질문 과거에 의료기사들은 1 마이크로리터(μL)를 1 람다(λ)로 나타내었다. 1 밀리리터는 몇 마이크로리터인가?(**답**: 1000)

표 1-1 기본적인 SI 단위

물리적 양	단위(기호)	정의
길이	미터 (m)	1미터는 진공에서 $\frac{1}{299\ 792\ 458}$초 동안 빛이 진행한 거리이다.
질량	킬로그램 (kg)	1킬로그램은 프랑스 Sèvres에 보관된 국제 표준 킬로그램원기의 질량이다.
시간	초 (s)	1초는 ^{133}Cs 원자의 전이에 대응하는 복사선 주기의 9 192 631 770배에 해당하는 시간이다.
전류	암페어 (A)	1암페어는 진공에서 단면적을 무시할 정도의 무한히 긴 두 개의 직선 평형 도체를 1 m 간격으로 나란히 놓았을 때, 2×10^{-7} N/m (미터당 뉴턴) 의 힘을 발생시킨다.
온도	켈빈 (K)	온도는 물의 삼중점 (물의 고체, 액체, 기체 상태가 평형인 점) 이 273.16 K이고, 절대영도는 0 K인 것으로 정의한다.
광도	칸델라 (cd)	칸델라는 사람의 눈으로 볼 수 있는 광도의 척도이다. 1 cd는 주어진 방향에서 진동수가 540×10^{12} 헤르츠인 단색광을 방출하는 광원의 복사도가 $\frac{1}{683}$ 와트/스테라디안인 방향에 대한 발광 세기이다.
물질의 양	몰 (mol)	1몰은 정확하게 ^{12}C 0.012 kg 속에 들어 있는 원자의 수이다 (약 6.022×10^{23}개) .
평면각	라디안 (rad)	1원주는 2π 라디안이다.
입체각	스테라디안 (sr)	한 개의 구는 4π 스테라디안이다.

표 1-2 특유의 명칭을 갖는 SI 유도 단위들

물리적 양	단위	기호	다른 단위로 표시	SI 기본 단위로 표시
주파수	헤르츠 (hertz)	Hz		1/s
힘	뉴턴 (newton)	N		$m \cdot kg/s^2$
압력	파스칼 (pascal)	Pa	N/m^2	$kg/(m \cdot s^2)$
에너지, 일, 열량	주울 (joule)	J	$N \cdot m$	$m^2 \cdot kg/s^2$
일률, 복사선속	와트 (watt)	W	J/s	$m^2 \cdot kg/s^3$
전기량, 전하	쿨롱 (coulomb)	C		$s \cdot A$
전위, 전위차, 기전력	볼트 (volt)	V	W/A	$m^2 \cdot kg/(s^3 \cdot A)$
전기 저항	옴 (ohm)	Ω	V/A	$m^2 \cdot kg/(s^3 \cdot A^2)$

주파수 (*frequency*) 는 반복되는 것에 대한 단위 시간당 주기의 수이다. **힘** (*force*) 은 질량 × 가속도이다. **압력** (*pressure*) 은 단위 면적당 힘이다. **에너지** (*energy*) 또는 **일** (*work*) 은 힘 × 거리 = 질량 × 가속도 × 거리이다. **일률** (*power*) 은 단위 시간당 에너지이다. 두 점 사이의 **전위차** (*electric potential difference*) 는 두 점 사이에서 단위 양전하를 움직이는 데 필요한 일이다. **전기 저항** (*electric resistance*) 은 두 점 사이에서 단위 시간당 단위 전하를 움직이는 데 필요한 전위차이다.

표 1-3 접두어

접두어	기호	자릿수	접두어	기호	자릿수
요타(yotta)	Y	10^{24}	데시(deci)	d	10^{-1}
제타(zetta)	Z	10^{21}	센티(centi)	c	10^{-2}
엑사(exa)	E	10^{18}	밀리(milli)	m	10^{-3}
페타(peta)	P	10^{15}	마이크로(micro)	μ	10^{-6}
테라(tera)	T	10^{12}	나노(nano)	n	10^{-9}
기가(giga)	G	10^{9}	피코(pico)	p	10^{-12}
메가(mega)	M	10^{6}	펨토(femto)	f	10^{-15}
킬로(kilo)	k	10^{3}	아토(atto)	a	10^{-18}
헥토(hecto)	h	10^{2}	젭토(zepto)	z	10^{-21}
데카(deca)	da	10^{1}	욕토(yocto)	y	10^{-24}

예제 전극으로 신경전달물질 분자 수 헤아리기

보충 1-1은 신경세포의 불연속적인 파열에서 신경전달물질들을 분비하는 과정을 설명하고 있다. 이 장의 도입 부분에서 전극에 의해 측정된 신경전달물질은 도파민이다. 전극으로 확산된 각각의 도파민 분자는 두 개의 전자를 방출한다. 이 장의 시작 부분에 수록한 패널 *c*에서 분출 1에 의하여 전극으로 이동한 전하는 0.27 pC (피코쿨롱, 10^{-12}C)이다. 1쿨롱의 전하는 6.24×10^{18}개의 전자에 대응한다. 한 번의 분출에서 분비되는 분자는 몇 개인가?

해답 표 1-3에 따라 1 pC는 10^{-12} C과 같으므로, 0.27 pC는 다음과 같이 나타낼 수 있다.

$$0.27\ \cancel{\text{pC}} \times \frac{10^{-12}\ \text{C}}{\cancel{\text{pC}}} = 2.7 \times 10^{-13}\ \text{C}$$

단위들을 변환시키는 데 중요한 것은 10^{-12} C/pC와 같은 환산 인자를 나타내는 것이다. 그리고 곱셈을 하고, 분자와 분모에 나타낸 같은 단위들을 제거시키면 정확한 단위를 갖는 답이 얻어진다. 0.27 pC 중에 포함된 전자의 수는,

$$(2.7 \times 10^{-13}\ \cancel{\text{C}}) \times \frac{6.24 \times 10^{18}\ \text{전자}}{\cancel{\text{C}}} = 1.68 \times 10^{6}\ \text{전자}$$

각각의 신경전달물질 분자는 두 개의 전자를 방출하기 때문에 한 번의 분출에서 분자 수는 다음과 같다.

$$(1.68 \times 10^{6}\ \cancel{\text{전자}}) \times \frac{1\ \text{분자}}{2\ \cancel{\text{전자}}} = 8.4 \times 10^{5}\ \text{분자}$$

복습 문제 이 장의 시작 부분에 나타낸 패널 *c*의 분출 4에서 몇 개의 도파민 분자가 분비되는가? 총 하전량은 0.13 pC인가? (**답** : 4.1×10^{5} 분자)

자습문제

1-A. **(a)** 10^{-24}에서부터 10^{24}까지의 접두어들에 대한 이름과 약자(기호)는 각각 무엇인가? 어떤 기호를 대문자로 나타내는가?

(b) 대기에서 오존(O_3)의 대표 농도는 공기 1 L당 O_3 8×10^{-7} L이다. 이 농도를 nL O_3/L와 μL O_3/L로 나타내시오.

보충 1-1 신경전달물질의 세포외유출

신경의 신호는 한 개의 신경세포(**뉴런**, *neuron*) **축삭돌기**(*axon*)로부터 **시냅스**(*synapse*)라고 하는 연결부위 건너편에 있는 인접 뉴런의 **나무가지형결정**(*dendrite*) 쪽으로 전달된다. 축삭돌기에서의 전기 전위의 변화는 **소낭**(*vesicles*)이라 하는 소량의 화학 물질을 포함한 꾸러미가 세포막에서 활성 영역과 융합되도록 한다. **세포외유출**(*exocytosis*) 또는 토세포작용이라고 하는 이 과정은 소낭 속에 저장된 신경전달물질 분자를 방출한다. 신경전달물질이 나무가지형결정 위에 있는 수용체와 결합하면 양이온들이 나무가지형결정 막 속으로 이동할 수 있도록 문이 열린다. 나무가지형결정 속으로 확산되는 양이온들은 그들의 전기 전위를 변화시킨다. 그 결과로 인하여 신경 자극이 두 번째 뉴런 쪽으로 전달된다.

세포 표면 위의 단일 활성 영역으로부터 신경전달물질인 도파민의 분비는 이 장의 시작 부분에서 보여 준 세포 바로 옆에 놓여진 나노전극으로 측정할 수 있다. 세포 근처로 주입된 K^+ 이온에 의해 자극을 받으면, 소낭은 세포외 유출에 의해 도파민을 방출한다. 나노전극 쪽으로 확산되는 한 개의 도파민 분자는 두 개의 전자를 방출한다. 이 장의 시작 부분에 나타낸 페널 *c*는 한 개의 활성지역 근처에서 1분 동안 측정된 네 개의 펄스를 보여 준다. 각 펄스는 ~10 밀리초 동안 지속되었고, ~10−50 피코암페어의 봉우리 전류를 나타내었다. 따라서 펄스당 전자의 수는 한 개의 소낭으로부터 분비되는 도파민 분자의 수를 의미한다.

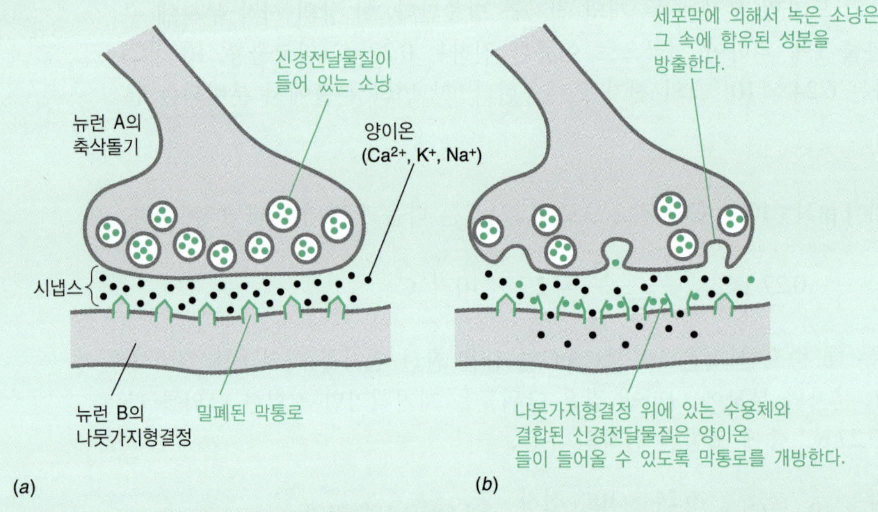

시냅스에서 신경전달물질의 작용. (*a*) 신경전달물질을 분비하기 전, (*b*) 신경전달물질은 소낭이 뉴런의 외부 세포막과 융합되는 **세포외유출**로 분비된다. 바깥쪽 막의 특정한 활성 영역만이 세포외유출을 할 수 있다. [세포는 **막함입**(*endocytosis*)이라 하는 역과정에 의해서 분자를 끌어들인다.]

1-2 단위들의 상호 변환

국제 단위계(SI)는 비록 국제적으로 채택된 측정계이지만, 과학에서는 그 밖의 다른 단위들도 함께 사용한다. 단위들 사이의 환산에 이용되는 인자들을 표 1-4에 수록하였다. 예를 들면, 에너지에 대한 일반적인 비 SI 단위는 **칼로리**(*calorie*, cal)와 **킬로칼로리**(*Calorie*, Cal로 표시하고, 이것은 1 000 cal, 또는 1 kcal를 의미한다)이다. 표 1-4에서 1 cal은 정확히 4.184 J (joules)이라고 정의하였다.

1 cal는 물 1 g을 14.5°C에서 15.5°C로 가열하는 데 필요한 에너지이다.
1 000 J은 한 컵의 물을 약 1°C 올릴 수 있다.
1 cal = 4.184 J.

호흡하고, 혈액을 공급하며 체온을 유지하는 것과 같이 생명을 보존하는 데 요구되는 기본적인 기능을 수행하기 위해서는 몸무게 100파운드(lb)당 시간(h)당 약 46 Cal를 필요로 한다. 의식이 있는 사람이 전혀 움직임이 없는 상태에서 단지 생명을 유지하는 데 필요한 최소한의 에너지를 **기초 대사**(*basal metabolism*)라고 한다. 사람이 평편한 길을

표 1-4 몇 가지 환산 인자들

물리적 양	단위	기호	SI 단위와의 대응량[a]
부피	리터 (liter)	L	$*10^{-3}$ m^3
	밀리리터 (mililiter)	mL	$*10^{-6}$ m^3
길이	옹스트롬 (angstrom)	Å	$*10^{-10}$ m
	인치 (inch)	in.	*0.025 4 m
질량	파운드 (pound)	lb	*0.453 592 37 kg
	미터톤 (metric ton)	t	*1 000 kg
힘	다인 (dyne)	dyn	$*10^{-5}$ N
압력	바 (bar)	bar	$*10^{5}$ Pa
	기압 (atmosphere)	atm	*760 mm Hg
	기압 (atmosphere)	atm	*1.013 25 bar
	기압 (atmosphere)	atm	*101 325 Pa
	토르 (torr)(=1 mm Hg)	Torr	133.322 Pa
	파운드/in.^{2}	psi	6 894.76 Pa
에너지	에르그 (erg)	erg	$*10^{-7}$ J
	전자 볼트 (electron volt)	eV	$1.602\ 176\ 487 \times 10^{-19}$ J
	열화학적 칼로리 (calorie)	cal	*4.184 J
	킬로칼로리 (Calorie)	Cal	*1 000 cal = 4.184 kJ
	영국식 열량 단위 (British thermal unit)	Btu	1 055.06 J
동력	마력 (horsepower)		745.700 W
온도	섭씨 (centigrade = Celsius)	°C	*K − 273.15
	화씨 (Fahrenheit)	°F	*1.8 (K − 273.15) + 32

a. 별표(*)는 정확한 환산값(정의에 따라)을 나타낸 것이다.

1999년 1억 2천5백만 달러인 화성 기후 탐사용 궤도(Mars Climate Orbiter) 우주선이 당초 계획보다 100 km 낮은 화성 대기권으로 진입할 때 실종되었다. **만약 기술자들이 그들이 사용하는 측정 단위들을 분명히 표지하였다면, 항해 오차를 피할 수 있었을 것이다.** 우주선 제작회사의 기술자들은 영국식 힘의 단위인 파운드로 반동추진력을 계산하였다. 그러나 제트기 추진 실험실의 엔지니어들은 힘의 미터 단위인 N(뉴턴)을 사용하였다. 아무도 이와 같은 실수를 알아채지 못하였다. [이미지 출처 : JPL/NASA]

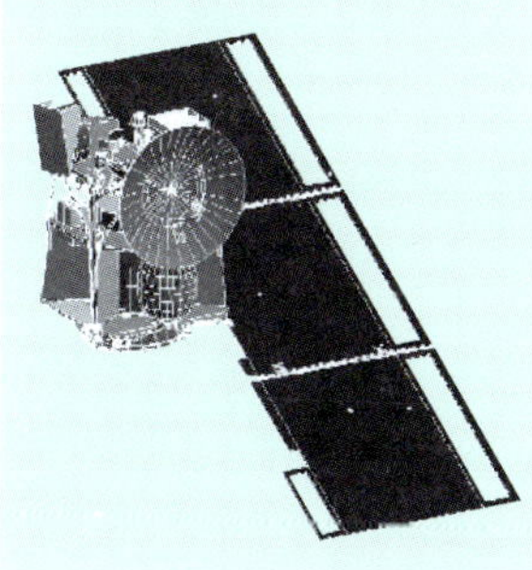

예 제 단위의 변환

걷고 있는 여성(몸무게 100 파운드당 시간당 46 + 45 = 91 Cal)의 에너지 소비율을 몸무게 kg당 한 시간에 소비하는 킬로주울로 나타내시오.

1 파운드(질량) ≈ 0.453 6 kg
1 마일 ≈ 1.609 km

해답 SI 단위가 아닌 각각의 단위들은 개별적으로 변환해야 한다. 먼저 91 Cal는 91 kcal와 같다는 것을 기억하시오. 표 1–4에서 1 cal = 4.184 J 또는 1 kcal = 4.184 kJ이다. 따라서

$$91\ \cancel{\text{kcal}} \times \frac{4.184\ \text{kJ}}{1\ \cancel{\text{kcal}}} = 381\ \text{kJ}$$

또한, 표 1–4에서 1 lb는 0.453 6 kg이므로, 100 lb = 45.36 kg이라는 것을 알 수 있다. 그러므로 에너지의 소비율은,

$$\frac{91\ \text{kcal/h}}{100\ \text{lb}} = \frac{381\ \text{kJ/h}}{45.36\ \text{kg}} = 8.4\ \frac{\text{kJ/h}}{\text{kg}}$$

이 장의 문제에서는 유효 숫자 자리에 대해서 당황하지 마시오. 유효 숫자에 대해서는 3장에서 논의할 것이다.

단위를 적당히 제거하면서 하나의 계산식으로 나타내면 다음과 같다.

$$\text{소비율} = \frac{91\ \cancel{\text{kcal}}/\text{h}}{100\ \cancel{\text{lb}}} \times \frac{4.184\ \text{kJ}}{1\ \cancel{\text{kcal}}} \times \frac{1\ \cancel{\text{lb}}}{0.453\ 6\ \text{kg}} = 8.4\ \frac{\text{kJ/h}}{\text{kg}}$$

복습 문제 시간당 2마일의 속도로 수영하는 사람은 몸무게 100파운드당 시간당 360 + 46 Cal가 필요하다. 에너지를 몸무게 kg당 kJ/h로 나타내시오. (**답** : kg당 37 kJ/h)

예제 **와트로 측정되는 일률 (초당 에너지)**

1 W = 1 J/s

킬로그램당 시간당 주울 (J/h/kg) 과 같은 복잡한 단위는 아래의 식과 같이 나타낸다.

$$\frac{\text{J}}{\text{h} \cdot \text{kg}}$$

1 와트는 초당 1 J이다. 앞의 예제에서 여성은 걸을 때 몸무게 kg당 시간당 8.4 kJ을 소비하였다. **(a)** 여성은 kg당 몇 W를 소비하는가? **(b)** 몸무게가 50 kg이라면 여성은 몇 W를 소비하는가?

해답 **(a)** 여성은 kg당 시간당 8.4×10^3 J을 소비한다. 따라서 단위는 J/h/kg, 즉 J/(h · kg)로 나타낸다. 1시간은 3 600초 (60초/분 × 60분/시간) 이기 때문에 필요한 일률은,

$$8.4 \times 10^3 \frac{\text{J}}{\text{h} \cdot \text{kg}} \times \frac{3\ 600\ \text{s}}{1\ \text{h}}$$

저런! 단위들을 제거시키지 않았다. 이를 위해서 역환산 인자를 이용해야 한다. 즉,

$$8.4 \times 10^3 \frac{\text{J}}{\cancel{\text{h}} \cdot \text{kg}} \times \frac{1\ \cancel{\text{h}}}{3\ 600\ \text{s}} = 2.33 \frac{\text{J}}{\text{s} \cdot \text{kg}} = 2.33 \frac{\text{J/s}}{\text{kg}} = 2.33 \frac{\text{W}}{\text{kg}}$$

(b) 건강한 사람의 몸무게가 50 kg이다. 그러므로 이 경우 필요한 일률은 다음과 같다.

$$2.33 \frac{\text{W}}{\cancel{\text{kg}}} \times 50\ \cancel{\text{kg}} = 116\ \text{W}$$

복습 문제 표 1-4의 환산 인자를 이용하여, 여성의 에너지를 마력으로 나타내시오. (**답** : 0.156마력)

시간당 2마일의 속도로 걸었을 때 기초 대사 이외에 몸무게 100 파운드당 시간당 약 45 Cal가 필요하게 된다. 같은 사람이 시간당 2마일을 수영했을 경우에는 기초 대사를 초과하여 100 파운드당 시간당 약 360 Cal를 소비한다.

자습문제

1-B. 사무실에서 근무하는 120파운드의 여성은 약 2.2×10^3 kcal/일을 소비한다. 같은 여성이 산에 오를 때는 3.4×10^3 kcal/일이 필요하다.

(a) 위의 두 가지 경우 여성은 각각 몇 J/일을 소비하는가?

(b) 하루는 몇 초인가?

(c) 위의 두 가지 경우 여성은 각각 초당 몇 J (= W) 를 소비하는가?

(d) 사무원과 100 W 전구 중에서 어느 것이 큰 일률 (W) 을 소비하는가?

1-3 화학 농도

용액 중에 들어 있는 소수의 화학종을 **용질 (solute)** 이라 하고, 다수의 화학종을 **용매 (solvent)** 라 한다. 이 책에서는 용매가 물인 **수용액** (*aqueous solution*) 에 대하여 주로 설명한다. **농도 (concentration)** 는 주어진 부피나 질량 중에 얼마만큼의 용질이 함유되어 있는가를 의미한다.

몰농도와 몰랄농도

몰농도 (molarity, M) 는 용액 리터당 물질의 몰수이다. **1몰 (mol)** 이란 원자, 분자 또는 이

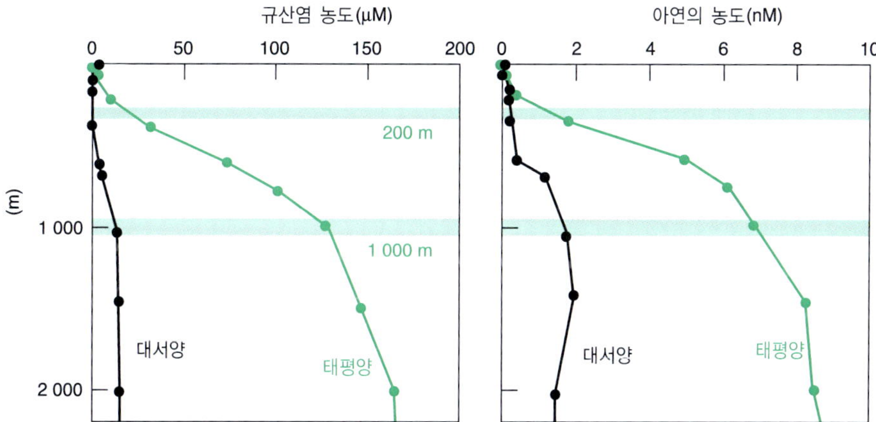

그림 1-2 북대서양과 북태평양의 바닷물 중에 함유된 용해성 규산염과 아연 농도의 측면도. 바닷물은 **불균일**(*heterogenous*)하다. 200 또는 1 000 m 깊이에서 채취한 바닷물에서 각 화학종들의 농도는 서로 다르다. 바닷물 표면에 살아 있는 유기체들은 바닷물 중의 규산염과 아연의 함량을 감소시킨다. [자료 출처 : K. S. Johnson, K. H. Coale, and H. W. Jannasch, *Anal. Chem.* **1992**, *64*, 1065A.]

온들의 Avogadro 수이다($6.022 \times 10^{23}\ mol^{-1}$). **1리터(liter, L)**는 세 변이 길이가 각각 10 cm인 입방체의 부피와 같다. 10 cm = 0.1 m이므로 $1\ L = (0.1\ m)^3 = (10^{-1})^3\ m^3 = 10^{-3}\ m^3$이다. 그림 1-2에서 바닷물의 화학 농도는 리터당 마이크로몰(10^{-6} mol/L = μM)과 리터당 나노몰 (10^{-9} mol/L = nM)로 표시하였다. 화학종의 몰농도는 $[Cl^-]$ 등과 같이 대괄호로 나타낸다.

한 원소의 **원자 질량(atomic mass)**은 Avogadro 수의 원자를 포함하고 있는 그램수이다. 화합물의 **분자 질량(molecular mass)**은 분자 내에 있는 원자들의 원자 질량의 합이다. 따라서 이것은 Avogadro 수의 분자를 포함하고 있는 화합물의 그램수이다.

$$\text{몰농도 (M)} = \frac{\text{용질의 몰수}}{\text{용액의 리터수}}$$

리터(liter)는 딸 이름을 Millicent라 지은 프랑스인인 Claude Litre (1716 ~ 1778)의 이름을 따서 명명하였다. 딸의 친구들이 그녀를 밀리리터(Millie Litre)라고 불렀을지도 모를 일이다.

미국의 많은 학교에서 10월 23일(10/23) 오전 6시 02분을 "몰 데이(Mole Day)"로 기념한다.

예제 바닷물 중 소금의 몰농도

(a) 일반적으로 바닷물 중에는 데시리터(= dL = 0.1 L)당 2.7 g의 소금(염화 소듐, NaCl)이 들어 있다. 바닷물 중 NaCl의 몰농도는 얼마인가? **(b)** 바닷물 중 $MgCl_2$의 농도는 0.054 M이다. 바닷물 25 mL에는 몇 그램의 $MgCl_2$가 들어 있는가?

해답 **(a)** NaCl의 분자 질량은 22.99 (Na) + 35.45 (Cl) = 58.44 g/mol이다. 2.7 g에 대응하는 소금의 몰수는

$$\text{NaCl의 몰수} = \frac{2.7\ \cancel{g}}{\left(58.44\ \frac{\cancel{g}}{mol}\right)} = 0.046\ mol$$

따라서 몰농도는,

$$[NaCl] = \frac{mol\ (NaCl)}{L\ (\text{바닷물})} = \frac{0.046\ mol}{0.1\ L} = 0.46\ M$$

(b) $MgCl_2$의 분자 질량은 24.30 (Mg) + [2 × 35.45] (Cl) = 95.20 g/mol이다. 따라서 25 mL에 들어 있는 그램수는,

$$MgCl_2\text{의 그램수} = 0.054\ \frac{\cancel{mol}}{\cancel{L}} \times 95.20\ \frac{g}{\cancel{mol}} \times (25 \times 10^{-3}\ \cancel{L}) = 0.13\ g$$

원자 질량은 이 책 앞 표지 안쪽 면에 수록된 주기율표에 나타내었다. Avogadro 수 같은 물리적 상수들은 뒤표지 안쪽에 나타내었다.

복습 문제 바닷물 중에서 황산 이온(SO_4^{2-})의 농도는 전형적으로 0.038 M이다. 황산 이온의 농도를 100 mL당 g으로 구하시오. (**답** : 0.37 g/100 mL)

센 전해질(*strong electrolyte*) : 용액 중에서 완전히 이온으로 해리된다.
약한 전해질(*weak electrolyte*) : 용액 중에서 일부만 해리된다.

전해질(*electrolyte*)은 수용액 중에서 이온으로 해리된다. 염화 마그네슘은 **센 전해질**(**strong electrolyte**)이다. 이것은 $MgCl_2$가 수용액 중에서 거의 대부분 이온으로 해리된다는 것을 의미한다. 바닷물 중에서 마그네슘의 89%는 Mg^{2+} 이온으로 존재하고, 나머지 11%는 **착이온**(*complex ion*)인 $MgCl^+$로 발견된다. 따라서 바닷물 중에 $MgCl_2$ 분자의 농도는 0에 가깝다. 때때로 센 전해질의 몰농도는 용액 중에서 물질이 다른 화학종으로 변환되는 것을 강조하기 위해서 **포말 농도**(**F, formal concentration**)로 표시한다. 흔히 바닷물 중에 포함된 $MgCl_2$의 농도를 말할 때 0.054 M이라고 표현하지만, 실제로는 포말 농도(0.054 F)라고 해야 한다. 또한 센 전해질의 "분자 질량"은 **화학식 질량**(**formula mass, FM**)이라고 하는 것이 더 적절하다. 왜냐하면 비록 용액에서 화학식과 같은 분자 상태로 거의 존재하지 않더라도, 화학식 질량은 화학식 중에 함유되어 있는 원자들의 원자 질량의 합이 되기 때문이다.

아세트산(CH_3CO_2H)과 같은 **약한 전해질**(**weak electrolyte**)은 용액 중에서 그 일부만이 이온으로 해리된다.

$$CH_3C(=O)OH \rightleftharpoons CH_3C(=O)O^- + H^+$$

아세트산 (해리되지 않은) ⇌ 아세트산 이온 (해리된)

포말 농도	해리 백분율
0.1 F	1.3%
0.01 F	4.1%
0.001 F	12.4%

1.000 L에 0.010 00몰의 아세트산을 녹여 만든 용액의 포말 농도는 0.010 00 F이다. CH_3CO_2H의 실제 몰농도는 0.009 59 M이다. 왜냐하면 아세트산의 4.1%가 $CH_3CO_2^-$ 이온으로 해리되고, 95.9%는 CH_3CO_2H로 남아 있기 때문이다. 그럼에도 불구하고 관습적으로 용액은 0.010 00 M 아세트산이라 하며, 산의 일부가 해리된다고 인식하고 있다.

혼동되는 약어들 :
몰 = 몰수
$$M = 몰농도 = \frac{용질의\ 몰수}{용액의\ 리터수}$$
$$m = 몰랄농도 = \frac{용질의\ 몰수}{용매의\ kg수}$$

몰랄농도(**molality**, *m*)는 용매(전체 용액이 아님) 킬로그램당 들어 있는 물질의 몰수를 나타내는 또 다른 농도의 표현이다. 용질과 용매의 질량은 증발하지 않는 한, 온도에 따라 변하지 않는다. 따라서 몰랄농도는 온도가 변화하더라도 변하지 않는다. 반면 몰농도는 온도에 따라 변한다. 이것은 용액이 가열되면 그 부피가 증가하기 때문이다.

백분율 조성

혼합물이나 용액 중에 포함된 성분의 백분율은 항상 **무게 백분율**(**weight percent**, wt%)로 나타낸다.

무게 백분율의 정의 :

$$무게\ 백분율 = \frac{용질의\ 질량}{전체\ 용액\ 또는\ 혼합물의\ 질량} \times 100 \qquad (1-1)$$

일반적으로 에탄올(CH_3CH_2OH)의 조성은 전체 용액 100 g당 95 g의 에탄올을 함유하고 있으므로 95 wt%이고, 그 나머지는 물이다. 또 다른 일반적인 조성의 표시 방법은 **부피 백분율**(**volume percent**, vol%)이다.

부피 백분율의 정의 :

$$\text{부피 백분율} = \frac{\text{용질의 부피}}{\text{전체 용액의 부피}} \times 100 \qquad (1-2)$$

혼란을 피하기 위해서는 항상 "wt%" 또는 "vol%"로 표시해야 하지만, "%"로만 나타내었을 경우에는 일반적으로 wt%를 의미한다.

예 제 무게 백분율을 몰농도로 변환

"37.0 wt% HCl, d = 1.188 g/mL"로 표시된 시약에서 HCl의 몰농도를 구하시오. 물질의 **밀도(density)**는 단위 부피당 질량이다.

$$\text{밀도} = \frac{\text{질량}}{\text{부피}} = \frac{\text{g}}{\text{mL}}$$

이와 밀접하게 관련된 무단위의 양으로 나타내면,

$$\textbf{비중} = \frac{\text{물질의 밀도}}{4°\text{C에서 물의 밀도}}$$

4°C에서 물의 밀도는 약 1 g/mL이므로, 물의 비중은 밀도와 거의 같다.

해답 용액 리터당 HCl의 몰수를 구해야 한다. 그러므로 먼저 HCl의 몰수를 구하기 위하여 HCl의 질량을 구해야 한다. 1 L 중에 있는 HCl의 질량은 1 L 용액에 대한 질량의 37.0%이다. 따라서 1 L 용액의 질량은 $(1.188\ \text{g}/\cancel{\text{mL}}) \times (1\ 000\ \cancel{\text{mL}}/\text{L}) = 1\ 188\ \text{g/L}$이다. 그러므로 1 L 중 HCl의 질량은,

$$\text{HCl}\left(\frac{\text{g}}{\text{L}}\right) = 1\ 188\ \frac{\cancel{\text{g 용액}}}{\text{L}} \times \underset{\uparrow}{0.370}\ \frac{\text{g HCl}}{\cancel{\text{g 용액}}} = 439.6\ \frac{\text{g HCl}}{\text{L}}$$

37.0 wt% HCl을 의미함

HCl의 분자 질량은 36.46 g/mol이므로, 몰농도는,

$$\text{몰농도} = \frac{\text{mol HCl}}{\text{L 용액}} = \frac{439.6\ \cancel{\text{g HCl}}/\text{L}}{36.46\ \cancel{\text{g HCl}}/\text{mol}} = 12.1\ \frac{\text{mol}}{\text{L}} = 12.1\ \text{M}$$

복습 문제 흔히 인산(H_3PO_4, FM = 화학식량 = 97.99 g/mol)은 밀도가 1.69 g 용액/mL인 85.5 wt% 수용액으로 시판된다. H_3PO_4의 몰농도를 구하시오. (**답** : 85.5 wt% H_3PO_4의 몰농도는 뒤표지 안쪽 면을 보시오.)

백만분율과 십억분율

시료 중에 함유된 극미량 성분의 농도는 **백만분율(parts per million**, ppm) 또는 **십억분율(parts per billion**, ppb)로 표시한다. 이것은 백만그램 또는 십억그램의 전체 용액 또는 혼합물에 들어 있는 물질의 그램수를 의미한다.

백만분율의 정의 :

$$\text{ppm} = \frac{\text{물질의 질량}}{\text{시료의 질량}} \times 10^6 \qquad (1-3)$$

친숙한 비율은 **백분율**(*parts per hundred*)인 퍼센트이다.

$$\text{백분율} = \frac{\text{물질의 질량}}{\text{시료의 질량}} \times 100$$

십억분율의 정의 :

$$\text{ppb} = \frac{\text{물질의 질량}}{\text{시료의 질량}} \times 10^9 \qquad (1-4)$$

질문 일조분율(pants per trillion)의 정의는 무엇인가?

이 경우 분자와 분모의 질량을 같은 단위로 표시해야 한다.

묽은 수용액의 밀도는 거의 1.00 g/mL이므로, 비록 근사적이지만 **흔히 물 1 g과 물 1 mL는 같다고 할 수 있다**. 그러므로 1 ppm은 1 μg/mL (= 1 mg/L)과 1 ppb는 1 ng/mL (= 1 μg/L)에 대응된다.

1 ppm ≈ 1 μg/mL
1 ppb ≈ 1 ng/mL
기호 ≈는 "거의 같다"는 것을 뜻한다.

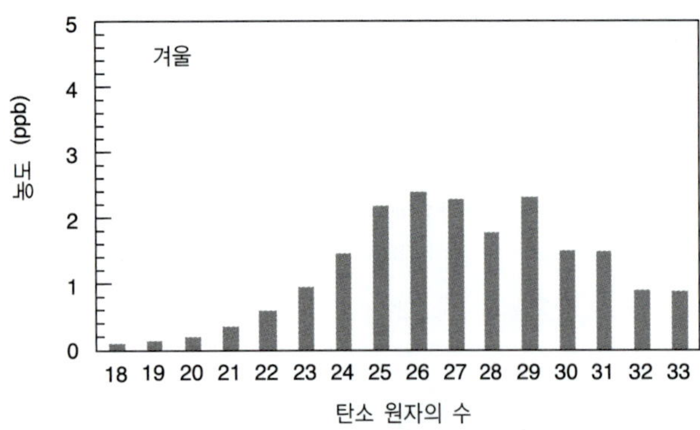

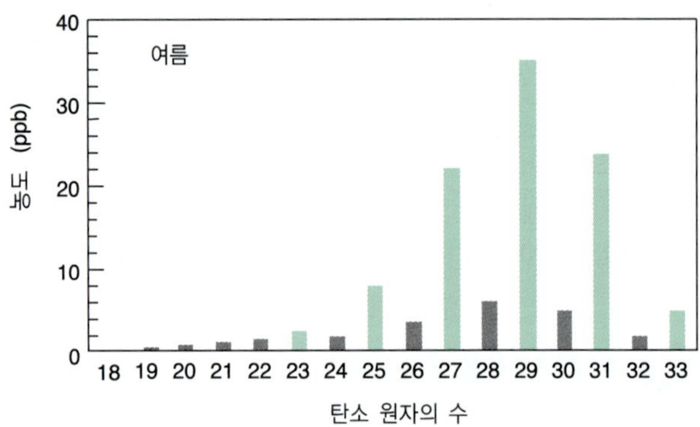

그림 1-3 1989년 독일 하노버의 겨울과 여름철 빗물 중에서 측정한 알케인(화학식이 C_nH_{2n+2}인 탄화수소)의 농도를 ppb (= μg 탄화수소/L 빗물) 단위로 측정하였다. 여름철에는 탄소 원자가 홀수인 화합물들이 주로 생성되며(색 막대), 농도가 겨울철보다 더 높다. 식물들은 주로 탄소 원자가 홀수인 탄화수소를 생성한다. [K. Levsen, S. Behnert, and H. D. Winkeler, *Fresenius J. Anal. Chem.* **1991**, *340*, 665.]

예제 십억분율을 몰농도로 변환

탄화수소는 단지 수소와 탄소만을 함유하는 화합물이다. 식물들은 세포나 소낭의 막 성분인 탄화수소(지방이나 기름이라고 함)를 만든다. 이와 같은 생합성 경로는 주로 홀수의 탄소 원자를 함유하고 있는 화합물을 만든다. 그림 1-3은 겨울 및 여름철에 빗물에 의해 공기로부터 씻겨나가는 탄화수소의 농도를 나타내었다. 여름철에 홀수의 탄화수소가 더 많이 존재하는 것은 주요 생성원이 식물이라는 것을 암시해 주고 있다. 그러나 겨울철에는 홀수와 짝수의 탄화수소가 균일한 분포를 나타내는데, 이것은 생성원이 인공적이라는 것을 암시한다. 여름철 빗물 중에 함유된 $C_{29}H_{60}$의 농도는 34 ppb이다. 이 화합물의 몰농도를 리터당 나노몰수(nM)로 구하시오.

해답 농도가 34 ppb라는 것은 빗물 그램당 34×10^{-9} g (= 34 ng)의 $C_{29}H_{60}$가 들어 있다는 것을 의미하며, 이것은 34 ng/mL와 같다. 리터당 몰수를 구하기 위하여 먼저 리터당 그램수를 계산해야 한다. 즉,

$$34 \times 10^{-9} \frac{\text{g}}{\cancel{\text{mL}}} \times \frac{1\ 000\ \cancel{\text{mL}}}{\text{L}} = 34 \times 10^{-6} \frac{\text{g}}{\text{L}}$$

$C_{29}H_{60}$의 분자 질량이 408.8 g/mol이기 때문에 몰농도는 다음과 같이 구할 수 있다.

$$\text{빗물 중 } C_{29}H_{60}\text{의 몰농도} = \frac{34 \times 10^{-6}\ \cancel{\text{g}}/\text{L}}{408.8\ \cancel{\text{g}}/\text{mol}} = 8.3 \times 10^{-8}\ \text{M}$$

$$= 83 \times 10^{-9}\ \text{M} = 83\ \text{nM}$$

복습 문제 겨울철 빗물 중에서 $C_{29}H_{60}$의 몰농도는 5.6 nM이다. ppb로 농도를 구하시오. (**답** : 2.3 ppb)

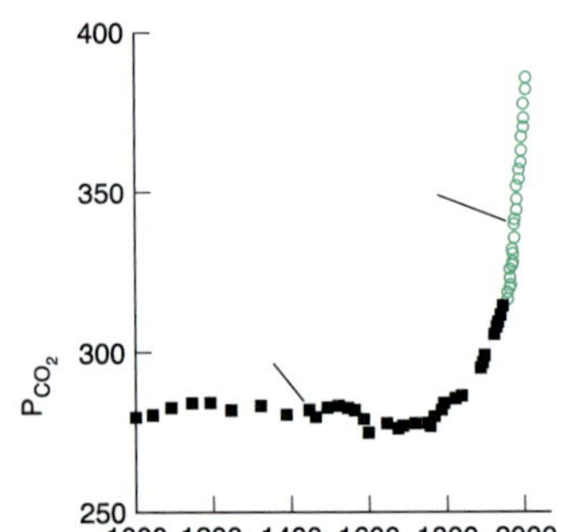

그림 1-4 남극의 얼음에 축적된 CO_2와 대기 중 CO_2를 측정해서 얻은 대기 중 CO_2의 천년간의 기록. [데이터: D. M. Etheridge, L. P. Steele, R. L. Langenfelds, R. J. Francey, J. -M. Barnola, and V. I. Morgan, in *Trends: A Compendium of Data on Global Change*, Carbon Dioxide Information Analysis Center, Oak Ridge National Laboratory, Oak Ridge, TN, **1998** and C. D. Keeling and T. P. Whorf, Scripps Institution of Oceanography, and http://scripp-co2.ucsd.edu/data/in_situ_co2/monthly_mlo.csv.]

기체의 경우, ppm은 대체로 질량보다는 부피로 나타낸다. 예를 들면, 공기 중에서 300 ppm의 이산화탄소라는 것은 공기 리터당 300 μL의 CO_2가 들어 있다는 것을 의미한다. 혼동하지 않도록 항상 단위를 표시한다. 그림 1-4는 지난 200년 동안 화석 연료(석탄, 석유, 천연 가스)를 태우고 지구의 숲을 파괴함으로써 대기 중 CO_2가 증가한 것을 보여 준다. 대기 중 CO_2의 증가는 바다를 산성화시키고(보충 11-1) 지구의 기후를 변화시킬 것이다.

자습문제

1-C. 70.5 wt% 과염소산 수용액의 밀도는 1.67 g/mL이다. 그램수는 **용액** (*solution*) 의 그램수 (= g $HClO_4$ + g H_2O) 임을 유의하시오.

(a) 용액 1.00 L는 몇 그램인가?

(b) 1.00 L 중에 들어 있는 $HClO_4$는 몇 그램인가?

(c) 1.00 L 중에 들어 있는 $HClO_4$는 몇 몰인가? 이것이 몰농도이다.

1-4 용액의 제조

그림 1-5 액체의 높이가 플라스크의 좁은 목에 새겨진 표선의 중앙에 맞춤으로써 특정 부피의 액체를 담을 수 있는 **부피 플라스크** (20°C). [사진 제공: A. H. Thomas Co., Philadelphia, PA.]

원하는 몰농도의 용액을 만들기 위해서는 순수한 시약의 질량을 정확히 달아 부피 플라스크(volumetric flask) 에 넣고 용매로 녹인 다음(그림 1-5), 용매를 가하여 원하는 최종 부피로 묽힌다. 그리고 여러 번 플라스크를 거꾸로 뒤집으면서 잘 섞는다. 이 과정에 대한 자세한 설명은 2-5절을 참고하시오.

예제 원하는 몰농도 용액의 제조

황산구리는 흔히 5수화물인 $CuSO_4 \cdot 5H_2O$로 시판되는데, 이것은 고체 결정 중에 있는 $CuSO_4$ 1몰에 대해서 5몰의 H_2O가 들어 있다는 것을 의미한다. $CuSO_4 \cdot 5H_2O$ (= $CuSO_9H_{10}$) 의 화학식 질량은 249.69 g/mol이다. 8.00 mM의 Cu^{2+}가 들어 있는 용액을 만들기 위해서 몇 그램의 $CuSO_4 \cdot 5H_2O$를 250 mL 부피 플라스크에 녹여야 하는가?

해답 8.00 mM 용액은 8.00×10^{-3} mol/L이다. 그리고 250 mL는 0.250 L이므로,

$$8.00 \times 10^{-3} \frac{\text{mol}}{\cancel{\text{L}}} \times 0.250\,\cancel{\text{L}} = 2.00 \times 10^{-3}\ \text{mol CuSO}_4 \cdot 5\text{H}_2\text{O}$$

필요한 시약의 정확한 질량은,

$$(2.00 \times 10^{-3}\ \cancel{\text{mol}}) \times \left(249.69 \frac{\text{g}}{\cancel{\text{mol}}}\right) = 0.499\ \text{g}$$

용액의 제조 과정은 먼저 고체 $CuSO_4 \cdot 5H_2O$ 0.499 g을 정확히 달아 250 mL 부피 플라스크에 넣고, 약 200 mL의 증류수를 가한 후 흔들면서 시약을 녹인다. 그리고 증류수로 250 mL 눈금까지 묽힌 다음, 완전히 섞이도록 마개를 막고 플라스크를 여러 번 거꾸로 뒤집으면서 흔든다. 이 용액에는 8.00 mM의 Cu^{2+}가 들어 있다.

복습 문제 $EDTA^{4-}$ 음이온은 전하가 ≥2인 금속 이온과 결합한다. 20.0 mM EDTA 용액을 만들려면 0.500 L 중에 몇 그램의 $Na_2H_2(EDTA) \cdot 2H_2O$(FM 372.24 g/mol) 녹여야 하는가? 이 용액에서 Na^+의 몰농도는 얼마인가? (**답** : 3.72 g, 40.0 mM)

묽은 용액은 진한 용액으로부터 만들 수 있다. 일반적으로 원하는 부피 또는 질량의 진한 용액을 부피 플라스크에 옮기고, 용매로 정해진 부피가 되도록 묽힌다. V리터에 들어 있는 시약의 몰수는 $M \cdot V = (\text{mol}/\cancel{\text{L}}) \cdot (\cancel{\text{L}}) = \text{mol}$이다. 용액을 높은 농도에서 낮은 농도로 묽힐 때, 용질의 몰수는 변하지 않는다. 그러므로 진한(conc) 용액과 묽은(dil) 용액의 몰수는 다음과 같은 식으로 나타낼 수 있다.

묽힘 공식 :

$$\mathrm{M}_{\text{진한}} \cdot V_{\text{진한}} = \mathrm{M}_{\text{묽은}} \cdot V_{\text{묽은}} \quad (1\text{-}5)$$

진한 용액으로부터 취한 몰수 / 묽은 용액 중에 함유된 몰수

예 제 **0.1 M HCl 용액의 제조**

기호 ~는 "약"이라고 읽는다.

실험실용으로 구입한 "진한" HCl의 몰농도는 ~ 12.1 M이다. 0.100 M HCl 용액을 만들기 위하여 이 시약 몇 mL를 1.00 L로 묽혀야 하는가?

해답 식 1-5로부터 진한 용액의 부피를 구하면,

기호 ⇒ 는 "~을 의미한다"라고 읽는다.

$$\mathrm{M}_{\text{진한}} \cdot V_{\text{진한}} = \mathrm{M}_{\text{묽은}} \cdot V_{\text{묽은}}$$
$$(12.1\ \mathrm{M}) \cdot (x\ \mathrm{mL}) = (0.100\ \mathrm{M}) \cdot (1\ 000\ \mathrm{mL}) \Rightarrow x = 8.26\ \mathrm{mL}$$

부피는 mL 또는 L 중 어느 것으로 나타내어도 좋다. 중요한 점은 단위를 상쇄할 수 있도록 식 양쪽의 부피를 같은 단위로 나타내야 한다. 0.100 M HCl 용액을 만들기 위해서는, 진한 HCl 8.26 mL를 1 L 부피 플라스크에 넣고 물을 ~ 900 mL 가한다. 잘 흔들어 섞은 후 1 L 눈금까지 물로 묽힌 다음 완전히 섞이도록 마개를 막고 플라스크를 여러 번 거꾸로 뒤집어 흔든다.

복습 문제 진한 질산의 몰농도는 ~ 15.8 M이다. 1.00 M HNO_3 1.00 L를 만들려면 몇 mL가 필요한가? (**답** : 책 뒤표지 안쪽 면을 보시오. 반올림으로 나타낸 값이 구한 답과 약간 다를 것이다.)

예 제 **보다 복잡한 묽힘 계산**

암모니아 수용액은 다음과 같은 평형을 이루기 때문에 "수산화 암모늄"이라고 한다.

$$\underset{\text{암모니아}}{NH_3} + H_2O \rightleftharpoons \underset{\text{암모늄 이온}}{NH_4^+} + \underset{\text{수산화 이온}}{OH^-}$$

28.0 wt%의 NH_3를 포함하는 진한 수산화 암모늄 용액의 밀도는 0.899 g/mL이다. 0.250 M NH_3 용액 500 mL를 만들기 위해서 필요한 이 시약의 부피는 얼마인가?

해답 식 1-5를 이용하기 위해서는 먼저 진한 시약의 몰농도를 알아야 한다. 밀도는 용액 1 mL당 0.899 g의 시약이 들어 있다는 것을 의미한다. 그리고 무게 백분율은 용액 g당 0.280 g의 NH_3가 들어 있다는 것을 말해준다. 진한 시약에 들어 있는 NH_3의 몰농도를 구하기 위해서는, 먼저 1리터에 들어 있는 NH_3의 몰수를 구해야 한다.

$$\text{리터당 } NH_3\text{의 그램수} = 899\ \frac{\cancel{\text{g 용액}}}{\mathrm{L}} \times 0.280\ \frac{\mathrm{g\ NH_3}}{\cancel{\text{g 용액}}} = 252\ \frac{\mathrm{g\ NH_3}}{\mathrm{L}}$$

$$\text{NH}_3\text{의 몰농도} = \frac{252\ \frac{\cancel{\text{g NH}_3}}{\text{L}}}{17.03\ \frac{\cancel{\text{g NH}_3}}{\text{mol NH}_3}} = 14.8\ \frac{\text{mol NH}_3}{\text{L}} = 14.8\ \text{M}$$

이제 식 1-5를 이용하여 0.250 M NH_3 500 mL를 만드는 데 필요한 14.8 M NH_3 용액의 부피를 구하면,

$$\text{M}_{\text{진한}} \cdot V_{\text{진한}} = \text{M}_{\text{묽은}} \cdot V_{\text{묽은}}$$

$$14.8\ \frac{\text{mol}}{\text{L}} \times V_{\text{진한}} = 0.250\ \frac{\text{mol}}{\cancel{\text{L}}} \times 0.500\ \cancel{\text{L}}$$

$$\Rightarrow V_{\text{진한}} = 8.45 \times 10^{-3}\ \text{L} = 8.45\ \text{mL}$$

올바른 용액의 제조 과정은 500 mL 부피 플라스크에 진한 시약 8.45 mL를 넣고, 약 400 mL의 증류수를 가한 후 잘 섞는다. 그 다음 증류수로 정확히 500 mL 되게 묽히고, 마개를 막고 플라스크를 거꾸로 뒤집어 여러 번 흔들어 잘 섞는다.

복습 문제 1.00 M NH_3 1.00 L를 제조하기 위해서 묽혀야 할 28.0 wt% NH_3의 부피는 얼마인가? (**답** : 책 뒤표지 안쪽 면을 보시오.)

예제 백만분율 농도의 제조

치아의 손상을 방지하기 위하여 식수에는 대체로 1.6 ppm의 플루오린화 이온(F^-)이 들어 있다. 지름이 450 m이고, 깊이가 10 m인 저장용기가 있다고 가정하자. (a) 1.6 ppm의 F^- 용액을 만들기 위해서 0.10 M NaF 용액을 몇 리터 가해야 하는가? (b) 고체 NaF를 사용할 경우에는 몇 그램을 넣어야 하는가?

해답 **(a)** 용기에 있는 물의 밀도를 1.00 g/mL이라고 가정하면, 1.6 pm의 F^-는 1.6×10^{-6} g F^-/mL이다.

$$1.6 \times 10^{-6}\ \frac{\text{g F}^-}{\cancel{\text{mL}}} \times 1\,000\ \frac{\cancel{\text{mL}}}{\text{L}} = 1.6 \times 10^{-3}\ \frac{\text{g F}^-}{\text{L}}$$

플루오린의 원자 질량은 19.00이므로, 만들려는 플루오린화 이온의 몰농도는,

$$\text{용기 중에 만들려는 [F}^-] = \frac{1.6 \times 10^{-3}\ \frac{\cancel{\text{g F}^-}}{\text{L}}}{19.00\ \frac{\cancel{\text{g F}^-}}{\text{mol}}} = 8.42 \times 10^{-5}\ \text{M}$$

용기의 부피는 $\pi r^2 h$이고, 여기에서 r는 반지름, h는 높이이므로,

$$\text{용기의 부피} = \pi \times (225\ \text{m})^2 \times 10\ \text{m} = 1.59 \times 10^6\ \text{m}^3$$

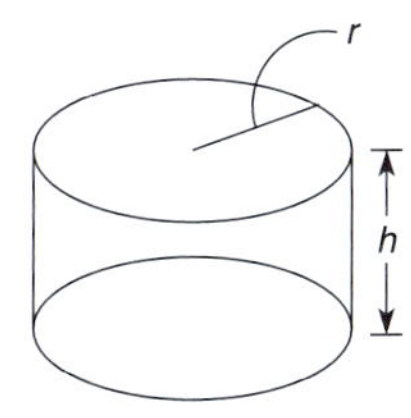

실린더의 부피
= 밑넓이 × 높이
= $\pi r^2 h$

묽힘 공식을 이용하기 위해서는 부피를 리터로 나타내어야 한다. 표 1-4를 보면 1 m^3는 1 000 L이다. 따라서 용기의 부피(L)는,

$$\text{용기의 부피 (L)} = 1.59 \times 10^6\ \cancel{m^3} \times 1\,000\ \frac{L}{\cancel{m^3}} = 1.59 \times 10^9\ L$$

마지막으로, 묽힘 공식 1-5를 이용하면

$$M_{\text{진한}} \cdot V_{\text{진한}} = M_{\text{묽은}} \cdot V_{\text{묽은}}$$

$$0.10\ \frac{mol}{L} \times V_{\text{진한}} = \left(8.42 \times 10^{-5}\ \frac{mol}{\cancel{L}}\right) \times (1.59 \times 10^9\ \cancel{L})$$

$$\Rightarrow V_{\text{진한}} = 1.3 \times 10^6\ L$$

따라서 0.10 M F^- 용액 1천 300만 리터가 필요하다. 이것은 용기의 최종 부피가 1.59×10^9 L라고 가정하고 계산한 결과라는 것을 유의하시오. 10^6 L 이상의 시약을 가하더라도, 이것은 10^9 L에 비해서 작은 부피이다. 그러므로 남아 있는 용기의 근사적 부피는 그대로 1.59×10^9 L라고 할 수 있다.

1톤은 1000 kg이다. 필요한 고체 NaF의 양은

$$(5.6 \times 10^6\ \cancel{g})\left(\frac{1\ \cancel{kg}}{1\,000\ \cancel{g}}\right)\left(\frac{1\ ton}{1\,000\ \cancel{kg}}\right) = 5.6\ ton$$

(b) 용기에 들어 있는 F^-의 몰수는 $(1.59 \times 10^9\ \cancel{L}) \times (8.42 \times 10^{-5}\ mol/\cancel{L}) = 1.34 \times 10^5$ mol F^-이다. 1몰의 NaF는 1몰의 F^-을 형성하므로 $(1.34 \times 10^5\ \cancel{mol\ NaF}) \times (41.99\ g\ NaF/\cancel{mol\ NaF}) = 5.6 \times 10^6$ g의 NaF가 필요하다.

 **복습 문제** 만약 용기의 지름을 두 배인 900 m로 하면, 몇 톤의 NaF가 필요한가? 1톤은 1 000 kg이다. (**답** : 22톤)

자습문제

1-D. 48.0 wt% HBr 수용액의 밀도는 1.50 g/mL이다.

(a) 용액 1.00 L는 몇 그램인가?

(b) 용액 1.00 L에는 몇 그램의 HBr가 들어 있는가?

(c) HBr의 몰농도는?

(d) 0.160 M HBr 용액 0.250 L를 제조하려면 진한 HBr 용액 몇 mL가 필요한가?

1-5 평형 상수

평형에서 정반응의 속도와

$$aA + bB \rightarrow cC + dD$$

역반응의 속도는

$$cC + dD \rightarrow aA + bB$$

서로 같다.

평형 (*equilibrium*) 은 "충분히 오래 기다렸을 때" 계가 도달하는 상태를 기술한다. 분석화학에서 취급하는 대부분의 반응은 몇 분의 일 초에서 몇 분 내에 평형에 도달한다.

만약 반응물질 A와 B가 화학량론적으로 생성물인 C와 D로 변환되었다면,

$$aA + bB \rightleftharpoons cC + dD \qquad (1\text{-}6)$$

평형 상수는 농도 대신 **활동도** (*activity*) 의 비로 나타내는 것이 더 정확하다. 12-2절을 참조하시오.

평형 상수 (equilibrium constant), K는 다음과 같이 나타낼 수 있다.

평형 상수 :

$$K = \frac{[C]^c[D]^d}{[A]^a[B]^b} \qquad (1\text{-}7)$$

질량 작용의 법칙 (*law of mass action*)이라 하는 식 1-7은 노르웨이의 C. M. Guldenberg와 P. Waage에 의해서 수식화되어 1864년에 발표되었다. 그들이 유도한 식은 평형에서 정반응과 역반응의 속도가 같아야 한다는 발상을 기초로 하였다.

여기서 작은 위첨자는 반응식에서 화학량론의 계수를 나타내며, 대문자는 화학종을 표시한다. 기호 [A]는 표준 상태(아래에서 정의함)에서의 A의 농도를 나타낸다. 정의에 따르면 $K > 1$이면, 정반응이 유리하다.

평형 상수를 유도할 때, 식 1-7에서 각각의 양은 각 화학종의 농도와 이들이 **표준 상태**(*standard state*)에서 갖는 농도의 **비**(*ratio*)로 나타낸다. 용질에 대한 표준 상태는 1 M이다. 기체의 표준 상태는 1바(bar)이며(표 1-4 참조), 고체나 액체의 표준 상태는 순수한 고체 또는 액체이다. 만약 A가 용질이라고 하면, 식 1-7에서 [A] 항은 [A]/(1 M)을 뜻한다(그러나 거의 이와 같이 쓰지는 않는다). D가 기체이면, [D]는 실제로 [D의 압력 (bar)]/[(bar)]을 의미한다. [D]가 D의 압력임을 강조하기 위해서 [D] 대신 보통 P_D라고 나타낸다. 만약 C가 순수한 액체나 고체이면, [C]/(표준 상태에서 C의 농도)의 비는 1이 되는데, 왜냐하면 이들의 표준 싱태가 순수한 액체나 고체이기 때문이다. 만약 [C]가 용매이면 그 농도는 순수한 액체 C의 농도와 거의 같으므로 [C]값도 본질적으로 1이 된다. 식 1-7의 각 항들은 단위가 없다. 이것은 각 항들이 단위가 맞줄임된 비이기 때문이다. 따라서 **모든 평형 상수는 단위가 없다**.

이에 관하여 익혀야 할 학습내용은 다음과 같다. 평형 상수를 계산하기 위해

1. 용질의 농도는 mol/L로 나타낸다.
2. 기체의 농도는 바(bar) 로 나타낸다.
3. 순수한 고체, 순수한 액체 및 용매의 농도는 1이므로 생략한다.

이러한 규정은 임의로 정한 것이지만, 얻어진 결과들이 표에 수록된 평형 상수와 표준 환원 전위값을 서로 일치하려면 이 규정을 따라야 한다.

평형 상수는 단위가 없다. 농도를 정확하게 나타내려면, 용질은 몰농도(M)로, 기체일 경우는 바(bar) 단위를 사용해야 한다.

예제 평형 상수 쓰기

다음 반응에 대한 평형 상수를 쓰시오.

$$\underset{\text{아연}}{Zn(s)} + \underset{\text{암모늄}}{2NH_4^+(aq)} \rightleftharpoons \underset{\text{아연(II)}}{Zn^{2+}(aq)} + \underset{\text{다이하이드로젠}}{H_2(g)} + \underset{\text{암모니아}}{2NH_3(aq)}$$

(화학식에서 고체는 *s*, 수용액은 *aq*, 기체는 *g*, 그리고 액체는 *l*로 나타낸다)

해답 순수한 고체의 농도는 제외하고 기체의 농도는 압력(bar)으로 나타낸다.

$$K = \frac{[Zn^{2+}]P_{H_2}[NH_3]^2}{[NH_4^+]^2}$$

P_{H_2}는 $H_2(g)$의 압력을 바(bar)로 나타낸 것이다.

복습 문제 다음 반응의 평형 상수를 쓰시오.

$$\underset{\text{다이메틸 옥살산염}}{H_3C\overset{\overset{\displaystyle O}{\|}}{C}O-\overset{\overset{\displaystyle O}{\|}}{C}OCH_3(aq)} + 2H_2O(l) \rightleftharpoons \underset{\text{옥살산}}{C_2O_4^{2-}(aq)} + 2H^+(aq) + \underset{\text{메탄올}}{2CH_3OH(g)}$$

$$\left(\textbf{답}: K = \frac{[C_2O_4^{2-}][H^+]^2P^2_{CH_3OH}}{\text{다이메틸 옥살산염}}\right)$$

평형 상수의 취급

이 책에서는 특별히 언급하지 않는 한, 화학 반응식의 모든 화학종은 수용액 중에 있다고 가정한다.

산 HA가 H^+와 A^-로 해리하는 다음 반응을 고려해 보자.

$$HA \overset{K}{\rightleftharpoons} H^+ + A^- \qquad K = \frac{[H^+][A^-]}{[HA]}$$

만약 역반응을 나타내면 K'값은 처음 K값의 역수가 된다.

역반응의 평형 상수:

$$H^+ + A^- \overset{K'}{\rightleftharpoons} HA \qquad K' = 1/K = \frac{[HA]}{[H^+][A^-]}$$

역반응에 대하여 $K' = 1/K$.
두 반응을 합하면 $K_3 = K_1K_2$.

두 반응을 합하면 새로운 K값은 각 반응에 대한 원래 K'값들의 곱이 된다. 화학종 HA와 CH^+ 사이에 H^+의 평형은 두 반응을 더해서 유도될 수 있다.

$$\begin{array}{lll} HA & \rightleftharpoons \cancel{H^+} + A^- & K_1 \\ \cancel{H^+} + C & \rightleftharpoons CH^+ & K_2 \\ \hline HA + C & \rightleftharpoons A^- + CH^+ & K_3 \end{array}$$

반응의 합에 대한 평형 상수:

$$K_3 = K_1K_2 = \frac{[\cancel{H^+}][A^-]}{[HA]} \cdot \frac{[CH^+]}{[\cancel{H^+}][C]} = \frac{[A^-][CH^+]}{[HA][C]}$$

n개의 반응을 합하면 전체 반응의 평형 상수는 n개의 반응들에 대한 평형 상수의 곱이다.

예제 평형 상수의 결합

아래의 평형으로부터

H_2O는 순수한 액체이므로 K식에서 제외시킨다. 물의 농도는 거의 일정하게 유지되기 때문이다.

$$H_2O \rightleftharpoons H^+ + OH^- \qquad K_w = [H^+][OH^-] = 1.0 \times 10^{-14}$$

$$NH_3(aq) + H_2O \rightleftharpoons NH_4^+ + OH^- \qquad K_{NH_3} = \frac{[NH_4^+][OH^-]}{[NH_3(aq)]} = 1.8 \times 10^{-5}$$

다음 반응의 평형 상수를 나타내시오.

$$NH_4^+ \rightleftharpoons NH_3(aq) + H^+$$

해답 세 번째 반응은 두 번째 반응을 거꾸로 한 다음, 처음 반응과 합하면 얻어진다.

$$\begin{array}{lll} \cancel{H_2O} & \rightleftharpoons H^+ + \cancel{OH^-} & K_1 = K_w \\ NH_4^+ + \cancel{OH^-} & \rightleftharpoons NH_3(aq) + \cancel{H_2O} & K_2 = 1/K_{NH_3} \\ \hline NH_4^+ & \rightleftharpoons H^+ + NH_3(aq) & K_3 = K_w \cdot \dfrac{1}{K_{NH_3}} = 5.6 \times 10^{-10} \end{array}$$

복습 문제 반응 $NH_3(aq) + H_2O \rightleftharpoons NH_4^+ + OH^-$ ($K_{NH_3} = 1.8 \times 10^{-5}$)와 $CH_3NH_2(aq) + H_2O \rightleftharpoons CH_3NH_3^+ + OH^-$ ($K_{CH_3NH_2} = 4.5 \times 10^{-4}$)에서 반응 $CH_3NH_2(aq) + NH_4^+ \rightleftharpoons CH_3NH_3^+ + NH_3(aq)$의 평형 상수를 구하시오. (**답** : $K = 25$)

Le Châtelier의 원리

Le Châtelier의 원리(Le Châtelier's principle)는 평형에 있는 어떤 계에 변화를 주었을 때, 그 계는 주어진 변화를 부분적으로 상쇄시키는 방향으로 진행하여 평형으로 되돌아간다는 것이다.

다음 반응에서 한 가지 화학종의 농도를 변화시키면 어떤 현상이 일어나는지 알아보자.

$$\underset{\text{브로민산 이온}}{BrO_3^-} + \underset{\text{크로뮴(III) 이온}}{2Cr^{3+}} + 4H_2O \rightleftharpoons \underset{\text{브로민화 이온}}{Br^-} + \underset{\text{다이크로뮴산 이온}}{Cr_2O_7^{2-}} + 8H^+ \quad (1\text{-}8)$$

평형 상수는 다음과 같다.

$$K = \frac{[Br^-][Cr_2O_7^{2-}][H^+]^8}{[BrO_3^-][Cr^{3+}]^2} = 1 \times 10^{11} \ (25°C\text{에서})$$

H_2O는 용매이므로 K식에서 제외시킨다. 물의 농도는 거의 일정하게 유지되기 때문이다.

이 계가 이루는 어떤 특별한 평형 상태에서 각 이온들의 농도는 다음과 같다.

$$[H^+] = 5.0 \text{ M} \quad [Cr_2O_7^{2-}] = 0.10 \text{ M} \quad [Cr^{3+}] = 0.003\ 0 \text{ M}$$
$$[Br^-] = 1.0 \text{ M} \quad [BrO_3^-] = 0.043 \text{ M}$$

다이크로뮴산 이온을 0.10에서 0.20 M로 증가시켜 평형이 교란되었다고 가정하자. 평형에 도달하기 위해 어느 방향으로 반응이 진행될까?

Le Châtelier의 원리에 따르면 반응은 식 1-8의 생성물인 다이크로뮴산 이온의 농도를 부분적으로 상쇄시키는 역방향으로 반응이 진행될 것이다. 평형 상수식과 같은 형태를 갖는 **반응 지수**(*reaction quotient*) Q를 식으로 나타내면, 대수적으로 이를 증명할 수 있다. 유일한 차이는 Q가 평형상태가 아닌 용액 내에 어떠한 농도에 대해서도 계산된다는 점이다. 계가 평형에 도달하면 $Q = K$이다. 반응 1-8에 대해서,

Q는 K와 같은 형태로 나타내지만, 그 농도는 일반적으로 평형 농도가 아니다.

$$Q = \frac{(1.0)(0.20)(5.0)^8}{(0.043)(0.003\ 0)^2} = 2 \times 10^{11} > K$$

$Q > K$이므로 반응은 $Q = K$가 될 때까지 분자를 감소시키고, 분모를 증가시키는 역방향으로 진행되어야 한다.

만약 $Q < K$이면 반응은 평형에 도달하기 위해 오른쪽으로 진행해야 한다. $Q > K$이면 평형에 도달하기 위해 왼쪽으로 진행되어야 한다.

일반적으로,

1. 반응이 평형 상태에 있을 때, 생성물을 첨가(또는 반응물을 제거)하면 그 반응은 역방향(왼쪽)으로 진행한다.
2. 반응이 평형 상태에 있을 때, 반응물을 첨가(또는 생성물을 제거)하면 그 반응은 정방향(오른쪽)으로 진행한다.

평형에 영향을 미치는 화학종은 반응식에서 반드시 나타내어야 한다. 만약 아래 반응에서 고체 CaO가 존재할 경우 $CaO(s)$를 첨가하더라도 $CO_2(g)$는 소비되지 않는다.

$$\underset{\text{탄산 칼슘}}{CaCO_3(s)} \rightleftharpoons \underset{\text{산화 칼슘}}{CaO(s)} + \underset{\text{이산화 탄소}}{CO_2(g)}$$

평형의 문제에서, 계가 평형에 도달하려면 어떤 변화가 일어나야 하는지를 예측해야 하지만, 얼마나 시간이 오래 걸리는지는 고려하지 않는다. 어떤 반응은 순간적으로 끝나지만, 백만 년이 걸려도 평형에 도달하지 않는 것도 있다. 예를 들면, 다이너마이트는 무한정 변하지 않고 남아 있으나, 스파크가 일어나면 자발적이고 폭발적인 분해가 일어난다. 평형 상수의 크기는 반응 속도와는 아무 상관이 없다. 평형 상수가 크다고 해서 반응이 빠르다는 것을 뜻하지는 않는다.

자습문제

1-E. **(a)** 아래의 반응식을 어떻게 재배열하고 합하면, $HOBr \rightleftharpoons H^+ + OBr^-$이 되겠는가?

$$HOCl \rightleftharpoons H^+ + OCl^- \qquad K = 3.0 \times 10^{-8}$$

$$HOCl + OBr^- \rightleftharpoons HOBr + OCl^- \qquad K = 15$$

(b) 반응 $HOBr \rightleftharpoons H^+ + OBr^-$에 대한 K값을 구하시오.

(c) 만약 평형에 있는 반응 $HOBr \rightleftharpoons H^+ + OBr^-$에 H^+를 소모하는 물질을 첨가하였을 때, 새로운 평형에 다시 도달하려면 반응이 정방향 또는 역방향 중 어느 쪽으로 진행될까?

주요 식

몰농도 (M)	$[A] = \dfrac{\text{용질의 몰수}}{\text{용액의 리터}}$
무게 백분율	$\text{wt\%} = \dfrac{\text{용질의 질량}}{\text{용액 또는 혼합물의 질량}} \times 100$
부피 백분율	$\text{vol\%} = \dfrac{\text{용질의 부피}}{\text{용질 또는 혼합물의 부피}} \times 100$
밀도	$\text{밀도} = \dfrac{\text{물질의 그램}}{\text{물질의 밀리리터}}$
백만분율	$\text{ppm} = \dfrac{\text{물질의 질량}}{\text{시료의 질량}} \times 10^6$
십억분율	$\text{ppb} = \dfrac{\text{물질의 질량}}{\text{시료의 질량}} \times 10^9$
묽힘 공식	$M_{\text{진한}} \cdot V_{\text{진한}} = M_{\text{묽은}} \cdot V_{\text{묽은}}$ $M_{\text{진한}}$ = 진한 용액의 농도(몰농도) $M_{\text{묽은}}$ = 묽은 용액의 농도 $V_{\text{진한}}$ = 진한 용액의 부피 $V_{\text{묽은}}$ = 묽은 용액의 부피
평형 상수	$aA + bB \overset{K}{\rightleftharpoons} cC + dD \qquad K = \dfrac{[C]^c[D]^d}{[A]^a[B]^b}$ 용질의 농도는 M, 기체는 바(bar)로 나타낸다. 용매와 순수한 고체 그리고 액체는 나타내지 않는다.
역반응	$K' = 1/K$
두 반응의 합	$K_3 = K_1K_2$
Le Châtelier의 원리	1. 생성물을 첨가(또는 반응물의 제거)하면 역방향으로 반응이 진행된다. 2. 반응물을 첨가(또는 생성물의 제거)하면 정반응이 진행된다.

알아두어야 할 술어

Le Châtelier의 원리(Le Châtelier's principle)
농도 (concentration)
리터 (liter)
몰 (mole)
몰농도 (molarity)
몰랄농도 (molality)
무게 백분율 (weight percent)
밀도 (density)
백만분율 (parts per million)
부피 백분율 (volume percent)
분자 질량 (molecular mass)
센 전해질 (strong electrolyte)
십억분율 (parts per billion)
약한 전해질 (weak electrolyte)
SI 단위 (SI units)

용매 (solvent)	(한) 자릿수 (order of magnitude)	포말 농도 (formal concentration)
용질 (solute)	평형 상수 (equilibrium constant)	화학식 질량 (formula mass)
원자 질량 (atomic mass)		

문제

1-1. **(a)** 길이, 질량, 시간, 전류, 온도 및 물질의 양에 대한 SI 단위를 나타내시오. 그리고 각각의 약어(기호)를 표시하시오.
(b) 주파수, 힘, 압력, 에너지 및 일률의 단위와 기호를 쓰시오.

1-2. 아래의 기호로 표시되는 이름과 수를 쓰시오. 예를 들면, kW는 kW = 킬로와트 = 10^3와트로 나타내어야 한다.

(a) mW **(c)** kΩ **(e)** TJ **(g)** fg
(b) pm **(d)** μC **(f)** ns **(h)** dPa

1-3. 표 1-1에서부터 1-3에 수록된 단위와 접두어를 사용하여 다음의 양들을 약어로 표시하시오.

(a) 10^{-13}주울 **(b)** 4.317 28 × 10^{-8}쿨롱
(c) 2.997 9 × 10^{14}헤르츠 **(d)** 10^{-10}미터
(e) 2.1 × 10^{13}와트 **(f)** 48.3 × 10^{-20}몰

1-4. 1마력 = 745.700와트라고 표 1-4에 나타내었다. 100.0마력의 엔진을 생각하자. 엔진의 일률을 **(a)** W, **(b)** joule/s, **(c)** cal/s, **(d)** cal/h으로 나타내시오.

1-5. **(a)** 표 1-4를 참조하여 1인치가 몇 m이며, 1 m는 몇 인치인지 계산하시오.

(b) 1마일은 5 280피트고, 1피트는 12인치이다. 대기압 하에 있는 해수면에서 소리의 속도는 345 m/s이다. 소리의 속도를 mile/s와 mile/h으로 나타내시오.

(c) 폭풍우가 칠 때 천둥과 번개는 약간의 시간 차이를 보인다. 왜냐하면 빛은 거의 동시에 우리 눈에 도달되지만, 소리는 이보다 속도가 느리기 때문이다. 만약 번개가 일어난 후 3.00 s 지나서 천둥소리를 들었다면, 몇 m, km, 그리고 마일만큼 떨어진 곳에서 번개가 일어났겠는가?

1-6. 미국 국립표준기술연구소(National Institute for Standards and Technology)의 과학자들은 전자기 트랩에서 0.5 mK까지 냉각시킨 60 $^9Be^+$ 이온의 진동 "결정"에 약한 전기장을 걸어주어 발생된 174yN의 힘을 측정하였다. (M. J. Biercuk et al., arXiv.org:1004.0780v3[quant-ph] 24 Apr 2010.)

(a) 과학적 기수법을 이용하여 힘을 뉴턴으로 나타내시오.

(b) 과학적 기수법을 이용하여 온도를 캘빈으로 나타내시오.

(c) 지구 표면에서 질량 m에 작용하는 중력은 $F = GMm/r^2$이다. 여기서 G는 중력 상수(뒤표지 안쪽), M은 지구의 질량 (5.98 × 10^{24} kg)이고 r은 지구의 반지름(6.38 × 10^6 m)이다. 60Be$^+$ 이온의 질량을 kg단위로 구하시오. 60Be$^+$ 이온에 작용하는 중력을 N과 yN의 단위로 구하시오.

1-7. 다음의 농도 척도를 정의하시오.

(a) 몰농도 **(e)** 부피 백분율
(b) 몰랄농도 **(f)** 백만분율
(c) 밀도 **(g)** 십억분율
(d) 무게 백분율 **(h)** 포말 농도

1-8. 32.0 g의 NaCl을 물에 녹여 0.500 L로 묽힌 용액의 포말 농도(mol/L = M)는 얼마인가?

1-9. 밀도가 1.00 g/mL인 수용액 0.250 L에 13.7 μg의 농약이 들어 있다. 농약의 농도를 ppm과 ppb로 나타내시오.

1-10. 사람의 혈액에 들어 있는 글루코스($C_6H_{12}O_6$)의 농도는 식사 전에 약 80 mg/dL이고, 식사 후에는 120 mg/dL이다. 식사 전후 혈액 중에 함유된 글루코스의 몰농도를 구하시오.

1-11. 뜨거운 과염소산은 화학 분석에서 유기물질을 분해시키고, 녹일 때 사용되는 폭발력이 강한 시약이다.

(a) 70.5 wt% $HClO_4$ 수용액 100.0 g에 들어 있는 과염소산($HClO_4$)의 무게는 얼마인가?

(b) 100.0 g의 용액에 들어 있는 물의 무게는 얼마인가?

(c) 100.0 g의 용액에 들어 있는 $HClO_4$는 몇 몰인가?

1-12. 0.050 0 M 붕산 용액 2.00 L를 제조하려면, 몇 그램의 붕산 [$B(OH)_3$, FM 61.83]이 필요한가?

1-13. 충치를 예방하기 위하여 물을 플루오린화 이온으로 처리한다.

(a) 1.2 ppm의 F^-을 만들기 위하여 지름 100 m, 깊이 20 m의 저장 용기에 1.0 M H_2SiF_6를 몇 리터 가해야 하는가? (1몰 H_2SiF_6는 6몰 F를 포함하고 있음을 기억하시오.)
(b) 1.2 ppm의 F^-을 만들기 위하여 같은 용기에 몇 그램의 고체 H_2SiF_6를 가해야 하는가?

1-14. 0.10 M NaOH 용액 1.00 L를 만들기 위하여 50 wt% NaOH(FM 40.00) 몇 g을 묽혀야 하는가?

1-15. 시약병에 98.0 wt% H_2SO_4이라고 표시된 진한 황산 수용액의 농도는 18.0 M이다.

(a) 1.00 M의 H_2SO_4 용액을 제조하기 위해서 몇 mL의 시약을 1.00 L로 묽혀야 하는가?

(b) 98.0 wt% H_2SO_4의 밀도를 계산하시오.

1-16. 1.71 M CH_3OH 수용액 0.100 L에 들어 있는 CH_3OH(FM

32.04)의 그램수는 얼마인가?

1-17. 1 ppm의 용질이 들어 있는 어떤 묽은 수용액의 밀도가 1.00 g/mL이다. 용질의 농도를 g/L, μg/L, μg/mL, mg/L로 각각 나타내시오.

1-18. 그림 1-3에서 겨울철 빗물에 들어 있는 $C_{20}H_{42}$(FM 282.55)의 농도는 0.2 ppb이다. 빗물의 밀도가 1.00 g/mL일 때, $C_{20}H_{42}$의 몰농도를 구하시오.

1-19. 우리는 참치 살코기를 즐겨 먹는다. 불행하게도, 2010년 참치 통조림에 포함된 수은의 함량을 조사한 연구에서, 흰 참치 고기는 0.6 ppm, 그리고 라이트 참치 고기에는 0.14 ppm의 수은이 포함되어 있었다.(S. L. Gerstenberger, A. Martinson, and J. L. Kramer, *Environ. Toxicol. Chem.* **2010**, *29*, 237.) 미국 환경 보호국은 하루에 체중 1 kg 당 0.1 μg Hg 이하로 섭취할 것을 권장한다. 몸무게가 68 kg이다. 평균적으로 하루에 체중 1 kg당 0.1 μg Hg가 초과되지 않으려면, 6 온스짜리(1 lb = 16 oz) 흰 참치 고기 통조림을 얼마나 자주 먹을 수 있는가? 만약 라이트 참치 고기로 먹는다면, 통조림 1개를 얼마나 자주 먹을 수 있는가?

1-20. 95.0 wt%의 에탄올(CH_3CH_2OH, FM 46.07) 용액의 밀도는 0.804 g/mL이다.

(a) 이 용액 1.00 L의 질량과 리터당 에탄올의 그램수를 구하시오.

(b) 이 용액 중에 있는 에탄올의 농도는 얼마인가?

1-21. **(a)** 10.2 wt%의 황산 니켈 · 6수화물($NiSO_4 \cdot 6H_2O$, FM 262.85) 용액 10.0 g에 들어 있는 니켈은 몇 그램인가?

(b) 이 용액의 농도는 0.412 M이다. 밀도를 구하시오.

1-22. 메탄올(CH_3OH, 밀도 = 0.791 4 g/mL) 25.00 mL를 클로로폼에 녹여 500.0 mL로 만들었다. 메탄올의 몰농도를 계산하시오.

1-23. 12.1 M HCl 시약으로 1.00 M HCl 용액 100 mL를 정확하게 제조하는 방법을 설명하시오.

1-24. 원심분리기로 세포 성분을 분리하기 위해서 밀도가 큰 염화 세슘 용액이 필요하다. 40.0 wt% CsCl 용액(FM 168.36)의 밀도는 1.43 g/mL이다.

(a) CsCl의 몰농도를 구하시오.

(b) 0.100 M CsCl 용액을 제조하기 위해서 진한 용액 몇 mL를 500 mL로 묽혀야 하는가?

1-25. 단백질과 탄수화물은 4.0 Cal/g, 지방은 9.0 Cal/g의 열량을 공급한다(대문자 C로 표기한 1 Cal는 1 kcal임을 기억하시오). 몇 가지 식품 중에서 이들 조성의 무게 백분율은 아래와 같다.

식품	단백질 wt%	탄수화물 wt%	지방 wt%
밀	9.9	79.9	–
도넛	4.6	51.4	18.6
햄버거(구운)	24.2	–	20.3
사과	–	12.0	–

이들 각 식품들의 cal/g과 cal/온스를 계산하시오 (표 1-4를 이용하여 그램을 온스로 변환시키시오. 1파운드는 16온스이다) .

1-26. 용질의 농도는 mol/L로, 기체는 바(bar)로 나타내는데도, 왜 평형 상수는 단위가 없다고 말하는가?

1-27. 다음 반응에 대한 평형상수 식을 나타내시오. 기체 분자(X)의 압력은 P_X로 표시하시오.

(a) $3Ag^+(aq) + PO_4^{3-}(aq) \rightleftharpoons Ag_3PO_4(s)$

(b) $C_6H_6(l) + \frac{15}{2}O_2(g) \rightleftharpoons 3H_2O(l) + 6CO_2(g)$

1-28. 반응 $2A(g) + B(aq) + 3C(l) \rightleftharpoons D(s) + 3E(g)$의 평형 농도가 다음과 같다.

$P_A = 2.8 \times 10^3$ Pa　　[D] = 16.5 M

[B] = 1.2×10^{-2} M　　$P_E = 3.6 \times 10^4$ Torr

[C] = 12.8 M　　(정확하게 1기압은 760 Torr임)

(a) 평형 상수를 나타낼 때 기체의 압력은 바(bar)로 나타낸다. A와 E의 압력을 바로 나타내시오.

(b) 평형 상수 표에 나타낼 수 있는 평형 상수 값을 구하시오.

1-29. 반응 $Br_2(l) + I_2(s) + 4Cl^-(aq) \rightleftharpoons 2Br^-(aq) + 2ICl_2^-(aq)$이 평형에 도달하였다. $I_2(s)$를 가하면, 수용액에 있는 ICl_2^-의 농도는 증가할까, 감소할까 또는 변하지 않을까?

1-30. 아래 반응으로부터 반응 $Cu^+ + HN_3 \rightleftharpoons CuN_3(s) + H^+$에 대한 K값을 구하시오.

$CuN_3(s) \rightleftharpoons Cu^+ + N_3^-$　　$K = 4.9 \times 10^{-9}$

$HH_3 \rightleftharpoons H^+ + N_3^-$　　$K = 2.2 \times 10^{-5}$

1-31. 수용액에서 다음 평형을 생각하자.

(1) $Ag^+ + Cl^- \rightleftharpoons AgCl(aq)$　　$K = 2.0 \times 10^3$

(2) $AgCl(aq) + Cl^- \rightleftharpoons AgCl_2^-$　　$K = 93$

(3) $AgCl(s) \rightleftharpoons Ag^+ + Cl^-$　　$K = 1.8 \times 10^{-10}$

(a) 반응 $AgCl(s) \rightleftharpoons AgCl(aq)$의 K값을 구하시오. 화학종 $AgCl(s)$은 용액에서 Ag^+와 Cl^-로 이루어진 **이온쌍**(*ion pair*)이다.

(b) 과량의 녹지 않은 고체 $AgCl(s)$과 평형에 있는 $AgCl(aq)$의 농도를 구하시오.

(c) $AgCl_2^- \rightleftharpoons AgCl(s) + Cl^-$에 대한 K값을 구하시오.

응용문제

1-32. 그림 1-2에 나타낸 바와 같이 바다는 깊이에 따라 아연의 농도가 달라지는 **불균일**(*heterogeous*)한 유체이다. 지름

이 1 m이고, 깊이가 2 000 m인 실린더에 들어 있는 가상적인 바닷물에 아연이 얼마나 포함되어 있는지 구하려 한다고 가정하자. 실린더에 들어 있는 아연의 평균 농도를 측정하기 위해서 대표 시료를 어떻게 만들어야 하는가?

1-33. Sarced Heart 대학의 학생들이 미국 Connecticut에 있는 Naugatuck강의 화학적 특성을 조사하였다. (J. Clark and E. Alkhatib, *Am. Environ. Lab*., February, **1999**, p. 421.) 강의 평균 흐름 속도는 560 ft^3/s이다. 하구에서 강물에 들어 있는 질산 이온(NO_3^-)의 농도를 측정한 결과, 건기에는 리터당 2.05 ~ 2.50 mg, 우기에는 리터당 0.81 ~ 4.01 mg의 질산성 질소가 들어 있는 것으로 보고되었다 ("질산성 질소의 mg"이라는 단위는 질산 이온에 들어있는 질소의 질량이다). 강으로부터 연간 몇 톤(1톤 = 1 000 kg)의 질산 음이온이 배출되는지 추정하시오. 학생들이 세운 가정을 기술하시오.

석영 결정 미량저울을 이용한 감기 포착

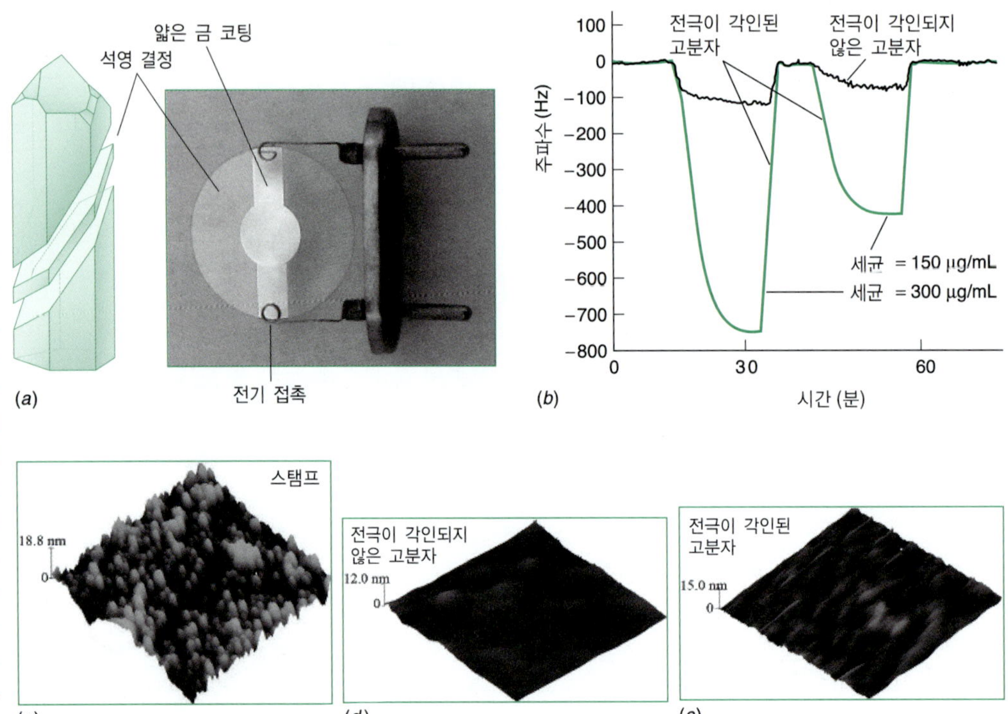

(*a*) 앞과 뒷면에 금 전극이 부착된 석영 결정 진동자 (*b*) 전극들이 바이러스가 새겨진 고분자로 코팅되었을 때 코감기 바이러스에 대한 전극의 감응 (*c*) 원자힘 현미경으로 본 유리 표면 위의 바이러스의 지형 (*d*) 바이러스가 새겨지지 않은 매끈한 고분자의 지형 (*e*) "스탬프"로 새긴 후 고분자의 지형 [출처: M. Jenik, R. Schirhagl, C. Schirk, O. Hayden, P. Lieberzeit, D. Blaas, G. Paul, and F. L. Dickert, *Anal. Chem*. **2009**, *81*, 5320.]

미량저울(*microbalance*)은 마이크로그램과 나노그램 정도의 작은 질량을 측정한다. 시간을 정확하게 알려주는 시계에 들어 있는 것과 같은 석영 결정이 작은 질량을 측정할 수 있는 수단을 제공한다. 결정 표면 위의 금 전극들에 10 MHz의 라디오 주파수장을 걸어 줌으로써 납작한 결정을 진동시킨다 (패널 *a*). 물질이 전극 표면에 **흡착**(***adsorbed***, 결합) 되면 결정의 진동수가 흡착된 물질의 질량에 비례하여 감소한다 (패널 *b*). 진동수의 변화는 얼마나 큰 질량이 결합되어 있는지를 알려준다.

흔한 감기를 유발시키는 인간의 코감기 바이러스는 리보핵산(RNA) 유전체로 둘러싸인 30 nm 지름의 단백질 껍질 (**캡시드**, *capsid*)로 이루어져 있다. 다음 과정에서 부드러운 고분자에 바이러스의 형태를 새길 때 사용되는 "스탬프"를 만들기 위해 바이러스 입자들의 단분자층은 유리 표면에 부착된다 (패널 *c*). 스탬프는 금 전극 위의 부드럽고, 부분적으로 중합된 유기층으로 눌린다 (패널 *d*). 그리고 고분자를 단단하게 해준다. 스탬프를 제거하고 바이러스를 세척할 때 고분자는 바이러스의 모양과 맞는 자국을 유지해야 한다 (패널 *e*). 고분자 작용기들은 수소 결합과 같은 상호 작용에 의해 바이러스를 인식한다.

코감기 바이러스를 포함하는 용액이 센서를 거쳐 통과되면, 바이러스는 새겨진 고분자에 가역적으로 결합하고 결정의 진동수는 감소한다. 센서는 다른 표면 화학을 갖는 여러 가지 바이러스에 대해 선택적이다.

20면체 단백질 껍질을 보여주는 코감기 바이러스 14의 저온전자현미경관찰 영상 [Dr. Timothy Baker, N. Olson, T. J. Smith/Visuals Unlimited.]

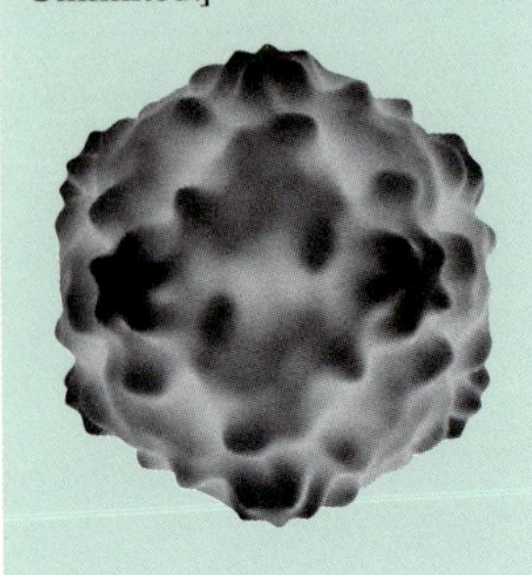

02

실험 도구

분석가들은 간단한 유리용기로부터 분석물질의 분광학적 혹은 전기적 성질을 측정하기 위한 복잡한 기기에 이르기까지 광범위한 장치를 사용한다. 분석 대상물질은 산허리의 광맥만큼 클 수도 있고, 살아 있는 세포 내 소낭(vesicle) 처럼 작을 수도 있다. 이 과목을 통해 여러분은 최근 분석화학에서 이용되는 기기적 방법 중 일부를 습득하게 될 것이다. 그 과정에서 여러분은 간단한 유리 기구를 이용하는 "습식(wet)" 실험법을 이해하고 또한 능숙해질 것이다. **미지 시료 분석을 위한 정확한 보정용 표준물질이나 정확하고 대표성 있는 시료를 준비할 수 없다면 아무리 정교한 기기라도 소용없다.** 이 장에서는 화학 측정과 관련된 기본적인 실험실 기구와 그 조작법에 대하여 논의한다.

그림 2-1 모든 실험실에서는 옆면 보호막이 부착된 보안경이나 안전유리로 만든 안경을 착용해야 한다.

2-1 안전, 폐기물 처리, 그리고 녹색 화학

가장 중요한 안전 규칙은 여러분들(혹은 지도교수 및 실험조교)이 위험하다고 생각되는 일은 하지 않는 것이다. 만약 어떤 실험이 위험하다고 생각되면 지도교수나 조교와 그 문제에 관해 상의하고, 적당한 처리 방법과 예방책이 마련될 때까지 실험을 중지해야 한다. 만약 여전히 그 실험이 너무 위험하다고 판단되면 수행하지 말아야 한다.

실험을 시작하기 전에, 실험실에 적용되는 실험실 안전 수칙들을 숙지해야 한다.[1] 실험실에서는 시약이나 유리조각들이 튀는 것으로부터 여러분을 보호하기 위하여 항상 옆면 보호막이 부착된 보안경(그림 2-1)이나 안전유리로 만든 안경을 착용해야 한다. 여러분은 조심한다고 해도 옆 사람은 그렇지 못한 경우가 있다. 방염 처리된 실험실 가운과 긴 바지, 그리고 시약을 흘렸을 때나 화염으로부터 여러분을 보호하기 위해 발을 감싸는 신발을 착용한다. 고무장갑은 진한 산을 따를 때 여러분을 보호해 준다. 그러나 유기 용매는 고무를 침투할 수 있다. 음식과 화학 물질은 섞이지 않도록 해야 한다. 즉, 실험실에 음식물이나 음료수를 가져와서는 안 된다.

왜 실험실 가운을 입어야 하는가: 2008년 UCLA 대학의 연구조교였던 23세의 Sheharbano Sangji는 주사기를 이용하여 병에 담긴 *t*-뷰틸리튬(*t-butyllithium*) 용액을 빼내고 있었다. 그녀는 실험실 가운을 입지 않고 있었다. 주사기에서 막대 피스톤이 빠져나와 그 자연 발화성 액체에 불이 붙었고, 그녀의 스웨터와 장갑에 옮겨 붙었다. 그녀의 몸 40%가 화상을 입는 치명상을 당했다. 방염 처리된 실험복을 입었더라면 그녀는 안전했을 것이다.

화학약품이 피부에 닿았을 때에는 **즉시** 닿은 부위를 많은 양의 물로 씻어내고 의사의 치료를 받는다. 의자, 바닥, 또는 시약병에 흘린 약품은 주위의 다른 사람에게 접촉되지 않도록 즉시 닦아야 한다.

유독성 증기를 발생하는 유기 용매와 진한 산은 지붕의 환기통을 통하여 증기를 밖으로 뽑아내는 배연 흡입장치(fume hood) 안에서 취급해야만 한다. 배연 흡입장치는 유독 증기를 실험실이 있는 화학과 건물로부터 식당으로 옮기지 않아야 한다. 즉, 배연 흡입장치에서는 절대로 많은 양의 유독 증기가 생성되지 않도록 해야 한다. 만약 여러분이 배연 흡입장치 내에서 독성 기체를 사용한다면 화학 트랩(chemical trap)을 통해 기체를 통과시키거나 태움으로써 그 기체가 배연 흡입장치를 빠져나가지 못하도록 해야 한다.

장갑의 한계: 1997년 당시 48세였던 Dartmouth 대학 화학과의 인기 있는 Karen Wetterhahn 교수는 자신이 끼고 있던 고무장갑으로 흡수된 한 방울의 다이메틸수은(dimethylmercury)으로 인해 사망하였다. 많은 유기 화합물은 고무를 쉽게 침투한다. Wetterhahn 교수는 금속의 생화학 분야의 전문가로서 Dartmouth 대학 화학과의 첫 번째 여성 교수였다. 그녀는 두 명의 자녀를 두었으며, 더 많은 여성이 과학 및 공학 분야에 진출하는 데 큰 역할을 하였다.

모든 용기는 그 속에 무엇이 들어 있는지 알 수 있도록 라벨을 붙여야 한다. 라벨이 없다면 어떤 용기 속에 무엇이 들어 있는지 기억할 수 없을 것이다. 라벨이 없는 폐기물을 처리하는 데에는 매우 많은 비용이 든다. 왜냐하면 폐기물을 합법적으로 처리하기 전에 그 내용물을 분석해야 하기 때문이다. 화학적으로 친화성이 없는 폐기물은 절대 섞이지 않도록 해야 한다.

우리의 후손들에게 살 만한 환경을 물려주기 원한다면, 폐기물을 최소화하고 화학 폐기물을 도덕적인 방법으로 폐기해야 한다.[2] 경제적으로 실행 가능하다면 화학 물질의 재활용이 바람직하다. 발암성인 다이크로뮴산염($Cr_2O_7^{2-}$) 폐기물은 그런대로 괜찮은 폐기물 처리 방법의 일례이다. 다이크로뮴산염의 Cr(VI)는 아황산 수소 소듐($NaHSO_3$)으로 처리하여 독성이 덜한 Cr(III)로 환원시킨 후 $Cr(OH)_3$과 같은 수산화물로 침전시킨다. 액체는 증발시키고, 고체는 화학 물질의 누출이 방지된 승인된 매립지에 버린다. 경제적으로 재활용할 가치가 있는 은이나 금과 같은 폐기물은 화학적으로 처리하여 금속을 회수해야 한다.

녹색화학(green chemistry)은 지구의 환경을 보호하는 데 도움이 되는 방향으로 우리의 행동 방식을 변화시키고자 하는 일련의 원칙들이다.[3] 우리가 하지 말아야 할 행위의 예로는 한정된 자원을 소모하거나, 부주의한 방법으로 폐기물을 처리하는 것이다. 녹색 화학은 자원 및 에너지의 사용을 줄이고 위험한 폐기물의 발생을 감소시키는 방향으로 화학 생성물과 제조 공정을 설계하기 위해 노력한다. 폐기물을 처리하는 공정보다는 폐기물이 생기지 않는 공정을 설계하는 것이 더 낫다. 예를 들면, NH_3는 HgI_2가 폐기물로 발생되는 분광학적 Nessler 과정 대신에 이온 선택성 전극으로 측정할 수 있다. "미세척도(microscale)"의 대학 실험실은 시약 비용과 폐기물 발생이 감소함으로 권장된다.

2-2 실험 노트

실험 노트는
1. 무엇을 하였는지를 기록하고
2. 무엇을 관찰하였는지를 기록하고
3. 다른 사람이 이해할 수 있어야 한다.

분명히 이 책을 공부하는 누군가는 미래에 중요한 발견을 하게 되어 특허를 얻으려고 할 것이다. 실험 노트는 여러분의 발견에 대한 법적인 기록이 된다. 따라서 실험 노트의 각 페이지에는 서명을 하고 날짜를 적어야 한다. 중요하다고 판단되는 모든 것에는 다른 사람의 서명을 받고 날짜를 기록해야 한다.

정보를 오랫동안 보관하는 데 컴퓨터는 적절하지 않다. 파일이 남아 있더라도 그 파일을 읽는 데 필요한 소프트웨어나 하드웨어는 구식이 될 것이다.

실험 노트의 중요한 기능은 **무엇을 하였으며, 무엇을 관찰하였는가**를 기록하는 것이며, 같은 분야(우리의 경우 화학)를 공부한 **사람이 이해할 수** 있어야 한다. 가장 큰 실수는 불명확한 실험 노트를 작성하는 것이다. 몇 년 후에는 기억이 희미해져서 여러분 스스로가 작성한 실험 노트를 이해할 수 없을지도 모른다. 이러한 문제를 해결하기 위해서는 **완전한 문장**(*complete sentence*)으로 작성하는 것이 좋은 방법이다. 보충 2-1에 예를 들었다.

과학적 "진실"의 척도는 다른 사람들이 실험을 재현할 수 있는 가능성을 뜻한다. 훌륭한 실험 노트는 누구든지 처음에 수행된 방법대로 정확하게 실험을 재현할 수 있게 할 것이다.

학생들은 실험 내용을 실험 목적, 방법, 결과 및 결론 등의 항목별로 상세하게 기술하는 것이 유용하다(혹은 요구된다!)는 것을 인식하게 된다. 실험실로 가기 전에 수치 데이터를 처리할 수 있도록 실험 노트를 준비하는 것이 실험을 준비하는 훌륭한 방법이다.

실험에서 이용한 모든 반응에 대해서 균형 맞춘 화학 반응식을 기록하는 것은 좋은 습관이다. 이렇게 하면 실험 내용을 이해하는 데 도움이 될 뿐만 아니라 무엇을 이해하지 못하는지를 인지할 수도 있다.

프로그램과 데이터가 저장된 컴퓨터 파일의 이름을 실험 노트에 기록한다. 컴퓨터로 수집한 중요 데이터는 **프린트하여** 실험 노트에 붙여야 한다. 프린트한 자료의 수명은 컴퓨터 파일보다 10~100배 가량 더 길다.

자습문제

2-A. 실험 노트의 세 가지 필수적인 요소는 무엇인가?

보충 2-1 Dan의 실험 노트

실험 노트는 (1) 무엇을 하였는지 (2) 무엇을 관찰하였는지를 기록해야 하며, (3) 같은 분야를 공부한 사람이 이해할 수 있어야 한다. 아래 내용은 1974년 내가 Albert Einstein College of Medicine의 박사후연구원일 때 작성한 실험 노트에서 2002년에 발췌한 것이다. 그 당시 나는 철분 저장용 단백질 ferritin을 분리하기 시작하였다. 단백질을 분리하고 순도를 측정하는 전체 과정은 3주 걸렸으며, 17페이지의 실험 노트에 기록되어 있다. 괄호 안의 내용은 여러분의 이해를 돕기 위해 추가한 것이다. 나는 여러분이 아래에 기술한 내용을 더 보기 좋게 개선할 수 있을 것이라고 확신한다.

14 Sept 1974

Isolation of Human Spleen Ferritin

Based on R. R. Crichton et al., Biochem. J. 131, 51 (1973).

Procedure: Mince and homogenize spleen in ~4 vol H_2O
Heat to 70° for 5 min and cool on ice
Centrifuge at 3300×g for 20 min
Filter through filter paper
Precipitate with 50% $(NH_4)_2SO_4$ (= 313 g solid/L solution)
Centrifuge at 3300×g for 20 min
Dissolve in H_2O and dialyze vs. 0.1 M Tris, pH 8
Chromatograph on Sepharose 6B

Today's procedure started with a frozen 41 g human half spleen thawed overnight at 4°. The spleen was healthy and taken from an autopsy about a month ago. The spleen was blended 2 min on the high setting of the Waring blender in a total volume of ~250 mL. Try a smaller volume next time. The mixture was heated to 70–73° in a preheated water bath. It took ~5 min to attain 70° and the sample was then left at that temperature with intermittent stirring for 5 min. It was then cooled in an ice bath to ~10° before centrifugation in the cold at 3300×g for 20 min (GSA head—4500 rpm). The red supernatant was filtered through Whatman #1 filter paper to give 218 mL solution, pH 6.4. The pH was raised to 7.5 with 10 M KOH and maintained between 7–8 during the addition of 68.2 g (50% saturation) $(NH_4)_2SO_4$. The solution [with precipitated protein] was left at RT [room temperature] overnight with 60 mg NaN_3 [a preservative]. Final pH = 7.6.

뒤에 수치 데이터 표, 결과 그래프, 그리고 **잘 표지된** (*well-labeled*) 기기 출력 원본이 실험 노트에 부착되어 있다.

그림 2-2 분석용 전자식 저울. 품질이 좋은 저울은 내부 추(internal weight)를 이용하여 중력의 변화를 보정함으로써 스스로 교정한다. 중력은 장소에 따라 0.3%까지 변한다. [Fisher Scientific, Pittsburgh, PA.]

2-3 분석 저울

전자식 저울 (**electronic balance**)은 접시 위의 하중과 균형을 맞추기 위하여 전자기 힘을 이용한다. 용량이 100 ~ 200 g이고, 가독성이 0.01 ~ 0.1 mg인 전형적인 분석용 전자식 저울을 그림 2-2에 나타내었다. **가독성** (*readability*)은 표시할 수 있는 질량의 최소 증가량을 의미한다. **미량저울** (*microbalance*)은 1 μg의 가독성으로 mg 정도의 무게를 달 수 있다.

화학 물질의 무게를 달려면, 먼저 저울접시 위에 깨끗한 용기나 **칭량 종이** (*weighing paper*, 이것은 표면이 매끄러워 분말이 달라붙지 않는다)를 올려놓는다. 빈 용기의 질량은 **빈그릇무게** (**tare**)라고 한다. 대부분의 저울에는 빈그릇무게를 0으로 리셋할 수 있는 버튼이 있다. 무게를 달 화합물을 용기에 넣고 무게를 읽는다. 만약 빈그릇무게를 자동 리셋하는 장치가 없다면, 물질이 담긴 용기의 질량으로부터 빈그릇무게를 빼주어야 한다. 저울이 부식되는 것을 방지하기 위해 **절대로 화학 물질을 직접 무게달기 접시** (*weighing pan*) **위에 올려놓아서는 안 된다.** 저울 안에 흘린 시약은 깨끗하게 닦아야 하며, 시약이 접시 아래에 있는 기계 장치로 들어가지 않도록 해야 한다.

공기 중의 습기를 빠르게 흡수하는 **흡습성** (**hygroscopic**) 시약의 경우에는 **차이에 의한 무게달기** (*weighing by difference*)라고 부르는 방법을 이용한다. 먼저 건조한 시약이 담긴 병(칭량병)의 뚜껑을 닫고 무게를 단다. 그런 다음 재빨리 칭량병에서 시약의 일부를 다른 용기에 덜어낸다. 칭량병의 뚜껑을 닫고 다시 무게를 단다. 그 차이가 덜어낸 시약의 질량이다. 전자식 저울을 이용하는 경우에는 빈그릇무게 리셋 버튼을 눌러 칭량병의 처음 무게를 0으로 맞춘다. 그 다음 칭량병으로부터 시약을 덜어내고 칭량병의 무게를 다시 잰다. 저울에 나타나는 음의 값이 칭량병에서 덜어낸 시약의 질량이다.

손가락의 지문이 용기의 무게를 변화시킬 수 있으므로, 용기를 취급할 때에는 종이수건이나 휴지를 사용해야 한다. 공기의 대류에 의한 오차를 피하기 위하여 **대기 온도** (*ambient temperature*, 주변 온도)에서 시료의 무게를 측정해야 한다. 무게를 다는 동안 공기 흐름이 접시를 흔들지 않도록 그림 2-2에 나타낸 저울의 창문은 닫아야 한다. 창문이 없는 윗접시(top-loading) 저울의 경우에는 공기 흐름이 빗겨가도록 하기 위해 접시 주위에 울타리를 두른다. 예민한 저울은 무게를 읽을 때 미치는 진동의 영향을 최소화하기 위해서 대리석 판과 같은 무거운 테이블 위에 올려놓아야 한다. 높이 조절용 다이얼과 기포미터(bubble meter)를 이용하여 저울이 수평 상태를 유지하도록 한다. 온도 안정도를 위해서는, 저울을 사용하지 않을 때 대기 상태(끄지 않음)로 두는 것이 가장 좋다.

기계식 저울의 작동 원리

그림 2-3에 홑접시 **기계식 저울** (**mechanical balance**)의 작동 원리를 나타내었다. 저울대(balance beam)는 예리한 **받침날** (*knife edge*) 위에 걸려 있다. 왼쪽의 균형점(다른 받침날)에 걸려 있는 접시의 질량은 오른쪽에 있는 균형추(counterweight)와 균형을 이룬다. 접시 위에 무게를 달 물체를 올려놓고, 다이얼을 조절하여 접시 위의 바(bar)에서 표준추를 들어낸다. 바에서 들어낸 추의 무게가 접시 위의 질량과 거의 같아지면, 저울대는 원래와 거의 같은 위치로 되돌아온다. 원래 위치와의 작은 차이가 광학 눈금에 나타나는데, 광학 눈금에서 읽은 값을 다이얼 값에 더해준다.

저울은 섬세하고 비싸다. 접시 위에 물체를 올려놓거나 다이얼을 조절할 때 조심해서 다루어야 한다. 저울은 표준 무게 세트를 이용하여 최소한 1년에 한 번은 교정해야 한다.

기계식 저울은 접시 위에 물체를 올려놓거나 내려놓을 때에는 접시가 완전히 정지된 상태에 있어야 하며, 다이얼을 돌려 추를 더하거나 뺄 경우에는 거의 정지된 상태에 있어야 한다. 이와 같은 습관은 받침날에 가해지는 충격을 최소화하여 받침날을 닳게 하거나 저울의 감도가 떨어지는 것을 방지한다.

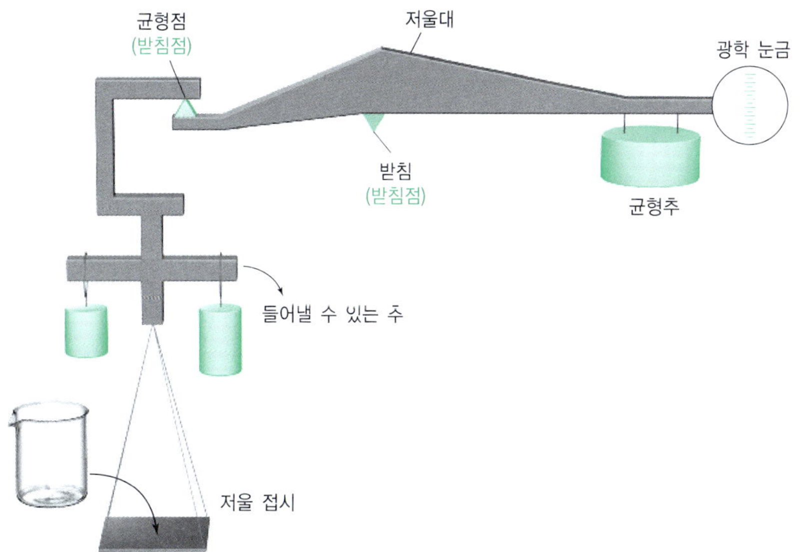

그림 2-3 홑접시 기계식 저울. 접시 위에 물체를 올려놓은 후, 저울대가 원래 위치로 가장 가까이 돌아올 때까지 표준 추를 들어낸다. 나머지 작은 차이는 광학 눈금에서 읽는다.

전자식 저울의 작동 원리

그림 2-2와 같은 전자식 저울의 작동 원리를 그림 2-4에 나타내었다. 저울 접시에 올려진 물체는 평행 가이드에 연결된 하중 받개(load receptor)를 누른다. 시료의 힘은 힘전달 지렛대(force-transmitting lever)의 왼쪽을 아래쪽으로 누르면, 지렛대의 오른쪽은 위로 올라간다. 오른쪽 끝에 있는 영점 감지기(null position sensor)는 지렛대가 평형(영) 점으로부터 벗어나는 아주 작은 움직임도 감지한다. 영점 감지기가 지렛대의 위치를 감지하면, 서보 증폭기(servo amplifier)가 선류를 힘 상쇄 전선 코일(force compensation wire coil)을 통해 영구 자석으로 보낸다. 그림 2-4 아래 왼쪽부분에 확대한 전선 코일과 자석을 볼

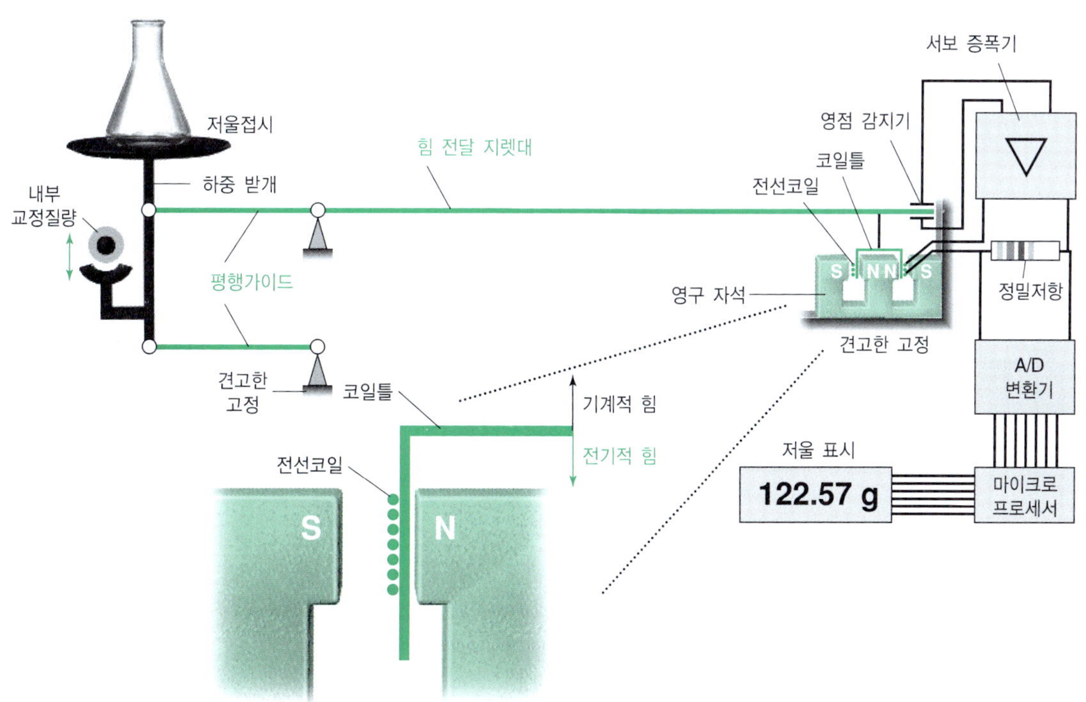

그림 2-4 전자식 저울의 기기 장치. 지렛대 비(lever ratio)는 전자기 힘이 접시에 놓인 하중의 ~10%가 되도록 한다. [Adapted from C. Berg, *The Fundamentals of Weighing Technology* (Goettingen: Sartorius AG,1996).]

수 있다. 코일의 전류는 자기장과 상호작용하여 아래로 작용하는 힘을 발생시킨다. 서보 증폭기는 지렛대가 위로 향하는 힘을 정확하게 상쇄할 수 있는 전류를 공급함으로써 영점을 유지시킨다. 코일을 통해 흐르는 전류는 정밀 저항기 (precision resistor) 를 가로질러 전위를 생성한다. 이것은 디지털 신호로 바뀌고 결국 그램으로 판독된다.

중력은 장소와 지구 표면으로 부터의 높이에 따라 달라진다. 미지의 중력을 보상하기 위해 그림 2-4 왼쪽 위에 내부 교정 질량 (internal calibration mass) 이 필요하다. 자동 교정 단계에서 저울은 기지의 질량을 균형 맞추는 데 필요한 전류가 얼마인지 측정한다. 그런 다음, 같은 인자가 미지 질량의 무게를 측정하는 데 적용된다.

부력

수영할 때 인체의 무게는 거의 0에 가깝기 때문에 물에 뜨게 된다. **부력 (buoyancy)** 은 액체나 기체 상에 있는 물체에 위로 작용하는 힘이다. 공기 중에서 어떤 물체는 그 물체의 부피만큼의 공기와 치환되므로, 그 물체의 질량은 치환된 공기의 질량난큼 실제 질량보다 가벼워진다. 참질량은 진공 상태에서 측정된 질량이다. 저울의 표준 질량 역시 부력의 영향을 받아서 진공에서보다 공기 중에서 가벼워진다. 부력 오차 (buoyancy error) 는 무게를 달 물체의 밀도가 표준 무게의 밀도와 같지 않을 때 발생한다.

만약 저울에서 읽은 질량이 m' 라면, 참질량 m은 다음과 같다.

부력식 :

$$m = \frac{m'\left(1 - \frac{d_a}{d_w}\right)}{\left(1 - \frac{d_a}{d}\right)} \tag{2-1}$$

여기서 d_a는 공기의 밀도 (25°C, 1 bar 근처에서 0.001 2 g/mL) 이고, d_w는 저울추의 밀도 (8.0 g/mL) , 그리고 d는 무게를 잴 물체의 밀도이다. 식 2-1은 전자식 저울과 기계식 저울에 똑같이 적용된다.

물에 대한 부력 오차는 0.11%인데, 이것은 많은 경우에 꽤 심각한 정도이다. 밀도가 2.16 g/mL인 고체 NaCl에 대해서는 오차가 0.04%이다.

예제 **부력의 보정**

겉보기 질량이 100.00 g인 물 (밀도 = 1.00 g/mL) 의 참질량을 구하시오.

해답 식 2-1를 이용하면 참질량은 다음과 같다.

$$m = \frac{100.00\ \text{g}\left(1 - \frac{0.001\,2\ \text{g/mL}}{8.0\ \text{g/mL}}\right)}{\left(1 - \frac{0.001\,2\ \text{g/mL}}{1.00\ \text{g/mL}}\right)} = 100.11\ \text{g}$$

복습 문제 겉보기 질량이 20.000 g인 28.0 wt% 암모니아 (밀도 = 0.90 g/mL)의 참질량을 구하시오. (**답** : 20.024 g)

자습문제

2-B. **(a)** 실제 부피를 알기 위해 부피 플라스크와 같은 유리 기구를 교정할 때 부력보정이 가장 중요하다. 25 mL 부피 플라스크를 증류수로 채우고, 플라스크 내 증류수의 질량을 공기 중에서 측정하였을 때 24.913 g이라면 물의 참질량은 얼마인가?
(b) 위에서 물의 질량은 실험실 온도가 21°C일 때 측정하였다. 이때 물의 밀도는 0.998 00 g/mL이다. 부피 플라스크에 채워진 물의 참부피는 얼마인가?

2-4 뷰렛

뷰렛(buret)[4]은 정밀하게 제작된 유리관으로서, 아래쪽에 있는 **잠금꼭지**(*stopcock*, 밸브)를 통해 배출된 액체의 부피를 측정할 수 있도록 눈금이 매겨져 있다(그림 2-5a). 뷰렛에 표시된 숫자는 위에서 아래쪽으로 갈수록 증가한다(맨 위쪽이 0 mL이다). 뷰렛에서 액체를 빼내기 전과 후의 높이를 읽은 후, 나중 값에서 처음 값을 빼줌으로써 액체의 부피를 측정한다. A급 뷰렛(가장 정확한 등급)의 눈금은 표 2-1의 허용오차를 만족하도록 보증된다. 예를 들면, 만약 50 mL 뷰렛에서 32.50 mL를 읽었다면, 참부피는 32.45에서 32.55 mL 사이에 있으며, 이것은 여전히 제조사가 표시한 허용오차 ±0.05 mL 내에 있다.

뷰렛에서 액체의 높이를 읽을 때에는 눈을 액체의 맨 위쪽과 같은 높이가 되도록 맞추어야 한다. 만약 눈이 액체면의 높이보다 높으면 액체는 실제보다 많은 것처럼 보이며, 만약 눈을 너무 낮추면 액체는 실제의 부피보다 적게 보인다. 눈의 위치가 액체의 높이가 같지 않을 때 발생하는 오차를 **시차 오차(parallax error)**라고 한다.

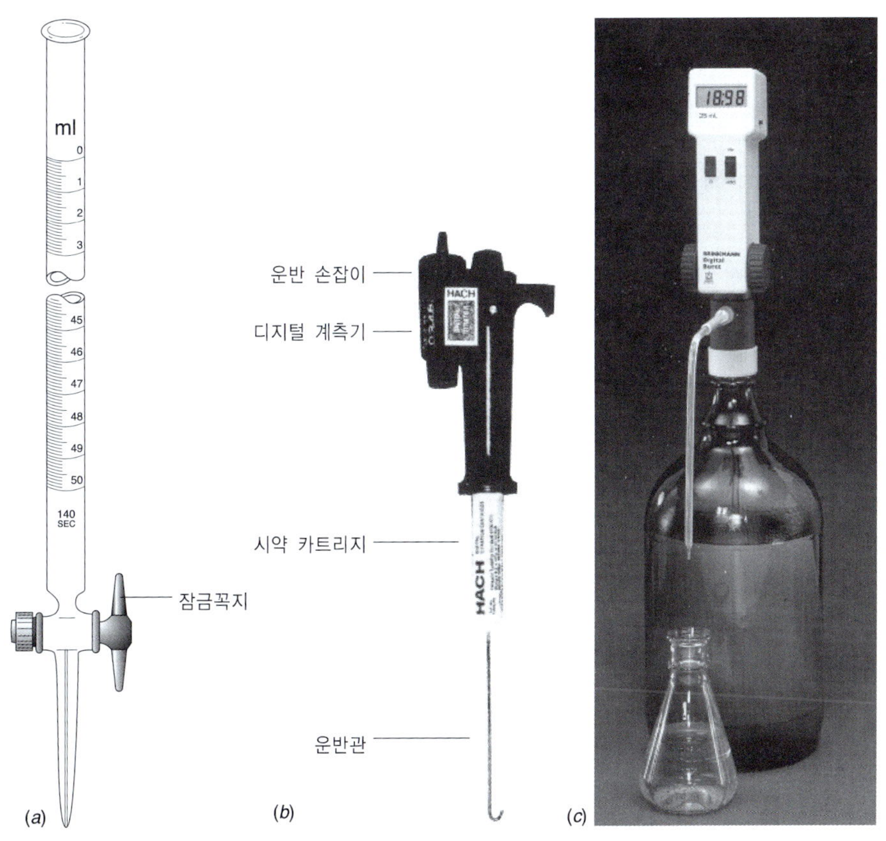

그림 2-5 (*a*) 테플론 잠금꼭지를 가진 유리 뷰렛. 뷰렛 위에는 먼지를 막고 용매의 증발을 줄이기 위해 느슨한 뚜껑을 덮는다. [Fisher Scientific, Pittsburgh, PA.] (*b*) 시약이 들어 있는 플라스틱 카트리지를 가진 디지털 적정기는 야외에서 분석할 때 뷰렛 역할을 한다. [Hach Co., Loveland, CO.] (*c*) 배터리로 작동하는 디지털 방식의 전자 뷰렛은 시약병으로부터 0.01 mL 단위로 시약을 배출한다. [Cole-Parmer Co., Niles, IL.]

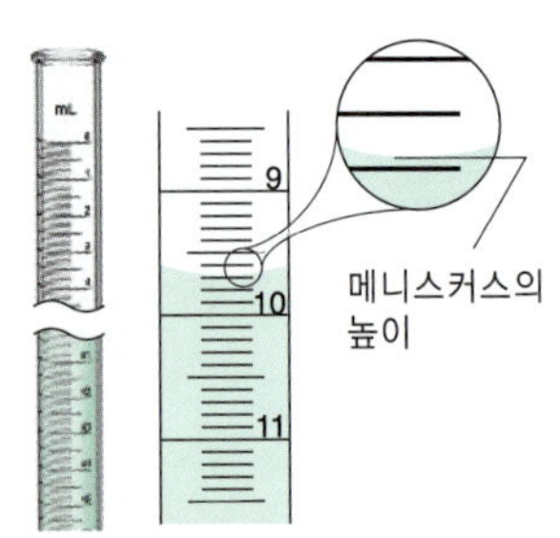

그림 2-6 메니스커스가 9.68 mL인 뷰렛. 최소 눈금 간격의 10분의 1까지 읽는다. 이 뷰렛의 최소 간격이 0.1 mL이므로 0.01 mL까지 읽는다.

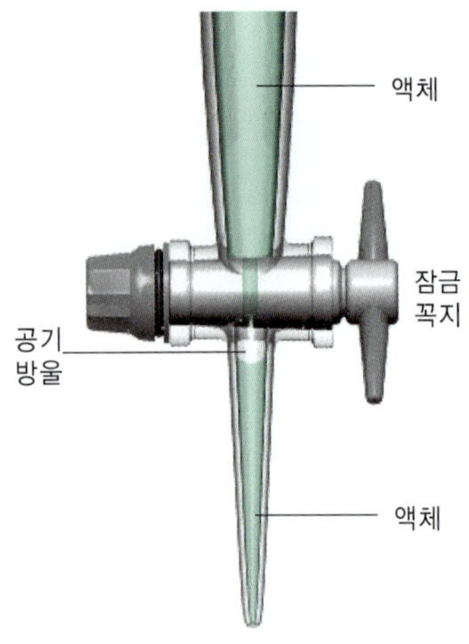

그림 2-7 뷰렛을 사용하기 전에 잠금꼭지 아랫부분의 공기방울을 제거해 주어야 한다.

뷰렛의 조작 :

- 오목 메니스커스의 바닥을 읽는다.
- 최소 눈금 간격의 1/10까지 읽는다.
- 시차(parallax)를 피한다.
- 눈금을 읽을 때 눈금선의 두께를 감안한다.
- 액체를 천천히 따른다.
- 뷰렛을 새 용액으로 씻는다.
- 종말점 근처에서는 한 방울보다 작은 양을 가한다.
- 사용하기 전 공기방울을 제거한다.

표 2-1 A급 뷰렛의 허용오차

뷰렛 부피 (mL)	최소 눈금 (mL)	허용오차 (mL)
5	0.01	±0.01
10	0.05 또는 0.02	±0.02
25	0.1	±0.03
50	0.1	±0.05
100	0.2	±0.10

메니스커스(**meniscus**)는 그림 2-6의 유리 뷰렛에서 액체의 곡선형 표면이다. 물은 오목형 메니스커스를 가지는데 그 이유는 유리가 물을 끌어당겨서 물이 유리면을 타고 약간 올라가기 때문이다. 메니스커스의 위치를 결정하는데, 검은색 테이프를 붙인 흰색 카드를 배경으로 사용하면 도움이 된다. 테이프의 윗부분과 메니스커스의 아랫부분을 일직선으로 맞추고 뷰렛의 눈금을 읽는다. 색깔이 진한 용액의 경우 이중 메니스커스가 나타날 수 있는데 이때에는 둘 중 하나를 택하면 된다. 뷰렛을 사용할 때에는 나중에 읽은 값에서 처음 읽은 값을 빼주어 부피를 측정하므로 메니스커스의 위치를 일정하게(재현성 있게) 읽는 것이 가장 중요하다. 항상 최소 눈금 간격의 1/10까지 읽는다.

50 mL 뷰렛에서 눈금의 두께는 약 0.02 mL에 해당한다. 뷰렛을 가장 정확하게 사용하기 위해서 눈금선의 **윗부분**을 0으로 정한다. 메니스커스가 눈금선의 바닥부분에 있다면 0.02 mL를 더한다.

50 mL 뷰렛에서 한 방울의 부피는 약 0.05 mL이다. 적정의 종말점 근처에서는 한 번에 한 방울보다 적은 양을 떨어뜨림으로써 종말점을 ±0.05 mL보다 더 정밀하게 결정할 수 있다. 한 방울보다 적은 양을 떨어뜨리기 위해서는 한 방울보다 작은 방울이 뷰렛 끝에 매달릴 때까지 잠금꼭지를 조심스럽게 연다. 그런 다음 플라스크의 안쪽 벽을 뷰렛 끝에 접촉시켜 작은 방울이 플라스크의 안벽을 따라 흐르도록 한다. 조심스럽게 플라스크를 기울여 플라스크 내 용액으로 새로 가해준 작은 방울을 씻은 다음, 플라스크를 흔들어 내용물을 섞는다. 적정의 종말점 근처에서는 플라스크 벽에 묻어 있는 미반응의 분석물질이 들어 있는 작은 방울들이 전체 용액과 완전히 섞이도록 플라스크를 기울이면서 회전시켜 준다.

액체는 뷰렛의 벽을 따라 균등하게 빼내야 한다. 액체가 유리벽에 달라붙는 현상은 액체를 천천히 빼냄으로써 줄일 수 있다(<20 mL/min). 만약 뷰렛 벽에 작은 방울들이 많이 붙어 있으면, 뷰렛을 세제와 뷰렛솔로 세척한다. 만약 세척이 불충분하다면 뷰렛을 실험 담당교수가 만들어 놓은 과산화이황산염−황산(peroxydisulfate-sulfuric acid) 세척 용액(cleaning solution)에 담근다.[5] 세척 용액은 뷰렛에 있는 윤활유뿐만 아니라 사람의 피부와 의복을 손상시킨다. 부피 측정용 유리기구들은 알칼리성 용액에 담그지 않는다. 알카리성 용액은 유리를 부식시킨다(95°C에서 5 wt%의 NaOH 용액은 9 μm/h의 속도로 파이렉스 유리를 녹인다).

뷰렛을 사용할 때 흔히 발생하는 오차는 잠금꼭지 바로 밑에 생기는 공기방울을 제거시키지 못해서 발생한다(그림 2-7). 적정을 시작할 때 공기방울이 있으면, 그 공기방울은 적정하는 동안 액체로 채워지게 된다. 따라서 뷰렛의 눈금매긴 부분으로부터 빠져나간 액체의 일부는 적정 용기에 들어가지 못한다. 대체로 공기방울은 잠금꼭지를 완전히 열어 1 ~ 2초 동안 액체를 빼냄으로써 제거할 수 있다. 잘 제거되지 않는 공기방울은 액체를 뽑아내는 동안 조심스럽게 뷰렛을 흔들어 주면 제거된다.

새로 만든 용액을 뷰렛에 채울 때에는 소량의 새 용액으로 뷰렛을 헹구어 주고 버리는 과정을 몇 번 반복하는 것이 좋다. 헹굴 때 용액을 뷰렛에 가득 채울 필요는 없다. 뷰렛을 기울여 뷰렛의 안쪽 면 전체가 헹굴 용액과 접촉하도록 하면 된다. 건조시키지 않고 다시 사용하는 모든 용기(분광광도계의 큐벳(cuvet)이나 피펫과 같은)는 같은 방법으로 세척한다.

그림 2-5b의 **디지털 적정기**(*digital titrator*)는 시료를 채취한 현장에서 바로 적정을 수행하는 데 유용하다. 배출 손잡이를 회전시켜 시약 카트리지의 시약을 배출시키고, 가해진 시약의 양은 계측기로 읽는다. 이 적정기의 정확도는 1% 정도로써, 유리 뷰렛의 경우보다 약 10배 정도 부정확하다. 그러나 많은 경우에 이보다 더 높은 정확도를 요구하지 않는다. 그림 2-5c의 배터리 작동 **전자 뷰렛**(*electronic buret*)은 시약병에 끼워 사용하는데, 디지털 계측기 상에서 0.01 mL 단위로 99.99 mL까지 배출할 수 있다.

미세척도 적정('녹색' 아이디어)

"미세척도(microscale)" 실험은 시약의 소비와 시약 비용, 그리고 폐기물의 발생을 줄여준다. 학생용 뷰렛으로 0.01 mL 간격으로 눈금이 새겨진 2 mL 피펫을 제작할 수 있다.[6] 부피는 0.001 mL까지 읽을 수 있고, 1%의 정밀도로 적정할 수 있다.

2-5 부피 플라스크

부피 플라스크(**volumetric flask**, 그림 2-8, 표 2-2)는 20℃에서 메니스커스의 밑바닥이 플라스크의 목 부분에 표시된 표선(mark)의 중심에 맞추어졌을 때 표시된 부피의 용액이 담기도록 제작되었다. 대부분의 플라스크는 "TC 20°C"라고 표시되어 있는데, 이것은 20°C에서 표시된 부피의 용액을 **담고 있음**(*To Contain*)을 의미한다. (다른 형태의 유리기구는 표시된 부피를 **배출한다**(*To Deliver*)는 의미의 "TD"라는 표시가 되어 있기도 하다.) 용기의 온도는 중요한데, 그 이유는 액체와 유리가 가열되면 팽창하기 때문이다.

부피 플라스크는 아는 부피의 용액을 만드는 데 사용된다. 질량을 아는 시약을 플라스크에 넣고, 최종 부피보다 적은 양의 액체로 녹인다. 액체를 추가한 후 용액을 다시 섞는다. 플라스크 속의 액체를 완전히 섞은 후 최종 부피를 맞춘다(두 개의 다른 액체가 섞일 때에는 일반적으로 약간의 부피 변화가 일어난다. 그러므로 전체 부피는 혼합된 두 부피

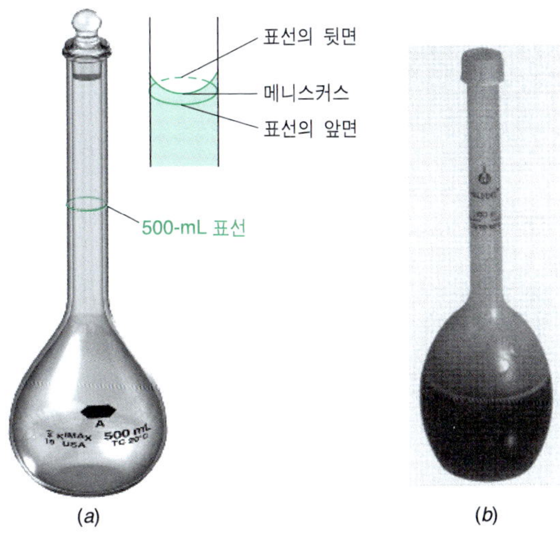

그림 2-8 (*a*) A급 유리 부피 플라스크. 정확한 메니스커스의 위치를 볼 수 있다. 표선의 위 혹은 아래에서 보았을 때 표선의 앞면과 뒷면에 의해 형성된 타원의 중심. 부피 플라스크와 피펫은 이 위치에 맞춘다. [A. H. Thomas Co., Philadelphia, PA.] (*b*) 미량 분석용 B급 폴리프로필렌 플라스틱 플라스크. [Fisher Scientific, Pittsburgh, PA.] A급 플라스크는 표 2-2의 허용오차를 만족한다. B급 플라스크의 허용오차는 A급의 두 배 정도이다.

흡착(*adsorption*) : 물질을 표면에 잡아두는 것

흡수(*absorption*) : 물질을 내부에 잡아두는 것

표 2-2 A급 부피 플라스크의 허용오차

플라스크 용량 (mL)	허용오차 (mL)	플라스크 용량 (mL)	허용오차 (mL)
1	±0.02	100	±0.08
2	±0.02	200	±0.10
5	±0.02	250	±0.12
10	±0.02	500	±0.20
25	±0.03	1 000	±0.30
50	±0.05	2 000	±0.50

의 합과 같지 **않다**. 액체가 플라스크의 가는 목 부분에 도달하기 전에 거의 채워진 부피 플라스크의 액체를 흔들어 줌으로써, 마지막으로 액체를 가할 때 일어나는 부피의 변화를 최소화할 수 있다). 가장 좋은 방법은 액체의 마지막 몇 방울을 **분출병**(*squirt bottle*)이 아닌 피펫으로 가하는 것이다. 액체를 정확한 높이까지 가한 후, 플라스크의 뚜껑을 단단히 잡고 플라스크를 여러 번 뒤집어 주어 완전히 섞이도록 한다. 액체가 균일하게 섞이기 전에는 빛의 굴절이 다른 영역들로 인해 생기는 줄무늬(*schlieren*이라 한다)가 관찰된다. 줄무늬가 사라진 후에도 완전히 섞이도록 플라스크를 몇 번 더 뒤집어 준다.

유리는 미량의 화학약품—특히 양이온—들을 **흡착**(*adsorb*) 하는 것으로 잘 알려져 있다. **흡착(adsorption)**은 물질이 표면에 달라붙는 것을 의미한다(반면에 **흡수(absorption)**는 마치 스폰지가 물을 빨아들이듯이 내부로 들어가는 것을 의미한다). 정밀한 실험을 위해서 **산씻기(acid wash)**를 하여 유리 표면에 흡착되어 있는 낮은 농도의 양이온들을 H^+로 치환시킨다. 이를 위해서는 미리 충분히 세척한 유리용기를 3 ~ 6 M HCl 또는 HNO_3 용액에 1시간 이상 담가둔다(배연 흡입장치 안에서). 그 다음 증류수로 여러 번 헹구고, 증류수에 담가둔다. 만약 HCl 용액을 세척한 유리용기를 담그는 데만 사용하였다면, 여러 번 다시 사용해도 된다.

이동 피펫의 마지막 방울은 불어내지 않는다.

예를 들어, 산을 사용하지 않고 세척한 유리 피펫과 산세척한 유리 피펫을 사용하여 각각 고순도의 질산을 배출시켰다. 산세척한 피펫으로 배출시킨 질산에서는 Ti, Cr, Mn, Fe, Co, Ni, Cu, 그리고 Zn 등의 전이 원소가 검출 한계인 0.01 ppb (0.01 ng/g) 보다 낮은 것으로 측정되었다. 산세척하지 않은 피펫으로 배출시킨 질산에서는 각 전이 원소의 농도가 0.5에서 9 ppb의 범위를 가졌다.[7]

표 2-3 A급 이동 피펫의 허용오차

부피 (mL)	허용오차 (mL)
0.5	±0.006
1	±0.006
2	±0.006
3	±0.01
4	±0.01
5	±0.01
10	±0.02
15	±0.03
20	±0.03
25	±0.03
50	±0.05
100	±0.08

자습문제

2-C. 부피 플라스크를 사용하여 0.150 0 M K_2SO_4 용액 250.0 mL를 제조하는 방법을 설명하시오.

2-6 피펫과 주사기

피펫(pipet)은 일정한 아는 부피의 액체를 배출시킨다. 그림 2-9의 **이동 피펫**(*transfer pipet*)은 정해진 한 부피를 배출시킬 수 있도록 눈금이 매겨져 있다. 액체의 마지막 방울은 피펫으로부터 뽑아내지 않는다. **마지막 방울은 불어내면 안 된다. 눈금 피펫**(*measuring pipet*)은 부피가 고정되어 있지 않고 원하는 부피(용액을 배출시키기 전과 후

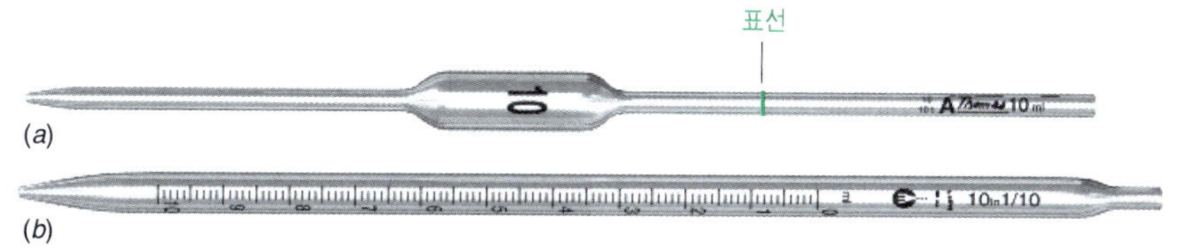

그림 2-9 (*a*) 이동 피펫. 마지막 방울을 불어내지 않는다. (*b*) 눈금(Mohr) 피펫. [A. H. Thomas Co., Philadelphia, PA.]

의 부피 차이)를 배출시킬 수 있도록 눈금이 매겨져 있다. 눈금 피펫은 1 mL 눈금일 때 배출을 시작하여 6.6 mL일 때 끝냄으로써 5.6 mL의 액체를 배출시킬 수 있다.

이동 피펫은 눈금 피펫보다 더 정확하다. 표 2-3의 A급(가장 정확한 등급) 이동 피펫의 허용오차는 실제로 배출시킨 부피에 허용되는 오차이다.

이동 피펫의 사용

입이 아닌 공 모양의 고무 벌브(rubber bulb)를 사용하여 표선보다 높이 액체를 뽑아 올린다. 기존의 미량 시약을 피펫으로부터 제거하기 위해 한두 번 정도 피펫으로 액체를 뽑은 다음 버리는 것이 좋다. 액체를 표선보다 높이 뽑아 올린 다음, 재빨리 피펫 위쪽을 집게손가락으로 막으면서 고무 벌브를 뺀다. 이렇게 한 후에도 액체는 여전히 표선보다 높이 있어야 한다. 고무 벌브를 빼내는 동안 피펫을 용기 바닥에 누르고 있으면 손가락으로 피펫을 막는 동안 액체가 빠져나오는 것을 방지할 수 있다. 깨끗한 휴지로 피펫 바깥에 묻어 있는 액체를 닦는다. **피펫의 끝을 비커의 안벽에 접촉시키고,** 그림 2-8과 같이 메니스커스의 밑바닥이 표선의 중심에 닿을 때까지 액체를 배출시킨다. 피펫 끝을 비커 벽에 접촉시키는 것은 메니스커스가 표선에 이르렀을 때 액체 방울이 피펫에 매달리지 않게 하기 위함이다.

정확도(*Accuracy*) : 원하는 부피와 배출된 부피와의 차이

정밀도(*Precision*) : 배출을 반복했을 때의 재현성

피펫을 배출시킬 용기로 옮기고 **피펫 끝을 용기의 안벽에 접촉시킨 채** 액체를 배출시킨다. 액체의 흐름이 멈춘 후에도 수 초 동안 더 피펫 끝을 비커 안벽에 대고 있음으로써 액체가 완전히 빠져나오도록 한다. **마지막 방울은 불어내지 않는다.** 피펫은 액체를 모두 배출할 때까지 거의 수직으로 세워야 한다. 피펫의 사용이 끝나면 피펫을 증류수로 헹구거나 깨끗해질 때까지 피펫 통에 담가둔다. 건조된 잔여물은 제거하기 어려우므로, 절대로 용액이 피펫 속에서 건조되지 않도록 한다.

마이크로피펫

마이크로피펫(그림 2-10)은 표 2-4에 주어진 정확도로 1 ~ 1 000 μL (1 μL = 10^{-6} L)의 부피를 배출하는 데 사용된다. 액체는 일회용 플라스틱 팁(tip)에 담겨진다. 마이크로피펫의 원통이 금속으로 되어 있는 경우, 금속이 진한 염산과 같은 휘발성 산을 배출할 때 부식될 수도 있다. 부식은 피펫의 정확도를 감소시킨다.

분출병(squirt bottle)을 사용할 때에는 분출구의 끝부분이 어디에도 닿지 않도록 해야 한다.

마이크로피펫을 사용하기 위해서 새 팁을 피펫의 원통에 단단히 끼운다. 팁은 포장용 용기나 분배기(dispenser)에 보관하여 손가락으로 팁의 끝부분을 만지지(오염시키지) 않도록 한다. 피펫의 윗부분에 있는 다이얼을 돌려 원하는 부피로 맞춘다. 그리고 첫 번째 정지 지점(first stop)까지 피펫의 플런저(plunger)를 누른다. 이때의 부피가 선택한 부피이다. 피펫을 **수직으로** 세우고 시약 용액에 3 ~ 5 mm 정도 담근 다음 플런저를 **천천히** 놓으면서 액체를 빨아올린다. 팁의 외부에 묻은 액체를 제거하기 위해 팁은 용기의 벽을 따라 미끄러지듯이 액체로부터 들어낸다. 액체를 배출시킬 때에는 마이크로피펫 팁을 용기의 벽에 접촉시킨 후 첫 번째 정지 지점까지 플런저를 천천히 누른다. 액체가 피펫 팁으로부터 배출되도록 몇 초간 기다린 다음, 남아 있는 액체가 전부 배출되도록 플런저를 더 아래쪽으로 누른다. 시약을 미리 두세 번 뽑았다가 버림으로써 새 피펫 팁을 세척하고 적

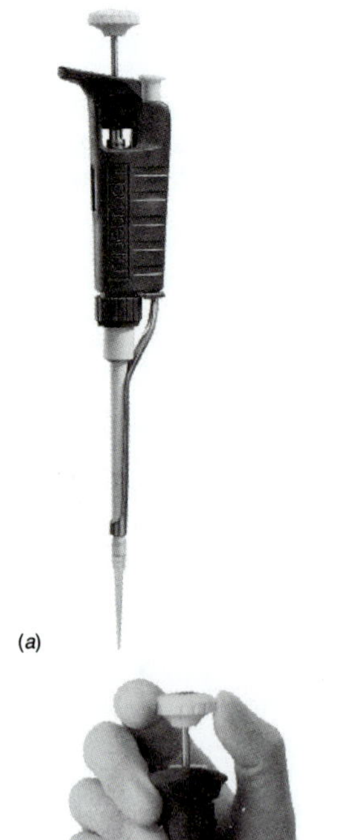

(a)

(b)

그림 2-10 (*a*) 일회용 플라스틱 팁을 장착한 마이크로피펫 (*b*) 부피 조절 다이얼을 돌려 150 μL에 맞춘다. [Rainin Instrument Co., Emeryville, CA.]

표 2-4 마이크로피펫의 정확도 (%)[a,b]

피펫 부피 (μL)	피펫 부피의 10%에서 정확도(%)	피펫 부피의 100%에서 정확도(%)
부피조절가능 피펫		
2	±8	±1.2
10	±2.5	±0.8
25	±4.5	±0.8
100	±1.8	±0.6
300	±1.2	±0.4
1 000	±1.6	±0.3
고정부피 피펫		
10		±0.8
25		±0.8
100		±0.5
500		±0.4
1 000		±0.3

a. 출처: Hamilton Co., Reno, NV.
b. 일반적으로 정밀도는 정확도보다 2~3배 정도 작다(더 좋다).

시는 것이 좋다. 사용한 팁은 버리거나 혹은 분출병으로 잘 씻어낸 후 다시 사용할 수 있다. 분출병을 사용할 때에는 분출병의 오염 방지를 위해 분출구의 끝부분이 어디에도 닿지 않도록 한다.

피펫 팁으로 빨아올린 액체의 부피는 피펫의 각도와 빨아올리는 동안 피펫 팁이 얼마나 깊이 담겨 있었는가에 따라 달라진다. 내부 부품이 닳으면 정밀도과 정확도가 약 **10배**까지 떨어지기도 한다. 마이크로피펫은 주기적으로 세척, 뚜껑 교체, 그리고 윤활제를 보충해 주어야 한다. 마이크로피펫으로부터 배출된 물의 무게를 측정함으로써 성능을 확인할 수 있다. 한 달에 한 번 정도는 수리가 필요한지 점검하기를 권장한다.

그림 2-11에 보이는 마이크로리터 **주사기**(*syringe*)는 1에서 500 μL 범위의 부피를 배출하는데, 정확도과 정밀도는 1% 정도이다. 주사기를 사용할 때에는 유리벽을 씻어주고, 공기방울을 제거하기 위해 여러 번 액체를 뽑아서 버린다. 강철제 바늘은 센 산에 의해 부식되어, 센 산성 용액을 철로 오염시킨다.

자습문제

2-D. 이동 피펫과 눈금 피펫 중 어느 것이 더 정확한가? 100 μL 마이크로피펫으로 10 μL 혹은 100 μL를 배출시킬 때 불확정성은 얼마인가?

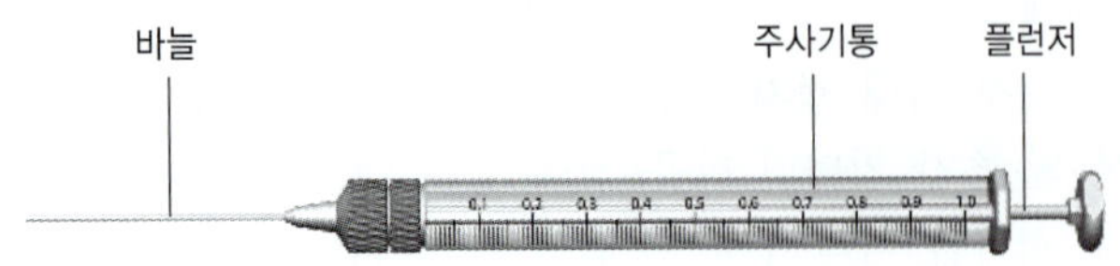

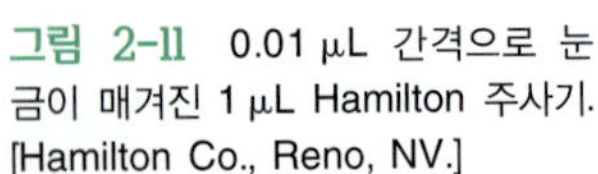

그림 2-11 0.01 μL 간격으로 눈금이 매겨진 1 μL Hamilton 주사기. [Hamilton Co., Reno, NV.]

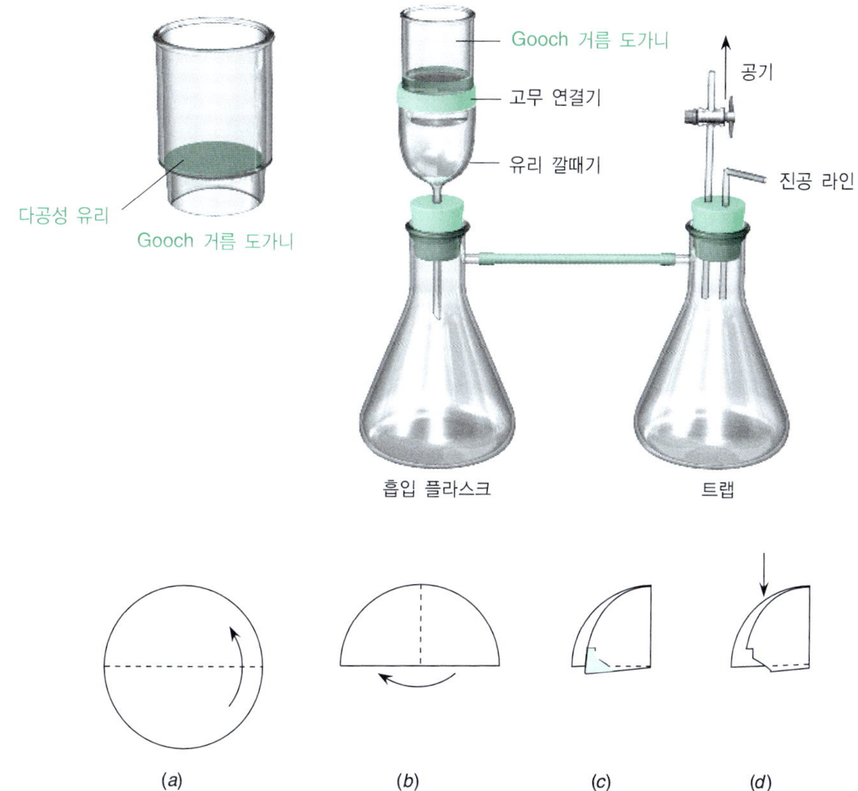

그림 2-12 액체가 통과할 수 있는 다공성(소결된) 유리 원판이 밑바닥에 깔려 있는 Gooch 거름 도가니를 이용한 거르기. 실험실의 진공 라인이나 수도에 장착된 **흡인기**(*aspirator*)를 이용하여 공기를 흡입해 준다. 트랩(trap)은 거른액(filtrate)이 진공 라인으로 들어가거나, 거꾸로 물이 흡인기로부터 흡입 플라스크로 들어가는 것을 막아준다.

그림 2-13 원뿔형 깔때기에 사용하기 위한 거름종이 접는 방법. (*a*) 거름종이를 반으로 접은 후, (*b*) 다시 반으로 접는다. (*c*) 거름종이를 깔때기에 잘 맞게 하기 위해 한쪽 귀퉁이를 잘라낸다. (*d*) 잘라내지 않은 쪽을 열고 거름종이를 깔때기에 넣는다.

2-7 거르기

무게 분석(gravimetric analysis)에서는 반응 생성물의 질량을 측정하여 미지 물질의 양을 결정한다. 무게 분석에서 침전물은 걸러서 모으고 씻은 다음, 건조시킨다. 대부분의 경우, 침전물을 빠르게 거르기 위해서 흡입장치가 연결된 **소결 유리 깔때기**(*fritted-glass funnel*)를 사용한다(그림 2-12). 깔때기 내부의 다공성 유리판은 액체는 통과시키고 고체는 남게 한다. 유리판의 구멍은 굵은, 중간 또는 미세한 것으로 나뉘는데, 각각 큰 입자, 중간 입자, 그리고 작은 입자들을 거르는 데 사용된다. 유리판의 구멍이 작을수록 거르는 데 시간이 오래 걸린다. 먼저 빈 도가니(crucible)를 110°C에서 건조시킨 후 무게를 단다. 도가니에 침전물을 거르고 건조시킨 후 다시 무게를 달아 침전물의 질량을 결정한다.

침전물이 형성되거나 결정이 만들어지는 액체를 **모액(mother liquor)**이라고 한다. 그리고 필터를 통과한 액체를 **거른액(filtrate)**이라고 한다.

몇몇 무게 분석법에서는 침전물을 일정한 조성의 기지 물질로 변환시키기 위하여 **강열(ignition**, 버너 위 또는 전기로(furnace) 속에서 높은 온도로 가열)한다. 예를 들면, Fe^{3+}는 다양한 조성을 가지는 수화된 $Fe(OH)_3$ 형태로 침전된다. 무게를 달기 전에 Fe_2O_3로 변환되도록 강열한다. 무게 분석에서 침전물을 강열할 때에는, 태웠을 때 잔여물을 거의 남기지 않는 **재없는 거름종이(ashless filter paper)**에 침전을 모은다.

원뿔형 유리 깔때기에 거름종이를 사용하기 위해서는 거름종이를 사등분으로 접고 한쪽 귀퉁이를 잘라낸 다음(깔때기에 꼭 맞게 끼우기 위하여), 깔때기에 넣는다(그림 2-13). 거름종이를 깔때기에 꼭 맞게 끼운 후 소량의 증류수로 깔때기의 안쪽 벽에 밀착시킨다. 액체를 깔때기에 부을 때에는 액체 흐름이 끊김 없이 깔때기의 관(stem)을 채우고 있어야 한다. 관 속 액체의 무게가 거름 속도를 빠르게 한다.

그림 2-14 침전물 거르기.

그림 2-15 오븐에서 시약이나 도가니를 말릴 때에는 시계접시를 먼지덮개로 사용한다.

거를 때에는 모액 속 침전물 곤죽이 튀지 않도록 유리 막대를 따라 붓는다(그림 2-14, **곤죽**(*slurry*)은 액체 속에 고체가 떠 있는 현탁액(suspension)이다). 비커나 유리 막대에 붙어 있는 입자들은 **고무 청소기(rubber policeman)**로 긁어낸다. 고무 청소기는 유리 막대 끝에 붙은 평편한 고무 조각이다. 그 다음 분출병에서 물줄기를 적당히 분사시켜 입자들을 고무와 유리용기에서 씻어내어 필터로 보낸다. 침전물을 강열시킬 경우, 비커에 남아 있는 입자들은 축축한 작은 거름종이 조각으로 닦아내어 거름종이를 강열시킬 필터와 합친다.

2-8 건조

일반적으로 시약이나 침전물 및 유리 기구는 110°C의 오븐에서 건조시킨다(일부 시약들의 건조 온도는 다를 수 있다). 오븐에 넣는 모든 물질에는 라벨을 붙여야 한다. 시계접시와 비커를 사용하여(그림 2-15) 건조시키는 동안 먼지에 의한 오염을 최소화한다. 먼지에 의한 오염을 막기 위해 실험대 위의 모든 용기는 덮는 것이 좋다.

무게 분석에서 침전물의 질량은, 분석하기 전에 건조시킨 빈 거름 도가니의 무게와 처리 후 같은 도가니에 채워진 건조된 생성물의 무게를 달아 측정할 수 있다. 빈 도가니의 무게를 측정하기 위해서는 먼저 도가니를 오븐에서 1시간 또는 그 이상 건조시킨 후 **건조용기**(*desiccator*) 속에서 30분간 식힘으로써 "일정 질량(constant mass)"이 되도록 한다. 도가니의 무게를 단 다음 다시 30분간 가열하고, 식힌 후 다시 무게를 단다. 반복하여 측정한 질량이 ±0.3 mg 이내로 일치하면, 그 거름 도가니는 "일정 질량"에 도달한 것이다. 무게를 측정할 때 도가니가 따뜻하면, 대류가 발생되어 무게가 달라질 수 있다. 시약이나 침전물 혹은 도가니를 건조시킬 때 전기오븐 대신 전자레인지를 사용할 수도 있다. 초기 가열시간을 4분으로 하고, 2분 가열을 반복한다.

건조용기(desiccator), 그림 2-16는 **건조제(desiccant)**가 들어 있는 밀폐된 용기이다. 공기의 출입을 막기 위해 뚜껑에는 그리스를 바른다. 건조제는 구멍 뚫린 원판 아래의 바닥에 놓는다. 흔히 쓰이는 건조제를 효율이 감소하는 순으로 열거하면, 과염소산 마그네슘 ($Mg(ClO_4)_2$ > 산화 바륨 (BaO) ≈ 알루미나 (Al_2O_3) ≈ 오산화 인 (P_4O_{10}) ≫ 염화 칼슘 ($CaCl_2$) ≈ 황산 칼슘 ($CaSO_4$, Drierite라고 부름) ≈ 실리카 젤 (SiO_2)이다. 뜨거운 물체를 건조용기에 넣은 후에는 물체가 어느 정도 식을 때까지 수 분 동안 뚜껑을 살짝 열어 놓는다. 이것은 내부 공기가 더워졌을 때 뚜껑이 갑자기 튕기면서 열리는 것을 막기 위해서이다. 건조용기를 열 때에는 뚜껑을 위로 잡아당기지 말고 옆으로 미끄러뜨린다.

표 2-5 부피 보정을 위한 보정 인자

온도 (°C)	보정 인자 (mL/g)[a]
15	1.002 0
16	1.002 1
17	1.002 3
18	1.002 5
19	1.002 7
20	1.002 9
21	1.003 1
22	1.003 3
23	1.003 5
24	1.003 8
25	1.004 0
26	1.004 3
27	1.004 6
28	1.004 8
29	1.005 1
30	1.005 4

a. 보정 인자는 물의 밀도에 기초하여 식 2-1을 이용하여 부력을 보정한다.

2-9 부피 측정용 유리기구의 교정

교정(calibration)은 기기의 눈금이 가리키는 양에 대해 실제 양(질량, 부피, 또는 전류)을 연관시키는 과정이다. 부피 측정용 유리기구는 그 속에 들어 있거나 혹은 그 기구에 의해 배출된 실제 부피를 측정하기 위해 교정한다. 교정은 용기 속에 들어 있거나 배출된 물의 질량을 측정한 후, 표 2-5를 이용하여 질량을 부피로 환산함으로써 이루어진다.

$$\text{참부피} = (\text{물의 질량}) \times (\text{표 2-5의 보정 인자}) \tag{2-2}$$

25 mL 이동 피펫을 교정하기 위해 먼저 그림 2-15에 보인 것과 같은 빈 칭량병의 무게를 잰다. 다음 증류수 25 mL를 피펫의 눈금까지 채운 다음 칭량병으로 배출시키고 증발

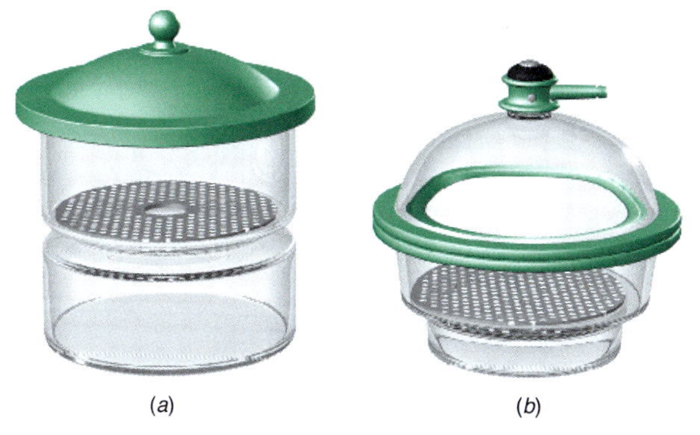

그림 2-16 (a) 일반적인 건조용기. (b) 진공 건조용기. 옆가지 (side arm)를 통해 공기를 빼낸 후 옆가지가 붙어 있는 부분을 돌려 구멍을 막을 수 있다. 낮은 압력에서 건조시키는 것이 더 효과적이다. **건조제** (dosiccant)를 다공성 자기판 아래의 건조용기 바닥에 놓는다.

을 막기 위해 뚜껑을 덮는다. 다시 칭량병의 무게를 재서 피펫으로부터 배출된 물의 질량을 측정한다. 식 2-2를 이용하여 질량을 부피로 환산한다. 표 2-5는 이미 부력 보정을 포함하고 있다.

예제 **피펫 교정**

빈 칭량병의 질량이 10.283 g이다. 25 mL 피펫으로부터 배출된 물을 넣은 후 칭량병의 질량은 35.225 g이다. 온도는 23°C이다. 피펫으로부터 배출된 물의 부피를 구하시오.

해답 물의 질량은 35.225 − 10.283 = 24.942 g이다. 식 2-2와 표 2-5로부터 물의 부피는 (24.942 g)(1.003 5 mL/g) = 25.029 mL이다.

복습 문제 만약 실험 온도가 29°C이고, 물의 질량이 24.942 g이라면, 배출된 부피는 얼마인가? (**답** : 25.069 mL)

그림 2-17 Agate으로 만든 막자사발과 막자. [Thomas Scientific, Swedesboro, NJ.] 막자사발은 시료를 담는 용기이고 막자는 분쇄용 도구이다. Agate는 매우 단단하고 비싸다. 값이 싼 자기(porcelain) 막자사발이 널리 사용되는데, 자기 막자사발은 약간 다공성이며 쉽게 긁힌다. 따라서 자기입자나 자기에 박혀 있는 미량의 이전 시료에 의해 시료가 오염될 수 있다.

자습문제

2-E. 15°C에서 10 mL 피펫에서 칭량병으로 배출된 물이 10.000 0 g이다. 피펫의 참부피는 얼마인가?

2-10 시료 전처리 방법

보충 0-1의 분석 과정표에서 알 수 있듯이, 균일한 실험실 시료는 대표성 있는 벌크 시료로부터 만들어야 한다. 고체의 경우, **막자사발과 막자(mortar and pestle**, 그림 2-17)를 사용하여 고운 가루로 갈거나 전체 시료를 녹임으로써 균일하게 만들 수 있다.

센 산으로 무기물질 녹이기

HCl, HBr, HF, H_3PO_4 및 묽은 H_2SO_4 같은 산들은 다음 반응에 따라 대부분의 금속(M)을 녹인다.

$$M(s) + nH^+(aq) \xrightarrow{\text{가열}} M^{n+}(aq) + \frac{n}{2}H_2(g)$$

HCl	염산
HBr	브로민산
HF	플루오린산
H_3PO_4	인산
H_2SO_4	황산
HNO_3	질산

HF는 닿거나 들이마시면 매우 위험하다. 피부에 닿으면 다량의 물로 씻어낸 후 calcium gluconate(혹은 다른 칼슘염)를 바르고 의사의 도움을 청한다.

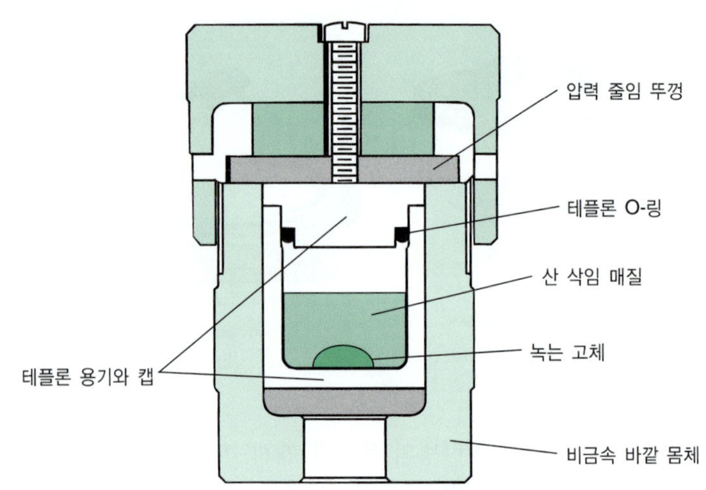

그림 2-18 테플론을 입힌 마이크로파 삭임 용기(digestion bomb). [Parr Instrument Co., Moline, IL.] 전형적인 23 mL 용기를 사용하면, 15 mL까지의 진한 산으로 무기물을 1 g (혹은 대량의 CO_2를 방출하는 유기물은 0.1 g) 까지 삭일 수 있다. 바깥 용기는 150°C까지 견딜 수 있으나 50°C 이상 올라가는 경우는 드물다. 내부 압력이 80 bar를 넘어가면 뚜껑이 변형되면서 압력이 방출된다.

또한 다른 많은 무기물을 녹인다. 몇 가지 음이온들은 H^+과 반응하여 **휘발성(volatile)** 생성물(쉽게 증발되는 화학종)을 형성하는데, 이것은 열린 용기의 뜨거운 용액으로부터 날아가 손실된다. 예를 들면, 탄산염($CO_3^{2-} + 2H^+ \longrightarrow H_2CO_3 \longrightarrow CO_2(g)\uparrow + H_2O$)과 황화염($S^{2-} + 2H^+ \longrightarrow H_2S(g)\uparrow$)이 있다. 뜨거운 플루오린산은 대부분의 암석에서 발견되는 규산염을 녹인다. HF는 유리를 부식시키므로 테플론, 폴리에틸렌, 은 또는 백금 용기를 사용한다. 테플론은 대부분의 화학약품에 대하여 내성이 있으며 260°C까지 사용할 수 있다.

테플론은 아래 구조를 갖는 **고분자**(*polymer*, 같은 단위가 반복되는 사슬)이다.

$$\left(\begin{array}{c} \text{F F} \quad \text{F F} \\ -\text{C}-\text{C}-\text{C}-\text{C}- \\ \text{F F} \quad \text{F F} \end{array} \right)_{n \geq 10\,000}$$

테플론

탄소원자는 이 페이지 평면상에 있다. 진한 쐐기는 여러분 쪽으로 나오는 결합이고, 점선으로 된 쐐기는 이 페이지 뒤쪽으로 나가는 결합이다.

위에서 언급한 산에 녹지 않는 물질들은 HNO_3 또는 진한 H_2SO_4으로 산화시켜 녹일 수 있다. 질산은 대부분의 금속을 녹일 수 있으나 Au와 Pt는 녹이지 못한다. 이들은 **왕수**(*aqua regia*)라고 하는 HCl : HNO_3 = 3 : 1 (vol:vol) 혼합 용액에 녹는다.

산 용해는 전자레인지에서 테플론을 입힌 **용기(bomb**, 밀폐된 용기, 그림 2-18)를 이용하여 편리하게 할 수 있다. 전자레인지는 1분 내에 내용물을 200°C로 가열할 수 있다. 용기는 금속으로 만들지 않는데, 그 이유는 금속이 마이크로파를 흡수하고 산에 녹을 수 있기 때문이다. 용기는 휘발성 생성물의 손실을 방지하기 위하여 열기 전에 냉각시켜야 한다.

융해

일반적으로 산에 녹지 않는 무기물은 뜨거운 용융 무기 **용제(flux)**에 의해서 녹일 수 있는데, 용융 무기 용제의 예로는 테트라붕산 리튬($Li_2B_4O_7$)과 수산화 소듐(NaOH)이 있다. 고운 가루로 만든 미지 시료를 그 질량의 2 ~ 20배 정도되는 고체 융제와 섞고, 백금–금 합금 도가니에 넣은 후 버너 위나 전기로 속에서 300° ~ 1 200°C로 가열하여 **융해(fuse** 또는 melt)시킨다. 시료가 균일하게 되면 용융 융제를 10 wt% HNO_3 수용액이 담겨 있는 비커에 조심스럽게 부어 생성물을 녹인다.

유기물의 삭임

유기 화합물에 들어 있는 N, P, 할로젠(F, Cl, Br, I), 그리고 금속을 분석하기 위해서는 먼저 화합물을 연소(7-4절 참조) 또는 **삭임**(*digestion*)에 의해 분해시킨다. **삭임(digestion)**에서는 반응성이 큰 액체를 이용하여 물질을 분해하고 녹인다. 이를 위해 황산이나 H_2SO_4과 HNO_3의 혼합물을 유기물에 가한 후, 입자가 모두 녹고 용액이 균일한 검은색을 띨 때까지 10 ~ 20분 정도 천천히 끓인다(또는 마이크로파 용기 속에서 가열한다).

식힌 다음, 과산화수소 (H_2O_2) 또는 HNO_3을 가하여 탈색시키고 다시 가열한다. 삭임이 끝나면 분해된 시료를 분석한다.

추출

추출 (extraction) 시에는 시료 전체를 녹이지 않으며, 분석물질을 분해시키지 않는 용매에 분석물질을 녹인다. 토양으로부터 농약을 추출하는 전형적인 과정을 보면, 토양과 용매 (아세톤과 헥세인) 의 혼합물을 테플론을 입힌 용기에 넣고 마이크로파로 150°C까지 가열한다. 이 온도는 대기압 하의 열린 용기에서 각 용매의 끓는점보다 50°에서 100°C 가량 높다. 가용성인 농약은 녹지만, 대부분의 토양은 녹지 않고 남는다. 농약 분석을 완료하기 위해 용액을 크로마토그래피로 분석한다 (크로마토그래피는 21 ~ 23장에서 다룬다).

자습문제

2-F. 황화 납 (PbS) 은 물에 잘 녹지 않는 검은 고체지만, 진한 HCl에는 녹는다. 이 용액을 끓여 건조시키면 백색의 결정성 염화 납 ($PbCl_2$) 이 남는다. 황화 납에는 무슨 일이 일어났는가?

주요 식

부력 $$m = m'\left(1 - \frac{d_a}{d_w}\right)\Big/\left(1 - \frac{d_a}{d}\right)$$

m = 참질량, m' = 공기 중에서 측정한 질량

d_a = 공기의 밀도 (25°C 1바(bar) 근처에서 0.001 2 g/mL)

d_w = 균형추의 밀도 (8.0 g/mL)

d = 무게를 달 물체의 밀도

알아두어야 할 술어

강열 (ignition)
거른액 (filtrate)
건조용기 (desiccator)
건조제 (desiccant)
고무 청소기 (rubber policeman)
교정 (calibration)
기계식 저울 (mechanical balance)
녹색화학 (green chemistry)
막자사발과 막자 (mortar and pestle)
메니스커스 (meniscus)
모액 (mother liquor)
무게 분석 (gravimetric analysis)
부력 (buoyancy)
부피 플라스크 (volumetric flask)
뷰렛 (buret)
빈그릇무게 (tare)
삭임 (digestion)
산씻기 (acid wash)
시차 오차 (parallax error)
용기 (bomb)
용제 (flux)
융해 (fuse)
재 없는 거름 종이 (ashless filter paper)
전자식 저울 (electronic balance)
추출 (extraction)
피펫 (pipet)
휘발성 (volatile)
흡수 (absorption)
흡습성 (hygroscopic)
흡착 (adsorption)

문제

2-1. 그림 2-4의 전자식 저울에서 왼쪽 위의 내부 교정 질량(internal calibration mass)의 역할은 무엇인가?

2-2. 부피 측정용 유리기구에 표시되어 있는 TC와 TD라는 기호는 무엇을 의미하는가?

2-3. 어떤 경우에 유리 플라스크보다 플라스틱 부피 플라스크를 사용하는가?

2-4. 그림 2-12에서 트랩의 목적은 무엇인가? 그림 2-15에서 시계접시는 어떤 역할을 하는가?

2-5. 흡착과 흡수를 구별하시오. 건조용 오븐에서 유리기구를 가열할 때 흡착된 물을 제거하는가 아니면 흡수된 물을 제거하는가?

2-6. 삭임과 추출의 차이는 무엇인가?

2-7. 공기 중에서 측정된 질량이 5.397 4 g이라면 물의 참질량은 무엇인가?

2-8. 펜테인(C_5H_{12})은 밀도가 0.626 g/mL인 액체이다. 공기 중에서 측정한 질량이 14.82 g일 때 펜테인의 참질량을 구하시오.

2-9. 무게 분석 침전물을 강열시켜 얻은 산화 철(Fe_2O_3, 밀도 = 5.24 g/mL)이 대기 중에서 0.296 1 g이다. 진공에서의 참질량은 얼마인가?

2-10. 여러분의 지도교수가 노벨상을 타기 위해 도와줄 사람으로 당신을 뽑았다. 당신의 실험은 매우 정확해야 한다. 당신은 유리기구에 표시된 부피를 그대로 사용하지 않고, 유리기구들을 교정하기로 하였다. 빈 10 mL 부피 플라스크의 무게가 10.263 4 g이었다. 20°C에서 증류수를 눈금까지 채웠을 때 20.214 4 g이었다. 이 플라스크의 참부피는 얼마인가?

2-11. 9.974 g인 칭량병에 5 mL 피펫으로 물을 채웠을 때 26℃에서 14.974 g이었다. 피펫의 부피는 얼마인가?

2-12. 뷰렛으로 물을 0.12에서 15.78 mL까지 배출시켰다. 배출된 물의 겉보기 부피(apparent volume)는 15.78 − 0.12 = 15.66 mL이다. 배출된 물의 질량은 25°C에서 15.569 g이다. 참부피는 얼마인가?

2-13. 유리는 금속 이온의 오염원으로 잘 알려져 있다. 세 개의 유리병을 잘게 부수고 체로 걸러 1 mm 조각들을 모았다.[8] Al^{3+}가 얼마나 추출되는지 알아보기 위해, 폴리에틸렌 플라스크에 0.05 M EDTA(금속과 결합한다) 용액 200 mL와 ~1 mm 유리 입자 0.50 g을 넣고 저어 주었다. 두 달 후 용액 내 Al 농도는 5.2 μM이었다. 일정량의 유리 조각을 48 wt% HF에서 마이크로파로 가열하면서 완전히 녹인 후, 측정한 유리 내 총 Al의 함량은 0.08 wt%였다. EDTA에 의해 유리에서 추출된 Al의 분율은 얼마인가?

표준과정 : 50 mL 뷰렛의 교정

이 과정은 20°C에서 뷰렛으로 배출시킨 부피를 참부피로 변환시키기 위해 그림 3-2와 같은 그래프를 어떻게 작성하는지 알려준다.

0. 실험실의 온도를 측정한다. 이 실험에 사용할 증류수의 온도는 실험실 온도와 같아야 한다.

1. 뷰렛을 증류수로 채우고 뷰렛 끝의 모든 공기방울을 뽑아낸다. 뷰렛 내벽에 물방울이 남지 않는지 관찰한다. 물방울이 남는다면 뷰렛을 비눗물로 세척하거나 세척액에 담근다.[5] 메니스커스를 0.00 mL 또는 그보다 약간 낮게 맞춘 후, 뷰렛 끝을 비커에 대고 매달려 있는 물방울을 제거한다. 뷰렛을 5분 동안 스탠드에 걸어 놓고, 고무마개가 달린 125 mL 플라스크의 무게를 잰다(플라스크는 지문으로 인하여 질량이 변하는 것을 피하기 위해 종이 타월로 잡는다). 만약 뷰렛 속의 액체 높이가 변하면, 잠금꼭지를 단단히 잠근 후 위 과정을 반복한다. 액체의 높이를 기록한다.

2. 물 약 10 mL를 20 mL/min 이하의 속도로 무게를 단 플라스크에 배출시키고, 증발하지 않도록 마개를 단단히 막는다. 뷰렛 벽에 묻은 액체막이 모두 흘러내릴 때까지 약 30초 동안 기다린 후 뷰렛 눈금을 읽는다. 모든 눈금은 0.01 mL까지 읽는다. 뷰렛에서 배출된 물의 질량을 측정하기 위해 다시 플라스크의 무게를 단다.

3. 뷰렛에서 10에서 20 mL까지 물을 배출시킨 후 배출된 물의 질량을 측정한다. 30, 40, 50 mL까지 이 과정을 반복한다. 그리고 전 과정(10, 20, 30, 40, 50 mL)을 다시 한 번 반복한다.

4. 표 2-5을 이용하여 배출된 물의 질량을 부피로 변환한다. 두 번의 측정이 0.04 mL 범위 내에서 일치하지 않으면 측정을 반복한다. 그림 3-2와 같은 교정 곡선을 만들어 매 10 mL에 해당하는 보정 인자를 표시한다.

예제 뷰렛의 교정

24°C에서 뷰렛으로 액체를 배출시켰을 때, 다음과 같은 값들이 얻어졌다.

마지막 읽은 값	10.01	10.08 mL
처음 읽은 값	0.03	0.04
차이	9.98	10.04 mL
질량	9.984	10.056 g
배출된 실제 부피	10.02	10.09 mL
보정값	+0.04	+0.05 mL
평균 보정값	+0.045 mL	

24°C에서 9.984 g의 물을 배출했을 때 실제로 배출한 부피를 계산하기 위해서는, 표 2-5의 보정 인자 1.003 8 mL/g을 이용한다. 따라서 물 9.984 g은 (9.984 g)(1.003 8 mL/g) = 10.02 mL이다. 두 세트의 데이터에 대한 평균 보정값은 +0.045 mL이다.

10 mL보다 큰 부피를 보정하기 위해서는, 플라스크로 배출시킨 물의 질량을 더한다. 다음과 같이 질량이 측정되었다면, 배

	부피 간격 (mL)	배출한 질량 (g)
	0.03 ~ 10.01	9.984
	10.01 ~ 19.90	9.835
	19.90 ~ 30.06	10.071
합계	30.03 mL	28.890 g

출시킨 물의 총 부피는 (29.890 g)(1.003 8 mL/g) = 30.00 mL이다. 표시된 부피가 30.03 mL이므로 30 mL에서의 뷰렛 보정값은 − 0.03 mL이다.

이것은 무엇을 의미하는가? 그림 3-2가 여러분의 뷰렛에 적용된다고 가정하자. 만약 0.04 mL에서 적정을 시작하여 29.43 mL에서 끝냈다면, 뷰렛이 정확한 경우 29.39 mL가 소비된 것이다. 그림 3-2는 실제로 소비된 부피가 0.03 mL 적은 29.36 mL라는 것을 말해준다. 교정 곡선을 이용하기 위해 모든 적정을 0.00 mL에서 시작하거나, 또는 처음과 마지막 읽은 값을 보정한다. 여러분은 뷰렛을 사용할 때마다 교정 곡선을 이용하도록 한다.

주와 참고문헌

1. R. H. Hill and D. Finster, *Laboratory Safety for Chemistry Students* (Hoboken, NJ:Wiley, 2010).

2. *Prudent Practices in the Laboratory: Handling and Management of Chemical Hazards* (Washington: National Academies Press, 2011), http://www.nap.edu/catalog.php?record_id=12654; R. J. Lewis, Sr., *Hazardous Chemicals Desk Reference*, 6th ed. (New York: Wiley, 2008); P. Patnaik, *A Comprehensive Guide to the Hazardous Properties of Chemical Substances*, 3rd ed. (New York: Wiley, 2007); G. Lunn and E. B. Sansone, *Destruction of Hazardous Chemicals in the Laboratory* (New York: Wiley, 1994); and M. A. Armour, *Hazardous Laboratory Chemical Disposal Guide*, 3rd ed. (Boca Raton, FL: CRC Press, 2003).

3. P. T. Anastas and J. C. Warner, *Green Chemistry: Theory and Practice* (New York: Oxford University Press, 1998); M. C. Cann and M. E. Connelly, *Real-World Cases in Green Chemistry* (Washington, DC: American Chemical Society, 2000); M. Lancaster, *Green Chemistry: An Introductory Text* (Cambridge: Royal Society of Chemistry, 2002); C. Baird and M. Cann, *Environmental Chemistry*, 3rd ed. (New York: W. H. Freeman and Company, 2005); J. E. Girard, *Principles of Environmental Chemistry* (Sudbury, MA: Bartlett, 2005); B. Braun, R. Charney, A. Clarens, J. Farrugia, C. Kitchens, C. Lisowski, D. Naistat, and A. O'Neil, *J. Chem. Ed.* **2006**, *83*, 1126.

4. Videos illustrating basic laboratory techniques are available from the *Journal of Chemical Education* at www.jce.divched.org/ and also from www.academysavant.com.

5. Prepare cleaning solution by dissolving 36 g of ammonium peroxydisulfate, $(NH_4)_2S_2O_8$, in a *loosely stoppered* 2.2-L ("one gallon") bottle of 98 wt% sulfuric acid. Add ammonium peroxydisulfate every few weeks to maintain the oxidizing strength. Alternative, far less hazardous cleaners that do not generate toxic waste ate available. For example, see the Web site for International Products Corp.: http://www.ipcol.com/.

6. M. M. Singh, C. McGowan, Z. Szafran, and R. M. Pike, *J. Chem. Ed.* **1998**, *75*, 371; *J. Chem. Ed.* **2000**, *77*, 625.

7. R. H. Obenauf and N. Kocherlakota, *Spectroscopy Applications Supplement*, March 2006, p. 12.

8. D. Bohrer, P. Cícero do Nascimento, P. Martins, and R. Binotto, *Anal. Chim. Acta* **2002**, *459*, 267.

실험 오차

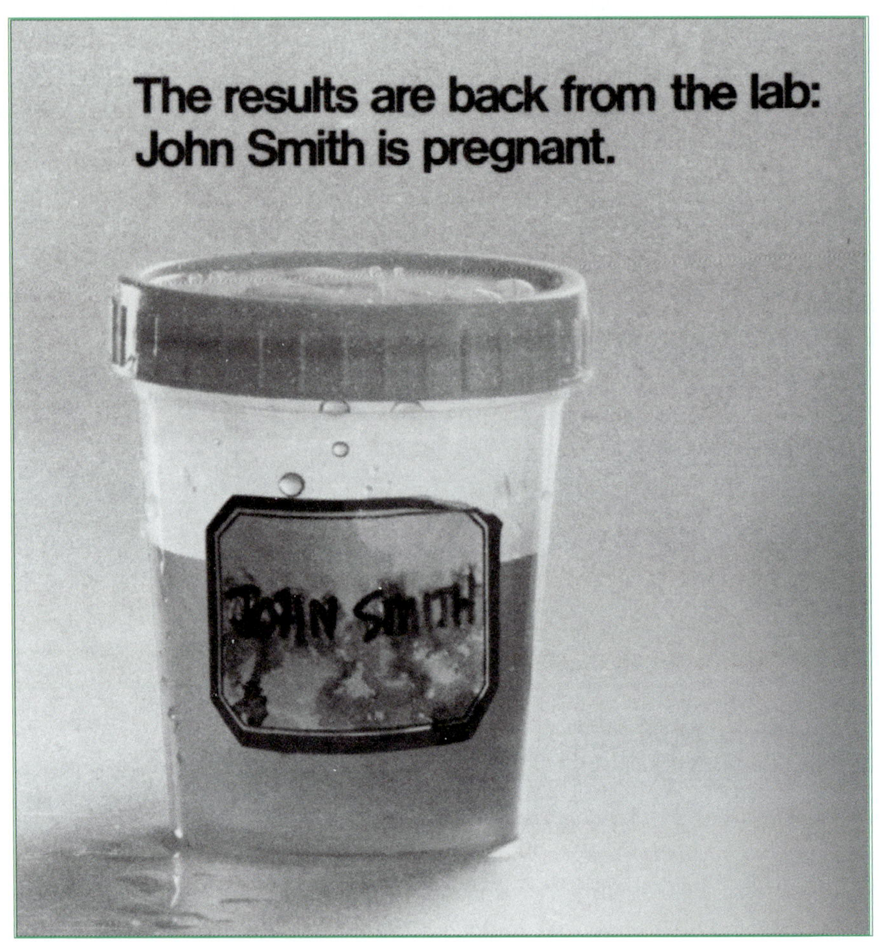

[제공: 3M Company, St. Paul, MN.]

실험실의 어떤 오차는 다른 오차만큼 뚜렷하지는 않으나, 모든 종류의 측정에 항상 오차가 따른다. 어떤 것의 "참값"을 측정할 수 있는 방법은 없다. 분석 화학에서 우리가 할 수 있는 최선의 길은 경험상 믿을 만한 방법을 주의해서 적용하는 것이다. 한 가지 종류의 측정을 여러 번 반복하면 재현성(**정밀도,** ***precision***)을 알 수 있다. 같은 양을 서로 다른 방법으로 측정하였을 때, 결과들이 서로 잘 일치한다면 "참값"에 가까운 정도(**정확도,** ***accuracy***)에 대한 신뢰성을 준다.

03

수학 소도구

광물의 질량(4.635 ± 0.002 g)과 부피(1.13 ± 0.05 mL)를 측정하여 그 밀도를 구한다고 하자. 밀도는 단위 부피당 질량이다: 4.635 g/1.13 mL = 4.101 8 g/mL. 측정한 질량과 부피의 불확정성은 각각 ±0.002 g과 ±0.05 mL인데, 계산한 밀도의 불확정성은 얼마일까? 또 그 밀도에는 몇 개의 유효 숫자가 쓰여야 하는가? 이 장에서는 이러한 질문들에 대한 답을 주고, 스프레드시트(spreadsheet)를 소개한다. 스프레드시트는 이 책을 배울 때나 다른 공부를 할 때 매우 중요하고 강력한 계산도구가 될 것이다.

3-1 유효 숫자

유효 숫자(**significant figure**)의 수는 정밀도를 잃지 않으면서 주어진 값을 과학적인 표기 방법으로 기록하는 데 필요한 최소한의 자릿수이다. 142.7이란 숫자는 1.427×10^2으로 쓸 수 있으므로 유효 숫자가 4개이다. 만약 $1.427\ 0 \times 10^2$으로 표기하였다면 7 다음 자리의 값을 안다는 것을 뜻하므로, 142.7이란 숫자와는 다르다. $1.427\ 0 \times 10^2$은 5개의 유효 숫자를 가진다.

유효 숫자 : 정밀도를 잃지 않으면서 주어진 값을 과학적인 표기 방법으로 나타내는 데 필요한 최소한의 자릿수.

6.302×10^{-6}이란 숫자는 4개의 자릿수가 모두 필요하므로 유효 숫자가 4개이다. 같은 수를 0.000 006 302라고도 쓸 수 있는데, 이것 또한 정확히 4개의 유효 숫자를 갖는다. 6의 왼쪽에 있는 0은 단순히 소수점의 위치를 나타낸다. 92 500이란 숫자는 애매하다. 이것은 다음 중 어느 것이든 의미할 수 있다.

9.25×10^4	3개의 유효 숫자
9.250×10^4	4개의 유효 숫자
$9.250\ 0 \times 10^4$	5개의 유효 숫자

실제로 몇 개의 숫자를 알고 있는가를 나타내기 위해서 92 500 대신에 위의 세 가지 숫자 중 어느 하나를 써야 한다.

유효 숫자 0은 **볼드체**로 표시하였다.
1**0**6 0.01**0** 6 0.1**0**6 0.1**0**6 **0**

0은 (1) 숫자 사이에 있거나 또는 (2) 소수점 오른쪽에 있는 숫자의 끝에 있을 때 유효하다.

측정된 양의 마지막(가장 오른쪽에 있는) 유효 숫자는 항상 약간의 불확정성을 가진다. 최소의 불확정성은 마지막 자리에서 ±1이다. Spectronic 20 분광광도계의 눈금을 그림 3-1에 나타내었다. 그림에서 바늘은 0.234의 흡광도 값을 가리키고 있다. 이 경우 유효 숫자는 3개이다. 여기서 2와 3은 완전히 확실한 값이고, 4는 추정값이다. 사람에 따라서 값을 0.233이나 0.235라고 읽을 수 있다. 퍼센트 투광도는 약 58.3이다. 이 점에서 투광도 눈금이 흡광도 눈금보다 좁기 때문에, 투광도의 마지막 자리는 아마도 상당한 불확정성이

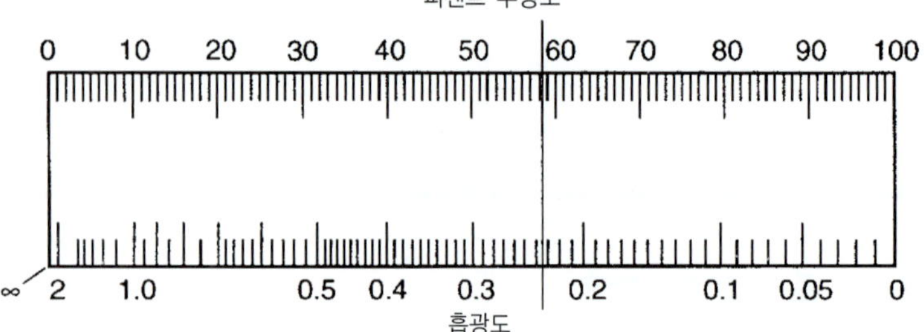

그림 3-1 Bauch-Lomb Spectronic 20 분광광도계의 눈금. 퍼센트 투광도는 선형 눈금이고, 흡광도는 로그 눈금이다.

있을 것이다. 타당성 있는 불확정성의 추정값은 58.3 ± 0.2이다. 58.3이란 수는 세 개의 유효 숫자를 가진다.

일반적으로 어떤 장치의 눈금을 읽을 때에는 눈금과 눈금 사이를 **내연장**(*interpolate*) 해야만 한다. 보통 두 눈금 사이 간격의 1/10 정도까지 추정이 가능하다. 그러므로 0.1 mL까지 눈금이 매겨져 있는 50 mL 뷰렛의 경우에는 0.01 mL 수준까지 읽는나. 빌리미터의 눈금이 매겨져 있는 자를 사용할 때는 밀리미터의 1/10 정도까지 측정한다.

내연장(*interpolation*) : 모든 눈금은 눈금 사이 1/10 정도의 간격까지 추정하여 읽는다.

자습문제

3-A. 아래 각 숫자는 몇 개의 유효 숫자를 갖는가?

(a) 1.903 0 **(b)** 0.039 10 **(c)** 1.40×10^4

3-2 계산에서의 유효 숫자

이 절에서는 우리가 얻은 데이터를 가지고 여러 가지 산술 계산을 한 다음, 답에서 나타낼 자릿수를 결정하는 방법에 관하여 다룬다. 반올림에 의한 오차가 누적되는 것을 피하기 위하여 반드시 **마지막 답**(*final answer*, 중간 결과가 아님) 만을 반올림해야 한다.

덧셈과 뺄셈

더하거나 빼는 숫자의 자릿수가 같을 때, 답은 각각의 숫자와 마찬가지로 **같은 소수점 자리**(*same decimal place*) 를 갖는다.

$$\begin{array}{r} 1.362 \times 10^{-4} \\ +\,3.111 \times 10^{-4} \\ \hline 4.473 \times 10^{-4} \end{array}$$

답에서 유효 숫자의 수는 원래의 데이터보다 많거나 적어질 수 있다.

$$\begin{array}{r} 5.345 \\ +\ 6.728 \\ \hline 12.073 \end{array} \qquad \begin{array}{r} 7.26 \times 10^{14} \\ -\,6.69 \times 10^{14} \\ \hline 0.57 \times 10^{14} \end{array}$$

만약 더하는 숫자들이 같은 개수의 유효 숫자를 가지고 있지 않을 경우, 답에서 유효 숫자의 개수는 일반적으로 가장 적은 수의 숫자에 의해서 제한을 받는다. 예를 들면, KrF_2

의 분자량을 계산할 때, 답은 우리가 알고 있는 Kr의 원자량에 의해서 제한되기 때문에 단지 소수점 아래 세 자리까지만 나타낸다.

$$\begin{array}{rl} 18.998\,403\,2 & (\mathrm{F}) \\ +\ 18.998\,403\,2 & (\mathrm{F}) \\ +\ 83.798 & (\mathrm{Kr}) \\ \hline 121.794\,\underbrace{806\,4}_{\text{유효 숫자가 아님}} & \end{array}$$

따라서 마지막 답은 121.794 806 4란 숫자를 121.795로 반올림해야 된다.

수의 반올림 규칙.

반올림을 할 때 반올림하려는 자릿수 아래의 모든 숫자들을 고려해야 한다. 위의 예에서 806 4는 마지막 유효 숫자 아래에 있다. 이 수는 마지막 유효 숫자 다음의 높은 자리 숫자가 절반보다 크기 때문에 4를 5로 반올림한다(즉, 121.794로 내리는 대신에 121.795로 반올림한다). 만약 비유효 숫자가 절반보다 작을 경우는 버린다. 예를 들면, 121.794 3은 121.794로 반올림한다.

숫자가 정확히 절반이 되는 특수한 경우에는 가장 가까운 **짝수**로 반올림한다. 따라서 유효 숫자가 3개이면 43.55는 43.6으로 반올림한다. 만약 3개의 숫자만을 남기려고 하면 1.425×10^{-9}은 1.42×10^{-9}이 된다. 그러나 수 $1.425\,01 \times 10^{-9}$의 경우는 501은 절반보다 크므로 1.43×10^{-9}이 된다. 가까운 짝수로 반올림하는 이유는 연속적인 반올림에 의한 오차로 인하여 결과가 계통적으로 증가되거나 또는 감소되는 것을 피하기 위해서이다. 반은 반올림하게 되고, 반은 버리게 된다.

더하거나 뺄 숫자를 과학적 표기법으로 표시함에 있어서, 먼저 모든 숫자는 같은 지수로 변환시켜야 한다.

덧셈과 뺄셈 : 모든 숫자는 같은 지수로 표기하고, 모든 숫자는 소수점 자리를 맞추어서 배열하시오. 가장 적은 소수점 자릿수를 갖는 숫자의 소수점 자릿수에 따라 답을 반올림한다.

$$\begin{array}{r} 1.632 \times 10^{5} \\ +\,4.107 \times 10^{3} \\ +\,0.984 \times 10^{6} \\ \hline \end{array} \quad \Rightarrow \quad \begin{array}{rl} 1.632 & \times\ 10^{5} \\ +\ 0.041\,07 & \times\ 10^{5} \\ +\ 9.84 & \times\ 10^{5} \\ \hline 11.51 & \times\ 10^{5} \end{array}$$

합계 $11.513\,07 \times 10^{5}$은 11.51×10^{5}으로 반올림한다. 왜냐하면 모든 숫자를 10^{5}의 배수로 표시할 때 9.84×10^{5}은 소수점 아래 두 자리로 제한되기 때문이다.

도전 모든 숫자를 10^{5} 대신에 10^{4}의 배수로 표시하더라도 답은 여전히 4개의 유효 숫자를 가진다는 것을 보이시오.

곱셈과 나눗셈

곱셈과 나눗셈에서 일반적으로 가장 적은 유효 숫자를 갖는 수의 자릿수에 의하여 제한된다. 예를 들면,

$$\begin{array}{r} 3.26 \times 10^{-5} \\ \times\ 1.78\phantom{\times 10^{-5}} \\ \hline 5.80 \times 10^{-5} \end{array} \qquad \begin{array}{rl} 4.317\,9 & \times\ 10^{12} \\ \times\ 3.6 & \times\ 10^{-19} \\ \hline 1.6 & \times\ 10^{-6} \end{array} \qquad \begin{array}{r} 34.60 \\ \div\ \ 2.462\,87 \\ \hline 14.05 \end{array}$$

10의 거듭 제곱항은 남겨야 될 자릿수에는 전혀 영향을 주지 않는다.

예 제 분자량의 유효 숫자

올바른 유효 자릿수로써 $C_{14}H_{10}$의 분자량을 구하시오.

해답 탄소의 원자량에 14를 곱하고, 수소의 원자량에 10을 곱하여 합한다.

이어지는 계산에서 불필요한 반올림 오차를 피하기 위해서 흔히 유효 숫자보다 여분의 한 자릿수를 유지한다. 이 책에서는 한 여분의 숫자를 168.149_8처럼 아래첨자로 나타낸다.

$14 \times 12.010\,7 = 168.149_8$ ← 12.010 7이 여섯 자릿수를 가지므로 여섯 유효 숫자

$10 \times 1.007\,94 = \underline{10.079_4}$ ← 1.007 94가 여섯 자릿수를 가지므로 여섯 유효 숫자

178.229_2

합리적 답은 178.229이다. $14 \times 12.010\ 7 = 168.149_8$의 마지막 유효 자릿수는 소수 셋째 자리이므로 분자량은 소수 셋째 자리로 제한된다. 이어지는 계산에서 반올림 오차를 피하기 위해서 마지막 유효 숫자보다 여분의 한 자릿수를 흔히 아래첨자(subscript)로 유지한다.

복습 문제 옳은 유효 자릿수로써 $C_{14}H_{10}O_8$의 분자량을 구하시오.(**답** : 306.224)

로그와 역로그

$n = 10^a$이면, 밑이 10인 n의 **로그(logarithm)**는 a이다.

***n*의 로그 :**

$$n = 10^a \Longleftrightarrow \log n = a \tag{3-1}$$

$10^{-3} = \frac{1}{10^3} = \frac{1}{1\,000} = 0.001$

예를 들면, $100 = 10^2$이므로 100의 로그는 2이고, $0.001 = 10^{-3}$이므로 0.001의 로그는 −3이다. 계산기로 어느 수의 로그를 구하려면, 그 수를 입력하고 log키를 누른다.

식 3-1에서 n은 a의 **역로그(antilogarithm)**라 한다. 즉, $10^2 = 100$이므로 2의 역로그는 100이고, $10^{-3} = 0.001$이므로 −3의 역로그는 0.001이다. 계산기에는 10^x키나 antilog키, 또는 *INV log*키가 있다. 어느 수의 역로그를 구하려면 그 수를 입력하고 *10^x* (**또는** *antilog* **또는** *INV log*)를 누른다.

로그는 **지표(characteristic)**와 **가수**(*mantissa*)로 구성된다. 지표는 정수 부분이고 가수는 소수 부분이다.

$$\log 339 = \underbrace{2}_{\text{지표}=2}.\underbrace{530}_{\text{가수}=0.530} \qquad \log 3.39 \times 10^{-5} = \underbrace{-4}_{\text{지표}=-4}.\underbrace{470}_{\text{가수}=0.470}$$

$\log x$의 **가수**(*mantissa*)에 있는 유효 숫자의 수 = x의 유효 숫자의 수.

$\log(\underbrace{5.403}_{4자리} \times 10^{-8}) = -7.\underbrace{267\,4}_{4자리}$

339는 3.39×10^2으로 쓸 수 있다. *log 339*의 **가수에 있는 자릿수는** *339*에 **있는 유효 숫자의 수와 같아야 한다.** 그러므로 339의 로그는 2.530으로 나타낸다. 지표 2는 3.39×10^2의 지수와 일치한다.

소수점 셋째 자리가 마지막 유효 자리인가를 알아보기 위해서 다음의 결과들을 생각해 보자.

$$10^{2.531} = 340\ (339.6)$$
$$10^{2.530} = 339\ (338.8)$$
$$10^{2.529} = 338\ (338.1)$$

괄호 안의 숫자는 세 자릿수로 반올림하기 전의 결과이다. 지수의 소수점 셋째 자리에 있는 숫자를 1만큼 변화시키면 답은 339의 마지막(셋째) 자리 숫자가 1만큼씩 변한다.

로그를 역로그로 환산하는 경우, **역로그에서 유효 숫자의 수는 가수의 자릿수와 같아야 한다.**

$$\text{antilog}(-3.\underbrace{42}_{2\text{자리}}) = 10^{-3.\underbrace{42}_{2\text{자리}}} = \underbrace{3.8}_{2\text{자리}} \times 10^{-4}$$

antilog x (= 10^x) 의 자릿수 = x 의 **가수**에 있는 유효 숫자

$$10^{6.\underbrace{142}_{3\text{자리}}} = \underbrace{1.39}_{3\text{자리}} \times 10^6$$

다음 예는 로그와 역로그에 대해 유효 숫자를 바르게 쓰는 것을 보여 준다.

$$\log 0.001\,237 = -2.907\,6 \qquad \text{antilog } 4.37 = 2.3 \times 10^4$$
$$\log 1\,237 = 3.092\,4 \qquad 10^{4.37} = 2.3 \times 10^4$$
$$\log 3.2 = 0.51 \qquad 10^{-2.600} = 2.51 \times 10^{-3}$$

자습문제

3-B. 올바른 자릿수로 답을 나타내시오.

(a) $1.021 + 2.69 = 3.711$ **(b)** $12.3 - 1.63 = 10.67$

(c) $4.34 \times 9.2 = 39.928$

(d) $0.060\,2 \div (2.113 \times 10^4) = 2.849\,03 \times 10^{-6}$

(e) $\log(4.218 \times 10^{12}) = ?$ **(f)** $\text{antilog}(-3.22) = ?$

(g) $10^{2.384} = ?$

3-3 오차의 종류

모든 측정에는 **실험 오차** (*experimental error*) 라 하는 약간의 불확정성이 있다. 과학적 결론은 신뢰도의 높고 낮음으로 표현할 수 있으나 완전히 확실하게 나타낼 수는 없다. 실험 오차는 **계통적** (*systematic*) 인 것과 **우연적** (*random*) 인 것으로 분류된다.

계통 오차는 확인되고 보정될 수 있는 일관성 있는 오차이다. 보충 3-1에서 계통 오차를 줄이기 위하여 고안된 표준 기준 물질에 관하여 기술하였다. 보충 3-2에 사례 연구의 예를 들었다.

계통 오차

가측 오차 (**determinate error**) 라고도 하는 **계통 오차** (**systematic error**) 는 같은 방법으로 여러 번 측정하면 반복해서 나타난다. 계통 오차는 원칙적으로 발견될 수 있는 동시에 보정될 수도 있다. 예를 들어 pH 미터를 표준화하기 위해서 사용되는 완충 용액의 pH가 7.00인데, 실제로는 7.08인 것을 사용했다고 가정해 보자. 만약 그 pH 미터가 그 밖에는 바르게 작동한다면 읽는 모든 pH는 0.08 pH 단위만큼 작은 값이 될 것이다. pH를 5.60이라고 읽었다면, 실제 시료의 pH는 5.68이 된다. 이 같은 계통 오차는 pH를 알고 있는 다른 완충 용액을 사용하여 pH 미터를 검사하면 발견할 수 있다.

또 다른 계통 오차의 예는 교정되지 않은 뷰렛을 사용하는 경우이다. A급 50 mL 뷰렛에 대한 제작회사의 허용 오차는 ±0.05 mL이다. 즉, 29.43 mL를 옮겼다고 하면 실제 부피는 29.40 mL가 될 수 있는데, 그 부피는 여전히 제작회사의 허용오차 범위 안에 들게 될 것이다. 이러한 형태의 오차를 보정하는 한 가지 방법은 그림 3-2에 나타낸 바와 같이 실험적으로 교정 곡선 (calibration curve) 을 작성하는 것이다. 이 방법에서는 증류수를 뷰렛으로부터 플라스크로 옮기고 무게를 단다. 표 2-5에 있는 물의 밀도를 이용하여 물의 질량으로부터 부피를 계산할 수 있다. 그림 3-2를 이용하여 측정값 29.43 mL에 보정 계수 −0.03 mL를 고려하여 계산하면 보정값 29.40 mL를 얻게 된다.

계통 오차는 어떤 범위에서는 양의 오차이고, 어떤 범위에서는 음의 오차이다. 그러므로

계통 오차를 확인하는 방법

1. 표준 기준 물질 (Standard Reference Material) 과 같은 조성을 아는 시료를 분석한다. 분석 방법은 기지 값을 재현할 수 있어야 한다 (예로서, 보충 15-1을 참조하시오).
2. 분석 물질이 들어 있지 않은 "바탕 (blank)" 시료를 분석한다. 만약 측정 결과가 영이 되지 않으면, 분석 방법은 얻고자 하는 것보다 더 큰 값을 줄 것이다.
3. 같은 분석 물질에 대해 여러 가지 다른 분석 방법을 이용한다. 만약 각 방법의 결과가 일치하지 않는다면, 방법들 중 하나 (또는 그 이상) 에서 오차가 수반되어 있다.
4. **사발통문** (*round robin*) 실험: 동일한 시료를 각기 다른 실험실에서 다른 실험자가 같은 방법 또는 다른 방법으로 분석한다. 예상한 우연 오차 이외에 일치하지 않는 결과는 계통 오차를 의미한다.

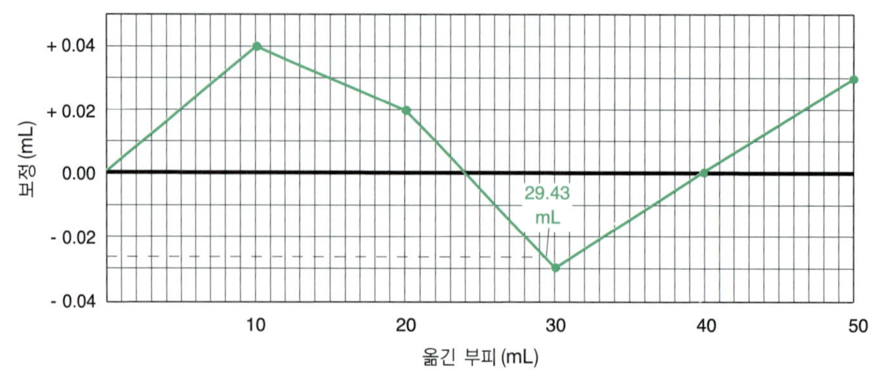

그림 3-2 50 mL 뷰렛의 교정 곡선.

계통 오차는 반복적이므로 주의를 기울이면 오차의 원인을 확인할 수 있고 보정할 수 있다.

보충 3-1 표준 기준 물질이란 무엇인가?

부정확한 실험 측정은 잘못된 의학적 진단과 치료, 생산 기간의 손실, 에너지와 물자의 낭비, 불량품의 제조, 그리고 제조물 책임 등을 가져올 수 있다. 실험실 측정에서 오차를 최소한 줄이기 위하여 미국 국립 표준 기술연구소와 다른 나라의 표준 연구소들은 분석 방법의 정확성을 시험하는 데 이용할 수 있는 금속, 화학약품, 고무, 플라스틱, 공업용 물질, 방사성 물질, 환경 및 임상 표준물질과 같은 표준 기준 물질을 공급하고 있다.

예를 들면, 의사는 간질 환자를 치료할 때 혈청 중에 있는 경련방지제의 농도가 적당한 범위로 들어 있는가를 확인하기 위해서 검사실의 시험 결과에 의존한다. 약의 농도가 낮으면 발작을 일으키게 되고, 높은 경우에는 유독하다. 동일한 혈청 시료를 서로 다른 검사실에서 시험한 결과를 보면 받아들이기 곤란한 큰 차이를 나타낸다. 따라서 국립 표준 기술연구소는 혈청 중에 알고 있는 농도의 경련방지제를 함유하고 있는 표준 기준 물질을 개발하였다. 기준 물질은 서로 다른 실험실에서 그들의 검사 방법에 대한 오차를 확인하고 보정할 수 있도록 해 준다.

이 기준 물질이 도입되기 전에는 동일한 시료를 분석한 5개의 각기 다른 검사실에서 기대값의 40 ~ 110% 범위의 상대 오차를 가지는 결과를 보고하였다. 기준 물질을 제공한 후에는 상대 오차가 20 ~ 40%로 감소하였다.

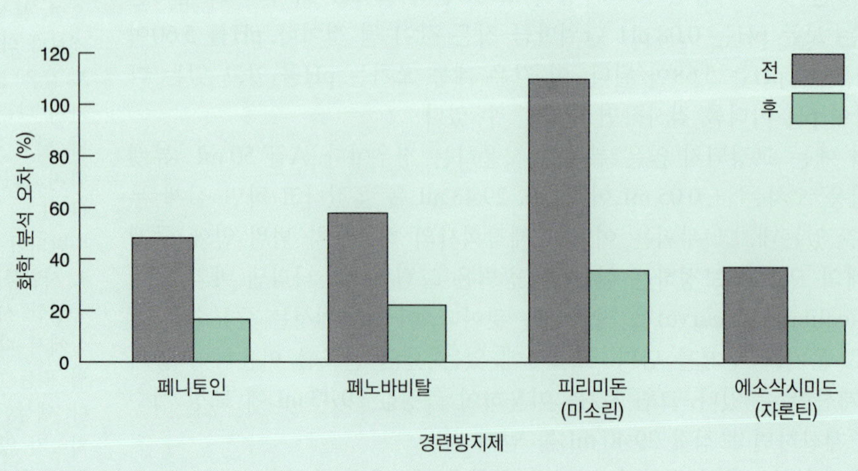

보충 3-2 사례 연구: 오존 측정의 계통 오차*

오존(O_3)은 사람의 폐와 모든 형태의 생명체에 유해한 부식성 기체이다. 오존은 주로 자동차에서 배출된 대기 오염 물질에 햇빛이 작용하여 지구 표면에서 형성된다. 미국 환경보호청(U.S. Environmental Protection Agency)에서는 공기 중의 8시간 평균 오존 한계를 80 ppb (80 nL/L)로 정해 놓았다.

과거에는 덥고 습한 날에는 오존 감시기가 가끔씩 오작동하는 것으로 알려져 있다. 오존 기준을 초과하는 것으로 여겨지는 지역 중 절반이 실제로는 법적 한계 이하로 추측된다. 규제가 없었더라면, 이 오차로 인해 값비싼 교정 측정을 해야만 했을 것이다. 역으로 몇몇 부도덕한 오존 감시 작업자들은 습도 높은 날 밤에 기기를 영점으로 맞추어 두면, 다음 날 오존 수치가 낮아져서 해당 지역이 기준에서 벗어나는 날을 줄일 수 있다는 것을 알고 있었다.

보통의 기기는 자외선의 흡수시킴으로써 오존을 측정한다. 공기 시료를 측정하기 전에, 화학적 세정으로 오존을 제거시킨 공기를 측정하여 기기의 영점을 맞춘다. 한 연구에서 습도를 바꾸면 상업용 오존 감시기의 **겉보기 오존 농도는** 실제보다 몇 배 더 큰, **몇 십** *ppb* **에서 몇 백** *ppb***까지 계통 오차**를 보이는 것을 밝혔다. 습도를 증가시키면 어떤 기기는 **양**의 계통 오차를 보였고, 다른 기기는 **음**의 계통 오차를 보였다. 이러한 오차는 물투과성 튜브를 달아 측정하려는 공기와 기기의 영점을 맞추는 공기의 습도를 같게 함으로써 제거할 수 있다.

*출처: K. L. Wilson and J. W. Birks, *Environ. Sci. Technol.* **2006**, *40*, 6361.

우연 오차

불가측 오차(**indeterminate error**)라고도 하는 **우연 오차**(**random error**)는 물리적 측정을 수행하는 우리의 능력과 측정하려는 양의 자연 변동에 관련된 근본적인 한계로부터 발생한다. 우연 오차는 양 또는 음의 값을 가질 확률이 서로 거의 같다. 이것은 항상 존재하며, 보정될 수 없다. 우연 오차의 한 가지 형태는 눈금을 읽는 것과 관련된 것이다. 그림 3-1에 나타낸 흡광도나 투광도를 읽는 각각의 사람들은 눈금 사이를 주관적으로 내연장시켜 얻어진 범위의 값을 보고할 것이다. 한 사람이 같은 눈금을 여러 번 읽을 경우에도 서로 다르게 읽을 수 있다. 또 다른 종류의 불가측 오차는 기기의 불규칙한 전기적 잡음에 기인한다. 음과 양의 변동은 대체로 같은 빈도로 일어나며, 완전히 제거할 수는 없다. 또 다른 우연 오차의 원인은 측정하고 있는 양이 실제로 변화하는 것이다. 혈액의 pH를 측정할 때 아마도 신체의 부위에 따라 다른 값이 얻어질 것이고, 또 같은 부위라도 시간에 따라 변화할 수 있을 것이다. pH 측정 장치에는 변화가 없을지라도 "혈액의 pH"에는 약간의 우연성 불확정성이 있다.

우연 오차는 없앨 수는 없으나, 잘된 실험은 우연 오차의 크기를 줄일 수는 있다.

정밀도와 정확도

정밀도(**precision**)는 결과에 대한 재현성의 척도이다. **정확도**(**accuracy**)는 측정값이 "참" 값에 얼마나 가까운가를 의미한다.

실험 결과는 재현성이 있을지라도, 결과가 틀릴 수도 있다. 예를 들면, 만약 적정 용액을 만드는 데 오차가 생겼다면, 용액은 원하는 농도가 되지 않을 것이다. 그 다음 대단히 재현성 있는 일련의 적정을 할 수도 있지만, 용액의 농도가 원래 만들려고 했던 것이 아니기 때문에 잘못된 결과를 보고하게 될 것이다. 이와 같은 경우, 결과의 정밀도는 높지만 정확도는 낮다. 반대로 참값 주위에 밀집해 있지만, 재현성이 나쁜 일련의 측정을 할 수도 있다. 이 경우 정밀도는 낮으나 정확도는 높다. 이상적인 방법은 정밀도와 정확도가 모두 높은 것이다.

정밀도 : 재현성
정확도 : "참값"에 가까운 정도

정확도는 "참"값에 가까운 정도로 정의된다. "참"이란 단어는 누군가 "참"값을 **측정**해야만 했기 때문에 인용된 술어이지만, **모든** 측정에 따르는 오차는 존재한다. 숙련된 실험자에 의해 충분히 잘 교정된 방법을 이용하여 "참"값을 얻는 것이 최선이다. 여러 가지 다른 방법으로 결과를 교정하는 것이 바람직한데, 이것은 각각의 방법이 정밀할지라도 계통 오차로 인하여 각 방법의 결과들이 일치하지 않을 수 있기 때문이다. 여러 가지 방법들 사이의 값들이 잘 일치하는 것은 우리에게 어느 정도의 신뢰도를 줄 수는 있으나, 반드시 결과가 "참값"이라는 것을 증명하지는 못한다.

절대 불확정성 및 상대 불확정성

절대 불확정성(absolute uncertainty)은 측정에 따르는 불확정성의 범위를 나타낸다. 만약 완벽하게 교정된 뷰렛을 읽는 데 추정된 불확정성이 ±0.02 mL라면, 읽기와 관련된 절대 불확정성은 ±0.02 mL라고 한다.

상대 불확정성(relative uncertainty)은 절대 불확정성을 관련된 측정의 크기와 비교하여 나타낸 것이다. 뷰렛을 12.35 ± 0.02 mL라고 읽었을 때의 상대 불확정성은 단위가 없는 값이 된다.

상대 불확정성 :

$$\text{상대 불확정성} = \frac{\text{절대 불확정성}}{\text{측정의 크기}} \tag{3-2}$$

$$= \frac{0.02\text{ mL}}{12.35\text{ mL}} = 0.002$$

상대 불확정성 **백분율**(*pecent relative uncertainty*)은 간단하게 다음과 같이 나타낼 수 있다.

상대 불확정성 백분율 :

$$\text{상대 불확정성 백분율} = 100 \times \text{상대 불확정성} \tag{3-3}$$

$$= 100 \times 0.002 = 0.2\%$$

만약 뷰렛을 읽을 때 절대 불확정성이 ±0.02 mL로 일정하다면, 상대 불확정성 백분율은 10 mL 부피에 대해서 ±0.2%이고, 20 mL 부피에 대해서는 ±0.1%가 된다.

자습문제

3-C. Cheryl, Cynthia, Carmen, Chastity는 걸스카우트 야영장에서 다음과 같이 과녁을 맞혔다. 각 과녁을 아래의 설명과 짝지으시오.

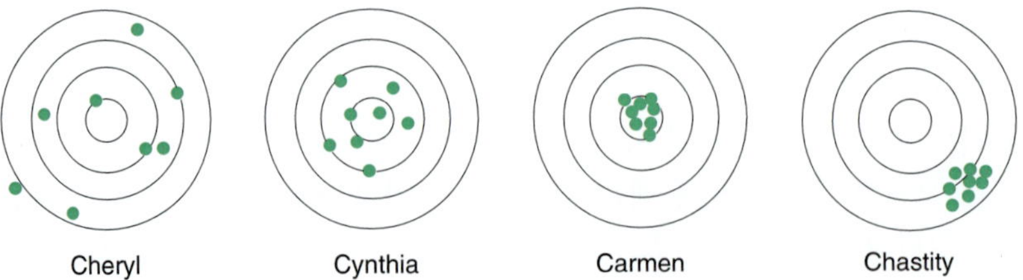

(a) 정확하고 정밀하다.
(b) 정확하나 정밀하지 않다.
(c) 정밀하나 정확하지 않다.
(d) 정밀하지도 정확하지도 않다.

3-4 불확정성의 전파

일반적으로 물체의 길이 또는 용액의 온도와 같이 특정한 측정에 따르는 우연 오차는 추정하거나 측정이 가능하다. 불확정성은 측정값을 얼마나 잘 읽을 수 있는지와 특정한 방법에 대한 경험에 따라 달라질 수 있다. 가능하다면, 불확정성은 **표준 편차** (*standard deviation*) 또는 **신뢰 구간** (*confidence interval*) 으로 나타내는데, 이 같은 파라미터들은 일련의 반복된 측정에 기초를 두고 있다. 다음에서 논의하는 내용은 단지 우연 오차에만 적용된다. 즉, 어떠한 계통 오차도 발견되고 보정될 수 있다고 가정한다.

모표준 편차와 신뢰 한계는 4장에서 정의하고 논의하기로 한다.

대부분의 실험에서는 각각의 우연 오차를 포함하고 있는 몇 개 숫자들에 대한 산술적 계산이 필요하다. 그 우연 오차는 양수이기도 하고 음수이기도 하므로, 결과의 가장 적합한 불확정성은 각 오차를 단순히 합한 것은 아니다. 우리는 일정량의 오차가 상쇄되는 것을 기대한다.

덧셈과 뺄셈

다음의 계산을 한다고 가정하자. 실험의 불확정성은 괄호 안에 e_1, e_2, e_3로 나타내었다.

$$\begin{array}{r} 1.76\ (\pm 0.03) \leftarrow e_1 \\ +1.89\ (\pm 0.02) \leftarrow e_2 \\ -0.59\ (\pm 0.02) \leftarrow e_3 \\ \hline 3.06\ (\pm e_4) \end{array} \tag{3-4}$$

계산의 답은 3.06이다. 이 결과에 따른 불확정성은 얼마인가?

덧셈과 뺄셈의 경우 답의 불확성성은 각 항들의 **절대 불확정성**으로부터 다음과 같이 얻어진다.

덧셈과 뺄셈에서는 절대 불확정성을 이용하라.

덧셈과 뺄셈에서의 불확정성 :

$$e_4 = \sqrt{e_1^2 + e_2^2 + e_3^2} \tag{3-5}$$

따라서 식 3-4는 다음과 같이 쓸 수 있다.

$$e_4 = \sqrt{(0.03)^2 + (0.02)^2 + (0.02)^2} = 0.04_1$$

e_4의 절대 불확정성은 ±0.04이므로, 답은 3.06 ± 0.04라고 쓸 수 있다. 불확정성에는 단지 1개의 유효 숫자만이 있을 뿐이지만, 첫 번째 비유효 숫자를 아래첨자로 표시하여 0.04_1이라고 나타내었다. 숫자 0.04_1에서 1개 또는 그 이상의 유효 숫자를 나타내는 이유는 마지막 계산에서 반올림으로 인한 오차가 발생하는 것을 피하기 위해서이다. 비유효 자릿수는 계산 결과에 반드시 있어야만 되는 마지막 유효 자릿수 다음에 있는 나머지 숫자로서 아래첨자로 표시하였다.

만약 식 3-4의 합을 상대 불확정성 백분율로 나타내면, 다음과 같다.

$$\text{상대 불확정성 백분율} = \frac{0.04_1}{3.06} \times 100 = 1._3\%$$

불확정성 0.04_1은 결과 값 3.06의 $1._3$%에 해당된다. $1._3$%에서 아래첨자 3은 유효하지 않다. 이제 비유효 숫자를 버려야 되므로 최종 결과는 다음과 같이 표시한다.

3.06 (±0.04)　　(절대 불확정성)
3.06 (±1%)　　(상대 불확정성)

덧셈과 뺄셈에서는 절대 불확정성을 이용한다. 상대 불확정성은 계산의 마지막 과정에서 구한다.

예제 뷰렛 읽기의 불확정성

뷰렛으로 배출한 부피는 마지막 눈금과 처음 눈금과의 차이이다. 만약 각 눈금 읽기의 불확정성이 ±0.02 mL이면, 배출한 부피의 불확정성은 얼마인가?

해답 처음 눈금은 0.05 (±0.02) mL이고, 마지막 눈금은 17.88 (±0.02) mL로 읽었다면, 배출한 부피는 그 차이이다.

$$\begin{array}{r} 17.88\ (\pm 0.02) \\ -\ \ 0.05\ (\pm 0.02) \\ \hline 17.83\ (\pm e) \end{array} \qquad e = \sqrt{0.02^2 + 0.02^2} = 0.03$$

처음과 마지막 읽기에 관계없이 각 읽기의 불확정성이 ±0.02 mL이면, 배출한 부피의 불확정성은 ±0.03 mL이다.

복습 문제 pH 측정에서의 불확정성이 ±0.03 pH 단위라고 가정하자. 두 용액의 pH가 8.23과 4.01로 측정되었다. 그 차이를 구하고 불확정성을 구하시오. (**답** : 4.22 ± 0.04)

곱셈과 나눗셈

곱셈과 나눗셈에서는 먼저 모든 불확정성을 상대 불확정성 백분율로 바꾼다. 그 다음 곱 또는 몫의 오차를 다음과 같이 계산한다.

곱셈과 나눗셈에서는 상대 불확정성 백분율을 이용한다.

곱셈과 나눗셈에서의 불확정성 :

$$\%e_4 = \sqrt{(\%e_1)^2 + (\%e_2)^2 + (\%e_3)^2} \qquad (3\text{-}6)$$

예로써, 다음 계산을 생각해 보자.

$$\frac{1.76\ (\pm 0.03) \times 1.89\ (\pm 0.02)}{0.59\ (\pm 0.02)} = 5.64 \ \pm e_4$$

우선 모든 절대 불확정성을 상대 불확정성 백분율로 바꾼다.

$$\frac{1.76\ (\pm 1._7\%) \times 1.89\ (\pm 1._1\%)}{0.59\ (\pm 3._4\%)} = 5.64 \ \pm e_4$$

권고 : 한 개 이상의 비유효 숫자는 계산이 완전히 끝날 때까지 남겨야 한다. 그 다음 마지막 답은 유효 숫자의 수에 맞추어 반올림한다. 계산기에 중간 결과를 저장할 경우에는 반올림하지 않고 모든 자릿수를 그대로 남겨두어야 한다.

그 다음 식 3-6을 이용하여 답의 상대 불확정성 백분율을 구한다.

$$\%e_4 = \sqrt{(1._7)^2 + (1._1)^2 + (3._4)^2} = 4._0\%$$

답은 $5.6_4\ (\pm 4._0\%)$ 이다.

상대 불확정성을 절대 불확정성으로 바꾸기 위해서 답의 $4._0\%$에 해당하는 값을 구한다.

$$4._0\% \times 5.6_4 = 0.04_0 \times 5.6_4 = 0.2_3$$

답은 $5.6_4\ (\pm 0.2_3)$ 이다. 마지막으로 유효하지 않은 모든 자릿수를 버리면, 결과는 다음과 같다.

곱셈과 나눗셈에서는 상대 불확정성 백분율을 이용한다. 절대 불확정성은 계산의 마지막 과정에서 구한다.

5.6 (±0.2) (절대 불확정성)
5.6 (±4%) (상대 불확정성)

원래의 문제에서 유효 숫자는 분모인 0.59에 의해서 제한되므로 2개이다.

예제 **과학적 표기와 불확정성의 전파**

다음에서 절대 불확정성을 표시하시오.

(a) $\dfrac{3.43\,(\pm 0.08) \times 10^{-8}}{2.11\,(\pm 0.04) \times 10^{-3}}$

(b) $[3.43\,(\pm 0.08) \times 10^{-8}] + [2.11\,(\pm 0.04) \times 10^{-7}]$

해답 (a) 불확정성 ±0.08은 3.43에 적용된다. 따라서 분자의 불확정성은 100 × 0.08/3.43 = $2._{332}$%이다(문제를 다 풀 때까지 계산기에 여분의 자릿수를 유지하는 것을 기억하시오. 마지막까지 반올림하지 않는다). 분모의 불확정성은 100 × 0.04/2.11 = $1._{896}$%이다. 답의 불확정성은 $\sqrt{2._{332}\%^2 + 1._{896}\%^2} = 3._{006}\%$이다. 그 값은 $(3.43 \times 10^{-8})/(2.11 \times 10^{-3}) = 1.63 \times 10^{-5}$이고, 불확정성은 1.63의 $3._{006}\% = 0.05$이다. 답은 $1.63\,(\pm 0.05) \times 10^{-5}$이다.

(b) 덧셈과 뺄셈에서는 각 항을 동일한 10의 거듭제곱으로 표시해야 한다. 둘째 수를 10^{-7} 대신 10^{-8}의 배수로 표시하자. 이를 위해서 2.11과 0.04에 10을 곱하고, 10^{-7}을 10으로 나눈다.

$$\begin{array}{r} 3.43\,(\pm 0.08) \times 10^{-8} \\ +\,2.11\,(\pm 0.04) \times 10^{-7} \end{array} \quad \Rightarrow \quad \begin{array}{r} 3.43\,(\pm 0.08) \times 10^{-8} \\ +\,21.1\ \ (\pm 0.4)\ \ \times 10^{-8} \\ \hline 24.5_3\,(\pm e)\ \ \ \times 10^{-8} \end{array}$$

$$e = \pm\sqrt{0.08^2 + 0.4^2} = 0.4_1 \Rightarrow \textbf{답}: 24.5\,(\pm 0.4) \times 10^{-8}$$

복습 문제 $4.22\,(\pm 0.04) \times 10^{-3} - 3.8\,(\pm 0.6) \times 10^{-4}$와 $[4.22\,(\pm 0.04) \times 10^{-3}][3.8\,(\pm 0.6) \times 10^{-4}]$을 계산하시오. (**답** : $3.84\,(\pm 0.07) \times 10^{-3}$, $1.60\,(\pm 0.25) \times 10^{-6}$)

위의 복습문제에서 곱을 계산하면 $[4.22\,(\pm 0.04) \times 10^{-3}][3.8\,(\pm 0.6) \times 10^{-4}] = 1.6036\,(\pm 0.2537) \times 10^{-6}$이다. 답에서 몇 개의 소수점 이하의 자릿수를 유지해야 하는지 결정하는 데 있어서 두 가지 합리적인 선택은 1.6 (±0.3)이나 1.60 (±0.25)이다. 답이 1과 2 사이에 놓여 있을 때, 과도한 반올림을 피하기 위해 여분의 소수점 이하의 자릿수를 유지하는 것이 좋다. 불확정성 0.3과 불확정성 0.25의 차이는 (0.3 − 0.25)/0.25 = 20%이다. 여분의 자릿수를 버림으로써 정확도를 잃을 수 있으므로, 1.6 (±0.3) 대신에 1.60 (±0.25)을 택하는 것이 좋다. 첫 번째 불확실한 자릿수는 6이고 아래첨자, 0은 더더욱 불확실한 숫자라는 것을 강조하기 위해 $1.6_0\,(\pm 0.2_5)$와 같이 쓸 수 있다.

과도한 반올림을 피하기 위해서 답에서 여분의 소수점 자릿수를 유지하는 것이 좋다.

혼합된 계산

이제 다음과 같은 뺄셈과 나눗셈이 혼합된 계산을 생각해 보자.

$$\frac{[1.76\,(\pm 0.03) - 0.59\,(\pm 0.02)]}{1.89\,(\pm 0.02)} = 0.619_0 \pm ?$$

먼저 절대 불확정성을 이용하여 대괄호 속의 차이를 계산한다.

$$1.76\,(\pm 0.03) - 0.59\,(\pm 0.02) = 1.17\,(\pm 0.03_6)$$

$\sqrt{(0.03)^2 + (0.02)^2} = 0.03_6$이기 때문이다.

다음에 상대 불확정성 백분율로 바꾼다.

$$\frac{1.17\,(\pm 0.03_6)}{1.89\,(\pm 0.02)} = \frac{1.17\,(\pm 3._1\%)}{1.89\,(\pm 1._1\%)} = 0.619_0\,(\pm 3.3\%)$$

즉, $\sqrt{(3._1\%)^2 + (1._1\%)^2} = 3._3\%$이다.

상대 불확정성 백분율은 $3._3\%$이다. 따라서 절대 불확정성은 $0.03_3 \times 0.619_0 = 0.02_0$이 되고, 최종 답은 다음과 같이 나타낼 수 있다.

$0.619\,(\pm 0.02_0)$ (절대 불확정성)

$0.619\,(\pm 3._3\%)$ (상대 불확정성)

계산 결과는 결과의 불확정성과 일치되도록 나타내어야 한다.

불확정성은 소수점 이하의 자릿수 0.01에서 시작되므로, 결과를 반올림하여 소수점 이하의 자릿수 0.01까지 나타내는 것이 합리적이다.

$0.62\,(\pm 0.02)$ (절대 불확정성)

$0.62\,(\pm 3\%)$ (상대 불확정성)

유효 숫자에 관한 실제 규칙

실제 규칙 : 첫 번째 불확실한 숫자는 마지막 유효 숫자이다. 과도한 반올림을 피하기 위해 첫 번째 불확실한 숫자 뒤로 아래첨자로 나타내는 여분의 숫자를 유지하는 것은 손해가 없다.

답의 첫 번째 불확실한 숫자는 마지막 유효 숫자이다. 예를 들면, 다음과 같은 값은 소수 넷째 자리에 불확정성 (±0.000 2)이 나타난다.

$$\frac{0.002\,364\,(\pm 0.000\,003)}{0.025\,00\,(\pm 0.000\,05)} = 0.094\ \ 6\,(\pm 0.000\ \ 2)$$

비록 원래의 데이터가 4개의 유효 숫자를 가지고 있다 하더라도 **3개**의 숫자로 나타내는 것이 합리적이다. 답의 첫 번째 불확실한 숫자는 마지막 유효 숫자이다. 다음의 값은,

$$\frac{0.002\,664\,(\pm 0.000\,003)}{0.025\,00\,(\pm 0.000\,05)} = 0.106\ \ 6\,(\pm 0.000\ \ 2)$$

불확정성이 소수 넷째 자리에서 나타나므로 **4개**의 유효 숫자로 표시한다. 또한 다음의 값은,

$$\frac{0.821\,(\pm 0.002)}{0.803\,(\pm 0.002)} = 1.022\,(\pm 0.004)$$

분자와 분모가 모두 **3개**의 유효 숫자를 가지고 있을지라도 **4개**의 유효 숫자로 나타낸다. 만약 답을 세 개의 숫자로 반올림한다면, 결과는 1.02 (±0.00)이다. 이것은 불확정성에 관한 모든 정보를 잃는 것이다. 불확정성을 의미있게 나타낼 수 있는 충분한 자릿수를 유지하는 것이 필요하다.

예제 실험실 작업의 유효 숫자

28.0 (±0.5) wt% NH_3 [밀도 = 0.899 (±0.003) g/mL] 8.45 (±0.04) mL를 500.0 (±0.2) mL로 묽혀 0.250 M NH_3 용액을 만들었다. 0.250 M에 포함된 불확정성을 구하시오. NH_3의 분자량은 17.031 g/mol이고, 그 불확정성은 무시한다.

해답 몰농도의 불확정성을 구하려면 500 mL 플라스크에 담은 몰수의 불확정성을 구해야 한다. 진한 시약 1 mL는 0.899(±0.003) g이고, 질량 %로 미루어 용액 1 g당 0.280(±0.005) g의 NH_3가 들어 있다. 다음 계산에서 추가 비유효 자릿수를 남겨 두었다가 마지막에 반올림한다.

곱셈과 나눗셈에서는 절대 불확정성을 상대 불확정성 백분율로 바꾸어라.

$$\left.\begin{matrix}\text{진한 시약 1 mL당} \\ NH_3\text{의 그램수}\end{matrix}\right\} = 0.899\,(\pm 0.003)\,\frac{\text{g 용액}}{\text{mL}} \times 0.280\,(\pm 0.005)\,\frac{\text{g } NH_3}{\text{g 용액}}$$

$$= 0.899\,(\pm 0.334\%)\,\frac{\cancel{\text{g 용액}}}{\text{mL}} \times 0.280\,(\pm 1.79\%)\,\frac{\text{g } NH_3}{\cancel{\text{g 용액}}}$$

$$= 0.251\,7\,(\pm 1.82\%)\,\frac{\text{g } NH_3}{\text{mL}}$$

왜냐하면 $\sqrt{(0.334\%)^2 + (1.79\%)^2} = 1.82\%$이다.

그 다음, 진한 시약 8.45 (±0.04) mL에 들어 있는 암모니아의 몰수를 구한다.

$$NH_3 \text{ 몰수} = \frac{0.251\,7\,(\pm 1.82\%)\,\frac{\cancel{\text{g } NH_3}}{\cancel{\text{mL}}} \times 8.45\,(\pm 0.473\%)\,\cancel{\text{mL}}}{17.031\,\frac{\cancel{\text{g } NH_3}}{\text{mol}}}$$

$$= 0.124\,9\,(\pm 1.88\%)\text{ mol}$$

왜냐하면 $\sqrt{(1.82\%)^2 + (0.473\%)^2 + (0\%)^2} = 1.88\%$이다.

이 만큼의 암모니아를 0.500 0 (±0.000 2) L로 묽혔다. 마지막 부피의 상대 불확정성은 ±0.000 2/0.500 0 = ±0.04%이다. 묽힌 몰농도는 다음과 같다.

$$\frac{NH_3 \text{ 몰수}}{\text{L}} = \frac{0.124\,9\,(\pm 1.88\%)\text{ mol}}{0.500\,0\,(\pm 0.04\%)\text{ L}}$$

$$= 0.249\,8\,(\pm 1.88\%)\text{ M}$$

왜냐하면 $\sqrt{(1.88\%)^2 + (0.04\%)^2} = 1.88\%$이다.

절대 불확정성은 0.2498 M의 1.88% 즉, 0.018 8 × 0.249 8 M = 0.004 7 M이다. 몰농도의 불확정성은 소수 셋째 자리에 있으므로 반올림하여 나타낸 최종 답은 다음과 같다.

$$[NH_3] = 0.250\,(\pm 0.005)\text{ M}$$

분명히, 초기 데이터에서 가장 큰 불확정성은 wt%로써 0.005/0.280 = 1.79%이다. 결과 (0.250 ± 0.005 M)의 불확정성을 줄이는 유일한 방법은 NH_3 시약의 wt%를 좀 더 정밀하게 아는 것이다. 다른 숫자를 개선하는 것은 도움이 안 된다.

복습 문제 위 $[NH_3]$의 불확정성은 ±1.9%이다. wt% NH_3의 불확정성이 1.8%가 아닌 1.0%였다면, $[NH_3]$의 상대 불확정성은 얼마인가? (**답** : ±1.2%)

pH와 $[H^+]$의 불확정성

산과 염기에 대해 공부하게 되면 pH를 사용하게 될 것이다. pH는 H^+ 이온의 농도에 음의 로그값이다. 즉, 다음과 같다.

$$pH = -\log[H^+] \text{ 그리고 } [H^+] = 10^{-pH} \qquad (3\text{-}7)$$

$a = -\log b$이면, $-a = \log b$이다. 식의 양변의 양을 각각 10배 높이면, 다음과 같다

$$10^{-a} = 10^{\log b} = b$$

용액의 pH가 3.07이라면, $[H^+] = 10^{-3.07} = 8.511 \times 10^{-4}$ M이다. pH에서의 불확정성이 ±0.03이라면, $[H^+]$의 불확정성은 얼마인가? 이 문제는 식으로 풀 수 있다.

$$[H^+]\text{의 불확정성} = 2.303[H^+] \text{ (pH의 불확정성)} \qquad (3\text{-}8)$$

여기서 2.303은 10의 자연 대수(natural logarithm)이다. pH = 3.07 ± 0.03에 대해서는 다음과 같다.

$$\begin{aligned}[H^+]\text{의 불확정성} &= 2.303[H^+] \text{ (pH의 불확정성)} \\ &= 2.303[8.511 \times 10^{-4}\text{ M}](0.03) = 0.588 \times 10^{-4}\text{ M}\end{aligned}$$

$[H^+] = 8.5(\pm 0.6) \times 10^{-4}$ M이라 쓰는 것이 합리적이다. 불확정성이 소수점 첫째 자리에서 발생하므로, 답은 소수점 첫째 자리로 반올림된다.

? 자습문제

3-D. 지질학 강의에서 미지 광물을 확인하는 데 도움을 주기 위해 그 질량과 부피를 측정하여 4.635 ± 0.002 g과 1.13 ± 0.05 mL를 얻었다.

(a) 질량과 부피의 상대 불확정성 백분율을 구하시오.

(b) 합리적인 자릿수로 밀도(= 질량/부피)와 그 불확정성을 나타내시오.

(c) 암석을 물속에 담가 두었더니, 용액의 pH가 8.82 ± 0.02가 되었다. $[H^+]$와 그것의 불확정성을 구하시오.

3-5 스프레드시트 소개

스프레드시트(spreadsheet)는 컴퓨터로 정량적 정보를 다루는 데 강력한 도구이다. 스프레드시트는 산 세기의 변화 또는 농도 변화가 적정 곡선의 모양에 미치는 영향을 조사하는 것과 같은 "어떻게 될까?"라는 실험을 쉽게 수행하도록 해 준다. 스프레드시트 프로그램은 이 책의 문제를 해결하는 데 적합하다. 여기서는 널리 쓰이는 Microsoft Excel에 대해 자세히 설명한다. 여러분의 특정한 소프트웨어에 대해서는 지도가 필요할 것이다. 스프레드시트 없이 이 책을 사용할 수 있으나, 스프레드시트 사용법을 배우는 데 시간을 투자하면 이 강의 이외에도 충분한 보상을 받게 될 것이다.

온도 환산을 위한 스프레드시트

표 1-4에서 유도되는 식을 써서 섭씨 온도를 켈빈 온도와 화씨 온도로 환산하는 스프레드시트를 짜보자.

$$K = {}^\circ C + C_0 \qquad (3\text{-}9a)$$

$${}^\circ F = \left(\frac{9}{5}\right) * {}^\circ C + 32 \qquad (3\text{-}9b)$$

여기서 C_0는 상수 273.15이다.

그림 3-3a는 컴퓨터 화면에 나타나는 것과 같은 빈 스프레드시트이다. 행은 1, 2, 3, ⋯, 그리고 열은 A, B, C, ⋯ 등으로 표기되어 있다. 각 네모 칸은 **셀**(*cell*)이라 부른다. 예를 들어, 둘째 열의 넷째 행은 셀 B4로 표기한다.

열

행

	A	B	C	D
1				
2				
3				
4		cell B4		
5				
6				
7				
8				
9				
10				

(*a*)

	A	B	C	D
1	Constant:			
2	C0 =			
3	273.15			
4				
5				
6				
7				
8				
9				
10				

(*b*)

	A	B	C	D
1	Constant:	°C	kelvin	°F
2	C0 =	−200	73.15	−328
3	273.15	−100	173.15	−148
4		0	273.15	32
5		100	373.15	212
6		200	473.15	392
7				
8				
9				
10				

(*c*)

	A	B	C	D
1	Constant:	°C	kelvin	°F
2	C0 =	−200	73.15	−328
3	273.15	−100	173.15	−148
4		0	273.15	32
5		100	373.15	212
6		200	473.15	392
7				
8	Formulas:			
9	C2 = B2+$A$3			
10	D2 = (9/5)*B2+32			

(*d*)

그림 3-3 온도 환산을 위한 스프레드시트 작성.

이 책에서는 열 A에 상수를 모으는 표준 방식을 택한다. 셀 A1에 열의 제목으로 "Constant:"라 적는다. 셀 A2에 "C0 = "를 적어 상수 C_0가 그 아래 셀에 적힐 것임을 나타낸다. 셀 A3에 숫자 273.15를 적으면 그림 3-3b와 같이 된다.

셀 B1에 "°C" (또는 원한다면 "Celsius") 라고 라벨(label)을 입력한다. 예를 들어, 셀 B2에서 셀 B6까지 숫자 −200, −100, 0, 100, 200을 입력한다. 이것이 스프레드시트의 **입력**(*input*)이다. 계산된 켈빈 온도와 화씨 온도는 C와 D열에 **출력**(*output*) 된다(매우 큰 숫자나 매우 작은 숫자를 입력하려 한다면, 예를 들어 6.02×10^{23}은 6.02E23로 2×10^{-8}은 2E-8 등과 같이 입력한다).

셀 C1에 "kelvin"이라 라벨을 한다. 셀 C2에 등호로 시작되는 첫 **식**(*formula*)을 입력한다. 셀 C2에 "= B2 + $A$3"이라 적는다. 이것은 컴퓨터가 셀 B2에 있는 값에 셀 A3(여기에는 상수 273.15가 들어 있다.)에 있는 것을 더하여 셀 C2에 적도록 지시한다. 달러 표시는 잠시 후에 설명하기로 한다. 이 식이 입력되면 컴퓨터는 셀 C2에 숫자 73.15를 계산해 낸다. 이것은 −200°C에 해당하는 켈빈 온도이다.

셀 C2에 있는 식 "= B2 + $A$3"는 K = °C + C_0라고 적는 것과 동등하다.

이제 스프레드시트의 매력이 나타난다. 수많은 유사한 식을 적는 대신 셀 C2, C3, C4, C5, C6을 한꺼번에 선택한다. Home 리본에서 Editing 메뉴로 가서 Fill을 선택한 다음, Down을 선택한다(또는 간단하게 Ctrl + D키를 누른다). 이 명령어로 셀 C2에 했던 대로 셀 C3에서 셀 C6까지 컴퓨터가 동일하게 계산해 낸다. 셀 C3에서 셀 C6까지 173.15, 273.15, 373.15, 473.15가 나타날 것이다.

셀 C3의 출력을 계산할 때 컴퓨터는 셀 B2 대신 셀 B3의 입력을 자동적으로 사용한다. $A$3에서 달러 표시는 셀 C3에 대한 입력을 찾으려고 컴퓨터가 셀 A4로 내려가지 않도

절대적 참조 : $A$3
상대적 참조 : B2

록 하기 위한 것이다. $A$3는 셀 A3에 대해 **절대적 참조**(*absolute reference*)라 부른다. 상수 C_0를 어떤 셀에서 쓰더라도, 셀 A3로부터 오도록 한다. 셀 B2에 대한 참조는 **상대적 참조**(*relative reference*)이다. 셀 C2는 셀 B2에 있는 내용을 쓴다. 셀 C6는 셀 B6의 내용을 사용한다. 일반적으로 열 A에 있는 상수들에 대한 참조는 달러 표시가 붙는 절대적이고, 스프레드시트의 나머지 숫자에 대한 참조는 대체로 달러 표시가 없는 상대적이다.

셀 D1에 "°F" 로 라벨을 입력한다. 셀 D2에 식 "= (9/5) *B2 + 32"를 입력한다. 이것은 °F = (9/5) *°C + 32라 적는 것과 같다. 사선(/)은 나눗셈 기호이고, 별표(*)는 곱셈 기호이다. 괄호는 우리가 의도하는 대로 컴퓨터가 작동하도록 하는 데 쓰인다. 괄호 안의 연산은 괄호 밖의 연산보다 먼저 실행한다. 컴퓨터는 이 식에 따라 셀 D2에 −328을 적는다. 이것은 −200 ℃에 해당하는 화씨 온도이다. 셀 D2에서 셀 D6까지 한꺼번에 선택한다. Home 리본에서 Editing으로 가서 Fill을 선택한 다음, Down을 선택하면, 그림 3-3c의 표를 완성한다.

연산 순서

스프레드시트의 산술적 연산은 덧셈, 뺄셈, 곱셈, 나눗셈, 그리고 지수셈(^ 기호 사용) 등이다. 식에서 연산 순서는 ^을 먼저, 그 다음으로 *과 /(나오는 대로 왼쪽에서 오른쪽으로 계산한다), 마지막으로 +와 −(역시 왼쪽에서 오른쪽으로)를 계산한다. 여러분들이 바라는 대로 컴퓨터가 작동하도록 괄호를 아낌없이 사용한다. 괄호 밖의 연산을 실행하기 전에 괄호 안의 내용을 먼저 계산한다. 몇 가지 예를 보자.

9/5*100 + 32 = (9/5)*100 + 32 = (1.8)*100 + 32 = (1.8*100) + 32 = (180) + 32 = 212

9/5*(100 + 32) = 9/5*(132) = (1.8)*(132) = 237.6

9 + 5*100/32 = 9 + (5*100)/32 = 9 + (500)/32 = 9 + (500/32) = 9 + (15.625) = 24.625

9/5^2 + 32 = 9/(5^2) + 32 = (9/25) + 32 = (0.36) + 32 = 32.36

−2^2 = 4 but −(2^2) = −4

컴퓨터가 수식을 어떻게 계산할지 의심스럽다면, 의도하는 대로 계산하기 위해 괄호를 사용한다.

정보관리와 가독성

다른 사람이 여러분의 도움없이 스프레드시트를 읽을 수 없다면, 더 나은 정보관리가 필요하다(실험노트도 마찬가지이다!).

여러분이 작성한 스프레드시트를 한 달 후에 보면, 아마도 어떤 식을 사용했었는지 모를 수 있다. 따라서 그림 3-3d의 셀 A8, A9, A10에 무슨 작업을 수행하였는지에 대한 내용을 입력함으로써 스프레드시트에 대한 **정보관리**(*documentation*)를 할 수 있다. 셀 A8에 "Formulas:"를 적는다. 셀 A9에 "C2 = B2 + $A$3"라 적고, 셀 A10에 "D2 = (9/5) *B2 + 32"라 적는다. 모든 스프레드시트에 대해서 정보관리를 하는 것은 훌륭한 습관이다. 스프레드시트 사용에 익숙해지면, 셀 C2와 D2에 쓰인 식을 셀 A9와 A10에 복사하는 명령어 Copy와 Paste를 사용하게 될 것이다. 이것은 시간을 절약하고 베껴 쓸 때의 오차를 줄인다. 스프레드시트에 첨가하게 될 다른 기본적 정보관리는 셀 A1의 제목이다. "Temperature Conversions"와 같은 제목은 어떤 스프레드시트를 보고 있는지 금방 알려준다.

읽기 쉽도록 셀이나 열에 얼마나 많은 소수자리를 나타낼지를 선택한다. 컴퓨터는 계산에서 많은 자릿수를 유지한다. 컴퓨터는 화면에 나타나지 않은 자릿수라고 해서 없애버리지 않는다. 또한 우리는 숫자를 10진법 또는 지수법으로 나타낼지를 조절할 수 있다. 셀의 포맷을 바꾸려면, Home 리본에서 Number를 선택하고 표시할 방법과 소수 자릿수를 선택한다.

3-E. 여러분의 컴퓨터에 그림 3-3의 스프레드시트를 재현해 보시오. 1기압에서 질소(N_2)의 끓는점은 $-196°C$이다. 그 스프레드시트를 이용하여 $-196°C$에 해당하는 켈빈 온도와 화씨 온도를 구하시오. 답을 계산기로 확인해 보시오.

3-6 Excel로 그래프 그리기

두 열의 숫자들 사이의 가시적 상관관계를 이해하기 위해서는 그래프로 나타낼 필요가 있다. 이 절에서는 Excel을 이용하여 그래프를 그리는 기본 사항들을 소개한다.

우선, 그래프를 그릴 데이터를 산출한다. 그림 3-4의 스프레드시트를 이용하여 아래 식으로 온도(°C)의 변화에 따른 물의 밀도를 계산한다.

$$\text{밀도 (g/mL)} = a_0 + a_1{*}T + a_2{*}T^2 + a_3{*}T^3 \tag{3-10}$$

식 3-10은 4-40°C 사이에서 소수 다섯째 자리까지 정확하다.

여기서 $a_0 = 0.999\ 89$, $a_1 = 5.332\ 2 \times 10^{-5}$, $a_2 = -7.589\ 9 \times 10^{-6}$, $a_3 = 3.671\ 9 \times 10^{-8}$이다. 셀 A1에 제목을 쓰고, 열 A에 상수 a_0에서 a_3까지 입력한다. 열 B에는 "Temp (°C)", 열 C에는 "밀도 (g/mL)"라 제목을 붙인다. 열 B에 온도 값을 입력한다. 셀 C4에 T^2과 T^3을 계산할 수 있도록 지수 표시 ^을 써서 식 "= $A$5 + $A$7*B4 + $A$9*B4^2 + $A$11*B4^3"을 입력한다. 그 식을 입력하면 숫자 0.999 97이 셀 C4에 계산된다. 열 C의 나머지는 Fill Down 명령어로 완성된다. 열 C에 어떤 식이 사용되었는지 보여 주기 위해 셀 A13과 A14에 식을 입력함으로써 스프레드시트가 완성된다.

스프레드시트는 유효 숫자가 몇 개인지 모른다. 셀이나 열의 유효 숫자 수와 일치하도록 소수 몇 자리를 나타내야 하는지 선택할 수 있다.

이제 열 B의 온도에 대한 열 C의 밀도의 그래프를 작성할 것이다. 밀도는 y축(**세로 좌표, ordinate**)에, 온도는 x축(**가로 좌표, abscissa**)에 나타낼 것이다. Excel의 버전에 따라 다음에 기술하는 것이 약간 차이가 생길 수 있다.

Excel 2007에서 그림 3-4의 스프레드시트를 사용하여 그래프를 작성하기 위해, Insert 리본으로 가서 Chart를 선택한다. Scatter를 클릭하고 Smooth Lines와 Markers를 가진 Scatter에 대한 아이콘을 선택한다. 작성하려하는 가장 보편적 다른 그래프는 Markers만을 가진 Scatter이다. 빈 차트를 마우스로 잡아서 데이터의 오른쪽으로 이동시킨다. Chart

	A	B	C
1	Density of H2O		
2			
3	Constants	Temp (°C)	Density (g/mL)
4	a0 =	5	0.99997
5	0.99989	10	0.99970
6	a1 =	15	0.99911
7	5.3322E-05	20	0.99821
8	a2 =	25	0.99705
9	- 7.5899E-06	30	0.99565
10	a3 =	35	0.99403
11	3.6719E-08	40	0.99223
12			
13	Formula		
14	C4 = $A$5 + $A$7*B4 + $A$9*B4^2 + $A$11*B4^3		

그림 3-4 온도 변화에 따른 물의 밀도 계산에 대한 스프레드시트

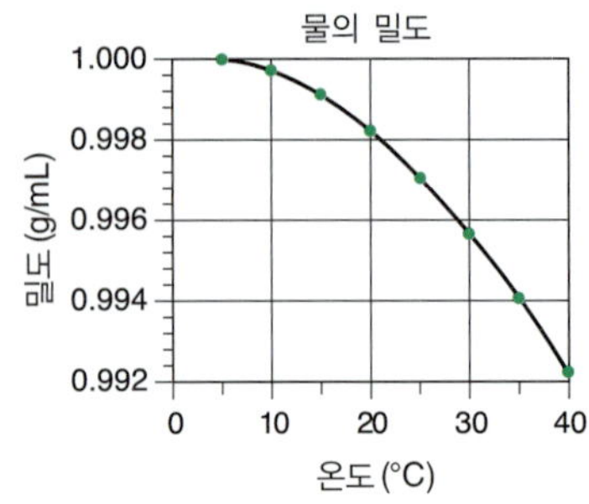

그림 3-5 포맷을 재구성한 후 그림 3-4로부터 얻은 그래프.

Tools에서 Design을 선택하고 Select Data를 클릭한다. Add를 클릭한다. Series의 이름으로, "밀도"(따옴표 없이)라 적는다. X값으로는 셀 B4:B11를 하이라이트 표시를 한다. Y값으로는 칸에 있는 것을 지우고 셀 C4:C11를 하이라이트 표시를 한다. OK를 두 번 클릭한다. 그래프 영역의 안쪽을 클릭하고 Chart Tools Format 리본을 선택한다. Plot Area에서, Format Selection은 테두리를 선택하고 그래프에 색칠을 할 수 있게 한다. Fill에 대해서는 Solid fill과 Color white를 선택한다. Border Color는 Solid line과 Color black을 선택한다. 이제 검은 테두리에 둘러싸인 흰 그래프를 얻는다. Format Plot Area 창을 닫는다.

X축에 제목을 붙이려면, Chart Tools Layout을 선택한다. Axis Titles와 Primary Horizontal Axis Title을 클릭한다. Title Below Axis를 클릭한다. 그래프에 포괄적인 축 제목이 나타난다. 그것을 하이라이트 표시를 하고 제목 위에 "온도(°C)"를 입력한다. Insert Symbol에서 온도 기호를 가져 온다. Y축에 제목을 붙이려면, 다시 Chart Tools Layout을 선택한다. Axis Titles와 Primary Vertical Axis Title을 클릭한다. Rotated Title을 클릭한 다음, 제목으로 "밀도(g/mL)"를 입력한다. 그래프 위에 나타나는 제목을 선택하고 삭제키로 그것을 제거한다. 이제 그래프는 그림 3-4와 비슷할 것이다.

그래프를 바꿔서 그림 3-5처럼 만들어 보자. 모든 데이터 점들을 하이라이트 표시를 하기 위해서 그래프의 곡선을 클릭한다. 만약 한 점만 하이라이트 표시가 되었다면, 곡선의 다른 곳을 클릭한다. Chart Tools Format을 선택한다. Current Selection에서 Format Selection을 선택한다. Format Data Series 창이 나타난다. Marker Option을 위해서 Built-in을 선택한다. Type circle과 Size 6을 선택한다. Marker Fill을 위해서 Solid fill과 원하는 색을 선택한다. Marker Line Color, Solid line, 표지와 같은 색을 차례로 선택한다. 그래프 곡선의 모양을 바꾸려면, Line Color와 Line Style을 이용한다. 1.5포인트 폭으로 검은 실선을 생성시킨다.

Y축의 모양을 바꾸기 위해서 Y축 상의 어느 수를 클릭하면 모든 점들이 하이라이트 표시된다. Chart Tools와 Format, 그리고 Format Selection을 선택한다. Format Axis 칸이 뜬다. Axis Options의 최솟값으로, Fixed를 클릭하여 0.992로 설정한다. Axis Options의 최댓값으로, Fixed를 클릭하여 1.000으로 설정한다. Major 단위로서, Fixed를 클릭하여 0.002로 설정한다. Minor 단위로서, Fixed를 클릭하여 0.0004로 설정한다. Minor 틱 표지 형태를 Outside에 설정한다. Format Axis 창에서, Number를 선택하여 소수 세 자리를 나타내도록 설정한다. 수직 축에 대한 설정을 마치기 위해서 Format Axis 창을 닫는다.

유사한 방법으로 X축 상의 한 수를 선택하여, 최솟값 0, 최댓값 40, Major 단위 10, Minor 단위 5를 갖는 그림 3-5처럼 모양을 바꾼다. Minor 틱 표지 형태를 Outside에 놓는다. 수직 그리드 선을 더하려면, Chart Tool로 가서 Layout과 Grid lines를 선택한다. Primary Vertical Gridlines와 Major Gridlines를 선택한다.

차트로 돌아와 제목을 추가한다. Chart Tools Layout에서, Chart Title를 선택하고 Above Chart를 하이라이트 표시한다. "물의 밀도"를 입력한다. Home 리본에서, 10포인트의 글꼴 크기를 선택한다. 이제 차트는 그림 3-5처럼 보여야 한다. 오른쪽 아래 모서리로부터 차트의 크기를 바꿀 수 있다. Excel 워크시트에서 그리려면, Insert를 선택한 다음 Shapes를 택한다.

차트에 기록하려면, Insert 리본으로 가서 Text Box를 선택한다. 차트 안을 클릭하고 입력한다. 텍스트 상자를 끌어서 원하는 곳에 놓는다. 그 상자를 포맷하려면, 그 경계선을 클릭한다. Format 리본에 가서 Shape Fill과 Shape Outline을 이용한다. 화살표나 선을 더하려면, Insert 리본으로 가서 Shapes를 선택한다. 데이터 점의 기호를 바꾸려면, 한 점을 클릭한다. Format Ribbon에서, Format Selection을 클릭한다. 나타나는 상자가 점과 선의 모양을 바꾸게 해 준다.

자습문제

3-F. 여러분의 컴퓨터에 그림 3-4의 스프레드시트와 그림 3-5의 그래프를 재현해 보시오.

주요식

로그의 정의	만약 $n = 10^a$이면 a는 n의 로그이다.
역로그의 정의	만약 $n = 10^a$이면 n은 a의 역로그이다.
상대 불확정성	상대 불확정성 $= \dfrac{\text{절대 불확정성}}{\text{측정의 크기}}$
상대 불확정성 백분율	상대 불확정성 백분율 $= 100 \times$ 상대 불확정성
덧셈과 뺄셈의 불확정성	$e_4 = \sqrt{e_1^2 + e_2^2 + e_3^2}$ (절대 불확정성을 이용)
	e_4 = 마지막 답의 불확정성
	e_1, e_2, e_3 = 각 항의 불확정성
곱셈과 나눗셈의 불확정성	$\%e_4 = \sqrt{\%e_1^2 + \%e_2^2 + \%e_3^2}$ (상대 불확정성 백분율을 이용)
pH에서의 불확정성	$[H^+]$에서의 불확정성 $= 2.303[H^+]$ (pH에서의 불확정성)

알아두어야 할 술어

가로 좌표 (abscissa)
가수 (mantissa)
가측 오차 (determinate error)
계통 오차 (systematic error)
로그 (logarithm)
불가측 오차 (indeterminate error)
상대 불확정성 (relative uncetainty)
세로 좌표 (ordinate)
역로그 (antilogarithm)
우연 오차 (random error)
유효 숫자 (significant figure)
절대 불확정성 (absolute uncertainty)
정밀도 (precision)
정확도 (accuracy)
지표 (characteristic)

문제

3-1. 다음 각 숫자를 괄호 안에 표시된 유효 숫자의 수로 반올림하시오.

(a) 1.236 7 (4)
(b) 1.238 4 (4)
(c) 0.135 2 (3)
(d) 2.051 (2)
(e) 2.005 0 (3)

3-2. 다음의 각 숫자가 3개의 유효 숫자를 갖도록 반올림하시오.

(a) 0.216 74 **(b)** 0.216 5 **(c)** 0.216 500 3 **(d)** 0.216 49

3-3. 다음 숫자에는 유효 숫자가 몇 개 있는가?

(a) 0.305 0 **(b)** 0.003 050 **(c)** 1.003×10^4

3-4. 올바른 자릿수의 수를 갖는 답을 쓰시오.

(a) 1.0 + 2.1 + 3.4 + 5.8 = 12.300 0
(b) 106.9 − 31.4 = 75.500 0
(c) $107.868 - (2.113 \times 10^2) + (5.623 \times 10^3) = 5\ 519.568$
(d) $(26.14/37.62) \times 4.38 = 3.043\ 413$
(e) $(26.14/37.62 \times 10^8) \times (4.38 \times 10^{-2}) = 3.043\ 413 \times 10^{-10}$
(f) $(26.14/3.38) + 4.2 = 11.933\ 7$
(g) $\log (3.98 \times 104) = 4.599\ 9$
(h) $10^{-6.31} = 4.897\ 79 \times 10^{-7}$

3-5. 올바른 자릿수를 갖는 답을 쓰시오.

(a) 3.021 + 8.99 = 12.011
(b) 12.7 − 1.83 = 10.87
(c) $6.345 \times 2.2 = 13.959\ 0$
(d) $0.030\ 2 \div (2.114\ 3 \times 10^{-3}) = 14.283\ 69$

(e) $\log(2.2 \times 10^{-18}) = ?$
(f) antilog $(-2.224) = ?$
(g) $10^{-4.555} = ?$

3-6. 올바른 유효 숫자의 수를 써서 **(a)** $BaCl_2$와 **(b)** $C_{31}H_{32}O_8N_2$의 화학식량을 구하시오.

3-7. 올바른 유효 숫자의 수를 써서 $Mn_2(CO)_{10}$의 화학식량을 구하시오.

3-8. 측정값이 "참"값에 얼마나 가까운가를 나타내는 정확도의 설명에서 **참**이라는 단어에 왜 따옴표 표시를 하는가?

3-9. **(a)** 계통 오차와 우연 오차의 차이를 설명하시오.
아래 **(b)~(e)**의 오차가 우연 오차인지 계통 오차인지를 말하시오.
(b) 표선까지 채웠을 때 25 mL 이동 피펫은 25.031 ± 0.009 mL를 담는다.
(c) 10 mL 뷰렛은 0에서 정확히 2 mL까지 배출시키면 변함없이 1.98 ± 0.01 mL를 내보내고, 2에서 4 mL까지 배출시키면 변함없이 2.03 ± 0.02 mL를 내보낸다.
(d) 10 mL 뷰렛으로 정확히 0.00에서 2.00 mL까지 물을 배출시키면 물 1.983 9 g을 내보낸다. 나중에 0.00에서 2.00 mL 표선까지 물을 배출시켰을 때 내보낸 물의 질량은 1.990 0 g이었다.
(e) (그림 0-6에서처럼) 크로마토그래프에 용액 20.0 μL를 네 번 연속 주입하였을 때 특정 봉우리의 면적은 4 383, 4 410, 4 401, 4 390 단위였다.
(f) 지난 학기 이후 실험실에 있는 깨끗한 깔때기의 질량은 15.432 9 g이었다. 고체 침전을 채우고 110°C 오븐에서 완전히 말린 후 질량은 15.845 6 g이었다. 따라서 침전의 계산한 질량은 15.845 6 − 15.432 9 = 0.412 7 g이었다. 침전의 질량에는 어떤 계통 오차 그리고/또는 우연 오차가 들어 있는가?

3-10. 숫자 3.123 56 (±0.167 89%)을 타당한 자릿수를 사용하여 다음의 형태로 다시 쓰시오.
(a) 숫자 (±절대 불확정성)
(b) 숫자 (±상대 불확정성의 백분율)

3-11. 절대 불확정성과 상대 불확정성 백분율을 구하시오. 타당한 수의 자릿수를 갖도록 답을 표시하시오.
(a) $6.2\ (\pm 0.2) - 4.1\ (\pm 0.1) = ?$
(b) $9.43\ (\pm 0.05) \times 0.016\ (\pm 0.001) = ?$
(c) $[6.2\ (\pm 0.2) - 4.1\ (\pm 0.1)] \div 9.43\ (\pm 0.05) = ?$
(d) $9.43\ (\pm 0.05) \times \{[6.2\ (\pm 0.2) \times 10^{-3}] + [4.1\ (\pm 0.1) \times 10^{-3}]\} = ?$

3-12. 다음 계산에서 타당한 자릿수를 갖는 답을 각각 쓰시오. 각 답에 대한 절대 불확정성과 상대 불확정성의 백분율을 구하시오.
(a) $[12.41\ (\pm 0.09) \div 4.16\ (\pm 0.01)] \times 7.068\ 2\ (\pm 0.000\ 4) = ?$
(b) $[3.26\ (\pm 0.10) \times 8.47\ (\pm 0.05)] - 0.18\ (\pm 0.06) = ?$
(c) $6.843\ (\pm 0.008) \times 10^4 \div [2.09\ (\pm 0.04) - 1.63\ (\pm 0.01)] = ?$

3-13. 절대 불확정성과 상대 불확정성 백분율을 구하시오. 타당한 수의 자릿수를 갖도록 답을 표시하시오.
(a) $9.23\ (\pm 0.03) + 4.21\ (\pm 0.02) - 3.26\ (\pm 0.06) = ?$
(b) $91.3\ (\pm 1.0) \times 40.3\ (\pm 0.2) / 21.2\ (\pm 0.2) = ?$
(c) $[4.97\ (\pm 0.05) - 1.86\ (\pm 0.01)] / 21.2\ (\pm 0.2) = ?$
(d) $2.016\ 4\ (\pm 0.000\ 8) + 1.233\ (\pm 0.002) + 4.61\ (\pm 0.01) = ?$
(e) $2.016\ 4\ (\pm 0.000\ 8) \times 10^3 + 1.233\ (\pm 0.002) \times 10^2 + 4.61\ (\pm 0.01) \times 10^1 = ?$

3-14. 절대 불확정성과 상대 불확정성 백분율을 구하시오. 타당한 수의 유효 숫자를 갖도록 답을 표시하시오.
(a) $3.4\ (\pm 0.2) + 2.6\ (\pm 0.1) = ?$
(b) $3.4\ (\pm 0.2) \div 2.6\ (\pm 0.1) = ?$
(c) $[3.4\ (\pm 0.2) \times 10^{-8}] \div [2.6\ (\pm 0.1) \times 10^3] = ?$
(d) $[3.4\ (\pm 0.2) - 2.6\ (\pm 0.1)] \times 3.4\ (\pm 0.2) = ?$

3-15. **(a)** 용액의 pH는 5.42 ± 0.05이다. $[H^+]$와 불확정성을 구하시오.
(b) $[H^+]$의 상대 불확정성은 얼마인가?
(c) 상대 불확정성은 pH 값이 아닌 pH의 불확정성에 따라 변한다는 것을 증명하시오.

3-16. 액체의 pH는 8.2 ± 0.1이다. $[H^+]$를 구하고 절대 불확정성과 상대 불확정성을 구하시오.

3-17. **분자량의 불확정성**. 이 책의 앞표지 안쪽에 있는 주기율표에는 원자량의 불확정성에 관한 설명이 있다. 분자량의 불확정성을 어떻게 구하는지를 다이보레인, B_2H_6을 예로 들면, 우선 원자량의 불확정성을 화학식의 원자수로 곱한다.

$$\begin{aligned} 2B:&\ 2 \times 10.811 \pm 0.007 &&= 21.622 \quad \pm 0.014 \\ 6H:&\ 6 \times 1.007\ 94 \pm 0.000\ 07 &&= \underline{6.047\ 64 \pm 0.000\ 42} \\ & && 합 = 27.669\ 64 \pm ? \end{aligned}$$

그 다음, 덧셈의 불확정성에 관한 식을 사용하여 원자량의 합의 불확정성을 구한다.

$$불확정성 = \sqrt{e_1^2 + e_2^2} = \sqrt{0.014^2 + 0.000\ 42^2} = 0.014$$
$$분자량 = 27.670 \pm 0.014\ (또는\ 27.67 \pm 0.01)$$

올바른 유효 숫자의 수를 써서 벤젠 C_6H_6의 분자량(±불확정성)을 구하시오.

3-18. 위의 문제에서처럼, 올바른 유효 숫자의 수를 써서 $C_6H_{13}B$의 분자량(±불확정성)을 구하시오.

3-19. **(a)** NaCl의 화학식량이 58.443 (±0.002) g/mol임을 보이시오.
(b) NaCl 용액을 만들기 위하여 2.634 (±0.002) g을 달아 부피가 100.00 (±0.08) mL인 부피 플라스크 속에 녹였다. 이 용액의 몰농도와 불확정성을 나타내시오. 단, 정확한 개수의 자릿수로 나타내시오.

3-20. **(a)** 아이오딘 적정에 쓰기 위해 KIO_3[FM 214.001 0 (±

0.000 9)] 0.222 2 (±0.000 2) g으로 50.00 (±0.05) mL 용액을 만들었다. 적당한 수의 유효 숫자를 써서 몰농도와 그 불확정성을 구하시오.

(b) 시약의 순도가 단지 99.9%라면, 답은 심각하게 영향을 받겠는가?

3-21. 메탄올 (CH_3OH, 밀도 = 0.791 4 ± 0.000 2 g/mL, 분자량 = 32.041 9 ± 0.000 9 g/mol) 25.00 ± 0.03 mL를 클로로폼에 녹여 500.0 ± 0.2 mL 용액을 만들었다. 메탄올의 몰농도±불확정성을 구하시오.

3-22. 53.4 (±0.4) wt% NaOH, 그리고 밀도 = 1.52 (±0.01) g/mL인 저장 용액으로부터 0.169 M NaOH 2.00 L를 만들어야 한다고 하자.

(a) 저장 용액 몇 mL가 필요한가?

(b) NaOH를 옮길 때 불확정성이 ±0.10 mL이라면 몰농도 (0.169 M)의 절대 불확정성을 계산하시오. NaOH의 분자량과 마지막 부피인 2.00 L의 불확정성은 무시된다고 가정한다.

3-23. **분자량 계산기**. 아래 스프레드시트를 재현하시오. 원자량은 열 A에 있고, 원자수는 열 B 에서 E에 있다. 원자량과 원자수를 써서 원자량을 계산하기 위한 화학식을 열 F에 적으시오. 추가 원자에 대해서는 열 A에 원자량을 추가하고 E와 F 사이에 열을 늘리시오.

	A	B	C	D	E	F	G
1	Formula Mass Calculator					Formula	
2		C	H	O	N	mass	
3	C =	1	4	1		32.0419	CH3OH
4	12.0107	5	5	1	1	95.0993	C5H5NO
5	H =						
6	1.00794						
7	O =						
8	15.9994						
9	N =						
10	14.0067						

3-24. **그래프 그리기**. 그림 1-4는 산업화 이후 증가하는 대기 중의 CO_2를 나타낸다. 스프레드시트의 두 열에 아래 데이터를 복사하여 그림 1-4를 재현하는 데 사용하시오. 축을 조절하여 눈금과 틱 표시가 그림 1-4와 같도록 하시오.

연도	CO_2(ppm)	연도	CO_2(ppm)	연도	CO_2(ppm)
1603	274	1903	299	1982	341
1646	277	1925	305	1986	347
1691	276	1937	309	1990	354
1747	277	1945	311	1994	359
1776	279	1959	316	1998	367
1795	284	1965	320	2002	373
1823	285	1970	326	2006	382
1843	286	1974	330	2008	385
1889	295	1978	335		

응용문제

3-25. 묽은 질산 은 용액을 만드는 데에는 아래 두 방법이 있다.

방법 1: $AgNO_3$ 0.046 3 g을 달아서 100 mL 부피 플라스크에 녹인다.

방법 2: $AgNO_3$ 0.463 0 g을 달아서 100 mL 부피 플라스크에 녹인다. 그 다음 이 용액 10 mL를 피펫으로 취해 새로운 100 mL 플라스크에 옮기고 표선까지 묽힌다.

저울의 오차는 소수 마시막 자리에서 ±3이다. 어느 방법이 더 정확한가?

더 읽을거리

J. R. Taylor, *An Introduction to Error Analysis*, 2nd ed. (Sausalito, CA: University Science Books, 1997).

E. J. Billo, *Microsoft Excel for Chemists*, 2nd ed. (New York: Wiley, 2001).

E. J. Billo, *Excel for Scientists and Engineers: Numerical Methods* (New York: Wiley, 2007).

R. de Levie, *How to Use Excel® in Analytical Chemistry and in General Scientific Data Analysis* (Cambridge: Cambridge University Press, 2001).

R. de Levie, *Advanced Excel for Scientific Data Analysis*, 2nd ed. (Oxford: Oxford University Press, 2008).

오늘 나의 적혈구 수치는 높은가?

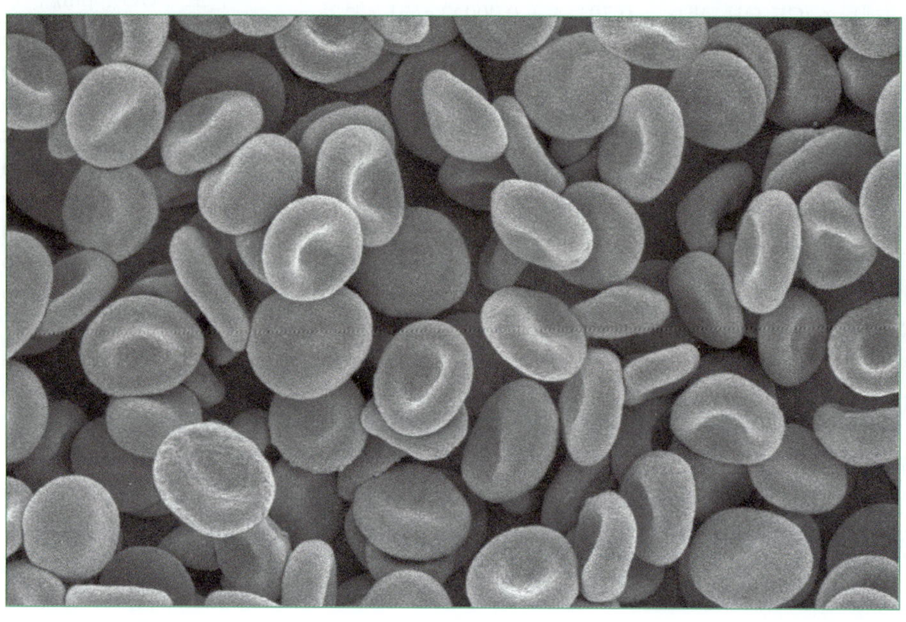

Erythrocytes라고 부르는 적혈구. [Susumu Nishinaga/Photo Researchers, Inc.]

모든 측정에는 실험오차가 포함되므로 측정 결과를 완전히 확신하기란 불가능하다. 그런데도 여전히 "오늘 나의 적혈구 수치는 평소보다 높은가?"와 같은 질문에 대한 답을 찾는다. 오늘의 수치가 평소보다 두 배 높다면, 이 질문에 대한 답은 쉽다. 그러나 "높은" 수치이긴 하나 "정상적인 날"의 수치에 비해 월등히 높지 않다면 어떻게 답해야 할까?

"정상적인" 날의 수치		오늘의 수치
5.1		
5.3		
4.8	$\times 10^6$개의 세포/μL	5.6×10^6개의 세포/μL
5.4		
5.2		

수치 5.6은 정상적인 5개의 값보다 높지만, 정상적인 값의 확률 변수(random variation)로 미루어 보아 5.6이 어느 "정상적인 날"에 관측될지도 모른다는 기대를 준다.

통계학을 이용하면, 장기간 측정할 때 오늘의 결과는 정상적인 20일 중 어느 하루에 관측될 수 있다고 말할 수 있다. 이 정보를 어떻게 할 것인가를 결정하는 것은 여전히 여러분에게 달려 있다.

04

통계학

측정에는 항상 약간의 우연 오차가 따르므로, 어떠한 결론도 확실하게 내릴 수는 없다. 그러나 통계학은 맞을 확률이 높은 결론은 받아들이고, 그렇지 않은 결론은 버리는 방법을 제공해 준다. 이 장에서는 기본 통계학적 시험 방법을 기술하고, 교정 곡선을 만드는 데 사용되는 최소 제곱법을 소개한다.

통계학은 가측 오차가 아니라 우연 오차만을 다룬다. 우리는 늘 계통 오차를 검출하고 방지하도록 애써야 한다. 그러려면 다른 분석 방법을 사용하여 결과가 일치하는지 보고, 또 검인된 표준 물질을 분석하여 예상결과가 얻어지는지 검토해야 한다.

가측 오차(*determinate error*)라고도 하는 **계통 오차**(*systematic error*)는 측정을 하는 과정이나 기기적인 요소로부터 일관되게(아주 크거나 아주 작게) 발생한다. 주의하면 제거할 수 있다.

우연 오차(*random error*)는 측정의 물리적 한계로부터 발생한다. 우연 오차는 양과 음의 값을 가질 확률이 거의 같다. 이것은 완전히 제거할 수 없다.

4-1 Gauss 분포

신경 세포는 근육 가까이 신경전달물질 분자를 방출함으로써 근육 세포와 교신한다. 그림 4-1에 보인 것처럼 신경전달물질(neurotransmitter)은 근육 세포의 막 단백질에 결합되어 양이온이 근육 세포로 확산되어 들어가게 해주는 통로를 연다. 근육 세포로 이온이 들어가면 근육이 수축된다.

통로는 모두 같은 크기이므로 막을 넘어 이온이 이동하는 속도를 유사하게 만든다. 이온은 전하를 띠므로, 이온의 흐름은 막을 통해 흐르는 전기의 흐름과 동등하다. 그림 4-2에 기록한 922개의 이온 통로의 감응 중에서, 190개가 그림의 중앙에 가장 큰 막대로 나타낸 것처럼 2.64 ~ 2.68 pA (피코암페어, 10^{-12} amp)의 좁은 범위에 있다. 그 다음으로 많은 감응은 가장 큰 막대의 오른쪽과 왼쪽에 나타난다.

그림 4-2의 막대 그래프는 수많은 실험실 측정의 전형적인 것이다. 가능성이 가장 큰 감응은 중앙에 있고, 중앙에서 멀어질수록 다른 감응을 관찰할 확률은 감소한다. 그림 4-2와 겹쳐 놓은 매끈한 종 모양의 곡선을 **Gauss 분포(Gaussian distribution)**라 부른다. 어떤 실제 계에 대하여 더 많은 측정을 하면 막대 그래프는 매끈한 곡선에 더 접근한다.

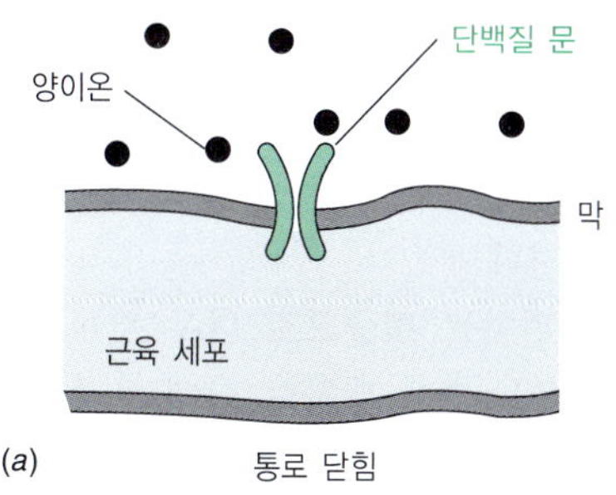

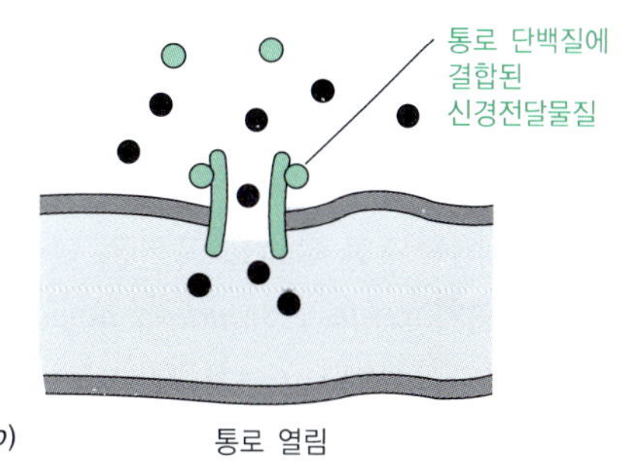

그림 4-1 (*a*) 신경전달물질이 없으면, 이온 통로가 닫혀 양이온이 근육 세포로 들어갈 수 없다. (*b*) 신경전달물질이 있으면, 통로가 열려 양이온이 근육 세포로 들어가고 근육 활동이 시작된다. B.Sakmann과 E.Neher가 신경근육 계면에서 신호전달 연구로 1991년 노벨 생리 · 의학상을 공동 수상하였다.

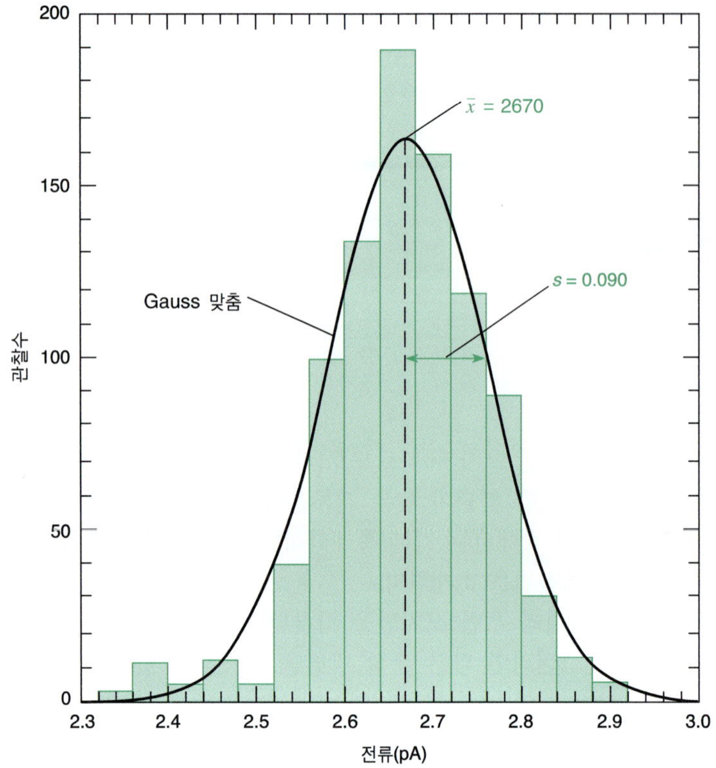

관찰수
전류(pA)
Gauss 맞춤
$\bar{x} = 2670$
$s = 0.090$

그림 4-2 개구리 근육 세포의 각 통로를 통해 흐르는 양이온 전류를 관찰하여 나타낸 막대 그래프. 매끈한 곡선은 Gauss 곡선으로 측정한 데이터와 동일한 평균과 표준 편차를 갖는다. 막대그래프는 히스토그램(histogram) 이라고도 한다. [자료: B. Sakmann의 노벨 수강 강연, *Angew. Chem. Int. Ed. Engl.* **1992**, *31*, 830.]

평균과 표준 편차

Gauss 분포는 **평균**(*mean*)과 **표준 편차**(*standard deviation*)로 특징지어진다. 평균은 그 분포의 **중앙**(*center*)이고 표준 편차는 분포의 **폭**(*width*)의 척도이다. 데이터들은 평균값 근처에 모이게 된다.

산술 **평균(mean 또는 average)**, $\bar{x}$는 측정값의 합을 측정 횟수로 나눈 것이다.

평균 :
$$\bar{x} = \frac{\sum_i x_i}{n} = \frac{1}{n}(x_1 + x_2 + x_3 + \cdots + x_n) \tag{4-1}$$

여기서 x_i는 각 측정값이다. 그리스 대문자 시그마, Σ는 합을 뜻한다. 그림 4-2에 평균값, 2.670 pA를 점선으로 표시하였다.

표준 편차(standard deviation), s는 일련의 데이터 세트에 대한 분산의 척도이다. **분산이 덜 되면, 표준 편차는 작아진다.** 즉, 데이터의 분포는 좁아진다.

평균은 분포의 가운데에 위치하고, **표준 편차**는 분포의 폭을 결정한다.

표준 편차 :
$$s = \sqrt{\frac{\sum_i (x_i - \bar{x})^2}{n-1}} \tag{4-2}$$

표준 편차가 작을수록 결과는 더 **정밀**하다(재현성이 있다). 정밀도가 커진다고 해서 반드시 "참값"에 가까운 정도를 의미하는 **정확도**가 커지는 것은 아니다.

그림 4-2에서 $s = 0.090$ pA. 그림 4-3에 나타낸 것과 같이, 표준 편차가 두 배가 되면 동일한 측정 횟수에 대한 Gauss 곡선은 낮아지면서 넓어진다.

상대 표준 편차(*relative standard deviation*)는 표준 편차를 평균으로 나눈 것($s/\bar{x}$)으로, 흔히 백분율로 나타낸다. $s = 0.090$ pA, 그리고 $\bar{x} = 2.670$ pA에 대하여 상대 표준 편차는 $(0.090/2.670) \times 100 = 3.4\%$이다.

식 4-2의 분모에 있는 $n-1$은 **자유도**(*degrees of freedom*)라고 한다. 처음에는 n개의 정보에 해당하는 n개의 독립 데이터로 출발한다. 평균을 계산한 후에는 독립 정보는 $n-1$개뿐인데, 그것은 $n-1$개의 데이터와 평균을 알면, n번째 데이터를 계산할 수 있기 때문이다.

$\bar{x}$와 s 기호는 유한한 개수의 측정값에 쓰인다. 무한히 많은 개수의 데이터에 대해서는 **모집단 평균**(*population mean*)이라고도 하는 참평균은 μ(그리스 소문자 뮤)로 나타내며, **모집단 표준 편차**(*population standard deviation*)는 σ(그리스 소문자 시그마)로 나타낸다. **가변도**(**variance**)는 표준 편차의 제곱(s^2)이다.

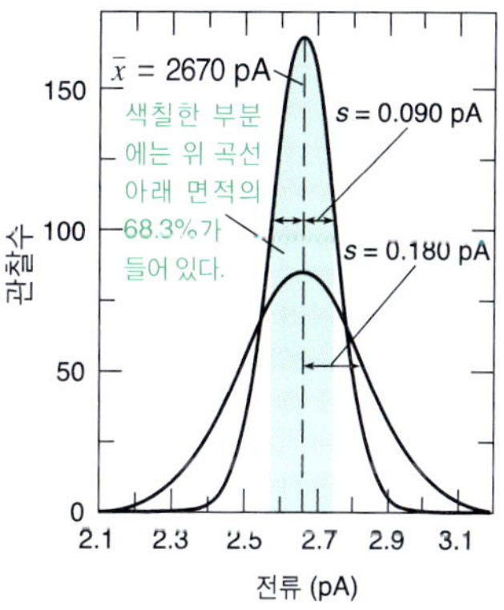

그림 4-3 표준 편차가 두 배가 될 때 Gauss 곡선에 미치는 영향. 각 곡선에 대한 관찰수, 즉 곡선 아랫부분의 면적은 같다.

예제 **평균과 표준 편차**

측정값(7, 18, 10, 15)에 대해 평균, 표준 편차, 상대 표준 편차를 구하시오.

해답 평균은 다음과 같다.

$$\bar{x} = \frac{7 + 18 + 10 + 15}{4} = 12._5$$

반올림 오차가 누적되는 것을 피하기 위해, 원래 데이터에 있는 것보다 평균과 표준 편차에 자릿수 한 개를 더 남긴다. 표준 편차는 다음과 같다.

$$s = \sqrt{\frac{(7-12._5)^2 + (18-12._5)^2 + (10-12._5)^2 + (15-12._5)^2}{4-1}} = 4._9$$

평균과 표준 편차는 **같은 소수 자릿수**를 가져야 한다. $\bar{x} = 12._5$에 대해 $s = 4._9$로 적는다. 상대 표준 편차는 $(4._9/12._5) \times 100 = 39\%$이다.

복습 문제 여러분의 계산기에는 내장된 평균과 표준 편차 함수를 써서 이 예제와 같은 결과가 얻어지는지 검토해 보시오.

여러분의 계산기가 4.9가 아닌 4.3을 나타낸다면, 분모에 $n-1=4-1$ 대신 $n=4$를 사용하고 있는 것이다. 올바른 인자는 $n-1$이다.

Excel에는 평균과 표준 편차 함수가 내장되어 있다. 7, 18, 10, 15를 스프레드시트의 셀 A1에서 A4까지 입력한다. 셀 A5에 식 "= AVERAGE(A1:A4)", 셀 A6에 식 "= STDEV(A1:A4)"를 적는다. 여백에 나타낸 스프레드시트의 결과는 위 예제의 결과를 재현한다. 내장 함수의 목록을 보려면, Formulas 리본으로 가서 Insert Function을 택한다. 나타난 창에서 함수의 범주나 모든 함수들을 둘러볼 수 있다.

	A	B
1	7	
2	18	
3	10	
4	15	
5	12.50	
6	4.93	
7	A5 = AVERAGE(A1:A4)	
8	A6 = STDEV(A1:A4)	

알아두어야 할 그 밖의 술어로 **중앙값**과 **범위**가 있다. **중앙값**(**median**)은 일련의 측정에서 가운데 값이다. 측정값 (8, 17, 11, 14, 12)를 작은 순서대로 나열하면 (8, 11, 12, 14, 17)이 되는데, 가운데의 (12)가 중앙값이다. 짝수 개의 측정값에 대해서 중앙값은 가운데 두 수의 평균이다. (8, 11, 12, 14)에 대하여 중앙값은 11.5이다. 중앙값은 크게 벗어나는 데이터의 영향을 덜 받기 때문에, 평균값보다 중앙값을 더 선호하는 사람들이 있다. **범위**(**range**)는 가장 큰 값과 가장 작은 값의 차이이다. (8, 17, 11, 14, 12)의 범위는 $17-8=9$이다.

표준 편차와 확률

Gauss 분포에서는 측정의 68.3%가 평균의 양쪽으로 일 표준 편차 내에(즉, $\mu \pm \sigma$ 범위 안에) 들어 있다. 즉, 그림 4-3에서 보듯이 Gauss 곡선 아래 면적의 68.3%가 $\mu \pm \sigma$ 구간

표 4-1 **Gauss 분포에서 관측 백분율**

범위	Gauss 분포	그림 4-2의 관측
$\mu \pm 1\sigma$	68.3%	71.0%
$\mu \pm 2\sigma$	95.5	95.6
$\mu \pm 3\sigma$	99.7	98.5

질문 Gauss 분포의 $\mu - 3\sigma$ 아래에서 관찰되리라고 예상되는 분율은 얼마인가? (**답** : 0.3%의 $\frac{1}{2}$ = 0.15%)

에 놓여 있다. $\mu \pm 2\sigma$ 구간에 놓일 측정의 백분율은 95.5%이고, $\mu \pm 3\sigma$ 구간에 놓일 백분율은 99.7%이다. 평균적으로 표준 편차가 s인 실제 데이터는 20번 측정당 1번(4.5%)은 $\bar{x} \pm 2s$ 밖에 놓일 것이고, 1 000번 측정당 3번(0.3%)은 $\bar{x} \pm 3s$ 밖에 놓인다. 표 4-1은 이상적 Gauss 거동과 그림 4-2의 관측 간에 관련성을 보여 준다.

Gauss 분포는 대칭적이다. 4.5%의 측정이 $\mu \pm 2\sigma$ 바깥에 놓이면 2.25%의 측정은 $\mu \pm 2\sigma$ 위에, 그리고 2.25%의 측정은 $\mu - 2\sigma$ 아래에 있다.

자습문제

4-A. 다음 수 821, 783, 834, 855에 대한 평균, 표준 편차, 상대 표준 편차, 중앙값 및 범위는 무엇인가? 범위를 제외한 나머지는 마지막 유효 자릿수에 추가로 자릿수 한 개를 더 적어야 한다.

4-2 표준편차와 *F* 시험의 비교

통계학에서 가장 중요한 질문은 "실험적 불확정성이 고려되었을 때 두 세트의 측정에 대한 평균값들이 서로 '통계적으로 다르냐?'"이다. 다음 절에서 평균값들을 비교하기 위해서, 먼저 두 세트의 표준 편차들이 "통계적으로 다른지"를 결정하는 방법을 배워야만 한다.

경주마의 혈액내 탄산수소 이온(HCO_3^-)의 측정에 대해 생각해보자. 몇몇 조련사들은 격렬하게 뛰는 동안 축적되는 젖산을 중화시키기 위해 경주 전에 말에게 $NaHCO_3$를 주사한다. 이러한 행위를 금지시키기 위해 경주 후에 말의 혈액에서 HCO_3^-를 측정한다. 제조업자가 이러한 측정에 대해 보증된 기기의 생산을 중지했을 때, 새로운 기기를 보증하기 위한 인가가 필요하다.

표 4-2에 두 기기에 대한 결과를 나타냈다. 평균은 36.14와 36.20 mM로 비슷하지만, 대체한 기기의 표준 편차(s)는 원래 기기의 표준 편차보다 거의 두 배 정도 크다(0.47 대 0.28 mM). 대체한 기기의 s는 원래 기기의 s보다 "거의 확실하게" 큰 것일까?

다음과 같이 정의되는 지수 F를 갖는 ***F* 시험**(***F* test**)을 이용하여 위의 질문에 답할 수 있다.

$$F_{\text{계산}} = \frac{s_1^2}{s_2^2} \tag{4-3}$$

표준 편차의 제곱을 **가변도**(*variance*)라고 부른다.

표 4-2 **말의 혈액에서 HCO_3^-의 측정**[a]

	원래 기기	대체한 기기
평균($\bar{x}$, mM)	36.14	36.20
표준 편차(s, mM)	0.28	0.47
측정 횟수(n)	10	4

a. 데이터 출처: M. Jarrett, D. B. Hibbert, R. Osborne, and E. B. Young, *Anal. Bioanal. Chem.* **2010**, *397*, 717.

표 4-3 95% 신뢰 수준에서 $F = s_1^2/s_2^2$의 임계값

s_2에 대한 자유도	s_1에 대한 자유도													
	2	3	4	5	6	7	8	9	10	12	15	20	30	∞
2	19.0	19.2	19.2	19.3	19.3	19.4	19.4	19.4	19.4	19.4	19.4	19.4	19.5	19.5
3	9.55	9.28	9.12	9.01	8.94	8.89	8.84	8.81	8.79	8.74	8.70	8.66	8.62	8.53
4	6.94	6.59	6.39	6.26	6.16	6.09	6.04	6.00	5.96	5.91	5.86	5.80	5.75	5.63
5	5.79	5.41	5.19	5.05	4.95	4.88	4.82	4.77	4.74	4.68	4.62	4.56	4.50	4.36
6	5.14	4.76	4.53	4.39	4.28	4.21	4.15	4.10	4.06	4.00	3.94	3.87	3.81	3.67
7	4.74	4.35	4.12	3.97	3.87	3.79	3.73	3.68	3.64	3.58	3.51	3.44	3.38	3.23
8	4.46	4.07	3.84	3.69	3.58	3.50	3.44	3.39	3.35	3.28	3.22	3.15	3.08	2.93
9	4.26	3.86	3.63	3.48	3.37	3.29	3.23	3.18	3.14	3.07	3.01	2.94	2.86	2.71
10	4.10	3.71	3.48	3.33	3.22	3.14	3.07	3.02	2.98	2.91	2.84	2.77	2.70	2.54
11	3.98	3.59	3.36	3.20	3.10	3.01	2.95	2.90	2.85	2.79	2.72	2.65	2.57	2.40
12	3.88	3.49	3.26	3.11	3.00	2.91	2.85	2.80	2.75	2.69	2.62	2.54	2.47	2.30
15	3.68	3.29	3.06	2.90	2.79	2.71	2.64	2.59	2.54	2.48	2.40	2.33	2.25	2.07
20	3.49	3.10	2.87	2.71	2.60	2.51	2.45	2.39	2.35	2.28	2.20	2.12	2.04	1.84
30	3.32	2.92	2.69	2.53	2.42	2.33	2.27	2.21	2.16	2.09	2.01	1.93	1.84	1.62
∞	3.00	2.60	2.37	2.21	2.10	2.01	1.94	1.88	1.83	1.75	1.67	1.57	1.46	1.00

n회 관찰에 대한 자유도 = $n - 1$. 표의 값보다 큰 F값을 관찰할 확률은 5%이다.
주어진 신뢰 수준에 대한 F값은 Excel의 함수 FINV(Probability,Deg_freedom1,Deg_freedom2)를 이용하여 계산할 수 있다. 이 표에서 명령어 "=FINV(0.05,7,6)"에 대한 값은 F=4.21이다.

큰 표준 편차를 분자에 놓으면, $F \geq 1$이 된다. 표 4-3에서 F 시험을 적용시키면, $s_1 > s_2$라는 가설을 시험할 수 있다. $F_{계산} > F_{표}$라면, 차이는 유의하다. 표 4-3을 이용하는 경우에 n회 측정에 대한 자유도는 $n - 1$이다. 한 세트에 다섯 번의 측정을 하였다면, 네 개의 자유도를 갖는다.

가설의 검증

F 시험으로 두 표준 편차들을 비교하는 것은 통계학자들이 **가설의 검증**(*hypothesis test*)이라 부르는 것의 한 예이다. **귀무 가설**(*null hypothesis*)은 두 측정 집단이 동일한 표준

예제 **대체한 기기의 표준 편차가 원래 기기의 표준 편차보다 "거의 확실하게" 큰가?**

표 4-2에서 대체한 기기의 표준 편차는 $s_1 = 0.47(n_1 = 4$ 측정)이고 원래 기기의 표준 편차는 $s_2 = 0.28(n_2 = 10)$이다.

해답 질문에 답하기 위해, 식 4-3을 이용하여 F를 구한다.

$$F_{계산} = \frac{s_1^2}{s_2^2} = \frac{(0.47)^2}{(0.28)^2} = 2.8_2$$

표 4-3에서 s_1(자유도 = $n - 1$)에 대한 자유도 3에 해당하는 열과 s_2에 대한 자유도 9에 해당하는 행을 $F_{표}$를 찾는다. $F_{계산}(= 2.8_2) < F_{표}(= 3.86)$ **이기 때문에 s_1이 s_2보다 거의 확실하게 크다는 가설은 거부된다.**

복습 문제 두 세트의 데이터에서 모두 $n = 13$번씩 반복 측정했다면, 표준 편차의 차이는 유의하겠는가? (**답**: 예. $F_{계산} = 2.8_2 > F_{표} = 2.69$)

편차를 가지고 있는 두 모집단으로부터 임의적(random)으로 추출되었다는 것이다. 그렇지만, 모든 측정에서의 임의변동(random variation) 때문에 두 집단에서 관측된 표준편차가 동일하게 되지 않을 수도 있다. 표 4-3의 F값은 관측된 측정값들이 같은 표준편차를 가진 모집단으로부터 추출될 확률이 5%값을 만족하도록 주어진 값이다. 즉, $F_{계산} < F_{표}$라면 두 집단의 측정치들이 동일한 표준편차를 가진 모집단으로부터 나왔을 확률이 5%보다 **더 크다**는 뜻이다. $F_{계산} > F_{표}$이라면 두 집단의 측정치들이 동일한 표준편차를 가진 모집단으로부터 나왔을 확률이 5%보다 **더 작다**는 뜻이다. 만일 $F_{계산} > F_{표}$이면 측정치들이 동일하지 않은 표준편차를 가진 두 모집단으로부터 나왔다는 것을 95% 신뢰도로서 신뢰할 수 있다는 것이다. 이제 귀무 가설에 대한 의미를 알기 위하여 다음의 보충 4-1을 읽어보자.

자습문제

4-B. 말의 혈액에서 탄산수소 이온을 두 가지 방법으로 네 번 측정한 결과는 다음과 같다.

방법 1 : 31.40, 31.24, 31.18, 31.43 mM
방법 2 : 30.70, 29.49, 30.01, 30.15 mM

(a) 각 분석에 대한 평균값과 표준 편차를 구하시오.
(b) 표준 편차들이 95% 신뢰 수준에서 거의 확실하게 다른가?

보충 4-1 전염병학에서 귀무 가설의 선택

어느 좋은 아침, 나는 Southern California 대학의 전염병학자인 Malcolm Pike와 국토횡단 비행에 동승했다. 전염병학자들은 의학 처방을 안내하기 위해 통계학을 이용한다. Pike는 여성 갱년기의 에스트로젠-프로제스틴 호르몬 요법과 유방암과의 상관관계를 연구 중이었다. 연구에 따르면, 에스트로젠-프로제스틴 호르몬 요법으로 인한 유방암 위험이 연간 7.6% 증가하였다.[1]

어떻게 그런 요법이 허용되었는가? Pike는 미국 식품 약품관리국(U.S. Food and Drug Administration)이 요구하는 검사는 "치료가 해를 주지 않는다"는 귀무 가설을 검사하도록 기획되어 있다고 설명했다. 대신에, 그는 귀무 가설이 "치료가 유방암 유발 가능성을 증가시킨다"이어야 한다고 말했다.

그가 뜻하는 것은 무엇이었는가? 통계학 분야에서 귀무 가설은 옳다고 가정한다. 옳지 않다는 확실한 증거를 찾지 못하는 한, 그것은 계속 옳다고 믿는다. 미국의 법적 시스템에서 귀무 가설은 피의자는 결백하다는 것이다. 피의자가 결백하지 않다는 명백한 증거를 제시하는 것은 검찰 측에 달려 있다. 그렇지 못하면, 배심원은 피고를 무죄라고 한다. 호르몬 요법의 예제에서, 귀무 가설은 치료가 암을 유발하지 않는다는 것이다. 그 검정은 그 치료가 **암을 유발한다**는 명백한 증거를 제공해야 한다는 부담이 있다. Pike는 치료가 암을 유발한다는 증거가 있다면, 귀무 가설은 치료가 암을 유발한다고 해야 한다는 것이다. 그 다음에 치료가 암을 유발하지 않는다는 확실한 증거를 제공해야 것은 치료의 제안자 측에 달려 있다. Pike의 말은, "명백한 것은 옳을 가능성이 있다"는 가설을 검증하라는 것이다.

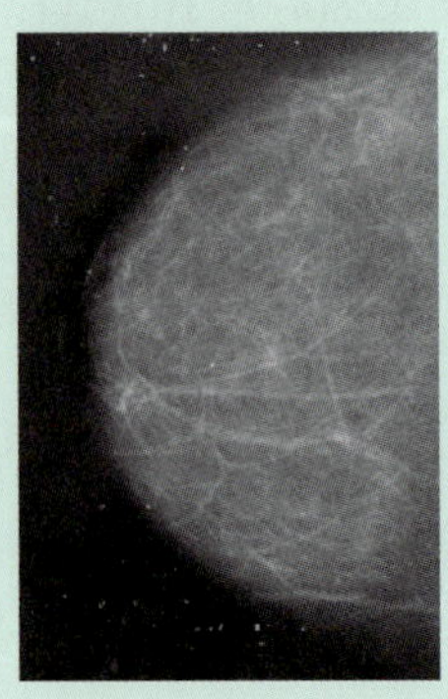

유방 촬영사진의 흰 부위는 검은 부위보다 더 촘촘한 조직이다. [allOver Photography/Almy.]

4-3 Student의 *t*

Student의 *t* (Student's t) 는 신뢰 구간을 나타낼 때와 실험으로부터 얻은 평균값들을 비교하는 데 쓰이는 통계학적 도구이다. 이것을 이 장의 도입부에 나타낸 데이터에 적용하여 적혈구 세포의 수치가 "정상적인" 날의 수치를 초과하는 확률을 평가할 수 있다.

"Student"는 W. S. Gosset의 가명이었다. 그 까닭은 아일랜드의 Guiness Breweries사 Gosset의 고용주가 상업적 비밀을 이유로 발표를 제한했으며, Gosset의 연구가 중요했기 때문에 그것을 1908년에 발표하도록 허가하기는 했으나 가명으로 하게끔 했기 때문이다.

신뢰 구간

한정된 수의 측정으로부터 모집단 평균 μ나 모집단 표준 편차 σ를 구하는 것은 불가능하다. 실제 결정하는 것은 시료(sample) 평균 x와 시료 표준 편차 s이다. **신뢰 구간 (confidence interval)** 은 특정한 확률로 모집단 평균을 발견할 수 있는 값의 범위이다. 즉, 모집단 평균 μ가 측정한 평균 $\bar{x}$로부터 어떤 거리 내에 있을 것이라는 것을 의미한다. 신뢰 구간은 $\bar{x}$ 아래로 $-ts/\sqrt{n}$에서부터 $\bar{x}$ 위로 $+ts/\sqrt{n}$까지의 영역이다.

신뢰 구간 :

$$\mu = \bar{x} \pm \frac{ts}{\sqrt{n}} \qquad (4\text{-}4)$$

여기서 s는 측정한 표준 편차, n은 측정 횟수, t는 표 4-4에서 취할 수 있는 Student의 t이다. 이 표에서 **자유도** (*degree of freedom*) **는** $n-1$**이다.**

예 제 신뢰 구간 계산

당단백질(glycoprotein, 당이 결합된 단백질)의 탄수화물 함량을 반복 측정해 보니 단백질 100 g당 12.6, 11.9, 13.0, 12.7, 12.5 g이 얻어졌다. 탄수화물 함량에 대한 50%와 90% 신뢰 구간을 구하시오.

해답 우선 $n = 5$ 측정에 대해 $\bar{x} = 12.5_4$와 $s = 0.4_0$을 계산한다. 50% 신뢰 구간을 얻으려면 표 4-4의 50% 아래에 자유도가 4인 t를 찾는다(자유도 $= n-1$). 그 t값은 0.741이므로 50% 신뢰 구간은

$$\mu(50\%) = \bar{x} \pm \frac{ts}{\sqrt{n}} = 12.5_4 \pm \frac{(0.741)(0.4_0)}{\sqrt{5}} = 12.5_4 \pm 0.1_3$$

이며, 90% 신뢰 구간은

$$\mu(90\%) = \bar{x} \pm \frac{ts}{\sqrt{n}} = 12.5_4 \pm \frac{(2.132)(0.4_0)}{\sqrt{5}} = 12.5_4 \pm 0.3_8$$

이다. 이 계산은 참평균 μ가 $12.5_4 \pm 0.1_3$ (12.4_1에서 12.6_7) 범위에 놓일 확률은 50%이고, $12.5_4 \pm 0.3_8$ (12.1_6에서 12.9_2) 범위에 놓일 확률은 90%임을 뜻한다.

복습 문제 $\bar{x}$와 s는 변하지 않고, 5번 대신 10번 측정했다면 90% 신뢰 구간은 무엇이겠는가? (**답** : $12.5_4 \pm 0.2_3$)

측정의 신뢰도 향상

우리는 가능하면 측정이 정확하고 정밀하기를 바란다. 계통 오차는 측성의 정확도를 떨어뜨린다. pH 미터가 바르게 교정되지 않으면, 아무리 정밀하게(재현성 있게) 읽어도 부정확한 값을 준다. 서로 다른 두 방법으로 측정하는 것이 계통 오차를 찾기 위한 좋은 방법

정확도 : "참"에 가까운 정도
정밀도 : 재현성

표 4-4 Student의 t값

자유도	신뢰 수준(%)						
	50	90	95	98	99	99.5	99.9
1	1.000	6.314	12.706	31.821	63.656	127.321	636.578
2	0.816	2.920	4.303	6.965	9.925	14.089	31.598
3	0.765	2.353	3.182	4.541	5.841	7.453	12.924
4	0.741	2.132	2.776	3.747	4.604	5.598	8.610
5	0.727	2.015	2.571	3.365	4.032	4.773	6.869
6	0.718	1.943	2.447	3.143	3.707	4.317	5.959
7	0.711	1.895	2.365	2.998	3.500	4.029	5.408
8	0.706	1.860	2.306	2.896	3.355	3.832	5.041
9	0.703	1.833	2.262	2.821	3.250	3.690	4.781
10	0.700	1.812	2.228	2.764	3.169	3.581	4.587
15	0.691	1.753	2.131	2.602	2.947	3.252	4.073
20	0.687	1.725	2.086	2.528	2.845	3.153	3.850
25	0.684	1.708	2.060	2.485	2.787	3.078	3.725
30	0.683	1.697	2.042	2.457	2.750	3.030	3.646
40	0.681	1.684	2.021	2.423	2.704	2.971	3.551
60	0.679	1.671	2.000	2.390	2.660	2.915	3.460
120	0.677	1.658	1.980	2.358	2.617	2.860	3.373
∞	0.674	1.645	1.960	2.326	2.576	2.807	3.291

만약 특정 방법으로 많은 경험을 쌓았고, 그래서 그 방법에 대한 "참" 모집단 표준 편차를 구했다면, 신뢰 구간을 계산하는 데 식 4-4의 s를 σ로 대치할 수 있다. s 대신 σ를 쓰면 식 4-4의 t값은 이 표의 맨 아래 줄로부터 얻는다.

이다. 예상되는 불확정성 내에서 두 측정 결과가 일치하지 않으면 계통 오차가 존재할 가능성이 있다.

측정이 정밀해질수록 신뢰 구간은 줄어든다. 신뢰 구간은 $\pm ts/\sqrt{n}$이다. 신뢰 구간의 크기를 줄이려면 측정 횟수를 늘리든가(n 증가) 또는 표준 편차(s)를 줄여야 한다. s를 줄이는 유일한 방법은 실험 과정을 향상시키는 것이다. 과정의 변화없이 신뢰 구간을 줄이는 방법은 측정 횟수를 늘리는 것이다. 측정 횟수를 2배 늘리면 $1/\sqrt{n}$ 인자는 $1/\sqrt{2} = 0.71$만큼 감소한다.

Student의 t를 이용한 평균값들의 비교

측정을 반복하면 신뢰도는 증가한다. $s = 2.0\%$이면 3번 측정으로 95% 신뢰 구간은

$$\frac{\pm ts}{\sqrt{n}} = \frac{(4.303)(2.0\%)}{\sqrt{3}} = \pm 5.0\%$$

이지만, 9번 측정하면

$$\frac{\pm ts}{\sqrt{n}} = \frac{(2.306)(2.0\%)}{\sqrt{9}} = \pm 1.5\%$$

로 줄어든다.
(t값은 표 4-4에 있다)

Student의 t는 두 세트의 측정을 비교하여 그들이 서로 "통계학적으로 다른지"를 결정하는 데 쓰일 수 있다. 두 평균이 **다르지 않다**는 **귀무 가설**(*null hypothesis*)을 검증할 것이다. 다음 기준을 택한다. 만약 데이터의 우연 오차로 발생하는 두 세트의 측정 간의 차이가 20 중 1보다 작다면, 그 차이는 거의 확실한 것이다. 이 기준으로부터 95% 신뢰도로 두 측정이 다르다고 결론지을 수 있다. 결론이 틀릴 확률은 5%이다.[2]

경우 A : 표준 편차들은 거의 확실하게 다르지 않다

표 4-2를 다시 살펴보자. 36.14와 36.20 mM의 두 평균값은 서로 거의 확실하게 다른가? ***t* 시험(*t*-test)**을 통해 이 질문에 답할 수 있다. F 시험을 통해 두 표준 편차들이 서로 거의 확실하게 다르지 않다는 것을 알았다면, n_1과 n_2 번 측정한 데이터 세트들(각각 평균값 $\bar{x}_1$과 $\bar{x}_2$를 갖는)에 대해 다음 식을 이용하여 t 값을 계산할 수 있다.

평균값 비교를 위한 t 시험 :

$$t = \frac{|\bar{x}_1 - \bar{x}_2|}{s_{합동}} \sqrt{\frac{n_1 n_2}{n_1 + n_2}} \tag{4-5}$$

여기서

표준 편차들이 서로 유의하게 다르지 않을 때 t 시험을 한다.

$$s_{합동} = \sqrt{\frac{s_1^2(n_1 - 1) + s_2^2(n_2 - 1)}{n_1 + n_2 - 2}} \tag{4-6}$$

여기서 $s_{합동}$은 두 세트의 데이터를 모두 사용하여 구한 **합동**(*pooled*) 표준 편차이다. 식 4-5에 $\bar{x}_1 - \bar{x}_2$의 절대값이 사용되었으므로 t는 언제나 양수이다. 식 4-5의 t값을 표 4-4에서 자유도($n_1 + n_2 - 2$)에 해당하는 t값과 비교한다. **만약 계산한 t가 95% 신뢰 수준에서 표에 있는 t보다 크면, 두 결과는 거의 확실하게 다른 것으로 간주한다.**

표4-2에서 $n_1 = 10$과 $n_2 = 4$번 측정한 평균값은 각각 $\bar{x}_1 = 36.14$ 와 36.20 mM이다. 표준 편차는 $s_1 = 0.28$과 $s_2 = 0.47$인데, 식 4-3의 F 시험으로 서로 거의 확실하게 다르지 않다는 것이 밝혀졌다. 그러므로 식 4-5를 이용하여 평균값을 비교할 수 있다. 합동 표준 편차는 다음과 같다.

만약, $t_{계산} > t_{표}(95\%)$이면 그 차이는 거의 확실하다.

$$s_{합동} = \sqrt{\frac{s_1^2(n_1 - 1) + s_2^2(n_2 - 1)}{n_1 + n_2 - 2}} = \sqrt{\frac{0.28^2(10 - 1) + 0.47^2(4 - 1)}{10 + 4 - 2}} = 0.33_8$$

계속되는 계산에서 반올림 오차를 피하기 위해 최소 한자리 이상의 여분 비유효 자릿수를 유지한다.

평균값을 비교하기 위해 식 4-5로 t 값을 계산한다.

$$t_{계산} = \frac{|\bar{x}_1 - \bar{x}_2|}{s_{합동}} \sqrt{\frac{n_1 n_2}{n_1 + n_2}} = \frac{|36.14 - 36.20|}{0.33_8} \sqrt{\frac{10 \cdot 4}{10 + 4}} = 0.30_0$$

계산된 t 값은 0.30_0이다. 표 4-4에서 자유도($n_1 + n_2 - 2$) = 12에 대한 t의 임계값은 95% 신뢰도에 대한 행에서 자유도 10과 15에 대한 값 2.228과 2.131 사이에 놓여 있다. $t_{계산} < t_{표}$이므로 평균값의 차이는 거의 확실하지 **않다**. 이러한 결론은 차이가 각 측정의 표준 편차보다 작기 때문에 예상할 수 있다.

경우 B : 표준 편차들이 서로 거의 확실하게 다르다

Rayleigh 경(John W. Strutt)의 연구에서 한 가지 예를 찾을 수 있다. 그가 1904년에 받은 노벨상은 아르곤 기체의 발견에 대한 것으로, 질소 기체의 밀도를 측정한 두 세트의 값들이 약간 차이를 보인 것을 감지한 데서 비롯되었다. Rayleigh 시대에는 건조한 공기는 산소가 ~1/5, 질소가 ~4/5 로 구성되어 있다고 알려져 있었다. Rayleigh는 붉게 달군 구리와 공기의 반응으로 공기에서 산소를 제거[$Cu(s) + \frac{1}{2}O_2(g) \rightarrow CuO(s)$]하고 남은 기체를 일정 온도와 압력에서 정해진 부피로 모아 밀도를 측정하였다. 그는 또 산화 이질소(N_2O), 산화 질소(NO), 또는 아질산 암모늄($NH_4^+ NO_2^-$)의 분해 반응으로 동일한 부피의 질소를 만들었다. 표 4-5와 그림 4-4는 각 실험에서 모은 기체의 질량을 보여 준다. 공기로부터 모은 기체의 평균 질량은 화학 반응으로부터 모은 같은 부피의 기체의 평균 질량보다 0.46% 더 크다.

만약 Rayleigh의 측정이 조심스럽게 이루어지지 않았다면, 이 0.46% 차이는 실험 오차의 탓으로 돌릴 수 있었다. Rayleigh는 그 차이가 그의 오차 한계 밖이라고 이해하고, 공기로부터 모은 질소는 더 무거운 기체와 섞여 있다고 가정하였다. 이것은 아르곤으로 밝혀졌다.

표 4-5 Rayleigh 경이 분리한 질소가 풍부한 기체의 그램수[a]

공기로부터	화학 분해로부터
2.310 17	2.301 43
2.309 86	2.298 90
2.310 10	2.298 16
2.310 01	2.301 82
2.310 24	2.298 69
2.310 10	2.299 40
2.310 28	2.298 49
–	2.298 89
평균	
$2.310\ 10_9$	$2.299\ 47_2$
표준 편차	
$0.000\ 14_3$	$0.001\ 37_9$

a 출처: R. D. Larsen, *J. Chem. Ed.* **1990**, *67*, 925.

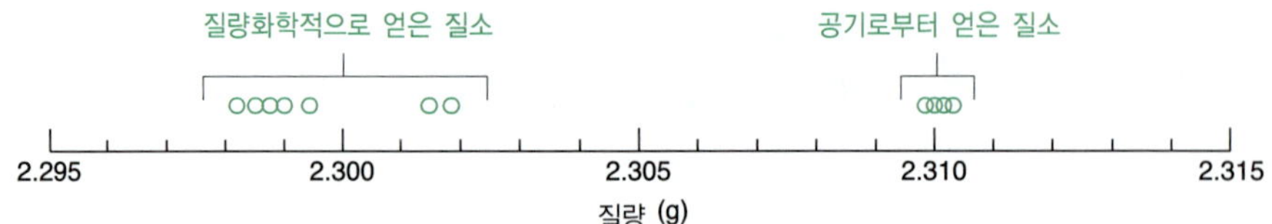

그림 4-4 Rayleigh 경이 공기로부터 분리, 그리고 질소 화합물을 분해시켜 얻은 기체의 일정 부피를 일정 온도, 압력에서 측정한 질량. Rayleigh는 두 집단의 데이터의 차이가 너무 커 실험 오차로부터 기인하는 것이 아니라는 것을 인식하고, 아르곤으로 밝혀진 더 무거운 성분이 공기에서 분리한 질소 속에 존재한다는 것을 알아내었다.

도전 Rayleigh는 두 가지 다른 측정법을 비교하여 계통 오차를 찾았다. 어느 방법에 계통 오차가 있었는가? 그것은 공기 중에 있는 질소의 질량을 과대평가했는가? 또는 과소평가했는가?

그림 4-4에서 두 집단의 데이터가 다른 영역에 무리지어 있음을 알 수 있다. 화학적으로 발생시킨 질소의 결과들은 공기로부터 얻은 질소보다 큰 영역에 있다. 표 4-5에서 두 표준 편차는 통계학적으로 서로 다른가? 이 질문에 F 시험(식 4-3)을 이용하여 답할 수 있다.

$$F_{계산} = \frac{s_1^2}{s_2^2} = \frac{(0.000\ 37_9)^2}{(0.000\ 14_3)^2} = 93_{.0}$$

표 4-3에서 분모(s_2)에 대한 자유도 6과 분자(s_1)에 대한 자유도 $n-1=7$에 대한 F의 임계값은 4.21이다. $F_{계산} > F_{표}$이므로 표준 편차의 차이는 거의 확실하다.

두 측정 집단의 표준 편차들이 거의 확실하게 다르다면, t 시험에 대한 식은 다음과 같다.

식 4-7과 4-8과 같은 식은 계산기를 사용할 때 골칫거리이다. 스프레드시트를 사용함으로써 실수를 줄일 수 있다. 제곱근에 대한 Excel 함수는 SQRT()이다.

$$t_{계산} = \frac{|\bar{x}_1 - \bar{x}_2|}{\sqrt{(s_1^2/n_1) + (s_2^2/n_2)}} \tag{4-7}$$

$$자유도 = \frac{[(s_1^2/n_1) + (s_2^2/n_2)]^2}{\dfrac{(s_1^2/n_1)^2}{n_1 - 1} + \dfrac{(s_1^2/n_2)^2}{n_2 - 1}} \tag{4-8}$$

식 4-8로부터 자유도를 가장 가까운 정수로 반올림하시오.

예제 공기로부터의 Rayleigh의 질소가 화합물로부터의 질소보다 밀도가 더 큰가?

표 4-5에서 공기로부터 얻은 질소 질량의 평균값은 $\bar{x}_1 = 2.310\ 10_9$ g이고, 표준 편차는 $s_1 = 0.000\ 14_3$ ($n_1 = 7$회 측정)이다. 화학적 방법으로 얻은 질소에 대해서는 평균값은 $\bar{x}_2 = 2.299\ 47_2$ g이고, 표준 편차는 $s_2 = 0.001\ 37_9$ ($n_2 = 8$회 측정)이다. 두 질량은 거의 확실하게 다른가?

해답 식 4-7과 4-8을 이용하여 계산된 t값과 표 4-4에서 적절한 자유도에 대한 임계값을 비교한다.

$$t_{계산} = \frac{|\bar{x}_1 - \bar{x}_2|}{\sqrt{(s_1^2/n_1) + (s_2^2/n_2)}} = \frac{|2.310\ 10_9 - 2.299\ 47_2|}{\sqrt{(0.000\ 14_3{}^2/7) + (0.001\ 37_9{}^2/8)}} = 21.7$$

$$자유도 = \frac{[(s_1^2/n_1) + (s_2^2/n_2)]^2}{\dfrac{(s_1^2/n_1)^2}{n_1 - 1} + \dfrac{(s_2^2/n_2)^2}{n_2 - 1}} = \frac{[(0.000\ 14_3{}^2/7) + (0.000\ 37_9{}^2/8)]^2}{\dfrac{(0.000\ 14_3{}^2/7)^2}{7 - 1} + \dfrac{(0.000\ 37_9{}^2/8)^2}{8 - 1}}$$

$$= 7.17$$

식 4-8로부터 자유도 7.17을 얻었는데 이것은 7로 반올림한다. 자유도 7에 대한 표 4-4의 95% 신뢰도에서 t의 임계값은 2.365이다. $t_{계산} = 21.7$은 $t_{표}$보다 훨씬 크므로 측정된 값은 크게 거의 확실하다.

복습 문제 두 평균값들 사이의 차이가 Rayleigh가 찾은 것의 반이라면, 그 차이도 여전히 유의한가? 표준 편차는 변하지 않는다.(**답** : $t_{계산} = 10.8 > t_{표} = 3.365$—여전히 차이는 크게 거의 확실하다.)

자습문제

4-C. 어떤 형태의 세포 내 ATP (삼인산 아데노신) 를 믿을 만한 측정을 4회 행하여 $111_{.0}$ μmol/100 mL를 얻었고, 표준 편차는 $2_{.8}$이었다. 새로 개발한 검사 방법으로 반복 측정하여 117, 119, 111, 115, 120 μmol/100 mL를 얻었다.

(a) 새 분석 방법의 평균과 표준 편차를 구하시오.

(b) 두 표준 편차는 거의 확실하게 다른가?

(c) 새로운 방법이 "믿을 만한" 값과 다른 결과를 준다고 95% 신뢰할 수 있는가?

4-4 *t* 시험을 위한 스프레드시트

Excel에는 Student의 t를 이용하여 시험을 수행할 수 있는 절차가 내장되어 있다. 표 4-5에 있는 Rayleigh의 두 결과를 비교하려면, 그림 4-5의 스프레드시트의 열 B와 C에 그 데이터를 입력한다. 행 13과 14에서 평균과 표준 편차를 계산한다.

셀 B19에 표준 편차로부터 F를 계산한다(F = C14^2/B14^2). 이 F값을 $F_{표}$와 비교한다. 표 4-3에서 자유도 7 아래쪽과 자유도 6을 가로지르는 교차점에서 $F_{표} = 4.21$을 발견할 수 있다. 다른 방법으로는 그림 4-5에서 셀 B20에 식 "= FINV(0.05,7,6)"을 입력하면 $F_{표}$를 구할 수 있다. 여기서 0.05는 95% 신뢰도, 7은 분자의 자유도, 그리고 6은 분모의 자유도를 의미한다. $F_{계산} > F_{표}$이므로 실험적 표준 편차들은 거의 확실하게 다르다고 결론지을 수 있다.

Analysis의 Data 리본에서 Data Analysis를 찾는다. Data Analysis가 나타나지 않는다면, Office 버튼(왼쪽 위)을 클릭하고 열린 창의 아래쪽에 있는 Excel Options을 선택한다. 왼쪽에 있는 Add-Ins를 클릭하고 Analysis ToolPak을 선택한다. Go를 클릭한 다음 OK한다. 이제 Data Analysis는 Data 리본에 나타날 것이다.

그림 4-5에서 표준 편차가 서로 거의 확실하게 다르지 않은 경우와 거의 확실하게 다른 경우, 모두에 대한 데이터 분석을 볼 수 있다. Analysis의 Data 리본에서 Data Analysis를 선택한다. 나타나는 창에서 *t*-Test: Two-Sample Assuming Equal Variances를 선택한다. OK를 클릭한다. 다음 창에서 자료가 어느 셀에 위치하는지 묻는다. 변수 1에 대해 B5:B12라 적고, 변수 2에 대해 C5:C12라 적는다. 셀 B12의 빈자리는 무시한다. Hyperthesized Mean Difference에 0을 입력하고 Alpha에 0.05를 입력한다. Alpha = 0.05 이면, 95% 신뢰 수준이다. Output Range를 위해 셀 E1을 선택하고 OK를 클릭한다.

이제 Excel은 그림 4-5의 셀 E1에서 G14까지의 결과를 인쇄한다. 평균값들은 셀 F4와 G4에 있다. 셀 F5와 G5는 표준 편차의 제곱인 **가변도**(*variance*)를 보여 준다. 셀 F7에는 식 4-6의 제곱을 계산한 **합동 가변도**(*pooled variance*)가 있다. 셀 F9는 자유도(df = 13)

	A	B	C	D	E	F	G
1	Analysis of Rayleigh's Data				t-Test: Two-Sample Assuming Equal Variances		
2							
3		Mass of gas (g) collected from				Variable 1	Variable 2
4		air	chemical		Mean	2.31010857	2.2994725
5		2.31017	2.30143		Variance	2.0348E-08	1.902E-06
6		2.30986	2.29890		Observations	7	8
7		2.31010	2.29816		Pooled Variance	1.0336E-06	
8		2.31001	2.30182		Hypothesized Mean Difference	0	
9		2.31024	2.29869		df	13	
10		2.31010	2.29940		t Stat	20.2137243	
11		2.31028	2.29849		P(T<=t) one-tail	1.6607E-11	
12			2.29889		t Critical one-tail	1.77093338	
13	Average	2.310109	2.299473		P(T<=t) two-tail	3.3214E-11	
14	Std Dev	0.000143	0.001379		t Critical two-tail	2.16036865	
15							
16	B13 = AVERAGE(B5:B12)				t-Test: Two-Sample Assuming Unequal Variances		
17	B14 = STDEV(B5:B12)						
18						Variable 1	Variable 2
19	$F = s_1^2/s_2^2 =$	93.483			Mean	2.31010857	2.2994725
20	$F_{table} =$	4.207			Variance	2.0348E-08	1.902E-06
21					Observations	7	8
22	B19: F = C14^2/B14^2				Hypothesized Mean Difference	0	
23	B20: F_{table} = FINV(0.05,7,6)				df	7	
24					t Stat	21.680218	
25					P(T<=t) one-tail	5.6017E-08	
26					t Critical one-tail	1.8945786	
27					P(T<=t) two-tail	1.1203E-07	
28					t Critical two-tail	2.36462425	

그림 4-5 t 시험용 스프레드시트.

를, 셀 F10에는 식 4-5로부터 $t_{계산} = 20.2$를 보여 준다.

Excel은 그림 4-5의 셀 F14에서 임계값 $t = 2.160$을 보여 준다. $t_{계산}(= 20.2) > t_{표}(= 2.160)$이므로 두 평균은 같지 않다고 결론짓는다. 그 차이는 거의 확실하다. 셀 F13에는 두 평균이 참으로 같다면 그들 두 평균과 표준 편차를 우연히 관찰할 확률은 3.32×10^{-11}이라고 밝히고 있다. 그 차이는 **매우** 확실하다. 셀 F13에서 $P \leq 0.05$인 어떤 값에 대해서도 **귀무 가설**을 버리고 평균이 **다르다**고 결론짓는다.

양측 검정(two-tail test)을 이용하여 셀 F13과 F14과 셀 F27과 F28에서의 결과를 얻었다. 편측 검정(one-tail test)와 양측 검정의 의미를 논하는 것은 이 책의 범주를 넘는다.

그림 4-5에서 Rayleigh의 데이터에 대해 $F_{계산}$(셀 B19) $> F_{표}$(셀 B20)이다; 그러므로 두 표준 편차는 다르다. Data Analysis에서 *t*-Test: Two-Sample Assuming Unequal Variances를 선택하고 출력을 위해 셀 E16에 위와 같이 진행한다. 4-3절의 예제에서 볼 수 있는 것과 같이 셀 F23에서 자유도 7과 셀 F24에서 $t_{계산} = 21.7$을 볼 수 있다. t의 임계값은 셀 F28의 2.36이고, 같은 모집단에서 두 평균값이 나올 확률은 셀 F27의 1.12×10^{-7}이다. 따라서 두 평균값은 거의 확실하게 다르다고 결론짓는다.

자습문제

4-D.  스프레드시트에 그림 4-5를 재현해 보시오.

4-5 이상점을 위한 Grubbs 시험

Phillips 대학의 신입생들이 아연 도금한 못에서 아연을 녹여 질량 손실을 측정함으로써 아연이 얼마나 들어 있는지를 알아보는 실험을 하였다. 세 번씩 실험한 결과는 다음과 같다.

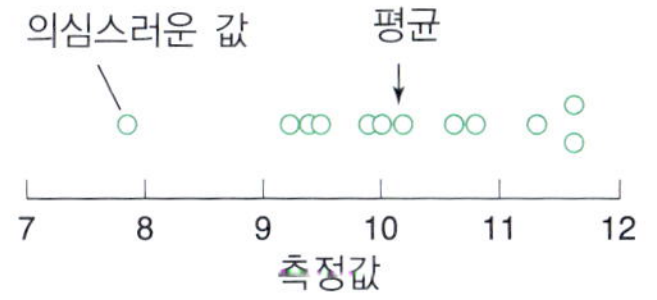

질량 손실 (%) : 10.2, 10.8, 11.6 (Sidney) 9.9, 9.4, 7.8 (Cheryl) 10.0, 9.2, 11.3 (Tien) 9.5, 10.6, 11.6 (Dick)

Cheryl의 값 중 7.8은 다른 데이터로부터 벗어나는 것 같다. 다른 점으로부터 멀리 떨어져 있는 데이터를 **이상점** (*outlier*) 이라고 한다. 7.8을 포함하여 평균을 얻어야 하는가 아니면 버려야 하는가?

이 의문은 **Grubbs 시험 (Grubbs test)** 으로 해결한다. 우선 전체 데이터 (이 예제에서는 12개) 에 대해 평균 ($\bar{x}$) 과 표준 편차 (s) 를 구한다.

$$\bar{x} = 10.16 \qquad s = 1.11$$

그 다음 아래와 같이 정의되는 Grubbs 통계값 G를 계산한다.

Grubbs 시험 :
$$G = \frac{|\text{의심스러운 값} - \bar{x}|}{s} \tag{4-9}$$

$G_{계산} > G_{표}$이면 의심스러운 점은 버린다.

여기서 분자는 의심스러운 이상점과 평균의 차이의 절대값이다. **식 4-9로 계산한 G가 표 4-6의 G보다 크면, 그 의심스러운 점은 버려야 한다.**

위의 수에 대하여 $G_{계산} = |7.8 - 10.16|/1.11 = 2.13$이다. 표 4-6에서 12개 관찰에 대한 $G_{표}$는 2.285이다. $G_{계산}$이 $G_{표}$보다 작으므로, 그 의심스러운 점은 포함시켜야 한다. 7.8이 다른 측정치들과 같은 집단의 일원일 확률이 5%보다 크다.

상식이 언제나 승리한다. 만약 Cheryl이 미지 시료를 약간 쏟았기 때문에 측정값이 낮다는 것을 알았다면, 결과가 틀릴 확률은 100%이므로 그 데이터는 버려야 한다. 잘못된 실험절차로 얻은 데이터는 비록 나머지 데이터와 잘 일치하더라도 버려야 한다.

표 4-6 이상점을 버리기 위한 G의 임계값[a, b]

관찰수	G(95% 신뢰)
4	1.463
5	1.672
6	1.822
7	1.938
8	2.032
9	2.110
10	2.176
11	2.234
12	2.285
15	2.409
20	2.557

a. 출처: ASTM E 178-02 *Standard Practice for Dealing with Outlying Observations*; F. E. Grubbs and G. Beck, *Technometrics* **1972**, *14*, 847.

b. $G_{계산}$ = |의심스러운 값 − 평균|/s. $G_{계산} > G_{표}$이면 문제의 값은 95% 신뢰로써 버릴 수 있다. 이 표의 값들은 미국재료시험협회 (American Society for Testing and Materials, ASTM) 에서 추천하는 편측 검정에 대한 것이다.

자습문제

4-E. 한 세트의 결과들 192, 216, 202, 195, 204로부터 값 216을 버려야 할까?

4-6 "최적" 직선 구하기

최소 제곱법 (*method of least squares*) 을 이용하여 실험 데이터 점들을 지나는 "최적" 직선을 구한다. 다음 절에서는 분석 화학의 교정 곡선에 이 방법을 적용하기로 한다.

직선의 식은 다음과 같다.

직선의 식 :
$$y = mx + b \tag{4-10}$$

여기서 m은 **기울기 (slope)** 이고, b는 **y-절편 (y-intercept)** 이다 (그림 4-6). 직선상의 두 점 사이를 측정하면 기울기는 $\Delta y/\Delta x$로써, 직선상의 어떤 두 점에 대해서도 일정하다. y-절편은 직선이 y-축과 만나는 점이다.

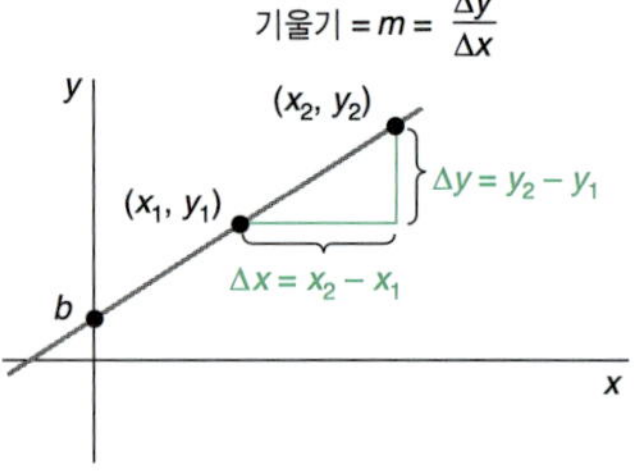

그림 4-6 직선의 변수
식 $y = mx + b$
기울기 $m = \dfrac{\Delta y}{\Delta x} = \dfrac{y_2 - y_1}{x_2 - x_1}$
y-절편 b = y-축과 만나는 점

최소 제곱법

최소 제곱법(method of least squares)은 점과 직선 사이의 수직 편차를 최소화하면서 직선을 조정함으로써 "최적" 직선을 구한다(그림 4-7). 수직 편차만을 최소화하는 이유는 (1) 대체로 x값(예를 들어 표준물질의 농도)의 불확정성보다 y값(예를 들어 기기의 감응)의 불확정성이 더 크고, (2) 수직 편차를 최소화하는 계산이 비교적 단순하기 때문이다.

그림 4-7에서 점 (x_i, y_i)에 대한 수직 편차는 $y_i - y$로 주어지는데, 여기서 y는 $x = x_i$일 때 직선의 **세로좌표**이다. 세로좌표는 직선상에 실제로 놓여 있는 y 값이다; y_i는 직선상에 정확하게 놓여 있지 않은 측정된 값이다.

$$\text{수직 편차} = d_i = y_i - y = y_i - (mx_i + b) \tag{4-11}$$

편차에는 양(+)의 편차도 있고, 음(−)의 편차도 있다. 편차의 부호에 관계없이 편차의 크기를 최소화하기 원하므로, 편차를 제곱하여 양수만을 다룰 수 있다.

$$d_i^2 = (y_i - y)^2 = (y_i - mx_i - b)^2$$

편차의 제곱을 최소화하려고 하기 때문에 이것을 **최소 제곱법**(*method of least squares*)이라고 한다.

수직 편차의 제곱의 합을 최소화하여 n개 점을 맞추는 "최적" 직선의 기울기와 절편은 다음과 같이 얻어진다.

Σ는 합산을 뜻한다.
$\Sigma x_i = x_1 + x_2 + x_3 + \cdots\cdots$

최소 제곱 기울기 : $$m = \frac{n\Sigma(x_i y_i) - \Sigma x_i \Sigma y_i}{D} \tag{4-12}$$

최소 제곱 절편 : $$b = \frac{\Sigma(x_i^2)\,\Sigma y_i - \Sigma(x_i y_i)\,\Sigma x_i}{D} \tag{4-13}$$

여기서 분모, D는 다음과 같다.

$$D = n\Sigma(x_i^2) - \Sigma(x_i)^2 \tag{4-14}$$

이 식들은 겉보기처럼 그렇게 복잡하지 않다. 표 4-7에 그림 4-7에 있는 네 점($n = 4$)을 처리하는 예를 보여 준다. 첫 두 열은 각 점의 x_i와 y_i를 나열하였다. 셋째 열은 $x_i y_i$를, 넷

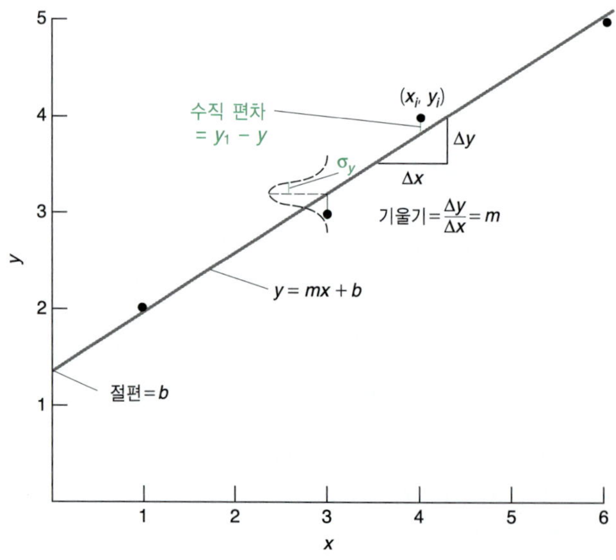

그림 4-7 최소 제곱 곡선 맞추기는 직선과 측정한 점의 수직 편차의 제곱의 합을 최소화한다. 값 (3, 3) 위에 그린 Gauss 곡선은 각 y값이 직선 주위로 정규 분포됨을 개략적으로 보여 준다. 즉, 가장 확률이 큰 y값은 직선 위에 있게 되지만, 직선으로부터 조금 떨어진 y를 측정할 한정적 확률도 있다.

표 4-7 최소 제곱 분석을 위한 계산

x_i	y_i	x_iy_i	x_i^2	$d_i(= y_i - mx_i - b)$	d_i^2
1	2	2	1	0.038 462	0.001 479
3	3	9	9	−0.192 308	0.036 982
4	4	16	16	0.192 308	0.036 982
6	5	30	36	−0.038 462	0.001 479
$\Sigma x_i = 14$	$\Sigma y_i = 14$	$\Sigma(x_iy_i) = 57$	$\Sigma(x_i^2) = 62$		$\Sigma(d_i^2) = 0.076\ 923$

식 4-19의 불확정성 전파에 필요한 값
$\bar{x} = (\Sigma x_i)/n = (1 + 3 + 4 + 6)/4 = 3.50$ $\quad \bar{y} = (\Sigma y_i)/n = (2 + 3 + 4 + 5)/4 = 3.50$
$\Sigma(x_i - \bar{x})^2 = (1 - 3.5)^2 + (3 - 3.5)^2 + (4 - 3.5)^2 + (6 - 3.5)^2 = 13$

째 열은 x_i^2을 나열하였다. 각 열의 아래는 각 열의 합이다. 즉, 첫 번째 열의 아래는 Σx_i이고, 세 번째 열의 아래는 $\Sigma(x_iy_i)$이다. 오른쪽의 마지막 두 열은 나중에 쓰인다.

표 4-7의 합을 식 4-14, 4-12, 4-13에 대입하여 기울기와 절편을 구한다.

$$D = n\Sigma(x_i^2) - \Sigma(x_i)^2 = (4 \cdot 62) - 14^2 = 52$$

$$m = \frac{n\Sigma(x_iy_i) - \Sigma x_i \Sigma y_i}{D} = \frac{4 \cdot 57 - 14 \cdot 14}{52} = 0.615\ 38$$

$$b = \frac{\Sigma(x_i^2)\,\Sigma y_i - \Sigma(x_iy_i)\,\Sigma x_i}{D} = \frac{62 \cdot 14 - 57 \cdot 14}{52} = 1.346\ 15$$

따라서 그림 4-7의 점들을 지나는 최적 직선은 다음과 같다,

$$y = 0.615\ 38x + 1.346\ 15$$

다음에서 이 숫자들 중 몇 개가 유효한지를 다룬다.

최소 제곱 변수는 얼마나 믿을 만한가?

m과 b의 불확정성은 각 y값을 측정하는 불확정성과 관련되어 있으므로 우선 y값의 분포를 기술하는 표준 편차를 측정한다. 이 표준 편차 s_y는 그림 4-7에 그려 넣은 조그만 Gauss 곡선의 모양을 결정짓는다. Gauss 곡선의 중앙으로부터 각 y_i값의 편차는 단지 $d_i = y_i - y = y_i - (mx_i + \mathrm{b})$(식 4-11)이다. 이 수직 편차의 표준 편차는 다음과 같다.

$$s_y \approx \sqrt{\frac{\Sigma(d_i^2)}{n - 2}} \qquad (4\text{-}15)$$

식 4-12와 4-13에 대한 불확정성을 분석하면 다음 결과를 얻는다.

기울기의 표준 편차 : $$s_m = s_y\sqrt{\frac{n}{D}} \qquad (4\text{-}16)$$

절편의 표준 편차 : $$s_b = s_y\sqrt{\frac{\Sigma(x_i^2)}{D}} \qquad (4\text{-}17)$$

여기서 s_y는 식 4-15로 주어지고 D는 식 4-14로 주어진다.

마지막으로 그림 4-7에 있는 직선의 기울기와 절편에 대한 유효 숫자를 살펴보자. 표 4-7에서 $\Sigma(d_i^2) = 0.076\ 923$을 식 4-15에 대입하면 다음과 같다.

$$s_y = \sqrt{\frac{0.076\ 923}{4 - 2}} = 0.196\ 12$$

이제 식 4-16과 4-17에 수치를 대입하여 다음을 얻는다.

$$s_m = s_y\sqrt{\frac{n}{D}} = (0.196\ 12)\sqrt{\frac{4}{52}} = 0.054\ 394$$

$$s_b = s_y\sqrt{\frac{\Sigma(x_i^2)}{D}} = (0.196\ 12)\sqrt{\frac{62}{52}} = 0.214\ 15$$

m, s_m, b, s_b의 결과를 종합하면 다음과 같다.

기울기 : $\begin{matrix} 0.615\ 38 \\ \pm 0.054\ 39 \end{matrix} = 0.62 \pm 0.05$ 또는 $0.61_5 \pm 0.05_4$

불확정성의 첫 자릿수는 마지막 유효 숫자이다.

절편 : $\begin{matrix} 1.346\ 15 \\ \pm 0.214\ 15 \end{matrix} = 1.3 \pm 0.2$ 또는 $1.3_5 \pm 0.2_1$

여기서 불확정성은 일 표준 편차를 나타낸다. **표준 편차의 소수 첫자리는 기울기나 절편의 마지막 유효 숫자이다.**

자습문제

4-F. 점 (1, 3), (3, 2), (5, 0)을 지나는 최적 직선의 식을 구하기 위해 표 4-7과 유사한 표를 작성하시오. 알맞은 개수의 유효 숫자를 써서 $y(\pm s_y) = [m(\pm s_m)]x + [b(\pm s_b)]$와 같은 형태로 답을 나타내시오.

4-7 교정 곡선 작성

분광광도법 분석으로부터 얻은 데이터를 표 4-8에 나타냈다. 이 방법에서는 발색된 생성물의 흡수세기는 시료의 단백질 양에 비례한다. 그 색깔은 분광광도계에 기록되는 빛의 흡광도로 측정된다. 표 4-8의 첫 행은 단백질이 없을 때 얻어지는 값이다. 값이 영이 아닌 것은 시약 자체가 갖는 색깔 때문이다. 분석물질이 없을 때의 결과는 **바탕값(blank**, 또는 **시약 바탕**(*reagent blank*))이라 하는데, 그것은 분석 시약에 의한 효과를 측정하기 때문이다. 둘째 행은 단백질 5 μg에 대해 얻은 세 값이다. 그 다음에 10, 15, 20, 25 μg에 대한 결과가 주어져 있다. 아는 양의 분석물질(또는 다른 시약)이 들어 있는 용액을 **표준 용액(standard solution)**이라 한다.

교정 곡선(calibration curve)은 아는 농도의 표준 물질에 따라 실험적으로 측정한 성질(흡광도)이 어떻게 변하는지를 보여 주는 그래프이다. 그림 4-8의 교정 곡선을 그리기 위해 먼저 표준 물질의 흡광도에서 바탕값의 평균(0.099_3)을 빼주어 **보정 흡광도**(*corrected absorbance*)를 얻는다. 그림 4-8에 모든 점을 찍고 그들을 지나는 대략의 직선을 그리면 두 특징이 나타난다.

표 4-8 Lowry법으로 단백질 분석에 대한 분광광도계 데이터

시료 (μg)	세 독립 시료의 흡광도			범위	보정 흡광도 (평균 바탕값을 뺀 후)			
0	0.099	0.099	0.100	0.001	-0.000_3	-0.000_3	0.000_7	교정 곡선에 쓰인 데이터
5	0.185	0.187	0.188	0.003	0.085_7	0.087_7	0.088_7	교정 곡선에 쓰인 데이터
10	0.282	0.272	0.272	0.010	0.182_7	0.172_7	0.172_7	교정 곡선에 쓰인 데이터
15	0.392	0.345	0.347	0.047	—	0.245_7	0.247_7	교정 곡선에 쓰인 데이터
20	0.425	0.425	0.430	0.005	0.325_7	0.325_7	0.330_7	교정 곡선에 쓰인 데이터
25	0.483	0.488	0.496	0.013	0.383_7	0.388_7	0.396_7	

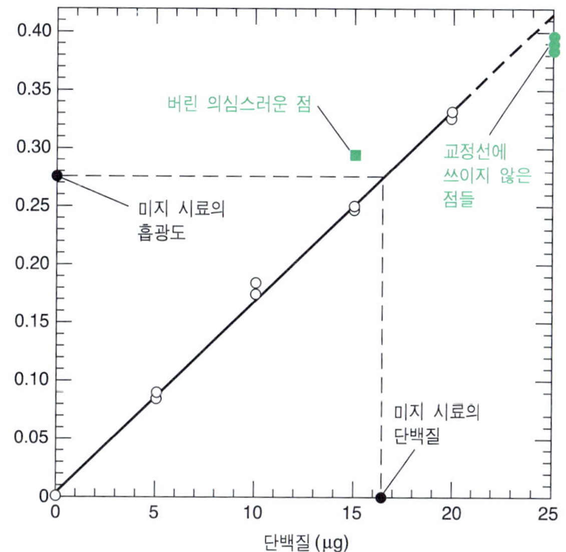

그림 4-8 분석한 단백질 μg수에 대한 표 4-8의 평균 흡광도를 나타낸 **교정 곡선**. 각 점에서 단백질이 없을 때의 평균 **바탕값**을 빼주었다.

1. 단백질 15 μg에 대한 한 점(그림 4-8에 사각형으로 표시)은 명백히 선 바깥에 있다. 표 4-8의 세 측정의 각 세트에 대한 값의 범위를 조사해보면, 15 μg에 대한 범위가 그 다음 큰 범위보다 거의 네 배이다. 그 흡광도 0.392는 명백히 직선에서 벗어나므로, "좋지 않은 데이터"로 여겨 그것을 버린다. 아마 유리용기가 앞 실험의 단백질로 오염되었다고 생각된다.

2. 25 μg의 세 점은 나머지 데이터를 지나는 직선의 조금 아래에 놓인다. 이 효과가 사실인지를 알아내는 유일한 방법은 실험을 반복하는 것이다. 실험을 여러 번 반복해도 이들은 지속적으로 직선의 아래에 놓였다. 따라서 이 측정에 대한 **직선 범위**(*linear range*)는 0 ~ 20 μg으로써, 25 μg까지는 아니다.

생각 없이 컴퓨터로 교정 곡선을 그리기 전에 여러분의 데이터를 점검하고 판단하시오!

이런 검토를 고려하여 흡광도 0.392는 버리고 25 μg에 대한 세 점은 최소 제곱 직선을 얻는 데 사용하지 않는다. 25 μg까지 연장하여 **비직선 교정 곡선**(*nonlinear calibration curve*)을 그릴 수 있지만 이 책에서는 그렇게 하지 않는다.

그림 4-8의 교정 곡선(직선)을 그리기 위해서 단백질 0 ~ 20 μg 영역에 포함된 표 4-8(세 바탕값 포함)의 $n = 14$ 데이터 점들에 대해 최소 제곱법을 사용한다. 식 4-12에서 식 4-17까지를 적용하여 얻은 결과는 다음과 같다.

교정선의 식 :
$y(\pm s_y) = [m(\pm s_m)]x + [b(\pm s_b)]$
$y(\pm 0.005_9) = [0.016\ 3_0(\pm 0.000\ 2_2)]x + [0.004_7(\pm 0.002_6)]$

$$m = 0.016\ 3_0 \qquad s_m = 0.000\ 2_2$$
$$b = 0.004_7 \qquad s_b = 0.002_6$$
$$s_y = 0.005_9$$

미지 시료 내의 단백질 구하기

미지 시료를 측정한 흡광도가 0.373이라고 하자. 그 시료에는 단백질 몇 μg이 들어 있고, 그 답에 따르는 불확정성은 얼마인가?

첫 질문은 쉽다. 교정선의 식은 다음과 같다.

$$y = mx + b = (0.016\ 3_0)x + 0.004_7$$

여기서 y는 보정 흡광도(= 관찰된 흡광도 − 바탕 흡광도)이고, x는 단백질 μg수이다. 미지 시료의 흡광도가 0.373이면 그 보정 흡광도는 $0.373 - 0.099_3 = 0.273_7$이다. 이 값을 위 식의 y에 대입하여 x에 대해 푼다.

$$0.273_7 = (0.016\ 3_0)x + (0.004_7) \qquad \text{(4-18a)}$$

$$x = \frac{0.273_7 - 0.004_7}{0.016\ 3_0} = 16.50\ \mu\text{g 단백질} \qquad \text{(4-18b)}$$

그런데 16.50 μg의 불확정성은 얼마인가?

식 4-18의 x에 포함된 불확정성은 다음과 같다.

예제 : 미지 시료를 네 번 측정한 평균 흡광도가 0.373이면, 보정 흡광도는 $y = 0.373 - 0.099_3 = 0.273_7$을 쓴다. 식 4-19에서 네 번 반복 측정했으므로 $k = 4$, 교정 곡선 상에 14 점이 있으므로(표 4-8) $n = 14$이다. 식 4-19에서 다른 값들은 다음과 같다.
x_i = 표 4-8의 단백질 표준 물질의 μg = (0, 0, 0, 5.0, 5.0, 5.0, 10.0, 10.0, 10.0, 15.0, 15.0, 20.0. 20.0, 20.0)
$\bar{x}$ = x값 14개의 평균 = 9.64_3 μg
$\bar{y}$ = 보정 y값 14개의 평균 = 0.161_8
이 값들로부터 $s_x = 0.22$ μg을 얻는다.

$$x\text{의 불확정성}(= s_x) = \frac{s_y}{|m|}\sqrt{\frac{1}{k} + \frac{1}{n} + \frac{(y - \bar{y})^2}{m^2 \sum (x_i - \bar{x})^2}} \qquad \text{(4-19)}$$

여기서 s_y는 y의 표준 편차(식 4-15), $|m|$은 기울기의 절대값, k는 미지 시료를 반복 측정한 횟수, n은 교정선용 데이터 수(표 4-8에서 14), $\bar{y}$는 교정선 상 점들에 대한 y의 평균, x_i는 교정선 상 점들에 대한 x의 개별 값, $\bar{x}$는 교정선 상의 점들에 대한 x의 평균이다. 미지 시료를 한 번 측정하면 $k = 1$이고, 식 4-19로부터 $s_x = \pm 0.3_8$ μg을 얻는다. 따라서 분석 결과는 합리적인 수의 유효 자릿수로 다음과 같이 나타낸다.

$$x = 16.5\ (\pm 0.4)\ \mu\text{g 단백질}$$

미지 시료를 네 번($k = 4$) 측정하고 보정 흡광도의 평균이 여전히 0.273_7이면, 불확정성은 $\pm 0.3_8$에서 $\pm 0.2_2$ μg으로 감소한다.

자습문제

4-G. 자습문제 4-F의 결과를 사용하여 $k = 5$ 반복 측정에 대한 $y = 1.00$에 해당하는 x값(과 불확정성)을 구하시오.

4-8 최소 제곱에 대한 스프레드시트

그림 4-9에서 직선을 얻기 위한 최소 제곱 계산은 Excel의 내장된 기능을 이용한다. 예를 들어, 표 4-7의 x-와 y-좌표들을 각각 셀 B4에서 B7과 C4에서 C7까지에 입력한다. 이 범위는 B4:C7로 간략히 쓴다. 스프레드시트의 핵심은 셀 B10:C12에 최소 제곱 매개변수들

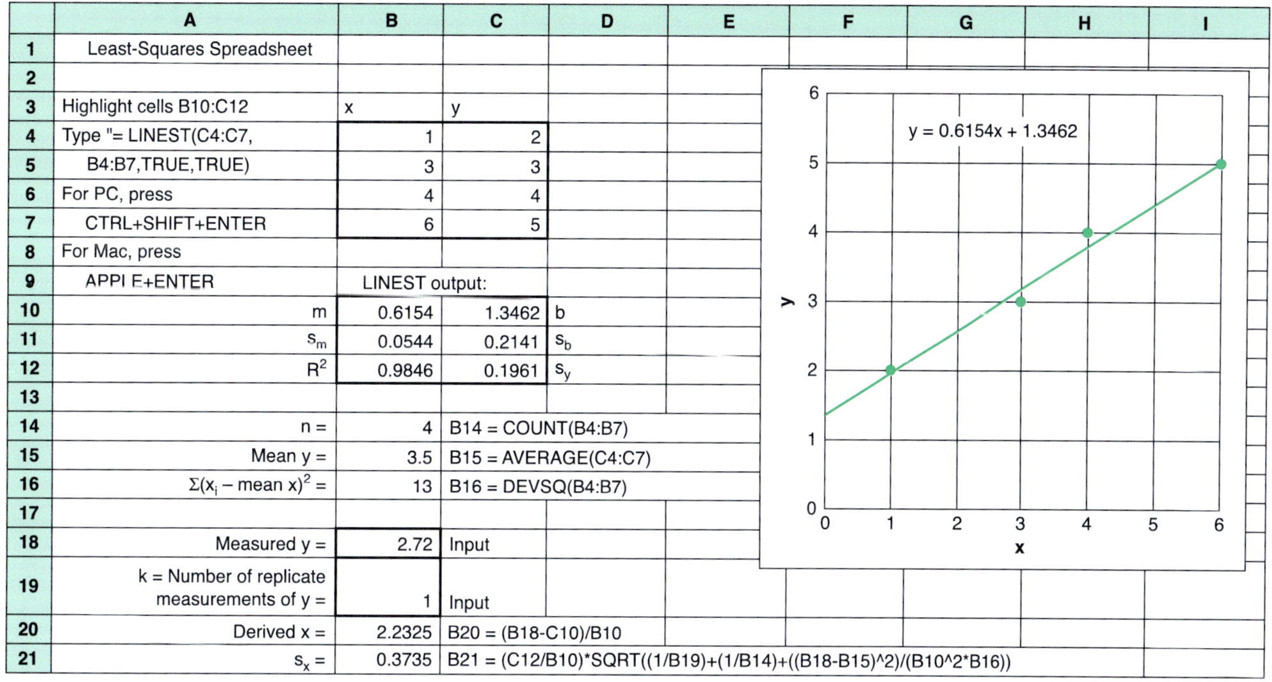

	A	B	C	D
1	Least-Squares Spreadsheet			
2				
3	Highlight cells B10:C12	x	y	
4	Type "= LINEST(C4:C7,	1	2	
5	B4:B7,TRUE,TRUE)	3	3	
6	For PC, press	4	4	
7	CTRL+SHIFT+ENTER	6	5	
8	For Mac, press			
9	APPLE+ENTER	LINEST output:		
10	m	0.6154	1.3462	b
11	s_m	0.0544	0.2141	s_b
12	R^2	0.9846	0.1961	s_y
13				
14	n =	4	B14 = COUNT(B4:B7)	
15	Mean y =	3.5	B15 = AVERAGE(C4:C7)	
16	$\Sigma(x_i - \text{mean } x)^2$ =	13	B16 = DEVSQ(B4:B7)	
17				
18	Measured y =	2.72	Input	
19	k = Number of replicate measurements of y =	1	Input	
20	Derived x =	2.2325	B20 = (B18-C10)/B10	
21	s_x =	0.3735	B21 = (C12/B10)*SQRT((1/B19)+(1/B14)+((B18-B15)^2)/(B10^2*B16))	

그림 4-9 최소 제곱 계산을 위한 스프레드시트.

을 계산하기 위해서 Excel 함수 LINEST를 사용하는 것이다.

마우스로 3행 × 2열 영역인 B10:C12를 하이라이트 표시를 한다. Formulas 리본에서 Insert Function으로 간다. 나타나는 창에서 Statistical로 가서 LINEST를 두 번 클릭한다. 새 창에서 그 함수에 대해 네 입력을 요구할 것이다. C4:C7에 y값들을 입력한다. 그 다음 B4:B7에 x값들을 입력한다. 그 다음 두 항목은 모두 "TRUE"이다. 첫 TRUE는 Excel에서 최소 제곱 직선의 y-절편을 계산하지만, 그 절편이 영이 되지 않도록 한다. 둘째 TRUE는 Excel에서 최소 제곱 직선의 기울기와 절편의 표준 편차를 계산하도록 한다. 방금 입력한 식은 "=LINEST (C4:C7,B4:B7,TRUE,TRUE)"이다. 이제 PC에서는 CONTROL + SHIFT + ENTER를 누르고, Mac에서는 APPLE + ENTER를 누른다. Excel은 셀 B10:C12에 메트릭스를 출력해 준다. 각 셀에 들어 있는 것을 표시하기 위해 블록 주변에 라벨을 적는다. 기울기(m)와 절편(b)은 맨 위 줄에 있다. 둘째 줄에는 기울기와 절편의 표준 편차 s_m과 s_b가 들어 있다. 셀 C12에는 s_y, 셀 B12에는 R^2이라 하는 값이 들어 있다. 이 R^2은 데이터가 직선에 얼마나 잘 일치되는가의 척도이다. R^2이 1에 가까울수록 더 잘 일치되는 것이다.

셀 B14는 식 = COUNT(B4:B7)로써 데이터의 개수를 알려준다. 셀 B15는 y의 평균값을 계산한다. 셀 B16은 식 4-19에 필요한 합 $\Sigma(x_i - \bar{x})^2$을 계산한다. 이 합은 흔히 쓰이므로, Excel에는 Statistical Function에서 Insert Function의 Formulas 리본에서 찾을 수 있는 DEVSQ라고 하는 함수가 내장되어 있다. 그림 4-9의 식들은 그것들이 사용된 각 셀 옆에 기록한다.

미지 시료를 반복 측정한 측정값 $y = 2.72$를 셀 B18에 입력한다. 셀 B19에는 미지 시료의 측정 횟수($k = 1$)를 입력한다. 이 예제에서는 셀 B21의 불확정성 $\pm 0.3_7$을 이용하여 셀 B20에 $x = 2.2_3$을 계산한다.

우리는 언제나 교정점들이 직선 위에 놓이는지 알고 싶어 한다. 3-6절의 지시를 따라 교정 데이터를 표시한다. 직선을 긋기 위해 한 데이터 점을 클릭하면 모든 점들이 하이라

	A	B	C	D	E	F	G	H
1	Adding error bars to a graph							
2	Protein	Mean	Std dev	95%				
3	(μg)	absorbance	absorbance	confidence				
4	0	0.0993	0.00058	0.0014				
5	5	0.1867	0.00153	0.0038				
6	10	0.2753	0.00577	0.0143				
7	15	0.3613	0.02658	0.0660				
8	20	0.4267	0.00289	0.0072				
9	25	0.4890	0.00656	0.0163				
10								
11	TINV(0.05,2) =	4.303						
12	Student's t (95% conf, 2 deg freedom)							
13	95% confidence interval: D4 = $B$11*C4/SQRT(3)							
14								
15	To insert y error bars for data in column D:							
16	Click one point on the graph to highlight all points							
17	In Chart Tools, Layout, select Error Bars							
18	Choose More Error Bars Options							
19	Click Custom and click Specify Value							
20	For Positive Error Value, highlight D4:D9							
21	For Negative Error Value, highlight D4:D9							
22	Click OK and error bars will appear on the chart							
23	Click on one x error bar and press Delete to remove all x error bars							

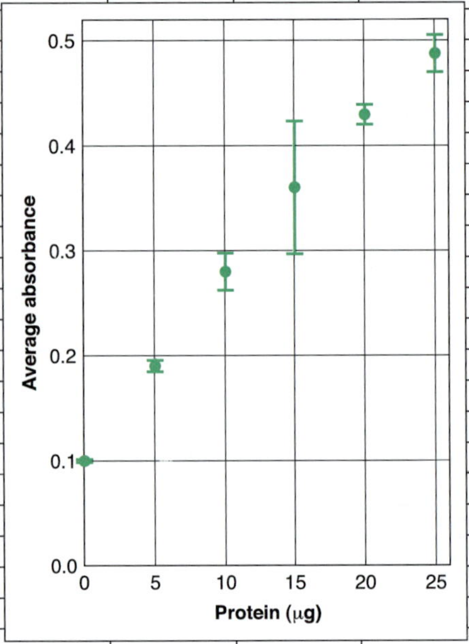

그림 4-10 그래프에 95% 신뢰 오차 막대 추가하기

이트 표시될 것이다. Chart Tools 리본으로 Layout Tab을 선택한다. Analysis 부문에서 Trendline을 선택하고 More Trendline Options을 택한다. Format Trendline Window에서 Chart의 Linear and Display Equation을 선택한다. Close를 클릭하면 최소 제곱 직선과 그 식이 나타난다. 직선은 단지 첫 점과 마지막 점까지만 연장된다. 직선을 $x = 0$까지 연장하려면 More Trendline Options을 다시 선택한다. Forecast Backward는 1주기로 한다. 이제 직선은 $x = 1$의 첫째 데이터에서 $x = 0$의 y축까지 연장된다. 또한 More Trendline Options을 이용하여 직선의 색과 스타일을 수정할 수 있다.

그래프에 오차 막대 추가하기

그래프 위의 오차 막대는 데이터의 질을 판단하고 데이터가 곡선에 잘 맞는가를 판단하는 데 도움을 준다. 표 4-8의 데이터를 고려해 보자. 열 2에서 4까지의 평균 흡광도 대 열 1의 시료의 질량을 그려 보자. 그런 다음 각 점에 대해 95% 신뢰 구간에 해당하는 오차 막대를 추가할 것이다. 그림 4-10에는 열 A에 질량을, 열 B에 평균 흡광도를 나열하였다. 흡광도의 표준 편차는 열 C에 적었다. 여백에 주어진 식으로 계산한 흡광도에 대한 95% 신뢰 구간은 열 D에 적었다. 표 4-4에서 95% 신뢰도와 자유도 $3 - 1 = 2$에 대한 Student의 $t = 4.303$이다. 다른 방법으로는 셀 B11에 TINV (0.05,2) 기능을 이용하여 Student의 t를 계산한다. TINV의 매개변수는 95% 신뢰에 대한 0.05와 자유도에 대한 2이다. 셀 D4에서 95% 신뢰 구간은 "= $B$11*C4/SQRT (3)"로 계산한다. 여러분은 열 A의 단백질 질량 (x) 대 열 B의 평균 흡광도 (y)를 그릴 수 있어야 한다.

신뢰 구간 $= \pm ts/\sqrt{n}$
t = 95% 신뢰와 자유도 $n - 1$ = 2에 대한 Student의 t
s = 표준 편차
n = 평균을 구한 값의 개수 = 3

오차 막대를 추가하기 위해서, 한 점을 클릭하여 그래프 상의 모든 점을 하이라이트 표시한다. Chart Tools, Layout에서 Error Bars를 선택하고 More Error Bars Options를 고른다. Error Amount를 위해, Custom and Specify Value를 고른다. Positive Error Value와 Negative Error Value를 위해 D4:D9를 입력한다. 방금 여러분은 스프레드시트에서 오차 막대를 위해서 95% 신뢰 구간을 이용할 것을 지시했다. OK를 클릭하면, 그래프에는 x 오차 막대와 y 오차 막대를 함께 나타난다. 모든 x 오차 막대를 제거하려면 Delete를 누른다.

자습문제

4-H. **(a)** 선형 제곱 문제를 푸는 데 그림 4-9의 스프레드시트를 재현해 보시오.
(b) 그림 4-9에서와 같이 스프레드시트를 사용하여 데이터 점들과 최소 제곱 직선을 그리시오.
(c) 그림 4-10의 오차 막대 도표를 재현해 보시오.

주요식

평균	$\bar{x} = \frac{1}{n}\sum_i x_i = \frac{1}{n}(x_1 + x_2 + x_3 + \cdots\cdots + x_n)$
	x_i = 개별 관찰, n = 관찰수
표준 편차	$s = \sqrt{\frac{\sum_i (x_i - \bar{x})^2}{(n-1)}}$ ($\bar{x}$ = 평균)
신뢰 구간	$\mu = \bar{x} \pm \frac{ts}{\sqrt{n}}$ (μ = 참평균)
	선택한 신뢰 수준에서 $n-1$ 자유도에 해당하는 Student의 t는 표 4-4에 있다.
F 시험	$F = s_1^2/s_2^2$
	만약 자유도 $n_1 - 1$과 $n_2 - 1$에 대해 $F_{계산} > F_{표}$이면 표준 편차는 거의 확실하게 다르다.
거의 확실하게 다르지 않은 표준 편차에 대한 t 시험	$t = \frac{\bar{x}_1 - \bar{x}_2}{s_{합동}}\sqrt{\frac{n_1 n_2}{n_1 + n_2}}$
	$s_{합동} = \sqrt{\frac{s_1^2(n_1 - 1) + s_2^2(n_2 - 1)}{n_1 + n_2 - 2}}$
	만약 $t_{계산} > t_{표}$ ($n_1 + n_2 - 2$ 자유도와 95% 신뢰 수준에 대해) 그 차이는 거의 확실하다. 거의 확실하게 다른 표준 편차에 대해서는 식 4-7과 4-8을 이용하시오.
Grubbs 시험	$G = \frac{\lvert 의심스러운\ 값 - \bar{x}\rvert}{s}$
	$G_{계산} > G_{표}$이면 의심스러운 점은 버린다.
직선	$y = mx + b$ m = 기울기 = $\Delta y/\Delta x$ b = y-절편
최소 제곱법	최소 제곱 기울기, 절편, 불확정성을 유도하려면 식 4-9에서 식 4-14를 사용하는 방법을 알아야 한다.
교정 곡선	교정 곡선으로 얻은 결과의 불확정성을 구하려면 식 4-16을 사용할 수 있어야 한다.

알아두어야 할 술어

F 시험(F test)
Gauss 분포(Gaussian distribution)
Grubbs 시험(Grubbs test)
Student의 t(Student's t)
t 시험(t test)
y-절편(y-intercept)
가변도(variance)
교정 곡선(calibration curve)
기울기(slope)
바탕값(blank)
범위(range)
신뢰 구간(confidence interval)
중앙값(median)
최소 제곱법(method of least squares)
평균(average)
평균(mean)
표준 용액(standard solution)
표준 편차(standard deviation)

문제

4-1. 어느 실험 과정의 표준 편차와 정밀도의 관계는 무엇인가? 표준 편차와 정확도의 관계는 무엇인가?

4-2. 이상적 Gauss 분포에서 $\mu \pm \sigma$ 범위에 들어가는 관찰의 분율은 얼마인가? 또 $\mu \pm 2\sigma$는? $\mu \pm 3\sigma$는?

4-3. 표 4-2에서 한 집단의 측정이 10번 반복되었고, 다른 것은 4번 반복되었다. 둘 다 10번 반복한다면, 표준 편차, 0.28과 0.47 mM은 서로 "거의 확실하게" 다르다고 할 수 있겠는가?

4-4. 출처가 다른 시료 중의 ^{69}Ga과 ^{71}Ga 동위원소의 원자수의 비를 측정한 결과는 다음 표와 같다.

시료	^{69}Ga / ^{71}Ga	시료	^{69}Ga / ^{71}Ga
1	1.526 60	5	1.528 94
2	1.529 74	6	1.528 04
3	1.525 92	7	1.526 85
4	1.527 31	8	1.527 93

(a) ^{69}Ga / ^{71}Ga의 평균비를 구하시오.
(b) 그 비의 표준 편차와 상대 표준 편차를 구하시오.
(c) 8번 시료를 7회 분석한 것으로써 $\bar{x}$ = 1.527 93, s = 0.000 07이다. 시료 8의 99% 신뢰 구간을 구하시오.

4-5. **(a)** 신뢰 구간의 의미는 무엇인가?
(b) 주어진 한 세트의 측정에 대해, 95% 신뢰 구간이 90% 신뢰 구간보다 클까 또는 작을까? 그 이유는?

4-6. 116.0, 97.9, 114.2, 106.8, 108.3에 대한 평균, 표준 편차 및 평균에 대한 90% 신뢰 구간을 구하시오.

4-7. 광물의 칼슘 함량을 두 가지 방법으로 각각 5회씩 분석하였다.

방법	Ca (wt%, 5회 반복측정)				
1	0.027 1	0.028 2	0.027 9	0.027 1	0.027 5
2	0.027 1	0.026 8	0.026 3	0.027 4	0.026 9

(a) 각 방법에 대한 평균과 표준 편차를 구하시오.
(b) F 시험을 이용하여 표준 편차들이 "거의 확실하게" 다른지 아닌지를 결정하시오.
(c) t 시험을 이용하여 95% 신뢰 수준에서 두 평균값이 거의 확실하게 다른지 아닌지를 결정하시오.

4-8. 표 4-5의 화학 반응으로 얻은 질소의 평균 질량에 대해 95%와 99% 신뢰 구간을 구하시오.

4-9. 두 가지 방법으로 효소의 비활동도(specific activity, 단백질 mg당 효소 활동도의 단위)를 측정하였다. 효소 활동도의 한 단위는 특정 조건에서 1분당 생성물 1 μmol의 형성을 촉진하는 효소의 양으로 정의한다.

방법	효소 활동도 (5회 반복 측정)				
1	139	147	160	158	135
2	148	159	156	164	159

95% 신뢰 수준에서 방법 1의 평균값이 방법 2의 평균값과 거의 확실하게 다른가?

4-10. 종말점을 알아내는 여러 가지 지시약을 이용하여 다양한 적정으로 용액 중 HCl의 농도를 측정하였다.

지시약	평균 HCl 농도 (M) (±표준 편차)	측정 횟수
1. 브로모티몰 블루	0.095 65 ± 0.002 25	28
2. 메틸 레드	0.086 86 ± 0.000 98	18
3. 브로모크레솔 그린	0.086 41 ± 0.001 13	29

출처: D. T. Harvey, *J. Chem. Ed.* **1991**, *68*, 329.

(a) 지시약 1과 지시약 2에 대한 표준 편차들이 거의 확실하게 다르다는 것을 증명하시오. 27과 17의 자유도에 대해 $F_{표}$를 찾을 수 없을 것이다. 30과 20의 자유도에 대한 $F_{표}$ 값을 이용하시오. 다른 방법으로 Excel 함수 FINV(0.05,27,17)을 이용하여 $F_{표}$ 값을 구하시오.
(b) 95% 신뢰 수준에서 지시약 1과 지시약 2에 대한 평균값들은 거의 확실하게 다른가?
(c) 지시약 2와 지시약 3에 대한 표준 편차들이 서로 거의 확실하게 다르다는 것을 증명하시오.
(d) 지시약 2와 지시약 3에 대한 평균값들은 거의 확실하게 다른가?

4-11. 어떤 사람의 소변에서 Ca 함량을 각기 다른 두 날에 측정하였다.

날	[Ca] (mg/L) 평균±표준 편차	측정 횟수
1	238 ± 8	4
2	255 ± 10	5

95% 신뢰 수준에서 두 평균값은 거의 확실하게 다른가?

4-12. 리튬 동위원소 비는 의학, 지질학, 천체물리 및 핵화학 분야에서 중요하다. 표준 기준물질에 함유된 ^{6}Li/^{7}Li비를 두 방법으로 측정하였다.

방법 1 : 0.082 601, 0.082 621, 0.082 589, 0.082 617, 0.082 598

방법 2 : 0.082 604, 0.082 542, 0.082 599, 0.082 550, 0.082 583, 0.082 561

두 방법이 통계적으로 동등한 결과를 주는가?

4-13. Burtler 대학생들이 50 mL 뷰렛, 10 mL 부피 피펫과 10 mL 부피 플라스크로부터 각각 10 mL를 옮기는 데 따르는 정

확도와 정밀도를 비교하였다. 두 학생이 6회 측정한 결과는 표와 같다.

기구	학생 1 $\bar{x} \pm s$ (mL)	학생 2 $\bar{x} \pm s$ (mL)
뷰렛	10.01 ± 0.09	9.98 ± 0.2
피펫	9.98 ± 0.02	10.004 ± 0.009
플라스크	9.80 ± 0.03	9.84 ± 0.02

출처: M. J. Samide, *J. Chem. Ed.* **2004**, *81*, 1641.

(a) 95% 신뢰 수준에서 학생 1이 뷰렛과 피펫으로부터 옮긴 부피는 다른가?
(b) 95% 신뢰 수준에서 학생 1이 뷰렛과 플라스크로부터 옮긴 부피는 다른가?
(c) 95% 신뢰 수준에서 학생 1과 2가 피펫으로부터 옮긴 부피는 다른가?
(d) 세 가지 방법으로 옮긴 것의 정확도에 대해 어떤 결론을 지을 수 있는가? 관찰한 정확도는 표 2-1, 표 2-2와 표 2-3에서 Class A 유리기구에 대한 제조회사의 허용도를 만족하는가?

4-14. 한 세트의 결과인 0.217, 0.224, 0.195, 0.221, 0.221, 0.223에서 0.195값을 버려야 할지를 Grubbs 시험으로 정하시오.

4-15. North Dakota 대학생들이 여러 음식 착색제의 가시선 흡광도를 측정하였다. 음료 Kool−Aid 용액을 502 nm에서 반복 측정한 흡광도는 다음과 같다. 0.189, 0.169, 0.187, 0.183, 0.186, 0.182, 0.181, 0.184, 0.181, 0.177. 의심스러운 값을 확인하고 그것을 데이터 세트로부터 버려야 할지 포함시켜야 할지를 결정하시오.

4-16. 두 점 $(x_1, y_1) = (6, 3)$과 $(x_2, y_2) = (8, -1)$을 지나는 직선 $y = mx + b$식에서 m과 b를 구하시오. 이것은 다음과 같이 적고 $y = mx + b$의 형태로 재배열함으로써 풀 수 있다.

$$m = \frac{\Delta y}{\Delta x} = \frac{(y_2 - y_1)}{(x_2 - x_1)} = \frac{(y - y_1)}{(x - x_1)}$$

직선을 그리고 y-절편이 타당한지 검토해 보시오.

4-17. 최소 제곱법을 사용하여 다음 점들을 지나는 직선을 그었다. $(3.0, -3.87 \times 10^4)$, $(10.0, -12.99 \times 10^4)$, $(20.0, -25.93 \times 10^4)$, $(30.0, -38.89 \times 10^4)$, $(40.0, -51.96 \times 10^4)$. 그 결과는 $m = -1.298\ 72 \times 10^4$, $b = 256.695$, $s_m = 13.190$, $s_b = 323.57$, $s_y = 392.9$였다. 기울기, 절편 및 그 들의 불확정성을 옳은 유효숫자로 나타내시오.

4-18. 그림 4-7에서 설명한 최소 제곱 문제를 생각해 보자. 새로 한번 측정한 y값이 2.58이었다고 하자.
(a) 해당되는 x값과 그 불확정성을 계산하시오.
(b) 만약 y를 네 번 측정하여 그 평균이 2.58이었다고 가정하자. 한 번이 아니라 네 번 측정한 것을 기초로 하여 불확정성을 계산하시오.

4-19. 흔히 단백질 분석에서 염료가 단백질에 결합되면 염료가 색깔이 갈색에서 푸른색으로 변한다. 푸른색의 세기는 존재하는 단백질의 양과 비례한다.

단백질 (μg) :	0.00	9.36	18.72	28.08	37.44
흡광도 :	0.466	0.676	0.883	1.086	1.280

(a) 바탕 흡광도 (0.466)를 빼준 후, 최소 제곱법으로 이 다섯 점 $(n = 5)$을 지나는 최적 직선의 식을 구하시오. 알맞은 수의 유효숫자를 써서 기울기와 절편을 포함한 직선의 식을 다음과 같이 나타내시오.

$$y\,(\pm s_y) = [m\,(\pm s_m)]x + [b\,(\pm s_b)]$$

(b) 실험 데이터와 계산한 직선을 보이는 그래프를 그리시오.
(c) 미지 시료의 흡광도가 0.973이었다. 미지 시료에 들어 있는 단백질의 μg수를 계산하고, 그 불확정성을 추정하시오.

4-20. Gauss 곡선의 식은 다음과 같다.

$$y = \frac{1}{\sigma\sqrt{2\pi}} e^{-(x-\mu)^2/2\sigma^2}$$

Excel에서 제곱근 함수는 SQRT이고, 지수 함수는 EXP이다. $e^{-3.4}$를 구하기 위하여 EXP(−3.4)라 쓴다. 위의 Gauss 곡선의 지수 함수는 다음과 같이 적는다.

$$e^{-(x-\mu)^2/2\sigma^2} = \text{Exp}\,(-((x-\mu)\text{^}2)\,/\,(2*\sigma\text{^}2))$$

(a) $\mu = 10$, $\sigma = 1$일 때 $4 \le x \le 16$ 범위에서 y값을 계산하시오.
(b) $\sigma = 2$에 대해 같은 계산을 반복하시오.
(c) **(a)**와 **(b)**의 결과를 한 그래프에 그리시오. $\sigma = 2$일 때, 전체 관찰의 68.3%와 95.5%를 포함하는 영역을 표시하시오.

응용문제

4-21. Eastern Illinois 대학[3]의 학생들은 Na_2CO_3 용액에 $CuSO_4 \cdot 5H_2O$ 용액을 첨가하여 탄산 구리 (II)를 만들고자 했다.

$$CuSO_4 \cdot 5H_2O(aq) + Na_2CO_3(aq) \longrightarrow \underset{\text{탄산 구리(II)}}{CuCO_3(s)} + Na_2SO_4(aq) + 5H_2O(l)$$

그 혼합물을 60°C로 데운 후, 젤라틴질의 푸른 침전이 쉽게 거를 수 있는 옅은 초록색 고체로 엉겼다. 그 생성물을 거르고, 씻고, 70°C에서 말렸다. 0.4 g 고체를 메테인 기류에서 고온으로 가열하여 고체를 구리로 환원시킴으로써 생성물 내의 구리 함량을 측정하였다.

$$4CuCO_3(s) + CH_4(g) \xrightarrow{\text{가열}} 4Cu(s) + 5CO_2(g) + 2H_2O(g)$$

1995년 43명의 학생들이 구리의 평균값 55.6 wt%, 표준 편차 2.7 wt%를 얻었다. 1996년에 39명의 학생들이 평균값 55.9 wt%와 표준 편차 3.8 wt%를 얻었다. 강사는 9회 측정하여 55.8 wt%

와 표준 편차 0.5 wt%를 얻었다. 반응 생성물이 $CuCO_3$였을까? 그것이 수화물 $CuCO_3 \cdot xH_2O$일 수 있었는가?

4-22. 암석에 있는 방사성 원소의 원래 함량에 따라 암석마다 스트론튬 동위원소가 다르다. 동위원소비 $^{87}Sr/^{86}Sr$는 물과 얼음에 있는 입자와 용질의 근원을 결정하는 환경연구에 사용된다. 한 가지 근원에서 유래한 물질은 $^{87}Sr/^{86}Sr$비가 같아야 한다. 근원이 다르면 물질의 비도 다를 수 있다. 남극에서 구멍을 뚫어 얻은 얼음 내의 미세 먼지 입자에서 관찰한 Sr을 다음 표에 나타내었다. 연도는 얼음의 깊이로 정한다. 불확정성은 95% 신뢰 수준으로 표시하였다. EH는 early Holocene을 뜻하고 LGM은 last glacial maximum을 뜻하는데 둘은 지질학적 시간의 척도이다.

위치	연대 (지금으로부터 년)	Sr (pg/g)	$^{87}Sr/^{86}Sr$
Dome C	7 500 [EH]	30.8 ± 0.4	0.706 8 ± 0.000 6
Dome C	23 000 [LGM]	324 ± 4	0.708 2 ± 0.000 5
Law Dome	6 500 [EH]	45.6 ± 0.6	0.709 7 ± 0.000 4
Law Dome	34 000 [LGM]	96 ± 2	0.709 3 ± 0.001 1

출처: G. R. Burton, V. I. Morgan, C. F. Bourtron, and K. J. R. Rosman, *Anal. Chim. Acta* **2002**, *469*, 225.

Dome C의 EH 먼지는 Law Dome의 EH 먼지와 같은 근원인 것처럼 보이는가? Dome C의 LGM 먼지는 Law Dome의 LGM 먼지와 같은 근원인 것처럼 보이는가? pg/g 단위는 무엇을 뜻하는가? pg/g을 "parts per million"과 같은 항으로 표시하시오.

주와 참고문헌

1. S. A. Lee, R. K. Ross, and M. C. Pike, *Br. J. Cancer* **2005**, *92*, 2049.

2. When t calculated with Equation 4-5 is greater than the tabulated t, we conclude that the two means are different with a chosen confidence level. This test does not provide the same confidence that the two means *are equal*. For discussions of how to show that two means are equal at a certain confidence level, see. S. E. Lewis and J. E. Lewis, *J. Chem. Ed.* **2005**, *82*, 1408 and G. B. Limentani, M. C. Ringo, F. Ye, M. L. Bergquist, and E. O. McSorley, *Anal. Chem.* **2005**, *77*, 221A.

3. D. Sheeran, *J. Chem. Ed.* **1998**, *75*, 453. H. Gamsjäger and W. Preis, *J. Chem. Ed.* **1999**, *76*, 1339.

더 읽을거리

D. B. Hibbert and J. J. Gooding, *Data Analysis for Chemistry* (Oxford: Oxford University Press, 2006).

NIST/SEMATECH e-Handbook of Statistical Methods, http://www.itl.nist.gov/div898/handbook/.

품질 보증의 필요성

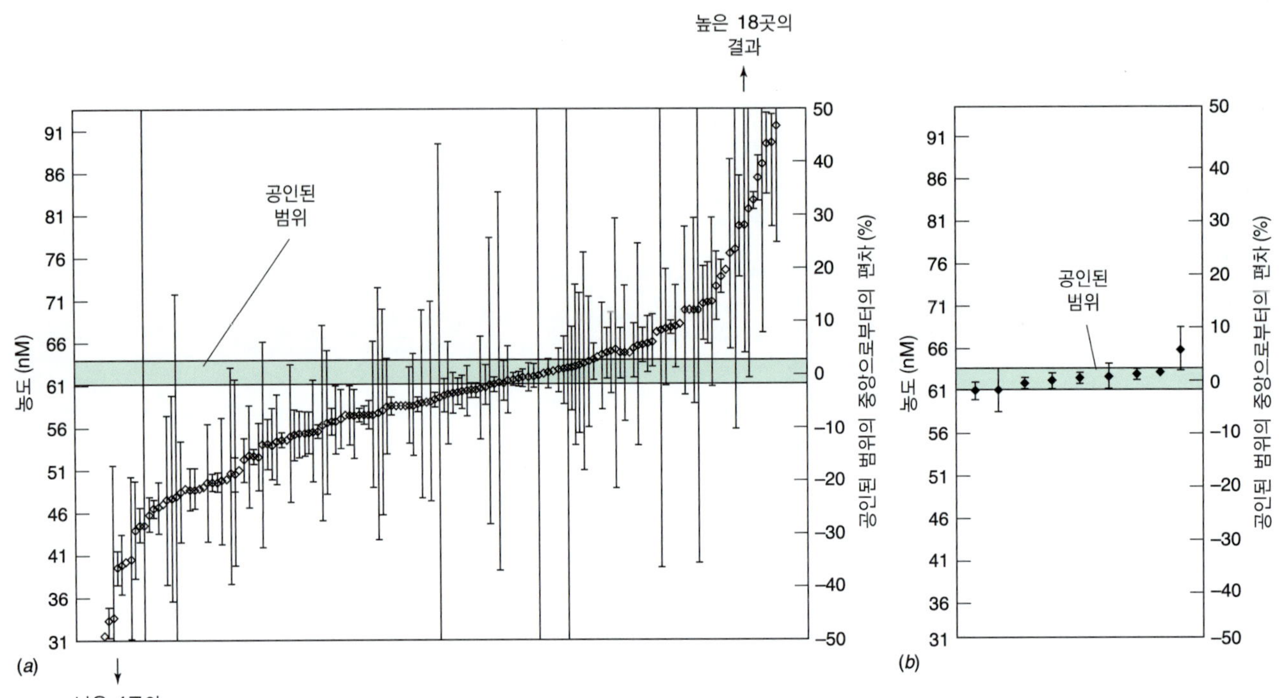

(*a*) 공인된 품질 관리 시스템을 갖춘 여러 연구실에서 얻어진 강물 속 납에 대한 측정값의 분산. (*b*) 국립 측정 기관에서 얻은 재현성 있는 결과 [출처: P. De Bièvre and P. D. P. Taylor, *Fresenius J. Anal. Chem.* **2000**, *368*, 567.]

벨기에에 소재한 표준물질 측정 연구소에서 실험의 신뢰도를 평가하는 국제 측정 평가 프로그램을 수행해 보았다. 패널 *a*는 강물 속 납의 측정 결과이다. 181개 실험실 가운데 18곳은 공인된 값, 62.3 ± 1.3 nM보다 50% 이상, 4곳은 공인된 값보다 50% 낮게 보고하였다. 대부분의 실험실이 공인된 품질 관리 절차를 따랐음에도, 결과의 상당 부분이 공인된 범위에 포함되지 않았다. 패널 *b*는 동일한 시료를 9곳의 국립 측정 기관에서 측정한 것으로 모든 결과가 공인된 범위에 근접해 있음을 보여준다.

이 예제는 비록 명성 있는 실험실에서 "공인된" 절차로 얻은 결과라도 신뢰를 보장할 수 없음을 나타낸다. 신뢰도를 평가하는 좋은 방법은 측정 시료와 유사한 "성능시험 (blind)" 시료를 준비하되 분석자에게는 "정답"을 제공하지 않은 상태에서 분석하게 하는 것이다. 그 실험실의 결과가 알고 있는 결과 값과 다르면 문제가 있다. 신뢰도를 지속적으로 유지하려면 주기적으로 성능시험 시료를 분석하게 할 필요가 있다.

05

품질 보증과 교정 방법

품질 보증(**quality assurance**, 여기서는 분석 결과에 대한 품질 보증을 뜻함)이라는 것은 목적에 맞는 답을 얻기 위해서 수행하는 일 자체를 말하며, 그 답은 충분한 정확도와 정밀도를 가져야 추후의 결정을 뒷받침할 수 있게 된다. 필요하지도 않은데 더 정확하고 더 정밀한 답을 얻기 위해서 추가로 비용을 들일 이유는 없다. 이 장에서는 품질 보증의 기본 문제와 절차를 기술할 것이며, 교정 방법 두 가지를 추가로 소개한다. 4장에서 교정 곡선을 작성하는 방법을 논의하였다. 이 장에서는 **표준물 첨가**(*standard addition*)와 **내부 표준**(*internal standard*) 등 두 교정 방법을 소개한다. 이 두 방법은 기기 분석법에서 흔히 사용된다. 5-3절과 5-4절에 대한 공부는 두 교정 방법이 실험실에서 필요로 할 때까지 연기하는 것이 타당할 것이다.

5-1 품질 보증의 기본

"친구들을 위해서 요리를 하고 있다고 가정하자. 스파게티 소스를 만드는 동안 맛보고, 양념 치고 또 맛을 더 본다. 매번의 맛보기는 품질 관리 검사에 따르는 시료 채취 행위이다. 일회분의 맛을 보는 것으로 전체 양의 맛을 볼 수 있다. 이제 하루 1 000병의 스파게티 소스를 만드는 공장을 운영한다고 하자. 모든 병의 맛을 다 볼 수 없으므로 하루에 3번, 오전 11시, 오후 2시, 그리고 오후 5시에 맛보기로 정한다. 세 병이 모두 OK이면 1 000개 모두 OK라 결론짓는다. 불행하게도 그것은 사실이 아닐 수도 있다. 하지만 제품에 만족하지 못한 고객에게는 배상해주기로 하면 되므로 상대적인 위험(소스에 양념이 너무 많거나 적은 경우)은 그렇게 중요하지 않다. 배상이 연간 100개 정도로 많지 않으면, 하루에 4개를 맛보는 것은 특별한 이점이 없다." 즉, 100개를 배상하지 않으려고 365개를 더 검사함으로써 265개의 손실을 초래할 필요가 없다는 것이다.

Ohio주 Cincinnati에 소재한 미국 환경 보호국 소속 Ed Urbansky로부터 인용. 5-1절은 Ed Urbansky의 저술에서 인용한 것이다.

분석화학에서는 얻어지는 것이 스파게티 소스가 아니라 측정 데이터, 처리 데이터와 결과이다. **측정 데이터**(*raw data*)는 크로마토그램의 봉우리 면적이나 뷰렛의 부피 등과 같은 개별 측정값이다. **처리 데이터**(*treated data*)는 측정 데이터에 교정 절차를 적용하여 얻은 농도나 양이다. **결과**(*results*)는 처리 데이터에 통계 기법을 적용한 뒤에 최종적으로 보고하는 평균, 표준 편차, 신뢰 구간 등을 뜻한다.

사용 목적

처방량이 치사량보다 조금 더 적은 약을 만든다면, 스파게티 소스를 만들 때보다 더욱 주의해야 한다. 수집할 데이터의 종류와 데이터를 수집하는 방법은 그것을 어떻게 사용할 것인지에 따라 달라진다. 품질 보증을 하는 중요한 목표는 결과값이 고객의 요구를 충족

측정 데이터 : 개별 측정값
처리 데이터 : 교정 방법을 사용해서 측정값으로부터 얻은 농도
결과 : 처리 데이터를 통계 분석 후 보고하는 양

사용 목적 : 결과가 쓰일 목적을 말한다.

시키는지를 확실히 하는 것이다. 목욕탕 저울은 밀리그램까지 잴 필요는 없으나, 약 한 정에 활성 성분이 2 mg 들어 있어야 한다면 2±1 mg을 넘지 않아야 한다. 데이터와 결과에 대한 명확하고 정밀한 **사용 목적(use objectives)**을 기록하는 것은 품질 보증의 중요한 절차이며, 그 데이터와 결과의 남용을 막는 데 도움을 준다.

사용 목적의 예를 들어 보자. 식수는 보통 염소로 미생물을 살균한다. 불행하게도 염소는 물속의 유기물과도 반응하여 사람에게 해가 될지 모르는 "부산물"을 만든다. 새 염소 처리 과정을 도입하는 소독 시설에서 다음과 같은 분석적 사용 목적을 기록하였다:

> 분석 데이터와 결과는 새 염소 처리 과정이 부산물을 최소한 10% 줄일 수 있는지를 결정하는 데 사용될 것이다.

새 과정으로 소독 부산물이 줄어들 것으로 기대된다. 사용 목적은 부산물의 10% 감소와 실험 오차를 분명히 구별할 수 있을 정도로 그 분석의 불확정성이 작아야 한다고 말하고 있다. 다시 말하면, 관찰된 10% 감소는 정말 그런가?

명세서에 포함될 항목:
- 시료 채취 요건
- 정확도와 정밀도
- 틀린 결과의 비율
- 선택성
- 감도
- 허용 바탕값
- 소량첨가 회수율
- 교정 점검
- 품질 관리 시료

명세서

사용 목적이 정해지면, 숫자는 얼마나 좋아야 하고, 분석 과정에는 어떤 주의를 필요로 하는지를 나타내는 **명세서(specifications)**를 기록할 준비가 되었다. 시료를 어떻게 취하며 몇 개나 필요한가? 시료를 어떻게 보관해야 분해되지 않는지에 대한 특별한 주의 등이 필요한가? 비용, 시간, 한정된 물질량 등의 실질적 제한 내에서 사용 목적을 만족하기 위한 정확도와 정밀도는 어느 정도인가? 가양성(false positive) 또는 가음성(false negative)은 어느 정도 허용되는가? 명세서에는 이런 물음들에 대한 자세한 답이 들어 있어야 한다.

품질 보증은 시료채취 단계부터 시작된다. 대표 시료를 수집해야 하고, 분석물질은 보존되어야 한다. 대표 시료가 아니거나 분석물질의 손실이 생기면, 아무리 정확한 분석도 의미가 없다. 미량 금속 분석에서 시료는 대개 유리 용기가 아닌 플라스틱이나 테플론 용기에 수집한다. 그 이유는 유리 표면에 있는 금속이온이 시간이 흐르면서 시료 속으로 침출되기 때문이다. 유기화합물 분석에서 시료는 일반적으로 플라스틱 용기가 아닌 유리 용기에 수집한다. 그 이유는 플라스틱 용기로부터 침출된 유기 가소제가 시료를 오염시킬 수 있기 때문이다. 시료는 때때로 유기 시료의 분해를 최소화하기 위해 냉장고의 어두운 곳에 보관한다.

가양성과 가음성은 무엇을 뜻하는가? 식수에 포함된 어떤 물질이 허용치 미만이라는 것을 인증해야 한다고 하자. **가양성**(*false positive*)은 실제 농도는 그 허용치 미만이지만, 농도는 허용치를 초과한다고 말하는 것이다. **가음성**(*false negative*)은 실제 농도는 그 허용치를 초과하지만, 농도는 허용치 미만인 것을 말한다. 시료채취와 측정에 대한 통계학적 특성 때문에 시험절차를 잘 수행하더라도 틀린 결론에 이를 수 있다. 틀린 결론 비율을 줄이려면 더 엄격한 절차가 필요하다. 식수에 대하여는 가양성 비율보다는 가음성 비율을 줄이는 것이 더 중요하다. 식수에 대해서는 안전한 물이 오염되었다고 인증하는 것보다 오염된 물이 안전하다고 인증하는 것이 더 위험하다.

운동선수의 약물 복용 검사는 죄가 없는 선수가 약물복용을 했다고 잘못 판정되지 않도록 가양성을 최소화할 수 있도록 설계되어 있다. 약물 복용 검사 결과에 어떤 의문이 있다면 결백한 것으로 간주한다. 약물검사에서 시료를 채취하는 사람은 시료분석을 하지 않는다. 분석자가 의도적으로 결과를 위조하지 못하도록 운동선수의 신분을 분석자에게 알리지 않는다.

분석 방법을 선정할 때, 선택성과 감도도 고려한다. **선택성(selectivity** 또는 *specificity*)은(방해를 피하기 위해) 시료 내의 다른 화학종으로부터 분석물질을 구별하는 능력을 뜻한다. **감도(sensitivity)** 는 분석물질의 농도 변화에 대해 믿을 수 있고 측정 가능하게 감응하는 능력이다. 그 방법은 측정할 농도보다 **검출 한계**(*detection limit*)가 낮아야 한다(5-2절에서 논의).

명세서에는 요구되는 정확도와 정밀도, 시약의 순도, 기구의 허용오차, 표준 기준물질의 사용, 그리고 바탕 허용값이 들어 있을 것이다. **표준 기준물질**(*Standard Reference Materials*, 보충 3-1)에는 혈액, 석탄, 합금 등 실제 분석 물질의 공인값이 들어 있다. 여러분의 분석 방법은 그 공인값에 가까운 결과를 얻어야 하며, 그렇지 않으면 분석법의 정확도에 문제가 있다. 바탕(blank)이란 시료에 들어 있는 다른 화학종 및 시료의 보존, 준비, 분석에 쓰는 시약에 들어 있는 소량의 분석물질을 뜻한다. 바탕 측정을 자주 해서 전 시료의 분석물질이 용기나 기구에 묻어서 다음 분석으로 옮겨가는지의 여부를 검출한다.

감도 = 교정 곡선의 기울기 $= \dfrac{\text{신호 변화}}{\text{분석물질 농도 변화}}$

방법 바탕(method blank) 은 분석물질만 제외한 그 밖의 모든 성분이 들어 있는 시료로써, 분석 과정의 모든 단계를 거친다. 시료 중 분석물질의 농도를 계산하기 전에 실제 시료의 감응에서 방법 바탕의 감응을 빼어준다. **시약 바탕(reagent blank)** 은 방법 바탕과 유사하지만, 모든 시료 처리 과정을 거치지는 않는다. 방법 바탕이 분석 신호에 미치는 바탕의 영향을 더욱 완벽하게 추정할 수 있는 방법이다.

현장 바탕(field blank) 도 방법 바탕과 유사하지만, 시료채취 장소에 관련된다. 예를 들어, 대기 중의 입자를 분석하려면 공기 일정 부피를 필터를 통해 빨아들인 후, 녹이고 분석해야 한다. 현장 바탕 필터는 현장에서 시료를 채취한 필터와 같은 묶음(pakage)에 들어 있던 필터이다. 현장에서 두 필터를 꺼내서 같은 공기 흡입 용기에 넣는다. 현장 바탕 필터로는 공기를 빨아들이지 않고 시료 채취 필터로만 공기를 빨아들인다. 수송 또는 현장에서 접하는 휘발성 유기물이 현장 바탕의 있을 수 있는 오염물이다.

성능 평가에 명시하는 다른 사항은 **소량첨가 회수율**(*spike recovery*)이다. 흔히 분석물질의 감응은 시료에 포함되어 있는 다른 물질에 의해 영향을 받는다. 시료에서 분석물질을 제외한 나머지를 **매트릭스(matrix)** 라 부른다. **소량첨가(spike** 또는 *fortification*)란 시료에 대한 감응이 교정 곡선에서 예상하는 것과 같은지를 시험하기 위해서 시료에 첨가하는 알고 있는 양의 분석물질을 말한다. 소량첨가한 시료는 미지 시료와 같은 방법으로 분석한다. 예를 들어, 질산이온이 10.0 μg/L 들어 있는 식수에 5.0 μg/L를 더 첨가하자. 이상적으로는 농도가 15.0 μg/L로 얻어져야 할 것이다. 그 값이 얻어지지 않으면 매트릭스가 분석물질을 방해한다고 볼 수 있다.

시료의 부피를 크게 변화시키지 않기 위해서 소량의 진한 농도의 표준물질을 첨가한다. 예를 들어, 시료 5.00 mL(= 5 000 μL)에 500 μg/L 표준 용액을 50.5 μL 가하면 분석물질은 5.00 μg/L 증가한다.

최종 농도
= 초기 농도 × 희석 인자

$$= \left(500\,\frac{\mu g}{L}\right)\left(\frac{50.5\ \mu L}{5\ 050.5\ \mu L}\right)$$

$$= 5.00\ \frac{\mu g}{L}$$

예제 소량첨가 회수율

C를 농도로 놓자. 소량첨가 회수율의 정의는 다음과 같다.

$$\%\text{회수율} = \frac{C_{\text{소량첨가 시료}} - C_{\text{소량미첨가 시료}}}{C_{\text{첨가 시료}}} \times 100 \qquad (5\text{-}1)$$

미지 시료 1 L 중에 분석물질이 10.0 μg 포함되어 있는 것으로 측정되었다. 미지 시료에 5.0 μg/L를 소량첨가하여, 분석한 농도는 14.6 μg/L였다. 소량첨가의 %회수율을 구하시오.

해답 분석하여 얻은 소량첨가의 %회수율은 다음과 같다.

$$\%\text{회수율} = \frac{14.6\ \mu g/L - 10.0\ \mu g/L}{5.0\ \mu g/L} \times 100 = 92\%$$

허용된 회수율이 96%에서 104% 범위라면, 92%의 회수율은 받아들일 수 없다. 방법이나 기술을 향상시켜야 한다.

복습 문제 1 L 중에 분석물질이 93.2 μg 들어 있는 미지 시료에 추가로 80.0 μg/L 되도록 소량첨가하였다. 소량첨가한 시료를 분석한 농도는 179.4 μg/L였다. 소량첨가의 %회수율을 구하시오. (**답** : 107.8%)

많은 시료를 다룰 때에는 기기가 제대로 작동하는지, 또 교정이 유효한지를 확인하기 위해서 주기적인 점검을 해야 한다. **교정 점검(calibration check)**에서는 알고 있는 양의 분석물질이 들어 있는 용액을 분석한다. 예를 들어, 명세서에는 열 개의 시료마다 점검하도록 요구할 수 있다. 교정 점검용 용액은 원래 교정 곡선 작성용 용액과는 다르다. 이 절차는 초기 교정 표준물질이 알맞게 제조되었는지를 확인시켜 준다.

성능 시험 시료(performance test sample, *quality control sample* **또는** *blind sample*)는 교정 점검용 시료의 농도를 알고 있는 분석자에 의해서 생기는 편견을 제거하기 위한 품질 관리 시료이다. 조성을 알고 있는 이들 시료를 미지 시료로써 분석자에게 제공한다. 감독자는 그 결과를 알고 있는 값과 비교한다. 예를 들어, 미국 농림부(U.S. Dept of Agriculture)는 식품의 영양소를 측정하는 실험실들을 점검하기 위해 blind 시료로 배포할 수 있는 품질 보증된 균질화된 식품 시료를 보관하고 있다.

정확도 평가
- 교정 점검
- 소량첨가 회수율
- 품질 관리 시료
- 바탕

정밀도 평가
- 반복 시료
- 동일 시료의 반복 부분

정확도를 평가하기 위하여 교정 점검, 소량첨가 회수율, 품질 관리 시료, 그리고 바탕으로 얻은 측정 데이터나 결과를 사용한다. 정밀도는 반복 시료와 동일 시료의 반복 부분을 분석하여 평가한다. 분석물질이 정성적으로 맞는다는 것을 소량첨가로 확인한다. 그림 0-5의 미지 시료에 카페인을 소량첨가했을 때, 크로마토그램에서 카페인이라 생각하지 않은 봉우리 면적이 늘어나면 카페인 봉우리를 잘못 확인한 것이다.

실험실마다 냉장고 온도 기록, 저울 교정, 일상적 기기 유지, 또는 시약 교체 등 고유의 표준 작업 절차가 있다. 이런 것들은 실험실에서 행하는 전체 품질 관리 업무의 일부분이다. 이러한 표준 작업 절차를 행하는 이유는 어떤 기기를 사용하여 여러 사람들이 다른 분석을 한다는 것이다. 엄격한 관리를 하는 것이 비용을 절감한다.

평가

평가(assessment)는 (1) 명시한 허용치 안에서 분석 과정이 운용되는지를 보여 주는 데이터를 수집하고, (2) 최종 결과가 사용 목적에 부합하는지를 증명하는 과정이다.

평가하려면 서류작성은 필수적이다. 표준 **프로토콜**(*protocol*)은 정보 기록 방법을 포함하여 서류작성 방법과 기록 대상의 방향을 제시한다. 표준 작업 절차를 신뢰하는 실험실에서는 작업은 반드시 감시하고 기록하는 매뉴얼에 따라 이루어진다. **관리도**(*control chart*, 보충 5-1)는 장기간에 걸쳐 바탕, 교정 점검, 소량첨가 등에 대한 여러 작업자의 수행 능력을 평가하는 데 쓰일 수 있다. 관리도는 특별히 다양한 매트릭스를 다루어야 할 때, 감도나 선택성을 감시하는 데도 쓰일 수 있다.

미국 환경 보호국과 같은 정부 기구는 자체에 대한 품질 보증과 타 실험실에 대한 인증에 대한 요건들을 규정해 놓고 있다. 발간된 표준 방법에는 정밀도, 정확도, 바탕 시료수, 반복 시료, 교정 점검 등을 규정하고 있다. 식수를 감시하는 데에는 시료 채취 빈도와 개수까지 규정한다. 모든 규정이 충족되는지를 보여주기 위해서 서류작성이 필요하다. 표 5-

보충 5-1 관리도

관리도(**control chart**)는 Gauss 분포에 대한 신뢰 구간의 가시적 표현이다. 품질관리 감시를 할 때, 관리도는 측정값이 원하는 **목표값**(*target value*)에서 위험스럽게 멀리 흩어질 때 재빨리 경고를 준다.

소변에서 과염소산이온(ClO_4^-)을 측정하는 실험을 생각해보자. 품질 보증을 위해서 과염소산이온을 소량 첨가한 인위적 소변으로부터 만든 품질 조절 시료를 매일 $n = 5$번씩 반복 측정하였다. 관리도는 여러 날에 걸쳐 매일 측정한 다섯 개 시료의 평균값을 보여준다. 소량첨가는 $\mu = 4.92$ ng/mL를 함유하고, 장시간에 걸친 많은 분석으로부터 모집단 표준편차는 $\sigma = 0.40$ ng/mL이다.

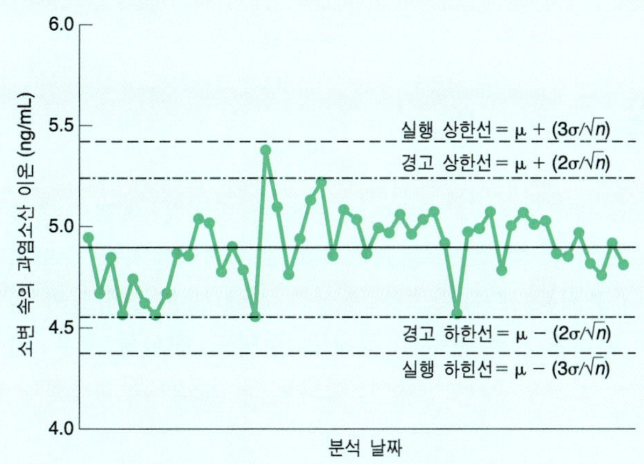

소변에서 ClO_4^-에 대한 관리도. [데이터 출처: L. Valentin-Blasini, J. P. Mauldin, D. Maple, and B. C. Blount, *Anal. Chem.* **2005**, *77*, 2475, in which the standard deviation was smaller.]

Gauss 분포에서 전체 측정의 95.5%는 평균으로부터 $\pm 2\sigma/\sqrt{n}$ 내에 있고, 99.7%는 $\pm 3\sigma/\sqrt{n}$ 내에 있다. 여기서 n은 매일 평균적으로 반복 측정한 횟수($n = 5$)이다. $\pm 2\sigma/\sqrt{n}$는 **경고선**(*warning line*)을 표시하고, $\pm 3\sigma/\sqrt{n}$은 **실행선**(*action line*)을 표시한다. 측정의 4.5%가 경고선 바깥에 있고, 0.3%가 실행선 바깥에 있을 것이라 기대된다. 두 측정이 연달아 경고선에서 관찰되는 것은 발생하기 어려운 일이다(확률 $= 0.045 \times 0.045 = 0.002\,0$).

아래 상황들은 발생하기 매우 어려우므로, 만일 발생한다면 작업을 멈추고 수리해야 한다.

- 실행선 바깥에서 한 개의 관찰
- 경고선과 실행선 사이에서 3회 중 2번 연속 측정
- 중앙선 위 또는 아래에 7회 연속 측정
- 위치에 상관없이 6회 측정이 연속 증가 또는 감소
- 위치에 상관없이 14회 측정이 위와 아래에 반복
- 명백한 비우연성 양상

분석 과정의 품질 평가를 위해서, 관리도는 품질관리 시료의 평균값이나 시간에 따른 미지 시료 또는 표준 시료의 반복 측정에 대한 정밀도를 나타낼 것이다.

1에 품질 보증 절차가 요약되어 있다.

자습문제

5-A. 품질 보증의 세 부분은 무엇인가? 각 부분에서는 어떤 질문이 있고, 어떻게 실행하는가?

표 5-1 품질 보증 과정

질문	실행
사용 목적	
왜 데이터와 결과를 원하며 결과를 어떻게 사용할 것인가?	• 사용 목적을 적는다.
명세서	
숫자는 얼마나 좋아야만 하는가?	• 명세서를 적는다. • 명시한 것에 맞는 방법을 정한다. • 시료채취, 정밀도, 정확도, 선택도, 감도, 검출 한계, 견고성, 틀린 결과 비율 등을 고려한다. • 바탕, 소량첨가, 교정 점검, 품질 관리 시료, 수행 점검용 관리도를 적용한다. • 표준 작동 절차를 기록하고 따른다.
평가	
명세서는 달성되었는가?	• 데이터와 결과를 명세서와 비교한다. • 사용 목적에 맞도록 절차를 서류화하고 기록을 남긴다. • 사용 목적에 맞는지 확인하라.

5-2 분석 절차의 검증

선형 범위 : 교정 곡선이 선형인 농도 범위

동적 범위 : 측정 가능한 감응이 있는 농도 범위

범위 : 직선성, 정확도, 그리고 정밀도가 분석 방법의 명세서를 만족시키는 농도 구간

방법 검증(method validation) 이란, 새로운 분석 방법이나 기존의 방법을 새로운 종류의 시료에 적용할 때, 명세서를 만족하는지, 그리고 의도한 목적에 부합되는지를 증명하는 과정이다. 정부와 사설 기관에서 발간되는 표준 방법들은 발간 전에 많은 실험실의 검증을 거친다. 제약 화학에서는 방법 검증 요건에 **선택성, 정확도, 정밀도, 직선성, 범위, 안정성, 검출 한계, 정량 한계** 등의 연구가 포함된다. 선택성, 정확도 및 정밀도는 5-1절에 언급되었다.

교정 곡선의 **직선성(linearity)** 은 그림 5-1에서 설명된다. 그림 5-1의 0과 c_1 사이에서는 보정한 분석 신호(= 시료의 신호 − 바탕 신호)가 분석물질의 농도에 비례한다. 그러나 직선 구간이 아닌 c_1과 c_2 사이에서도 데이터를 다항식을 이용하여 곡선에 맞춤으로써 유효한 결과를 얻을 수 있다. **선형 범위(linear range)** 는 감응이 농도에 비례하는 분석물질 농도 범위이다. **동적 범위(dynamic range)** 는 감응이 직선성이 아닐지라도, 측정 가능한 감응이 있는 농도 범위이다. 어느 분석 방법의 **범위(range)** 는 직선성, 정확도, 그리고 정밀도가 받아들여질 수 있는 농도 구간이다.

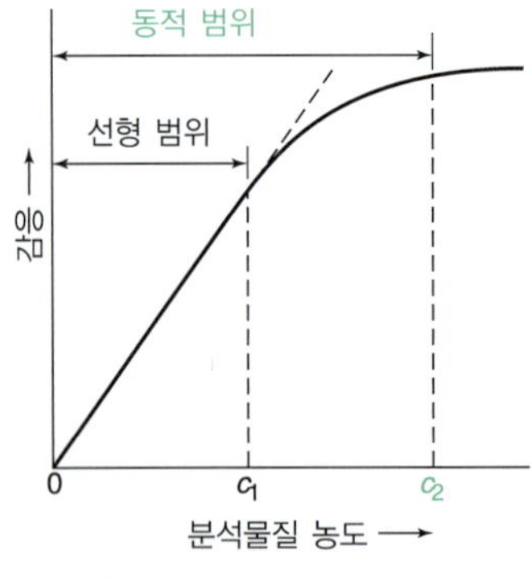

그림 5-1 직선 구간과 비직선 구간을 갖는 교정 곡선

검증의 다른 목표는 방법이 **안정성(robust)** 을 갖는지를 보이는 것인데, 이는 분석 방법이 조건의 변화에 영향을 받지 않는다는 것을 의미한다. 예를 들어, 용매 조성, pH, 완충 용액 농도, 온도, 주입 부피, 검출기 파장 등이 약간 바뀌어도 어떤 크로마토그래프 방법이 믿을 만한 결과를 준다면 그 방법은 안정하다.

검출 한계와 정량 한계

검출 한계(detection limit 또는 **검출 하한**(*lower limit of detection*))은 바탕과 "유의하게 다른" 분석물질의 최소량이다. 아래에 약 99% 확률로 바탕보다 큰 검출 한계를 나타내는 절차가 있다. 즉, 분석물질이 없는 시료의 ~1%만이 검출 한계보다 더 큰 신호를 준다(그림 5-2). 검출 한계 부근의 시료가 주는 신호의 표준 편차는 바탕의 표준 편차와 유사하다고 가정한다.

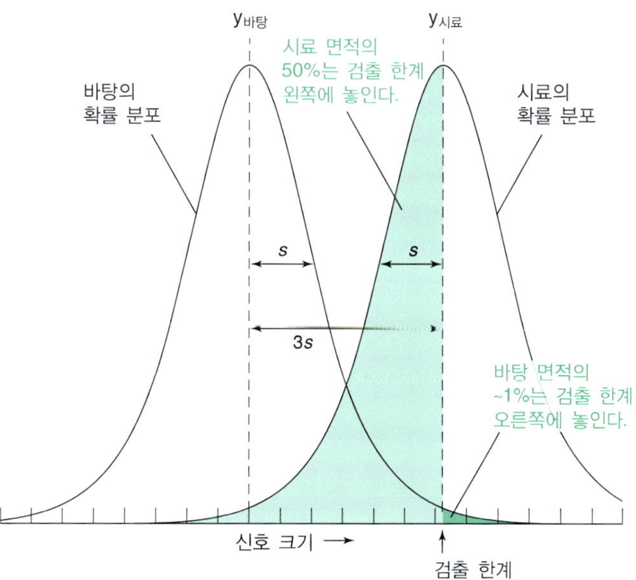

그림 5-2 검출 한계. 바탕과 농도가 검출 한계인 시료에 대해 예상되는 측정의 분포를 보여 준다. 어느 구간의 면적은 그 구간의 측정 횟수와 비례한다. 바탕 측정의 ~1%만이 검출 한계를 넘을 것으로 기대된다. 그러나 분석물질이 검출 한계만큼 들어 있는 시료에 대한 측정의 50%는 검출 한계보다 낮을 것이다. 바탕이 검출 한계 이상의 분석물질을 가진다고 결론지을 확률은 1%이다. 시료에 분석물질이 검출 한계만큼 들어 있다면, 분석물질이 **없다**고 결론지을 확률은 50%인데, 이는 그 신호가 검출 한계 아래에 있기 때문이다. 그림의 곡선은 Gauss 분포보다 더 넓은 Student의 t 분포들이다.

1. 그 방법의 이전 경험으로부터 검출 한계를 추정한 후, 농도가 검출 한계의 약 1 ~ 5배 범위에 있는 하나의 시료를 준비한다.
2. 그 시료 n개의 신호를 측정한다 ($n \geq 7$).
3. n회 측정의 표준 편차 (s) 를 계산한다.
4. n개 바탕의 신호를 측정하여 평균, $y_{바탕}$을 구한다.
5. 최소 검출가능 신호, y_{dl}은 다음과 같이 정의한다.

신호 검출 한계 :
$$y_{dl} = y_{바탕} + 3s \tag{5-2}$$

6. 보정 신호, $y_{시료} - y_{바탕}$은 시료 농도에 비례한다.

교정선 :
$$y_{시료} - y_{바탕} = m \times \text{시료 농도} \tag{5-3}$$

여기서 $y_{시료}$는 시료의 신호, m은 선형 교정 곡선의 기울기이다. **검출 한계** (*detection limit*) 라고도 하는 **최소 검출가능 농도** (*minimum detectable concentration*) 는 식 5-2의 y_{dl}을 식 5-3에 대입하여 얻는다.

검출 한계 :
$$\text{최소 검출가능 농도} \equiv \frac{3s}{m} \tag{5-4}$$

예제 검출 한계

낮은 농도의 분석물질을 측정한 결과, 신호 검출 한계는 낮은 나노암페어 범위에 있는 것으로 추측되었다. 검출 한계의 세 배 가량의 농도를 갖는 7개 반복 시료의 신호는 5.0, 5.0, 5.2, 4.2, 4.6, 6.0, 4.9 nA였다. 시약 바탕의 신호는 1.4, 2.2, 1.7, 0.9, 0.4, 1.5, 0.7 nA였다. 더 진한 농도에 대한 교정 곡선의 기울기 $m = 0.229$ nA/μM이었다. **(a)** 신호 검출 한계와 최소 검출가능 농도를 구하시오. **(b)** 7.0 nA의 신호를 나타낸 시료의 분석물질 농도는 얼마인가?

해답 (a) 바탕 평균과 시료의 표준 편차를 먼저 구한다. 반올림 오차를 줄이려면 비유효 자릿수를 남긴다.

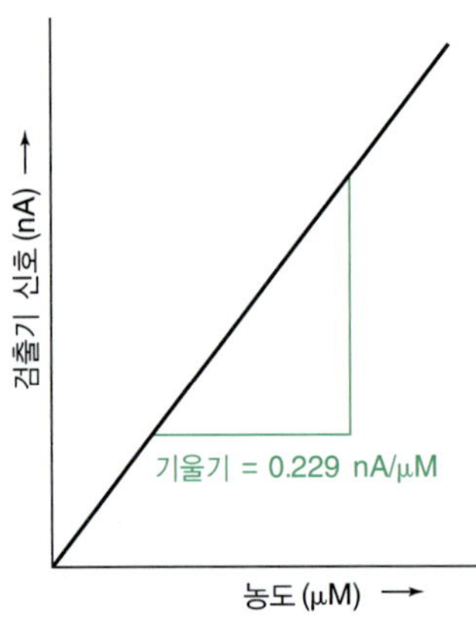

바탕 : 평균 $= y_{바탕} = 1.2_6$ nA
시료 : 표준 편차 $= s = 0.5_6$ nA

식 5-2로 신호 검출 한계는 다음과 같다.

$$y_{dl} = y_{바탕} + 3s = 1.2_6 \text{ nA} + (3)\ (0.5_6 \text{ nA}) = 2.9_4 \text{ nA}$$

식 5-4에 따라 최소 검출가능 농도는 다음과 같다.

$$\text{검출 한계} = \frac{3s}{m} = \frac{(3)(0.5_6 \text{ nA})}{0.229 \text{ nA}/\mu\text{M}} = 7._3\ \mu\text{M}$$

(b) 신호가 7.0 nA인 시료의 농도는 식 5-3을 이용하여 구한다.

$$y_{시료} - y_{바탕} = m \times \text{시료 농도}$$

$$\Rightarrow \text{농도} = \frac{y_{시료} - y_{바탕}}{m} = \frac{7.0 \text{ nA} - 1.2_6 \text{ nA}}{0.229 \text{ nA}/\mu\text{M}} = 25._1\ \mu\text{M}$$

복습 문제 0.5_6 nA 대신 $s = 0.2_8$ nA이지만, $y_{바탕}$은 여전히 1.2_6 nA라고 하자. 신호 검출 한계와 최소 검출가능 농도, 그리고 7.0 nA의 신호를 나타낸 시료에 들어 있는 분석물질의 농도를 구하시오.(**답** : 2.1_0 nA, 3.7 μM, $25._1$ μM)

식 5-4로 주어지는 검출 하한은 3 s/m인데, 여기서 s는 낮은 농도의 시료에 대한 표준 편차이고, m은 교정 곡선의 기울기이다. 표준 편차는 바탕이나 시료의 **잡음**(*noise*, 우연 오차)의 척도이다. 신호가 잡음의 3배일 때, 쉽게 검출가능하나 실제로 정확하게 측정하기에는 너무 작다. 신호가 잡음의 10배가 되는 것을 **정량 하한**(**lower limit of quantification**) 또는 합리적 정확도로 측정 가능한 최소 농도라고 정의한다.

$$\text{정량 하한} \equiv \frac{10s}{m} \tag{5-5}$$

정량 한계 $\equiv \frac{10}{3} \times$ 검출 한계
기호 ≡는 "와 같이 정의된다." 라는 의미이다. 검출 한계의 인자 3과 정량 한계의 인자 10은 임의의 규약이다.

보고 한계(**reporting limit**)는 규제법상 제시된 농도보다 주어진 분석물질의 농도가 낮다면, "검출되지 않음"으로 보고하는 농도이다. "검출되지 않는" 농도는 분석물질이 검출되지 않는다는 뜻이 아니다. 단지 분석 물질이 지정된 수준 이하로 존재한다는 것을 의미한다. 보고 한계는 검출 한계의 적어도 5배에서 10배 큰 값으로 규정되어 있으므로, 보고 한계에서 분석물질은 확실히 검출할 수 있다.

2006년부터 미국의 포장 식품 상표에는 **트랜스**(*trans*) 지방이 얼마나 들어 있는지를 반드시 표기해야 한다. 트랜스 지방이라는 것은 식물성 기름을 부분적으로 수소화 반응을 시킬 때 주로 생성되며, 마가린과 쇼트닝의 주성분이다. 트랜스 지방은 심장질환, 심장마비 및 일부 암 발현에 위험인자로 인식되고 있다. 그런데 **트랜스 지방에 대한 보고 한계**는 포장 단위당 0.5 g이다. 만일 농도가 포장당 0.5 g (0.5 g/포장) 미만이라고 한다면, 그림 5-3에 나타나 있는 것처럼 0으로 표기한다. 포장 단위의 크기를 줄임으로써 제조사는 트랜스 지방의 함량이 0이라고 표기할 수 있다는 것이다. 정부가 보고 한계를 높이는 이유는 많은 실험실에서 검출 한계가 나쁜 적외선 분석을 사용하기 때문이다. 기체 크로마토그래피법의 검출 한계는 낮다(그림 22-4). 만일 당신이 좋아하는 과자가 부분적으로 수소화된 기름으로 생산되었다면, 비록 상표에는 트랜스 지방이 0이라고 표시되었다 해도 실제로는 트랜스 지방을 함유하고 있다.

Nutrition Facts
Serving Size 6 Crackers (28g)
Servings Per Container About 10

Amount Per Serving	
Calories 120	Calories from Fat 40
	% Daily Value*
Total Fat 4.5g	7%
Saturated Fat 0.5g	3%
Trans Fat 0g	
Polyunsaturated Fat 2.5g	
Monounsaturated Fat 1g	
Cholesterol 0mg	0%
Sodium 150mg	6%
Total Carbohydrate 19g	6%
Dietary Fiber 3g	13%
Sugars 0g	
Protein 3g	

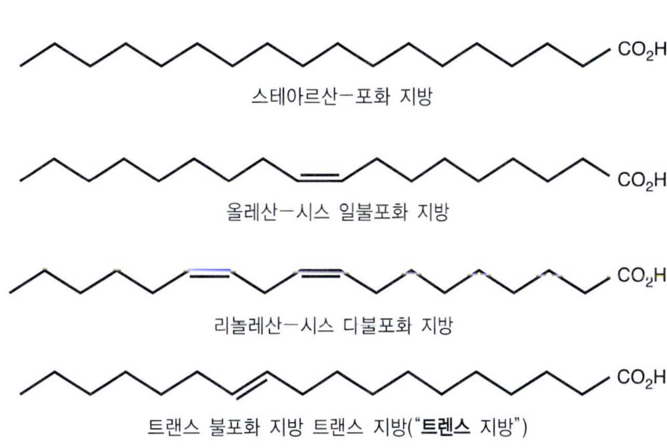

그림 5-3 크래커 포장의 영양소 라벨. 트랜스 지방의 보고 한계는 0.5 g/포장이다. 이 양보다 적은 것은 0으로 표시한다. 대표적 포화 지방, 일불포화 지방, 다불포화 지방, 트랜스 지방의 구조를 나타냈다. 보충 7-1에서 이러한 18-탄소 화합물을 그리는 데 사용하는 쉬운 방법을 설명한다.

자습문제

5-B. 검증 방법에는 제안된 방법의 정밀도와 정확도의 조사가 포함된다. 정밀도와 정확도를 어떻게 검증하는가? (**힌트** : 5-1절을 복습하시오.)

5-3 표준물 첨가

교정 곡선(4-7절)은 화학 분석에서 신호와 농도의 관계를 결정하기 위해서 사용된다. 교정 곡선을 믿을 수 없을 경우에는 **표준물 첨가** (*standard addition*) 또는 **내부 표준** (*internal standard*)을 쓸 수 있다.

5-3절과 5-4절은 실험실에서 표준물 첨가와 내부 표준을 사용할 필요가 있을 때까지 미룰 수 있다.

표준물 첨가 (standard addition) 법에서는 미지 시료에 아는 양의 분석물질을 첨가시킨 다음, 증가된 신호를 측정한다. 상대적으로 증가된 신호로부터 원래 미지 시료 중에 분석물질이 얼마나 함유되어 있는가를 알아낸다. 핵심적인 가정은 신호가 분석물질의 농도에 비례해야 한다는 것이다.

표준물 첨가법은 시료의 조성이 잘 알려져 있지 않거나 복잡할 때 아주 적절한 방법이다. 이러한 경우에는 시료와 같은 조성을 갖는 표준용액과 바탕을 제조할 수 없다. 표준용액과 바탕의 조성이 미지 시료의 조성과 일치하지 않는다면, 교정곡선은 믿을 수 없다. **매트릭스** (*matrix*)는 분석물질을 제외하고 미지 시료 중에 함유되어 있는 모든 화학종을 말한다. **매트릭스 효과 (matrix effect)**는 매트릭스에 의해 야기되는 분석 신호의 변화이다.

표준물 첨가법은 시료의 매트릭스가 복잡해서 표준 용액에서 똑같이 제조하기가 어려울 때 가장 적절한 방법이다.

그림 5-4는 질량 분석법을 이용하여 과염소산 이온(ClO_4^-)을 분석하는 과정에서 나타난 매트릭스 효과를 보여 준다. 식수에 18 μg/L (18 ppb) 이상의 과염소산 이온이 들어 있으면, ClO_4^-는 갑상선 호르몬 생산을 감소시킨다. 순수한 물에서 ClO_4^- 표준 용액은 위쪽의 교정 곡선을 나타낸다. 지하수에 있는 같은 농도의 ClO_4^- 표준 용액에 대한 감응은 그림 5-4의 아래쪽 곡선에 보인 것처럼 15배 작았다. ClO_4^-의 신호가 줄어든 것은 지하수에 있

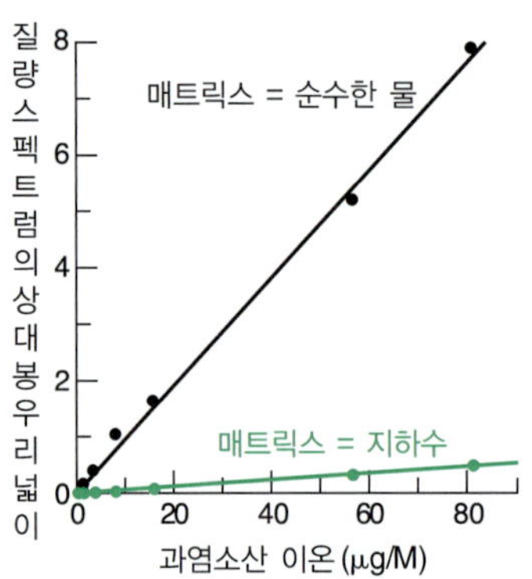

그림 5-4 순수한 물과 지하수에서 과염소산 이온의 교정 곡선. [출처: C. J. Koester, H. R. Beller, and R. U. Halden, *Environ Sci. Technol.* **2000**, *34*, 1862.]

는 다른 음이온들의 **매트릭스 효과**에 기인한다.

분석물질의 초기 미지 농도, $[X]_i$가 신호, I_X를 나타내는 시료를 생각해보자. 여기서 I는 크로마토그래피의 피크 면적이거나 기기의 전류일 수 있다. 시료에 아는 농도의 표준물, S(아는 농도의 분석물질)를 첨가시킨 뒤 혼합 용액의 신호가 I_{S+X}로 관찰되었다. 신호는 분석물질의 농도에 비례하므로 다음과 같이 나타낼 수 있다.

$$\frac{\text{미지 시료의 분석물질 농도}}{\text{혼합 용액의 분석물질 농도} + \text{혼합 용액의 표준물 농도}} = \frac{\text{미지 시료의 신호}}{\text{혼합 용액의 신호}}$$

표준물 첨가식 :

$$\frac{[X]_i}{[X]_f + [S]_f} = \frac{I_X}{I_{S+X}} \tag{5-6}$$

여기서 $[X]_f$는 표준물을 첨가한 뒤 분석물질의 최종 농도이고, $[S]_f$는 미지 시료에 표준물을 첨가한 뒤 표준물의 최종 농도이다. 미지 시료의 초기 부피 V_0에 초기 농도가 $[S]_i$인 표준 용액 V_s를 가하면, 전체 부피 $V = V_0 + V_s$이고, 식 5-6의 농도는 다음과 같다.

화학종 X와 S는 같다는 것을 기억하시오.

$$[X]_f = [X]_i \underbrace{\left(\frac{V_0}{V}\right)}_{\text{묽힘 인자}} \qquad [S]_f = [S]_i \underbrace{\left(\frac{V_S}{V}\right)}_{\text{묽힘 인자}} \tag{5-7}$$

묽힘 인자 (*dilution factor*), V_0/V와 Vs/V는 묽힘 전과 후의 농도를 관련짓는다.

식 5-7은 묽힘식 1-5로부터 유도된다.

$$[X]_f V_f = [X]_i V_i$$

여기서 f는 "최종"을, i는 최초를 뜻한다.
식 5-7에서 $V = V_f$ 및 $V_0 = V_i$이다.

예제 **표준물 첨가**

50.0 mL의 오렌지 주스 시료에 들어 있는 아스코브산(비타민 C)을 전기화학적 방법으로 분석하였더니 1.78 μA의 검출기 전류를 나타냈다. 0.279 M 아스코브산 0.400 mL를 표준물로 첨가한 뒤 전류는 3.35 μA로 증가하였다. 오렌지 주스 중 아스코브산의 농도를 구하시오.

해답 오렌지 주스 중 아스코브산의 초기 농도를 $[X]_i$라면, 0.400 mL의 표준물을 가하여 50.0 mL 주스가 희석된 뒤 아스코브산의 농도는

$$\text{분석물질의 최종 농도} = [X]_f \doteqdot [X]_i \left(\frac{V_0}{V}\right) = [X]_i \left(\frac{50.0}{50.4}\right)$$

오렌지 주스에 표준물을 첨가한 뒤 첨가한 표준물의 최종 농도는

$$[S]_f = [S]_i \left(\frac{V_S}{V}\right) = [0.279\ \text{M}] \left(\frac{0.400}{50.4}\right) = 2.21_4\ \text{mM}$$

따라서 표준물 첨가식 5-6은 다음과 같이 된다.

$$\frac{[X]_i}{[X]_f + [S]_f} = \frac{[X]_i}{\left(\frac{50.0}{50.4}\right)[X]_i + 2.21_4\ \text{mM}} = \frac{1.78\ \mu\text{A}}{3.35\ \mu\text{A}} \Rightarrow [X]_i = 2.49\ \text{mM}$$

복습 문제 표준물을 첨가했을 때 전류가 3.35 μA 대신 2.50 μA였다면, 주스 중 아스코브산의 농도는 얼마인가? (**답** : 5.37 mM)

	A	B	C	D	E
1	Vitamin C Standard Addition Experiment				
2	Add 0.279 M ascorbic acid to 50.0 mL of orange juice				
3					
4		Vs =			
5	Vo (mL) =	mL ascorbic	x-axis function	I(s+x) =	y-axis function
6	50	acid added	Si*Vs/Vo	signal (μA)	I(s+x)*V/Vo
7	[S]i (mM) =	0.000	0.000	1.78	1.780
8	279	0.050	0.279	2.00	2.002
9		0.250	1.395	2.81	2.824
10		0.400	2.232	3.35	3.377
11		0.550	3.069	3.88	3.923
12		0.700	3.906	4.37	4.431
13		0.850	4.743	4.86	4.943
14		1.000	5.580	5.33	5.437
15		1.150	6.417	5.82	5.954
16					
17	C7 = $A$8*B7/$A$6		E7 = D7*($A$6+B7)/$A$6		

그림 5-5 식 5-8을 그래프로 그리기 위해 최종 부피를 변화시킨 표준물 첨가.

단일 용액에 대한 표준물 첨가법의 그래프 처리 방법

표준물 첨가에서 좀 더 정확한 결과를 얻기 위해서는 원래 신호를 1.5~3배 사이로 증가시키는 일련의 표준물 첨가를 행하는 것이다. 식 5-7의 $[X]_f$와 $[S]_f$를 식 5-6에 대입해서 정리하면 다음과 같다.

원래 신호를 3배 이상 증가시키면 결과의 정확도는 감소한다.

표준물 첨가에 대한 그래프식:

$$\underbrace{I_{S+X}\left(\frac{V}{V_0}\right)}_{y\text{축에 그릴 함수}} = I_X + \frac{I_X}{[X]_i}\underbrace{[S]_i\left(\frac{V_S}{V_0}\right)}_{x\text{축에 그릴 함수}} \qquad (5\text{-}8)$$

I_{S+X}는 미지 시료와 표준물이 들어 있는 시료를 측정한 신호이다. V/V_0는 최종 부피를 시료의 초기 부피로 나눈 것이다. 식 5-8의 우변에서 관심의 함수는 $[S]_i(V_S/V_0)$ 인데, 여기서 $[S]_i$는 시료에 첨가하기 전 표준물의 농도, V_S는 첨가한 표준물의 부피, V_0는 시료의 초기 부피이다. x축에 $[S]_i(V_S/V_0)$ 대한 y축에 $I_{S+X}(V/V_0)$ 의 그래프는 직선이어야 한다. 음의 x절편은 미지 시료의 초기 농도 $[X]_i$이다. 시료의 처음 부피가 10.00 mL이고 첨가한 표준물이 0.50 mL라면, $[X]_i$는 10.00 mL 시료에서 분석물질의 농도이다.

그림 5-5에서 열 B에 첨가한 표준물의 부피는 V_S이다. 열 D의 전류는 측정된 검출기 신호, I_{S+X}이다. 열 C는 x축 함수, $[S]_i(V_S/V_0)$ 이다. 열 E는 y축 함수, $I_{S+X}(V/V_0)$ 이다. 식 5-8은 그림 5-6으로 그려진다. 음의 x절편, 2.89 mM은 희석되지 않은 오렌지 주스에서 아스코브산의 **원래** 농도, $[X]_i$이다. 앞의 예제에서 단일 표준물 첨가로 $[X]_i$ = 2.49 mM을 얻었다. 두 결과 사이에 14%의 차이는 여러 점 대신 한 점만 사용해서 생긴 실험적 오차이다. 표준물 첨가 그래프로부터 야기되는 결과의 불확정성은 문제 5-19에서 논의한다.

동일 부피 표준물 첨가에 대한 그래프 처리 방법

일반적인 표준물 첨가법은 최종 부피를 일정하게 해 준다. 먼저 동일한 부피의 미지 시료를 여러 개의 부피 플라스크에 피펫으로 옮겨 담는다(그림 5-7). 각 플라스크에 표준 용액의 부피를 증가시켜 가면서 첨가하고, 모든 플라스크를 **동일한 최종 부피**가 되도록 묽혀 준다. 이 경우에는 희석된 표준물 농도, $[S]_f$에 대해 분석 신호, I_{S+X}를 나타낸다(그림 5-7). 음의 x절편은 미지 시료의 **최종** 농도, $[X]_f$가 된다. 미지 시료의 초기 농도, $[X]_i$ = $[X]_f(V/V_0)$ 이다.

모든 용액의 **최종 부피가 같다면:**
$[S]_f$ 대해 I_{S+X}를 그린다.
x절편이 $[X]_f$이다.

그림 5-6 식 5-8을 사용하여 최종 부피가 증가하는 표준물 첨가법에 대한 그래프 처리. 표준물 첨가로 초기 분석 신호 (A)를 1.5~3배 증가시켜야 한다 (즉, B = 0.5A에서 2A로).

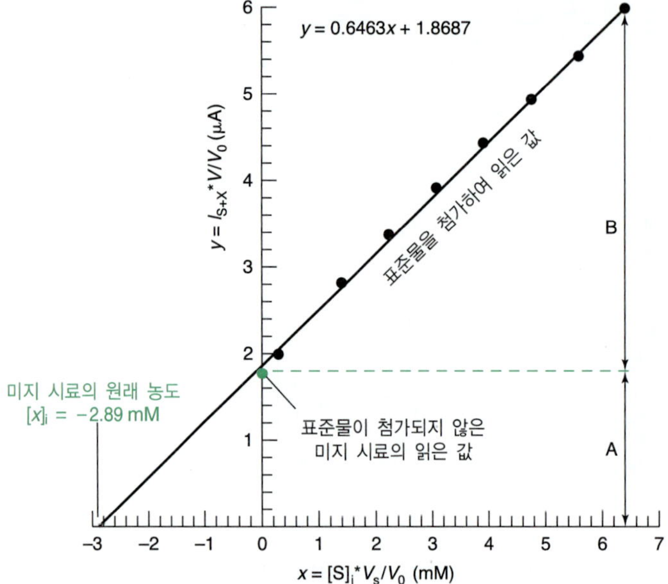

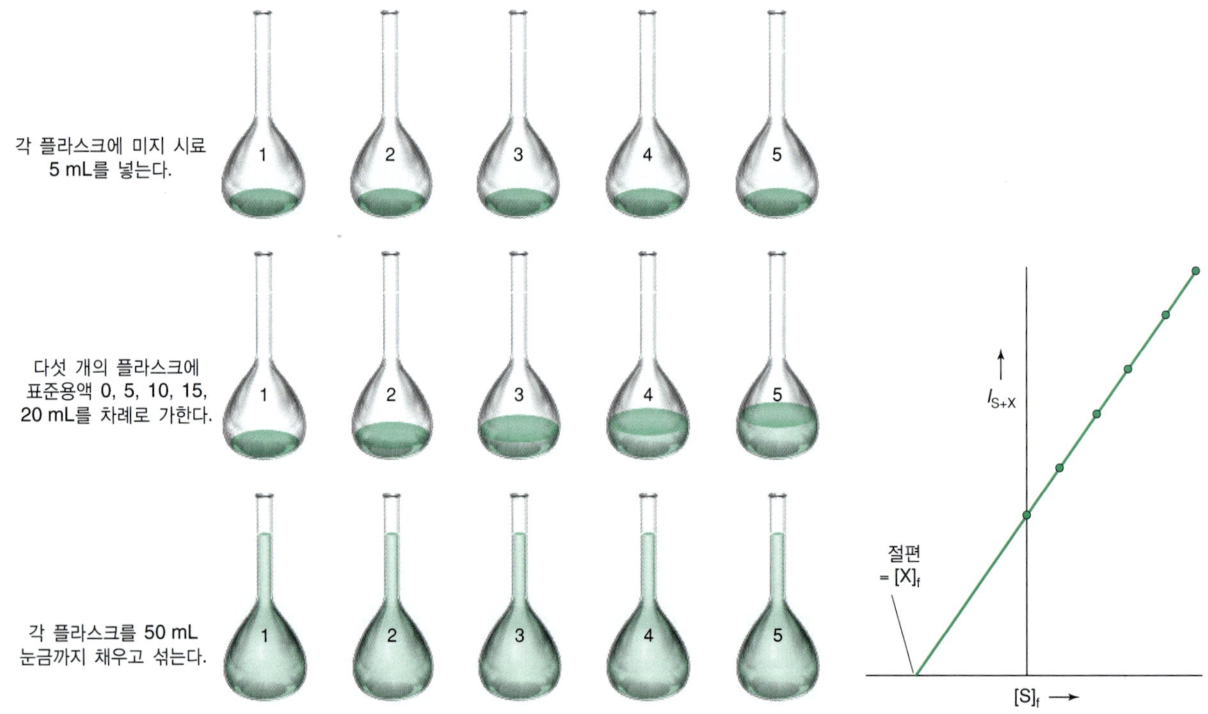

그림 5-7 동일한 최종 부피를 갖는 표준물 첨가. $[S]_f$ 대해 I_{S+X}를 그린다. 음의 x절편이 희석된 분석물질의 농도, $[X]_f$이다.

자습문제

5-C. 25.0 mM의 아스코브산 표준물 1.00 mL를 연속적으로 50.0 mL의 오렌지 주스에 첨가하였다. 그림 5-6과 같은 그래프를 그려 오렌지 주스에 들어 있는 아스코브산의 농도를 구하시오.

첨가한 표준물 전체 부피 (mL)	봉우리 전류 (μA)
0	1.66
1.00	2.03
2.00	2.39
3.00	2.79
4.00	3.16

5-4 내부 표준

내부 표준(internal standard) 이란 분석물질과는 다른 화합물로서, 미지 시료에 첨가하는 알고 있는 양의 화합물을 말한다. 분석물질의 신호와 내부 표준의 신호를 비교하여 분석물질이 얼마나 들어 있는지 알아낸다.

내부 표준은 분석할 시료의 양 또는 기기의 감응이 조절하기 어려운 이유로 매 측정마다 조금씩 변할 때 특히 유용하다. 예를 들어, 크로마토그래피 실험에서 기체 또는 액체의 유속이 수% 변하면 검출기의 감응이 변할 수 있다. 교정 곡선은 그것을 얻은 동일한 조건에서만 정확하다. 그러나 분석물질과 표준물에 대한 검출기의 **상대적** 감응은 넓은 범위의 조건에서 대체로 일정하다. 용매의 유속이 변화하여 표준물의 신호가 8.4% 증가하였다면, 분석물질의 신호 역시 대체로 8.4% 증가한다. 표준물질의 농도를 알고 있다면, 정확한 분석물질의 농도를 구할 수 있다. 크로마토그래프에서 주입하는 소량(수 μL 수준)의 시료 용액은 그다지 재현성이 좋지 않으므로, 내부 표준은 크로마토그래피 분석법에 널리 쓰인다.

5-4절은 실험실에서 내부 표준을 사용할 필요가 있을 때까지 미룰 수 있다.

내부 표준은 분석물질과 다른 물질이다. **표준물 첨가**에서 표준물질은 분석물질과 같은 물질이다.

내부 표준은 분석하기 전, 시료의 제조 단계에서 시료의 손실이 일어날 수 있을 때에도 유용하다. 어떤 조작을 하기 전에 알고 있는 양의 표준물을 미지 시료에 첨가하면, 어떤 처리 중에도 같은 분율만큼 손실될 것이므로, 표준물질과 분석물질의 비는 일정하게 유지된다.

내부 표준을 이용하기 위하여 표준물과 분석물질의 아는 혼합물을 준비하고, 그 두 화학종에 대한 검출기의 상대적 감응을 측정한다. 그림 5-8의 크로마토그램에서 각 봉우리 아래의 면적은 칼럼에 주입한 화학종의 농도에 비례한다. 그러나 검출기는 일반적으로 각 성분마다 다른 감응을 보인다. 예를 들어, 분석물질(X)과 내부 표준(S)의 농도가 모두 10.0 mM이라 하더라도, 분석물질의 봉우리 아래 면적이 표준물의 봉우리 아래 면적보다 2.30배 더 클 수 있다. 이것을 **감응 인자(response factor)**, F가 X에 대해서보다 S에 대해서 2.30배 더 크다고 말한다.

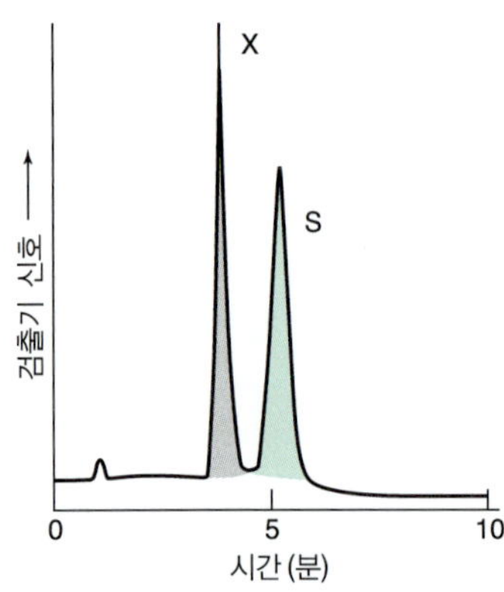

그림 5-8 내부 표준 사용을 설명하는 크로마토그램. 알고 있는 양의 표준물을 미지 시료 X에 첨가한다. 봉우리의 면적으로부터 미지 시료에 X가 얼마나 들어 있는지 알 수 있다. 그러기 위해서, 별도 실험을 통하여 각 화합물의 아는 양에 대한 상대 감응을 측정할 필요가 있다.

내부 표준 :

$$\frac{\text{분석물질 신호의 면적}}{\text{분석물질의 농도}} = F\left(\frac{\text{표준물 신호의 면적}}{\text{표준물의 농도}}\right) \quad (5\text{-}9)$$

$$\frac{A_X}{[X]} = F\left(\frac{A_S}{[S]}\right)$$

[X]와 [S]는 **섞인 후에** 각각 분석물질과 표준물의 농도이다. 식 5-9는 분석물질과 표준물에 대해 선형 감응을 근거로 하고 있다.

예 제 **내부 표준의 이용**

크로마토그래피 실험에서 0.083 7 M의 X와 0.066 6 M의 S를 함유하는 용액의 봉우리 면적은 $A_X = 423$이고, $A_S = 347$이었다(면적은 기기의 컴퓨터에 의해 임의의 단위로 측정된 것임). 미지 시료를 분석하기 위하여, 0.146 M의 S 10.0 mL를 미지 시료 10.0 mL에 첨가시키고, 그 혼합물을 부피 플라스크에 넣고 25.0 mL로 묽혔다. 이 혼합물의 크로마토그램은 그림 5-8과 같은데, $A_X = 553$이고, $A_S = 582$였다. 미지 시료 중에 함유된 X의 농도를 구하시오.

해답 먼저 표준 혼합물을 사용하여 식 5-9에 있는 감응 인자를 구한다.

표준물질의 혼합물 :
$$\frac{A_X}{[X]} = F\left(\frac{A_S}{[S]}\right)$$

$$\frac{423}{0.083\,7\ \text{M}} = F\left(\frac{347}{0.066\,6\ \text{M}}\right) \Rightarrow F = 0.970_0$$

미지 시료와 표준물질의 혼합물에서 표준물질은 10.0 mL에서 25.0 mL로 묽혀졌다. S의 농도는 다음과 같다.

$$[S] = \underbrace{(0.146\ \text{M})}_{\text{초기 농도}}\underbrace{\left(\frac{10.0\ \text{mL}}{25.0\ \text{mL}}\right)}_{\text{묽힘 인자}} = 0.058\,4\ \text{M}$$

(10.0 mL: 초기 부피, 25.0 mL: 최종 부피)

위 감응 인자를 써서 식 5-9에 다시 대입하여 혼합물에 들어 있는 미지 시료의 농도를 구한다.

미지 시료의 혼합물 :
$$\frac{A_X}{[X]} = F\left(\frac{A_S}{[S]}\right)$$

$$\frac{553}{[X]} = 0.970_0\left(\frac{582}{0.058\,4\ \text{M}}\right) \Rightarrow [X] = 0.057\,2_1\ \text{M}$$

S와 혼합물을 만들 때 X는 10.0 mL에서 25.0 mL로 묽혔으므로, 미지 시료에서 X의 원래 농도는 $(25.0/10.0) \times (0.057\,2_1\ \text{M}) = 0.143\ \text{M}$이다.

복습 문제 0.083 7 M 분석물질(X)와 0.050 0 M 표준물질(S′)의 혼합물은 면적 $A_X = 423$과 $A_{S'} = 372$를 나타내었다. 그 다음 0.050 0 M S′ 10.0 mL를 미지 시료 10.0 mL와 섞어 25.0 mL로 묽혔다. 크로마토그램에서 $A_X = 553$과 $A_{S'} = 286$이었다. 미지 시료에서 [X]를 구하시오.(**답**: 0.142 M)

자습문제

5-D. 52.4 nM 분석물질(X)과 38.9 nM 표준물(S)의 혼합물이 상대 감응 (X의 면적)/(S의 면적) = 0.644/1.000를 나타내었다. 미지 양 X와 742 nM S가 들어 있는 두 번째 용액은 (X의 면적)/(S의 면적) = (1.093/1.000)을 나타내었다. 두 번째 용액에서 [X]를 구하시오.

주요식

검출 한계와 정량 한계

$$\text{최소 검출가능 농도} \equiv \frac{3s}{m}$$

$$\text{정량 하한} \equiv \frac{10s}{m}$$

s = 검출 한계의 1~5배에서 시료의 표준 편차

m = 교정 곡선의 기울기

표준물 첨가

$$\frac{[X]_i}{[X]_f + [S]_f} = \frac{I_X}{I_{S+X}}$$

$[X]_i$ = 초기 미지 시료에서 분석물질의 농도

$[X]_f$ = 표준물질 첨가 후 분석물질의 농도

$[S]_f$ = 미지 시료에 첨가 후 표준물질의 농도

표준물 첨가 그래프

시료 + 표준물질의 **변하는 전체 부피**에 대해서는 식 5-8로부터 그림 5-6의 그래프를 그린다.

시료 + 표준물질의 **동일한 전체 부피**에 대해서는 그림 5-7의 그래프를 그린다. 음의 x절편이 혼합물에서 최종 분석물질의 농도, $[X]_f$이다. 미지 시료에서 원래 분석물질의 농도는 $[X]_i = [X]_f(V/V_0)$이다.

내부 표준

$$\frac{\text{분석물질 신호의 면적}}{\text{분석물질의 농도}} = F\left(\frac{\text{표준물질 신호의 면적}}{\text{표준물질의 농도}}\right)$$

F = 알고 있는 농도의 표준물질과 분석물질에 대해 별도의 실험을 통하여 측정한 감응 인자

알아두어야 할 술어

감도(sensitivity)
감응 인자(response factor)
검출 한계(detection limit)
교정 점검(calibration check)
관리도(control chart)
내부 표준(internal standard)
동적 범위(dynamic range)
명세서(specifications)
매트릭스(matrix)
매트릭스 효과(matrix effect)
방법 검증(method validation)
방법 바탕(method blank)
범위(range)
보고 한계(reporting limit)
사용 목적(use objective)
선택성(selectivity)
선형 범위(linear range)
성능 시험 시료(performance test sample)
소량첨가(spike)
시약 바탕(reagent blank)
안전성(robustness)
정량 하한(lower limit of quantitation)
평가(assessment)
표준물 첨가(standard addition)
품질 보증(quality assurance)
현장 바탕(field blank)

문제

5-1. 측정 데이터, 처리 데이터와 **결과**를 구별하시오.

5-2. 교정 점검과 **성능 시험 시료**의 차이는 무엇인가?

5-3. 바탕은 무엇이며, 그 목적은 무엇인가? **방법 바탕, 시약 바탕**과 **현장 바탕**을 구별하시오.

5-4. 선형 범위, 동적 범위와 **범위**를 구별하시오.

5-5. 가양성과 **가음성**의 차이는 무엇인가?

5-6. 식 5-4로 정의된 검출 한계의 분석물질이 함유된 시료를 생각해보자. 그림 5-2를 참조하여 다음을 설명하시오. 분석물질이 없는 시료인데도 검출 한계 이상이 들어 있다고 잘못 결론지을 확률은 약 1%이다. 검출 한계의 농도가 실제로 들어 있는 시료인데도 검출 한계 이상이 들어 있지 않다고 잘못 결론지을 확률은 약 50%이다.

5-7. 관리도는 어떻게 쓰이는가? 공정이 통제할 수 없게 되는 여섯 가지 징후를 말하시오.

5-8. 식수 정수장에서 행해지는 화학 분석의 사용 목적은 이렇다. "정수에 함유된 할로아세트산염의 농도가 방법 552.2 (정밀도, 정확도 및 기타 요건을 명시)를 이용한 부산물 소독 규칙 1단계 (Stage 1 Disinfection By-products Rule)에 규정한 수준에 부합하는지를 결정하기 위해 계절마다 데이터와 결과를 모은다." 다음 중 어느 것이 그 사용 목적의 의미를 가장 잘 요약하는가?

(a) 정해진 정밀도와 정확도 안에 할로아세트산염의 농도가 알려져 있는가?
(b) 물에서 할로아세트산염을 검출할 수 있는가?
(c) 할로아세트산염의 농도가 규정 한계를 초과하는가?

5-9. 가양성과 가음성. 방글라데시와 대부분의 남동아시아의 우물물에는 자연적으로 발생하는 비소가 불안전한 수준으로 들어 있다. 이 심각한 공중 보건 문제와 싸우는 데 비색분석용 검사 세트가 사용된다. 색깔 감응이 As > 50 μg/L이면 그 우물은 적색으로 페인트칠하여 식수로 사용되지 않도록 한다. As < 50 μg/L이면 그 우물은 녹색으로 페인트칠하여 식수로 사용한다. (참고로 유럽과 북미에서 As의 허용 수준은 10 μg/L이다). 비색분석 검사 결과 As > 50 μg/L이면 양성 결과라 한다. 2002년의 한 연구 결과 50%가 가양성, 8%가 가음성으로 나타났다. 녹색 우물의 몇 %가 적색이어야 하고, 적색 우물의 몇 %가 녹색이어야 하는가? 공중 보건상 50% 가음성 비가 더 나은가 또는 더 나쁜가?

5-10. 유아용 균질 소고기 식품의 **성능시험 시료**를 세 실험실에 보내 분석하였다. 세 실험실의 단백질, 지방, 아연, 라이보플라빈, 팔미트산의 결과는 잘 일치하였다. 철에 대한 결과는 의심스러웠다. A 실험실: 1.59 ± 0.14 (13), B 실험실: 1.65 ± 0.56 (8), C 실험실: 2.68 ± 0.78 (3) mg Fe/100 g. 괄호 안의 숫자는 반복 실험 횟수이다. C 실험실이 A 실험실과 B 실험실의 결과보다 더 큰 결과를 주었다. 95% 신뢰 수준에서 C 실험실의 결과가 B 실험실의 결과와 다른가? F 검정 (4-2절)을 통해 가변도가 유의하게 다른지 살펴본 다음, 적절한 t 검정 (4-3절)을 수행하시오.

5-11. 검출 한계. 분광광도법에서는 빛의 흡광도를 이용하여 분석물질의 농도를 측정한다. 낮은 농도의 시료를 만들어 1.000 cm 셀에서 아홉 번의 반복 측정으로 흡광도 0.004 7, 0.005 4, 0.006 2, 0.006 0, 0.004 6, 0.005 6, 0.005 2, 0.004 4, 0.005 8을 얻었다. 아홉 개의 시료 바탕은 0.000 6, 0.001 2, 0.002 2, 0.000 5, 0.001 6, 0.000 8, 0.001 7, 0.001 0, 0.001 1이었다.

(a) 식 5-2를 이용하여 흡광도 검출 한계를 구하시오.

(b) 교정 곡선은 경로 길이가 1.000 cm인 셀에서의 농도에 대한 흡광도의 그래프이다. 흡광도는 단위가 없다. 교정 곡선의 기울기 $m = 2.24 \times 10^4\ M^{-1}$이다. 식 5-4를 이용하여 농도 검출 한계를 구하시오.

(c) 식 5-5을 이용하여 정량 하한을 구하시오.

5-12. **관리도.** 사람의 혈청에 들어 있는 휘발성 화합물을 배출 및 포착 (purge and trap) 기체 크로마토그래피 – 질량 분석법으로 측정하였다. 품질 관리를 위해서 일정량의 1,2-다이클로로벤젠을 혈청에 주기적으로 **소량첨가**하여 그 농도 (ng/g = ppb)를 $n = 1$번 측정하였다. 다음의 소량첨가 데이터에 대한 평균과 표준 편차를 구하고, 그 데이터에 대한 관리도를 작성하시오. 측정된 값이 보충 5-1에 나열한 관리도의 안정도 기준에 맞는가를 말하시오.

측정된		측정된		측정된		측정된		측정된	
날	ppb	날	ppb	날	ppb	날	ppb	날	ppb
0	1.05	91	1.13	147	0.83	212	1.03	290	1.04
1	0.70	101	1.64	149	0.88	218	0.90	294	0.85
3	0.42	104	0.79	154	0.89	220	0.86	296	0.59
6	0.95	106	0.66	156	0.72	237	1.05	300	0.83
7	0.55	112	0.88	161	1.18	251	0.79	302	0.67
30	0.68	113	0.79	167	0.75	259	0.94	304	0.66
70	0.83	115	1.07	175	0.76	262	0.77	308	1.04
72	0.97	119	0.60	182	0.93	277	0.85	311	0.86
76	0.60	125	0.80	185	0.72	282	0.72	317	0.88
80	0.87	128	0.81	189	0.87	286	0.68	321	0.67
84	1.03	134	0.84	199	0.85	288	0.86	323	0.68

출처: D. L. Ashley, M. A. Bonin, F. L. Cardinali, J. M. McCraw, J. S. Holler, L. L. Needham, and D. G. Patterson, Jr., *Anal Chem.* **1992**, *64*, 1021.

5-13. 관리도. 보충 5-1의 그래프는 품질 관리 시료를 매일 다섯 번 반복 측정한 평균값을 나타낸다. 표준 작업 절차에 따르면 실행선 ($\pm 3\sigma/\sqrt{n}$) 밖으로 벗어나는 품질 관리 시료가 있을 때 오차

의 원인을 확인하기 위해 작업을 멈추게 한다. 이 조건은 보충 5-1에는 생기지 않았다. 이 데이터에 보충 5-1의 다른 거부 조건이 있는가?

5-14. 1990년대 어느 살인 사건의 재판에서 범죄 현장에서 찾은 피고의 혈액이 제시되었다. 검사는 그 혈액이 범행 중 피고가 남긴 것이라고 주장했다. 피고측은 나중에 채취한 시료에 피고의 혈액을 경찰이 "주입했다고" 주장했다. 일반적으로 혈액을 채취할 때 금속과 결합히는 화합물인 EDTA(응고 방지제)가 들어 있는 유리병을 이용하는데, 혈액이 유리병에 채워졌을 때 EDTA의 농도는 ~4.5 mM이다. 그 당시에는 혈액 중 EDTA를 측정하는 절차가 잘 확립되어 있지 않았다. 범죄 현장의 혈액의 EDTA 농도가 4.5 mM보다 몇 십배 낮았음에도 배심원은 피고를 석방하였다. 이러한 재판이 혈액 중 EDTA를 측정하는 새 방법을 개발하는 동기를 제공하였다.

(a) 정밀도와 정확도. 그 방법의 정밀도와 정확도를 측정하기 위하여 알려진 수준까지 혈액에 EDTA를 첨가하였다.

$$\text{정확도} = 100 \times \frac{\text{관찰 평균값} - \text{알려진 값}}{\text{알려진 값}}$$

$$\text{정밀도} = 100 \times \frac{\text{표준편차}}{\text{평균}} \equiv \textbf{변동 계수}$$

다음 표의 각 세 개의 소량첨가에 대하여 품질 관리 시료의 정밀도와 정확도를 구하시오.

세 가지 첨가된 수준에서 EDTA 측정(ng/mL)

소량첨가 :	22.2 ng/mL	88.2 ng/mL	314 ng/mL
관찰 :	33.3	83.6	322
	19.5	69.0	305
	23.9	83.4	282
	20.8	100	329
	20.8	76.4	276

출처: R, L. Sheppard and J. Henion, *Anal. Chem*. **1997**, *69*, 477A, 2901.

(b) 검출 한계와 정량 한계. 검출 한계 근처의 낮은 EDTA 농도는 다음과 같은 단위 없는 값들을 주었다. 175, 104, 164, 193, 131, 189, 155, 133, 151, 176. 열 개의 바탕 평균은 45_0이었다. 교정 곡선의 기울기는 1.75×10^9 M^{-1}이다. 신호의 검출 한계와 농도의 검출 한계 및 EDTA에 대한 정량 하한을 구하시오.

5-15. 소량첨가 회수율과 검출 한계. 식수에 있는 비소 화학종은 AsO_3^{3-} (arsenite), AsO_4^{3-} (arsenate), $(CH_3)_2AsO_2^-$ (dimethylarsenate), $(CH_3)AsO_3^{2-}$ (methylarsonate) 등이다. 비소가 존재하지 않는 순수한 물에 0.40 μg AsO_4^{3-}/L를 소량첨가하였다. 7회 반복 측정하여 0.39, 0.40, 0.38, 0.41, 0.36, 0.35, 0.39 μg/L를 얻었다(J.A. Day, M. Montes-Bayón, A. P. Vonderheide, and J. A. Caruso, *Anal. Bioanal. Chem*. **2002**, *373*, 664). 소량첨가의 평균 %회수율과 농도 검출 한계를 구하시오.

5-16. 표준물 첨가. 50.0 mL의 레몬주스 시료에 들어 있는 비타민 C를 전기화학적 방법으로 분석했더니 2.02 μA의 검출기 전류를 나타냈다. 29.4 mM 비타민 C 1.00 mL를 표준물 첨가한 뒤 전류는 3.79 μA로 증가하였다. 레몬주스에 들어 있는 비타민 C의 농도를 구하시오.

5-17. 표준물 첨가. 미지 시료 중의 분석물질이 10.0 mV의 신호를 나타내었다. 0.050 0 M 표준물 1.00 mL를 100.0 mL의 미지 시료에 첨가한 뒤 신호는 14.0 mV로 증가하였다. 원래 미지 시료 중에 들어 있는 분석물질의 농도를 구하시오.

5-18. 표준물 첨가 그래프. 치아의 에나멜질은 주로 하이드록시아파타이트 칼슘, $Ca_{10}(PO_4)_6(OH)_2$로 이루어져 있다. 고고학적 시료의 치아에 함유된 미량 원소를 분석하면 고대인들의 식사와 질병에 대한 실마리를 제공해 준다. Hamline 대학 학생들이 사랑니의 에나멜질에 함유된 미량의 스트론튬을 원자 흡광법으로 측정하였다. 녹인 치아의 에나멜질 0.750 mg과 다양한 농도로 첨가한 Sr이 함유된 **동일한 전체 부피** 10.0 mL로 용액을 제조하였다.

첨가한 Sr (ng/mL = ppb)	신호(임의 단위)
0	28.0
2.50	34.3
5.00	42.8
7.50	51.5
10.00	58.6

출처: V. J. Porter, P. M. Sanft, J. C. Dempich, D. D. Dettmer, A. E. Erickson, N. A. Dubauskie, S. T. Myster, E. H. Matts, and E. T. Smith, *J. Chem. Ed*. **2002**, *79*, 1114.

(a) 그림 5-6과 5-7 중에서 어떤 그래프가 이 문제에 적합한가? 두 그래프의 차이는 무엇인가? 각 그래프에서 x 절편은 무엇을 의미하는가?
(b) 그래프를 그려 10.0 mL 시료 용액에 들어 있는 Sr 농도를 pars per billion = ng/mL 단위로 구하시오.
(c) 치아 에나멜질에 들어 있는 Sr 농도를 parts per million = μg/g 단위로 구하시오.

5-19. **표준물 첨가의 불확정성**. 다음 식으로 문제 5-18의 표준물 첨가 그래프의 x 절편의 불확정성을 구한다.

$$x \text{ 절편의 표준 편차} = \frac{s_y}{|m|}\sqrt{\frac{1}{n} + \frac{\bar{y}^2}{m^2\Sigma(x_i - \bar{x})^2}}$$

위 식에서 s_y는 y의 표준 편차(식 4-15), $|m|$은 최소 제곱 직선의 기울기의 절대값(식 4-12), n은 데이터 수($n = 5$), $\bar{y}$는 다섯 점에 대한 y의 평균값, x_i는 다섯 점에 대한 각각의 x값, $\bar{x}$는 다섯 점에 대한 x의 평균값이다.

(a) 표준물 첨가에 대한 직선을 구하기 위해 그림 4-9와 같은 스프레드시트를 만들고, $\bar{x}$ 절편의 불확정성에 대한 식을 포함시키시오. 문제 5-18에서 구한 Sr 농도의 불확정성을 구하시오.

(b) 만일 표준물 첨가 절편이 불확정성의 주원인이라고 한다면, 치아 에나멜질에 들어 있는 Sr 농도에 대한 불확정성을 parts per million 단위로 구하시오.

5-20. 표준물 첨가 그래프. 아래 그림은 산성화한 수돗물에 표준물을 첨가한 Cu^{2+}를 전기화학적 방법으로 측정한 것이다. 수돗물 부피에 비해 표준물 첨가한 부피는 무시할 수 있으므로, 모든 용액은 같은 부피를 가졌다고 가정할 수 있다. 신호는 그림의 바탕선을 기준으로 상대적으로 측정한 봉우리의 높이 (μA 단위) 이다. 수돗물에 들어 있는 Cu^{2+}의 농도를 구하시오.

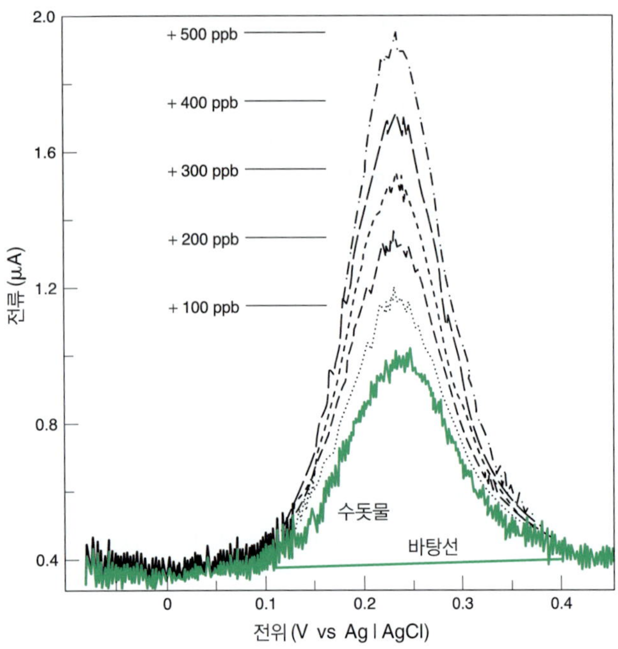

수돗물에 100 ppb Cu^{2+}를 5회 표준물 첨가. [출처: M. A. Nolan and S. P. Kounaves, *Anal. Chem.* **1999**, *71*, 3567.]

5-21. **변하는 부피로 표준물 첨가.** 건수천 (dry river) 의 퇴적물에서 35°C에서 25 wt% HNO_3를 이용하여 1시간 동안 납을 추출하였다. 그런 다음, 거른 추출물 1 mL를 다른 시약과 혼합하여 전체 부피를 V_0 = 4.60 mL로 하였다. 2.50 ppm Pb(II) 로 표준물 첨가하여 전기화학적 방법으로 Pb(II) 의 농도를 측정하였다.

첨가한 Pb(II) (mL)	신호 (임의의 단위)
0	1.10
0.025	1.66
0.050	2.20
0.075	2.81

출처: M. J. Goldcamp, M. N. Underwood, J. L. Cloud, S. Harshman, and K. Ashley, *J. Chem. Ed.* **2008**, *85*, 976.

(a) 부피가 일정하지 않으므로, 그림 5-5와 5-6의 과정을 따라서 1.00 mL 추출물에서 Pb(II) 의 농도, ppm을 구하시오.

(b) 문제 5-19의 식을 이용하여 그래프의 절편에 대한 불확정성을 구하시오. 절편에 대한 불확정성이 다른 불확정성보다 크다고 가정하고 1.00 mL 추출물에서 Pb(II) 의 농도, ppm에 대한 불확정성을 구하시오.

5-22. 내부 표준. 12.8 μM 분석물질 (X) 과 44.4 μM 표준물 (S) 의 혼합용액을 크로마토그래피로 분석한 결과, 봉우리 면적은 X는 306, 그리고 S는 511이었다. 미지 양의 X와 55.5 μM S의 두 번째 혼합용액은 X에 대해서는 251, 그리고 S에 대해서는 563의 봉우리 면적을 나타냈다. 두 번째 용액에 들어 있는 [X]를 구하시오.

5-23. 내부 표준. 미지 시료 (X) 10.00 mL를 표준물 (S) 8.24 μg S/mL가 들어 있는 용액 5.00 mL와 섞은 후 50.0 mL로 묽혔다. 측정한 신호비 (X의 신호)/(S의 신호) 는 1.69였다. 같은 농도의 X와 S에 대한 별도의 실험에서 X에 의한 신호는 S에 의한 신호의 0.930배였다. 미지 시료에 들어 있는 X의 농도를 구하시오.

5-24. 내부 표준. 1.06 mmol 1-펜탄올과 1.53 mmol 1-헥산올을 기체 크로마토그래피로 분리하였더니, 상대 봉우리 면적이 각각 922와 1 570이었다. 헥산올이 들어 있는 미지 시료에 0.57 mmol 펜탄올을 첨가했더니, 상대 크로마토그래피 봉우리 면적이 843:816 (펜탄올 : 헥산올) 이었다. 미지 시료에는 헥산올이 얼마나 들어 있었는가?

응용문제

5-25. 올림픽 운동선수들은 체력 향상 금지 약물을 사용하는지 검사받는다. 소변을 채취해서 분석하였을 때, 가양성 결과가 얻어질 비율을 1%라 하자. 또한 가양성 결과의 비율을 줄이기 위해 방법을 개선하는 것은 비용이 너무 많이 들기 때문에 방법을 개선할 수 없다고 하자. 선량한 사람을 기소하는 것을 원치 않는다. 검사 결과에 대한 가양성 비율이 항상 1%라 할지라도, 가양성에 따른 기소 비율을 낮추려면 어떻게 해야 하는가?

더 읽을거리

D. B. Hibbert, *Quality Assurance for the Analytical Chemistry Laboratory* (Oxford: Oxford University Press, 2007).

W. Funk, V. Dammann, and G. Donnevert, *Quality Assurance in Analytical Chemistry* (Hoboken, NJ: Wiley, 2006).

화성에서 적정실험을 하다

(a)

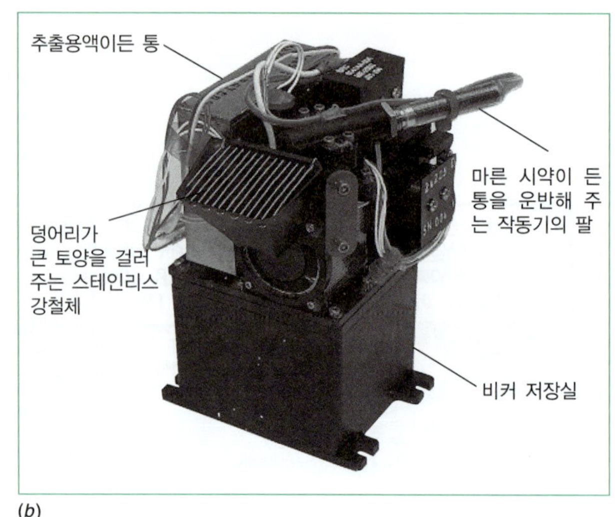

(b)

(a) Sam Kounaves 교수가 *Phoenix Mars Lander* 습식화학 전지를 살피고 있다. (b) 실험 장치의 주요 부품. [자료 제공: S. Kounaves.]

2008년 Tufts 대학교의 Sam Kounaves 교수와 학생들은 *Phoenix Mars Lander*에 탑재한 습식화학 실험장치가 로봇 팔이 채취한 화성 토양의 성분정보를 전송하자 매우 기뻐하였다. 로봇 팔이 약 1 g의 흙을 옮겨 체로 친 다음 전기화학센서(15장 참조)에 연결된 "비커"로 옮기면 흙 속의 가용 염을 우려내는 수용액이 첨가되고 센서가 액체 속의 이온들을 측정한다. 다른 이온과는 달리 황산이온은 Ba^{2+}으로 침전 적정(*precipitation titration*)하여 측정한다.

$$BaCl_2(s) \longrightarrow Ba^{2+} + 2Cl^-$$
$$SO_4^{2-} + Ba^{2+} \longrightarrow BaSO_4(s)$$

시약통 속의 고체 $BaCl_2$가 수용액에 천천히 녹으면 $BaSO_4$가 침전한다. 문제 6-25는 시약이 충분히 가해졌을 때 한 센서가 낮은 수준의 Ba^{2+}를 보여 주며 다른 센서는 $BaCl_2$가 녹음에 따라 Cl^-가 계속 증가하는 것을 관찰함을 보여준다. 적정의 종말점은 마지막 SO_4^{2-}가 침전하고 $BaCl_2$가 계속 녹음에 따라 일어나는 급격한 Ba^{2+}의 증가에 의해 나타난다. 적정 시작부터 종말점까지 계속되는 Cl^-의 증가는 SO_4^{2-}가 모두 소비되는 데 필요한 $BaCl_2$의 양을 알려 준다. 두 전지에서 두 가지 흙 시료를 적정한 결과 흙 속의 황산이온 함량은 ~1.3(± 0.5) 무게%였다.[1] 다른 증거에 따르면 황산 이온의 출처는 $MgSO_4$이다.

06

유용한 적정

부피 분석(volumetric analysis)에서는 알려진 반응에 의해 분석물질과의 반응이 완결되는 데 필요한 알고 있는 시약의 부피를 측정한다. 이 부피와 반응의 화학량론으로부터 미지 시료에 분석물질이 얼마나 들어 있는가를 계산하는 것이다. 이 장에서는 먼저 부피 분석에 적용되는 일반 원리를 논의한 후, 침전 반응을 기초로 하는 몇 가지 분석 방법을 설명한다. 그 과정에서 침전 반응을 이해하는 수단으로써 용해도곱을 소개한다.

6-1 부피 분석의 원리

적정(titration)에서는 반응이 완결될 때까지 **적정시약(titrant)**을 **분석물질**(*analyte*)에 조금씩 첨가한다. 가장 보편적인 방법은 그림 6-1에서 보여주는 것과 같이 뷰렛을 통하여 적정시약을 가하는 것이다. 적정시약은 분석물질과 빠르게 완전하게 반응해야 하며 분석물질이 모두 소모될 때까지 첨가된다. 가장 대표적인 적정은 산-염기, 산화-환원, 착물 형성, 침전 반응에 기초한 것이다.

분석물질이 언제 모두 소모되는지를 결정하는 방법은 (1) **지시약**(*indicator*)의 색깔 변화를 관측하거나(천연색 사진 1), (2) 분석 용액에 담긴 한 쌍의 전극 사이에서 나타나는 전류나 전압의 급격한 변화를 측정하거나, (3) 반응에 참여하는 화학종의 흡광도를 측정하는 것 등이다. **지시약(indicator)**은 적정이 완결되었을 때 물리적 특성(보통 색깔)이 갑자기 변하는 화합물이다. 색이 변하는 것은 당량점에서 분석물질이 모두 소모되거나 과량의 적정시약이 나타나기 때문이다.

분석물질과 정확하게 화학량론적으로 반응하는 데 필요한 만큼 적정시약이 첨가될 때가 **당량점(equivalence point)**이다. 예를 들면, 5몰의 옥살산은 뜨거운 산성 용액에서 2몰의 과망가니즈산 이온과 다음과 같이 반응한다.

$$5\mathrm{HO-\overset{\displaystyle O}{\overset{\|}{C}}-\overset{\displaystyle O}{\overset{\|}{C}}-OH} + 2\mathrm{MnO_4^-} + 6\mathrm{H^+} \longrightarrow 10\mathrm{CO_2} + 2\mathrm{Mn^{2+}} + 8\mathrm{H_2O} \qquad (6\text{-}1)$$

분석물질 옥살산 (무색); 적정시약 과망가니즈산 이온 (자주색); CO_2 (무색); Mn^{2+} (무색)

나중에 종말점 검출 방법을 공부할 것이다.
지시약 : 6-6절, 9-6절, 10-4절, 13-3절, 16-2절
전극 : 10-4절, 15장
흡광도 : 19-3절

미지 시료가 5.00 밀리몰의 옥살산을 포함한다고 가정하면, 당량점은 2.00밀리몰의 과망가니즈산 이온이 첨가될 때이다.

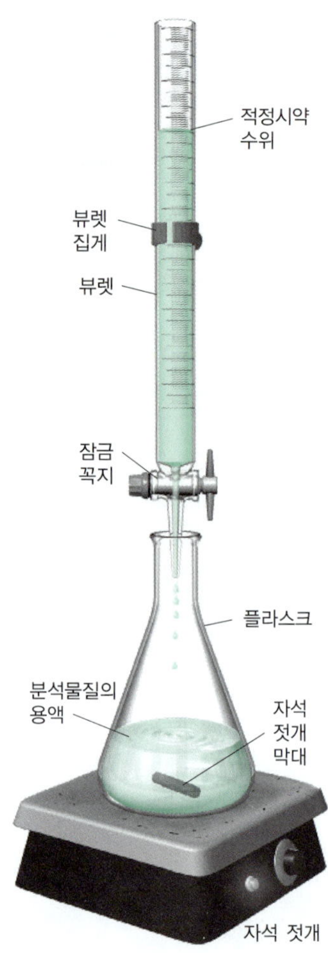

그림 6-1 전형적인 적정 장치. 분석물질은 플라스크 안에, 적정시약은 뷰렛 안에 있다. 자석 젓개 막대는 거의 모든 용액에 비활성인 테플론으로 싸여져 있으며, 막대는 모터 안에 있는 자석이 회전할 때 함께 회전한다.

당량점은 적정에서 얻고자 하는 이상적인 결과이다. 실제 측정하는 것은 **종말점(end point)** 이며, 종말점은 용액의 물리적 성질이 갑자기 변하여 나타난다. 반응 6-1에서 종말점은 플라스크 안 과망가니즈산 이온의 자주색이 나타나는 점이다. 당량점까지 가해준 모든 과망가니즈산 이온은 옥살산 이온에 의해 소모되고, 분석 용액은 무색으로 남아 있게 된다. 당량점 이후에는 반응하지 않은 과망가니즈산 이온이 눈에 보일 만큼 충분히 남게 된다. **처음의** 연한 자주색이 종말점을 나타낸다. 관찰하는 눈이 정확할수록 측정된 종말점은 당량점에 더 가깝게 된다. 여기서 종말점은 당량점과 정확히 일치할 수 없다. 그 이유는 용액 중에 옥살산과 반응하는 데 필요한 양보다 약간 많은 과망가니즈산 이온이 있어야만 자주색을 나타내기 때문이다.

종말점과 당량점의 차이는 피할 수 없는 **적정 오차(titration error)** 이다. 지시약의 색깔, 반응물, 또는 생성물의 광학적 흡광도 및 pH와 같은 적당한 물리적 특성의 변화를 선택하면, 우리는 당량점에 아주 근접한 종말점을 관찰할 수 있다. 또한 적정 오차는 **바탕 적정(blank titration)** 을 하여 추정할 수 있으며, 이것은 분석물질만 빼고 똑같은 과정을 실행하는 것이다. 예를 들어, 옥살산을 포함하지 않은 용액을 MnO_4^-로 적정하여 자주색이 나타나는 데 필요한 양이 얼마인지 알아보는 것이다. 이 MnO_4^-의 부피를 미지시료를 적정할 때 측정한 부피로부터 빼준다.

분석 결과가 타당성을 갖기 위해서는 사용된 반응물 중 한 가지의 양은 알고 있어야 한다. **일차 표준물질(primary standard)** 은 칭량하여 곧바로 사용할 수 있을 정도로 순수해야 한다. 예를 들어, 미지 농도의 염산을 염기로 적정하려고 하면, 일차 표준물질급의 탄산 소듐을 칭량하고 물에 녹여 적정시약을 만들 수 있다.

$$\underset{\text{(미지 시료)}}{2HCl} + \underset{\substack{\text{탄산 소듐} \\ \text{FM 105.99} \\ \text{(일차 표준물질)}}}{Na_2CO_3} \longrightarrow H_2CO_3 + 2NaCl \qquad (6\text{-}2)$$

HCl 2몰은 화학식량이 105.99인 Na_2CO_3 1몰과 반응한다. 같은 과정을 고체 NaOH를 사용하여 수행할 수는 없는데 이유는 고체 NaOH는 순수하지 않기 때문이다.

$$HCl + \underset{\substack{\text{수산화 소듐} \\ \text{FM 40.00}}}{NaOH} \longrightarrow H_2O + NaCl$$

NaOH는 보통 약간의 Na_2CO_3(공기 중의 CO_2와 반응하여 생김)와 H_2O(역시 공기로부터)로 오염되어 있다. 수산화 소듐 40.00 g을 칭량하더라도, 정확히 1몰이 들어 있지 않다.

일차 표준물질은 순도가 99.9% 이상이어야 한다. 일차 표준물질은 일반적인 방법으로 보관할 때 분해되지 않아야 하며, 대기로부터 흡착된 미량의 물을 제거하기 위해서 가열이나 진공으로 건조시키기 때문에 가열이나 진공으로 건조시킬 때 안정해야 한다.

보충 3-1에 여러 실험실에서 분석 과정의 정확도를 시험하는 데 사용되는 표준 기준 물질을 열거하였다.

대부분의 경우 일차 표준물질로 적정시약을 만들 수 없기 때문에, 대략 원하는 농도를 갖는 용액을 만들어 정확히 칭량한 일차 표준물질로 적정하여 사용한다. 일차 표준물질과 반응하는 데 필요한 적정시약의 부피로부터 적정시약의 농도를 계산하게 된다. 표준 용액과 적정하여 적정시약의 농도를 결정하는 과정을 **표준화(standardization)** 라고 하고, 농도를 알고 있는 용액을 **표준 용액(standard solution)** 이라고 한다. 모든 경우에 있어서 분석 결과의 타당성은 일차 표준 용액의 조성을 아는 데 전적으로 달려 있다.

직접적정(direct titration) 에서는 적정시약을 반응이 완결될 때까지 분석물질에 가한다.

직접 적정 : 분석물질 (미지) + 적정시약 (기지) ⟶ 생성물

반응식 6-1에서와 같이 과망가니즈산 적정시약을 분석물질인 옥살산에 첨가하는 것이 직접 적정법이다.

역적정(back titration) 은 분석물질에 농도를 알고 있는 첫 번째 표준 시약을 **과량** (*excess*) 가한 다음, 두 번째 표준 시약을 사용하여 여분의 첫 번째 표준 시약을 적정하는 방법이다.

분석물질 (미지) + 시약 1 (기지) ⟶ 생성물 + 과량의 시약 1 (미지 양) (6-3a)

역적정 : 과량의 시약 1 (미지) + 시약 2 (기지) ⟶ 생성물 (6-3b)

역적정의 종말점이 직접 적정의 종말점보다 선명하거나 과량의 첫 번째 시약과 분석물질과의 반응을 완결시킬 필요가 있을 경우에는 역적정이 유용하다.

예를 들면, 과산화이황산염 ($S_2O_8^{2-}$) 의 정량에는 역적정이 이용된다. **정량**은 '측정'을 가리키는 화학자의 전문용어이다. 순수하지 않은 $K_2S_2O_8$ 미지 시료를 촉매인 Ag_2SO_4를 포함하는 H_2SO_4 용액 녹인 과량의 $Na_2C_2O_4$ 표준 용액으로 처리한다.

과산화이황산염은 강력한 산화제로 환경 분석에서 유기물질을 분해하는 데 쓰인다. 또한 기름과 유리제품 안에 있는 유기 물질을 제거하는 데 쓰이는 "세척 용액"의 활성 성분이다.

$$\underset{\text{미지}}{H_2S_2O_8} + \underset{\text{과량이 표준시약}}{H_2C_2O_4} \xrightarrow{Ag^+} 2H_2SO_4 + 2CO_2(g)\uparrow \quad (6\text{-}4)$$

과량의 표준 시약 용액은 미지 시료와의 반응이 완결되도록 해준다. 혼합액을 $CO_2(g)$의 발생이 완결될 때까지 가열한 뒤, 용액을 40°C로 식히고 여분의 $H_2C_2O_4$는 반응식 6-1에 의해 MnO_4^- 표준 용액으로 역적정한다. 역적정에 필요한 MnO_4^-의 양이 반응식 6-4에서 반응하지 않고 남은 $H_2C_2O_4$이 얼마나 되는지 알려주게 된다.

무게 적정(gravimetric titration) 에서는 적정시약의 부피가 아니라 무게를 측정한다. 적정시약의 농도는 용액 1 kg당 시약의 몰로 표시한다. 측정의 정밀도는 뷰렛을 사용하여 얻을 수 있는 0.3%에서 저울을 사용함으로써 0.1%까지 얻게 된다. Guenther[2]나 Butler와 Swift[3]의 실험은 무게 적정의 예이다. 무게 적정법에서는 뷰렛이 필요하지 않고, 적정시약은 피펫으로 가하게 된다. "무게 적정법이 좋은 표준이 되어야 하고, 부피 분석용 유리기구는 박물관에서만 볼 수 있어야 한다."[4]

이 책의 자매 웹 사이트 www.whfreeman.com/exploringchem5e에는 이 책의 해당 장과 연결된 *Journal of Chemical Education*의 실험 목록이 실려 있다.

자습문제

6-A. (a) 왜 분석 결과의 타당성은 궁극적으로 일차 표준물질의 조성을 아는 것에 달려 있는가?

(b) 바탕 적정이 어떻게 적정오차를 줄이는가?

(c) 직접 적정법과 역적정법의 차이는 무엇인가?

(d) 당량점을 정하는 데 따르는 불확정성이 ±0.04 mL라고 하자. 50 mL 뷰렛으로 적정할 때 약 20 mL가 필요할 경우보다, 미지 시료를 넉넉히 취하여 약 40 mL가 필요한 경우가 더 정확한 이유는 무엇인가?

6-2 적정 계산

직접 적정법의 결과를 해석하기 위한 주요 단계는 다음과 같다.

1. 적정시약의 부피로부터 소모된 적정시약의 몰수를 계산한다.

화학량론은 화학반응에 참여하는 물질의 비이다.

2. 적정 반응의 **화학량론**으로부터 분석물질의 미지 몰수와 알고 있는 적정시약의 몰수를 관련짓는다.

1 : 1 화학량론

*K*가 아주 클 때 $\rightleftharpoons$ 대신 $\longrightarrow$를 쓰기도 한다.

$$Ag^+ + Cl^- \longrightarrow AgCl(s)$$

Ag^+ 표준 용액으로 미지의 염화 이온 용액을 적정하는 경우를 살펴보자.

$$Ag^+ + Cl^- \overset{K}{\rightleftharpoons} AgCl(s)$$

이 반응은 빠르고, 평형상수가 크므로 ($K = 5.6 \times 10^9$), 적정시약을 첨가할 때마다 반응은 실질적으로 완결된다. 두 시약이 섞이자마자 흰색 AgCl 침전이 생긴다.

미지 염화 이온 용액 10.00 mL (이동 피펫으로 측정)를 완전히 반응시키는데 0.052 74 M $AgNO_3$ 용액 22.97 mL (뷰렛으로 첨가)가 필요하다. 미지 시료의 Cl^- 농도는 얼마인가?

두 단계 방법에 따라 먼저 Ag^+의 몰수를 계산한다.

반올림 오차를 피하려면 계산이 끝날 때까지 추가 비유효 자릿수를 포함시킨다.

$$Ag^+ \text{ 몰수} = \text{부피} \times \text{몰농도} = (0.022\,97\ \text{L})\left(0.052\,74\ \frac{\text{mol}}{\text{L}}\right) = 0.001\,211_4\ \text{mol}$$

그 다음 Cl^-의 미지 몰수와 알고 있는 Ag^+의 몰수를 관련짓는다. Cl^- 1몰과 Ag^+ 1몰이 반응한다. Ag^+ 0.001 211_4몰이 필요하므로 미지 시료 10.00 mL에는 Cl^- 0.001 211_4 몰이 들어 있어야 한다. 따라서

$$\text{미지 } [Cl^-] = \frac{\text{mol } Cl^-}{\text{미지 용액 L}} = \frac{0.001\,211_4\ \text{mol}}{0.010\,00\ \text{L}} = 0.121\,1_4\ \text{M}$$

적정한 용액은 미지 고체 1.004 g을 녹여 전체 부피가 100.0 mL 되도록 하였다면, 그 고체에 염화 이온의 무게 백분율은 얼마인가? 미지 용액 10.00 mL에 Cl^- 0.001 211_4몰이 들어 있다. 100.0 mL에는 10배, 즉 0.012 11_4 몰의 Cl^-가 들어 있어야 한다. 이 만큼의 Cl^-의 무게는 (0.012 11_4 mol Cl^-) (35.453 g/mol Cl^-) = 0.429 4_8 g Cl^-, 미지 시료의 Cl^- 무게 백분율은 다음과 같다.

$$\text{wt\% } [Cl^-] = \frac{\text{g } Cl^-}{\text{미지 시료 g}} \times 100 = \frac{0.429\,4_8\ \text{g } Cl^-}{\text{미지 시료 } 1.004\ \text{g}} \times 100 = 42.78\ \text{wt\%}$$

예제 **묽힘이 포함되는 경우**

(a) 건조한 $AgNO_3$ (FM 169.87) 1.224 3 g을 500.0 mL 부피 측정용 플라스크에서 물에 녹여 Ag^+ 표준 용액을 만들었다. 이 용액 25.00 mL를 이동 피펫으로 두 번째 500.0 mL 부피 측정용 플라스크에 담고 표선까지 묽혔다. 묽힌 표준 용액에서 Ag^+의 농도를 구하시오. **(b)** Cl^-가 들어 있는 미지 용액 25.00 mL를 묽힌 Ag^+ 용액으로 적정하여 당량점까지 Ag^+ 용액 37.38 mL가 소모되었다. 미지 시료에 함유된 Cl^-의 농도를 구하시오.

해답 (a) 처음 $AgNO_3$의 농도는 다음과 같다.

$$[Ag^+] = \frac{(1.244\ 3\ g)/(169.87\ g/mol)}{0.500\ 0\ L} = 0.014\ 41_5\ M$$

묽힌 용액의 농도를 구하기 위해 묽힘 식 1-5를 사용한다.

$$[Ag^+]_{진한} \cdot V_{진한} = [Ag^+]_{묽은} \cdot V_{묽은} \qquad (1\text{-}5)$$

$$(0.014\ 41_5\ M) \cdot (25.00\ mL) = [Ag^+]_{묽은} \cdot (500.0\ mL)$$

$$[Ag^+]_{묽은} = \left(\frac{25.00\ mL}{500.0\ mL}\right)(0.014\ 41_5\ M) = 7.207_3 \times 10^{-4}\ M$$

묽힘 문제의 일반 식은

$$[X]_{최종} = \underbrace{\frac{V_{최초}}{V_{최종}}}_{묽힘\ 인자} \cdot [X]_{최초}$$

(b) Cl^- 1몰은 Ag^+ 1몰과 반응한다. 당량점에 도달하는 데 필요한 Ag^+의 몰수는 다음과 같다.

$$mol\ Ag^+ = (7.207_3 \times 10^{-4}\ M)(0.037\ 38\ L) = 2.694_1 \times 10^{-5}\ mol$$

따라서 미지 시료 25.00 mL에 든 Cl^-의 농도는 다음과 같다.

$$[Cl^-] = \frac{2.694_1 \times 10^{-5}\ mol}{0.025\ 00\ L} = 1.078 \times 10^{-3}\ M = 1.078\ mM$$

mM은 "밀리몰" = 10^{-3} M = 10^{-3} mol/L를 나타낸다.

복습 문제 $AgNO_3$ 표준 용액 25.00 mL를 250.0 mL로 묽혔다고 가정해 보자. Cl^-을 포함한 미지 용액 10.0 mL를 적정하는데 Ag^+ 용액 15.77 mL가 소비되었다. 미지 시료의 $[Cl^-]$를 구하시오. (**답** : 2.273 mM)

$AgNO_3$가 일차 표준물질이므로 은 이온 적정은 편리하다. 잔류 수분을 없애기 위해 110°C에서 1시간 말린 고체는 정확히 $AgNO_3$의 조성을 갖는다. 은 적정법에서 종말점을 구하는 방법은 6-6절에서 설명한다. 은(silver) 화합물과 그 용액은 광분해를 막기 위해 어두운 곳에 보관해야 하고, 절대로 태양 빛에 직접 노출시켜서는 안 된다.

$AgNO_3$ 용액은 방부제이다. $AgNO_3$ 용액을 몸에 쏟으면, 표피가 벗겨질 때까지 며칠 동안 검게 변한다.

흰색 AgCl(*s*)의 광분해 :

$$AgCl(s) \xrightarrow{빛} Ag(s) + \tfrac{1}{2}Cl_2(g)$$

잘게 나뉜 Ag(*s*) 때문에 고체는 엷은 보라색을 띤다.

x : *y* 화학량론

반응식 6-1은 옥살산($H_2C_2O_4$) 5몰과 과망가니즈산 이온(MnO_4^-) 2몰이 반응한다. $H_2C_2O_4$ 미지 시료가 MnO_4^- 2.345×10^{-4}몰을 소모했다면,

$$mol\ H_2C_2O_4 = (mol\ MnO_4^-)\left(\frac{5\ mol\ H_2C_2O_4}{2\ mol\ MnO_4^-}\right)$$

$$= (2.345 \times 10^{-4}\ mol\ MnO_4^-)\left(\frac{5\ mol\ H_2C_2O_4}{2\ mol\ MnO_4^-}\right) = 5.862 \times 10^{-4}\ mol$$

자습문제

6-B. 식품의 비타민 C(아스코브산)는 I_3^-와의 적정으로 정량할 수 있다.

$$\underset{\substack{아스코브산\\ FM\ 176.126}}{C_6H_8O_6} + \underset{\substack{삼아이오딘화\\ 이온}}{I_3^-} + H_2O \longrightarrow \underset{디하이드로아스코브산}{C_6H_8O_7} + 3I^- + 2H^+$$

이 반응에서 지시약으로 녹말을 사용한다. 종말점은 미반응 I_3^-가 용액에 남아 있을 때 나타나는 녹말-아이오딘 착물의 심청색에 의해 알 수 있다.

(a) 순수한 아스코브산 0.197 0 g과 반응하는데 I_3^- 용액 29.41 mL가 필요하다면 I_3^- 용액의 몰농도는 얼마인가?

(b) 아스코브산과 비활성 결합제를 함유한 비타민 C 정제의 분말 0.4242 g을 I_3^- 용액으로 적정하여 31.63 mL가 소모되었다. 0.424 2 g의 시료에는 아스코브산이 몇 몰 들어 있는가?

(c) 그 정제 안에 들어 있는 아스코브산의 무게 백분율을 구하시오.

6-3 수족관의 화학

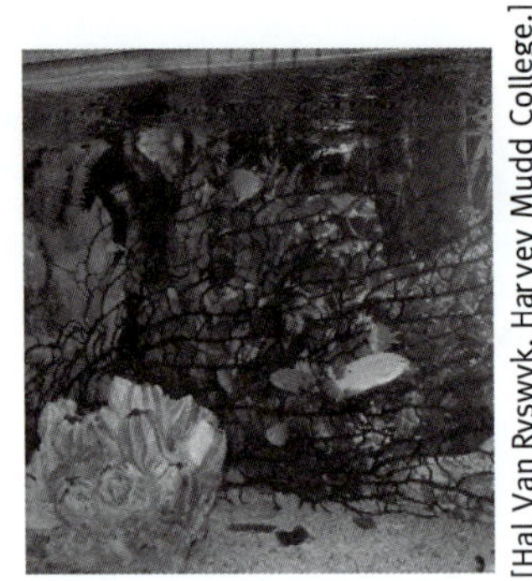
[Hal Van Ryswyk, Harvey Mudd College.]

Harvey Mudd 대학의 Hal Van Ryswyk 교수의 학생들은 실험실에 있는 소금물 수족관에서 화학 변화를 측정하면서 분석화학을 공부하고 있다.[5] 측정하는 화합물 중의 한 가지는 질소의 자연 순환(그림 6-2)에서 주요한 화학종인 아질산 이온 NO_2^-이다. 보충 6-1은 수족관에서 측정된 암모니아(NH_3), 아질산 이온, 질산 이온(NO_3^-)의 농도를 보여준다. 농도는 바닷물 1 g당 질소 1 μg을 의미하는 ppm N로 표시하였다. 1 g 물 ≈ 1 mL이므로, 1 ppm은 1 μg/mL라고 간주한다.

아질산 이온의 측정은 18-4절에서 기술하는 분광광도법으로 수행하였다. 아질산 이온에 대해서는 편리한 일차 표준물질이 없으므로, 분광광도법의 표준물질로서 쓰일 $NaNO_2$ 용액을 표준화하는데 적정이 이용된다. 늘 그렇듯이, 어떠한 분석 방법의 타당성은 궁극적으로 일차 표준물질, 여기서는 옥살산 소듐($Na_2C_2O_4$)의 조성을 아는 것에 달려 있다.

아질산 이온을 측정하려면 세 가지 용액이 필요하다.

NH_3 (FM 17.031)은 82.24 wt%의 N을 함유하므로 1.216 mg NH_3/L의 용액은

$$\left(1.216\frac{\text{mg NH}_3}{\text{L}}\right)\left(0.822\,4\frac{\text{mg N}}{\text{mg NH}_3}\right) = 1.000 \text{ mg N/L} = 1.000\ \mu\text{g N/mL} = 1 \text{ ppm N}$$

$NaNO_2$와 $KMnO_4$의 농도는 근사값이다. 적정을 하여 표준화하여야 한다.

a. 증류수 1.00 L에 $NaNO_2$ (FM 68.995) 1.25 g을 녹여 약 0.018 M $NaNO_2$ 용액을 만든다.

b. 일차 표준물질급의 $Na_2C_2O_4$ (FM 134.00) 약 3.350 g을 물에 녹이고, 1.000 L로 묽혀 약

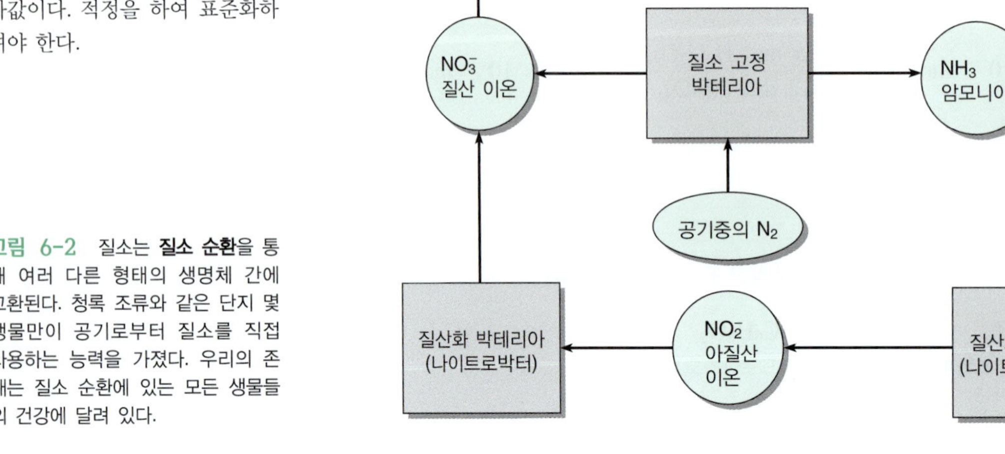

그림 6-2 질소는 **질소 순환**을 통해 여러 다른 형태의 생명체 간에 교환된다. 청록 조류와 같은 단지 몇 생물만이 공기로부터 질소를 직접 사용하는 능력을 가졌다. 우리의 존재는 질소 순환에 있는 모든 생물들의 건강에 달려 있다.

보충 6-1 해양 생태계 연구

Harvey Mudd 대학의 학생들은 해양 생태계 연구를 위해 소금물 수족관을 만들었다.[5] 수족관에 물고기와 음식을 넣어 주면(0일, 그래프 *a*), 유기 화합물이 대사되어 암모니아(NH_3)가 생긴다. 암모니아의 농도가 1 ppm이 넘으면 암모니아는 해양 동물에 독성을 끼치지만, 다행히 암모니아를 아질산 이온(NO_2^-)으로 산화시키는 **나이트로소모나스**(*Nitrosomonas*) 박테리아에 의해 제거된다. NO_2^- 도 1 ppm이 넘으면 역시 독성을 나타내지만, **나이트로박터**(*Nitrobacter*) 박테리아에 의해서 질산 이온(NO_3^-)으로 더 산화된다. NH_3가 NO_2^-와 NO_3^-으로 산화되는 자연적인 변화를 **질산화**(*nitrification*)라고 한다.

$$\text{복잡한 유기 분자} \xrightarrow[\text{박테리아}]{\text{종속영양}} \underset{\text{암모니아}}{NH_3}$$

$$\underset{\text{생화학적 환원제}}{NH_3 + 2O_2 + NADH} \xrightarrow[\text{박테리아}]{\text{나이트로소모나스}} \underset{\text{아질산 이온}}{NO_2^-} + 2H_2O + \underset{\text{산화 생성물}}{NAD^+}$$

$$2NO_2^- + O_2 \xrightarrow[\text{박테리아}]{\text{나이트로박터}} \underset{\text{질산 이온}}{2NO_3^-}$$

질소 대사 박테리아의 몇 가지 작용. **종속영양**(*heterotropic*) 박테리아는 다른 생체의 붕괴로부터 생기는 복잡한 유기 분자를 양분으로 취한다. 반면에 **독립영양**(*autotrophic*) 박테리아는 탄소의 원천으로써 CO_2를 사용하여 생합성을 할 수 있다.

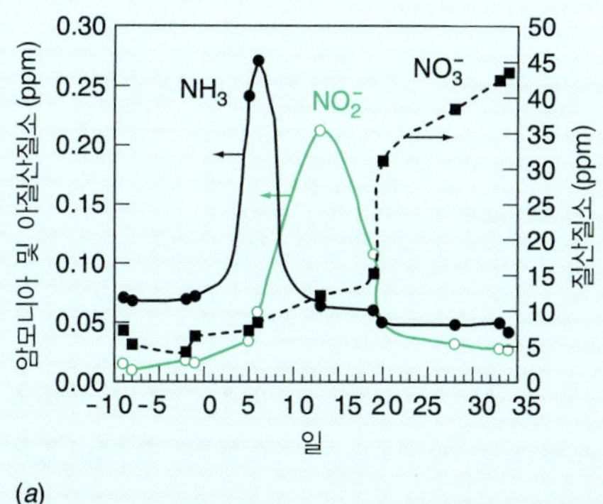

(*a*)

물고기와 먹이를 탱크에 투입한 후(day 0) Harvery Mudd College의 염수 수족관 내 NH_3, NH_2 및 NH_3의 농도, 농도는 질소 ppm으로 나타내었다(즉, μg N/mL 용액) [출처: Hal Val Ryswyk, Harvey Mudd College.]

질산화에는 NH_3를 NO_2^-로 전환시키는 산화제가 필요하다. 그래프 *b*와 *c*는 일본에 있는 강의 침전물 내에서의 광합성과 질산화 간의 관계를 보여 주고 있다. 빛이 존재하면 광합성 박테리아는 산화제로서 작용하는 O_2를 생성된다. 침전물 위층 1 mm에서 암모니아의 소모는 빛이 존재할 경우 대략 두 배가 된다. 암모니아와 산소는 미세전극을 통해 측정되며, 보충 15-2와 17-2절에 설명되어 있다.

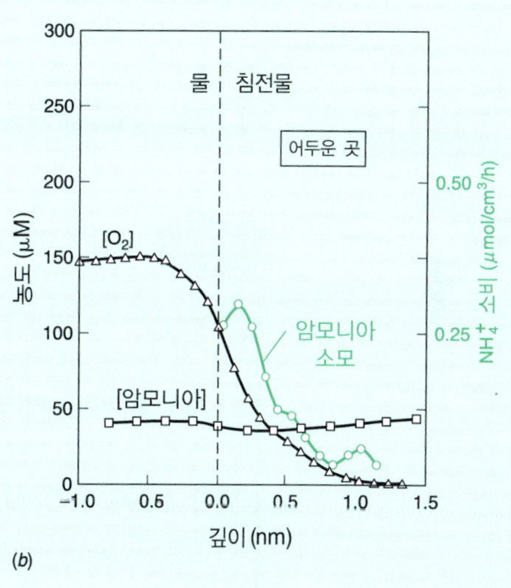

(*b*)

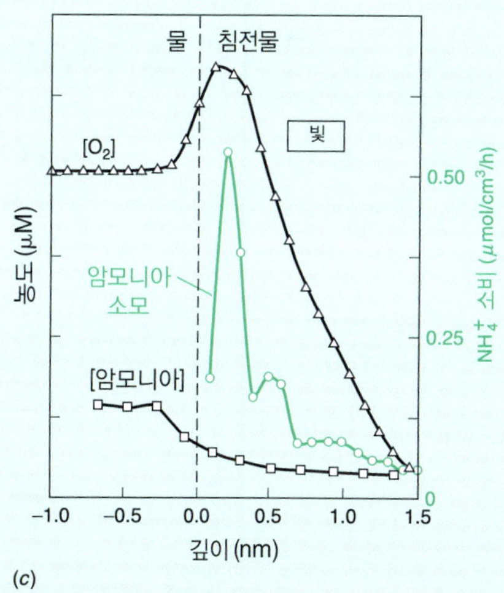

(*c*)

일본 Niida강 침전물 속 산소와 암모니아의 농도 및 암모니아의 소모 속도. (*b*) 어두운 곳, (*c*) 빛에 노출된 곳. 암모니아는 강물의 pH 7~8일 때 존재하는 형태인 암모늄 이온(NH_4^+)으로서 측정되었다. [출처: Y. Nakamura, H. Satoh, T. Kindaichi, and S. Okabe, *Environ. Sci. Technol.* **2006**, *40*, 1532.]

0.025 00 M $Na_2C_2O_4$ 용액을 만든다. 정확히 3.350 g을 달 필요는 없다. 중요한 것은 얼마나 달았는지를 정확히 알아서 그 시약의 몰농도를 계산할 수 있어야 한다.

c. $KMnO_4$ 1.6 g을 증류수 1.00 L에 녹여 약 0.010 M $KMnO_4$ (FM 158.03) 용액을 만든다. $KMnO_4$는 순수하지 않으므로 일차 표준물질이 될 수 없다. 또한 증류수에 있는 미량의 유기 불순물이 갓 녹인 MnO_4^-를 약간 소모하여 $MnO_2(s)$로 만든다. 따라서 원하는 농도가 대략 맞도록 $KMnO_4$를 증류수에 녹이고, MnO_4^-와 유기 불순물 사이의 반응이 끝나도록 1시간 동안 그 용액을 끓인다. 초벌구이 유리 거르개로(종이 여과지는 유기물이므로 쓰지 않는다) 그 혼합물을 걸러 $MnO_2(s)$를 제거하고, 식힌 다음 일차 표준물질 옥살산 소듐($Na_2C_2O_4$)으로 표준화한다.

$$\underset{\text{옥살산 이온}}{5C_2O_4^{2-}} + \underset{\text{과망가니즈산 이온}}{2MnO_4^-} + 16H^+ \longrightarrow 10CO_2 + 2Mn^{2+} + 8H_2O \qquad (6\text{-}5)$$

가장 좋은 결과를 얻으려면 25°C에서 예상되는 $KMnO_4$ 부피의 90~95%를 옥살산 용액에 가한 다음, 용액을 60°C로 가열하여 적정을 마무리한다.

예 제 옥살산 이온의 직접 적정에 의한 $KMnO_4$ 표준화

$Na_2C_2O_4$ 3.299 g을 1.000 L의 1 M H_2SO_4에 녹여 표준 옥살산 이온 용액을 만들었다. 이 용액 25.00 mL를 적정하는데 $KMnO_4$ 용액 28.39 mL가 필요하였고, 25 mL의 1 M H_2SO_4의 바탕 적정에는 $KMnO_4$ 용액 0.03 mL가 쓰였다. $KMnO_4$의 몰농도를 구하시오.

해답 1 L에 녹은 $Na_2C_2O_4$의 몰수는 (3.299 g) / (134.00 g/mol) = 0.024 61_9몰이다. 옥살산 이온의 농도는 다음과 같다. 25.00 mL 안에 옥살산 이온은 (0.024 61_9 M) × (0.025 00 L) = $6.154_9 \times 10^{-4}$몰이다. 반응식 6-5에 따르면 옥살산 이온 5몰에 대해 과망가니즈산 이온 2몰이 필요하다. 따라서

단위만 맞으면 다음 두 식 중 어느 것이든 쓸 수 있다.

$$\frac{5\ \text{mol}\ C_2O_4^{2-}}{2\ \text{mol}\ MnO_4^-} \quad \text{또는} \quad \frac{2\ \text{mol}\ MnO_4^-}{5\ \text{mol}\ C_2O_4^{2-}}$$

$$\text{mol}\ MnO_4^- = (\text{mol}\ C_2O_4^{2-})\left(\frac{2\ \text{mol}\ MnO_4^-}{5\ \text{mol}\ C_2O_4^{2-}}\right)$$
$$= (6.154_9 \times 10^{-4}\ \text{mol})\left(\frac{2}{5}\right) = 2.461_9 \times 10^{-4}\ \text{mol}$$

$KMnO_4$의 당량 부피는 28.39 − 0.03 = 28.36 mL이다. 적정시약 MnO_4^-의 농도는 다음과 같다.

$$[MnO_4^-] = \frac{2.461_9 \times 10^{-4}\ \text{mol}}{0.028\ 36\ \text{L}} = 8.681_0 \times 10^{-3}\ \text{M}$$

복습 문제 위와 같은 옥살산 표준 용액 25.00 mL를 적정하는데 $KMnO_4$ 22.05 mL가 필요하였다. 그리고 바탕 적정에는 $KMnO_4$ 0.05 mL가 쓰였다. $KMnO_4$의 몰농도를 구하시오. (**답** : 0.011 19 M)

단계 a에서 제조한 $NaNO_2$ 용액을 표준화하는 방법은 다음과 같다.

1. 25.00 mL 표준 $KMnO_4$을 피펫을 사용하여 500 mL인 플라스크 안에 옮기고 0.4 M H_2SO_4 300 mL를 첨가한 후 가열판 위에서 40° C로 데운다.

2. 농도를 결정할 과망가니즈산을 $NaNO_2$ 용액으로 적정한다. 과망가니즈산 이온의 색깔이 없어질 때까지 적정시약을 천천히 가한다. 종말점 근처에서는 반응이 느리기 때문에 더욱 천천히 적정시약을 첨가한다. 가장 좋은 결과는 $KMnO_4$ 용액의 표면 바로 밑에 뷰렛 끝이 담겨져 있을 때 얻게 된다.

$$5NO_2^- + 2MnO_4^- + 6H^+ \longrightarrow 5NO_3^- + 2Mn^{2+} + 3H_2O \quad (6\text{-}6)$$

예제 $KMnO_4$로 $NaNO_2$ 표준화

단계 2에서 단계 a의 $NaNO_2$ 용액 34.76 mL가 필요하였다. $NaNO_2$ 농도를 구하시오.

해답 $8.681_0 \times 10^{-3}$ M $KMnO_4$ 25.00 mL를 적정하는데 $NaNO_2$ 34.76 mL가 든다. 소모된 $KMnO_4$의 몰수는 $(0.025\ 00\ L) \times (8.681_0 \times 10^{-3}\ M) = 2.170_3 \times 10^{-4}$ mol이다. 반응식 6-6에서 2 mol MnO_4^-는 5 mol NO_2^-가 필요하다. 따라서 반응한 $NaNO_2$ 양은 다음과 같다.

$KMnO_4$와 반응한 $NaNO_2$ 몰 =

$$(2.170_3 \times 10^{-4}\ \text{mol KMnO}_4)\left(\frac{5\ \text{mol NaNO}_2}{2\ \text{mol KMnO}_4}\right) = 5.425_6 \times 10^{-4}\ \text{mol}$$

$NaNO_2$ 시약의 농도는

$$[\text{NaNO}_2] = \frac{5.425_6 \times 10^{-4}\ \text{mol}}{0.034\ 76\ \text{L}} = 0.015\ 61\ \text{M}$$

 **복습 문제** 과망가니즈산 농도가 6.666×10^{-3} M이면, $NaNO_2$의 농도는?

(**답** : 0.011 99 M)

자습문제

6-C. **(a)** 1 M H_2SO_4 용액 1.000 L에 3.514 g의 $Na_2C_2O_4$를 녹여 표준 옥살산 용액을 만들었다. 24.44 mL의 $KMnO_4$를 적정하는데 표준 옥살산 용액 25.00 mL가 필요하였고, 바탕 적정에는 $KMnO_4$ 0.03 mL가 쓰였다. $KMnO_4$의 몰농도를 구하시오.
(b) $NaNO_2$를 표준화하는데 위 **(a)** 문제에서 사용된 $KMnO_4$ 용액 25.00 mL를 적정하는데 $NaNO_2$ 38.11 mL가 쓰였다. $NaNO_2$의 몰농도를 구하시오

6-4 용해도곱

용해도곱 (solubility product, K_{sp})은 고체**염**(이온결합 화합물)이 용액 내에서 녹아 각 성분 이온으로 나뉘는 반응에 대한 평형 상수이다. 예를 들면,

$$\underset{\text{아이오딘화 납(II)}}{PbI_2(s)} \rightleftharpoons \underset{\text{납(II)}}{Pb^{2+}} + \underset{\text{아이오딘화 이온}}{2I^-} \qquad K_{sp} = [Pb^{2+}][I^-]^2 = 7.9 \times 10^{-9} \quad (6\text{-}7)$$

$PbI_2(s)$는 표준 상태에 있으므로 평형식에서 생략한다. 평형 상수에 관한 1-5절을 복습하시오.

고체는 표준 상태에 있으므로 고체의 농도는 평형 상수 식에서 제외된다. 용해도곱 K_{sp}는 부록 A에 나와 있다. 용해도곱은 6-5절의 침전 적정을 논의할 때 필요하다.

이온 결합 화합물의 용해도 계산

물에 아이오딘화 납(II)의 용해를 생각하자. 과량의 녹지 않은 고체가 들어 있고, 녹을 수 있을 만큼 녹아 있는 용액을 **포화(saturated)** 되었다고 한다. PbI_2로 포화된 용액에서 Pb^{2+} 의 농도는 얼마인가?

반응 6-7은 Pb^{2+} 이온 하나당 I^- 이온 둘을 만든다. 만약 녹은 Pb^{2+}의 농도가 x M이면, 녹은 I^-의 농도는 $2x$ M이어야 한다. 이 관계를 작은 농도표에 깔끔하게 나타낼 수 있다.

	$PbI_2(s)$	$\rightleftharpoons$	Pb^{2+}	+	$2I^-$
처음 농도:	고체		0		0
마지막 농도:	고체		x		$2x$

이 농도값을 용해도곱에 대입한다.

계산기로 어떤 수의 세제곱근을 구하려면 y^x키로 그 수를 0.333 333 33…… 거듭제곱한다.

$$[Pb^{2+}][I^-]^2 = (x)(2x)^2 = 7.9 \times 10^{-9}$$
$$4x^3 = 7.9 \times 10^{-9}$$
$$x = \left(\frac{7.9 \times 10^{-9}}{4}\right)^{1/3} = 0.001\ 2_5\ \text{M}$$

Pb^{2+}의 농도는 $0.001\ 2_5$ M이고, I^-의 농도는 $2x = (2)(0.001\ 2_5) = 0.002\ 5$ M이다.

그림 6-3 무색의 질산납 $(Pb(NO_3)_2)$ 용액을 무색의 아이오딘화 포타슘(KI) 용액에 가할 때 노란색의 아이오딘화 납(II) (PbI_2)가 침전된다.

용해도곱의 물리적 의미는 다음과 같다. 수용액을 과량의 고체 PbI_2와 접촉하게 두면, 고체는 $[Pb^{2+}][I^-]^2 = K_{sp}$의 조건이 만족될 때까지 녹는다. 만약 Pb^{2+}와 I^-를 함께 섞되(적당한 상대 이온을 포함해서), 농도의 곱 $[Pb^{2+}][I^-]^2$이 K_{sp}보다 크면 $[Pb^{2+}][I^-]^2 = K_{sp}$의 조건이 만족될 때까지 $PbI_2(s)$가 침전한다(그림 6-3).

용해도곱은 이온결합 화합물의 용해도에 관해 전부를 말해주지 않는다. **해리되지 않은** 화학종 **착이온**(*complex ion*)의 농도가 상당할 수 있다. 예를 들어, $CaSO_4$의 경우 약 절반은 Ca^{2+}와 SO_4^{2-}로 해리하고, 나머지 절반은 해리하지 않은 $CaSO_4(aq)$(단단히 결합된 **이온쌍**(*ion pair*))으로 녹아 있다. 아이오딘화 납(II)의 경우 PbI^+와 $PbI_2(aq)$, PbI_3^-와 같은 화학종도 전체 용해도에 기여한다. 화학종 PbI^+와 PbI_3^-는 더 간단한 이온들로 이루어져 있으므로 착이온이라고 한다.

공통이온 효과

$PbI_2(s)$로 포화된 용액에 I^-를 가진 제2의 화합물을 첨가하면 어떻게 될지 생각해 보자. Na^+와 I^-로 완전히 해리하는 NaI 0.030 M을 첨가하자. 이 용액에서 Pb^{2+}의 농도는 얼마인가?

	$PbI_2(s)$	$\rightleftharpoons$	Pb^{2+}	+	$2I^-$	(6-8)
처음 농도:	고체		0		0.030	
마지막 농도:	고체		x		$2x + 0.030$	

공통이온 효과: 염의 이온들 중 하나가 용액 중에 미리 들어 있으면 그 염은 덜 녹는다.

I^-의 처음 농도는 녹은 NaI에서 온 것이다. I^-의 마지막 농도는 NaI과 PbI_2에서 온 것을 합한 것이다.

용해도곱은 다음과 같다.

보충 6-2 근사법의 논리

근사법의 도움 없이는 많은 실제 문제를 풀기가 어렵다. 예를 들어, 아래 식을 푸는 대신

$$(x)(2x + 0.030)^2 = 7.9 \times 10^{-9}$$

$2x \ll 0.030$이라고 근사를 하고 훨씬 단순한 식으로 풀 수 있다.

$$(x)(0.030)^2 = 7.9 \times 10^{-9}$$

그러나 이 해답이 원래 문제의 옳은 답인지 어떻게 확신할 수 있는가?

근사법을 쓸 때 그 근사법이 옳다고 가정한다. **만약 가정이 옳으면 어떠한 모순도 생기지 않으나, 가정이 거짓이면 모순이 생긴다.** 먼저 근사를 사용하고 나중에 그 근사가 옳은지 그른지 조사하여 그 근사를 테스트할 수 있다.

이러한 생각에는 반대할지 모른다. "어떤 가정이 옳은지 그 가정을 사용해서 어떻게 알 수 있는가?"란 느낌이 들기 때문이다. "Gail이 100 m까지 헤엄칠 수 있다"란 진술을 시험해 보기로 하자. 이 진술이 옳은지 그른지 알아보기 위해 이 진술이 옳다고 가정할 수 있다. 만약 Gail이 100 m까지 헤엄칠 수 있다면, 그녀를 반경이 100미터인 호수에 빠뜨리더라도 호숫가로 헤엄쳐 나올 것이라고 예상할 수 있다. 만약 그녀가 호숫가로 나온다면 가정은 옳고 아무런 모순도 생기지 않으나, 호숫가로 나오지 못하면 모순이 생기고 가정이 옳지 않았다. 두 가지의 가능성만이 있다. 가정이 옳고 그것을 사용하는 옳은 경우와 가정이 옳지 않고 그래서 모순에 이르게 되는 경우이다. (이 경우 또 다른 가능성은 호수에 민물 상어가 있을 때이다.)

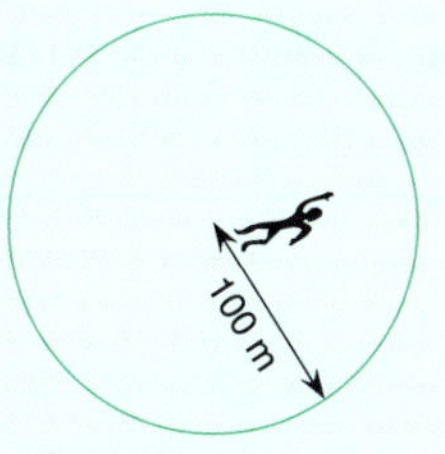

Gail의 호수

예 1. $(x)(2x + 0.030)^2 = 7.9 \times 10^{-9}$
$(x)(0.030)^2 = 7.9 \times 10^{-9}$
($2x \ll 0.030$이라 가정하면)
$x = (7.9 \times 10^{-9})/(0.030)^2 = 8.8 \times 10^{-6}$
모순 없음 :
$2x = 1.76 \times 10^{-5} \ll 0.030$
가정은 옳다.

예 2. $(x)(2x + 0.030)^2 = 7.9 \times 10^{-5}$
$(x)(0.030)^2 = 7.9 \times 10^{-5}$
($2x \ll 0.030$이라 가정하면)
$x = (7.9 \times 10^{-5})/(0.030)^2 = 0.088$
모순 :
$2x = 0.176 > 0.030$
가정은 거짓이다.

예 2에서 세운 가정은 모순을 야기하였으므로 그 가정은 옳을 수 없다. 이런 일이 생기면 3차 방정식 $(x)(2x + 0.030)^2 = 7.9 \times 10^{-5}$를 풀어야만 한다.

이 식을 푸는 합리적인 방법은 아래 표에 보인 것처럼 시행착오에 의한 것이다. 이 표는 손으로 작성할 수 있다. 스프레드시트를 이용하면 더 쉽게 작성할 수 있다. 셀 A1에 x의 추정값을 입력한다. 셀 A2에 식 "= A1*(2*A1 + 0.030)^2"를 입력한다. 셀 A1에 x를 바르게 추측하면 셀 A2는 값으로서 7.9×10^{-5}을 가질 것이다. 문제 6-24는 엑셀 Goal Seek을 이용하여 이 문제를 푸는 더 좋은 방법을 알려준다.

추측	$x(2x + 0.030)^2$	결과
$x = 0.01$	2.5×10^{-5}	너무 낮다
$x = 0.02$	9.8×10^{-5}	너무 높다
$x = 0.015$	5.4×10^{-5}	너무 낮다
$x = 0.018$	7.84×10^{-5}	너무 낮다
$x = 0.019$	8.79×10^{-5}	너무 높다
$x = 0.018\,1$	7.93×10^{-5}	너무 높다
$x = 0.018\,05$	7.89×10^{-5}	너무 낮다
$x = 0.018\,06$	7.90×10^{-5}	나쁘지 않다!

$$[Pb^{2+}][I^-]^2 = (x)(2x + 0.030)^2 = K_{sp} = 7.9 \times 10^{-9} \tag{6-9}$$

그러나 x의 크기에 관해 생각해 보자. I^-를 첨가하지 않으면 $x = 0.001\ 2_5$ M이었다. 이 예에서는 Le Châtelier의 원리에 의해 x값이 $0.001\ 2_5$ M보다 더 작을 것으로 예상된다. 식 6-8에 I^-를 첨가하면 역반응 쪽으로 치우친다. 과량의 I^-가 존재하면 녹은 Pb^{2+}는 적어진다. 이러한 Le Châtelier의 원리의 응용을 **공통이온 효과(common ion effect)** 라고 한다. **성분 이온들 중의 하나가 이미 용액 중에 들어 있으면 그 염은 덜 녹는다.**

식 6-9에서 $2x$는 0.030에 비해 훨씬 적을 것으로 기대된다. 근사법으로 0.030에 비해 $2x$를 무시하면 식은 다음과 같이 간단해진다.

$$(x)(0.030)^2 = K_{sp} = 7.9 \times 10^{-9}$$
$$x = 7.9 \times 10^{-9}/(0.030)^2 = 8.8 \times 10^{-6}$$

$2x = 1.8 \times 10^{-5} \ll 0.030$이므로 $2x$를 무시한 것은 타당함이 입증된다. 이 답은 또 공통이온 효과를 설명해 준다. 첨가한 I^-이 없으면 Pb^{2+}의 용해도는 0.001 3 M이었고, 0.030 M의 I^-가 있으면 $[Pb^{2+}]$는 8.8×10^{-6} M로 줄어든다.

$[Pb^{2+}]$의 농도를 1.0×10^{-4}로 고정시킨 용액에서 I^-의 최대 농도는 얼마인가? 이 경우에 농도표는 다음과 같다.

계산 말미에 $2x \ll 0.030$의 근사가 성립하는지 꼭 확인해야 한다. 근사법에 관한 논의는 보충 6-2를 보시오.

	$PbI_2(s)$	$\rightleftharpoons$	Pb^{2+}	+	$2I^-$
처음 농도:	고체		1.0×10^{-4}		0
마지막 농도:	고체		1.0×10^{-4}		x

이 예에서 $[Pb^{2+}]$는 x가 아니므로 $[I^-] = 2x$로 놓을 이유가 없다. 각 농도를 용해도곱에 대입하여 문제를 푼다.

$$[Pb^{2+}][I^-]^2 = K_{sp}$$
$$(1.0 \times 10^{-4})(x)^2 = 7.9 \times 10^{-9}$$
$$x = [I^-] = 8.9 \times 10^{-3}\ \text{M}$$

8.9×10^{-3} M보다 더 많은 I^-가 첨가되면 $PbI_2(s)$가 침전될 것이다.

자습문제

6-D. 다음에서 Pb^{2+}의 농도는 얼마인가? **(a)** $PbBr_2$의 포화 수용액 **(b)** $[Br^-]$를 0.10 M로 고정시킨 $PbBr_2$의 포화 용액

6-5 혼합물의 적정

아이오딘화은은 염화은보다 용해도곱이 작아서 AgI는 AgCl보다 덜 녹는다. Cl^-와 I^-가 들어 있는 용액에 Ag^+를 가하면, 덜 녹는 $AgI(s)$가 먼저 침전된다.

$$Ag^+ + I^- \rightarrow AgI(s) \tag{6-10a}$$
$$Ag^+ + Cl^- \rightarrow AgCl(s) \tag{6-10b}$$

AgI ($K_{sp} = 8.3 \times 10^{-17}$)이 AgCl ($K_{sp} = 1.8 \times 10^{-10}$)보다 먼저 침전된다.

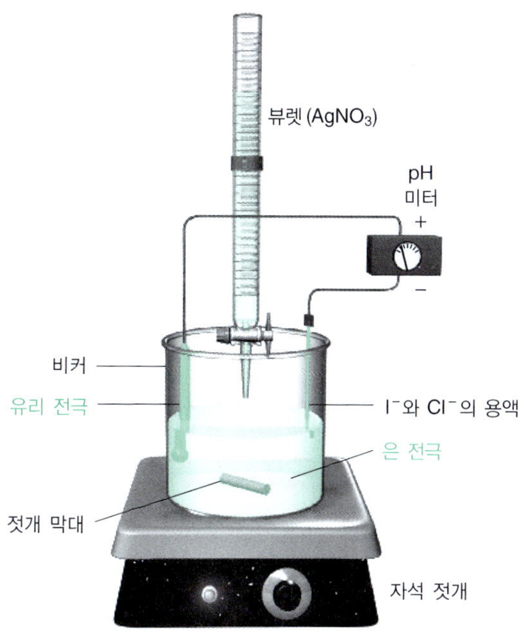

그림 6-4 그림 6-5의 적정 곡선을 측정하는 장치. 은 전극은 Ag^+의 농도 변화에 감응하며, 유리 전극은 이 실험에서 일정한 기준 전위를 제공한다. $[Ag^+]$가 10배 변하면 측정된 전압은 약 59 mV씩 변한다. $AgNO_3$를 함유하는 모든 용액은 H_2SO_4와 KOH를 사용하여 제조한 0.010 M 황산 완충용액을 사용하여 pH = 2.0으로 일정하게 유지시켜야 한다.

두 용해도곱이 충분히 다르면 첫 번째 침전은 두 번째 침전이 시작되기 전에 거의 완결된다.

그림 6-4는 두 종말점을 구하는데 은 전극으로 반응을 어떻게 추적하는지를 보여 준다. 이 전극이 은 이온 농도에 어떻게 감응하는지를 15-1절에서 배우게 된다. 그림 6-5는 Ag^+로 I^-를 적정하거나 또는 $I^- + Cl^-$ 혼합물을 적정할 때의 실험 곡선을 보여 준다.

I^-의 적정(그림 6-5의 곡선 *b*)에서 두 전극 사이의 전위차는 I^-가 거의 전부 소모되는 당량점(23.76 mL)까지 650 mV 부근에서 거의 일정하게 유지된다. 이 점에서 전극전위는

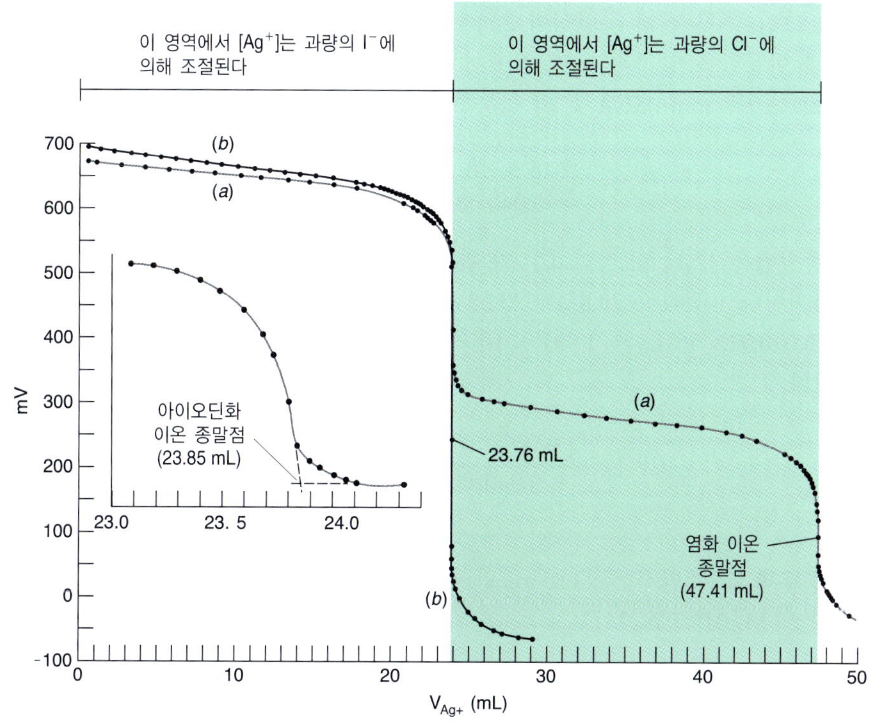

그림 6-5 실험으로 구한 적정 곡선. 세로축(*y*축)은 그림 6-4의 두 전극 사이의 전위차(mV)이다. (*a*) 0.084 5 M $AgNO_3$로 KI+KCl를 적정. 삽입 그림은 첫 번째 당량점 근처의 범위를 확대한 것이다. (*b*) 0.084 5 M Ag^+로 I^-를 적정.

갑자기 감소한다. 이 갑작스런 변화는 전극이 용액에 있는 Ag^+의 농도에 감응하고 있기 때문이다. 당량점 이전에는 가한 Ag^+가 거의 모두 I^-와 반응하여 AgI(*s*)로 침전된다. 용액에 있는 Ag^+의 농도는 매우 낮고 거의 일정하다. I^-가 모두 소모될 때, 뷰렛으로부터 첨가되는 Ag^+는 더 이상 I^-에 의해 소모되지 않으므로 Ag^+의 농도가 갑자기 증가한다. 이 변화가 전극 전위의 갑작스런 감소를 일으킨다.

$I^- + Cl^-$의 적정(그림 6-5의 곡선 *a*)에는 전극 전위의 갑작스런 변화가 두 군데 있다. 첫 번째는 I^-가 모두 소모될 때 나타나고, 두 번째는 Cl^-가 모두 소비될 때 나타난다. 첫 당량점 이전에는 AgI의 용해도에 의해 Ag^+의 매우 낮은 농도가 결정된다. 첫 번째와 두 번째 당량점 사이에서는, I^-는 거의 모두 침전되고, Cl^-이 소비되는 과정에 있다. Ag^+의 농도는 여전히 낮고 AgI보다는 큰 용해도를 갖는 AgCl의 용해도에 의해 결정된다. 두 번째 당량점 이후에는 Ag^+가 뷰렛으로부터 첨가됨에 따라 Ag^+의 농도가 급격히 증가한다. 따라서 이 실험에서는 두 번의 급격한 전위 변화가 관찰된다.

그림 6-5의 삽입 그림에서 I^- 종말점은 가파른 곡선과 수평 곡선이 만나는 점으로 택한다. 교차점을 사용하는 이유는 Cl^-가 침전되기 시작할 때 I^-의 침전이 완전히 끝나지 않기 때문이다. 따라서 가파른 부분의 끝(교차점)이 가파른 부분의 중간보다 당량점의 더 좋은 근사이다. Cl^-의 종말점은 두 번째 가파른 부분의 중간, 47.41 mL를 택한다. 시료에 있는 Cl^-의 몰수는 첫 번째와 두 번째 종말점 사이에 첨가된 Ag^+의 몰수에 해당한다. 즉, I^-를 침전시키는데 Ag^+ 23.85 mL가 소비되었고, Cl^-를 침전시키는데 Ag^+ (47.41 − 23.85) = 23.56 mL가 들었다.

예제 그림 6-5로부터 결과 얻기

원소 F, Cl, Br, I, 및 At는 **할로젠**이라 한다. 그들의 음이온은 **할로젠화** 이온이라 한다.

그림 6-5의 곡선 *a*에서 I^-와 Cl^-가 들어 있는 미지 용액 40.00 mL를 0.084 5 M Ag^+로 적정하였다. 미지 시료에 있는 각 할로젠화 이온의 농도를 구하시오.

해답 삽입 그림은 첫 번째 종말점이 23.85 mL임을 나타낸다. 반응식 6-10a는 I^- 1몰이 Ag^+ 1몰과 반응함을 알려준다. 이 점에서 첨가된 Ag^+의 몰수는 (0.084 5 M)(0.023 85 L) = 2.015×10^{-3} mol이므로, I^-의 몰농도는 다음과 같다.

$$[I^-] = \frac{2.015 \times 10^{-3}\ \text{mol}}{0.040\ 00\ \text{L}} = 0.050\ 3_8\ \text{M}$$

두 번째 종말점은 47.41 mL이다. Cl^-와 반응하는데 필요한 Ag^+ 적정시약의 양은 두 종말점의 차이이다. (47.41 − 23.85) = 23.56 mL. Cl^-와 반응하는데 필요한 Ag^+의 몰수는 (0.084 5 M)(0.023 56 L) = 1.991×10^{-3} mol이다. 미지 시료에 있는 Cl^-의 몰농도는 다음과 같다.

$$[Cl^-] = \frac{1.991 \times 10^{-3}\ \text{mol}}{0.040\ 00\ \text{L}} = 0.049\ 7_7\ \text{M}$$

복습 문제 두 종말점이 24.85 mL와 47.41 mL이다. 미지 $[I^-]$와 $[Cl^-]$를 구하시오. (**답** : 0.052 5_0 M, 0.047 6_6 M)

자습문제

6-E. Br^-와 Cl^-가 들어 있는 용액 25.00 mL를 0.033 33 M $AgNO_3$로 적정하였다.
(a) 적정 반응식을 적고 용해도곱을 이용하여 어떤 반응이 먼저 일어나는지를 말하시오.
(b) 그림 6-4와 6-5의 유사한 실험에서 첫 번째 종말점은 15.55 mL에서 관찰되었다. 먼저 침전한 할로젠화 이온의 농도를 구하시오. 먼저 침전한 이온은 어떤 이온인가?
(c) 두 번째 종말점은 42.23 mL에서 관찰되었다. 이 할로젠화 이온의 농도를 구하시오.

6-6 은 이온을 포함하는 적정

이제 Cl^-를 Ag^+로 적정하는 데에 사용되는 세 가지 지시약 방법을 소개하기로 하자. Ag^+로 적정하는 방법을 **은적정법** (*argentometric titration*)이라고 한다. 그 방법은 다음과 같다.

라틴어로 은을 *argentum*이라 한다. 이로부터 기호 Ag가 유래되었다.

1. **Volhard 적정 (Volhard titration)** : 종말점에서 가용성이며 착색된 착물의 생성
2. **Fajans 적정 (Fajans titration)** : 종말점에서 침전물에 색깔을 띠는 지시약의 흡착

Volhard 적정

Volhard 적정은 실제로는 Ag^+를 0.5 ~ 1.5 M HNO_3에서 적정하는 방법이다. Cl^-의 정량은 역적정이 필요하다. Cl^-를 과량의 기지 표준 $AgNO_3$로 침전시킨다.

Volhard 적정은 Ag^+를 적정하므로 불용성 은염을 형성하는 어떠한 음이온의 정량에도 적용할 수 있다.

$$Ag^+ + Cl^- \longrightarrow AgCl(s)$$

AgCl을 유리시킨 후 Fe^{3+}의 존재 하에 표준 KSCN으로 반응하고 남은 Ag^+를 적정한다.

$$Ag^+ + \underset{\text{싸이오시안 이온}}{SCN^-} \longrightarrow AgSCN(s)$$

Ag^+가 전부 소비되면 SCN^-는 Fe^{3+}와 반응하여 붉은색 착물을 만든다.

$$Fe^{3+} + SCN^- \longrightarrow \underset{\text{(붉은색)}}{FeSCN^{2+}}$$

붉은색의 출현이 종말점을 나타낸다. 역적정에 필요한 SCN^-의 양을 알면 Cl^-와 반응하고, 남은 Ag^+의 양을 알 수 있다. 전체 Ag^+의 양을 알고 있으므로 Cl^-에 의해 소비된 양을 계산할 수 있다.

Volhard 방법에 의한 Cl^-의 분석에서 AgCl이 AgSCN보다 가용성이므로 종말점은 서서히 사라진다. AgCl은 서서히 용해되고 AgSCN으로 대체된다. 이와 같은 제2의 반응을 방지하기 위하여 AgCl을 여과하여 제거하고 Ag^+를 적정한다. 은염이 AgSCN보다 용해도 가 **낮은** Br^-와 I^-는 할로젠화은 침전물을 분리시키지 않고 Volhard 방법으로 적정할 수 있다.

Fajans 적정

Fajans 적정은 **흡착 지시약 (adsorption indicator)** 을 사용한다. 이 과정을 알기 위해서는

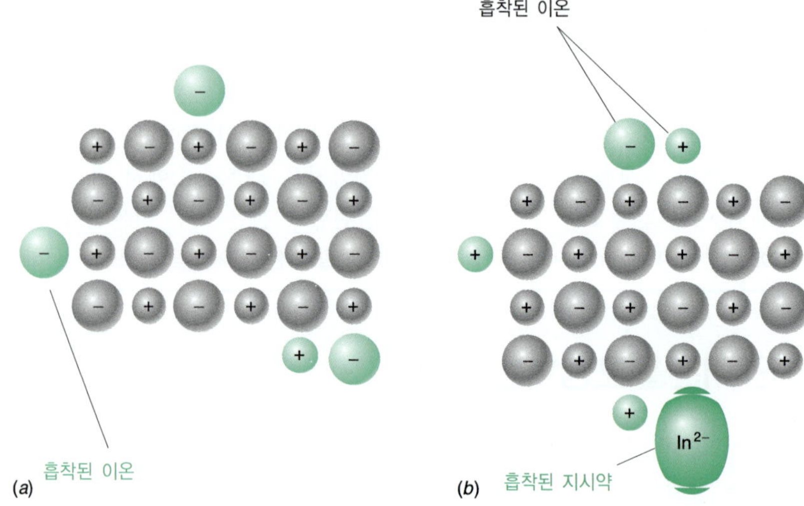

그림 6-6 용액의 이온들이 성장하는 결정 입자에 흡착한다. (*a*) 과량의 격자 음이온(결정에 속하는 음이온) 이 존재할 때 성장하는 결정은 음이온이 우세하게 흡착되기 때문에 음전하를 띤다. (*b*) 과량의 격자 양이온이 존재할 때 성장하는 결정은 양전하를 띠므로 음전하의 지시약 이온이 흡착될 수 있다. 용액 중에서 결정격자에 속하지 않는 양이온과 음이온은 결정격자에 속하는 이온과는 달리 흡착되지 않는다.

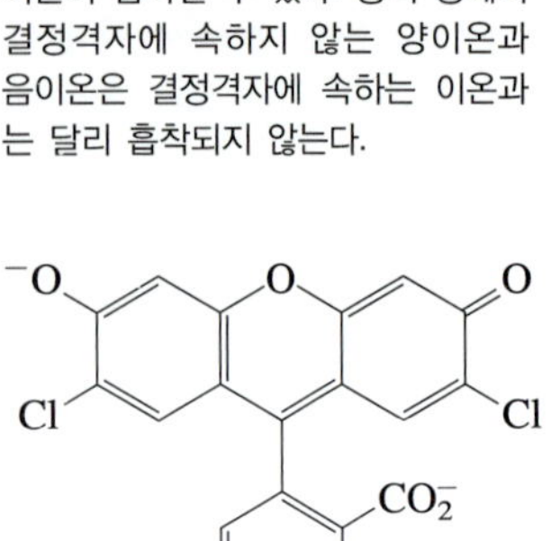

다이클로로플루오레세인

유기 화합물의 구조를 그리는 표기법은 보충 7-1에 논의되어 있다.

침전물의 전하를 고려해야 한다. Ag^+를 Cl^-에 첨가하면 당량점에 도달하기 전에 용액에는 과량의 Cl^- 이온이 있을 것이다. 일부 Cl^-는 AgCl 표면에 선택적으로 흡착되어 결정 표면에 음전하를 띠게 한다(그림 6-6a). 당량점 이후의 용액에는 과량의 Ag^+가 있다. Ag^+ 양이온은 결정 표면에 흡착되어 침전물 입자가 양전하를 띠게 된다(그림 6-6b). 당량점에서는 음전하에서 양전하로 급격히 변화한다.

많이 쓰이는 흡착 지시약들은 음이온성(음으로 하전된) 염료들로, 당량점 직후 생성된 양전하의 침전물 입자에 끌린다. 양전하 표면에 음전하를 갖는 염료는 잘 밝혀지지 않은 인력에 의해 흡착되어 염료의 색깔이 변한다. 적정에서 색깔 변화는 종말점을 의미한다. 지시약은 침전물 표면과 반응하므로 가능한 한 표면적이 넓은 것이 좋다. 이것은 가능한 한 입자의 크기를 작게 유지시키는 조건에서 적정을 수행한다는 것을 의미하는데, 그 이

도전 다음 평형을 생각하자.

$$CO_3^{2-} + H^+ \rightleftharpoons HCO_3^-$$

(탄산 이온) 탄산수소 이온 (또는 중탄산 이온)

Le Châtelier 원리를 이용하여 왜 탄산염이 산성 용액(H^+ 농도가 높은)에 녹는지 설명하시오.

표 6-1 침전 적정의 몇 가지 응용

분석 화학종	주
	VOLHARD 방법
Br^-, I^-, SCN^-, CNO^-, AsO_4^{3-}	침전 제거가 불필요하다.
Cl^-, PO_4^{3-}, CN^-, $C_2O_4^{2-}$, CO_3^{2-}, S^{2-}, CrO_4^{2-}	침전 제거가 필요하다.
	FAJANS 방법
Cl^-, Br^-, I^-, SCN^-, $Fe(CN)_6^{4-}$	Ag^+로 적정. 플루오레세인, 다이클로로플루오레세인, 에오신, 브로모페놀 블루와 같은 염료로 검출.
Zn^{2+}	$K_4Fe(CN)_6$로 적정하여 $K_2Zn_3[Fe(CN)_6]_2$ 생성. 종말점은 다이페닐아민으로 검출.
SO_4^{2-}	지시약으로 알리자린 레드 S를 사용한 50 vol% 메탄올 수용액 중에 있는 $Ba(OH)_2$로 적정.
Hg_2^{2+}	NaCl로 적정하여 Hg_2Cl_2 생성. 종말점은 브로모페놀 블루로 검출.
PO_4^{3-}, $C_2O_4^{2-}$	$Pb(CH_3CO_2)_2$로 적정하여 $Pb_3(PO_4)_2$ 또는 PbC_2O_4 생성. 종말점은 다이브로모플루오레세인(PO_4^{3-}) 또는 플루오레세인($C_2O_4^{2-}$)으로 검출.

시범 6-1 Fajans 적정

Ag^+와 Cl^-의 Fajans 적정은 침전적정에서 지시약에 의한 종말점 검출을 잘 설명해 준다. 0.5 g NaCl과 0.15 g 덱스트린을 400 mL의 물에 녹인다. 덱스트린은 AgCl 침전물의 엉김을 지연시킨다. 다이클로로플루오레세인 지시약 1 mL를 첨가한다. 지시약 용액은 95 wt% 에탄올 수용액에 1 mg/mL의 다이클로로플루오레세인을 함유하거나 물에 1 mg/mL의 소듐염을 녹인 것이다. NaCl 용액을 2 g의 $AgNO_3$를 함유하는 수용액 30 mL로 적정하면, 종말점에 이르는 데 약 20 mL가 필요하다.

천연색 사진 1a는 적정하기 전 NaCl 용액에서 나타나는 지시약의 노란색을 보여준다. 천연색 사진 1b는 종말점에 도달하기 전 유백색의 AgCl 현탁액이 나타남을 보여준다. 천연색 사진 1c에 보듯이, 종말점에서는 음이온 지시약이 양이온 침전물 입자에 흡착되어 분홍색 현탁액이 나타난다.

유는 작은 입자는 같은 부피를 갖는 큰 입자보다 표면적이 넓기 때문이다. 이 조건은 쉽게 여과할 수 있는 큰 입자가 바람직한 무게 분석과는 반대이다. 낮은 농도의 전해질은 침전물이 응고되는 것을 방지한다.

AgCl에 가장 널리 사용되는 지시약은 다이클로로플루오레세인(dichlorofluorescein)이다. 이 염료는 용액에서는 녹황색이나, AgCl에 흡착되면 분홍색으로 변한다(시범 6-1). 약한 산인 이 지시약이 음이온 형태로 존재해야 하므로, 용액 속에 수소 이온이 너무 많으면 안된다. 에오신(eosin)이라는 염료는 Br^-, I^-, SCN^-의 적정에 유용하다. 이것은 다이클로로플루오레세인보다 종말점이 뚜렷하며 훨씬 민감하여, 적은 양의 할로젠화물을 적정하는 데 유용하다. 그러나 에오신 음이온은 Cl^- 이온보다 AgCl에 더 강하게 결합하기 때문에 AgCl에는 사용할 수 없다. 에오신은 AgCl 입자가 양전하를 띠기 전에 AgCl의 미소 결정에 결합한다.

침전 적정의 몇 가지 응용을 표 6-1에 실었다. Volhard 방법은 특히 은적정법에 이용되는 반면, Fajans 방법은 광범위한 적정에 쓰인다. Volhard 적정은 산성 용액(보통 0.2 M HNO3)에서 하기 때문에 다른 종류의 적정에 영향을 미치는 방해를 피할 수 있다. CO_3^{2-}, $C_2O_4^{2-}$, AsO_4^{3-}와 같은 음이온으로 된 은 염은 산성 용액 속에서 가용성이므로, 이러한 음이온들은 분석을 방해하지 않는다.

자습문제

6-F. **(a)** 염화 이온의 Volhard 적정에서 왜 침전된 AgCl을 여과하여 제거하는가?
(b) 당량점에서 왜 침전의 표면 전하의 부호가 바뀌는가?
(c) 표 6-1에 있는 Zn^{2+}의 Fajans 적정에서 당량점 이후 침전의 전하는 양인가 음인가?

주요식

화학량론	반응 $aA + bB \longrightarrow$ 생성물에서 화학량론 계산에 비 $\left(\frac{a\text{ mol A}}{b\text{ mol B}}\right)$를 사용한다.
용해도곱	$PbI_2(s) \overset{K_{sp}}{\rightleftharpoons} Pb^{2+} + 2I^-$ $\quad K_{sp} = [Pb^{2+}][I^-]^2$
공통이온효과	염의 구성 이온 중 하나가 존재하면 염이 덜 녹는다.

알아두어야 할 술어

Fajans 적정 (Fajans titration)
Volhard 적정 (Volhard titration)
공통이온 효과 (common ion effect)
당량점 (equivalence point)
무게 적정법 (gravimetric titration)
바탕 적정 (blank titration)
부피 분석 (volumetric analysis)
역적정 (back titration)
용해도곱 (solubility product)
일차 표준물질 (primary standard)
적정 (titration)
적정시약 (titrant)
적정 오차 (titration error)
종말점 (end point)
지시약 (indicator)
직접 적정 (direct titration)
포화 용액 (saturated solution)
표준 용액 (standard solution)
표준화 (standardization)
화학량론 (stoichiometry)
흡착 지시약(adsorption indicator)

문제

6-1. **종말점**과 **당량점**의 차이를 설명하시오.

6-2. 반응식 6-1에서 0.165 0 M 옥살산 108.0 mL와 반응하는 데 필요한 0.165 0 M $KMnO_4$는 몇 mL인가? 0.165 0 M $KMnO_4$ 108.0 mL와 반응하는 데 필요한 0.165 0 M 옥살산은 몇 mL인가?

6-3. 미지 옥살산 10 mL를 적정할 때 자주색 종말점에 도달하는 데 0.011 17 M $KMnO_4$ 15.44 mL가 소모되었다. 옥살산을 포함하지 않은 유사한 용액의 바탕 적정에서 검출할 수 있는 색을 나타내는데 0.04 mL가 소비되었다. 미지 시료에 있는 옥살산의 농도를 구하시오.

6-4. 암모니아는 OBr^-와 다음과 같이 반응한다.

$$2NH_3 + 3OBr^- \longrightarrow N_2 + 3Br^- + 3H_2O$$

OBr^- 용액 1.00 mL가 NH_3 (FM 17.03) 1.69 mg과 반응하면 OBr^- 용액의 몰농도는 얼마인가?

6-5. 반응 $Hg_2^{2+} + 2I^- \longrightarrow Hg_2I_2(s)$ 일 때 0.040 0 M $Hg_2(NO_3)_2$ 40.0 mL와 반응하는 데 필요한 0.100 M KI의 양(mL)은 얼마인가?

6-6. 혈청, 뇌척수, 소변에 있는 Cl^-는 수은 이온과의 적정으로 측정할 수 있다: $Hg^{2+} + 2Cl^- \longrightarrow HgCl_2(aq)$. 반응이 끝나면 과량의 Hg^{2+}는 지시약, 다이페닐카바존과 반응하여 청자주색을 띤다.

(a) NaCl (FM 58.44) 147.6 mg이 들어 있는 용액으로 적정하여 질산 수은(II)을 표준화하는데, $Hg(NO_3)_2$ 용액 28.06 mL가 필요하였다. $Hg(NO_3)_2$의 몰농도를 구하시오.

(b) 이 $Hg(NO_3)_2$ 용액으로 소변 2.000 mL를 적정하는 데 22.83 mL가 소모되었다. 소변에 있는 Cl^-의 농도(mg/mL)를 구하시오.

6-7. **Volhard 적정**. 미지의 I^-를 함유하는 용액 30.00 mL를 0.365 0 M $AgNO_3$ 50.00 mL와 반응시켰다. 침전된 AgI를 여과한 후 거른 액(Fe^{3+} 첨가)을 0.287 0 M KSCN으로 적정했다. 37.60 mL가 첨가되었을 때 용액이 붉은색으로 변했다. 원래 용액에 I^-가 몇 mg 들어 있는가?

6-8. 반응식이 $H_2C_2O_4 + 2Ce^{4+} \longrightarrow 2CO_2 + 2Ce^{3+} + 2H^+$일 때, 0.027 3 M 황산 세륨 $(Ce(SO_4)_2)$ 1.00 mL와 반응할 옥살산 이수화물 $H_2C_2O_4 \cdot 2H_2O$ (FM 126.07)은 몇 mg인가?

6-9. As_2O_3는 순수한 형태로 얻을 수 있으며, MnO_4^-와 같은 여러 가지 산화제를 표준화하는 데 유용한 독성의 일차 표준물질이다. As_2O_3를 먼저 염기에 용해시키고, 그 후 산성에서 MnO_4^-로 적정한다. 소량의 I^- 또는 IO_3^-는 H_3AsO_3와 MnO_4^- 간의 반응에 촉매작용을 한다. 그 반응은 다음과 같다.

$$As_2O_3 + 4OH^- \rightleftharpoons 2HAsO_3^{2-} + H_2O$$
$$HAsO_3^{2-} + 2H^+ \rightleftharpoons H_3AsO_3$$
$$5H_3AsO_3 + 2MnO_4^- + 6H^+ \longrightarrow 5H_3AsO_4 + 2Mn^{2+} + 3H_2O$$

(a) $KMnO_4$ (FM 158.03) 3.214 g을 물 1.000 L에 용해한 후 가열하여 불순물과 반응시키고 식혀 여과하였다. MnO_4^-가 불순물로 소비되지 않았다면, 이 용액의 이론적인 몰농도가 얼마인지 구하시오.

(b) **(a)**에서 $KMnO_4$ 용액 25.00 mL와 반응하는 데 꼭 필요한 As_2O_3 (FM 197.84)의 양은 얼마인가?

(c) As_2O_3 0.146 8 g은 반응하지 않은 MnO_4^-의 희미한 색깔을 나타내는 데 $KMnO_4$ 용액 29.98 mL를 소비했다. 바탕 적정에서는 색깔을 충분히 보는 데 MnO_4^- 0.03 mL가 필요했다. 과망가니즈산 용액의 몰농도를 계산하시오.

6-10. **무게 적정법.** NaOH 용액을 기지의 일차 표준물질, 프탈산 수소 포타슘으로 표준화하였다.

$$C_6H_4(CO_2H)(CO_2K) + NaOH \longrightarrow C_6H_4(CO_2Na)(CO_2K) + H_2O$$

프탈산 수소 포타슘
FM 204.233

그 다음 NaOH 용액을 사용하여 미지의 황산 용액을 표준화하였다.

$$H_2SO_4 + 2NaOH \longrightarrow Na_2SO_4 + H_2O$$

(a) 프탈산 수소 포타슘 0.824 g을 적정하는 데에는 페놀프탈레인 지시약을 사용하여 종말점을 결정하였을 때 NaOH 용액 38.314 g이 필요하였다. NaOH의 농도를 구하시오(mol NaOH/kg 용액).

(b) H_2SO_4 용액 10.063 g을 페놀프탈레인 지시약을 사용하여 종말점을 결정하니 NaOH 용액 57.911 g이 필요하였다. H_2SO_4의 농도를 구하시오(mol H_2SO_4 / kg 용액).

6-11. 부피, 무게 실험의 불확정성

(a) 498.633 ± 0.003 g H_2O 안에 4.872 ± 0.003 g $AgNO_3$ (FM 169. 873 1)을 녹여 염소 이온의 무게적정에 사용할 염화은 일차 표준용액을 만들었다. 그런 다음 용액 26.207 ± 0.003 g을 저울로 달아 덜어내었다. 덜어낸 Ag^+의 몰수(와 상대 불확정도)를 구하시오. 분자량의 상대적 불확정성은 무시한다.

(b) 부피 적정에서 4.872 ± 0.003 g $AgNO_3$을 부피 플라스크 안에 녹이고 500.00 ± 0.20 mL로 묽힌 다음, 25.00 ± 0.03 mL을 적정에 쓰려고 덜어냈다. 덜어낸 Ag^+의 몰수(와 상대 불확정도)를 구하시오.

(c) 무게로 옮기는 것보다 부피로 옮기는 것이 상대적 불확정성이 얼마만큼 큰가? 각각의 방법 중에서 불확정성의 가장 큰 원인은 무엇인가?

6-12. 역적정법. 불순물이 섞인 $K_2S_2O_8$ (FM 270.32) 0.507 3 g을 반응식 6-4처럼 과량의 표준물 $Na_2C_2O_4$로 처리하여 분석하고자 한다. 0.050 06 M $Na_2C_2O_4$ 50.00 mL와 반응시킨 후, 과량의 옥살산 이온을 반응식 6-1에 따라 적정하니 0.020 13 M $KMnO_4$ 16.52 mL가 필요하였다. 불순물 시약에서 $K_2S_2O_8$의 무게 백분율을 구하시오.

6-13. 미지 몰리브데넘산 이온(MoO_4^{2-}) 용액(50.00 mL)을 Zn(*s*)가 채워진 칼럼을 통과시켜 MoO_4^{2-}를 Mo^{3+}로 바꾸었다. MoO_4^{2-} 1몰은 Mo^{3+} 1몰을 만든다. 그렇게 만든 시료를 다음 반응에 따라 0.012 34 M $KMnO_4$로 자주색 종말점에 도달할 때까지 적정하여 22.11 mL가 소비되었다.

$$3MnO_4^- + 5Mo^{3+} + 4H^+ \longrightarrow 3Mn^{2+} + 5MoO_2^{2+} + 2H_2O$$

바탕 적정에는 0.07 mL가 필요하였다. 미지 시료에 있는 MoO_4^{2-}의 몰농도를 구하시오.

6-14. La^{3+} 시료 25.00 mL를 과량의 $Na_2C_2O_4$로 처리하여 $La_2(C_2O_4)_3$ 침전을 만들고, 씻은 후 산에 녹이고, 0.004 321 M $KMnO_4$로 적정하여 자주색 종말점에 도달하는데 12.34 mL가 소요되었다. 미지 시료에 있는 La^{3+}의 몰농도를 구하시오.

6-15. 역적정법. 글리세롤 용액 153.2 mg을 4 M $HClO_4$ 속에서 0.089 9 M Ce^{4+} 50.0 mL로 60°C에서 15분간 처리하여 글리세롤을 폼산으로 바꾸었다.

$$\underset{\substack{\text{글리세롤}\\ \text{FM } 92.09}}{C_3H_8O_3} + 8Ce^{4+} + 3H_2O \longrightarrow \underset{\text{폼산}}{3HCO_2H} + 8Ce^{3+} + 8H^+$$

과량의 Ce^{4+}를 $Ce^{4+} + Fe^{2+} \longrightarrow Ce^{3+} + Fe^{3+}$에 따라 역적정하는 데 0.043 7 M Fe^{2+} 10.05 mL가 필요하였다. 미지 시료에 있는 글리세롤의 무게 백분율은 얼마인가?

6-16. 불확정도의 전파. I^-와 SCN^-의 혼합물 50.00 (±0.05) mL를 0.068 3 (±0.000 1) M Ag^+로 적정하는 것을 생각하자. AgI와 AgSCN의 용해도곱을 찾아 어느 것이 먼저 침전될지를 결정하시오. 첫 번째 당량점은 12.6 (±0.4) mL에서, 그리고 두 번째 당량점은 27.7 (±0.3) mL에서 관찰되었다. 싸이오사이안산 이온의 몰농도와 그것의 불확정도를 구하시오.

6-17. 물에서 CuBr (FM 143.45)의 용해도를 **(a)** mol/L와 **(b)** g/100 mL로 나타내시오(Cu^+와 Br^-만이 중요한 용해성 화학종이라 가정한다. $CuBr_2^-$는 무시할 수 있고, 이온쌍인 CuBr(*aq*)도 역시 무시할 수 있다고 가정한다).

6-18. 물에서 Ag_2CrO_4 (FM 331.73)의 용해도를 **(a)** mol/L **(b)** ppm Ag^+ (≈ μg Ag^+/mL)로 나타내시오. (이온쌍 $Ag_2CrO_4^-$와 같은 다른 종은 무시할 수 있다고 가정한다.)

6-19. 부록 A의 $Ag_4Fe(CN)_6$의 용해도를 생각해보자. 페로사이안화 은은 용액에서 Ag^+와 $Fe(CN)_6^{4-}$로 해리된다. 1 μM Ag^+와 $Ag_4Fe(CN)_6(s)$와 평형을 이루고 있는 $Fe(CN)_6^{4-}$의 농도는 얼마인가? 표 1-3의 접두어를 사용하여 답을 말하시오. 이온쌍 $AgFe(CN)_6^{3-}$와 같은 화학종이 존재하면 답이 바뀌겠는가?

6-20. 10 ~ 100 ppb (ng/mL) 범위의 Ag^+는 수영장 물의 효과적인 소독제이다. Ag^+ 농도를 적절히 유지하는 한 방법은 난용성 은의 염을 수영장에 첨가하는 것이다. AgCl, AgBr, AgI로 각각 포화된 용액의 Ag^+의 평형 농도를 ppb로 나타내시오.

6-21. 수은(I) 이온(Hg_2^{2+})은 전하 +2인 이원자 이온이다. 아이오딘산 수은(I)은 세 이온으로 해리한다.

$$\underset{\text{FM } 750.99}{Hg_2(IO_3)_2(s)} \rightleftharpoons Hg_2^{2+} + 2IO_3^- \qquad K_{sp} = [Hg_2^{2+}][IO_3^-]^2$$

(a) 이온쌍 $Hg_2^{2+} \cdot IO_3^-$와 같은 다른 종의 농도를 무시할 수 있을 때 $Hg_2(IO_3)_2(s)$의 포화 용액에서, **(b)** $Hg_2(IO_3)_2(s)$로 포화된 0.010 M KIO_3 용액에서 Hg_2^{2+}와 IO_3^-의 농도를 각각 구하시오.

6-22. 0.10 M Cl^-, Br^-, I^-, CrO_4^{2-}가 들어 있는 어느 용액을 Ag^+로 처리하면 어떤 순서로 음이온이 침전하는가?

6-23. Volhard 적정. 실험실에서 일반적으로 사용되는 "진한 HCl" (대략 12 M 용액) 안의 Cl^-의 농도는 다음과 같이 정량한다.

1. 25.00 mL의 0.102 6 M $AgNO_3$, 5 mL의 6 M HNO_3, 그리고 1 mL의 Fe^{3+} 지시약 용액(몇 방울의 6 M HNO_3를 가한 40 wt% $(NH_4)Fe(SO_4)_2$ 수용액)을 혼합하여 표준물 Ag^+를 만들었다. KSCN 용액을 표준화하기 위해 뷰렛으로 Ag^+ 표준 용액을 KSCN에 가하였다. 첫 번째 침전물은 흰색이고, 나중에는 붉은 갈색빛을 띠었다. 용액을 저으니 색깔은 사라졌다. 종말점에서, KSCN 용액을 한 방울 떨어뜨리니 저어도 사라지지 않는 희미한 갈색인 용액이 되었다. 종말점에 이르는데 24.22 mL가 필요하였고, 바탕 보정은 0.02 mL가 필요하였다.

2. 진한 HCl 용액 10.00 mL를 부피 플라스크 안에 넣고 1.000 L로 묽혔다. 묽힌 HCl 용액 20.00 mL에 5 mL의 6 M HNO_3, 0.102 6 M $AgNO_3$ 표준 용액 25.00 mL를 혼합하였다. AgCl 침전물을 거른 후 0.16 M HNO_3로 씻고, 씻은 용액을 여과액과 혼합하였다. 여과액에 1 mL Fe^{3+} 지시약을 첨가하고, KSCN으로 적정하니 희미한 갈색의 종말점까지 2.43 mL가 소비되었다. 바탕 보정은 0.02 mL였다.

단계 1의 KSCN 농도와 단계 2의 진한 HCl의 농도를 구하시오.

6-24. Solving equations with Excel GOAL SEEK를 이용한 수식 풀기. PbI_2에 0.001 0 M NaI 용액을 포화시킨다. PbI_2의 용해도곱으로부터 다음과 같이 $[Pb^{2+}]$를 구하시오.

$$[pb^{2+}][I^-]^2 = (x)(2x + 0.001\,0)^2 = K_{sp} = 7.9 \times 10^{-9}$$

(a) 시행착오에 의한 풀이. 보충 6-2의 끝에 있는 절차에 따라, $7.9 \times 10^{-9} = (x)(2x + 0.001\,0)^2$가 되게 값을 추정하여 x에 대해 푸시오. 셀 A4 안에 x의 어떤 값이든지 적으시오. 셀 B4에는 공식 "= A4*(2*A4 + 0.001 0)^2"를 입력하시오. 셀 B4 안에 7.9×10^{-9}를 얻을 때까지 셀 A4의 x값을 변화시키시오.

	A	B
1	Guessing the Answer	
2		
3	x	x(2x+0.0010)^2
4	0.01	4.41E-06

(b) 엑셀 GOAL SEEK을 이용. (a)에 사용된 동일한 스프레드시트를 사용하고, 셀 A4에 추정값 0.01을 넣으시오. 내장된 절차를 이용하여 셀 B4에 원하는 값이 나올 때까지 셀 A4를 변화시킬 것이다. 셀 B4에 작은 수(7.9×10^{-9})를 원하므로 허용한계를 작게 잡아야 할 것이다. 스프레드시트 좌측 상단의 Microsoft Office 버튼을 클릭하시오. Office창 아래쪽의 Excel 옵션을 클릭하시오. 다음 창의 왼쪽 편에서 Formula를 선택하시오. 계산 탭을 누르고 최대 변화를 1e-15로 입력한다. OK를 클릭한다. 셀 B4의 정밀도를 10^{-15}로 지정한 것이다. 데이터 리본에서 What-If 분석을 클릭하고 Goal Seek를 선택한다. 셀 A4를 변화시켜 셀 B4의 값 7.9E-9를 얻게 설정한다. OK를 클릭하면 셀 A4에서 $x = 0.000\ 945\ 4$가 나온다. 셀 A4 안에 충분한 숫자들이 보이지 않는다면, 열 A와 B 사이를 드래그하여 셀을 오른쪽으로 확장하여라. 셀 A4에 표시되는 소수점 이하 자릿수는 셀 A4를 선택한 후 홈 리본의 수 선택 옵션에서 선택할 수 있다.

	A	B
1	Using Excel Goal Seek	
2		
3	x	x(2x+0.0010)^2
4	0.01	4.41E-06

Goal Seek 시행 전

	A	B
1	Using Excel Goal Seek	
2		
3	x	x(2x+0.0010)^2
4	0.0009454	7.90E-09

Goal Seek 시행 후

응용문제

6-25. 화성 흙 속의 황산 이온. 이 장의 첫머리에 기술한 황산 바륨의 침전적정이 그림에 나와 있다. $BaCl_2$를 첨가하기 전에 화성 흙의 추출 수용액 25 mL 내 $[Cl^-] = 0.000\ 19$ M였다. Ba^{2+}가 갑작스런 증가가 나타나는 종말점에서 $[Cl^-] = 0.009\ 6$ M이었다.

(a) 적정 반응식을 쓰시오.

(b) 종말점에 도달하려면 몇 mmol의 $BaCl_2$가 필요한가?

(c) 25 mL에는 몇 mmol의 SO_4^{2-}가 들어 있는가?

(d) SO_4^{2-}가 1.0 g의 흙에서 나왔다면 흙 속의 황산 이온의 무게%는 얼마인가?

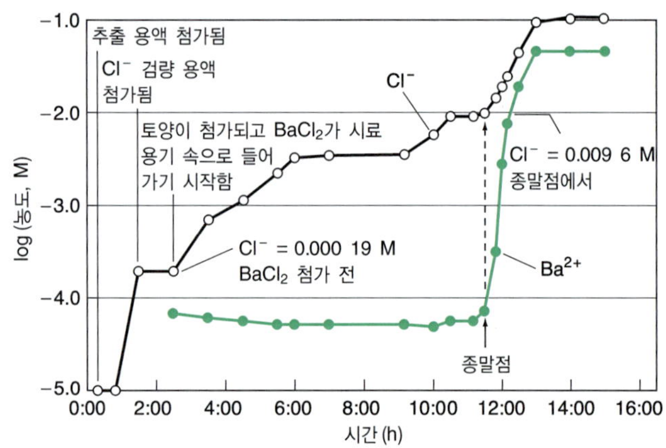

주와 참고문헌

1. S. P. Kounaves, M. H. Hecht, J Kapit, R. C. Quinn, D. C. Catling B. C. Clark, D. W. Ming, K. Gospodinova, P. Hredzak, K. McElhoney, and J. Shusterman, *Geophys. Res. Lett.* **2010**, *37*, L09201.

2. W. B. Guenther, *J. Chem. Ed.* **1988**, *65*, 1097.

3. E. A. Butler and E. H. Swift, *J. Chem. Ed.* **1972**, *49*, 425.

4. R. W. Ramette, *J. Chem. Ed.* **2004**, *81*, 1715.

5. H. Van Ryswyk, E. W. Hall, S. J. Petesch, and A. E. Wiedeman, *J. Chem. Ed.* **2007**, *84*, 306. The aquarium experiment was popularized by Prof. Kenneth Hughes at Georgia Institute of Technology (K. D. Hughes, *Anal. Chem.* **1993**, *65*, 883A). For other classroom applications of the fishtank, see F. Calascibetta, L. Campanella, and G. Favero, *J. Chem. Ed.* **2000**, *77*, 1311 and J. J. Keaffaber, R. Palma, and K. R. William, *J. Chem. Ed.* **2008**, *85*, 225.

좋은 적정 – 실험실 동료를 위한 송시

Kurt Wood로 Jeff Lederman
(University of California, Davis, 1977)
(Beach Boys의 노래 *Good Vibration* 가락에 맞춰 부름)

아! 당신이 얻은 핑크 색을 좋아해요.
뷰렛에서 산 용액의 방울이 떨어지는 모습도 좋아해요.
페놀프탈레인 몇 방울을 섞으니
인생의 모든 고통이 외계의 일 같아요.
나는 적정을 잘 하고
그녀는 내게 중화를 줘요.
이슬 방울 방울, 좋은 적정 ……

나는 당신을 바라보며 밀려 가고
루비 빨강이 천천히 엷은 핑크로 바뀌어요.
방울 방울 삼각플라스크에 떨어질 때마다
당신은 나를 응시하며 내 가슴에 불을 질러요.
나는 적정을 잘 하고
그녀는 내게 중화를 줘요.
이슬 방울 방울, 좋은 적정 ……

그리움에 가득 차 당신 눈을 바라보지만
당신은 놀라 실험대를 내려 보네요.
일 밀리리터로 종말점을 지나쳐
더욱 달콤해지기도 전에 우리의 사랑은 끝나버렸지요.
나는 역적정을 하고
그녀는 중화되기를 기도해요.
이슬 방울 방울, 좋은 적정 ……

지질학적 연대 척도 및 무게 분석

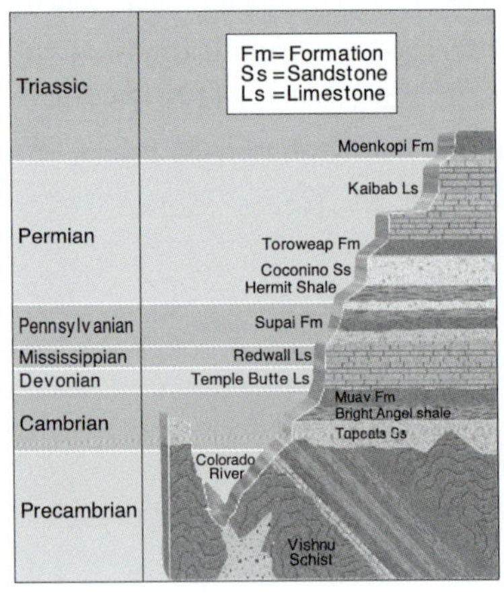

Grand Canyon의 노출된 암반층은 지구의 역사를 들여다볼 수 있는 창문이다. [좌측 출처: F. Press, R. Siever, J. Gratzinger, and T. H. Jordan, *Understanding Earth*, 4th ed. (New York: W. H. Freeman, **2004**). 우측 출처: Carol Polich/Lonely Planet Images.]

1800년대 지질학자들은 기존 층 위에 새로운 암반층(**지층**, *strata*)이 형성된다고 생각하였다. 각 암반층에 존재하는 특징적인 화석들은 지질학자들이 전 세계에서 같은 시대의 지층을 확인하는 데 도움을 준다. 그러나 각 층의 실제 나이는 알려져 있지 않았다. E. Rutherford, F. Soddy와 B. Boltwood의 연구결과에 따르면 우라늄(U)이 45억 년의 반감기로 붕괴하여 한 개의 납(Pb) 원자와 여덟 개의 He 원자가 된다. Rutherford는 붕괴 생성물로 변한 납의 분율을 측정하면 암석의 나이를 알 수 있음을 알았으며 Boltwood와 R. Strutt는 이 측정을 시작하였다.

1910년 런던의 Imperial College에서 Strutt의 제자로 지질학을 공부하던 20세의 Arthur Holmes는 우라늄 함유 광물이 처음 결정화하였을 때는 그 속에 납이 없어야 한다고 추측하였다. 광물이 응고하면 납이 축적되기 시작한다. Pb/U의 비는 그 광물의 나이를 알려 주는 "시계"이다.

Holmes는 "데본(Devon)"기의 암석에서 U 광물을 분리하여, 방사성 Rn 기체의 생성 속도로부터 U의 함량을 결정하였다. Pb를 측정하기 위해 각 광물을 용융 붕사(borax)에 녹이고, 산에 용해시킨 후, 밀리그램 양의 $PbSO_4$를 정량적으로 침전시켰다. 15개의 광물에서 Pb/U = 0.045 g/g으로 거의 일정하였으며, 이는 Pb가 방사성 붕괴의 최종 생성물이며, 광물들이 결정화하였을 때 Pb가 거의 존재하지 않았었다는 가정을 뒷받침해주는 것이다. 계산으로 구한 광물의 나이는 3억 7천만 년이었다. Holmes 이전에 가장 널리 받아들여졌던 지구의 나이는(Kelvin 경의 연구) 1억 년이었다.

1911년 Holmes가 알아낸 지질학적 나이

지질 시대	Pb/U (mg/g)	나이 (100만 년)	현재 인정된 나이
석탄기	41	340	330~362
데본기	45	370	362~380
실루리아기	53	430	418~443
선캄브리아기	125~200	1 025~1 640	900~2 500

출처: C. Lewis, *The Dating Game* (Cambridge: Cambridge University Press, 2000); A. Holmes, *Proc. R. Soc. Lond. A* 1911, *85*, 248.

07

무게 및 연소 분석

무게 분석(**gravimetric analysis**)에서는 원래 분석물질의 양을 계산하는데 생성물의 질량을 이용한다. 20세기 초 노벨상을 수상한 T.W. Richards와 그의 공동 연구자들은 Ag, Cl, N의 원자량을 여섯째 자릿수까지 정확하게 측정하였고, 정확한 원자량을 측정하는 기초를 이루었다. **연소 분석**(**combustion analysis**)은 시료를 과량의 산소 중에서 태우고 그 생성물을 분석한다. 연소 분석은 전형적으로 유기 화합물 중에 함유된 C, H, N, S와 할로겐 원소의 정량에 이용한다.

무게 분석은 그 화학적 기초가 알려지기 오래전인 18 ~ 19세기에 광물과 산업물질을 분석하는 주요 분석 방법이었다.

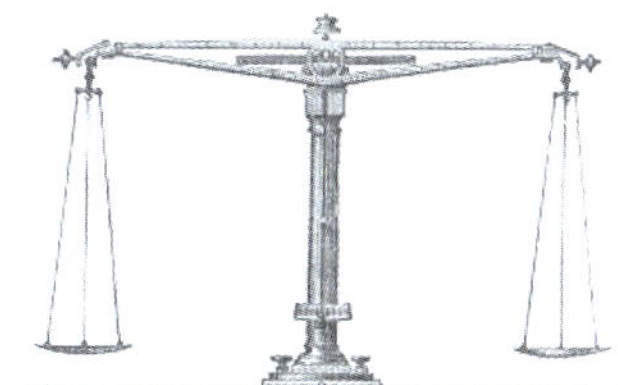

19세기 저울. 출처: Fresenius' *Quantitative Chemical Analysis*, 2nd American ed., 1881.

대부분의 무게 분석은 더 빠르고 노동력이 더 적게 요구되는 기기분석법으로 대체되었다. 그러나 숙달된 분석자에 의해 수행된 무게 분석법은 아직도 가장 정확한 결과를 주어, 기기 분석법에서 표준값을 얻는 데 쓰인다. 아직도 학생들에게는 무게 분석법을 실험하게 하는데, 이 방법이 정확하고 정밀한 결과를 얻는 좋은 실험 기법을 요구하기 때문이다.

7-1 무게 분석의 예

공업적으로 중요한 무게 분석법은 식품 중 지방을 측정하는 Rose-Gottlieb법이다. 처음에 식품 시료의 무게를 재고 적절한 방법으로 단백질을 녹인다. 암모니아와 에탄올을 첨가하여 미세 방울 형태의 지방을 녹인 다음 유기 용매로 추출한다. 단백질과 탄수화물은 수용액 층에 남게 되고, 유기용액 층은 102°C에서 건조시킨 뒤 잔류물의 무게를 잰다. 잔류물은 식품 중 지방분이다.

무게 분석의 간단한 예로는 Cl^-를 Ag^+로 침전시켜 정량하는 것이다.

$$Ag^+ + Cl^- \longrightarrow AgCl(s)$$

생성물 AgCl의 질량은 몇 몰의 AgCl이 만들어졌는지를 알려 준다. 생성되는 AgCl 1몰은 미지 시료 용액 중에 Cl^-이 1몰 존재함을 가리킨다.

예제 간단한 무게 분석 계산

Cl^-가 들어 있는 용액 10.00 mL를 과량의 $AgNO_3$으로 처리하여 0.436 8 g의 AgCl(화학식량 143.321)을 침전시켰다. 미지 시료에 들어 있는 Cl^-의 몰농도는 얼마인가?

해답 AgCl 침전 0.436 8 g의 몰수를 구하면,

$$\frac{0.436\ 8\ \text{g AgCl}}{143.321\ \text{g AgCl/mol AgCl}} = 3.048 \times 10^{-3}\ \text{mol AgCl}$$

AgCl 1몰에는 Cl^- 1몰이 들어 있으므로, 미지 시료에 들어 있는 Cl^-의 몰수는 3.048×10^{-3}몰이 된다. 그러므로 미지 시료에 들어 있는 Cl^-의 몰농도는 아래와 같다.

$$[Cl^-] = \frac{3.048 \times 10^{-3}\ \text{mol}}{0.010\ 00\ \text{L}} = 0.304\ 8\ \text{M}$$

복습 문제 NaCl과 KCl이 들어 있는 용액 25.00 mL를 과량의 $AgNO_3$으로 처리하여 0.436 8 g의 AgCl을 침전시켰다. Cl^-의 몰농도는 얼마인가? (**답** : 0.121 9 M)

표 7-1 대표적 무게 분석

분석 화학종	침전되는 형태	무게다는 형태	몇 가지 방해 화학종
K^+	$KB(C_6H_5)_4$	$KB(C_6H_5)_4$	NH_4^+, Ag^+, Hg^{2+}, Tl^+, Rb^+, Cs^+
Mg^{2+}	$Mg(NH_4)PO_4 \cdot 6H_2O$	$Mg_2P_2O_7$	Na^+, K^+를 제외한 여러 금속들
Ca^{2+}	$CaC_2O_4 \cdot H_2O$	$CaCO_3$ 또는 CaO	Mg^{2+}, Na^+, K^+를 제외한 여러 금속들
Ba^{2+}	$BaSO_4$	$BaSO_4$	Na^+, K^+, Li^+, Ca^{2+}, Al^{3+}, Cr^{3+}, Fe^{3+}, Sr^{2+}, Pb^{2+}, NO_3^-
Cr^{3+}	$PbCrO_4$	$PbCrO_4$	Ag^+, NH_4^+
Mn^{2+}	$Mn(NH_4)PO_4 \cdot H_2O$	$Mn_2P_2O_7$	많은 금속들
Fe^{3+}	$Fe(HCO_2)_3$	Fe_2O_3	많은 금속들
Co^{2+}	Co(1-나이트로소-2-나프톨산)$_2$	$CoSO_4$ (H_2SO_4와 반응)	Fe^{3+}, Pd^{2+}, Zr^{4+}
Ni^{2+}	Ni(다이메틸글리옥심산)$_2$	같음	Pd^{2+}, Pt^{2+}, Bi^{3+}, Au^{3+}
Cu^{2+}	CuSCN(Cu^+에 환원 후)	CuSCN	NH_4^+, Pb^{2+}, Hg^{2+}, Ag^+
Zn^{2+}	$Zn(NH_4)PO_4 \cdot H_2O$	$Zn_2P_2O_7$	많은 금속들
Al^{3+}	Al(8-하이드록시퀴놀린산)$_3$	같음	많은 금속들
Sn^{4+}	Sn(쿠페론)$_4$	SnO_2	Cu^{2+}, Pb^{2+}, As(III)
Pb^{2+}	$PbSO_4$	$PbSO_4$	Ca^{2+}, Sr^{2+}, Ba^{2+}, Hg^{2+}, Ag^+, HCl, HNO_3
NH_4^+	$NH_4B(C_6H_5)_4$	$NH_4B(C_6H_5)_4$	K^+, Rb^+, Cs^+
Cl^-	AgCl	AgCl	Br^-, I^-, SCN^-, S^{2-}, $S_2O_3^{2-}$, CN^-
Br^-	AgBr	AgBr	Cl^-, I^-, SCN^-, S^{2-}, $S_2O_3^{2-}$, CN^-
I^-	AgI	AgI	Cl^-, Br^-, SCN^-, S^{2-}, $S_2O_3^{2-}$, CN^-
SCN^-	CuSCN	CuSCN	NH_4^+, Pb^{2+}, Hg^{2+}, Ag^+
CN^-	AgCN	AgCN	Cl^-, Br^-, I^-, SCN^-, S^{2-}, $S_2O_3^{2-}$
F^-	$(C_6H_5)_3SnF$	$(C_6H_5)_3SnF$	많은 금속들(알칼리 금속을 제외한), SiO_4^{4-}, CO_3^{2-}
ClO_4^-	$KClO_4$	$KClO_4$	
SO_4^{2-}	$BaSO_4$	$BaSO_4$	Na^+, K^+, Li^+, Ca^{2+}, Al^{3+}, Cr^{3+}, Fe^{3+}, Sr^{2+}, Pb^{2+}, NO_3^-
PO_4^{3-}	$Mg(NH_4)PO_4 \cdot 6H_2O$	$Mg_2P_2O_7$	Na^+, K^+를 제외한 많은 금속들
NO_3^-	질산 나이트론	질산 나이트론	ClO_4^-, I^-, SCN^-, CrO_4^{2-}, ClO_3^-, NO_2^-, Br^-, $C_2O_4^{2-}$

표 7-2 일반적인 유기 침전제

명칭	구조	침전되는 몇 가지 이온
다이메틸글리옥심		Ni^{2+}, Pd^{2+}, Pt^{2+}
쿠페론		Fe^{3+}, VO_2^+, Ti^{4+}, Zr^{4+}, Ce^{4+}, Ga^{3+}, Sn^{4+}
8-하이드록시퀴놀린 (옥신)		Mg^{2+}, Zn^{2+}, Cu^{2+}, Cd^{2+}, Pb^{2+}, Al^{3+}, Fe^{3+} Bi^{3+}, Ga^{3+}, Th^{4+}, Zr^{4+}, UO_2^{2+}, TiO^{2+}
1-나이트로소-2-나프톨		Co^{2+}, Fe^{3+}, Pd^{2+}, Zr^{4+}
나이트론		NO_3^-, ClO_4^-, BF_4^-, WO_4^{2-}
테트라페닐붕산 소듐	$Na^+B(C_6H_5)_4^-$	K^+, Rb^+, Cs^+, NH_4^+, Ag^+, 유기 암모늄 이온
염화 테트라페닐아르소늄	$(C_6H_5)_4As^+Cl^-$	$Cr_2O_7^{2-}$, MnO_4^-, ReO_4^-, MoO_4^{2-}, WO_4^{2-}, ClO_4^-, I_3^-

대표적인 분석 침전의 예를 표 7-1에 수록하였다. 방해 가능성이 있는 물질들은 분석하기 전에 제거해야 할 필요가 있다. 몇 가지 일반적인 유기 **침전제**(**precipitant**, 침전을 일으키는 시약)은 표 7-2에 수록하였다. Cl^-의 적정에서는 Ag^+가 침전제이다.

유기 화합물의 구조를 그리는 데 익숙하지 않은 학생은 보충 7-1을 보시오.

자습문제

7-A. NaBr을 함유하는 50.00 mL의 용액을 과량의 $AgNO_3$으로 적정하여 0.214 6 g의 AgBr (화학식량 : 187.772) 침전을 얻었다.

(a) AgBr 몇 몰이 분리되었는가?

(b) 이 용액 내 NaBr의 몰농도는 얼마인가?

7-2 침전

이상적인 무게 분석 침전물은 잘 녹지 않고, 쉽게 거를 수 있으며, 매우 순수하고, 잘 알려져 있는 일정한 화학적 조성을 가져야 한다. 침전물은 잔류 용매를 제거하기 위해 열을 가할 때에도 안정해야 한다. 이상의 모든 조건을 만족할 수 있는 물질은 거의 없지만, 여

보충 7-1 유기 분자 구조의 간략한 표기법

화학자와 생화학자들은 탄소 화합물의 구조를 그릴 때 모든 원자를 그릴 필요가 없도록 간편한 규칙을 만들었다. 별도의 표식이 없다면 구조식이 각 정점이 탄소 원자를 뜻한다. 이 표기법에서는 탄소와 수소 사이의 결합은 보통 생략한다. 탄소는 네 개의 화학 결합을 가진다. 만약 네 개 미만의 결합을 이룬 탄소가 있다면, 나머지 결합은 나타내지 않은 수소와의 결합이라고 가정한다. 몇 가지 예를 들면 다음과 같다.

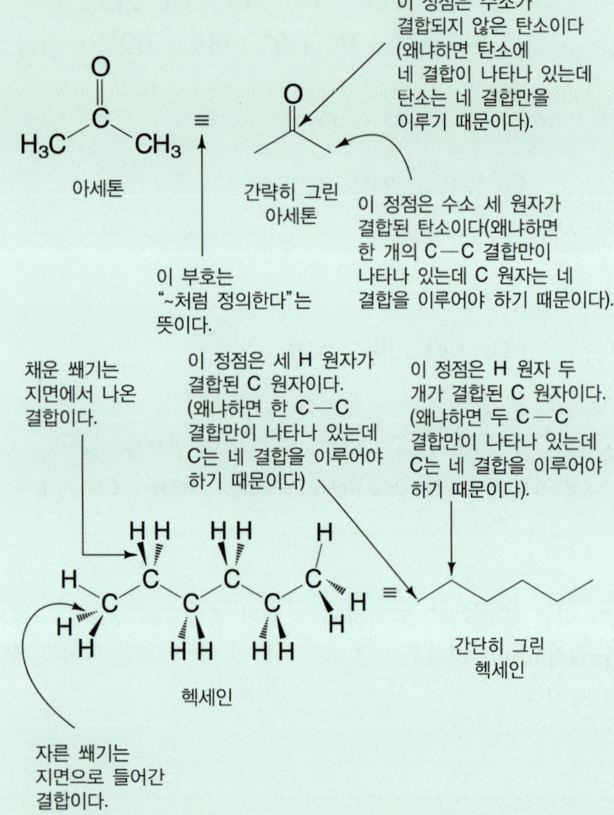

탄소와 수소를 제외한 원자는 항상 표시한다. 탄소가 아닌 원소에 결합한 수소도 항상 표시한다. 산소와 황은 보통 두 개의 결합을 갖는다. 질소는 중성일 때 세 개의 결합을, 양성자를 붙여 양이온이 될 때 네 개의 결합을 만든다. 몇 개의 예를 들면,

벤젠 C_6H_6 피리딘 C_5H_5N

다이에틸아민 $C_4H_{11}N$ 시스테인 $C_3H_7NO_2S$

벤젠 고리는 두 개의 동등한 공명 구조를 가지므로, 교대하는 단일 결합과 이중 결합들을 종종 원으로 표시한다.

공명 구조를 의미

벤젠

연습: 아래 각각의 구조에 대한 화학식(예: C_4H_8O)을 쓰시오.

(a) 팬테인   (b) 2-펜탄온   (c) 피페리딘

(d) 알라닌   (e) 연화 피리디늄   (f) 8-하이드록시퀴놀린

답: **(a)** C_5H_{12}, **(b)** $C_5H_{10}O$, **(c)** $C_5H_{11}N$, **(d)** $C_3H_7NO_2$, **(e)** C_5H_6NCl, **(f)** C_9H_7NO

기에서 기술하는 방법들은 침전의 성질을 최적화하는 데에 도움을 준다.

침전물 입자들은 거르기에 의해 쉽게 분리될 수 있을 정도로 충분히 커야 한다. 입자들이 너무 작아서 거름종이를 막거나 그대로 통과해서는 안 된다. 큰 결정들은 다른 화학종

들이 달라붙을 수 있는 표면적이 작다. 이와 극단적으로 다른 것이 **콜로이드**(*colloid*) 인데, 입자가 매우 작아서(~1~500 nm) 대부분의 거름종이를 통과한다(그림 7-1과 시범 7-1).

결정 성장

결정화는 **핵생성과 입자 성장**의 두 가지 단계로 일어난다. **핵생성**(**nucleation**) 과정에서는 녹아 있는 분자나 이온들이 더 큰 입자로 자랄 수 있는 작은 결정 집합체를 형성한다. 핵생성은 이미 존재하는 표면에 이루어지는 경향이 있는데 그 표면이 용질을 끌어당기고 붙잡는다. 액체에 들어 있는 불순물 또는 유리 표면을 긁어줌으로써 핵생성을 개시할 수 있다. **입자 성장**(**particle growth**)은 용질 분자나 이온이 존재하는 집합체에 첨가되어 결정을 형성한다.

용액이 평형 상태에서 존재해야 될 양보다 더 많은 용질을 함유하고 있을 때 **과포화**(**supersaturate**) 되었다고 한다. 예를 들어, $BaSO_4$의 용해도곱은 1.05×10^{-5}이다. $BaSO_4$의 포화용액은 $[Ba^{2+}] = [SO_4^{2-}] = 1.1 \times 10^{-10}$ M을 함유한다. $BaSO_4$의 과포화 용액은 $[Ba^{2+}] = [SO_4^{2-}] = 2.1 \times 10^{-5}$ M으로, 평형 농도의 약 2배에 해당하는 이온을 함유한다. 과포화 용액은 평형 농도의 여러 배(예컨대, 100배)에 해당하는 이온을 함유하기도 한다. 시간이 지남에 따라 이온들은 모여 임계 크기의 핵이 되고 이 핵 위에서 결정 성장이 일어나 더욱 큰 결정으로 성장하게 되며, 결국 이온들의 농도는 평형농도까지 줄어든다.

과포화가 높은 용액에서 핵생성은 입자 성장보다 더 빠르게 진행된다. 결정성장이 일어나 더 큰 입자가 되기 전에 너무 많은 핵이 생기고, 그 결과 대단히 작은 입자가 생긴다. 농도가 낮은 용액에서는 핵생성이 천천히 일어나므로 핵은 더 크고 다루기 쉬운 입자로 성장할 기회를 갖는다. 입자 성장을 촉진시키는 방법은 다음과 같다.

1. 용해도를 증가시켜 과포화를 줄이기 위해서 온도를 올린다.
2. 침전제를 분석물질에 가할 때, 높은 국소적 과포화 조건을 피하기 위하여 격렬하게 섞으면서 천천히 가한다.
3. 용액의 부피를 크게 하여 분석물질과 침전제의 농도가 낮아지도록 한다.

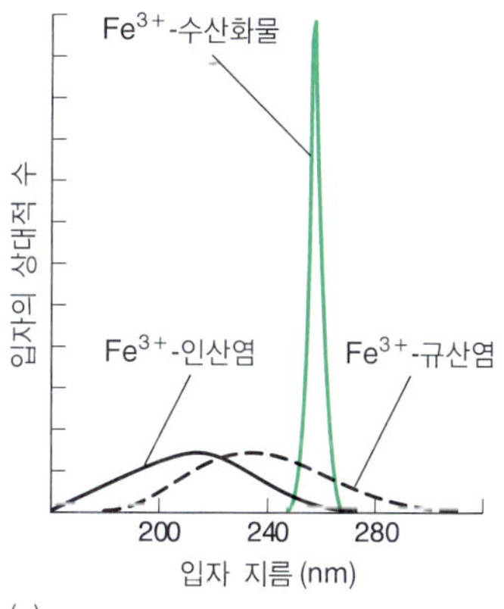

(*a*)

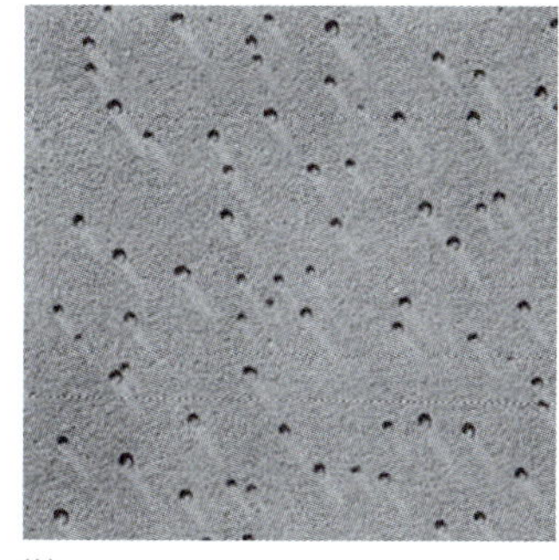
(*b*)

그림 7-1 (*a*) 인산 이온 (PO_4^{3-}), 규산 이온(SiO_4^{4-})을 첨가한, 혹은 음이온 무첨가 10^{-4} M OH^- 내 $FeSO_4$가 Fe^{3+}로 산화될 때 생성되는 콜로이드의 측정된 입자 크기 분포. [출처: M. L. Magnuson, D. A. Lytle, C. M. Frietch, and C. A. Kelty, *Anal. Chem.* **2001**, *73*, 4815.]
(*b*) 질산철(III)을 Fe^{3+} 당 $2HCO_3^-$로 처리하여 얻은 $[Fe(OH)_{\sim 2.5}(NO_3)_{\sim 0.5}]_{\sim 1000}$의 7-nm 콜로이드 입자의 전자현미경 사진. [출처: T. G. Spiro, S. E. Allerton, J. Renner, A. Terzis, R. Bils, and P. Saltman, *J. Am. Chem. Soc.* **1966**, *88*, 2721.]

균일 침전

지금까지의 논의에서는 침전제 용액을 분석물질 용액에 혼합하여 침전을 얻었다. **균일 침전**(**homogeneous precipitation**)에서는 침전이 화학 반응에 의해 천천히 생성된다. 침전 속도가 느리면 핵생성보다 입자성장이 우세하게 진행되어 더 크고 더 순수한 입자가 만들어지므로 거르기가 쉬워진다. 침전 속도가 빠를 때에는 핵생성이 입자성장보다 우세하므로, 결과적으로 입자가 작아서 거르기가 어려워진다.

균일 침전의 예로는 폼산과 철(III)를 함유하는 용액에서의 느린 폼산 철(III) 생성이다. 침전은 끓는 물 중에서 요소(urea)를 분해시켜 OH^-를 천천히 생성함으로써 개시된다.

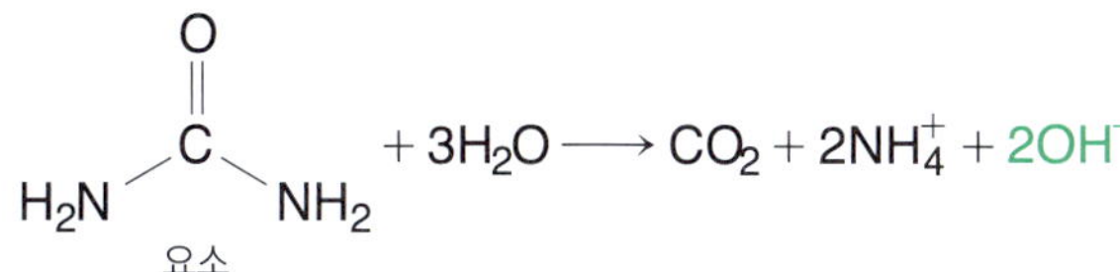

$$H_2NC(=O)NH_2 + 3H_2O \longrightarrow CO_2 + 2NH_4^+ + 2OH^-$$

생성된 OH^-가 폼산과 반응하여 폼산 이온을 생성하고, 폼산 이온이 Fe(III)를 침전시킨다.

시범 7-1 콜로이드, 투석 및 마이크로투석

콜로이드(colloid)는 지름이 1~500 nm 범위인 입자이다. 분자보다는 크지만 너무 작아서 침전하지 않는다. 용액 중의 콜로이드는 브라운 운동(Brownian motion, 무질서 운동)으로 끊임없이 떠다닌다.

콜로이드를 만들기 위해서는 200 mL의 증류수가 담긴 한 비커를 70~90°C로 가열하고, 같은 부피의 증류수가 담긴 다른 비커를 실온에서 방치한다. 각 비커에 1 M $FeCl_3$ 1 mL을 가하고 저어라. 차가운 용액은 노란색을 그대로 유지하지만, 따뜻한 용액은 4초 만에 적갈색으로 변한다(천연색 사진 2a). 노란색은 분자량이 작은 Fe^{3+} 화합물의 특성이다. 붉은색은 Fe^{3+} 이온들이 수산화 이온, 산화 이온 및 몇 가지 염화 이온들과 콜로이드성 응집체를 형성한 결과이다. 이들 입자는 분자량 ~10^5, 지름 ~10 nm이며, ~10^3개의 Fe 원자를 포함하고 있다.

콜로이드성 입자의 크기를 알아보기 위하여 **투석(dialysis)** 실험을 한다. 투석에서 두 용액은 **반투과막** (*semipermeable membrane*)에 의해 분리된다. 반투과막은 작은 분자는 확산할 수 있으나, 큰 분자나 콜로이드는 확산할 수 없는 구멍을 가진 막이다. 셀룰로오스 투석관(A. H. Thomas사의 카탈로그 번호 3787과 같은)은 지름이 1~5 nm인 기공을 가지고 있다.

한쪽 끝을 매듭으로 묶은 투석관 속으로 적갈색의 콜로이드성 Fe 용액을 붓고, 다른쪽 끝도 묶어라. 그리고 이것을 증류수가 채워진 플라스크에 담그면 며칠이 지나더라도 관 속의 색깔은 변하지 않고 그대로 남아 있는 것을 볼 수 있다(천연색 사진 2b와 2c). 비교 실험을 하기 위하여 진한 푸른색의 1 M $CuSO_4 \cdot 5H_2O$ 용액이 채워진 동일한 관을 물이 담긴 다른 플라스크에 넣고 방치하라. 푸른색의 Cu^{2+}는 관 밖으로 확산될 것이고, 플라스크의 용액은 24시간 이내에 연한 푸른색을 띠게 될 것이다. 노란색 식용 물감인 타트라진(tartrazine)을 Cu^{2+} 대신에 사용할 수 있다. 타트라진을 뜨거운 물 중에서 투석시키면, 일정한 시간 내에 투석이 완료된다.

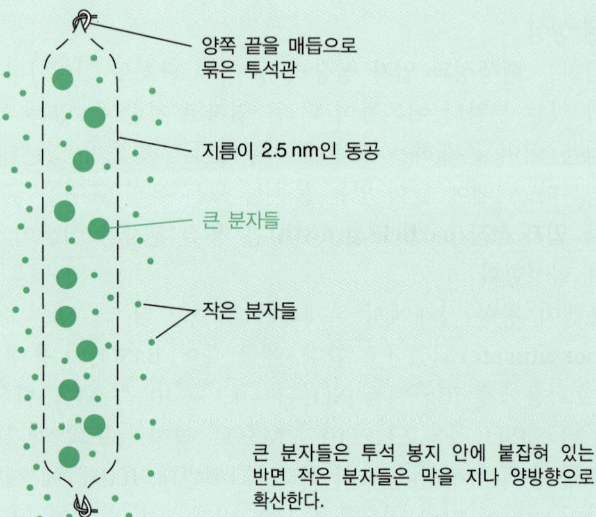

큰 분자들은 투석 봉지 안에 붙잡혀 있는 반면 작은 분자들은 막을 지나 양방향으로 확산한다.

투석은 신장질환자의 치료에 이용된다. 혈액을 표면

$$\underset{\text{폼산}}{HCOOH} + OH^- \longrightarrow \underset{\text{폼산 이온}}{HCO_2^-} + H_2O$$

$$3HCO_2^- + Fe^{3+} \longrightarrow \underset{\text{폼산 철(III)}}{Fe(HCO_2)_3 \cdot nH_2O(s)}\downarrow$$

균일 침전에 흔히 사용되는 몇 가지 시약을 표 7-3에 수록하였다.

전해질 존재하에서의 침전

전해질은 녹을 때 이온으로 해리하는 화합물이다. 우리는 전해질이 녹으면서 이온화한다고 말한다.

이온성 화합물들은 대체로 첨가한 **전해질**(*electrolyte*) 존재하에서 침전된다. 이를 이해하기 위해서는 대단히 작은 미세 결정이 어떻게 **엉기어**(*coagulate*), 더 큰 결정을 형성하는가를 생각해야만 한다. 일반적으로 0.1 M HNO_3 존재하에서 형성되는 AgCl의 경우를 설명해 보자.

적이 대단히 큰 투석막 위로 통과시킨다. 혈액 속에 생성된 신진대사 폐기물인 작은 분자들은 막을 통하여 확산되고, 폐기시킬 큰 부피의 액체 속으로 들어가 묽혀진다. 혈장의 필수 성분인 단백질 분자는 너무 커서 막을 통과할 수 없기 때문에 혈액 속에 그대로 남아 있게 된다.

마이크로투석

생물학에서는 **마이크로투석 탐침** (*microdialysis probe*)을 사용하여 단백질과 같은 큰 분자의 오염 없이 체액 속 작은 분자를 채취한다. 예를 들면, 얇고 단단한 반투막 관으로 만들어진 탐침을 마취한 쥐의 뇌 속으로 삽입하여 신경전달 분자를 수집한다. 3 μL/min의 속도로 체액을 관 속으로 펌핑하는 동안 작은 분자가 관 속으로 확산하여 들어간다. 탐침을 나오는 체액(**투석질** (*dialysate*)) 내 작은 분자를 액체 크로마토그래피 (22장) 나 모세관 전기영동 (23장) 로 모니터한다.

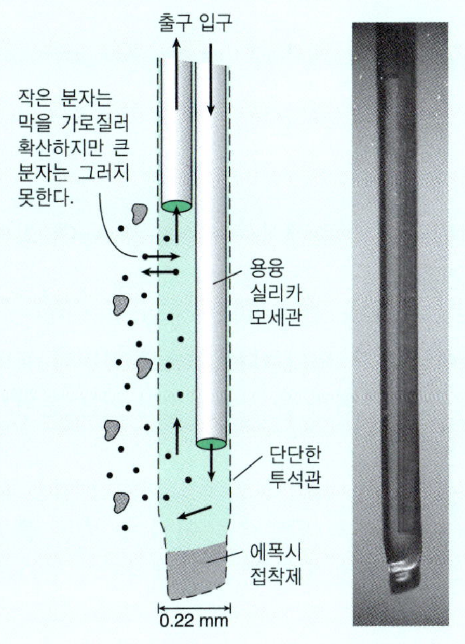

마이크로투석 탐침. 작은 분자는 반투막을 통과하지만 큰 분자는 통과하지 못한다. [출처: R. T. Kennedy and Z. D. Sandlin, University of Michigan.]

표 7-3 균일 용액 침전에 쓰이는 일반적 시약

침전제	시약	반응	침전되는 몇 가지 원소
OH^-	요소	$(H_2N)_2CO + 3H_2O \longrightarrow CO_2 + 2NH_4^+ + 2OH^-$	Al, Ga, Th, Bi, Fe, Sn
S^{2-}	싸이오아세트아미드[a]	$CH_3\overset{\overset{S}{\parallel}}{C}NH_2 + H_2O \longrightarrow CH_3\overset{\overset{O}{\parallel}}{C}NH_2 + H_2S$	Sb, Mo, Cu, Cd
SO_4^{2-}	설팜산	$H_3\overset{+}{N}SO_3^- + H_2O \longrightarrow NH_4^+ + SO_4^{2-} + H^+$	Ba, Ca, Sr, Pb
$C_2O_4^{2-}$	옥살산 다이메틸	$CH_3O\overset{\overset{O}{\parallel}}{C}\overset{\overset{O}{\parallel}}{C}OCH_3 + 2H_2O \longrightarrow 2CH_3OH + C_2O_4^{2-} + 2H^+$	Ca, Mg, Zn
PO_4^{3-}	인산 트라이메틸	$(CH_3O)_3P = O + 3H_2O \longrightarrow 3CH_3OH + PO_4^{3-} + 3H^+$	Zr, Hf

a. H_2S는 휘발성이고 대단히 유독하다. 따라서 환기가 잘되는 후드 내에서만 취급해야 한다. 싸이오아세트아마이드는 장갑을 끼고 취급해야 하는 발암물질이다. 피부에 싸이오아세트아마이드가 묻으면, 즉시 잘 씻어야 한다. 사용 후 남은 시약은 싸이오아세트아마이드 몰당 5몰의 NaOCl을 가하고, 50°C에서 가열하여 파괴시킨 다음 배수구에 씻어 버려라.

그림 7-2 그림 7-2. 과량의 Ag^+, H^+ 및 NO_3^-가 들어 있는 용액 속의 AgCl 콜로이드 입자. 입자는 흡착된 Ag^+ 이온으로 인하여 순 양전하를 띤다. 입자 주위에 있는 용액의 영역을 **이온 분위기**(*ionic atmos-phere*) 라고 한다. 입자는 음이온을 끌어당기고 양이온을 반발하기 때문에 순 음전하를 띤다.

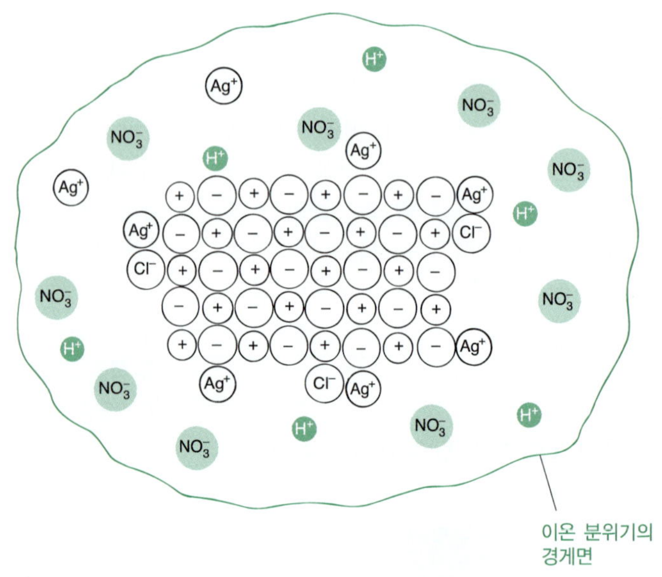

과량의 공통이온이 결정 표면에 흡착되는 것이 일반적이지만, 다른 이온이 선택적으로 흡수될 수도 있다. 시트르산 이온과 황산 이온이 같이 들어 있으면, 시트르산 이온이 황산 이온보다 $BaSO_4(s)$에 더 잘 흡착된다.

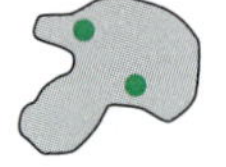
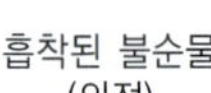

흡착된 불순물 (외적) 흡수된 불순물 (내적)

그림 7-2는 과량의 Ag^+, H^+ 및 NO_3^-가 존재하는 용액 중에서 콜로이드성 AgCl 입자가 성장하는 것을 보여 준다. 입자의 표면은 노출된 염화 이온에 **흡착된** 과량의 은 이온으로 인하여 여분의 양전하를 띤다(흡착된다는 것은 표면에 부착된다는 것을 의미한다. 반대로 **흡수(absorption)**는 표면의 안쪽으로 침투하는 것을 의미한다). 양으로 하전된 표면은 음이온들을 끌어당기고 양이온들은 반발하여 입자 주위의 음으로 하전된 **이온 분위기**(*ionic atmosphere*)를 형성한다.

콜로이드 입자가 엉기기 위해서는 서로 충돌해야 한다. 그러나 음으로 하전된 이온 분위기의 입자들은 서로 반발한다. 따라서 입자들이 정전기적 반발력을 이길 수 있는 충분한 운동 에너지를 가져야만 엉길 수 있다. 용액을 가열하면 입자의 운동 에너지가 증가되므로 엉김이 촉진된다.

전해질 농도(AgCl의 경우 HNO_3의)가 증가함에 따라 이온 분위기의 두께가 감소되고, 정전기적 반발력이 커지기 전에 입자들이 서로 가까이 접근할 수 있게 해준다. 따라서 대부분 무게 분석 침전은 전해질 존재하에서 시행한다.

삭임

삭임(digestion)은 침전물을 보통 가열하면서 일정 기간 동안 **모액**(*mother liquor*) 중에 방치하는 과정이다. 삭임 과정은 침전의 느린 재결정화(recrystallization)를 촉진함으로써, 입자의 크기는 증가하고, 결정으로부터 불순물들을 제거할 수 있다.

모액(*mother liquor*)은 물질이 결정화되는 용액이다.

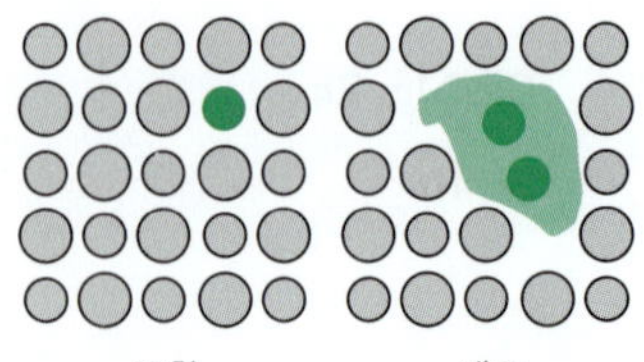

순도

흡착된(*adsorbed*) 불순물은 결정의 표면에 달라붙어 있다. 결정 속에 **흡수된**(*absorbed*) 불순물들은 **내포**(*inclusion*)와 **흡장**(*occlusion*)으로 분류된다. 내포는 결정을 이루는 이온들이 정상적으로 점유해야 할 결정 격자점을 불순물이 불규칙하게 점유하는 것을 말한다. 내포는 불순물 이온의 크기와 전하가 생성물에 속하는 이온의 크기 및 전하와 비슷할수록 더 잘 일어난다. 흡장은 말 그대로 성장하는 결정 내부에 붙잡힌 불순물의 주머니이다.

흡착, 내포 및 흡장된 불순물들은 **공침되었다(coprecipitated)**고 한다. 즉, 불순물은 그 용해도를 초과하지 않아도 순수한 생성물과 함께 침전된다. 공침은 $BaSO_4$, $Al(OH)_3$ 및 $Fe(OH)_3$와 같은 콜로이드성 침전물(표면적이 큼) 중에서 더 잘 일어나는 경향이 있다. 그림 7-3은 산호의 탄산칼슘과 인산 이온이 공침하는 것을 보여 준다. 고대 산호의 P/Ca를 측정하면 산호가 살았을 당시 바닷물의 인산 이온의 농도를 추측할 수 있다.

어떤 과정에서는 모액을 씻어버리고 침전물을 다시 녹여 생성물을 **재침전**(*reprecipitating*)시키는 것이 필요하다. 용액 중의 불순물 농도는 일차 침전의 경우보다 이차 침전하는 동안 낮아지므로, 그 결과 공침되는 정도가 감소되는 경향이 있다(표 7-4).

때로는 너무 묽어서 측정하기 어려운 미량 성분을 용액의 주성분과 함께 의도적으로 공침시켜 농축하기도 하는데, 이 과정을 **모음(gathering)**이라고 하며 미량 성분의 포집에 사용되는 침전을 **모음제**(*gathering agent*)라고 한다. 침전을 적은 부피의 용매에 녹이면, 미량 성분의 농도가 충분히 높아서 정확한 분석이 가능해진다.

가림제(masking agent)를 가하여 불순물 화학종이 침전제와 반응하는 것을 방지할 수 있다. *N-p*-클로로페닐신나모하이드록사민 산(*N-p*-chlorophenylcinnamohydroxamic acid, RH로 표기) 시약을 이용하여 Be^{2+}, Mg^{2+}, 및 Ca^{2+} 또는 Ba^{2+}을 무게 분석할 때, 과량의 KCN을 가하여 Ag^+, Mn^{2+}, Zn^{2+}, Cd^{2+}, Hg^{2+}, Cu^{2+}, Fe^{2+}, 및 Ga^{3+}과 같은 불순물들을 용액 중에 그대로 남아 있게 할 수 있다.

$$\underset{\text{분석물질}}{Ca^{2+}} + 2RH \longrightarrow \underset{\text{침전물}}{CaR_2(s)\downarrow} + 2H^+$$

$$\underset{\text{불순물}}{Mn^{2+}} + \underset{\text{가림제}}{6CN^-} \longrightarrow \underset{\text{용액 속에 남아 있음}}{Mn(CN)_6^{4-}}$$

침전물이 순수한 상태로 형성될 경우에도 모액 중에 방치하는 동안 생성물 위에 불순물들이 모일 수 있다. 이것을 **후침전**(*postprecipitation*)이라고 하는데, 보통 쉽게 결정화되지 않는 과포화된 불순물이 관계된다. CaC_2O_4 위에 MgC_2O_4가 결정화되는 것이 한 예이다.

거르개 위에 있는 침전물을 씻으면 과량의 용질이 들어 있는 작은 액체 방울을 제거시킨다. 일부 침전물은 물로 씻을 수 있지만 대부분의 침전물들은 응집 상태를 유지시키기 위해서 전해질이 필요하다. 그 전해질에는 입자들의 표면전하를 중화시킬 수 있는 이온이 필요하다. 만약 전해질을 물로 씻어버리면 전하를 띤 고체 입자들은 서로 반발하여 생성물은 분해된다. 이와 같은 분해를 **풀림(peptization)**이라고 하며, 거르개를 그대로 통과함으로써 생성물의 양을 감소시키는 결과를 초래한다. 염화은은 물로 씻으면 풀리므로 묽은 질산으로 씻어야 한다. 씻기에 사용되는 전해질은 건조하는 동안 쉽게 제거될 수 있도록 휘발성이어야 한다. HNO_3, HCl, NH_4NO_3, NH_4Cl, 및 $(NH_4)_2CO_3$은 휘발성 전해질이다.

생성물의 조성

최종 생성물은 기지의 안정한 조성을 가져야 한다. **흡습성 물질(hygroscopic substance)**

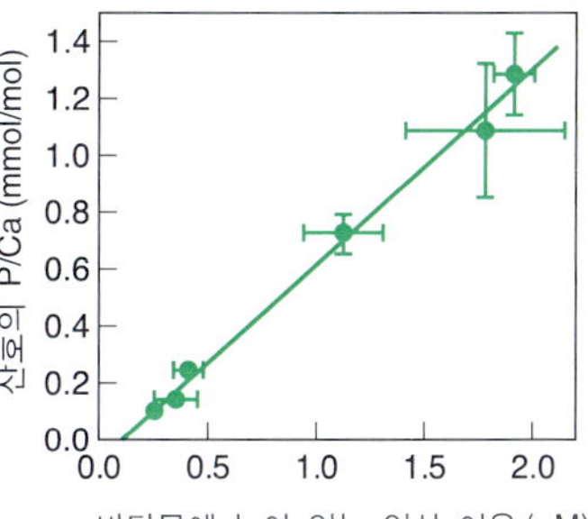

그림 7-3 산호 속 탄산 칼슘과 인산 이온의 공침. 오래된 산호의 P/Ca비를 측정하여 11 200년 전 서지중해의 인산 이온 농도는 현재의 2배 이상이었음을 알 수 있었다. [출처: P. Montagna, M. McCulloch, M. Taviani, C. Mazzoli, and B. Vendrell, *Science*, **2006**, *312*, 1788.]

모음(*gathering*)의 예: 25 ng/L 만큼 낮은 농도의 Se(IV)를 $Fe(OH)_3$와 공침시켜 모은다. 침전을 소량의 진한 산에 녹여 더 진한 Se(IV)를 얻어 분석한다.

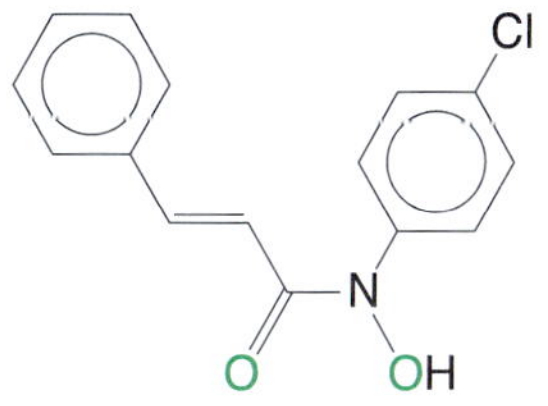

N-p-클로로페닐신나모하이드록사민산 (RH)
(금속 이온과 결합하는 두 산소 원자는 굵은 글씨체로 나타내었다.)

염화암모늄은 가열하면 다음과 같이 분해된다.

$$NH_4Cl(s) \xrightarrow{\text{가열}} NH_3(g) + HCl(g)$$

표 7-4 재침전으로 $BaSO_4$에 흡장된 NO_3^- 제거

	침전 내 $[NO_3^-]/[SO_4^{2-}]$
처음 침전	0.279
첫 번째 재침전	0.028
두 번째 재침전	0.001

출처: H. Bao, *Anal. Chem.* **2006**, *78*, 304.

은 공기 중의 수분을 흡수하는 물질로, 정확하게 무게를 측정하기 어렵다. 많은 종류의 침전물은 상태에 따라 다양한 양의 수분을 함유하는데, 알려진 (가능한 한 영(0)) 화학량론적 H_2O를 갖는 조건에서 건조를 해야 한다.

온화한 온도에서 건조할 때 일정 조성을 갖지 못하는 몇 가지 침전물의 화학적 형태를 바꾸기 위하여 **강열 (ignition**, 강하게 가열함)을 사용한다. 예를 들어, $Fe(HCO_2)_3 \cdot nH_2O$는 850°C에서 1시간 가열하면 Fe_2O_3이 되며, $Mg(NH_4)PO_4 \cdot 6H_2O$는 1 100°C에서 $Mg_2P_2O_7$이 된다.

열무게 분석 (thermogravimetric analysis) 에서는 시료를 가열하면서 온도에 따른 질량을 측정한다. 그림 7-4는 살리실산 칼슘의 조성이 네 단계로 바뀌는 과정을 보여 준다.

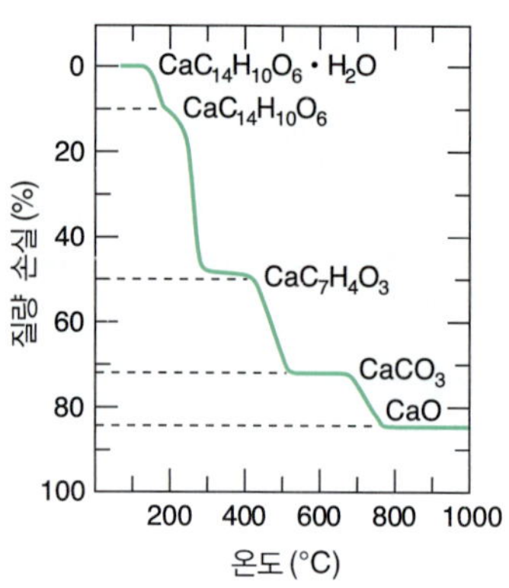

그림 7-4 살리실산 칼슘의 열무게분석 곡선. [출처: G. Liptay, ed., *Atlas of Thermoanalytical Curves* (London: Heyden and Son, 1976).]

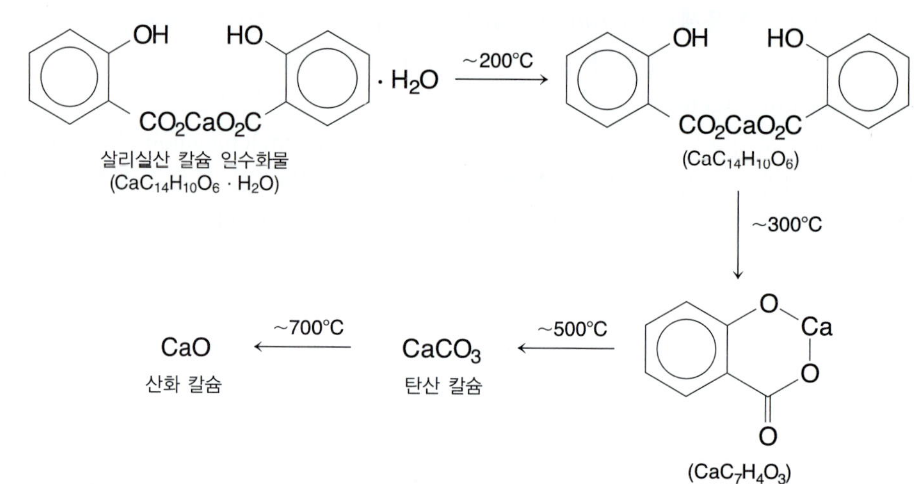

생성물의 조성은 가열 온도와 그 지속시간에 따라 달라진다.

자습문제

7-B. 이 절을 이해 여부를 알기 위해 다음 질문에 답하시오.

(a) 흡수와 흡착의 차이는 무엇인가?

(b) 내포와 흡장은 어떻게 다른가?

(c) 무게 분석용 침전물의 바람직한 성질은?

(d) 무게 분석에서 과포화 현상은 왜 바람직하지 않은가?

(e) 침전과정에서 어떻게 과포화를 감소시킬 수 있나?

(f) 많은 종류의 이온성 침전물을 순수한 물 대신에 전해질 용액으로 세척하는 이유는?

(g) AgCl 침전을 세척할 때 $NaNO_3$보다 HNO_3가 적합한 이유는?

(h) 무게 분석에서 재침전을 하는 이유는?

(i) 열무게 분석에서는 무엇을 하는가?

7-3 무게 분석 계산의 예

여기서는 무게 분석 침전물의 질량을 원래 분석물질의 양과 어떻게 관련짓는지 설명한다. **일반적인 접근 방법은 생성물의 몰수를 반응물의 몰수와 관련짓는 것이다.**

예제 생성물의 질량을 반응물의 질량과 관련짓기

시판되는 불순한 피페라진의 피페라진 함량은 다이아세트산 피페라진으로 침전시킨 후 그 질량을 측정함으로써 결정할 수 있다.

$$:\!NH \quad HN\!: + 2CH_3CO_2H \longrightarrow H_2\overset{+}{N} \quad \overset{+}{N}H_2(CH_3CO_2^-)_2 \tag{7-1}$$

피페라진	아세트산	다이아세트산 피페라진
FM 86.136	FM 60.052	FM 206.240

어떤 실험에서 0.312 6 g의 피페라진 시료를 25 mL 아세톤에 녹인 후 1 mL의 아세트산을 첨가하였다. 5분 후 침전물을 거른 다음 아세톤으로 세척하고, 110°C에서 건조하여 얻은 침전물의 질량은 0.712 1 g이었다. 시판 피페라진의 wt%는 얼마인가?

이 방법을 써서 시료를 분석한다면, 피페라진에 포함된 불순물이 같이 침전되는 것을 방지해야 한다.

해답 피페라진의 wt%를 결정해야 한다.

$$\text{피페라진의 wt\%} = \frac{\text{피페라진의 질량}}{\text{시료의 질량}} \times 100$$

메모:

$$\text{wt\%} = \frac{\text{분석물질의 질량}}{\text{미지 시료의 질량}} \times 100$$

시료의 질량(0.312 6 g)은 알고 있으므로 피페라진의 질량을 찾아야 한다. 실험 결과 다이아세트산 피페라진의 질량은 0.712 1 g이다. 반응식(7-1)에 의하면 1몰의 다이아세트산 피페라진은 1몰의 피페라진을 함유한다. 생성물인 다이아세트산 피페라진의 몰수를 구하면 시료 내 피페라진의 몰수를 알 수 있다.

$$\text{피페라진의 몰수} = \text{생성물의 몰수} = \frac{0.712\ 1\,\cancel{\text{g 생성물}}}{206.240\,\frac{\cancel{\text{g 생성물}}}{\text{mol 생성물}}}$$

$$= 3.453 \times 10^{-3}\ \text{mol}$$

계산된 몰수에 해당하는 피페라진의 질량은 다음과 같다.

피페라진의 그램수 =

$$(3.453 \times 10^{-3}\,\cancel{\text{mol 피페라진}}) \times \left(86.136\,\frac{\text{g 피페라진}}{\cancel{\text{mol 피페라진}}}\right) = 0.297\ 4\ \text{g}$$

그러므로 시료 0.312 6 g 중 0.297 4 g이 피페라진이다.

$$\text{시료 중 피페라진의 무게\%} = \frac{0.297\ 4\ \text{g 피페라진}}{0.312\ 6\ \text{g 미지 시료}} \times 100 = 95.14\%$$

복습 문제 시판 제품 0.288 g으로부터 침전물 0.555 g을 얻었다면 피페라진의 wt%는 얼마인가? (**답** : 80.5%)

예제 화학량론이 1 : 1이 아닌 경우

알루미늄 정련 과정을 통해서 얻은 고체 잔류물 8.444 8 g을 산에 녹여 Al(III) 용액을 만들었다. 그 용액을 8-하이드록시퀴놀린으로 처리하여 (8-하이드록시퀴놀린)$_3$Al을 침전시킨 후 강열하여 0.855 4 g의 Al_2O_3를 얻었다. 처음 시료에 포함된 Al의 무게 백분율을 계산하시오.

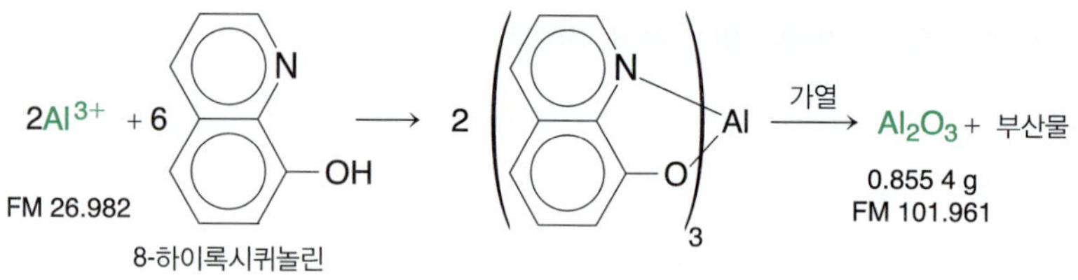

$$2Al^{3+} + 6\ (\text{8-하이록시퀴놀린}) \longrightarrow 2\ (\text{Al 착물})_3 \xrightarrow{\text{가열}} Al_2O_3 + \text{부산물}$$

FM 26.982 — 8-하이록시퀴놀린 — 0.855 4 g, FM 101.961

해답 Al의 wt%를 구하면

$$\text{wt\% Al} = \frac{\text{Al의 질량}}{\text{시료의 질량}} \times 100$$

시료의 질량은 8.444 8 g이고 시료 내 Al의 질량을 찾아야 한다. 1몰의 Al_2O_3에는 Al 2몰이 들어 있다. 생성물의 질량에서 생성물의 몰수를 계산한 후 여기서 Al의 몰수를 계산해내면 된다. 생성물의 몰수는

Dan의 노트 : 나는 적어도 한 개의 비유효 숫자를 계산할 때 포함시키며, 최종답을 얻을 때까지 절대로 사사오입하지 않는다. 일반적으로 계산기에 모든 자릿수의 숫자를 입력한다.

$$\text{생성물의 몰수} = \frac{0.885\ 4\ \cancel{\text{g } Al_2O_3}}{101.961\ \dfrac{\cancel{\text{g } Al_2O_3}}{\text{mol } Al_2O_3}} = 0.008\ 389_5\ \text{mol } Al_2O_3$$

생성물 1÷1은 2몰의 Al을 포함하므로

$$\text{미지 시료의 Al의 몰수} = \frac{2\ \text{mol Al}}{\cancel{\text{mol } Al_2O_3}} \times 0.008\ 389_5\ \cancel{\text{mol } Al_2O_3}$$

$$= 0.016\ 77_9\ \text{mol}$$

Al의 질량은 (0.016 77_9 mol)(26.982 g/mol) = 0.452 7_3 g이다. 미지 시료 속에 Al의 무게 백분율은

$$\text{wt\% A} = \frac{0.452\ 7_3\ \text{g Al}}{8.444\ 8\ \text{g 미지 시료}} \times 100 = 5.361\%$$

복습 문제 10.232 g의 잔기가 강열 후 Al_2O_3 1.023 g을 주었다. 원래 잔기의 Al wt%를 구하시오. (**답** : 5.292%)

예 제 사용해야 할 침전제 양의 계산

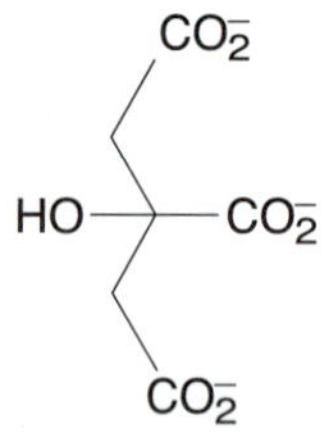

(a) 강철 중의 니켈 함량을 정량하기 위해서 강철을 12 M HCl에 녹이고 철과 결합하여 용액 중에 철이 그대로 남아 있도록 시트르산 이온 존재하에서 중화시킨다. 이 약염기성 용액을 따뜻하게 가열하고 다이메틸글리옥심(DMG)을 가하면 붉은색의 DMG−Ni 착

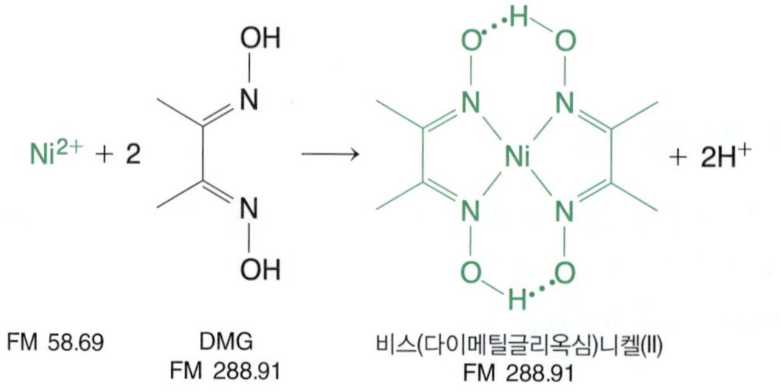

$$Ni^{2+} + 2\ \text{DMG} \longrightarrow \text{비스(다이메틸글리옥심)니켈(II)} + 2H^+ \quad (7\text{-}2)$$

FM 58.69 — DMG FM 288.91 — 비스(다이메틸글리옥심)니켈(II) FM 288.91

CO_2^- / HO / CO_2^- / CO_2^-

시트르산 음이온

물이 침전된다. 생성물을 거르고 차가운 물로 씻은 다음 110°C에서 건조한다.

니켈 함량이 약 3 wt%인 강철 1.0 g을 분석한다고 가정하자. 이때 DMG가 50% 과량이 되게 하는 데 필요한 1.0 wt% 다이메틸글리옥심 알코올 용액의 부피는 얼마인가? 알코올 용액의 비중은 0.79 g/mL라고 가정하자.

밀도는 $\frac{1.0\text{ g DMG}}{100\text{ g의 용액}}$를 뜻한다.

해답 1.0 g의 강철 속에 포함된 Ni의 몰수를 알아내는 것이 문제이다. 식 7-2를 보면 1몰의 Ni은 2몰의 DMG와 반응한다. 반응에 필요한 DMG의 몰수를 계산하고 1.5를 곱하면 50% 과량의 시약 양을 얻을 수 있다.

Ni 함량이 3 wt% 정도이기 때문에 1.0 g의 강철은 약 (0.03)(1.0 g) = 0.03 g의 Ni을 함유할 것이다. 따라서 Ni의 몰수는 (0.03 g Ni)/(58.69 g/mol Ni) = 5.1×10^{-4} mol Ni이 된다. 따라서 Ni과 반응하는데 필요한 양은 다음과 같다.

$$2\left(\frac{\cancel{\text{mol DMG}}}{\cancel{\text{mol Ni}}}\right)(5.1 \times 10^{-4}\ \cancel{\text{mol Ni}})\left(116.12\ \frac{\text{g DMG}}{\cancel{\text{mol DMG}}}\right) = 0.12\text{ g DMG}$$

50% 과량의 DMG가 필요하므로 (1.5)(0.12 g) = 0.18 g이다.

DMG는 1.0 wt% 용액이므로 용액 1 g당 0.010 g의 DMG를 포함하고 있다. 따라서 필요한 용액의 질량은 다음과 같다.

1.0 wt% DMG는 $\frac{1.0\text{ g DMG}}{100\text{ g 용액}}$를 의미한다.

$$\left(\frac{0.18\ \cancel{\text{g DMG}}}{0.010\ \cancel{\text{g DMG}}/\text{g 용액}}\right) = 18\text{ g 용액}$$

용액의 질량과 밀도를 알고 있다면 용액의 부피를 구할 수 있다.

밀도 $= \frac{\text{질량}}{\text{부피}}$

$$\text{부피} = \frac{\text{질량}}{\text{밀도}} = \frac{18\ \cancel{\text{g 용액}}}{0.79\ \cancel{\text{g 용액}}/\text{mL}} = 23\text{ mL}$$

(b) 1.163 4 g의 강철 시료에서 0.179 5 g의 $Ni(DMG)_2$ 침전이 얻어졌다면, 강철 중에 함유된 Ni의 무게 백분율은 얼마인가?

해답 침전물의 질량으로부터 침전물의 몰수를 구하면 된다. 식 7-2를 보면 1몰의 침전물에는 1몰의 Ni이 포함되어 있다. Ni의 몰수를 이용하면 강철 속에 있는 Ni의 무게 백분율과 질량을 계산할 수 있다.

방법 :
1. 균형 맞춘 반응식을 적는다.
2. 순수한 생성물의 질량으로부터 생성물의 몰수를 계산한다.
3. 균형 맞춘 반응식으로부터 미지 시료(반응물)의 몰수를 생성물의 몰수와 관련짓는다.
4. 미지 시료의 몰수로부터 미지 시료의 질량 또는 wt%를 계산한다.

우선 0.179 5 g의 침전물에 들어 있는 침전물의 몰수를 구한다.

$$\frac{0.179\ 5\ \cancel{\text{g Ni(DMG)}_2}}{288.91\ \cancel{\text{g Ni(DMG)}_2}/\text{mol Ni(DMG)}_2} = 6.213 \times 10^{-4}\text{ mol Ni(DMG)}_2$$

강철 속에는 6.213×10^{-4} mol의 Ni이 있으며, Ni 질량은 $(6.213 \times 10^{-4}\ \cancel{\text{mol Ni}})(58.69\ \text{g}/\cancel{\text{mol Ni}})$ = 0.036 46 g이고, 강철에 함유된 Ni의 무게 백분율은 다음과 같다.

$$\text{wt\% Ni} = \frac{0.036\ 46\text{ g Ni}}{1.163\ 4\text{ g 강철}} \times 100 = 3.134\%$$

그림 7-5의 문제 풀이 과정을 보고 이해할 수 있어야 한다. 요점은 계산법을 외우는 것이 아니라, 아는 것으로부터 거꾸로 모르는 것을 찾아가는 일반적 접근법을 이해하는 것이다.

복습 문제 2.376 g의 강철에서 0.402 g의 $Ni(DMG)_2$를 얻었다면, 강철에 들어 있는 Ni의 wt%는 얼마인가? (**답** : 3.44%)

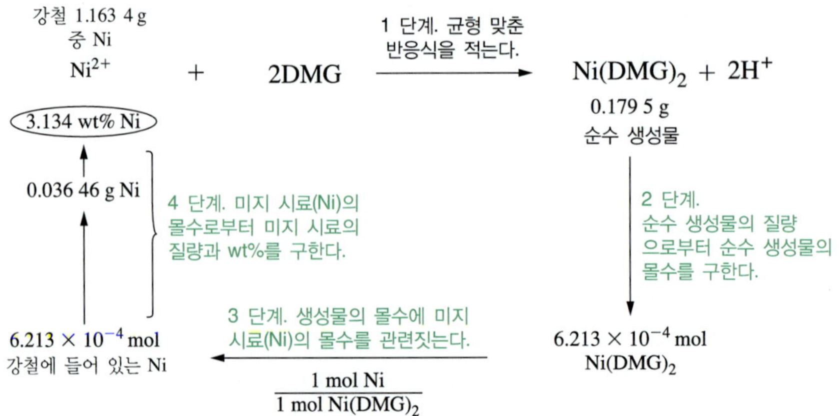

그림 7-5 순수한 생성물 $Ni(DMG)_2$로부터 강철에 들어 있는 Ni의 wt%를 구하기 위해 취한 단계들.

자습문제

7-C. 란타넘 계열인 세륨(Ce)은 1839년에 발견되었고 그 후 소행성 세레스의 이름을 따라 세륨으로 명명하였다. 세륨은 라이터 부싯돌의 주성분이다. 고체 속 Ce^{4+} 함량을 측정하기 위해서 4.37 g의 고체 시료를 용해시킨 후, 과량의 아이오딘산으로 처리하여 $Ce(IO_3)_4$ 침전물을 얻었다. 침전물을 세척, 건조, 강열 과정을 거쳐 0.104 g의 CeO_2를 얻었다.

$$Ce^{4+} + 4IO_3^- \longrightarrow Ce(IO_3)_4(s) \xrightarrow{\text{가열}} \underset{\text{FM 172.115}}{CeO_2(s)}$$

(a) 0.104 g의 CeO_2에는 몇 g의 Ce이 포함되어 있는가?
(b) 고체 시료에 포함된 Ce의 무게 백분율은 얼마인가?

7-4 연소 분석

역사적으로 무게 분석의 중요한 한 가지 방법은 과량의 O_2 중에서 유기물을 연소시켜 화합물에 함유되어 있는 탄소와 수소를 정량하는 **연소 분석**(*combustion analysis*)이다. 요즘 사용하는 연소 분석기들은 열전도도, 적외선 흡수, 전기화학적인 방법으로 생성물의 양을 측정한다.

무게 연소 분석

무게 연소 분석(그림 7-6)에서 불완전 연소된 화합물이 CO_2와 H_2O로 완전히 산화되도록 높은 온도에서 백금 그물, CuO, PbO_2 또는 MnO_2 같은 촉매 속으로 통과시킨다. 연소 생성물들은 P_4O_{10}("오산화 인")이 들어 있는 관을 통과하면서 물이 흡수되고, 아스카라이트(Ascarite)*가 채워진 관을 통과하면서 CO_2가 흡수된다. 각 관의 질량 증가는 수소와 탄소가 각각 어느 정도 생성되었는가를 알려 준다. 위의 두 관 다음에 있는 보호관은 공기 중에 있는 H_2O와 CO_2가 유입되는 것을 방지한다.

* 원래 아스카라이트는 석면에 NaOH를 입힌 것이었으나, 석면 입자를 흡입할 때 치명적인 폐질환을 일으키므로 더 이상 사용되지 않는다. 아스카라이트 Ⅱ®과 같은 신제품에는 석면 대신 비활성인 실리카(SiO_2) 담체를 사용한다.

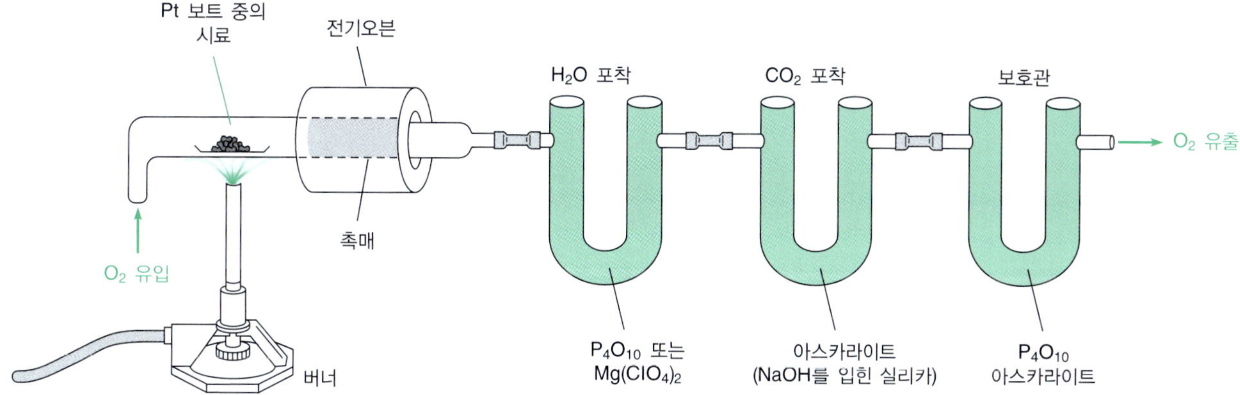

그림 7-6 탄소와 산소 함량을 구하기 위한 무게 연소 분석

예제 연소 분석 계산

5.714 mg의 화합물을 연소시켜서 14.414 mg의 CO_2와 2.529 mg의 H_2O를 얻었다. 이 시료에 포함된 C와 H의 무게 백분율을 구하시오.

해답 1몰의 CO_2에는 1몰의 탄소가 포함되어 있다. 그러므로

시료 속의 C의 몰수 = 생성된 CO_2의 몰수

$$= \frac{14.414 \times 10^{-3}\ \text{g}\ \cancel{CO_2}}{44.010\ \text{g}\ \cancel{CO_2}/\text{mol}} = 3.275 \times 10^{-4}\ \text{mol}$$

시료 속의 C의 질량 $= (3.275 \times 10^{-4}\ \cancel{\text{mol C}})\left(12.010\ 7\frac{\text{g}}{\cancel{\text{mol C}}}\right) = 3.934\ \text{mg}$

$$\text{wt\% C} = \frac{3.934\ \text{mg C}}{5.714\ \text{mg 시료}} \times 100 = 68.84\%$$

1몰의 H_2O에는 2몰의 H가 포함되어 있으므로

시료 속의 H의 몰수 = 2 (생성된 H_2O의 몰수)

$$= 2\left(\frac{2.529 \times 10^{-3}\ \text{g}\ \cancel{H_2O}}{18.015\ \text{g}\ \cancel{H_2O}/\text{mol}}\right) = 2.808 \times 10^{-4}\ \text{mol}$$

시료 속의 H의 질량 $= (2.808 \times 10^{-4}\ \cancel{\text{mol H}})\left(1.007\ 94\frac{\text{g}}{\cancel{\text{mol H}}}\right)$

$$= 2.830 \times 10^{-4}\ \text{g}$$

$$\text{wt\% H} = \frac{0.283\ 0\ \text{mg H}}{5.714\ \text{mg 시료}} \times 100 = 4.952\%$$

복습 문제 6.603 mg 시료를 연소시켜 2.603 mg의 H_2O를 얻었다. 시료에 들어 있는 H의 wt%를 구하시오. (**답** : 4.411%)

연소 분석의 현재

그림 7-7은 단 한 번의 조작으로 C, H, N과 S를 정량할 수 있는 기기를 보여준다. 시료 약 2 mg을 정확하게 달아 주석 또는 은 캡슐 속에 넣고 봉인한다. 미량의 O_2, H_2O와 CO_2를 제거시킨 He 기체를 통과시켜 기기를 씻는다. 분석하기 전에 부피를 아는 과량의 O_2를 흘려보낸다. 그 다음 시료 캡슐을 예열된 세라믹 도가니에 떨어뜨려 넣으면, 캡슐은 용해되고 시료는 빠르게 산화된다.

$$\text{C, H, N, S} \xrightarrow[O_2]{1\ 050°C} CO_2(g) + H_2O(g) + N_2(g) + \underbrace{SO_2(g) + SO_3(g)}_{95\%\ SO_2}$$

원소 분석기는 시료를 완전히 산화키기 위해서 **산화 촉매**(*oxidation catalyst*)를 쓰고, 원하는 환원을 수행하고 산소를 제거하기 위해서 **환원 촉매**(*reduction catalyst*)를 쓴다.

생성물이 WO_3 촉매 속을 통과하면서 탄소는 CO_2로 완전 연소된다. 다음 단계에서 금속 Cu는 850°C에서 SO_3를 SO_2로 변화시키고 과량의 O_2를 제거한다.

$$Cu + SO_3 \xrightarrow{850°C} SO_2 + CuO(s)$$

$$Cu + \tfrac{1}{2}O_2 \xrightarrow{850°C} CuO(s)$$

CO_2, H_2O, N_2와 SO_2의 혼합물은 기체 크로마토그래피로 분리하고, 각 성분들은 22-1절에 설명한 열전도도 검출기로 측정한다. 흔히 쓰는 다른 기기로는 적외선 흡수를 이용하여 CO_2, H_2O와 SO_2를 측정하고 열전도도를 이용해서 N_2를 측정한다.

그림 7-7에서 성공적 분석의 핵심은 몇 분간에 걸쳐 천천히 생성물을 새어나오게 하는 대신에, 기체 상태 생성물들을 짧은 시간 내에 순간적으로 불어내는 **동적 고속 연소**(*dynamic flash combustion*) 방법을 이용한 것이다. 기체 크로마토그래피 분석에서는 전체 시료를 일시에 주입해야 하기 때문에 이와 같은 특징은 매우 중요하다. 시료 주입시간이 길어지면 생성물들을 분리할 수가 없다.

Sn 캡슐이 SnO_2로 산화되면서

1. 열이 발생하여 시료를 증발시키고 분해시킨다.
2. 이용 가능한 산소를 즉시 사용한다.
3. 시료의 산화가 기체상에서 일어나게 해 준다.
4. 산화 촉매 역할을 한다.

동적 고속 연소 분석에 있어서 시료를 넣고 밀봉시킨 주석 캡슐은 부피비로 50 vol% O_2/50 vol% He의 혼합 기체를 흘리기 시작한 직후에 예열된 전기로 속으로 떨어뜨린다. Sn 캡슐은 235 °C에서 녹는 즉시 SnO_2로 산화되어 594 kJ/mol의 열을 방출하게 되고, 방출된 열로 인하여 시료를 1 700 ~ 1 800°C로 가열하게 된다. 충분한 양의 O_2가 존재하기 전에 시료를 떨어뜨리면 산화되기 전에 열분해가 먼저 일어나서 산화질소의 생성이 최소화하게 된다.

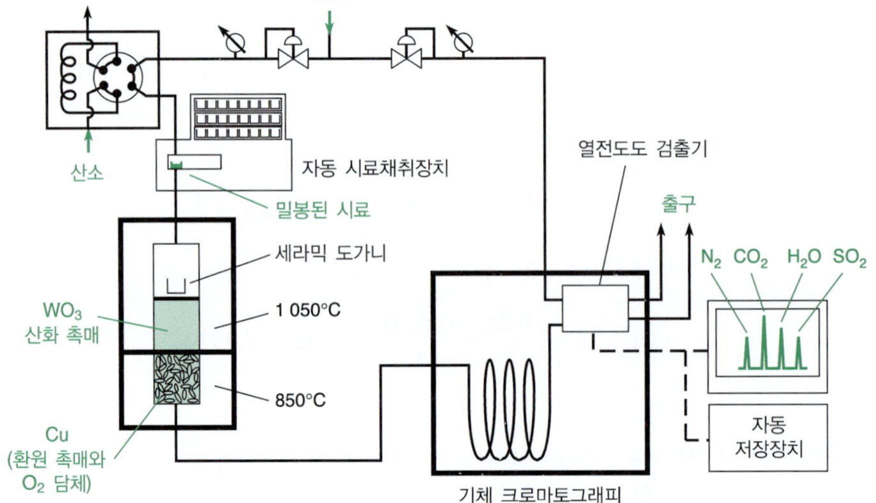

그림 7-7 기체 크로마토그래피에 의한 분리와 열전도도 검출기를 사용하는 C, H, N, S 원소 분석기. [출처: E. Pella, *Am. Lab.* August 1990, p. 28.]

표 7-5 순수 물질 연소 분석의 정확도와 정밀도[a,b]

물질	C	H	N	S
$C_7H_9NO_2S$	49.10	5.30	8.18	18.73
톨루엔-4-술폰아마이드	49.1±0.63	5.3±0.31	8.2±0.38	18.7±0.89
$C_4H_9NO_2S$	36.07	5.30	10.52	24.08
4-싸이아 졸리딘카복실산	36.0±0.33	5.3±0.16	10.5±0.16	24.0±0.53
7가지 다른 화합물의 평균 불확정도	±0.47	±0.24	±0.31	±0.76

a. 출처: R. Companyó, R. Rubio, A. Sahuquillo. R. Boqué, À Maroto, and J. Riu, *Anal. Bioanal. Chem*. **2008**, *392*, 1497.

b. 화합물을 6년에 걸쳐 매년 33-45개의 다른 실험실에서 분석하였다. 첫째 행은 이론적 wt%이고 둘째 행은 측정된 wt%이다. 불확정도는 95% 신뢰구간이다.

산소의 분석은 다른 방법이 필요하다. 산소를 첨가하지 않은 상태에서 시료를 열적으로 분해(**열분해(pyrolysis)** 과정)시킨다. 기체 상태의 생성물들은 1 075°C에서 니켈을 코팅한 탄소 속으로 통과시켜 화합물들로부터 방출되는 산소를 CO(CO_2가 아님)로 변화시킨다. 다른 생성물들로는 N_2, H_2, CH_4와 할로젠화 수소 등이 있다. 산성 생성물은 아스카라이트 Ⅱ에 흡수시키고, 나머지 기체들은 기체 크로마토그래피로 분리한 다음 열전도도 검출기로 측정한다.

할로젠 분석에서 연소 생성물에는 HX (X = Cl, Br, I)가 포함되어 있다. HX를 수용액에 모으고 자동화된 전기화학적 과정을 통해서 Ag^+ 이온으로 적정한다.

표 7-5는 연소 분석의 정확도를 비교하려고 일곱 가지 시료 중 두 가지를 다수의 실험실에 얻은 결과를 보여준다. 각 화합물에서 첫째 행은 각 원소의 이론적 무게%이고 둘째 행은 실험 결과이다. 두 가지 종류의 다른 시판 기기를 이용하여 순수한 아세트아닐리드를 분석한 결과를 보여주고 있는데 정확도가 아주 좋다. C, H, N 및 S의 평균 wt%는 이론값과 0.1 wt% 내에서 일치한다. 첫째 화합물에서 탄소의 95% 신뢰구간 불확정도는 ±0.63 wt%이고 둘째 화합물에서는 ±0.33 wt%이다. 표의 맨 아래 줄에 수록된 일곱 개 모든 화합물에서 탄소의 평균 불확정도는 ±0.473 wt%였다. H, N 및 S의 평균 95% 신뢰구간은 각각 ±0.24, ±0.31 및 ±0.76 wt%이다. 화학자들은 화합물이 예상된 화학식을 가진다는 것을 확실히 증명하기 위해서는 원소 분석에서 한 원소의 이론적 무게 백분율이 ±0.3 이내의 결과를 얻어야 된다고 생각한다. C와 S의 경우 95% 신뢰구간이 ±0.3보다 크므로 한 번의 분석으로 이 기준을 만족시키기는 어렵다.

자습문제

7-D. **(a)** 연소와 열분해의 차이는 무엇인가?

(b) 그림 7-7에서 WO_3와 Cu의 역할은 무엇인가?

(c) 연소 분석에서 시료의 캡슐로 주석을 사용하는 이유는?

(d) 동적 고속 연소에서 산소의 농도가 최고점에 이르기 전에 시료를 예열된 전기로에 떨어뜨리는 이유는?

(e) C, H, N, S 원소 분석기에서 $C_8H_7NO_2SBrCl$을 연소시켰을 때의 균형 맞춘 반응식은?

알아두어야 할 술어

가림제 (masking agent)
강열 (ignition)
공침 (coprecipitation)
과포화 용액 (supersaturated solution)
균일 침전 (homogeneous precipitation)
모음 (gathering)
무게 분석 (gravimetric analysis)
삭임 (digestion)
연소 분석 (combustion analysis)
열무게 분석 (thermogravimetric analysis)
열분해 (pyrolysis)
입자 성장 (particle growth)
침전제 (precipitant)
콜로이드 (colloid)
투석 (dialysis)
풀림 (peptization)
핵생성 (nucleation)
흡수 (absorption)
흡습성 물질 (hygroscopic substance)
흡착 (adsorption)

문제

7-1. 표 7-4의 $BaSO_4$ 침전에는 흡장된 질산 이온이 들어 있다.
(a) 흡장 불순물, 내포 불순물, 흡착 불순물의 차이는 무엇인가?
(b) 왜 재침전할 때마다 침전의 $[NO_3^-]/[SO_4^{2-}]$ 비가 감소하는가?

7-2. 다음 반응을 이용하여 분자량이 417인 유기 화합물의 에톡시 (CH_3CH_2O-) 기를 분석하였다.

$$ROCH_2CH_3 + HI \longrightarrow ROH + CH_3CH_2I$$
(R = 분자의 나머지 부분)

$$CH_3CH_2I + Ag^+ + OH^- \longrightarrow AgI(s) + CH_3CH_2OH$$

25.42 mg의 시료가 29.03 mg의 AgI (FM 234.77) 를 생성하였다면, 각 분자에는 몇 개의 에톡시기가 존재하는가?

7-3. 불순물이 포함된 0.050 02 g의 피페라진 시료 속에는 71.29 wt% 피페라진이 포함되어 있다. 이 시료를 반응식 7-1에 따라 분석하였을 때, 몇 g의 생성물이 형성될 것인가?

7-4. 1.000 g의 미지 시료를 반응식 7-2에 따라 분석하여 2.500 g의 $Ni(DMG)_2$를 얻었다. 미지 시료 중 니켈의 무게 백분율을 구하시오.

7-5. 2.07 wt% Ni을 함유한 강철 0.998 4 g을 반응식 7-2에 따라 반응시킬 때, 2.15 wt% 다이메틸글리옥심 알코올 용액을, 50.0% 정도 과량이 되게 첨가하려면 몇 mL 필요한가? 다이메틸글리옥심 용액의 밀도는 0.790 g/mL이다.

7-6. 포타슘이 포함된 1.263 g의 미지 시료를 물에 용해시킨 후, 과량의 테트라페닐붕산 소듐, $Na^+B(C_6H_5)_4^-$을 첨가하여 1.003 g의 불용성 $K^+B(C_6H_5)_4^-$ (FM 358.33) 을 얻었다. 미지 시료 속에 포함된 K의 무게 백분율을 구하시오.

7-7. 총 질량이 22.131 g인 식용 철 정제 20개를 분말로 만들고 잘 섞었다. 그리고 2.998 g의 분말을 HNO_3에 녹이고 가열하여 모든 철을 Fe^{3+}로 만들었다. 여기에 NH_3을 가하여 정량적으로 $Fe_2O_3 \cdot xH_2O$를 침전시키고, 이것을 강열하여 0.264 g의 Fe_2O_3 (FM 159.69) 를 얻었다. 한 개의 정제 중에 들어 있는 $FeSO_4 \cdot 7H_2O$ (FM 278.01) 의 평균 질량은 얼마인가?

7-8. 큰 통에 빠진 남자에 대한 문제. 옛날에 한 염료 공장에서 노동자가 뜨거운 진한 질산과 황산의 혼합 용액이 들어 있는 통 속에 빠져 완전히 분해되었다! 이 사고의 목격자가 없었기 때문에 이 남자의 아내가 보험금을 타기 위해서는 남편이 빠졌다는 증거가 필요했다. 그 남편의 몸무게는 70 kg이었는데, 일반적으로 인체에는 6.3 ppt의 인이 포함되어 있다. 통 속에 빠져 분해되었는지의 여부를 확인하기 위해서 통 속의 산 용액 중에 있는 인을 분석하였다.
(a) 큰 통 속에 들어 있는 8.00×10^3 L 용액 중에서 100.0 mL를 취해서 분석하였다. 사람이 통에 빠져 분해되었다면 100.0 mL 중에 함유되어 있는 인의 양은 얼마이겠는가?
(b) 시료 100.0 mL를 몰리브데넘산염으로 처리하여 암모늄 인몰리브데넘산염 $(NH_4)_3[P(Mo_{12}O_{40})] \cdot 12H_2O$의 침전을 만들었다. 침전의 수분을 제거하기 위하여 110°C로 건조하고, 화학식이 $P_2O_5 \cdot 24MoO_3$인 일정한 조성이 얻어지도록 400°C까지 가열하여 0.371 8 g을 얻었다. 산의 새로운 혼합 용액(통의 내용물이 아님)을 같은 방법으로 처리하였더니 0.033 1 g의 $P_2O_5 \cdot 24MoO_3$ (FM 3 596.46) 가 생성되었다. 이 **바탕 정량값** (*blank determination*)은 출발 시약에 함유된 인의 양을 알려준다. 따라서 분해된 사람으로부터 생성된 $P_2O_5 \cdot 24MoO_3$는 0.371 8 − 0.033 1 = 0.338 7 g이다. 시료 100.0 mL에 함유된 인의 양은 얼마인가? 이 양은 분해된 사람으로부터 얻어지는 값과 일치하는가?

7-9. 혼합비를 모르는 두 가지 고체, $BaCl_2 \cdot 2H_2O$ (FM 244.26) 와 KCl (FM 74.551) 의 혼합물을 생각하자. 이 시료를 160°C로 1시간 동안 가열하면 결정수가 제거된다.

$$BaCl_2 \cdot 2H_2O(s) \xrightarrow{160°C} BaCl_2(s) + 2H_2O(g)$$

1.783 9 g의 시료를 가열한 후 무게를 달아보니 1.562 3 g이었다. 처음 시료 속에 있는 Ba, K 및 Cl의 무게 백분율을 계산하라. (**힌트**: 무게 감소는 제거된 물의 양이며, 시료 속의 $BaCl_2 \cdot 2H_2O$의 양을 말해준다. 시료의 나머지는 KCl이다).

7-10. 곱게 빻은 광물 0.632 4 g을 25 mL의 끓는 4 M HCl에 녹인 후, 두 방울의 메틸 레드 지시약을 넣은 물 175 mL로 희석하

였다. 이 용액을 100°C까지 가열한 후, 2.0 g의 $(NH_4)_2C_2O_4$가 들어 있는 따뜻한 용액 50 mL를 서서히 첨가하여 CaC_2O_4를 침전시켰다. 그런 다음 지시약이 붉은색에서 노란색으로 변할 때까지 6 M NH_3를 가하여 용액을 중성 혹은 약한 염기성이 되게 하였다. 한 시간 동안 천천히 식힌 후, 액체는 따라 내고 고체를 거름도가니(filter crucible)로 옮겨, 거른 용액(filtrate)에 $AgNO_3$ 용액을 가해도 Cl^-가 검출되지 않을 때까지 차가운 0.1 wt% $(NH_4)_2C_2O_4$ 용액으로 다섯 번 씻었다. 도가니를 105°C에서 한 시간, 그리고 전기로(500 ± 25°C)에서 두 시간 동안 건조시켰다.

$$\underset{\text{FM 40.078}}{Ca^{2+}} + C_2O_4^{2-} \xrightarrow{105^\circ} CaC_2O_4 \cdot H_2O(s) \xrightarrow{500^\circ} \underset{\text{FM 100.087}}{CaCO_3(s)}$$

빈 도가니의 질량은 18.231 1 g이고, $CaCO_3(s)$가 담긴 도가니의 질량은 18.546 7 g이었다.

(a) 광물 중 Ca의 wt%는?

(b) 왜 두 용액을 섞기 전에, 미지 용액을 끓도록, 그리고 또 침전 용액 $(NH_4)_2C_2O_4$을 가열하는가?

(c) 0.1 wt% $(NH_4)_2C_2O_4$ 용액으로 씻는 목적은 무엇인가?

(d) 거른 용액을 $AgNO_3$ 용액으로 검사하는 목적은 무엇인가?

7-11. 벤조산($C_6H_5CO_2H$)이 연소하여 CO_2와 H_2O를 생성할 때의 반응식을 쓰시오. 4.635 mg의 벤조산이 연소하면 몇 mg의 CO_2와 H_2O가 생성되는가?

7-12. 8.732 mg의 미지 유기물을 연소시켜 16.432 mg의 CO_2와 2.840 mg의 H_2O를 얻었다.

(a) 이 물질의 C와 H 함량을 무게 백분율로 나타내시오.

(b) 이 화합물에서 C : H의 비를 가장 작은 정수비로 나타내시오.

7-13. C, H, N과 O만을 함유한 것으로 알려진 화합물을 연소 분석하여 무게비로 46.21 wt% C, 9.02 wt% H, 13.74 wt% N 및 100에서 이들 값을 뺀 값, 즉 100 − 46.21 − 9.02 − 13.74 = 31.03 wt%의 O가 존재함을 알았다. 이것은 미지 시료 100 g 중에 46.21 g의 C, 9.02 g의 H 등이 포함되어 있음을 의미한다. C : H : N : O의 원자비를 구하고 이것을 가장 작은 정수비로 나타내시오($C_xH_yN_zO_w$, 여기서 x, y, z, w는 정수이고, 그 중 하나는 1이다).

7-14. 바닷물 속에 있는 유기 탄소를 정량하는 방법은 $K_2S_2O_8$으로 유기 물질을 CO_2로 산화시킨 다음, 아스카라이트가 채워진 관에서 포집하여 무게 분석법으로 정량한다. 6.234 g의 바닷물 시료에서 2.378 mg의 CO_2 (FM 44.010)가 발생하였다. 바닷물 속에 들어 있는 탄소의 ppm을 계산하시오.

7-15. 나이트론 시약은 질산 이온과 불용성염을 형성하는데, 그 생성물의 용해도는 20°C에서 약 0.99 g/L이다. 황산 이온과 아세트산 이온은 나이트론과 침전을 형성하지 않으나, ClO_4^-, ClO_3^-, I^-, SCN^-, 그리고 $C_2O_4^{2-}$ 등은 침전을 만들어 분석을 방해한다. 50 mL의 농도를 모르는 KNO_3와 $NaNO_3$ 혼합 용액을 거의 끓을 정도로 가열한다. 나이트론이 들어 있는 용액 10 mL를 가하며 저어준다. 0°C에서 두 시간 동안 식힌 뒤, 침전된 결정을 여과하고, 각 5 mL의 차가운 포화 질산 나이트론 용액으로 세척하였다. 105°C에서 1시간 동안 건조한 뒤 측정한 생성물의 질량은 0.513 6 g이었다.

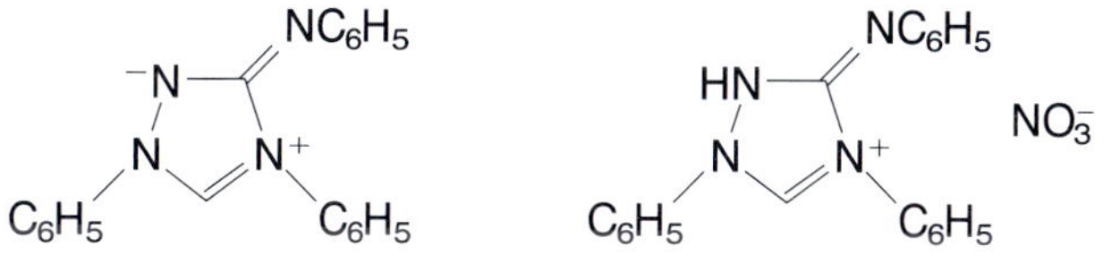

나이트론
$C_{20}H_{16}N_4$
FM 312.37

질산 나이트론
$C_{20}H_{16}N_4H^+NO_3^-$
FM 375.39

(a) 농도를 모르는 용액에서 질산 이온의 몰농도는 얼마인가?

(b) 약간의 질산 나이트론이 마지막 세척 단계에서 녹아 나왔다. 이것은 분석에 있어서 우연 오차를 나타내겠는가, 계통 오차를 나타내겠는가?

7-16. 전체 질량이 18.371 mg인 $Al_2O_3(s)$와 $CuO(s)$의 혼합물을 $H_2(g)$ 대기에서 1 000°C로 가열하여 17.462 mg의 최종 생성물 $Al_2O_3(s)$와 $Cu(s)$를 얻었다. 다른 생성물은 물이다. 처음 고체 혼합물 내 Al_2O_3의 질량 백분율을 구하시오.

7-17. 아세트아닐리드, $C_6H_5NHC(=O)CH_3$를 연소 분석하여, 71.17±0.41 wt% C, 6.76±0.12 wt% H, 10.34±0.08 wt% N를 함유한다는 것을 알았다. 화학식 $C_8H_{h\pm x}N_{n\pm y}$에서 화학량론 계수의 불확정성을 구하시오.

7-18. 황을 연소시키면 SO_2와 SO_3의 혼합물이 되고, H_2O_2 속으로 통과시키면 두 산화물은 H_2SO_4로 바뀐다. 6.123 mg의 한 물질을 연소시켜 생성된 H_2SO_4을 반응 $H_2SO_4 + 2NaOH \rightarrow Na_2SO_4 + 2H_2O$에 따라 적정할 때 0.015 76 M NaOH 3.01 mL가 소비되었다. 시료 중에 함유된 황의 무게 백분율은 얼마인가?

7-19. 화력발전을 위해 태우는 석탄 속의 황은 산성비와 대기 중 SO_2 오염의 주요 원인이다. 황을 정량하는 Eschka 법(*Eschka's method*)에서는 석탄을 질량비로 5배의 2 : 1 (질량비) MgO와 무수 Na_2CO_3와 함께 800°C에서 대기 중에서 용융하여, S를 황산(SO_4^{2-}) 염과 아황산(SO_3^{2-}) 염으로 변화시킨다. 용융된 덩어리를 6 M HCl에 녹이고 Br_2 수용액과 함께 끓여 SO_3^{2-}를 SO_4^{2-}로 산화시킨 다음 과량의 Br_2를 증발시킨다. 용액의 pH를 3으로 조절하고 $BaCl_2$ 수용액을 첨가하여 $BaSO_4$ 침전을 만들고 여과−씻기−강열건조 한 후 무게를 단다.

(a) 2.136 g의 석탄을 10 g의 Eschka 혼합물(MgO + Na_2CO_3)과 용융하여 분석하니 0.352 9 g의 $BaSO_4$가 얻어졌다. 석탄 속 S의 무게백분율을 구하시오.

(b) 화력발전소는 연간 8백만 톤(1톤 = 1000 kg)의 석탄을 태운다. 석탄에 평균 2 wt%의 S(모두 $SO_2(s)$로 산화됨)가 들어 있다면 연간 몇 톤의 SO_2가 발생하겠는가?

(c) 석탄은 연소 후 7 wt%의 금속산화물을 함유하는 재를 남기는데, 독성의 금속을 함유하고 유해하다. 연간 몇 톤의 재가 발생하는가?

7-20. 몇몇 이온들은 pH 3 ($[H^+] = 10^{-3}$ M])에서 $LaPO_4$로 침전시켜 **모을** 수 있다 (S. Kayaga, M. Saiki, Z. A. Malek, Y. Araki, and K. Hasegawa, *Fresenius J. Anal. Chem.* **2001**, *371*, 391.) 100.0 mL의 수용액 시료에 2 mL의 La^{3+} 용액(0.6 M HCl에 5 mg La^{3+}/mL 함유)과 0.5 M H_3PO_4 0.3 mL를 가하였다. 암모니아를 첨가하여 pH를 3.0으로 맞추었다. 침전이 가라앉을 때까지 기다린 후 0.2 μm 기공 크기를 갖는 필터에 모았다. 무시할 만한 부피(<0.01 mL)의 필터를 10 mL 부피 플라스크에 넣고 16 M HNO_3를 가하여 침전을 녹인 후 물로 표선까지 맞추었다.

(a) 100.0 mL 증류수에 Fe^{3+}, Pb^{2+}, Cd^{2+}, In^{3+}, Cr^{3+}, Mn^{2+}, Co^{2+}, Ni^{2+}, Cu^{2+}를 각각 10.0 μg을 첨가하였다. 10 mL 부피 플라스크에 들어 있는 최종 용액을 원자 분광법으로 분석한 결과 $[Fe^{3+}] = 17.6$ μM, $[Pb^{2+}] = 5.02$ μM, $[Cd^{2+}] = 8.77$ μM, $[In^{3+}] = 8.50$ μM, $[Cr^{3+}] < 0.05$ μM, $[Mn^{2+}] = 6.64$ μM, $[Co^{2+}] = 1.09$ μM, $[Ni^{2+}] < 0.05$ μM, 그리고 $[Cu^{2+}] = 6.96$ μM이었다. 각 원소의 회수율을 구하시오.

$$\%\text{회수율} = \frac{\text{관찰한 } \mu g}{\text{첨가한 } \mu g} \times 100$$

(b) 어떤 양이온이 정량적으로 모아졌는가? (회수율 = 95 ~ 105%)

(c) 모든 이온들은 **예비농축**(*preconcentration*)한 후 분석하였다. 위 과정에서 원소들은 몇 배로 예비 농축되었는가?

응용문제

7-21. **(a)** 우유 속 지방의 양은 7-1절의 첫머리에 소개한 Rose-Gottlieb법으로 측정한다. 실험자에 의한 수동적 방법과 자동화된 기기를 이용한 방법으로 각각 수행하여 얻은 결과는 통계학적으로 같은가, 다른가?

우유에 든 지방의 질량 백분율

수동법		자동기기법		
2.934	2.925	2.967	2.958	3.022
2.981	2.948	3.034	3.052	2.974
2.906	2.981	3.022	2.983	2.946
2.976	2.913	2.982	2.966	2.997
2.958	2.881	2.992	3.006	3.027
2.945	2.847	2.950	2.982	2.979
2.893	2.880	2.965	2.951	3.047

(b) Excel의 내장 t 검정(4-4절)을 사용하여 위의 두 결과가 같음을 보이시오.

산성비

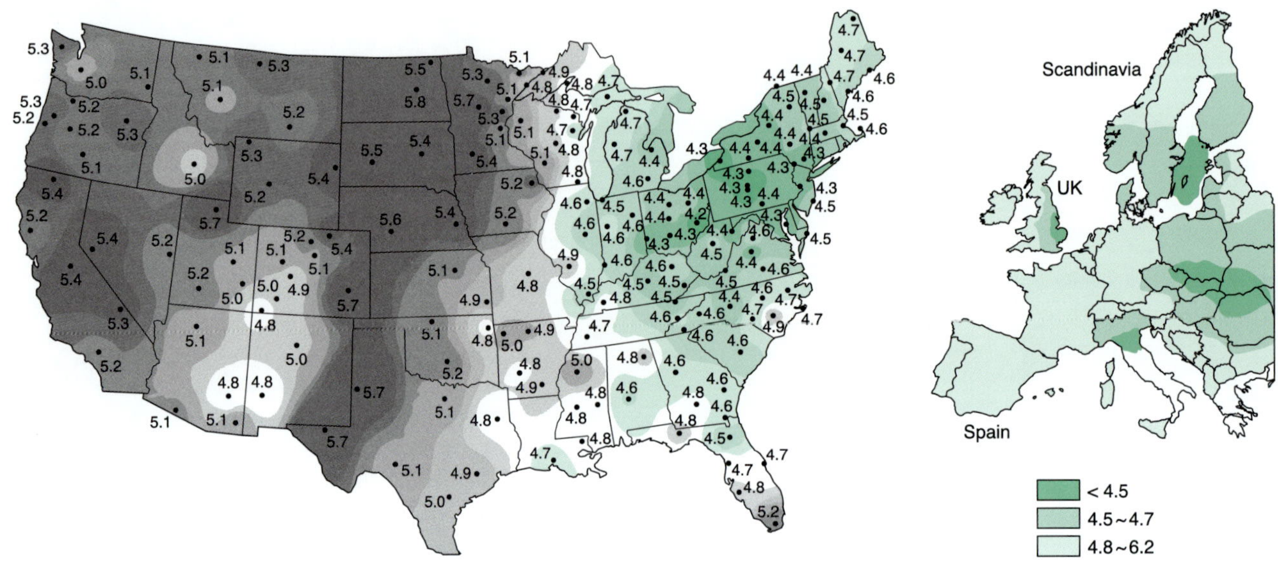

2001년 미국에서 강수의 pH. pH가 낮을수록, 물은 더 산성이다.
[출처: National Atmospheric Deposition Program (NRSP-3) / National Trends Network (2002). Illinois State Water Survey, 2204 Griffith Dr., Champaign, IL 61820.]

유럽에서 강수의 pH
[출처: H. Rodhe, F. Dentener와 M. Schulz, *Environ. Sci. Technol.* **2002**, *36*, 4382.]

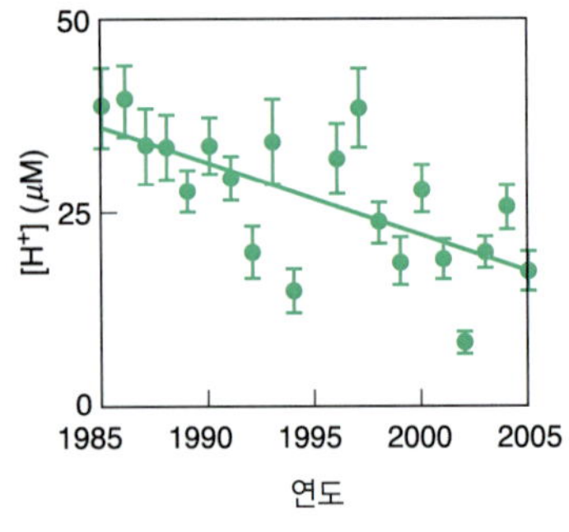

노스캐롤라이나 Wilmington 지역 강수에서 부피-가중 H^+ 농도는 1985년부터 2005년 사이에 절반으로 감소했다. 빗물 산성도의 감소는 전국적인 경향이다. 오차 막대의 표준 편차는 ±1이다. [출처: J. D. Willey, R. J. Kieber, G. B. Avery, Jr., *Environ. Sci. Technol.* **2006**, *40*, 5675.] 부피-가중 계산은 각 빗물의 $[H^+]$를 그 빗물의 부피와 곱하여 몰수를 얻고, 해당 연도의 총 몰수를 해당 연도의 총 부피로 나눈다.

자동차와 공장의 연소 생성물에는 질소 산화물과 황 산화물이 함유되어 있는데, 이들은 대기 중에 있는 산화제와 반응하여 산을 생성시켜서 지구에 산성비를 내리게 한다.

$$\underbrace{NO + NO_2}_{NO_x\text{로 표현하는 질소 산화물}} \xrightarrow[H_2O]{\text{산화}} \underset{\text{질산}}{HNO_3} \qquad \underset{\text{이산화 황}}{SO_2} \xrightarrow[H_2O]{\text{산화}} \underset{\text{황산}}{H_2SO_4}$$

미국의 산성비(*Acid rain*)는 석탄을 태우는 수많은 화력발전소와 공장으로부터 바람이 부는 쪽에 위치한 북동부에서 가장 심하다. 유럽 일부 지역과 아시아에서의 비 또한 산성이다. 산성비는 물고기를 죽이고, 상록으로 이루어진 숲의 거대한 산림을 파괴한다. 예를 들어, 1950년 이후 스웨덴의 토양으로부터 필수 영양소인 Ca^{2+}과 Mg^{2+}이 흘러나오고 있다. 산은 지하수에 유해한 Al^{3+}와 다른 금속의 용해도를 증가시킨다. 황과 질소의 배출을 감소시키기 위한 1990년의 미국 법안으로 그래프에서 보는 바와 같이, 강수의 산성도를 감소시켰다. 그럼에도 불구하고 많은 피해가 발생했고, 50개 중 16개 주는 1990년부터 2000년 사이에 SO_2 배출이 오히려 증가하였다. 시범 8-2는 산성비와 관련된 화학을 설명하고 있다.

08

산과 염기의 개론

산과 염기의 화학은 아마도 화학 평형을 공부할 때 가장 중요한 주제이다. 산과 염기의 화학을 이해하지 않고서는 단백질의 접힘(protein folding)이나 암석의 풍화 같은 거의 모든 현상을 자세히 논의하기는 어렵다. 다음 몇 개의 장에서 우리는 산-염기 화학에 대하여 자세히 살펴볼 것이다.

8-1 산과 염기란 무엇인가?

수용액의 화학에서 **산(acid)**은 H_3O^+ [**하이드로늄 이온(hydronium ion)**]의 농도를 증가시키는 물질이다. 반대로, **염기(base)**는 수용액에서 거꾸로 H_3O^+의 농도를 감소시킨다. 곧 알게 되겠지만, H_3O^+ 농도가 감소하면 OH^- 농도가 반드시 증가해야 하므로, 염기는 수용액에서 OH^-의 농도를 증가시키기는 물질이다.

화학종 H^+는 수소 원자가 전자를 잃은 화학종이므로 **양성자**(*proton*)라고도 한다. 하이드로늄 이온 H_3O^+는 H^+와 H_2O가 결합한 것이다(그림 8-1). 수용액에서 수소 이온에 대하여 H^+보다는 H_3O^+가 더 정확한 표현이지만, 이 책에서는 이들을 구별 없이 사용할 것이다.

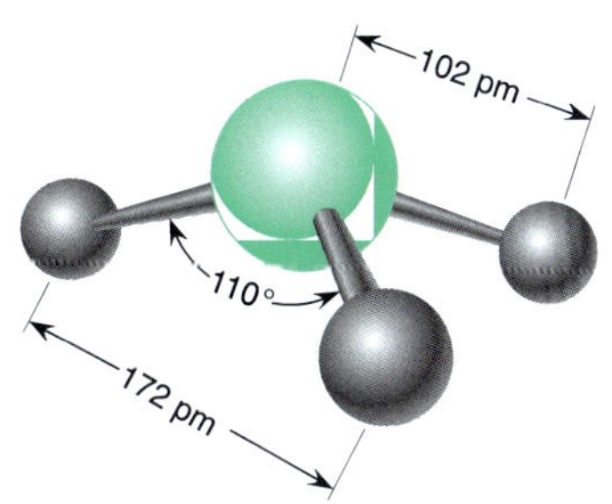

그림 8-1 하이드로늄 이온 H_3O^+의 구조.

Brøsted와 Lowry에 의해 주어진 산과 염기의 보다 일반적인 정의는 **산은 양성자 주개**(*proton donor*), **염기는 양성자 받개**(*proton acceptor*)이다. 이러한 정의에는 위에서 말한 것도 포함된다. 예를 들면, HCl은 산인데, 이것은 H_2O에 양성자를 제공하여 H_3O^+를 생성하기 때문이다.

$$HCl + H_2O \rightleftharpoons H_3O^+ + Cl^-$$

Brøsted-Lowry 정의는 비수용성 용매나 기체상까지도 확장시킬 수 있다.

Brøsted-Lowry 산 : 양성자 주개
Brøsted-Lowry 염기 : 양성자 받개

$$\underset{\substack{\text{염산} \\ \text{(산: 양성자 주개)}}}{HCl(g)} + \underset{\substack{\text{암모니아} \\ \text{(염기: 양성자 받개)}}}{NH_3(g)} \rightleftharpoons \underset{\substack{\text{염화 암모늄} \\ \text{(염)}}}{NH_4^+Cl^-(s)}$$

염

염화 암모늄과 같은 이온성 고체는 어느 것이나 **염(salt)**이라 한다. 형식적으로 염은 산-염기 반응의 생성물로 생각할 수 있다. 산과 염기가 반응할 때 서로 **중화된다(neurtalize)**고 말한다. 대부분의 염은 **강전해질**(*strong electrolyte*)이다. 이것은 염이 물에 녹으면 각 성분 이온으로 완전히 해리한다는 것을 뜻한다. 따라서 염화 암모늄은 다음과 같이 수용액에서 NH_4^+와 Cl^-로 된다.

$$NH_4^+Cl^-(s) \longrightarrow NH_4^+(aq) + Cl^-(aq)$$

짝산과 짝염기

산과 염기 간의 반응 생성물도 또한 산과 염기이다.

검은 쐐기는 지면으로부터 나오는 결합이고, 점선 쐐기는 지면 뒤로 향한 결합이다. 아세트산 메틸암모늄은 메틸암모늄 이온과 아세트산 이온으로 해리하는 **염** (*salt*)이다.

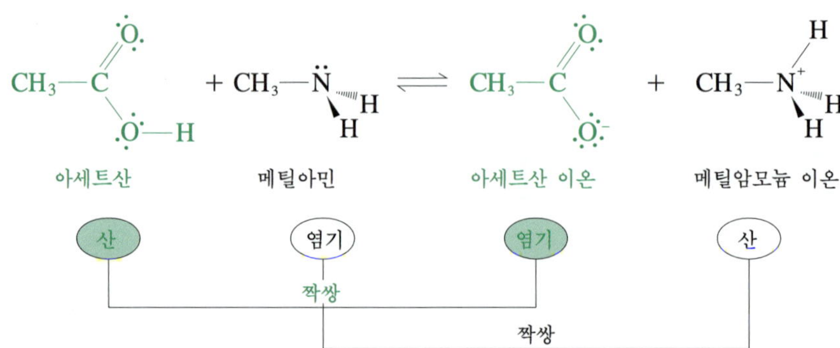

짝산과 짝염기는 양성자 하나를 얻고 잃는 관계에 있다.

아세트산 이온은 양성자를 받아들여 아세트산으로 될 수 있으므로 염기이다. 메틸암모늄 이온은 양성자를 내어놓고, 메틸아민으로 될 수 있으므로 산이다. 아세트산과 아세트산 이온은 **짝산-짝염기 쌍 (conjugate acid-base pair)** 이라고 한다. 메틸아민과 메틸암모늄 이온도 마찬가지로 짝이다. **짝산과 짝염기는 H^+를 서로 얻거나 잃는 관계에 있다.**

자습문제

8-A. 화학종 H_3O^+는 __________라고 말한다. Brønsted-Lowry 정의에 따르면, 산은 __________이고 염기는 __________이다. 산과 염기가 반응하면 서로 __________ 된다고 말한다. 산과 염기는 양성자 하나를 잃고 얻는 관계에 있고 서로 __________이라고 말한다.

8-2 $[H^+]$, $[OH^-]$, pH 관계

자체양성자이전반응 (**autoprotolysis**, **자체이온화** (*self-ionization*)라고도 함) 에서 하나의 물질이 산과 염기 양쪽으로 작용한다.

물의 자체양성자 이전반응 :

$$H_2O + H_2O \overset{K_w}{\rightleftharpoons} \underset{\text{하이드로늄 이온}}{H_3O^+} + \underset{\text{수산화 이온}}{OH^-} \tag{8-1a}$$

식 8-1a는 다음과 같이 간단히 나타낼 수도 있고,

$$H_2O \overset{K_w}{\rightleftharpoons} H^+ + OH^- \tag{8-1b}$$

그 평형 상수를 K_w라 표기한다.

물의 자체양성자 이전 반응 상수 :

$$K_w = [H^+][OH^-] = 1.0 \times 10^{-14} \text{ 25°C에서} \tag{8-2}$$

식 8-2는 순수한 물에서 H^+와 OH^-의 농도를 구하는 데 사용한다. $[H^+][OH^-]$은 상수이므로, 한 화학종의 농도를 알면 다른 화학종의 농도를 알 수 있다. 곱이 일정하므로, **H^+의 농도가 증가하면 OH^-의 농도는 반드시 감소한다. 그 역도 성립된다.**

예제 25°C에서 순수한 물의 H^+와 OH^-의 농도

25°C의 순수한 물에서 H^+와 OH^-의 농도를 계산하시오.

해답 반응식 8-1b에서 H^+와 OH^-는 1 : 1 몰비로 만들어진다. 각 농도를 x라 하면,

$$K_w = 1.0 \times 10^{-14} = [H^+][OH^-] = [x][x] \Rightarrow x = \sqrt{1.0 \times 10^{-14}} = 1.0 \times 10^{-7}\ M$$

H^+와 OH^-의 농도는 둘 다 1.0×10^{-7} M이다.

복습 문제 0°C에서 평형 상수 K_w는 1.2×10^{-15}이다. 0°C의 순수한 물에서의 $[H^+]$와 $[OH^-]$를 구하시오. (**답** : 모두 3.5×10^{-8} M)

예제 $[H^+]$를 알려져 있을 때, $[OH^-]$ 계산

25°C에서 $[H^+] = 1.0 \times 10^{-3}$ M일 때 OH^-의 농도를 구하시오.

해답 $[H^+] = 1.0 \times 10^{-3}$ M을 대입하면

$$K_w = [H^+][OH^-] \Rightarrow [OH^-] = \frac{K_w}{[H^+]} = \frac{1.0 \times 10^{-14}}{1.0 \times 10^{-3}} = 1.0 \times 10^{-11}\ M$$

$[H^+] = 1.0 \times 10^{-3}$ M이면 $[OH^-] = 1.0 \times 10^{-11}$ M이다. $[OH^-] = 1.0 \times 10^{-3}$ M이면 $[H^+] = 1.0 \times 10^{-11}$ M이다. 한쪽 농도가 증가하면 다른쪽은 감소한다.

복습 문제 $[OH^-] = 1.0 \times 10^{-4}$ M일 때, 물에서의 $[H^+]$를 구하시오.
(**답** : 1.0×10^{-10} M)

H^+ 농도 표기를 단순화하기 위해, **pH**를 다음과 같이 정의한다.

pH의 대략적 정의 :

$$pH = -\log[H^+] \tag{8-3}$$

정확하게 pH는 H^+의 **농도**와 밀접한 H^+의 **활동도**(*activity*)로 정의한다. 12-2절에서 활동도를 논의한다.

몇 가지 예를 들어보자:

$$[H^+] = 10^{-3}\ M \Rightarrow pH = -\log(10^{-3}) = 3$$
$$[H^+] = 10^{-10}\ M \Rightarrow pH = -\log(10^{-10}) = 10$$
$$[H^+] = 3.8 \times 10^{-8}\ M \Rightarrow pH = -\log(3.8 \times 10^{-8}) = 7.42$$

pH가 1 단위 변할 때 $[H^+]$는 10배만큼 변한다. pH가 3에서 4로 바뀔 때 $[H^+]$는 10^{-3}에서 10^{-4} M로 변한다.

$[H^+] > [OH^-]$인 용액은 **산성**(**acidic**)이고, $[H^+] < [OH^-]$인 용액은 **염기성**(**basic**)이다. 순수한 물에서(산성도 염기성도 아니며, **중성**(*neutral*)이라고 함), $[H^+] = [OH^-] = 10^{-7}$ M, 따라서 $pH = -\log(10^{-7}) = 7$이다. 25°C에서 **산성 용액은 pH가 7보다 낮고, 염기성 용액은 7보다 높다**(그림 8-2).

그림 8-2 여러 물질들의 pH. 미국에서 내리는 가장 산성의 빗물은 레몬 주스보다 더 산성이다.

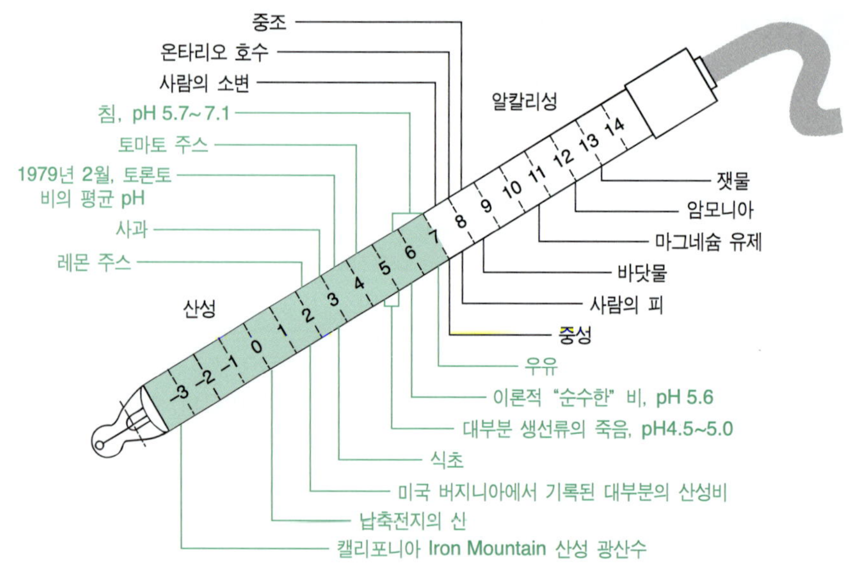

pH = 4인 산성 용액은 $[H^+] = 10^{-4}$ M, $[OH^-] = K_w/[H^+] = 10^{-10}$ M을 뜻한다. 따라서 $[H^+] > [OH^-]$.

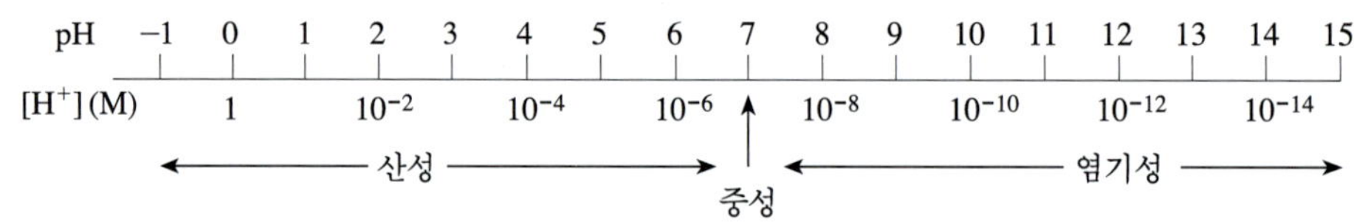

대부분의 용액의 pH는 0 ~ 14 범위에 있지만, 이것이 pH 한계는 아니다. 예를 들어, pH = −1은 $-\log[H^+] = -1$ 또한 $[H^+] = 10^{+1} = 10$ M을 의미한다. 이러한 pH는 HCl과 같은 진한 강산 용액에서 쉽게 얻어진다.

 **자습문제**

8-B. 0.050 M Mg^{2+} 용액을 $Mg(OH)_2$가 침전될 때까지 NaOH로 처리하였다.

(a) 이것이 가능한 OH^-의 농도는 얼마인가? (6-4절의 용해도 상수를 기억하고, 부록 A에 있는 수활석 $Mg(OH)_2$의 K_{sp}를 이용하시오.)

(b) 어떤 pH에서 이것이 일어나는가?

8-3 산과 염기의 세기

산과 염기는 H^+나 OH^-를 생성하기 위해서 "완전히" 반응하는가 또는 "부분적으로" 반응하는가에 따라 강한 것과 약한 것으로 분류한다. "부분적" 반응에 대해서는 연속적 범위가 가능하므로, 강하고 약한 것 사이에 명확한 구분은 없다. 그러나 몇몇 화합물들은 완전히 반응하므로 쉽게 강산 또는 강염기로 간주하고, 그 밖의 것들은 약산 또는 약염기로 정의한다.

강산과 강염기

일반적인 강산과 강염기를 표 8-1에 실었다. HCl, HBr, HI는 강산이지만, HF는 **강산이 아님**을 유의하라. **강산(strong acid)**이나 **강염기(strong base)**는 수용액에서 완전히 해리

한다. 즉, 다음 반응의 평형 상수는 매우 크다:

$$HCl(aq) \longrightarrow H^+ + Cl^-$$
$$KOH(aq) \longrightarrow K^+ + OH^-$$

수용액에는 해리하지 않은 HCl이나 KOH는 사실상 없다. 시범 8-1은 HCl이 강산으로 행동하는 하나의 결과를 보여 준다.

표 8-1 일반적인 강산과 강염기

화학식	이름
산	
HCl	염산 (염화 수소)
HBr	브로민화 수소
HI	아이오딘화 수소
H_2SO_4[a]	황산
HNO_3	질산
$HClO_4$	과염소산
염기	
LiOH	수산화 리튬
NaOH	수산화 소듐
KOH	수산화 포타슘
RbOH	수산화 루비듐
CsOH	수산화 세슘
R_4NOH[b]	수산화 사차암모늄

a. H_2SO_4에서 첫 번째 양성자 이온화만이 완전하다. 두 번째 양성자의 해리에 대한 평형 상수는 1.0×10^{-2}이다.
b. 이것은 네 개의 유기 작용기를 갖는 암모늄 양이온의 수산화염에 대한 일반식이다. 예를 들어, 수산화 테트라뷰틸암모늄[$(CH_3CH_2CH_2CH_2)_4N^+OH^-$]이 있다.

약산과 약염기

모든 **약산(weak acid)**, HA는 H_2O에 양성자를 줌으로써 물과 반응한다.

$$HA + H_2O \overset{K_a}{\rightleftharpoons} H_3O^+ + A^-$$

이 식은 다음 식과 동일하다.

약산의 해리 :
$$HA \overset{K_a}{\rightleftharpoons} H^+ + A^- \qquad K_a = \frac{[H^+][A^-]}{[HA]} \tag{8-4}$$

평형 상수 K_a를 **산해리 상수(acid dissociation constant)**라 한다. 약산은 물에서 부분적으로만 해리하는 산이다. 이것은 일부 해리하지 않은 HA가 남아 있음을 뜻한다.

약염기(weak base), B는 물로부터 양성자를 빼앗음으로써 물과 반응한다.

염기 가수분해 :
$$B + H_2O \overset{K_b}{\rightleftharpoons} BH^+ + OH^- \qquad K_b = \frac{[BH^+][OH^-]}{[B]} \tag{8-5}$$

평형 상수 K_b를 보통 **염기 가수분해 상수(base hydrolysis constant)**라고 한다. 약염기는 반응하지 않은 일부의 B가 남아 있는 것이다.

카복실산은 약산이고 아민은 약염기이다.

아세트산은 전형적인 약산이다.

$$CH_3-C(=O)-O-H \rightleftharpoons CH_3-C(=O)-O^- + H^+ \qquad K_a = 1.75 \times 10^{-5} \tag{8-6}$$

아세트산(HA)　　아세트산 이온(A^-)

대략적으로 말하여, 만약 $K_a < 1$이면 산은 약하고, $K_b < 1$이면 염기는 약하다.

아세트산은 다음과 같은 일반식을 갖는 **카복실산(carboxylic acid)**의 대표적인 산이다. 여기서 R는 유기 치환체이다. **모든 카복실산은 약산이며, 모든 카복실산 음이온(carboxylate anion)은 약염기이다.**

$$R-C(=O)-O-H \qquad\qquad R-C(=O)-O^-$$

카복실산 (약산, HA)　　카복실산 음이온 (약염기, A^-)

메틸아민은 전형적인 약염기이다. 그것은 **아민**(*amine*)의 질소 원자에 있는 고립 전자쌍을 공유함으로써 H^+과 결합을 이룬다.

시범 8-1 HCl 분수

HCl이 H^+와 Cl^-로 완전히 해리되므로, HCl(g)은 물에 매우 잘 녹는다.

$$HCl(g) \rightleftharpoons HCl(aq) \quad (A)$$

$$HCl(g) \longrightarrow H^+(aq) + Cl^-(aq) \quad (B)$$

반응 B는 반응 A의 생성물을 소비하므로, 반응 A를 오른쪽으로 진행시킨다.

아래에 그림 a에서 보인 것과 같이, 공기가 들어 있는 250 mL 둥근바닥 플라스크를 거꾸로 세워 HCl 분수를 제작한다.[1] 한쪽 관을 HCl(g) 통에, 다른쪽 관은 물에 거꾸로 세운 병으로 향하게 장치한다. HCl이 플라스크로 들어오면 그 속에 있던 공기가 밀려나온다. 이때에, 플라스크는 HCl(g)로 거의 채워진다.

플라스크의 한쪽 호스를 물이 들어 있는 고무 밸브로 막는다(그림 b). 플라스크의 다른 관은 지시약이 든 비커에 넣는다. 지시약으로는 pH 5.4 이상에서 초록색, pH 4.8 이하에서는 보라색을 나타내는 상업용 약알카리성 methyl purple 용액을 사용한다. 고무 밸브로부터 약 1 mL의 물을 플라스크로 뿜어 올리면, 진공이 생겨 지시약 용액이 플라스크로 올라가 매혹적인 분수를 이룬다(천연색 사진 3).

질문 물이 플라스크로 뿜어 올려지면 진공이 생기는 이유와 지시약이 플라스크로 들어가면 색깔이 바뀌는 이유는 무엇인가?

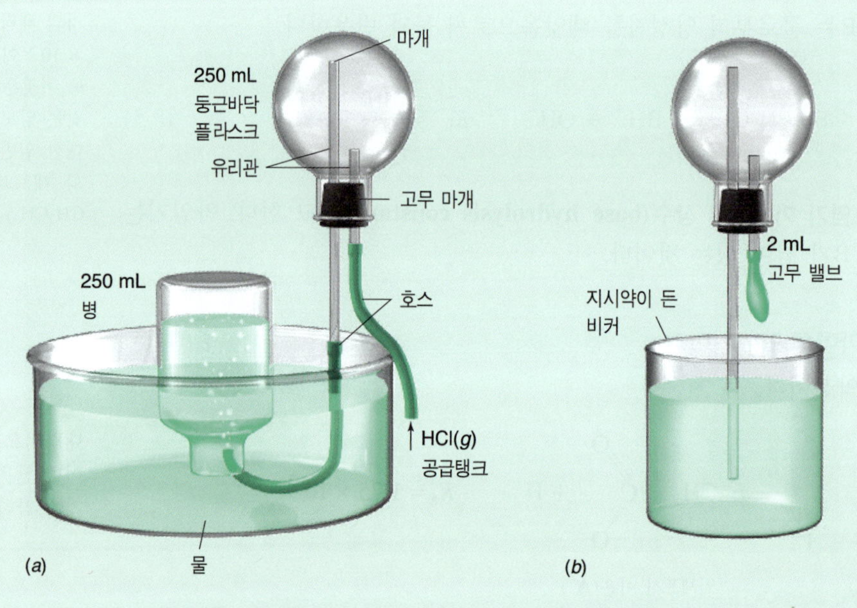

카복실산 (RCOOH) 과 암모늄 이온 (R_3NH^+) 는 약산이다. 카복실산 음이온 (RCO_2^-) 과 아민 (R_3N) 은 약염기이다.

$$\underset{\substack{\text{메틸아민} \\ \text{B}}}{CH_3NH_2} + H_2O \rightleftharpoons \underset{\substack{\text{메틸암모늄 이온} \\ BH^+}}{CH_3NH_3^+} + OH^- \qquad K_b = 4.49 \times 10^{-4} \qquad (8\text{-}7)$$

메틸아민은 질소를 갖는 화합물인 **아민 (amine)** 의 대표적인 것이다.

$R\ddot{N}H_2$	일차 아민	RNH_3^+	**암모늄 이온**
$R_2\ddot{N}H$	이차 아민	$R_2NH_2^+$	
$R_3\ddot{N}$	삼차 아민	R_3NH^+	

아민은 약염기이고, 암모늄 이온은 약산이다. 모든 아민의 "어미"는 암모니아 NH_3이다. 메틸아민이 물과 반응하면 그의 짝산이 생긴다. 즉, 반응식 8-7에서 생기는 메틸암모늄 이온은 약산이다.

$$\underset{BH^+}{CH_3\overset{+}{N}H_3} \overset{K_a}{\rightleftharpoons} \underset{B}{CH_3\ddot{N}H_2} + H^+ \qquad K_a = 2.33 \times 10^{-11} \tag{8-8}$$

메틸암모늄 이온(BH^+)은 메틸아민(B)의 짝산이다.

어떤 화합물이 산성을 가질지 또는 염기성을 가질지 알 수 있어야 한다. 예를 들어, 염화 메틸암모늄염은 물에서 완전히 해리하여 메틸암모늄 양이온과 염화 음이온으로 된다.

약산 : HA와 BH^+
약염기 : A^-와 B

$$\underset{\text{염화 메틸암모늄}}{CH_3\overset{+}{N}H_3Cl^-(s)} \longrightarrow CH_3\overset{+}{N}H_3(aq) + Cl^-(aq)$$

메틸아민의 짝산인 메틸암모늄 이온은 약산이다(반응 8-8). 염화 이온은 산도 염기도 아니다. 그것은 강산인 HCl의 짝염기인데, 이는 ***Cl^-가 H^+와 결합할 경향이 전혀 없다는 것***을 의미하는 것이다. 만약 그렇지 않다면 HCl은 강산으로 분류할 수가 없을 것이다. 따라서 염화 메틸암모늄 용액은 산성이라고 예측할 수 있는데, 그것은 메틸암모늄 이온은 산이고, Cl^-는 염기가 아니기 때문이다.

염화 메틸암모늄은 다음과 같은 이유 때문에 약산이다.

1. 그것은 $CH_3NH_3^+$와 Cl^-로 해리한다.
2. $CH_3NH_3^+$는 약염기인 CH_3NH_2의 짝산인 약산이다.
3. Cl^-는 염기성 성질이 없다(그것은 강산, HCl의 짝이다. 즉, HCl은 완전히 해리한다).

전하 ≥ 2 인 금속 이온들은 약산이다

+2 이상의 전하를 갖는 금속 이온들은 산성이다. 수용액에서 금속 이온들은 몇 개의 물 분자들과 결합하여 $M(H_2O)_w^{n+}$을 형성하는데, 이 때 금속 이온이 산소의 전자를 공유한다. 많은 금속 이온들은 w = 6의 물 분자들과 결합하지만, 큰 금속 이온들은 더 많은 물과 결합될 수 있다. 양성자가 $M(H_2O)_w^{n+}$로부터 해리될 수 있어, 금속 착물의 양전하는 감소된다.

도전 페놀(C_6H_5OH)은 약산이다. 이온성 화합물인 페놀산 포타슘($C_6H_5O^-K^+$) 용액이 염기성인 이유를 설명하시오.

$$M(H_2O)_w^{n+} \overset{K_a}{\rightleftharpoons} M(H_2O)_{w-1}(OH)^{(n-1)+} + H^+ \tag{8-9}$$

금속의 전하가 높을수록 더 산성인 경향이 있다. 예를 들면, Fe^{2+}의 K_a는 4×10^{-10}이지만, Fe^{3+}의 K_a는 6.5×10^{-3}이다. +1의 전하를 갖는 양이온은 매우 약한 산성이다. 이제 여러분은 $Fe(NO_3)_3$와 같은 금속염의 용액들이 왜 산성인 이해하여야 한다.

제공 가능한 전자쌍
전자들을 받을 수 있는 빈 궤도함수

$$H_2\ddot{O}: \;+\; M^{n+} \longrightarrow H_2\ddot{O}-M^{n+}$$

K_a와 K_b 간의 관계

수용액에서 짝산-짝염기 쌍의 K_a와 K_b 사이에는 한 가지 중요한 관계식이 있다. 이것은 산 HA와 그 짝염기 A^-를 써서 유도할 수 있다.

$$\cancel{HA} \rightleftharpoons H^+ + \cancel{A^-} \qquad K_a = \frac{[H^+][A^-]}{[HA]}$$

$$\cancel{A^-} + H_2O \rightleftharpoons \cancel{HA} + OH^- \qquad K_b = \frac{[HA][OH^-]}{[A^-]}$$

$$H_2O \rightleftharpoons H^+ + OH^- \qquad K_a \cdot K_b = \frac{[H^+][\cancel{A^-}]}{[\cancel{HA}]}\frac{[\cancel{HA}][OH^-]}{[\cancel{A^-}]} = K_w$$

앞의 두 반응을 합하면, 평형 상수는 곱해야 한다. 이로부터 다음의 유용한 결과를 얻는다.

짝쌍에 대한 K_a와 K_b의 관계 :

$$K_a \cdot K_b = K_w \tag{8-10}$$

수용액에서 짝산-짝염기 쌍에 대하여 $K_a \cdot K_b = K_w$이다.

식 8-10은 수용액에서 어떠한 짝산과 그 짝염기에도 적용된다.

예제 짝염기의 K_b 구하기

아세트산 K_a는 1.75×10^{-5}이다(반응식 8-6). 아세트산 이온의 K_b를 구하시오.

해답

$$K_b = \frac{K_w}{K_a} = \frac{1.0 \times 10^{-14}}{1.75 \times 10^{-5}} = 5.7 \times 10^{-10}$$

복습 문제 암모늄 이온(NH_4^+)의 K_a는 5.7×10^{-10}이다. 암모니아(NH_3)의 K_b를 구하시오. (**답** : 1.8×10^{-5} M)

예제 짝산의 K_a 구하기

메틸아민의 K_b가 4.29×10^{-4}(반응식 8-7)이다. 메틸암모늄 이온의 K_a를 구하시오.

해답

$$K_a = \frac{K_w}{K_b} = \frac{1.0 \times 10^{-14}}{4.29 \times 10^{-4}} = 2.33 \times 10^{-11}$$

복습 문제 폼산 이온(HCO_2^-)의 K_b는 5.6×10^{-11}이다. 폼산(HCO_2H)의 K_a를 구하시오. (**답** : 1.8×10^{-4} M)

자습문제

8-C. **A**와 **B** 중에서 어느 것이 더 강산인가? 각 K_a 반응을 적으시오.

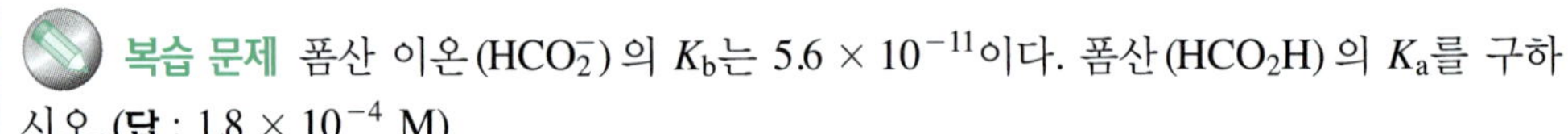

A. Cl_2HCCOH (C=O) 다이클로로아세트산 $K_a = 8 \times 10^{-2}$

B. ClH_2CCOH (C=O) 클로로아세트산 $K_a = 1.36 \times 10^{-3}$

C와 **D** 중에서 어느 것이 더 강염기인가? 각 K_b 반응을 적으시오.

C. H_2NNH_2 하이드라진 $K_b = 9.5 \times 10^{-7}$

D. H_2NCNH_2 (C=O) 요소 $K_b = 1.5 \times 10^{-14}$

8-4 강산과 강염기의 pH

산성비를 만드는 주요인은 강산인 질산과 황산이다. 1몰(mole)의 **강산과 강염기**는 수용액 속에서 완전히 해리하여 각각 1몰의 수소 이온(H^+)과 수산화 이온(OH^-)을 만들어 낸다. 질산은 강산이므로 반응은 아래와 같이 완전히 일어난다.

$$\underset{\text{질산}}{HNO_3} \longrightarrow H^+ + \underset{\text{질산 이온}}{NO_3^-}$$

황산의 경우는 하나의 양성자는 완전히 해리되지만, 두 번째 양성자는 조건에 따라 조금씩 차이는 있지만 일부분만 해리된다.

$$\underset{\text{황산}}{H_2SO_4} \longrightarrow H^+ + \underset{\text{황산 수소 이온}}{HSO_4^-} \xrightleftharpoons{K_a = 0.010} H^+ + \underset{\text{황산 이온}}{SO_4^{2-}}$$

강산의 pH

HBr은 완전히 해리하므로, 0.010 M HBr 용액의 pH는 다음과 같다.

$$pH = -\log[H^+] = -\log(0.010) = 2.00$$

pH가 2라는 것이 합당한가?(항상 계산을 끝낸 후 생각해 보자) 그렇다. 왜냐하면 pH가 7보다 작으면 산성이고, 7보다 크면 염기성이기 때문이다.

산 : pH<7
염기 : pH>7

예 제 강산의 pH

4.2×10^{-3} M $HClO_4$ 용액의 pH를 구하시오.

해답 $HClO_4$는 완전히 해리된다. 따라서 $[H^+] = 4.2 \times 10^{-3}$ M

$$pH = -\log[H^+] = -\log(\underbrace{4.2}_{\text{유효 숫자 2자리}} \times 10^{-3}) = 2.\underbrace{38}_{\text{가수에서 2개 숫자}}$$

유효 숫자에 유의하라. 로그의 가수(mantissa)의 유효 숫자 두 자리는 4.2×10^{-3}의 유효 숫자 두 자리에 대응된다.

 **복습 문제** 0.055 M HBr의 pH를 구하시오. (**답** : 1.26)

앞으로 이 책에 나오는 문제들에서는 **일반적으로 pH의 유효 숫자를 따지지 않고 소수점 아래 두 자리까지 나타낼 것이다.** 실제로 pH 측정이 ±0.02보다 더 정확한 경우는 드물다. 하지만 두 용액 사이의 pH 차이는 ±0.002 pH 단위까지 정확할 수 있다.

강염기의 pH

"4.2×10^{-3} M KOH의 pH는 얼마일까?" OH^-의 농도는 4.2×10^{-3} M이므로, 식 8-2의 K_w로부터 $[H^+]$를 계산할 수 있다.

$$[H^+] = \frac{K_w}{[OH^-]} = \frac{1.0 \times 10^{-14}}{4.2 \times 10^{-3}} = 2.3_8 \times 10^{-12} \text{ M}$$

$$pH = -\log[H^+] = -\log(2.3_8 \times 10^{-12}) = 11.62$$

마지막 답에서 반올림에 의한 오차를 줄이려면 계산 과정에서 유효 숫자보다 한 자리가 더 많은 수를 유지한다(또는 계산기의 모든 자리를 다 사용한다).

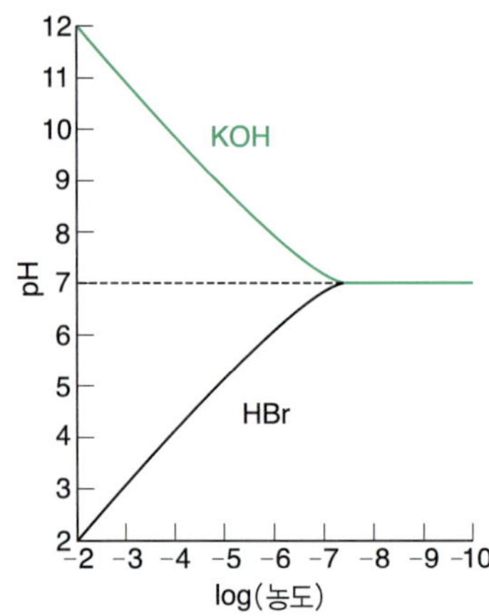

그림 8-3 물에 녹인 강산과 강염기의 농도 함수로 계산한 pH.

여기서 실수하기 쉬운 점 하나를 살펴보자. 4.2×10^{-9} M KOH의 pH는 얼마인가? 위의 방법대로 우리는 아래와 같이 계산할 수도 있을 것이다.

$$[H^+] = \frac{K_w}{[OH^-]} = \frac{1.0 \times 10^{-14}}{4.2 \times 10^{-9}} = 2.3_8 \times 10^{-6}\ M \Rightarrow pH = 5.62$$

이것이 합당한가? 과연 염기를 물에 녹여서 산성 용액(pH < 7)을 만들 수 있는가? 그것은 불가능한 일이다!

위의 계산에서 잘못된 것은 우리는 $H_2O \rightleftharpoons H^+ + OH^-$ 반응에서 생기는 OH^-를 고려하지 않았다. 순수한 물에서는 $[OH^-] = 1.0 \times 10^{-7}$ M로, 용액에 가해준 KOH의 양보다 많다. 물에 KOH를 첨가한 용액의 pH가 7보다 작아질 수는 없다. 4.2×10^{-9} M KOH 용액의 pH는 7에 가까운 값을 가진다. 비슷하게 10^{-10} M HNO_3 용액의 pH도 10이 아니고 7에 가까운 값이다. 그림 8-3은 농도에 따른 강산과 강염기의 pH를 보여 준다. 공기 중에 있는 매우 묽은 산성이나 염기성 용액에서는, 가해준 산이나 염기의 영향보다 용액에 녹아 있는 이산화 탄소($CO_2 + H_2O \rightleftharpoons HCO_3^- + H^+$)의 산-염기 화학이 pH에 더 큰 영향을 준다.

물이 10^{-7} M H^+와 10^{-7} M OH^-를 항상 생성하지는 않는다

Le Châtelier 원리에 의해 예측할 수 있듯이, 산과 염기는 물의 이온화를 억제한다.

질문 10^{-2} M의 NaOH 용액에서 H_2O가 해리됨으로써 생긴 H^+와 OH^- 농도는 얼마인가?

산과 염기가 들어 있지 않은 매우 순수한 물의 **경우에만** 10^{-7} M H^+나 10^{-7} M OH^-를 생성한다. 예를 들어, 10^{-4} M HBr 용액의 pH는 4이다. OH^- 농도는 $K_w/[H^+] = 10^{-10}$ M이다. 그러나 $[OH^-]$는 물의 해리에 의해서만 생겨난다. 물이 10^{-10} M OH^-를 만들면 OH^- 하나당 H^+ 하나가 만들어지므로, H^+ 또한 10^{-10} M만이 만들어진다. 따라서 10^{-4} M HBr 용액에서 물은 해리하여 10^{-10} M OH^-와 10^{-10} M H^+만을 만든다.

자습문제

8-D. (a) 1.0×10^{-3} M HBr 용액과 1.0×10^{-2} M KOH 용액의 pH는 얼마인가?
(b) 3.2×10^{-5} M HI 용액과 7.7 mM LiOH 용액의 pH를 각각 계산하시오.
(c) pH가 4.44인 용액에서 H^+의 농도를 계산하시오.
(d) 7.7 mM LiOH 용액에서 $[H^+]$의 농도는? 이 용액의 H^+는 어디서 생긴 것인가?
(e) 3.2×10^{-9} M $(CH_3)_4N^+OH^-$ 용액의 pH는 얼마인가?

8-5 약산과 약염기를 다루는 방법

강한 산일수록 pK_a 값은 **작다**.

더 강산	더 약산
$K_a = 10^{-4}$	$K_a = 10^{-8}$
$pK_a = 4$	$pK_a = 8$

하지만 $K_a = 10^{-4}$와 $K_a = 10^{-8}$ 모두 약산으로 분류된다.

pH를 정의하는 것과 유사하게, 평형 상수의 음의 대수를 **p*K***라고 정의한다. 식 8-4의 산해리 상수와 식 8-5의 염기 가수분해 상수는 다음과 같이 쓸 수 있다.

$$pKa = -\log Ka \qquad pK_b = -\log K_b \tag{8-11}$$

양성자 한 개를 얻거나 잃는 관계에 있는 짝산-짝염기 쌍에 대해 식 8-10에 나타낸 K_a와 K_b 사이의 매우 중요한 관계인 $K_a \cdot K_b = K_w$를 기억하라.

약한 것은 약한 것과 짝을 이룬다

약산의 짝염기는 약염기이다. 약염기의 짝산은 약산이다. $K_a = 10^{-4}$인 약산 HA를 생각해 보자. 짝염기 A^-의 $K_b = K_w/K_a = 10^{-10}$. 즉, HA가 약산이면 A^-는 약염기이다. K_a가 10^{-5}이면 K_b는 10^{-9}이 된다. HA가 약한 산으로 됨에 따라 A^-는 조금 더 강한 염기로 된다(그렇다고 강염기가 되는 것은 아니다). 거꾸로 HA가 강한 산일수록 A^-는 조금 더 약한 염기이다. 그러나 A^- 또는 HA 중 어느 하나가 약하면, 그 짝도 약하다. HA가 매우 강하면(HCl처럼), 그 짝염기(Cl^-)는 너무 약해서 물에서 전혀 염기가 아니다.

약산의 짝염기는 약염기이다. 약염기의 짝산은 약산이다. **약한 것은 약한 것과 짝을 이룬다.**

부록 B의 사용법

산해리 상수들이 부록 B에 있다. 각 화합물은 **완전히 양성자화된 형태**(*fully protonated form*)로 주어져 있다. 예를 들면, 메틸아민은 $CH_3NH_3^+$로 나타내었는데, 사실 그것은 메틸암모늄 이온이다. 메틸아민에 주어진 K_a (2.33×10^{-11}) 값이 실제로는 메틸암모늄 이온에 대한 K_a 값이다. 메틸아민의 K_b를 구해보면 $K_b = K_w/K_a = (1.0 \times 10^{-14})/(2.33 \times 10^{-11}) = 4.29 \times 10^{-4}$이다.

CH_3NH_2	$CH_3NH_3^+$
메틸아민	메틸암모늄 이온

다양성자 산과 다양성자 염기에는 가장 산성인 작용기부터 시작하여 몇 개의 K_a 값이 주어져 있다. 인산 피리독살(pyridoxal phosphate)의 완전히 양성자화된 형태는 다음과 같다.

pK_a	작용기	K_a
1.4	POH	0.04
3.44	OH	3.6×10^{-4}
6.01	POH	9.8×10^{-7}
8.45	NH	3.5×10^{-9}

인산 피리독살은 우리 몸에서 아미노산의 신진대사에 필수적인 비타민 B_6로부터 만들어지며, 신체의 아미노산 대사에 필수적이다. 보충 7-1에 유기 구조식을 그리는 법을 논하였다.

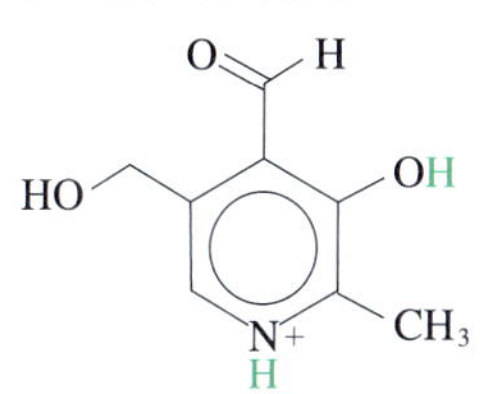
비타민 B_6

여기서 pK_1 (1.4)은 인산의 양성자 중 하나의 해리에 대한 것이고, pK_2 (3.44)는 하이드록실기의 양성자에 대한 값이다. 세 번째 산성 양성자는 인산의 나머지 양성자에 대한 값으로 pK_3 = 6.01이다. NH^+기는 가장 약한 산성기다(pK_4 = 8.45).

자습문제

8-E. (a) 어떤 산이 더 센가? pK_a = 3 또는 pK_a = 4.
(b) 어떤 염기가 더 센가? pK_b = 3 또는 pK_b = 4.
(c) 폼산(HCO_2H)의 산해리 반응을 적으시오.
(d) 폼산의 짝염기는 무엇인가?
(e) 폼산의 K_a 평형식을 쓰고 그 값을 찾아보시오.
(f) 폼산 이온(HCO_2^-)의 K_b 평형식을 쓰시오.
(g) 폼산 이온의 염기 가수분해 상수를 구하시오.

8-6 약산의 평형

1.00 L의 물에 0.020 0몰의 벤조산(benzoic acid)을 포함한 용액의 pH와 조성을 알아보자.

$$C_6H_5CO_2H \rightleftharpoons C_6H_5CO_2^- + H^+$$

벤조산(HA) 벤조산 이온(A^-)

$$K_a = \frac{[H^+][A^-]}{[HA]} = 6.28 \times 10^{-5} \quad (8\text{-}12)$$

$$pK_a = 4.202$$

HA의 해리로 인해 생긴 1몰의 A^-에 대해서 1몰의 H^+가 생긴다. 즉, $[A^-] = [H^+]$가 성립한다(적당한 세기의 약산 농도에서, $H_2O \rightleftharpoons H^+ + OH^-$에 의한 기여보다 산으로부터 H^+가 농도에 기여하는 바가 훨씬 크다). 약산 HA의 포말 농도를 F라 하고, H^+의 농도를 x라고 하면, 약산의 해리 이전과 이후의 농도 변화를 보여 주는 아래의 표를 구성할 수 있다.

	HA	$\rightleftharpoons$	A^-	+	H^+
처음 농도	F		0		0
마지막 농도	$F - x$		x		x

이 값을 식 8-12의 K_a 식에 대입하면 아래와 같이 된다.

$$K_a = \frac{[H^+][A^-]}{[HA]} = \frac{(x)(x)}{F - x} \tag{8-13}$$

$F = 0.020\ 0$ M과 $K_a = 6.28 \times 10^{-5}$을 대입하면 다음 식이 된다.

$$\frac{x^2}{0.020\ 0 - x} = 6.28 \times 10^{-5} \tag{8-14}$$

식 8-14를 x에 대해 풀려면, 먼저 양쪽을 $(0.020\ 0 - x)$로 곱한다.

$$\frac{x^2}{\cancel{0.020\ 0 - x}} \cancel{(0.020\ 0 - x)} = (6.28 \times 10^{-5})\ (0.020\ 0 - x)$$
$$= (1.25_6 \times 10^{-6}) - (6.28 \times 10^{-5})x$$

이것을 정리하면 아래의 이차 방정식이 된다.

$$x^2 + (6.28 \times 10^{-5})x - (1.25_6 \times 10^{-6}) = 0 \tag{8-15}$$

식 8-15는 보충 8-1에 설명된 것처럼 두 개의 해(**근**이라고도 함)를 가진다. 근의 공식을 이용해 해를 구하면 하나는 음수이고 하나는 양수이다. 농도는 음수가 될 수 없으므로 음수는 버리고 양수가 x 값이 된다.

x 값을 다시 식 8-13에 넣어서, 그 식이 성립하는지 **답을 반드시 확인**하여야 한다.

$$x = 1.09 \times 10^{-3}\ \text{M (음수 값은 버림)}$$

x 값으로부터 농도와 pH를 구할 수 있다.

$$[H^+] = [A^-] = x = 1.09 \times 10^{-3}\ \text{M}$$
$$[HA] = F - x = 0.020\ 0 - (1.09 \times 10^{-3}) = 0.018\ 9\ \text{M}$$
$$\text{pH} = -\log x = 2.96$$

이 문제에서는 유효 숫자가 더 많지만, 일관성을 갖기 위해 pH 값은 소수점 아래 두 자리까지만 나타낼 것이다.

$[H^+] \approx [A^-]$의 근사법이 정당한가? $[H^+]$의 농도가 1.09×10^{-3} M이므로 $[OH^-] = K_w / [H^+] = 9.20 \times 10^{-12}$ M이다.

$$\text{HA의 해리에 의한 } [H^+] = \text{HA의 해리에 의한 } [A^-] = 1.09 \times 10^{-3}\ \text{M}$$
$$H_2O\text{의 해리에 의한 } [H^+] = H_2O\text{의 해리에 의한 } [OH^-] = 9.20 \times 10^{-12}\ \text{M}$$

대부분의 약산 용액에서 H^+는 H_2O로부터는 생기지 않고, 거의 모두가 HA로부터 생긴다.

1.09×10^{-3} M $\gg 9.20 \times 10^{-12}$ M이므로, H^+는 주로 HA로부터 생긴다고 한 가정은 옳다.

보충 8-1 이차 방정식

일반적인 이차 방정식 $ax^2 + bx + c = 0$은 두 개의 해를 갖는다.

$$x = \frac{-b + \sqrt{b^2 - 4ac}}{2a} \qquad x = \frac{-b - \sqrt{b^2 - 4ac}}{2a}$$

식 8-15에 대한 해는

$$\underbrace{(1)}_{a=1}[H^+]^2 + \underbrace{(6.28 \times 10^{-5})}_{b = 6.28 \times 10^{-5}}[H^+] - \underbrace{(1.25_6 \times 10^{-6})}_{c = -1.25_6 \times 10^{-6}} = 0$$

의 해는 두 개이다.

$$[H^+] = \frac{-(6.28 \times 10^{-5}) + \sqrt{(6.28 \times 10^{-5})^2 - 4(1)(-1.25_6 \times 10^{-6})}}{2(1)} = 1.09 \times 10^{-3}\ M$$

과

$$[H^+] = \frac{-(6.28 \times 10^{-5}) - \sqrt{(6.28 \times 10^{-5})^2 - 4(1)(-1.25_6 \times 10^{-6})}}{2(1)} = -1.09 \times 10^{-3}\ M$$

여기서 농도 $[H^+]$는 음수가 될 수 없으므로, 음수 해는 버리고 1.09×10^{-3} M만을 정답으로 정한다.

이차 방정식을 계산하는 과정에서는 계산기에 나와 있는 모든 숫자를 그대로 이용해야 한다. 그렇지 않으면 반올림에 따른 오차가 문제를 일으킬 수 있다. 다른 방법으로는 이차 방정식(문제 8-36)을 풀기 위해서 스프레드시트를 만들어서 이것을 가끔 사용한다.

간혹 식 $x^2/(F - x) = K$는 쉬운 해를 갖는다. 만약 $x \ll F$라면 x는 F와 비교해 볼 때 무시될 수 있고, 분모는 F로 단순화될 수 있다. 이 경우 해는 $x \approx \sqrt{KF}$이다. 만약 $K < 10^{-4}$ F라면, 근사 $x \approx \sqrt{KF}$일 때, 오차는 0.5% 미만이다.

해리 분율

HA는 얼마나 해리하는가? 산의 전체 농도(= [HA] + [A$^-$])가 0.020 0 M이라면 A$^-$의 농도가 1.09×10^{-3} M이므로, **해리 분율**(*fraction of dissociation*)은 다음과 같다.

산의 해리 분율 :
$$\frac{[A^-]}{[A^-] + [HA]} = \frac{1.09 \times 10^{-3}}{0.020\,0} = 0.054 \qquad (8\text{-}16)$$

이것은 단지 5.4%만이 해리하므로 확실히 약산이다.

그림 8-4에서는 두 가지 약산의 포말 농도에 따른 해리 분율을 비교하였다. 용액이 묽어짐에 따라 해리 분율은 증가한다. 더 강한 산일수록 어떤 농도에서나 더 큰 해리 분율을 갖는다. 시범 8-2는 산성비에 관한 화학을 설명하고 있다.

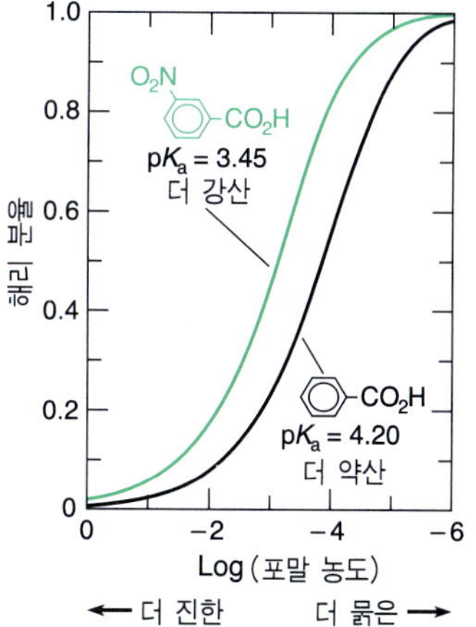

그림 8-4 약산 용액이 묽어짐에 따라 해리 분율이 증가한다. 모든 농도에서 더 강한 산은 더 약한 산보다 더 많이 해리된다. (pK_a = 3.45는 pK_a = 4.20보다 강하다).

시범 8-2 산성비 화학[2]

이 장의 서론에서 기술한 것처럼, 강수의 산성도는 질소 산화물 (NO와 NO_2, NO_x로 부름) 과 황 산화물 (SO_2) 의 산화 생성물로부터 발생된다. 이런 설명을 플라스크의 공기 중에 매달린 유리 pH 전극을 이용한 SO_2 화학으로 나타내고자 한다.

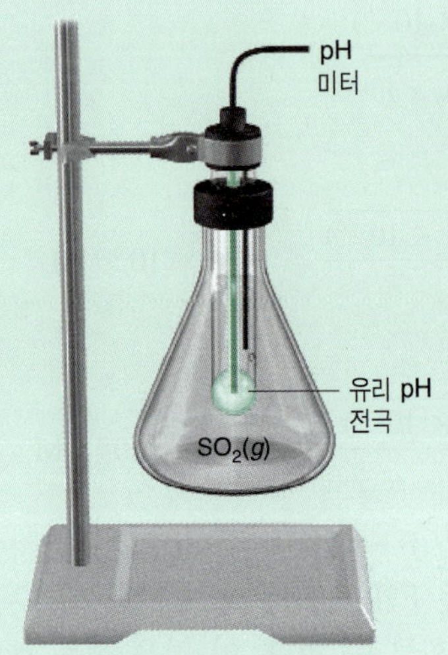

산성비 화학을 설명하는 장치

SO_2, H_2O_2, NH_3를 넣고 마개로 막은 세 개의 500 mL 플라스크를 준비한다.

1. 구리선 끝을 원뿔형 코일 형태로 감고 20 mg의 황 가루로 코일을 채워서 SO_2를 준비한다. 성냥으로 황을 점화시켜 마개가 있는 플라스크 내부에 코일을 넣고, 완전히 연소되었을 때 마개를 단단히 막는다. 다른 방법으로는, 플라스크에 0.5 M $NaHSO_3$ 10 mL를 넣고 3 M H_2SO_4 10 방울(~0.5 mL)을 넣어서 $SO_2(g)$를 발생시켜도 된다.
2. 물 9 mL를 넣고 마개가 있는 두 번째 플라스크에 30 wt% H_2O_2 1 mL를 첨가한다.
3. 물 10 mL를 넣고 마개가 있는 세 번째 플라스크에 28 wt% NH_3 0.2 mL를 첨가한다.

유리 pH 전극이 500 mL 삼각 플라스크 공간에 들어갈 수 있도록 고무마개를 맞춘다. pH 4, 7, 10의 완충 용액으로 전극을 검정한다. 전극을 액체에 담그지 않을 때에는 안정된 pH 측정을 위해서, 전극을 물에 담그는 것 대신에 전극에 부착된 액체막이 충분한 전해질을 포함하도록 0.2 wt% NaCl 용액으로 씻어준다. 전극을 씻어준 후, 유리구에 매달려 있는 물방울을 제거하기 위해서 바닥에 티슈를 댄다. 얇은 액체막은 유리에 남아 있다. 전극을 물이 있는 플라스크 속의 습한 공기 중에 보관하여, 전극 위 액체막이 증발되지 않도록 한다.

pH 미터가 장착된 습한 플라스크에 매달린 유리 전극을 관찰하되, 가급적이면 시간에 따른 pH를 기록하도록 컴퓨터에 연결시킨다. 1분 후에, 전극을 SO_2 플라스크에 3초 동안 넣는다. pH의 급격한 감소를 관찰한다. 전극을 제거하고 SO_2 기체가 액체 막으로부터 공기 중으로 확산할 수 있도록 한다. pH 변화를 그래프에 그린다.

약산 문제의 본질

약산에서 pH를 구하는 문제에 접하면, 즉시 $[H^+] \approx [A^-] = x$임을 인식하고, 다음과 같이 식을 세워놓고 문제를 푼다.

문제를 푸는 방법

약산에 관한 식 :

$$\frac{[H^+][A^-]}{[HA]} = \frac{x^2}{F - x} = K_a \tag{8-17}$$

여기서 F는 HA의 포말 농도이다. $[H^+] \approx [A^-]$라는 가정은 산의 농도가 매우 묽거나 산이 매우 약한 경우에는 잘 성립하지 않지만, 이런 경우는 실제 문제에서는 거의 나타나지 않는다.

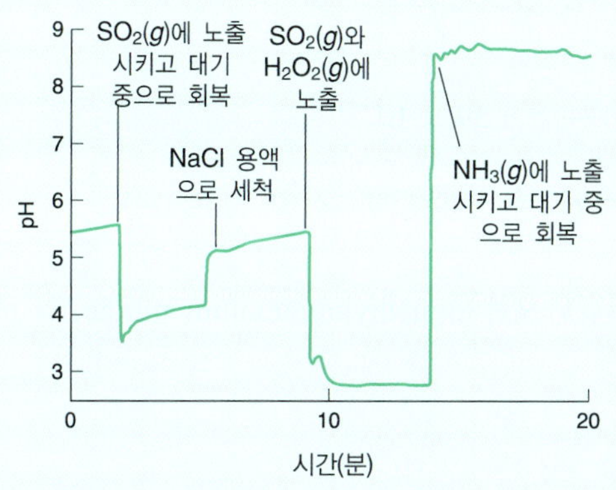

다른 기체들에 노출된 유리 전극의 감응. [출처: F. S. Lopes, L. H. G. Coelho, and I. G. R. Gutz, *J. Chem. Educ.*, **2010**, *87*, 157.]

몇 분 후 pH가 5.4±0.2로 될 때까지 전극을 0.2 wt% NaCl 용액으로 씻어준다. 전극을 다시 SO_2 플라스크 공간에 3초 동안 넣은 후, 10초 동안 H_2O_2 플라스크의 기체상으로 빠르게 이동시킨다. 전극을 제거하고 공기 중에 놓을 때, 더 급격한 pH의 감소를 관찰한다. 마지막으로, 전극을 NH_3 플라스크에 3초간 노출시키고, 전극을 제거하고 공기 중에 놓을 때 pH의 상승을 관찰한다.

관찰한 것에 대한 설명은 다음과 같다. 첫 번째 실험에서, $SO_2(g)$는 물의 얇은 막에 용해되어 약산인 아황산을 생성한다.

$$\underset{\text{이산화황}}{SO_2} + H_2O \rightleftharpoons \underset{\text{아황산}}{H_2SO_3} \rightleftharpoons \underset{\text{아황산 이온}}{HSO_3^- + H^+}$$

pH가 4 이하로 감소된 것은 전극이 공기 중에 놓아 액체막으로부터 공기 중으로 SO_2가 확산되면 4 이상으로 복원된다.

SO_2에 노출시키고 과산화수소에 노출시키면, H_2SO_3가 강산인 황산으로 비가역적 산화가 일어나 pH가 3 이하로 된다.(SO_2도 대기 중에서 H_2SO_4로 산화된다.) 황산은 비휘발성이므로, 공기 중으로 확산을 다시 시킬 수는 없다. 전극이 공기 중에 있을 때 pH는 낮게 유지된다.

$$\underset{\text{아황산}}{H_2SO_3} + \underset{\text{과산화수소}}{H_2O_2} \rightarrow \underset{\text{황산}}{H_2SO_4} \rightarrow \underset{\text{황산수소 이온}}{HSO_4^- + H^+}$$

전극이 암모니아에 노출될 때는(비료 또는 다른 것으로부터 생긴 대기 오염물질), NH_4^+와 액체 중 과량 NH_3의 완충작용에 의해서 pH가 9까지 급격히 증가한다. 다음 장에서 완충용액은 공부할 것이다. NH_3는 물에 매우 잘 녹아서 전극이 공기 중에 있어도 공기 중으로 쉽게 확산되지 못한다.

$$\underset{\text{황산}}{H_2SO_4} + \underset{\text{암모니아 (염기)}}{2NH_3} \rightarrow \underset{\text{황산암모늄}}{2NH_4^+ + SO_4^-}$$

NH_3와 NH_4^+는 완충용액을 생성

이 설명을 확대하면 전극을 $CO_2(g)$를 포함하는 플라스크에 노출시켜 CO_2에 의한 바다 산성화를 설명할 수도 있다 (보충 11-1).

예제 약산의 pH 구하기

0.100 M 염화 트라이메틸암모늄(trimethylammonium chloride) 용액의 pH를 구하시오.

$$\left[(CH_3)_3NH \right]^+ Cl^-$$ 염화 트라이메틸암모늄

해답 우선 이런 형태의 염은 **완전히 해리하여** $(CH_3)_3NH^+$와 Cl^-로 됨을 알아야 한다. 그 다음 트라이메틸암모늄 이온은 약염기인 트라이메틸아민 $(CH_3)_3N$의 짝산이므로, 약산이라는 것을 인식하여야 한다. Cl^-는 염기성이나 산성의 성질을 갖지 않으므로 무시한다. 부록 B에는 트라이메틸아민이란 이름으로 표시되어 있으나 트라이메틸암모늄 이온으로 그려져 있는 것을 찾는다. pK_a 값이 9.799이므로,

$$K_a = 10^{-pK_a} = 10^{-9.799} = 1.59 \times 10^{-10}$$

여기서부터는 쉬운 문제다.

$$\underset{F-x}{(CH_3)_3NH^+} \overset{K_a}{\rightleftharpoons} \underset{x}{(CH_3)_3N} + \underset{x}{H^+}$$

$$\frac{x^2}{0.100 - x} = 1.59 \times 10^{-10}$$

$$x = 3.99 \times 10^{-6}\text{ M} \Rightarrow \text{pH} = -\log(3.99 \times 10^{-6}) = 5.40$$

복습 문제 0.010 M 질산 다이메틸암모늄(dimethylammonium nitrate)의 pH는 얼마인가? (**답** : 6.39)

예 제 **약산의 pK_a 구하기**

0.100 M의 하이드라진산(hydrazoic acid) 용액의 pH는 2.83이다. 이 산의 pK_a 값을 구하시오.

$$\underset{\substack{\text{하이드라진산} \\ 0.100 - x}}{^-:\ddot{N}=\overset{+}{N}=\ddot{N}-H} \overset{K_a}{\rightleftharpoons} \underset{\substack{\text{아자이드}(N_3^-) \\ x}}{^-:\ddot{N}=\overset{+}{N}=\ddot{N}:^-} + \underset{10^{-pH}}{H^+}$$

해답 $[H^+] = 10^{-pH} = 10^{-2.83} = 1.4_8 \times 10^{-3}$ M임을 안다. 이 용액에서 $[N_3^-] = [H^+]$가 성립하므로 $[N_3^-] = 1.4_8 \times 10^{-3}$ M이고, $[HN_3] = 0.100 - (1.4_8 \times 10^{-3}) = 0.098_5$ M이 된다. 이 농도들로부터 K_a와 pK_a를 계산할 수 있다.

$$K_a = \frac{[N_3^-][H^+]}{[HN_3]} = \frac{(1.4_8 \times 10^{-3})^2}{0.098_5} = 2.2_2 \times 10^{-5}$$

$$\Rightarrow pK_a = -\log(2.2_2 \times 10^{-5}) = 4.65$$

복습 문제 0.063 M 하이드록시벤젠(hydroxybenzene) 용액의 pH는 5.60이다. 이 산의 pK_a를 구하시오. (**답** : 10.00)

자습문제

8-F. **(a)** $K_a = 1.00 \times 10^{-5}$인 약산 HA 0.100 M 용액의 pH와 해리 분율은 얼마인가?
(b) 0.045 0 M HA 용액의 pH가 2.78이다. HA의 pK_a 값은 얼마인가?
(c) 0.045 0 M HA 용액의 0.60%가 해리되었다. HA의 pK_a 값은 얼마인가?

8-7 약염기의 평형

약염기는 약산과 거의 같은 방법으로 취급한다.

$$B + H_2O \overset{K_a}{\rightleftharpoons} BH^+ + OH^- \qquad K_b = \frac{[BH^+][OH^-]}{[B]}$$

대부분의 OH^-는 B + H_2O의 반응으로부터 생성되고, 물의 해리에서 나오는 OH^-는 무시할 수 있다. $[OH^-] = x$라 놓으면, BH^+는 OH^-와 같은 양이 생기므로 $[BH^+] = x$로 놓아야 있다. $F = [B] + [BH^+]$라 놓으면, 다음과 같이 나타낼 수 있다.

$$[B] = F - [BH^+] = F - x$$

이 값들을 K_b 식에 대입하면 다음을 얻는다.

약염기의 식 : $$\frac{[BH^+][OH^-]}{[B]} = \frac{x^2}{F - x} = K_b \qquad (8\text{-}18)$$

약염기의 문제는 $K = K_b$와 $x = [OH^-]$인 것을 제외하면, 약산의 문제와 같은 수식을 갖는다.

이것을 $x = [OH^-]$인 것을 제외하고는 약산의 문제와 매우 유사하다.

예제 약염기의 pH 구하기

전형적으로 약염기인 코카인(cocaine) 0.037 2 M 용액의 pH를 구하시오.

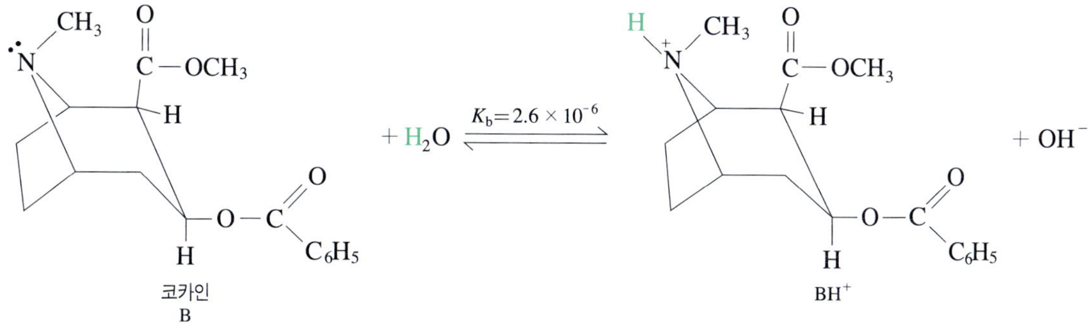

코카인 B + H_2O $\xrightleftharpoons{K_b = 2.6 \times 10^{-6}}$ BH^+ + OH^- (8-19)

해답 코카인을 B로 나타내면 아래와 같은 반응식으로 나타낼 수 있다.

$$\underset{0.037\,2 - x}{B} + H_2O \rightleftharpoons \underset{x}{BH^+} + \underset{x}{OH^-}$$

$$\frac{x^2}{0.037\,2 - x} = 2.6 \times 10^{-6} \Rightarrow x = 3.1_0 \times 10^{-4}\ M$$

$x = [OH^-]$이므로 다음과 같이 $[H^+]$와 pH를 구할 수 있다.

$$[H^+] = K_w/[OH^-] = (1.0 \times 10^{-14})/(3.1_0 \times 10^{-4}) = 3.2_2 \times 10^{-11}\ M$$
$$pH = -\log[H^+] = 10.49$$

이것은 약염기에 대한 합리적인 pH 값이다.

질문 이 용액에서 H_2O의 해리에 의해 생긴 OH^- 농도는 얼마인가? 물의 해리에서 나온 OH^-를 무시하는 것이 타당한가?

복습 문제 $K_b = 1.6 \times 10^{-6}$인 다른 약염기인 0.010 M의 모르핀(morphine) 용액의 pH를 구하시오.(**답** : 10.10)

위 예제에서 얼마만큼 코카인의 분율이 물과 반응하였는가?

염기의 회합 분율 : $$\frac{[BH^+]}{[BH^+] + [B]} = \frac{3.1_0 \times 10^{-4}}{0.037\,2} = 0.008\,3 \qquad (8\text{-}20)$$

$[BH^+] = [OH^-] = 3.1 \times 10^{-4}$ M이므로, 염기의 0.83% 만이 반응하였다.

짝산과 짝염기 – 복습

HA와 A^-는 짝산-짝염기 쌍이고, BH^+와 B의 관계도 그렇다.

약산의 짝염기는 약염기이고, 약염기의 짝산은 약산이다. 짝산-짝염기 쌍에 대하여 평형상수 K_a와 K_b 사이에는 다음과 같은 매우 중요한 관계가 있다.

$$K_a \cdot K_b = K_w$$

반응 8-12은 HA라고 표기한 벤조산에 대해 논의하였다. 이제 벤조산의 짝염기인 0.050 M 벤조산 소듐 Na^+A^-를 생각해 보자. 이 염이 물에 녹으면 완전히 해리하여 Na^+와 A^-가 되고, Na^+는 물과 반응하지 않으나 A^-는 약염기이다.

$$C_6H_5CO_2^- + H_2O \overset{K_b}{\rightleftharpoons} C_6H_5CO_2H + OH^-$$

벤조산 이온(A^-) $0.050 - x$; 벤조산 (HA) x ; x

$$K_b = \frac{K_w}{K_a\,(\text{벤조산에 대한})} = \frac{1.0 \times 10^{-14}}{6.28 \times 10^{-5}} = 1.5_9 \times 10^{-10}$$

이 용액의 pH를 구하면 다음과 같다.

$$\frac{[HA][OH^-]}{[A^-]} = \frac{x^2}{0.050 - x} = 1.5_9 \times 10^{-10} \Rightarrow x = [OH^-] = 2.8 \times 10^{-6}\ M$$

$$[H^+] = K_w/[OH^-] = 3.5 \times 10^{-9}\ M \Rightarrow pH = 8.45$$

이 값은 약염기 용액의 pH로 합리적이다.

예제 약염기 문제

0.10 M 암모니아(NH_3) 용액의 pH를 구하시오.

해답 암모니아가 물에 녹을 때 반응은 다음과 같다.

$$NH_3 + H_2O \overset{K_a}{\rightleftharpoons} NH_4^+ + OH^-$$

암모니아 $F - x$; 암모늄 이온 x ; x

부록 B에서 암모니아 다음에 나열된 암모늄 이온(NH_4^+)의 K_a 값은 5.69×10^{-10}이다. 따라서 암모니아의 K_b 값은 다음과 같다.

$$K_b = \frac{K_w}{K_a} = \frac{1.0 \times 10^{-14}}{5.69 \times 10^{-10}} = 1.7_6 \times 10^{-5}$$

0.10 M NH_3 용액의 pH를 구하기 위해서 다음 식을 푼다.

$$\frac{[NH_4^+][OH^-]}{[NH_3]} = \frac{x^2}{0.10 - x} = K_b = 1.7_6 \times 10^{-5}$$

$$x = [OH^-] = 1.3_2 \times 10^{-3}\ M$$

$$[H^+] = \frac{K_w}{[OH^-]} = 7.5_9 \times 10^{-12}\ M \Rightarrow pH = -\log[H^+] = 11.12$$

 **복습 문제** 5.0 mM 다이에틸아민(diethylamine)의 pH를 구하시오.(**답** : 11.25)

자습문제

8-G. **(a)** K_b값이 1.00×10^{-5}인 약염기 0.100 M 용액의 pH와 회합 분율은 얼마인가?
(b) pH = 9.28인 0.10 M 염기 용액의 K_b값을 구하시오.
(c) 2.0 %가 회합된 0.10 M 염기 용액의 K_b값을 구하시오.

주요식

짝산과 짝염기	$\underset{\text{산}}{HA} + \underset{\text{염기}}{B} \rightleftharpoons \underset{\text{염기}}{A^-} + \underset{\text{산}}{BH^+}$
물의 자체양성자이전반응	$H_2O \overset{K_w}{\rightleftharpoons} H^+ + OH^-$ $\quad K_w = [H^+][OH^-] = 1.0 \times 10^{-14}$ (25°C)
$[H^+]$로부터 $[OH^-]$계산	$[OH^-] = K_w/[H^+]$
pH의 정의	$pH = -\log[H^+]$ (이 식은 근사이지만 이 책에서는 이 식만을 이용한다.)
산해리 상수	$HA \overset{K_a}{\rightleftharpoons} H^+ + A^-$ $\quad K_a = \frac{[H^+][A^-]}{[HA]}$
염기 가수분해 상수	$B + H_2O \overset{K_b}{\rightleftharpoons} BH^+ + OH^-$ $\quad K_b = \frac{[BH^+][OH^-]}{[B]}$
짝산-짝염기 쌍의 K_a와 K_b의 관계	$K_a \cdot K_b = K_w$
일반적 약산	RCO_2H (카복실산) $\quad R_3NH^+$ (암모늄 이온)
일반적 약염기	RCO_2^- (카복실산 이온) $\quad R_3N$ (아민)
pK의 정의	$pK_a = -\log K_a$ $\quad pK_b = -\log K_b$
약산의 평형	$\underset{F-x}{HA} \overset{K_a}{\rightleftharpoons} \underset{x}{H^+} + \underset{x}{A^-}$ $\quad K_a = \frac{[H^+][A^-]}{[HA]} = \frac{x^2}{F-x}$ (F = 약산과 약염기의 포말 농도)
약염기의 평형	$\underset{F-x}{B} + H_2O \overset{K_b}{\rightleftharpoons} \underset{x}{BH^+} + \underset{x}{OH^-}$ $\quad K_b = \frac{[BH^+][OH^-]}{[B]} = \frac{x^2}{F-x}$
HA의 해리 분율	해리 분율 $= \frac{[A^-]}{[A^-] + [HA]}$
B의 회합 분율	회합 분율 $= \frac{[BH^+]}{[BH^+] + [B]}$

알아두어야 할 술어

pH
pK
강산 (strong acid)
강염기 (strong base)
산 (acid)
산성 용액 (acid solution)
산해리 상수 (acid dissociation constant)
아민 (amine)
암모늄 이온 (ammonium ion)
약산 (weak acid)
약염기 (weak base)
염 (salt)
염기 (base)
염기 가수분해 상수 (base hydrolysis constant)
염기성 용액 (basic solution)
자체양성자이전 반응 (autoprotolysis)
중화 (neutralization)
짝산-짝염기 쌍 (conjugate acid-base pair)
카복실산 (carboxylic acid)
카복실산 음이온 (carboxylate anion)
하이드로늄 이온 (hydronium ion)

문제

8-1. 다음 반응에서 짝산-짝염기 쌍을 확인하시오.
(a) $CN^- + HCO_2H \rightleftharpoons HCN + HCO_2^-$
(b) $PO_4^{3-} + H_2O \rightleftharpoons HPO_4^{2-} + OH^-$
(c) $HSO_3^- + OH^- \rightleftharpoons SO_3^{2-} + H_2O$

8-2. 만약 ____________이면 용액은 **산성**이고, ____________ 이면 용액은 **염기성**이다.

8-3. 다음 용액의 pH를 구하시오.
(a) 10^{-4} M H^+
(b) 10^{-5} M OH^-
(c) 5.8×10^{-4} M H^+
(d) 5.8×10^{-5} M OH^-

8-4. 혈액의 H^+ 농도는 0.035 μM이다.
(a) 혈액의 pH는 얼마인가?
(b) 혈액의 OH^- 농도를 구하시오.

8-5. 황산은 산성비의 주요 산성 성분이다. 2000년 Norway 남부에 내린 비의 평균 pH는 4.6이었다. 반응 $H_2SO_4 \rightleftharpoons H^+ + HSO_4^-$을 생각할 때, 이 pH를 나타내기 위한 황산 농도는 얼마일까?

8-6. $La(OH)_3$가 침전할 때까지 0.010 M La^{3+}의 산성 용액을 NaOH로 처리하였다. $La(OH)_3$의 용해도곱을 사용하여 La^{3+}가 막 침전할 때 OH^- 농도를 구하시오. 어떤 pH에서 침전하는가?

8-7. 흔히 사용하는 강산과 강염기를 열거하고 암기하시오.

8-8. 두 종류의 약산과 두 종류의 약염기에 대한 화학식과 이름을 적으시오.

8-9. 다음 용액에서 $[H^+]$와 pH를 계산하시오.
(a) 0.010 M HNO_3
(b) 0.035 M KOH
(c) 0.030 M HCl
(d) 3.0 M $HClO_4$
(e) 0.010 M $[(CH_3)_4N^+]OH^-$
수산화 테트라메틸암모늄

8-10. **(a)** 트라이클로로아세트산 (Cl_3CCO_2H, $K_a = 0.3$), 아닐리늄 이온, Cu^{2+} ($K_a = 3 \times 10^{-8}$)에 대한 K_a 반응식을 적으시오.

아닐리늄 이온
$K_a = 2.51 \times 10^{-5}$

(b) 이 중에서 가장 강한 산은 무엇인가?

8-11. **(a)** 피리딘, 2-머캅토에탄올 소듐, 사이안화 이온에 대한 K_b 반응식을 적으시오.

$HOCH_2CH_2\ddot{S}:^- Na^+$ $\quad$ CN^-

피리딘 $\quad$ 2-머캅토에탄올 소듐 $\quad$ 사이안화 이온

2-머캅토에탄올 소듐에서 H^+는 S에 결합하고, 사이안화 이온에서는 C에 결합한다.

(b) 짝산의 K_a값을 아래에 적어 놓았다. 위 **(a)**에서 가장 강한 염기는 무엇인가?

$HOCH_2CH_2SH$ $\quad$ HCN

피리디늄 이온	2-머캅토에탄올 소듐	사이안화 수소
$K_a = 6.3 \times 10^{-6}$	$K_a = 1.9 \times 10^{-10}$	$K_a = 6.2 \times 10^{-10}$

8-12. 아래 구조를 갖는 H_2SO_4의 자체양성자 이전반응을 적으시오.

$$HO-\underset{\underset{O}{\|}}{\overset{\overset{O}{\|}}{S}}-OH$$

8-13. 피페리딘과 벤조산 이온의 K_b 반응을 적으시오.

피페리딘 $\quad$ 벤조산 이온

8-14. 하이포아염소산은 H−O−Cl 구조를 가진다. 하이포아염소산 이온 OCl^-의 염기 가수분해 반응식을 적으시오. HOCl의 K_a가 3.0×10^{-8}일 때, 하이포아염소산 이온의 K_b를 구하시오.

8-15. Mg^{2+}와 OH^-로 완전히 해리되는 3.0×10^{-5} M $Mg(OH)_2$

의 pH를 구하시오.

8-16. pH가 11.65인 용액의 H^+ 농도를 구하시오.

8-17. $K_a = 1.00 \times 10^{-4}$인 약산 HA 0.010 0 M 용액의 pH와 해리 분율을 구하시오.

8-18. 0.150 M 페놀(또는 하이드록시벤젠) 용액의 pH와 해리 분율을 구하시오.

8-19. 0.085 0 M 브로민화 피리디늄 $C_5H_5NH^+Br^-$의 pH를 계산하시오. 피리딘(C_5H_5N), 피리디늄 이온($C_5H_5NH^+$), Br^-의 농도를 구하시오.

8-20. 0.10 M Zn^{2+} ($pK_a = 9.0$)과 0.20 M NO_3^-로 해리되는 0.10 M $Zn(NO_3)_2$의 pH를 구하시오.

8-21. 0.100 M 약산 HA 용액의 pH가 2.36이다. HA의 pK_a를 구하시오.

8-22. 0.022 2 M의 HA 용액은 0.15%가 해리된다. 이 산의 pK_a 값을 구하시오.

8-23. 0.060 M 염화 트라이메틸암모늄(trimethylammonium chloride) 용액의 pH를 구하고, $(CH_3)_3N$과 $(CH_3)_3NH^+$의 농도를 구하시오.

8-24. 농도가 **(a)** $10^{-2.00}$ M, **(b)** $10^{-10.00}$ M인 바비투르산(babituric acid)의 pH와 해리 분율을 구하시오.

$$\text{HA} \underset{}{\overset{K_a = 9.8 \times 10^{-5}}{\rightleftharpoons}} \text{A}^- + \text{H}^+$$

바비투르산, HA　　　A^-

8-25. $BH^+ClO_4^-$는 염기 B ($K_b = 1.00 \times 10^{-4}$)와 과염소산(perchloric acid)으로부터 생성된 염이다. 이것은 약산인 BH^+와 산도 아니고 염기도 아닌 ClO_4^-로 해리된다. 0.100 M $BH^+ClO_4^-$의 pH를 구하시오.

8-26. 사이클로헥실암모늄(cyclohexylammonium) 이온의 K_a와 사이클로헥실아민(cyclohexylamine)의 K_b값을 구하시오.

$\overset{+}{N}H_3$　　　NH_2

사이클로헥실암모늄 이온　　　사이클로헥실아민

8-27. 다음 평형 상수의 화학 반응식을 적으시오.
(a) 2-아미노에탄올(2-aminoethanol)의 K_b
(b) 2-아미노에탄올 브로민화수소(2-aminoethanol hydrobromide)의 K_a

$HOCH_2CH_2NH_2$　　　$HOCH_2CH_2NH_3^+Br^-$

2-아미노에탄올　　　2-아미노에탄올 브로민화수소

8-28. 0.060 M인 트라이메틸아민(trimethylamine) 용액의 pH와 $(CH_3)_3N$와 $(CH_3)_3NH^+$의 농도를 구하시오.

8-29. 농도가 1.00×10^{-1}, 1.00×10^{-2}, 1.00×10^{-12} M인 아세트산 소듐 용액의 pH와 회합 분율을 구하시오.

8-30. 0.050 M NaCN의 pH를 구하시오.

8-31. 0.026 M NaOCl의 pH와 회합 분율을 구하시오.

8-32. 0.030 M의 어떤 염기 용액의 pH가 10.50이라면, 이 염기의 K_b를 구하시오.

8-33. 만약 0.030 M의 염기 용액에서 염기 B의 0.27%가 가수분해되어 BH^+를 생성하였다면, 이 염기의 K_b 값은 얼마인가?

8-34. 생선의 냄새(와 맛)는 아민 화합물로부터 나온다고 한다. 암모늄 염과 같은 이온성 화합물은 비이온성 화합물보다 낮은 증기압을 나타낸다. 산성인 레몬 주스를 뿌렸을 때 '생선' 냄새가 줄어드는 이유를 제시하시오.

8-35. Cr^{3+}의 $pK_a = 3.80$이다. 0.010 M $Cr(ClO_4)_3$의 pH를 구하시오. 크로뮴이 $Cr(H_2O)_{w-1}(OH)^{2+}$ 형태로 있는 분율을 구하시오.

8-36. 이차 방정식의 근의 공식을 이용하여 방정식 $x^2/(F - x) = K$를 풀기 위한 스프레드시트를 만드시오. 입력되는 값은 F와 K이다. 출력되는 x는 플러스 값이다. 스프레드시트를 사용하여 자습문제 8-F(a)의 답을 계산하시오.

8-37. **Excel Goal Seek**. 문제 6-24에 설명된 Goal Seek를 이용해서 식 $x^2/(F - x) = K$를 구하시오. 셀 A4의 x 값을 추측하고, 셀 B4의 $x^2/(F - x)$의 값을 구하시오. Goal Seek를 이용하여 $x^2/(F - x)$가 K와 같아질 때까지 x의 값을 변화시켜라. 스프레드시트를 이용하여 자습문제 8-F(a)의 답을 확인하라.

	A	B
1	Using Excel Goal Seek	
2		
3	x	x^2/(F-x)
4	0.01	1.11E-03
5	F =	
6	0.1	

응용문제

8-38. 강수의 평균 pH 측정. 다음은 1990년 필라델피아 공항에 내린 비의 보고된 pH 데이터이다.

계절	강수 (cm)	측정한 pH
겨울	17.3	4.40
봄	30.5	4.68
여름	17.8	4.68
가을	14.7	5.10

일년 동안의 평균 pH를 계산하는 방법을 설명하시오. 이것은 한 해에 내린 모든 비를 한 용기에 담았을 때 관찰되는 pH이다.

주와 참고문헌

1. For related demonstrations, see S.-J. Kang and E.-H. Ryu, "Carbon Dioxide Fountain," *J. Chem. Ed.* **2007**, *84*, 1671; M. D. Alexander, "The Ammonia Smoke Fountain," *J. Chem. Ed.* **1999**, *76*, 210.

2. F. S. Lopes, L. H. G. Coelho, and I. G. R. Gutz, *J. Chem. Ed.* **2010**, *87*, 157. This article goes on to demostrate the reaction of H_2SO_3 with formaldehyde vapor. For "A Demonstration of Acid Rain and Lake Acidification: Wet Deposition of Sulfur Dioxide," see L. M. Goss, *J. Chem. Ed.* **2003**, *80*, 39.

산염기 지시약으로 천연수의 pH 측정

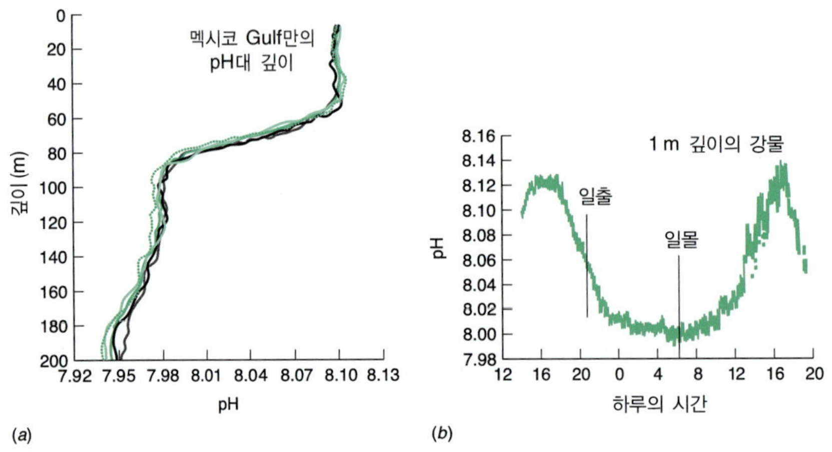

(*a*) 티몰블루 지시약으로 측정한 멕시코 Gulf만의 pH는 4회 측정에서 재현성 있는 결과를 나타내었다. (*b*) 페놀레드 지시약으로 측정한 Florida 어떤 강에서 하룻동안 1m 깊이에서 pH 변화 [출처: X. Liu, Z. A. Wang, R. H. Byrne, E. A. Kaltenbacher, and R. E. Bernstein, *Environ. Sci. Technol.* **2006**, *40*, 5036.]

이 장에서 공부하는 산-염기 지시약은 일정 pH 범위에서 색깔이 변하는 화합물이다. 적정의 종말점을 알게 해주는 색깔 변화는 분광광도계로 pH를 측정하는 곳에도 사용할 수 있다. 분광광도계로 지시약의 산성형과 염기형의 비를 측정하고, 식 9-4를 이용하면 pH를 구할 수 있다.

유리 pH 전극은 실험실에서 편리하지만, 전극 전위가 변하므로 장기간의 환경 측정에는 적합하지 않다. 표준 완충용액으로 자주 검정하여 실험실에서 변동을 보정한다. 자연수의 pH를 관찰하기 위해서, 분광광도계로 지시약의 두 가지 색을 가진 화학종에 대한 흡광도의 비(ratio)를 측정한다. 이 비는 검정하지 않아도 안정한 측정 결과를 제공한다. 배에 장착된 분광광도계를 이용한 pH 측정에서 정밀도는 ~0.000 4 단위이다.

패널 *a*의 pH 측정 결과는 약 50~80 m 깊이에서 두드러진 바다의 상층부(**혼합층**이라 함) 특징을 나타내고 있다. 바람과 조류에 의해 섞이는 상층부는 염분이 적고 아래쪽보다도 pH가 높다. 이 층을 통과하는 태양빛이 식물성 플랑크톤으로 하여금 광합성을 할 수 있도록 한다. 광합성은 물로부터 CO_2 (약산)를 소모하여 pH를 높인다. 강물에서는(패널 *b*), 미생물에 의한 광합성이 낮에는 CO_2를 소비하여 pH를 높인다. 밤에는 호흡으로 CO_2를 복원시켜 pH를 낮춘다(시범 9-2).

$$CO_2 + H_2O \underset{\text{빛}}{\overset{\text{광합성}}{\rightleftharpoons}} \text{탄수화물} + O_2$$

$$\text{탄수화물} + O_2 \overset{\text{호흡}}{\rightleftharpoons} CO_2 + H_2O$$

완충 용액

완충 용액은 적은 양의 산이나 염기를 첨가하거나 묽힐 때, pH 변화가 잘 일어나지 않는 용액이다. 완충 용액(buffer)은 약산과 그 짝염기의 혼합물로 이루어진다. 이 장의 끝부분에 소개하는 **산-염기 지시약(acid-base indicator)**의 두 가지 형태는 완충 용액에서의 화학과 유사하다.

생물학적계의 기능은 pH에 따라 크게 의존하므로 생화학자들은 특히 완충 용액에 대한 관심이 높다. 예를 들면, 그림 9-1은 효소-촉매 반응의 속도가 pH에 따라 어떻게 변하는가를 보여 준다. **효소(enzyme)**는 선택된 화학 반응을 **촉진시키는(catalyze**, 반응속도를 빠르게 하는) 단백질이다. 생물체들도 살아가기 위해서 각 소세포(subcellular) 구역 내의 pH를 조절해서 효소-촉매 반응들이 적당한 속도로 진행되도록 한다.

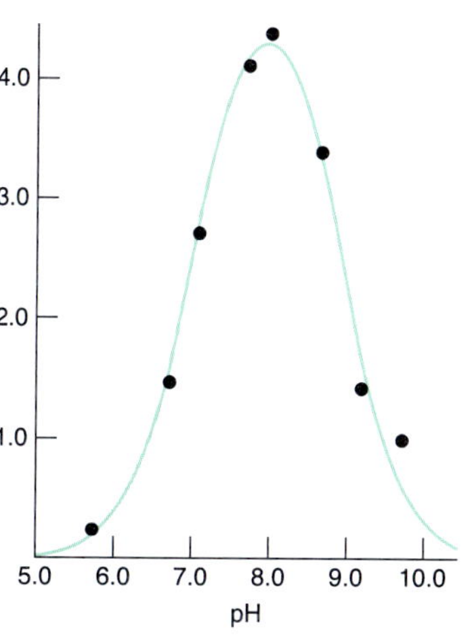

그림 9-1 키모트립신 효소에 의해서 아마이드 결합이 끊어지는 속도에 미치는 pH의 의존성.

O
‖
RC ⟊ NHR′
↗
아마이드 결합

pH 8 근처의 속도는 pH 7이나 pH 9 근처에서의 속도보다 2배 빠르다. 키모트립신은 장에서 단백질의 소화를 도와준다. [출처: M. L. Bender, G. E. Clement, F. J. Kézdy, and H. A. Heck, *J. Am. Chem. Soc.* **1964**, *86*, 3680.]

9-1 섞는 대로 얻는다

약산 A몰과 그 짝염기 B몰을 섞으면, 산의 몰수는 A에 가깝게 유지되고, 염기의 몰수는 B에 가깝게 유지된다. 어느 쪽의 농도를 바꿀 만한 반응은 거의 일어나지 않는다.

왜 그렇게 되는가를 이해하기 위하여, Le Châtelier의 원리로 K_a와 K_b 반응을 살펴보자. $pK_a = 4.00$인 산과 $pK_b = 10.00$인 짝염기를 생각해 보자. 0.100몰 HA 용액에서 해리되는 산의 분율을 계산해 보자.

$$\underset{0.100-x}{\mathrm{HA}} \overset{K_a}{\rightleftharpoons} \underset{x}{\mathrm{H^+}} + \underset{x}{\mathrm{A^-}} \qquad pK_a = 4.00$$

$$\frac{x^2}{\mathrm{F}-x} = K_a = 1.0 \times 10^{-4} \Longrightarrow x = 3.1 \times 10^{-3}\ \mathrm{M}$$

$$\text{해리 분율} = \frac{[\mathrm{A^-}]}{[\mathrm{A^-}]+[\mathrm{HA}]} = \frac{x}{\mathrm{F}} = 0.031$$

F는 HA의 포말 농도인데, 이 예에서는 0.100 M이다.

이 조건에서는 산의 3.1% 만이 해리한다.

0.100몰의 A^-가 녹아 있는 1.00 L 용액에서 A^-가 물과 반응하는 정도는 더욱 작다.

$$\underset{0.100-x}{\mathrm{A^-}} + \mathrm{H_2O} \overset{K_b}{\rightleftharpoons} \underset{x}{\mathrm{HA}} + \underset{x}{\mathrm{OH^-}} \qquad pK_b = 10.00$$

$$\frac{x^2}{\mathrm{F}-x} = K_b = 1.0 \times 10^{-10} \Longrightarrow x = 3.2 \times 10^{-6}\ \mathrm{M}$$

$$\text{회합 분율} = \frac{[HA]}{[A^-] + [HA]} = \frac{x}{F} = 3.2 \times 10^{-5}$$

약산과 그 짝염기를 섞으면, 섞어준 대로 얻는다. 이 근사는 아주 묽은 용액이나 매우 약한 산 또는 염기의 경우에는 성립하지 않는다. 앞으로 우리는 이와 같은 경우에 대해서는 고려하지 않을 것이다.

HA는 아주 조금 해리하는데, 그 용액에 여분의 A^-를 가하면 Le Châtelier의 원리에 의해 HA는 훨씬 덜 해리한다. 마찬가지로, A^-는 물과 그다지 많이 반응하지 않는데, 여분의 HA를 가하면 A^-의 반응은 더욱 감소한다. 만약 0.050몰의 A^-와 0.036몰의 HA를 물에 가하면, 평형 상태에서 용액 중에는 거의 0.050몰의 A^-와 0.036몰의 HA가 존재하게 된다.

9-2 Henderson–Hasselbalch 식

완충 용액을 다루는 주된 식은 **Henderson-Hasselbalch 식**(**Henderson-Hasselbalch equation**)으로서, 이것은 단순히 K_a 평형식을 재배열한 것이다.

$$K_a = \frac{[H^+][A^-]}{[HA]}$$

유용한 대수 규칙:
$\log xy = \log x + \log y$
$\log x/y = \log x - \log y$
$\log x^y = y \log x$

$$\log K_a = \log\left(\frac{[H^+][A^-]}{[HA]}\right) = \log [H^+] + \log\left(\frac{[A^-]}{[HA]}\right)$$

$-\log [H^+]$로 정리하면 다음과 같다:

$$\underbrace{-\log [H^+]}_{pH} = \underbrace{-\log K_a}_{pK_a} + \log\left(\frac{[A^-]}{[HA]}\right)$$

L. J. Henderson은 생화학자인 Sørensen이 "완충 용액"이라는 술어와 pH 개념을 창안하기 1년 전인 1908년에 한 생리학 학술지에 $[H^+] = K_a[\text{산}]/[\text{염}]$을 발표한 내과의사였다. Henderson의 업적은 근사적으로 용액 중에 존재하는 HA의 농도를 [산]으로, 그리고 A^-의 농도를 [염]으로 사용한 근사법이었다. 1916년에 K. A. Hasselbalch는 한 생화학 학술지에 Henderson-Hasselbalch 식이라고 하는 것을 발표하였다.[1]

산의 Henderson-Hasselbalch 식:

$$HA \xrightleftharpoons{K_a} H^+ + A^-$$

$$pH = pK_a + \log\left(\frac{[A^-]}{[HA]}\right) \quad (9\text{-}1)$$

(분자인 염기: $[A^-]$, 분모인 산: $[HA]$)

Henderson-Hasselbalch 식은 산의 pK_a와, 짝산과 염기의 농도비를 알면 용액의 pH를 알 수 있다.

약염기 B와 그 짝산으로 만든 용액도 유사한 식으로 나타낼 수 있다.

Henderson-Hasselbalch 식:

$$BH^+ \xrightleftharpoons{K_a = K_w/K_b} B + H^+$$

$$pH = pK_a + \log\left(\frac{[B]}{[BH^+]}\right) \quad (9\text{-}2)$$

(분자인 염기: $[B]$, 분모인 산: $[BH^+]$)

여기서 pK_a는 약산 BH^+의 산해리 상수이다. 식 9-1과 9-2의 중요한 특징은 (1) 염기 (A^- 또는 B)는 식의 분자에 나타내고, (2) pK_a는 분모에 있는 산에 적용된다는 것이다.

$[A^-] = [HA]$이면 $pH = pK_a$

$10^0 = 1$이므로, $\log (1) = 0$이다.

식 9-1에서 A^-와 HA의 농도가 같으면, $\log(1) = 0$이므로 log 항은 0이 된다. 따라서 $[A^-] = [HA]$이면 $pH = pK_a$이다.

$$pH = pK_a + \log\left(\frac{[A^-]}{[HA]}\right) = pK_a + \log(1) = pK_a$$

pH = pK_a이면, 항상 [A^-]는 [HA]와 같아야 한다. 그 이유는 **평형 상태에 있는 용액이라면 모든 평형이 동시에 만족되어야 하기 때문이다.** 만약 용액 내에 10개의 서로 다른 산과 염기가 있다면, 식 9-1을 10가지 형태로 나타낸 식들은 모두 다 똑같은 pH를 나타내어야 한다. 왜냐하면 **용액 중에는 오직 하나의 H^+ 농도가 있기 때문이다.**

[A^-]/[HA]가 10배 변하면, pH는 한 단위씩 변한다

Henderson-Hasselbalch 식의 또 다른 특징은 [A^-]/[HA]의 비가 10배 변할 때마다 pH는 한 단위씩 변한다는 것이다(표 9-1). [A^-]가 증가하면, pH는 높아진다. [HA]가 증가하면, pH는 낮아진다. 모든 짝산-염기쌍에서 pH = pK_a − 1이면, HA가 A^-보다 10배 더 많다고 말할 수 있다. 그러므로 10/11은 HA 형태로, 1/11은 A^- 형태로 존재한다.

표 9-1 [A^-]/[HA]의 변화에 따른 pH의 변화

[A^-]/[HA]	pH
100 : 1	pK_a + 2
10 : 1	pK_a + 1
1 : 1	pK_a
1 : 10	pK_a − 1
1 : 100	pK_a − 2

만약 pH = pK_a이면 [HA] = [A^-]이다.
만약 pH < pK_a이면 [HA] > [A^-]이다.
만약 pH > pK_a이면 [HA] < [A^-]이다.

예제 Henderson-Hasselbalch 식의 응용

하이포아염소산 소듐(NaOCl, 표백제의 활성 성분)을 pH 6.20인 완충 용액에 녹였다. 이 용액에서 [OCl^-]/[HOCl]의 비를 구하시오.

해답 OCl^-은 하이포아염소산 HOCl의 짝염기이다. 부록 B를 보면 HOCl의 pK_a는 7.53이다. pH가 알려져 있으므로 [OCl^-]/[HOCl]의 비는 Henderson-Hasselbalch 식으로부터 구한다.

용액이 pH 6.20으로 완충되어 있다고 말하면, 임의의 산과 염기를 사용하여 pH를 6.20에 맞추었다는 의미이다. 충분히 완충되어 있으면, 약간의 산이나 염기를 첨가해도 pH는 크게 변하지 않는다.

$$\mathrm{HOCl} \rightleftharpoons \mathrm{H^+} + \mathrm{OCl^-} \qquad \mathrm{pH} = \mathrm{p}K_a + \log\left(\frac{[\mathrm{OCl^-}]}{[\mathrm{HOCl}]}\right)$$

$$6.20 = 7.53 + \log\left(\frac{[\mathrm{OCl^-}]}{[\mathrm{HOCl}]}\right)$$

$$-1.33 = \log\left(\frac{[\mathrm{OCl^-}]}{[\mathrm{HOCl}]}\right)$$

pH를 어떻게 6.20에 맞추었는지는 중요하지 않다. pH가 6.20이라는 사실만 알면, Henderson-Hasselbalch 식으로부터 [OCl^-]/[HOCl] 비를 구할 수 있다.

위 식을 풀기 위하여 각 항을 10의 지수로 정리한다.

$$10^{-1.33} = 10^{\log([\mathrm{OCl^-}]/[\mathrm{HOCl}])} = \frac{[\mathrm{OCl^-}]}{[\mathrm{HOCl}]}$$

$$0.047 = \frac{[\mathrm{OCl^-}]}{[\mathrm{HOCl}]}$$

만약 $a = b$이면, $10^a = 10^b$이다.
$10^{\log a} = a$

계산기로 $10^{-1.33}$을 계산하려면, 10^x 기능을 사용하고 $x = -1.33$을 대입한다. 만약 계산기에 10^x 기능 대신 **antilog** 기능이 있으면, antilog(−1.33)을 계산한다.

[OCl^-]/[HOCl]의 비를 구하기 위해서는 pH와 pK_a만을 알면 된다. 용액에 다른 무엇이 들어 있는지, 얼마의 NaOCl를 가했는지, 또는 용액의 부피가 얼마인지 등은 알 필요가 없다.

복습 문제 만약 pH = 7.20일 때 [OCl^-]/[HOCl]의 비를 구하시오.(**답** : 0.47, 설명 - pH가 1단위 변하면 그 비는 10배 변한다.)

자습문제

9-A. **(a)** 약산 HA ($K_a = 1.0 \times 10^{-5}$) 0.100몰과 그 짝염기 Na^+A^- 0.050몰을 1.00 L에 녹여 만든 완충 용액의 pH는 얼마인가?
(b) 폼산 HCO_2H 용액에 대한 Henderson-Hasselbalch 식을 나타내시오. pH 3.00, 3.744, 4.00에서 $[HCO_2^-]/[HCO_2H]$의 비는 각각 얼마인가?

9-3 완충 작용

예를 들어, 널리 쓰이는 "트리스(tris)"라는 완충 용액을 생각해 보자.

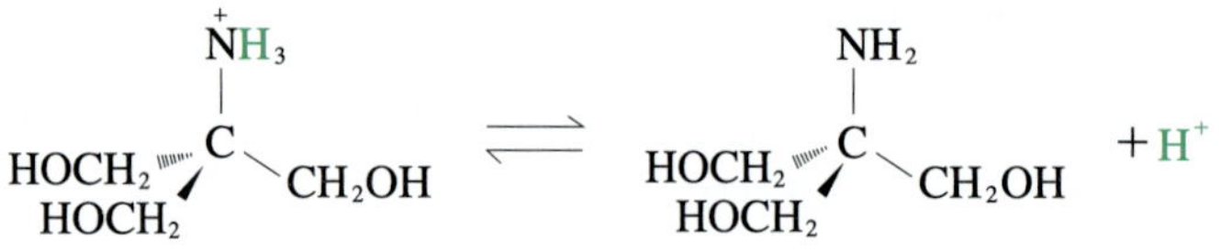

$$\underset{\substack{BH^+ \\ pK_a = 8.07}}{(HOCH_2)_3C\overset{+}{N}H_3} \rightleftharpoons \underset{\substack{B = \text{"트리스"} \\ \text{트리스(하이드록시메틸)아미노메테인}}}{(HOCH_2)_3CNH_2} + H^+ \qquad (9\text{-}3)$$

부록 B를 보면, 트리스의 짝산 BH^+의 pK_a는 8.07이다. BH^+를 포함한 염의 예로 트리스 염화수소 BH^+Cl^-가 있다. BH^+Cl^-을 물에 녹이면 BH^+와 Cl^-로 완전히 해리된다. 알려진 양의 B와 BH^+ 혼합물의 pH를 구하기 위해서는, 이들의 농도를 Henderson-Hasselbalch 식에 단순히 대입하면 된다.

예제 완충 용액

12.43 g의 트리스(FM 121.14)와 4.67 g의 트리스 염화수소(FM 157.60)를 물에 녹여 1.00 L로 만든 용액의 pH를 구하시오.

해답 용액 중에 함유된 B와 BH^+의 농도는 다음과 같다.

$$[B] = \frac{12.43 \text{ g/L}}{121.14 \text{ g/mol}} = 0.102\ 6 \text{ M} \qquad [BH^+] = \frac{4.67 \text{ g/L}}{157.60 \text{ g/mol}} = 0.029\ 6 \text{ M}$$

섞은 그대로 존재한다고 가정하고, 이들의 농도를 Henderson-Hasselbalch 식에 대입하여 pH를 구한다.

pH의 유효 숫자에 대해 두려워하지 말라. 일관성을 위해 pH는 거의 언제나 0.01자리까지 표시할 것이다.

$$pH = pK_a + \log\left(\frac{[B]}{[BH^+]}\right) = 8.07 + \log\left(\frac{0.102\ 6}{0.029\ 6}\right) = 8.61$$

복습 문제 만약 4.67 g의 트리스와 12.43 g의 트리스 염화수소를 섞었을 때 pH를 구하시오. (**답** : 7.76, 설명 - 산이 많고 염기가 적으면 pH가 낮아진다.)

대수항의 분모와 분자에서 부피가 상쇄되므로, pH를 구하는 데 **용액의 부피는 무관함**을 유의하라.

$$pH = pK_a + \log\left(\frac{B의\ 몰수/\text{용액의 부피 L}}{BH^+의\ 몰수/\text{용액의 부피 L}}\right)$$
$$= pK_a + \log\left(\frac{B의\ 몰수}{BH^+의\ 몰수}\right)$$

완충 용액의 pH는 묽힘에 영향을 받지 않는다.

만약 강산을 완충 용액에 첨가하면 완충 용액 중 염기의 일부가 그 짝산으로 바뀌고, [B]/[BH^+]의 비가 변할 것이다. 만약 강염기를 완충 용액에 가하면 일부의 BH^+가 B로 바뀐다. 강산이나 강염기가 얼마나 가해졌는지를 알면, 새로운 [B]/[BH^+]와 새로운 pH 값을 계산할 수 있다.

예제 완충 용액에 산을 가한 효과

앞의 예제에서 사용한 완충용액에 1.00 M HCl을 12.0 mL 가하면, 새로운 pH는 얼마나 될까?

해답 이 문제의 핵심은 **약염기에 강산을 가하면 완전히 반응하여 BH+로 된다는 것을 인식하는 것이다**(보충 9-1 참조). 이 예제에서 첨가한 1.00 M HCl 12.0 mL 중에는 (0.012 0 L)(1.00 mol/L) = 0.012 0 mol의 H^+가 들어 있다. 이 H^+는 0.012 0 mol의 B를 소모하여 0.012 0 mol의 BH^+를 생성한다.

	B (트리스)	+	H^+ (HCl로부터)	→	BH^+
처음 몰수	0.102 6		0.012 0		0.029 6
마지막 몰수	0.102 6 − 0.012 0		—		0.029 6 + 0.012 0
	0.090 6				0.041 6

보충 9-1 강한 것과 약한 것은 완전히 반응한다

평형 상수가 크기 때문에 강산은 약염기와 "완전히" 반응한다.

$$\underset{\text{약염기}}{B} + \underset{\text{강산}}{H^+} \rightleftharpoons BH^+ \qquad K = \frac{1}{K_a(BH^+에\ 대한)}$$

만약 B가 트리스이면, HCl과의 반응에 대한 평형 상수는 다음과 같다.

$$K = \frac{1}{K_a} = \frac{1}{10^{-8.07}} = 1.2 \times 10^8 \leftarrow \text{대단히 큰 수}$$

마찬가지로 강염기와 약산의 반응도 평형 상수가 크기 때문에, "완전히" 반응한다.

$$\underset{\text{강염기}}{OH^-} + \underset{\text{약산}}{HA} \rightleftharpoons A^- + H_2O \qquad K = \frac{1}{K_b(A^-에\ 대한)}$$

만약 HA가 아세트산이면, NaOH와의 반응에 대한 평형 상수는 다음과 같다.

$$K = \frac{1}{K_b} = \frac{K_a(HA에\ 대한)}{K_w} = 1.7 \times 10^9 \leftarrow \text{대단히 큰 수}$$

강산과 강염기의 반응은 강한 것과 약한 것의 반응보다 더 완전하게 일어난다.

$$\underset{\text{강산}}{H^+} + \underset{\text{강염기}}{OH^-} \rightleftharpoons H_2O \qquad K = \frac{1}{K_w} = 10^{14}$$

↑ 엄청나게 큰 수!

만약 강산, 강염기, 약산, 약염기를 섞으면, 강산과 강염기 둘 중 어느 하나가 없어질 때까지 중화 반응이 일어난다. 그 다음에는 남아 있는 강산이나 강염기가 약염기 또는 약산과 반응할 것이다.

질문 : HCl을 가했을 때, pH가 올바른 방향으로 변했는가?

$$\mathrm{pH} = \mathrm{p}K_\mathrm{a} + \log\left(\frac{\mathrm{B}\text{의 몰수}}{\mathrm{BH}^+\text{의 몰수}}\right)$$

$$= 8.07 + \log\left(\frac{0.090\ 6}{0.041\ 6}\right) = 8.41$$

다시 말하지만, 용액의 부피는 관계없다.

 **복습 문제** HCl 대신에 1.00 M NaOH 12.0 mL을 가하면, pH는 얼마가 되는가?(**답** : 8.88, 설명 – 염기를 가하면 pH는 증가한다.)

완충 용액은 pH 변화를 막는데……

앞의 예제는 **제한된 양의 강산이나 강염기가 가해지더라도 완충 용액의 pH는 크게 변하지 않는다**는 것을 보여 준다. 1.00 M HCl 12.0 mL를 첨가해서 pH가 8.61에서 8.41로 변하였다. 그러나 순수한 물 1.00 L에 1.00 M HCl 12.0 mL를 가하면, pH는 7.00에서 1.93으로 낮아졌을 것이다.

…… 왜냐하면 완충 용액이 첨가한 산 또는 염기를 소모하기 때문이다.

완충 용액이 pH의 변화를 막는 **이유는 무엇**인가? **그것은 강산이나 강염기가 B 또는 $\mathrm{BH^+}$에 의해 소모되기 때문이다.** 트리스에 HCl을 가하면 B가 $\mathrm{BH^+}$로 된다. 만약 NaOH를 가하면 $\mathrm{BH^+}$가 B로 된다. HCl이나 NaOH를 너무 많이 가하여 B 또는 $\mathrm{BH^+}$를 모두 소모하지 않는 한, Henderson-Hasselbalch 식의 대수항은 그다지 크게 변하지 않고, 따라서 pH도 크게 변화되지 않는다. $[\mathrm{B}]/[\mathrm{BH^+}]$ 변화가 10배 변하여도 pH는 한 단위만 변한다. 보충 9-1은 완충 용액이 소모되었을 때 무슨 일이 일어나는 지를 보여 준다. 완충 용액은 $\mathrm{pH} = \mathrm{p}K_\mathrm{a}$일 때 pH 변화를 막는 용량이 최대가 된다. 이 점은 나중에 다시 논의하기로 한다.

자습문제

9-B. **(a)** 10.0 g 트리스와 10.0 g 트리스 염화수소를 0.250 L의 물에 녹인 용액의 pH는 얼마인가?

(b) **(a)**에 0.500 M $\mathrm{HClO_4}$ 10.5 mL를 가하면 pH는 얼마가 되는가?

(c) **(a)**에 0.500 M NaOH 10.5 mL를 가하면 pH는 얼마가 되는가?

9-4 완충 용액의 제조

보통 완충 용액을 만들 때는 일정량의 약산(HA)이나 약염기(B)로 시작한다. 그런 후 HA에 $\mathrm{OH^-}$를 가하여 HA와 $\mathrm{A^-}$의 혼합물(완충 용액)을 만들거나, 아니면 B에 $\mathrm{H^+}$을 가하여 B와 $\mathrm{BH^+}$의 혼합물(완충 용액)을 만든다.

예제 완충 용액 제조법 계산

10.0 g의 트리스 염화수소($\mathrm{BH^+}$, 식 9-3)가 들어 있는 용액에 0.500 M NaOH 몇 mL를 가하면, 최종 부피가 250 mL인 용액의 pH가 7.60이 되겠는가?

해답 10.0 g 트리스 염화수소의 몰수는 (10.0 g)/(157.60 g/mol) = 0.063 5이다. 문제를 풀기 위해 다음과 같은 표를 만들 수 있다.

시범 9-1 완충 용액의 작용

가해진 산이나 염기가 완충 용액에 의해서 소모되므로 완충 용액은 pH 변화를 막는다. 완충 용액이 소모되어 감에 따라, pH 변화에 대한 완충 용액의 저항력은 낮아진다.

이 시범에서는, HSO_3^- : SO_3^{2-}가 10 : 1의 몰비로 포함된 혼합물을 준비한다.[2] HSO_3^-의 pK_a가 7.2이므로 pH는 대략 다음과 같다.

$$\mathrm{pH} = \mathrm{p}K_a + \log\left(\frac{[SO_3^{2-}]}{[HSO_3^-]}\right) = 7.2 + \log\left(\frac{1}{10}\right) = 6.2$$

폼알데하이드를 가해주면 순반응은 SO_3^{2-}가 아니라 HSO_3^-가 소모되는 반응이다.

$$\underset{\text{폼알데하이드}}{H_2C{=}O} + \underset{\text{아황산 수소 이온}}{HSO_3^-} \longrightarrow H_2C(O^-)(SO_3H) \longrightarrow H_2C(OH)(SO_3^-) \qquad \text{(A)}$$

$$H_2C{=}O + \underset{\text{아황산 이온}}{SO_3^{2-}} \longrightarrow H_2C(O^-)(SO_3^-) \xrightarrow{HSO_3^-} H_2C(OH)(SO_3^-) + SO_3^{2-} \qquad \text{(B)}$$

(A과정에서는 아황산수소 이온이 소모되고, B 과정에서는 SO_3^{2-} 농도의 변화없이 HSO_3^-가 소모되는 순반응이 일어난다.)

HSO_3^-가 반응함에 따라 pH가 어떻게 변화하는지에 대한 표를 만들 수 있다.

%반응 완결도	$[SO_3^{2-}]$: $[HSO_3^-]$	계산한 pH
0	1 : 10	6.2
90	1 : 1	7.2
99	1 : 0.1	8.2
99.9	1 : 0.01	9.2
99.99	1 : 0.001	10.2

반응이 90% 완결될 때까지 pH는 단지 한 단위밖에 증가하지 않았음을 알 수 있다. 반응이 그 다음 9% 완결되면, pH는 또 한 단위가 오른다. 반응이 끝나면 pH는 매우 급격하게 변한다.

폼알데하이드 시계(clock) 반응에서는, $H_2C = O$를 HSO_3^-, SO_3^{2-}, 페놀프탈레인 지시약이 든 용액에 가한다. 페놀프탈레인은 pH가 약 8.5 이하일 때는 무색이고, 그 이상일 때는 분홍색이다. 폼알데하이드를 가한 후, 1분 이상 용액이 무색으로 유지되다가 갑자기 pH가 증가하면서 액체는 분홍색으로 변한다.

이 시범에서는 아황산 수소 이온 HSO_3^-는 메타아황산 소듐 $Na_2S_2O_5$으로 만든다.

$$S_2O_5^{2-} + H_2O \rightleftharpoons 2HSO_3^-.$$

실험 과정 : 페놀프탈레인 용액은 고체 지시약 50 mg을 50 mL의 에탄올에 녹이고, 물 50 mL로 묽혀서 만든다. 다음의 용액들은 새로 만들어야 한다: 37 wt% 폼알데하이드 9 mL를 100 mL이 되도록 묽힌다. (주의: 폼알데하이드는 발암 물질이다.) 1.4 g $Na_2S_2O_5$과 0.18 g Na_2SO_3를 물 400 mL에 녹이고 페놀프탈레인 지시약 용액 1 mL를 가한다. 시계 반응을 시작하려면, 이 완충 용액을 잘 저어주면서 폼알데하이드 용액 23 mL를 가한다. 반응 시간은 온도, 농도, 부피에 따라 영향을 받는다.

이 시범에서 폼알데하이드 대신 더 독성이 약한 글리옥살($HC(=O)-C(=O)H$)을 사용할 수도 있다.[3] 0.01 M NaOH 2.82 mL에 페놀 레드 지시약 0.010 g을 녹인 후 물 22 mL를 가한다. 시범 하루 전에 40 wt% 글리옥살 2.9 g을 25 mL에 녹인다. 0.90 g $Na_2S_2O_5$, 0.15 g Na_2SO_3, 0.18 g $Na_2EDTA \cdot 2H_2O$ (아황산 염이 금속 촉매 작용으로 공기에 의해 산화되는 것을 막음)을 50 mL의 물에 녹인다. 시범을 위해 페놀 레드 지시약 0.5 mL를 400 mL의 물과 5.0 mL의 아황산 수용액의 혼합용액에 넣는다. 잘 저으면서 글리옥살 용액 2.5 mL를 넣어 아황산 용액에 가하여 시계반응을 시작한다.

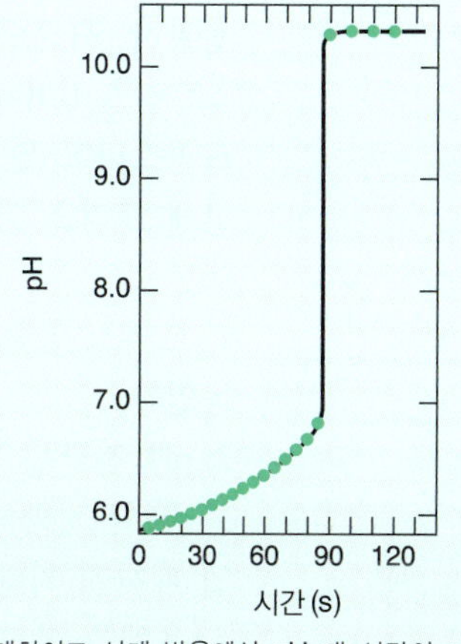

폼알데하이드 시계 반응에서 pH 대 시간의 그래프.

OH^-와의 반응	BH^+	+	OH^+	→	B
처음 몰수:	0.063 5		x		—
마지막 몰수:	$0.063\ 5 - x$		—		x

pH와 pK_a를 알고 있으므로, Henderson-Hasselbalch 식으로부터 x를 구한다.

$$\text{pH} = \text{p}K_a + \log\left(\frac{\text{B의 몰수}}{\text{BH}^+\text{의 몰수}}\right)$$

$$7.60 = 8.07 + \log\left(\frac{x}{0.063\ 5 - x}\right)$$

$$-0.47 = \log\left(\frac{x}{0.063\ 5 - x}\right)$$

x를 구하기 위해서는 각 항을 10의 지수로 취한다. $10^{\log z} = z$임을 기억하라.

계산기에 **antilog** 기능이 있으면, $10^{-0.47} = \text{antilog}(-0.47)$를 사용한다.

$$10^{-0.47} = 10^{\log[x/(0.063\ 5 - x)]}$$

$$0.339 = \frac{x}{0.063\ 5 - x} \Rightarrow x = 0.016\ 1\ \text{mol}$$

이 정도의 NaOH이 들어 있기 위한 부피는 다음과 같아야 한다.

$$\frac{0.016\ 1\ \text{mol}}{0.500\ \text{mol/L}} = 0.032\ 2\ \text{L} = 32.2\ \text{mL}$$

계산 결과와 같이, pH 7.60을 만들려면 10.0 g의 트리스 염화수소에 0.500 M NaOH 32.2 mL를 섞어야 한다.

복습 문제 최종 부피가 317 mL인 pH 7.77 용액을 만들려면, 12.0 g의 트리스 염화수소에 0.500 M NaOH 몇 mL 가하면 되는가? (**답** : 50.8 mL, 부피는 무관하다.)

실제 완충 용액의 제조

완충 용액을 만들기 위해 계산된 양의 산과 염기를 섞어주면, 예상과 같은 정확한 pH가 얻어지지 **않는다.** 이런 차이를 나타내는 주된 이유는 실제 pH는 짝산-염기쌍의 농도가 아니라 **활동도(activity)**에 의존하기 때문이다(활동도는 보충 12-2에서 설명하였다). 만약 정확히 pH 7.60인 트리스 완충 용액을 만들고 싶다면, pH 전극을 사용해야 한다.

트리스 0.100 M을 포함한 pH 7.60의 완충 용액 1.00 L를 만든다고 가정하자. **0.100 M 트리스라고 말할 때는, 트리스와 $trisH^+$의 총농도가 0.100 M이 된다는 것을 의미한다.** 고체 트리스 염화수소와 약 1 M의 NaOH가 있다면, 다음과 같이 만든다.

1. 트리스 염화수소 0.100 mol을 취하여 약 800 mL의 물과 자석 막대가 담긴 비커에 넣고 녹인다.
2. pH 전극을 용액에 담그고 용액의 pH를 관찰한다.
3. pH가 정확히 7.60이 될 때까지 NaOH를 가한다. 시약을 가할 때마다 pH 값이 안정화될 때까지 기다려야 한다.
4. 용액을 부피 플라스크에 옮기고 비커와 젓개 막대를 두세 번 씻은 후, 씻은 액을 부피 플라스크에 합친다.

5. 표선까지 묽히고 섞는다.

첫 번째 단계에서 800 mL의 물을 사용하는 이유는 pH를 조정하는 동안 최종 부피에 가까워질 것이기 때문이다. 그렇지 않으면 최종 부피로 묽혔을 때, **이온 세기** (*ionic strength*)가 변하므로 pH도 약간 변할 것이다.

완충 용액을 만들기 전에 필요한 강산 또는 염기의 양을 계산하는 것은 유용하다. 이들을 취하기 전에 시약이 10 mL 또는 10 방울이 필요한지를 아는 데 도움을 준다.

이온 세기 (*ionic strength*)는 용액 중에 있는 이온들의 전체 농도를 나타내는 척도이다. 이온 세기가 변하면 H^+나 A^-와 같은 이온 화학종들의 활동도도 변한다. 완충 용액을 물로 묽히면 이온 세기가 변하고, 따라서 pH가 약간 변한다.

자습문제

9-C. **(a)** 10.0 g의 트리스(B, 식 9-3)로 pH 7.60의 용액 250 mL를 만들려면 1.20 M HCl 몇 mL 가해야 하는가?
(b) 순수한 액체 아세트산과 약 3 M HCl 및 약 3 M NaOH 용액으로 정확하게, pH 5.00인 0.200 M 아세트산 완충 용액 100.0 mL을 만들려면 어떻게 해야 하는가?

9-5 완충 용량

완충 용량 (*buffer capacity*)은 산이나 염기가 첨가될 때 용액이 pH 변화에 얼마나 잘 저항하는가를 나타내는 척도가 된다. 완충 용량이 클수록 pH의 변화가 적다. **완충 용액의 pH = pK_a일 때, 완충 용량이 최대가 되는 것을 알게 될 것이다.**

완충 용량이 클수록 H^+나 OH^-가 가해졌을 때 pH의 변화가 적다. 완충 용량은 pH = pK_a일 때 최대이다.

그림 9-2는 적은 양의 H^+나 OH^-를 가했을 때, 완충 용액의 감응을 계산하여 나타낸 것이다. 완충 용액은 HA (산해리 상수 $K_a = 10^{-5}$)와 A^-를 섞어서 만들었다. HA + A^-의 총 몰수는 1로 고정시켰다. HA와 A^-의 상대적인 양을 변화시켜, 초기 pH값이 3.4에서 6.6까지 되도록 하였다. 그런 후 0.01 mol의 H^+ 또는 OH^-를 용액에 가하고 새로운 pH를 계산하였다. 그림 9-2는 pH의 변화, 즉 Δ(pH)를 완충 용액의 초기 pH의 함수로서 나타낸 것이다.

예를 들면, 0.038 3몰의 A^-와 0.961 7몰의 HA를 섞으면 초기 pH는 3.600이 된다.

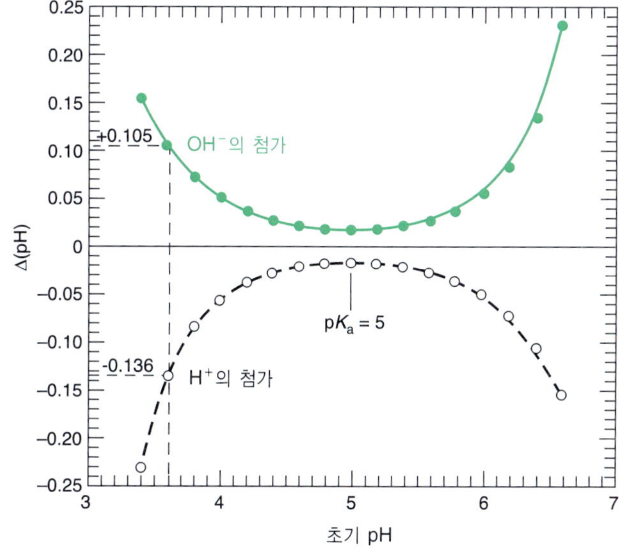

그림 9-2 **완충 용량** (*buffer capacity*). HA와 A^-를 포함한 완충 용액(HA + A^-의 총 몰수 = 1 mol)에 0.01 mol의 H^+나 OH^-를 가했을 때의 효과. 완충 용액의 초기 pH가 HA의 pK_a와 일치했을 때, pH의 변화가 최소이다. 즉, pH = pK_a 일 때 완충 용량이 최대이다.

$$\text{pH} = \text{p}K_a + \log\left(\frac{A^{-}\text{의 몰수}}{\text{HA의 몰수}}\right) = 5.000 + \log\left(\frac{0.038\ 3}{0.961\ 7}\right) = 3.600$$

이 혼합물에 0.010 0몰의 OH^-를 가할 때 농도와 pH가 변하는데, 이제는 여러분도 이것을 충분히 계산할 수 있을 것이다.

OH^-와의 반응	HA	+	OH^-	→	A^-	+	H_2O
처음 몰수:	0.961 7		0.010 0		0.038 3		
마지막 몰수:	0.961 7−0.010 0		—		0.038 3 + 0.010 0		
	0.951 7				0.048 3		

$$\text{pH} = \text{p}K_a + \log\left(\frac{A^{-}\text{의 몰수}}{\text{HA의 몰수}}\right) = 5.000 + \log\left(\frac{0.048\ 3}{0.951\ 7}\right) = 3.705$$

pH의 변화 $\Delta(\text{pH}) = 3.705 - 3.600 = +0.105$이다. 이것은 그림 9-2 위쪽의 그래프에서 초기 pH 3.600에 대하여 나타낸 값이다. 만약 똑같은 초기의 혼합물에 0.010 0몰의 H^+를 가했다면 아래에 나타낸 곡선과 같이 pH는 −0.136만큼 변했을 것이다.

원하는 pH에 가까운 $\text{p}K_a$ 값을 갖는 완충 용액을 선택한다.

그림 9-2를 보면 pH 변화의 크기는 초기 pH가 완충 용액의 $\text{p}K_a$와 같을 때 가장 적음을 알 수 있다. 즉, **완충 용량은 pH = $\text{p}K_a$일 때 최대이다.**

실험을 위해 완충 용액을 선택할 때, **원하는 pH에 가능한 한 가까운 $\text{p}K_a$ 값을 갖는 완충제를 찾아야 한다. 완충 용액의 유용한 pH 범위는 보통 $\text{p}K_a \pm 1$이다.** 이 범위를 벗어나면 가해준 산이나 염기와 반응할 약염기나 약산이 충분하지 못하다. 물론 완충 용액의 농도를 크게 해주면 완충 용량도 커진다. 안정한 pH를 유지하기 위해서는, 가해지는 산 또는 염기의 예상량과 반응할 수 있는 충분히 높은 농도의 완충 용액을 사용해야 한다.

표 9-2는 흔히 쓰이는 완충 용액의 $\text{p}K_a$ 값들을 수록하였다. 어떤 완충 용액은 산성의 양성자를 한 개 이상 포함하고 있기 때문에 한 개 이상의 pK 값을 나타내었다. 다양성자 산과 염기에 대해서는 11장에서 공부할 것이다.

완충 용액의 pH는 온도와 이온 세기에 의존한다

표 9-2는 25°C 근처에서 온도가 1°C 변할 때마다 트리스의 $\text{p}K_a$는 약 −0.028 만큼씩 변한다는 것을 보여준다. 25°C에서 pH 8.07에 맞춘 트리스 용액의 pH는 4°C에서는 pH≈8.7, 37°C에서는 pH≈7.7이 될 것이다. pH 6.6인 0.5 M 인산 완충 용액을 0.05 M로 묽히면, pH는 6.9로 올라간다. 왜냐하면 이온 세기와 완충 용액의 화학종인 $H_2PO_4^-$와 HPO_4^{2-}의 활동도가 변했기 때문이다.

요약

트리스에 대해서 표 9-2는 약 25°C에서 온도당 $\Delta(\text{p}K_a)/\Delta T = -0.028$임을 보여 준다.
$\text{p}K_a$ (37°C에서)
$= \text{p}K_a\,(25°\text{C에서}) + \left(\frac{\Delta \text{p}K_a}{\Delta T}\right)(\Delta T)$
$= 8.07 + (-0.028°\text{C}^{-1})(12°\text{C})$
$= 7.73$

완충 용액은 약산과 그 짝염기의 혼합물로 이루어진다. 완충 용액은 pH≈$\text{p}K_a$일 때 가장 유용하다. 상당한 농도 범위 내에서 완충 용액의 pH는 농도와 거의 무관하다. 완충 용액은 가해지는 산이나 염기와 반응하기 때문에 pH 변화를 억제한다. 만약 너무 많은 양의 산이나 염기가 가해지면, 완충 용액이 모두 소모되므로 더 이상 pH 변화에 저항하지 못할 것이다.

자습문제

9-D. **(a)** 다음 산들의 $\text{p}K_a$를 찾아보고, pH 3.10의 완충 용액을 만들려면 어떤 것이 가장

표 9-2 흔히 사용되는 몇 가지 완충제의 구조와 pK_a 값

이 름	구 조[a]	pK_a[b,c]	$\Delta(pK_a)/\Delta T$[c] (K^{-1})	화학식량
인 산	H_3PO_4	2.15 (pK_1)	0.005	98.00
시트르산	$HO_2CCH_2C(OH)(CO_2H)CH_2CO_2H$	3.13 (pK_1)	−0.002	192.12
시트르산	H_2 (citrate)$^-$	4.76 (pK_2)	−0.001	192.12
아세트산	CH_3CO_2H	4.76	0.000	60.05
2-(*N*-모폴리노) 에탄설폰산 (MES)	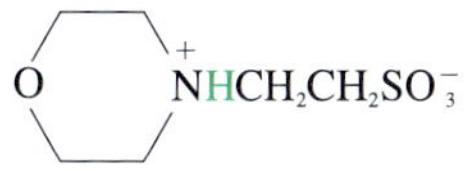 O(CH$_2$CH$_2$)$_2\overset{+}{N}HCH_2CH_2SO_3^-$	6.27	−0.009	195.24
시트르산	H (citrate)$^{2-}$	6.40 (pK_3)	0.002	192.12
3-(*N*-모폴리노)-2-하이드록시프로판설폰산 (MOPSO)	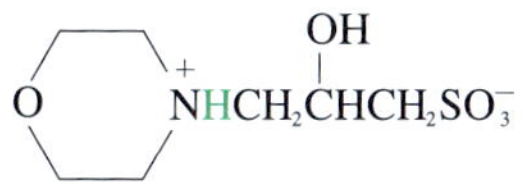 O(CH$_2$CH$_2$)$_2\overset{+}{N}HCH_2CH(OH)CH_2SO_3^-$	6.90	−0.015	225.26
이미다졸 염화수소	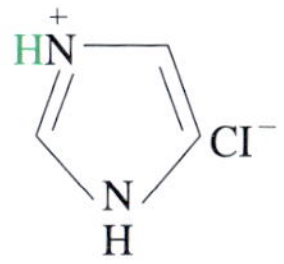 이미다졸륨 ($H\overset{+}{N}$, NH) Cl^-	6.99	−0.022	104.54
피페라진-*N,N′*-비스 (2-에탄설폰산) (PIPES)	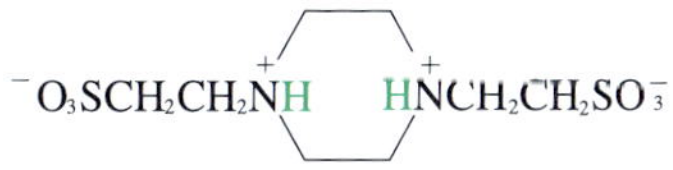 $^-O_3SCH_2CH_2\overset{+}{N}H$(피페라진)$H\overset{+}{N}CH_2CH_2SO_3^-$	7.14	−0.007	302.37
인산	$H_2PO_4^-$	7.20 (pK_2)	−0.002	98.00
N-2-하이드록시에틸피페라진-*N′*-2-에탄설폰산 (HEPES)	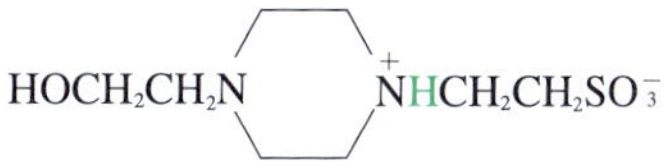 $HOCH_2CH_2N$(피페라진)$\overset{+}{N}HCH_2CH_2SO_3^-$	7.56	−0.012	238.30
트리스(하이드록시메틸) 아미노메테인 염화수소 (트리스 염화수소)	$(HOCH_2)_3C\overset{+}{N}H_3\ Cl^-$	8.07	−0.028	157.60
글리실글리신	$H_3\overset{+}{N}CH_2C(=O)NHCH_2CO_2^-$	8.26	−0.026	132.12
암모니아	NH_3	9.24	−0.031	17.03
붕산	$B(OH)_3$	9.24 (pK_1)	−0.008	61.83
사이클로헥실아미노에탄설폰산 (CHES)	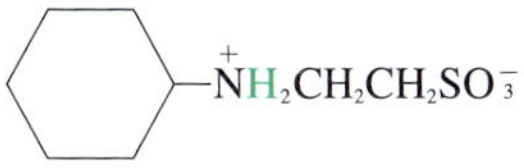 C_6H_{11}–$\overset{+}{N}H_2CH_2CH_2SO_3^-$	9.39	−0.023	207.29
3-(사이클로헥실아미노) 프로판설폰산 (CAPS)	 C_6H_{11}–$\overset{+}{N}H_2CH_2CH_2CH_2SO_3^-$	10.50	−0.028	221.32
인산	HPO_4^{2-}	12.375 (pK_3)	−0.009	98.00
붕산	$OB(OH)_2^-$	12.74 (pK_2)		61.83

a. 각각의 분자들은 양성자가 결합된 형태로 나타내었고, 산성 수소 원자는 색으로 표시하였다.
b. pK_a는 일반적으로 25°C와 이온 세기가 0에서의 값이다.
c. R. N. Goldberg, N. Kishore, and R. M. Lennen, *J. Phys. Chem. Ref. Data* **2002**, *31*, 231; A. E. Martell and R. J. Motekaitis, *NIST Database 46* (Gaithersburg, MD: National Institute of Standards and Technology, 2001).

좋을지 결정하시오.

(i) 하이드록시벤젠 **(ii)** 프로판산 **(iii)** 사이아노아세트산 **(iv)** 황산

(b) 완충 용액의 농도를 크게 해주면, 완충 용량도 커지는 이유는 무엇인가?

(c) 아래의 K_b 값으로 보아, pH 9.00의 완충 용액을 만들려면 다음 중 어떤 염기가 가장 좋은가? **(i)** NH_3 (암모니아, $K_b = 1.8 \times 10^{-5}$), **(ii)** $C_6H_5NH_2$ (아닐린, $K_b = 4.0 \times 10^{-10}$), **(iii)** H_2NNH_2 (하이드라진, $K_b = 3.0 \times 10^{-6}$), **(iv)** C_5H_5N (피리딘, $K_b = 1.6 \times 10^{-9}$)

9-6 지시약의 작용

산-염기 지시약(*acid-base indicator*)은 산이나 염기로서, 이들의 양성자화된 화학종들은 서로 다른 색깔을 나타낸다.

산-염기 **지시약**(**indicator**)은 그 자체가 산이나 염기로서, 이들의 여러 가지 양성자화 된 화학종(protonated species)들은 서로 다른 색을 띠게 된다. 지시약은 아주 낮은 농도를 사용하므로, 용액 중의 주요 성분들의 산-염기 평형에는 영향이 작다. 다음 장에서 적정의 종말점을 찾는 지시약의 선택에 대하여 공부할 것이다. 여기서는 Henderson-Hasselbalch 식을 이용하여 색의 변화를 일으키는 pH 범위를 살펴보자.

예를 들어, 브로모크레솔 그린을 생각해 보자. 지시약의 pK_a는 적정하려는 산의 pK_a와 구별하기 위하여 pK_{HIn}이라고 하자.

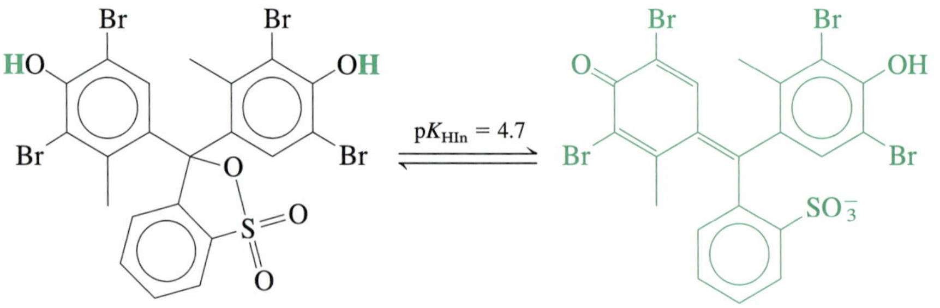

$pK_{HIn} = 4.7$

노란색(Y)

브로모크레솔 그린

푸른색(B^-)

브로모크레솔 그린의 pK_{HIn}는 4.7이다. pH 4.7 이하에서의 주된 화학종은 노란색(Y)이며, pH 4.7 이상에서의 주된 화학종은 푸른색(B^-)이다.

Y와 B^-의 평형은 다음과 같이 나타낼 수 있다.

$$Y \rightleftharpoons B^- + H^+ \qquad K_{HIn} = \frac{[B^-][H^+]}{[Y]}$$

이에 대한 Henderson-Hasselbalch 식은 다음과 같다.

$$pH = pK_{HIn} + \log\left(\frac{[B^-]}{[Y]}\right) \tag{9-4}$$

$pH = pK_a = 4.7$에서는 노란색과 푸른색 화학종이 1 : 1인 혼합물로 되기 때문에, 초록색을 나타낼 것이다. 다시 말해서 $[Y]/[B^-] \gtrsim 10/1$이면 노란색을, $[B]/[Y] \gtrsim 10/1$이면 푸른색을 나타낸다고 할 수 있다(기호 $\gtrsim$는 "대략 같거나 보다 크다"라는 의미이다). 식 9-4로부터 용액은 $pH \lesssim pK_{HIn} - 1$ (= 3.7)일 때 노란색이고, $pH \gtrsim pK_{HIn} + 1$ (= 5.7) 일 때 푸른색인 것을 예측할 수 있다. 비교해보면 표 9-3에 수록한 브로모크레솔 그린은 pH 3.8 이하에서는 노란색, pH 5.4 이상에서는 푸른색이다. pH 3.8과 5.4 사이에서는 다양한 세기의 초록색을 나타낸다. 시범 9-2는 지시약의 색깔 변화를 설명하였고, 보충 9-2에서는 일상적

pH	$[B^-]$: [Y]	색깔
3.7	1 : 10	노란색
4.7	1 : 1	초록색
5.7	10 : 1	푸른색

표 9-3 흔히 사용되는 지시약

지시약	변색 범위 (pH)	산성 색	염기성 색	지시약	변색 범위 (pH)	산성 색	염기성 색
메틸 바이올렛	0.0 ~ 1.6	노란	보라	리트머스	5.0 ~ 8.0	붉은	푸른
크레솔 레드	0.2 ~ 1.8	붉은	노란	브로모티몰 블루	6.0 ~ 7.6	노란	푸른
티몰 블루	1.2 ~ 2.8	붉은	노란	페놀 레드	6.4 ~ 8.0	노란	붉은
크레솔 퍼플	1.2 ~ 2.8	붉은	노란	뉴트럴 레드	6.8 ~ 8.0	붉은	노란
에리스로신, 이소듐	2.2 ~ 3.6	주황	붉은	크레솔 레드	7.2 ~ 8.8	노란	붉은
메틸 오렌지	3.1 ~ 4.4	붉은	노란	α-나프톨프탈레인	7.3 ~ 8.7	분홍	초록
콩고 레드	3.0 ~ 5.0	보라	붉은	크레솔 퍼플	7.6 ~ 9.2	노란	보라
에틸 오렌지	3.4 ~ 4.8	붉은	노란	티몰 블루	8.0 ~ 9.6	노란	푸른
브로모크레솔 그린	3.8 ~ 5.4	노란	푸른	페놀프탈레인	8.0 ~ 9.6	무색	분홍
메틸 레드	4.8 ~ 6.0	붉은	노란	티몰프탈레인	8.3 ~ 10.5	무색	푸른
클로로페놀 레드	4.8 ~ 6.4	노란	붉은	알리자린 옐로우	10.1 ~ 12.0	노란	주홍−붉은
브로모크레솔 퍼플	5.2 ~ 6.8	노란	자주	나이트라민	10.8 ~ 13.0	무색	주황−갈색
p-나이트로페놀	5.6 ~ 7.6	무색	노란	트로파에올린 O	11.1 ~ 12.7	노란	주황

시범 9-2 지시약과 탄산[4]

이 시범은 간단하지만 재미있다. 두 개의 1 L 눈금 실린더 각각에 900 mL의 물, 1 M NH_3 10 mL, 자석 젓개 막대를 넣는다. 그런 후, 한쪽에는 페놀프탈레인 지시약 용액 2 mL를, 다른 한쪽에는 브로모티몰 블루 지시약 용액 2 mL를 넣는다. 두 지시약은 염기성 화학종에 해당하는 색을 나타낼 것이다.

각 실린더에 드라이 아이스(고체 CO_2) 몇 조각을 떨어뜨린다. CO_2가 실린더 내에서 거품을 내면서, 용액은 점점 산성으로 변한다. 처음에는 페놀프탈레인의 분홍색이 사라진다. 잠시 후에는 브로모티몰 블루가 푸른색에서 중간색인 연한 초록으로 변한다. 그러나 브로모티몰 블루가 노란색을 나타낼 정도로 pH는 낮아지지는 않는다.

깔때기에 연결한 긴 Tygon 관을 이용하여 각 실린더의 **바닥**에 6 M HCl 약 20 mL를 가한다. 그런 다음 자석 젓개로 몇 초간 저어준다. 어떤 변화가 일어났는지 설명하시오. 이 시범의 결과는 천연색 사진 4에 나타내었다. CO_2가 물에 녹으면 두 개의 산성 양성자를 갖는 탄산을 생성한다. 즉,

$$CO_2(g) \rightleftharpoons CO_2(aq) \qquad K = \frac{[CO_2(aq)]}{P_{CO_2}} = 0.034\ 4$$

$$CO_2(aq) + H_2O \rightleftharpoons \underset{HO\quad OH}{\overset{O}{\overset{\|}{C}}} \qquad K = \frac{[H_2CO_3]}{[CO_2(aq)]} \approx 0.002$$

$$H_2CO_3 \rightleftharpoons \underset{\text{탄산수소 이온}}{HCO_3^- + H^+} \qquad K_{a1} = 4.46 \times 10^{-7}$$

$$HCO_3^- \rightleftharpoons \underset{\text{탄산 이온}}{CO_3^{2-} + H^+} \qquad K_{a2} = 4.69 \times 10^{-11}$$

다음 식에 대한 $K_{a1} = 4.46 \times 10^{-7}$이다.

$$\underbrace{\text{녹아 있는 모든 } CO_2}_{CO_2(aq) + H_2CO_3} \rightleftharpoons HCO_3^- + H^+$$

$$K_{a1} = \frac{[HCO_3^-][H^+]}{[CO_2(aq) + H_2CO_3]} = 4.46 \times 10^{-7}$$

녹아 있는 CO_2의 약 0.2%만이 H_2CO_3 형태로 존재한다. 만약 식에서 $[H_2CO_3 + CO_2(aq)]$ 대신 $[H_2CO_3]$의 참값을 대입하면, 평형 상수는 약 2×10^{-4}가 될 것이다.

인 지시약의 응용에 관하여 기술하였다.

표 9-3에 수록된 몇몇 지시약들은 두 가지 다른 색깔 세트로 나타내었다. 한 예로서 티몰 블루는 pK 1.7에서 양성자 하나를 잃고, pK 8.9에서 또 하나를 잃는다.

HO OH
pK_1 1.7
붉은색(R)
티몰 블루

pK_2 8.9
노란색(Y^-)
푸른색(B^{2-})

pH 1.7 이하에서의 주된 화학종은 붉은색(R)이다. pH 1.7과 8.9 사이에서의 주된 화학종은 노란색(Y^-)이다. 그리고 pH 8.9 이상에서의 주된 화학종은 푸른색(B^{2-})이다. 티몰 블루의 순차적인 색깔 변화를 천연색 사진 5에 나타내었다.

R과 Y^- 사이의 평형은 다음과 같이 나타낼 수 있다.

$$\mathrm{R} \rightleftharpoons \mathrm{Y^-} + \mathrm{H^+} \qquad K_1 = \frac{[\mathrm{Y^-}][\mathrm{H^+}]}{[\mathrm{R}]}$$

$$\mathrm{pH} = \mathrm{p}K_1 + \log\left(\frac{[\mathrm{Y^-}]}{[\mathrm{R}]}\right) \tag{9-5}$$

pH	$[Y^-]$: [R]	색 깔
0.7	1 : 10	붉은색
1.7	1 : 1	주황색
2.7	10 : 1	노란색

pH = 1.7 (= pK_1)에서 노란색과 붉은색 화학종이 1 : 1인 혼합물로 존재하므로 오렌지색이 나타날 것이다. 용액은 $[\mathrm{R}]/[\mathrm{Y^-}] \gtrsim 10/1$일 때 붉은색으로, $[\mathrm{Y^-}]/[\mathrm{R}] \gtrsim 10/1$이면 노란색을 나타낼 것으로 예상된다. Henderson-Hasselbalch 식 9-5로부터 pH $\gtrsim$ p$K_1 - 1\ (= 0.7)$일 때 붉은색이고, pH $\lesssim$ p$K_1 + 1\ (= 2.7)$일 때 노란색 나타낼 것이라는 것을 알 수 있다. 표 9-3에서 티몰 블루는 pH 1.2 이하에서 붉은색, pH 2.8 이상에서는 노란색을 나타낸다. 또한 티몰 블루는 pH 8.0과 pH 9.6 사이에서 노란색에서 푸른색으로, 또 한 번의 변색이 일어난다. 이 범위 내에서는 다양한 세기의 초록색이 관찰된다.

자습문제

9-E. **(a)** 지시약의 색깔이 p$K_{\mathrm{HIn}} \pm 1$에서 변하는 이유는 무엇인가?

(b) pH 1.0, 2.0, 3.0에서 크레솔 퍼플 지시약(표 9-3)의 색깔은 각각 무엇인가?

보충 9-2 무탄소 복사지의 비밀[5]

공룡이 지구상에 생존했던 시대는 물론, 우리의 어린 시절로 돌아 가보자. 그 당시 사람들은 위 페이지에 기록된 내용을 아래쪽 페이지에 복사하기 위하여 위쪽과 아래쪽 페이지 사이에 깨끗하지 못한 카본 복사지를 끼워 넣었을 것이다. 나중에는 여분의 카본 복사지를 사용하지 않고 같은 기능을 수행할 수 있는 무탄소 복사지가 발명되었다. 그런데 이제는 무탄소 복사지 조차도 사라졌다.

무탄소 복사지의 비밀은 위쪽 복사지 뒷면에 달라붙어 있는 미세한 고분자성 캡슐 속에 들어 있는 산-염기 지시약에 있다. 위쪽 복사지에 펜으로 글자를 쓸 때, 그 압력으로 인하여 뒷면 바닥에 붙어 있는 미소한 캡슐이 파괴되어 그 속에 들어 있는 지시약이 흘러나오게 된다.

지시약은 아래쪽 종이 위 표면에 흡수되는데, 이 아래쪽 종이에는 미세한 산성 점토 물질인 벤토나이트 (bentonite) 입자가 입혀져 있다. 이 점토는 음으로 하전된 알루미노실리케이트 (aluminosilicate) 층과 음전하의 균형을 맞추기 위하여 층 사이에 하이드로늄 이온 (H_3O^+)을 포함하고 있다. 흡착된 지시약은 하이드로늄 이온과 반응하여 색갈을 띤 생성물을 만들고, 그 결과가 아래 페이지에 펜으로 쓴 복사물로 나타난다.

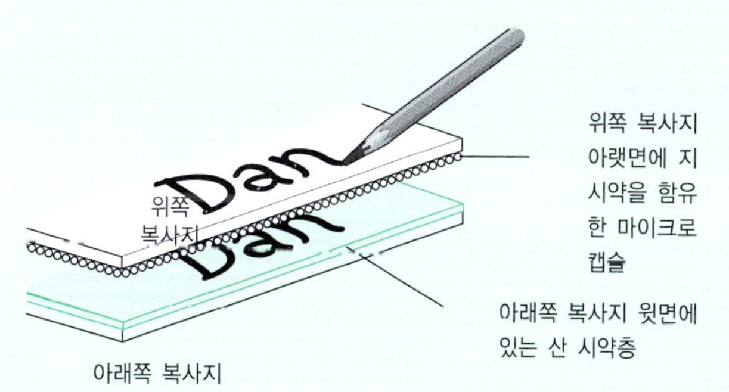

크리스탈 바이올렛 락톤 (무색) 이 위쪽 종이의 미세한 캡슐로부터 흘러나온다.

$\xrightarrow{H^+}$

양성자화된 크리스탈 바이올렛 (검붉은색) 은 아래쪽 종이의 점토 표면에 생성된다.

주요식

Henderson-Hasselbalch 식

$$\mathrm{pH} = \mathrm{p}K_a + \log\left(\frac{[\mathrm{A}^-]}{[\mathrm{HA}]}\right)$$

$$\mathrm{pH} = \mathrm{p}K_a + \log\left(\frac{[\mathrm{B}]}{[\mathrm{BH}^+]}\right)$$

$\mathrm{p}K_a$는 **이** 산에 대한 것임.

알아두어야 할 술어

Henderson-Hasselbalch 식 (Henderson-Hasselbalch equation)

완충 용액 (buffer)

지시약 (indicator)

문제

9-1. 산을 완충 용액에 첨가하였을 때 어떤 변화가 일어나며, pH가 크게 변하지 않는 이유를 설명하시오.

9-2. 완충 용액의 pH가 농도에 거의 무관한 이유는 무엇인가?

9-3. 어떤 용액에 63개의 서로 다른 짝산-염기의 쌍이 들어 있다. 그 중에서 아크릴산과 아크릴산 이온이 [아크릴산 이온]/[아크릴산] = 0.75의 비율로 포함되어 있다. 이 용액의 pH는 얼마인가?

$$\underset{\text{아크릴산}}{H_2C{=}CHCO_2H} \rightleftharpoons \underset{\text{아크릴산 이온}}{H_2C{=}CHCO_2^-} + H^+ \qquad pK_a = 4.25$$

9-4. 표 9-1은 pH와 $[A^-]/[HA]$비의 관계를 보여 준다.
(a) Henderson-Hasselbalch 식을 이용하여 $[A^-]/[HA] = 100$이면 $pH = pK_a + 2$임을 보이시오.
(b) $pH = pK_a - 3$일 때 $[A^-]/[HA]$의 비를 구하시오.
(c) $[A^-]/[HA] = 10^{-4}$일 때, pH를 구하시오.

9-5. 크레솔 레드 지시약은 pH가 10에서 6으로 낮아질 때 색깔이 변하는 이유를 설명하시오. pH 10, 8, 6에서 각각 어떤 색깔이 나타날 것인가? 변색 범위가 약 2 pH 단위가 되는 이유는 무엇인가?

9-6. 아이오딘산 이온(IO_3^-)의 pK_b는 13.83이다. 다음의 pH에서 아이오딘산 소듐 용액의 $[HIO_3]/[IO_3^-]$의 비를 구하시오. **(a)** pH 7.00, **(b)** pH 1.00

9-7. 아질산 이온(NO_2^-)의 pK_b가 10.85이다. 다음의 pH에서 아질산 소듐 용액의 $[HNO_2]/[NO_2^-]$의 비를 구하시오. **(a)** pH 2.00, **(b)** pH 10.00

9-8. 메틸아민 용액에 대한 Henderson-Hasselbalch 식을 쓰시오. 다음의 pH에서 $[CH_3NH_2]/[CH_3NH_3^+]$의 비를 계산하시오.
(a) pH 4.00, **(b)** pH 10.632, **(c)** pH 12.00

9-9. 2.53 g의 옥소아세트산(oxoacetic acid), 5.13 g의 옥소아세트산 포타슘(potassium oxoacetate), 103 g의 물로 만든 용액의 pH를 구하시오.

옥소아세트산
FM 74.04

옥소아세트산 포타슘
FM 112.13

9-10. **(a)** 1.00 g의 글라이신 아마이드 염화수소(glycine amide hydrochloride)와 1.00 g의 글라이신 아마이드(glycine amide)를 0.100 L에 녹여 만든 용액의 pH를 구하시오.

글리신 아마이드 염화수소(BH^+)
FM 110.54, $pK_a = 8.20$

글리신 아마이드(B)
FM 74.08

(b) pH 8.00의 용액 100 mL를 만들려면 1.00 g의 글라이신 아마이드 염화수소에 몇 g의 글리신 아마이드를 가해야 하는가?
(c) **(a)**의 용액을 0.100 M HCl 5.00 mL와 섞으면 용액의 pH는 얼마인가?
(d) **(c)**의 용액을 0.100 M NaOH 10.00 mL와 섞으면 용액의 pH는 얼마인가?

9-11. **(a)** 평형 상수가 K_b인 이미다졸과 평형 상수가 K_a인 이미다졸 염화수소에 대한 화학 반응식을 각각 쓰시오.
(b) 1.00 g의 이미다졸(FM 68.08)과 1.00 g의 이미다졸 염화수소(FM 104.54)가 들어 있는 용액 100 mL의 pH를 계산하시오.
(c) 용액에 1.07 M $HClO_4$ 2.30 mL를 가했을 때의 pH를 계산하시오.
(d) pH 6.993의 용액을 만들려면 1.00 g 이미다졸에 1.07 M $HClO_4$를 몇 mL 가해야 하는가?

9-12. **(a)** 0.080 0몰의 클로로아세트산(chloroacetic acid)과 0.040 0몰의 클로로아세트산 소듐(sodium chloroacetate)을 물 1.00 L에 섞어 만든 용액의 pH를 구하시오.
(b) 처음에는 암산으로, 그 다음에는 Henderson-Hasselbalch 식을 이용하여, 다음 용액의 pH를 구하시오. 용액은 총부피 1.00 L에 다음을 모두 녹여 만들었다. 0.180몰 $ClCH_2CO_2H$, 0.020몰 $ClCH_2CO_2Na$, 0.080몰 HNO_3, 0.080몰 $Ca(OH)_2$. $Ca(OH)_2$는 완전히 해리한다고 가정하시오.

9-13. pH 4.19를 만들려면 0.006 66 M 2,2'-바이피리딘(2,2'-bipyridine) 213 mL에 0.246 M HNO_3 몇 mL을 가해야 하는가?

9-14. pH 7.40을 만들려면 5.00 g의 HEPES(표 9-2)에 0.626 M KOH 몇 mL를 가해야 하는가?

9-15. pH 8.00을 만들려면 0.013 4 M 모폴린(morpholine) 52.2 mL에 0.113 M HBr 몇 mL를 가해야 하는가?

9-16. 0.05 M로 고정한 완충 용액의 농도에서 표 9-2로부터 어떤 완충 용액이 pH **(a)** 4.00, **(b)** 7.00, **(c)** 10.00에서 가장 큰 완충 용량을 나타내는가? **(d)** 표 9-2에서 또 다른 유용한 완충 용액은 무엇인가?

9-17. 다음 중 pH 9.0에서 완충 용량이 가장 큰 완충용액은 무엇인가? **(i)** 다이메틸아민/다이메틸암모늄 이온 **(ii)** 암모니아/암모늄 이온 **(iii)** 하이드록실아민/하이드록실암모늄 이온 **(iv)** 4-나이트로페놀/4-나이트로페놀레이트 이온

9-18. **(a)** pH가 7.45인 0.050 0 M HEPES (표 9-2) 용액을 만들 때 NaOH와 HCl 중 어느 것이 필요한가?
(b) pH가 7.45인 0.050 0 M HEPES 용액 0.250 L를 만드는 과정을 기술하시오.

9-19. **(a)** 이미다졸 염화수소로 pH 7.50인 0.100 M 이미다졸 완충 용액 0.500 L를 만드는 과정을 설명하시오.
(b) 이미다졸 용액을 pH 7.50으로 만들려면 NaOH와 HCl 중 어느 것이 필요한가?

9-20. **(a)** pH 5.00의 0.100 M 완충 용액 250.0 mL를 만들려면, 아세트산 소듐 이수화물 ($NaOAc \cdot 2H_2O$, FM 118.06) 몇 g에 0.100 M HCl 몇 mL를 넣어야 하는지 계산하시오.
(b) 계산한 대로 섞어주면, pH는 5.00이 되지 않을 것이다. 실험실에서 실제로 이 완충 용액을 어떻게 만들 것인지 기술하시오.

9-21. 크레솔 레드는 표 9-3에 나와 있는 두 개의 변색 범위를 가진다. 다음의 pH에서는 어떤 색을 나타낼 것인지 예측하시오.
(a) 0 **(b)** 1 **(c)** 6 **(d)** 9

9-22. 그림 9-2에서 초기 pH는 6.200이고 pK_a는 5.000인 완충 용액을 생각해 보자. 용액은 p몰의 A^-와 q몰의 HA로 이루어져 있고, $p + q = 1$이다.
(a) 몰 HA = q 몰과 A^-의 몰수 = $1 - q$로 놓고, Henderson-Hasselbalch 식으로 p와 q 값을 구하시오.
(b) 이 완충 용액에 0.010 0몰의 H^+를 가했을 때의 pH 변화를 소수점 아래 셋째 자리까지 계산하시오. 그림 9-2에서와 같은 값을 얻었는가?

9-23. 25°C에서 pH 9.50으로 만든 암모니아 완충 용액을 37°C로 가열하였다. 용액의 pK_a가 변하므로 pH도 변한다. 표 9-2의 $\Delta(pK_a)/\Delta T$ 값을 이용하여 37°C에서 측정되는 pH를 예상하시오.

9-24. **Henderson-Hasselbalch 스프레드시트.** A열에 상수 $pK_a = 4$를 입력한 스프레드시트를 만든다. B열의 첫머리에 $[A^-]/[HA]$를 써넣고, 0.001부터 1 000까지 임의 간격으로 여러 값을 입력한다. C열에서는 A열의 상수 pK_a와 B열의 $[A^-]/[HA]$를 이용하여 Henderson-Hasselbalch 식으로 pH 값을 계산한다. D열에서는 $\log([A^-]/[HA])$를 계산한다. C열과 D열의 값으로 pH 대 $\log([A^-]/[HA])$의 그래프를 그린다. 그래프의 모양을 설명하시오.

응용문제

9-25. 이 장의 서론에 언급한 지시약 티몰 블루를 이용하여 바닷물의 분광학적 pH 측정을 생각해보자. 이 장의 본문 그림에 나와 있는 지시약 In^{2-}의 푸른색은 596 nm 파장에서 최대 흡수를 보인다. 노란색을 나타내는 HIn^-는 435 nm에서 최대 흡수를 보인다. 두 파장에서 흡광도를 측정하면 $[In^{2-}]/[HIn^-]$ 비를 구할 수 있다. 이 측정을 이용하여 pH를 구하는 방법을 설명하시오.

주와 참고문헌

1. H. N. Po and N. M. Senozan, *J. Chem. Ed.* **2001**, *78*, 1499; R. de Levie, *J. Chem. Ed.* **2003**, *80*, 146.

2. R. L. Barrett, *J. Chem. Ed.* **1955**, *32*, 78.

3. J. B. Early, A. R. Negron, J. Stephens, R. Stauffer, and S. D. Furrow, *J. Chem. Ed.* **2007**, *84*, 1965.

4. You can find more indicator *J. Chem. Rd.* **1977**, *54.*, 29 The chemistry if carbonic acid is discussed by M. Kern, *J. Chem. Ed.* **1960**, *37*, 14

5. M. A. White, *J. Chem. Ed.* **1998**, *75*, 1119.

Kjeldahl 질소 분석법 : 제목 속에 숨겨 있는 화학

2007년 북아메리카의 애완용 개와 고양이들이 신부전증으로 갑자기 죽기 시작하였다. 몇 주일 못가서 이 괴상한 질병은 중국으로부터 수입한 동물 사료에 기인한 것으로 조사되었다. 즉, 플라스틱 제조에 이용되는 멜라민(melamine)을 "제품 중 단백질 양에 대한 계약 조건을 이행할 목적으로" 식품에 의도적으로 첨가시켰다는 것이 확인되었다. 이와 더불어 수영장의 소독제로 사용되는 사이아뉴린산(cyanuric acid)도 식품 중에서 발견되었다. 멜라민 자체는 신부전증을 일으키지 않는다. 그러나 멜라민과 사이아뉴린산이 결합하면 신부전증을 일으키는 결정성 생성물이 만들어진다.

H_2N N NH_2 / N N / NH_2

멜라민
66.6 wt% 질소

HO N OH / N N / OH

사이아뉴린산
32.6 wt% 질소

이들 화합물이 단백질과 반응하면 어떻게 될까? 질소의 함량이 증가하는 것 이외에는 아무것도 일어나지 않는다. ~16 wt% 질소를 함유하는 단백질은 식품에서 질소의 주요 원천이다. 이 절에 설명한 Kjeldahl 질소 분석법은 산-염기 적정으로서 식품 중 단백질의 간접 측정법으로 이용된다. 예를 들면, 만약 식품이 10 wt%의 단백질을 함유하면, 그것은 10%의 ~16%인 1.6 wt%의 N을 함유할 것이다. 만약 식품 중에서 1.6 wt%의 N가 측정되면 식품은 ~10 wt%의 단백질을 함유하는 것으로 추정할 수 있다. 멜라민은 단백질보다 4배 정도 많은 66.6 wt%의 N를 함유하고 있다. 식품에 1 wt%의 멜라민을 첨가할 경우, 식품은 부가적으로 4 wt%의 단백질을 함유한 것으로 나타난다.

믿기 어렵지만, 2008년 여름에 약 30만 명의 중국 아이들이 병에 걸렸는데, 최소 6명이 신부전증으로 죽었다. 중국의 회사들은 우유에 물을 타고, 단백질의 양을 맞추기 위해 멜라민을 첨가하였다. 2009년에 불량 우유를 생산하는 데 관여한 두 사람이 처형되었다. 2010년에는 중국 정부가 멜라민이 들어간 분유 40톤을 찾아냈다.

이 사건을 계기로, 멜라민과 단백질을 구분하기 위해서 분광광도법이 개발되었다.[1] 또한 식품 속의 멜라민과 사이아뉴린산을 측정하기 위해서 질량분석기[2]와 크로마토그래피법도 발전되었다.

단백질 원천	질소의 무게 (%)
고 기	16.0
혈 장	15.3
우 유	15.6
밀가루	17.5
계 란	14.9

D. J. Holme and H. Peck, *Analytical Biochemistry*, 3rd ed. (New York: Addison Wesley Longman, 1998), p.388.

10

산-염기 적정

적정(*titration*)에서는 미지 시료와 반응하는데 필요한, 농도를 아는 시약의 양을 측정한다. 이 양으로부터 미지 시료에 들어 있는 분석물질의 농도를 알아낸다. 산과 염기의 적정은 분석 화학에서 가장 널리 알려진 방법 중의 하나이다. 이 장의 마지막 부분에서, 식품 중에 존재하는 단백질 함량의 척도인 질소를 측정하는데 산-염기 적정이 어떻게 이용되는지를 알게 될 것이다.

10-1 강산으로 강염기의 적정

이 장에서 각 적정 유형에 대해서 공부하는 목적은 **적정시약이 가해질 때 나타나는 pH의 변화를 보여주는 그래프를 작성하는 것이다.** 이와 같은 방법으로 그래프를 그릴 수 있다면 적정 과정 중에 나타나는 현상을 이해할 수 있고, 실험적인 적정 곡선을 해석할 수 있게 된다.

첫 번째 단계에서는 적정시약과 분석물질 사이의 균형 화학 반응식을 적는 것이다. 그 다음, 그 반응식을 이용하여 적정시약이 가해진 후의 조성과 pH를 계산하게 된다. 0.020 00 M KOH 50.00 mL를 0.100 0 M HBr로 적정하는 과정을 생각해 보자. 적정시약과 분석물질 사이의 화학 반응은 다음과 같이 간단하다.

우선 **적정시약**과 **분석물질** 사이의 반응식을 적어 보시오.

$$H^+ + OH^- \longrightarrow H_2O \qquad K = \frac{1}{K_w} = \frac{1}{10^{-14}} = 10^{14}$$

적정 반응

이 반응에 대한 평형 상수가 10^{14}이므로, 반응은 "완결된다"고 할 수 있다. 당량점 이전까지는, **가해지는 모든 H^+는 화학량론적으로 대응되는 OH^- 양과 반응하게 된다.**

우선 당량점에 도달하는데 필요한 HBr의 부피(V_e)를 계산하는 것이 유용하다.

당량점 : 첨가하는 적정시약의 몰수가 화학량론적 반응에 필요한 분석물질의 몰수와 정확하게 같을 때.

$$\text{당량점에서 HBr mol} = \text{적정되는 } OH^- \text{ mol}$$
$$(\text{당량부피})(\text{HBr 몰농도}) = (OH^-\text{의 처음 부피})(OH^- \text{ 몰농도})$$
$$\underbrace{(V_e(\text{mL}))(0.100\ 0\ \text{M})}_{\text{당량점에서 HBr의 mmol}} = \underbrace{(50.00\ \text{mL})(0.020\ 00\ \text{M})}_{\text{적정되는 } OH^-\text{의 mmol}} \Rightarrow V_e = 10.00\ \text{mL}$$

$$\text{mL} \times \frac{\text{mol}}{\text{L}} = \text{mmol}$$

원하면, 모든 계산은 mmol과 mL 대신 mol과 L를 사용할 수 있다. mmol과 mL가 더 편리하다고 생각한다.

10.00 mL의 HBr가 가해지면 적정이 완결된다. 당량점에 도달하기 전에는 미반응된 과량의 OH^-가 남아 있게 된다. V_e점을 지나게 되면 용액에는 과량의 H^+가 있게 된다.

강염기를 강산으로 적정하는 경우, 그 적정 곡선에는 세 영역이 나타나는데 각각 다른 계산 과정이 요구된다.

1. 당량점 이전의 pH는 용액 속에 남아 있는 과량의 OH^-에 의해 결정된다.
2. 당량점에서는 H^+의 양이 모든 OH^-와 반응하여 H_2O를 생성한다. 이때 pH는 물의 해리에 의해 결정된다.
3. 당량점 이후의 pH는 용액 중에 있는 과량의 H^+에 의해 결정된다.

각 영역에 대한 계산 과정을 하나의 예로서 살펴보자.

영역 1 : 당량점 이전

당량점 이전에는 과량의 OH^-가 존재한다.

뷰렛으로부터 HBr이 가해지기 전에, 플라스크에는 0.020 00 M KOH가 50.00 mL 들어 있으므로, 이것은 (50.00 mL)(0.020 00 M) = 1.000 mmol OH^-에 해당된다. mL × (mol/L) = mmol이다.

HBr 3.00 mL를 가하면, (3.00 mL)(0.100 0 M) = 0.300 mmol H^+이 가해져 0.300 mmol OH^-을 소비한다.

$$\text{남은 } OH^- = \underbrace{1.000\text{ mmol}}_{\text{처음 } OH^-} - \underbrace{0.300\text{ mmol}}_{\text{HBr에 의해 소비된 } OH^-} = 0.700\text{ mmol}$$

플라스크 내의 전체 용액의 부피는 50.00 mL + 3.00 mL = 53.00 mL이므로, 플라스크 내의 OH^-의 농도는 다음과 같다.

$$\frac{\text{mmol}}{\text{mL}} = \frac{\text{mol}}{\text{L}} = \text{M}$$

$$[OH^-] = \frac{0.700\text{ mmol}}{53.00\text{ mL}} = 0.013\,2\text{ M}$$

OH^- 농도로부터 pH를 구하는 것은 쉽다.

$$[H^+] = \frac{K_w}{[OH^-]} = \frac{1.0 \times 10^{-14}}{0.013\,2} = 7.5_8 \times 10^{-13}\text{ M}$$
$$\Rightarrow \text{pH} = -\log(7.5_8 \times 10^{-13}) = 12.12$$

도전 : 6.00 mL의 HBr가 가해진 후 $[OH^-]$를 계산하시오. 답을 표 10-1에서 확인하시오.

열성적인 학생들은 3.00 mL 지점에서와 같은 방법으로 표 10-1에 있는 당량점 이전의 모든 계산을 반복해 볼 수 있다(스프레드시트가 도움이 될 수 있다). 가해진 산의 부피를 V_a로 표시하고, pH 값은 그 유효 숫자와 관계없이 소수점 이하 둘째 자리인 0.01까지만 표시하였다. 이 책에서는 이렇게 함으로써 일관성을 유지하였는데, 그 이유는 0.01이 일반적인 pH 측정시 정확도의 한계에 가깝기 때문이다.

영역 2 : 당량점에서

당량점에서는 모든 OH^-와 반응할 만큼의 H^+가 가해졌다. 이와 같은 용액은 물에 KBr를 녹여 만들 수도 있다. 강산과 강염기의 적정에서 당량점의 pH는 물의 해리에 의해 결정된다.

$$\underset{}{H_2O} \rightleftharpoons \underset{x}{H^+} + \underset{x}{OH^-}$$
$$K_w = x^2 = 1.0 \times 10^{-14} \Rightarrow x = 1.0 \times 10^{-7}\text{ M} \Rightarrow \text{pH} = 7.00$$

강염기(또는 강산)를 강산(또는 강염기)으로 적정하는 경우 당량점에서 pH는 25°C에서 7.00이다.

강산-강염기 반응의 **경우에만** 당량점에서 pH = 7.00이다.

곧 알게 되겠지만, **약산이나 약염기의 적정의 경우에는 당량점에서의 pH가 7.00이 아**

표 10-1 0.020 00 M KOH 50.00 mL를 0.100 0 M HBr로 적정하는 적정 곡선에 대한 계산

	가해진 HBr (V_a) mL	미반응된 OH^-의 농도 (M)	과량의 H^+의 농도 (M)	pH
영역1 (과량의 OH^-)	0.00	0.020 0		12.30
	1.00	0.017 6		12.24
	2.00	0.015 4		12.18
	3.00	0.013 2		12.12
	4.00	0.011 1		12.04
	5.00	0.009 09		11.95
	6.00	0.007 14		11.85
	7.00	0.005 26		11.72
	8.00	0.003 45		11.53
	9.00	0.001 69		11.22
	9.50	0.000 840		10.92
	9.90	0.000 167		10.22
	9.99	0.000 016 6		9.22
영역2	10.00	—	—	7.00
영역3 (과량의 H^+)	10.01		0.000 016 7	4.78
	10.10		0.000 166	3.78
	10.50		0.000 826	3.08
	11.00		0.001 64	2.79
	12.00		0.003 23	2.49
	13.00		0.004 76	2.32
	14.00		0.006 25	2.20
	15.00		0.007 69	2.11
	16.00		0.009 09	2.04

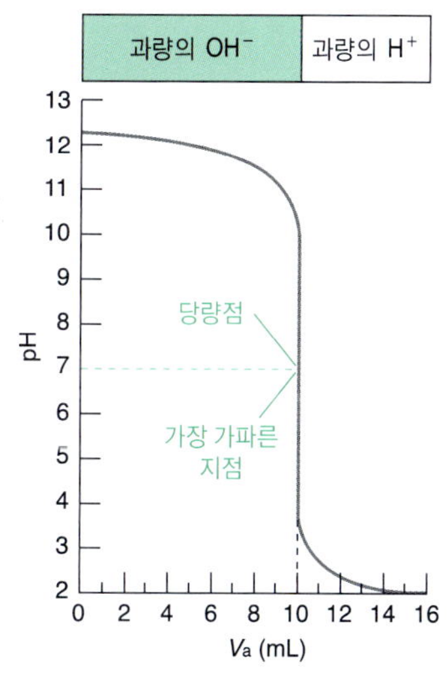

그림 10-1 0.020 00 M KOH 50.00 mL에 0.100 0 M HBr이 첨가될 때 pH 변화를 계산한 적정 곡선. 당량점에서 곡선이 가장 가파르다. 일차 도함수가 최대에 이르고, 이차 도함수는 0이 된다. 이 장의 뒤에서 도함수에 대하여 논의할 것이다.

니다. 분석물질과 적정시약이 둘 다 강한 경우에만 당량점에서의 pH가 7.00이다.

영역 3 : 당량점 이후

당량점 이후부터는 용액에 과량의 HBr이 존재한다. 예를 들면, 10.50 mL HBr이 가해지면, 10.50 − 10.00 = 0.50 mL 과량이다. 과량의 H^+의 양은 다음과 같다.

$$\text{과량의 } H^+ = (0.50\ \text{mL})(0.100\ 0\ \text{M}) = 0.050\ \text{mmol}$$

당량점 이후부터는 과량의 H^+가 존재한다.

전체 용액의 부피 (50.00 + 10.50 = 60.50 mL)를 이용하여, pH를 구한다.

$$[H^+] = \frac{0.050\ \text{mmol}}{60.50\ \text{mL}} = 8.2_6 \times 10^{-4}\ \text{M} \Rightarrow \text{pH} = -\log(8.2_6 \times 10^{-4}) = 3.08$$

적정 곡선

그림 10-1의 적정 곡선은 가해준 산의 부피 V_a에 따른 pH 그래프이다. 분석적으로 유용한 적정에서는 보통 특징적으로 당량점 근처에서 pH가 급변한다. 곡선은 당량점에서 가장 가파르며, 그 기울기가 가장 크다. 강산-강염기의 적정**에서만** 당량점에서의 pH값이 7.00이 됨을 주의하라. 만약 반응물들 중에 하나라도 약산 또는 약염기가 있으면, 당량점에서의 pH는 7.00이 **아니다.**

예제 강산을 강염기로 적정

$0.066\ 66$ M $HClO_4$ 25.00 mL에 $0.087\ 42$ M NaOH 12.74 mL를 가했을 때 pH를 구하시오.

해답 적정 반응은 $H^+ + OH^- \rightarrow H_2O$이다. 당량점은 다음과 같다.

$$\underbrace{(V_e(\text{mL}))(0.087\ 42\ \text{M})}_{\substack{\text{당량점에서} \\ \text{NaOH mmol}}} = \underbrace{(25.00\ \text{mL})(0.066\ 66\ \text{M})}_{\substack{\text{적정되는} \\ \text{HClO}_4\ \text{mmol}}} \longrightarrow V_e = 19.06\ \text{mL}$$

V_b (염기 부피) = 12.74 mL에서, 용액에는 과량의 산이 있다.

$$\text{남은 H}^+ = \underbrace{(25.00\ \text{mL})(0.066\ 66\ \text{M})}_{\text{처음 HClO}_4\ \text{mmol}} - \underbrace{(12.74\ \text{mL})(0.087\ 42\ \text{M})}_{\text{가한 NaOH mmol}} = 0.553\ \text{mmol}$$

$$[\text{H}^+] = \frac{0.553\ \text{mmol}}{(25.00 + 12.74)\ \text{mL}} = 0.014\ 7\ \text{M}$$

$$\text{pH} = -\log(0.014\ 7) = 1.83$$

복습 문제 $0.066\ 66$ M $HClO_4$ 25.00 mL에 $0.087\ 42$ M NaOH 20.00 mL를 가했을 때 pH를 구하시오.(**답** : 11.26)

자습문제

10-A. $0.010\ 0$ M NaOH 50.00 mL를 0.100 M HCl로써 적정할 때 당량점 부피는 얼마인가? 다음의 지점에서 pH를 계산하시오. V_a = 0.00, 1.00, 2.00, 3.00, 4.00, 4.50, 4.90, 4.99, 5.00, 5.01, 5.10, 5.50, 6.00, 8.00, 10.00 mL. V_a에 대한 pH의 그래프를 그리시오.

10-2 강염기로 약산의 적정

약산을 강염기로 적정할 때는 산-염기 화학의 모든 지식을 적정에 이용할 수 있게 해준다. 이제 살펴볼 예로는 $0.020\ 00$ M MES 50.00 mL를 $0.100\ 0$ M NaOH로 적정하는 것이다. MES는 2-(*N*-모폴리노)에테인설폰산의 약자로서, $pK_a = 6.27$인 약산이다. 이것은 pH 6 영역의 완충 용액으로서 생화학에서 널리 쓰인다.

적정 반응은 다음과 같다.

먼저 적정 반응을 적는다.

$$\underset{\substack{\text{HA} \\ \text{MES, p}K_a = 6.27}}{\text{O}\langle\rangle\overset{+}{\text{N}}\text{HCH}_2\text{CH}_2\text{SO}_3^-} + \text{OH}^- \longrightarrow \underset{\text{A}^-}{\text{O}\langle\rangle\text{NCH}_2\text{CH}_2\text{SO}_3^-} + \text{H}_2\text{O} \quad (10\text{-}1)$$

강한 것 + 약한 것 → 완결 반응

반응식 10-1을 보면 이것은 염기 A^-에 대한 K_b 반응의 역임을 알 수 있다. 그러므로 평형 상수는 $1/K_b = 1/(K_w/K_{HA}) = 5.4 \times 10^7$이 된다. 평형 상수가 매우 크므로, OH^-가 가해지면 반응은 "완결"된다고 할 수 있다. 보충 9-1에서 보는 바와 같이 **강염기와 약산의 반응은 완결된다.**

우선 당량점에 도달하는 데 필요한 염기의 부피를 계산하는 것이 유용하다. OH^- 1 mol과 MES 1 mol이 반응하므로 다음과 같다.

$$\underbrace{(V_e(\text{mL}))(0.100\ 0\ \text{M})}_{\text{염기의 mmol}} = \underbrace{(50.00\ \text{mL})(0.020\ 00\ \text{M})}_{\text{HA의 mmol}} \Rightarrow V_e = 10.00\ \text{mL}$$

이 문제에 대한 적정 계산은 네 가지 유형으로 생각할 수 있다.

적정 곡선의 네 가지 영역은 중요하며, 이 책 뒤표지 안쪽 면에 그려져 있다.

1. 어떠한 염기도 가해지기 전에는 용액은 물에 HA만이 존재한다. 이 경우는 약산의 문제가 되고, pH는 다음의 평형으로 결정된다.

$$\text{HA} \xrightleftharpoons{K_a} \text{H}^+ + \text{A}^-$$

2. NaOH가 가해지기 시작하여 당량점에 도달하기 직전까지는, 반응 10-1로 생성되는 A^-와 미반응 HA의 혼합액으로 존재하게 된다. **아하! 완충 용액이다!** 그러므로 이때의 pH 계산은 Henderson-Hasselbalch 식을 이용한다.

3. 당량점에서 "모든" HA가 짝염기인 A^-로 바뀐다. 이 문제는 단순히 물에 A^-만을 녹인 것과 같은 용액이 된다. 이러한 약염기 문제는 다음 반응에 의하여 pH 값을 계산할 수 있다.

$$\text{A}^- + \text{H}_2\text{O} \xrightleftharpoons{K_b} \text{HA} + \text{OH}^- \qquad K_b = K_w/K_a$$

4. 당량점 이후에서는 과량의 NaOH가 A^- 용액에 가해져서, 강염기와 약염기의 혼합액이 된다. 단순히 과량의 NaOH가 물에 가해지는 것과 같이 pH를 계산한다. 이 경우 A^-의 존재에 의해 나타나는 효과는 매우 작으므로 무시한다.

영역 1 : 염기가 가해지기 이전

염기가 용액에 가해지기 이전에는 $pK_a = 6.27$인 0.020 00 M HA 용액이다. 이것은 단순히 약산의 문제이다.

초기의 용액에는 **약산** HA만이 있다.

$$\underset{F-x}{\text{HA}} \rightleftharpoons \underset{x}{\text{H}^+} + \underset{x}{\text{A}^-} \qquad K_a = 10^{-6.27}$$

$$\frac{x^2}{0.020\ 00 - x} = K_a \Rightarrow x = 1.0_3 \times 10^{-4} \Rightarrow \text{pH} = 3.99$$

F는 HA의 포말 농도로서, 0.020 00 M이다.

영역 2 : 당량점 이전

일단 용액에 OH^- 이온이 가해지기 시작하면, 적정 반응(10-1)에 의해 HA와 A^-의 혼합액이 생성된다. 이 혼합액은 완충 용액으로서, pH 값은 $[A^-]/[HA]$의 값을 알면 Henderson-Hasselbalch 식(9-1)으로 계산할 수 있다.

당량점 이전에는 **완충 용액**인 HA와 A^-의 혼합액이 된다. **아하! 완충용액이다!**

Henderson-Hasselbalch 식 : $$\text{pH} = \text{p}K_a + \log\left(\frac{[\text{A}^-]}{[\text{HA}]}\right) \qquad (9\text{-}1)$$

OH^- 3.00 mL가 가해진 지점을 생각하자.

적정 반응 :	HA	+	OH^-	$\longrightarrow$	A^-	+	H_2O
처음 mmol	1.000		0.300		—		
마지막 mmol	0.700		—		0.300		

아하! 완충 용액이다! (HA + A^-)

일단 용액에서 $[A^-]/[HA]$ **값**을 알고 나면, pH는 다음과 같이 계산할 수 있다.

[A^-]/[HA] 값에서 부피는 상쇄되므로 Henderson-Hasselbalch 식은 오직 mmol 만 필요하다.

$$\mathrm{pH} = \mathrm{p}K_a + \log\left(\frac{[A^-]}{[HA]}\right) = 6.27 + \log\left(\frac{0.300}{0.700}\right) = 5.90$$

적정시약의 부피가 $\frac{1}{2}V_e$인 점은 적정에서 특별한 의미가 있다.

적정 반응 :	HA	+	OH^-	$\longrightarrow$	A^-	+	H_2O
처음 mmol	1.000		0.500		—		
마지막 mmol	0.500		—		0.500		

구분점 : $V_b = \frac{1}{2}V_e$일 때, pH = pK_a이다 (활동도를 고려하면 [12-2절 참조], 이 표현은 정확히 맞지 않으나, 좋은 근사이다).

$$\mathrm{pH} = \mathrm{p}K_a + \log\left(\frac{0.500}{0.500}\right) = \mathrm{p}K_a$$

적정시약의 부피가 $\frac{1}{2}V_e$가 되면 pH는 산 HA의 pK_a와 같다. 즉, pH = pK_a이다. V_b가 가해 준 염기의 부피라고 할 때 실험으로 얻은 적정 곡선에서, $V_b = \frac{1}{2}V_e$되는 점의 pH 값을 읽으면 pK_a 값을 구할 수 있다.

조언 : 용액이 HA와 A^-의 혼합액이라는 사실을 알면, **그 용액은 바로 완충 용액 (buffer) 이다.** 이때는 Henderson-Hasselbalch 식에서 $[A^-]/[HA]$ 값만을 알면, 바로 pH를 계산할 수 있다.

영역 3 : 당량점 이전

당량점에서는 HA가 **약염기** A^-로 바뀐다.

당량점 (V_b = 10.00 mL) 에서는 NaOH의 양이 소비될 HA의 양과 정확히 같다.

적정 반응 :	HA	+	OH^-	$\longrightarrow$	A^-	+	H_2O
처음 mmol	1.000		1.000		—		
마지막 mmol	—		—		1.000		

결과적으로 용액에는 A^- "만" 남게 된다. 증류수에 염 Na^+A^-를 녹이면 이와 똑같은 용액을 만들 수 있다. **Na^+A^-의 용액은 약염기이므로,** pH > 7이어야 한다.

어떤 약염기의 pH를 구하기 위해서는 약염기와 물과의 반응을 살펴본다.

$$\underset{F'-x}{A^-} + H_2O \rightleftharpoons \underset{x}{HA} + \underset{x}{OH^-} \qquad K_b = \frac{K_w}{K_a} \tag{10-2}$$

한 가지 유의할 점은 A^-의 포말 농도는 HA의 처음 농도인 0.020 00 M이 아니라는 것이다. 처음 50.00 mL에 있던 HA 1.000 mmol은 적정시약 10.00 mL로 묽혀졌다.

$$[A^-] = \frac{1.000\ \mathrm{mmol}}{(50.00 + 10.00)\ \mathrm{mL}} = 0.016\,67\ \mathrm{M} \equiv F'$$

A^-의 포말 농도를 F′으로 놓고, 식 10-2로부터 pH를 구한다.

$$\frac{x^2}{F' - x} = K_b = \frac{K_w}{K_a} = 1.8_6 \times 10^{-8} \Rightarrow x = 1.7_6 \times 10^{-5}\ M$$

$$pH = -\log[H^+] = -\log\left(\frac{K_w}{x}\right) = 9.25$$

이 적정에서 당량점에서의 pH는 9.25이다. **pH = 7.00이 아니다.** 강염기로 약산의 적정에서 당량점에서의 pH는 **항상** 7보다 큰데, 이것은 당량점에서 산이 그 짝염기로 바뀌기 때문이다.

강염기로 약산을 적정할 때 반응 생성물이 약염기이므로, 당량점에서 pH > 7 이다.

영역 4 : 당량점 이후

이때부터는 A^- 용액에 NaOH를 가하게 된다. NaOH는 A^-보다 강염기이므로, 당연히 pH는 용액에 있는 과량의 OH^- 농도에 의해 결정된다.

pH는 과량의 OH^-에 의해 결정된다고 가정한다.

V_b = 10.10 mL일 때 pH를 계산해 보자. 이때는 V_e보다 0.10 mL 더 가해진 지점이다. 과량의 OH^- 양은 (0.10 mL)(0.100 0 M) = 0.010 mmol이고, 전체 부피는 50.00 + 10.10 mL = 60.10 mL이다.

$$[OH^-] = \frac{0.010\ mmol}{50.00 + 10.10\ mL} = 1.66 \times 10^{-4}\ M$$

$$pH = -\log\left(\frac{K_w}{[OH^-]}\right) = 10.22$$

도전 : V_b = 10.10 mL에서 과량의 NaOH = 0.17 mM이고, F_{A^-} = 17 mM 임을 보이시오. 0.17 mM NaOH의 존재하에서 17 mM의 A^-이 1.9 μM OH^-를 생성하는 것을 보이시오. 즉, 과량의 NaOH에 비해서 A^-는 무시하는 것이 타당하다.

표 10-2 0.020 00 M MES 50.00 mL를 0.100 0 M NaOH로 적정하는 적정 곡선에 대한 계산

	가해진 염기 mL (V_b)	pH
영역1 (약산)	0.00	3.99
영역2 (완충 용액)	0.50	4.99
	1.00	5.32
	2.00	5.67
	3.00	5.90
	4.00	6.09
	5.00	6.27
	6.00	6.45
	7.00	6.64
	8.00	6.87
	9.00	7.22
	9.50	7.55
	9.90	8.27
영역3 (약염기)	10.00	9.25
영역4 (과량의 OH^-)	10.10	10.22
	10.50	10.91
	11.00	11.21
	12.00	11.50
	13.00	11.67
	14.00	11.79
	15.00	11.88
	16.00	11.95

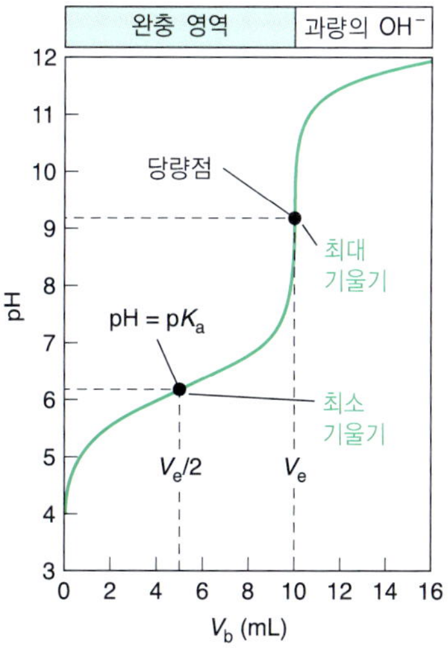

그림 10-2 0.020 00 M MES 50.00 mL와 0.100 0 M NaOH의 반응에서 계산한 석성 곡선. 경계점은 당량부피 (pH = pK_a) 의 절반인 지점에서 나타나고, 곡선의 가장 가파른 지점이 당량점이다.

적정 곡선

적정에서의 경계점 :
$V_b = V_e$일 때 곡선은 가장 가파르다.
$V_b = \frac{1}{2}V_e$일 때, $pH = pK_a$이며, 기울기가 최소이다.

완충 용량은 용액의 pH 변화에 대한 저항 능력의 척도이다.

표 10-2에는 NaOH를 사용한 MES의 적정에 대한 계산 결과를 요약하였다. 그림 10-2의 적정 곡선에는 쉽게 구분되는 두 점이 있다. 한 점은 당량점으로서 곡선이 가장 가파른 곳이다. 다른 한 점은 $V_b = \frac{1}{2}V_e$인 점으로, 이 점에서는 $pH = pK_a$가 된다. 이 점에서 기울기가 최소인데, 이는 NaOH의 첨가에 대해서 pH 변화가 최소임을 뜻한다. 다른 말로는 $pH = pK_a$이고 $[HA] = [A^-]$일 때, **완충 용량**(*buffer capacity*)이 최대임을 뜻한다. 완충용액을 만들기 위한 약산을 선택할 때는, 완충 용량을 크게 하기 위해서 산의 pK_a가 원하는 완충 용액의 pH에 가깝도록 선택한다.

자습문제

10-B. 폼산(부록 B)과 KOH의 반응을 적으시오. 0.050 0 M 폼산 50.0 mL를 0.050 0 M KOH로 적정할 때 당량 부피(V_e)는 얼마인가? 다음 V_b 지점에서 pH를 계산하시오 : 0.0, 10.0, 20.0, 25.0, 30.0, 40.0, 45.0, 48.0, 49.0, 49.5, 50.0, 50.5, 51.0, 52.0, 55.0, 60.0 mL. V_b 대 pH의 그래프를 그리시오. 계산을 하지 않고, $V_b = \frac{1}{2}V_e$ 때 pH는 얼마가 되는가? 계산한 결과와 그 예측값이 일치하는가?

10-3 강산으로 약염기의 적정

약염기를 강산으로 적정하는 경우는 약산을 강염기로 적정하는 것의 정반대에 해당한다. 그 **적정 반응**(*titration reaction*)은 다음과 같다.

$$B + H^+ \longrightarrow BH^+$$

반응물이 약염기와 강산이므로, 산이 가해질 때 반응은 완결된다. 이 적정 곡선은 네 영역으로 구분된다.

1. 산이 가해지기 전에 용액은 물에 약염기인 B만이 있는 상태이다. 그 pH는 K_b 반응으로 결정된다.

$V_a = 0$인 경우에는 **약염기**의 문제이다.

$$\underset{F-x}{B} + H_2O \overset{K_b}{\rightleftharpoons} \underset{x}{BH^+} + \underset{x}{OH^-}$$

2. 처음과 당량점 사이에서 용액은 B와 BH^+의 혼합액이다. 즉, **아하! 완충 용액이다!** 이때의 pH는 다음과 같이 계산된다.

$0 < V_a < V_e$ 일 때는 **완충 용액** 상태이다.

$$pH = pK_a\,(BH^+\text{에 의한}) + \log\left(\frac{[B]}{[BH^+]}\right)$$

$V_a = \frac{1}{2}V_e$인 특별한 지점에서 $pH = pK_a\,(BH^+$에 대한$)$이다.

3. 당량점에서는 B가 약산인 BH^+로 바뀐다. 이때의 pH는 BH^+의 산해리 반응으로부터 계산된다.

$V_a = V_e$일 때 용액에는 **약산** BH^+가 들어 있다.

$$\underset{F'-x}{BH^+} \rightleftharpoons \underset{x}{B} + \underset{x}{H^+} \qquad K_a = \frac{K_w}{K_b}$$

BH^+의 포말 농도 F′는 묽혀졌기 때문에 원래의 B의 포말 농도와 같지 않다. 용액은 당량점에서 BH^+를 포함하므로 산성이다. 그러므로 **당량점에서의 pH는 분명히 7보다 낮다.**

4. 당량점 이후부터는 용액 속에 과량의 H^+가 남게 된다. 이제는 약산 BH^+의 영향은 무시하고, 과량의 H^+ 농도만을 고려하여 문제를 풀 수 있다.

$V_a > V_e$일 때 용액에는 **과량의 강산**이 들어 있다.

예제 HCl로 피리딘 적정

0.083 64 M 피리딘 25.00 mL를 0.106 7 M HCl로 적정하는 경우를 살펴보자. 이 경우 당량점은 V_e = 19.60 mL이다.

적정 반응: 피리딘(B) N: + H^+ ⟶ 피리디늄 이온(BH^+) $\overset{+}{N}H$

피리딘(B) $K_b = 1.6 \times 10^{-9}$ 피리디늄 이온(BH^+)

$$\underbrace{(V_e(\text{mL}))(0.106\ 7\ \text{M})}_{\text{HCl mmol}} = \underbrace{(25.00\ \text{mL})(0.083\ 64\ \text{M})}_{\text{피리딘의 mmol}} \Rightarrow V_e = 19.60\ \text{mL}$$

(a) 당량점 이전 V_a = 4.63 mL일 때와 (b) V_e에서의 pH를 각각 계산하시오.

해답 (a) 4.63 mL에서 피리딘의 일부는 중화되어 용액은 피리딘과 피리디늄 이온의 혼합액, 즉 **아하! 완충 용액**(*buffer*)이 된다. 피리딘의 처음 mmol은 (25.00 mL)(0.083 64 M) = 2.091 mmol이다. 가한 H^+은 (4.63 mL) × (0.106 7 M) = 0.494vmmol이므로, 다음과 같이 적을 수 있다.

적정 반응 :	B	+	H^+	⟶	BH^+
처음 mmol	2.091		0.494	—	
마지막 mmol	1.597		—		0.494

아하! 완충 용액이다! (B + BH^+)

$$\text{pH} = \text{p}K_{BH^+} + \log\left(\frac{[B]}{[BH^+]}\right) = 5.20 + \log\left(\frac{1.597}{0.494}\right) = 5.71$$

$\text{p}K_{BH^+}$: $-\log(K_w/K_b)$

$\text{p}K_{BH^+}$는 BH^+**산**에 대한 **산해리 상수** $\text{p}K_a$이다.

(b) 당량점 (19.60 mL)에서 모든 피리딘 (B)이 BH^+로 변화되도록 충분한 산이 가해졌다. pH는 약산인 BH^+의 해리 상수 $K_a = K_w/K_b = 6.3 \times 10^{-6}$에 의해서 영향을 받는다. BH^+의 포말 농도는 처음의 피리딘 mmol을 당량점에서 용액의 mL로 나눈 값과 같다. F′ = (2.091 mmol) / (25.00 + 19.60 mL) = 0.046 88 M이다.

$$\underset{F'-x}{BH^+} \rightleftharpoons \underset{x}{B} + \underset{x}{H^+} \qquad K_a = 6.3 \times 10^{-6}$$

$$\frac{x^2}{F'-x} = \frac{x^2}{0.046\ 88 - x} = K_a = 6.3 \times 10^{-6} \Rightarrow x = [H^+] = 5.4_0 \times 10^{-4}\ \text{M}$$

$$\text{pH} = -\log[H^+] = 3.27$$

약염기가 약산으로 바뀌었으므로, 당량점에서 pH는 산성이다.

 **복습 문제** HCl 19.00 mL를 가했을 때 pH를 구하시오. (**답** : 3.70)

자습문제

10-C. **(a)** 약염기를 강산으로 적정할 때 당량점에서 pH는 왜 7보다 낮은가?

(b) 0.100 M 코카인(반응 8-19, $K_b = 2.6 \times 10^{-6}$) 100.0 mL를 0.200 M HNO_3로 적정할 때 당량 부피는 얼마인가? V_a가 다음과 같을 때 pH를 계산하시오 : 0.0, 10.0, 20.0, 25.0, 30.0, 40.0, 49.0, 49.9, 50.0, 50.1, 51.0, 60.0. V_a에 대한 pH의 그래프를 그리시오.

10-4 종말점 검출

적정의 **당량점** (*equivalence point*) 은 반응의 화학량론으로 정의한다. **종말점** (*end point*) 은 당량점을 찾기 위해서 측정에 사용한 물리적 성질 (pH와 같은) 이 급격히 변하는 점이다. 지시약과 pH 측정이 산-염기 적정의 종말점을 구하는 데 흔히 쓰인다.

지시약으로 종말점 검출

지시약은 색의 변화가 당량점에서의 이론적 pH에 최대한 근접하는 것으로 선택한다.

9-6절에서 지시약은 그 자체가 산이나 염기로서, 이들의 여러 가지 양성자가 결합된 화학종 (protonated species) 들이 서로 다른 색을 띤다고 배웠다. 약산 지시약인 HIn에 대해서 $pH \lesssim pK_{HIn} - 1$이면 용액은 HIn의 색깔을 띠고, $pH \gtrsim pK_{HIn} + 1$이면 In^-의 색깔을 띠게 된다. $pK_{HIn} - 1 \lesssim pH \lesssim pK_{HIn} + 1$ 범위에서는 두 색깔의 혼합색이 관찰된다.

당량점이 pH = 5.54에서 나타나는 적정 곡선을 그림 10-3에 나타내었다. 소량의 부피 변화에 의해 pH가 7에서 4로 급격히 감소함을 볼 수 있다. 그러므로 어떤 지시약이라도 이 pH 범위에서 색 변화를 나타낼 수 있다면 상당히 근사적인 당량점을 찾는 데 사용될 수 있다. 또한 그 색 변화가 pH 5.54에 가까워질수록 보다 정확한 종말점을 구할 수 있다. 관찰되는 종말점 (색 변화) 과 참 당량점과의 차이를 **지시약 오차 (indicator error)** 라고 한다.

가장 흔히 사용되는 지시약 중의 하나가 페놀프탈레인이다. 이것은 산성에서 무색이고, 염기성에서 분홍색으로 변한다.

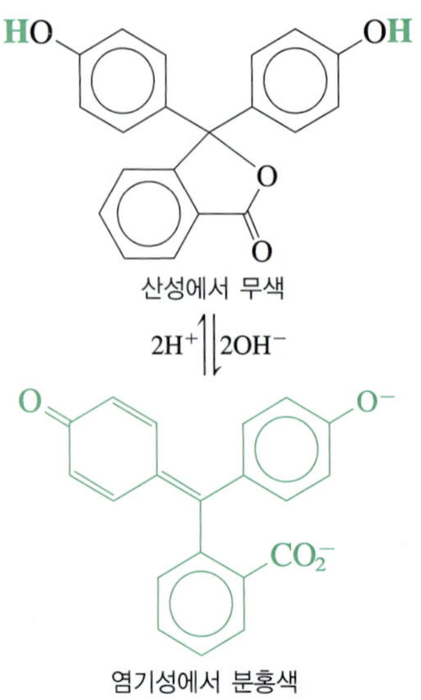

만일 반응물에 많은 양의 지시약을 첨가하면 또 다른 지시약 오차가 발생된다. 지시약들은 산 또는 염기이므로 분석물질 또는 적정시약과 반응한다. 그러므로 반응에서 지시약의 몰수가 분석물질의 몰수에 비해서 무시될 수 있어야만 한다. 따라서 묽은 지시약 용액을 절대로 몇 방울 이상 사용해서는 안된다.

그림 10-3의 적정에는 표 9-3에 수록된 여러 가지 지시약이 유용하다. 예를 들면, 브로모크레솔 퍼플을 사용한다면 종말점으로서 자주색에서 노란색으로의 색 변화를 이용할 수 있다. 마지막 연한 자주색은 pH 5.2 근처에서 사라지는데, 이 점은 그림 10-3의 참 당량점과 매우 근접되어 있다. 또한 브로모크레솔 그린을 지시약으로 사용할 경우는 푸른색에서 초록색(= 노란색 + 푸른색) 으로의 색깔 변화가 종말점에 나타난다.

일반적으로 **지시약은 그 변색 범위가 적정 곡선의 가장 가파른 부분에 가능한 한 근접하게 겹치는 것이 바람직하다.** 그림 10-3의 적정 곡선을 보면 당량점 부근에서 급경사를 이루고 있어, 당량점과 종말점의 불일치에 의한 지시약 오차가 크지 않음을 알 수 있다. 예를 들면, 지시약의 색변화가 당량점인 pH 5.54 대신 6.4에서 나타난다면, 이 경우의 V_e에 대한 오차는 0.25%일 뿐이다. 지시약 오차는 pH 6.4에 도달하는 데 필요한 적정시약

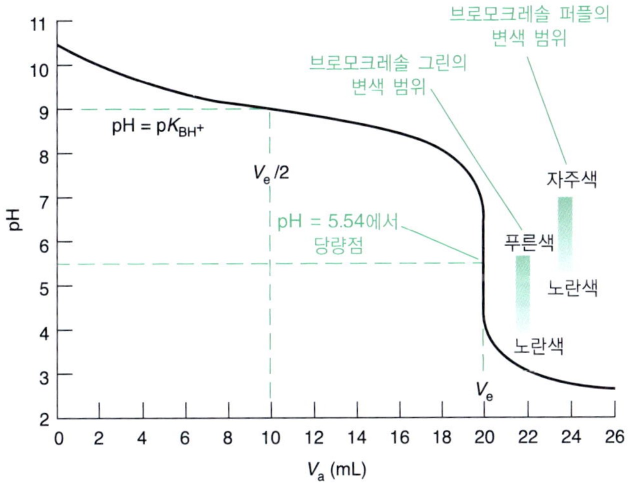

그림 10-3 0.010 0 M 염기(pK_b = 5.00) 100 mL와 0.050 0 M HCl의 반응에 대해 계산한 적정 곡선. HA를 OH^-로 적정하는 것과 비슷하며, $V_a = \frac{1}{2}V_e$에서 $pH = pK_{BH^+}$이다.

의 부피를 구하여 알 수 있다.

pH 전극으로 종말점 검출

그림 10-4에는 약산 H_6A를 NaOH로 적정한 실험 결과를 나타내고 있다. 이때 H_6A는 정제하기가 매우 어려워서, 1.000 mL의 물에 정확히 1.430 mg을 녹이고, Hamilton 주사기로 0.065 92 M NaOH를 마이크로리터(μL) 부피로 적정하였다.

H_6A를 적정하면 모두 6개의 당량점에서 pH의 급격한 변화가 관찰될 것으로 예상된다. 그림 10-4의 적정 곡선은 90과 120 μL 근처의 두 곳에서 뚜렷한 굴곡을 보이고 있는데, 이것은 각각 H_6A의 **제3, 제4의** 양성자의 적정에 각각 해당된다.

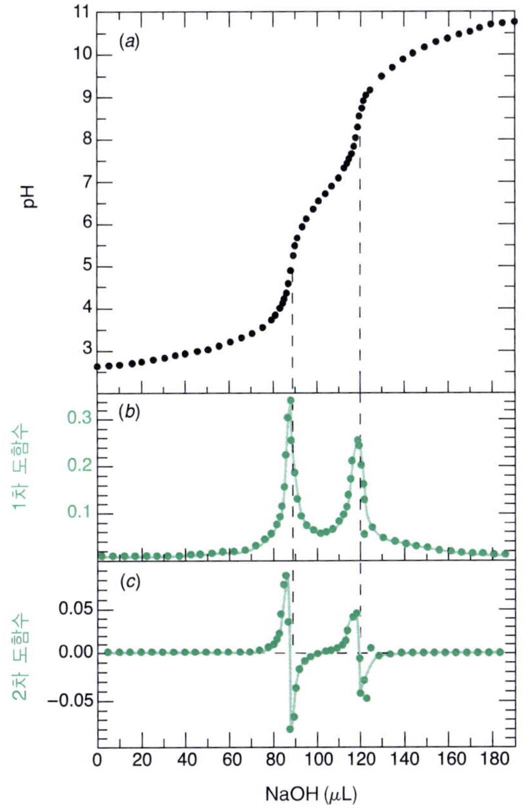

그림 10-4 (a) 0.10 M $NaNO_3$ 수용액 1.000 mL에 녹인 육양성자 산, 자이레놀 오렌지 1.430 mg의 적정에 대한 실험적인 점들. 적정시약은 0.065 92 M NaOH이다. (b) 1차 도함수 $\Delta pH/\Delta V$의 적정 곡선. (c) 2차 도함수는 그림 b 곡선의 도함수이다. 첫 번째 종말점에 대한 도함수는 그림 10-5에 계산되어 있다. 종말점은 1차 도함수 곡선에서 최대이며, 2차 도함수의 0점과 교차하는 점이다.

$$H_4A^{2-} + OH^- \longrightarrow H_3A^{3-} + H_2O \quad (\text{약 } 90\ \mu L \text{ 당량점})$$
$$H_3A^{3-} + OH^- \longrightarrow H_2A^{4-} + H_2O \quad (\text{약 } 120\ \mu L \text{ 당량점})$$

앞의 두 개와 뒤의 두 개의 당량점에서는 그 pH 값이 너무 작거나 크기 때문에 그 종말점을 확인할 수 없다.

종말점에서 기울기는 최대이다.

종말점은 적정 곡선의 기울기가 최대인 곳이다. 기울기는 두 점 사이의 pH 변화(ΔpH)를 그 두 점 사이의 부피 변화(ΔV)로 나눈 값이다.

적정 곡선의 기울기: $$\text{기울기} = \frac{\Delta pH}{\Delta V} \tag{10-3}$$

그림 10-4의 가운데 나타낸 기울기(**일차 도함수**(*first derivative*)라고도 함)는 그림 10-5에서 계산하였다. 스프레드시트의 처음 두 열에 실험값 부피와 pH 측정값을 나타냈다(pH 미터의 정확도는 소수 둘째 자리까지 일지라도, 정밀도는 소수 셋째 자리까지이다). 일차 도함수를 구하려면 각 쌍의 부피를 평균하고 $\Delta pH/\Delta V$를 계산해야 한다.

그림 10-5의 마지막 두 열과 그림 10-4*c*의 그래프는 기울기의 기울기(**이차 도함수**라고 함)를 나타내고, 다음과 같이 계산한다.

기울기의 기울기(2차 도함수)는 종말점에서 0이다.

2차 도함수: $$\frac{\Delta(\text{기울기})}{\Delta V} = \frac{\Delta(\Delta pH/\Delta V)}{\Delta V} \tag{10-4}$$

종말점은 이차 도함수가 0일 때의 부피에 해당한다. 그림 10-6의 확대한 눈금 그래프는 종말점의 부피를 찾기가 쉽게 해 준다.

예제 적정 곡선의 도함수 계산

그림 10-5에서 일차 및 이차 도함수를 어떻게 계산하는지 살펴보자.

해답 셀 C5에 나타낸 부피 85.5는 A 열에 있는 처음 두 부피(85.0과 86.0)의 평균값이다. 셀 D5의 기울기(일차 도함수) $\Delta pH/\Delta V$는 처음 두 pH 값과 처음 두 부피로부터 계산

	A	B	C	D	E	F
1	Derivatives of a Titration Curve					
2	Data		1st derivative		2nd derivative	
3	μL NaOH	pH	μL	ΔpH/ΔμL		Δ(ΔpH/ΔμL)
4	85.0	4.245			μL	ΔμL
5			85.5	0.155		
6	86.0	4.400			86.0	0.0710
7			86.5	0.226		
8	87.0	4.626			87.0	0.0810
9			87.5	0.307		
10	88.0	4.933			88.0	0.0330
11			88.5	0.340		
12	89.0	5.273			89.0	−0.0830
13			89.0	0.257		
14	90.0	5.530			90.0	−0.0680
15			90.5	0.189		
16	91.0	5.719			91.25	−0.0390
17			92.0	0.131		
18	93.0	5.980				
19	Representative formulas:					
20	C5 = (A6+A4)/2			E6 = (C7+C5)/2		
21	D5 = (B6−B4)/(A6−A4)			F6 = (D7−D5)/(C7−C5)		

그림 10-5 그림 10-4에서 90 μL 부근의 1차 및 2차 도함수를 계산하는 스프레드시트.

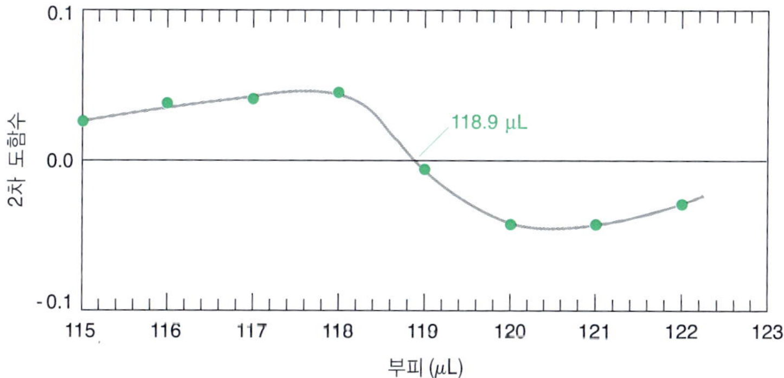

그림 10-6 10-4c에 보인 2차 도함수에서 두 번째 종말점을 확대한 그림.

된다.

$$\frac{\Delta \text{pH}}{\Delta V} = \frac{4.400 - 4.245}{86.0 - 85.0} = 0.15_5$$

좌표 ($x = 85.5, y = 0.15_5$) 는 그림 10-4b의 일차 도함수 그래프에 있는 한 점이다. 이차 도함수는 일차 도함수로부터 계산한다. 셀 E6의 부피는 86.0이며, 이것은 85.5와 86.5의 평균값이다. 셀 F6의 이차 도함수는 다음과 같이 구한다.

$$\frac{\Delta(\Delta \text{pH}/\Delta V)}{\Delta V} = \frac{0.22_6 - 0.15_5}{86.5 - 85.5} = 0.071_0$$

이 계산에서 유효하지 않은 숫자를 추가로 남겨두었다.

좌표 ($x = 86.0$, $y = 0.071_0$) 는 그림 10-4c에 나타낸 이차 도함수 그래프에 있는 한 점이다. 이들의 계산을 직접하면 지루하지만 스프레드시트를 이용하면 편리하다.

복습 문제 그림 10-5의 셀 D17과 F16에 있는 일차 및 이차 도함수 값을 구하시오. (**답** : 0.130 5와 −0.038 67. 스프레드시트를 이용하였기 때문에 그림 10-5에 나타낸 숫자들보다 큰 반올림 오차를 나타낸다.)

그림 10-7은 적정이 자동적으로 수행되고 그 결과가 바로 컴퓨터의 스프레드시트에 연결되는 **자동적정기** (*autotitrator*) 이다. 병에 들어 있는 적정시약이 주사기형 펌프에 의해 소량씩 첨가되고, 한편 pH는 비커에 담근 전극으로 측정한다. 적정시약을 첨가한 후, 그 다음 적정시약이 첨가되기 전에 pH가 안정화될 때까지 기다려야 한다.

자습문제

10-D. **(a)** 그림 10-1, 10-2, 그리고 10-11의 $\text{p}K_a = 8$ 곡선의 적정에 유용한 지시약을 표 9-3에서 택하시오. 각 적정에 따른 서로 다른 지시약을 선택하고, 종말점으로 어떤 색깔 변화를 이용할지를 설명하시오.

(b) 그림 10-4의 아래 표에 두 번째 종말점 부근의 몇 가지 자료를 수록하였다. 그림 10-5와 유사한 스프레드시트를 이용하여 일차 및 이차 도함수를 구하시오. V_b 대 두 도함수를 각각 도시하고, 각 그림으로부터 종발점을 찾으시오.

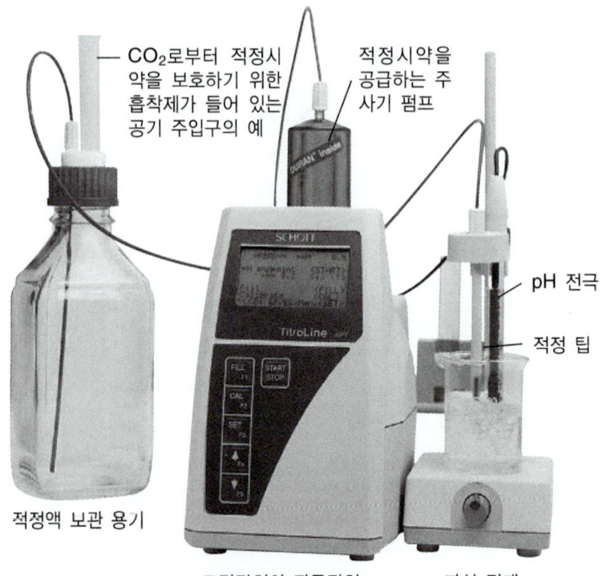

그림 10-7 자동적정기는 적정시약을 왼쪽의 병으로부터 오른쪽 모터 젓개 위의 분석물질이 들어 있는 비커로 보낸다. 용기 안에 담겨 있는 전극이 pH 혹은 특정 이온의 농도를 측정한다. 부피와 pH 측정기록이 바로 스프레드시트 프로그램으로 간다. [제공: Schott Instruments, Mainz, Germany, and Cole-Parmer Instruments, Vernon Hills, IL.]

V_b (μL)	pH	V_b (μL)	pH	V_b (μL)	pH	V_b (μL)	pH
107.0	6.921	114.0	7.457	117.0	7.878	120.0	8.591
110.0	7.117	115.0	7.569	118.0	8.090	121.0	8.794
113.0	7.359	116.0	7.705	119.0	8.343	122.0	8.952

10-5 실제적인 주의점

일차 표준물질은 순수하고 안정하며, 쉽게 건조되고, 흡습성이 없어야 한다. **흡습성**(*hygroscopic*) 화합물은 일정량을 취하기 위해 무게를 측정하는 동안 물을 흡수한다. NaOH와 KOH는 일차 표준물질로 사용할 수 없다.

질문 : 표 10-3의 일차 표준물질에 밀도가 주어진 이유는 무엇인가?

일차 표준물질(*primary standard*)로 사용할 수 있을 만큼 순수하게 구입할 수 있는 산과 염기들을 표 10-3에 수록하였다. NaOH와 KOH는 시약급(reagent grade) 물질이 탄산 이온(대기 중 CO_2와 반응한 결과)과 흡수된 물을 포함하기 때문에 일차 표준물질이 될 수 없다. NaOH와 KOH 용액은 일차 표준물질로 표준화해야 한다. 프탈산 수소 포타슘은 이러한 목적으로 사용되는 편리한 화합물이다. 적정에 사용되는 NaOH 용액은 50 wt% NaOH 수용액으로 된 저장 용액을 묽혀서 제조한다. 저장 용액 속의 탄산 소듐은 비교적 불용성이며 바닥에 가라앉는다.

알칼리(염기성) 용액은 대기와 차단되어야 하는데, 왜냐하면 CO_2를 흡수하기 때문이다.

$$OH^- + CO_2 \longrightarrow HCO_3^-$$

장기간에 걸친 CO_2의 흡수는 염기의 농도를 변화시키고, 약산과의 적정에서 종말점의 예민도를 감소시킨다. 강염기는 유리를 부식시키므로 필요 이상으로 유리병이나 뷰렛에 오래 보관하지 말아야 한다. 염기성 용액은 폴리에틸렌 용기에 마개로 막고 보관하면 수 주일동안 거의 농도 변화 없이 사용할 수 있다.

자습문제

10-E. **(a)** **(i)** HCl과 **(ii)** NaOH를 표준화하는 데 사용되는 일차 표준물질의 이름과 화학식

표 10-3 일차 표준물질

화합물	부력 보정용 밀도 (g/mL)	주의점
산		
(구조식: 벤젠 고리에 CO_2H, CO_2K) 프탈산 수소 포타슘 FM 204.22	1.64	순수한 고체를 105°C에서 건조하여 염기를 표준화하는 데 사용한다. 페놀프탈레인 종말점을 이용하면 좋다. (구조식: CO_2H, CO_2^- 프탈레이트) $+ OH^- \longrightarrow$ (구조식: CO_2^-, CO_2^-) $+ H_2O$
$KH(IO_3)_2$ 아이오딘산 수소 포타슘 FM 389.91	-	이것은 강산이므로 종말점이 약 5에서 약 9 사이에 있는 어떤 지시약으로도 적정이 가능하다.
염기		
$H_2NC(CH_2OH)_3$ 트리스(히드록시메틸)아미노메테인 (tris 또는 tham이라고도 한다) FM 121.14	1.33	순수한 고체를 100 ~ 103°C에서 건조하고 강산을 적정한다. 종말점은 pH 4.5 ~ 5의 범위이다. $H_2NC(CH_2OH)_3 + H^+ \longrightarrow H_3\overset{+}{N}C(CH_2OH)_3$
Na_2CO_3 탄산 소듐 FM 105.99	2.53	일차 표준급의 탄산 소듐을 산으로 적정하면 pH 4 ~ 5에서 종말점이 나타난다. 종말점에 이르기 바로 직전에 용액을 끓여 CO_2를 제거한다.
$Na_2B_4O_7 \cdot 10H_2O$ 보락스 FM 381.37	1.73	재결정한 물질을 NaCl과 슈크로스로 포화시킨 수용액이 들어 있는 건조함에서 건조시킨다. 이 과정에서 결정수 ($10H_2O$)가 포함된다. 표준물질을 산으로 적정하고 메틸 레드로서 종말점을 알아낸다. "$B_4O_7^{2-} \cdot 10H_2O$" $+ 2H^+ \longrightarrow 4B(OH)_3 + 5H_2O$

을 답하시오.

(b) 표 10-3을 참고하여 약 0.05 M NaOH 30 mL 가량을 표준화하는 데 몇 g의 프탈산 수소 포타슘을 사용해야 하는가?

10-6 Kjeldahl 질소 분석법

1883년에 개발된 **Kjeldahl 질소 분석법(Kjeldahl nitrogen analysis)**은 단백질, 곡물, 밀가루 등 유기물에 존재하는 질소를 정량하는 방법으로, 가장 널리 이용하는 방법 중의 하나이다. 우선 고체를 끓는 황산 용액 속에서 **삭여서**(*digested*, 분해시켜 녹임) 질소를 암모늄 이온 NH_4^+로 변환시킨다.

$$\textbf{Kjeldahl 삭임:} \quad \text{유기물 C, H, N} \xrightarrow[H_2SO_4]{\text{가열}} NH_4^+ + CO_2 + H_2O$$

미지 물질에 있는 각 질소 원자는 한 개의 NH_4^+ 이온으로 변환된다.

수은, 구리, 셀레늄 화합물들이 삭임 과정에서 촉매로 사용된다. 반응을 빠르게 하기 위하여 K_2SO_4를 첨가하여 진한 황산(98 wt%)의 끓는점(338°C)을 높인다. 삭임은 목이 긴 **Kjeldahl 플라스크**(그림 10-8) 내에서 수행해야 시료가 튀어나가 손실되는 것을 막을 수 있다(Kjeldahl 플라스크를 대체할 수 있는 기구는 그림 2-18과 같이 H_2SO_4와 H_2O_2가 들어 있는 마이크로파 통(가압 용기)이다).

삭임이 완결된 후 NH_4^+을 함유하고 있는 용액을 염기성으로 만들어 생성된 NH_3를 아는 양의 HCl이 담겨져 있는 용기 속으로 증류(다량의 수증기로) 시킨다(그림 10-9). 과량

그림 10-8 *(a)* 목이 긴 Kjeldahl 삭임 플라스크는 시료가 튀어나가는 손실을 최소화한다. *(b)* 여러 개의 시료에 적용되는 6개의 배출구를 가진 장치는 유독성 증기의 배출을 위한 것이다. [출처: Fisher Scientific, Pittsburgh, PA.]

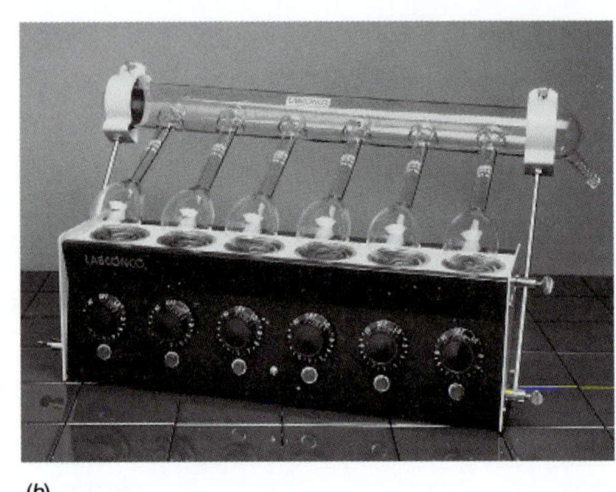

(a) (b)

의 반응하지 않은 HCl은 표준 NaOH 용액으로 적정하여, HCl이 NH_3에 의하여 얼마나 소모되었나를 정량한다.

그림 10-9 Kjeldahl 증류장치는 5분 이내에 증류가 끝날 수 있도록 왼쪽 플라스크에 있는 삽입식 전열기를 사용한다. 오른쪽 비커는 표준 HCl 속으로 유리된 NH_3를 포집한다. 중앙의 둥근 구는 수집 용기로 액체가 튀는 것을 방지하기 위한 장치이다. [출처: Fisher Scientific, Pittsburgh, PA.]

NH_4^+의 중화 : $$NH_4^+ + OH^- \longrightarrow NH_3(g) + H_2O \qquad (10\text{-}5)$$

표준 HCl 속에 NH_3의 증류 : $$NH_3 + H^+ \longrightarrow NH_4^+ \qquad (10\text{-}6)$$

미반응의 HCl을 NaOH로 적정 : $$H^+ + OH^- \longrightarrow H_2O \qquad (10\text{-}7)$$

산-염기 적정법에 대신에 산을 중화시키고 완충 용액으로 pH를 높인 다음, NH_3와 유색의 생성물을 형성하는 시약을 가한다.[3] 유색 생성물의 흡광도를 측정하여 삭임에 의해 생성된 NH_3의 농도를 구한다.

예제 Kjeldahl 분석

전형적인 단백질은 16.2 wt%의 질소를 함유한다. 단백질 용액 0.500 mL를 삭여서, 생성된 NH_3를 0.021 40 M HCl 10.00 mL 속으로 증류시켰다. 반응하지 않은 HCl을 완전히 적정하는 데 0.019 8 M NaOH가 3.26 mL 소비되었다. 원래 시료 중에 들어 있는 단백질의 농도(mg 단백질 /mL)를 구하시오.

해답 HCl의 원래 총 밀리몰수는 (10.00 mL)(0.021 40 M) = 0.214 0 mmol이다. 반응식 10-7에서 반응하지 않은 HCl을 적정하는 데 필요한 NaOH는 (3.26 mL)(0.019 8 M) = 0.064 5 mmol이다. 그 차이 0.214 0 − 0.064 5 = 0.149 5 mmol은 반응식 10-5에서 생성되어 HCl 속으로 증류시킨 NH_3의 양과 같다.

단백질에 있는 1 mmol의 질소는 1 mmol의 암모니아를 생성하기 때문에, 단백질 시료에는 0.149 5 mmol의 질소가 존재하고 이에 해당하는 질소의 무게는 다음과 같다.

$$(0.149\,5\ \text{mmol})\left(14.006\,7\,\frac{\text{mg N}}{\text{mmol}}\right) = 2.093\ \text{mg N}$$

만일 단백질이 16.2 wt%의 질소를 함유하고 있다면, 시료 중에 있는 단백질의 농도는 다음과 같다.

$$\frac{2.093\ \text{mg N}}{0.162\ \text{mg N/mg 단백질}} = 12.9\ \text{mg 단백질}$$

$$\frac{12.9\ \text{mg 단백질}}{0.500\ \text{mL}} = 25.8\ \frac{\text{mg 단백질}}{\text{mL}}$$

 **복습 문제** 소비된 NaOH가 3.26 mL 대신 4.00 mL일 때 단백질의 농도를 구하시오. (**답** : 23.3 mg/mL)

자습문제

10-F. Kjeldahl 방법을 사용하여 37.9 mg 단백질/mL를 포함하는 용액 256 μL를 분석하였나. 생싱된 NH_3을 0.033 6 M HCl 5.00 mL에 포집하고, 남은 산을 완전히 적정하는데 0.010 0 M NaOH 6.34 mL를 소비하였다.

(a) 몇 몰의 NH_3가 생성되었는가?

(b) **(a)** 의 NH_3에 들어 있는 질소는 몇 mg인가?

(c) 몇 mg의 단백질이 분석되었는가?

(d) 단백질 중 질소의 무게 백분율은 얼마인가?

10-7 스프레드시트로 적정 곡선 계산

10-1 ~ 10-3절에서 적정 곡선이 의미하는 화학을 이해하기 위하여 적정 곡선을 계산하였다. 이제 스프레드시트가 적정 계산에서 어떻게 수고와 실수를 감소시켜 주는지 알게 될 것이다. 스프레드시트에 사용하기 위해서는, 우선 pH를 적정시약의 부피와 관련된 식으로 유도해야 한다.

전하 균형

전하 균형(charge balance)은 어떤 용액에서든지 그 용액의 순전하가 0이어야 하므로, 양전하의 합과 음전하의 합은 같다는 것을 말한다. 약산 HA에 NaOH가 가해진 용액에 대한 전하 균형은 다음과 같다.

전하 균형 : $$[H^+] + [Na^+] = [A^-] + [OH^-] \quad (10\text{-}8)$$

HA와 $Ca(OH)_2$가 들어 있는 용액에서 전하 균형은 $[H^+] + 2[Ca^{2+}] = [A^-] + [OH^-]$로 되는데, 그것은 1몰의 Ca^{2+}는 2몰의 전하를 나타내기 때문이다. $[Ca^{2+}] = 0.1$ M이면 그것이 기여하는 양전하는 0.2 M이다.

H^+와 Na^+의 양전하 합은 A^-와 OH^- 음전하의 합과 같다.

약산을 강염기로 적정

부피가 V_a인 약산 HA (처음 농도 C_a)를 농도가 C_b이고 부피가 V_b인 NaOH로 적정한다고 하자. Na^+의 농도는 NaOH의 몰수(C_bV_b)를 용액의 전체 부피($V_a + V_b$)로 나눈 것이다.

$$[Na^+] = \frac{C_bV_b}{V_a + V_b} \quad (10\text{-}9)$$

마찬가지로 약산의 포말 농도는 다음과 같은데,

$$F = [HA] + [A^-] = \frac{C_aV_a}{V_a + V_b} \quad (10\text{-}10)$$

이는 C_aV_a mol의 HA가 전체 부피 $V_a + V_b$로 묽혀졌기 때문이다.

이제 12-5절에서 유도된 두 식을 도입하자.

HA 형태의 약산의 분율 : $$\alpha_{HA} = \frac{[HA]}{F} = \frac{[H^+]}{[H^+] + K_a} \tag{10-11}$$

A^- 형태의 약산의 분율 : $$\alpha_{A^-} = \frac{[A^-]}{F} = \frac{[K_a]}{[H^+] + K_a} \tag{10-12}$$

$\alpha_{HA} + \alpha_{A^-} = 1$

식 10-11과 10-12는 약산의 포말 농도가 F이면, HA의 농도는 $\alpha_{HA} \cdot F$이고, A^-의 농도는 $\alpha_{A^-} \cdot F$임을 나타낸다. 분율을 합하면 1이 되어야 한다.

적정으로 되돌아가서 식 10-12와 10-10을 결합하면 A^-의 농도에 대한 식을 나타낼 수 있다.

$$[A^-] = \alpha_{A^-} \cdot F = \frac{\alpha_{A^-} \cdot C_aV_a}{V_a + V_b} \tag{10-13}$$

$[Na^+]$(식 10-9)와 $[A^-]$(식 10-13)을 전하 균형식(식 10-8)에 대입하면 다음과 같다.

$$[H^+] + \frac{C_bV_b}{V_a + V_b} = \frac{\alpha_{A^-} \cdot C_aV_a}{V_a + V_b} + [OH^-]$$

재배열하면, 다음과 같다.

$\phi = C_bV_b/C_aV_a$는 당량점에 대한 분율 표시 방법이다.

ϕ	염기의 부피
0.5	$V_b = \frac{1}{2}V_e$
1	$V_b = V_e$
2	$V_b = 2V_e$

강염기에 의한 약산의 적정 분율 : $$\phi = \frac{C_bV_b}{C_aV_a} = \frac{\alpha_{A^-} - \frac{[H^+] - [OH^-]}{C_a}}{1 + \frac{[H^+] - [OH^-]}{C_b}} \tag{10-14}$$

결국 식 10-14는 매우 유용하다. 이 식은 적정시약의 부피(V_b)와 pH의 관계이다. 양 ϕ ($= C_bV_b/C_aV_a$)는 당량점(V_e)에 대한 분율 표시법이 된다. $\phi = 1$일 때 첨가된 염기의 부피 V_b는 V_e와 같다. 식 10-14의 역수를 취하는 일에 익숙해져 있는 이유는 pH(오른쪽)를 입력시켜 부피(왼쪽)를 얻어야 하기 때문이다.

O(CH₂CH₂)₂$\overset{+}{N}$HCH₂CH₂SO₃⁻

2-(*N*-모폴리노)에탄설폰산
MES, $pK_a = 6.27$

그림 10-2와 표 10-2에 나타낸 0.020 00 M MES 약산 50.00 mL를 0.100 0 M NaOH로 적정하는 적정 곡선을 계산하기 위해서 식 10-14를 사용하는 스프레드시트를 작성하여 보자. 당량 부피 $V_e = 10.00$ mL이다. 식 10-14에서 값들은 다음과 같다.

$C_b = 0.1$ M　　　$[H^+] = 10^{-pH}$

$C_a = 0.02$ M　　　$[OH^-] = K_w/[H^+]$

$V_a = 50$ mL

$K_a = 5.3_7 \times 10^{-7}$　　　$\alpha_{A^-} = \dfrac{K_a}{[H^+] + K_a}$

$K_w = 10^{-14}$

pH는 입력　　　$V_b = \dfrac{\phi C_aV_a}{C_b}$ 는 출력임

그림 10-10에 나타낸 스프레드시트의 입력값은 B열에 있는 pH이고, 출력값은 G열에 있는 V_b이다. pH로부터 $[H^+]$, $[OH^-]$, α_{A^-}는 열 C, D, E에서 각각 계산된다. 적정분율 ϕ을 구하기 위한 식 10-14는 F열에서 사용된다. 이 값으로부터 G열에 있는 적정시약의 부피

	A	B	C	D	E	F	G
1	Titration of Weak Acid with Strong Base						
2							
3	Cb =	pH	[H+]	[OH–]	Alpha(A–)	Phi	Vb (mL)
4	0.1	3.00	1.00E-03	1.00E-11	0.001	– 0.049	– 0.490
5	Ca =	3.99	1.02E-04	9.77E-11	0.005	0.000	0.001
6	0.02	4.00	1.00E-04	1.00E-10	0.005	0.000	0.003
7	Va =	5.00	1.00E-05	1.00E-09	0.051	0.050	0.505
8	50	6.27	5.37E-07	1.86E-08	0.500	0.500	5.000
9	Ka =	7.00	1.00E-07	1.00E-07	0.843	0.843	8.430
10	5.37E-07	8.00	1.00E-08	1.00E-06	0.982	0.982	9.818
11	Kw =	9.25	5.62E-10	1.78E-05	0.999	1.000	10.000
12	1.00E-14	10.00	1.00E-10	1.00E-04	1.000	1.006	10.058
13		11.00	1.00E-11	1.00E-03	1.000	1.061	10.606
14		12.00	1.00E-12	1.00E-02	1.000	1.667	16.667
15							
16	C4 = 10^–B4						
17	D4 = $A$12/C4						
18	E4 = $A$10/(C4+$A$10)						
19	F4 = (E4–(C4–D4)/$A$6)/(1+(C4–D4)/$A$4) [Equation 10–14]						
20	G4 = F4*$A$6*$A$8/$A$4						

그림 10-10 약산인 0.02 M MES (pK_a = 6.27) 50 mL를 0.1 M NaOH로 적정하는 적정 곡선을 계산하기 위해 식 10-14를 이용하는 스프레드시트. B열에 pH를 입력값으로 주었으며, 그 pH값을 얻기 위해 G열의 염기 부피가 얼마나 필요한지 스프레드시트로 알 수 있다.

V_b를 계산한다.

입력시킬 pH 값을 어떻게 정할까? 출발 pH 값을 구하기 위해서는 pH를 입력하여 V_b가 양인지 음인지를 살펴보는 시행착오를 반복할 수밖에 없다. 몇 번만 시도함으로써 $V_b = 0$인 pH에 도달하는 것은 쉽다. 그림 10-10에서 pH 3.00은 너무 낮다는 것을 알 수 있는데, 그 이유는 ϕ와 V는 모두 음수이기 때문이다. pH 입력값을 간격이 좁게 하면, 보기 좋은 적정 곡선을 작성할 수 있다. 공간을 절약하기 위하여 중간 지점(pH = 6.27 ⇒ V_b = 5.00 mL)과 종말점(pH = 9.25 ⇒ V_b = 10.00 mL)을 포함하는 몇 개의 점만을 그림 10-10에 나타내었다. 스프레드시트는 영역마다 다른 근사법을 사용하지 않고도 표 10-2와 일치한다.

정확한 부피(V_e 같은)를 위해서는 관련된 셀(칸)에 여분의 숫자를 나타낼 수 있도록 스프레드시트를 만든다. 이 책에서는 숫자 자리를 제한시켰다.

스프레드시트의 능력

그림 10-10의 셀 A10에 있는 K_a를 바꿈으로써, 다른 종류의 산에 대한 곡선들을 계산할 수 있다. 그림 10-11은 적정 곡선이 HA의 산해리 상수에 따라 어떻게 달라지는가를 보여준다. 그림 10-11의 가장 밑부분에 있는 강산의 적정 곡선은 셀 A10에 큰 K_a 값($K_a = 10^3$)을 이용하여 구하였다. 그림 10-11은 K_a가 감소(pK_a 증가)함에 따라 당량점 부근의 pH 변화는 너무 적어 당량점을 확인할 수 없을 때까지 감소한다. 분석물질이나 적정시약의 농도가 감소함에 따라 유사한 경향이 나타난다. **산이나 염기의 세기가 너무 약하거나 그 농도가 너무 묽으면 실제로 적정하기에 좋지 않다.**

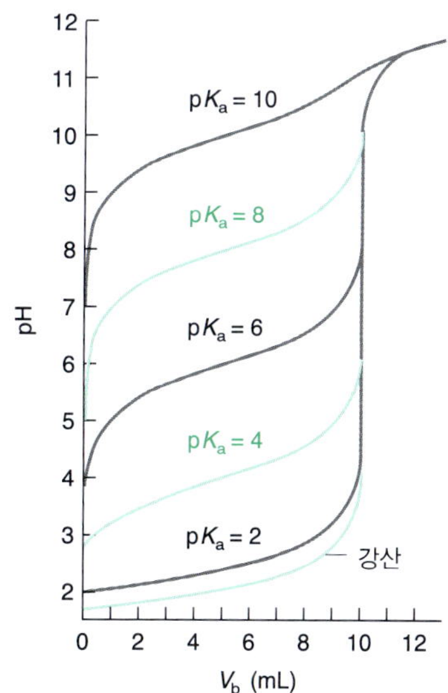

그림 10-11 0.020 0 M HA 50.0 mL를 0.100 M NaOH로 적정을 나타내기 위하여 계산한 곡선. 산의 세기가 약해짐에 따라, 당량점에서 기울기 변화는 덜 뚜렷해진다.

약염기를 강산으로 적정

식 10-14를 유도했던 비슷한 논리로, 강산으로 약염기 B의 적정에 이용할 수 있는 식을 유도할 수 있다.

강산으로 약염기 적정의 분율 :

$$\phi = \frac{C_a V_a}{C_b V_b} = \frac{\alpha_{BH^+} + \dfrac{[H^+] - [OH^-]}{C_b}}{1 - \dfrac{[H^+] - [OH^-]}{C_a}} \qquad (10\text{-}15)$$

여기서 C_a는 뷰렛에 있는 강산의 농도, V_a는 가한 산의 부피, C_b는 적정되는 약염기의 초기 농도, V_b는 적정되는 약염기의 처음 부피, α_{BH^+}는 BH^+ 형태로 있는 염기의 분율이다.

BH^+ 형태의 염기 분율 : $$\alpha_{BH^+} = \frac{[HA^+]}{F} = \frac{[H^+]}{[H^+] + K_{BH^+}} \quad (10\text{-}16)$$

여기서 K_{BH^+}는 BH^+의 산해리 상수이다.

웹사이트 www.whfreeman.com/exploringchem5e에 수록된 실험 10은 적정의 실험 데이터가 이론식인 10-14 또는 10-15에 어떻게 일치하는지를 알려준다. Excel Solver®는 측정 데이터를 맞추어 가장 정확한 분석물질의 농도와 pK값을 구하는 데 이용된다.

자습문제

10-G. **(a) 강염기로 약산의 적정에서 pK_a의 영향.** 그림 10-10의 스프레드시트를 이용하여 그림 10-11에 있는 곡선들을 구하고 그림을 그리시오. 강산에 대하여는 $K_a = 10^3$을 사용하시오.

(b) 강염기로 약산의 적정에서 농도의 영향. 스프레드시트를 이용하여 다음 농도의 조합으로 pK_a = 6에 대한 세트의 적정 곡선을 작성하시오. **(i)** $C_a = 20$ mM, $C_b = 100$ mM **(ii)** $C_a = 2$ mM, $C_b = 10$ mM **(iii)** $C_a = 0.2$ mM, $C_b = 1$ mM

주요식

유용한 지름길

$$\text{mL} \times \frac{\text{mol}}{\text{L}} = \text{mmol}$$

당량 부피 (V_e)

$$\underbrace{C_aV_a = C_bV_e}_{\text{염기로 산을 적정}} \quad \text{또는} \quad \underbrace{C_aV_e = C_bV_b}_{\text{산으로 염기를 적정}}$$

C_a = 산 농도 C_b = 염기 농도

V_a = 산 부피 V_b = 염기 부피 V_e = 당량 부피

약산의 적정
(책 뒤표지 안쪽면을 보라)

1. 처음 용액 – 약산

$$\underset{F-x}{HA} \overset{K_a}{\rightleftharpoons} \underset{x}{H^+} + \underset{x}{A^-} \qquad \frac{x^2}{F-x} = K_a$$

2. 당량점 이전 – 완충 용액

적정 반응은 얼마나 많은 HA와 A^-가 있는지 알려준다.

$$pH = pK_a + \log\left(\frac{[A^-]}{[HA]}\right)$$

3. 당량점 – 약염기 – pH > 7

$$\underset{F'-x}{A^-} + H_2O \overset{K_b}{\rightleftharpoons} \underset{x}{HA} + \underset{x}{OH^-} \qquad K_b = \frac{K_w}{K_a}$$

F′은 묽힌 농도이다.

4. 당량점 이후 – 과량의 강염기

$$pH = -\log(K_w/[OH^-]_{\text{과량}})$$

약염기의 적정
(책 뒤표지 안쪽면을 보라)

1. 처음 용액 – 약염기

$$\underset{F-x}{B} + H_2O \overset{K_b}{\rightleftharpoons} \underset{x}{BH^+} + \underset{x}{OH^-} \qquad \frac{x^2}{F-x} = K_b$$

2. 당량점 이전 – 완충 용액

적정 반응은 얼마나 많은 B와 BH^+가 있는지 알려준다.

$$pH = pK_{BH^+} + \log\left(\frac{[B]}{[BH^+]}\right)$$

3. 당량점—약산—$pH < 7$

$$BH^+ \xrightleftharpoons{K_{BH^+}} B + H^+$$
$$F'-x \quad x \qquad x$$

4. 당량점 이후—과량의 강산

$$pH = -\log([H^+]_{과량})$$

스프레드시트 적정 반응 — 식 10-14와 10-15를 이용한다. 입력은 pH이고, 출력은 부피이다.

지시약 선정 — 적정의 당량점에서 이론적 pH에 가까이서 색깔이 변하는 지시약을 이용한다.

전극으로 종말점 검출 — 종말점은 최대의 기울기를 갖는다: $\Delta pH/\Delta V$가 최대이다.

종말점은 2차 도함수가 0인 점이다: $\frac{\Delta(\Delta pH/\Delta V)}{\Delta V} = 0$

알아두어야 할 술어

Kjeldahl 질소 분석법(Kjeldahl nitrogen analysis)　　전하 균형(charge balance)　　지시약 오차(indicator error)

문제

10-1. OH^-를 H^+로 적정할 때 각각의 적정 영역에서 일어나는 화학 반응이 무엇인지 설명하고, 각각의 영역에서 pH를 어떻게 계산하는지 답하시오.

10-2. 약산 HA를 OH^-로 적정할 때 각각의 적정 영역에서 일어나는 화학 반응이 무엇인지 설명하고, 각각의 영역에서 pH를 어떻게 계산하는지 답하시오.

10-3. 약염기 A^-를 강산 H^+로 적정할 때 각 적정 영역에서 일어나는 화학 반응이 무엇인지 설명하고, 각각의 영역에서 pH를 어떻게 계산하는지 답하시오.

10-4. 그림 10-3에서 왜 적정 곡선이 당량점에서 가장 가파른가?

10-5. 그림 10-4에서 종말점을 정하기 위해 왜 1차 도함수 곡선의 최대값 혹은 2차 도함수 곡선의 영점 교차점을 사용해야 되는가?

10-6. 0.100 M NaOH 100.0 mL를 1.00 M HBr로 적정하려고 한다. 당량 부피는 얼마인가? HBr의 첨가 부피가 다음과 같을 때 pH를 구하고, HBr의 부피 V_a 대 pH의 그래프를 그리시오. V_a = 0, 1.00, 5.00, 9.00, 9.90, 10.00, 10.10, 12.00 mL.

10-7. 0.050 0 M $HClO_4$ 25.0 mL를 0.100 M KOH로 적정한다. 당량 부피를 구하시오. KOH의 첨가 부피가 다음과 같을 때 pH를 구하고, KOH의 부피 V_b 대 pH의 그래프를 그리시오. V_b =0, 1.00, 5.00, 10.00, 12.40, 12.50, 12.60, 13.00 mL.

10-8. 0.050 0 M 약산(pK_a = 4.00) 50.0 mL를 0.500 M NaOH로 적정한다. 적정 반응식을 적고 V_e를 구하시오. NaOH의 첨가부피가 다음과 같을 때 pH를 구하고, V_b 대 pH의 그래프를 그리시오. V_b = 0, 1.00, 2.50, 4.00, 4.90, 5.00, 5.10, 6.00 mL.

10-9. 염화 메틸암모늄(methylammonium chloride)을 수산화 테트라메틸암모늄(tetramethylammonium hydroxide)으로 적정할 때, 적정 반응은 다음과 같다.

$$\underset{\substack{BH^+ \\ 약산}}{CH_3NH_3^+} + \underset{\substack{(CH_3)_4N^+OH^- \\ 로부터}}{OH^-} \longrightarrow \underset{\substack{B \\ 약염기}}{CH_3NH_2} + H_2O$$

0.010 0 M 염화 메틸암모늄 25.0 mL를 0.050 0 M 수산화 테트라메틸암모늄으로 적정할 때 당량 부피를 구하시오. V_b = 0, 2.50, 5.00, 10.00 mL일 때 pH를 구하고, 적정 곡선을 그리시오.

10-10. 0.100 M 브로민화 아닐리늄(anilinium bromide, "aminobenzene · HBr") 100 mL를 0.100 M NaOH로 적정하는 반응을 쓰시오. $V_b = 0, 0.100V_e, 0.500V_e, 0.900V_e, V_e, 1.200V_e$일 때 pH를 구하고, 적정 곡선을 그리시오.

10-11. 0.100 M 하이드록시아세트산(hydroxyacetic acid)을 0.050 0 M KOH로 적정할 때 당량점의 pH는 얼마인가?

10-12. 0.093 8 M 약산, HA 25.00 mL에 0.064 3 M KOH 16.24 mL를 가했을 때, 측정된 pH가 3.62였다. 산의 pK_a를 구하시오.

10-13. 물 41.37 mL에 CHES(FW 207.29, 구조는 표 9-2 참조) 1.214 g을 녹이고 NaOH 수용액 22.63 mL를 가하였더니, pH가

9.13이었다. NaOH의 몰농도를 계산하시오.

10-14. **(a)** 약산 HA 100.0 mL를 0.093 81 M NaOH로 적정할 때, 당량점에 이르는데 27.63 mL가 필요하였다. HA의 몰농도를 구하시오.
(b) 당량점에서 A^-의 포말 농도는 얼마인가?
(c) 당량점에서 pH가 10.99였다. HA의 pK_a를 구하시오.
(d) NaOH 19.47 mL를 가할 때 pH를 구하시오.

10-15. 0.100 M 약염기 B ($pK_b = 5.00$) 100.0 mL를 1.00 M $HClO_4$로 적정하였다. V_e를 구하고 $V_a = 0$, 1.00, 5.00, 9.00, 9.90, 10.00, 10.10, 12.00 mL에서 pH를 계산하시오. 또 pH 대 V_a의 그래프를 그리시오.

10-16. 0.040 0 M 프로판산 소듐(sodium propanoate, 프로판산의 소듐염) 100.0 mL를 0.083 7 M HCl로 적정하였다. V_e를 구하고 $V_a = 0$, $\frac{1}{4}V_e$, $\frac{1}{2}V_e$, $\frac{3}{4}V_e$, V_e, $1.1V_e$에서 pH를 계산한 다음, pH 대 V_a의 그래프를 그리시오.

10-17. 0.031 9 M 벤질아민(benzylamine) 50.0 mL가 든 용액을 0.050 0 M HCl로 적정하였다.
(a) 적정 반응에 대한 평형 상수는 얼마인가?
(b) V_e를 구하고 $V_a = 0$, 12.0, $\frac{1}{2}V_e$, 30.0, V_e, 35.0 mL에서 pH를 계산하시오.

10-18. 유독한 HCN(*g*)이 발생되므로 절대로 사이안화 이온(CN^-)과 산을 섞지 마시오. 그러나 단지 흥밋거리로 0.100 M NaCN 50.00 mL를 다음과 섞을 때 pH를 계산하시오.
(a) 0.438 M $HClO_4$ 4.20 mL
(b) 0.438 M $HClO_4$ 11.82 mL
(c) 0.438 M $HClO_4$와의 당량점에서 pH

10-19. 0.050 00 M 이미다졸(imidazole) 25.00 mL을 0.125 0 M HNO_3으로 적정하였다. V_e를 구하고, $V_a = 0$, 1.00, 5.00, 9.00, 9.90, 10.00, 10.10, 12.00 mL에서의 pH를 각각 구하고, V_a 대 pH의 그래프를 그리시오.

10-20. pH 3.8~5.4의 변색 범위를 가진 브로모크레솔 그린 지시약이 약산을 강염기로 적정할 때 유용할 것인가? 이유를 설명하시오.

10-21. 그림 10-2의 적정에서 당량점에서의 pH가 9.25였다. 지시약으로 티몰 블루를 사용한다면, 당량점에 이르기 전까지의 적정 과정에서 어떤 색깔이 관찰되는가? 또한 당량점에서와 당량점이 지난 후의 색깔은 어떻게 되는가?

10-22. 그림 10-11에 나타낸 $pK_a = 10.00$의 적정 곡선에서 지시약으로 적정의 종말점을 결정하는 것이 유용하지 않은 이유를 말하시오.

10-23. 페놀프탈레인은 HCl을 NaOH로 적정하는 데 지시약으로 쓰인다.
(a) 종말점에서 어떤 색의 변화가 관찰되는가?
(b) 종말점 직후, 염기성 용액은 공기 중으로부터 서서히 CO_2를 흡수하여 $CO_2 + OH^- \rightleftharpoons HCO_3^-$ 반응 때문에 더 산성으로 되므로 분홍색이 사라지고 무색으로 된다. 만약 매우 천천히 적정한다면, 이 반응이 종말점을 구하는 데 계통 오차 또는 우연 오차를 유발하는가?

10-24. 0.10 M 브로민화 피리디늄(pyridinium bromide, 피리딘과 HBr의 염)을 0.10 M NaOH로 적정에서, 0.99 V_e일 때의 pH가 7.20이었다. V_e에서 pH = 8.95였고, 1.01 V_e에서 pH = 10.70이었다. 이 적정에 알맞은 지시약을 표 9-3에서 고르고, 어떤 색깔 변화가 이용될지를 답하시오.

10-25. 아래 적정 데이터로부터 종말점을 구하는 2차 도함수 그래프를 그리시오.

mL NaOH	pH	mL NaOH	pH
10.679	7.643	10.729	5.402
10.696	7.447	10.733	4.993
10.713	7.091	10.738	4.761
10.721	6.700	10.750	4.444
10.725	6.222	10.765	4.227

10-26. 보락스(borax, 표 10-3)를 HNO_3 용액의 표준화에 사용되었다. 0.261 9 g 보락스를 적정하는 데 21.61 mL가 소모되었다. HNO_3의 몰농도는 얼마인가?

10-27. 암모니아를 함유한 유리 세척제 시료 10.231 g을 물 39.466 g으로 묽혔다. 이 용액 4.373 g을 0.106 3 M HCl 14.22 mL로 적정하여 브로모크레솔 그린 종말점에 도달하였다.
(a) 분석한 4.373 g에 들어 있는 유리 세척제 시료 10.231 g의 분율은 얼마인가?
(b) 4.373 g 시료에는 NH_3(FM 17.031) 몇 g이 들어 있는가?
(c) 세척제에 함유된 NH_3의 무게 백분율을 구하시오.

10-28. Kjeldahl 질소 분석법에서 최종 생성물은 HCl 용액에서 NH_4^+이다. NH_4^+ 이온을 적정하지 않고 HCl을 적정할 필요가 있다.
(a) 순수한 0.010 M NH_4Cl의 pH를 계산하시오.
(b) HCl을 NaOH로 적정할 때 적정 곡선의 가파른 부분은 pH ≈ 4에서 pH ≈ 10에 이른다. NH_4^+가 아니라 HCl을 적정하는데 적당한 지시약을 고르시오.

10-29. 그림 10-10과 같은 스프레드시트를 작성하고, 식 10-15를 사용해서 그림 10-3에 있는 적정 곡선을 재현하시오.

10-30. **강산을 약염기로 적정하는데 있어서 pK_b의 영향.** 문제 10-29의 스프레드시트를 사용하여 0.020 0 M B (pK_b = −2.00, 2.00, 4.00, 6.00, 8.00, 10.00) 50.0 mL를 0.100 M HCl로 적정하고, 그림 10-11과 유사한 곡선들을 그리시오(pK_b = −2.00는 $K_b = 10^{+2.00}$에 해당하는 것으로 강염기를 나타낸다).

응용문제

10-31. 다음 표는 미지의 단일 염기 용액 100.0 mL를 0.111 4 M HCl로 적정한 데이터이다. 염기가 몇 개의 양성자를 받아들였는지 설명하고(그것은 일양성자 또는 이양성자 등), 염기의 몰농도를 구하시오. 정확도가 0.01 자리까지로 제한된 고감도 pH 미터로 0.001 자리까지의 pH를 얻었다. 어떻게 0.001 mL의 정밀도로 부피를 50 mL까지 옮길 수 있는가

어림 적정				첫 번째 종말점에 가까운 정밀 데이터				두 번째 종말점에 가까운 정밀 데이터			
mL	pH	mL	pH	mL	pH	mL	pH	mL	pH	mL	pH
0.595	12.148	29.157	5.785	26.939	8.217	27.481	7.228	40.168	3.877	41.542	2.999
1.711	12.006	31.512	5.316	27.013	8.149	27.501	7.158	40.403	3.767	41.620	2.949
3.540	11.793	33.609	5.032	27.067	8.096	27.517	7.103	40.498	3.728	41.717	2.887
5.250	11.600	36.496	4.652	27.114	8.050	27.537	7.049	40.604	3.669	41.791	2.845
7.258	11.390	38.222	4.381	27.165	7.987	27.558	6.982	40.680	3.618	41.905	2.795
9.107	11.179	39.898	3.977	27.213	7.916	27.579	6.920	40.774	3.559	42.033	2.735
11.557	10.859	40.774	3.559	27.248	7.856	27.600	6.871	40.854	3.510	42.351	2.617
13.967	10.486	41.791	2.845	27.280	7.791	27.622	6.825	40.925	3.457	42.709	2.506
16.045	10.174	42.709	2.506	27.309	7.734	27.649	6.769	40.994	3.407	43.192	2.401
18.474	9.850	45.049	2.130	27.338	7.666	27.675	6.717	41.057	3.363	43.630	2.312
20.338	9.627	47.431	1.937	27.362	7.603	27.714	6.646	41.114	3.317		
22.136	9.402	49.292	1.835	27.386	7.538	27.747	6.594	41.184	3.263		
24.836	8.980			27.406	7.485	27.793	6.535	41.254	3.210		
26.216	8.608			27.427	7.418	27.846	6.470	41.329	3.150		
27.013	8.149			27.444	7.358	27.902	6.411	41.406	3.093		
27.969	6.347			27.463	7.287	27.969	6.347	41.466	3.047		

표준화 과정 : 표준 산과 염기 용액의 제조

염산과 수산화 소듐은 실험실에서 사용하는 가장 일반적인 강산과 강염기이다. 두 용액의 정확한 농도를 구하기 위해서는 반드시 표준화가 필요하다. 아래에 기술한 방법의 배경에 대한 설명은 10-5절에서 언급하였다.

시약

50 wt% NaOH :(3 mL/학생) 시약급 NaOH 50 g을 증류수 50 mL에 녹이고, 하룻밤 방치하여 부유물을 가라앉힌다. 이 용액에서 Na_2CO_3는 녹지 않고 침전된다. 그 용액을 밀폐시킨 폴리에틸렌 병에 보관하고, 액체를 취할 때는 침전물이 섞이지 않도록 주의하면서 천천히 다룬다.

페놀프탈레인 지시약 : 페놀프탈레인 50 mg을 에탄올 50 mL에 녹인 다음, 증류수 50 mL를 가한다.

브로모크레솔 그린 지시약 : 브로모크레솔 그린 100 mg을 0.01 M NaOH 14.3 mL에 녹인 다음, 증류수로 250 mL까지 묽힌다.

진한 HCl (37 wt%): 10 mL/학생

일차 표준물질 : 프탈산 수소 포타슘(~ 2.5 g/학생) 및 탄산 소듐(~1.0 g/학생)

0.05 M NaCl : 50 mL/학생

NaOH 용액의 표준화

1. 일차 표준급의 프탈산 수소 포타슘을 105°C에서 1시간 동안 말린 다음, 뚜껑이 있는 병에 넣고 건조 용기에 보관한다.

$CO_2^-K^+$, CO_2H + NaOH ⟶

프탈산 수소 포타슘
FM 204.22

$CO_2^-K^+$, $CO_2^-Na^+$ + H_2O

2. 증류수 1 L를 5분간 끓여 CO_2를 제거한다. 물을 폴리에틸렌 병에 붓고 가능한 한 언제나 뚜껑을 꼭 닫아둔다. 약 0.1 M NaOH 1 L를 만드는 데 필요한 50 wt% NaOH의 부피를 계산한다(50 wt% NaOH의 밀도는 1.50 g/용액 mL이다). 눈금 실린더를 사용하여 필요한 부피의 NaOH를 물이 든 병에 옮긴다(주의: 50 wt% NaOH는 인체에 유해하다. 피부에 쏟을 경우 흐르는 물로 씻어야 한다). 잘 섞고, 실온으로 용액을 식힌다(가능한 한 하룻밤 방치하는 것이 좋다).

3. 네 개의 프탈산 수소 포타슘 고체 시료를 달아 125 mL 플라스크에 각각 넣고 약 25 mL의 증류수로 녹인다. 이때 0.1 M NaOH 약 25 mL와 반응할 수 있는 충분한 양의 고체가 들어 있도록 해야 한다. 각각에 페놀프탈레인 지시약 세 방울을 가하고,

대략의 종말점을 찾기 위하여 그 중의 하나를 빠르게 적정한다. 공기로부터 CO_2가 들어오는 것을 막기 위해 뷰렛은 느슨하게 뚜껑을 씌운다.

4. 나머지 세 개의 시료를 적정하는 데 필요한 NaOH의 부피를 계산하고, 그들을 조심스럽게 적정한다. 각 적정하는 동안 플라스크를 주기적으로 기울이고 흔들어서 병에 묻어 있는 액체를 벌크(bulk) 용액으로 씻어낸다. 종말점 근처에서는 한 번에 한 방울보다 적은 양을 플라스크에 넣는다. 이렇게 하기 위해서는 조심스럽게 뷰렛 끝에 한 방울보다 적은 양이 매달리게 한 다음, 이것을 플라스크 안쪽 벽에 대고, 조심스럽게 플라스크를 기울여서 묻은 액을 벌크 용액으로 씻어내고 용액을 흔들어 섞는다. 종말점은 엷은 분홍색이 처음으로 15초 동안 지속되는 때이다(색깔은 용액에 녹아 있는 공기 중 CO_2에 의해서 천천히 없어진다).

5. 평균 몰농도($\bar{x}$), 표준 편차(s), 퍼센트 상대 표준 편차(= 100 × s / $\bar{x}$)를 계산하시오. 주의깊게 실험하면, 상대 표준 편차는 0.2% 이내가 된다.

HCl 용액의 표준화

1. 이 책의 뒤표지 안쪽 면에 있는 표를 이용하여, 0.1 M HCl을 만들기 위하여 증류수 1 L에 가해야 할 약 37 wt% HCl의 부피를 구한 다음, 이 용액을 만든다.

2. 일차 표준급의 탄소 소듐을 105°C에서 한 시간 동안 말리고 건조용기에서 식힌다.

3. 0.1 M HCl 약 25 mL와 반응하기에 충분한 Na_2CO_3를 함유한 네 개의 시료를 달아 125 mL 플라스크에 각각 넣는다. 적정할 준비가 되면, 각 시료를 약 25 mL의 증류수로 녹인다. 브로모크레솔 그린 지시약 세 방울을 각각 가하고, 대략의 종말점을 찾기 위해 그 중의 한 개 시료를 초록색이 얻어질 때까지 빠르게 적정한다.

$$\underset{\text{FM 105.99}}{2HCl + Na_2CO_3} \longrightarrow CO_2 + 2NaCl + H_2O$$

4. 나머지 시료를 푸른색에서 초록색으로 변할 때까지 조심스럽게 적정한 다음, 용액을 끓여 CO_2를 날려 보낸다. 이때 용액은 다시 푸른색으로 되돌아와야 한다. 다음 용액이 다시 초록색으로 변할 때까지 뷰렛으로부터 염산을 조심스럽게 가한다. 이 지점에서 산의 부피를 기록한다.

5. 0.05 M NaCl 50 mL에 지시약 세 방울을 넣고 바탕 적정을 한다. Na_2CO_3를 적정한 부피에서 바탕 적정에 필요한 HCl의 부피를 뺀다.

6. 평균 HCl 몰농도, 표준 편차, 퍼센트 상대 표준 편차를 각각 계산한다.

주와 참고문헌

1. J. J. Urh, "Protein Testing Enters the 21st Century: Innovative Protein Analyzer Not Affected by Melamine," *Am. Lab.* October 2008, p. 18.

2. L. Zhu, G. Gamez, H. Chen. K. Chingin, and R. Zenobi, "Rapid Detection of Melamine in Untreated Milk and Wheat Gluten by Ultrasound-Assisted Extractive Electrospray Ionization Mass Spectrometry," *Chem. Commun.* **2009**, 559; G. Huang, Z. Ouyang, and R. G. Cooks, "High-Throughput Trace Melamine Analysis in Complex Mixtures," *Chem. Commun.* **2009**, 556.

3. Colorimetric Kjeldahl NH_3 measurement: www.umass.edu/tei/mwwp/acrobat/epa351_3Norg.pdf.

대기 중의 이산화탄소

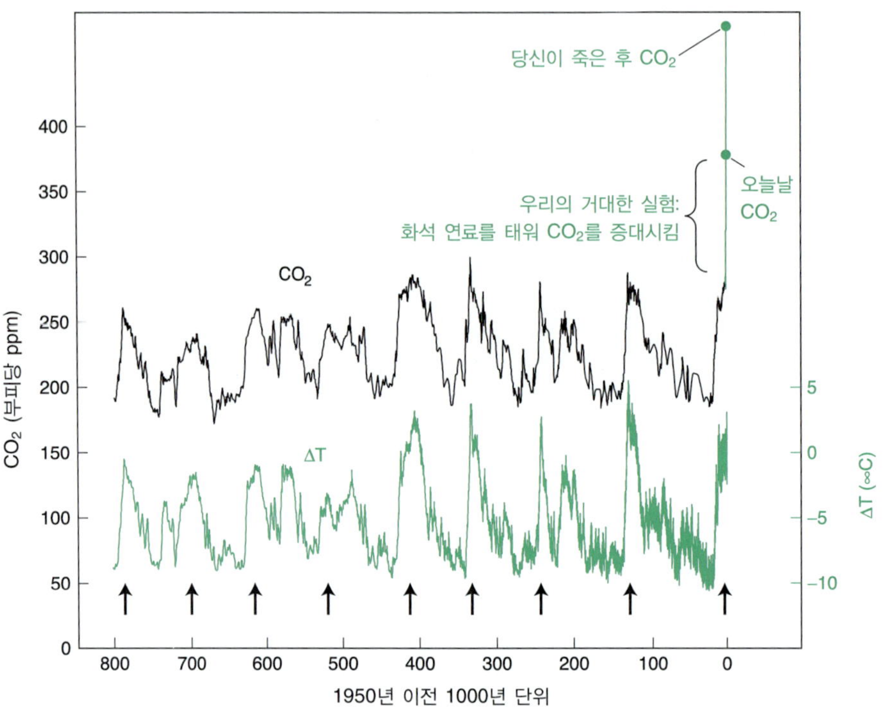

위쪽 곡선 : 대기 중 CO_2는 남극 빙하에 갇힌 공기와 직접 대기 측정으로부터 추정하였다. **아래쪽 곡선** : 대기 온도는 침전이 형성된 곳에서 얼음의 동위원소 조성으로부터 추정하였다. [제공: J. M. Barnola, D. Raynaud, C. Lorius, and N. I. Barkov, http://cdiac.esd.ornl.gov/ftp/trends/co2/vostok.icecore.co2.] 그림 1-4는 지난 1 000년간의 결과를 나타내고 있다.

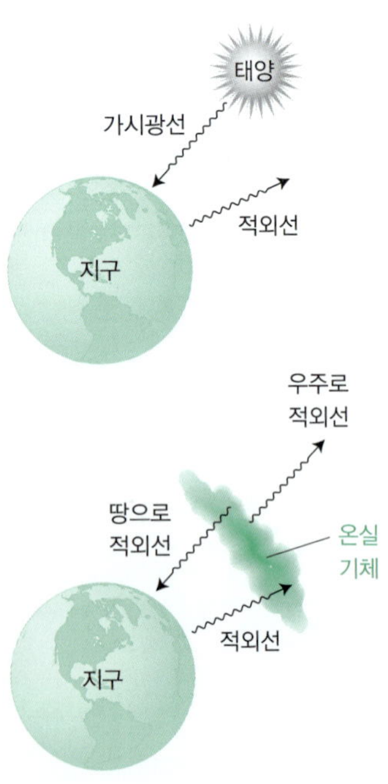

온실 효과

아마도 지금까지 실시한 가장 거대한 실험은 최소 800 000년 동안 지속되어온 CO_2 순환 농도를 변경시키는 데 충분한 양의 이산화탄소를 대기 중으로 배출시킨 것이다. CO_2는 주된 에너지원인 화석 연료(석탄, 석유, 천연 가스)의 연소로부터 발생한다.

CO_2는 지구의 표면 온도에 영향을 끼치는 **온실 기체**(*greenhouse gas*)로서 작용한다. 지구는 태양을 흡수한 후, 적외선을 발산한다. 흡수된 태양 빛과 우주로 발산한 복사선 사이의 균형이 지표의 온도를 결정한다. 온실 기체는 적외선을 흡수하고 그 중의 일부를 땅으로 다시 복사한다. 지구 복사선의 일부를 가로채서, CO_2가 없을 때보다 지구를 더 따뜻하게 한다.

그림은 약 100 000년 주기의 화살표로 표시한 대기 온도와 CO_2 실험 봉우리들이다. 온도 변화는 주로 지구 공전과 기울어짐의 변화 때문이라고 말한다. 온도의 작은 상승이 대양으로부터 대기로 녹은 CO_2를 증발시킨다. 증가된 대기 중 CO_2는 온실 효과에 의해서 온난화를 증가시킨다. 궤도 변화에 의해서 나타나는 냉각은 대양으로 CO_2를 다시 용해시켜, 더욱 냉각되게 한다. 온도와 CO_2는 200년 전까지는 서로 상관관계가 있었다. 지금 우리 세대가 지구 온도를 변경시키기 위해서 거대한 실험의 영향을 배우는 처음이 될 것 같다.

11

다양성자 산과 염기

이산화탄소는 공기로부터 물에 녹아서 두 개의 산성 양성자를 가진 탄산을 생성한다. 이 장의 후반부에서, 대양에 엄청난 양의 탄산이 녹아 들어가서 생기는 영향도 살펴볼 것이다. CO_2로부터 생성되는 탄산과 단백질로부터 이루는 아미노산은 **다양성자 산(polytropic acid)** 이므로, 한 개 이상의 산성 양성자를 갖고 있다.

11-1 아미노산은 다양성자 산이다

아미노산(amino acid) 은 단백질을 구성하며 산성의 카복실기와 염기성의 아미노기, 그리고 R로 표시되는 여러 가지 치환기를 가지고 있다.

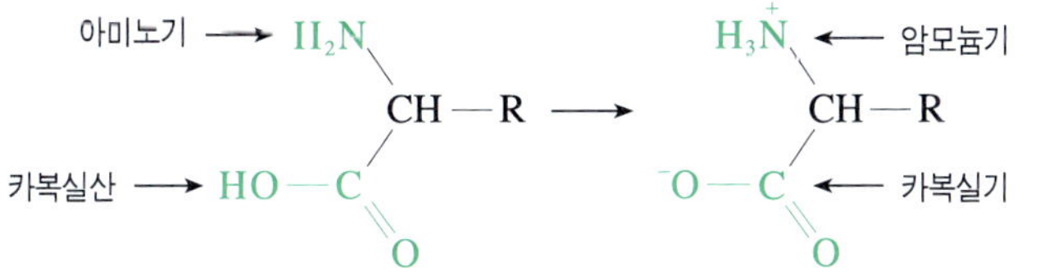

아미노기 → H_2N–CH–R, 카복실산 → HO–C(=O) ⟶ $H_3\overset{+}{N}$ ← 암모늄기, CH–R, $^-$O–C(=O) ← 카복실기

쯔비터 이온

쯔비터 이온(*zwitterion*)은 양전하와 음전하를 함께 가지고 있는 이온이다.

카복실기보다는 아미노기가 더 염기성이기 때문에 산성 양성자는 카복실기의 산소가 아니라 아미노기의 질소에 결합된다. 그 결과 생기는 구조는 양전하와 음전하를 동시에 가지는 구조로 **쯔비터 이온(zwitterion)** 이라고 한다.

낮은 pH에서는 암모늄기와 카복실기 모두 양성자와 결합하고, 높은 pH에서는 둘 다 양성자와 결합하지 않는다. 치환체도 산이나 염기의 성질을 가질 수 있다. 20가지의 일반적인 아미노산의 산해리 상수를 표 11-1에 나타내었는데, 각각의 치환체(R)는 양성자가 모두 결합된 형태로 적혀 있다. 3개의 산성 양성자를 갖고 있는 아미노산인 시스테인(cysteine)을 예로 들면 다음과 같다.

표 11-1 아미노산의 산해리 상수[a, b]

아미노산[c]	치환체	카복실산 pK_a	암모늄 pK_a	치환체 pK_a	분자량
알라닌 (A)	$-CH_3$	2.344	9.868		89.09
아르지닌 (R)	$-CH_2CH_2CH_2NHC(=\overset{+}{N}H_2)NH_2$	1.823	8.991	(12.1)	174.20
아스파라진 (N)	$-CH_2C(=O)NH_2$	2.16	8.73		132.12
아스파트산 (D)	$-CH_2CO_2H$	1.990	10.002	3.900	133.10
시스테인 (C)	$-CH_2SH$	(1.7)	10.74	8.36	121.16
글루탐산 (E)	$-CH_2CH_2CO_2H$	2.16	9.96	4.30	147.13
글루타민 (Q)	$-CH_2CH_2C(=O)NH_2$	2.19	9.00		146.15
글라이신 (G)	$-H$	2.350	9.778		75.07
히스티딘 (H)	$-CH_2-$ (이미다졸륨 고리, $\overset{+}{N}H$, NH)	(1.6)	9.28	5.97	155.16
아이소류신 (I)	$-CH(CH_3)(CH_2CH_3)$	2.318	9.758		131.17
류신 (L)	$-CH_2CH(CH_3)_2$	2.328	9.744		131.17
라이신 (K)	$-CH_2CH_2CH_2CH_2NH_3^+$	(1.77)	9.07	10.82	146.19
메싸이오닌 (M)	$-CH_2CH_2SCH_3$	2.18	9.08		149.21
페닐알라닌 (F)	$-CH_2-C_6H_5$	2.20	9.31		165.19
프롤린 (P)	$H_2\overset{+}{N}$ 고리, HO_2C ← 완전한 아미노산의 구조	1.952	10.640		115.13
세린 (S)	$-CH_2OH$	2.187	9.209		105.09
트레오닌 (T)	$-CH(CH_3)(OH)$	2.088	9.100		119.12
트립토판 (W)	$-CH_2-$ (인돌, N–H)	2.37	9.33		204.23
타이로신 (Y)	$-CH_2-C_6H_4-OH$	2.41	8.67	11.01	181.19
발린 (V)	$-CH(CH_3)_2$	2.286	9.719		117.15

a. A. E. Martell, R. M. Smith, and R. J. Motekaitis, *NIST Critically Selected Stability Constants of Metal Complexes*, NIST Standard Reference Database 46, Gaithersburg, MD, 2001.

b. 25°C에서 pK_a. 괄호 안에 값은 확실하지 않음.

c. 표준으로 사용되는 약어도 괄호 안에 나타내었다. 산성 양성자는 색 글씨로 표시하였다. 각 치환체는 모두 양성자와 결합한 형태로 적었다.

$$H_3A^+ \underset{pK_{a1} = 1.7}{\overset{K_{a1} = 0.020}{\rightleftharpoons}} H_2A \underset{pK_{a2} = 8.36}{\overset{K_{a2} = 4.4 \times 10^{-9}}{\rightleftharpoons}} HA^- \underset{pK_{a3} = 10.74}{\overset{K_{a3} = 1.8 \times 10^{-11}}{\rightleftharpoons}} A^{2-}$$

이것이 알짜 전하가 0인 시스테인이다

일반적으로 **이양성자 산**(*diprotic acid*)은 K_{a1}과 K_{a2} (여기서 $K_{a1} > K_{a2}$)로 표시하는 2개의 산해리 상수를 갖는다.

$$H_2A \overset{K_{a1}}{\rightleftharpoons} HA^- + H^+ \qquad HA^- \overset{K_{a2}}{\rightleftharpoons} A^{2-} + H^+$$

K_{a1}은 **가장 산성**인 양성자에 대한 것이다. K_{a1}과 K_{a2}의 아래첨자 "a"는 관습적으로 생략하므로, 이 장의 대부분에서는 K_1과 K_2로 쓸 것이다.

두 개의 염기 가수분해 상수는 K_{b1}과 K_{b2} ($K_{b1} > K_{b2}$)로 표시한다.

$$A^{2-} + H_2O \overset{K_{b1}}{\rightleftharpoons} HA^- + OH^- \qquad HA^- + H_2O \overset{K_{b2}}{\rightleftharpoons} H_2A + OH^-$$

K_a와 K_b의 관계

K_{a1} 반응과 K_{b2} 반응을 더하면, 그 합은 K_w 반응인 $H_2O \rightleftharpoons H^+ + OH^-$이 된다. 이런 방법으로 산과 염기의 평형 상수들 사이의 관계에 관한 가장 중요한 식들을 유도할 수 있다.

이양성자 계에서 K_a와 K_b의 관계:

$$K_{a1} \cdot K_{b2} = K_w$$
$$K_{a2} \cdot K_{b1} = K_w \qquad (11\text{-}1)$$

도전 K_{a1}과 K_{b2}의 반응식을 더하면 $K_{a1} \cdot K_{b2} = K_w$임을 증명하라.

3개의 산성 양성자가 있는 **삼양성자 계(triprotic system)**에서의 관계는 아래와 같다.

삼양성자 계에서 K_a와 K_b의 관계:

$$K_{a1} \cdot K_{b3} = K_w$$
$$K_{a2} \cdot K_{b2} = K_w \qquad (11\text{-}2)$$
$$K_{a3} \cdot K_{b1} = K_w$$

다양성자 산에 대한 일련의 산해리 상수들의 표준 표기법은 K_1, K_2, K_3 등이며, 아래첨자 "a"는 보통 생략한다. 명확하게 기술하기 위해 아래첨자 "a"를 표시하거나 생략한다. 일련의 염기 가수분해 상수들에서는 아래첨자 "b"로 표시한다. **K_{a1} (혹은 K_1)은 가장 많은 양성자가 결합된 산성 화학종을 가리키는 것이고, K_{b1}은 산성 양성자가 없는 염기성 화학종을 가리킨다.**

자습문제

11-A. **(a)** 아래의 이온들을 물에 넣을 때, 2개의 연속적인 산-염기 반응(단계적 산-염기 반응이라고 하는)을 일으킨다. 각 이온의 평형 상수에 대한 반응식과 올바른 기호(예를 들어, K_2 또는 K_{b1})를 쓰시오. 각각의 평형 상수값은 부록 B를 이용하라.

(i) $H_3\overset{+}{N}CH_2CH_2\overset{+}{N}H_3$
에틸렌다이암모늄 이온

(ii) $^{-}OC(=O)CH_2C(=O)O^{-}$
말론산 이온

(b) 아래와 같이 양성자가 모두 결합된 화학종들로 시작할 때, 아스파트산(aspartic acid)과 아르지닌(arginine)의 두 아미노산에 대한 단계적 산해리 상수를 쓰시오. 표 11-1에 있는 pK_a 값에 맞는 순서로 양성자를 제거하시오. 가장 작은 pK_a(가장 큰 K_a)의 양성자부터 떨어진다는 것을 기억하라. 아스파트산과 이르지닌이라 부르는 중성 분자를 표시하시오.

(iii) 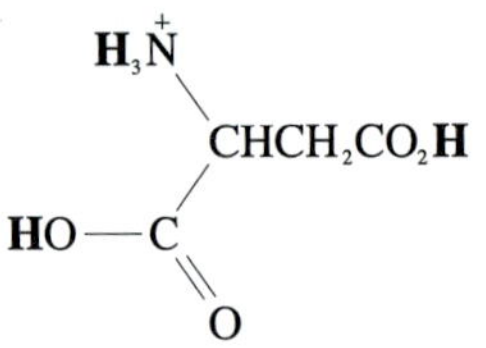 $H_3\overset{+}{N}CH(CO_2H)CH_2CO_2\mathbf{H}$ (HO—C(=O)—)
아스파트산 양이온

(iv) 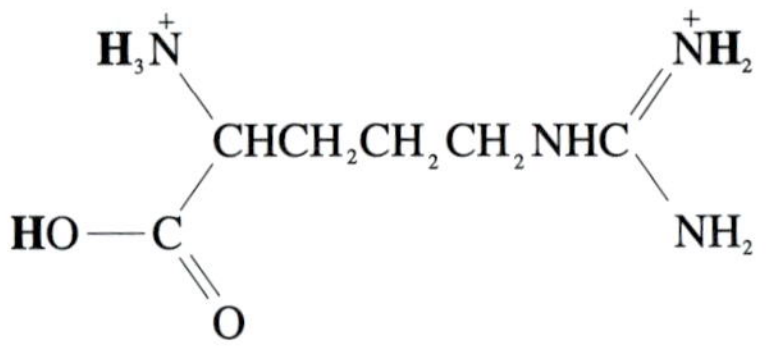 $H_3\overset{+}{N}CH(CO_2H)CH_2CH_2CH_2NHC(=\overset{+}{N}H_2)NH_2$ (HO—C(=O)—)
아르지닌 양이온

11-2 이양성자 계의 pH 결정

HL로 표시한 아미노산 류신에 대하여 생각해 보자. 중앙에 색으로 나타낸 중성 분자는 아미노기에 하나의 양성자가 결합되어 있다. 이것은 카복실기에 양성자를 받아들여 H_2L^+를 형성할 수도 있고, 암모늄기로부터 양성자를 잃어 L^-로 될 수도 있다.

류신의 치환기는 아이소뷰틸기이다. R = $-CH_2CH(CH_3)_2$.

$$\underset{H_2L^+}{\mathbf{H_3}\overset{+}{N}CH(R)CO_2\mathbf{H}} \xrightleftharpoons{pK_{a1} = 2.328} \underset{\substack{HL \\ \text{류신}}}{\mathbf{H_3}\overset{+}{N}CH(R)CO_2^-} \xrightleftharpoons{pK_{a2} = 9.744} \underset{L^-}{\mathbf{H_2}NCH(R)CO_2^-}$$

산해리 상수는 가장 많은 양성자가 결합된 형태인 H_2L^+로 시작한다.

이양성자 산 :

$$\mathbf{H_2}L^+ \rightleftharpoons HL + \mathbf{H}^+ \qquad K_{a1} \equiv K_1 \tag{11-3}$$

$$\mathbf{H}L \rightleftharpoons L^- + \mathbf{H}^+ \qquad K_{a2} \equiv K_2 \tag{11-4}$$

염기 가수분해 상수는 양성자가 모두 해리된 화학종인 L^-로 시작한다.

이양성자 염기 :

$$L^- + \mathbf{H_2}O \rightleftharpoons \mathbf{H}L + OH^- \qquad K_{b1} \tag{11-5}$$

$$HL + \mathbf{H_2}O \rightleftharpoons \mathbf{H_2}L^+ + OH^- \qquad K_{b2} \tag{11-6}$$

이제 0.050 0 M H_2L^+, 0.050 0 M HL, 0.050 0 M L^- 용액의 pH와 조성을 계산해 보자. 이 방법은 산과 염기의 전하와는 무관하다. 이양성자 산 H_2A나 H_2L^+의 pH를 계산하는 것과 같은 방법을 사용할 것이며, 여기서 A는 무엇이든지 좋으며, HL은 류신이다.

산성형 H_2L^+

류신 염화수소(leucine hydrochloride)와 같은 염은 양성자가 결합된 H_2L^+의 형태를 갖는데, 이것은 식 11-3과 11-4의 반응에서 알 수 있듯이 두 단계로 해리할 수 있다. $K_1 = 4.70 \times 10^{-3}$이므로 H_2L^+는 약산이고, $K_2 = 1.80 \times 10^{-10}$이므로 HL은 훨씬 더 약산이다. H_2L^+는 부분적으로만 해리할 것이고, 그 결과 생성되는 HL은 거의 해리되지 않을 것으로 보인다. 이러한 이유로 H_2L^+ 용액은 $K_a = K_1$인 **일양성자**(*monoprotic*) 산처럼 거동한다고 (훌륭한) 근사법을 쓸 수 있다.

쉬운 문제

이러한 근사법에 따르면 0.050 0 M H_2L^+의 pH 계산은 간단하다.

$$\underset{\substack{H_2L^+ \\ 0.0500 - x}}{H_3\overset{+}{N}CH(R)CO_2\mathbf{H}} \xrightleftharpoons{K_1 = 4.70 \times 10^{-3}} \underset{\substack{HL \\ x}}{H_3\overset{+}{N}CH(R)CO_2^-} + \underset{x}{\mathbf{H}^+}$$

H_2L^+는 $K_a = K_1$인 일양성자 산으로 취급할 수 있다.

$$\frac{x^2}{F - x} = K_1 \implies x = 1.32 \times 10^{-2}\ \text{M}$$

$$[HL] = x = 1.32 \times 10^{-2}\ \text{M}$$

$$[H^+] = x = 1.32 \times 10^{-2}\ \text{M} \implies \text{pH} = 1.88$$

$$[H_2L^+] = F - x = 3.68 \times 10^{-2}\ \text{M}$$

F는 H_2L^+의 포말 농도이다(이 예에서는 0.050 0 M).

용액 안에 있는 L^-의 농도는 얼마나 될까? K_2 식으로부터 $[L^-]$를 계산할 수 있다.

$$HL \xrightleftharpoons{K_2} L^- + H^+ \qquad K_2 = \frac{[H^+][L^-]}{[HL]} \implies [L^-] = \frac{K_2[HL]}{[H^+]}$$

$$[L^-] = \frac{(1.80 \times 10^{-10})(1.32 \times 10^{-2})}{(1.32 \times 10^{-2})} = 1.80 \times 10^{-10}\ \text{M}\ (= K_2)$$

이양성자 산의 두 번째 해리가 첫 번째 해리보다 훨씬 덜 일어난다는 근사는 마지막 계산에서 확인된다. L^-의 농도는 HL에 비해 10^8배 정도 작다. 양성자의 공급원으로서 HL의 해리는 H_2L^+에 비해 무시할 수 있다. 대부분의 이양성자 산에서 K_1은 K_2보다 충분히 커서 이러한 근사법은 타당하다. K_2가 K_1보다 10배 작다고 가정하더라도, 두 번째 이온화를 무시하고 계산한 $[H^+]$의 값은 4%의 오차밖에 나지 않는다. pH에서의 오차는 0.01 pH밖에 되지 않는다. 요약하면 **이양성자 산의 용액은 $K_a = K_1$인 일양성자 산의 용액처럼 거동한다.**

용해된 이산화탄소는 지구의 생태계에 있는 가장 중요한 이양성자 산 중의 하나이다. 보충 11-1에는 바다에 녹는 대기 중의 CO_2 농도가 증가함에 따라, 바다 먹이 사슬 전체에 절박한 위험이 임박하고 있다고 기술하고 있다. 보충 11-1의 A 반응은 바다의 CO_3^{2-} 농도를 감소시킨다. 그 결과 먹이 사슬의 아래쪽 생물체의 $CaCO_3$ 껍질과 골격들이 보충 11-1의 B 반응에 따라 녹을 것이다. 이 효과는 대기 중 CO_2가 지구 기후에 미치는 것보다 훨씬 더 심각하다.

보충 11-1 바다의 이산화탄소

이 장의 서론에서 화석 연료를 태워서 거대한 교란을 일으켜왔던 대기 중 CO_2 농도는 오랜 기간 규칙적인 변화를 나타낸다는 것을 보여주었다. 대기 중 CO_2를 증가시키면 대양 중 CO_2도 증가한다. 용해된 CO_2는 탄산을 만들어(시범 9-2), 바다를 산성화시킨다. 바다 표면수의 pH는 이미 산업혁명 이전의 8.16에서 오늘날 8.04로 감소하였다.[1] 인간 활동이 변하지 않는다면 2100년까지 pH는 7.8이 될 수 있다. 다양한 해양의 유기체들에 있어서, 여분의 용해된 CO_2는 적당한 세포내 pH를 유지하기 위해서 더 큰 에너지 소비를 필요로 하며, 번식력을 감소시키고, 유충 발달을 억제시키고, 성장률을 감소시키며, 철분 흡수를 방해하고, 면역 체계를 방해하고, 근육량을 감소시키며, 일부 종들을 파괴시킨다.[2]

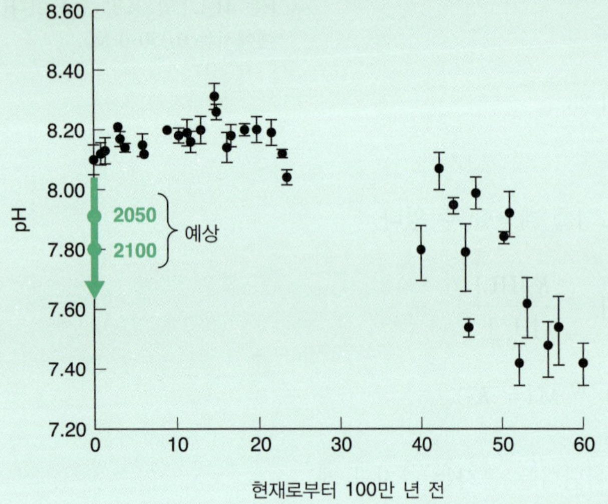

(a)
화석 껍질 중의 $^{11}B/^{10}B$로부터 추적한 태평양 적도 근처의 표면수 pH. [출처: M. R. Palmer and P. N. Pearson, *Science* **2003**, *300*, 480; *Nature* **2000**, *406*, 695. C. Turley et al. in *Avoiding Dangerous Climate Change*, H. J. Schellnhuber et al., eds. (cambridge: Cambridge University Press, 2006)로부터 예상.]

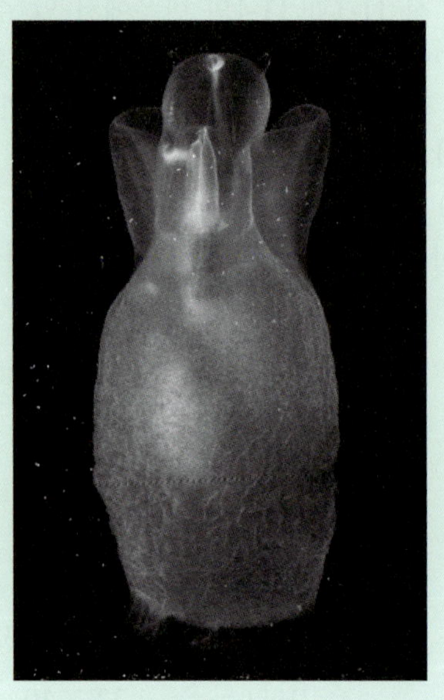

(b)
익족류. 살아 있는 익족류의 껍질은 선석으로 포화되지 않은 물에서는 48시간 후에 녹기 시작한다. [David Wrobel/Visuals Unlimited.]

용해된 CO_2는 다음 반응으로 탄산 이온을 소모한다.

$$CO_2(aq) + H_2O + \underset{\text{탄산 이온}}{CO_3^{2-}} \longrightarrow \underset{\text{탄산수소 이온}}{2HCO_3^-} \quad \text{(A)}$$

탄산 이온의 농도가 낮아지면 고체 탄산 칼슘의 용해를 촉진시키게 된다.

염기형 L^-

더 쉬운 문제

완전히 염기성인 화학종 L^-는 류신산 소듐(sodium leucinate)과 같은 염에서 볼 수 있는데, 류신을 같은 몰수의 NaOH로 처리하여 얻을 수 있다. 류신산 소듐을 물에 녹이면 가장 염기성 화학종인 L^-가 생기는데, 이 염기성 음이온의 K_b 값들은 다음과 같다.

$$L^- + H_2O \rightleftharpoons HL + OH^- \qquad K_{b1} = K_w/K_{a2} = 5.55 \times 10^{-5}$$

$$HL + H_2O \rightleftharpoons H_2L^+ + OH^- \qquad K_{b2} = K_w/K_{a1} = 2.13 \times 10^{-12}$$

가수분해는 어떤 물질이 물과 반응하는 것이다. 예를 들어, $L^- + H_2O \rightleftharpoons HL + OH^-$의 반응을 가수분해라고 한다.

K_{b1}으로부터 L^-는 HL을 생성하는 **가수분해반응(hydrolyze**, 물과의 반응)을 많이 일으키지 않을 것임을 알 수 있다. 더욱이 K_{b2}값으로부터 HL도 약염기이므로 H_2L^+를 생성하는 계속된 반응이 거의 일어나지 않을 것임을 알 수 있다.

$$\underset{\text{탄산칼슘}}{CaCO_3(s)} \rightleftharpoons Ca^{2+} + CO_3^{2-} \qquad (B)$$

Le Châtelier의 원리에 의하여 $[CO_3^{2-}]$의 감소가 이 반응을 오른쪽으로 일어나게 함

바다의 $[CO_3^{2-}]$가 상당히 감소하면, 플랑크톤과 $CaCO_3$ 껍질이나 뼈대를 가진 산호 같은 유기체들은 살아남지 못할 것이다.[3] 탄산칼슘은 방해석 (calcite) 과 선석 (aragonite) 의 두 결정 형태를 가진다. 선석은 방해석보다 더 잘 녹는다. 수중 유기체들은 방해석이나 선석을 껍질과 뼈대에 가지고 있다.

익족류 (Pteropods) 는 날개달린 달팽이라고도 불리는 동물성 플랑크톤의 한 종류이다 (패널 *b*). 북태평양에서 채집한 익족류를 선석으로 포화되지 않은 물에 넣어두면, 그 껍질이 48시간 안에 녹기 시작한다. 익족류와 같은 동물은 먹이 사슬의 바닥에 놓여 있다. 익족류가 파괴되면 전체 해양 생태계에 큰 영향을 줄 것이다.

지금의 바다의 표면수에는 선석과 방해석을 유지시키기에 충분한 CO_3^{2-}가 들어 있다. 대기 중 CO_2가 급격하게 증가함에 따라서, 대양 표면수는 선석으로 포화되지 못하고 이 광물을 구조로 사용하는 유기체들은 죽게 될 것이다. 극지방이 먼저 이런 운명을 맞이하게 되는데, 왜냐하면 CO_2가 더운물보다 찬물에서 더 잘 용해되고 낮은 온도에서 산해리 상수 K_{a1}과 K_{a2}가 작아서 CO_3^{2-} 생성보다 HCO_3^-와 $CO_2(aq)$ 쪽으로 평형을 이동시키기 때문이다 (문제 11-32).

패널 *c*는 대기 중 CO_2의 함수로 나타낸 극지방 바다의 표면수에 있는 CO_3^{2-}의 예상 농도이다. CO_3^{2-} 농도가 위쪽 수평선 아래로 내려가면 선석이 녹는다. 현재 대기 중 CO_2는 거의 400 ppm이고, $[CO_3^{2-}]$는 거의 바닷물 1 kg당 100 μmol로써 선석과 방해석의 침전이 생기기에 충분하다. **금세기의 중반쯤**에 대기 중 CO_2가 600 ppm에 달하면, $[CO_3^{2-}]$는 60 μmol/kg으로 내려갈 것이고, 선석 구조를 가진 생물체들은 극지방 물에서 사라질 것이다. CO_2의 농도가 더 증가하면 생물체 소멸은 남하할 것이고, 선석 구조뿐 아니라 방해석 구조를 가진 생물체를 덮칠 것이다. **이러한 예측을 증명하기 위해서 우리는 언제까지 CO_2를 대기 중으로 방출할 것인가?**

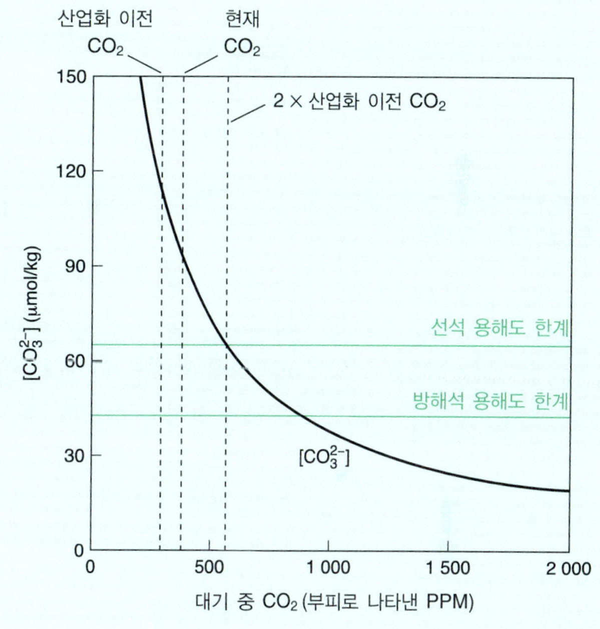

(*c*)
대기 중 CO_2의 함수로 나타낸 극지방 바다 표면수의 $[CO_3^{2-}]$ 계산값. $[CO_3^{2-}]$가 위쪽 수평선 아래로 내려오면 선석이 녹는다. [출처: J. C. Orr et al., *Nature*, **2005**, *437*, 681.]

따라서 L^-를 $K_b = K_{b1}$인 일염기성 화학종으로 취급할 수 있다. 이러한 (훌륭한) 근사법의 결과를 다음과 같이 요약할 수 있다.

$$\underset{\substack{L^- \\ 0.0500 - x}}{H_2N\overset{\substack{R\\|}}{C}HCO_2^-} + H_2O \xrightleftharpoons{K_{b1} = 5.55 \times 10^{-5}} \underset{\substack{HL \\ x}}{H_3\overset{+}{N}\overset{\substack{R\\|}}{C}HCO_2^-} + \underset{x}{OH^-}$$

L^-는 $K_b = K_{b1}$인 일염기성으로 취급할 수 있다.

$$\frac{x^2}{F - x} = 5.55 \times 10^{-5} \Longrightarrow x = [OH^-] = 1.64 \times 10^{-3}\ M$$

$$[HL] = x = 1.64 \times 10^{-3}\ M$$

$$[H^+] = K_w/[OH^-] = K_w/x = 6.10 \times 10^{-12}\ M \Longrightarrow pH = 11.21$$

$$[L^-] = F - x = 4.84 \times 10^{-2}\ M$$

H_2L^+의 농도는 K_{b2}의 평형식으로부터 구할 수 있다.

$$HL + H_2O \overset{K_{b2}}{\rightleftharpoons} H_2L^+ + OH^-$$

$$K_{b2} = \frac{[H_2L^+][OH^-]}{[HL]} = \frac{[H_2L^+]x}{x} = [H_2L^+]$$

$[H_2L^+] = K_{b2} = 2.13 \times 10^{-12}$ M이고, $[H_2L^+]$은 [HL]에 비해 무시할 수 있다는 근사법은 잘 확인되었다. 요약하면 K_1과 K_2 사이에 상당한 차이가 있으면 (그리고 K_{b1}과 K_{b2} 사이에서도), **이양성자 산의 가장 염기성 형태의 용액은 $K_b = K_{b1}$의 일염기성 화학종으로 취급할 수 있다.**

중간형 HL

더 까다로운 문제

류신으로부터 만들어진 용액 HL은 H_2L^+나 L^-보다 더 복잡한데, 그 이유는 HL이 산이면서 동시에 염기이기 때문이다.

HL은 산이면서 염기이다.

$$HL \rightleftharpoons H^+ + L^- \qquad K_a = K_2 = 1.80 \times 10^{-10} \qquad (11\text{-}7)$$

$$HL + H_2O \rightleftharpoons H_2L^+ + OH^- \qquad K_b = K_{b2} = 2.13 \times 10^{-12} \qquad (11\text{-}8)$$

양성자를 줄 수도 있고, 받을 수도 있는 분자를 **양쪽성 양성자성(amphiprotic)**이라고 한다. 산해리 반응(11-7)이 염기 가수분해 반응(11-8)보다 큰 평형 상수를 가지므로, 류신의 용액은 산성일 것으로 예측된다.

그러나 K_a와 K_b의 크기가 여러 자릿수의 차이가 나더라도, 반응 11-8을 단순히 무시할 수는 없다. 11-7의 반응에서 생성된 H^+가 반응 11-8에서 생성된 OH^-와 반응하여 반응 11-8을 오른쪽으로 진행시키기 때문에, 두 반응은 거의 같은 정도로 일어난다.

전하 균형은 12-3절에 더 논의되어 있다.

이러한 경우를 취급하려면, 우리는 용액 안에 있는 양전하의 합은 음전하의 합과 같다는 **전하 균형**(*charge balance*) 식을 쓰게 된다. 이 과정을 순전하가 없는 중간형 (HL)의 류신에 적용한다. 그러나 이 결과는 그 전하에 상관없이 **모든** 이양성자 산의 중간형에도 적용된다.

우리의 관심을 반응 11-7과 11-8이 모두 일어날 수 있는 0.050 0 M 류신 용액에 갖자. 전하 균형식은 아래와 같다.

HL의 전하 균형 :
양전하의 합 = 음전하의 합

$$\underbrace{[H_2L^+] + [H^+]}_{\text{양전하의 합}} = \underbrace{[L^-] + [OH^-]}_{\text{음전하의 합}} \qquad (11\text{-}9)$$

산해리 평형(식 11-3과 11-4)을 이용하면 $[H_2L^+]$를 $[HL][H^+]/K_1$으로, $[L^-]$를 $K_2[HL]/[H^+]$로 대치할 수 있다. 또한 항상 $[OH^-] = K_w/[H^+]$로 쓸 수 있다. 이 식들을 식 11-9에 대입하면 다음과 같다.

$$\frac{[HL][H^+]}{K_1} + [H^+] = \frac{K_2[HL]}{[H^+]} + \frac{K_w}{[H^+]}$$

위 식은 $[H^+]$에 대해 풀 수 있다. 먼저 모든 항에 $[H^+]$를 곱한다.

$$\frac{[HL][H^+]^2}{K_1} + [H^+]^2 = K_2[HL] + K_w$$

$[H^+]^2$ 항을 묶어 다시 정리하면 다음과 같이 된다.

$$[H^+]^2\left(\frac{[HL]}{K_1} + 1\right) = K_2[HL] + K_w$$

$$[H^+]^2 = \frac{K_2[HL] + K_w}{\frac{[HL]}{K_1} + 1}$$

분자와 분모에 K_1을 곱한 후 양변의 제곱근을 취하면 다음과 같이 주어진다.

$$[H^+] = \sqrt{\frac{K_1K_2[HL] + K_1K_w}{K_1 + [HL]}} \qquad (11\text{-}10)$$

알고 있는 상수들과 1개의 미지수 [HL]을 사용하여 $[H^+]$를 풀었다. 이제 어떻게 할 것인가?

우리가 고민하고 있을 때, 운 좋게도 한 화학자가 백마를 타고 산 속의 안개를 뚫고 나와서는 미처 깨닫지 못한 통찰력을 제공해 준다. "HL은 약산이면서 동시에 약염기이기 때문에, HL이 주된 화학종일 것이다. 반응식 11-7이나 11-8은 그다지 많이 일어나지 않을 것이므로, 식 11-10에서 HL의 농도는 단순히 0.050 0 M을 대입할 수 있다."

미처 깨닫지 못했던 통찰력!

그 화학자의 충고를 따라 식 11-10을 다시 쓰면 $[H^+]$는 다음과 같다.

$$[H^+] \approx \sqrt{\frac{K_1K_2F + K_1K_w}{K_1 + F}} \qquad (11\text{-}11)$$

여기서 F는 HL의 포말 농도(= 0.050 0 M)이다. 식 11-11은 대부분의 경우에 더욱 더 단순해질 수 있다. 분자의 첫 번째 항은 거의 항상 두 번째 항보다 훨씬 크기 때문에, 두 번째 항은 무시할 수 있다.

$$[H^+] \approx \sqrt{\frac{K_1K_2F + \cancel{K_1K_w}}{K_1 + F}}$$

다음에 $K_1 \ll F$이면, 분모의 첫 번째 항도 무시할 수 있다.

$$[H^+] \approx \sqrt{\frac{K_1K_2F}{\cancel{K_1} + F}}$$

분자와 분모에서 F를 약분하면 다음과 같이 된다.

$$[H^+] \approx \sqrt{K_1K_2} = (K_1K_2)^{1/2} \qquad (11\text{-}12)$$

$\log(x^{1/2}) = \frac{1}{2}\log x$를 이용하여 식 11-12를 다시 쓰자.

$$\log[H^+] \approx \log(K_1K_2)^{1/2} = \frac{1}{2}\log(K_1K_2)$$

$\log xy = \log x + \log y$를 이용하여 식을 한 번 더 고쳐 쓰자.

$$\log[H^+] \approx \frac{1}{2}(\log K_1 + \log K_2)$$

pH와 pK로 바꾸기 위해 양변에 -1을 곱한다.

$$\underbrace{-\log[H^+]}_{pH} \approx \frac{1}{2}(\underbrace{-\log K_1}_{pK_1} - \underbrace{\log K_2}_{pK_2})$$

이양성자 산에서 중간형 용액의 pH는 두 pK_a 값의 중간값에 가까우며 농도에는 거의 무관하다.

이양성자 산의 중간형 :

$$pH \approx \frac{1}{2}(pK_1 + pK_2) \tag{11-13}$$

여기서 K_1과 K_2는 이양성자 산의 산해리 상수(= K_{a1}과 K_{a2})이다.

식 11-13은 외워두면 좋다. 즉, **이양성자 산의 중간형 용액의 pH는 포말 농도에 상관없이 근사적으로 pK_1과 pK_2의 중간이다.**

류신의 경우 식 11-13에서 pH는 $\frac{1}{2}(2.328 + 9.744) = 6.036$이며, $[H^+] = 10^{-pH} = 9.20 \times 10^{-7}$ M이다. H_2L^+와 L^-의 농도는 [HL] = 0.050 0 M을 이용하여 K_1과 K_2의 평형으로부터 계산할 수 있다.

$$[H_2L^+] = \frac{[H^+][HL]}{K_1} = \frac{(9.20 \times 10^{-7})(0.050\ 0)}{4.70 \times 10^{-3}} = 9.79 \times 10^{-6}\ M$$

$$[L^-] = \frac{K_2[HL]}{[H^+]} = \frac{(1.80 \times 10^{-10})(0.050\ 0)}{9.20 \times 10^{-7}} = 9.78 \times 10^{-6}\ M$$

$[HL] \approx 0.050\ 0$ M의 근사법은 적절한 것인가? 정말 그렇다. 왜냐하면 $[H_2L^+]$ (= 9.79×10^{-6} M)과 $[L^-]$ (= 9.78×10^{-6} M)는 [HL] ($\approx 0.050\ 0$ M)와 비교해 볼 때, 그 값이 작기 때문이다. 즉, 류신의 대부분은 HL의 형태로 남아 있게 된다.

예제 이양성자 산의 중간형의 pH

프탈산 수소 포타슘(potassium hydrogen phthalate, KHP)은 프탈산의 중간형이다. 0.10 M KHP와 0.010 M KHP의 pH를 구하시오.

프탈산 H_2P $\underset{}{\overset{pK_1 = 2.950}{\rightleftharpoons}}$ 프탈산 수소 이온 HP^- $\overset{pK_2 = 5.408}{\rightleftharpoons}$ 프탈산 이온 P^{2-}

프탈산 수소 포타슘 = K^+HP^-

해답 식 11-13으로부터 프탈산수소 포타슘의 pH는 농도에 상관없이 $\frac{1}{2}(pK_1 + pK_2) = 4.18$이다.

복습 문제 29 mM 세린의 pH를 예측하시오. (**답** : 5.70)

이양성자 계 :
- H_2A와 BH_2^{2+}는 일양성자 약산으로 취급한다.
- A^{2-}와 B는 일양성자의 약염기로 취급한다.
- HA^-와 BH^+는 중간형으로 취급한다. $pH \approx \frac{1}{2}(pK_1 + pK_2)$.

이양성자 산 계산의 요약

가장 많은 양성자가 결합된 화학종인 H_2A는 산해리 상수가 K_1인 일양성자 산처럼 취급한다. 가장 염기성 화학종인 A^{2-}는 염기 가수분해 상수 $K_{b1} = K_w/K_{a2}$인 일양성자 염기처럼 취급한다. 중간형인 HA^-는 식 $pH \approx \frac{1}{2}(pK_1 + pK_2)$을 이용하는데, 여기서 K_1과 K_2는

H_2A의 산해리 상수이다. 같은 생각을 이양성자 염기($B \rightarrow BH^+ \rightarrow BH_2^{2+}$)에도 응용한다. 즉 B는 일양성자 염기로 취급하고, BH_2^{2+}는 일양성자 산으로 취급하며, BH^+는 pH $\approx \frac{1}{2}$ ($pK_1 + pK_2$)인 중간형으로 취급한다. 여기서 K_1과 K_2는 BH_2^{2+}의 **산**(*acid*)해리 상수들이다.

자습문제

11-B. 다음 각 용액에서 pH와 H_2SO_3, HSO_3^-, SO_3^{2-}의 농도를 구하시오.
(a) 0.050 M H_2SO_3, **(b)** 0.050 M $NaHSO_3$, **(c)** 0.050 M Na_2SO_3.

11-3 어느 것이 주 화학종인가?

우리는 종종 주어진 조건에서 산, 염기, 또는 중간형 중에서 어느 것이 주된 화학종인지 알아야 하는 경우가 있다. 예를 들어, pH 8인 수용액에 있어서 벤조산(benzoic acid)의 주 화학종은 무엇일까? 여기서 pH 8은 용액에 들어 있는 모든 시약의 순 결과이다. 즉, 인산염 완충 용액을 가했기 때문에 pH가 8일 수 있고, 또는 벤조산에 NaOH를 첨가했기 때문일 수도 있다. pH가 어떻게 해서 8이 되었는지는 문제가 되지 않는다. 단지 결과가 그렇게 된 것이다.

C_6H_5—CO_2H 벤조산 $pK_a = 4.20$

벤조산의 pK_a는 4.20이다. 이것은 pH 4.20에서 벤조산(HA)과 벤조산 이온(A^-)이 1 : 1로 섞여 있음을 의미한다. pH = pK_a + 1 (= 5.20)에서 $[A^-]/[HA]$의 비는 10 : 1인데, 이 값은 Henderson-Hasselbalch 식으로부터 유도된다.

pH = pK_a에서 $[A^-] = [HA]$인데 그 이유는

$$pH = pK_a + \log\left(\frac{[A^-]}{[HA]}\right) = pK_a + \log 1 = pK_a$$

이기 때문이다.

$$pH = pK_a + \log\left(\frac{[A^-]}{[HA]}\right)$$

pH를 $pK_a + 1$이라 놓으면 다음과 같이 된다.

$$\cancel{pK_a} + 1 = \cancel{pK_a} + \log\left(\frac{[A^-]}{[HA]}\right) \Longrightarrow 1 = \log\left(\frac{[A^-]}{[HA]}\right)$$

$[A^-]/[HA]$에 대해 풀려면, 양변을 10의 거듭제곱으로 한다.

$$10^1 = 10^{\log([A^-]/[HA])} \Longrightarrow \frac{[A^-]}{[HA]} = 10$$

pH	주 화학종
$< pK_a$	HA
$> pK_a$	A^-

← 더 산성 pH 더 염기성 →
우세한 형태: HA | A^-
pK_a
$[HA] = [A^-]$

pH = pK_a + 2 (= 6.20)에서는 $[A^-]/[HA]$의 비는 100 : 1이다. pH가 증가하면 $[A^-]/[HA]$의 비는 훨씬 더 크게 증가한다. pH 8에서 Henderson-Hasselbalch 식은 $8 = 4.20 + \log([A^-]/[HA]) \Rightarrow \log([A^-]/[HA]) = 3.8 \Rightarrow [A^-]/[HA] = 10^{3.8}$이다. HA에 비해서 A^-가 약 10 000배 나 많이 존재한다.

일양성자 계에서 pH > pK_a이면 염기인 A^-가 우세하고, pH < pK_a이면 산성인 HA가 우세한 형태로 존재한다. 따라서 pH 8에서 벤조산의 주 화학종은 벤조산 이온($C_6H_5CO_2^-$)이다.

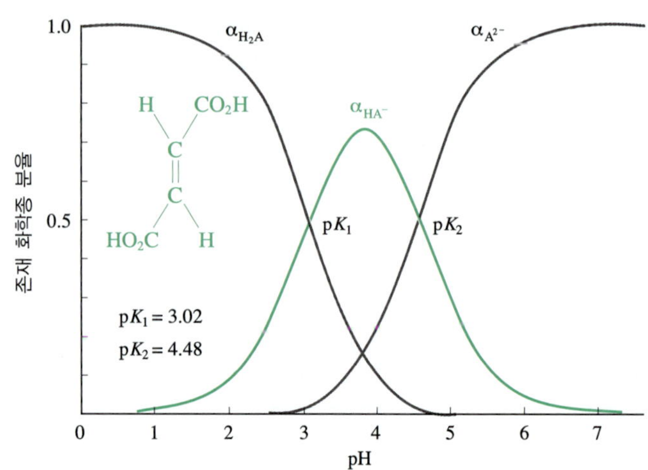

그림 11-1 퓨마르산(fumaric acid, *trans*-butenedioic acid)의 분율 조성 그림. α_i는 각 pH에서 화학종 *i*의 분율이다. 낮은 pH에서는 H_2A가 우세한 형태이며, 중간의 pH에서는 HA^-가 우세하고 높은 pH에서는 A^{2-}가 우세하다. pK_1과 pK_2가 많이 차이나지 않기 때문에, HA^-의 분율은 1에 아주 가까운 값을 얻을 수는 없다.

예제 주 화학종 – 무엇이고 얼마나 많은가?

pH 7.0에서 용액에서 암모니아의 주 화학종은 무엇인가? 이 형태의 분율은 대략 얼마인가?

해답 부록 B를 보면 암모늄 이온(NH_4^+, 암모니아 NH_3의 짝산)에 대하여 pK_a = 9.24이다. pH = 9.24에서는 [NH_4^+] = [NH_3]이고, pH = 9.24 이하에서는 NH_4^+가 우세한 형태이다. pH = 7.0은 pK_a보다 pH 단위로 2 정도 작기 때문에 [NH_3]/[NH_4^+]는 약 1 : 100이고, 약 99%가 NH_4^+의 형태로 존재한다.

복습 문제 pH = 9.5에서 사이클로헥실아민의 주 화학종은 무엇인가? 이 형태의 분율은 대략 얼마인가? (**답** : RNH_3^+ : RNH_2 = 약 10 : 1)

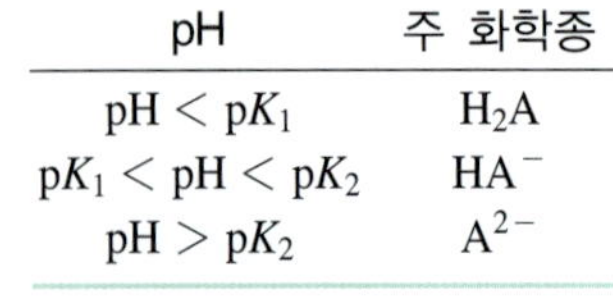

pH	주 화학종
pH < pK_1	H_2A
pK_1 < pH < pK_2	HA^-
pH > pK_2	A^{2-}

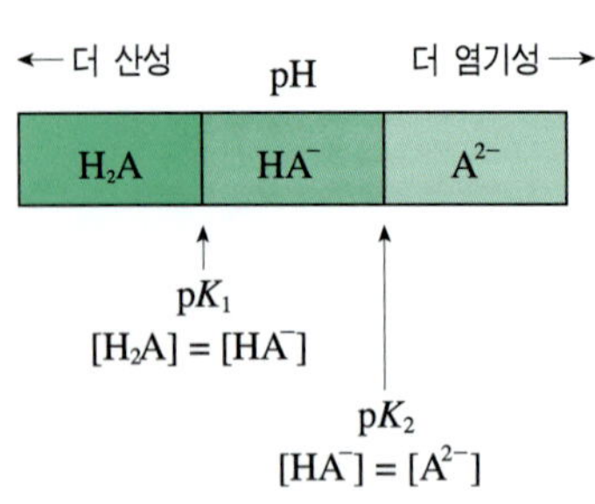

이양성자 계에서도 같은 논리가 적용되지만 이때는 2개의 pK_a가 있다. pK_1 = 3.02이고, pK_2 = 4.48인 퓨마르산(fumaric acid, *trans*-butenedioic acid)에 대하여 생각해 보자. pH = pK_1이면 [H_2A] = [HA^-]이고, pH = pK_2이면 [HA^-] = [A^{2-}]이다. 옆의 그림을 보면 각 pH 영역에서의 주 화학종들이 나와 있다. pK_1보다 낮은 pH에서는 H_2A가 우세하며, pK_2보다 높은 pH에서는 A^{2-}가 우세하고, pK_1과 pK_2 사이의 pH에서는 HA^-가 우세하다. 그림 11-1은 각 화학종들의 분율을 pH의 함수로 보여 주고 있다.

아래 그림은 삼양성자 계에서의 주 화학종들을 보여 주고 있는데, 앞의 절에서 배운 것에 대한 중요한 개념들을 확장한 것이다.

← 더 산성 pH 더 염기성 →

H_3A | H_2A^- | HA^{2-} | A^{3-}

pK_1 pK_2 pK_3

pH = $\frac{1}{2}$(pK_1 + pK_2) [H_3A] = [HA^{2-}]

pH = $\frac{1}{2}$(pK_2 + pK_3) [H_2A^-] = [A^{3-}]

[H_3A] = [H_2A^-] [H_2A^-] = [HA^{2-}] [HA^{2-}] = [A^{3-}]

삼양성자 계에서 pH < pK_1인 가장 산성 용액의 주 화학종은 H_3A이며, pK_1과 pK_2 사이에서는 H_2A^-가 우세하다. 그리고 pK_2와 pK_3 사이에서는 HA^{2-}가 주 화학종이며, pH > pK_3인 가장 염기성 용액에서는 A^{3-}가 우세한 화학종이다.

삼양성자 산의 그림에서 첫 번째 중간형인 H_2A^-의 pH는 $\frac{1}{2}(pK_1 + pK_2)$이다. 이 pH에서 H_3A와 HA^{2-}의 농도는 작으며, 서로 같은 값을 가진다. **이 그림에서 새로운 것은 두 번째 중간형인 HA^{2-}의 pH가 $\frac{1}{2}(pK_2 + pK_3)$인 것이다.** 이 pH에서 H_2A^-와 A^{3-}의 농도는 작으며 서로 같다.

삼양성자 계 :

- H_3A는 일양성자의 약산으로 취급한다.
- A^{3-}는 일양성자의 약염기로 취급한다.
- H_2A^-는 중간형으로 취급한다. pH $\approx \frac{1}{2}(pK_1 + pK_2)$
- HA^{2-}는 중간형으로 취급한다. pH $\approx \frac{1}{2}(pK_2 + pK_3)$

예제 다양성자 계에서의 주 화학종

아미노산인 아르지닌(arginine)은 다음의 형태를 갖는다.

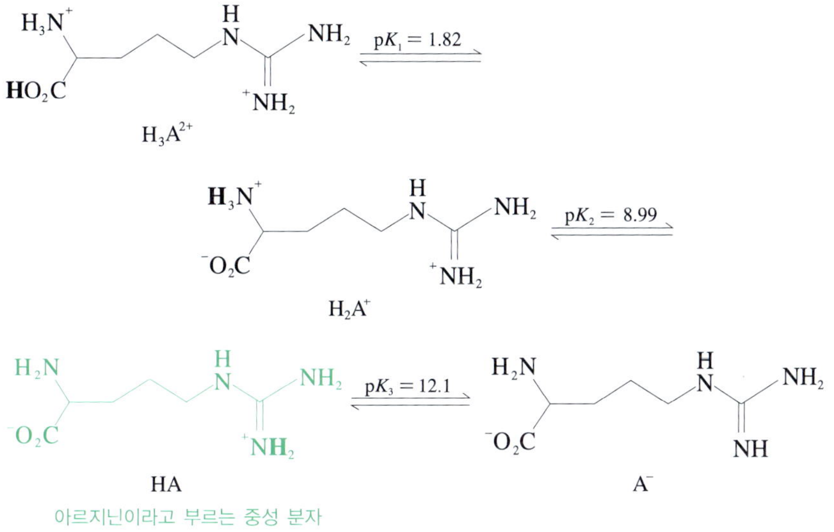

H_3A^{2+} $\underset{}{\overset{pK_1 = 1.82}{\rightleftharpoons}}$ H_2A^+ $\overset{pK_2 = 8.99}{\rightleftharpoons}$ HA $\overset{pK_3 = 12.1}{\rightleftharpoons}$ A^-

아르지닌이라고 부르는 중성 분자

왼쪽의 카복실기 옆에 있는 암모늄기가 오른쪽의 치환체인 암모늄기보다 산성이다. pH 10.0에서 아르지닌의 주 화학종은 무엇인가? 그 형태로 있는 분율은 대략 얼마인가? 이 pH에서 두 번째로 많은 형태는 무엇인가?

해답 각 pH에서 어느 화학종이 우세한지를 보여 주는 그림을 그리면 도움이 된다.

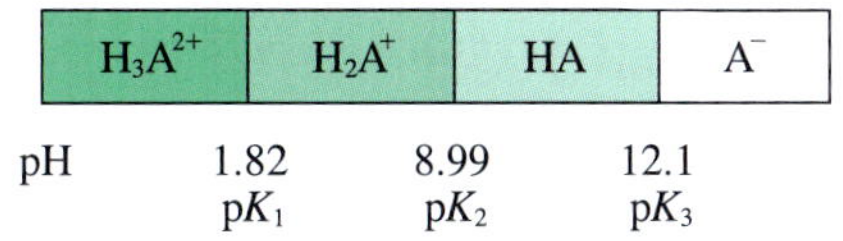

H_3A^{2+}	H_2A^+	HA	A^-

pH: 1.82 (pK_1), 8.99 (pK_2), 12.1 (pK_3)

pK_2 = 8.99와 pK_3 = 12.1 사이에서 주 화학종은 HA이다. pK_2에서는 $[H_2A^+] = [HA]$이다. pK_3에서는 $[HA] = [A^-]$이다. pH 10.0은 pK_2에 비해 pH 단위로 1 정도 크기 때문에, $[HA]/[H_2A^+] \approx 10 : 1$이라 할 수 있다. 아르지닌의 약 90%가 HA의 형태로 있는 것이다. 두 번째로 많은 화학종은 H_2A^+인데 아르지닌의 약 10%를 차지한다.

복습 문제 pH 8.0에서 아르지닌의 주 화학종은 무엇인가? 그 형태의 분율은 대략 얼마인가? (**답** : H_2A^+, 약 90%)

예제 다양성자 계에 대하여

pH가 1.82 ~ 8.99 사이에서 H_2A^+가 아르지닌의 주 화학종이다. pH 6.0에서 두 번째로 많은 화학종은 무엇인가? pH 5.0에서는 무엇인가?

해답 순수한 중간형(양쪽성 양성자성) 화학종인 H_2A^+의 pH는 아래와 같다.

$$H_2A^+\text{의 pH} \approx \tfrac{1}{2}(pK_1 + pK_2) = 5.40$$

pH 5.40 이상(그리고 pH = pK_2 이하)에서는 HA가 두 번째로 많은 화학종이며, pH 5.40 이하(그리고 pH = pK_1 이상)에서는 H_3A^{2+}가 두 번째로 많은 화학종이다.

복습 문제 pH 8.0에서 아르지닌의 두 번째로 많은 화학종은 무엇이며, 그 형태의 분율은 얼마인가? (**답** : HA, 약 10%)

자습문제

11-C. **(a)** pH 9.00과 pH 11.00에서 1,3-다이하이드록시벤젠(1,3-dihydoxybenzene)의 우세한 형태(주 화학종)의 구조를 그리시오. 각 pH에서 두 번째로 많은 화학종은 무엇인가?
(b) 아미노산인 시스테인(cysteine)은 가장 많은 양성자와 결합된 형태를 H_3C^+로 나타낼 수 있는 삼양성자 계이다. 시스테인으로 부르는 것은 H_3C^+, H_2C, HC^-, C^{2-} 중에서 어느 것인가? 이러한 형태를 갖는 시스테인의 0.10 M 용액은 pH가 얼마인가?

OH
OH
1, 3-다이하이드록시벤젠

H_3N^+
S^-
^-O_2C
시스테인

11-4 다양성자 계에서의 적정

그림 10-2는 일양성자 산 HA를 OH^-로 적정한 곡선이다. 간단히 복습해 보면, 몇 개의 중요한 지점에서의 pH는 아래와 같이 계산한다.

처음 용액 :	약산 HA의 pH를 갖는다
$V_e/2$:	$[HA] = [A^-]$이므로 pH = pK_a
V_e :	짝염기 A^-의 pH를 갖는다
V_e 초과 :	pH는 과량의 OH^-의 농도에 의해 정해진다

적정 곡선의 기울기는 pH = pK_a인 $V_e/2$에서 최소이다. 당량점에서 기울기는 최대이다.

이양성자 계의 적정 곡선을 고찰하기 전에, H_2A에서 생성되는 두 개의 완충 용액 쌍이 존재한다는 것을 알아야 한다. H_2A와 HA^-가 하나의 완충 용액 쌍을 구성하고 있으며, HA^-와 A^{2-}가 두 번째 완충 용액 쌍을 이룬다. 산 H_2A에 대하여 **두 개의** Henderson-Hasselbalch 식을 쓸 수 있는데, 이 두 식은 **항상**(*always*) 성립하는 식이다. $[H_2A]$와 $[HA^-]$를 알고 있다면 pK_1 식을 사용하고, $[HA^-]$와 $[A^{2-}]$를 알면 pK_2 식을 사용한다.

$$\text{pH} = \text{p}K_1 + \log\left(\frac{[\text{HA}^-]}{[\text{H}_2\text{A}]}\right) \qquad \text{pH} = \text{p}K_2 + \log\left(\frac{[\text{A}^{2-}]}{[\text{HA}^-]}\right)$$

Henderson-Hasselbalch 식에서 pK_a는 항상 분모에 있는 산을 말한다.

평형 상태의 용액에서는 모든 Henderson-Hasselbalch 식이 항상 성립한다.

이제 이양성자 산의 적정에 대하여 이야기해 보자. 그림 11-2는 각각의 0.020 0 M의 이양성자 산 H_2A 50.0 mL를 0.100 M OH^-로 적정에 대하여 이론적으로 계산한 곡선이다. 세 곡선 모두에서 H_2A의 pK_1 – 4.00이다. 가장 아래 곡선은 pK_2 = 6.00이고, 가운데 곡선은 pK_2 = 8.00이며, 위의 곡선은 pK_2 = 10.00이다. 첫 번째 당량 부피(V_{e1})는 가해 준 OH^-의 몰수가 H_2A의 몰수와 같을 때이다. 두 번째 당량 부피(V_{e2})는 항상 첫 번째 당량 부피의 두 배일 때인데, 왜냐하면 HA^-를 A^{2-}로 바꿔 주기 위해서는 같은 양의 OH^-를 더 가해주어야 하기 때문이다. 그러면 적정하는 동안 pH가 왜 그림처럼 변화하는지 알아보자.

$V_{e2} = 2V_{e1}$ (항상!)

점 A에서는 세 경우 모두 같은 pH를 가진다. 이것은 마치 pK_a = pK_1 = 4.00이고, 포말 농도가 F인 일양성자 산처럼 취급하는 H_2A의 pH이다.

$$\underset{\text{F}-x}{\text{HA}} \rightleftharpoons \underset{x}{\text{A}^-} + \underset{x}{\text{H}^+} \qquad \frac{x^2}{\text{F}-x} = K_1 \qquad (11\text{-}14)$$

점 A : 약산 H_2A

$$\frac{x^2}{0.020\ 0 - x} = 10^{-4.00} \Longrightarrow x = 1.37 \times 10^{-3}\ \text{M} \Longrightarrow \text{pH} = -\log x = 2.86$$

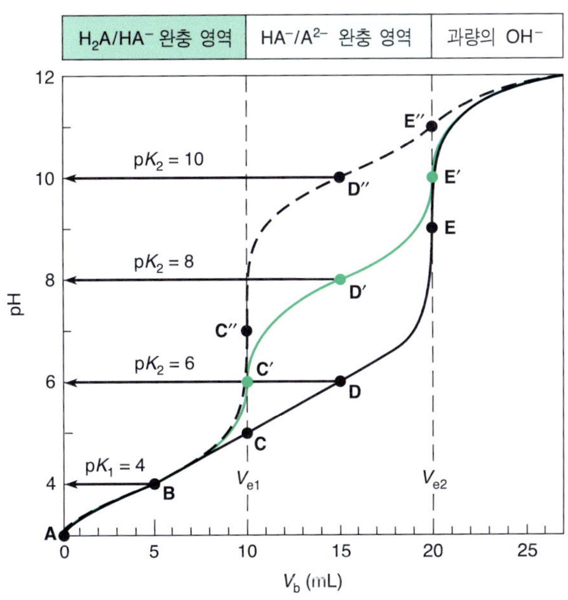

그림 11-2 세 개의 다른 이양성자 산 H_2A에 대하여 이론적으로 계산한 적정 곡선. 각 곡선은 0.020 0 M H_2A 50.0 mL를 0.100 M NaOH로 적정한다. **아래 곡선** : pK_1 = 4.00, pK_2 = 6.00. **가운데 곡선** : pK_1 = 4.00, pK_2 = 8.00. **위 곡선** : pK_1 = 4.00, pK_2 = 10.00.

점 B : $H_2A + HA^-$를 포함하는 완충 용액

점 B는 첫 번째 당량점의 절반에 해당하는데, 세 경우 모두 같은 pH를 가진다. 이것도 $pK_a = pK_1 = 4.00$이고, 포말 농도가 F인 일양성자 산처럼 취급하면서 H_2A : $HA^- = 1 : 1$인 혼합 용액의 pH이다.

$$pH = pK_1 + \log\left(\frac{[HA^-]}{[H_2A]}\right) = pK_1 + \log\ 1 = pK_1 = 4.00 \tag{11-15}$$

세 가지 산 모두 같은 pK_1을 갖기 때문에, 이 점에서의 pH는 세 경우 모두 같다.

점 C(그리고 C′와 C″)는 첫 번째 당량점이다. H_2A는 이양성자 산의 중간형인 HA^-로 변환되었으며, pH는 식 11-13을 이용하여 계산한다.

점 C : 중간형 HA^-

$$pH \approx \tfrac{1}{2}(pK_1 + pK_2) = \begin{cases} 5.00 & \text{C에서} \\ 6.00 & \text{C}'\text{에서} \\ 7.00 & \text{C}''\text{에서} \end{cases} \tag{11-13}$$

세 가지 산이 pK_1은 같지만 pK_2가 다르기 때문에, 첫 번째 당량점에서의 pH는 세 경우 모두 다른 것이다.

점 D는 첫 번째 당량점과 두 번째 당량점의 절반에 해당하는데, HA^-의 절반이 A^{2-}로 변환된다. pH는 다음과 같다.

점 D : $HA^- + A^{2-}$를 포함하는 완충 용액

$$pH = pK_2 + \log\left(\frac{[A^{2-}]}{[HA^-]}\right) = pK_2 + \log\ 1 = pK_2 = \begin{cases} 6.00 & \text{D에서} \\ 8.00 & \text{D}'\text{에서} \\ 10.00 & \text{D}''\text{에서} \end{cases} \tag{11-16}$$

그림 11-2를 보면 점 D, D′, D″가 각 산들의 pK_2와 같은 것을 알 수 있다.

점 E는 두 번째 당량점인데, 모든 산이 농도 F′인 약염기 A^{2-}로 변환되었다. A^{2-}를 $K_{b1} = K_w/K_{a2}$인 일양성자 염기로 취급함으로써 pH를 계산할 수 있다.

점 E : 약염기 A^{2-}

$$\underset{F'-x}{A^{2-}} + H_2O \rightleftharpoons \underset{x}{HA^-} + \underset{x}{OH^-} \qquad \frac{x^2}{F'-x} = K_{b1} \tag{11-17}$$

세 가지 산의 K_{b1}이 서로 다르기 때문에 pH도 각각 다르다. 두 번째 당량점에서의 pH를 구하는 법이 아래에 있다.

$$F' = [A^{2-}] = \frac{\text{mmol } A^{2-}}{\text{전체 mL}} = \frac{(0.020\,0\ M)(50.0\ mL)}{70.0\ mL} = 0.014\,3\ M$$

$$\frac{x^2}{0.014\,3 - x} = K_{b1} = \begin{cases} 10^{-8.00} & \text{E에서} \\ 10^{-6.00} & \text{E}'\text{에서} \\ 10^{-4.00} & \text{E}''\text{에서} \end{cases} \Longrightarrow x = \begin{cases} 1.20 \times 10^{-5} & \text{E에서} \\ 1.19 \times 10^{-4} & \text{E}'\text{에서} \\ 1.15 \times 10^{-3} & \text{E}''\text{에서} \end{cases} = [OH^-]$$

$$\Longrightarrow pH = -\log(K_w/x) \begin{cases} 9.08 & \text{E에서} \\ 10.08 & \text{E}'\text{에서} \\ 11.06 & \text{E}''\text{에서} \end{cases}$$

V_{e2}를 지나서는 pH는 과량의 OH^-의 농도에 의해 정해진다. pH는 세 가지 적정 모두 같은 값으로 빠르게 수렴한다.

그림 11-2에서 대부분의 경우(가운데 곡선), 적정 곡선에서 두 개의 분명하고 가파른 당량점을 볼 수 있다. pK 값이 서로 너무 근접해 있거나 혹은 너무 낮거나 높은 경우에는 각 당량점에서 분명한 변화가 나타나지 않을 수도 있다.

예제 탄산 소듐의 적정

그림 11-2의 과정을 반대로 하여 이양성자 염기의 적정에서 점 A ~ E의 pH를 계산해 보자. 그림 11-3은 0.020 0 M Na_2CO_3 50.0 mL를 0.100 M HCl로 적정할 때 이론적으로 계산한 곡선이다. 첫 번째 당량점은 10.0 mL이고, 두 번째는 20.0 mL이다. 점 A ~ E에서의 pH를 구하시오.

Na_2CO_3	$pK_1 = 6.351$	$K_{a1} = 4.46 \times 10^{-7}$	$K_{b1} = K_w/K_{a2} = 2.13 \times 10^{-4}$
	$pK_2 = 10.329$	$K_{a2} = 4.69 \times 10^{-11}$	$K_{b2} = K_w/K_{a1} = 2.24 \times 10^{-8}$

$$\underset{\text{탄산}}{H_2CO_3} \underset{}{\overset{pK_1}{\rightleftharpoons}} \underset{\text{탄산수소 이온}}{HCO_3^-} \overset{pK_2}{\rightleftharpoons} \underset{\text{탄산 이온}}{CO_3^{2-}}$$

해답

점 A : 적정의 시작점은 단순히 0.020 0 M Na_2CO_3 용액이기 때문에, 일양성자 염기로 취급할 수 있다.

$$\underset{0.020\,0-x}{CO_3^{2-}} + H_2O \overset{K_{b1}}{\rightleftharpoons} \underset{x}{HCO_3^-} + \underset{x}{OH^-} \qquad \frac{x^2}{0.020\,0 - x} = K_{b1}$$

$$\Longrightarrow x = 1.96 \times 10^{-3} = [OH^-] \Longrightarrow pH = -\log(K_w/x) = 11.29$$

점 B : 첫 번째 당량점의 절반에 해당하는 점이다. 탄산 이온의 반이 탄산수소(bicarbonate) 이온으로 변환되었으므로, CO_3^{2-}와 HCO_3^-의 1:1 혼합 용액이 된다. – **아하! 완충 용액이다!**

$$pH = pK_2 + \log\left(\frac{[CO_3^{2-}]}{[HCO_3^-]}\right) = pK_2 + \log 1 = pK_2 = 10.33$$

↑ 평형이 CO_3^{2-}와 HCO_3^-를 포함하므로 $pK_2 (= pK_{a2})$를 사용

점 C : 첫 번째 당량점이고, 이양성자 산의 중간형인 HCO_3^- 용액이 된다. 적절한 근사법에 따르면 pH는 농도에 무관하며 아래와 같이 계산한다.

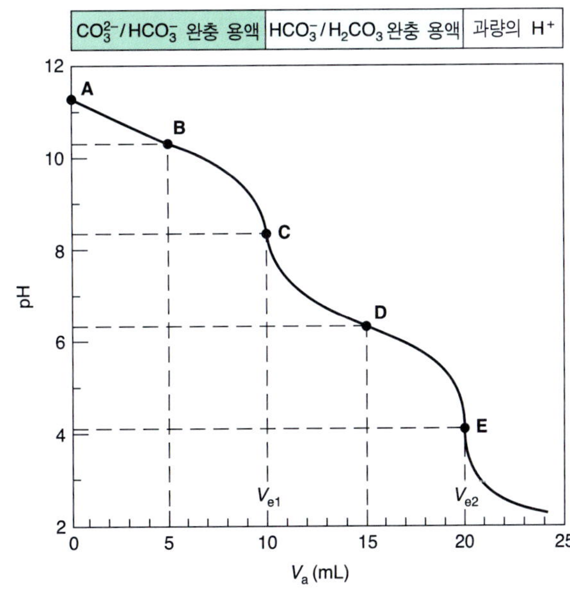

그림 11-3 0.020 0 M Na_2CO_3 50.0 mL를 0.100 M HCl로 적정할 때 이론적으로 계산한 적정 곡선.

$$\mathrm{pH} \approx \frac{1}{2}(\mathrm{p}K_1 + \mathrm{p}K_2) = \frac{1}{2}(6.352 + 10.329) = 8.34$$

점 D : 두 번째 당량점까지의 중간에 해당한다. 탄산수소 이온의 절반이 탄산으로 변환되었으므로 HCO_3^-와 H_2CO_3의 1 : 1 혼합 용액이 된다 – **아하! 또 다른 완충 용액이구다!**

$$\mathrm{pH} = \mathrm{p}K_1 + \log\left(\frac{[\mathrm{HCO_3^-}]}{[\mathrm{H_2CO_3}]}\right) = \mathrm{p}K_1 + \log\ 1 = \mathrm{p}K_1 = 6.35$$

↑ 평형이 HCO_3^-와 H_2CO_3를 포함하므로 $\mathrm{p}K_1$를 사용

점 E : 두 번째 당량점이고, 모든 탄산 이온은 탄산으로 변환되었으며, 50.0 mL의 처음 부피가 70.0 mL로 묽혀졌다.

$$\mathrm{F}' = [\mathrm{H_2CO_3}] = \frac{\mathrm{mmol\ H_2CO_3}}{\text{전체 mL}} = \frac{(0.020\,0\ \mathrm{M})(50.0\ \mathrm{mL})}{70.0\ \mathrm{mL}} = 0.014\,3\ \mathrm{M}$$

$$\underset{\mathrm{F}'-x}{\mathrm{H_2CO_3}} \overset{K_1}{\rightleftharpoons} \underset{x}{\mathrm{HCO_3^-}} + \underset{x}{\mathrm{H^+}} \qquad \frac{x^2}{0.014\,3 - x} = K_1$$

$$\Longrightarrow x = 7.96 \times 10^{-5} = [\mathrm{H^+}] \Longrightarrow \mathrm{pH} = -\log x = 4.10$$

복습 문제 머캅토아세트산(mercaptoacetic acid)을 NaOH로써 적정할 때 $\frac{1}{2}V_{e1}$, V_{e1}, $\frac{3}{2}V_{e1}$에서 pH는 얼마인가? (**답** : 3.64, 7.12, 10.61)

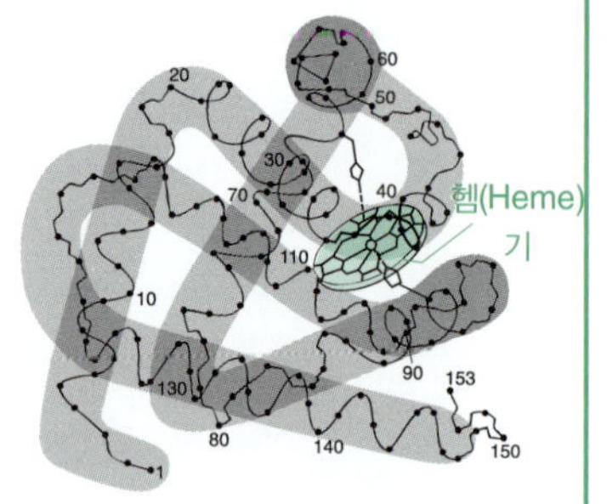

(*a*)

(*b*)

그림 11-4 (*a*) 근육 세포에 산소를 저장하는 마이오글로빈 단백질의 아미노산 골격. 간단히 나타내기 위해 치환체(표 11-1의 R기)는 생략하였다. 단백질의 오른쪽에 있는 평평한 **헴**(*heme*) 기는 O_2, CO, 그 외의 작은 분자와 결합할 수 있는 철 원자가 들어 있다. [출처: M. F. Perutz, "The Hemoglobin Molecule."] (*b*) 마이오글로빈의 공간 채움 모형으로써 하전된 산성 아미노산과 하전된 염기성 아미노산은 짙은 색으로, 그리고 **친수성**(*hydrohilc*, 극성, 물을 좋아하는) 아미노산은 옅은 색으로 나타냈으나 전하를 띠지 않는다. 흰 색 아미노산은 **소수성**(*hydrophobic*, 비극성, 물을 싫어하는)이다. 물에 녹는 이 단백질의 표면에는 전하를 띠는 친수성기들이 주로 존재한다. [출처: J. M. Berg, J. L. Tymoczko, and L. Stryer, *Biochemistry*, 5th ed. (New York : W. H. Freeman and Company, 2002).]

단백질은 다양성자 산과 염기이다

단백질은 아미노산으로 이루어진 중합체이다.

$$\mathrm{H_3\overset{+}{N}{-}\underset{R_1}{\overset{H}{C}}{-}CO_2^-} + \mathrm{H_3\overset{+}{N}{-}\underset{R_2}{\overset{H}{C}}{-}CO_2^-} + \mathrm{H_3\overset{+}{N}{-}\underset{R_3}{\overset{H}{C}}{-}CO_2^-} \quad \text{아미노산}$$

$$\downarrow -2\mathrm{H_2O}$$

$$\mathrm{H_3\overset{+}{N}{-}\underset{R_1}{\overset{H}{C}}{-}\overset{O}{\overset{\|}{C}}{-}\underset{H}{N}{-}\underset{R_2}{\overset{H}{C}}{-}\overset{O}{\overset{\|}{C}}{-}\underset{H}{N}{-}\underset{R_3}{\overset{H}{C}}{-}CO_2^-} \quad \text{폴리펩타이드 (긴 폴리펩타이드를 단백질이라고 한다)}$$

N-말단 잔기 펩타이드 결합 C-말단 잔기

단백질은 구조의 지지, 화학 반응의 촉매, 외부 물질에 대한 면역 감응, 막을 통한 분자의 이동, 유전자의 발현 조절 등의 생물학적 기능을 수행한다. 단백질의 삼차원 구조와 기능은 단백질을 이루는 아미노산의 서열에 의해 결정된다. 그림 11-4는 단백질 마이오글로빈(myoglobin)의 일반적인 모양을 보여 주고 있는데, 그 기능은 근육 세포 안에 O_2를 저장하는 것이다. 향유고래의 마이오글로빈에 있는 153개의 아미노산 중에는 35개의 염기성의 곁가지 작용기(side group)를 가지고 있고, 23개의 산성의 곁가지 작용기를 가지고 있다.

높은 pH에서는 대부분의 단백질이 많은 양성자를 잃어서 음전하를 띠고, 낮은 pH에서는 대부분의 단백질이 많은 양성자를 얻어 양전하를 띠게 된다. **등전 pH**(*isoelectric pH*)

또는 **등전점**(**isoelectric point**) 이라고 하는 중간의 pH에서는 각 단백질의 순전하가 0이 된다. 보충 11-2에는 단백질의 서로 다른 등전점을 이용하여 이들을 어떻게 분리하는가를 설명하고 있다.

보충 11-2 등전 집중법이란?

등전 pH(*isoelectric pH*)에서 단백질은 순전하가 0이기 때문에, 전기장 내에서 움직이지 않는다. 이 원리를 이용하면 단백질을 **등전 집중법**(**isoelectric focusing**) 기술로 분리할 수 있다. pH가 점점 변하는 매질에서 단백질 혼합물에 강한 전기장을 걸어 준다. 양전하를 띠는 분자들은 음극으로 이동하고, 음전하를 띠는 분자들은 양극으로 이동하게 된다. 각 단백질들은 pH가 그들의 등전 pH에 해당하는 지점까지 이동한다. 이 지점에서는 순전하가 0이기 때문에 더 이상 움직이지 않는다. 만약 단백질들이 자신의 등전 pH에 해당하는 영역을 벗어나면 곧 전하를 띠게 되고 등전 pH 영역으로 다시 되돌아가게 된다. 따라서 각 단백질은 등전 pH의 영역에 모이게 된다.

등전 집중법의 예가 그림에 나와 있다. **양쪽성물질**(*ampholyte*)이라는 다양성자 화합물을 함유하고 있는 폴리아크릴아마이드 젤에 단백질 혼합물을 가하고, 젤을 따라 수백 볼트의 전압을 걸어준다. 양쪽성물질들은 이동하여 한쪽 끝의 pH가 약 3이고, 다른 쪽 끝의 pH가 10인 안정한 pH 기울기를 이룬다. 각 단백질은 이동하여 등전 pH의 영역에 이르면 순전하가 0이고, 이동을 멈춘다. 단백질이 이동을 멈추었을 때 전기장을 제거하면 단백질은 젤 위에 침전되고, 염료로 염색하여 눈으로 볼 수 있다.

염색된 젤이 그림의 아래에 보인다. 분광광도기로 측정한 염료들의 봉우리들이 그래프에 나타나 있으며, 측정한 pH의 변화도 함께 나타내었다. 염색된 단백질의 검은 띠들이 흡수 봉우리를 나타낸다.

살아 있는 세포들도 등전 pH를 가지므로, 등전 집중법으로 분리할 수 있다.

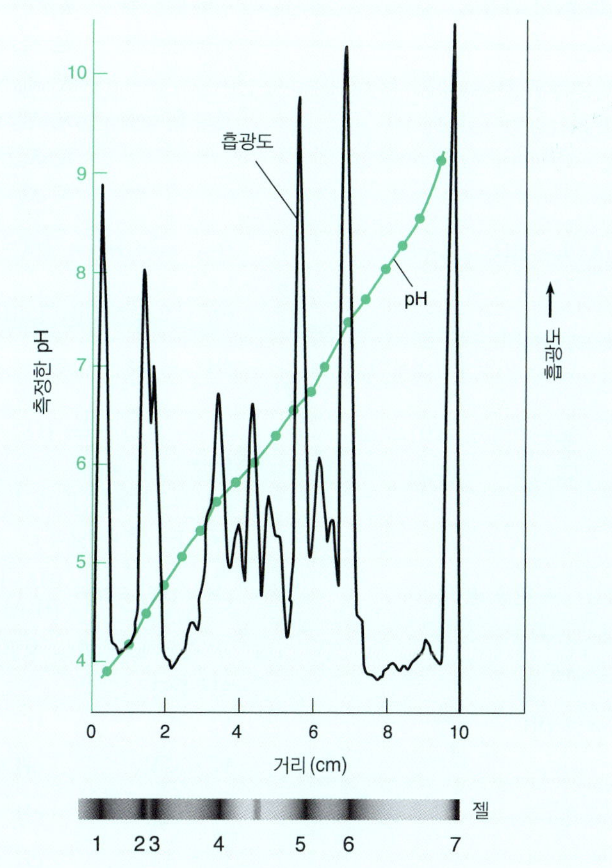

등전 집중법을 이용한 단백질 혼합물의 분리. (1) soybean trypsin inhibitor, (2) β-lactoglobulin A, (3) β-lactoglobulin B, (4) ovotransferrin, (5) horse myoglobin, (6) whale myoglobin, (7) cytochrome c. [출처: Bio-Rad Laboratories, Hercules, CA.]

자습문제

11-D. 0.050 0 M 말론산(malonic acid) 50.0 mL를 0.100 M NaOH로 적정할 때

(a) 각 당량점에 이르기 위하여 적정 시약은 몇 mL나 필요한가?

(b) V_b = 0.0, 12.5, 25.0, 37.5, 50.0 55.0 mL일 때 pH를 계산하시오.

(c) **(b)**에서의 점들을 그래프 용지에 표시하고 적정 곡선을 그리시오.

주요식

이양성자 산의 평형	$H_2A \rightleftharpoons HA^- + H^+ \quad K_{a1} \equiv K_1$ $HA^- \rightleftharpoons A^{2-} + H^+ \quad K_{a2} \equiv K_2$
이양성자 염기의 평형	$A^{2-} + H_2O \rightleftharpoons HA^- + OH^- \quad K_{b1}$ $HA^- + H_2O \rightleftharpoons H_2A + OH^- \quad K_{b2}$
K_a와 K_b의 관계	일양성자 계 $K_aK_b = K_w$ 이양성자 계 $K_{a1}K_{b2} = K_w$ $K_{a2}K_{b1} = K_w$ 삼양성자 계 $K_{a1}K_{b3} = K_w$ $K_{a2}K_{b2} = K_w$ $K_{a3}K_{b1} = K_w$
H_2A (또는 BH_2^{2+}) 의 pH	$\underset{F-x}{H_2A} \overset{K_{a1}}{\rightleftharpoons} \underset{x}{H^+} + \underset{x}{HA^-} \qquad \frac{x^2}{F-x} = K_{a1}$ (이 식으로부터 $[H^+]$, $[HA^-]$, $[H_2A]$를 얻는다. 평형으로부터 $[A^{2-}]$에 대하여 풀 수 있다.)
HA^- (또는 이양성자 BH^+) 의 pH	$pH \approx \frac{1}{2}(pK_1 + pK_2)$
A^{2-} (또는 이양성자 B) 의 pH	$\underset{F-x}{A^{2-}} + H_2O \overset{K_{b1}}{\rightleftharpoons} \underset{x}{HA^-} + \underset{x}{OH^-} \qquad \frac{x^2}{F-x} = K_{b1} = \frac{K_w}{K_{a2}}$ (이 식으로부터 $[OH^-]$, $[HA^-]$, $[A^{2-}]$를 얻는다. K_w로부터 $[H^+]$를 알 수 있고, 평형으로부터 $[H_2A]$를 알 수 있다.)
이양성자 완충 용액	$pH = pK_1 + \log\left(\frac{[HA^-]}{[H_2A]}\right) \qquad pH = pK_2 + \log\left(\frac{[A^{2-}]}{[HA^-]}\right)$ 두 식은 모두 항상 성립하며, 알고 있는 농도의 세트가 어떤 것인가에 따라 어느 하나의 식이 이용된다.
H_2A를 OH^-로 적정	$V_b = 0$ — H_2A의 pH를 구한다. $V_b = \frac{1}{2}V_{e1}$ — $pH = pK_1$ $V_b = V_{e1}$ — $pH \approx \frac{1}{2}(pK_1 + pK_2)$ $V_b = \frac{3}{2}V_{e1}$ — $pH = pK_2$ $V_b = V_{e2}$ — A^{2-}의 pH를 구한다. $V_b > V_{e2}$ — 과량인 OH^-의 농도를 구한다.
이양성자 B를 H^+로 적정	$V_a = 0$ — B의 pH를 구한다. $V_a = \frac{1}{2}V_{e1}$ — $pH = pK_{a2}$ (BH_2^{2+}에 대한) $V_a = V_{e1}$ — $pH \approx \frac{1}{2}(pK_{a1} + pK_{a2})$ $V_a = \frac{3}{2}V_{e1}$ — $pH = pK_{a1}$ (BH_2^{2+}에 대한) $V_a = V_{e2}$ — BH_2^{2+}의 pH를 구한다 $V_a > V_{e2}$ — 과량인 H^+의 농도를 구한다.

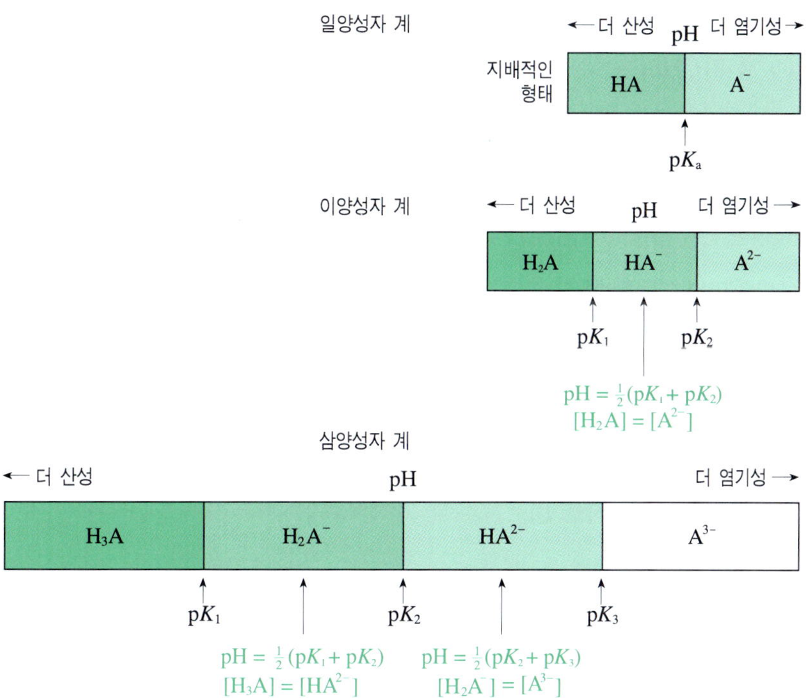

알아두어야 할 술어

가수분해(hydrolysis)	등전 집중법(isoelectric focusing)	온실 기체(greenhouse gas)
다양성자성 산(polyprotic acid)	아미노산(amino acid)	쯔비터 이온(zwitterion)
등전점(isoelectric point)	양쪽성 양성자성(amphiprotic)	

문제

11-1. 그림 11-2의 A ~ E 각 점에서 pH를 결정하는 화학을 설명하시오.

11-2. 황산(H_2SO_4)의 반응식과 옥살산 소듐($Na_2C_2O_4$)의 K_{b2} 반응식을 쓰고 그 값을 구하시오.

11-3. 인산 이온의 염기 가수분해 상수는 $K_{b1} = 0.024$, $K_{b2} = 1.58 \times 10^{-7}$, $K_{b3} = 1.41 \times 10^{-12}$이다. K_b 값을 이용하여 H_3PO_4의 K_{a1}, K_{a2}, K_{a3}을 계산하시오.

11-4. 아미노산의 일반적인 구조를 그리시오. 표 11-1에서 어떤 아미노산은 왜 두 개의 pK 값을 가지고 또 다른 아미노산은 세 개의 pK 값을 가지는가?

11-5. 물 속에서 아래의 화학종들의 단계적인 산-염기 반응식을 쓰시오. 각 반응식의 평형 상수에 대하여 올바른 기호(예를 들어, K_{b1})로 표시하고 그 값을 구하시오.

[구조식: HN NH 고리 — 피페라진; CO_2^-, CO_2^- 벤젠 고리 — 프탈산 이온]

피페라진 프탈산 이온

11-6. 프롤린(proline)의 K_{a2} 반응식과 아래 트라이소듐염의 K_{b2} 반응식을 쓰시오.

[구조식: NaO, ONa, ONa가 치환된 벤젠 고리]

11-7. 부록 B에 있는 시트르산(citric acid)의 K_a 값들로부터 시트르산 트라이소듐(trisodium citrate)의 K_{b1}, K_{b2}, K_{b3}을 구하시오.

11-8. 아미노산 세린(serine)에 대하여 평형 상수가 K_{b1}과 K_{b2}인 화학 반응식을 쓰고 그 값을 구하시오.

11-9. 말론산 $CH_2(CO_2H)_2$을 H_2M으로 줄여 쓸 때, 아래의 각 용액에서 H_2M, HM^-, M^{2-}의 pH와 농도를 구하시오. **(a)** 0.100 M H_2M, **(b)** 0.100 M NaHM, **(c)** 0.100 M Na_2M. 한편, **(b)**에서는 $[HM^-] \approx 0.100$ M의 근사를 이용하시오.

11-10. 이염기성 화합물 B가 BH^+와 BH_2^{2+}를 형성하는데, $K_{b1} = 1.00 \times 10^{-5}$이고, $K_{b2} = 1.00 \times 10^{-9}$이다. 아래의 각 용액에서

B, BH^+, BH_2^{2+}의 pH와 농도를 구하시오. **(a)** 0.100 M B, **(b)** 0.100 M BH^+Br^-, **(c)** 0.100 M $BH_2^{2+}(Br^-)_2$. 한편, **(b)** 에서는 $[BH^+] \approx 0.100$ M의 근사를 이용하시오.

11-11. 이염기성 화합물 피페라진(piperazine, B라고 표시) 0.300 M 용액의 pH를 구하시오. 이 용액에서 피페라진의 각 형태(B, BH^+, BH_2^{2+})의 농도를 구하시오.

11-12. 피페라진 일염화수소(piperazine monohydrochloride)는 1몰의 이염기성 화합물 피페라진에 1몰의 HCl을 가할 때 생긴다. 0.150 M 피페라진 일염화수소의 pH를 구하시오. 그리고 이 용액 안에 있는 피페라진의 각 화학종의 농도를 구하시오. $[BH^+] \approx 0.150$ M이라 가정하시오.

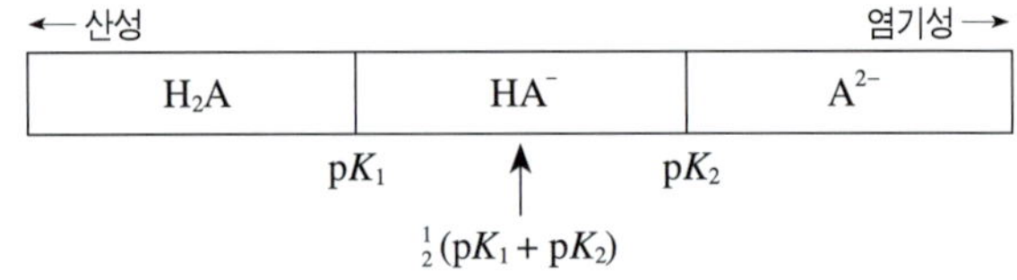

11-13. 아미노산 글루타민(glutamine)의 구조를 그리고, 이것이 이양성자 계의 중간형임을 보이시오. 0.050 M 글루타민의 pH를 구하시오.

11-14. (a) 아래의 그림은 이양성자 산의 각 화학종이 우세한 pH 범위를 나타낸다. 표시한 세 pH 값(pH = pK_1, $\frac{1}{2}(pK_1 + pK_2)$, pK_2) 각각에 대해서 어느 화학종들이 같은 농도로 존재하는지 밝히시오.

← 산성 염기성 →

H_2A	HA^-	A^{2-}

pK_1 ↑ pK_2

$\frac{1}{2}(pK_1 + pK_2)$

(b) 일양성자 계와 삼양성자 계에 대해서도 유사한 그림을 그리시오. 주요 pH 값을 표시하고 각 pH에서 어느 화학종들이 같은 농도로 존재하는지 설명하시오.

11-15. 산 HA의 $pK_a = 7.00$이다.
(a) pH 6.00에서 주 화학종은 HA와 A^- 중 어느 것인가?
(b) pH 8.00에서 주 화학종은 어느 것인가?
(c) (i) pH 7.00과 **(ii)** pH 6.00에서 $[A^-]/[HA]$의 비는 얼마인가?

11-16. 산 H_2A의 $pK_1 = 4.00$이고, $pK_2 = 8.00$이다.
(a) $[H_2A] = [HA^-]$인 pH는 얼마인가?
(b) $[HA^-] = [A^{2-}]$인 pH는 얼마인가?
(c) pH 2.00에서 주 화학종은 H_2A, HA^-, A^{2-} 중에서 어느 것인가?
(d) pH 6.00에서 주 화학종은 어느 것인가?
(e) pH 10.00에서 주 화학종은 어느 것인가?

11-17. pH의 함수로 주 화학종을 보여 주는 문제 11-14의 그림과 유사한 그림을 인산에 대해서 그리시오. 주요 pH 값을 표시하시오. pH 2, 3, 4, 5, 6, 7, 8, 9, 10, 11, 12, 13 각각에서 인산의 주 화학종과 두 번째로 많은 화학종을 서술하시오.

11-18. 염기 B의 $pK_b = 5.00$이다.
(a) 산 BH^+의 pK_a는 얼마인가?
(b) $[BH^+] = [B]$인 pH는 얼마인가?
(c) pH 7.00에서 주 화학종은 B, BH^+ 중에서 어느 것인가?
(d) pH 12.00에서 $[B]/[BH^+]$의 비는 얼마인가?

11-19. 에틸렌다이아민(B)는 $pK_{b1} = 4.07$, $pK_{b2} = 7.15$인 이양성자 염기이다.
BH_2^{2+}에 대한 두 개의 pK_a를 구하고, 문제 11-14에 나타낸 것처럼 각 pH 영역에서 주 화학종을 나타내는 그림을 그리시오.
(b) $[BH^+] = [B]$인 pH는 얼마인가?
(c) $[BH^+] = [BH_2^{2+}]$인 pH는 얼마인가?
(d) pH 4, 5, 6, 7, 8, 9, 10, 11 주 화학종과 두 번째로 많은 화학종은 어느 것인가?
(e) pH 12.00에서 $[B]/[BH^+]$의 비는 얼마인가?
(f) pH 2.00에서 $[BH_2^{2+}]/[BH^+]$의 비는 얼마인가?

11-20. pH 9.0과 pH 10.0에서 글루탐산(glutamic acid)과 타이로신(tyrosine)의 주 화학종의 구조를 그리시오. 각 pH에서 두 번째로 많은 화학종은 무엇인가?

11-21. 아래의 형태를 갖는 각 아미노산 0.10 M 용액의 pH를 계산하시오.

H_2N NH_2 Na^+ ^-O_2C O

(a) 글루타민의 소듐염

H_2N H N NH_2 ^-O_2C $^+NH_2$

(b) 아르지닌

11-22. pH 7.00에서 피리독살-5-인산(pyridoxal-5-phosphate)의 주 화학종 구조를 그리시오.

11-23. 0.050 M 아르지닌(arginine) · HCl 용액의 pH와 각 화학종의 농도를 구하시오. "아르지닌 · HCl"은 중성의 아르지닌 분자에 1 몰의 HCl이 첨가되어 하나의 양성자를 추가로 가진 분자를 말한다. 더 의미있는 표기법으로 반응에서 생성된 염인(아르지닌 H^+)(Cl^-)로 나타낸다.

11-24. pH 5.00에서 시트르산(citric acid)의 주 화학종의 형태는 무엇인가?

11-25. 0.100 M의 이양성자 산 H_2A ($pK_1 = 4.00$, $pK_2 = 8.00$) 100.0 mL를 1.00 M NaOH로 적정하였다. 두 가지 당량점에 해당하는 부피는 각각 얼마인가? 가해준 염기의 부피가 다음과 같을 때의 pH를 구하고, V_b에 대한 pH의 그래프를 그리시오. V_b = 0, 5.0, 10.0, 15.0, 20.0, 22.0 mL.

11-26. 이염기성 화합물 B ($pK_{b1} = 4.00$, $pK_{b2} = 8.00$)를 1.00 M HCl로 적정하였다. B의 처음 용액은 0.100 M, 100.0 mL이다. 두 당량점에 해당하는 부피는 각각 얼마인가? 가해준 산의 부피가 다음과 같을 때의 pH를 구하고, V_a에 대한 pH의 그래프를 그리시오. $V_a = 0$, 5.0, 10.0, 15.0, 20.0, 22.0 mL.

11-27. 그림 11-2 중에 다음의 각 당량점을 찾아내는 데 사용할 수 있는 지시약을 표 9-3에서 각각 고르시오. 각 경우에 관찰되는 색의 변화를 설명하시오.
(a) 가장 아래 곡선의 두 번째 당량점.
(b) 위 곡선의 첫 번째 당량점.
(c) 가운데 곡선의 첫 번째 당량점.
(d) 가운데 곡선의 두 번째 당량점.

11-28. 0.100 M 피페라진 40.0 mL를 0.100 M HCl로 적정할 때 일어나는 두 개의 연속적인 반응식을 쓰고, 각 당량점에서의 부피를 구하시오. $V_a = 0$, 20.0, 40.0, 60.0, 80.0, 100.0 mL일 때 pH를 구하고 적정 곡선을 그리시오.

11-29. 0.040 0 M 인산 25.0 mL를 0.050 0 M 수산화 테트라메틸암모늄(tetramethylammonium hydroxide)로 적정한다. 두 개의 연속적인 반응식을 쓰고 $V_b = 0$, 10.0, 20.0, 30.0, 40.0, 42.0 mL일 때 pH를 구하시오. 적정 곡선을 그리고, 42.0 mL를 지난 뒤 곡선의 모양이 어떻게 될지를 예측하시오.

11-30. 아미노산 히스티딘을 과염소산으로 적정할 때 일어나는 화학 반응식(반응물과 생성물의 구조를 포함하여)을 쓰시오(히스티딘은 순전하가 없다). 0.050 0 M 히스티딘 25.0 mL를 0.050 0 M $HClO_4$로 적정하였다. 당량점의 부피를 구하고 $V_a = 0$, 12.5, 25.0, 50.0 mL일 때 pH를 계산하시오.

11-31. 산의 몰농도를 구하기 위하여, 100 mL당 약 1 g의 옥소뷰테인산(oxobutanedioic acid, FM 132.07)이 들어 있는 수용액을 0.094 32 M NaOH로 적정하였다.
(a) 다음 부피의 염기를 첨가했을 때의 pH를 각각 구하시오. $V_b = \frac{1}{2}V_{e1}$, V_{e1}, $\frac{3}{2}V_{e1}$, V_{e2}, $1.05V_{e2}$. 적정 곡선도 그리시오.
(b) 이 적정에서 가장 이용하기 좋은 당량점은 어느 것인가?
(c) 에리트로신(erythrosine), 에틸 오렌지(ethyl orange), 브로모크레솔 그린(bromocresol green), 브로모티몰 블루(bromothymol blue), 티몰프탈레인(thymolphthalein), 알리자린 옐로우(alizarin yellow)의 지시약 중에서 어느 것을 쓸 것인가? 그리고 색의 변화를 설명하시오.

응용문제

11-32. 탄산의 산도와 $CaCO_3$의 용해도에 미치는 온도의 영향.[4] 보충 11-1에서 따뜻한 적도보다 추운 극지방의 바다에서 먼저 $CaCO_3$로 된 껍질과 골격을 가진 해양 생명체가 사라질 위험에 있다고 하였다. 다음의 평형 상수들은 0°C와 30°C의 바닷물에 적용되는데, 농도는 mol/kg 단위로 측정하였고 압력은 bar 단위로 측정하였다.

$$CO_2(g) \rightleftharpoons CO_2(aq) \qquad \text{(A)}$$

$$K_H = \frac{[CO_2(aq)]}{P_{CO_2}} = 10^{-1.207\,3}\ \text{mol kg}^{-1}\ \text{bar}^{-1}\ \text{0°C에서}$$
$$= 10^{-1.604\,8}\ \text{mol kg}^{-1}\ \text{bar}^{-1}\ \text{30°C에서}$$

$$CO_2(aq) + H_2O \rightleftharpoons HCO_3^- + H^+ \qquad \text{(B)}$$

$$K_{a1} = \frac{[HCO_3^-][H^+]}{[CO_2(aq)]} = 10^{-6.100\,4}\ \text{mol kg}^{-1}\ \text{0°C에서}$$
$$= 10^{-5.800\,8}\ \text{mol kg}^{-1}\ \text{30°C에서}$$

$$HCO_3^- \rightleftharpoons CO_3^{2-} + H^+ \qquad \text{(C)}$$

$$K_{a2} = \frac{[CO_3^{2-}][H^+]}{[HCO_3^-]} = 10^{-9.376\,2}\ \text{mol kg}^{-1}\ \text{0°C에서}$$
$$= 10^{-8.832\,4}\ \text{mol kg}^{-1}\ \text{30°C에서}$$

$$CaCO_3(s,\ \text{선석}) \rightleftharpoons Ca^{2+} + CO_3^{2-} \qquad \text{(D)}$$

$$K_{sp}^{arg} = [Ca^{2+}][CO_3^{2-}] = 10^{-6.111\,3}\ \text{mol}^2\ \text{kg}^{-2}\ \text{0°C에서}$$
$$= 10^{-6.139\,1}\ \text{mol}^2\ \text{kg}^{-2}\ \text{30°C에서}$$

$$CaCO_3(s,\ \text{방해석}) \rightleftharpoons Ca^{2+} + CO_3^{2-} \qquad \text{(E)}$$

$$K_{sp}^{cal} = [Ca^{2+}][CO_3^{2-}] = 10^{-6.365\,2}\ \text{mol}^2\ \text{kg}^{-2}\ \text{0°C에서}$$
$$= 10^{-6.371\,3}\ \text{mol}^2\ \text{kg}^{-2}\ \text{30°C에서}$$

첫 번째 평형 상수는 K_H라 부르는데, 액체에 대한 기체의 용해도는 기체의 압력에 비례한다는 Henry의 법칙을 말하는 상수이다. 사용하여야 되는 단위를 기억나게 하기 위하여 단위를 나타내었다.
(a) K_H, K_{a1}, K_{a2}식을 조합하여 $[CO_3^{2-}]$를 P_{CO_2}와 $[H^+]$로 나타내시오.
(b) **(a)**의 결과로부터 $P_{CO_2} = 800\ \mu$bar, pH = 7.8에 대해 온도가 0°C(극지방 바다)와 30°C(적도 바다)일 때의 $[CO_3^{2-}]$ (mol kg^{-1})을 계산하시오. 우리가 현재와 같은 속도로 CO_2를 배출하면, 2100년경에는 이 조건에 이르게 된다.
(c) 바다의 Ca^{2+} 농도는 0.010 M이다. **(b)**의 조건에서 선석(aragonite)과 방해석(calcite)이 녹을 것인지 예측하시오.

주와 참고문헌

1. P. D. Thacker, "Global Warming's Other Effects on the Oceans," *Environ. Sci. Technol.* **2005**, *39*, 10A.

2. M. J. Hardt and C. Safina, "Threatening Ocean Life from the Inside Out." *Scientific American*, August 2010, p.66.

3. R. E. Weston, Jr. "Climate Change and Its Effect on Coral Reefs," *J. Chem. Ed.* **2000**, *77*, 1574; C. Turley, http://www.chinadialogue.net/article/shows/single/en/2359-Ocean-acidification-the-other-CO2-problem.

4. W. Stumm and J. J. Morgan, *Aquatic Chemistry*, 3rd ed. (New York : Wiley, 1996), pp. 343-348; F. J. Millero, "Thermodynamics of the Carbon Dioxide System in the Oceans," *Geochim, Cosmochim. Acta* **1995**, *59*, 661.

환경에서의 화학 평형

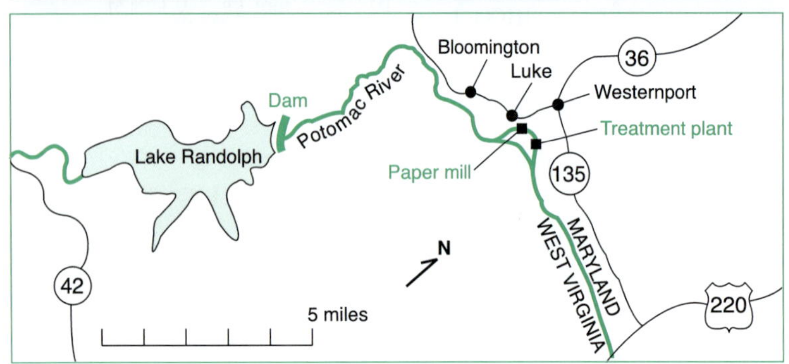

Maryland 주 Westernport 근처의 Potomac 강에 있는 제지 공장은 산성의 광산 하수를 중화시킨다. 제지공장보다 상류의 강은 산성이어서 생명체가 없으나 하류에는 생명체가 풍부하다 [C. Dalpra, Potomac River Basin Commission.]

아름다운 **Appalachia** 산맥을 통하여 흐르는 아주 맑은 **Potomac** 강 북쪽의 한 지류의 일부분에는 생명이 없다. 이것은 바로 폐탄광으로부터 버려진 산성 폐수 때문이다. 그러나 강이 **Maryland** 주의 **Westernport** 근처의 제지 공장과 폐수 처리 공장을 지나면서, **pH**는 치명적인 값인 **4.5**에서부터 물고기와 식물이 살 수 있는 **7.2**의 중성 값으로 올라간다. 제지 공장으로부터 나오는 탄산칼슘 부산물이 폐수 처리 공장에 있는 세균의 호흡으로부터 나온 방대한 양의 이산화탄소와 만나 화학반응하여 다행스러운 일이 일어난다. 이런 결과로서 생기는 탄산수소 이온이 산성의 강을 중화시키고, 공장 하류의 생명체를 복원시킨다.

반응 A는 해수의 산성화(보충 11-1)가 해수 중의 해양 생태계를 파괴시키는 것과 유사한 반응이다.

$$\mathbf{CaCO_3}(s) + \mathbf{CO_2}(aq) + \mathbf{H_2O}(l) \rightleftharpoons \mathbf{Ca^{2+}}(aq) + \mathbf{2HCO_3^-}(aq) \quad \text{(A)}$$

탄산 칼슘은 처리 공정에서 발생 — 녹은 탄산수소 칼슘은 강물로 흘러가서 산을 중화

$$\mathbf{HCO_3^-}(aq) + \mathbf{H^+}(aq) \xrightarrow{\text{중화}} \mathbf{CO_2}(g)\uparrow + \mathbf{H_2O}(l) \quad \text{(B)}$$

우리는 이런 두 개의 반응을 **짝을 이룬 평형** (***coupled equilibria***) 이라고 부른다. 두 번째 반응에서 탄산수소 이온의 감소는 첫 번째 반응에서의 정반응을 더 유리하게 만든다.

12

화학 평형의 심층 탐구

이제 화학 평형을 좀 더 주의 깊게 살펴보자. 이 장은 선택사항이다. 왜냐하면 다음에 나오는 장의 내용이 어떤 면에서는 이 장의 내용과 직접 관련되지 않기 때문이다. 그러나 대부분의 교수님들은 이 장에서 다루는 평형의 취급이 화학에서의 기초 사항이 된다고 생각한다.

12-1 염의 용해도에 미치는 이온 세기의 영향

약간만 녹는 아이오딘화 납(II)이 순수한 물에 녹을 때, 많은 화학종들이 생성된다.

$$PbI_3^- \ (0.01\%)$$
$$\updownarrow I^-$$
$$PbI_2(s) \rightleftharpoons PbI_2(aq)\ (0.8\%) \rightleftharpoons Pb^{2+} + 2I^-\ (81\%)$$
$$PbI_2(aq) \rightleftharpoons PbI^+ + I^-\ (18\%) \qquad Pb^{2+} + 2I^- \overset{H_2O}{\rightleftharpoons} PbOH^+ + H^+\ (0.3\%)$$

조성은 활동도 계수와 다음과 같은 평형으로부터 계산하였다.[1]

$$PbI_2(s) \rightleftharpoons Pb^{2+} + 2I^- \qquad K_{sp} = 7.9 \times 10^{-9}$$
$$Pb^{2+} + I^- \rightleftharpoons PbI^+ \qquad K \equiv \beta_1 = 1.0 \times 10^2$$
$$Pb^{2+} + 2I^- \rightleftharpoons PbI_2(aq) \qquad K \equiv \beta_2 = 1.6 \times 10^3$$
$$Pb^{2+} + 3I^- \rightleftharpoons PbI_3^- \qquad K \equiv \beta_3 = 7.9 \times 10^3$$
$$Pb^{2+} + H_2O \rightleftharpoons PbOH^+ + H^+ \qquad K_a = 2.5 \times 10^{-8}$$

납의 약 81%가 Pb^{2+}, 18%가 PbI^+, 0.8%가 $PbI_2(aq)$, 0.3%가 $PbOH^+$, 0.01%가 PbI_3^-의 형태로 발견된다. **용해도곱** (*solubility product*)은 $PbI_2(s) \rightleftharpoons Pb^{2+} + 2I^-$ 반응에 대한 평형 상수인데, 이 반응은 여러 반응 중에 단지 하나일 뿐이다.

포화 PbI_2 용액에 "비활성"인 KNO_3염을 첨가하면 흥미로운 일이 일어난다. 여기서 "비활성"이란 K^+ 또는 NO_3^-가 아이오딘화 납의 어떠한 화학종과 화학 반응을 하지 않는다는 것을 의미한다. 더 많은 양의 KNO_3가 첨가될수록 그림 12-1에서 보는 것처럼 용해된 아이오딘의 전체 농도는 증가한다.(용해된 아이오딘이란 자유 아이오딘 이온과 납과 결합된 아이오딘을 모두 포함한다). KNO_3와 같이 비활성염을 PbI_2와 같이 약간만 녹는 염에 첨가하였을 때, 그 염의 용해도가 증가하는 것으로 밝혀졌다. 왜 염을 용액에 첨가하였을 때 용해도가 증가하는가?

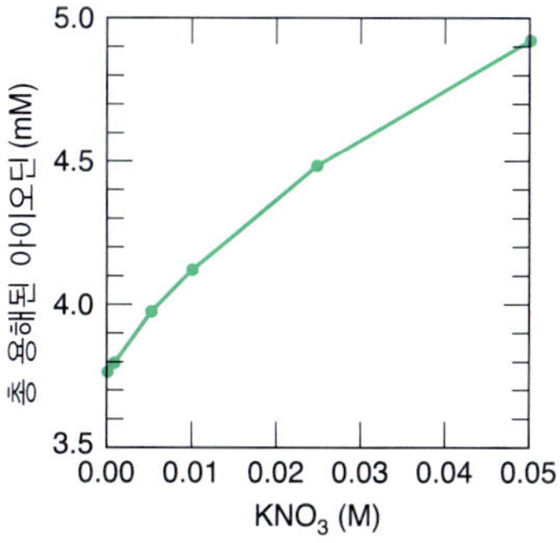

그림 12-1 PbI_2의 용해도에 미치는 KNO_3의 영향. [출서. D. B. Green, G. Rechtsteiner, and A. Honodel, *J. Chem. Ed.* **1996**, *73*, 789.]

설명

용액 속에 있는 하나의 특성 Pb^{2+} 이온과 I^- 이온을 생각해 보자. I^- 이온은 용액 속의 K^+, Pb^{2+} 같은 양이온과 NO_3^-, I^- 같은 음이온에 둘러싸여 있다. 그러나 보통 음이온은 정전기적 반발력에 의해 그 자신 근처에 음이온보다는 양이온을 더 많이 갖게 된다. 이러

음이온은 음이온들보다는 양이온들에 의해 둘러싸인다. 양이온은 양이온들보다는 음이온들에 의해 둘러싸인다.

한 상호작용으로 어느 특정 음이온 주위에는 순 양전하의 영역을 형성하게 된다. 우리는 이러한 영역을 **이온 분위기(ionic atmosphere)**라 부른다(그림 12-2). 이온들은 끊임없이 이온 분위기로 확산되어 들어오고 나간다. 시간에 평균하면, 이온 분위기의 순전하는 중심에 있는 음전하보다 작다. 마찬가지로 용액 내의 양이온 주변에는 음전하 분위기가 둘러싼다.

이온 분위기는 용액 내 이온 사이의 인력을 **감소시킨다**(*attenuate*). 음전하 분위기가 더해진 양이온은 양이온 단독으로 있을 때보다 양전하가 감소되고, 양전하 분위기가 더해진 음이온은 음이온 단독으로 있을 때보다 음전하가 감소된다. 즉, 이온 분위기가 첨가된 양이온과 음이온 사이의 순인력은, 이온 분위기가 없는 순수한 양이온과 음이온 사이의 인력보다 작다. **용액에서 이온의 농도가 높을수록 이온 분위기의 전하도 더 높아진다. 이온 분위기가 더해진 각각의 양이온과 음이온은 더 적은 순전하를 갖게 되어, 어떤 특정 양이온과 음이온 사이의 인력도 줄어든다.**

그러므로 용액에서 이온들의 농도를 증가시키면, 순수한 물에서의 양이온과 음이온 사이의 인력에 비하여 Pb^{2+} 이온과 I^- 이온 사이의 인력이 줄어든다. 결과적으로 Pb^{2+} 이온과 I^- 이온이 합쳐지려는 경향이 감소하므로 PbI_2의 용해도는 증가한다.

이온 해리는 용액의 이온 세기가 증가하면 증가한다.

용액에서 이온들의 농도를 증가시키면, 이온으로의 해리가 촉진된다. 따라서 다음의 반응에서 KNO_3를 첨가하면 반응은 오른쪽으로 진행된다 (시범 12-1).

$$Fe(SCN)^{2+} \rightleftharpoons Fe^{3+} + SCN^-$$

싸이오사이안산 이온

$$\text{(벤젠 고리)}\text{–OH} \rightleftharpoons \text{(벤젠 고리)}\text{–O}^- + H^+$$

페놀 페놀산 이온

"이온 세기"란 무엇을 의미하는가?

이온 세기(ionic strength, μ)는 용액 내 이온들의 전체 농도를 나타내는 척도이다. 이온의 전하가 클수록, 이온 세기도 커진다.

이온 세기:
$$\mu = \frac{1}{2}(c_1 z_1^2 + c_2 z_2^2 + \cdots) = \frac{1}{2}\sum_i c_i z_i^2 \qquad (12\text{-}1)$$

여기서 c_i는 i번째 화학종의 농도이고, z_i는 그 화학종의 전하이다. 합산은 용액에 존재하는 **모든** 이온에 대하여 적용한다.

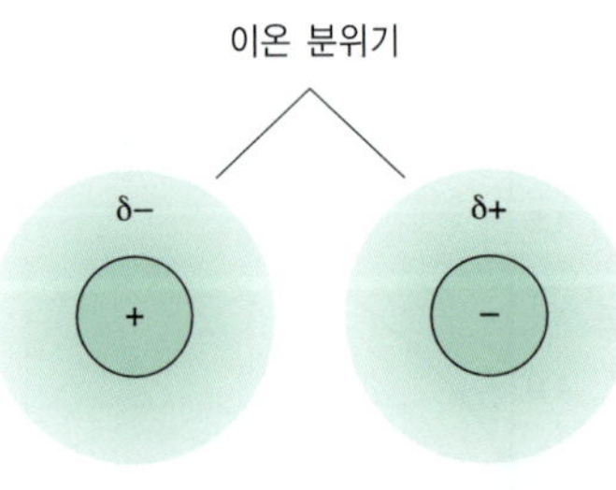

그림 12-2 전하 δ^+또는 δ^-를 띠는 구형 구름으로 나타낸 이온 분위기는 용액에서 각각의 이온을 둘러싸고 있다. 이온 분위기의 전하는 중심 이온의 전하보다 작다. 용액의 이온 세기가 클수록 각각 이온 분위기의 전하는 커진다.

예제 이온 세기 계산

다음 각 용액에서 이온 세기를 구하시오. **(a)** 0.10 M $NaNO_3$, **(b)** 0.010 M Na_2SO_4, **(c)** 0.020 M KBr + 0.010 M Na_2SO_4

해답

(a) $\mu = \frac{1}{2}\{[Na^+]\cdot(+1)^2 + [NO_3^-]\cdot(-1)^2\}$

시범 12-1 이온 해리에 대한 이온 세기의 영향[2]

이 실험은 붉은색의 싸이오사이안산 철(III) 착물의 해리에 대한 이온 세기의 영향을 보여 준다.

$$\underset{\text{붉은색}}{Fe(SCN)^{2+}} \rightleftharpoons \underset{\text{옅은 노란색}}{Fe^{3+}} + \underset{\text{무색}}{SCN^-}$$

15 M (진한) HNO_3 세 방울이 들어 있는 1 L 물에 0.27 g $FeCl_3 \cdot 6H_2O$를 녹여 1 mM $FeCl_3$ 용액을 준비한다. 질산이 $Fe(OH)_3$ 침전 생성을 늦추지만, 며칠이 지나면 침전이 생길 수도 있으므로 이 시범을 위해서는 새롭게 용액을 만들어야 한다.

해리 반응에 대한 이온 세기의 영향을 보여주기 위해서 1 mM $FeCl_3$ 300 mL와 1.5 mM NH_4SCN 또는 KSCN 300 mL를 섞는다. 이 연한 붉은색 용액을 반으로 나누어, 그 중 하나에는 12 g의 KNO_3를 첨가하여 이온 세기를 0.4 M로 증가시킨다. KNO_3가 녹으면서 붉은색 $Fe(SCN)^{2+}$ 착물이 해리되어, 색깔은 눈에 띨 만큼 옅어진다(천연색 사진 6).

약간의 NH_4SCN 또는 KSCN 결정을 각 용액에 첨가하면, $Fe(SCN)^{2+}$를 더 생성되는 쪽으로 반응이 진행되어 붉은색이 더 진해진다. 이 반응은 생성물을 첨가하면 더 많은 반응물이 생기는 Le Châtelier의 원리를 보여 준다.

$$= \frac{1}{2}\{0.10 \cdot 1 + 0.10 \cdot 1\} = 0.10 \text{ M}$$

(b) $\mu = \frac{1}{2}\{[Na^+] \cdot (+1)^2 + [SO_4^{2-}] \cdot (-2)^2\}$

$$= \frac{1}{2}\{(0.020 \cdot 1) + (0.010 \cdot 4)\} = 0.030 \text{ M}$$

1몰 Na_2SO_4에 대하여 2몰의 Na^+가 존재하므로 $[Na^+] = 0.020$ M임을 주목하라.

(c) $\mu = \frac{1}{2}\{[K^+] \cdot (+1)^2 + [Br^-] \cdot (-1)^2 + [Na^+] \cdot (+1)^2 + [SO_4^{2-}] \cdot (-2)^2\}$

$$= \frac{1}{2}\{(0.020 \cdot 1) + (0.020 \cdot 1) + (0.020 \cdot 1) + (0.010 \cdot 4)\} = 0.050 \text{ M}$$

 **복습 문제** 1.0 mM $Ca(ClO_4)_2$의 이온 세기를 구하시오. (**답** : 3.0 mM)

$NaNO_3$는 양이온과 음이온 모두 전하가 1이므로 1 : 1 전해질이라 한다. 1 : 1 전해질에서 이온 세기는 몰농도와 같다. 다른 화학량론(2 : 1 전해질인 Na_2SO_4 같은 경우)에서는 이온 세기가 몰농도보다 크다.

전해질	몰농도	이온 세기
1 : 1	M	M
2 : 1	M	3M
3 : 1	M	6M
2 : 2	M	4M

자습문제

12-A. **(a)** PbI_2의 용해도곱으로부터 PbI_2의 포화 용액에서 녹은 아이오딘의 예상 농도를 계산하시오. 왜 그림 12-1의 실험 결과와 계산 결과가 다르며, 또 KNO_3 농도를 증가시킴에 따라 왜 녹는 아이오딘의 농도가 증가하는가?

(b) PbI_2가 녹아서 1.0 mM Pb^{2+}와 2.0 mM I^-가 생겼고, 또 그 용액에는 다른 화학종이 없다고 할 때, 이온 세기는 얼마인가?

12-2 활동도 계수

지금까지 우리는 $aA + bB \rightleftharpoons cC + dD$ 반응에 대한 평형을 $K = [C]^c[D]^d/[A]^a[B]^b$와 같은 형태로 써왔다. 이 평형 상수는 화학 반응에 대한 이온 세기의 영향이 있다는 것을 말해주지 않는다. 이온 세기의 영향을 밝히려면, 농도를 **활동도(activity)**로 바꾸어야 한다.

이것으로 1-5절의 평형 상수를 복습하기에 **아주 좋은 시점**이다.

C의 활동도 :

(12-2)

활동도와 **활동도 계수**를 혼동하지 말아야 한다.

화학종 C의 활동도는 그것의 농도와 **활동도 계수(activity coefficient)**의 곱이다. 활동도 계수는 이온 세기에 의존한다. 이온 세기가 화학 반응에 아무런 영향도 미치지 않는다면, 활동도 계수는 1이 된다. 다음 $a\mathrm{A} + b\mathrm{B} \rightleftharpoons c\mathrm{C} + d\mathrm{D}$ 반응에 대한 올바른 평형 상수 식은 다음과 같다.

이것이 "참" 평형 상수이다.

평형 상수의 일반적 형태 :

$$K = \frac{\mathcal{A}_C^c \mathcal{A}_D^d}{\mathcal{A}_A^a \mathcal{A}_B^b} = \frac{[C]^c\gamma_C^c[D]^d\gamma_D^d}{[A]^a\gamma_A^a][B]^b\gamma_B^b} \quad (12\text{-}3)$$

$PbI_2(s) \rightleftharpoons Pb^{2+} + 2I^-$ 반응에 대한 평형 상수는 다음과 같다.

$$K_{sp} = \mathcal{A}_{Pb^{2+}}\mathcal{A}_{I^-}^2 = [Pb^{2+}]\gamma_{Pb^{2+}}[I^-]^2\gamma_{I^-}^2 \quad (12\text{-}4)$$

두 번째 염을 첨가하여 이온 세기가 커져서 Pb^{2+}와 I^-의 농도가 **증가**한다면, 이는 이온세기가 증가함에 따라 그들의 활동도 계수가 **감소**함을 의미한다. 반대로 낮은 이온 세기에서는 활동도 계수가 1에 접근한다.

이온의 활동도 계수

이온 분위기 모델을 상세하게 고찰하면 활동도 계수와 이온 세기를 연결시키는 **확장된 Debye-Hückel 식(extended Debye-Hückel equation)**에 이르게 된다.

확장된 Debye-Hückel 식 :

$$\log \gamma = \frac{-0.51z^2\sqrt{\mu}}{1 + (\alpha\sqrt{\mu}/305)} \quad (25°\text{C에서}) \quad (12\text{-}5)$$

1 pm(피코미터) = 10^{-12} m

식 12-5에서 γ는 이온 세기가 μ인 수용액에서 전하가 $\pm z$이고, 크기가 α(피코미터, pm)인 이온의 활동도 계수이다. 표 12-1에는 많은 이온들의 크기와 활동도 계수를 수록하였다. 표 12-1에서 이온 크기 α는 $\mu \approx 0.1$ M까지의 측정한 활동도 계수와 이온 세기를 일치시키는 경험적 매개변수이다. 이론상 α는 **수화 이온**(*hydrated ion*)의 지름으로써, 이온과 그 주위에 단단히 결합된 물 분자층을 포함한다. 양이온은 H_2O에서 음으로 하전된 산소 원자를 끌어당기고, 음이온은 H_2O에서 양으로 하전된 수소 원자를 끌어당긴다.

H 200 pm
O----Li⁺ (H–O, 200 pm between O and Li^+)

$^-$Cl----H—O (220 pm between Cl and H; 330 pm Cl to O)

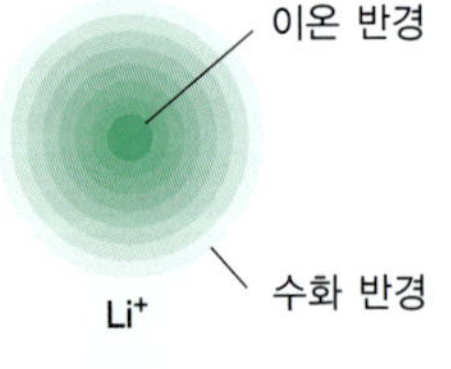

그림 12-3 더 **작은** Li^+ 이온이 더 큰 K^+ 이온보다 물 분자들을 더 단단히 결합하여, Li^+이 더 **큰** 수화 지름을 가진다.

크기가 작거나 전하가 큰 이온은 크기가 크거나 전하가 작은 이온보다 물과 더 단단하게 결합함으로써 더 **큰** 수화 지름을 가진다(그림 12-3).

표 12-1의 크기를 그대로 받아들일 수는 없다. 예를 들어, 결정 속에 있는 Cs^+의 지름은 340 pm이다. 수화되지 않은 결정 속의 Cs^+ 이온보다 용액에서 수화된 Cs^+ 이온이 더 커야지만, 표 12-1에 주어진 Cs^+ 이온의 크기는 250 pm에 불과하다. 표 12-1의 이온 크기는 경험적 매개변수이지만, 크기 사이의 경향성은 의미가 있다. 크기가 작고 전하가 큰 이온은 용매 분자를 더 단단히 결합하여, 크기가 크고 전하가 작은 이온보다 더 큰 유효 크기

표 12-1 25℃에서 수용액에 대한 활동도 계수[a]

이온	이온 크기 (α, pm)	이온 세기(μ, M) 0.001	0.005	0.01	0.05	0.1
전하 = ±1		활동도 계수 (γ)				
H^+	900	0.967	0.933	0.914	0.86	0.83
$(C_6N_5)_2CHCO_2^-$, $(C_3H_7)_4N^+$	800	0.966	0.931	0.912	0.85	0.82
$(O_2N)_3C_6H_2O^-$, $(C_3H_7)_3NH^+$, $CH_3OC_6H_4CO_2^-$	700	0.965	0.930	0.909	0.845	0.81
Li^+, $C_6H_5CO_2^-$, $HOC_6H_4CO_2^-$, $ClC_6H_4CO_2^-$, $C_6H_5CH_2CO_2^-$, $CH_2{=}CHCH_2CO_2^-$, $(CH_3)_2CHCH_2CO_2^-$ $(CH_3CH_2)_4N^+$, $(C_3H_7)_2NH_2^+$	600	0.965	0.929	0.907	0.835	0.80
$Cl_2CHCO_2^-$, $Cl_3CCO_2^-$, $(CH_3CH_2)_3NH^+$, $(C_3H_7)NH_3^+$	500	0.964	0.928	0.904	0.83	0.79
Na^+, $CdCl^+$, ClO_2^-, IO_3^-, HCO_3^-, $H_2PO_4^-$, HSO_3^-, $H_2AsO_4^-$, $Co(NH_3)_4(NO_2)_2^+$, $CH_3CO_2^-$, $ClCH_2CO_2^-$, $(CH_3)_4N^+$, $(CH_3CH_2)_2NH_2^+$, $H_2NCH_2CO_2^-$	450	0.964	0.928	0.902	0.82	0.775
$^+H_3NCH_2CO_2H$, $(CH_3)_3NH^+$, $CH_3CH_2NH_3^+$	400	0.964	0.927	0.901	0.815	0.77
OH^-, F^-, SCN^-, OCN^-, HS^-, ClO_3^-, ClO_4^-, BrO_3^-, IO_4^-, MnO_4^-, HCO_2^-, $H_2citrate^-$, $CH_3NH_3^+$, $(CH_3)_2NH_2^+$	350	0.964	0.926	0.900	0.81	0.76
K^+, Cl^-, Br^-, I^-, CN^-, NO_2^-, NO_3^-	300	0.964	0.925	0.899	0.805	0.755
Rb^+, Cs^+, NH_4^+, Ti^+, Ag^+	250	0.964	0.924	0.898	0.80	0.75
전히(z) = ±2		활동도 계수 (γ)				
Mg^{2+}, Be^{2+}	800	0.872	0.755	0.69	0.52	0.45
$CH_2(CH_2CH_2CO_2^-)_2$, $(CH_2CH_2CH_2CO_2^-)_2$	700	0.872	0.755	0.685	0.50	0.425
Ca^{2+}, Cu^{2+}, Zn^{2+}, Sn^{2+}, Mn^{2+}, Fe^{2+}, Ni^{2+}, Co^{2+}, $C_6H_4(CO_2^-)_2$, $H_2C(CH_2CO_2^-)_2$, $(CH_2CH_2CO_2^-)_2$	600	0.870	0.749	0.675	0.485	0.405
Sr^{2+}, Ba^{2+}, Cd^{2+}, Hg^{2+}, S^{2-}, $S_2O_4^{2-}$, WO_4^{2-}, $H_2C(CO_2^-)_2$, $(CH_2CO_2^-)_2$, $(CHOHCO_2^-)_2$	500	0.868	0.744	0.67	0.465	0.38
Pb^{2+}, CO_3^{2-}, SO_3^{2-}, MoO_4^{2-}, $Co(NH_3)_5Cl^{2+}$, $Fe(CN)_5NO^{2-}$, $C_2O_4^{2-}$, $Hcitrate^{2-}$	450	0.867	0.742	0.665	0.455	0.37
Hg_2^{2+}, SO_4^{2-}, $S_2O_3^{2-}$, $S_2O_6^{2-}$, $S_2O_8^{2-}$, SeO_4^{2-}, CrO_4^{2-}, HPO_4^{2-}	400	0.867	0.740	0.660	0.445	0.355
전하(z) = ±3		활동도 계수 (γ)				
Al^{3+}, Fe^{3+}, Cr^{3+}, Sc^{3+}, Y^{3+}, In^{3+}, lanthanides[b]	900	0.738	0.54	0.445	0.245	0.18
$citrate^{3-}$	500	0.728	0.51	0.405	0.18	0.115
PO_4^{3-}, $Fe(CN)_6^{3-}$, $Cr(NH)_6^{3+}$, $Co(NH_3)_6^{3+}$, $Co(NH_3)_5H_2O^{3+}$	400	0.725	0.505	0.395	0.16	0.095
전하(z) = ±4		활동도 계수 (γ)				
Th^{4+}, Zr^{4+}, Ce^{4+}, Sn^{4+}	1 100	0.588	0.35	0.255	0.10	0.065
$Fe(CN)_6^4$	500	0.57	0.31	0.20	0.048	0.021

a. 출처: J. Kielland, *J. Am. Chem. Soc.* **1937**, *59*, 1675.

b. 주기율표에서 란타넘족은 57~71번 원소이다.

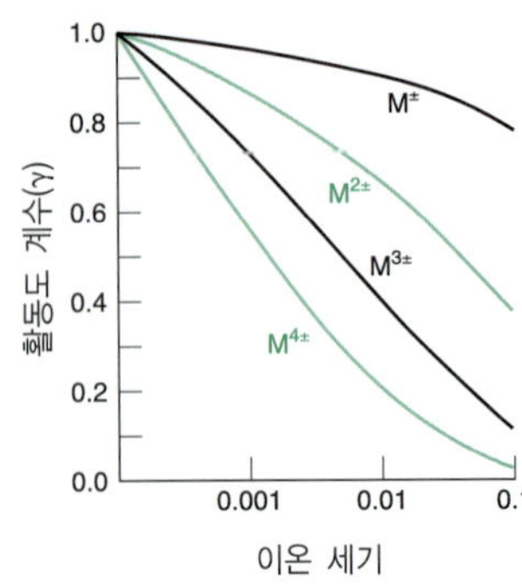

그림 12-4 수화 지름이 α = 500 pm이고 다양한 전하를 갖는 이온들에 대한 활동도 계수. 이온 세기가 0일 때 γ = 1이다. 이온의 전하가 클수록 이온 세기의 증가에 따라 γ는 더욱 빠르게 감소한다. 가로축의 값이 로그 값임을 주목하라.

를 갖는다. 예를 들어, 결정학적 반지름의 크기 순서는 $Li^+ < Na^+ < K^+ < Rb^+$이지만, 표 12-1에서 크기의 순서는 $Li^+ > Na^+ > K^+ > Rb^+$이다.

표 12-1에서 같은 크기와 전하가 같은 이온들은 동일한 그룹에 나타나며, 같은 활동도 계수를 갖는다. 예를 들어, Ba^{2+}와 석신산 이온[$^-O_2CCH_2CH_2COO_2^-$, $(CH_2CO_2^-)_2$로 표기]은 둘 다 500 pm의 크기를 가지며, 전하 $z = \pm 2$ 이온들과 함께 실려 있다. 이온 세기가 0.001 M인 용액에서 이 두 이온의 활동도 계수는 0.868이다.

활동도 계수에 대한 이온 세기, 이온 전하, 이온 크기의 영향

이온 세기가 0 ~ 0.1 M 범위인 경우, 활동도 계수에 주는 영향은 다음과 같다.

1. 이온 세기가 증가하면 활동도 계수도 감소한다(그림 12-4). 이온 세기(μ)가 0에 접근하면 활동도 계수(γ)는 1에 접근한다.

2. 이온의 전하가 증가할수록 활동도 계수가 1에서 벗어나는 정도가 커진다. 그림 12-4에서 활동도 보정은 전하가 ±1인 경우보다 ±3인 경우의 이온에 대하여 훨씬 더 중요하다. 표 12-1의 활동도 계수는 전하의 부호와는 무관하지만, 전하의 크기에 의존한다는 것을 주목하라.

3. 이온의 크기(α)가 작을수록 활동도의 영향은 더 중요해진다.

예제 **표 12-1 사용**

3.3 mM $Mg(NO_3)_2$ 용액에서 Mg^{2+}의 활동도 계수를 구하시오.

해답 이온 세기는 다음과 같다.

$$\mu = \tfrac{1}{2}\{[Mg^{2+}] \cdot 2^2 + [NO_3^-] \cdot (-1)^2\}$$
$$= \tfrac{1}{2}\{(0.003\,3) \cdot 4 + (0.0066) \cdot 1\} = 0.010 \text{ M}$$

표 12-1에서 Mg^{2+}는 전하 ±2 영역에 나와 있고, 800 pm의 크기를 갖는다. $\mu = 0.010$ M이면 $\gamma = 0.69$이다.

복습 문제 1.25 mM $MgSO_4$ 용액에서 SO_4^{2-}의 활동도 계수를 구하시오.
(**답** : $\mu = 0.005$ M, $\gamma = 0.740$)

내삽법

내삽(interpolation)은 표에 있는 **두 개의 값 사이에** 있는 값을 찾는 방법이다. 표의 값 밖에 위치하는 값을 찾는 것을 **외삽**(*extrapolation*)이라 한다.

표 12-1에서 표시된 값 사이의 이온 세기에 대한 활동도 계수를 구할 필요가 있을 경우, 식 12-5를 이용할 수 있다. 스프레드시트가 없을 경우에는 식 12-5를 이용하기보다는 **내삽법**(*interpolate*)을 이용하는 것이 더 쉽다. **선형 내삽**(*linear interpolation*)에서는 표의 두 값 사이의 값은 직선상에 놓인다고 가정한다. 예를 들어, $x = 10$일 때 $y = 0.67$, $x = 20$일 때 $y = 0.83$인 경우를 생각해 보자. $x = 16$일 때 y값은 무엇인가?

x 값:	10	16	20
y 값:	0.67	?	0.83

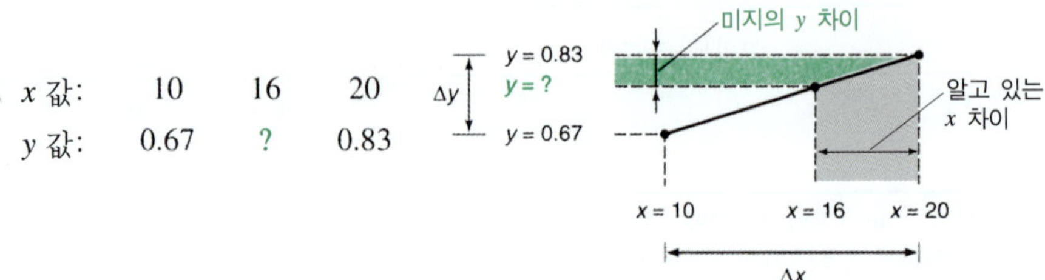

y 값을 알기 위해, 우리는 다음과 같은 비례식을 세울 수 있다.

내삽 :

$$\frac{\text{모르는 } y \text{ 구간}}{\Delta y} = \frac{\text{모르는 } x \text{ 구간}}{\Delta x} \tag{12-6}$$

$$\frac{0.83 - y}{0.83 - 0.67} = \frac{20 - 16}{20 - 10} \Rightarrow y = 0.76_6$$

$x = 16$일 때 y의 추정값은 0.76_6이다.

이 계산은 다음과 같이 말하는 것과 동등하다.

16은 10에서 20까지 이르는 길의 60%에 있으므로, y 값도 0.67에서 0.83으로 이르는 길의 60%에 있을 것이다.

예제 활동도 계수의 내삽

$\mu = 0.025$ M일 때 H^+의 활동도 계수를 계산하시오.

해답 H^+는 표 12-1에 처음으로 나오는 것이다.

	$\mu = 0.01$	0.025	0.05
H^+:	$\gamma = 0.914$	?	0.86

선형 내삽에 의해 다음과 같이 식을 세울 수 있다.

$$\frac{\text{미지의 } \gamma \text{ 차이}}{\Delta\gamma} = \frac{\text{알고 있는 } \mu \text{ 차이}}{\Delta\mu}$$

$$\frac{0.86 - \gamma}{0.86 - 0.914} = \frac{0.05 - 0.025}{0.05 - 0.01} \Rightarrow \gamma = 0.89_4$$

다른 풀이 식 12-5를 사용하고 표 12-1에 나와 있는 H^+에 대한 $\alpha = 900$ pm를 사용하면 더욱 정확하지만, 다소 지루한 계산이 될 것이다.

$$\log \gamma_{H^+} = \frac{(-0.51)(1^2)\sqrt{0.025}}{1 + (900\sqrt{0.025}/305)} = -0.054_{98}$$

$$\gamma_{H^+} = 10^{-0.054_{98}} = 0.88_1$$

이 계산 값과 내삽값의 차이는 2% 미만이다. 식 12-5는 스프레드시트를 사용하면 더 쉽다.

복습 문제 내삽과 식 12-5를 써서 $\mu = 0.06$ M일 때 Hg^{2+}의 활동도 계수를 구하시오. (**답** : 0.448, 0.440)

비이온성 화합물의 활동도 계수

벤젠과 아세트산과 같은 중성 분자들은 전하를 띠지 않기 때문에 이온 분위기를 갖지 않는다. 이온 세기가 0.1 M보다 작을 경우에 그들의 활동도 계수는 1로 근사하여도 좋다. 이 책에서 모든 중성 분자에 대하여 $\gamma = 1$로 놓는다. 즉, **중성 분자의 활동도는 그 자신의 농도와 같다고 가정한다.**

중성 화학종의 경우, $\mathcal{A}_C \approx [C]$.

H_2 기체에 대하여 활동도는 다음과 같이 쓸 수 있다,

$$\mathcal{A}_{H_2} = P_{H_2}\gamma_{H_2}$$

여기서 P_{H_2}는 압력으로 단위는 bar이다. 기체의 활동도는 **퓨가시티**(*fugacity*)라고 부르고, 활동도 계수는 **퓨가시티 계수**(*fugacity coefficient*)라고 부른다. 이상 기체로부터의 벗어나면 퓨가시티 계수가 1에서 벗어나게 된다. 1 bar 또는 1 bar보다 낮은 압력에서 대부분의 기체에 대하여 $\gamma \approx 1$이다. 그러므로 모든 기체에 대하여 **우리는 $\mathcal{A} = P$ (bar) 라고 가정할 것이다.**

기체일 경우, $\mathcal{A}_C \approx P$(bar).

높은 이온 세기

확장된 Debye-Hückel 식 12-5는 이온 세기 μ가 증가함에 따라 활동도 계수 γ는 감소할 것이라는 것을 예측하게 한다. 그러나 실제로는 그림 12-5에서 보인 $NaClO_4$ 용액 중의 H^+처럼, 이온 세기가 약 1 M 이상인 경우에 대부분 이온들의 활동도 계수는 **증가**한다. 우리는 진한 염 용액의 활동도 계수가 묽은 수용액에서의 활동도 계수와 다르다는 사실은 놀라운 일이 아니다. "용매"는 더 이상 단순히 H_2O가 아니라, 오히려 H_2O와 $NaClO_4$의 혼합물이다. 앞으로는 식 12-5가 적용될 수 있는 묽은 수용액에 한하여 관심을 가지도록 하자.

높은 이온 세기에서는 μ가 증가함에 따라 γ도 증가한다.

예제 더 나은 PbI_2 용해도 계산

여러분은 자습문제 12-A에서 용해도곱만 가지고서, PbI_2 포화 용액에서의 용해된 아이오딘의 농도가 2.5 mM이라고 계산하였다. 즉,

$$PbI_2(s) \overset{K_{sp}}{\rightleftharpoons} \underset{x}{Pb^{2+}} + \underset{2x}{2I^-}$$

$$x(2x)^2 = K_{sp} = 7.9 \times 10^{-9} \Rightarrow x = [Pb^{2+}] = 1.2_5 \times 10^{-3}\ M$$

$$2x = [I^-] = 2.5_0 \times 10^{-3}\ M$$

그림 12-1에서 KNO_3가 없는 경우에 용해된 아이오딘의 농도는 3.8 mM로 관찰되었다. 이는 예측한 I^- 농도인 2.5 mM보다 50% 이상 큰 값이다. Pb^{2+}와 I^- 이온은 용액의 이온 세기를 증가시키고, 그러므로 PbI_2의 용해도를 증가시킨다. 활동도 계수를 사용하여 증가된 용해도를 구하시오.

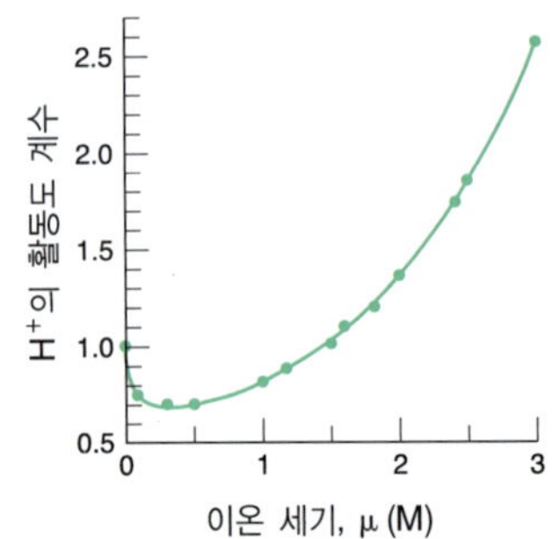

그림 12-5 0.010 0 M $HClO_4$와 다양한 양의 $NaClO_4$가 포함된 함유한 용액에서 H^+의 활동도 계수. [출처: L. Pezza, M. Molina, M. de Moraes, C. B. Melios와 J. O. Tognolli, *Talanta* **1996**, *43*, 1689.]

해답 용액의 이온 세기는 다음과 같다.

$$\mu = \tfrac{1}{2}\{[Pb^{2+}] \cdot (+2)^2 + [I^-] \cdot (-1)^2\}$$

$$= \tfrac{1}{2}\{(0.001\ 2_5 \cdot 4) + (0.02\ 5_0 \cdot 1)\} = 0.003\ 7_5\ M$$

만일 $\mu = 0.003\ 7_5$ M이라면, 표 12-1에서 내삽에 의해 활동도 계수는 $\gamma_{Pb^{2+}} = 0.781$, $\gamma_{I^-} = 0.937$이다. 용해도곱 식에 활동도 계수를 사용하면 더 나은 PbI_2의 용해도를 구할 수 있다.

$$K_{sp} = [Pb^{2+}]\gamma_{Pb^{2+}}[I^-]^2\gamma_{I^-}^2 = (x_2)(0.781)(2x_2)^2(0.937)^2$$

$$\Rightarrow x_2 = [Pb^{2+}] = 1.4_2\ \text{mM and } [I^-] = 2x_2 = 2.8_4\ \text{mM}$$

연속 근사법(*successive approximation*) : 한 개 추정값을 사용하여 더 나은 근사값을 구한다. 연속적인 근사값들이 서로 가깝게 일치할 때까지 그 과정을 반복한다.

x_2에서 아래첨자 2는 2번째 근사라는 것을 나타내기 위하여 사용하였다. Pb^{2+}와 I^-의 새로운 농도로부터 새로운 이온 세기인 $\mu = 0.004\ 2_6$ M을 얻을 수 있고, 이로부터 새로운 활동도 계수를 다음과 같이 얻는다. $\gamma_{Pb^{2+}} = 0.765$와 $\gamma_{I^-} = 0.932$. 용해도 계산을 반복하면 다음과 같다.

$$K_{sp} = [Pb^{2+}]\gamma_{Pb^{2+}}[I^-]^2\gamma_{I^-}^2 = (x_3)(0.765)(2x_3)^2(0.932)^2$$
$$\Rightarrow x_3 = [Pb^{2+}] = 1.4_4 \text{ mM and } [I^-] = 2x_3 = 2.8_8 \text{ mM}$$

이 세 번째 계산은 두 번째 계산과 아주 작은 차이를 보인다. 따라서 활동도 계수를 사용하지 않고 얻은 2.5 mM 대신에, 활동도 계수를 사용하면 $[I^-] = 2.9$ mM을 얻는다. 관찰된 용해도인 3.8 mM과 계산한 2.9 mM과의 차이는 용액 속에 존재하는 다른 화학종들(PbI^+와 $PbI_2(aq)$)의 영향을 고려하지 않았기 때문이다.

복습 문제 이 문제는 간단하지 않다. 위 예제의 방법으로 물에서 LiF ($K_{sp} = 0.0017$)의 용해도를 계산하시오. (**답** : 첫 번째 반복 계산 : 0.041 M, 두 번째 반복 계산 : 0.049 M, 세 번째 반복 계산 : 0.050 M)

pH의 실제 정의

pH 전극으로 측정한 pH는 수소 이온 **농도**(*concentration*)의 음의 대수값이 아니다. 우리가 pH 전극으로 측정하는 이상적인 값은 바로 수소 이온 **활동도**(*activity*)의 음의 대수값이다.

pH의 실제 정의 : $$pH = -\log \mathcal{A}_{H^+} = -\log([H^+]\gamma_{H^+}) \quad (12\text{-}7)$$

pH 전극은 $-\log \mathcal{A}_{H^+}$를 측정한다.

예 제 물의 해리에 미치는 염의 영향

물의 평형 $H_2O \rightleftharpoons H^+ + OH^-$과 $K_w = \mathcal{A}_{H^+}\mathcal{A}_{OH^-} = [H^+]\gamma_{H^+}[OH^-]\gamma_{OH^-}$를 생각하자. 순수한 물의 pH와 0.1 M NaCl 용액의 pH는 각각 얼마인가?

해답 순수한 물에서 이온 세기는 너무 낮아서 활동도 계수는 1에 가깝다. $\gamma_{H^+} = \gamma_{OH^-} = 1$을 평형 상수에 대입하면 다음과 같이 된다.

$$\underset{}{H_2O} \rightleftharpoons \underset{x}{H^+} + \underset{x}{OH^-} \Rightarrow K_w = [H^+]\gamma_{H^+}[OH^-]\gamma_{OH^-}$$
$$1.0 \times 10^{-14} = (x)(1)(x)(1) \Rightarrow x = 1.0 \times 10^{-7} \text{ M}$$
$$pH = -\log([H^+]\gamma_{H^+}) = -\log([1.0 \times 10^{-7}](1)) = 7.00$$

확실히 순수한 물의 pH가 7.00이라는 것은 놀랄 일이 아니다.

0.1 M NaCl에서는 이온 세기가 0.1 M이고, 표 12-1에서 활동도 계수는 $\gamma_{H^+} = 0.83$, $\gamma_{OH^-} = 0.76$이다. 이들을 평형 상수에 대입하면 다음과 같이 된다.

$$K_w = [H^+]\gamma_{H^+}[OH^-]\gamma_{OH^-}$$
$$1.0 \times 10^{-14} = (x)(0.83)(x)(0.76) \Rightarrow x = 1.2_6 \times 10^{-7} \text{ M}$$

0.1 M NaCl을 물에 첨가하면, H^+와 OH^-의 농도는 26% 증가한다. 이 결과는 비활성 염이 이온들로 해리하는 것을 촉진시킨다는 생각과 일치한다. 그러나 pH가 크게 변하지는 않는다.

$$pH = -\log([H^+]\gamma_{H^+}) = -\log(1.2_6 \times 10^{-7})(0.83)) = 6.98$$

복습 문제 0.05 M $LiNO_3$의 $[H^+]$와 pH를 구하시오. (**답** : $1.2_0 \times 10^{-7}$ M, 6.99)

자습문제

12-B. **(a)** 용해도곱에 활동도 계수를 사용하여 물에서 $HgBr_2$의 용해도를 계산하시오. 용해도란 녹은 Hg^{2+}의 농도를 의미한다. 용해도가 매우 작아서 이온 세기는 거의 0이고, 활동도 계수는 거의 1이다.
(b) $HgBr_2(s) \rightleftharpoons Hg^{2+} + 2Br^-$의 평형만을 고려하고 활동도 계수를 포함해서, 0.050 M NaBr에서 $HgBr_2$의 용해도를 계산하시오. 이온 세기는 거의 0.050 M NaBr에서만 기여한다.
(c) $HgBr_2(s) + Br^- \rightleftharpoons HgBr_3^-$의 평형도 함께 일어난다고 하면, $HgBr_2$의 용해도는 **(b)** 경우 계산 값보다 클까 혹은 작을까?

12-3 전하 균형과 질량 균형

어려운 평형 문제는 관련된 모든 화학 평형에 두 개의 식(전하 균형과 질량 균형)을 추가함으로써 해결할 수 있다. 우리는 지금 이 두 가지 조건을 살펴본다.

전하 균형

용액은 전체 전하가 반드시 0을 가져야 한다.

전하 균형(charge balance)은 전기적 중성에 대한 산술적 표현이다. **용액에서 양전하의 합은 음전하의 합과 같다.**

H^+, OH^-, K^+, $H_2PO_4^-$, HPO_4^{2-}, PO_4^{3-} 등의 이온 화학종이 들어 있는 용액을 가정해 보자. 전하 균형은 다음과 같다.

$$\underbrace{[H^+] + [K^+]}_{\text{총 양전하}} = \underbrace{[OH^-] + [H_2PO_4^-] + 2[HPO_4^{2-}] + 3[PO_4^{3-}]}_{\text{총 음전하}} \quad (12\text{-}8)$$

전하 균형의 각 항의 앞에 있는 계수는 각 이온의 전하의 크기와 같다. $[HPO_4^{2-}]$의 전하의 크기가 2이므로, 식 12-8에 있는 $[HPO_4^{2-}]$의 계수는 2이다. PO_4^{3-}의 전하의 크기가 3이므로, $[PO_4^{3-}]$의 계수는 3이다.

이 식은 H^+와 K^+에 의한 전체 전하는 우변의 모든 음이온들의 전하의 합과 같다는 것을 의미한다. **각 화학종 앞의 계수는 항상 이온 전하의 크기와 같다.** 즉, 1몰의 PO_4^{3-}의 경우 3몰의 음전하 기여를 한다. $[PO_4^{3-}] = 0.01$ M이라면, 음전하는 $3[PO_4^{3-}] = 3(0.01) = 0.03$ M이다.

많은 사람들에게 식 12-8은 균형이 안 맞는 것처럼 보인다. "식의 우변이 좌변보다 전하가 더 많다!"라고 생각할지 모르나, 그것은 잘못 생각한 것이다.

예를 들어, 0.025 0 mol KH_2PO_4와 0.030 0 mol KOH를 1.00 L가 되도록 묽힌 용액을 생각하자. 평형 상태에서 각 화학종들의 농도는 다음과 같다.

$$[H^+] = 5.1 \times 10^{-12}\text{ M} \qquad [H_2PO_4^-] = 1.3 \times 10^{-6}\text{ M}$$
$$[K^+] = 0.055\,0\text{ M} \qquad [HPO_4^{2-}] = 0.022\,0\text{ M}$$
$$[OH^-] = 0.002\,0\text{ M} \qquad [PO_4^{3-}] = 0.003\,0\text{ M}$$

전하 균형을 이루었는가? 물론 그렇다. 식 12-8에 대입하면 다음과 같이 된다.

$$[H^+] + [K^+] = [OH^-] + [H_2PO_4^-] + 2[HPO_4^{2-}] + 3[PO_4^{3-}]$$
$$(5.1 \times 10^{-12}) + 0.055\,0 = 0.002\,0 + (1.3 \times 10^{-6}) + 2(0.022\,0) + 3(0.003\,0)$$
$$0.055\,0 = 0.055\,0$$

전체 양전하는 0.055 0 M이고, 또한 전체 음전하 역시 0.055 0 M이다(그림 12-6). 모든 용액에서 전하가 균형을 이루어야 한다. 그렇지 않으면 양전하가 과잉으로 있는 비커는 실험대를 지나 음전하가 과잉으로 있는 다른 비커와 충돌할 것이다.

모든 용액에서 전하 균형의 일반식은 다음과 같다.

전하 균형 : $$n_1[C_1] + n_2[C_2] + \cdots = m_1[A_1] + m_2[A_2] + \cdots \quad (12\text{-}9)$$

여기서 [C]는 양이온의 농도, n은 양이온의 전하, [A]는 음이온의 농도, m은 음이온의 전하이다.

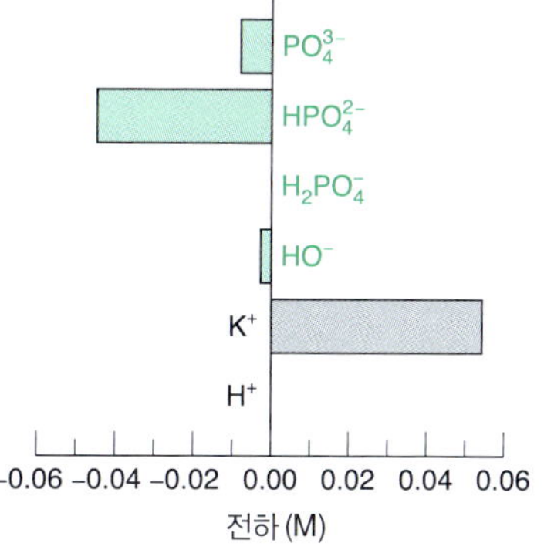

그림 12-6 0.025 0 mol KH_2PO_4와 0.030 0 mol KOH가 들어 있는 1.00 L 용액에서 각 이온들이 기여하는 전하. 양전하의 합과 음전하의 합은 같다.

예제 전하 균형

Pb^{2+}, I^-, PbI^+, $PbI_2(aq)$, PbI_3^-, $PbOH^+$, H_2O, H^+와 OH^-를 포함하는 아이오딘화 납(II) 용액에 대하여 전하 균형을 적으시오.

해답 $PbI_2(aq)$와 H_2O는 전하에 아무런 기여를 하지 않으므로, 전하 균형은 다음과 같다.

$$2[Pb^{2+}] + [PbI^+] + [PbOH^+] + [H^+] = [I^-] + [PbI_3^-] + [OH^-]$$

복습 문제 물에서 H_2SO_4의 전하 균형을 적으시오. (**답** : $[H^+] = 2[SO_4^{2-}] + [HSO_4^-] + [OH^-]$)

Σ[양전하] = Σ[음전하]

활동도 계수는 전하 균형식에 나타내지 않는다. 0.1 M H^+에 의한 전하 기여는 **정확히** 0.1 M이다. 이 부분에 대하여 생각해 보시오.

질량 균형

물질 균형(*material balance*) 또는 **질량 균형(mass balance)**은 물질 보존에 대한 표현이다. 질량 균형은 **특정 원자(또는 원자의 무리)를 포함하는 용액 내의 모든 화학종을 합한 양은 용액에 가해준 그 원자(또는 그룹)의 양과 같다**는 것을 말한다. 몇 가지 예를 살펴보자.

질량 균형은 물질 보존에 대한 설명이다. 실제적으로는 질량의 보존이 아니고 원자의 보존을 말한다.

0.050 mol 아세트산을 물에 녹여 전체 부피를 1.00 L로 만든 용액을 생각해 보자. 아세트산은 부분적으로 아세트산 이온으로 해리된다.

$$\underset{\text{아세트산}}{CH_3CO_2H} \rightleftharpoons \underset{\text{아세트산 이온}}{CH_3CO_2^-} + H^+$$

질량 균형은 용액에 해리되었거나 해리되지 않은 아세트산을 합한 양이 용액에 넣어준 아세트산의 양과 같다는 말이다.

물에서 아세트산의 질량 균형 : $$\underset{\text{용액에 첨가한 것}}{0.050\ M} = \underset{\text{해리되지 않은 생성물}}{[CH_3CO_2H]} + \underset{\text{해리된 생성물}}{[CH_3CO_2^-]}$$

활동도 계수는 질량 균형식에 나타내지 않는다. 각 화학종들의 농도는 **정확히** 그 화학종들의 원자의 개수에 해당한다.

화합물이 다양하게 해리될 때 질량 균형은 반드시 모든 생성물을 포함해야 한다. 예를 들어, 인산(H_3PO_4)은 $H_2PO_4^-$, HPO_4^{2-}와 PO_4^{3-}로 해리된다. 0.025 0 mol H_3PO_4가 녹은 1.00 L 용액에 대한 질량 균형은 다음과 같다.

$$0.025\,0\ M = [H_3PO_4] + [H_2PO_4^-] + [HPO_4^{2-}] + [PO_4^{3-}]$$

이제 K_2HPO_4 포화 수용액을 생각해 보자. 얼마나 많은 K_2HPO_4가 녹을지 모르기 때문에, 그 농도는 모른다. 그러나 용액에 들어 있는 1몰의 인에 대하여 2몰의 K^+가 있다고 말할 수 있다. 인은 H_3PO_4, $H_2PO_4^-$, HPO_4^{2-}, PO_4^{3-}의 형태들로 존재한다. 그러므로 질량 균형은 다음과 같다.

K의 농도는 전체 P 농도의 2배이다. 식의 어느 쪽에 2가 있어야 하는지 생각해 보시오.

$$[K^+] = \underbrace{2\{[H_3PO_4] + [H_2PO_4^-] + [HPO_4^{2-}] + [PO_4^{3-}]\}}_{2 \times \text{전체 인 원자의 농도}}$$

이제 PbI_2가 물에 녹아 Pb^{2+}, I^-, PbI^+, $PbI_2(aq)$, PbI_3^-, $PbOH^+$, H^+, OH^-를 생성하는 수용액을 생각해 보자. 이러한 모든 화학종들의 원천은 PbI_2이므로, 용액 속의 한 개의 Pb 원자 당 두 개의 I 원자가 있어야 한다. 그러므로 질량 균형은 다음과 같다.

우리는 얼마나 많은 PbI_2가 녹았는지 알지 못하지만, 용액에는 한 개의 Pb 원자당 두 개의 I 원자가 있어야만 한다는 것은 안다.

$$\underbrace{2\{[Pb^{2+}] + [PbI^+] + [PbOH^+] + [PbI_2(aq)] + [PbI_3^-]\}}_{2 \times \text{전체 Pb 원자의 농도}}$$

$$= \underbrace{[I^-] + [PbI^+] + 2[PbI_2(aq)] + 3[PbI_3^-]}_{\text{전체 I 원자의 농도}} \quad (12\text{-}10)$$

식 12-10의 우변에서 $[PbI_2(aq)]$ 앞의 숫자 2는 1 mol의 $PbI_2(aq)$에는 2 mol의 I 원자가 들어 있기 때문이다. $[PbI_3^-]$ 앞의 3은 1 mol의 PbI_3^-에는 3 mol의 I 원자가 들어 있기 때문이다.

자습문제

12-C. 5.00 mmol $Na_2C_2O_4$ (옥살산 소듐)와 2.50 mmol HCl을 섞어서 만든 완충 용액을 0.100 L를 생각해 보자.

(a) 용액에 존재하는 모든 화학종을 나열하시오. 옥살산 이온은 한 개 또는 두 개의 양성자를 받을 수 있다.

(b) 이 용액의 전하 균형은 무엇인가?

(c) Na^+, 옥살산 이온, Cl^- 각각에 대한 질량 균형을 적으시오.

(d) 어떤 화학종은 무시할 수 있는지 정하고 **(b)**와 **(c)**의 식을 간단히 하시오.

12-4 평형을 체계적으로 다루기

전하 균형과 질량 균형에 대하여 배웠으므로, 이제는 평형의 체계적 처리에 대한 준비가 되었다. 다음과 같은 일반적인 단계적 방법을 따른다.

단계 1. **관계되는 화학 반응식**들을 모두 적는다.

단계 2. **전하 균형식**을 적는다. 하나뿐이다.

단계 3. **질량 균형식**을 적는다. 하나 이상일 수 있다.

활동도 계수는 **오직** 단계 4에서 포함된다.

단계 4. 각각의 화학 반응에 대하여 **평형 상수**를 적는다. 이 단계는 활동도 계수가 들어가는 유일한 단계이다.

단계 5. **식의 수와 미지수의 개수를 센다.** 이때 미지수(화학 농도)만큼의 식이 있어야 한다. 그렇지 않다면 더 많은 평형을 찾거나 어떤 농도를 알고 있는 값으로 고정시켜야 한다.

단계 6. 모든 미지수에 대하여 방정식을 **푼다**.

단계 1과 단계 6이 핵심이다. 주어진 용액에 대하여 어떤 화학 평형이 존재하는지를 생각하는 것은 상당한 화학적 직관력을 필요로 한다. 이 책에서는 1단계의 도움을 줄 것이다. 우리가 모든 관계되는 평형에 대하여 알지 못한다면, 용액의 조성을 바르게 계산할 수 없다. 우리는 화학 반응을 모두 알지 못하기 때문에, 많은 평형 문제를 지나치게 너무 단순화시킨다.

단계 6은 여러분에게 가장 어려운 부분일 것이다. n개의 미지수를 포함하는 n개의 방정식이 있다면 원칙적으로 문제를 해결할 수 있다. 아주 단순한 경우에는 손으로 풀 수도 있으나, 대부분의 경우에 근사가 필요하거나 스프레드시트를 활용해야 한다.

간단한 예: 10^{-8} M KOH의 pH

틀리기 쉬운 질문을 하나 하자. 1.0×10^{-8} M KOH의 pH는 얼마인가? 처음 대답은 아마 $[OH^-] = 1.0 \times 10^{-8}$ M이므로 $[H^+] = 1.0 \times 10^{-6}$ M이고, 따라서 pH는 6.00이라고 대답할 것이다. 하지만 중성 용액에 염기를 넣어서 산성이 될 수 없다. 따라서 이런 경우에 평형을 어떻게 체계적으로 다룰 수 있는지 살펴보자.

단계 1. **관계되는 화학 반응식** : 모든 수용액에 해당하는 것으로 $H_2O \rightleftharpoons H^+ + OH^-$가 유일하다.

단계 2. **전하 균형** : K^+, H^+, OH^- 이온이 존재하므로 $[K^+] + [H^+] = [OH^-]$.

단계 3. **질량 균형** : $[K^+] = [OH^-]$라고 쉽게 생각할지도 모르지만, OH^-가 KOH로부터 나올 뿐만 아니라 H_2O로부터도 나올 수도 있으므로 잘못된 생각이다. 1몰 K^+ 이온에 대하여 1 mol OH^-가 용액에 들어가게 된다. 또한 H_2O로부터 생성된 1몰 H^+에 대해 1몰 OH^-가 존재한다. 그러므로 $[OH^-] = [K^+] + [H^+]$이다. 이 예제에서는 전하 균형과 동일한 식을 얻게 된다. 두 번째 질량 균형은 $[K^+] = 1.00 \times 10^{-8}$ M이다.

단계 4. **평형 상수** : 유일한 평형 상수는 $K_w = [H^+]\gamma_{H^+}[OH^-]\gamma_{OH^-}$이다.

단계 5. **식과 미지수 개수 세기** : 이제는 미지수(화학종들)의 수와 식의 수가 같아야 한다. 여기에서 $[K^+]$, $[H^+]$, $[OH^-]$ 3개의 미지수가 존재하며 3개의 식이 있다.

미지수보다 식의 개수가 적으면, 다른 질량 균형식을 찾든지 또는 간과한 화학 평형을 찾아야 한다.

$$\text{전하 균형:} \quad [K^+] + [H^+] = [OH^-]$$
$$\text{질량 균형:} \quad [K^+] = 1.0 \times 10^{-8}\ \text{M}$$
$$\text{평형 상수:} \quad K_w = [H^+]\gamma_{H^+}[OH^-]\gamma_{OH^-}$$

단계 6. **푼다** : 이 용액의 이온 세기는 매우 작음에 틀림없다($\sim 10^{-7}$ M). 그래서 활동도 계수를 1.00으로 생각해도 큰 무리가 없다. 그러므로 평형 상수는 $K_w = [H^+][OH^-]$로 단순화된다. $[K^+]$에 1.0×10^{-8} M을 대입하고 전하 균형식에 $[OH^-] = K_w/[H^+]$를 대입하면 다음과 같은 식을 얻는다.

$$[1.0 \times 10^{-8}] + [H^+] = K_w / [H^+]$$

양쪽에 $[H^+]$를 곱하면 다음과 같은 2차 방정식을 얻게 된다.

$$[1.0 \times 10^{-8}][H^+] + [H^+]^2 = K_w$$
$$[H^+]^2 + [1.0 \times 10^{-8}][H^+] - K_w = 0$$

이차 방정식의 두 해는 $[H^+] = 9.6 \times 10^{-8}$과 -1.1×10^{-7} M이다. 이 중에서 농도는 음의 값을 가질 수 없기 때문에, 음의 값을 버리면 pH는 다음과 같다.

$$\text{pH} = -\log([H^+]\gamma_{H^+}) = -\log([9.6 \times 10^{-8}](1.00)) = 7.02$$

pH가 7 근처이고 매우 약간 염기성을 띤다는 사실은 그리 놀라운 일은 아니다.

팔면체 모양을 갖는 형석 결정

우리가 매우 현명하다면, 다음과 같은 반응식을 쓸 수도 있다.

$$Ca^{2+} + OH^- \xrightleftharpoons{K = 20} CaOH^+$$

이 반응은 높은 pH에서만 중요한 것으로 밝혀졌다.

짝을 이룬 평형 : CaF_2의 용해도

광물인 형석(CaF_2)은 플루오린화수소산(HF)으로 변환시켜 냉매와 플루오린 고분자 합성에 사용된다. 전 세계적으로 형석의 주산지는 중국이다.

이 장의 처음 부분에 탄산 칼슘염이 용해되어 생기는 탄산수소염이 다시 H^+와 반응하는 **짝을 이룬 평형**(*coupled equilibria*)의 예를 살펴보았다. 두 번째 반응은 첫 번째 반응을 더욱 정반응으로 유도한다. 이제 비슷한 경우인 CaF_2가 물에 녹는 반응을 살펴보자.

$$CaF_2(s) \xrightleftharpoons{K_{sp} = 3.9 \times 10^{-11}} Ca^{2+} + 2F^- \qquad (12\text{-}11)$$

F^- 이온은 H^+와 반응하여 HF(*aq*)를 생성한다.

$$F^- + H^+ \xrightleftharpoons{1/K_a = 1.5 \times 10^3} HF \qquad (12\text{-}12)$$

식 12-12와 같은 반응이 일어나면, 반응 12-11에 의해 생성된 F^-가 반응 12-12에 의해 소모되므로 용해도곱으로부터 예측한 값보다 CaF_2의 용해도는 커지게 된다. Le Châtelier의 원리에 따라 반응 12-11은 오른쪽으로 일어날 것이다. 이 세 반응에 대한 실제적인 영향은 체계적으로 평형을 취급함으로써 가능하다.

단계 1. 관계되는 화학 반응식 : 식 (12-11), 식 (12-12), 식 (12-13)의 세 반응식이 있으며, 이 중 마지막 반응식은 모든 수용액에서 일어난다.

$$H_2O \xrightleftharpoons{K_w} H^+ + OH^- \qquad (12\text{-}13)$$

단계 2. 전하 균형 : $[H^+] + 2[Ca^{2+}] = [OH^-] + [F^-]$ (12-14)

단계 3. 질량 균형 : 만약 모든 플루오린화 이온이 F^- 형태로만 존재한다면, 반응 12-11의 화학량론으로부터 $[F^-] = 2[Ca^{2+}]$라고 쓸 수 있다. 그러나 약간의 F^-는 반응하여 HF를 생성한다. 플루오린 원자의 총 몰수는 F^-와 HF의 합과 같으므로 질량 균형은 다음과 같다.

$$\underbrace{[F^-] + [HF]}_{\text{전체 플루오린 원자의 농도}} = 2[Ca^{2+}] \qquad (12\text{-}15)$$

단계 4. 평형 상수 :

$$K_{sp} = [Ca^{2+}]\gamma_{Ca^{2+}}[F^-]^2\gamma_{F^-}^2 = 3.9 \times 10^{-11} \qquad (12\text{-}16)$$

$$\frac{1}{K_a} = \frac{[HF]\gamma_{HF}}{[F^-]\gamma_{F^-}[H^+]\gamma_{H^+}} = 1.5 \times 10^3 \qquad (12\text{-}17)$$

$$K_w = [H^+]\gamma_{H^+}[OH^-]\gamma_{OH^-} = 1.0 \times 10^{-14} \qquad (12\text{-}18)$$

간단히 하기 위해 일반적으로 활동도 계수를 무시할 것이다.

비록 평형식에 활동도 계수를 사용하였지만, 이 문제의 나머지 부분에서 그들을 사용하여 우리를 힘들게 하지는 않을 것이다. 이 시점에서 활동도 계수를 1이라고 보고 활동도 계수를 무시할 것이다. 결과에는 정확성은 다소 떨어질 수 있지만, 꼭 필요하다면 후에 되돌아 와서 이온 세기와 활동도 계수를 계산하여 더욱 좋은 근사값을 구할 수 있다.

단계 5. 식과 미지수 개수 세기 : 다섯 개의 식(12-14부터 12-18까지)과 $[H^+]$, $[OH^-]$, $[Ca^{2+}]$, $[F^-]$, [HF] 등 다섯 개의 미지수가 있다.

단계 6. 푼다 : 이들 다섯 개 방정식을 푸는 것이 쉬운 일은 아니다. 대신, 간단한 질문을 해보자. 완충 용액을 첨가하여 pH = 3.00으로 **고정**시킨다면, $[Ca^{2+}]$, $[F^-]$와 [HF]의 농도는 어떻게 될 것인가?

$[H^+] = 1.0 \times 10^{-3}$ M이라는 것을 알기만 한다면, 방정식은 간단하게 풀 수 있다. 식 12-17로부터, 우리는 다음과 같이 나타낼 수 있다.

$$\frac{[HF]}{[F^-][H^+]} = \frac{[HF]}{[F^-][1.0 \times 10^{-3}]} = 1.5 \times 10^3 \Rightarrow [HF] = 1.5[F^-]$$

$1.5[F^-]$를 질량 균형식(식 12-15)의 [HF]에 대입하면 다음과 같다.

$$[F^-] + [HF] = 2[Ca^{2+}] \qquad (12\text{-}15)$$

$$[F^-] + 1.5[F^-] = 2[Ca^{2+}]$$

$$[F^-] = 0.80[Ca^{2+}]$$

마지막으로 용해도곱(식 12-16)의 $[F^-]$에 $0.80[Ca^{2+}]$을 대입하면 다음과 같다.

$$[Ca^{2+}][F^-]^2 = K_{sp}$$

$$[Ca^{2+}](0.80[Ca^{2+}])^2 = K_{sp}$$

$$[Ca^{2+}] = \left(\frac{K_{sp}}{0.80^2}\right)^{1/3} = 3.9 \times 10^{-4}\ \text{M}$$

도전 지금 계산한 Ca^{2+}의 농도로부터 $[F^-] = 3.1 \times 10^{-4}$ M과 $[HF] = 4.7 \times 10^{-4}$ M임을 보이시오.

외부 수단에 의해 pH가 고정되면, 전하 균형식 12-14가 더 이상 타당하지 않음을 알아야 한다. pH를 조절하기 위해서는 반드시 용액에 이온 화합물을 첨가하여야 한다. 식 12-14는 이러한 이온들은 포함하지 않고 있기 때문에 불완전한 식이 된다. 우리가 이 문제를 풀기 위해서 pH를 고정해서 변수로서의 $[H^+]$를 생략했기 때문에, 식 12-14는 사용할 필요가 없다.

pH를 고정시키기 위해 알지 못하는 이온들을 첨가하기 때문에, **pH를 고정시키는 것은 처음의 전하 균형식을 무효화시킨다.** 새로운 전하 균형이 생기지만, 이것에 대한 식을 세울 정도로 충분히 알지 못한다.

pH가 3.00이 아닌 다른 값을 선택했다면 식 12-11과 식 12-12의 짝을 이룬 반응 때문에 다른 농도 세트를 얻게 되었을 것이다. 그림 12-7에서 Ca^{2+}, F^-, HF 농도의 pH 의존도를 볼 수 있다. 높은 pH에서 HF는 거의 없고 $[F^-] \approx 2[Ca^{2+}]$가 된다. 낮은 pH에서는 F^-가 거의 없고 그래서 $[HF] \approx 2[Ca^{2+}]$가 된다. 반응 12-12에서 F^-가 H^+와 반응하여 HF를 생성함으로써 반응 12-11이 오른쪽으로 일어나기 때문에, 낮은 pH에서는 Ca^{2+}의 농도가 증가한다.

일반적으로 음이온들이 산과 반응하기 때문에 낮은 pH에서는 많은 광물들이 더 잘 녹게 된다.[3] 보충 12-1은 산(acid)에서 용해도의 환경적인 중요성을 기술하고 있다.

치아의 에나멜에는 하이드록시아파타이트(hydroxyapatite)라는 물질이 들어 있는데, 그것은 수산화인산 칼슘(calcium hydroxyphosphate)이다. PO_4^{3-}와 OH^-가 H^+와 함께 반응하기 때문에, 에나멜도 산성에서 녹는다.

$$\underset{\text{하이드록시아파타이트}}{Ca_{10}(PO_4)_6(OH)_2} + 14H^+ \rightleftharpoons 10Ca^{2+} + 6H_2PO_4^- + 2H_2O$$

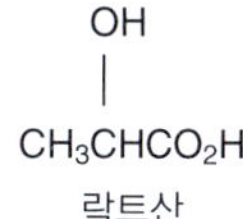

락트산

치아에 서식하는 박테리아는 대사작용에 의하여 설탕을 젖산(lactic acid)으로 변화시켜 치아 표면의 pH를 5 이하로 떨어지게 한다. 산이 에나멜을 녹이면서 충치가 되는 것이다.

자습문제

12-D. **(a)** 활동도 계수를 무시하고, pH가 9.00으로 고정된 AgCN 포화 용액에서 $[Ag^+]$, $[CN^-]$, [HCN]의 농도를 구하시오. 평형은 다음과 같다.

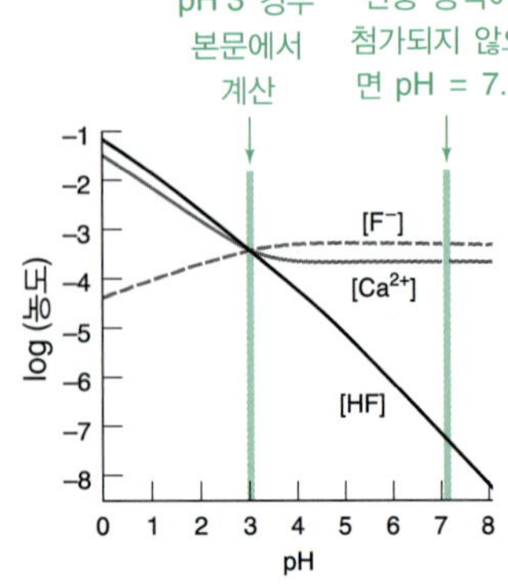

그림 12-7 CaF_2 포화 용액에서 Ca^{2+}, F^-와 HF 농도의 pH 의존도. pH가 낮아지면서 H^+는 F^-와 반응하여 HF를 생성하고, Ca^{2+} 농도는 증가한다. 세로축의 값이 로그 값임을 주목하라.

$$AgCN(s) \rightleftharpoons Ag^+ + CN^- \qquad K_{sp} = 2.2 \times 10^{-16}$$
$$CN^- + H^+ \rightleftharpoons HCN(aq) \qquad 1/K_a = 1.6 \times 10^9$$

(b) 다음과 같은 평형이 함께 발생한다면 질량 균형은 어떻게 되는가?

$$Ag^+ + CN^- \rightleftharpoons AgCN(aq) \qquad AgCN(aq) + CN^- \rightleftharpoons Ag(CN)_2^-$$
$$Ag^+ + H_2O \rightleftharpoons AgOH(aq) + H^+$$

12-5 분율 조성식

이제는 약산 HA의 각각의 형태(HA와 A^-)로 있는 분율에 관한 식을 유도하고자 한다. 이 식들은 10-7절의 산-염기 적정의 스프레드시트에서 이미 사용하였다. 식 8-16에서 **해리 분율**(*fraction of dissociation*)은 다음과 같이 정의하였다.

$$A^- \text{ 형태에서 HA의 분율} \equiv \alpha_{A^-} = \frac{[A^-]}{[A^-] + [HA]} \qquad (12\text{-}19)$$

유사하게 HA 형태에서의 분율은 다음과 같이 정의한다.

$$\text{HA 형태에서 HA의 분율} \equiv \alpha_{HA} = \frac{[HA]}{[A^-] + [HA]} \qquad (12\text{-}20)$$

포말 농도가 F인 어떤 산을 생각하자.

$$HA \overset{K_a}{\rightleftharpoons} H^+ + A^- \qquad K_a = \frac{[H^+][A^-]}{[HA]}$$

질량 균형은 단순히 다음과 같다.

보충 12-1 산성비에 의한 광물로부터 알루미늄의 이동

알루미늄은 지상에서 세 번째로 풍부한 원소이지만(산소와 실리콘 다음으로), 그것은 고령토(kaolinite, $Al_2(OH)_4Si_2O_5$)와 보크사이트(AlOOH) 같은 불용성 광물에 단단히 결합되어 있다. 인간 활동으로 인한 산성비는 지구 역사상 최근의 변화이며, 알루미늄(그리고 납과 수은)을 녹은 형태로 환경에 배출시킨다.[4] 그림에서 보듯이 pH 5 아래에서는 광물로부터 알루미늄이 이동되어 호수 내 농도가 급격히 상승한다. 130 μg/L 농도에서는 알루미늄이 물고기를 죽인다. 높은 농도의 알루미늄은 사람에게 치매, 뼈의 약화, 빈혈을 유발한다.

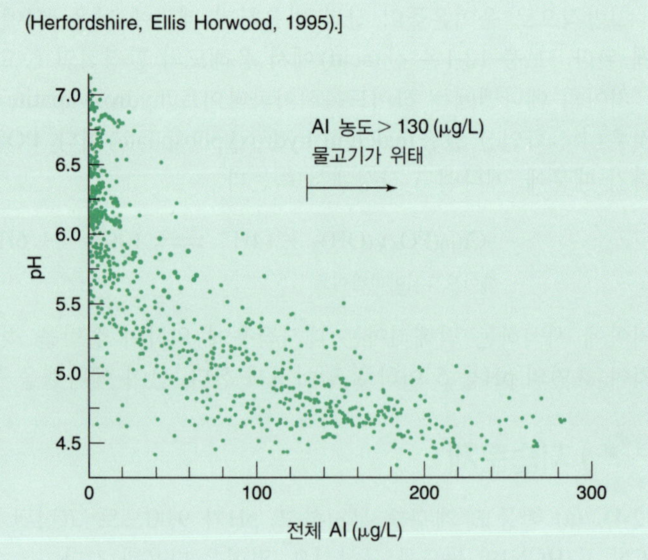

호숫물의 pH 함수로 나타낸 1000 개 노르웨이 호수의 전체 알루미늄 농도(녹은 것과 떠 있는 것 포함). 물이 더 산성일수록 알루미늄의 농도는 커진다. [출처: G. Howells, *Acid Rain and Acid Waters,* 2nd ed. (Herfordshire, Ellis Horwood, 1995).]

$$F = [HA] + [A^-]$$

질량 균형을 재배열하여 얻는 $[A^-] = F - [HA]$를 K_a 평형에 대입하면 다음과 같다.

$$K_a = \frac{[H^+](F - [HA])}{[HA]}$$

또는 다음 식을 얻을 수 있다.

$$[HA] = \frac{[H^+]F}{[H^+] + K_a} \quad (12\text{-}21)$$

F로 양쪽을 나누면 α_{HA}가 얻어진다.

HA 분율 :

$$\alpha_{HA} = \frac{[HA]}{F} = \frac{[H^+]}{[H^+] + K_a} \quad (12\text{-}22)$$

$[HA] = F - [A^-]$를 K_a 식에 대입하면, 다음과 같이 재배열하여 α_{A^-}를 풀 수 있다.

A^- 분율 :

$$\alpha_{A^-} = \frac{[A^-]}{F} = \frac{K_a}{[H^+] + K_a} \quad (12\text{-}23)$$

α_{HA} = HA 형태로 존재하는 화학종의 분율

α_{A^-} = A^- 형태로 존재하는 화학종의 분율

$\alpha_{HA} + \alpha_{A^-} = 1$

그림 12-8은 $pK_a = 5.00$인 계에 대한 α_{HA}와 α_{A^-}를 보여 준다. 낮은 pH에서 거의 모든 산은 HA 형태로 존재한다. 높은 pH에서 거의 대부분 A^- 형태로 존재한다. $pH < pK_a$일 때는 HA가 주 화학종이 되고, $pH > pK_a$일 때 A^-가 주 화학종이 된다.

그림 11-1은 이양성자 계의 화학종들에 대한 유사한 그림이다. 낮은 pH에서 α_{H_2A}는 1에 근접하고, 높은 pH에서 $\alpha_{A^{2-}}$는 1에 근접한다. 중간 pH에서는 α_{HA^-}가 가장 큰 분율을 갖는다.

만일 여러분이 HA와 A^- 대신에 BH^+와 B의 쌍을 취급한다면, 식 12-22는 BH^+ 분율을 나타내고 식 12-23은 B에 대한 분율을 나타낸다. 이 경우 K_a는 BH^+에 대한 산해리 상수이다$(= K_w/K_b)$.

산 BH^+에 대해

α_{BH^+} = BH^+ 형태의 분율

$$= \frac{[H^+]}{[H^+] + K_{BH^+}}$$

α_B = B 형태의 분율

$$= \frac{K_{BH^+}}{[H^+] + K_{BH^+}}$$

예제 산의 분율 조성

벤조산(HA)의 pK_a는 4.20이다. HA의 포말 농도가 0.021 3 M이라면 pH 5.31에서 A^-의 농도를 구하시오.

해답 pH = 5.31에서 $[H^+] = 10^{-5.31} = 4.9 \times 10^{-6}$ M이다. $K_a = 10^{-4.20} = 6.3 \times 10^{-5}$인 경우는 다음과 같다.

$$\alpha_{A^-} = \frac{K_a}{[H^+] + K_a} = \frac{6.3 \times 10^{-5}}{(4.9 \times 10^{-6})(6.3 \times 10^{-5})} = 0.92_8$$

식 12-23으로부터 다음과 같이 쓸 수 있다.

$$[A^-] = \alpha_{A^-}F = (0.92_8)(0.021\ 3) = 0.020\ \text{M}$$

 **복습 문제** pH = 4.31에서 $[A^-]$를 구하시오.(**답** : 0.012 M)

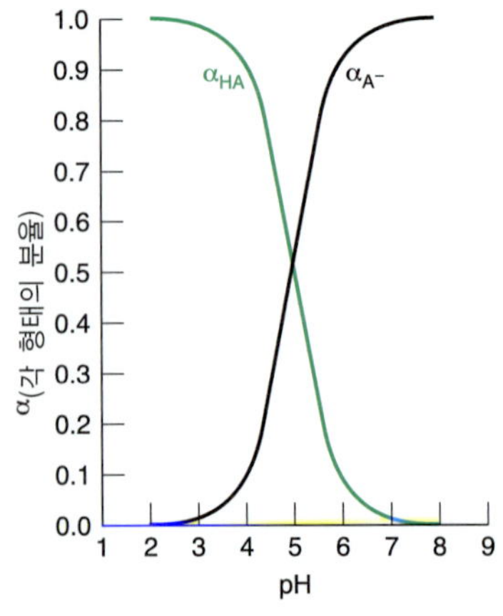

그림 12-8 pK_a = 5.00인 일양성자 계의 분율 조성 그림. pH 5 이하에서는 HA가 우세한 반면, pH 5 이상에서는 A^-가 우세하다. 그림 11-1은 이양성자 계에 대한 유사한 그림을 보여 준다.

문제 12-40에서 이양성자 산 H_2A에 대한 분율 조성식을 다룬다.

예제 염기의 분율 조성

암모늄 이온 NH_4^+에 대한 K_a는 5.69×10^{-10} ($pK_a = 9.245$)이다. pH = 10.38에서 BH^+ 형태의 분율을 구하시오.

해답 pH = 10.38에서 $[H^+] = 10^{-10.38} = 4.1_7 \times 10^{-11}$ M이다. 식 12-22를 이용하여 HA 대신에 BH^+를 사용하면 다음과 같이 얻는다.

$$\alpha_{BH^+} = \frac{[H^+]}{[H^+] + K_a} = \frac{4.1_7 \times 10^{-11}}{(4.1_7 \times 10^{-11}) + (5.69 \times 10^{-10})} = 0.068$$

복습 문제 pH 10.00에서 NH_3 형태의 분율을 구하시오.(**답** : 0.85)

자습문제

12-E. 산 HA의 $pK_a = 3.00$이다. pH = 2.00, 3.00, 4.00에서 HA 형태의 분율과 A^- 형태의 분율을 구하시오. 각 pH에서 $[HA]/[A^-]$의 비를 계산하시오.

주요식

활동도 $\mathcal{A}_C = [C]\gamma_C$ $\mathcal{A}$ = 활동도, γ = 활동도 계수

평형 상수 $aA + bB \rightleftharpoons cC + dD$ 반응에서

$$K = \frac{\mathcal{A}_C^c \mathcal{A}_D^d}{\mathcal{A}_A^a \mathcal{A}_B^b} = \frac{[C]^c \gamma_C^c [D]^d \gamma_D^d}{[A]^a \gamma_A^a [B]^b \gamma_B^b}$$

이온 세기 $\mu = \frac{1}{2}(c_1 z_1^2 + c_2 z_2^2 + \cdots) = \frac{1}{2}\sum_i c_i z_i^2$

c = 농도, z = 전하

확장된 Debye-Hückel 식 $\log \gamma = \dfrac{-0.51 z^2 \sqrt{\mu}}{1 + (\alpha\sqrt{\mu}/305)}$

z = 전하, μ = 이온 세기, α = 이온 크기

선형 내삽 $\dfrac{\text{모르는 } y \text{ 구간}}{\Delta y} = \dfrac{\text{모르는 } x \text{ 구간}}{\Delta x}$

pH $\text{pH} = -\log \mathcal{A}_{H^+} = -\log[H^+]\gamma_{H^+}$

전하 균형 용액 속의 양전하 = 용액 속의 음전하

질량 균형 특정 원자(또는 그룹)를 포함한 용액 안의 모든 화학종들의 양은 용액에 가해준 그 원자(또는 그룹)의 양과 같아야 한다.

평형을 체계적으로 다루기
1. 관계되는 반응식
2. 전하 균형
3. 질량 균형
4. 평형 상수
5. 식의 수와 미지수의 수
6. 푼다

HA의 산성 형태의 분율 $\alpha_{HA} = \dfrac{[HA]}{F} = \dfrac{[H^+]}{[H^+] + K_a} = \alpha_{BH^+} = \dfrac{[BH^+]}{F}$

HA의 염기성 형태의 분율 $\alpha_{A^-} = \frac{[A^-]}{F} = \frac{K_a}{[H^+] + K_a} = \alpha_B = \frac{[B]}{F}$

알아두어야 할 술어

내삽(interpolation)
이온 분위기(ionic atmosphere)
이온 세기(ionic strength)
전하 균형(charge balance)
질량 균형(mass balance)
활동도(activity)
활동도 계수(activity coefficient)
확장된 Debye-Hückel 식(extended Debye-Hückel equation)

문제

12-1. 이온 분위기란 무엇인가?

12-2. 용액의 이온 세기가 (적어도 ~0.5 M까지) 증가함에 따라 이온 화합물의 용해도가 증가하는 이유를 설명하시오.

12-3. 아래 그림은 용액에 첨가된 KCl의 농도의 함수로 아세트산의 해리에 대한 $[CH_3CO_2^-][H^+]/[CH_3CO_2H]$ 농도비를 보여 주고 있다. 이 곡선의 모양에 대하여 설명하시오.

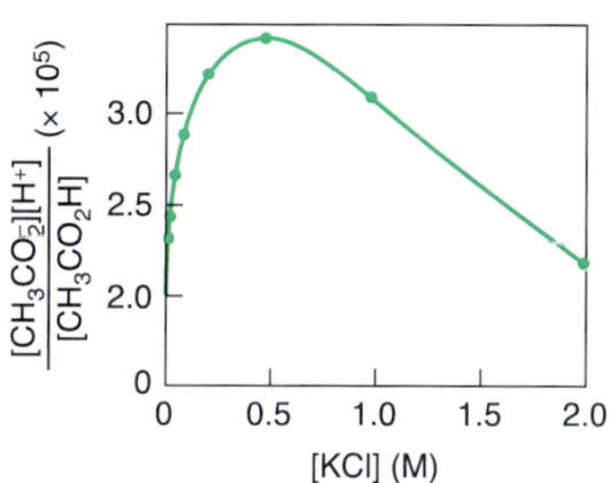

12-4. 이온 세기가 0~0.1 M에서 다음 중 어떤 설명이 맞는가?
(a) 이온 세기가 증가하면 활동도 계수는 감소한다.
(b) 이온 전하가 증가하면 활동도 계수는 감소한다.
(c) 수화 크기(α)가 감소하면 활동도 계수는 감소한다.

12-5. 다음 관찰에 대하여 설명하시오.
(a) Mg^{2+}는 Ba^{2+}보다 더 큰 수화 지름을 갖는다.
(b) 수화 지름은 $Sn^{4+} > In^{3+} > Cd^{2+} > Rb^+$ 순으로 감소한다.
(c) H^+ (실제로는 H_3O^+)는 표 12-1에서 수화 크기가 가장 큰 것 중 하나이다. H_3O^+에 수소 결합할 가능성을 생각해 보시오.

12-6. 전하 균형식의 의미를 말로 기술하시오.

12-7. 질량 균형식의 의미를 말로 기술하시오.

12-8. pH가 감소하면 염기성 음이온 염의 용해도는 왜 증가하는가? 산성비가 비교적 안정한 형태의 물질로부터 독성이 있는 금속 물질로 만들어 동식물이 섭취할 수 있는 환경으로 어떻게 이동시키는지를 설명하기 위하여, 광물 방연석(PbS)과 백연석($PbCO_3$)에 대한 화학 반응식으로 나타내시오. 왜 보충 12-1에서의 고령토와 보크사이트가 중성 용액보다 산성 용액에서 더 잘 녹는가?

12-9. 염들이 완전하게 해리된다고 가정하여 다음의 이온 세기를 구하시오. **(a)** 0.2 mM KNO_3, **(b)** 0.2 mM Cs_2CrO_4, **(c)** 0.2 mM $MgCl_2$ + 0.3 mM $AlCl_3$.

12-10. 주어진 이온 세기에서 각 이온의 활동도 계수를 구하시오.
(a) SO_4^{2-} (μ = 0.01 M)
(b) Sc^{3+} (μ = 0.005 M)
(c) Eu^{3+} (μ = 0.1 M)
(d) $(CH_3CH_2)_3NH^+$ (μ = 0.05 M)

12-11. 0.005 0 M $(C_3H_7)_4N^+Br^-$ + 0.005 0 M $(CH_3)_4N^+Cl^-$이 들어 있는 용액에서 $(C_3H_7)_4N^+$ (테트라프로필암모늄 이온)의 활동도(활동도 계수가 아닌)를 구하시오.

12-12. 표 12-1을 이용하여 μ = **(a)** 0.030 M, **(b)** 0.042 M일 때 H^+의 활동도 계수를 내삽법으로 구하시오.

12-13. μ = 0.083 M일 때 Zn^{2+}의 활동도 계수를 **(a)** 식 12-5를 이용하고, **(b)** 표 12-1을 사용하여 선형 내삽으로 계산하시오.

12-14. 활동도를 사용하여 **(a)** 0.060 M KNO_3, **(b)** 0.060 M KSCN에서 AgSCN이 포화되었을 때 Ag^+의 농도를 구하시오.

12-15. 0.010 M HCl + 0.040 M $KClO_4$ 용액에서 H^+의 활동도 계수를 구하시오. 이 용액의 pH는 얼마인가?

12-16. 활동도를 사용하여 25°C에서 0.050 M LiBr이 들어 있는 순수한 물에서 pH와 H^+의 농도를 계산하시오.

12-17. 활동도를 사용하여 0.010 M NaOH + 0.012 0 M $LiNO_3$가 들어 있는 용액의 pH를 계산하시오. 활동도를 무시한다면 pH는 얼마가 되는가?

12-18. **(a)** 용해도곱은 사용하고 활동도는 무시하여 $Mn(OH)_2$가 포화된 용액에서 Mn^{2+}와 OH^-의 농도를 구하시오. 이 용액의 pH는 얼마인가?
(b) $Mn(OH)_2$가 포화된 0.075 M $NaClO_4$ 용액에서 활동도를 사용하여 $[Mn^{2+}]$, $[OH^-]$, pH를 구하시오. pH = $-\log \mathcal{A}_{H^+}$ = −

$\log(K_w/\mathcal{A}_{OH^-})$를 사용하는 것이 더 편리하다.

12-19. 활동도를 사용하여 $Ba(IO_3)_2$가 포화된 0.100 M $(CH_3)_4N^+IO_3^-$ 용액에서 Ba^{2+}의 농도를 구하시오. 이온 세기에 $Ba(IO_3)_2$의 기여는 무시할 수 있다고 가정하고, 문제를 푼 후 그 가정을 확인하시오.

12-20. 연속 근사법. 활동도를 사용하여 PbF_2 포화 수용액에서 $[Pb^{2+}]$를 계산하시오. 평형 $PbF_2 \rightleftharpoons Pb^{2+} + 2F^-$만을 고려한다. 12-2절의 "더 나은 PbI_2 용해도 계산" 예제를 따라 연속 근사법으로 이온 세기를 구하시오.

12-21. **(a)** $CaSO_4$의 활동도와 K_{sp}를 사용하여 $CaSO_4$ 포화 수용액에서 Ca^{2+}의 농도를 계산하시오. 이온 세기를 알 수 없으므로 연속 근사법으로 이온 세기를 계산할 필요가 있다. $\mu = 0$에서 시작하여 $[Ca^{2+}]$와 $[SO_4^{2-}]$의 첫 번째 근사값을 구하시오. 그런 후, 이온 세기를 계산하여 새로운 $[Ca^{2+}]$와 $[SO_4^{2-}]$의 근사값을 구하시오. 농도가 일정한 값에 도달할 때까지 과정을 반복하시오.
(b) 녹은 Ca^{2+}의 전체 농도는 약 15 mM로 관측되었다.[5] 이를 설명하시오.

12-22. H^+, OH^-, Ca^{2+}, HCO_3^-, CO_3^{2-}, $Ca(HCO_3)^+$, $Ca(OH)^+$, K^+, ClO_4^-가 들어 있는 용액에 대한 전하 균형을 적으시오.

12-23. H_2SO_4가 HSO_4^-와 SO_4^{2-}로 이온화한다고 할 때, H_2SO_4 수용액에 대한 전하 균형을 적으시오.

12-24. $H_2AsO_4^-$, $HAsO_4^{2-}$, AsO_4^{3-}로 해리될 수 있는 비소산 H_3AsO_4 수용액에 대하여 전하 균형을 적으시오. 부록 B에서 비소산의 구조를 살펴보고, $HA_sO_4^{2-}$의 구조를 적으시오.

12-25. **(a)** $MgBr_2$가 녹아서 Mg^{2+}와 Br^-를 생성한다고 가정하자. 이 수용액에 대하여 전하 균형을 적으시오.
(b) Mg^{2+}와 Br^-에 추가하여 $MgBr^+$도 생성된다면 전하 균형은 어떻게 되는가?

12-26. 0.1 M $Na^+CH_3CO_2^-$ 수용액에 대하여 한 가지 질량 균형은 간단하게 $[Na^+] = 0.1$ M이다. 아세트산 이온을 포함하는 질량 균형을 적으시오.

12-27. $MgBr_2$가 녹아 Mg^{2+}와 Br^-를 생성한다고 가정한다.
(a) 0.20 M $MgBr_2$에서 Mg^{2+}에 대한 질량 균형을 적으시오.
(b) 0.20 M $MgBr_2$에서 Br^-에 대한 질량 균형을 적으시오.
이제 Mg^{2+}와 Br^-에 추가하여 $MgBr^+$가 생성된다고 가정한다.
(c) 0.20 M $MgBr_2$에서 Mg^{2+}에 대한 질량 균형을 적으시오.
(d) 0.20 M $MgBr_2$에서 Br^-에 대한 질량 균형을 적으시오.

12-28. **(a)** $CaF_2(s) \rightleftharpoons Ca^{2+} + 2F^-$와 $F^- + H^+ \rightleftharpoons HF(aq)$의 반응이 일어난다고 할 때, 수용액에서 CaF_2에 대한 질량 균형을 적으시오.
(b) 앞의 반응에 추가하여 $HF(aq) + F^- \rightleftharpoons HF_2^-$ 반응이 더 일어날 때, 수용액에서 CaF_2에 대한 질량 균형을 적으시오.

12-29. **(a)** 수용액에 Ca^{2+}, PO_4^{3-}, HPO_4^{2-}, $H_2PO_4^-$, H_3PO_4가 존재한다면 $Ca_3(PO_4)_2$ 용액에 대한 질량 균형을 적으시오.
(b) 수용액에 Fe^{3+}, $Fe(OH)^{2+}$, $Fe(OH)_2^+$, $FeSO_4^+$, SO_4^{2-}, HSO_4^-가 존재한다면 $Fe_2(SO_4)_3$ 용액에 대한 질량 균형을 적으시오.

12-30. 화합물 X_2Y_3가 녹아 $X_2Y_2^{2+}$, X_2Y^{4+}, $X_2Y_3(aq)$, Y^{2-}를 생성한다. 질량 균형을 써서 $[Y^{2-}]$를 다른 농도들로 나타내시오. 답을 가능한 한 간단히 하시오.

12-31. 활동도 계수를 무시하고, 12-4절의 10^{-8} M KOH 예제를 따라, Mg^{2+}와 OH^-로 완전하게 해리되는 4.0×10^{-8} M $Mg(OH)_2$ 용액에서 각 이온의 농도를 계산하시오.

12-32. R이 유기 그룹인 $R_3NH^+Br^-$ 포화 용액을 생각하자. 12-4절의 CaF_2 예제를 따라, pH가 9.50으로 고정된 $R_3NH^+Br^-$의 용해도(mol/L)를 구하시오.

$$R_3NH^+Br^-(s) \rightleftharpoons R_3NH^+ + Br^- \qquad K_{sp} = 4.0 \times 10^{-8}$$
$$R_3NH^+ \rightleftharpoons R_3N + H^+ \qquad K_a = 2.3 \times 10^{-9}$$

12-33. 중성 pH에서 $CaSO_4(s)$는 물에 녹아 Ca^{2+}, SO_4^{2-}, 그리고 이온쌍인 $CaSO_4(aq)$를 생성한다. 황산수소 이온(HSO_4^-)의 pK_a는 2.0이다. Ca^{2+}는 다음 반응에서 $pK_a = 12.70$의 "산해리 상수"를 갖는다.

$$Ca^{2+} + H_2O \overset{K_a}{\rightleftharpoons} CaOH^+ + H^+$$

(a) $CaSO_4(s)$의 용해도는 pH 3~8.5에서 거의 일정하였다.[5] 이유를 설명하시오.
(b) 낮은 pH(3 이하)와 높은 pH(12 이상)에서 용해도는 어떻게 변할 것인지 예측하시오.

12-34. **(a)** 활동도 계수를 무시하고, pH가 9.00으로 고정된 AgCN 포화 용액에서 Ag^+, CN^-, $HCN(aq)$의 농도를 구하시오. 다음의 평형을 고려한다.

$$AgCN(s) \rightleftharpoons Ag^+ + CN^- \qquad K_{sp} = 2.2 \times 10^{-16}$$
$$CN^- + H_2O \rightleftharpoons HCN(aq) + OH^- \qquad K_b = 1.6 \times 10^{-5}$$

(b) 활동도 문제. 활동도 계수를 사용하여 **(a)**에 대하여 답하시오. 비활성 염을 첨가하여 이온 세기가 0.10 M로 고정되었다고 가정한다. 활동도를 사용할 때 pH가 9.00이라는 것은 $-\log([H^+]\gamma_{H^+}) = 9.00$임을 의미한다.

12-35. **(a)** 다음 평형을 생각하자. 활동도로 생각하지 말고, pH가 10.50으로 고정된다면 1.00 L 용액에 녹을 PbO의 몰수는 얼마인가?

$$PbO(s) + H_2O \rightleftharpoons Pb^{2+} + 2OH^- \qquad K = 5.0 \times 10^{-16}$$

(b) 다음 반응도 함께 생각하여 질문 **(a)**에 답하시오.

$$Pb^{2+} + H_2O \rightleftharpoons PbOH^+ + H^+ \qquad K_a = 2.5 \times 10^{-8}$$

(c) 활동도 문제. 이온 세기가 0.050 M로 고정되었다 가정하고, 활동도 계수를 사용하여 질문 **(a)**에 답하시오.

12-36. pH가 **(a)** 2.00, **(b)** 3.00, **(c)** 3.50에서 1-나프토익산(1-naphthoic acid)의 HA 형태의 분율과 A^- 형태의 분율을 각각 구하시오.

12-37. pH가 **(a)** 4.00, **(b)** 5.00, **(c)** 6.00에서 피리딘(B)의 B 형태의 분율과 BH^+ 형태의 분율을 각각 구하시오.

12-38. 염기 B의 $pK_b = 4.00$이다. pH가 **(a)** 9.00, **(b)** 10.00, **(c)** 10.30에서 B 형태의 분율과 BH^+ 형태의 분율을 각각 구하시오.

12-39. pH 2에서 pH 12까지의 pH에 대한 0.200 M 하이드록시벤젠(hydroxybenzene) 용액에서 식 12-22과 식 12-23을 사용하여 HA와 A^-의 농도를 스프레드시트를 만들어 계산하고, pH의 함수로써 그 농도들의 그래프로 나타내시오.

12-40. 이 문제에서는 그림 11-1의 분율 조성 곡선을 나타내고자 한다. 질량 균형과 평형식들로부터 이양성자 산 H_2A의 계에 대한 분률 조성식을 다음과 같이 유도할 수 있다.

H_2A 형태의 분율 :

$$\alpha_{H_2A} = \frac{[H_2A]}{F} = \frac{[H^+]^2}{[H^+]^2 + [H^+]K_1 + K_1K_2}$$

HA^- 형태의 분율 :

$$\alpha_{HA^-} = \frac{[HA^-]}{F} = \frac{K_1[H^+]}{[H^+]^2 + [H^+]K_1 + K_1K_2}$$

A^{2-} 형태의 분율 :

$$\alpha_{A^{2-}} = \frac{[A^{2-}]}{F} = \frac{K_1K_2}{[H^+]^2 + [H^+]K_1 + K_1K_2}$$

여기에서 $F = [H_2A] + [HA^-] + [A^{2-}]$이다. 이 식들을 스프레드시트에 입력하여 pH 0에서 pH 8까지 0.2 pH 단위로 pH에 대한 트랜스-뷰텐다이오익산(*trans*-butenedioic acid, $pK_1 = 3.02$, $pK_2 = 4.48$)의 분율 α_{H_2A}, α_{HA^-}, $\alpha_{A^{2-}}$을 각각 계산하고, 그 결과를 그래프로 그리시오.

응용문제

12-41. 그림 12-1은 KNO_3가 첨가된 $PbI_2(s)$ 포화 용액에서 용해된 아이오딘의 전체 농도에 대한 학생들의 데이터를 나타낸 것이다. 용해된 아이오딘은 아이오딘 이온(I^-)의 형태 또는 Pb^{2+}와 결합된 아이오딘의 형태로 존재한다. 용해된 아이오딘은 아질산염(nitrite)을 첨가하여 I_2로 변환시켜 측정할 수 있다.

$$\underset{\text{아이오딘화 이온(무색)}}{2I^-} + \underset{\text{아질산 이온}}{2NO_2^-} + 4H^+ \longrightarrow \underset{\text{아이오딘 (주황 갈색)}}{I_2(aq)} + \underset{\text{일산화 질소}}{2NO} + 2H_2O$$

$$K = 5 \times 10^{15}$$

생성물인 I_2만이 색깔을 띠기 때문에 가시선 흡수에 의해서 I_2를 측정할 수 있다. 그림 12-1에 있는 데이터를 수집하기 위하여 다양한 농도의 KNO_3가 들어 있는 용액에 과량의 $PbI_2(s)$를 넣어 흔들어 주었다. 이 용액을 원심 분리하고 그 다음 깨끗한 상층 용액을 분리하여 아질산 이온과의 반응으로 분석하였다.

Pb^{2+}와 I^-만이 용해된 유일한 화학종이라고 가정하고 용해된 아이오딘의 농도를 측정한 후에, 활동도 계수를 고려하여 계산한 PbI_2의 용해도곱은 1.64×10^{-8}이었다. PbI^+, $PbI_2(aq)$, PbI_3^-, $PbOH^+$와 같은 화학종들을 고려하지 않았기 때문에 이 값은 부록 A에 나와 있는 7.9×10^{-9} 값보다 크다.

(a) $PbOH^+$를 생성하는 화학 반응식을 적고, pH 미터를 사용하여 이 화학종의 농도를 측정할 수 있는 실험을 제안하시오.

(b) 전체 용해된 아이오딘을 측정하면, I^-와 PbI^+를 구별할 수 없다고 생각된다. PbI^+의 생성에 대한 평형 상수를 측정할 수 있는 다른 종류의 실험을 제안하시오.

12-42. 우리는 중성 분자의 활동도 계수(γ)는 1.00이라는 근사를 쓴다. 더 정확한 관계는 $\log \gamma = k\mu$인데, 여기서 μ는 이온 세기이고, NH_3와 CO_2에 대해서 $k \approx 0.11$, 유기 분자에 대해서 $k \approx 0.2$이다. HA, A^-, H^+의 활동도 계수를 사용하여, 벤조산($HA = C_6H_5CO_2H$)에 대한 다음 비를 예측하시오.

$$[H^+][A^-]/[HA] \quad (\mu = 0.1\ \text{M에서})$$

관찰한 값은 0.63 ± 0.03이다.[6]

주와 참고문헌

1. The primary source of equilibrium constants for serious work is the computer database compiled by A. E. Martell, R. M. Smith, and R. J. Motekaitis, *NIST Standard Reference Database 46 : Critically Selected Stability Constants of Metal Complexes* (Gaithersburg, MD : National Institute of Standards and Technology, 2004).

2. D. R. Driscol, *J. Chem. Ed.* **1979**, *56*, 603. See also R. W. Ramette, *J. Chem. Ed.* **1963**, *40*, 252.

3. For a general spreadsheet approach to computing the solubility if salts in which the anion and cation can react with water, See J. L. Guiñón, J. Garcia-Antón, and V. Pérez-Herranz, *J. Chem. Ed.* **1999**, *76*, 1157.

4. R. B. Martin, *Acc. Chem. Res.* **1994**, *27*, 204.

5. J. Shukla, V. P. Mohandas, and A. Kumar, *J. Chem. Eng. Data* **2008**, *53*, 2797.

6. E. Koort, P. Gans, K. Herodes, V. Pihl, and I. Leito, *Anal. Bioanal. Chem.* **2006**, *385*, 1124.

중금속 제거요법(Chelation Therapy)과 지중해빈혈

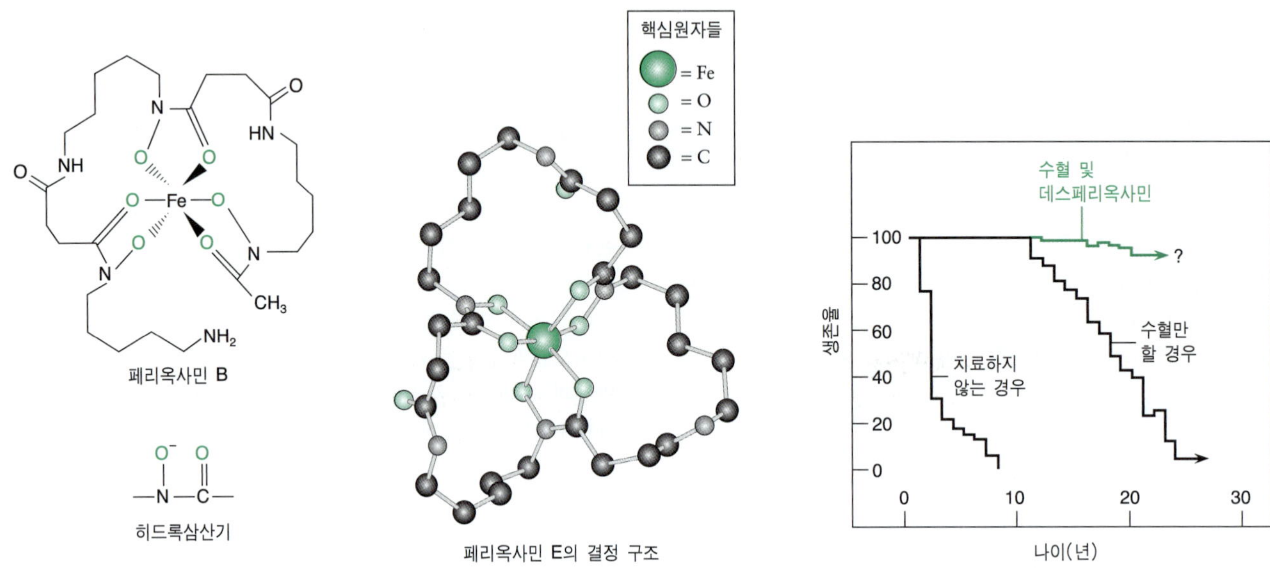

Fe^{3+}의 착물인 페리옥사민 B (ferrioxamine B) 및 페리옥사민 E 착물. 착물에서 킬레이트는 고리 모양 구조를 하고 있다. 그림은 수혈을 했을 때와 수혈과 중금속 제거요법을 병행했을 때의 효과를 보여준다.[결정구조는 Los Alamos 연구소의 M. Neu가 제공하였다. 근거자료: D. Van der Helm and M. Poling, *J. Am. Chem.* Soc. **1976**, *98*, 82. 그림의 근거자료: P. S. Dobbin and R. C. Hider, *Chem. Br*. **1990**, *26*, 565.]

인체의 순환계에 있는 산소는 헤모글로빈에 있는 철에 묶여 있다. 헤모글로빈은 알파와 베타로 표시되는 2쌍의 소단위로 구성되어 있다. 지중해빈혈은 헤모글로빈의 베타 소단위체가 적절히 생성되지 않아서 생기는 유전병이다. 이 병에 시달리는 어린이는 정상적인 적혈구를 주기적으로 수혈 받아야 생존할 수 있다. 그러나 이런 어린이는 수혈된 세포의 헤모글로빈으로부터 일 년에 4~8 g의 철이 축적된다. 인체는 그렇게 많은 양의 철을 배출할 수 있는 메커니즘을 가지고 있지 않다. 그 결과 대부분의 환자들은 과량의 철에 의한 독성으로 인해서 20살 정도에 죽는다.

한 개의 금속 이온이 여러 개의 리간드 원자들과 결합한 리간드(ligand)를 **킬레이트**(*chelate*)라 부른다. 중금속 제거요법은 지중해빈혈 환자의 몸으로부터의 철의 배출을 촉진시켜 준다. 현재까지 가장 성공적인 약은 데스페리옥사민 B이다. 이 물질과 철이 착물(complex)을 형성한 화합물, 즉 페리옥사민 B의 형성 상수는 $10^{30.6}$이다. 데스페리옥사민을 아스코브산(비타민 C)과 함께 사용하면 과량의 철을 지닌 환자의 몸에서 매년 몇 그램의 철을 제거한다. 아스코브산은 Fe^{3+}를 녹을 수 있는 Fe^{2+}로 환원시킨다. F^{3+} 착물은 소변으로 배출된다. 값이 비싼 이 약을 너무 많이 투여하는 것은 어린이의 성장을 방해한다. 데스페리옥사민은 내장에서 흡수되지 않는다. 그러므로 일주일에 5~7번 정도 밤새 피하 주사를 통해 투입한다.

구강으로 섭취할 수 있는 킬레이트배위자(chelator)를 찾기 위해 많은 킬레이트배위자를 테스트하였다.[1] 긍정적인 효과를 보이는 디페리프론은 1987년 이후 50개가 넘는 나라에서 사용되어 왔으나 미국과 캐나다에서는 허가가 나지 않았다. 데스페리옥사민와 디페리프론을 병행해서 사용하면 생존율이 높아지고 심장병 발생을 감소시켜 준다. 디페라시록스라는 구강으로 투여되는 킬레이트배위자가 미국에서 2005년에 승인되었다. 계속 킬레이트배위자를 찾는다는 것은 현재의 치료 방법이 완전히 효과적이지 못하다는 것을 말해 준다. 결국에는 유전자 치료 혹은 골수 이식이 그 질병을 낫게 할지도 모르겠다.

13

EDTA 적정

EDTA는 **에틸렌다이아민테트라아세트산**(*ethylenediaminetetraacetic acid*)의 약어이다. 이 합성 화합물은 대부분의 금속 이온과 강한 1 : 1 착물을 형성하여 금속 이온을 적정하는 데 이용된다. 화학 분석 외에도 EDTA는 산업 공정이나 비누 및 세제에서 금속-결합제로 사용되고 있으며, 가정에서 식품의 금속-촉매 산화를 막아주는 식품첨가제로서 금속-결합제 역할을 한다. EDTA는 또한 환경화학 분야에서도 관여하고 있다. 예를 들면, 샌프란시스코 만으로 방출되는 대부분의 니켈, 철, 납, 구리, 아연은 EDTA 착물의 형태로 아무 탈 없이 폐수처리 공장을 통과한다.

13-1 금속 킬레이트 착물

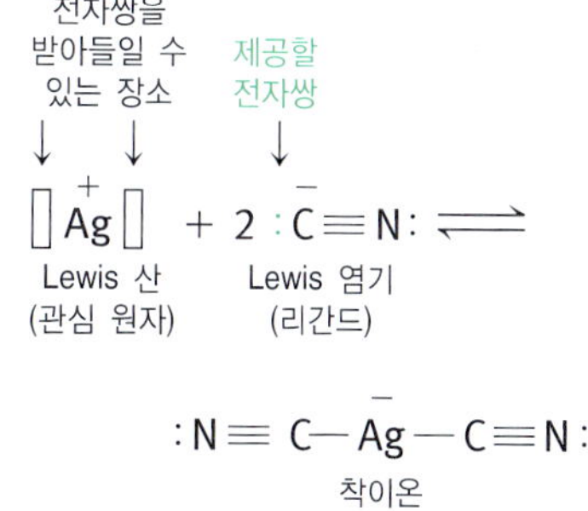

여러분이 관심이 있는 어떤 원자와 결합하는 원자 혹은 원자단을 **리간드**(**ligand**)라고 부른다. 공유할 전자쌍을 가진 리간드는 그 전자쌍을 받을 수 있는 금속 이온과 결합할 수 있다. 전자쌍 받개를 **Lewis 산**(**Lewis acid**)이라고 하며, 전자쌍 주개를 **Lewis 염기**(**Lewis base**)라 한다. 사이안산 이온(cyanide)은 **한자리 리간드**(**monodentate ligand**)라고 부른다. 왜냐하면, 사이안산 이온의 한 원자(탄소 원자)만 금속 이온과 결합하기 때문이다. **여러자리 리간드**(**multidentate ligand**)는 리간드 원자 두 개 이상이 한 개의 금속 이온과 결합한다. 그림 13-1에서 보듯이 EDTA는 4개의 산소 원자와 2개의 질소 원자가 금속과 결합하는 여섯자리 리간드(hexadentate)이다.

Lewis 산 : 전자쌍 주개
Lewis 염기 : 전자쌍 받개

여러자리 리간드는 **킬레이트 리간드**(**chelating ligand**), 또는 간단히 **킬레이트**라고 부른다. 킬레이트라는 용어는 바닷가재의 집게발을 뜻하는 *chela*에서 유래하였다. 킬레이트 리간드는 바닷가재가 집게발로 물체를 움켜쥐듯이 금속 이온을 삼킨다.

대부분 전이 금속 이온은 여섯 개의 리간드 원자와 결합한다. 중요한 **네자리 리간**

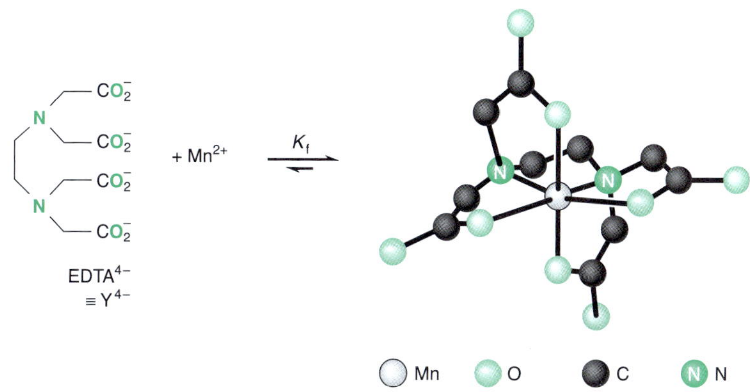

그림 13-1 EDTA는 4개의 산소와 2개의 질소를 통해서(총 6개의 결합) 대부분의 금속 이온과 결합하여 강한 1 : 1 착물을 형성한다. KMnEDTA · $2H_2O$ 화합물에는 6배위 구조의 Mn^{3+}-EDTA를 볼 수 있다. [출처: J. Stein, J. P. Fackler, Jr., G. J. McClune, J. A. Fee, and L. T. Chan, *Inorg. Chem.* **1979**, *18*, 3511.]

그림 13-2 (*a*) 리간드 원자는 **색**으로 표시된 아데노신 삼인산(ATP)의 구조. (*b*) 금속 이온이 ATP와 4개의 결합을, 물 리간드와 두 개의 결합을 한 금속-ATP 착물의 가능한 구조.

드(*tetradentate ligand*)인 아데노신 삼인산(adenosine triphosphate, ATP)은 2가 금속 이온들(예, Mg^{2+}, Mn^{2+}, Co^{2+}, Ni^{2+})의 6개 결합 자리 가운데 4개 결합 자리에서 결합을 형성한다(그림 13-2). 다섯 번째와 여섯 번째 결합 자리는 물 분자로 채워진다. 생물학적 활성이 있는 ATP는 일반적으로 Mg^{2+} 착물이다.

그림 13-3의 합성 **여덟자리 리간드**(*octadenate ligand*)는 현재 항암제로 검토되고 있다. 이 킬레이트는 네 개의 질소와 네 개의 산소 원자를 통해 금속과 결합한다. 이 킬레이트는 **단세포군 항체**(*monoclonal antibody*)와 공유결합을 한다. 단세포군 항체란 **항원**(*antigen*)이라 부르는 특정한 외부 이물질에 대해 대응하여 어떤 특정한 세포에 의해 생성되는 단백질이다. 이 경우 항체는 고유한 성질을 띠는 종양(tumor) 세포와 결합한다. 킬레이트는 $^{90}Y^{3+}$나 $^{177}Lu^{3+}$ 같은 수명이 짧은 방사성동위원소를 운반하는데, 이 방사성동위원소들은 종양 세포에 치사량의 방사선을 전달한다.

생물학에서 금속킬레이트 착물은 아주 흔하게 본다. 내장에 있는 대장균(*Escherichia coli*)과 살모넬라(*Salmonella enterica*)와 같은 박테리아는 자기들의 성장에 필수적인 철을 긁어모으기 위해 엔터박틴(enterobactin)(그림 13-4)이라는 킬레이트배위자를 배출한다.[2] 철을 모으기 위해 미생물이 배출하는 킬레이트를 철포획제(*siderophore*)라 한다. 철-엔터박틴 착물은 박테리아 세포 표면에 결합되고 세포 내부로 끌려들어 간다. 철은 킬레이트가 효소 분해되면서 방출된다. 박테리아 감염과 싸우기 위해 인간의 면역 시스템에서는 엔터박틴을 격리하고 활성을 없애기 위해서 시데로칼린(siderocalin)이라는 단백질이 생성된다.[3]

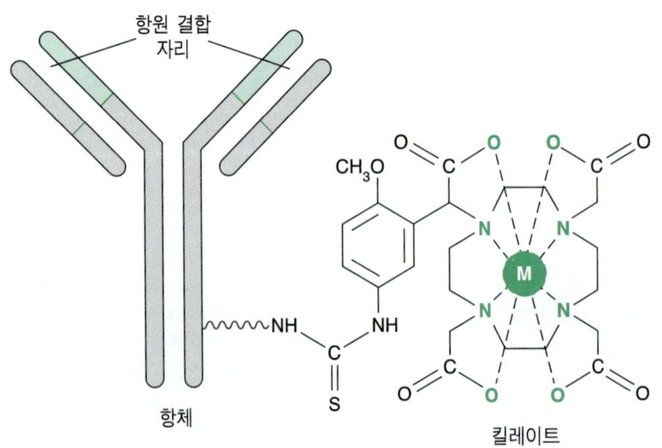

그림 13-3 항체에 공유 결합된 합성 킬레이트는 종양 세포에 치사량의 방사선을 전달하기 위한 금속 동위원소(M)를 운반한다.

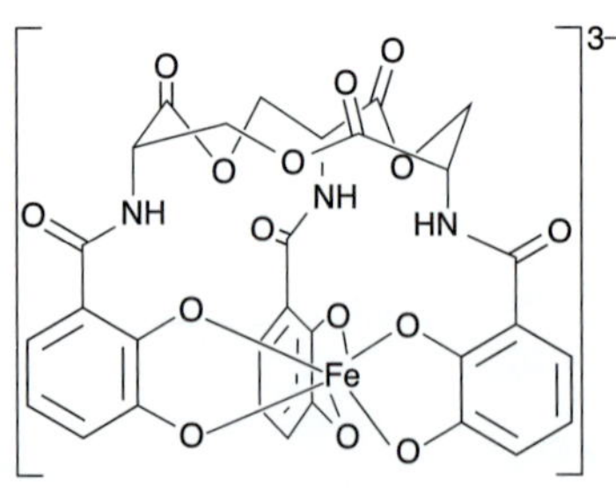

그림 13-4 철 (III)-enterobactin 착물. 어떤 박테리아는 철을 붙잡아 세포 내로 가져오려고 enterobactin을 분비한다. Enterobactin은 세포가 사용할 철을 포획하기 위해 미생물이 방출하는 몇 개의 알려진 킬레이트들 (철 포획제(sidrophores)라고 지정된) 가운데 하나이다.

이 장의 처음 부분에서 언급한 약품인 데스페리옥사민은 스트렙토마이세스(*Streptomyces pilosus*) 미생물에 의해 생성된다. 페리옥사민은 바다에서 0.1 ~ 10 pM 농도로 발견이 된다. 그것은 아마도 바다에서는 부족한 철을 모으기 위해서 미생물에 의해 분비되었을 것이다.[4]

그림 13-5의 아미노카복실산들은 합성 킬레이트 시약으로서, 질소와 카복실산 이온의 산소 원자들이 양성자를 잃어버리고 금속 이온과 결합할 수 있다. 그림 13-5에 나타낸 분자들은 Li^+, Na^+와 K^+ 같은 1가 이온들을 제외한 모든 금속 이온들과 강한 1 : 1 착물을 형성한다. **이온의 전하와 상관없이 화학량론으로는 1 : 1이다.** 그림 13-5에 있는 리간드 DTPA는 의학에 응용이 된다. 매우 단단하게 결합된 Gd^{3+}-DTPA 착물을 만들어 자기공명 영상의 명암을 얻기 위해서 약 0.5 mM 농도로 인체에 주입한다.[5]

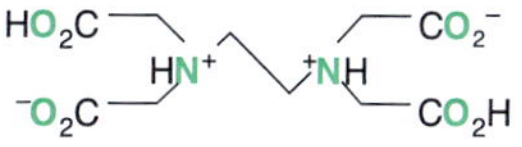

EDTA
에틸렌다이이민테트라아세트산
(다른 이름 : 에틸렌다이나이트릴로테트라아세트산)

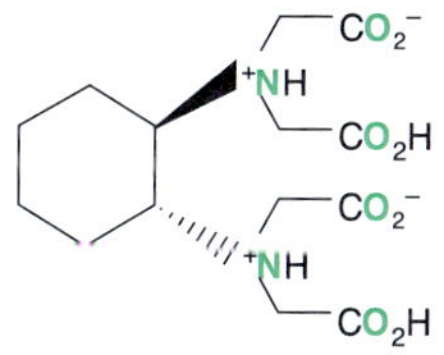

DCTA
트랜스-1,2-다이아미노사이클로헥산테트라아세트산

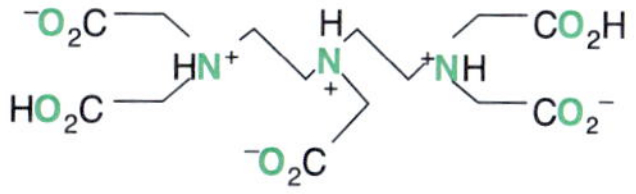

DTPA
다이에틸렌트라이아민펜타아세트산

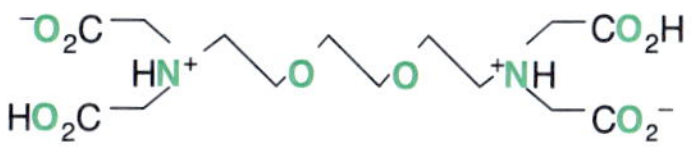

EGTA
비스-(아미노에틸)글리콜에터-*N,N,N',N'*-테트라아세트산

그림 13-5 대부분의 금속 이온들과 강한 1 : 1 착물을 형성하는 분석에서 유용한 합성 킬레이트제.

자습문제

13-A. 한자리 리간드와 여러자리 리간드의 차이점은 무엇인가? 킬레이트 리간드는 한자리 리간드인가 아니면 여러자리 리간드인가? 이 장의 처음에 소개한 데스페리옥사민 B에 있는 리간드 원자의 개수와 종류는 무엇인가?

13-2 EDTA

EDTA는 분석화학에서 가장 광범위하게 사용되는 킬레이트배위자이다. 직접 적정 혹은 간접적인 일련의 반응을 통하여 사실상 주기율표의 모든 원소를 EDTA로 분석할 수 있다. 착물 형식에 기반한 적정을 **착물화법 적정(complexometric titration)**이라 한다.

EDTA는 육양성자 계이며, H_6Y^{2+}로 나타낸다. 색으로 나타낸 산성 수소 원자들은 금속-착물을 형성할 때 상실된다.

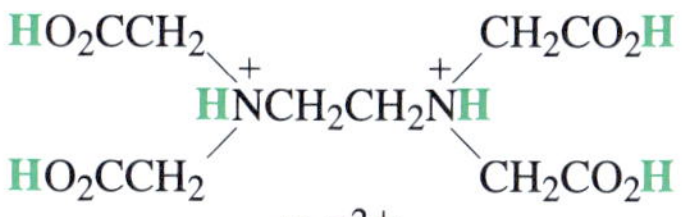

HO_2CCH_2, CH_2CO_2H / $\overset{+}{H}NCH_2CH_2\overset{+}{N}H$ / HO_2CCH_2, CH_2CO_2H — H_6Y^{2+}

$pK_1 = 0.0\ (CO_2H)$ $\quad pK_4 = 2.69\ (CO_2H)$
$pK_2 = 1.5\ (CO_2H)$ $\quad pK_5 = 6.13\ (NH^+)$
$pK_3 = 2.00\ (CO_2H)$ $\quad pK_6 = 10.37\ (NH^+)$

p*K* 값들은 25°C이고 이온 세기가 0.1 M일 때이다.
단, pK_1은 이온 세기가 1 M일 때 값이다.

1몰 EDTA는 1몰의 금속 이온과 반응한다.

처음 네 개의 p*K*값은 카복실기 양성자에 적용되며, 마지막 두 개는 암모늄기 양성자에 적용된다. 10.24 이하의 pH에서는 대부분의 EDTA는 양성자가 붙어 있고, 금속 이온과 결합하는 Y^{4-} 형태로 존재하지 않는다(그림 13-1).

단지 일부 EDTA만이 Y^{4-}의 형태로 존재한다.

전하가 중성인 EDTA는 H_4Y이다. 일반적인 시약은 이소듐염으로서, $Na_2H_2Y \cdot 2H_2O$이며, 80°C에서 가열하면 물이 2개 붙은 조성(dihydrate composition)을 얻는다.

금속과 리간드 사이의 반응에 대한 평형 상수를 **형성 상수(K_f, formation constant)**, 혹은 **안정도 상수(stability constant)**라고 한다.

형성 상수 :
$$M^{n+} + Y^{4-} \rightleftharpoons MY^{n-4} \qquad K_f = \frac{[MY^{n-4}]}{[M^{n+}][Y^{4-}]} \tag{13-1}$$

보충 13-1은 형성 상수에 사용되는 표기법이다.

표 13-1에 있는 EDTA 착물들의 형성 상수는 크며, 금속 양이온의 전하가 클수록 형성 상수는 더 커지는 경향이 있다. K_f는 Y^{4-}와 금속 이온과의 반응에 대한 평형 상수로 정의된다는 점을 주목하라. 낮은 pH에서 대부분의 EDTA는 Y^{4-}가 아니고, 이것에 양성자가 붙어 있는 형태들 중 하나이다.

보충 13-1 형성 상수 표기법

형성 상수는 착물 형성에 대한 평형 상수이다. **단계적 생성 상수**(**stepwise formation constant**) K_i는 다음과 같이 정의한다.

$$M + X \overset{K_1}{\rightleftharpoons} MX \qquad K_1 = [MX]/[M][X]$$

$$MX + X \overset{K_2}{\rightleftharpoons} MX_2 \qquad K_2 = [MX_2]/[MX][X]$$

$$MX_{n-1} + X \overset{K_n}{\rightleftharpoons} MX_n \qquad K_n = [MX_n]/[MX_{n-1}][X]$$

위식에서 M은 금속 이온이고, X는 리간드이다. **총괄**(**overall**) 혹은 **누적 형성 상수**(**cumulative formation constant**)는 β_i로 표시한다.

$$M + 2X \overset{\beta_2}{\rightleftharpoons} MX_2 \qquad \beta_2 = [MX_2]/[M][X]^2$$

$$M + nX \overset{\beta_n}{\rightleftharpoons} MX_n \qquad \beta_n = [MX_n]/[M][X]^n$$

유용한 관계식은 $\beta_n = K_1 K_2 \cdots K_n$이다. 259쪽에는 PbI_2 포화용액의 조성을 계산하기 위해 사용되는 납-아이오딘 착물의 누적 형성 상수를 보여 준다.

HO OH / HO_2C CO_2H
타타르산

HO CO_2H / HO_2C CO_2H
시트르산

$N(CH_2CH_2OH)_3$
트라이에탄올아민

낮은 pH에서 금속-EDTA 착물은 불안정하다. 왜냐하면, EDTA를 두고 H^+와 금속 이온이 경쟁하기 때문이다. 너무 높은 pH에서는 금속을 두고 OH^-가 EDTA와 경쟁한다. 왜냐하면 금속 수산화물로 침전되거나 혹은 비반응성 수산화물 착물을 형성하기 때문이다. 그림 13-6은 일반적인 몇 가지 금속 이온을 적정하는 데 적합한 pH 범위를 보여 준다. 예를 들어, Pb^{2+}는 pH 3과 12 사이에서 EDTA와 "정량적"으로 반응한다. pH 9와 12 사이에서는 Pb^{2+}와 약한 착물을 형성하여 용액으로 남아있게 해주는 **보조 착화제**(**auxiliary complexing agent**)를 사용하는 것이 필요하다(천연색 사진 7). 보조 착화제는 적정하는 동안 EDTA로 치환된다. 암모니아, 타타르산 이온, 시트르산 이온, 혹은 트라이에탄올아민과 같은 보조 착화제는 EDTA를 가하기 전에 금속 이온이 침전되는 것을 막아 준다. Pb^{2+}의 적정은 pH 10에서 타타르산 이온이 있는 상태에서 이루어진다. 타타르산 이온은 Pb^{2+}이온과 착물을 형성하여 $Pb(OH)_2$로 침전되는 것을 방지한다. 납-타타르산 이온 착물

표 13-1 EDTA 착물의 형성 상수[a, b]

이온	log K_f	이온	log K_f	이온	log K_f	이온	log K_f
Li^+	2.95	V^{2+}	12.7[c]	Fe^{3+}	25.1	Sn^{2+}	18.3[d]
Na^+	1.86	Cr^{2+}	13.6[c]	Co^{3+}	41.4	Pb^{2+}	18.0
K^+	0.8	Mn^{2+}	13.89	Zr^{4+}	29.3	Al^{3+}	16.4
Be^{2+}	9.7	Fe^{2+}	14.30	VO^{2+}	18.7	Ga^{3+}	21.7
Mg^{2+}	8.79	Co^{2+}	16.45	VO_2^+	15.5	In^{3+}	24.9
Ca^{2+}	10.65	Ni^{2+}	18.4	Ag^+	7.20	Tl^{3+}	35.3
Sr^{2+}	8.72	Cu^{2+}	18.78	Tl^+	6.41	Bi^{3+}	27.8[c]
Ba^{2+}	7.88	Ti^{3+}	21.3	Pd^{2+}	25.6[c]	Ce^{3+}	15.93
Ra^{2+}	7.4	V^{3+}	25.9[c]	Zn^{2+}	16.5	Gd^{3+}	17.35
Sc^{3+}	23.1[c]	Cr^{3+}	23.4[c]	Cd^{2+}	16.5	Th^{4+}	23.2
Y^{3+}	18.08	Mn^{3+}	25.2	Hg^{2+}	21.5	U^{4+}	25.7
La^{3+}	15.36						

a. 출처: A. E. Martell, R. M. Smith, and R. J. Motekaitis, *NIST Critically Selected Stability Constants of Metal Complexes*, NIST Standard Reference Database 46, Gaithersburg, MD, 2001.

b. $M^{n+} + Y^{4-} \rightleftharpoons MY^{n-4}$ 반응에 대한 평형 상수가 형성상수이다. 표에 있는 값들은 별도의 표시가 없다면 온도가 25°C이고, 이온 세기가 0.1 M일 때 적용된다.

c. 20°C, 이온 세기 = 0.1 M

d. 20°C, 이온 세기 = 1 M

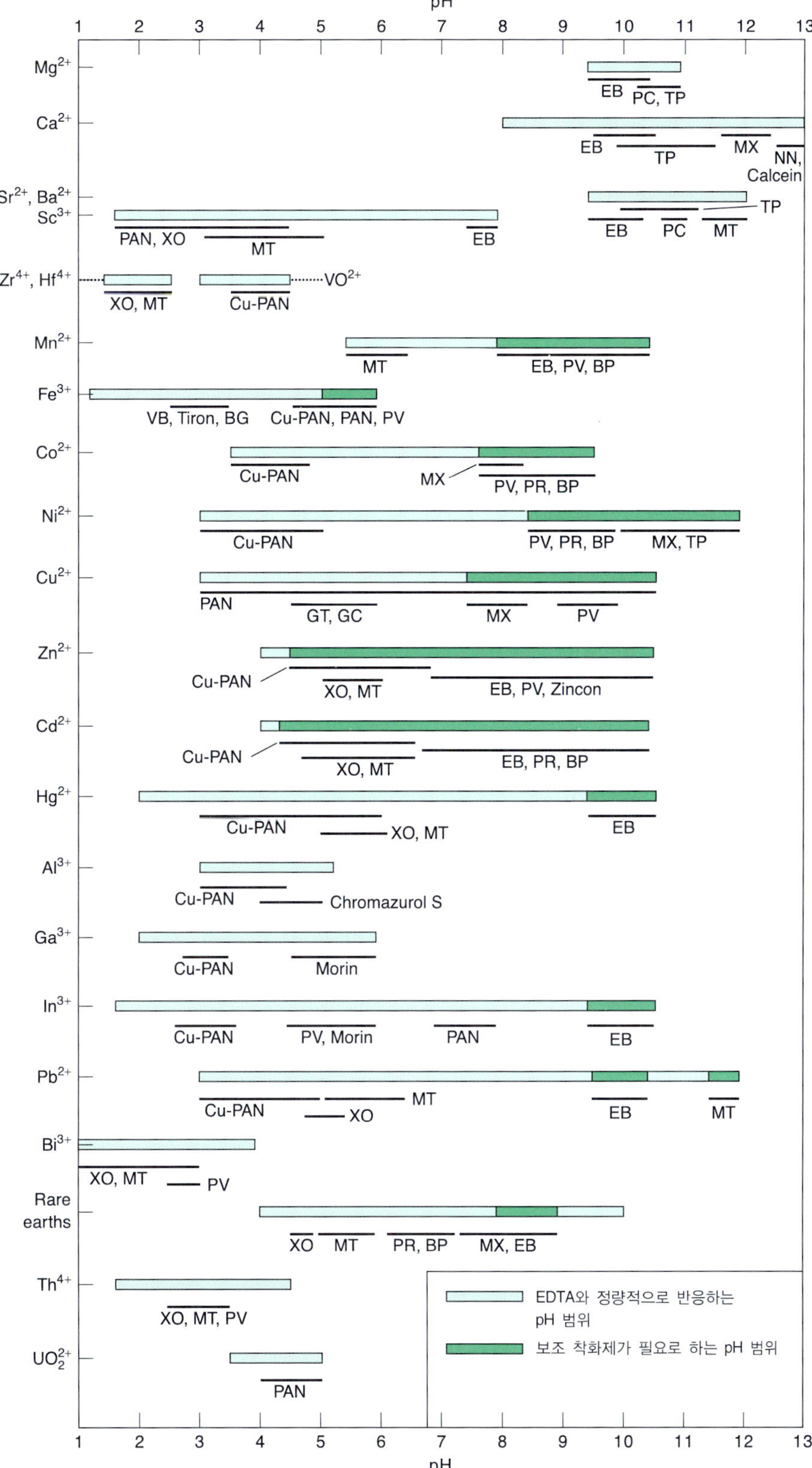

그림 13-6 보통 금속 이온의 EDTA 적정에 대한 안내. 옅은 색은 EDTA와 정량적으로 반응하는 pH 범위를 보여 준다. 짙은 색은 금속의 침전을 막기 위해서 암모니아 같은 보조 착화제가 요구되는 pH 범위를 보여 준다. [출처: Adapted from K. Ueno, *J. Chem. Ed.* **1965**, *42*, 432.]

지시약의 약어 :

BG, Bindschedler's green leuco base
BP, Bromopyrogallol red
Cu-PAN, PAN plus Cu-EDTA
EB, Eriochrome black T
GC, Glycinecresol red
GT, Glycinethymol blue
MT, Methylthymol blue
MX, Murexide
NN, Patton & Reeder's dye
PAN, Pyridylazonaphthol
PC, *o*-Cresolphthalein complexone
PR, Pyrogallol red
PV, Pyrocatechol violet
TP, Thymolphthalein complexone
VB, Variamine blue B base
XO, Xylenol orange

은 납-EDTA 착물보다는 덜 안정해야만 된다. 그렇지 않으면 적정이 어렵게 된다.

그림 13-6은 종말점을 찾는데 유용한 여러 종류의 **금속 이온 지시약**(*metal ion indicator* 다음 절에서 설명)에 대한 유용한 pH 범위를 나타내고 있다. 이 그림은 또한 다른 이온이 존재할 때 하나의 이온을 선택적으로 적정하기 위한 전략을 제시해 준다. 예를 들어, Fe^{3+}와 Ca^{2+}를 동시에 포함하고 있는 용액은 pH 4에서 EDTA로 적정이 가능하다. 이 pH에서 Ca^{2+}의 방해 없이 Fe^{3+}는 적정된다.

자습문제

13-B. **(a)** 평형 상수가 EDTA 착물의 형성 상수와 같은 반응을 적고, K_f를 수식 형태로 나타내시오.

(b) 왜 낮은 pH에서는 EDTA 착물의 형성이 불완전한가?

(c) 보조 착화제의 목적은 무엇인가?

(d) 아래 도표는 다양성자 산에 대하여 각 화학종이 어떤 pH에서 우세하게 존재하는가를 나타내는 11-3절에 나타낸 도표와 유사하다. 각 pH 범위의 경계선 혹은 중심에 표시한 화살표에 해당하는 pH를 써넣으시오. 각각의 화살표에서 pH의 의미를 설명하시오.

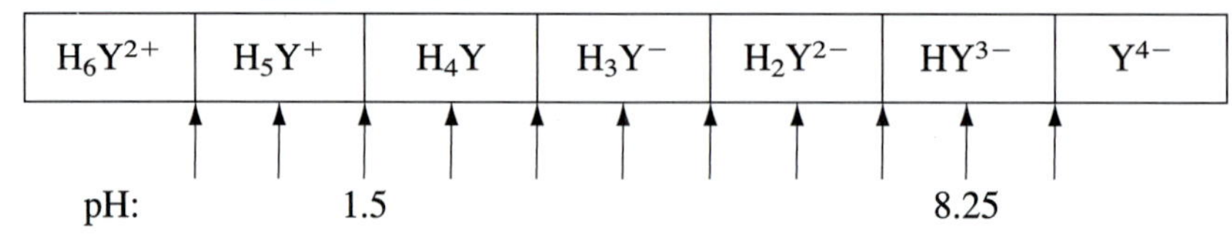

13-3 금속 이온 지시약

금속 이온 지시약(metal ion indicator)은 금속 이온과 결합할 때 색깔이 변하는 화합물이다. 표 13-2에는 흔히 사용되는 두 종류의 지시약을 보여 준다. **지시약으로 사용되려면 그 지시약은 금속 이온과의 결합이 EDTA와 금속 이온 사이의 결합보다 더 강하게 결합되어서는 안된다.**

지시약으로 칼마자이트(Calmagite)를 사용하고, Mg^{2+}를 EDTA로 적정하는 전형적인 분석의 예를 다음과 같이 나타낸다.

지시약은 결합한 금속 이온을 EDTA에게 내주어야 한다.

$$\underset{\text{붉은색}}{\text{MgIn}} + \underset{\text{무색}}{\text{EDTA}} \longrightarrow \underset{\text{무색}}{\text{MgEDTA}} + \underset{\text{푸른색}}{\text{In}} \qquad (13\text{-}2)$$

실험을 시작할 때 무색의 Mg^{2+} 용액에 붉은색 착물을 형성하기 위해서 소량의 지시약(In)을 첨가한다. EDTA를 첨가하면 처음에는 EDTA가 무색의 지시약과 결합되지 않은(free) Mg^{2+}와 반응한다. 결합하지 않은 Mg^{2+}가 모두 소모되면, 당량점 바로 직전에 첨가된 EDTA는 붉은색의 MgIn 착물로부터 지시약을 유리시킨다. MgIn의 붉은색에서 유리된 In의 푸른색으로의 변화가 적정의 종말점을 의미한다(시범 13-1).

대부분의 금속 이온 지시약은 또한 산-염기 지시약도 된다. 결합하지 않은 지시약의 색깔은 pH에 의존하므로, 대부분의 지시약은 일정한 pH 범위에서만 사용할 수 있다. 예를 들면, 표 13-2에 있는 자이레놀 오렌지(xylenol orange, 자이레놀이라고 발음함)는 pH 5.5에서 금속 이온과 결합하면 노란색에서 붉은색으로 바뀐다. 이러한 색 변화는 쉽게 눈으로 관찰된다. pH 7.5에서는 보라색에서 붉은색으로 변하데, 이것은 육안으로 구별하기 어렵다.

표 13-2 금속 이온 지시약

이름	구조	pK_a	화학식 및 색	착물의 색
칼마자이트	(H_2In^-)	$pK_2 = 8.1$ $pK_3 = 12.4$	H_2In^- 붉은색 HIn^{2-} 푸른색 In^{3-} 오렌지색	포도주색
자이레놀 오렌지	(H_3In^{3-})	$pK_2 = 2.32$ $pK_3 = 2.85$ $pK_4 = 6.70$ $pK_5 = 10.47$ $pK_6 = 12.23$	H_5In^- 노란색 H_4In^{2-} 노란색 H_3In^{3-} 노란색 H_2In^{4-} 보라색 HIn^{5-} 보라색 In^{6-} 보라색	붉은색

시범 13-1 금속 이온 지시약의 변색

이 시범은 반응 13-2와 관련된 색의 변화를 보여 준다.

저장 용액

칼마자이트 : 물 100 mL에 지시약 0.05 g을 녹인다. 그렇지 않으면 7.5 mL 트라이에탄올아민과 2.5 mL 무수 에탄올의 혼합물에 0.1 g 에리오크롬 블랙 T를 녹인다. 두 지시약에 대해 색깔 변화는 같다.

완충 용액 (pH 10) : 142 mL의 진한 (14.5 M) 암모니아수를 17.5 g의 염화 암모늄에 첨가한 후 물로 전체가 250 mL로 되도록 희석한다.

$MgCl_2$: 0.05 M

EDTA : 0.05 M $Na_2H_2EDTA \cdot 2H_2O$

25 mL $MgCl_2$, 5 mL 완충 용액, 물 300 mL를 포함하는 용액을 준비한다. 지시약을 6방울 가하고 EDTA로 적정한다. 종말점에서 포도주색과 같은 붉은색에서 흐린 푸른색으로 변하는 것을 관찰한다 (천연색 사진 8). 색깔 변화에 수반되는 분광학적 변화를 그림에 나타내었다.

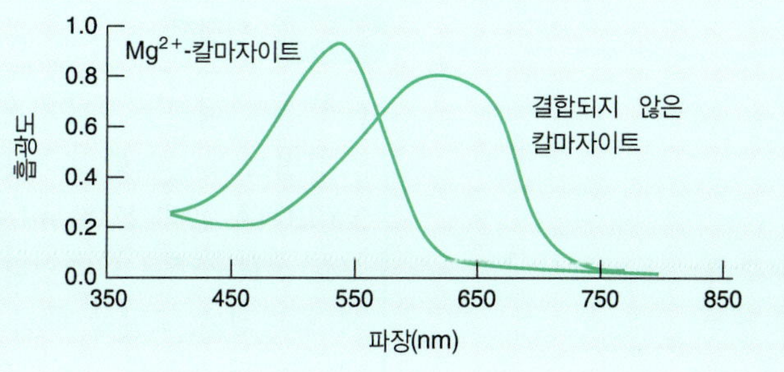

pH 10인 암모니아 완충 용액에서의 Mg^{2+}-칼마자이트와 결합되지 않은 칼마자이트의 가시선 스펙트럼. [출처 : From C. E. Dahm, J. W. Hall, and B. E. Mattioni, *J. Chem. Ed.* **2004**, *81*, 1787.]

어떤 지시약이 EDTA 적정에 사용되려면, 그 지시약은 결합하고 있는 금속 이온을 EDTA에게 내주어야 한다. 만일 금속 이온이 지시약으로부터 잘 떨어지지 않으면 그 금속 이온는 지시약을 가로 **막는다(block)** 라고 말한다. 칼마자이트는 Cu^{2+}, Ni^{2+}, Co^{2+}, Cr^{3+}, Fe^{3+}와 Al^{3+}에 의해 가로 막힌다. 따라서 칼마자이트는 이들 금속 이온들의 직접 적정에 사용할 수 없고, 역적정에는 사용할 수 있다. 예를 들면, EDTA 표준 용액을 Cu^{2+}에 과량으로 넣고, 지시약을 가한 다음 반응하고 남아 있는 EDTA를 Mg^{2+}로 역적정한다.

질문 역적정을 할 때 색깔 변화는 어떻게 되는가?

자습문제

13-C. **(a)** 반응 13-2에서 색깔 변화가 점진적으로 일어나지 않고 당량점에서 갑자기 붉은색에서 푸른색으로 변하는 이유를 설명하시오.
(b) 지시약으로 자이레놀 오렌지를 사용하고, pH 5로 완충된 EDTA를 Pb^{2+} 표준 용액으로 적정하였다. **(i)** pH 5에서 지시약의 주 화학종은 무엇인가? **(ii)** 당량점 전에 용액은 무슨 색깔인가? **(iii)** 당량점 후에 용액은 무슨 색깔인가? **(iv)** pH가 5가 아닌 8에서 적정했다면 색깔은 어떻게 변하는가?

13-4 EDTA 적정 방법

EDTA는 주기율표 상에 있는 대부분의 원소를 분석하는 데에 직접 혹은 간접적으로 사용된다. 이 절에서는 몇 가지 중요한 방법에 대해 논의한다.

직접 적정법

직접 적정(direct titration) 에서는 분석물질을 EDTA 표준 용액으로 적정한다. 분석물질은 EDTA와 반응이 완결되도록 적절한 pH로 완충되어야 하고, 유리 지시약의 색깔은 금속-지시약 착물의 색깔과 뚜렷하게 차이가 나야 한다. EDTA를 가하기 전에 금속 이온이 용액 내에 녹아 있는 상태를 유지하기 위해서는 보조 착화제가 필요할 수도 있다.

역적정법

역적정(back titration) 에서는 이미 알고 있는 양의 EDTA를 과량으로 분석물질에 가한다. 반응하고 남아 있는 여분의 EDTA는 금속 이온 표준 용액으로 적정한다. 분석물질이 EDTA를 첨가하기 전에 침전되거나, 분석물질이 EDTA와 너무 천천히 반응을 하거나, 분석물질이 지시약을 가로 막을 경우에 역적정을 해야 한다. 역적정에 사용되는 금속 이온은 EDTA와 결합한 분석물질을 치환하지 않아야 한다.

예제 **역적정**

Ni^{2+}는 자이레놀 오렌지를 지시약으로 하여 pH 5.5에서 Zn^{2+} 표준 용액을 사용하여 역적정법으로 분석할 수 있다. Ni^{2+} 25.00 mL가 포함된 묽은 염산 용액에 0.052 83 M Na_2EDTA 용액 25.00 mL를 가하였다. 용액을 NaOH로 중화시키고, 아세트산 완충 용액으로 pH를 5.5로 맞추었다. 지시약 몇 방울을 가하였더니 용액은 노란색을 띠었다. 붉은색 종말점에 도달할 때까지 0.022 99 M Zn^{2+} 용액 17.61 mL가 소비되었다. 미지 용액 내 Ni^{2+}의 몰농도는 얼마인가?

해답 미지 시료는 0.052 83 M EDTA 용액 25.00 mL, 즉 1.320 8 mmol (= 25.00 mL × 0.052 83 M) 의 EDTA와 반응하였다.

$$\underset{x\text{ mmol}}{Ni^{2+}} + \underset{1.320\,8\text{ mmol}}{\text{EDTA}} \longrightarrow \text{Ni(EDTA)} + \underset{1.320\,8\,-\,x\text{ mmol}}{\text{EDTA}}$$

역적정에 소비된 Zn^{2+}은 0.404 9 mmol (= 17.61 mL × 0.022 99 M) 이다.

$$\underset{0.404\,9\text{ mmol}}{Zn^{2+}} + \underset{1.320\,8\,-\,x\text{ mmol}}{\text{EDTA}} \longrightarrow \underset{0.404\,9\text{ mmol}}{\text{Zn(EDTA)}}$$

두 번째 반응에서 요구되는 Zn^{2+}의 몰수는 첫 번째 반응에서 반응하지 않고 남은 EDTA의 몰수와 같다.

$$0.404\,9\text{ mmol } Zn^{2+} = 1.320\,8\text{ mmol EDTA} - x\text{ mmol } Ni^{2+}$$
$$x = 0.915\,9\text{ mmol } Ni^{2+}$$

Ni^{2+}의 농도는 0.036 64 M (= 0.915 9 mmol/25.00 mL) 이다.

복습 문제 0.040 0 M EDTA를 사용하고 역적정에서 Zn^{2+} 15.00 mL가 필요하였다고 가정하자. Ni^{2+}의 농도를 구하시오. (**답** : 0.026 21 M)

EDTA 역적정은 분석물질의 침전을 막을 수 있다. 예를 들면, EDTA가 없을 때 $Al(OH)_3$는 pH 7에서 침전된다. Al^{3+}의 산성 용액에 과량의 EDTA를 가한 후, 아세트산 소듐으로 pH를 7로 맞추고 착물 형성이 완결되도록 끓여준다. Al^{3+}-EDTA 착물은 pH 7에서 안정하다. 그 후 용액을 냉각시키고, 칼마자이트 지시약을 첨가한 후 Zn^{2+} 표준 용액으로 역적정한다.

치환 적정

만족할 만한 지시약이 없는 금속 이온의 경우 **치환 적정(displacement titration)** 이 가능하다. 이 과정에서 분석물질은 과량의 $Mg(EDTA)^{2-}$와 반응시켜 Mg^{2+}를 치환시킨 후에 EDTA 표준 용액으로 적정한다.

도전 $M^{n+} = Hg^{2+}$라고 한다면 반응 13-3에 대한 평형 상수를 계산하시오. 왜 $Mg(EDTA)^{2-}$가 치환 적정에 사용되는가?

$$M^{n+} + MgY^{2-} \longrightarrow MY^{n-4} + Mg^{2+} \quad (13\text{-}3)$$

Hg^{2+}는 이 방법으로 정량한다. $Hg(EDTA)^{2-}$의 형성 상수는 $Mg(EDTA)^{2-}$의 형성 상수보다 커야 된다. 그렇지 않으면 $Mg(EDTA)^{2-}$로부터 Mg^{2+}가 치환되지 않는다.

Ag^+를 분석하기 위한 적절한 지시약이 없다. 그러나 Ag^+는 테트라사이아노니켈(II) 이온으로부터 Ni^{2+}를 치환시킨다.

$$2Ag^+ + Ni(CN)_4^{2-} \longrightarrow 2Ag(CN)_2^- + Ni^{2+}$$

첨가한 Ag^+의 양을 알아내려면, 결합에서 생성된 Ni^{2+}를 EDTA로 적정한다.

음이온의 간접 적정

금속 이온을 침전시키는 음이온은 **간접 적정(indirect titration)** 으로 EDTA를 사용해서 분석할 수 있다. 예를 들면, 황산 이온은 pH 1에서 과량의 Ba^{2+}으로 침전시켜 분석할 수 있다. $BaSO_4(s)$를 거르고 세척한 후에, pH 10에서 과량의 EDTA를 넣고 끓이면 Ba^{2+}가

$Ba(EDTA)^{2-}$의 형태로 녹는다. 반응하고 남은 여분의 EDTA는 Mg^{2+}로 역적정한다.

다른 방법으로는 음이온을 과량의 금속 이온으로 침전시킨다. 침전을 거르고, 세척한다. 거른 용액(filtrate)에 있는 여분의 금속 이온을 EDTA로 적정한다. CO_3^{2-}, CrO_4^{2-}, S^{2-}, SO_4^{2-}는 이 방법으로 정량할 수 있다.

가리움

어떤 원소를 분석하는 데 다른 원소가 분석을 방해하는 것을 막는 것이 가리움이다. 보충 13-2에 가리움의 중요한 적용을 설명하였다.

가리움제(**masking agent**)는 혼합물에서 어떤 성분이 EDTA와 반응하는 것을 막아준다. 예를 들면, Mg^{2+}와 Al^{3+}의 혼합물에 F^-로 Al^{3+}를 가리면, EDTA와 반응하지 않는 AlF_6^{3-}를 생성하므로 Mg^{2+}만을 EDTA로 적정할 수 있다.

사이안화 이온은 Mg^{2+}, Ca^{2+}, Mn^{2+}, Pb^{2+}와는 반응하지 않으나, Cd^{2+}, Zn^{2+}, Hg^{2+}, Co^{2+}, Cu^+, Ag^+, Ni^{2+}, Pd^{2+}, Pt^{2+}, Fe^{2+}, Fe^{3+}와는 착물을 형성하는 가리움제이다. CN^-를 Cd^{2+}와 Pb^{2+}를 포함하는 용액에 가하면 Pb^{2+}만 EDTA와 반응한다(**주의**: 사이안화 이온은 pH 11 이하에서는 독성 기체인 HCN을 생성한다. 사이안화 이온 용액은 강염기성이므로 반드시 환기 시설 내에서 취급해야 한다.) F^- 이온은 Al^{3+}, Fe^{3+}, Ti^{4+}와

보충 13-2 센물이란 무엇인가?

경도(*hardness*)는 물 속에 존재하는 알칼리 토금속 이온의 전체 농도를 말한다. Ca^{2+} 이온과 Mg^{2+} 이온의 농도는 2족에 속한 다른 이온들의 농도보다 훨씬 높으므로 경도는 $[Ca^{2+}] + [Mg^{2+}]$와 같다고 할 수 있다. 경도는 보통 1리터당 $CaCO_3$의 mg수로 나타낸다. 따라서 만약에 $[Ca^{2+}] + [Mg^{2+}] = 1$ mM이라면 경도는 100 mg $CaCO_3$/L라고 말할 수 있다. 왜냐하면 100 mg $CaCO_3$ = 1 mmol $CaCO_3$이기 때문이다. 경도가 60 mg $CaCO_3$/L 이하가 되는 물은 "연(soft)"하다고 할 수 있다.

센물은 비누와 반응해서 불용성의 침전물(curds)을 형성한다.

$$\underset{\text{비누}}{Ca^{2+} + 2RCO_2^-} \longrightarrow \underset{\text{침전}}{Ca(RCO_2)_2(s)} \qquad \text{(A)}$$

비누가 세척에 사용되려면 Ca^{2+}와 Mg^{2+} 이온이 제거될 수 있을 만큼 충분한 양의 비누를 사용해야 한다. 센물이 건강에 해를 끼친다고 생각하지는 않는다. 경도는 농업용수로 유용하다. 왜냐하면, 알칼리 토금속은 토양 내에서 **콜로이드성**(*colloidal*) 입자를 **응집시키며**(*flocculate*), 따라서 토양에 물이 침투하기 쉽게 해준다. 콜로이드는 지름이 1 ~ 500 nm의 용해성 입자이다(시범 7-1 참조). 이런 작은 입자들은 물이 토양을 통해 배수되는 통로를 막는 경향이 있다.

경도를 측정하기 위해 물을 아스코브산으로 처리하여 Fe^{3+}를 Fe^{2+}로 환원시키고, Fe^{2+}, Cu^+ 및 그 밖의 다른 소량 금속 이온들을 가려주기 위해 사이안화 이온(cyanide)으로 처리한다. pH 10의 암모니아 완충 용액에서 EDTA로 적정하여 $[Ca^{2+}] + [Mg^{2+}]$를 얻는다. 암모니아 없이 pH 13에서 적정하면 $[Ca^{2+}]$만을 따로 정량할 수 있다. 이 pH에서는 $Mg(OH)_2$가 침전되어 EDTA를 이용할 수 없다.

불용성의 탄산염(carbonates)은 과량의 이산화탄소로 중탄산염(bicarbonates)으로 변환된다.

$$\underset{\text{탄산 칼슘}}{CaCO_3(s)} + CO_2 + H_2O \longrightarrow \underset{\text{중탄산 칼슘}}{Ca(HCO_3)_2(aq)} \qquad \text{(B)}$$

가열하면 반응 B의 역반응이 일어나서 보일러관을 막히게 하는 $CaCO_3$ 고체 찌꺼기를 형성된다. $Ca(HCO_3)_2$ 때문에 생기는 경도의 일부분을 **일시적인 경도**(*temporary hardness*)라 한다. 왜냐하면 이런 형태의 칼슘은 가열하면 $CaCO_3$로 침전되어 제거되기 때문이다. 다른 염(주로 용해된 $CaSO_4$)에 의한 경도는 가열에 의해 제거될 수 없으므로, **영구 경도**(*permanent hardness*)라고 한다.

Be^{2+}를 가려 준다.(**주의**: 산성 용액에서 F^-는 HF가 되는데, HF는 독성이 매우 강하므로 피부나 눈에 닿지 않아야 된다. 당장 통증을 느끼지는 않을 수도 있다. 그러나 접촉 부위를 물로 약 5분간 충분히 씻어주고, 사고 **전에** 미리 준비한 2.5 wt%의 글루콘산 칼슘 젤을 바른다. 응급처치를 하는 사람도 자신을 보호하려면 고무장갑을 착용하여야 한다. HF에 노출된 피해는 사고 후 며칠 동안 지속될 수 있다. 진한 HF에 몸의 2% 정도가 노출되면 죽을 수도 있다.[6]) 트라이에탄올아민(284쪽)은 Al^{3+}, Fe^{3+}, Mn^{2+}를, 2,3-다이머캅토프로판올은 Bi^{3+}, Cd^{2+}, Cu^{2+}, Hg^{2+}, Pb^{2+}를 가려준다. 가리움 혹은 pH 조절을 통한 선택성이 부여되면 복잡한 혼합물에서 각각의 성분을 EDTA로 적정하여 분석할 수 있다.

HO SH SH

2,3-다이머캅토프로판올

자습문제

13-D. (a) Ni^{2+}를 포함하는 시료 50.0 mL에 0.050 0 M EDTA 25.0 mL를 가하여 Ni^{2+}를 모두 착물로 만들었고, 용액에는 여분의 EDTA가 남아 있다. 0.050 0 M EDTA 용액 25.0 mL에 들어 있는 EDTA는 몇 밀리몰인가?

(b) **(a)**에서 여분의 EDTA를 역적정하였더니 0.050 0 M Zn^{2+} 용액 5.00 mL가 필요하였다. 0.050 0 M Zn^{2+} 용액 5.00 mL에 들어 있는 Zn^{2+}는 몇 밀리몰인가?

(c) **(a)**에서 가해준 EDTA와 **(b)**에서 필요로 하는 Zn^{2+}의 차이가 미지 시료에 포함된 Ni^{2+}의 밀리몰이다. 미지 시료에 포함된 Ni^{2+}의 밀리몰과 농도를 구하시오.

13-5 금속-EDTA 평형에 대한 pH 의존성

기기분석에 관심이 많은 학생은 다음 장으로 옮겨도 좋다. 이제는 EDTA 적정 곡선 모양을 이해하는 데 필요한 평형 계산을 다룬다.

EDTA 용액의 분율 조성

양성자가 붙어 있는 형태의 EDTA 중에서 각각의 EDTA의 분율을 그림 13-7에 나타내었다. 분율 α는 12-5절에서 약산에 대한 것과 같이 정의한다. 예를 들면 $\alpha_{Y^{4-}}$는

Y^{4-}로 존재하는 EDTA의 분율 :

$$\alpha_{Y^{4-}} = \frac{[Y^{4-}]}{[H_6Y^{2+}] + [H_5Y^+] + [H_4Y] + [H_3Y^-] + [H_2Y^{2-}] + [HY^{3-}] + [Y^{4-}]}$$

$$\alpha_{Y^{4-}} = \frac{[Y^{4-}]}{[\text{EDTA}]} \qquad (13\text{-}4)$$

위 식에서 [EDTA]는 용액 내에 존재하는 결합되지 않은(free) 모든 EDTA 화학종에 대한 전체 농도이다. "결합하지 않았다"는 것은 금속 이온과 착물을 형성하지 않은 EDTA를 의미한다. 12-5절에서 한 것과 비슷한 방법으로 유도를 하면, $\alpha_{Y^{4-}}$는 다음과 같이 나타낼 수 있다.

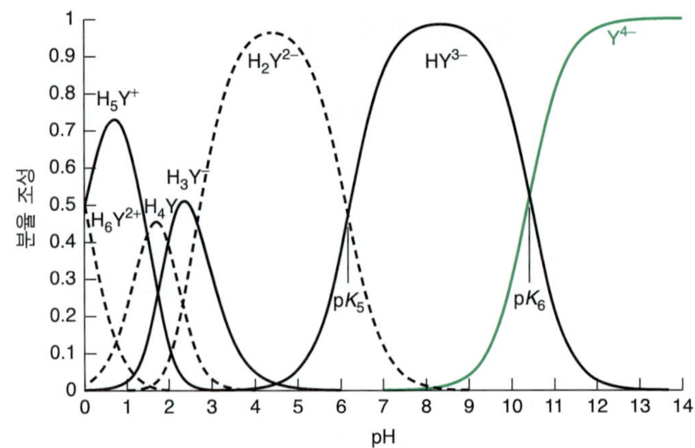

그림 13-7 양성자가 결합된 EDTA에서 pH에 따른 각 형태의 분율. 이 그림은 이양성자 산에 대한 그림 11-1을 기억나게 한다. 오른쪽에 색으로 표시된 Y^{4-}의 분율은 pH 8 이하에서는 매우 작다.

$$\alpha_{Y^{4-}} = \frac{K_1K_2K_3K_4K_5K_6}{\{[H^+]^6 + [H^+]^5K_1 + [H^+]^4K_1K_2 + [H^+]^3K_1K_2K_3 + [H^+]^2K_1K_2K_3K_4 + [H^+]K_1K_2K_3K_4K_5 + K_1K_2K_3K_4K_5K_6\}} \quad (13\text{-}5)$$

표 13-3에는 pH에 따른 $\alpha_{Y^{4-}}$값을 나타냈다.

표 13-3 25°C, μ = 0.10 M일 때 EDTA에 대한 $\alpha_{Y^{4-}}$값

pH	$\alpha_{Y^{4-}}$
0	1.3×10^{-23}
1	1.4×10^{-18}
2	2.6×10^{-14}
3	2.1×10^{-11}
4	3.0×10^{-9}
5	2.9×10^{-7}
6	1.8×10^{-5}
7	3.8×10^{-4}
8	4.2×10^{-3}
9	0.041
10	0.30
11	0.81
12	0.98
13	1.00
14	1.00

예제 $\alpha_{Y^{4-}}$는 무엇을 의미하는가?

결합하지 않은 모든 EDTA에서 Y^{4-}의 형태로 존재하는 분율을 $\alpha_{Y^{4-}}$라 하고 그림 13-7에 색을 띤 곡선으로 나타냈다. pH가 6.00이고 포말 농도가 0.10 M일 때, 하나의 EDTA 용액에 대한 조성은 다음과 같다.

$[H_6Y^{2+}] = 8.9 \times 10^{-20}$ M　　$[H_5Y^+] = 8.9 \times 10^{-14}$ M　　$[H_4Y] = 2.8 \times 10^{-9}$ M
$[H_3Y^-] = 2.8 \times 10^{-5}$ M　　$[H_2Y^{2-}] = 0.057$ M　　$[HY^{3-}] = 0.043$ M
$[Y^{4-}] = 1.8 \times 10^{-6}$ M

$\alpha_{Y^{4-}}$는 얼마인가?

해답 $\alpha_{Y^{4-}}$는 Y^{4-}의 형태로 존재하는 분율이다.

$$\alpha_{Y^{4-}} = \frac{[Y^{4-}]}{[H_6Y^{2+}] + [H_5Y^+] + [H_4Y] + [H_3Y^-] + [H_2Y^{2-}] + [HY^{3-}] + [Y^{4-}]}$$
$$= \frac{[1.8 \times 10^{-6}]}{[8.9 \times 10^{-20}] + [8.9 \times 10^{-14}] + [2.8 \times 10^{-9}] + [2.8 \times 10^{-5}] + [0.057] + [0.043] + [1.8 \times 10^{-6}]}$$
$$= 1.8 \times 10^{-5}$$

복습 문제 그림 13-7에서 pH 7일 때 HY^{3-}와 H_2Y^{2-}의 분율을 추정하시오.
(**답** : 0.9, 0.1)

(a)

(b)

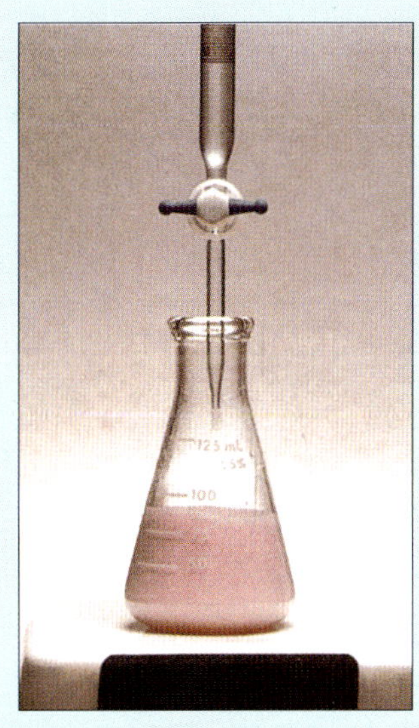
(c)

천연색 사진 1 **다이클로로플루오레세인을 이용하여 Cl^-를 $AgNO_3$로 적정하는 Fajans법 (시범 6-1).** *(a)* 적정하기 전의 지시약. *(b)* 종말점 전에 AgCl 침전. *(c)* 종말점이 지난 후 침전에 흡착된 지시약.

(a)

(b)

(c)

천연색 사진 2 **콜로이드와 투석 (시범 7-1).** *(a)* 철 (Ⅲ) 콜로이드 (왼쪽) 와 보통의 철 (Ⅲ) 수용액 (오른쪽). *(b)* 철 (Ⅲ) 콜로이드 (왼쪽) 와 구리 (Ⅱ) 의 용액 (오른쪽) 을 포함하는 투석 봉지를 플라스크 안에 넣은 직후. *(c)* 24시간 동안 투석한 후에 구리 (Ⅱ) 는 확산되어 투석 봉지와 플라스크에 고르게 분산되었다. 그러나 철 (Ⅲ) 콜로이드는 봉지 안에 남아 있다.

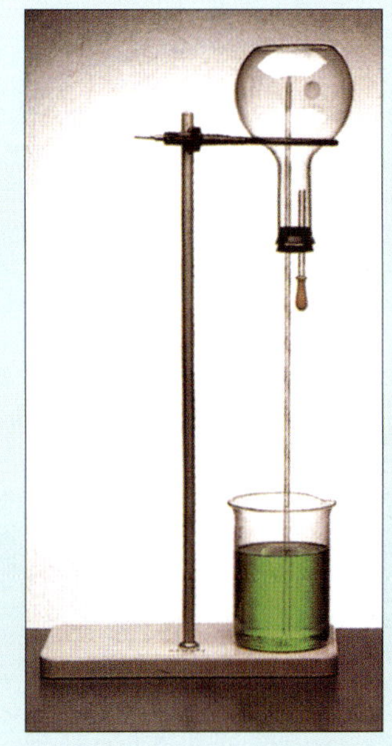
(a)

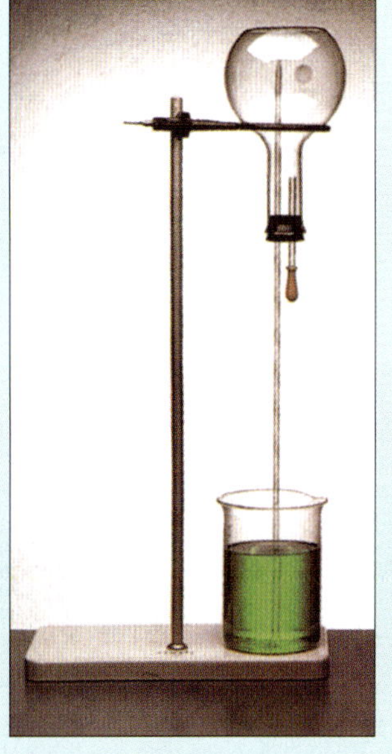
(b)

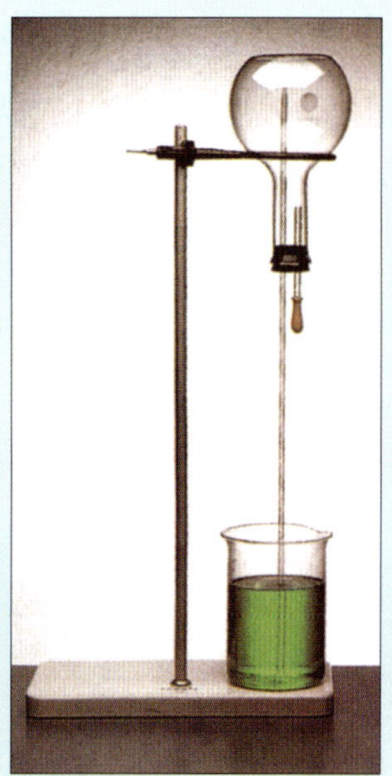
(c)

천연색 사진 3 **HCl 분수 (시범 8-1).** *(a)* 비커에 있는 염기성 지시약 용액. *(b)* 지시약이 플라스크 속으로 빨려 들어가면 산성 색으로 변한다. *(c)* 평형에 이르렀을 때 (실험이 끝날 때) 용액의 높이.

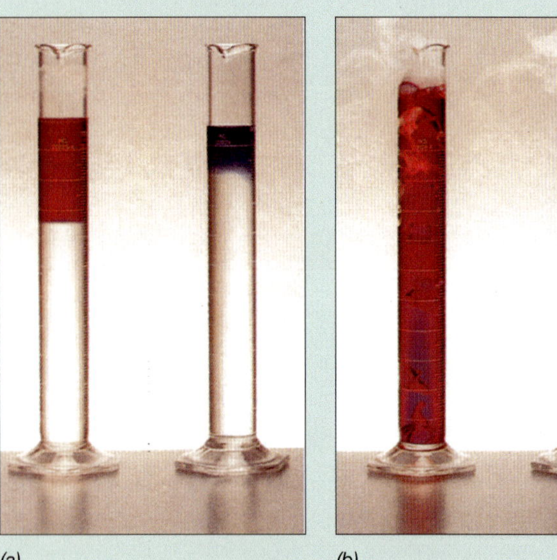

(a) (b)

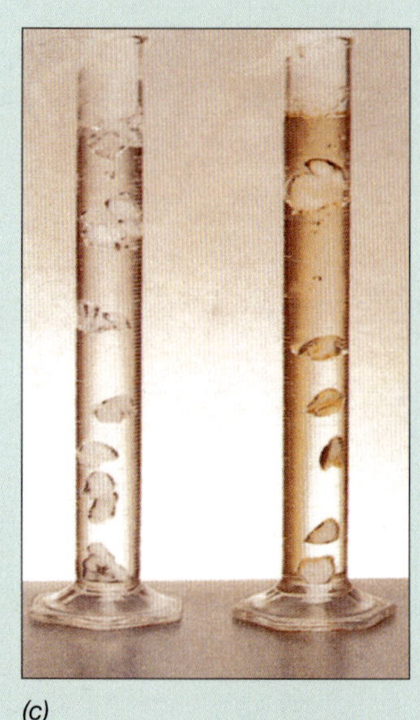

(c)

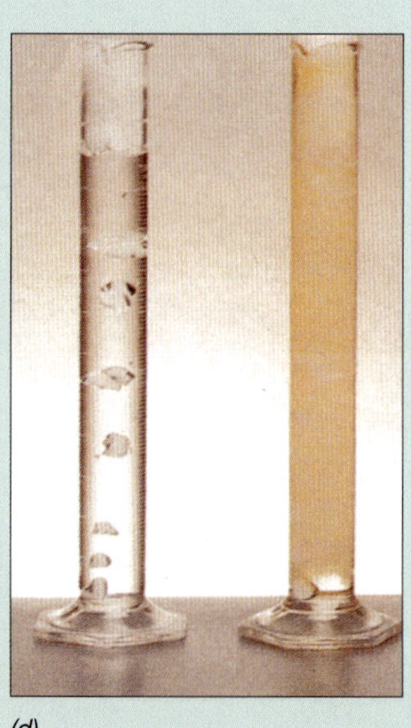

(d)

천연색 사진 4 지시약과 CO_2의 산도 (시범 9-2). *(a)* 드라이 아이스를 넣기 전의 실린더. 페놀프탈레인 (왼쪽) 과 브로모티몰 블루 (오른쪽) 의 에탄올 지시약 용액이 실린더 속에서 완전히 섞이기 전의 사진이다. *(b)* 드라이 아이스를 넣으면 방울이 생기면서 용액이 섞인다. *(c)* 페놀프탈레인이 무색인 산성형으로 변하였음. 산성형과 염기성형이 섞여 있는 티몰 블루의 색깔. *(d)* 오른쪽 실린더에 HCl을 넣고 저어준 다음 CO_2 방울이 용액을 빠져나가는 것을 볼 수 있고, 완전히 산성 노란색으로 변한 지시약.

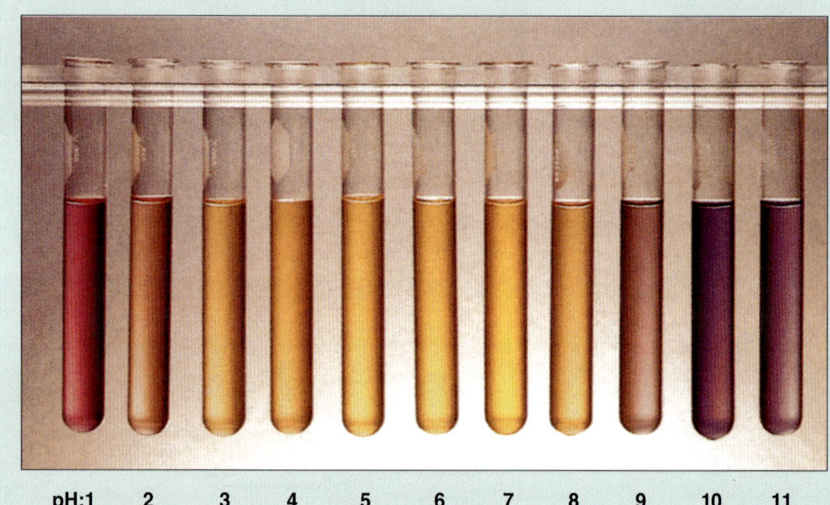

천연색 사진 5 티몰 블루 (9-6절). pH 1 (왼쪽) 과 11 (오른쪽) 사이의 산-염기 지시약인 티몰 블루. p*K*값은 1.7과 8.9이다.

(a)

(b)

천연색 사진 6 이온의 해리에 미치는 이온 세기의 영향 (시범 12-1). *(a)* $FeSCN^{2+}$, Fe^{3+}와 SCN^-가 들어 있는 동일한 두 비커. *(b)* 오른쪽 비커에 KNO_3를 넣으면 색이 변한다.

천연색 사진 7 보조 착화제를 이용한 Cu(Ⅱ)의 EDTA 적정 (13-2절). 적정 전 0.02 M $CuSO_4$ 용액 (왼쪽). pH 10인 암모니아 완충용액을 가했을 때 Cu(Ⅱ)-암모니아 착물의 색 (중앙). 모든 암모니아 리간드가 EDTA로 치환된 종말점의 색 (오른쪽).

천연색 사진 8 에리오크롬 블랙 T 지시약으로 Mg^{2+}의 EDTA 적정 (시범 13-1). 당량점 전 (왼쪽), 근처 (중앙) 및 후 (오른쪽).

(a)

(b)

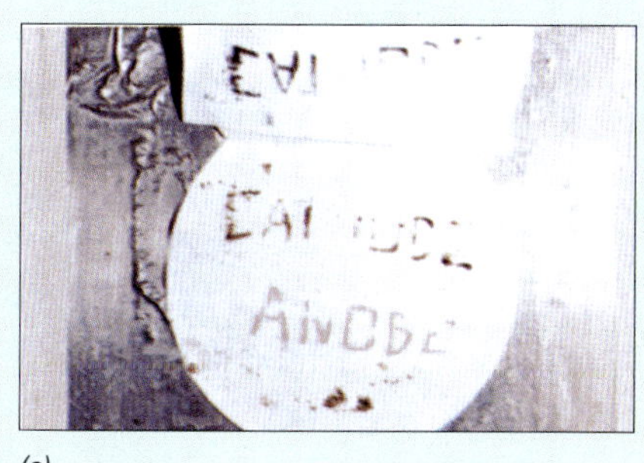

(c)

천연색 사진 9 전기화학적 방법으로 글자 쓰기 (시범 14-1). *(a)* 펜촉이 환원전극으로 쓰일 때. *(b)* 펜촉이 산화전극으로 쓰일 때. *(c)* 알루미늄 포일 뒤쪽은 펜촉과 반대극이므로 맨 아래 종이에는 반대색으로 나타난다.

(a)

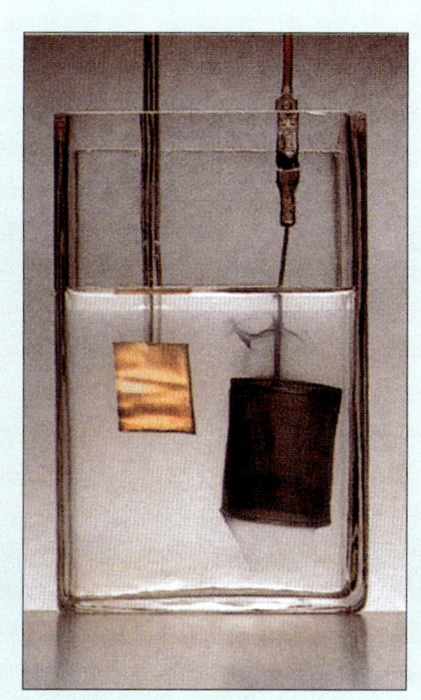

(b)

천연색 사진 10 전기분해 과정 중 확산층의 형성 (시범 14-1). *(a)* 전류를 흘려주지 않은 KI와 녹말을 함유하는 용액에 담근 Cu 전극 (납작한 판, 왼쪽) 과 Pt 전극 (그물형 바구니, 오른쪽). *(b)* 전류를 흘려줄 때 Pt 산화전극 표면에 형성된 녹말-아이오딘 착화합물.

천연색 사진 11 광분해 환경 탄소 분석기 (보충 16-1). 부피를 알고 있는 물 시료는 왼쪽의 공간으로 주입되는데, 그곳에서 인산과 함께 산성화되며, HCO_3^-와 CO_3^{2-}로부터 생기는 CO_2를 제거하기 위하여 Ar 또는 N_2를 함께 불어 넣어 준다. CO_2는 적외선 흡수법으로 측정된다. 시료는 그때 반응 삭임관으로 강제로 들어가게 되며, 그곳에서 $S_2O_8^{2-}$가 더해지며, 그 시료는 사진의 중앙에 위치한 코일형의 침수 램프에 의해 자외선에 노출된다. 빛의 방출에 의하여 생성된 황화물 라디칼 (SO_4^-)은 대부분의 유기물이 CO_2로 산화되며, 적외선 흡광에 의해서 측정된다. 오른쪽의 U-튜브는 삭임관으로부터 나오는 HCl이나 HBr과 같은 휘발성의 산들을 청소하(잡)기 위하여 주석이나 구리와 같은 미립자들을 포함하고 있다. [Ed Urbansky, U.S. Environmental protection Agency, Cincinnati, OH.]

천연색 사진 12 간접 아이오딘 적정법 (16-3절). 처음 I_3^- 용액 (왼쪽). $S_2O_3^{2-}$로 적정할 때 종말점 전의 I_3^- 용액 (중앙 왼쪽). 녹말 지시약이 있을 때 종말점 직전의 I_3^- 용액 (중앙 오른쪽). 종말점의 용액 (오른쪽).

천연색 사진 13 분광도법 분석용 $Fe(phenanthroline)_3^{2+}$ 표준 용액. (18-2절). 철의 농도가 1mg/L (왼쪽) 에서 10mg/L (오른쪽) 의 범위에 있는 Fe $(phenanthroline)_3^{2+}$ 용액이 담겨진 부피 플라스크.

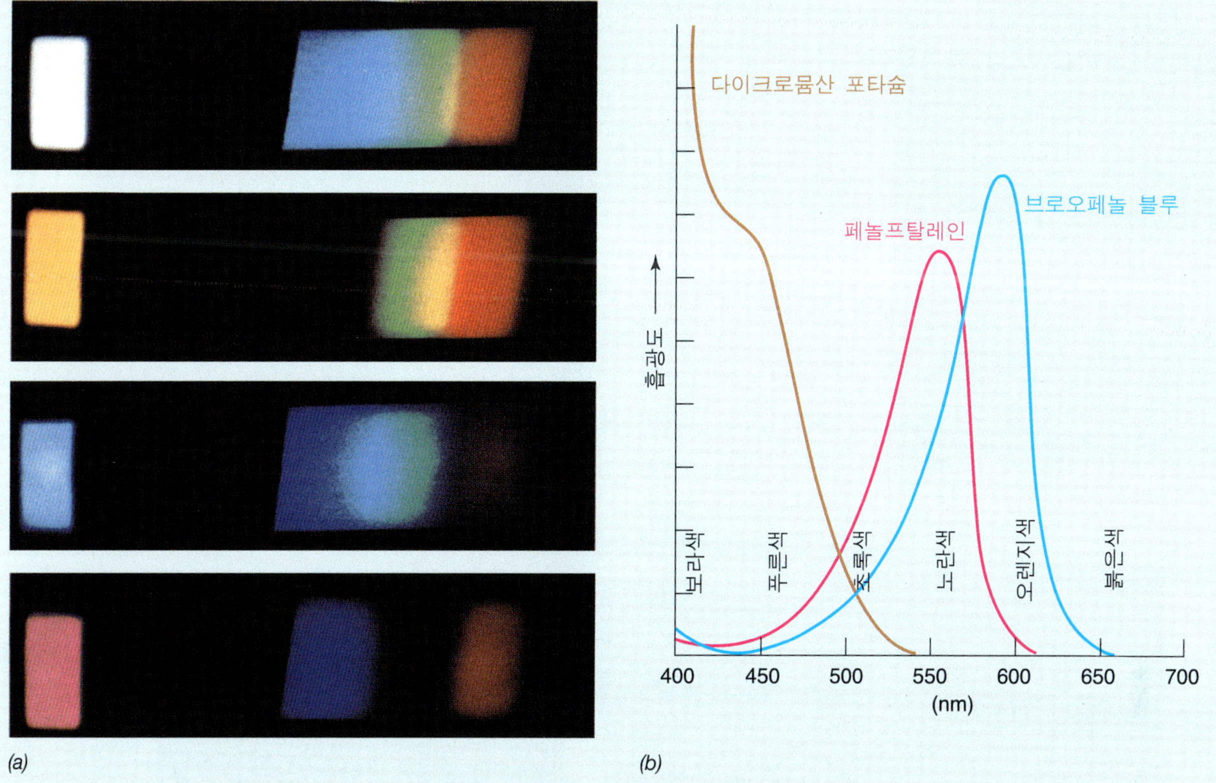

천연색 사진 14 흡수 스펙트럼 (시범 18-1). *(a)* (위에서 아래로) 백색광, 다이크로뮴산 포타슘, 브로모페놀 블루, 페놀프탈레인의 투영된 가시 스펙트럼. *(b)* 분광광도기로 기록한 흡수 스펙트럼.

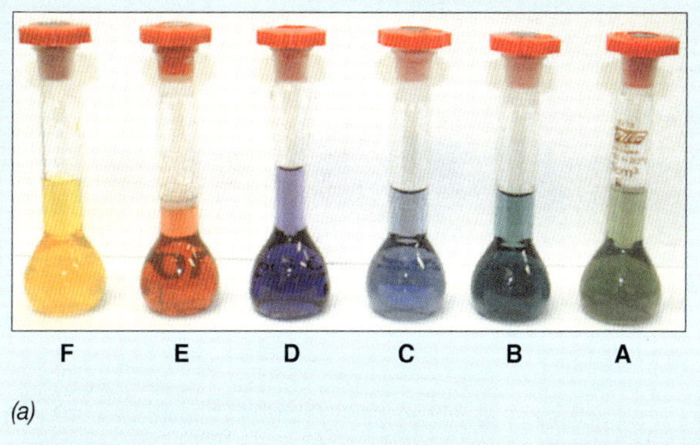

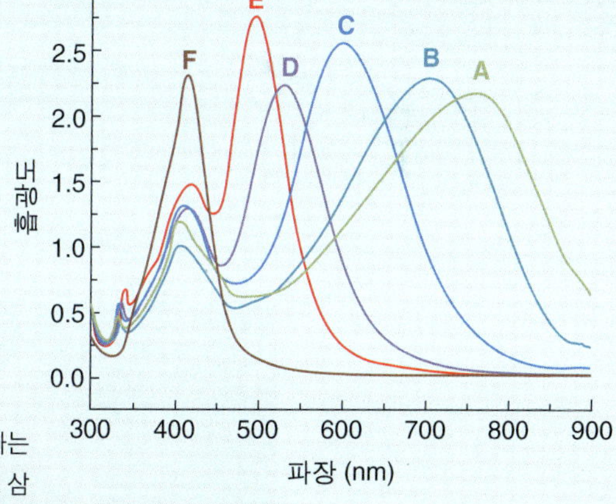

천연색 사진 15 흡수 스펙트럼과 색 (자습문제 18-B) *(a)* 입자의 크기와 모양에 따라 색이 변하는 은 나노 입자의 현탁 용액이 들어 있는 플라스크. 은 입자는 변의 길이가 약 50~100 nm인 대체로 삼각판 모양이다. *(b)* 각 현탁 용액의 가시선 흡수 스펙트럼을 나타내는 그래프. 나노 입자의 안정한 현탁을 **콜로이드**라 부른다 (시범 7-1). [From D.M. Ledwith, A.M. Whelan, and J.M. Kelly, *J. Mater. Chem.* **2007,** *17,* 2459. Courtesy J.M. Kelly and D. Ledwith, Trinity College, University of Dublin.]

음이온: None $CH_3CO_2^-$ HPO_4^{2-} HCO_3^- NO_3^- N_3^- ClO_4^- SO_4^{2-} F^- Cl^- Br^-

천연색 사진 16 인산염에 대한 비색법 시약 (보충 18-2) 보충 18-2의 시약은 인산염을 첨가하면 노랗게 변하도록 고안되었으나, 통상 다른 이온들은 감응하지 않는다. 각 바이알에는 비색법 시약 50 mM와 음이온 250 mM이 들어 있다. [From M.S. Han and D.H. Kim, *Angew. Chem. Int. Ed.* **2002,** *41,* 3809. Courtesy D.H. Kim, Pohang University of Science and Technology, Korea.]

천연색 사진 17 회절발의 분산 (19-1절). 분광광도계 안에서 회절발에 의해 생성되는 가시 스펙트럼.

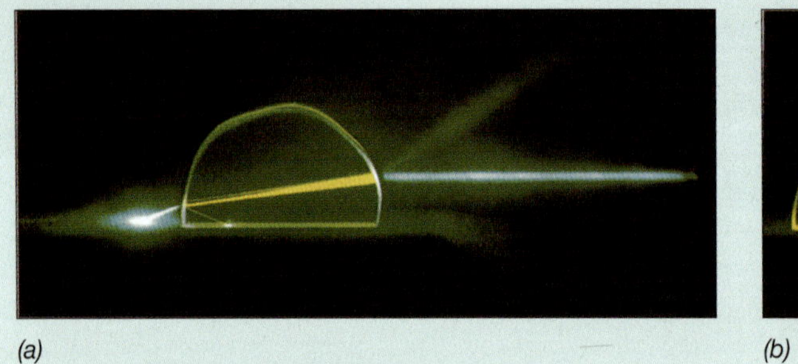

(a) (b)

천연색 사진 18 빛의 투과, 반사, 굴절 그리고 흡수 (19-1절). *(a)* 푸른-초록색 레이저는 Er^{3+}가 주입된 이트륨 알루미늄 광석의 결정으로 향하고 그곳에서 노란색 빛이 방출된다. 오른쪽으로부터 결정으로 들어간 빛은 굴절되며 (휘어짐), 부분적으로 결정의 오른쪽 표면으로 반사된다. 레이저빔은 결정 안에서 노란색을 띠게 되는데, 이것은 Er^{3+}로 인한 발광 때문이다. 왼쪽 면으로 빛이 나왔을 때 레이저빔은 다시 굴절되며, 부분적으로 결정 쪽으로 다시 반사된다. *(b)* 같은 실험 방법으로, 푸른-초록색 빛 대신에 푸른빛을 쓰면 푸른빛은 Er^{3+}에 흡수되며, 결정의 먼곳까지 침투할 수 없다. [M. Seltzer, Micheson Laboratory, China Lake, CA.]

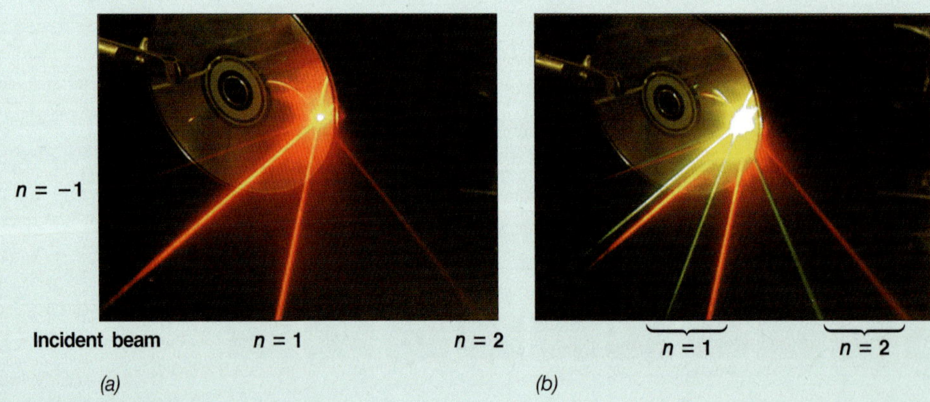

(a) (b)

천연색 사진 19 콤팩트 디스크에 의한 레이저 회절 (19-1절). 오디오 콤팩트 디스크 또는 컴퓨터 콤팩트 디스크의 그루브는 1.6 ㎜의 간격을 가지고 있다. *(a)* 붉은색 레이저를 수직으로(그림 19-6과 식 19-2에서 u = 0) 디스크에 쪼이면 $n = +1, +2, -1$을 가지고 있는 세 개의 회절선들이 관찰된다. *(b)* 붉은색과 초록색 레이저가 디스크에 수직으로 들어오고 있다. 식 19-2에 따르면, 붉은색 빛은 붉은 빛보다 파장이 더 짧아지며, 초록색 빛은 작은 각도(f)에서 회절된다. 빔들은 액체 질소로부터 만들어진 "안개"에 의하여 눈으로 확인할 수 있다. [J. Tellinghuisen, Vanderbilt University, See J. Tellinghuisen, *J. Chem. Ed*. **2002**, *79*, 703.]

천연색 사진 20 **발광 (19-4절).** *(a)* 적은 양의 Cr^{3+}를 포함한 이트륨 알루미늄 광석의 초록색 결정 *(b)* 오른쪽의 레이저로부터 푸른빛의 강한 세기의 빛에 노출되었을 때 Cr^{3+}는 푸른빛을 흡수하고, 붉은빛의 더 낮은 에너지를 방출한다. 레이저가 제거되면, 결정은 다시 초록색 빛을 나타낸다. [M. Seltzer, M. Johnson, and D.O'Connor, Michelson Laboratory, China Lake, CA.]

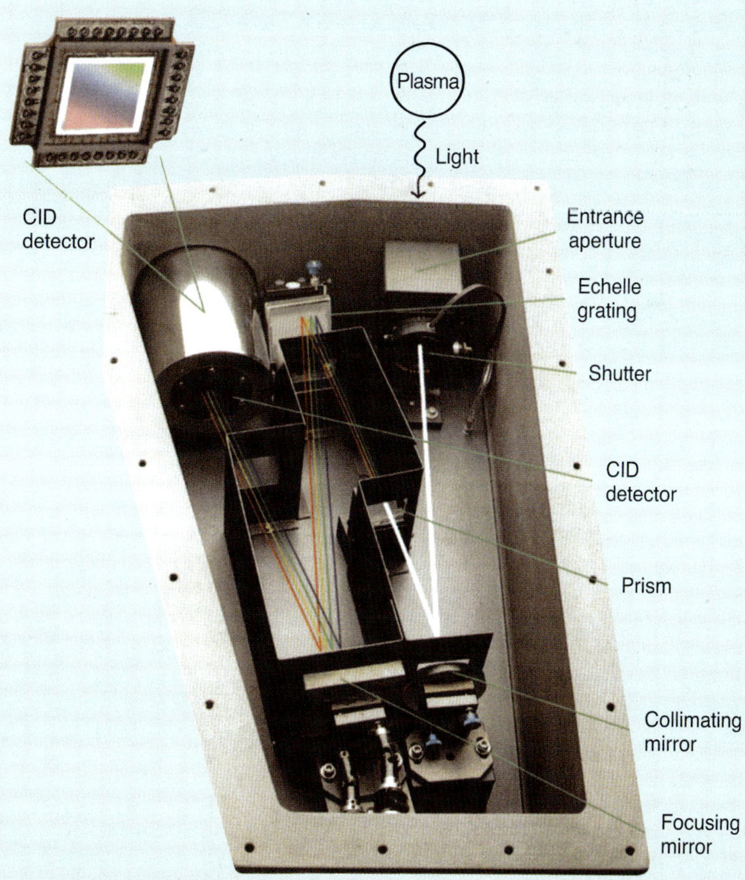

천연색 사진 21 **모든 원소를 하나의 검출기로 사용하는 유도 결합 플라스마 원자 방출 분광기의 다색화장치 (20-4절).** 플라스마에서 시료의 방출에 의한 빛은 오른쪽 위의 디색화장치로 들어가며, 프리즘에 의해서 수직적으로 분산되며, 다시 회절에 의해서 수평적으로 분산된다. 파장이 165에서 1 000 nm까지의 이차원적 패턴의 결과가 262 000 픽셀을 가진 전하 주입 검출기에 의해 검출된다. 모든 원소는 동시에 검출된다. [TJA Solutions, Franklin, MA.]

(a)

(b)

천연색 사진 22 **얇은막 크로마토그래피 (21-1절).** *(a)* 용매는 판의 아래쪽 가까이에 염료의 혼합물이 올라가려 하고 있다. *(b)* 분리는 용매가 판 방향으로 대부분 올라간 후에 완료된다.

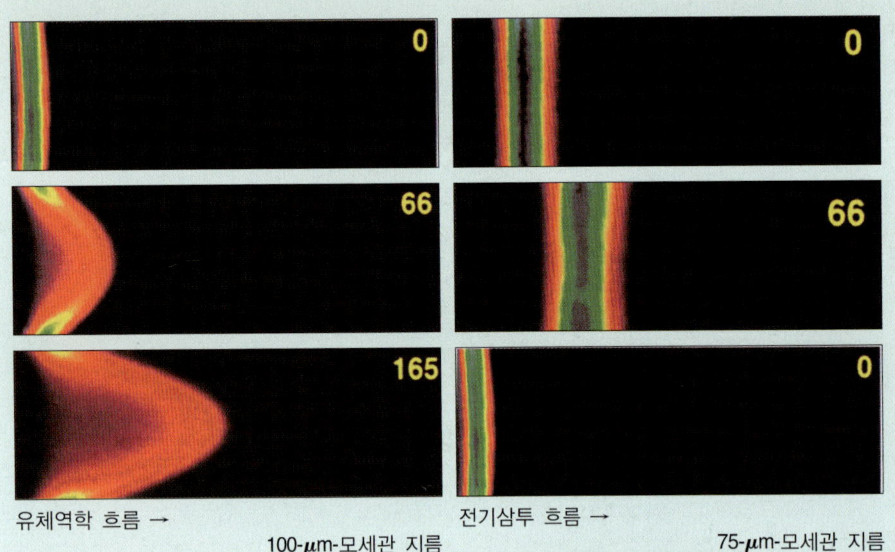

천연색 사진 23 **유체역학과 전기삼투압 흐름의 속도 프로파일 (23-6절).** 형광 염료를 흐르게 한 후 0, 66, 165 밀리초에 모세관 안쪽의 형광 이미지를 나타내었다. 가장 높은 농도의 염료는 푸른색으로, 가장 낮은 농도는 붉은색으로 나타내었으며, 다른 색깔은 다른 형광 세기를 나타낸 것이다. [From P. H. Paul, M. G. Garguilo, and D. J. Rakestraw, *Anal. Chem*. **1998**, *70*, 2459.

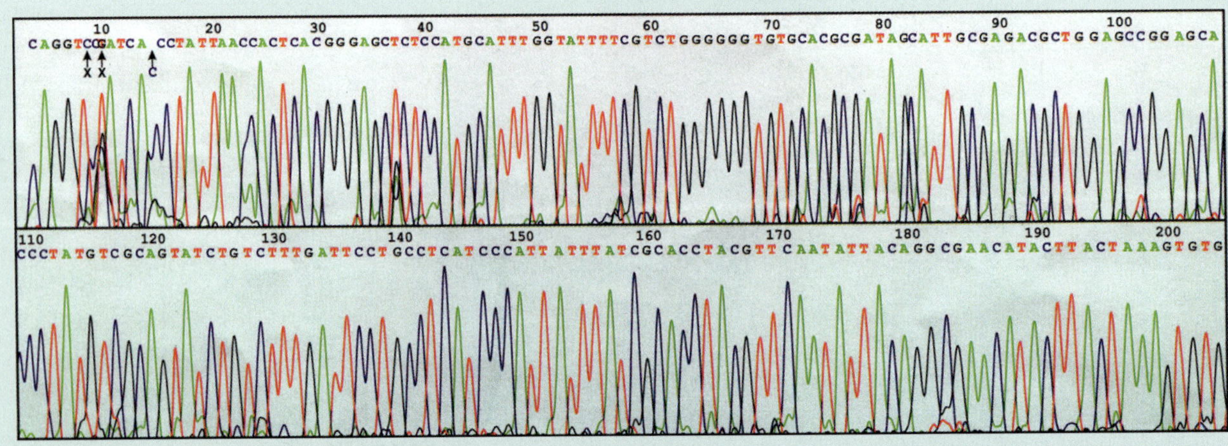

천연색 사진 24 **형광법 검출을 이용한 모세관 젤 전지이동에 의한 DNA 서열 결정 (23-7절).** 365개 길이의 염기를 99% 정확도로 읽을 수 있는 랩온어칩을 이용하여 얻은 DNA 뉴클레오타이드 염기 서열. 각 봉우리의 다음 봉우리는 한 개의 염기가 더 붙은 사슬이다. 서로 다른 염기 A, T, C, G로 끝나는 각 DNA 사슬은, 형광 검출기를 통과할 때 확인할 수 있도록 서로 다른 형광 표지를 붙였다. 서로 다른 길이의 DNA가 단일 가닥이 안정화될 수 있는 6 M 요소의 폴리아크릴아마이드 젤로 채운 길이 18 cm의 전기이동관에서 길이에 따라 분리되었다. 시료는 DNA 100 amol (6000만 개의 분자)을 포함하고 있다. [출처: R. G. Blazej, P. Kumaresan, S. A. Cronier, and R. A. Mathies, *Anal. Chem.* **2007**, *79*, 4499.]

조건 형성 상수

식 13-1에 있는 형성 상수는 Y^{4-}와 금속 이온과의 반응을 나타낸다. 그림 13-7에서 보듯이 pH = pK_6 = 10.37 이하에서 대부분의 EDTA는 Y^{4-}로 존재하지 않는다. 낮은 pH에서는 HY^{3-}와 H_2Y^{2-} 등과 같은 화학종이 우세하다. 식 13-4를 재배열하여 Y^{4-}로 존재하는 자유 EDTA의 분율을 나타내면 편리하다.

식 13-1은 Y^{4-}가 M^{n+}와 반응하는 유일한 화학종이라는 것을 의미하지는 않는다. 단지 평형 상수를 Y^{4-}의 농도로 환산하여 표현한 것이다.

$$[Y^{4-}] = \alpha_{Y^{4-}}[EDTA] \tag{13-6}$$

위 식에서 [EDTA]는 금속 이온과 결합하지 않은 모든 EDTA의 전체 농도이다.

반응 13-1의 평형 상수는 다음과 같이 쓸 수 있다.

$$K_f = \frac{MY^{n-4}}{[M^{n+}][Y^{4-}]} = \frac{[MY^{n-4}]}{[M^{n+}]\alpha_{Y^{4-}}[EDTA]}$$

$\alpha_{Y^{4-}}$[EDTA] 항은 결합하지 않은 EDTA의 소량만이 Y^{4-} 형태로 존재한다는 사실을 말해준다.

만약 pH를 완충 용액으로 일정하게 유지한다면, $\alpha_{Y^{4-}}$는 일정하며 K_f와 결합시킬 수 있다.

조건 형성 상수 :

$$K'_f = \alpha_{Y^{4-}} K_f = \frac{[MY^{n-4}]}{[M^{n+}][EDTA]} \tag{13-7}$$

K'_f ($\alpha_{Y^{4-}} \cdot K_f$)를 **조건 형성 상수(conditional formation constant)** 또는 **유효 형성 상수**(*effective formation constant*)라 한다. 이 상수는 특정 pH에서 MY^{n-4}의 형성을 설명하고 있다.

조건 형성 상수는 착물을 이루지 않은 모든 EDTA를 한 가지의 형태처럼 취급하여 EDTA 착물 형성을 다룰 수 있게 해 준다.

$$M^{n+} + EDTA \rightleftharpoons MY^{n-4} \qquad K'_f = \alpha_{Y^{4-}} K_f$$

조건 형성 상수를 사용하면 마치 결합하지 않은 모든 EDTA가 하나의 형태로 존재하는 것처럼 EDTA 착물 형성을 다룰 수 있다.

모든 주어진 pH에서 $\alpha_{Y^{4-}}$를 알 수 있으며 K'_f를 계산할 수 있다.

예제 조건 형성 상수의 이용

표 13-1에서 FeY^-의 형성 상수는 $10^{25.1} = 1.3 \times 10^{25}$이다. pH 4.00과 pH 1.00에서 0.10 M FeY^- 용액에 있는 결합되지 않은 Fe^{3+}의 농도를 계산하시오.

해답 착물 형성 반응은 다음과 같다.

$$Fe^{3+} + EDTA \rightleftharpoons FeY^- \qquad K'_f = \alpha_{Y^{4-}} K_f$$

위 식에서 반응식 좌측에 있는 EDTA는 결합하지 않은 모든 형태의 EDTA를 말한다 (= Y^{4-}, HY^{3-}, H_2Y^{2-}, H_3Y^- 등). 표 13-3의 $\alpha_{Y^{4-}}$ 값을 이용하면,

$$\text{pH 4.00에서:}\quad K'_f = (3.0 \times 10^{-9})(1.3 \times 10^{25}) = 3.9 \times 10^{16}$$
$$\text{pH 1.00에서:}\quad K'_f = (1.4 \times 10^{-18})(1.3 \times 10^{25}) = 1.8 \times 10^{7}$$

FeY^-가 해리되면 Fe^{3+}와 EDTA가 같은 양이 생성되기 때문에 다음과 같이 쓸 수 있다.

	Fe^{3+}	+	EDTA	$\rightleftharpoons$	FeY^-
처음 농도(M)	0		0		0.10
마지막 농도(M)	x		x		$0.10 - x$

$$\frac{[FeY^-]}{[Fe^{3+}][EDTA]} = \frac{0.10 - x}{x^2} = K'_f = 3.9 \times 10^{16}\ (\text{pH 4.00에서})$$
$$= 1.8 \times 10^{7}\ (\text{pH 1.00에서})$$

x에 대해 풀면 pH = 4.00에서는 $[Fe^{3+}] = x = 1.6 \times 10^{-9}$ M이고, pH = 1.00에서는 7.4×10^{-5}를 얻는다. **일정한 pH로 고정된 조건 형성 상수를 사용하면 해리된 EDTA 모두를 마치 한 가지 화학종인 것처럼 다룬다.**

 **복습 문제** pH 5.00에서 0.10 M FeY^- 용액에 있는 $[Fe^{3+}]$를 계산하시오. (**답**: 1.6×10^{-10} M)

금속-EDTA 착물은 pH가 낮아지면 불안정해진다는 것을 알 수 있다. 적정 반응은 "완결되어야" 하기에 그것에 대한 평형 상수는 커야만 된다. 분석물질과 적정 시약이 당량점에서 실제로는 완전히 반응(예를 들어, 99.9%)한다. 그림 13-8은 Ca^{2+}를 EDTA로 적정하는 경우 pH가 미치는 영향을 보여준다. pH가 대략 8 이하에서는 정확한 분석을 하기에는 종말점에서 적정곡선의 변화가 예민하지 않다. pH 5에서는 CaY^{2-}의 조건 형성 상수가 너무 작기 때문에 변곡점이 사라진다.

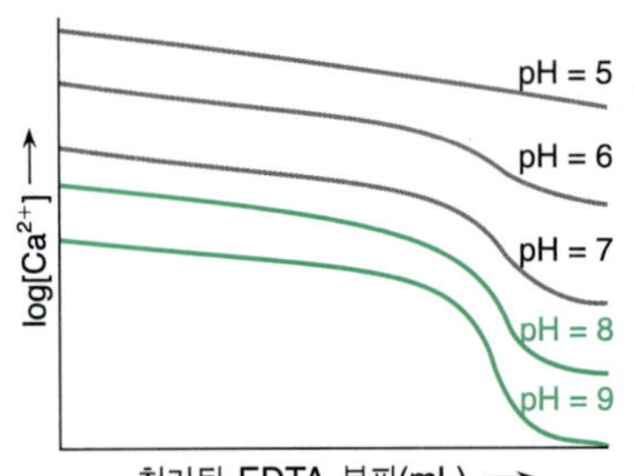

그림 13-8 pH에 따른 Ca^{2+}의 EDTA 적정. 실험에서 얻는 세로 좌표는 적정 용액에 담겨진 두 개의 전극(수은과 칼로멜 전극) 간의 전위차이다. 이 전위차는 $\log[Ca^{2+}]$의 양이다. [출처: C. N. Reilley and R. W. Schmid, *Anal. Chem.* **1958**, *30*, 947.]

자습문제

13-E. EDTA로 Ca^{2+}를 적정할 때 당량점에 있는 용액은 하나의 순수한 CaY^{2-} 용액과 같다. 그림 13-8의 당량점에서 CaY^{2-}의 포말 농도, $[CaY^{2-}] = 0.010$ M이라 가정하자. 낮은 pH와 높은 pH에서 다음 반응은 얼마나 완결되는지 검토해 보자.

(a) pH가 5.00일 때 당량점에서 결합되지 않은 Ca^{2+}의 농도를 구하시오.

(b) 결합된 Ca^{2+}(= $[CaY^{2-}]/\{[CaY^{2-}] + [Ca^{2+}]\}$) 의 분율은 얼마인가?

(c) pH 9.00에서 결합되지 않은 Ca^{2+}의 농도와 결합된 Ca^{2+}의 분율을 구하시오.

13-6 EDTA 적정 곡선

금속을 EDTA로 적정하는 과정에서 결합되지 않은 금속 이온 농도를 계산해 보자. 적정 반응은 다음과 같다.

$$M^{n+} + EDTA \rightleftharpoons MY^{n-4} \qquad K'_f = \alpha_{Y^{4-}} K_f \qquad (13\text{-}8)$$

K'_f은 용액의 pH가 고정된 용액에서 유효 형성 상수이다.

K'_f가 크다면 적정할 때 각 지점에서 반응은 완전히 진행된다고 볼 수 있다.

적정 곡선은 첨가한 EDTA 부피에 대해서 pM (= −log[M]) 의 그래프이다. 이 곡선은 산-염기 적정에서 적정 시약의 부피에 대해서 pH를 나타내어 얻는 것과 비슷하다. 그림 13-9에 있는 적정 곡선에는 세 영역이 있다.

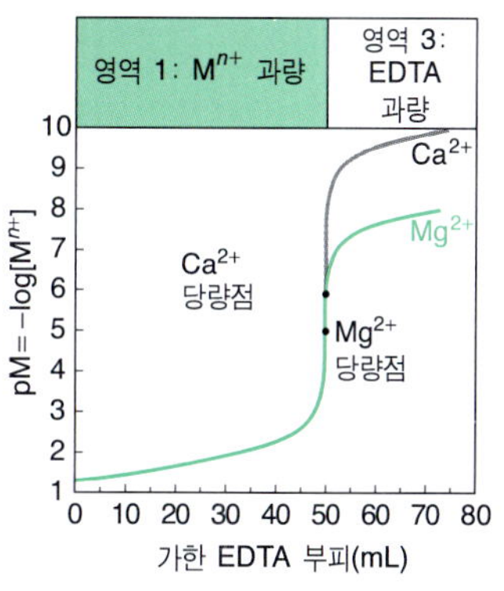

그림 13-9 pH 10에서 0.050 0 M Mg^{2+} 혹은 Ca^{2+}용액 50.0 mL를 0.050 0 M EDTA로 적정할 경우에 세 영역. 영역 2는 당량점이다. 결합되지 않은 M^{n+}의 농도는 적정이 진행되면서 감소한다.

영역 1 : 당량점 이전

이 영역에서는 EDTA는 모두 소모된 후에는 여분의 M^{n+}가 있다. 결합되지 않은 금속 이온의 농도와 반응하지 않고 남아 있는 M^{n+}의 농도와 같다. MY^{n-4}의 해리는 무시해도 될 정도다.

영역 2 : 당량점에서

용액에는 정확히 같은 양의 금속과 EDTA가 존재한다. 이 용액은 마치 순수한 MY^{n-4}를 녹여서 만든 용액과 같다고 취급할 수 있다. MY^{n-4}가 약간 해리되어서 소량의 결합하지 않은 M^{n+}가 생성된다.

$$MY^{n-4} \rightleftharpoons M^{n+} + EDTA$$

이 반응에서 EDTA는 다양한 형태로 존재하는 모든 결합하지 않은 EDTA의 전체 농도를 말한다. 당량점에서는 $[M^{n+}] = [EDTA]$ 이다.

영역 3 : 당량점 이후

이제는 과량의 EDTA가 존재하며, 모든 금속 이온은 사실상 MY^{n-4}의 형태로 있다. 결합하지 않은 EDTA의 농도는 당량점 이후에 첨가된 여분의 EDTA의 농도와 같다.

적정 계산

0.050 0 M Mg^{2+} 용액 (pH 10.00으로 완충되어 있다) 50.0 mL를 0.050 0 M EDTA로 적정할 때 적정 곡선을 구해보자. 당량점의 부피는 50.0 mL이다.

$$Mg^{2+} + EDTA \longrightarrow MgY^{2-}$$
$$K'_f = \alpha_{Y^{4-}} K_f = (0.3)(6.2 \times 10^8) = 1.9 \times 10^8$$

$\alpha_{Y^{4-}}$는 표 13-3에서, K_f는 표 13-1에서 유래되었다.

K'_f가 크기 때문에 적정 시약을 가하는 매 순간 반응이 완결된다고 말하는 것이 타당하다. 첨가하는 EDTA의 mL에 대해서 pMg^{2+} (= $-\log[Mg^{2+}]$) 를 나타내는 것이 우리가 원하는 그래프이다.

영역 1 : 당량점 이전

당량점 이전에는 반응하지 않은 과량의 M^{n+}가 존재한다.

EDTA 5.00 mL를 가했을 경우를 생각해 보자. 당량점은 50.0 mL이므로 Mg^{2+}의 1/10이 소모되고, 9/10가 남아 있다.

$$Mg^{2+}\text{의 처음 mmol} = (0.050\,0\text{ M }Mg^{2+})(50.0\text{ mL}) = 2.50\text{ mmol}$$

$$\text{남은 mmol} = (0.900)(2.50\text{ mmol}) = 2.25\text{ mmol}$$

$$[Mg^{2+}]\ \frac{2.25\text{ mmol}}{55.0\text{ mL}} = 0.040\,9\text{ M} \Rightarrow pMg^{2+} = -\log[Mg^{2+}] = 1.39$$

같은 방법으로 50.0 mL 미만의 어떤 EDTA 부피에 대해서도 pMg^{2+}를 계산할 수 있다.

영역 2 : 당량점에서

당량점에서의 주 화학종은 MY^{n-4}이며, 이것은 동등한 양의 결합하지 않은 소량의 M^{n+}와 EDTA가 평형을 이루고 있다.

사실상 모든 금속은 MgY^{2-}의 형태로 존재한다. 처음에 Mg^{2+} 2.50 mmol로 시작하였으므로, 이제는 2.50 mmol에 가까운 양의 MgY^{2-}가 50.0 + 50.0 = 100.0 mL에 존재한다.

$$[MgY^{2-}] = \frac{2.50\text{ mmol}}{100.0\text{ mL}} = 0.025\,0\text{ M}$$

결합되지 않은 Mg^{2+}의 농도는 작으며 알지 못한다. 우리는 다음과 같이 쓸 수 있다.

	Mg^{2+}	+	EDTA	$\rightleftharpoons$	MgY^{2-}
처음 농도 (M)	—		—		0.025 0
마지막 농도 (M)	x		x		$0.025\,0 - x$

[EDTA]는 금속과 결합하지 않은 형태의 모든 EDTA의 전체 농도이다.

$$\frac{[MgY^{2-}]}{[Mg^{2+}][EDTA]} = K'_f = 1.9 \times 10^8$$

$$\frac{0.025\,0 - x}{x^2} = 1.9 \times 10^8 \Rightarrow x = 1.1_5 \times 10^{-5}\text{ M}$$

$$pMg^{2+} = -\log x = 4.94$$

영역 3 : 당량점 이후

당량점 이후에는 사실상 모든 금속은 MY^{n-4} 형태로 존재한다. 반응하지 않고 남아 있는 EDTA의 양은 알 수 있다. MY^{n-4}와 EDTA의 평형으로 소량의 결합하지 않은 M^{n+}가 존재한다.

이 영역에서 사실상 모든 금속은 MgY^{2-}의 형태로 있고, 반응하지 않고 남아 있는 여분의 EDTA가 있다. MgY^{2-}와 과량의 EDTA의 농도는 쉽게 계산된다. 예를 들면, EDTA를 51.00 mL 첨가했을 때 여분의 1.00 mL의 EDTA = (0.050 0 M)(1.00 mL) = 0.050 0 mmol이다.

$$[EDTA] = \frac{0.050\,0\text{ mmol}}{101.0\text{ mL}} = 0.000\,495\text{ M}$$

$$[MgY^{2-}] = \frac{2.50\text{ mmol}}{101.0\text{ mL}} = 0.024\,8\text{ M}$$

Mg^{2+}의 농도는 다음 식으로 결정된다.

$$\frac{[MgY^{2-}]}{[Mg^{2+}][EDTA]} = K'_f = 1.9 \times 10^8$$

$$\frac{[0.024\,8]}{[Mg^{2+}][0.000\,495]} = 1.9 \times 10^8$$

$$[Mg^{2+}] = 2.6 \times 10^{-7}\ M \Rightarrow pMg^{2+} = 6.58$$

같은 종류의 계산을 당량점 이후의 임의의 부피에 대해서도 사용할 수 있다.

적정 곡선

그림 13-9에 있는 Mg^{2+}와 Ca^{2+}의 계산된 적정 곡선은 당량점에서 기울기가 최대가 되는 명확한 변화를 보여준다. 그러한 변화는 CaY^{2-}의 형성 상수가 MgY^{2-}의 형성 상수보다 크기 때문에 Ca^{2+}의 경우가 Mg^{2+}보다 크다. 그림 13-9와 산-염기 적정 곡선 사이의 유사성을 수복하라. 금속-EDTA 형성 상수가 클수록 당량점에서 변화가 더 크다. 산 HA도 센 산일수록 OH^-로 적정할 때 당량점에서 변화가 더 크다.

반응의 완결도(따라서 당량점의 선명함)는 pH에 의존하는 조건 형성 상수 $\alpha_{Y^{4-}}\ K_f$에 의해 결정된다. pH가 낮아지면 $\alpha_{Y^{4-}}$가 감소하므로, pH는 적정의 가능성 여부를 결정할 수 있는 중요한 변수이다. 종말점은 pH가 높을수록 더욱 선명하다. 그러나 pH가 금속 수산화물의 침전물이 생성될 정도로 높아서는 안된다. Ca^{2+}의 적정에 미치는 pH의 영향은 그림 13.8에 보여 준다.

pH가 낮을수록 종말점이 덜 명확해진다.

조심

방금 한 계산은 MOH^+, $M(OH)_2(aq)$, $M(OH)_2(s)$, $M(OH)_3^-$의 형성과 같은 M^{2+}의 다른 종류의 화학에 대해서 무시를 했기 때문에 지나치게 단순화되었다. 이들 화학종들은 이용 가능한 M^{2+}의 농도를 감소시키고 적정 곡선의 예리함을 감소시킨다. Mg^{2+}는 pH 10의 암모니아 완충 용액에서 $Mg(NH_3)^{2+}$가 동시에 있는 상태에서 일반적으로 적정된다. 금속-EDTA 적정 곡선의 정확히 계산은 용액에 있는 물과 다른 리간드와 반응하는 금속의 화학에 대한 충분한 지식이 필요하다.

자습문제

13-F. 그림 13-9의 적정에서 $V_{EDTA} = 5.00$, 50.00, 51.00 mL일 때 pCa^{2+} ($= -\log[Ca^{2+}]$)를 구하시오. 답이 그림 13-9와 일치하는지 보시오.

주요식

형성 상수 $\quad M^{n+} + Y^{4-} \rightleftharpoons MY^{n-4} \qquad K_f = \dfrac{[MY^{n-4}]}{[M^{n+}][Y^{4-}]}$

Y^{4-}로 존재하는 EDTA 분율 $\quad \alpha_{Y^{4-}} = \dfrac{[Y^{4-}]}{[EDTA]}$

[EDTA] = 금속과 결합하지 않는 EDTA의 전체 농도

조건 형성 상수 $\quad K'_f = \alpha_{Y^{4-}} K_f = \dfrac{[MY^{n-4}]}{[M^{n+}][EDTA]}$

적정 계산 $\quad$ 당량점 부피(V_e) 전에는 이미 알고 있는 여분의 M^{n+}가 존재

$$pM = -\log[M]$$

당량점 부피(V_e)에서는 MY^{n-4}의 해리에 의해 소량의 M^{n+}가 생성된다.

$$\underset{x}{M^{n+}} + \underset{x}{EDTA} \overset{K'_f}{\rightleftharpoons} \underset{F-x}{MY^{n-4}}$$

당량점 부피(V_e) 이후에는 [EDTA]와 [MY^{n-4}]를 안다.

$$\underset{x}{M^{n+}} + \underset{\text{기지}}{EDTA} \overset{K'_f}{\rightleftharpoons} \underset{\text{기지}}{MY^{n-4}}$$

알아두어야 할 술어

Lewis 산(Lewis acid)
Lewis 염기(Lewis base)
가로 막음(blocking)
가리움제(masking agent)
간접 적정(indirect titration)
금속 이온 지시약(metal ion indicator)
누적 형성 상수(cumulative formation constant)
단계적 생성 상수(stepwise formation constant)
리간드(ligand)
보조 착화제(auxiliary complexing agent)
여러자리 리간드(multidentate ligand)
역적정(back titratiion)
조건 형성 상수(conditional formation constant)
직접 적정(direct titration)
착물화법 적정(complexometric titration)
총괄 형성 상수(overall formation constant)
치환 적정(displacement titration)
킬레이트 리간드(chelating ligand)
한자리 리간드(monodentate ligand)
형성 상수(formation constant)

문제

13-1. **(a)** 0.010 0 M Ca^{2+} 50.0 mL, 또는 **(b)** 0.010 0 M Al^{3+} 50.0 mL와 반응하려면 0.050 0 M EDTA는 몇 mL가 필요한가?

13-2. EDTA 역적정을 해야 하는 세 가지 경우를 드시오.

13-3. 치환 적정에서 어떤 일을 해야 되지는 설명하고 그 예를 드시오.

13-4. 가리움제를 사용하는 예를 드시오.

13-5. 물의 경도는 무엇을 의미하는가? 일시 경도와 영구 경도의 차이를 설명하시오

13-6. 보조 착화제의 목적을 기술하고, 그것의 사용 예를 드시오.

13-7. $N(CH_2CO_2H)_3$과 Fe^{3+} 사이의 착물에 대한 타당한 구조를 그리시오.

13-8. Fe^{3+}를 포함하는 시료 25.00 mL을 Fe^{3+}는 모두 착물을 형성하고 EDTA는 여분으로 용액에 남게 하려고 0.036 7 M EDTA 10.00 mL로 처리하였다. 이때 여분의 EDTA는 역적정하였으며, 그때 0.046 1 M Mg^{2+} 용액 2.37 mL가 필요했다. 원래 시료 용액 중에 있는 Fe^{3+}의 농도를 구하시오.

13-9. Ni^{2+}와 Zn^{2+}를 포함하는 용액 50.0 mL에 포함된 모든 금속과 반응시키려고 0.045 2 M EDTA 용액 25.0 mL로 처리하였다. 그리고 반응하지 않은 여분의 EDTA와 반응을 완결하는데 0.012 3 M Mg^{2+} 용액 12.4 mL가 필요하였다. 그런 다음 아연으로부터 EDTA를 떼어내려고 2,3-다이머캅토-1-프로판올을 과량으로 가하였다. 이때 떨어진 EDTA를 반응시키는 데 Mg^{2+} 용액 29.2 mL가 소모되었다. 처음 용액 중의 Ni^{2+}과 Zn^{2+}의 몰농도를 계산하시오.

13-10. Hg^{2+}는 다른 많은 금속 이온들이 있는 상태에서 I^-를 사용하여 선택적으로 가리면 분석기 가능하다.[7] 100 mL의 미지 시료에는 Hg^{2+}, Ca^{2+}, Al^{3+}, Mg^{2+}, Co^{2+}, Ni^{2+}, Cu^{2+}, Zn^{2+}, Cd^{2+}, Pb^{2+}, Ba^{2+}, Cr^{3+}, Fe^{3+}, Bi^{3+}가 들어 있다. 그 용액을 아세트산 이온 완충제를 사용하여 pH 5.5로 조절을 하고, 그 안에 포함된 모든 금속 이온을 결합하기 위해서 충분한 EDTA (0.040 0 M EDTA 10.00 mL)로 처리하였다. 자이레놀 오렌지 지시약을 첨가하고 결합하지 않은 여분의 EDTA를 역적정하는 데 0.026 2 M $ZnSO_4$ 10.00 mL가 필요하였다. 이 과정으로 미지 시료에 포함된 모든 금속 이온를 측정한다. Hg^{2+}를 분석하기 위해서 HgI_4^{2-}를 형성시키려고 종말점 상태의 용액에 고체 KI 100 mg으로 처리한 결과 Hg^{2+}와 결합하고 있던 EDTA는 자유롭게 되었지만 다른 금속과 결합된 EDTA는 그대로 있었다. 자유롭게 된 EDTA를 적정하는 데 0.026 2 M $ZnSO_4$ 5.81 mL가 필요하였다.
(a) 첫 번째 적정에서 미지 시료에 포함된 금속 이온의 전체 밀리몰을 구하시오
(b) 두 번째 적정에서 미지 시료에 포함된 Hg^{2+}의 밀리몰을 구하시오
(c) 표 13-2로부터 첫 번째 적정에서 Zn^{2+}를 첨가하기 전에 무슨 색을 관찰할 수 있다고 기대되는지 결정하시오. 첫 번째 종말점에서는? 과량의 KI를 첨가한 후에는? 두 번째 종말점에서는? (종말점에서 관찰된 것은 짙은 오렌지이다.)

13-11. 황 이온(sulfide)은 EDTA를 사용해서 간접 적정을 하여 결정할 수 있다. 미지의 황 이온 용액 25.00 mL에 0.043 32 M $Cu(ClO_4)_2$ 용액 25.00 mL와 1 M 아세트산 완충 용액(pH 4.5) 15 mL를 첨가하면서 강하게 저어주었다. CuS 침전물은 여과시킨 후 뜨거운 물로 세척하였다. 거른 용액(여분의 Cu^{2+}를 포함

하는) 에서 암모니아를 $Cu(NH_3)_4^{2+}$의 푸른색이 나타날 때까지 첨가하였다. 이때 지시약 뮤렉사이드(murexide) 지시약으로 사용하여 거른 용액을 적정하였더니 종말점까지 0.039 27 M EDTA 용액 12.11 mL가 소모되었다. 미지 용액 중에 있는 황 이온의 몰농도를 계산하시오.

13-12. 불확정성의 전파. 250.0 (±0.1) mL 물 시료에 있는 포타슘 이온은 테트라페닐붕산화 소듐으로 침전시킨다.

$$K^+ + (C_6H_5)_4B^- \longrightarrow KB(C_6H_5)_4(s)$$

침전물을 거르고 세척한 후 유기 용매에 녹였다. 그 유기 용액에 과량의 Hg^{2+}-EDTA를 첨가하였더니 다음과 같은 반응이 일어났다.

$$4HgY^{2-} + (C_6H_5)_4B^- + 4H_2O \longrightarrow H_3BO_3 + 4C_6H_5Hg^+ + 4HY^{3-} + OH^-$$

떨어져 나온 EDTA를 0.043 7 (±0.000 1) M Zn^{2+} 용액 28.73 (±0.03) mL로 적정하였다. 처음 시료에 있는 K^+의 농도(그리고 불확정성)를 구하시오.

13-13. Fe^{3+}과 Cu^{2+}를 포함하는 미지 시료 용액 25.00 mL를 완전히 적정하는 데 0.050 83 M EDTA 16.06 mL가 필요하였다. Fe^{3+}을 보호하기 위해 미지 시료 용액 50.00 mL를 NH_4F로 처리하였다. 그 다음 Cu^{2+}는 환원시키고, 싸이오유레아를 첨가하여 가렸다. 0.050 83 M EDTA 25.00 mL를 가하였더니, 철-플루오린화 착물로부터 Fe^{3+}가 떨어져 나와서 EDTA와 착물을 형성하였다. 자이레놀 오렌지를 사용하여 반응하고 남은 여분의 EDTA를 적정하여 종말점까지 0.018 83 M Pb^{2+} 19.77 mL가 들어갔다. 미지 시료 용액 중 $[Cu^{2+}]$의 농도를 구하시오.

13-14. 금광석을 정제하는 과정에서 회수되는 사이안화물은 EDTA 적정에 의해 간접적으로 결정된다. 이미 알고 있는 과량의 Ni^{2+}를 테트라사이아노니켈레이트(II)로 만들기 위해서 사이안산 이온을 첨가하였다.

$$4CN^- + Ni^{2+} \longrightarrow Ni(CN)_4^{2-}$$

반응하지 않고 남아 있는 Ni^{2+}를 표준 EDTA로 적정할 때 $Ni(CN)_4^{2-}$는 반응하지 않는다. 사이안화물 분석에서는 12.7 mL의 사이안산 이온 용액 테트라사이아노니켈레이트를 형성하기에 충분한 과량의 Ni^{2+} 표준 용액 25.0 mL를 넣는다. 반응하지 않고 남아 있는 Ni^{2+}와 반응하는데 10.1 mL의 0.013 M EDTA가 필요하다. 별도의 실험에서는 표준 Ni^{2+} 용액 30.0 mL와 반응하는 데 0.013 M EDTA 39.3 mL가 필요하였다. 미지 시료 12.7 mL의 CN^-의 몰농도를 계산하시오.

13-15. Mn^{2+}, Mg^{2+}, Zn^{2+} 혼합물을 다음과 같이 분석하였다. 25.00 mL의 시료에 0.25 g의 $NH_3OH^+Cl^-$ (염화 하이드록실암모늄, 망간을 +2 상태로 유지하는 환원제), 암모니아 완충 용액(pH 10) 10 mL, 몇 방울의 칼마자이트 지시약을 넣고 100 mL가 되게 묽혔다. 40°C까지 데워서 푸른색 종말점을 얻기 위해서 0.045 00 M EDTA 용액 39.98 mL로 적정하였다. 그 다음 EDTA 착물로부터 Mg^{2+}를 떼어내려고 2.5 g의 NaF를 첨가하였다. 떨어져 나온 EDTA의 반응을 완결하는 데 0.020 65 M Mn^{2+} 표준 용액 10.26 mL가 들어갔다. 두 번째 종말점에 도달한 후, EDTA 착물로부터 Zn^{2+}를 떼어내려고 15 wt% KCN 수용액 5 mL를 첨가하였다. 금방 떨어져 나온 EDTA를 적정하는데 0.020 65 M Mn^{2+} 표준 용액 15.47 mL가 필요하였다. 미지 시료 25.00 mL에 있는 각각의 금속 (Mn^{2+}, Zn^{2+}, Mg^{2+})을 mg인지 계산하시오.

13-16. 산에 쉽게 녹지 않는 불용성 황화물 중 황의 함량은 Br_2로 산화시켜 SO_4^{2-}를 만들어 측정할 수 있다.[8] 이때 금속 이온들은 이온 교환 칼럼(23장)에 의해 H^+로 대체가 되며, 황산 이온은 이미 알고 있는 과량의 $BaCl_2$에 의해 $BaSO_4$로 침전된다. 반응하고 남은 여분의 Ba^{2+}는 EDTA로 적정하여 그 양을 결정한다(또한 지시약의 종말점을 명확히 하기 위해 이미 그 양을 알고 있는 Zn^{2+}를 소량 넣는다. Ba^{2+}과 Zn^{2+}는 모두 EDTA로 적정한다.). 여분의 Ba^{2+}의 양을 알기 때문에 원래 시료에 있는 황의 양을 계산할 수 있다. 광물 sphalerite (ZnS, FM 97.474)를 분석하기 위하여 5.89 mg의 분말 시료를 사염화 탄소와 1.5 mmol의 Br_2를 함유하는 물의 혼합물에 분산시킨다. 20°C에서 1시간, 이어서 50°C에서 2시간 후에는 그 분말은 녹으며, 용매와 과량의 Br_2는 가열에 의해 제거된다. 잔류물(residue)을 3 mL 물에 녹이고 이온 교환 칼럼을 통과시켜 Zn^{2+}를 H^+로 대체한다. 그 다음 모든 황산 이온을 $BaSO_4$로 침전시키려고 0.014 63 M $BaCl_2$ 5.000 mL를 첨가한다. 0.010 00 M $ZnCl_2$ 1.000 mL와 pH 10인 암모니아 완충 용액 3 mL를 첨가하였고, 여분으로 있던 Ba^{2+}와 Zn^{2+}를 적정하여 칼마자이트 지시약의 종말점에 도달할 때까지 0.009 63 M EDTA 2.39 mL가 필요하였다. sphalerite 시료 중 황의 무게 백분율을 구하시오. 이론값은 얼마인가?

13-17. $\alpha_{Y^{4-}}$가 무엇을 의미하는지 글로 설명하시오. pH가 **(a)** 3.50, **(b)** pH 10.50일 때 EDTA에 대한 $\alpha_{Y^{4-}}$를 계산하시오.

13-18. Co^{2+}와 암모니아의 반응에 대한 누적 형성 상수는 $\log \beta_1 = 1.99$, $\log \beta_2 = 3.50$, $\log \beta_3 = 4.43$, $\log \beta_4 = 5.07$, $\log \beta_5 = 5.13$, $\log \beta_6 = 4.39$이다.

(a) 평형 상수가 β_4인 화학 반응식을 쓰시오.

(b) 단계 형성 상수가 K_4인 반응식을 쓰고 그 값을 구하시오.

13-19. **(a)** pH 9.00에서 $Mg(EDTA)^{2-}$의 조건 형성 상수를 구하시오. **(b)** pH 9.00에서 0.050 M $Na_2[Mg(EDTA)]$에 있는 결합되지 않은 Mg^{2+}의 농도를 구하시오.

13-20. pH 9.00으로 완충된 0.050 0 M 금속 이온 M^{n+} 용액 100.0 mL를 0.050 0 M EDTA로 적정했다.

(a) 당량점 부피, V_e는 몇 mL인가?

(b) $V = \frac{1}{2}V_e$일 때 M^{n+}의 농도를 계산하시오.

(c) pH = 9.00에서 Y^{4-}로 존재하는 결합하지 않은 EDTA의 분율($\alpha_{Y^{4-}}$)은 얼마인가?

(d) 형성 상수(K_f)는 $10^{12.00}$이다. 조건 형성 상수 $K'_f (= \alpha_{Y^{4-}}$

K_f)을 계산하시오.

(e) $V = V_e$일 때 M^{n+}의 농도를 계산하시오.

(f) $V = 1.100\ V_e$일 때 M^{n+}의 농도는 얼마인가?

13-21. pH 6.00으로 완충된 용액에서 0.020 0 M $MnSO_4$ 25.0 mL를 0.010 0 M EDTA로 적정하는 경우를 생각하자. 첨가해준 EDTA의 부피가 다음과 같을 때 pMn^{2+}를 계산하고 적정 곡선을 작성하시오.

0, 20.0, 40.0, 49.0, 49.9, 50.0, 50.1, 55.0, 60.0 mL이다.

13-22. 문제 13-21에서 사용한 부피를 이용하여, pH 10.00에서 0.020 0 M EDTA 25.00 mL를 0.0100 M $CaSO_4$로 적정할 때 pCa^{2+}를 계산하시오. 그리고 적정 곡선을 그리시오.

13-23. EDTA로 금속을 적정하는 경우와 강산(H^+)를 약한 염기(A^-)로 적정하는 경우의 유사성을 설명하시오. 적정 곡선의 세 영역에서 비교하시오.

13-24. pH 5.00에서 0.080 0 M $Cu(NO_3)_2$ 25.0 mL를 0.040 0 M EDTA로 적정할 때 다음 각 점, 0, 20.0, 40.0, 49.0, 50.0, 51.0, 55.0 mL에서 pCu^{2+}를 계산하시오. 적정 시약의 부피에 대한 pCu^{2+}의 도표를 그리시오.

13-25. 적정 곡선에 미치는 pH의 영향. pH가 7.00인 경우 13-24 문제의 계산을 반복하시오. 두 적정 곡선을 하나의 도표에 그리고, 두 곡선의 차이에 대해 화학적 설명을 하시오.

13-26. 금속 이온 완충 용액. 수소 이온 완충 용액을 유추해 보면 금속 이온 완충 용액도 특정 금속 이온의 농도를 일정하게 유지하려는 경향이 있다. 산 HA와 그 짝염기 A^-의 혼합물은 수소 이온 완충 용액이 되며 식 $K_a = [A^-][H^+]/[HA]$에 의해 정의된 pH를 유지한다. CaY^{2-}와 Y^{4-}의 혼합물은 관계식 $1/K'_f = [EDTA][Ca^{2+}]/[CaY^{2-}]$에 지배를 받는 Ca^{2+} 완충 용액으로 작용한다. pH 9.00에서 $pCa^{2+} = 9.00$을 유지하는 완충 용액을 만들 경우 500 mL 부피 플라스크에 1.95 g의 $Ca(NO_3)_2 \cdot 2H_2O$ (FM 200.12)와 몇 g의 $Na_2H_2EDTA \cdot 2H_2O$ (FM 372.23)를 섞어야 하는가?

응용문제

13-27. 그림 13-9에 있는 Mg^{2+}에 대한 적정 곡선을 생각해 보자. 그 곡선은 EDTA와 결합되지 않은 모든 마그네슘을 결합되지 않은 Mg^{2+}라는 단순화된 가정으로 계산되었다. 사실 1 M NH_3를 함유하는 pH 10 완충 용액에서 EDTA와 결합하지 않은 마그네슘의 약 63%는 $Mg(NH_3)^{2+}$이고, 4%는 $MgOH^+$이다. NH_3와 OH^-는 적정되는 동안 EDTA에 의해 Mg^{2+}로부터 쉽게 떨어진다.

(a) 만일 EDTA와 결합하지 않은 마그네슘의 2/3가 리간드인 NH_3와 OH^-와 결합하고 있다면 당량점 전에는 그림 13-9에 있는 적정 곡선이 어떻게 다를지 **그려보시오**.

(b) 당량점을 10% 지난 지점을 생각해 보자. 이 시점에서 대부분의 마그네슘은 EDTA에 결합되어 있다는 것을 우리는 알고 있다. 또한 이 시점에서는 10% EDTA가 과량으로 있다는 것을 알고 있다. 결합하지 않은 Mg^{2+}의 농도가 그림 13-9에서 계산한 것과 같은지 혹은 다른지? 적정 곡선은 당량점이 지나서 그림 13-9과 같은지 혹은 다른지?

13-28. 지질학 연구에서 산소의 동위원소 분석을 하기에 앞서서 황산 바륨 침전물에 흡장된(occluded) 질산 이온(nitrate)을 제거하기 위하여 재침전을 이용하였다.[9] 황산 바륨 결정 약 30 mg을 1 M NaOH에 있는 0.05 M DTPA(그림 13-5) 15 mL와 섞는다. 70°C에서 격렬하게 흔들어 고체를 녹인 후, 10 M HCl을 한 방울씩 가하여 pH가 3 ~ 4 범위가 되게 하고 그 혼합물을 1시간 동안 그대로 놓고 재침전시킨다. 원심분리하여 고체를 분리한 후 모액을 제거하고 탈이온수에 다시 분산시킨다. 정제된 물질에서 NO_3^-/SO_4^{2-} 몰비가 초기 침전물의 0.25에서 0.001로 감소시키려고 원심분리와 세척을 2회 반복하였다. pH 3과 14에서 DTPA와 황산 이온의 우세한 화학종(predominant species)은 무엇인가? 황산 바륨이 1 M NaOH에 녹인 DTPA 용액에 왜 녹는지 설명하고, pH가 3 ~ 4로 낮추면 왜 그때 재침전이 되는지 설명하시오.

주와 참고문헌

1. E. J. Neufeld, *Blood*, **2006**, *107*, 3436.

2. R. J. Abergel, J. A. Warner, D. K. Shuh, and K. N. Raymond, *J. Am. Chem. Soc.* **2006**, *128*, 8920.

3. R. J. Abergel, E. G. Moore, R. K. Strong, and K. N. Raymond, *J. Am. Chem. Soc.* **2006**, *128*, 10998.

4. E. Mawji, M. Gledhill, J. A. Milton, G. A. Tarran, S. Ussher, A. Thompson, G. A. Wolff, P. J. Worsfold, and E. P Achterberg, *Environ. Sci. Technol.* **2008**, *42*, 8675.

5. J. Künnemeyer, L. Terborg, S. Nowak, L. Telgmann, F. Tokmak, B. K. Krämer, A. Günsel, G. A. Wiesmüller, J. Waldeck, C. Bremer, and U. Karst, *Anal. Chem.* **2009**. *81*. 3600.

6. *Chem. Eng. News,* 13 September 1999, p. 40.

7. M. Romero, V. Guidi, A. Ibarrolaza, and C. Castells, *J. Chem, Ed.* **2009**, *86*, 1091.

8. T. Darjaa, K. Yamada, N. Sato, T. Fujino, and Y. Waseda, *Fresenius J. Anal. Chem.* **1998**, *361*, 442.

9. H. Bao, *Anal. Chem.* **2006**, *78*, 304

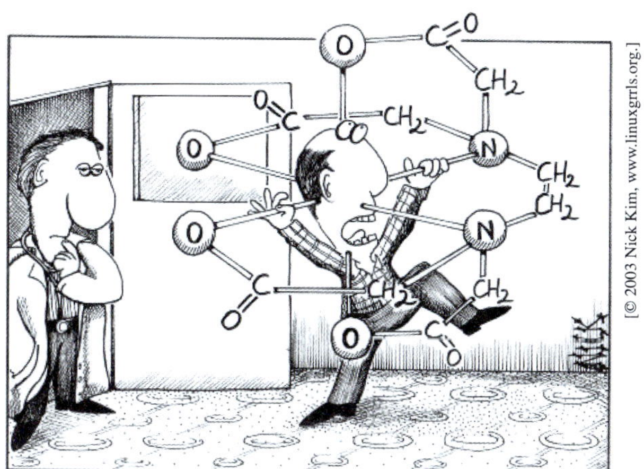

킬레이트 치료법에 잘못되었을 때

리튬이온 전지

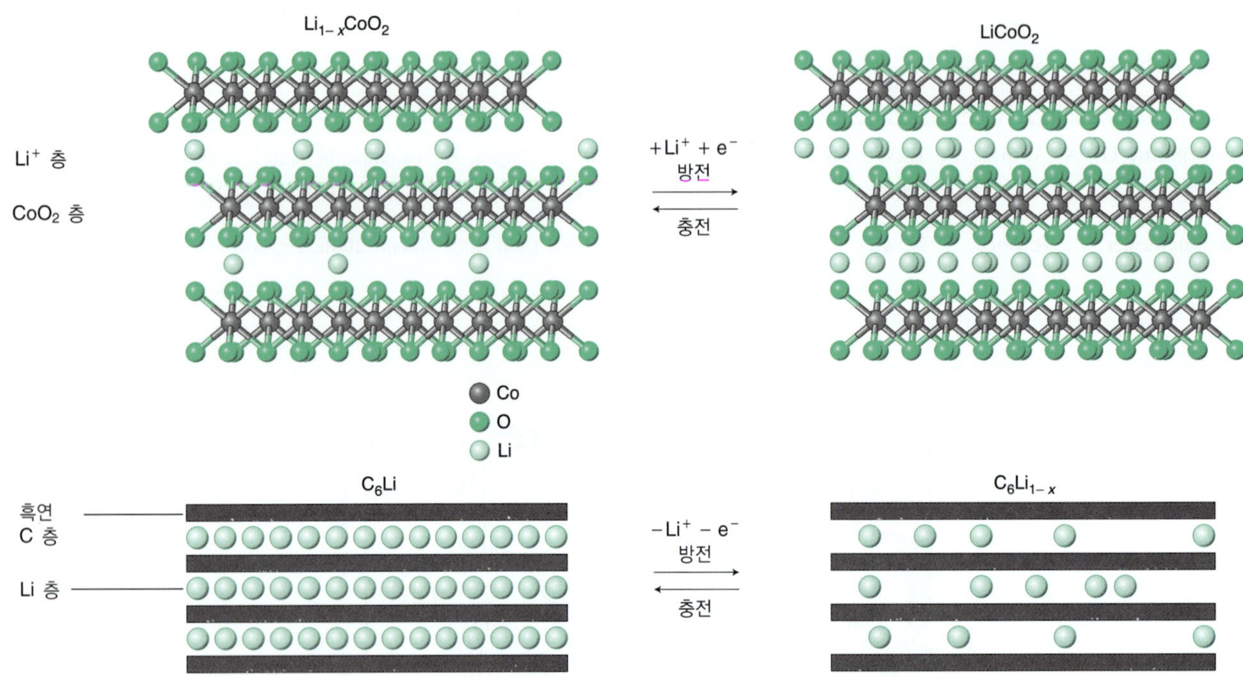

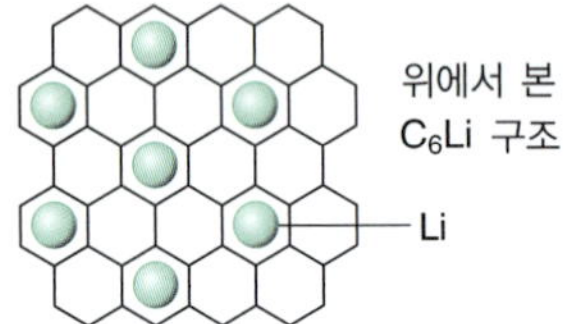

흑연은 탄소 원자의 육각형 시트(sheet)

이동 전화와 휴대용 컴퓨터에 있는 것과 같은 고용량이며 재충전이 가능한 리튬이온 전지는 재료화학 연구의 생성물 중에서 훌륭한 본보기에 해당한다. 이상적인 화학 반응은 다음과 같다.

$$C_6Li + Li_{1-x}CoO_2 \underset{\text{충전}}{\overset{\text{방전}}{\rightleftharpoons}} C_6Li_{1-x} + LiCoO_2$$

C_6LI에서 리튬 원자는 흑연의 탄소층 간에 있다. 구조물의 층 사이에 놓여 있는 원자나 분자는 삽입(*intercalated*) 되었다고 말한다. 전지가 방전하는 동안 리튬은 자발적으로 흑연에서 코발트 산화물로 이동한다. 리튬 원자는 흑연에 전자를 남겨 놓고 Li^+ 이온은 CoO_2 층 사이에 삽입된다. 흑연에서 코발트 산화물로 이동하려면 Li^+는 비휘발성 유기 용매에 녹인 리튬염으로 구성된 전해질을 통과한다. 흑연과 코발트 산화물 사이에 전해질로 완전히 스며든 다공성 고분자 분리막은 Li^+ 이온이 통과할 수 있다. 전자(electron)는 흑연에서 코발트 산화물로 외부 회로를 통해서 이동한다. 재충전하는 동안에는 외부에서 연결된 전기장이 다시 흑연으로 전자를 몰고 온다. Li^+는 $LiCoO_2$에서 흑연으로 되돌아 가서 전하 중성(electroneutrality)을 회복한다.

한 개의 리튬이온 전지는 ~3.7 볼트를 생산한다. 이러한 전지는 대체된 니켈금속 수소 전지보다 단위 무게당 2배나 더 많은 에너지를 가지고 있다. 현재 진행되고 있는 연구는 전극과 분리막에 대해서 넓은 면적을 지닌 미세구조 및 개선된 물질을 목표로 하고 있다. 목표는 높은 에너지 밀도, 긴 수명, 보다 안전한 작동을 포함하고 있다.

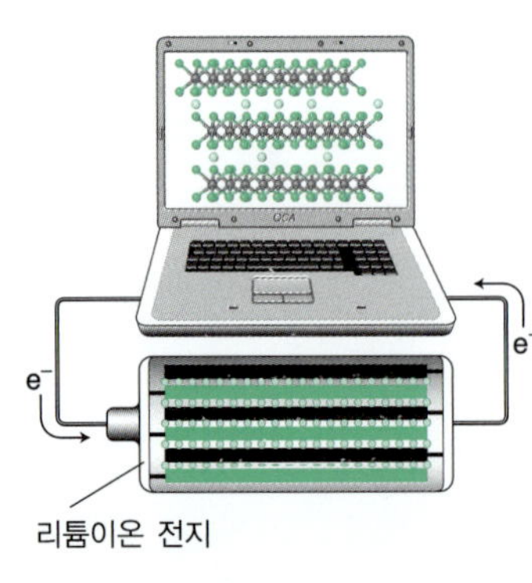

리튬이온 전지

흑연 층
다공성 분리막과 유기 용매에 있는 리튬 염
코발트 산화물 층

14

전극 전위

빗물의 산성도 측정, 자동차 엔진의 연료-공기 혼합비 측정, 혈액에 있는 기체와 전해질의 농도 측정 등은 모두 전기화학 센서로 한다. 이 장은 15장에 있는 보통의 전기화학 센서를 논의하는 데 필요한 기초를 제공해 준다.

산화 (*Oxidation*) : 전자 잃음
환원 (*Reduction*) : 전자 얻음
산화제 (*Oxidizing agent*) : 전자를 얻는다.
환원제 (*Reducing agent*) : 전자를 준다.

14-1 산화환원 화학과 전기

산화환원 반응 (redox reaction) 에서 전자는 한 화학종에서 다른 화학종으로 옮아간다. 어떤 화학종이 **전자를 잃었을** 때 그 화학종은 **산화되었다 (oxidized)** 고 말한다. **전자를 얻으면** 그 화학종은 **환원되었다 (reduced)** 고 한다. **산화제 (oxidizing agent 또는 oxidant)** 는 다른 물질로부터 전자를 받아서 자신은 환원된다. **환원제 (reducing agent 또는 reductant)** 는 다른 물질에 전자를 주고 자신은 그 과정에서 산화된다. 다음 반응에서

$$\underset{\text{산화제}}{Fe^{3+}} + \underset{\text{환원제}}{V^{2+}} \longrightarrow Fe^{2+} + V^{3+}$$

Fe^{3+}는 V^{2+}로부터 전자를 받기 때문에 산화제이고, V^{2+}는 Fe^{3+}에 전자를 주므로 환원제이다. 반응이 왼쪽에서 오른쪽으로 진행되면서 Fe^{3+}는 환원되었고 (산화수가 +3에서 +2로 변했다), V^{2+}는 산화되었다 (산화수가 +2에서 +3으로 변했다). 산화수와 산화환원 반응식의 균형을 어떻게 맞추는지는 부록 D에 나와 있다. 산화와 환원에 관련된 두 개의 **반쪽 반응** (*half-reaction*) 의 합으로서 완결된 산화환원 반응식을 쓸 수 있어야 한다.

마이클 패러데이 (Michael Faraday, 1791~1867) 는 독학으로 공부한 영국의 "자연철학자" (natural philosopher, "과학자"의 옛말)이다. 전기화학 반응의 정도는 전기화학 용기 (cell) 에 흐르는 전하의 양에 비례한다 것을 발견하였다. 패러데이는 전자기학의 토대가 되는 수많은 법칙을 발견했다. 그는 우리에게 전기모터, 발전기, 변압기는 물론 **이온** (*ion*), **양이온** (*cation*), **음이온** (*anion*), **전극** (*electrode*), **환원전극** (*cathode*), **산화전극** (*anode*), **전해질** (*electrolyte*) 등을 남겼다. 그의 천부적인 강의는 어린이를 위해서 왕립협회에서 실시한 크리스마스 강의 시범이 최고로 기억된다. 패러데이는 "[어린이들]과 대화하는 것을 매우 기쁘게 여겼고, 쉽게 신뢰를 얻었다. 어린이들은 실제로 그를 자기들과 같다고 느꼈고, 때로 그는 기쁜 열정으로 자신이 영감받은 아이처럼 보였다."[1]

화학과 전기

전하 (*electric charge*, *q*) 는 **쿨롱 (coulombs, C)** 으로 측정한다. 전자 한 개의 전하량은 1.602×10^{-19} C이다. 그러므로 전자 1몰은 $(1.602 \times 10^{-19}\ \text{C})(6.022 \times 10^{23}/\text{mol}) = 9.649 \times 10^{4}\ \text{C/mol}$의 전하를 가진다. 이 값을 **패러데이 상수 (Faraday constant, *F*)** 라 한다. 분자 한 개당 *n* 전하를 가지고 있는 화학종 *N* 몰에 대한 전하는 *nN* 몰이다. 예를 들어 Fe^{3+}의 경우 각 이온이 3 단위 전하를 가지고 있기 때문에 $n = 3$이다. 쿨롱으로 나타낸 전하는 다음과 같다.

전하와 몰의 관계 :

$$\underset{\text{쿨롱}}{q} = \underset{\text{분자당 단위 전하}}{n} \cdot \underset{\text{몰}}{N} \cdot \underset{\frac{\text{쿨롱}}{\text{몰}}}{F} \qquad (14\text{-}1)$$

n은 단위가 없고 분자당 단위 전하가 얼마인지를 나타내는 숫자이므로 단위는 맞는다. Fe^{3+} 1몰에 대한 전하는 $q = nNF = (3)(1\text{몰})(9.649 \times 10^4 \text{ 쿨롱/몰}) = 2.89 \times 10^5$ C이다.

$Fe^{3+} + V^{2+} \rightarrow Fe^{2+} + V^{3+}$ 반응에서 V^{2+} 원자 하나를 산화시키고, Fe^{3+} 원자 하나를 환원시키려면 전자 한 개가 옮겨져야 된다. 만약에 V^{2+}에서 Fe^{3+}로 이동된 전자의 몰수를 안다면, 얼마나 많은 몰수의 생성물이 형성되었는지를 안다.

예제 쿨롱과 반응량과의 관계

만약에 $Fe^{3+} + V^{2+} \rightarrow Fe^{2+} + V^{3+}$에서 5.585 g의 Fe^{3+}가 환원되었다면, V^{2+}에서 Fe^{3+}로 얼마나 많은 쿨롱이 옮겨져야 되는가?

해답 반응에서 Fe^{3+} 한 개는 한 개의 전자를 받아들인다. Fe^{3+}는 (5.585 g)/(55.845 g/mol) = 0.100 0 mol의 몰이다. 식 14-1은 Fe^{3+}의 몰을 쿨롱으로 변환한다.

페러데이 상수 :
$F \approx 9.649 \times 10^4$ C/mol

$$q = nNF = (1)(0.100\,0 \text{ mol})\left(9.649 \times 10^4 \frac{\text{C}}{\text{mol}}\right) = 9.649 \times 10^3 \text{ C}$$

복습 문제 $2H_2O \rightarrow O_2 + 4H^+ + 4e^-$의 반응에서 H_2O가 산화되어 O_2 1.00몰을 발생시킬 때, 얼마나 많은 쿨롱이 방출되겠는가? (**답** : 3.86×10^5 C)

전류는 산화환원 반응의 속도에 비례한다.

1 A = 1 C/s

$1 \text{ 암페어} = 1 \frac{\text{쿨롱}}{\text{초}}$

전류(current, *I*)는 전기회로에서 1초에 한 지점을 통과하는 전하의 양이다. 전류의 단위는 **암페어(ampere, A)**이고, 그것은 1초당 1쿨롱의 흐름이다.

Sn^{4+} 이온을 포함하는 용액에 백금선을 담근 그림 14-1을 생각해 보자. 백금선은 Sn^{4+}에서 Sn^{2+}로 환원이 일어나도록 전자를 전달해 준다.

$$Sn^{4+} + 2e^- \rightarrow Sn^{2+}$$

백금선은 하나의 **전극(electrode**, 산화환원 반응에 관여하고 있는 화학물질에 전자를 주고 받는 기구(device)이다. 백금은 **비활성**(*inert*) 전극의 한 종류이다. 비활성 전극은 전자를 전달해 주는 전도체 역할을 제외하고는 반응에 참여하지 않는다. 전극에서 전자를 주거나 받는 분자를 **전기활성 화학종(electroactive species)**이라고 한다. 전극으로 흘러들어가는 전자의 속도는 Sn^{4+}의 환원 속도에 대한 하나의 척도이다.

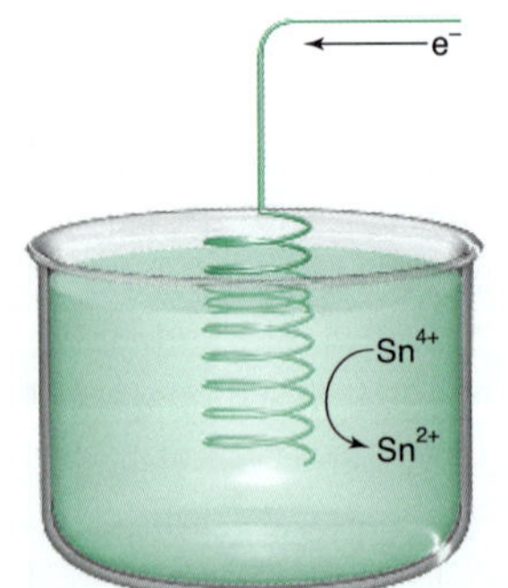

그림 14-1 용액에 Sn^{4+} 이온이 Sn^{2+} 이온으로 환원될 때 백금선 코일을 통해 흐르는 전자. 이 과정은 단독으로 일어날 수 없다. 만일 백금 전극에서 Sn^{4+}가 환원된다면 다른 물질이 다른 곳에서 산화되어야만 한다.

예제 반응 속도와 전류와의 관계

그림 14-1에서 4.24 mmol/h의 일정한 속도로 Sn^{4+}가 Sn^{2+}로 환원된다고 가정하자. 용액으로 얼마만한 전류를 흘려주어야 하는가?

해답 하나의 Sn^{4+}를 Sn^{2+}로 환원시키는데 전자 2개가 필요하다. 만약에 Sn^{4+}가 4.24 mmol/h의 속도로 반응한다면, 전자는 2(4.24) = 8.48 mmol/h의 속도로 흐른다. 이것을 다음과 같이 정리할 수 있다.

$$\frac{8.48 \text{ mmol/h}}{3\,600 \text{ s/h}} = 2.356 \times 10^{-3} \text{ mmol/s} = 2.356 \times 10^{-6} \text{ mol/s}$$

전류를 구하기 위해서 1초당 전자의 몰 수를 1초당 쿨롱으로 변환하려고 패러데이 상수를 이용한다.

$$전류 = \frac{쿨롱}{초} = \frac{몰}{초} \cdot \frac{쿨롱}{몰}$$

$$= \left(2.356 \times 10^{-6}\frac{\text{mol}}{\text{s}}\right)\left(9.649 \times 10^{4}\frac{\text{C}}{\text{mol}}\right) = 0.227\ \text{C/s} = 0.227\ \text{A}$$

복습 문제 $2H_2O \rightarrow O_2 + 4H^+ + 4e^-$의 반응에서 하루에 1.00 mol의 O_2를 방출하기 위해서 전극에서 물의 산화에 필요한 전류는 얼마인가? (**답** : 4.47 A)

전압과 전기적 일

전자는 양으로 대전된 영역으로 끌리고, 음으로 대전된 영역으로부터는 떠밀린다. 만약 전자가 한 점에서 다른 점으로 끌리면 전자는 그것이 진행되는 방향을 따라서 유익한 일을 한다. 만약에 전자를 반발하는 영역으로 강제로 밀어 넣는다면 그것을 미는 것에 따라 전자에게 일을 가해야 된다. **일**(*work*)은 **주울**(*joule*, J) 단위로 나타내며 에너지의 차원이다.

같은 전하가 서로 다가서려면 에너지가 필요하고, 반대 전하가 다가서면 에너지가 방출된다.

두 점의 **전위**(**electric potential**) 차이는 전자가 한 점에서 다른 점으로 이동할 때 할 수 있는 일(또는 필요한 일)이다. A점과 B점의 전위차가 클수록 전자가 A점에서 B점으로 이동할 때 더 많은 일을 할 수 있다(또는 해 주어야 한다). 전위차는 **볼트**(**volt**, V)로 측정된다.

1 volt = 1 J/1C

전류와 전위를 이해하기 위한 좋은 비유는 정원 호스를 통해 흐르는 물을 생각하는 것이다(그림 14-2). 전류는 전선의 어느 한 지점을 매초마다 통과하는 전하의 양이다. 전류는 호스의 한 지점을 매초 통과하는 물의 부피에 비유할 수 있다. 전위차는 전자에 가해지는 힘의 척도이다. 힘이 클수록 더 많은 전류가 흐른다. 전위차는 호스에서 물에 미치는 압력에 비유된다. 압력이 클수록 물은 더 빨리 흐른다.

전위차 E를 통해서 전하 q가 움직일 때 한 일은 다음과 같다.

일과 전압의 관계 :

$$\underset{주울}{일} = \underset{볼트}{E} \cdot \underset{쿨롱}{q} \qquad (14\text{-}2)$$

1쿨롱의 전하가 1볼트의 전위차를 통과하여 움직일 때 1주울의 에너지가 얻거나 잃는다. 식 14-2는 볼트의 차원(dimension)이 J/C이라는 것을 말해 준다.

일에 대한 정원 호스의 비유는 이렇다. 호스의 한쪽 끝을 다른 끝보다 1 m 위로 올리고, 1 L의 물을 흘린다고 가정하자. 이 경우 일정량의 일을 하기 위해 날개가 붙어 있는 외차 같은 기계 장치로 물을 흘릴 수 있다. 호스의 한쪽 끝을 2 m 위로 올리면, 같은 부피의 물이 할 수 있는 일의 양은 두 배가 된다. 호스 양끝의 높이 차이가 전위차에 비유되며, 물의 부피는 전하량에 비유된다. 회로의 두 지점 사이에 전위차가 클수록 두 지점 사이를 흐르는 전하가 하는 일은 더 많다.

전류는 호스를 통해서 흘러나오는 초당 흐르는 물의 **부피**에 비유된다.

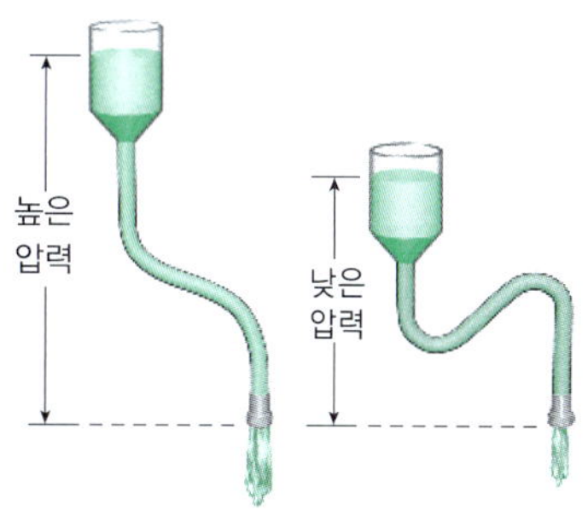

전위차는 호스를 통과하는 물을 밀어내는 **수압**에 비유된다. 높은 압력은 높은 수량을 일으킨다.

그림 14-2 호스를 통과하는 물의 흐름과 전선을 통과하는 전기의 흐름 사이의 유사점.

예제 전기적 일

2.36 mmol의 전자가 1.05 V의 전위차가 있는 비탈 아래로 움직일 때 얼마나 많은 일을 하는가?

해답 식 14-2를 사용하려면 2.36 mmol의 전자가 가지는 전하를 구해야 한다. 전자 한 개는 단위 전하를 가진다. 그러므로 식 14-1로부터 다음과 같이 계산할 수 있다.

$$q = nNF = (2.36 \times 10^{-3}\ \text{mol})\ (9.649 \times 10^4\ \text{C/mol}) = 2.27_7 \times 10^2\ \text{C}$$

전자의 이동으로 인해서 한 일은 다음과 같다.

$$\text{일} = E \cdot q = (1.05\ \text{V})(2.27_7 \times 10^2\ \text{C}) = 239\ \text{J}$$

복습 문제 1.5 mA의 전류는 1.00분에 0.25 J의 일을 한다. 이때 얼마나 많은 전압이 전자에 가해지는가? (**답** : 2.78 V)

알루미늄을 전기분해해서 생산하는데 미국에서 생산되는 전기의 4.5%가 소비된다! 산화 알루미늄과 빙정석(Na_3AlF_6) 용융액에 있는 알루미늄 이온 (Al^{3+})은 통상적으로 250 000 암페어의 전류가 흐르는 반응용기의 환원전극에서 알루미늄 금속으로 환원된다. 이 공정은 찰스 홀(Charles Hall)에 의해서 1886년에 고안되었다. 그 당시 그는 오버린 대학(Oberlin College)를 막 졸업한 22살이었다.

전기분해(electrolysis)는 자발적으로 진행되지 않은(에너지 측면에서 호의적이 아닌) 산화환원 반응을 진행하기 위해서 외부에서 전압을 가해주는 하나의 화학 반응이다. 전압을 가하지 않으면 반응이 일어나지 않을 것이다. 예를 들면, 전기분해는 Al^{3+}로부터 알루미늄 금속을 만들고 바닷물의 Cl^-로부터 염소 기체(Cl_2)를 만드는 데 이용된다. 시범 14-1은 전기분해를 실제로 보여준다.

자습문제

14-A. 다음과 같은 산화환원 반응을 생각하자

$$I_2 + 2\,O{=}S(O^-)(=O){-}S^- \rightleftharpoons 2I^- + O{=}S(O^-)(=O){-}S{-}S{-}S(O^-)(=O){=}O$$

아이오딘 / 싸이오황산 이온 FM 112.13 / 아이오딘화 이온 / 테트라싸이온 이온

(a) 반응의 왼쪽에서 산화제를 알아내고, 완결된 반쪽 반응식을 쓰시오.

(b) 반응의 왼쪽에서 환원제를 알아내고, 완결된 반쪽 반응식의 균형을 맞추시오.

(c) 각각의 싸이오황산 이온이 운반하는 전자는 몇 개인가?

(d) 1.00 g의 싸이오황산 이온이 반응했을 때 환원제에서 산화제로 얼마만한 쿨롱이 흘렀는가?

(e) 만약에 반응 속도가 1분에 1.00 g의 싸이오황산 이온을 소모한다면, 얼마의 전류(암페어)가 환원제에서 산화제로 흘렀는가?

(f) 만약에 전하가 0.200 V의 전위차를 통해 "비탈아래(downhill)"로 흐른다면, 전류는 얼마나 많은 일(주울)을 할 수 있는가?

14-2 갈바니 전지

자발적 반응은 반응물이 생성물로 변환되는 것에 대해서 에너지 측면에서 호의적인 반응이다. 화학물질로부터 나오는 에너지는 전기 에너지로 이용될 수 있다.

갈바니 전지(galvanic cell)에서는 **자발적인**(*spontaneous*) 화학 반응이 전기를 발생한다. 자발적인 반응이 진행되려면 하나의 시약은 산화되어야 하고, 다른 시약은 환원되어야 한다. 그 두 개의 시약은 서로 접촉할 수 있는 상태에 있지 않아야 한다. 그렇지 않으면 전자는 외부회로를 통하지 않고 직접 환원제에서 산화제로 흐르게 된다. 따라서 산화제와 환원제는 물리적으로 격리되고, 한 시약에서 떠난 전자는 전선을 통하여 다른 시약으로 흘러간다.

시범 14-1 전기화학 방법으로 글자 쓰기

이곳에 보여준 전기분해 장치는 나무 표면에 접착된 ~15 × 15 cm 알루미늄 포일(foil) 얇은 막으로 구성되어 있다. 거름 종이, 프린트 종이, 거름 종이로 이루어진 샌드위치 형태를 금속 막(오직 한 면)에 붙인다. 끝을 둥글게 구부리고 유리관을 통과시킨 구리선(18게이지 혹은 그 이상)으로 펜촉을 만든다.

1.6 g KI, 20 mL 물, 5 mL 1 wt% 녹말 용액, 5 mL 페놀프탈레인 지시약 용액이 혼합된 신선한 용액을 준비한다. (용액을 며칠간 놔둔 후에 짙은 색으로 변하면 몇 방울의 묽은 싸이오황산 소듐 용액을 떨어뜨려 탈색시킨다.) 세 층의 종이를 KI－녹말－페놀프탈레인 용액으로 적신다. 펜촉과 박막을 ~12 V DC 전원에 연결하고, 종이 위에 펜촉으로 글씨를 쓴다.

펜촉이 환원전극이면 수산화 이온과 페놀프탈레인이 반응하여 핑크색이 나타난다.

환원전극: $H_2O + e^- \rightarrow \frac{1}{2}H_2(g) + OH^-$

OH^- + 페놀프탈레인 → 핑크색

극성을 반대로 하고 펜촉이 산화전극이 되면 새롭게 생성된 I_2와 녹말이 반응하여 검은색(매우 어두운 푸른색)이 나타난다.

산화전극: $I^- \rightarrow \frac{1}{2}I_2 + e^-$

I_2 + 녹말 → 어두운 푸른색 착물

위쪽에 있는 거름 종이와 프린트 종이를 걷어내면 아래쪽 거름 종이에는 글씨가 반대 색깔로 쓰여 있음을 알게 될 것이다. 이 과정들은 천연색 사진 9에 나타나 있다. 천연색 사진 10에는 진행되고 있는 과정을 명확하게 볼 수 있는 용액 내에서 일어나는 똑같은 산화 반응을 보여 주고 있다.

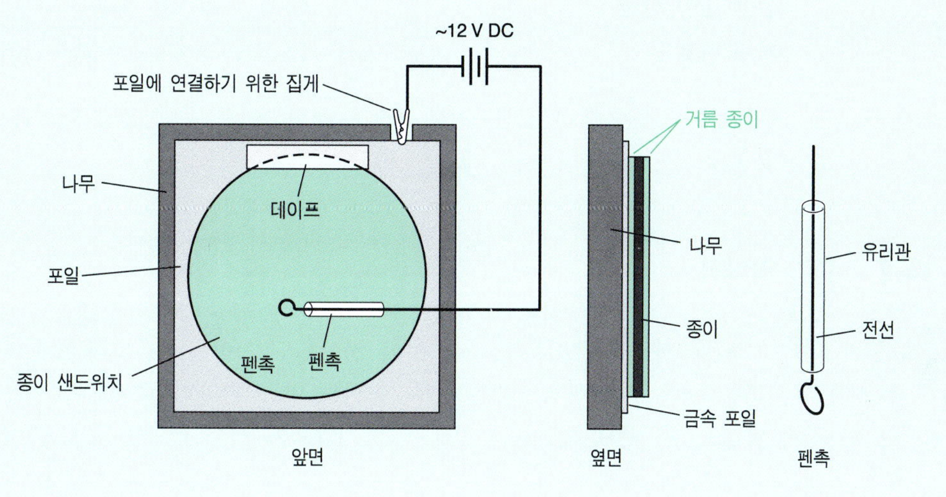

작동하는 전지

그림 14-3은 각각의 그릇(vessel)에서 전하 중성(eletronneutrality)을 유지하기 위해서 이온이 이동하도록 되어 있는 **염다리(salt bridge)**로 **연결된** 두 개의 **반쪽 전지**(*half-cell*)로 이루어진 갈바니 전지를 보여 준다.[2] 왼쪽 반쪽 전지에는 염화 아연($ZnCl_2$) 수용액에 금속 아연이 담겨 있다. 오른쪽 반쪽 전지에는 황산 구리($CuSO_4$) 용액에 구리 전극이 담겨 있다. 염다리에는 염화 포타슘(KCl) 용액으로 포화된 젤(gel)이 들어 있다. 전극들은 두 반쪽 전지 사이의 전압차를 측정하기 위해 **전위차계**(*potentiometer*, 전류가 거의 흐르지 않은 전압측정 장치(voltmeter))에 연결되어 있다.

염다리에 대해 더 많이 알고 싶다면 시범 14-2를 보시오.

그림 14-3 두 개의 반쪽 전지와 전하중성을 유지하기 위해서 이온 확산이 가능한 염다리로 구성된 갈바니 전지.

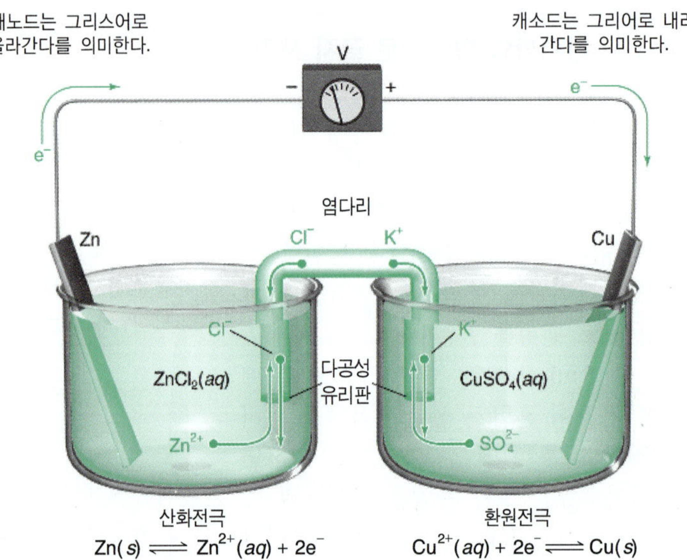

이 전지에서 일어나는 자발적인(에너지 면에서 호의적인) 반응들은 다음과 같다.

환원 반쪽 반응 : $Cu^{2+}(aq) + \cancel{2}e^- \rightleftharpoons Cu(s)$

산화 반쪽 반응 : $Zn(s) \rightleftharpoons Zn^{2+}(aq) + \cancel{2}e^-$

전체 반응 : $Cu^{2+}(aq) + Zn(s) \rightleftharpoons Cu(s) + Zn^{2+}(aq)$ (14-3)

두 반쪽 반응은 항상 같은 수의 전자로 표현되어서 두 반응을 더했을 때 여분의 전자는 없다.

시범 14-2 인간 염다리

염다리는 전기화학 전지의 각 부분에서 전하중성을 유지하기 위해서 이온이 확산되는 이온성 매개체이다. 염다리를 준비하는 한 가지 방법은 물 100 mL에 KCl 30 g을 녹인 용액에 한천(유리 접시에 박테리아를 키우는 데 사용하는 재료) 3 g을 넣고 용액이 맑아질 때까지 끓이는 것이다. 그 용액을 U자관에 넣고 식혀 젤이 되도록 한다. 염다리는 KCl 포화 용액에 보관한다.

이 시범을 보이기 위해서 왼쪽에는 0.1 M $ZnCl_2$를 오른쪽에는 0.1 M $CuSO_4$를 넣은 그림 14-3에 있는 갈바니 전지를 설치한다. 전압을 재기 위해서는 전압계 혹은 pH 미터를 사용할 수 있다. 만약에 pH 미터를 사용한다면 플러스 전극은 유리 전극에 마이너스 전극은 기준 전극에 연결한다.

이 전지에 대한 두 개의 반쪽 전지 반응식을 쓰고 이론적인 전압을 구하기 위해서 네른스트 식(식 14-7과 식 14-8)을 이용해라. 보통 사용하는 염다리를 사용하여 전압을 측정한다. 그 후에 NaCl에 방금 담근 거름 종이로 만든 염다리를 바꾸어 전압을 다시 측정한다. 마지막으로 거름 종이를 같은 손에 있는 손가락 2개로 바꾸어 전압을 다시 측정한다. 사람 몸은 실제로 이온이 확산될 수 있는 **반투막** (*semipermeable membrane*, 피부)으로 둘러 쌓여 있는 염의 주머니와 같다. 염다리를 교환했을 때 전압이 조금씩 차이가 나는 것은 15-2절에서 설명한 접촉 전위의 탓으로 볼 수 있다.

도전 Virginia 주립공대에 있는 180명의 학생들이 서로 손을 잡아서 염다리를 만들었다.[3] (모든 학생의 손을 물로 적셔서 전기 저항을 100배 낮추었다.) 당신의 학교는 이 기록을 깰 수 있는가?

그림 14-3의 왼쪽에서 Zn(*s*)의 산화로 $Zn^{2+}(aq)$가 생성된다. 금속 Zn에서 나온 전자는 전위차계를 통과해서 구리 전극으로 흘러간다. 구리 전극에서는 $Cu^{2+}(aq)$가 Cu(*s*)로 환원된다. 염다리가 없다면 왼쪽 반쪽 반응은 (과량의 Zn^{2+} 때문에) 얼마 지나지 않아서 양전하가 축적될 것이고, 오른쪽 반쪽 전지는 (Cu^{2+}의 감소 때문에) 음전하가 축적이 될 것이다. 순간적으로 전하의 축적으로 인해서 전하가 축적되지 않았다면 에너지 면에서 호의적인 반응을 진행되지 못하게 할 것이고 결국에는 진행이 멈춰질 것이다.

전하 중성을 유지하기 위해서 왼쪽에 있는 Zn^{2+} 이온은 염다리 속으로 확산되고, Cl^-는 염다리에서 왼쪽 반쪽 전지 속으로 확산된다. 오른쪽 전지에서는 SO_4^{2-}가 염다리 속으로 확산되고, K^+가 염다리에서 반쪽 전지내로 확산된다. 결과적으로 각 반쪽 전지 내에서 양전하와 음전하의 균형이 정확하게 맞게 된다.

환원(*reduction*)이 일어나는 전극을 **환원전극(cathode**, 캐소드)이라고 한다. 산화가 일어나는 전극은 **산화전극(anode**, 애노드)이다. 그림 14-3에서 Cu는 Cu 표면에서 환원이 진행되므로($Cu^{2+} + 2e^- \rightarrow Cu$) 환원전극이고, Zn은 산화가 진행되므로($Zn \rightarrow Zn^{2+} + 2e^-$) 산화전극이다.

환원전극 ⟷ 환원
산화전극 ⟷ 산화

마이클 패러데이는 그의 발견이 "과학의 진보를 늦추는 것"이 아니고 "과학의 일반 원인을 증진"시키는 것으로 표현되길 바랬다. 그는 "산화전극"과 "환원전극"과 같은 단어를 만들어 낸 Cambridge 대학에 있는 윌리엄 휴웰(William Whewell)의 도움을 구했다.[4]

전자는 더 큰 양의 (positive) 전위로 이동한다

음으로 대전된 전자들은 **항상 더 양 전위로 움직인다.** 그림 14-3에서 Cu 전극이 Zn 전극에 비해서 양이다.

따라서 전자들은 전위차계를 통해서 Zn에서 Cu로 이동한다. 14-4절에서 네른스트 식(Nernst equation)을 공부하면 어느 전극이 더 플러스인지 구분하는 것을 알게 된다.

일반적으로 모든 반쪽 반응은 환원반응의 형태로 나타낸다

반응 14-3에서는 산화전극에 대한 산화 반쪽 반응과 환원전극에 대한 환원 반쪽 반응을 적어 보았다. 어느 전극이 산화전극인지 어느 전극이 환원전극인지를 설명하지 않았다. **지금부터는 관례에 따라서 일반적으로 모든 반쪽 반응은 환원반응으로 표기한다.** 앞으로 어느 전극이 더 양이고, 그래서 어느 방향으로 전자가 흐를지를 정할 수 있도록 네른스트 식을 소개할 것이다. 그때에 가서야만 산화는 어디에서 일어나며, 환원은 어디에서 일어나는지를 파악하게 될 것이다.

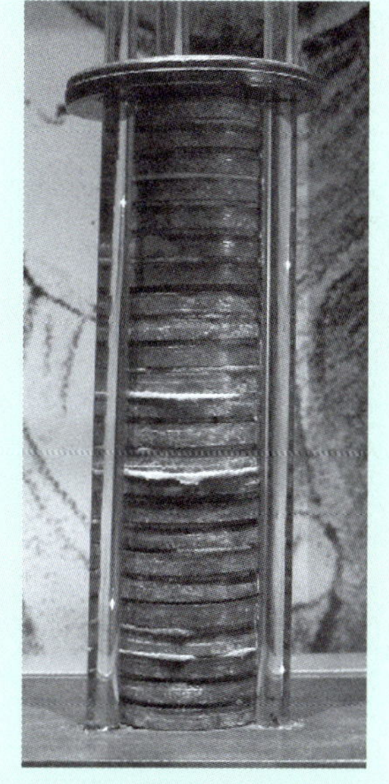

1799에 알레산드로 볼타(Alessandro Volta, 1745~1827)에 의해 고안된 배터리는 소금물에 적신 골판지(cardboard)로 분리되어 있는 Zn과 Ag 층으로 구성되어 있다. 런던에 있는 왕립협회에 전시된 "볼타 더미"는 1814년에 험프리 데이비와 마이클 페러데이가 이탈리아를 방문했을 때 볼타가 준 것이었다. 데이비는 전기분해를 사용해서 처음으로 Na, K, Mg, Ca, Sr, Ba를 분리했다. 패러데이는 전기와 자기의 법칙을 발견하기 위해서 더미들을 사용했다.

선표시법

전기화학 전지를 묘사하기 위해서 두 기호를 사용하는 표시법을 자주 사용한다.

| 상경계 ‖ 염다리

그림 14-3에 있는 전지를 **선표시법**(*line diagram*)으로 나타내면 다음과 같다.

$$Zn(s) \mid ZnCl_2(aq) \parallel CuSO_4(aq) \mid Cu(s)$$

각각의 상(phase)의 경계는 수직선으로 나타낸다. 선표시법 왼쪽과 오른쪽 끝에는 전극을 나타낸다. 반쪽 전지에 대한 전위를 알고 난 후에야 어느 전극이 산화전극이고, 어느 전극이 환원전극인지를 알게 될 것이다. 염다리의 내용물은 적지 않는다.

염다리에 대한 표시, ‖는 두 개의 상의 경계를 나타낸다. 그림 14-3에서 왼쪽 반쪽 전지에 있는 $ZnCl_2$의 수용액 상은 화학종들을 천천히 이동하게 하는 다공성 유리판에 있는 염다리의 수용액 상으로부터 분리되어 있다. 오른쪽에 있는 다공성 유리판은 오른쪽 반쪽 전지에 있는 $CuSO_4$의 수용액 상으로부터 염다리의 수용액 상을 분리해 준다.

그림 14-4 또 다른 갈바니 전지.

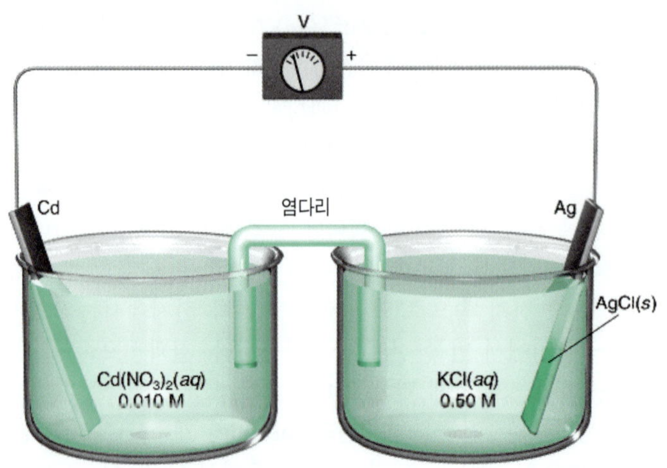

예제 **전지의 선표시법 해석**

그림 14-4에 표시한 전지의 선표시법을 쓰시오. 각각의 반쪽 전지에 대한 환원 반응을 쓰시오.

해답 오른쪽 반쪽 전지는 두 개의 고체상(Ag와 AgCl)과 하나의 액체상을 포함하고 있다. 왼쪽의 반쪽 전지는 하나의 고체상과 하나의 액체상을 포함하고 있다. 선표시법은 다음과 같다.

$$Cd(s) \mid Cd(NO_3)_2(aq) \parallel KCl(aq) \mid AgCl(s) \mid Ag(s)$$

$Cd(NO_3)_2$는 Cd^{2+}와 NO_3^-로 해리된다. KCl은 K^+와 Cl^-로 해리된다. 왼쪽 반쪽 전지에서 카드뮴의 산화 상태는 0과 +2임을 알 수 있다. 오른쪽 반쪽 전지에서 은의 산화 상태는 0과 +1이다. Ag(I)은 Ag 전극에 붙어 있는 고체 AgCl이다. 전극 반응은 다음과 같다.

왼쪽 반쪽 전지 : $Cd^{2+}(aq) + 2e^- \rightleftharpoons Cd(s)$

오른쪽 반쪽 전지 : $AgCl(s) + e^- \rightleftharpoons Ag(s) + Cl^-(aq)$

복습 문제 그림 14-4에 있는 전지에서 만약에 왼쪽 반쪽 전지를 $SnCl_4(aq)$와 $SnCl_2(aq)$를 포함한 용액에 백금 전극을 담근 것으로 대체하였다면 전체 전지를 선표시법을 쓰시오. 왼쪽 반쪽 전지에 대한 반쪽 반응은 무엇인가? (**답** : $Pt(s) \mid SnCl_4(aq), SnCl_2(aq) \parallel KCl(aq) \mid AgCl(s) \mid Ag(s)$. $SnCl_4(aq)$와 $SnCl_2(aq)$는 같은 상이므로 쉼표로 분리된다. 반쪽 반응에 대한 다음과 같다. $Sn^{4+}(aq) + 2e^- \rightleftharpoons Sn^{2+}(aq)$ 혹은 $SnCl_4(aq) + 2e^- \rightleftharpoons SnCl_2(aq) + 2Cl^-(aq)$)

자습문제

14-B. **(a)** 그림 14-5에 있는 전지에 대해서 선표시를 쓰시오.
(b) 다음 전지의 그림을 그리고, 각각의 반쪽 전지에 대한 환원 반쪽 반응을 쓰시오
$Au(s) \mid Fe(CN)_6^{4-}(aq), Fe(CN)_6^{3-}(aq) \parallel Ag(S_2O_3)_2^{3-}(aq), S_2O_3^{2-}(aq) \mid Ag(s)$

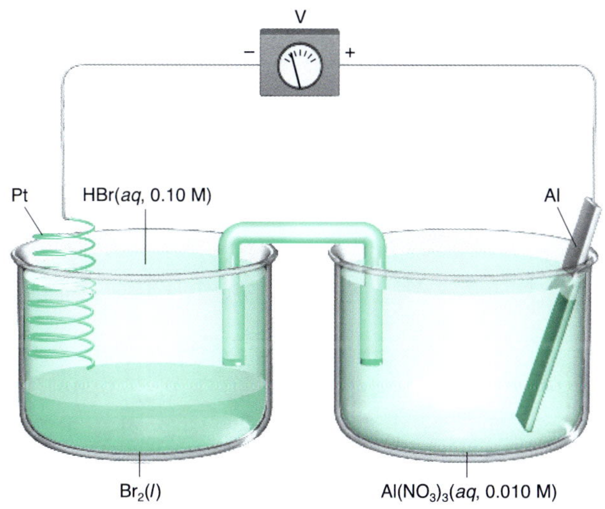

그림 14-5 자습문제 14-B를 위한 전지.

14-3 표준 전위

그림 14-3의 실험에서 측정된 전압은 Cu 전극과 Zn 전극 사이에 있는 전위차이다. 전체 전지 반응에 대해서 에너지 면에서 더 호의적일수록 더 큰 전압과 한쪽에서 다른쪽으로 흐른 전자에 의해서 더 많은 일이 이루어진다(식 14-2).

전위차계 단자는 +와 −로 표시되어 있다. 전위차계는 전압차($E_+ - E_-$)를 보여준다. 여기서 E_+는 전위차계의 양(+) 단자에 연결된 전극의 전위이며, E_-는 전위차계의 음(−)의 단자에 연결된 전극의 전위이다. 그 차이는 양이 될 수도 있고 음이 될 수도 있다.

서로 다른 반쪽 전지들이 연결되었을 때 전압을 예측하기 위해 그림 14-6에서 나타낸 이상적인 형태의 실험에 의해서 각각 반쪽 전지에 대한 **표준 환원 전위**(**standard reduction potential**, $E°$)가 측정된다. 이 그림에서 관심이 있는 반쪽 반응은 오른쪽에 있는

$$Ag^+ + e^- \rightleftharpoons Ag(s) \qquad (14\text{-}4)$$

반쪽 전지에서 일어나며, 그것은 전위차계의 **양**(+) 단자에 연결되어 있다. **표준**이라는 것

이 교재에서는 표준 반쪽 전지를 지나치게 단순화시키고 있다. **표준**이라는 단어는 정말로 모든 화학종의 **활동도**가 1이라는 의미이다. 활동도(12-2절)는 농도와 같지 않지만 여기서는 농도가 1 M 혹은 1 바(bar)인 것을 **표준**이라고 여긴다.

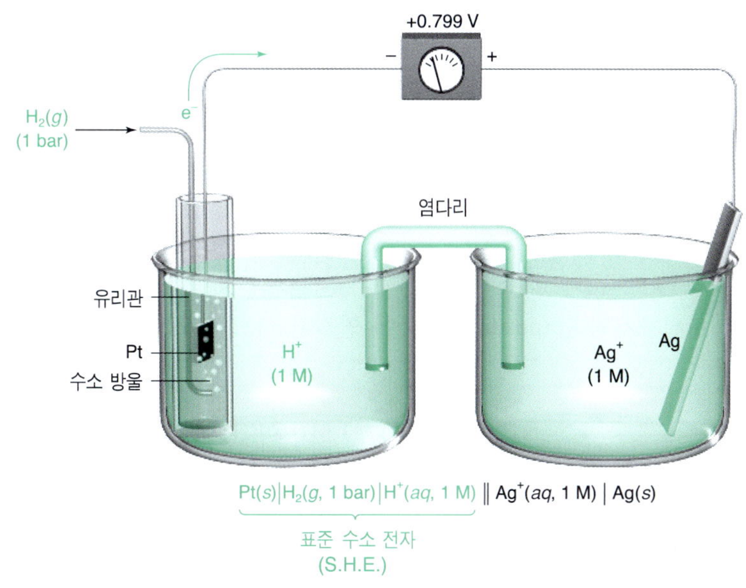

그림 14-6 반쪽 반응 $Ag^+ + e^- \rightarrow Ag(s)$에 대한 표준 환원 전위($E°$)를 측정하기 위한 구성. 왼쪽 반쪽 전지는 표준 수소 전극 (S.H.E.)이라 한다.

은 반응에 참여하는 화학종의 고체, 액체, 또는 용질의 농도가 1 M 혹은 1 바(bar)라는 것을 의미한다. 이것을 반응물과 생성물의 **표준 상태**(*standard state*)라 한다.

질문 표준 수소 전극의 pH는 얼마인가? (**답** : 0. 이것이 이치에 맞는지 확신을 가져야 한다.)

왼쪽 반쪽 전지를 **표준 수소 전극(S.H.E, standard hydrogen electrode)**이라 한다. 이것은 촉매 경향의 Pt 표면과 $[H^+] = 1$인 산성 용액이 접촉하고 있다. 수소 기체(기체, 1 바)는 전극을 통과하면서 방울 거품이 인다. Pt 전극 표면에서 관심이 있는 반쪽 반응은, **환원 반응으로 적고**, 다음과 같다.

모든 반쪽 반응은 **환원 반응**으로 적고, 관습에 따라 S.H.E (표준 수소 전극)의 $E° = 0$이다.

$$H^+(aq, 1\ M) + e^- \rightleftharpoons \frac{1}{2}H_2(g, 1\ bar) \qquad (14\text{-}5)$$

모든 온도에서 표준 수소 전극의 전위를 0으로 **정한다**(*assign*). 따라서 그림 14-6에 측정된 전압은 오른쪽 반쪽 반응에서 일어나는 반응, 즉 반응 14-4에 대한 전압으로 정할 수 있다. 측정된 $E° = +0.799$ V는 반응 14-4에 대한 **표준 환원 전위**(*standard reduction potential*)이다. 부호는 Ag가 Pt 보다 양(+)이고, 전자는 측정장치를 통해서 Pt에서 Ag로 흐른다는 것을 알려준다.

백금 전극에서 진행되는 반응은 반응 14-5에 적은 것과는 반대로 진행된다. 반응의 진행방향은 문제가 되지 않는다. 각각의 반쪽 반응에 대한 환원 반응식을 쓰고나서 나중에 전자가 어느 방향으로 흐르는지를 알아내면 된다.

반응 14-5에 대한 전위를 임의로 **정할 수 있다**. 왜냐하면 그 반응을 기준으로 해서 다른 반쪽 전지의 전위를 측정할 수 있기 때문이다. 우리 0°C를 물의 어는점으로 임의대로 배정한 것에 비유된다. 어는점에 비례해서 헥세인(hexane)은 69°C에서 끓고 벤젠은 80°C에서 끓는다. 벤젠과 헥세인의 끓는점 차이는 80°C − 69°C = 11°C이다. 만약 물의 어는점을 0°C 대신에 200°C라고 배정을 했다면 헥세인의 끓는점은 269°C이며, 벤젠의 끓는점은 280°C가 될 것이다. 그것들의 끓는점 차이는 여전히 11°C이다. 반쪽 전지에 대한 전위를 표준 수소 전극의 전위에 대해 비례해서 측정한다면, 차이만 측정할 수 있을 척도(scale)에 전위를 단순히 표시하면 된다. 척도의 어느 지점에 영점을 잡을지라도 두 값의 차이는 여전히 일정하다.

그림 14-6에 있는 전지에 대한 선표시법은 다음과 같다.

$$\underbrace{Pt(s) \mid H_2(g, 1\ bar) \mid H^+(aq, 1\ M)}_{S.H.E.} \parallel Ag^+(aq, 1\ M) \mid Ag(s)$$

간략히 줄이면 다음과 같다.

$$S.H.E. \parallel Ag^+(aq, 1\ M) \mid Ag(s)$$

표준 환원 전위는 실제로 관심있는 반응의 표준 전위와 우리가 임의로 0으로 정한 S.H.E.의 전위사이에 **차이**(*difference*)이다.

만약에 다음 반쪽 반응에 대한 표준 환원 전위를 측정하고 싶다면

$$Cd^{2+} + 2e^- \rightleftharpoons Cd(s) \qquad (14\text{-}6)$$

다음과 같이 전위차계의 양(positive)단자에 연결된 카드뮴으로 전지를 구성할 수 있을 것이다.

$$S.H.E. \parallel Cd^{2+}(aq, 1\ M) \mid Cd(s)$$

도전 $S.H.E \parallel Cd^{2+}(aq, 1\ M) \mid Cd(s)$에 대한 전지를 그림으로 그리고 전자 흐름 방향을 보이시오.

이 경우에 전압이 −0.402 V라는 **마이너스**(*negative*) 전압이 관찰된다. 마이너스 부호는 Cd가 Pt보다 더 음(negative)이다. 그림 14-6에 있는 전지의 것과는 반대로 전자는 Cd에서 Pt로 흐른다.

표 14-1 정돈된 표준 환원 전위

산화제		환원제	$E°$ (V)
$F_2(g) + 2e^-$	$\rightleftharpoons$	$2F^-$	2.890
$O_3(g) + 2H^+ + 2e^-$	$\rightleftharpoons$	$O_2(g) + H_2O$	2.075
$MnO_4^- + 8H^+ + 5e^-$	$\rightleftharpoons$	$Mn^{2+} + 4H_2O$	1.507
$Ag^+ + e^-$	$\rightleftharpoons$	$Ag(s)$	0.799
$Cu^{2+} + 2e^-$	$\rightleftharpoons$	$Cu(s)$	0.339
$2H^+ + 2e^-$	$\rightleftharpoons$	$H_2(g)$	0.000
$Cd^{2+} + 2e^-$	$\rightleftharpoons$	$Cd(s)$	−0.402
$K^+ + e^-$	$\rightleftharpoons$	$K(s)$	−2.936
$Li^+ + e^-$	$\rightleftharpoons$	$Li(s)$	−3.040

산화력 증가 ⟵ (위쪽 방향)

환원력 증가 ⟶ (아래쪽 방향)

산화제와 환원제의 세기

표 14-1은 몇 개의 환원 반쪽 반응에 대해 $E°$가 감소하는 순으로 나열하였다. $E°$가 더 양의 값인 반쪽 반응일수록 그 반쪽 반응은 에너지 면에서 더 호의적이다. 가장 강력한 산화제는 표의 위-왼쪽에 있는 반응물들이다. 왜냐하면 이 반응물 전자를 받아들이려는 경향이 최고로 세기 때문이다. 표에서 $F_2(g)$가 가장 강력한 산화제이다. 그 반대로 F^-가 가장 약한 환원제이다. 왜냐하면 이것은 F_2가 형성되려고 전자를 잃어버리는 경향이 가장 약하기 때문이다. 표 14-1에서 가장 강력한 환원제는 아래-오른쪽에 있다. Li(*s*)과 K(*s*)는 매우 강력한 환원제이다.

형식 전위

부록 C에 많은 표준 환원 전위들이 나열되어 있다. 때때로 한 개의 반응에 대해, 예를 들어 AgCl(*s*)|Ag(*s*) 반쪽 반응처럼, 복수의 전위가 있다.

$$AgCl(s) + e^- \rightleftharpoons Ag(s) + Cl^- \quad \begin{cases} 0.222\ \text{V} \\ 0.197\ \text{V 포화 KCl} \end{cases}$$

표준 전위 : 0.222 V
포화 KCl에 대한 형식 전위 : 0.197 V

0.222 V는 다음과 같은 전지에서 측정될 수 있는 표준 환원 전위이다.

$$\text{S.H.E.} \| Cl^-(aq,\ 1\ M) | AgCl(s) | Ag(s)$$

0.197 V는 1 M Cl^- 대신 KCl 포화용액을 포함한 전지에서 측정된다.

$$\text{S.H.E.} \| KCl(aq,\ \text{포화}) | AgCl(s) | Ag(s)$$

1 M이 아닌 특정한 농도의 화학종을 포함하고 있는 전지에 대한 전위를 **형식 전위(formal potential)**라 한다. 생화학자들은 보충 14-1에 설명한 것처럼 $E°'$이라는 다른 종류의 형식 전위를 사용한다.

자습문제

14-C. 백금(Pt) 전극 표면에서 $Fe^{3+} + e^- \rightleftharpoons Fe^{2+}$ 반응에 대한 표준 전위를 측정하기 위해 사용되는 전지의 그림과 선표시법을 그리시오. 부록 C를 사용하여 전지 전압을 구하시오. 그림에서 전자 흐름의 방향을 나타내시오.

보충 14-1 생화학자는 왜 $E^{\circ\prime}$을 사용하는가?

산화환원 반응은 삶에 필수적이다. 예를 들어, 피루브산(pyruvate)에서 젖산염(lactate)으로 되는 효소-촉매 환원은 박테리아에 의해서 당이 혐기성 발효가 되는 한 과정이다.

$$H_3C\text{–}C(=O)\text{–}CO_2^- + 2H^+ + 2e^- \rightleftharpoons H_3C\text{–}CH(OH)\text{–}CO_2^-$$

피루브산 젖산염

$E^\circ = 0.224$ V

이 반응은 근육에 젖산염이 축적되는 원인이 된다. 심한 운동을 하는 동안에 필요한 에너지의 보조에 맞는 산소의 흐름이 이루어지지 못하면 피로감을 느끼게 만드는 것도 같은 반응이 원인이다.

E°는 반응물과 생성물의 농도가 1 M일 때 적용된다. H^+(수소 이온)이 포함된 반응에서는 E°는 pH = 0일 때 적용된다(왜냐하면 $[H^+]$ = 1 M, 따라서 log 1 = 0). 발효나 호흡을 연구하는 생화학자들은 pH가 0이 아닌 생리학적 근접한 pH에서 적용되는 환원 전위에 더 흥미가 있다. 따라서 생화학자들은 $E^{\circ\prime}$으로 표시되는 pH 7에 적용되는 형식 전위를 이용한다.

> E°는 pH 0에서 적용된다
> $E^{\circ\prime}$는 pH 7에서 적용된다

피루브산을 젖산염으로 전환하는 것에 대해서 반응물과 생성물은 pH 0에서는 카복실산이고, pH 7에서는 카복실산 음이온이다. pH 7에서 $E^{\circ\prime}$ 값은 −0.190 V이며, 이것은 pH 0에서 E° = +0.224 V와는 상당이 다르다.

14-4 네른스트 식

(Le Châtelier)의 원리는 반응물의 농도를 증가시키면 반응이 오른쪽으로 진행시킬 수 있다는 사실을 말해준다. 생성물의 농도를 증가시키는 것은 반응을 왼쪽으로 진행시키는 것이다. 산화환원 반응에 순(net) 추진력은 **네른스트 식**으로 표현된다. 네른스트 방정식은 표준 상태에서 있는 추진력 E° (E°는 농도가 1 M 또는 1 바(bar)일 때 적용된다) 부분(term)과 농도 의존성을 나타내는 부분 등 모두 두 부분을 포함하고 있다.

반쪽 반응에 대한 네른스트 식

다음과 같은 반쪽 반응

$$aA + ne^- \rightleftharpoons bB$$

에 대한 반쪽 전지 전위 E를 나타내는 네른스트 식은 다음과 같다.

네른스트 식에서
- E와 E°는 볼트로 측정된다.
- 용질 농도 = mol/L
- 기체 농도 = bar
- 고체, 액체, 용매는 누락되었다.

네른스트 식 :

$$E = E^\circ - \frac{0.059\,16}{n}\log\left(\frac{[B]^b}{[A]^a}\right) \quad (25°C에서) \qquad (14\text{-}7)$$

위 식에서 E°는 [A] = [B] = 1 M일 때 적용되는 표준 환원 전위이고, n은 반쪽 반응에 있는 전자의 수이며, a, b는 화학량론에 따르는 계수이다.

네른스트 식에 있는 로그 부분은 **반응 지수**(*reaction quotient*), Q (= $[B]^b/[A]^a$) 이다. Q는 평형 상수와 같은 형식이다. 그러나 농도가 평형에 있을 때의 농도와 같을 필요는 없다. 용질의 농도는 L당 몰수로, 기체의 농도는 압력 단위 바(bar)로 표시된다. 순수한 고체, 순수한 액체, 용매는 Q에서 제외된다. 모든 농도가 1 M이고 모든 압력이 1 바이면 Q = 1이고 log Q = 0이 되어서 네른스트 식은 $E = E^\circ$로 줄어든다.

예제 **반쪽 반응에 대한 네른스트 식 쓰기**

흰색의 인으로부터 수소화인(phosphine) 기체로 환원되는 반응에 대한 네른스트 식을 쓰시오.

$$\tfrac{1}{4}\mathrm{P_4}(s,\ \text{흰색}) + 3\mathrm{H^+} + 3\mathrm{e^-} \rightleftharpoons \underset{\text{수소화인}}{\mathrm{PH_3}(g)} \qquad E° = -0.046\ \mathrm{V}$$

해답 반응 지수에서 고체는 생략하고, 수소화인 기체의 농도는 기압(P_{PH_3})으로 나타낸다.

$$E = -0.046 - \frac{0.059\ 16}{3}\log\left(\frac{P_{PH_3}}{[\mathrm{H^+}]^3}\right)$$

복습 문제 수소 전극(반응 14-5)에 대한 네른스트 식을 쓰시오. (**답** : $E = 0 - (0.059\ 16/1)\log P_{H_2}^{1/2}/[\mathrm{H^+}]$)

용액에 담겨 있는 전극 표면에서 반응하는 화학종은 일반적으로 용액에 녹아 있다. 네른스트 식에서 기체 압력을 적을 수 있다. 왜냐하면 녹아 있는 분자들이 기체와 평형에 있기 때문이다. P_{H_2}를 명시하는 것은 평형에서 $[H_2(aq)]$를 명시하는 것이다.

예제 **반쪽 반응의 곱**

만약에 반쪽 반응에 어떤 인수를 곱해도 $E°$는 변하지 않는다. 하지만 로그 부분의 앞에 있는 인수 n과 반응 지수(reaction quotient)에 있는 지수(exponent)는 변한다. 앞의 예제 반응에 대해 2를 곱하고 네른스트 식을 쓰시오.

$$\tfrac{1}{2}\mathrm{P_4}(s,\ \text{흰색}) + 6\mathrm{H^+} + 6\mathrm{e^-} \rightleftharpoons 2\mathrm{PH_3}(g) \qquad E° = -0.046\ \mathrm{V}$$

해답

$$E = -0.046 - \frac{0.059\ 16}{6}\log\left(\frac{P_{PH_3}^2}{[\mathrm{H^+}]^6}\right)$$

$E°$는 −0.046 V로 남아 있다. 그러나 로그 부분의 앞에 있는 인수와 로그 부분에 있는 지수는 변하였다.

복습 문제 반응 14-5에 2를 곱한 반응에 대한 네른스트 식을 쓰시오. (**답** : $E = 0 - (0.059\ 16/2)\log P_{H_2}/[\mathrm{H^+}]^2$)

완결된 반응식에 대한 네른스트 식

그림 14-4에 있는 전지처럼 Ag 전극과 Cd 전극 간에 전위차를 측정하는 경우를 생각하자.

완결된 전지에 대한 네른스트 식 :

$$E = E_+ - E_- \tag{14-8}$$

위 식에서 E_+는 전위차계의 플러스(positive) 단자에 연결된 반쪽 전지에 대한 전위이고, E_-는 마이너스 단자에 연결된 반쪽 전지에 대한 전위이다. 각각의 반쏙 반응(**환원으로 적은**)의 전위는 식 14-7과 같은 네른스트 식으로 결정된다.

완결된 하나의 전지 반응에 대한 전압을 알아내는 과정은 다음과 같다.

두 개의 반쪽 반응은 모두 **환원 형태**로 적는다.

단계 1. 양쪽 반쪽 전지에 대한 **환원**(*reduction*) 반쪽 반응을 쓰고, 부록 C에 있는 각각의 반응에 대한 $E°$를 알아낸다. 필요할 경우에는 반쪽 반응에 인수를 곱해서 각각이 같은 수의 전자를 포함하도록 한다. 반응에 어떤 수로 곱해도, $E°$는 곱하지 **않는다**.

단계 2. 전위차계의 플러스 단자에 연결된 오른쪽 반쪽 전지에 대한 네른스트 식을 적는다. 이것이 E_+이다.

단계 3. 전위차계의 마이너스 단자에 연결된 왼쪽 반쪽 전지에 대한 네른스트 식을 적는다. 이것이 E_-이다.

단계 4. 전압차를 구한다 : $E = E_+ - E_-$

단계 5. 계수가 맞추어진 완결된 전지 반응식을 적으려면 오른쪽 반쪽 반응에서 왼쪽 반쪽 반응을 뺀다(**이것은 왼쪽 반쪽 반응을 역으로 해서**(*reversing*) **더한 것과 동일하다**).

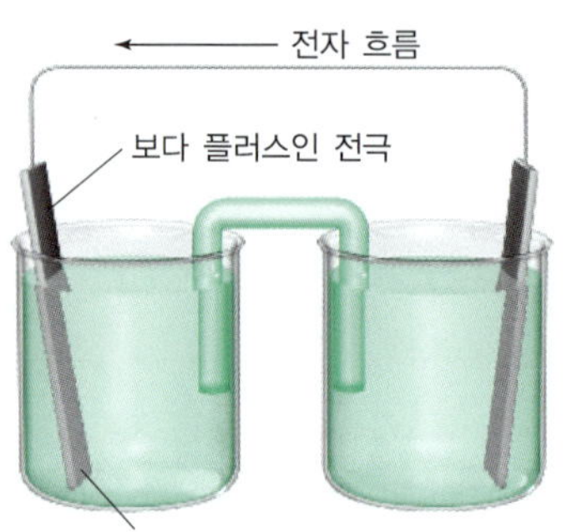

그림 14-7 전자는 보다 더 큰 플러스 전극으로 흐른다. 그러므로 환원은 화학자들이 환원전극이라고 부르는 더 큰 플러스 전극에서 일어난다.

반응은 어디로 진행되는가? **전자는 보다 플러스 전위로 흐른다.** 만약에 오른쪽 전극이 더 플러스라면 전자는 왼쪽에서 오른쪽으로 전선을 통해 흐른다. 오른쪽 반쪽 전지에서는 환원이 진행된다. 이 경우에 오른쪽 전극은 환원전극(cathode, 그림 14-7)이다. 만약에 왼쪽 전극이 더 플라스라면 그때는 전자가 오른쪽에서 왼쪽으로 전선을 통해 흐른다. 왼쪽 전지에서 환원이 진행된다. 이 경우에는 왼쪽 전극이 환원전극이다.

위에 설명한 단계 5에서 전지 전압이 플러스이면 그때는 자발적으로 진행되는 방향에서 반응을 적었다. 만약에 단계 5에서 전지 전압이 마이너스이면, 그때는 위에서 바로 적은 것의 역방향으로 반응이 진행된다.

예제 완결된 반응에 대한 네른스트 식

만약에 오른쪽 반쪽 전지에 0.50 M KCl(*aq*), 왼쪽 반쪽 전지에 0.010 M $Cd(NO_3)_2(aq)$를 포함하고 있다면 그림 14-4에 있는 전지의 전압을 구하시오. 순(net) 전지 반응을 적고 어느 방향이 자발적인지 답하시오

해답

단계 1. 환원 반쪽 반응을 쓰시오.

오른쪽 반쪽 전지 : $2AgCl(s) + 2e^- \rightleftharpoons 2Ag(s) + 2Cl^-$ $\quad E^\circ_+ = 0.222\ V$

왼쪽 반쪽 전지 : $Cd^{2+} + 2e^- \rightleftharpoons Cd(s)$ $\quad E^\circ_- = -0.402\ V$

단계 2. 오른쪽 반쪽 전지에 대한 네른스트 식

순수한 고체, 순수한 액체, 용매는 Q에서 누락되었다.

$$E_+ = E^\circ_+ - \frac{0.059\ 16}{2}\log([Cl^-]^2) \qquad (14\text{-}9)$$

$$= 0.222 - \frac{0.059\ 16}{2}\log([0.50]^2) = 0.240\ V$$

단계 3. 왼쪽 반쪽 전지에 대한 네른스트 식

$$E_- = E^\circ_- - \left(\frac{0.059\ 16}{2}\right)\log\left(\frac{1}{[Cd^{2+}]}\right) = -0.402 - \frac{0.059\ 16}{2}\log\left(\frac{1}{[0.010]}\right)$$

$$= -0.461\ V$$

단계 4. 전지 전압 : $E = E_+ - E_- = 0.240 - (-0.461) = 0.701$ V
단계 5. 전지 반응

$$\begin{array}{rl} & 2AgCl(s) + 2e^- \rightleftharpoons 2Ag(s) + 2Cl^- \\ - & Cd^{2+} + 2e^- \rightleftharpoons Cd(s) \\ \hline & Cd(s) + 2AgCl(s) \rightleftharpoons Cd^{2+} + 2Ag(s) + 2Cl^- \end{array} \quad (14\text{-}10)$$

하나의 반응을 빼는 것은 **그 반응을 역으로 하여 합하는 것**과 같다.

Ag 전극은 Cd 전극보다 더 플러스이다. 그러므로 전자는 Cd에서 Ag로 흐른다. 반응 14-10은 자발적으로 진행되는 방향으로 반응식을 적었다.

복습 문제 $Pt(s) \mid H_2(g, 1.0 \times 10^{-6}\ \text{bar}) \mid H^+(aq, 0.50\ \text{M}) \parallel Ag^+(aq, 1.0 \times 10^{-10}\ \text{M}) \mid Ag(s)$ 와 같은 전지에 대한 네른스트 식을 쓰고, 전압을 구하시오. 회로를 통해 어떤 방향으로 전자가 흐르는가? (**답** : 0.048 V, 전자는 백금(Pt)에서 은(Ag)으로 흐른다.)

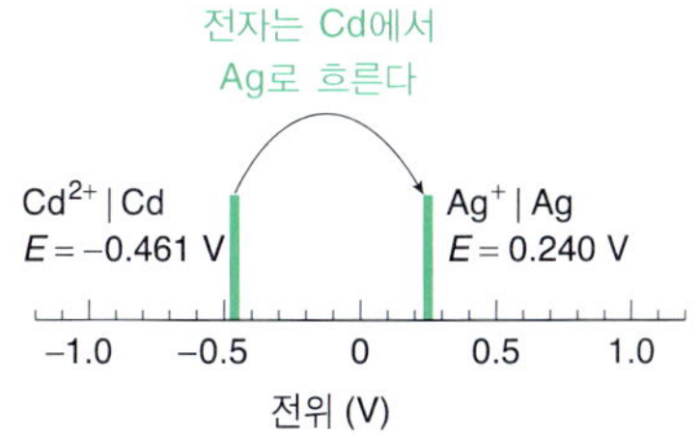

그림 14-8 보다 더 큰 플러스 전위로 전자는 흐른다. 이 도표에서 전자는 항상 오른쪽으로 흐른다.[5]

위 예제에서 은 반쪽 전지에 대한 전압은 0.240 V이고 카드뮴 반쪽 전지에 대한 전압은 −0.461 V라는 것을 알았다. 이 값을 그림 14-8에 숫자 선 상에 놓는다. 그러면 **전자가 플러스 전위가 더 큰 방향으로 흐른다**는 것을 알 수 있다. 그러므로 회로에서 전자는 Cd (−0.461 V)에서 Ag (0.240 V)로 흐른다. 만약에 두 개의 반쪽 전지가 모두 플러스일 경우 혹은 두 개의 반쪽 전지가 모두 마이너스일 경우에도 그림 14-8에서 전자는 더 작은 플러스 전위에서 보다 더 큰 플러스 전위로 흐른다.

같은 반응에 대한 다른 표현

만약에 반쪽 반응에 대한 전자를 2개 포함하고 있는 대신에 전자를 한 개 포함하는 반응 ($AgCl(s) + e^-\ Ag(s) + Cl^-$) 으로 14-9와 같은 네른스트 식을 적는다면? 이것을 연습해 보면 반쪽 전지의 전위가 변함이 없다는 것을 알게 될 것이다. **반응을 몇 배로 증가시켜도 $E°$ 혹은 E는 변하지 않는다.**

그림 14-4에 있는 은 반쪽 전지에는 $AgCl(s)$과 평형을 이루는 $Ag^+(aq)$를 반드시 포함하고 있어야 한다는 것을 알고 있다. 반응식을 $2AgCl(s) + 2e^- \rightleftharpoons 2Ag(s) + 2Cl^-$로 적는 대신에 다른 일반 저자가 다음과 같은 반응식을 썼다고 가정하자.

$$2Ag^+(aq) + 2e^- \rightleftharpoons 2Ag(s) \qquad E_+^\circ = 0.799\ \text{V}$$

$$E_+ = 0.799 - \frac{0.059\ 16}{2} \log\left(\frac{1}{[Ag^+]^2}\right) \quad (14\text{-}11)$$

오른쪽 반쪽 전지에 대한 두 가지 표현 모두 유효하다. 두 경우 모두 Ag(I)이 Ag(0)로 환원된다.

만약에 두 가지 표현이 동일하다면 똑같은 전압이 예상되어야 한다. 식 14-11를 사용하기 위해서는 오른쪽 반쪽 전지에 있는 Ag^+의 농도를 알아야 하지만, 그것은 현재로는 명확하지 않다. 그러나 당신은 영리하고 AgCl의 용해도곱 상수와 Cl^-의 농도 (0.50 M) 로부터 $[Ag^+]$를 알아낼 수 있다.

$$K_{sp} = [Ag^+][Cl^-] \Rightarrow [Ag^+] = \frac{K_{sp}}{[Cl^-]} = \frac{1.8 \times 10^{-10}}{0.50} = 3.6 \times 10^{-10}\ \text{M}$$

이 농도를 식 14-11에 넣으면

전지 전압은 우리가 반응을 어떻게 적는가와는 무관한 실험적인 량이다.!

$$E_+ = 0.799 - \frac{0.059\,16}{2}\log\left(\frac{1}{(3.6 \times 10^{-10})^2}\right) = 0.240 \text{ V}$$

이다. 이것은 식 14-9에서 계산한 것과 똑같은 전압이다! 동일한 전지에 대해서 반쪽 반응을 두 가지 다른 방법으로 표현한 것인 만큼 두 가지 모두 똑같은 전위를 나타내야만 한다.

적절한 반쪽 반응을 찾기 위한 도움말

전지의 그림 혹은 선표시법 도표를 마주할 때, 첫 번째로 할 일은 각각의 반쪽 전지에 대한 환원 반응을 적는 것이다. 그렇게 하려면 **두 가지 산화 상태를 가진 원소들을 찾는다.** 다음 전지과 같은 전지가 있다.

$$\text{Pb}(s)\,|\,\text{PbF}_2(s)\,|\,\text{F}^-(aq)\,\|\,\text{Cu}^{2+}(aq)\,|\,\text{Cu}(s)$$

납의 산화수는 Pb(s)에서 0, $PbF_2(s)$에서 +2라는 것을 동시에 구리의 산화수는 Cu(s)에서 0, Cu^{2+}에서 +2라는 것을 알 수 있다. 따라서 반쪽 반응은 다음과 같다.

오른쪽 반쪽 전지 : $\text{Cu}^{2+} + 2\text{e}^- \rightleftharpoons \text{Cu}(s)$

왼쪽 반쪽 전지 : $\text{PbF}_2(s) + 2\text{e}^- \rightleftharpoons \text{Pb}(s) + 2\text{F}^-$ (14-12)

$F_2(g) + 2e^- \rightleftharpoons 2F^-$와 같이 쓰지 마시오. 왜냐하면 $F_2(g)$는 전지의 선표시법에 나타나지 않기 때문이다. $F_2(g)$는 반응물도 생성물도 아니다.

만약에 $PbF_2(s)$가 존재하므로 용액에 Pb^{2+}가 반드시 있어야 하므로 왼쪽 반쪽 반응을 다음과 같이 적을 수 있는 선택을 할 수도 있을 것이다.

왼쪽 반쪽 전지 : $\text{Pb}^{2+} + 2\text{e}^- \rightleftharpoons \text{Pb}(s)$ (14-13)

반응식 14-12와 14-13은 똑같이 전지에 대한 타당한 표현이고, 각각은 똑같은 전지 전압을 가질 것이라고 예상할 수 있다. 어떤 반응식을 쓸 것이냐 하는 선택은 F^-나 Pb^{2+} 중 어느 쪽 농도를 더 쉽게 알 수 있는가에 달려 있다.

자습문제

14-D. **(a)** 아르신(Arsine)은 다이오드 레이저에 이용되는 비소화 갈륨(gallium arsenide)을 만드는 데 사용되는 독성 기체이다. 만약에 pH = 3.00이고 $P_{AsH_3} = 0.010\ 0$ bar라면 반쪽 반응 $\text{As}(s) + 3\text{H}^+ + 3\text{e}^- \rightleftharpoons \text{AsH}_3(g)$에 대한 E를 구하시오.

(b) 시범 14-2(그림 14-3)의 전지는 다음과 같이 쓸 수 있다.

$$\text{Zn}(s)\,|\,\text{Zn}^{2+}(0.1\text{ M})\,\|\,\text{Cu}^{2+}(0.1\text{ M})\,|\,\text{Cu}(s)$$

각 반쪽 전지에 대한 환원 반쪽 반응을 적고, 네른스트 식을 사용하여 전지 전압을 구하시오. 그림 14-8과 같은 그림을 그리고 전자 흐름 방향을 보이시오.

14-5 $E°$와 평형 상수

평형에서 E($E°$가 아님) = 0. $E°$는 모든 반응물 생성물이 표준 상태(1 M, 1 bar, 순수 고체, 순수 액체)로 존재할 때 전위이다.

갈바니 전지는 전지 반응이 평형 상태에 있지 않기 때문에 전기를 생산한다. 만약 전지를 충분히 오랫동안 작동시키면 반응이 평형 상태에 도달하고 E가 0에 도달할 때까지 반응물이 소비되고 생성물이 만들어진다. 이것이 다 사용한 전지에서 일어나는 현상이다.[6]

$E°_+$가 오른쪽 반쪽 전지에 대한 표준 환원 전위이고, $E°_-$가 왼쪽 반쪽 전지에 대한 표준 환원 전위라면 순(net)전지 반응에 대한 $E°$는 다음과 같다.

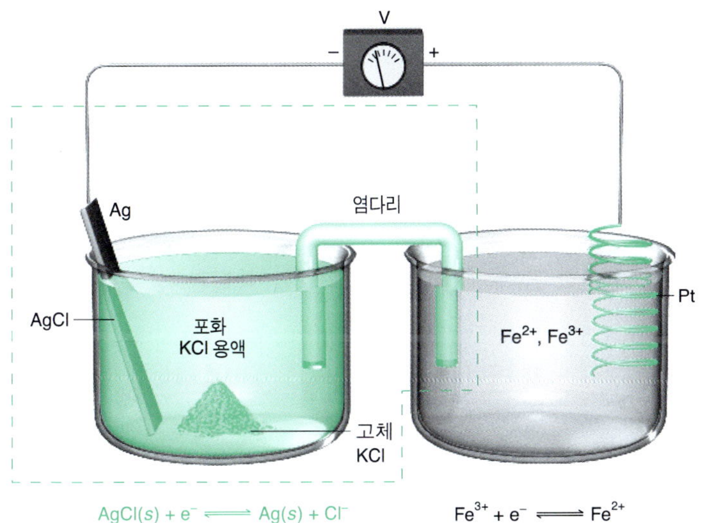

그림 14-9 평형 상수와 $E°$의 관계를 보여주기 위해서 사용되는 전지. 14-6절에서 기준 전극이라 부르는 전지의 부분을 점선으로 둘러 쌓고 있다.

순전지 반응에 대한 $E°$: $$E° = E°_+ - E°_- \quad (14\text{-}14)$$

이제 $E°$를 순전지 반응에 대한 평형 상수와 연결시켜 보자.

그림 14-9의 전지를 생각하자. 왼쪽 반쪽 전지에는 고체 AgCl로 덮인 은 전극이 있고 그것은 포화 KCl 용액에 담겨 있다. 오른쪽 반쪽 전지에는 Fe^{2+}와 Fe^{3+}가 포함된 용액에 백금선이 담겨져 있다.

환원 형태로 적은 두 개의 반쪽 반응은 다음과 같다.

오른쪽 : $$Fe^{3+} + e^- \rightleftharpoons Fe^{2+} \qquad E°_+ = 0.771\ V \quad (14\text{-}15)$$

왼쪽 : $$AgCl(s) + e^- \rightleftharpoons Ag(s) + Cl^- \qquad E°_- = 0.222\ V \quad (14\text{-}16)$$

$E°_+$와 E_+는 전위차계의 플러스 단자에 연결된 반쪽 전지에 대한 것이다.

$E°_-$와 E_-는 전위차계의 마이너스 단자에 연결된 반쪽 전지에 대한 것이다.

순반응에 대한 반응식을 구하기 위해서는 오른쪽 반쪽 반응에서 왼쪽 반쪽 반응을 뺀다.

순반응 : $$Fe^{3+} + Ag(s) + Cl^- \rightleftharpoons Fe^{2+} + AgCl(s)$$
$$E° = E°_+ - E°_- = 0.771 - 0.222 = 0.549\ V \quad (14\text{-}17)$$

두 전극 전위는 네른스트 식 14-7로 구한다.

$$E_+ = E°_+ - \frac{0.059\ 16}{n} \log\left(\frac{[Fe^{2+}]}{[Fe^{3+}]}\right) \quad (14\text{-}18)$$

$$E_- = E°_- - \frac{0.059\ 16}{n} \log([Cl^-]) \quad (14\text{-}19)$$

반응 14-15, 14-16에 대한 $n = 1$이다. 전지 전압은 E_+와 E_-의 차이, $E_+ - E_-$이다.

$$E = E_+ - E_- = \left\{E°_+ - \frac{0.059\ 16}{n} \log\left(\frac{[Fe^{2+}]}{[Fe^{3+}]}\right)\right\} - \left\{E°_- - \frac{0.059\ 16}{n} \log([Cl^-])\right\}$$
$$= (E°_+ - E°_-) - \left\{\frac{0.059\ 16}{n} \log\left(\frac{[Fe^{2+}]}{[Fe^{3+}]}\right) - \frac{0.059\ 16}{n} \log([Cl^-])\right\} \quad (14\text{-}20)$$

로그의 대수 :
$\log x + \log y = \log(xy)$
$\log x - \log y = \log(x/y)$

로그를 합하기 위해 등식 $\log x - \log y = \log(x/y)$를 이용한다.

$$E = \underbrace{(E^\circ_+ - E^\circ_-)}_{\text{전체 반응에 대한 } E^\circ} - \frac{0.059\ 16}{n}\log\underbrace{\left(\frac{[Fe^{2+}]}{[Fe^{3+}][Cl^-]}\right)}_{\text{전체 반응에 대한 반응 지수}(Q)} = E^\circ - \frac{0.059\ 16}{n}\log Q \qquad (14\text{-}21)$$

식 14-21은 항상 성립한다. **전지가 평형에 도달한 특별한 경우에는 $E = 0$이고, $Q = K$ (평형 상수) 이다.** 평형에서는

식 14-22에서 14-23으로 진행은
$\frac{0.059\ 16}{n}\log K = E^\circ$
$\log K = \frac{nE^\circ}{0.059\ 16}$
$10^{\log K} = 10^{nE^\circ/0.059\ 16}$
$K = 10^{nE^\circ/0.059\ 16}$

$$0 = E^\circ - \frac{0.059\ 16}{n}\log K \Rightarrow E^\circ = \frac{0.059\ 16}{n}\log K \qquad (14\text{-}22)$$

E°로부터 K 찾기 : $K = 10^{nE^\circ/0.059\ 16}$ (25°C에서) (14-23)

식 14-23을 이용해서 순전지 반응에 대한 E°로부터 대한 평형 상수를 구할 수 있다.

식 14-23에서 E°가 플러스이면 $K > 1$을 의미하고, E°가 마이너스이면 $K < 1$을 의미한다. 만약에 어떤 반응에 대한 E°가 플러스라면 그 반응은 표준 상태(즉, 생성물과 반응물의 농도가 1 M 또는 1 bar일 때)에서 자발적으로 진행된다.

예제 E°를 사용하여 평형 상수 구하기

그림 14-9에 있는 순전지 반응 $Fe^{3+} + Ag(s) + Cl^- \rightleftharpoons Fe^{2+} + AgCl(s)$에 대한 평형 상수를 구하시오.

해답 식 14-17은 $E^\circ = 0.549$ V라는 것을 말하고 있다. 각각의 반응에서 전자 한 개가 이동하기 때문에 $n = 1$을 사용해서 반응식 14-23으로 평형 상수가 계산된다.

$$K = 10^{nE^\circ/0.059\ 16} = 10^{(1)(0.549)/(0.059\ 16)} = 1.9 \times 10^9$$

로그와 지수에 대한 유효숫자는 3-2절에서 토론했다.

E°는 유효숫자가 셋이므로 K는 2개의 유효숫자를 갖는다. E°의 한 자릿수는 지수 (9)에 사용되었고, 나머지 두 개는 곱셈기호의 왼쪽에 있는 1.9에 사용되었다.

 **복습 문제** 각각의 반쪽 반응에서 그림 14-6에 대한 두 개의 전자가 관여하는 순전지 반응을 쓰시오. E°와 K를 구하시오. 만약 한 개의 전자가 관여하는 반쪽 반응을 썼다면 평형 상수는 얼마인가? (**답** : $2Ag^+ + H_2(g) \rightleftharpoons 2Ag(s) + 2H^+$, $E^\circ = 0.799$ V, $K = 1.0 \times 10^{27}$, 3×10^{13})

자습문제

14-E. (a) 그림 14-3에 대한 반쪽 반응들을 쓰시오. 순전지 반응에 대한 E°와 평형 상수를 계산하시오.

(b) 브롬화 은(AgBr)의 용해도곱(solubility product) 반응은 $AgBr(s) \rightleftharpoons Ag^+ + Br^-$이다. 브롬화 은(AgBr)의 용해도곱을 계산하기 위해서 반응 $Ag^+ + e^- \rightleftharpoons Ag(s)$과 $AgBr(s) + e^- \rightleftharpoons Ag(s) + Br^-$의 반응을 이용하시오. 답을 부록 A에 있는 것과 비교하시오.

14-6 기준 전극

농도를 측정하고 싶은 전기활성 화학종을 포함하고 있는 용액을 상상해보자. 관심이 있는 물질로부터 전자를 주고받을(백금선과 같은) 전극을 용액 내에 넣으면서 반쪽 전지가 구성된다. 이 전극은 분석물질(analyte)에 직접 감응하므로 **지시 전극(indicator electrode)**이라 한다. 지시 전극의 전위는 E_+이다. 이제는 이 반쪽 전지를 염다리를 거쳐 두 번째 반쪽 전지에 연결한다. 두 번째 반쪽 전지는 일정한 전위인 E_-를 갖도록 고정된(fixed) 성분으로 이루어져 있다. 두 번째 반쪽 전지는 일정한 전위를 가지므로 **기준 전극(reference electrode)**이라 한다. 전지 전압($E = E_+ - E_-$)은 분석물질의 농도 변화에 따라 변하는 전위와 일정한 기준 전위와의 차이이다.

지시 전극 : 분석물질의 농도에 응답을 한다.
기준 전극 : 고정된(기준) 전위를 유지한다.

Fe^{2+}와 Fe^{3+}를 포함하는 용액을 가정해 보자. 현명한 사람들은 전압으로부터 $[Fe^{2+}]/[Fe^{3+}]$)에 대한 지수를 알 수 있는 용액이 전지의 한 부분이 될 수 있도록 용액을 만들 수 있다. 그림 14-9는 이렇게 만드는 한 가지 방법을 보여 주고 있다. 백금선은 Fe^{3+}가 전자를 받을 수 있는 혹은 Fe^{2+}가 전자를 줄 수 있는 지시 전극으로 역할을 하고 있다. 왼쪽 반쪽 전지로 갈바니 전지가 완성되며, 왼쪽 전지는 알려진 일정한 전위를 갖는다.

그림 14-9에 있는 전압은 오직 $[Fe^{2+}]/[Fe^{3+}]$의 변화에만 응답한다. 나머지는 모두 변함이 없다.

두 반쪽 반응은 14-15와 14-16이었고, 그것에 대한 두 전극 전위는 식 14-18과 14-19로 알게 되었다. 전지 전압은 $E_+ - E_-$이다.

$$E = E_+ - E_- = \Big\{\underbrace{E^\circ_+}_{\text{상수}} - 0.059\ 16\ \log\underbrace{\left(\frac{[Fe^{2+}]}{[Fe^{3+}]}\right)}_{\text{관심이 있는 변수}}\Big\} - \{\underbrace{E^\circ_-}_{\text{상수}} - 0.059\ 16\ \log\underbrace{([Cl^-])}_{\text{왼쪽 반쪽 전지에서 일정한 농도}}\} \tag{14-24}$$

왼쪽 반쪽 전지에 있는 $[Cl^-]$는 일정(포화 KCl의 용해도에 의해서 고정되어 있다)하기 때문에 전지 전압은 $[Fe^{2+}]/[Fe^{3+}]$이 변할 때만 변한다.

그림 14-9에 있는 왼쪽 반쪽 전지가 **기준 전극**(*reference electrode*)이다. 점선으로 둘러싸인 염다리와 전지를 그림 14-10과 같이 분석물질 용액에 담겨진 하나의 단위(unit)로 묘사할 수 있다. 백금선은 지시 전극으로, 그것의 전위는 $[Fe^{2+}]/[Fe^{3+}]$의 변화에 대해 대응한다. 기준 전극은 산화환원 반응을 완결시키며, 전위차계의 왼편에 **일정한 전위**(*constant potential*)를 제공해 준다. 전지 전압에서 변화는 $[Fe^{2+}]/[Fe^{3+}]$의 변화로 볼 수 있다.

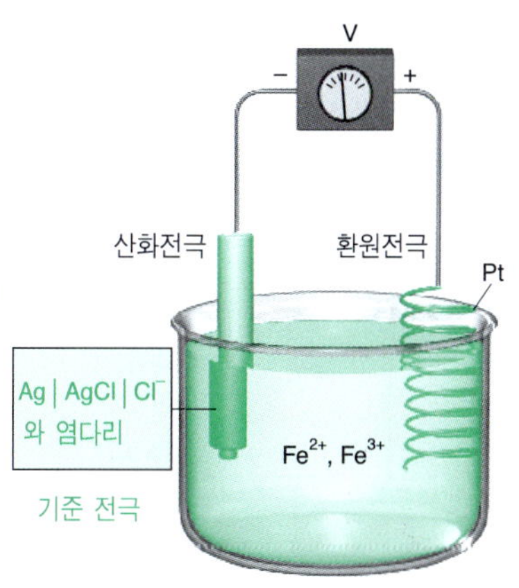

그림 14-10 그림 14-9의 또 다른 모습. 그림 14-9에 있는 점선 상자의 내용물은 현재 그림에서는 분석 용액에 담겨 있는 기준 전극으로 여긴다.

은-염화 은 기준 전극

그림 14-9에서 점선으로 둘러싸인 반쪽 전지는 **은-염화 은 전극(silver-silver chloride electrode)**이라 한다. 그림 14-11은 그림 14-10에 있는 분석용액에 담가 있는 얇고 유리로 싸인 전극으로서 반쪽 전지를 어떻게 재구성했는지를 보여준다. 전극 바닥에 있는 다공성 마개는 염다리로서 기능을 한다. 다공성 마개는 전극의 안팎 용액이 물리적으로 혼합되는 것을 최소화하면서 이온은 전극의 안팎 용액 사이로 확산할 수 있게 한다. 기준 전극으로 새롭게 만든 백금 촉매 표면 위로 기포성 기체를 필요로 하는 수소 전극보다 더 편리하기 때문에 은-염화 은 전극 혹은 다른 기준 전극을 사용한다.

$AgCl|Ag$의 표준 환원 전위는 25°C에서 +0.222 V이다. 전지가 KCl로 포화되어 있으면 전위는 +0.197 V이다. $AgCl|Ag$ 기준 전극이 관련된 모든 문제에서는 이 값을 사용할 것이다. 포화된 KCl 용액의 장점은 용매기 일부 증발하더라도 염화 이온의 농도는 변하지 않는다는 것이다.

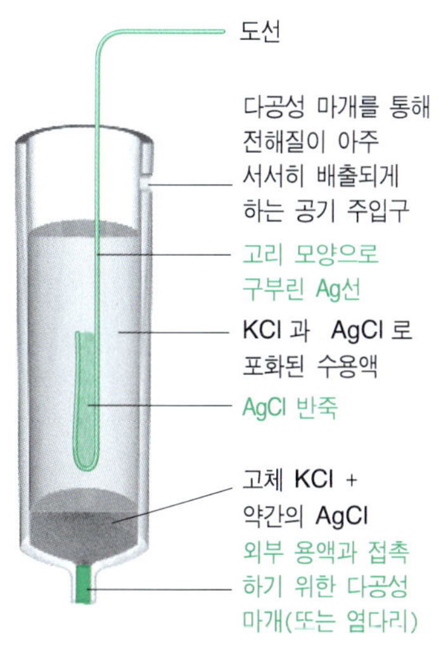

그림 14-11 은-염화 은 기준 전극

Ag | AgCl 전극 : $\quad AgCl(s) + e^- \rightleftharpoons Ag(s) + Cl^- \qquad E° = +0.222\text{ V}$

$E(\text{포화된 KCl}) = +0.197\text{ V}$

예 제 **표준 전극 사용하기**

만약에 기준 전극이 포화 은-염화 은 전극이고, $[Fe^{2+}]/[Fe^{3+}] = 10$이라면 그림 14-10에 있는 전지 전압을 계산하시오.

해답 포화 은-염화 은 전극에 대해서는 $E_- = 0.197$ V라는 것을 알고, 식 14-24를 사용한다.

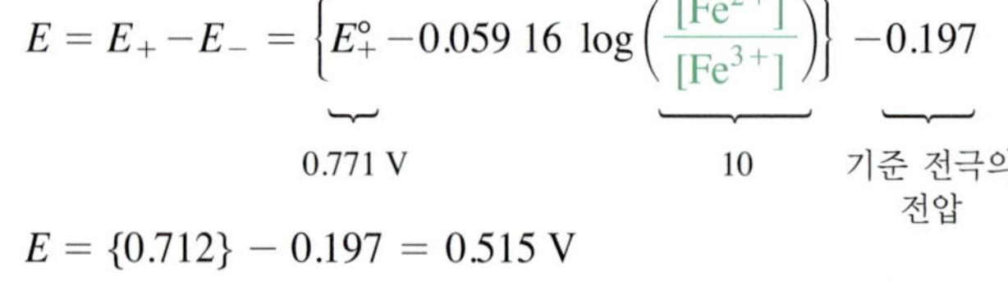

$$E = E_+ - E_- = \Bigg\{\underbrace{E_+^\circ}_{0.771\text{ V}} - 0.059\ 16\ \log\Bigg(\underbrace{\frac{[Fe^{2+}]}{[Fe^{3+}]}}_{10}\Bigg)\Bigg\} \underbrace{-0.197}_{\text{기준 전극의 전압}}$$

$$E = \{0.712\} - 0.197 = 0.515\text{ V}$$

 **복습 문제** 만약에 $[Fe^{2+}]/[Fe^{3+}]$를 100으로 증가했을 때 전압을 구하시오. (**답** : 0.456 V)

칼로멜 기준 전극

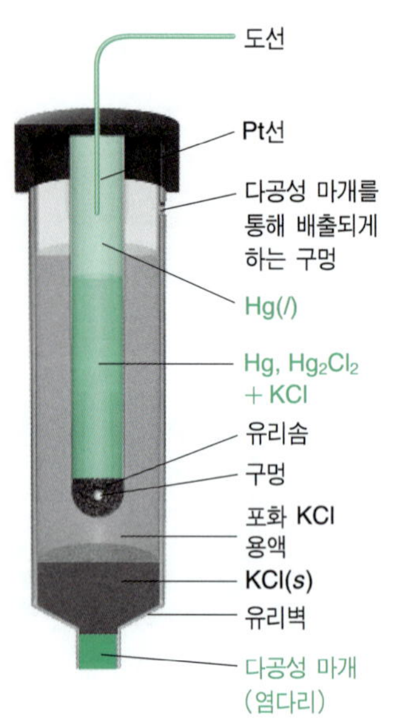

그림 14-12 포화 칼로멜 전극 (S.C.E.).

그림 14-12에 있는 **칼로멜 전극**(*calomel electrode*)은 다음 반응에 기반을 두고 있다.

칼로멜 전극 : $\quad \frac{1}{2}Hg_2Cl_2(s) + e^- \rightleftharpoons Hg(l) + Cl^- \qquad E° = +0.268\text{ V}$

염화 수은(I) (칼로멜) $\qquad E(\text{포화된 KCl}) = +0.241\text{ V}$

만약에 전지가 KCl로 포화되어 있다면 그 전지는 **포화 칼로멜 전극**(**saturated calomel electrode**)이라 하며, 전지 전위는 25°C에서 +0.241 V이다. 이 전극은 자주 대하게 되므로 줄여서 S.C.E.라고 부른다.

다른 기준 척도(scale) 사이에서 전압 변환

가끔 다른 기준 척도 사이에 있는 전위들을 변환할 필요가 있다. 만약 칼로멜 전극을 기준으로 해서 어떤 전위가 −0.461 V였다면, 은-염화 은 전극을 기준으로 했을 때는 전위가 얼마나 될까? 표준 수소 전극에 대한 전위는 어떻게 될까?

이런 질문에 답을 하기 위해서 그림 14-13에는 표준 수소 전극에 대해서 칼로멜 전극과 은-염화 은 전극의 위치를 나타내고 있다. S.C.E.에 대해서 −0.461 V인 점 A는 은-염화 은 전극으로부터 −0.417 V이고, S.H.E.로부터 −0.220 V이다. 은-염화 은에 대해 +0.033 V인 점 B는 어떠한가? 그것은 S.C.E.로부터 −0.011 V이고, S.H.E.로부터 +0.230 V이다. 여러분이 이 도표를 기억하면 전위를 한 척도에서 다른 척도로 변환할 수 있다.

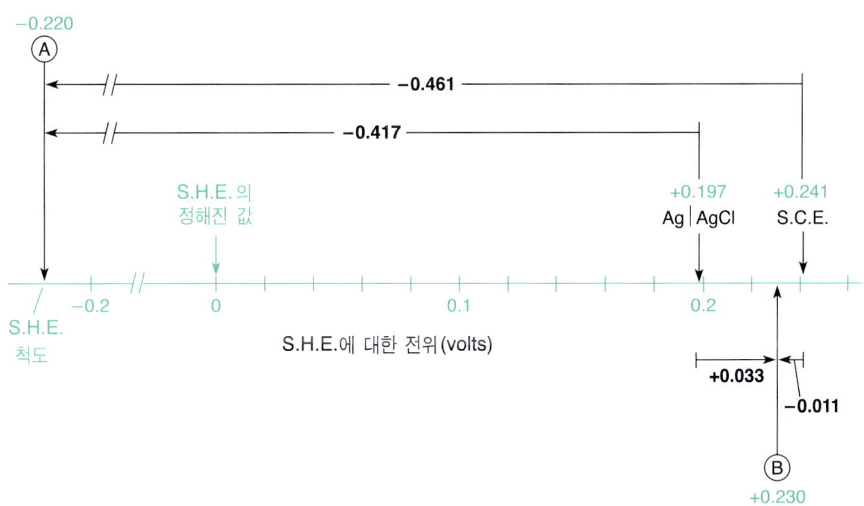

그림 14-13 한 기준 척도에서 다른 기준 척도로 전위 변환

자습문제

14-F. **(a)** 측정된 전압이 0.703 V일 때 그림 14-10에 있는 전지에서 $[Fe^{2+}]/[Fe^{3+}]$의 농도비를 구하시오.

(b) 아래 나열한 전위를 변환하시오. 염화 포타슘(KCl)으로 포화된 Ag | AgCl과 칼로멜 기준 전극.

(i) 0.523 V vs S.H.E. = ? vs Ag | AgCl

(ii) 0.222 V vs S.C.E. = ? vs S.H.E.

주요식

정의	산화제 − 전자를 받는다 환원제 − 전자를 준다 산화전극 − 산화가 일어난다 환원전극 − 환원이 일어난다
전하와 몰 관계	$q = nNF$ q = 전하 (쿨롱) n = 분자당 단위 전하의 수 N = 몰 F = Faraday 상수
일과 전압과의 관계	일 = Eq E = 전하 q가 움직이고 있는 곳의 전압차
표준 전위	다음 전지에 의해 측정된다. S.H.E. ‖ 관심이 있는 반쪽 반응 S.H.E.는 표준 수소 전극이고 오른쪽 반쪽 전지의 모든 물질은 표준 상태(= 1 M, 1 bar, 순수한 고체, 순수한 액체)에 있다.
네른스트 식	반쪽 반응 $aA + ne^- \rightleftharpoons bB$에 대하여 $E = E^\circ - \frac{0.059\ 16}{n} \log\left(\frac{[B]^b}{[A]^a}\right)$ (25°C에서)

완결된 전지의 전압	$E = E_+ - E_-$ E_+ = 전위차계의 + 단자에 연결된 전극의 전압 E_- = 전위차계의 − 단자에 연결된 전극의 전압
순전지 반응에 대한 $E°$	$E° = E°_+ - E°_-$ $E°_+$ = 전위차계의 + 단자에 연결된 전지의 반쪽 반응에 대한 표준 전위 $E°_-$ = 전위차계의 − 단자에 연결된 전지의 반쪽 반응에 대한 표준 전위
회로를 통해서 이동하는 전자의 방향	전자는 항상 덜 플러스 전극에서 더 플러스 전극으로 이동한다.
$E°$로부터 K 알아내기	$K = 10^{nE°/0.059\ 16}$ n = 반쪽 반응의 e^-의 수

알아두어야 할 술어

갈바니 전지 (galvanic cell)
기준 전극 (reference electrode)
네른스트 식 (Nernst equation)
볼트 (volt)
산화 (oxidation)
산화전극, 애노드 (anode)
산화제 (oxidant)
산화제 (oxidizing agent)
산화환원 반응 (redox reaction)
암페어 (ampere)
염다리 (salt bridge)
은-염화 은 전극 (silver-silver chloride electrode)
전극 (electrode)
전기분해 (electrolysis)
전기활성 화학종 (electroactive species)
전류 (current)
전위 (electric potential)
전위 (potential)
지시 전극 (indicator electrode)
쿨롱 (coulomb)
패러데이 상수 (Faraday constant)
포화 칼로멜 전극 (saturated calomel electrode, S.C.E)
표준 수소 전극 (standard hydrogen electrode, S.H.E)
표준 환원 전위 (standard reduction potential)
형식 전위 (formal potential)
환원 (reduction)
환원전극, 캐소드 (cathode)
환원제 (reducing agent)
환원제 (reductant)

문제

14-1. **(a)** 전하 (q, 쿨롱), 전류 (I, 암페어), 전위 (E, 볼트)의 차이를 설명하시오.
(b) 1쿨롱에는 몇 개의 전자가 있는가?
(c) 1몰의 전하는 몇 쿨롱인가?

14-2. 충분한 열이 발생하여 철을 녹일 수 있는 **테르밋 반응 (thermite reaction)**, $Fe_2O_3 + 2Al \longrightarrow 2Fe + Al_2O_3$에서 산화제와 환원제를 확인하시오

14-3. 다음 반응물 가운데 산화제와 환원제를 확인하시오. 각각의 반쪽 반응에 대해 완결된 반응을 적으시오.

$$Na(s) + H_2O \rightleftharpoons Na^+ + OH^- + \frac{1}{2}H_2(g)$$

14-4. **(a)** 다음 반응물 가운데 산화제와 환원제를 확인하고 각각의 반쪽 반응에 대해 완결된 반응을 적으시오.

$$\underset{\text{다이싸이온산 이온}}{2S_2O_4^{2-}} + \underset{\text{아텔루르산 이온}}{TeO_3^{2-}} + 2OH^- \rightleftharpoons \underset{\text{아황산 이온}}{4SO_3^{2-}} + Te(s) + H_2O$$

(b) 1.00 g의 Te가 석출될 때 환원제에서 산화제로 흐르는 전하는 몇 쿨롱인가?
(c) 만약에 Te가 1.00 g/h의 속도로 생성이 된다면 얼마만한 전류가 흐르는가?

14-5. 산업용 용매 트라이클로로에텐 (trichloroethene)로 오염된 지하수를 처리하기 위해서 땅 속으로 매우 고운 금속 철가루를 주입할 수 있다. 한 실험 결과에 따르면 ~480 kg의 Fe(0)를 포함하고 있는 2 400 L의 에멀젼은 5개월 동안 17 kg의 트라이클로로에텐을 소모하였다.
(a) $Fe + C_2HCl_3 \longrightarrow Fe^{2+} + C_2H_4 + Cl^-$의 (완결된 반응이 아님) 반응에서 산화제와 환원제를 찾으시오. 반응을 완결하기 위해서 H_2O와 H^+를 사용하고, 각각의 완결된 반쪽 반응을 적으시오.
(b) 주입된 철의 몇%가 5개월 동안 이 반응에 사용되었는가?
(c) 만약 트라이클로로에텐이 일정한 속도 (17 kg/150일)로 반응한다면 반응물간에는 얼마만한 전류가 흐르는가?

14-6. 수소 이온은 높은 전위에서 낮은 전위로 이동할 때 생체세포 내에서 유용한 일 (화학 합성에 에너지를 제공해 주는 ATP 분자의 합성과 같은 일)을 할 수 있다. 1.00 μmol H^+가 막을 통과하여 +0.075 V의 전위에서 −0.090 V의 전위로 (즉, 0.165 V의 전위차를 거쳐) 이동할 때 몇 주울 (joules)의 일을 할 수 있는가?

14-7. 체중이 70 kg인 사람의 기본적인 산소 소비량은 매일 약 16몰의 O_2이다. 이 O_2는 음식을 산화시키고 H_2O로 환원되면서 생체에 에너지를 공급해 준다.

$$O_2 + 4H^+ + 4e^- \rightleftharpoons 2H_2O$$

(a) 이 호흡 속도는 전류(암페어 = C/s)로는 얼마에 해당하는가? (전류는 음식물에서 O_2로 가는 전자의 흐름으로 정의된다.)
(b) 전자가 니코틴아마이드 아데닌 다이뉴클레오티드(NADH)에서 O_2로 흐른다면 1.1 V의 전압 강하를 겪는다. 16몰의 O_2가 할 수 있는 일은 몇 주울에 해당하는가?

14-8. **(a)** 다음 전지의 그림을 그리시오.

$$Pt(s) \mid Hg(l) \mid Hg_2Cl_2(s) \mid KCl(aq) \parallel ZnCl_2(aq) \mid Zn(s)$$

(b) 각각의 반쪽 전지에 대한 환원 반쪽 반응을 적으시오.
(c) 특별한 조건에서 아연 전극의 전위는 −0.75 V이고, 백금 전극의 전위는 +0.25 V이다. Zn와 Hg가 전선으로 연결되었을 때 전자는 어느 방향으로 흐르는가? 이 전지에서 어느 것이 환원전극이고 어느 것이 산화전극인가? 정확한 산화환원 반응을 결합해서 순전지 반응을 적으시오

14-9. 염다리에 KNO_3를 나타내어 그림 14-6을 다시 그리시오. 회로에 전자 흐름의 방향을 주목해서 각각의 반쪽 전지에서 반응물과 생성물이 어떤 변화를 일으키는지를 설명하시오. 각각의 반쪽 전지와 염다리에서 이온의 운동 방향을 나타내시오. 각각의 전극에서 반응을 보여주시오. 이 문제를 다 풀 때 여러분은 전지에서 무슨 일이 일어나고 있는지를 반드시 이해할 수 있을 것이다.

14-10. 다음 전지에서 NaF와 KCl의 농도가 각각 0.10 M이라고 하자.

$$Pb(s) \mid PbF_2(s) \mid F^-(aq) \parallel Cl^-(aq) \mid AgCl(s) \mid Ag(s)$$

(a) 반쪽 반응 $2AgCl(s) + 2e^- \rightleftharpoons 2Ag(s) + 2Cl^-$와 $PbF_2(s) + 2e^- \rightleftharpoons Pb(s) + 2F^-$를 사용해서 전지 전압을 계산하시오.
(b) 반응 $2Ag^+ + 2e^- \rightleftharpoons 2Ag(s)$와 $Pb^{2+} + 2e^- \rightleftharpoons Pb(s)$, 그리고, AgCl과 PbF_2의 K_{sp}를 사용해서 전지 전압을 계산하시오 (부록 A 참조).

14-11. 왼쪽 반쪽 전지에는 Cr^{2+}와 Cr^{3+}를 같은 몰수를 포함한 비커에 Pt 선을 담근 회로를 생각하자. 오른쪽 반쪽 전지는 1.00 M $TlClO_4$에 담긴 Tl 막대를 포함하고 있다.
(a) 이 전지를 기술하는 선표시법을 쓰시오.
(b) 각각의 반쪽 전지 전위를 구하고, 전지 전압을 계산하시오.
(c) 이 전지에 대해서 그림 14-8과 같은 그림을 그리시오. 두 전극이 염다리와 전선에 의해 연결되었을 때 어느 전극(Pt 또는 Tl)이 산화전극인가?
(d) 자발적인 순전지 반응을 적으시오.

14-12. 다음 전지를 고려하자.

$$Pt(s) \mid H_2(g, 0.100\ bar) \mid H^+(aq, pH = 2.54) \parallel Cl^-(aq, 0.200\ M) \mid Hg_2Cl_2(s) \mid Hg(l) \mid Pt(s)$$

(a) 각각의 반쪽 전지에 대해서 환원 반응과 네른스트 식을 쓰시오. Hg_2Cl_2의 반쪽 반응인 경우 $E° = 0.268$ V이다.
(b) 이 전지에 대해 그림 14-8과 같은 그림을 그리시오. 어느 반쪽 전지가 산화전극인가?
(c) 순전지 반응에 대한 E를 구하시오.

14-13. **(a)** 그림 14-5에 있는 각각의 반쪽 전지에 대한 환원 반응을 적으시오
(b) 이 전지에 대해서 그림 14-8과 같은 그림을 그리시오. 전자는 어느 방향으로 흐르는가? 자발적 진행 방향으로 순전지 반응을 적으시오.
(c) 왼쪽 반쪽 전지에는 $Br_2(l)$(밀도 = 3.12 g/mL) 14.3 mL를 넣었다. 알루미늄 전극은 12.0 g의 Al을 포함한다. Br_2나 Al 중에 어느 것이 이 전지에서 한계 물질인가?(즉, 어느 것이 먼저 고갈되는가?)
(d) 전지가 일정한 1.50 V 전압이 유지되도록 작동되고 있다면, $Br_2(l)$ 0.23 mL가 소모될 때 얼마나 많은 전기적 일이 진행되고 있는 것인가?
(e) 만약에 전류가 2.89×10^{-4} A라면 Al(*s*)는 얼마만한 속도(초당 그램수)로 용해되는가 ?

14-14. 다음 각 반응에 대한 $E°$와 K를 계산하기 위해서 부록 C에 있는 적절한 반응을 결합하시오.
(a) $Cu(s) + Cu^{2+} \rightleftharpoons 2Cu^+$
(b) $2F_2(g) + H_2O \rightleftharpoons F_2O(g) + 2H^+ + 2F^-$

14-15. 달까지 **아폴로** 비행에 사용된 연료 전지[7]에서 $H_2(g)$는 촉매성 산화 전극에서 $H_2O(l)$로 산화되었고, $O_2(g)$는 촉매성 환원 전극에서 $H_2O(g)$로 환원되었다.
(a) 반쪽 반응과 순반응을 적으시오. H_2와 O_2가 각각 1 bar이고, 환원전극 칸의 pH가 0, 산화전극 칸의 pH가 14일 때, 전지 전압을 구하시오.
(b) 순전지 반응에 대한 평형 상수를 구하고 반응물과 생성물의 농도를 사용하여 평형 수식을 쓰시오.
(c) 전지가 10.0 A의 일정한 전류를 생산한다면, 1.00 kg의 H_2가 며칠 동안에 다 소모되는가? 같은 기간 동안 얼마나 많은 양(kg)의 O_2가 소모되는가?

14-16. 다음과 같은 반쪽 반응으로부터 $Mg(OH)_2$의 용해도곱 상수를 구하시오.

$$Mg^{2+} + 2e^- \rightleftharpoons Mg(s) \qquad E° = -2.360\ V$$
$$Mg(OH)_2(s) + 2e^- \rightleftharpoons Mg(s) + 2OH^- \qquad E° = -2.690\ V$$

14-17. Ca^{2+} + 아세트산$^-$ $\rightleftharpoons$ Ca(아세트산)$^+$ 반응에 대한 생성 상수를 계산하기 위해 부록 C로부터 반쪽 반응들을 선택하시오. K_f 값을 구하시오.

14-18. 휴대용 컴퓨터에 사용했던 재충전이 가능한 니켈-금속 수소화물 전지는 다음과 같은 화학 반응에 근거를 두고 있다.

환원전극 :

$$NiOOH(s) + H_2O + e^- \underset{\text{충전}}{\overset{\text{방전}}{\rightleftharpoons}} Ni(OH)_2(s) + OH^-$$

산화전극 :

$$MH(s) + OH^- \underset{\text{충전}}{\overset{\text{방전}}{\rightleftharpoons}} M(s) + H_2O + e^-$$

산화전극 물질 MH는 금속이 전이 금속 혹은 희토류 합금 중 하나인 금속 수소화물이다. 방전하는 동안 내내 이 전지의 전압이 거의 일정하게 유지되는 이유를 설명하시오.

14-19. 자습문제 14-B(b)에 있는 전지는 1.3 mM $Fe(CN)_6^{4-}$, 4.9 mM $Fe(CN)_6^{3-}$, 1.8 mM $Ag(S_2O_3)_2^{3-}$, 55 mM $S_2O_3^{2-}$를 포함하고 있다.

(a) 순전지 반응의 K와 $E°$를 구하시오.

(b) 전지 전압을 구하시오

(c) 회로를 통해서 전자는 어느 방향으로 흐르는가? 자발적인 전지 반응에서 $Ag(s)$는 산화되는가? 혹은 환원되는가?

14-20. 부록 C에 있는 $Br_2(aq)$와 $Br_2(l)$에 대한 표준 환원 전위로부터 25°C에서 Br_2의 물에 대한 용해도를 계산하시오. 답은 g/L로 하시오.

14-21. 0.010 0 M IO_3^- 0.010 0 M I^-, 1.00×10^{-4} M I_3^-를 포함하고 있는 pH 6.00 완충 용액이 있다. 다음 반응을 생각하자.

$$2IO_3^- + I^- + 12H^+ + 10e^- \rightleftharpoons I_3^- + 6H_2O \qquad E° = 1.210\text{ V}$$
$$I_3^- + 2e^- \rightleftharpoons 3I^- \qquad E° = 0.535\text{ V}$$

(a) 이 용액에서 일어나는 완결된 순반응을 쓰시오.

(b) 반응에 대한 $E°$와 K를 계산하시오.

(c) 주어진 조건에서 2개의 반쪽 전지 전위를 구하기오. 순전지 반응에 대한 E를 계산하시오. 반응은 어느 방향으로 진행되는가?

(d) 위에 나열한 IO_3^-, I−, I_3^-의 농도로 평형을 유지하는 pH는 얼마인가?

14-22. **(a)** 은-염화 은 전극과 칼로멜 전극의 반쪽 반응을 쓰시오.

(b) 다음 전지에 대한 전압을 예측하시오.

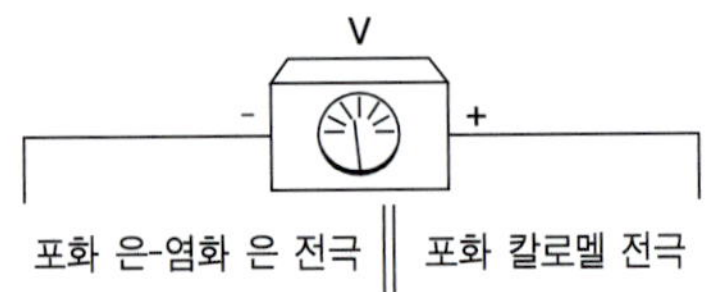

14-23. **(a)** 다음과 같은 반쪽 전지의 전위(S. H. E.에 대해서)를 구하시오. pH 2.00에서 Pt | VO^{2+} (0.050 M), VO_2^+(0.025 M)

(b) 다음과 같은 전지의 전압은 얼마인가? S.C.E. ‖ VO^{2+} (0.050 M), VO_2^+ (0.025 M), pH 2.00 | Pt

14-24. 다음과 같은 전위를 변환하시오. Ag | AgCl과 칼로멜 기준 전극은 KCl로 포화되어 있다.

(a) −0.111 V vs Ag | AgCl = ? vs. S.H.E.

(b) 0.023 V vs. Ag | AgCl = ? vs. S.C.E.

(c) −0.023 V vs. S.C.E = ? vs. Ag | AgCl

14-25. 그림 14-10에 있는 은-염화 은 전극을 포화 칼로멜 전극으로 대체하였다고 가정하자. 만약에 $[Fe^{2+}]/[Fe^{3+}] = 2.5 \times 10^{-3}$일 때 전지 전압을 계산하시오.

14-26. 1 M $HClO_4$에서 $Fe^{3+} + e^- \rightleftharpoons Fe^{2+}$에 대한 형식 환원 전위는 0.73 V이다. 화합물 LFe(III) + e^- ⇌ LFe(II) (L은 보충 13장의 첫 부분에 있는 데스페리옥사민 B 킬레이트이다)의 형식 환원 전위는 −0.48 V이다.[8] 이러한 전위들은 LFe(III)와 LFe(II)의 상대적인 안정성에 대해 무엇을 알려주는 것인가?

응용문제

14-27. 1799년에 알레산드로 볼타에 의해 고안된 볼타 더미는 다음과 같은 구조를 가지고 있을 수 없이 반복되는 층들로 만들어져 있다.

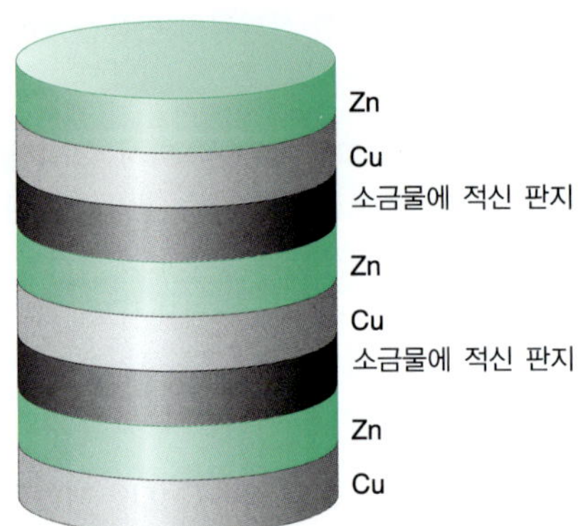

Zn | brine | Cu 전지에 대한 가능한 반응물로는 $Zn(s)$, $Cu(s)$, $H_2O(l)$, $Na^+(aq)$, $Cl^-(aq)$이다. 가능한 반쪽 반응들을 나열하고 어느 반응들이 갈바니 전지를 형성하는지 제안하시오. 도표에 있는 꼭대기층과 바닥층을 연결한 전선을 통해 흐르는 전자의 방향을 예측하시오.

14-28. 배터리의 용량에 대한 하나의 판단 방법은 반응물 1 kg당 얼마나 많은 전기를 생성하냐는 것이다. 전기의 양은 쿨롱으로 측정될 수 있지만, 통상적으로 암페어 · 시간으로 측정한다. 1 A · h은 1 h 동안 1 A를 제공해 준다. 따라서 0.5 kg의 반응물이 3 A · h를 생산했다면 저장 용량은 3 A · h/0.5 kg = 6 A · h/kg이 된다. 전통적인 납축 자동차 배터리(Lead-acid car battery) 용량과 수소−산소 연료 전지(hydrogen−oxygen fuel cell)의 용량을 A · h/kg을 사용해서 비교하시오.

납축 배터리 : $Pb + PbO_2 + 2H_2SO_4 \longrightarrow 2PbSO_4 + 2H_2O$

반응물의 화학식량 = 207.2 + 239.2 + 2 × 98.079 = 642.6

수소 · 산소 연료 전지 : $2H_2 + O_2 \longrightarrow 2H_2O$

반응물의 화학식량 = 36.031

주와 참고문헌

1. Quotation from Lady Pollock cited in J. Kendall, *Great Discoveries by Young Chemists* (New York : Thomas Y. Crowell Co., 1953, p. 63).

2. For demonstration of half-cells, see J. D. Ciparick, *J. Chem. Ed.* **1991**, *68*, 247 and P.-O. Eggen, T. Grønneberg, and L. Kvittengen, *J. Chem. Ed.* **2006**, *83*, 1201.

3. L. P. Silverman and B. B. Bunn, *J. Chem. Ed.* **1992**, *69*, 309.

4. J. Hamilton, *A Life of Discovery : Michael Faraday, Giant of the Scientific Revolution* (New York : Random House, 2004, pp. 258~260.

5. K. Rajeshwar and J. G. Ibanez, *Environmental Electrochemistry* (San Diego : Academic Press, 1997).

6. For an experiment on measuring battery lifetime, see M. J. Smith and C. A. Vincent, *J. Chem. Ed.* **2002**, *79*, 851.

7. Fuel cell demonstrations : O. Zerbinati, *J. Chem. Ed* **2002**, 79, 829; M. Shirkhanzadeh, *J. Chem. Ed.* **2009**, *86*, 324.

8. I Spasojević, S. K. Armstrong, T. J. Brickman, and A. L. Crumbliss, *Inorg. Chem.* **1999**, *38*, 449.

어떻게 과염소산 이온이 화성에서 발견되었나

화성에서 피닉스 화성 착륙선의 로봇팔이 화학 분석을 하기 위해 흙을 퍼올리고 있다. [NASA photograph courtesy S. Kounaves, Tufts University.]

6장 첫 부분에서 보여준 **피닉스 화성 착륙선** (*Phenix Mars Lander*)에 있는 4개의 각 습식화학 실험실에는 23개의 전기화학 감지기(sensor)를 갖추고 있었다. 그 중에 15개는 이 장에서 논의한 것과 비슷한 이온 선택성 전극이었다. 로봇팔은 채를 통과하여 "비커(beaker)" 칸으로 흙을 배달했다. 그 후 흙으로부터 수용성 염이 침출되도록 수용액을 첨가한다. 감지기는 액체에 존재하는 이온들을 측정한다.

누구도 화성에 풍부하게 존재하는 과염소산 이온(perchlorate, ClO_4^-)을 예측하지 못했다. 그래서 습식화학 실험실은 ClO_4^-를 분석하려는 것으로는 고안이 되지 않았다. 그러나 화성에 보낸 질산 이온(nitrate) 선택성 전극은 NO_3^-보다 ClO_4^-에 **1 000배 이상 더 민감했다.**

흙에서 염을 침출시켰을 때 NO_3^- 전극의 전위를 200 mV까지 변했는데, 그것은 NO_3^- 겉보기 농도가 1 M을 넘는 것과 같은 셈이다. 그 정도의 농도를 나타내려면 분석하려는 흙의 질량보다 많은 NO_3^-를 필요로 한다.[1] 그러나 1 g의 흙에 4~6 mg 정도의 ClO_4^-로 관측된 응답을 보일 수도 있다. 또한 흙을 400~600°C로 가열을 하면 분자량이 32인 생성물이 나온다. 그것은 ClO_4^-가 열분해되어 O_2가 되는 것과 일치한다. 지구에서도 과염소산 이온이 Atacama 사막을 포함해서 매우 건조한 지역에서는 비슷한 수준으로 발견된다. 지구에서 ClO_4^-는 대기 중에 있는 염소 성분이 오존(O_3)과 광화학 반응을 통해서 발생되는 것으로 생각하고 있다.

15

전극 측정법

위급한 환자가 응급실에 실려가면 의사는 진단하고 치료를 하기 위해서 신속하게 혈액에 대한 화학정보가 필요하다. 표 15-1에 정리된 모든 분석물질은 중환자 혈액에 대한 화학정보의 프로필의 일부이며, 이들은 전기화학적 방법으로 측정할 수 있다. 이 장에서 설명된 이온 선택성 전극은 Na^+, K^+, Cl^-, pH, P_{CO_2}에 대하여 선택적인 측정법이다. 분석물질들은 이온 선택성 전극의 내부와 외부 사이에 전위차를 만든다. 전위 측정을 이용하여 화학정보를 얻어내는 것을 **전위차법(potentiometry)** 이라 한다.

표 15-1 중환자 치료 일람표[a]

작용	분석물질
신경전도	K^+, Ca^{2+}
근육수축	Ca^{2+}, Mg^{2+}
에너지 정도	글루코스, P_{O_2}, 락트산염, 헤마토크리트
혈액산소공급 관류	P_{O_2}, P_{CO_2}, 락트산염, SO_2%, 헤마토크리트
산-염기	pH, P_{CO_2}, HCO_3^-
삼투질 농도	Na^+, 글루코스
전해질 균형	Na^+, K^+, Ca^{2+}, Mg^{2+}
신장 기능	혈액 요소 질소, 크레아티닌

a. C. C. Young, *J. Chem. Ed.* **1997**, *74*, 177.

15-1 은 지시 전극

14장에서 전기화학 전지의 전위차가 전지에 있는 화학종들의 농도와 관련이 있다는 것을 배웠다. 몇몇 전지들은 일정한 전위를 제공하는 **기준 전극**(*reference electrode*)과 분석물질의 농도에 대응하여 전위가 변하는 **지시 전극**(*indicator electrode*)으로 구분되어 있다는 것도 보았다.

화학적으로 비활성인 백금, 금, 그리고 탄소 지시 전극은 용액에 있는 화학종으로 전자가 혹은 화학종으로부터 나온 전자가 흐르게 하기 위해서 자주 사용된다. 화학적으로 비활성 원소들과는 달리, 은은 다음 반응처럼 $Ag^+ + e^- \rightleftharpoons Ag(s)$ 반응에 참여한다.

그림 15-1에는 할로젠 이온으로 Ag^+를 적정하는 동안에 은 전극을 $[Ag^+]$를 측정하기 위해 포화 칼로멜 기준 전극과 연결하여 사용할 수 있다는 것을 보여준다.(그림 6-4와 6-5에서 본 것처럼). 은 지시 전극에서 반응은 다음과 같다.

$$Ag^+ + e^- \rightleftharpoons Ag(s) \qquad E^\circ_+ = 0.799\ V$$

그리고 기준 반쪽 전지 반응은 다음과 같다.

$$Hg_2Cl_2(s) + 2e^- \rightleftharpoons 2Hg(l) + 2Cl^- \qquad E_- = 0.241\ V$$

기준 반쪽 전지 전압(E°_-가 아니라 E_-)은 포화 KCl의 농도에 의해 $[Cl^-]$이 고정되어 있기 때문에 0.241 V로 일정하다. 따라서 전체 전지에 대한 네른스트 식은 다음과 같다.

E_- = 기준 전지에서 실제 농도에 대한 기준 전극 전위

E°_- = 모든 화학종이 표준 상태(순수한 고체, 순수한 액체, 1 M, 1 bar)일 때 기준 반쪽 반응의 표준 전위

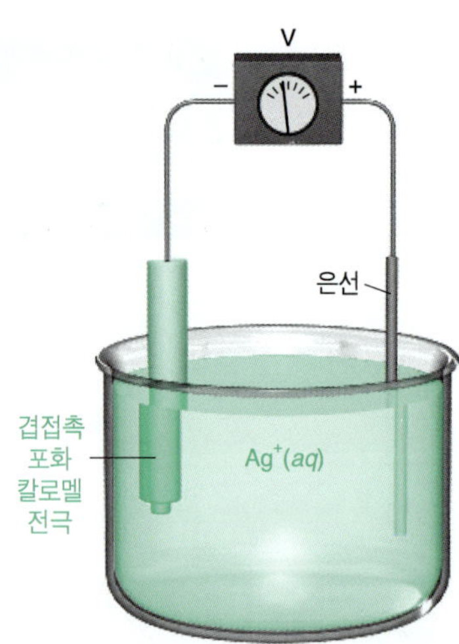

그림 15-1 용액 내 Ag^+의 농도를 측정하기 위한 은과 칼로멜 전극의 사용. 칼로멜 전극은 그림 15-3에 있는 것과 겹접촉을 갖고 있다. 전극의 바깥 칸은 KNO_3로 채워져 있어서 비커에 있는 Ag^+와 내부 칸에 있는 KCl 용액 사이에는 직접적인 접촉은 없다.

$$E = E_+ - E_- = \underbrace{\left\{0.799 - 0.059\ 16\ \log\frac{1}{[Ag^+]}\right\}}_{Ag\,|\,Ag^+\ \text{지시 전극의 전위}} - \underbrace{\{0.241\}}_{\text{S.C.E 기준 전극의 일정 전위}}$$

$\log(1/[Ag^+]) = -\log[Ag^+]$이라는 것을 알고 있으므로 위 식은 다음과 같이 쓸 수 있다.

$$E = 0.558 + 0.059\ 16\ \log[Ag^+] \qquad (15\text{-}1)$$

전압은 $[Ag^+]$가 10배 변할 때마다 0.059 16 V씩 (25°C에서) 변한다.

그림 6-4에 있는 실험에서는 은 지시 전극과 **유리** (*glass*) 기준 전극을 사용했다. 유리 전극은 용액의 pH에 응답을 하며, 용액의 pH는 완충 용액으로 일정하게 유지된다. 따라서 유리 전극의 전압은 일정한 전위에 머물러 있다.

Ag^+로 할로젠화 이온 적정하기

그림 6-5b에서 보는 것처럼 Ag^+로 I^-를 적정하는 동안 Ag^+의 농도가 어떻게 변하는지 생각해 보자. 이미 잘 알고 있는 I^- 용액에 잘 알고 있는 Ag^+ 적정액을 첨가하는 것에 대한 이론적인 적정 곡선의 모양을 얻었다. 실제 적정을 하는 목적은 미지의 I^- 용액의 농도를 측정하기 위한 것이다. 적정 반응은 다음과 같다.

$$Ag^+ + I^- \longrightarrow AgI(s) \qquad K = \frac{1}{K_{sp}} = \frac{1}{8.3 \times 10^{-17}}$$

만일 은과의 반응을 칼로멜 전극으로 추적해 본다면 적정의 각 지점에서 예상되는 전압을 계산하기 위해서는 식 15-1을 이용할 수 있다.

당량점 (V_e) 이전에 있는 어떤 지점이든지 이미 알고 있는 과량의 I^-가 존재하기에, 그것으로부터 $[Ag^+]$를 계산할 수 있다.

Ag^+를 I^-에 가할 때 :
- V_e 이전에는 이미 알고 있는 과량의 I^-가 있다. $[Ag^+] = K_{sp}/[I^-]$
- V_e에서는 $[Ag^+] = [I^-] = \sqrt{K_{sp}}$
- V_e 이후에는 이미 알고 있는 과량의 Ag^+가 있다

V_e 이전 :
$$K_{sp} = [Ag^+][I^-] \Rightarrow [Ag^+] = K_{sp}/[I^-] \qquad (15\text{-}2)$$

당량점에서 첨가한 Ag^+의 양은 원래 존재하던 I^-와 정확히 같다. $AgI(s)$가 화학 정량적으로 (stoichiometrically) 생성되었고, 약간은 다시 용해된다는 것을 상상할 수 있다.

V_e에서 :
$$K_{sp} = \underset{x}{[Ag^+]}\underset{x}{[I^-]} \Rightarrow [Ag^+] = [I^-] = \sqrt{K_{sp}} \qquad (15\text{-}3)$$

당량점을 지나서는 뷰렛에서 첨가한 초과한 Ag^+의 양을 알고, 그 농도는 농도는 단순히 다음과 같다.

V_e 이후 :
$$[Ag^+] = \frac{\text{초과된 } Ag^+ \text{의 몰수}}{\text{전체 용액의 부피}} \qquad (15\text{-}4)$$

예제 전위차법 침전 적정

그림 15-1에 있는 전지를 이용하여 0.100 4 M KI를 포함하는 용액 20.00 mL를 0.084 5 M $AgNO_3$로 적정하였다. 부피가 $V_{Ag^+} = 15.00$, V_e, 그리고 25.00 mL일 때 전압을 계산하시오.

해답 적정 반응은 $Ag^+ + I^- \rightarrow AgI(s)$이고, 당량점 부피는 다음과 같다.

$$\underbrace{(V_e(\text{mL}))(0.084\ 5\ \text{M})}_{\text{mmol Ag}^+} = \underbrace{(20.00\ \text{mL})(0.100\ 4\ \text{M})}_{\text{mmol I}^-} \Rightarrow V_e = 23.76\ \text{mL}$$

15.00 mL : (20.00 mL)(0.100 4 M) = 2.008 mmol I^-로 시작을 했고, (15.00 mL)(0.084 5 M) = 1.268 mmol Ag^+를 첨가하였다. 반응하지 않은 I^-의 농도는 다음과 같다.

$$[I^-] = \frac{(2.008 - 1.268)\ \text{mmol}}{(20.00 + 15.00)\ \text{mL}} = 0.021\ 1\ \text{M}$$

따라서 고체 AgI와 평형을 이룬 Ag^+의 농도는 다음과 같다.

$$[Ag^+] = \frac{K_{sp}}{[I^-]} = \frac{8.3 \times 10^{-17}}{0.021\ 1\ \text{M}} = 3.9 \times 10^{-15}\ \text{M}$$

전지 전압은 식 15-1로 계산된다.

$$E = 0.558 + 0.059\ 16\ \log(3.9 \times 10^{-15}) = -0.294\ \text{V}$$

V_e : 식 15-3은 $[Ag^+] = \sqrt{K_{sp}} = 9.1 \times 10^{-9}$ M 라는 것을 말해주고 있고, 따라서

$$E = 0.558 + 0.059\ 16\ \log(9.1 \times 10^{-9}) = 0.082\ \text{V}$$

25.00 mL : 이제는 0.084 5 M $AgNO_3$가 25.00 − 23.76 = 1.24 mL만큼 과량으로 존재하며, 전체 부피는 45.00 mL이다.

$$[Ag^+] = \frac{(1.24\ \text{mL})(0.084\ 5\ \text{M})}{45.00\ \text{mL}} = 2.33 \times 10^{-3}\ \text{M}$$

따라서 전지 전압은 다음과 같다

$$E = 0.558 + 0.059\ 16\ \log(2.33 \times 10^{-3}) = 0.402\ \text{V}$$

복습 문제 V_{Ag^+} = 20.00과 30.00 mL일 때 전압을 구하시오. (**답** : −0.294 V, 0.441 V)

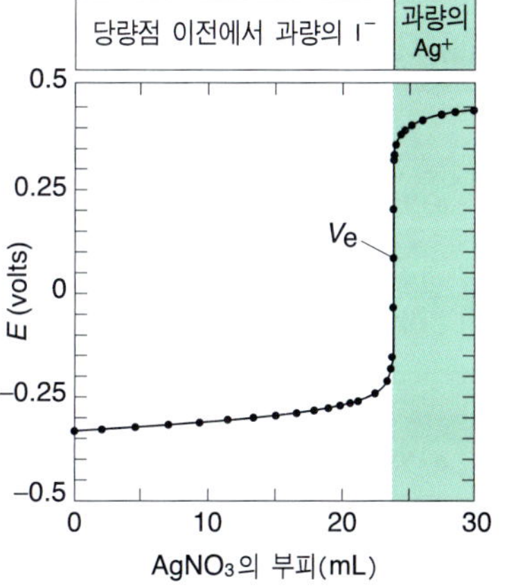

그림 15-2 그림 15-1에 있는 전지에서 0.100 4 M I^- 20.00 mL에 0.084 5 M Ag^+를 첨가하는 것에 대한 계산된 적정 곡선.

그림 15-2에서 당량점 이전까지 전압의 변화는 거의 없다. 그것은 I^-가 다 소모되기 전까지는 Ag^+의 농도는 매우 낮고 비교적 일정하기 때문이다. I^-가 모두 소모되면 $[Ag^+]$는 갑자기 증가하고, 전압 역시 증가한다. 그림 15-2는 그림 6-5의 곡선 *b*에 비해서 아래위로 뒤집어져 있다. 그 이유는 그림 15-1에서는 지시 전극은 전위차계의 **플러스**(*positive*) 단자에 연결되었기 때문이다. 그림 6-4에서는 지시 전극이 **마이너스**(*negative*) 단자에 연결되어 있다. 그것은 유리 pH 전극이 측정기의 플러스 단자에만 맞춰지기 때문이다. 극성이 서로 반대라는 점 외에도, 각 실험에서 다른 기준 전극을 이용하기 때문에 그림 15-2와 6-5에 있는 전압도 서로 다르다.

겹접촉 기준 전극

시범 15-1에서는 아주 멋진 화학 반응을 추적하기 위해서 한 쌍의 전극을 사용한다.

만일 그림 15-1에 있는 전지를 이용하여 Ag^+로 I^-를 적정하려 한다면, 기준 전극(그림 14-12)의 아랫부분에 있는 다공성 마개로부터 적정 용기로 KCl 용액이 서서히 새어나갈

시범 15-1 진동 반응에 대한 전위차법

화학물질의 농도가 높고 낮은 값 사이를 반복적으로 왔다갔다하는 **진동 반응**(*oscillating reactions*)들을 이용하여 흥미로운 방식으로 전위차법의 원리들을 설명하고 있다. 다음 예는 Belousov-Zhabotinskii 반응이다.

$$\underset{\text{말론산}}{3CH_2(CO_2H)_2} + \underset{\text{브로민산 이온}}{2BrO_3^-} + 2H^+ \xrightarrow{Ce^{3+/4+}\ \text{촉매}} \underset{\text{브로모말론산}}{2BrCH(CO_2H)_2} + 3CO_2 + 4H_2O$$

이 반응이 진행되는 동안 $[Ce^{3+}]/[Ce^{4+}]$의 값은 10에서 100배 사이를 왔다갔다한다. Ce^{4+} 농도가 클 때 용액은 노란색이다. Ce^{3+}가 우세할 때는 용액은 무색이다.

이 쇼를 시작하기 위해 300 mL 비커 안에 다음과 같은 용액들을 모으시오.

1.5 M H_2SO_4 160 mL
2 M 말론산 40 mL
0.5 M $NaBrO_3$ (또는 포화 $KBrO_3$) 30 mL
포화 황산 세릭 암모늄(ceric ammonium sulfate) $Ce(SO_4)_2 \cdot 2(NH_4)_2SO_4 \cdot 2H_2O$ 4 mL

자석 젓개로 젓으면서 5 ~ 15분 간 유도 기간을 보낸 후에 황산 세릭 암모늄 용액 1 mL를 첨가하면 진동을 시작할 수 있다. 반응이 다소 예민해서 진동을 시작하기 위해서는 5분 간격으로 Ce^{4+}가 더 필요할지 모른다. Pt와 칼로멜 전극을 이용하여 $[Ce^{3+}]/[Ce^{4+}]$의 비를 추적하시오. 전지 반응식과 이 실험에 대한 네른스트 식을 쓸 수 있어야 만한다.

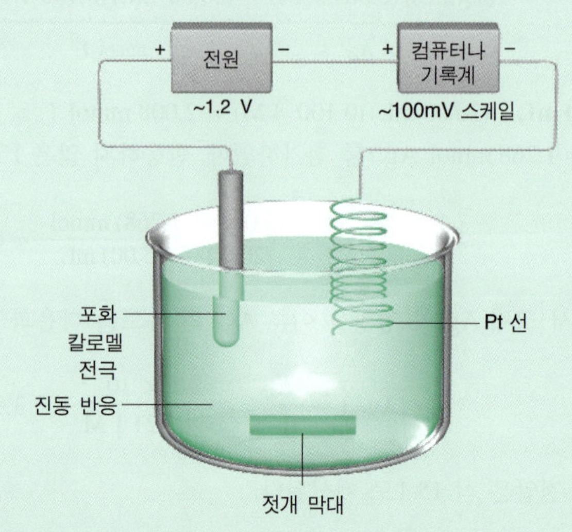

진동 반응에서 Ce^{3+}와 Ce^{4+}의 상대 농도를 추적하기 위해서 사용 장치. [George Rossman, California Institute of Technology.]

진동의 영구적인 기록을 얻기 위해 전위차계(pH 미터) 대신 컴퓨터를 사용한다. 전위는 거의 1.2 V를 중심으로 ~ 100 mV 범위 내에서 진동한다. 따라서 다른 전원 장치로 ~ 1.2 V 정도 되는 전지 전압을 상쇄시킨다. 추적한 모습 *a*는 보통 관측되는 것을 보여주고 있다. 전위는 무색에서 연한 노란색으로는 전환될 때는 급격하게, 연한 노란색에서 무색으로는 전환될 때는 서서히 변화한다. 추적한 그림 *b*는 같은 용액 내에서 두 개의 서로 다른 주기가 겹쳐진 것을 보여주고 있다.

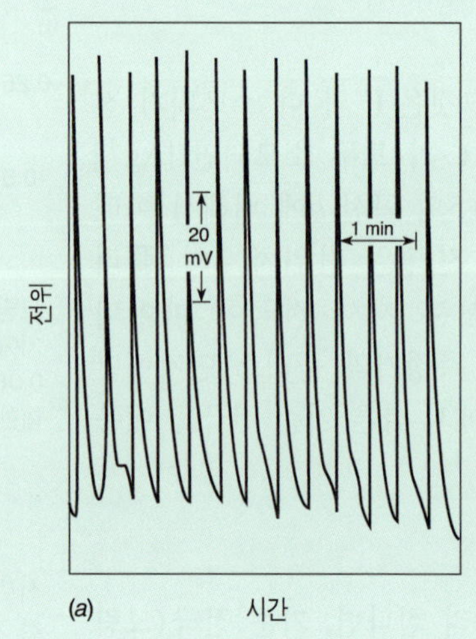

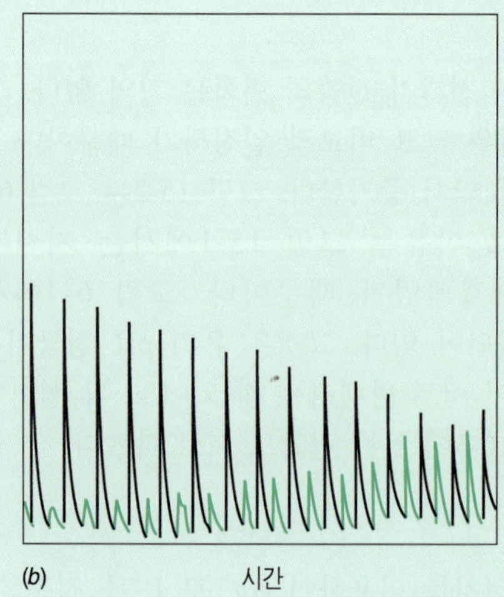

것이다. Cl^-는 Ag^+를 소모하기 때문에 적정 오차를 유발한다. 그림 15-3에 있는 **겹접촉 기준 전극(double-junction reference electrode)**은 내부의 전해질 용액이 적정 용기로 바로 새는 것을 막아준다.

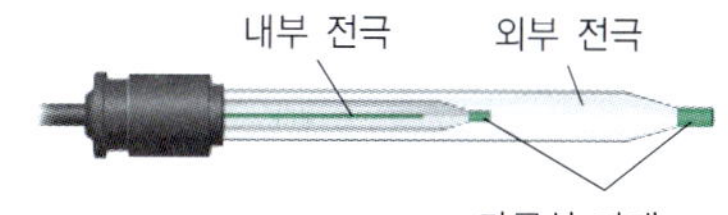

그림 15-3 겹접촉 기준 전극은 그림 14-11과 14-12에 있는 것과 똑같은 내부 전극을 가지고 있다. 바깥 칸은 적정 용액에 적합한 KNO_3와 같은 전해질로 채워져 있다. 안쪽 전극으로부터 KCl 전해질이 바깥 전극으로 천천히 새어나온다. 그러므로 바깥쪽 전해질은 주기적으로 교환해 주어야 한다. [Fisher Scientific, Pittsburgh, PA.]

자습문제

15-A. 그림 15-1에 있는 전지를 이용하여 0.050 0 M NaCl 40.0 mL를 0.200 M $AgNO_3$로 적정하는 것을 생각해 보자. 당량점 부피는 V_e = 10.0 mL이다.

(a) V_e 이전에는 이미 알고 있는 과량의 Cl^-가 있다. 첨가한 은의 부피가 다음과 같을 때 $[Cl^-]$를 구하시오. V_{Ag^+} = 0.10, 2.50, 5.00, 7.50, 9.90 mL. $[Cl^-]$로부터 각 부피에서 $[Ag^+]$를 구하기 위해 AgCl에 대한 K_{sp}를 사용하라.

(b) $V_{Ag^+} = V_e$ = 10.00 mL에서 $[Cl^-]$와 $[Ag^+]$를 구하시오.

(c) V_e 이후에는 이미 알고 있는 과량의 Ag^+가 있다. V_{Ag^+} = 10.10과 12.00 mL일 때 $[Ag^+]$를 구하시오.

(d) **(a)** ~ **(c)** 의 각 부피에서의 전지 전압을 구하고, 적정 곡선의 그래프를 만드시오.

15-2 접촉 전위란?

두 개의 서로 다른 전해질 용액이 접촉하고 있을 때, **접촉 전위(junction potential)**라고 하는 전압차가 계면에서 발생한다. 이 작고 알 수 없는 전압(보통 수mV)은 두 반쪽 전지를 연결하는 염다리의 각 끝에 존재한다. 보통 측정되는 전압에 기여하는 접촉 전위의 양을 모르기 때문에, **접촉 전위를 직접 전위차법으로 측정하는 것은 정확성에 근본적인 한계가 있다.**

$E_{측정} = E_{전지} + E_{접촉}$
접촉 전위는 보통 알수 없기 때문에 $E_{전지}$는 불확실하다.

왜 접촉 전위가 발생하는지를 알아보기 위해 증류수와 접하고 있는 NaCl을 포함하는 용액을 생각해 보자(그림 15-4). Na^+와 Cl^- 이온은 NaCl 용액으로부터 증류수 상으로 확산된다. 하지만 Cl^- 이온이 Na^+보다 더 큰 **이동도**(*mobility*)를 가진다. 즉, Cl^-가 Na^+보다 더 빨리 확산된다. 결과적으로 과량의 음전하를 가진 Cl^-가 많은 층이 전방에 형성된다. 후방은 Cl^-가 부족한 양전하를 띤 층이다. 이러한 결과 NaCl과 H_2O 상의 접촉면에서 전위차가 생긴다.

이온들의 이동도는 표 15-2에 있고, 여러 접촉 전위들은 표 15-3에 나열되어 있다. K^+와 Cl^-는 비슷한 이동도를 가지기 때문에, KCl 염다리의 접촉 전위는 매우 적다. 이것이 포화 KCl을 염다리에 사용하는 이유이다.

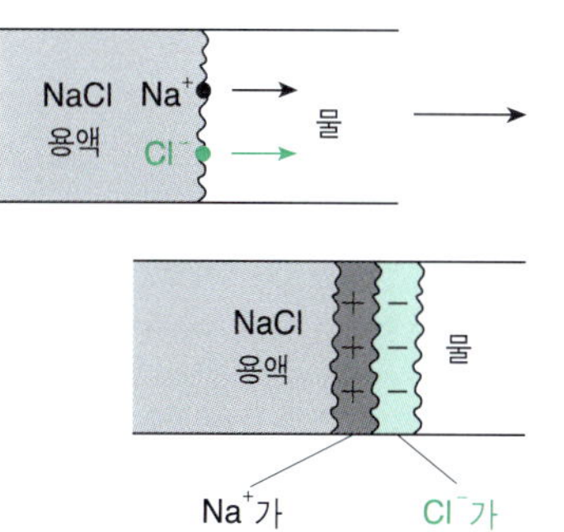

그림 15-4 Na^+와 Cl^-의 이동도가 달라서 발생하는 접촉 전위의 전개.

직접 대 상대 전위차법 측정

직접 전위차법 측정(*direct potentiometric measurement*)에서는 $[Ag^+]$를 측정하기 위해서은 선을 전극으로, $[H^+]$를 측정하기 위해서는 pH 전극을, $[Ca^{2+}]$ 측정을 위해서는 칼슘 이온 선택성 전극을 사용한다. 대부분의 직접 전위차법 측정에는 내재되어 있는 부정확성이 있는데, 그것은 대상이 되는 지시 전극 전압을 부정확하게 만드는 알 수 없는 전압 차이를 수반하는 액간 접촉이 늘 있기 때문이다. 예를 들어, 그림 15-5에서 직접 전위차법으로 측정한 14개의 결과 중에 4%의 표준 편차를 나타내고 있다. 이렇게 차이가 지는 것은 일부는 지시(이온 선택성) 전극이 달라서 그럴 수도 있고, 일부는 액간 접촉 전위가 변해서 그럴 수도 있다.

표 15-2 25°C 물에서 이온의 이동도

이 온	이동도[$m^2/(s \cdot V)$][a]	이 온	이동도[$m^2/(s \cdot V)$][a]
H^+	36.30×10^{-8}	OH^-	20.50×10^{-8}
K^+	7.62×10^{-8}	SO_4^{2-}	8.27×10^{-8}
NH_4^+	7.61×10^{-8}	Br^-	8.13×10^{-8}
La^{3+}	7.21×10^{-8}	I^-	7.96×10^{-8}
Ba^{2+}	6.59×10^{-8}	Cl^-	7.91×10^{-8}
Ag^+	6.42×10^{-8}	NO_3^-	7.40×10^{-8}
Ca^{2+}	6.12×10^{-8}	ClO_4^-	7.05×10^{-8}
Cu^{2+}	5.56×10^{-8}	F^-	5.70×10^{-8}
Na^+	5.19×10^{-8}	$CH_3CO_2^-$	4.24×10^{-8}
Li^+	4.01×10^{-8}		

a. 이온의 이동도는 전기장 1 V/m에서 도달할 수 있는 속도를 말한다. 이동도 = 속도/장, 따라서 이동도의 단위는 (m/s)/(V/m) = $m^2/(s \cdot V)$이다.

표 15-3 25°C에서 액간 접촉 전위

접촉	전위(mV)[a]
0.1 M NaCl | 0.1 M KCl	−6.4
0.1 M NaCl | 3.5 M KCl	−0.2
1 M NaCl | 3.5 M KCl	−1.9
0.1 M HCl | 0.1 M KCl	+27
0.1 M HCl | 3.5 M KCl	+3.1

a. 플러스 부호는 접촉면의 오른쪽이 왼쪽에 대하여 플러스가 된다는 것을 의미한다.

반면에 **상대 전위차법 측정**(*relative potentiometric measurement*)에서는 그림 6-5에서 있는 것과 같이 적정 중에 관찰되는 전압 변화는 비교적 정밀하고 거의 불확실성 없이 종말점을 확인할 수 있도록 해준다. 직접 전위차법에 의한 Ag^+의 **절대**(*absolute*) 농도를 측정하는 것은 본질적으로 부정확하지만, Ag^+의 **변화**(*change*)를 측정하는 것은 정확하고 정밀할 수 있다.

자습문제

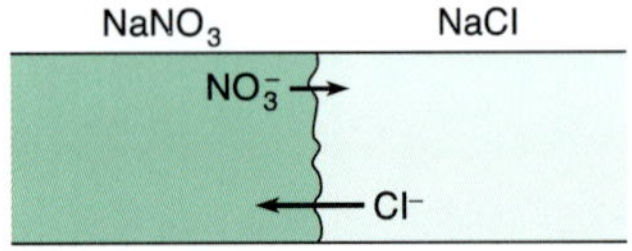

15-B. 0.1 M NaCl 용액이 0.1 M $NaNO_3$ 용액과 접촉하고 있다. Na^+의 농도는 액간 접촉의 양쪽에서 같기 때문에 한쪽에서 다른쪽으로 Na^+의 순(net) 확산은 없다. Cl^-의 이동도는 NO_3^-의 이동도보다 크기 때문에, Cl^-가 NaCl 쪽으로부터 확산되어 나가는 것이 $NaNO_3$ 쪽으로부터 NO_3^-가 확산되어 나가는 것보다 빠르다. 접촉면의 어느 쪽이 플러스가 되겠는가 그리고 어느 쪽이 마이너스가 되겠는가? 그 이유를 설명하시오.

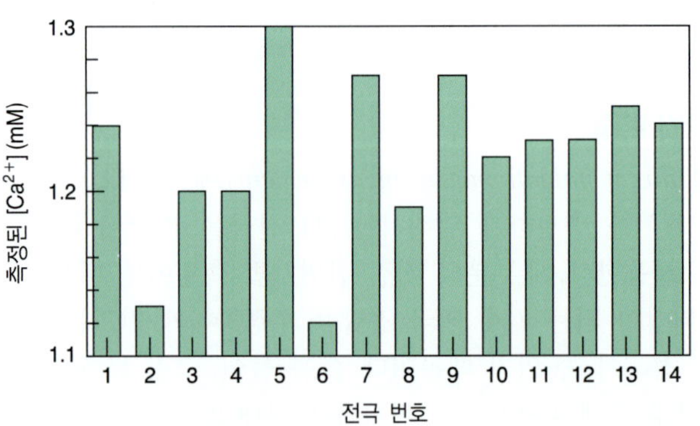

그림 15-5 동일한 인간 혈청 시료에 대한 14개 다른 Ca^{2+} 이온 선택성 전극들의 감응. 평균값은 1.22 ± 0.05 mM이다. [From M. Umemoto, W. Tani, K. Kuwa, and Y. Ujihira, *Anal. Chem.* **1994**, *66*, 352A.]

15-3 이온 선택성 전극은 어떻게 작동하는가?

이온 선택성 전극(**ion-selective electrode**)은 용액에 있는 하나의 화학종에 대해 우선적으로 응답한다. 전극의 안쪽과 바깥쪽에서 선택된 이온의 농도 차이는 막을 가로질러 전압차를 발생시킨다.[2]

그림 15-6a에서 도식적으로 보여준 **액상 이온 선택성 전극**(*liquid-based ion-selective electrode*)을 생각해 보자. 이 전극은 미지 용액에 있는 분석하려는 양이온 C^+의 농도와 관련된 전압을 발생시킨다. 이 전극을 "액상"이라고 하는 이유는 이온 선택성 막이 소수성 유기 고분자로, 이 고분자에 분석 대상인 양이온과 선택적으로 결합하는 리간드 L과 소수성 음이온 R^- 모두를 포함하는 유기 액체가 스며들어 있기 때문이다. R^-는 정전기적인 인력에 의해 양이온과 가역적으로 결합되어 있는 "이온 교환체"이다. R^-는 유기상에서 녹지만 물에는 녹지 않아서 막 내에 갇혀 있다.

소수성: "물을 싫어함" (물과 섞이지 않는다)
소수성 음이온의 예, R^- :

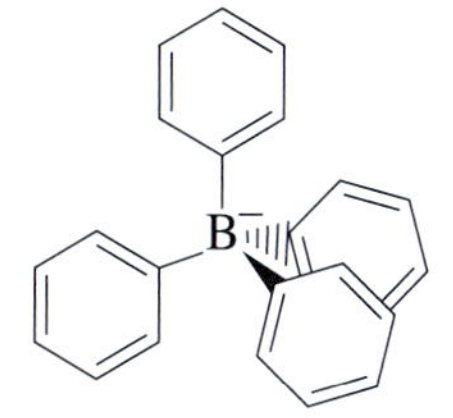

테트라페닐붕산화 이온 $(C_6H_4)_4B^-$

전극 내부를 채우는 수용성 용액에는 $C^+(aq)$ 이온과 $B^-(aq)$ 이온이 포함되어 있다. 전극 외부는 분석물질인 $C^+(aq)$와 음이온 $A^-(aq)$를 포함하는 미지의 수용액에 담겨 있다. 이상적으로는 A^-와 B^-가 무엇인지가 문제되지 않는다. 이온 선택성 막을 가로지르는 전위차(전압)는 두 개의 기준 전극에 의해 측정이 된다. 그 기준 전극들은 아마도 Ag | AgCl이 될 것이다. **만약 미지 용액에 있는 C^+의 농도가 변한다면 전압도 변화하게 된다.** 검정곡선(calibration curve)을 사용하면, 전압으로부터 분석 용액에 있는 C^+의 농도를 알 수 있다.

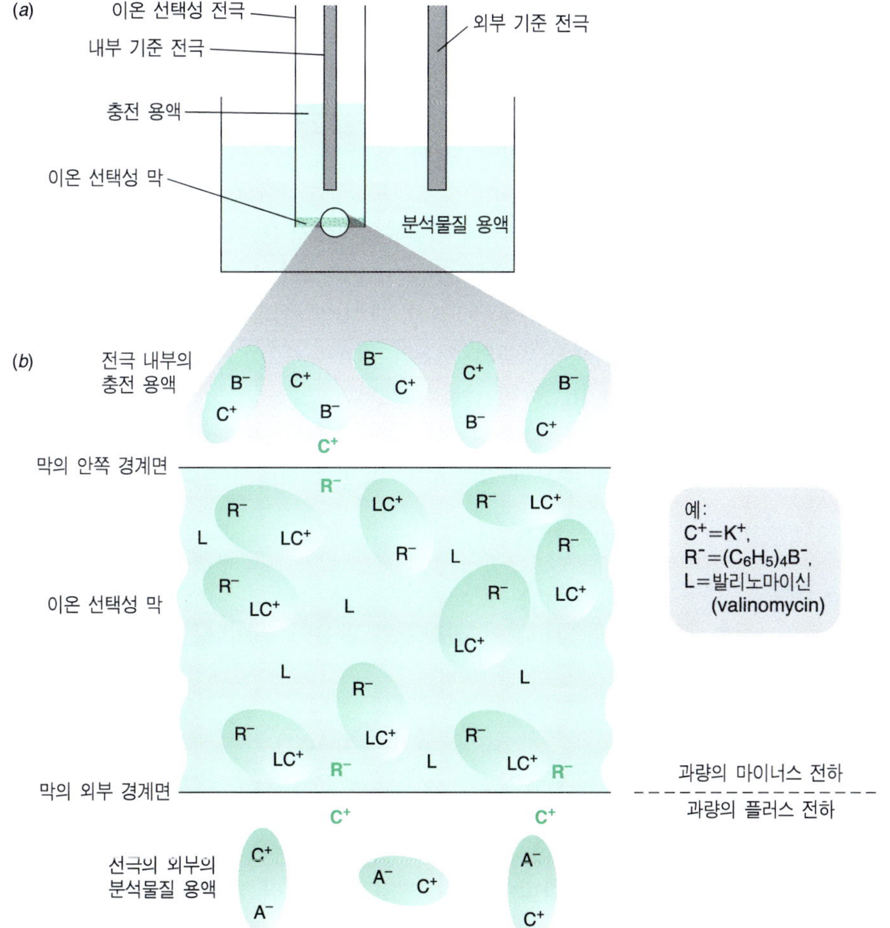

그림 15-6 (*a*) 분석하려는 양이온 C^+을 포함하는 수용액에 담겨진 이온 선택성 전극. 일반적으로 막은 이온 선택성 이온운반체(ionophore) L, 착화합물 LC^+, 소수성 음이온 R^-를 포함하는 무극성 액체로 침착된 고분자, 폴리(염화 바이닐)로 만들어져 있다. (*b*) 막의 확대한 것. 이온쌍들 로 에워싸인 타원들은 각 상에서 전하를 셀 수 있도록 눈을 위해 길잡이이다. 색깔을 띤 이온들은 각 상에서 초과된 전하를 나타낸다.

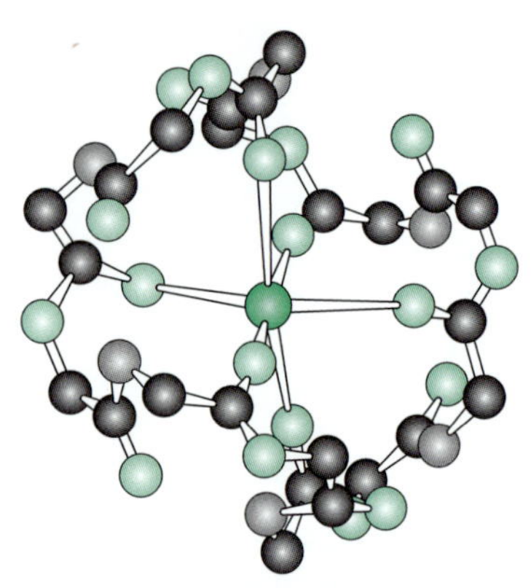

K^+-발리노마이신 착화합물

Key ● K^+ ● O ● N ● C

발리노마이신은 여섯 개의 아미노산과 여섯 개의 카복실산을 포함하는 순환고리(cyclic) 구조를 갖고 있다. 아이소프로필과 메틸 치환기는 이 그림에서는 보이지 않는다. [From L. Stryer, *Biochemistry*, 4th ed. (New York : W. H. Freeman and Company, 1995).]

전극은 사실상 분석물의 농도가 아니라 **활동도**에 응답한다. (12-2절). 이 책에서는 활동도 대신 농도를 사용할 것이다.

화학자들은 어느 특정 이온에 대해 선택성이 뛰어난 합성 리간드를 고안하기 위하여 분자 모델링 계산을 이용한다.

금속 전극 : 산화환원 반응이 일어나는 표면

이온 선택성 전극 : 선택적으로 한 가지 이온만 결합—산화환원 반응 없음

그림 15-6b는 전극이 어떻게 동작하는지를 보여 준다. 이곳에 중요한 것은 막 내부에서 용해되고 분석하려는 이온과 선택적으로 결합하는 리간드 L (**이온운반체**(*ionophore*) 라 한다)이다. 예를 들면, 포타슘 이온 선택성 전극에서 L은 세포막을 가로질러 K^+ 이온을 운반하는, 특정 미생물에 의해 분비되는 천연 항생물질인 발리노마이신(valinomycin) 이 될 수 있다. 리간드 L은 분석하려는 양이온 C^+에 대해서는 친화력이 크면서 다른 이온들에 대해서는 친화력이 낮은 물질을 선택한다.

그림 15-6b에 있는 막 내부에 존재하는 거의 모든 분석 이온은 착화합물 LC^+에 결합되어 있고, LC^+는 결합되지 않은 소량의 C^+와 평형을 이루고 있다. 또한 막은 결합하지 않은 L을 과량으로 함유하고 있다. C^+는 계면을 가로질러 확산될 수 있다. 이상적인 전극에서 R^-는 물에 녹지 않기 때문에 막을 떠날 수 없고, A^-는 유기상에 녹지 않기 때문에 막 안으로 들어갈 수 없다. 미량의 C^+ 이온이 막으로부터 수용액상으로 확산되자마자 수용액상의 처음 수 나노미터에서는 과량의 플러스(positive) 전하가 있고, 막의 외부쪽 수 나노미터에는 과량의 마이너스 전하가 존재한다. 이러한 불균형은 수용액상으로 더 많은 C^+의 확산을 저지하는 전위차를 형성한다.

외부(미지의) 수용액에 있는 과량의 플러스 전하(C^+)는 미지 용액에 있는 C^+의 농도에 의존한다. 내부 용액의 조성은 일정하기 때문에 내부 수용액에 있는 과량의 플러스 전하는 일정하다. 열역학은 용액 내부와 외부의 전위차를 다음과 같이 예측하게 한다.

이온 선택성 전극에서의 전위차 :

$$E = \frac{0.05916}{n} \log \left(\frac{[C^+]_{외부}}{[C^+]_{내부}} \right) \quad (25°C에서의\ volts) \qquad (15\text{-}5)$$

위 식에서 n은 분석하려는 이온의 전하이고, $[C^+]_{외부}$는 외부(미지) 용액에 있는 C^+의 농도이고, $[C^+]_{내부}$는 내부 용액에 있는 C^+ 농도(일정한 농도이다)이다. 식 15-5는 모든 이온 선택성 전극에 적용되며, 그 가운데는 유리 pH 전극도 포함된다. 만약에 분석물질이 음이온이라면 n의 부호는 마이너스이다. 나중에 이 식은 방해 이온을 설명하려고 식을 수정할 것이다.

만약 C^+가 K^+라면 $n = +1$이고 분석(외부에 있는) 용액에서 $[K^+]$가 10배씩 증가하는 것에 대해서 +0.059 16 V만큼씩 전위가 증가할 것이다. 만약 C^+가 Ca^{2+}라면 $n = +2$이고, 미지 용액에서 $[Ca^{2+}]$가 10배씩 증가하는 것에 대해서 전위는 +0.059 16/2 = +0.029 58 V만큼씩 증가할 것이다. 탄산 전극의 경우에는 $n = -2$이고, $[CO_3^{2-}]$가 10배씩 증가한 것에 대해서 전위는 −0.059 16/2 V씩 감소하게 된다.

이온 선택성 전극에서 가장 중요한 점은 관심 있는 분석물질에 선택적으로 결합하는 막이다. 완벽하게 선택적인 막은 없기 때문에 의도하지 않은 화학종으로부터 방해는 항상 있다.

지시 전극의 두 종류

은이나 백금과 같은 금속 전극은 다음과 같이 산화환원 반응이 일어나는 표면의 역할을 한다.

은 전극에서의 평형 : $Ag^+ + e^- \rightleftharpoons Ag(s)$

백금 전극에서의 평형 : $Fe(CN)_6^{3+} + e^- \rightleftharpoons Fe(CN)_6^{2+}$

칼슘 전극이나 유리 pH 전극과 같은 이온 선택성 전극은 분석 이온과 선택적으로 결합한다. **이온 선택성 전극에서는 산화환원 화학이 없다.** 막을 가로질러 발생되는 전위는 미지 시료에 있는 분석 이온의 농도에 의존한다.

자습문제

15-C. **(a)** 분석물질 농도가 10배 증가함에 따라 NH_4^+, F^-, S^{2-}에 대한 이온 선택성 전극의 막을 가로지르는 전압의 변화를 예측하시오.
(b) 그림 15-6에 있는 이온 선택성 막은 소수성 음이온 R^- = 테트라페닐붕산화 이온(tetraphenylborate)과 K^+와 결합하는 중성 리간드 L = 발리노마이신을 포함하고 있다. CO_3^{2-} 이온 선택성 전극은 $L(CO_3^{2-})(H_2O)$를 형성하는 중성 리간드 L을 포함하고 있다. 이온 선택성 전극막에는 $R^- = (C_6H_5)_4B^-$ 또는 $R^+ = (C_{12}H_{25})_3NCH_3^+$ (트라이도데실메틸암모늄(tridodecylmethylammo-nium)) 중에서 어느 소수성 이온이 필요한가? 왜 그런가?

15-4 유리 전극을 이용한 pH 측정

가장 널리 사용되는 이온 선택성 전극은 pH를 측정하는 **유리 전극(glass electrode)**이다. pH 전극은 선택적으로 H^+에 감응을 하며, $[H^+]$가 10배 변할 때마다 0.059 16 V의 전압 차를 형성한다. $[H^+]$에서 10배 차이는 pH 단위로는 1이고, 따라서 4.00 pH 단위의 변화는 $4.00 \times 0.059\ 16\ V = 0.237\ V$의 전압 변화를 이끌어낸다.

그림 15-7에는 하나의 몸체에 유리 전극과 기준 전극을 모두 결합시킨 **결합 전극(combination electrode)**을 나타내고 있다. 이 전지의 선표시법은 다음과 같다.

$$\underbrace{Ag(s)\mid AgCl(s)\mid Cl^-(aq)}_{\text{외부 기준 전극}}\parallel \underbrace{H^+(aq,\ \text{외부})}_{\substack{\text{유리 전극 외부의}\\ H^+\text{(분석물질 용액)}}}\ \overset{\text{유리막}}{\vdots}\ \underbrace{H^+(aq,\ \text{내부})}_{\substack{\text{유리 전극}\\ \text{내부의 } H^+}},\ \underbrace{Cl^-(aq)\mid AgCl(s)\mid Ag(s)}_{\text{내부 기준 전극}}$$

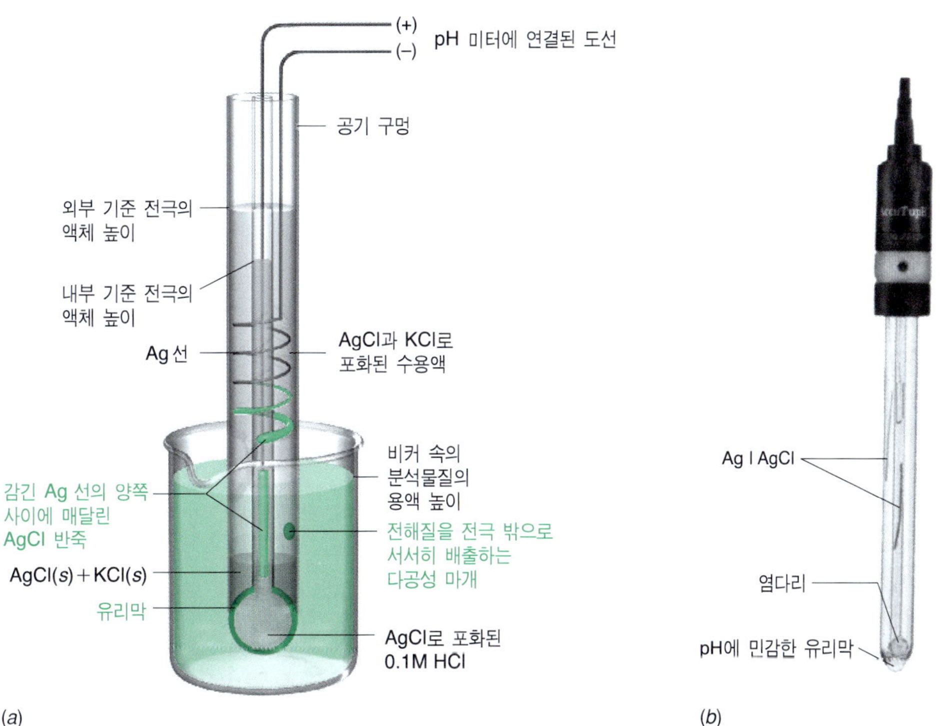

그림 15-7 *(a)* 은-염화 은 기준 전극을 갖춘 유리 결합 전극. 유리 전극은 미지 pH 용액에 담겨 있어서 오른쪽 아래에 있는 다공성 마개는 용액 면의 아래에 있다. 두 개의 Ag | AgCl 전극이 유리막을 가로지르는 전압을 잰다. *(b)* 바닥에 pH에 민감한 유리 전구(bulb)를 갖춘 결합전극의 그림. 염다리는 기준 전극칸과 다공성 접점이다. [*(b)* 부분: Fisher Scientific Pittsburgh, PA.]

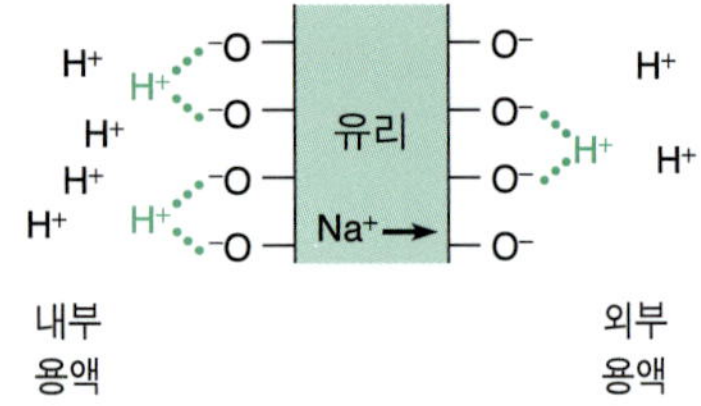

그림 15-8 유리막의 내부 표면과 외부 표면 위에 있는 이온교환 평형. 내부 용액의 pH는 고정되어 있다. 외부 용액(시료)의 pH가 변함에 따라 유리막을 가로지르는 전위차가 변한다.

전극에서 pH에 민감한 부분은 전극의 바닥에 있는 둥근 모양을 한 얇은 유리막이다.[3]

pH 전극의 바닥에 있는 유리막은 Na^+ 이온이 천천히 움직여 통과하는 불규칙적인 정사면체의 SiO_4 그물 구조로 이루어져 있다. 삼중수소(방사능 동위원소 ^3H)를 사용한 연구는 H^+가 막을 가로질러 확산되지 **않는** 것을 보여준다. 유리 표면에는 막의 양쪽 면 위의 용액에 있는 H^+와 결합할 수 있는 O^-가 드러나 있다(그림 15-8). H^+는 유리 표면과 평형을 이루고, 그렇게 되면 더 높은 농도의 H^+에 드러나 있는 쪽에 더 많은 플러스 전하를 갖게 된다. 전위차를 측정하기 위해서는 적어도 아주 소량의 전류가 완결된 회로를 통해 흘러야만 한다. 유리 속에 있는 Na^+ 이온이 막을 가로질러 이동하면서 전류가 흐르게 된다. 유리막의 전기 저항이 크기 때문에 사실상 막을 가로질러 흐르는 전류는 거의 없다.

그림 15-7에서 안쪽과 바깥쪽에 있는 은-염화 은 전극의 전위차는 각 전극 칸에 있는 $[Cl^-]$와 유리막에 걸쳐 있는 전위차에 의존한다. $[Cl^-]$는 고정되어 있고, 유리 전극 안쪽의 $[H^+]$는 일정하기 때문에 유일한 변수는 유리막 바깥쪽에 있는 분석 용액의 pH이다.

실제 유리 전극은 다음 식으로 기술된다.

유리 전극의 감응 : $$E = \text{상수} + \beta(0.059\ 16)\ \Delta\text{pH} \quad (25°\text{C에서}) \qquad (15\text{-}6)$$

위 식에서 ΔpH는 분석 용액과 둥근 유리막 안에 있는 용액 사이의 pH 차이이다. 인수 β는 이상적으로 1이며, 보통은 0.98 ~ 1.00이다. **비대칭 전위**(*asymmetry potential*)라 부르는 상수 부분은 실제 유리막의 양쪽 면이 완전히 똑같을 수 없기 때문에 생기며, 그 결과는 막의 양쪽 면의 pH가 똑같아도 약간의 전압이 존재한다. 비대칭에 대한 교정을 하고, pH를 이미 알고 있는 용액에서 전극을 검증하면(calibrating) β를 측정할 수 있다.

유리 전극의 검증

pH 전극을 사용 전에 **반드시** 검정해야 한다. 지속적으로 사용할 때도 2시간에 한 번씩 검정해야 한다. 검정 표준 용액의 pH 범위에는 미지 시료의 pH를 반드시 포함해야 된다.

어느 하나의 pH 전극을 사용하기 전에 그림 15-7a에 있는 전극의 위 끝부분 근처에 있는 공기 출입구의 뚜껑이 씌워지지 않았는지 확인해야 된다. (이 구멍은 기준 전극 충전 용액이 마르지 않도록 보관할 때는 막아둔다). 증류수로 씻고 티슈로 부드럽게 **물기를 닦아내서** 말린다. 전극을 **문질러서 닦지는** 않는다. 왜냐하면 그렇게 하면 유리 위에 정전기를 유발할 수 있기 때문이다. 전극을 pH가 7 근처인 표준 완충 용액에 담그고, 최소한 1분간 용액을 저으면서 전극이 평형에 이르도록 둔다. 제조업자의 설명서에 따라서 마이크로프로세서로 조절되는 측정 장치에서는 "검정(calibration)" 혹은 "읽기(read)"로 표기된 키를 누르든지 혹은 아날로그 측정 장치에서는 그 표준 완충 용액의 pH를 가리키도록 읽힘 부분을 조절한다. 전극을 다시 물로 닦고, 부드럽게 물기를 닦아내고 두 번째 완충 용액에 넣는다. 두 번째 완충 용액은 첫 번째 표준 용액의 pH 7에서 많이 떨어진 pH를 지닌 용액이다. 만약에 전극이 이상적이라면 25°C에서 전압은 pH 단위당 0.059 16 V씩 변화될 것이다. 그러나 실제 변화량은 약간 적을 수 있다. 이 두 번의 측정은 식 15-6에 있는 β와 상수 부분을 설정해 준다. 마지막으로 전극을 미지 용액에 담그고 액체를 흔든 후에 읽힘 값이 안정화되면 pH를 읽는다.

필요 이상으로 유리 전극을 물 밖에(또는 비수용매에) 놓아두지 말라.

유리 전극은 유리의 탈수를 막기 위해서 수용액에 담그어 보관한다. 이상적으로는 용액이 기준 전극 부분의 내부 용액과 유사해야만 된다. 증류수는 보관 매질로 좋지 못하다. 만일 전극이 말라버린다면 수 시간 동안 물 속에 담가 다시 재생해야 된다. 만일 전극을 pH 9 이상 범위에서 사용할 것이면 높은 pH의 완충 용액에 담가둔다.

만일 전극의 응답이 느리거나 혹은 제대로 검정이 되지 않으면 6 M HCl에 담가보고 물로 씻는다. 마지막 수단으로 전극을 플라스틱 비커에 담겨 있는 20 wt% 바이플루오린화 암모늄 NH_4HF_2 수용액에 1분간 담가둔다. 이 시약은 유리를 녹여 깨끗한 표면이 드러나도록 해준다. 전극을 물로 씻고 다시 검정을 시도해 본다. 주의: **바이플루오린화 암모늄은 절대로 피부에 닿아서는 안 된다. 왜냐하면 HF 화상을 유발하기 때문이다.**(HF의 주의사항에 대해서는 291쪽을 보라.)

pH 측정에서의 오차

유리 전극을 현명하게 사용하기 위해서는 그 한계를 이해해야만 된다.

1. **표준.** pH 측정은 표준 완충 용액의 pH, 보통은 ±0.01 ~ 0.02 pH 단위, 보다 더 정확할 수 없다.

2. **접촉 전위.** 액간 접촉 전위는 그림 15-7에 있는 전극의 바닥 근처에 있는 다공성 마개에 존재한다. 만일 분석 용액의 이온 조성이 표준 완충 용액의 이온 조성과 다르다면, **심지어 두 용액의 pH가 같더라도** 액간 접촉 전위는 변할 것이다. 이 요인은 적어도 ~0.01 pH 단위의 부정확성을 발생시킨다. 보충 15-1에서는 액간 접촉 전위가 어떻게

보충 15-1 빗물 pH 측정에 있어서 계통 오차 : 접촉 전위의 영향

8장의 첫부분은 미국과 유럽에 걸쳐 내린 비의 pH를 보여주고 있다. 빗물에 있는 산성(acidity)은 부분적으로 인간 활동의 결과이고, 많은 환경 생태계의 특성을 서서히 변화시키고 있다. 빗물의 pH를 추적하는 것은 산성비의 생성을 감소시키려는 프로그램의 중요한 요소이다.

빗물의 pH를 측정하는데 있어서 계통 오차를 확인하고 수정하기 위해 서로 다른 17개 실험실에 8개의 시료를 제공하고, 자세한 측정방법 지시서를 함께 보냈다. 각 실험실은 pH 미터를 검정하기 위해 두 가지 표준 완충 용액을 사용하였다.

그림 *a*는 빗물의 pH 측정에 대한 전형적인 결과를 보여주고 있다. 17개 측정값의 평균이 pH 4.14에 있는 직선으로 나타났다. 그리고 문자 s, t, u, v, w, x, y, z는 측정에 사용한 각 전극을 확인해 준다. s와 w 형 전극을 사용한 실험실은 상대적으로 큰 계통 오차를 갖고 있다. s형 전극은 다른 전극에 비해 예외적으로 넓은 면적의 용액 접촉면을 지닌 기준 전극을 포함하는 결합 전극(그림 15-7)이었다. w형 전극은 젤로 채워진 기준 전극을 갖고 있었다.

액간 접촉 전위(15-2절)에서 변동성이 pH 측정에서 변동성으로 이어질 것이라고 가정하였다. pH 메터 검정에 사용하는 표준 완충 용액은 대개 0.05 M 정도의 이온 농도를 갖고 있으나, 빗물 시료는 이온 농도가 2자리 수 혹은 그 이상의 낮은 이온 농도를 갖고 있다. 액간 접촉 전위가 계통 오차를 유발할 것이라는 가정을 시험하기 위해 높은 이온 세기의 완충 용액 대신 2×10^{-4} M 정도의 농도인 순수한 HCl 용액을 pH 검정 표준 용액으로 사용하였다. 그 결과 다음 그림 *b*를 얻었고, 그것은 첫 번째 실험실을 제외하고 모든 실험실에서 좋은 결과를 얻었다. 17개 측정값의 표준 편차는 표준 완충 용액일 때의 0.077 pH 단위로부터 HCl 표준 용액일 때의 0.029 pH 단위로 줄어들었다. 액간 접촉 전위가 실험실 간의 변동성 원인의 대부분을 차지했고 낮은 이온 세기를 갖는 표준 용액이 빗물의 pH 측정에 적절하다고 결론지었다.

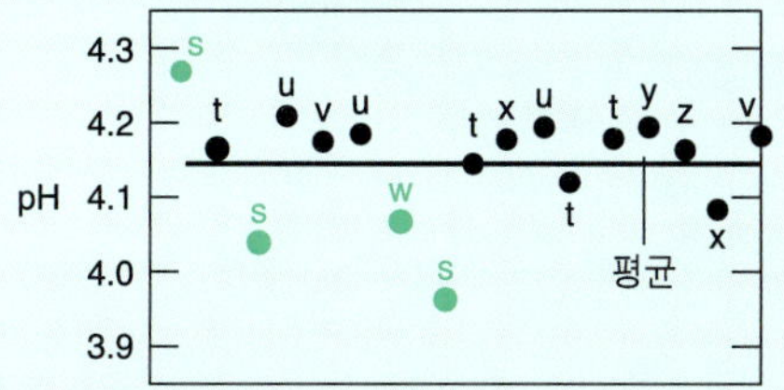

(*a*) 표준 검정 완충 용액을 사용해서 17개 실험실에서 측정한 동일한 시료의 빗물 pH. 영문 글자는 다른 종류의 pH 전극을 나타낸다.

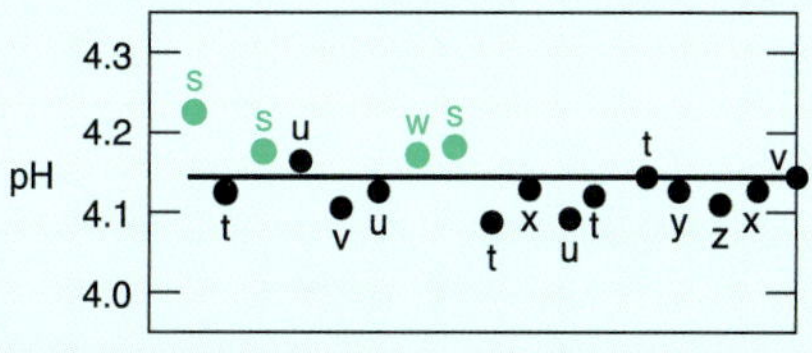

(*b*) 검정을 위해서 낮은 이온 세기의 HCl 용액을 사용한 후에 측정된 빗물 pH. [W. F. Koch, G. Marinenko, and R. C. Paule, *J. Res. Natl Bur. Stand.* **1986**, *91*, 23.]

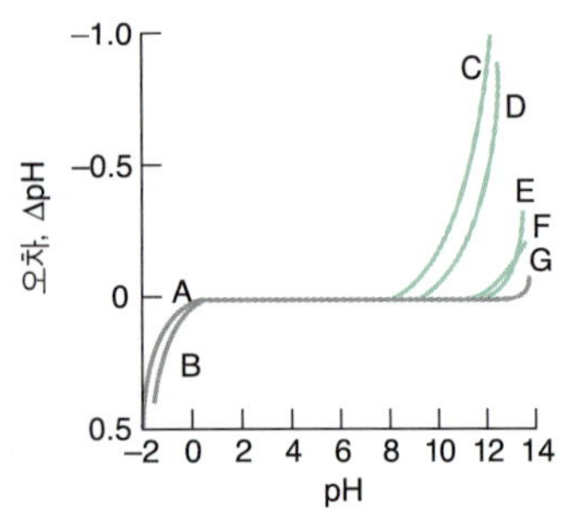

그림 15-9 몇몇 유리 전극의 산과 알칼리 오차. A : Corning 015, H_2SO_4. B : Corning 015, HCl. C : Corning 015, 1 M Na^+. D : Beckman-GP, 1 M Na^+. E : L & N Black Dot, 1 M Na^+. F : Beckman Type E, 1 M Na^+. G : Ross electrode.[4] [From R. G. Bates, *Determination of pH : Theory and Practice,* 2nd ed. (New York : Wiley, 1973). Ross electrode data is from Orion, *Ross pH Electrode Instruction Manual.*]

도전 분석하려는 H^+의 농도가 5.0% 변하면 유리 전극의 전위가 1.3 mV만큼 변하는 것을 보여라. 59 mV가 1 pH 단위이므로 1.3 mV = 0.02 pH 단위이다.

교훈: 전압 (1.3 mV) 이나 pH (0.02 단위) 에 있어서 작은 불확정성은 H^+ 농도에서는 큰 불확정성 (5%) 에 해당한다. 비슷한 불확정성은 다른 전위차법에서도 발생한다.

빗물의 pH 측정에 영향을 미치는지에 대해 설명하고 있다.

3. 접촉 전위 표류. 대부분의 결합 전극은 포화된 KCl 용액을 포함하는 은-염화 은 기준 전극을 가지고 있다. KCl 용액에는 단위 부피 (L) 당 350 mg 이상의 은이 녹아 있다(주로 $AgCl_4^{3-}$와 $AgCl_3^{2-}$의 형태로). 그림 15-7에 있는 다공성 마개 염다리에서 KCl은 묽어지고, AgCl이 침전된다. 분석 용액이 환원제를 포함하고 있다면 Ag(*s*) 또한 마개에서 침전될 수 있다. 두 가지 효과 모두 접촉 전위를 변화시키고, 이로 인해서 측정하는 pH 값을 서서히 표류하게 된다. 이 오차는 매 두 시간마다 전극을 재검정하면 보상할 수 있다.

4. 소듐 오차. $[H^+]$가 매우 낮고 $[Na^+]$가 높을 때, 전극은 마치 Na^+가 H^+인 것처럼 Na^+에 대해 응답을 하고, 측정되는 pH는 실제 pH보다 낮다. 이것을 **알칼리 오차**(*alkaline error*) 혹은 **소듐 오차**(*sodium error*)라 한다.(그림 15-9) .

5. 산 오차. 강한 산에서는 아직 잘 이해되지 못한 이유로 인해서, 측정된 pH는 실제 pH보다 높다(그림 15-9) .

6. 평형 시간. 적절하게 저어주는 좋은 완충 용액에서는 분석 용액이 전극과 평형을 이루는 데는 몇 초밖에 걸리지 않는다. 적정할 때 당량점 부근과 같은 부실한 완충 용액에서는 몇 분이 걸릴 수도 있다.

7. 수화. 말라버린 전극이 H^+에 대해 정확하게 응답하려면 수용액에서 적어도 2~3시간 걸린다.

8. 온도. pH 미터는 측정이 이루어지는 온도와 같은 온도에서 검정이 이루어져야 한다. 하나의 온도에서 검정을 하고 그것과 다른 온도에서 정확한 측정은 할 수 없다.

오차 1과 2 때문에 유리 전극으로 pH를 측정할 때 정확성은 기껏해야 ±0.02 pH 단위로 제한된다. pH **차이**의 측정은 약 ±0.002 pH 단위까지 정확할 수 있으나, 참(true) pH 자체에 대해 알고 있는 것이 여전히 최소한 열 배 이상 부정확하다. ±0.02 pH 단위의 오차는 $[H^+]$에서 ±5%의 오차에 해당한다.

고체 상태의 pH 센서들

몇몇 pH 센서는 부서지기 쉬운 유리막에 의존하지 않는다. 그림 15-10에 있는 **장효과 트랜지스터**(*field effect transistor*)는 작은 반도체 장치이며, 트랜지스터 표면은 트랜지스터가 담겨 있는 매질에서 나오는 H^+와 결합하는 표면을 갖는다. 외부 매질에 있는 H^+의 농도가 높을수록, 트랜지스터의 표면은 더 많은 플러스 전하를 띤다. 표면 전하는 트랜지스터를 통과하는 전류의 흐름을 조절하고, 따라서 pH 센서로서 작동하게 된다.

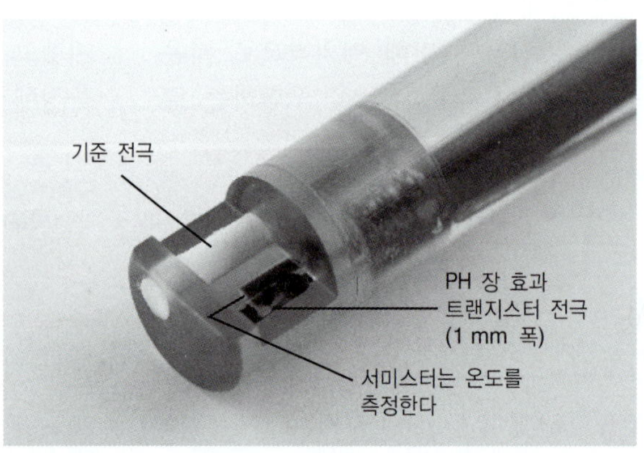

그림 15-10 장 효과 트랜지스터를 기반으로 하는 결합 pH 전극. 서미스터 (thermistor) 는 온도를 감지하고 온도를 자동으로 온도를 보상하는데 사용된다. [courtesy Sentron, Europe BV]

자습문제

15-D. **(a)** 유리 전극을 사용하는 pH 측정과 관련된 오차의 원인을 나열하시오.
(b) 25°C에서 유리 전극 막 사이에 pH 차이가 4.63 pH 단위일 때, pH 기울기(gradient)에 의해 얼마나 많은 전압이 형성되는가? 식 15-6에 있는 상수 β는 1.00이라 가정하시오.
(c) 왜 0.1 M NaOH에서는 유리 전극이 실제 pH보다 낮은 pH를 표시하는가?

15-5 이온 선택성 전극

유리로 만든 pH 전극은 **고체상 이온 선택성 전극**(*solid-state ion-selective electrode*)의 한 예이다. 그 전극의 작동은 (1) 유리 표면과 분석 용액 간에 H^+의 이온 교환 반응과 (2) 유리막을 가로지르는 Na^+의 전달에 달려 있다. 이제 몇 가지 이온 선택성 전극에 대해 알아보자.

고체상 전극

플루오린화 이온(fluoride)에 대한 **고체상 이온 선택성 전극(solid-state ion-selective electrode)**의 이온에 민감한 부분은 EuF_2가 혼입된(doped) LaF_3 결정이다(그림 15-11a) **혼입**(*doping*)은 고체 결정(LaF_3)에 불순물(이 경우에는 EuF_2)을 첨가하는 것이다. 결정의 안쪽 표면은 일정한 농도의 F^-를 포함하는 내부 충전 용액에 드러나 있다. 바깥쪽 표면은 미지 용액에 있는 다양한 농도의 F^-에 드러나 있다. 각각의 결정 표면에 있는 F^-는 표면과 접촉하고 있는 용액에 있는 F^-와 평형을 이루고 있다. 혼입된 LaF_3에서 음이온 빈자리는 F^-가 한 위치에서 이웃한 다음 위치로 건너뛸 수 있게 해주며, 그로 인해 결정을 가로질러 전하가 이동하게 된다(그림 15-11b). 결정을 가로지르는 이온은 거의 없기에 용액에서 농도에 대한 효과는 거의 없다.

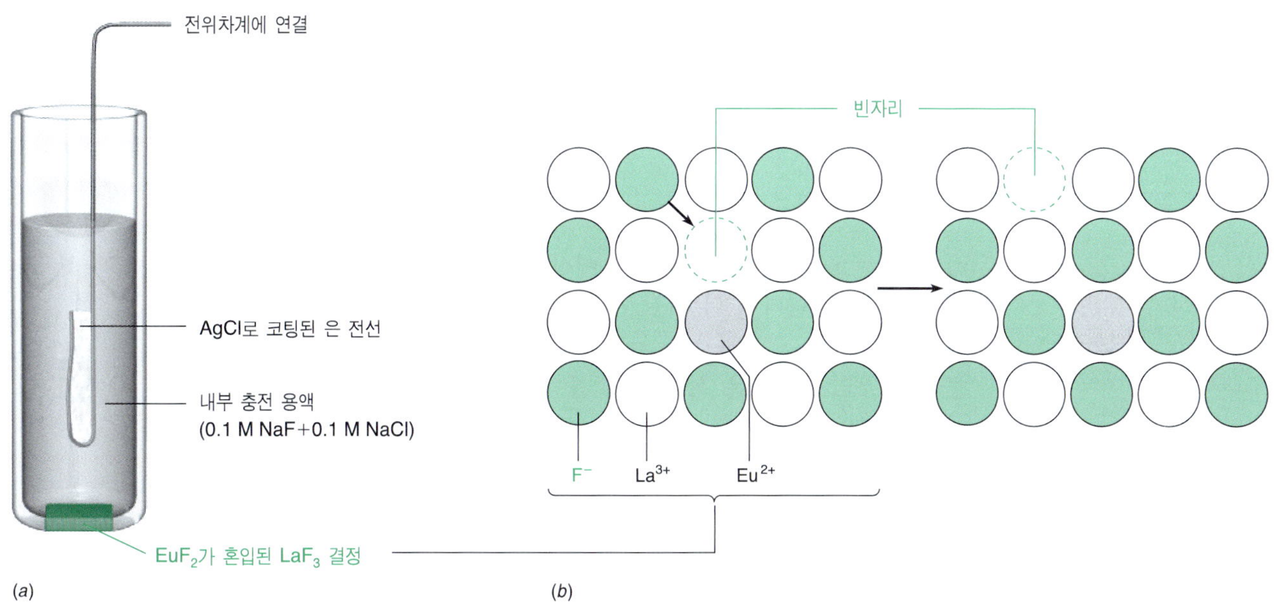

그림 15-11 *(a)* 플루오린화 이온 선택성 전극은 이온 선택성 막으로 EuF_2가 혼입된(doped) LaF_3 결정을 사용한다. *(b)* 혼입된 결정을 통과하는 F^-의 이동 : 전하 보존을 위해, 모든 Eu^{2+}는 결정에서 음이온 빈자리를 수반한다. 이웃하고 있는 F^-가 빈자리로 이동하면서 또 다른 자리가 비게 된다. 이 과정을 반복하면 F^-가 격자를 통과하여 이동한다.

표 15-4 고체상 이온 선택성 전극

이온	농도 범위 (M)	막의 결정[a]	pH 범위	방해 화학종
F^-	$10^{-6} \sim 1$	LaF_3	5 ~ 8	OH^-
Cl^-	$10^{-4} \sim 1$	AgCl	2 ~ 11	CN^-, S^{2-}, I^-, $S_2O_3^{2-}$, Br^-
Br^-	$10^{-5} \sim 1$	AgBr	2 ~ 12	CN^-, S^{2-}, I^-
I^-	$10^{-6} \sim 1$	AgI	3 ~ 12	S^{2-}
CN^-	$10^{-6} \sim 10^{-2}$	AgI	11 ~ 13	S^{2-}, I^-
S^{2-}	$10^{-5} \sim 1$	Ag_2S	13 ~ 14	

a. Ag_2S와 같은 은에 기반을 둔 결정을 포함한 전극은 반드시 어두운 곳에 보관해야 한다. 사용 중에도 빛으로 유발되는 화학적 분해를 방지하기 위해서는 빛을 차단해야 한다.

F^-에 대한 전극의 감응은 다음과 같다.

전극 감응은 다음과 같이 의존한다.

$$\log\left(\frac{[F^-]_{외부}}{[F^-]_{내부}}\right)$$

$[F^-]_{내부}$의 상수값은 식 15-7에 있는 상수 부분에 합병된다.

F^- 전극의 감응 : $$E = 상수 - \beta(0.059\ 16)\log[F^-]_{외부} \quad (15\text{-}7)$$

위 식에서 $[F^-]_{외부}$는 분석 용액에 있는 F^-의 농도이고, β는 1.00에 가깝다. F^-의 농도가 10^{-6} M에서 1 M까지 변하는 동안 전극 감응은 농도 10배당 거의 59 mV이다. 전극은 다른 대부분의 이온들에 비해 F^-에 대한 감응이 10^3배 이상 좋다. 그러나 OH^-에 대한 감응은 F^-에 대한 감응의 1/10 정도이며, 그 결과 OH^-는 심각한 방해를 일으킨다. 낮은 pH에서 F^-는 HF로 바뀌는데 ($pK_a = 3.17$), HF는 전극에 감응하지 않는다. 플루오린화 이온은 충치를 예방하기 위해 식수에 첨가된다. F^- 전극은 도시에 공급되는 수돗물에 플루오린화 이온을 첨가하는 것을 감시하고 조절하는 데 사용된다. 표 15-4에는 몇 가지 다른 고체상 이온 선택성 전극들이 나열되어 있다.

예 제 이온 선택성 전극에 대한 검정 곡선

표준 용액에 담긴 플루오린화 이온 전극은 다음과 같은 전위를 나타냈다.

$[F^-]$ (M)	$\log[F^-]$	E (mV vs S.C.E.)
1.00×10^{-5}	5.00	100.0
1.00×10^{-4}	4.00	41.4
1.00×10^{-3}	3.00	−17.0
1.00×10^{-2}	2.00	−75.4

(a) $[F^-] = 5.00 \times 10^{-5}$ M일 때 예상되는 전위는 얼마인가? **(b)** 어떤 농도의 F^-가 0.0 mV 전위를 나타내겠는가?

해답 (a) 우리의 전략은 식 15-7에 검정 자료를 넣고, 전위를 구하기 위해서 식에 F^-의 농도를 대입하는 것이다.

$$\underbrace{E}_{y} = \underbrace{상수}_{절편} - \underbrace{m}_{기울기} \cdot \underbrace{\log[F^-]}_{x}$$

4장에 있는 최소 제곱법을 이용하여 기울기가 −58.46 mV이며, 절편이 −192.4 mV인 직선을 구하기 위해서 E vs. $\log[F^-]$를 그린다. (그림 15-12). $[F^-] = 5.00 \times 10^{-5}$ M을 대입하면

$$E = -192.4 - 58.46 \log [5.00 \times 10^{-5}] = 59.0 \text{ mV}$$

(b) 만일 $E = 0.0$ mV라면 $[F^-]$의 농도에 대해 풀 수 있다.

$$0.0 = -192.4 - 58.46 \log [F^-] \Rightarrow [F^-] = 5.1 \times 10^{-4} \text{ M}$$

 **복습 문제** $E = -22.3$ mV일 때 $[F^-]$를 구하시오. (**답** : 1.23 mM)

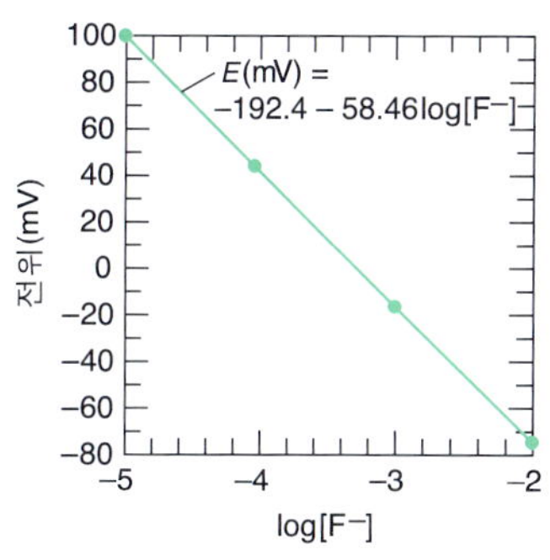

그림 15-12 플루오린화 이온 선택성 전극에 대한 검정 곡선.

액상 이온 선택성 전극

액상 이온 선택성 전극(liquid-based ion-selective electrode) 의 원리는 그림 15-6에서 설명하였다. 그림 15-13은 Ca^{2+} 이온 선택성 전극을 나타내고 있다. 이 전극은 소수성 액체에는 Ca^{2+}와 결합하는 중성 리간드(L)와 소수성 음이온(Na^+R^-) 염이 포화되어 있는 소수성 고분자(염화 바이닐) 막이 특징이다(그림 15-14).

Ca^{2+} 전극의 감응 : $$E = \text{상수} + \beta\left(\frac{0.059\ 16}{2}\right)\log\ [Ca^{2+}]_{\text{외부}} \quad (15\text{-}8)$$

위 식에서 β는 거의 1.00 가깝다. 식 15-8과 15-7은 하나는 음이온을 포함하고, 다른 하나는 양이온을 포함하기 때문에 로그항 앞에 있는 부호가 서로 다르다. 칼슘 이온의 전하는 로그 앞에 있는 분모에 2라는 계수를 필요로 한다. 보충 6-1에서 해양 퇴적물에 있는 암모니아를 측정하는데 사용되는 액상 NH_4^+ 이온 선택성 전극을 보충 15-2에서 설명하고 있다.

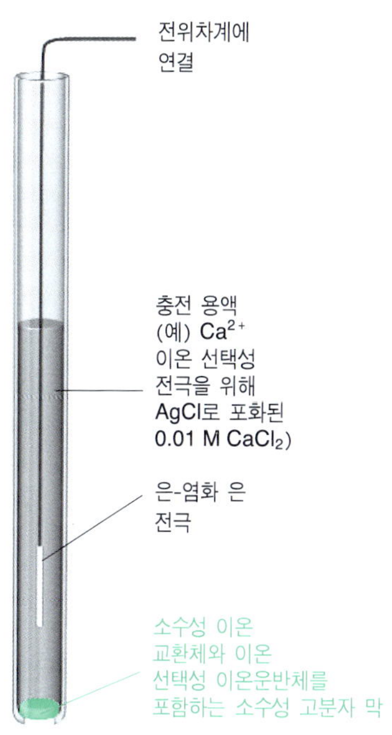

그림 15-13 액체 이온 교환물질을 갖춘 칼슘 이온 선택성 전극.

선택 계수

전적으로 한 종류의 이온에 대해서만 감응하는 전극은 없지만, 유리 전극은 그 중에서 가장 선택적이다. 높은 pH의 유리 전극은 $[H^+] \le 10^{-12}$ M이고, $[Na^+] \ge 10^{-2}$ M일 때만 Na^+에 대해서 응답을 한다(그림 15-9에 있는 전극 E와 F).

만약에 이온 A를 측정하도록 고안된 전극이 방해 이온 X에 대해서도 감응을 한다면 **선택 계수(selectivity coefficient)** 는 다음과 같이 정의된다.

선택 계수 : $$K_{A,X}^{Pot} = \frac{\text{X에 대한 감응}}{\text{A에 대한 감응}} \quad (15\text{-}9)$$

선택 계수가 작을수록 X에 의한 방해는 적다. 액체 이온 교환체로 발리노마이신(valinomycin)을 사용하는 K^+ 이온 선택성 전극은 선택 계수가 $k_{K^+,Na^+}^{Pot} = 1 \times 10^{-5}$, $K_{K^+,Cs^+}^{Pot} = 0.44$, $K_{K^+,Rb^+}^{Pot} = 2.8$을 갖는다. 이 계수들은 K^+ 측정할 때 Na^+에 의한 방해는 거의 없고, Cs^+와 Rb^+에 의한 방해는 크다는 것을 말해 준다.

기본 이온 A와 같은 전하를 띠는 방해 이온 X에 대해서 이온 선택성 전극 감응을 다음과 같이 묘사할 수 있다.

이온 선택성 전극의 감응 : $$E = \text{상수} + \beta\left(\frac{0.059\ 16}{n}\right)\log\left[[A] + \sum_X (K_{A,X}^{Pot}[X])\right] \quad (15\text{-}10)$$

식 15-10은 기본 이온 A와 같은 전하를 가진 방해 이온 X에 대한 전극의 감응을 나타낸다.

위 식에서 n은 A의 전하이고, B는 대부분 전극에서 1에 가깝다.

보충 15-2 암모늄 이온 선택성 미세전극

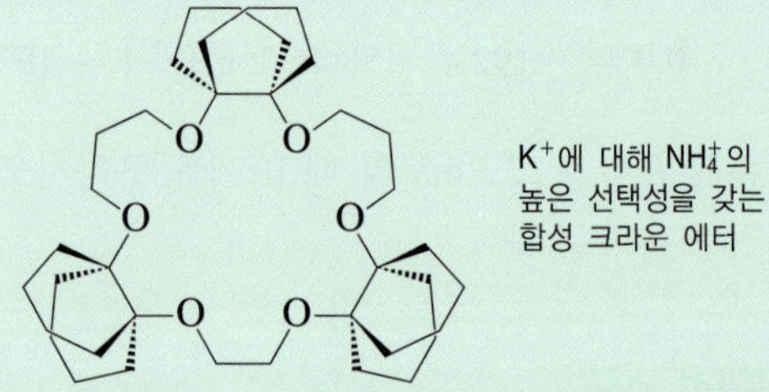

논액틴–발효로부터 분리된 천연 항생물질

보충 6-1은 NH_3이 NO_2^-(아질산 이온)로 산화되고, 결국 NO_3^-(질산 이온)로 산화되는 해양 생태 환경계를 기술하고 있다. 퇴적물 표층의 밀리미터 내에 있는 암모늄 이온은 열린 끝의 지름이 1 μm 정도 되도록 유리 모세관 튜브를 길게 뽑아서 만든 미세전극으로 측정한다. 모세관의 끝부분에 채워진 액체 이온 교환물질이 그림 15-6에 있는 이온 선택성 막으로서 역할을 한다. 천연 항생물질인 논액틴이 그림 15-6에 있는 리간드 L처럼 사용된다. 그것은 산소 원자들의 우리(cage)에서 암모니아와 선택적으로 결합한다. 이온 교환물질의 다른 구성 성분들은 소수성 음이온 R^-를 제공하는 테트라페닐붕산화 소듐(sodium tetraphenylborate)과 소수성 용매로써 *o*-나이트로페닐 옥틸 에터(*o*-nitrophenyl octyl ether)이다.

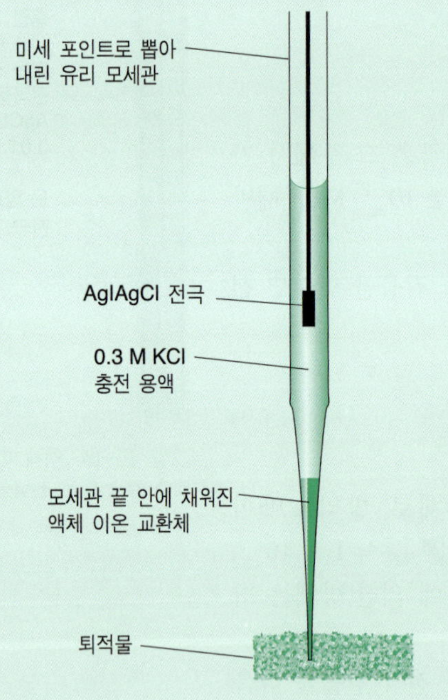

현재 진행되는 연구는 NH_4^+와 K^+를 보다 잘 차별할 수 있는 리간드를 찾는 것에 목표를 두고 있다. 위에 보여준 합성된 크라운 에터는 선택 계수가 $K^{Pot}_{NH_4^+,K^+} = 0.03$인데 반해서, 논액틴의 선택 계수는 단지 $K^{Pot}_{NH_4^+,K^+} = 0.1$이다. 식 15-9에서 선택 계수가 더 작을수록 리간드는 더 선택적이라는 것을 주목해라. 다음 도표는 다양한 방해 이온에 대한 두 개의 리간드에 대한 선택 계수를 비교하고 있다.

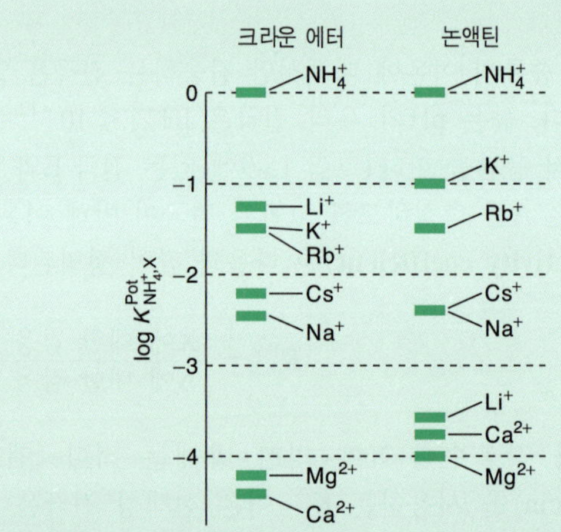

논액틴과 합성된 크라운 에터의 선택성.
[데이터 출처: S. Sasaki, T. Amano, G. Monma, T. Otsuka, N. Iwasawa, D. Citterio, H. Hisamoto, and K. Suzuki, *Anal. Chem.* **2002**, *74*, 4845.]

그림 15-14에 있는 액체를 포함하고 있는 액상 Ca^{2+} 전극에 대해서 가장 심각한 방해는 Sr^{2+}에 의한 것이다. 선택 계수는 $K^{pot}_{Ca^{2+},Sr^{2+}} = 0.13$이다. 다시 말해서, Ca^{2+}의 같은 농도에 대해서 감응하는 Sr^{2+}의 감응도는 13%이다. 대부분 양이온에 대해서 $K^{Pot} < 10^{-3}$이다. 이온 선택성 전극을 사용할 때 표준 용액과 미지 용액의 pH와 이온 세기를 일정하게 유지하려는 것은 좋은 생각이다.

F_3C / B^- / Na^+ / F_3C / 4

소수성 음이온 (R^-)
테트라키스[3,5-비스(트라이플루오로메틸)페닐]붕산화 이온

O / NO_2

소수성 액체 용매
2-나이트로페닐 옥틸 에터

N / O / O / O / N

소수성 Ca^{2+}-결합 리간드(L)
N,N-다이사이클로헥실-*N′,N′*-다이옥타데실-3-옥사펜테인다이아마이드

Cl Cl Cl Cl Cl Cl *n*

그림 15-14 그림 15-13에 있는 Ca^{2+} 이온 선택성 전극 바닥에 있는 막에 있는 액체상 성분들.

예제 선택 계수 이용

플루오린화 이온 선택성 전극은 선택 계수, $K^{pot}_{F^-,OH^-} = 0.1$을 갖는다. 1.0×10^{-4} M F^-가 pH 5.5에서 pH 10.5로 증가할 때 전극 전위는 얼마나 변하는가?

해답 만약에 식 15-10에서 $n = -1$, $\beta = 1$이라면 pH 5.5에서는 무시할 수 있는 OH^-로 전위는 다음과 같다.

$$E = 상수 - 0.059\ 16 \log [1.0 \times 10^{-4}] = 상수 + 236.6\ \text{mV}$$

pH 10.50에서는 $[OH^-] = 3.2 \times 10^{-4}$ M이고, 전극 전위는

$$E = 상수 - 0.059\ 16 \log [1.0 \times 10^{-4} + (0.1)(3.2 \times 10^{-4})]$$
$$= 상수 + 229.5\ \text{mV}$$

그 변화는 $229.5 - 236.6 = -7.1$ mV이고, 이것은 상당한 의미가 있다. pH 변화에 대해 모르고 있었다면 F^-의 농도가 32%만큼 증가한 것으로 생각했을 것이다.

 **복습 문제** −7.1 mV의 변화가 $[F^-]$의 32%의 증가에 해당하는 것임을 보이시오.

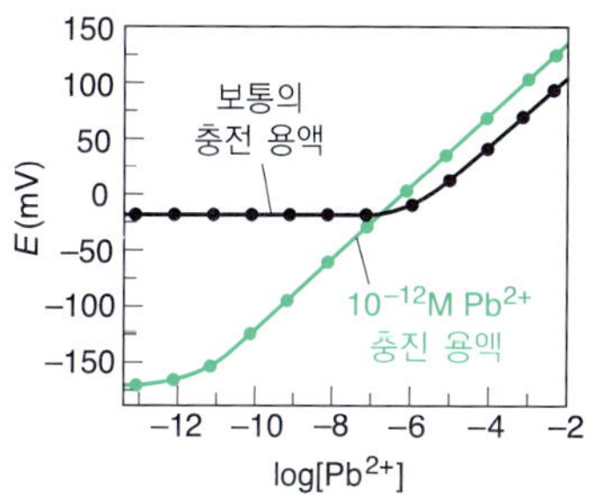

그림 15-15 0.5 mM Pb^{2+}를 포함하는 보통의 충전 용액(검은색 곡선)과 $[Pb^{2+}] = 10^{-12}$ M인 금속 이온 완충 충전 용액(컬러 곡선)을 가진 Pb^{2+} 액상 이온 선택성 전극의 감응. [T. Sokalski, A. Ceresa, T. Zwickl, and E. Pretsch, *J. Am. Chem. Soc.* **1997**, *119*, 11347.]

이온 선택성 전극 검출 한계[5]

그림 15-15에 있는 검은색 곡선은 최근까지도 전형적인 액상 이온 선택성 전극의 것이다. 이 Pb^{2+}전극의 감응은 10^{-6} M 정도되는 분석 농도에서 변동이 없다. 전극은 10^{-6} M보다 더 진한 농도 변화는 검출되지만, 10^{-6} M보다 그 이하의 농도 변화는 검출되지 않는다. 전극 내부에 있는 충전 용액은 0.5 mM $PbCl_2$를 포함하고 있다.

문제 15-27은 금속 이온 완충 용액을 설명하고 있다.

그림 15-15에 있는 컬러 곡선은 똑같은 전극 구성요소를 갖는 전극으로 얻은 것이지만, 내부 충전 용액은 $[Pb^{2+}]$를 10^{-12} M로 고정시킨 **금속 이온 완충 용액**(*metal ion buffer*)으로 대체한 것이다. 이제 이 전극은 분석물인 Pb^{2+} 농도가 $\sim 10^{-11}$ M까지 내려가는 변화에 대해서도 감응한다.

액상 이온 선택성 전극의 감도(sensitivity)는 이온 교환막을 통해 내부 충전 용액으로부터 주된 이온(이 경우에는 Pb^{2+})이 새어나오는 것에 제한을 받는다. 전극 내부에 있는

보충 15-3 전기 전도성 고분자로 만든 이온 선택성 전극을 이용한 단백질 면역감지

전도성 고분자로 액상 이온 선택성 전극의 채움 용액을 대체함으로써 액상 전극의 충전 용액에서 나오는 이온에 의한 방해를 줄이는 것이 가능하다. 채움 용액 혹은 전도성 고분자는 Ag^+ 이온 교환막에 있는 전위차를 내부 금속 전극의 전위로 옮겨준다.

이곳에 나타낸 전극은 전도성 고분자 폴리(3-옥틸싸이오펜)의 얇은 층으로 입힌 금선을 가지고 있다. 고분자가 산화되면 전자는 분자의 공액 근간을 따라서 이동할 수 있다. (**공액** (*Conjugation*)은 분자가 단일 결합과 이중 결합이 교대로 포함하고 있다는 것을 의미한다.) 산화된 고분자의 전도도는 금속 구리의 전도도의 약 0.1%까지 커진다. 얇은 층을 입힌 선은 10 μL 플라스틱 피펫의 끝(tip)을 채우고, 끝의 열린 곳은 Ag^+에 대해서 매우 선택성이 있는 리간드(그림 15-6에 있는 L)를 포함하는 이온 교환막으로 두툼하게 입혀져 있다. 이 전극을 1 nM $AgNO_3$ 용액에서 상태를 잘 조절하면 이 전극은 10 nM Ag^+까지 선형 감응과 함께 약 2 nM의 검출한계를 보여준다.

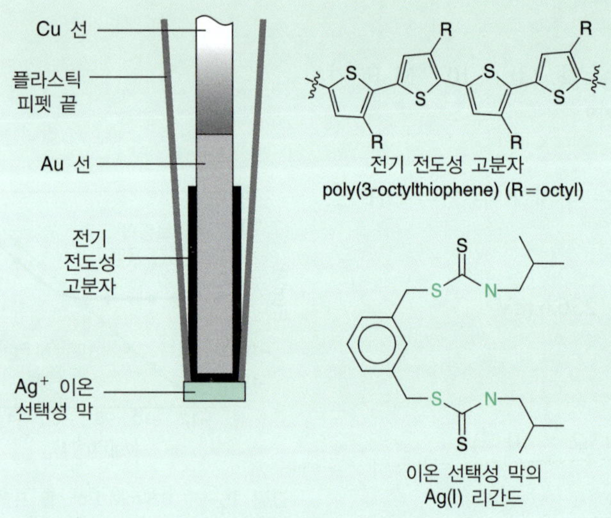

채움 용액 대신에 전도성 고분자로 구성한 Ag^+ 이온 선택성 전극

Ag^+ 전극은 **항체**를 사용하는 "샌드위치 면역측정(sandwich immunoassay)"에서 하나의 단백질을 감도있게 검출하는데 이용된다. **항체 (antibody)**는 보통 **항원 (antigen)**이라 부르는 외부 분자에 대응해서 동물의 면역체계에서 생산되는 단백질이다. 하나의 항체는 항체의 합성을 자극하는 항원에 매우 명확하게 인식하고 결합을 한다.

샌드위치 면역측정에서 분석하려는 단백질은 항원이다. 항체는 금 표면에 결합되어 있다. 분석물 도입이 되면 그것은 항체에 결합한다. 그 후에 분석물과 결합하는 두 번째 항체를 도입한다. 두 번째 항체는 약 10^5개의 금 원자를 포함하고 있는 지름이 13 nm 정도 되는 금 입자가 공유결합되어 있는 것을 포함하고 있다. 결합하지 않은 항체를 씻어버린 후에 금속 Ag를 금 나노 입자 표면에 촉매반응으로 석출시킨다. 본래 입자에 있는 Au 원자 한 개마다 대략 100개의 Ag 원자가 석출된다. 그러므로 항체 분자당 약 10^7 Ag 원자가 있다.

주된 이온의 농도를 낮춤으로써 막 외부로 새는 이온 농도는 몇 자릿수로 감소하고, 검출한계도 그에 상응하여 감소한다. Pb^{2+}에 대한 검출 한계가 10^5만큼 개선되었을 뿐 아니라 다른 양이온에 대해 Pb^{2+}의 관측된 선택성도 몇 자릿수만큼 증가한다. 고체상 전극의 감도는 충전 용액을 변화시켜서 낮출 수는 없다. 왜냐하면 분석물의 농도는 이온 선택성 막을 형성하는 무기염 결정의 용해도에 의해 지배를 받기 때문이다.

복합 전극

복합 전극 (compound electrode)은 전극에 감응하는 분석물을 분리(혹은 생성)하는 막으로 둘러싸인 보통 전극이다. 그림 15-16에 있는 CO_2 기체-감응 전극은 평범한 유리 pH 전극이 고무, 테플론, 혹은 폴리에틸렌으로 만들어진 반투과막에 갇혀 있는 전해질 용액으로 둘러 쌓여 있다.[6] 은-염화 은 기준 전극은 전해질 용액에 담겨 있다. CO_2가 반투과막을 통해서 확산될 때, 전해질 칸의 pH를 낮춘다. 그것은 유리막을 가로지르는 전압차를 변화시킨다. 이것을 2개의 은-염화 은 전극으로 측정하는 것이다.

분석을 완결하기 위해서 Ag 금속을 과산화수소(H_2O_2)를 사용해서 Ag^+로 산화시키고, 이탈된 Ag^+를 이온 선택성 전극으로 측정한다. 대략 분석하려는 한 개의 단백질 분자마다 대략 10^7개의 Ag^+ 이온이 생성된다. 이런 분석(assay)은 분석 신호를 10^7배로 **증폭시킨다**(*amplifies*)고 말한다. 이 분석으로 50 μL 시료에 있는 분석하려는 단백질을 12 pmol (12×10^{-12} mol)까지 검출한다. Ag^+ 이온 선택성 전극을 사용해서 리보핵산(RNA)에 대해 유사한 분석을 하면 4 μL 시료에 있는 0.2 amol (2×10^{-19} mol, 120 000분자)를 검출한다.

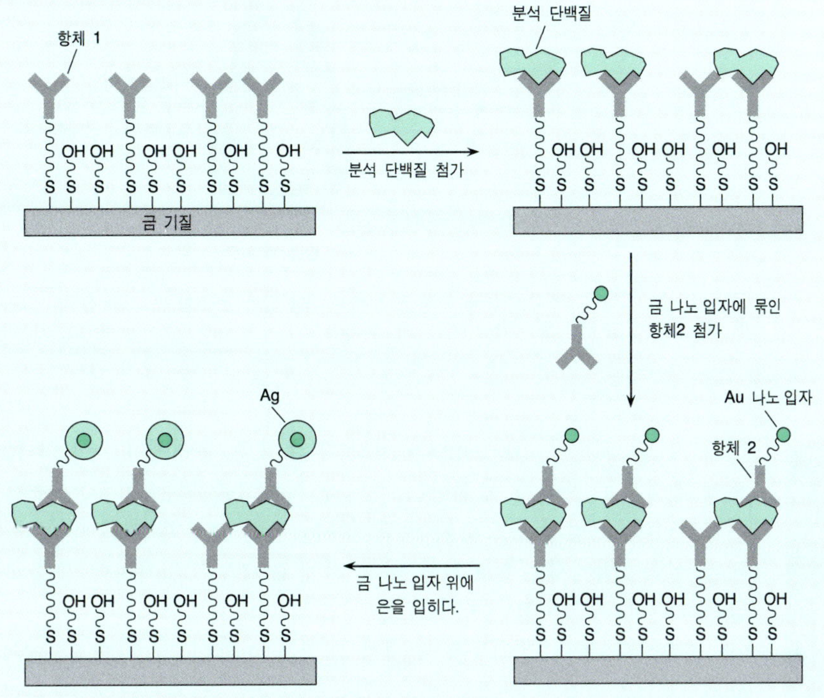

금 나노 입자 위에 금속 은의 석출을 사용하는 샌드위치 면역측정 [From K. Y. Chumbimuni-Torres, Z. Dai, N. Rubinova, Y. Xiang, E. Prëtsch, J. Wang, and E. Bakker, *J. Am. Chem. Soc.* **2006**, *128*, 13676.]

NH_3, SO_2, H_2S, NO_x(산화 질소), HN_3(히드라진산) 등을 포함해서 산성 혹은 염기성 기체들도 같은 방법으로 검출할 수 있다. 이 전극들은 **기체상에 있는** 혹은 용액에 녹아 있는 기체를 측정하는 데 사용할 수 있다. 시범 8-2에서 유리 pH 전극 위에 있는 물 박막이 반투과막이 없어도 $SO_2(g)$와 기체 $NH_3(g)$에 대한 검출기로 기여하고 있다.

몇몇 기발한 복합 전극은 분석물의 반응을 촉진시키는 효소로 겉을 바른 보통 전극을 포함하고 있다. 반응의 생성물을 이 전극으로 검출한다. 효소를 기반으로 만든 복합 전극은 효소가 오직 관심 있는 화학종과 극단적으로 구체적인 반응을 하기 때문에 최고로 선택적이다.

자습문제

15-E. 보충 6-1에서는 바닷물 수족관에서 발견되는 아질산염의 측정에 대해 논의하였다. 이제 암모니아 선택성 복합 전극을 이용하여 수족관에 있는 암모니아 측정에 대해 생각

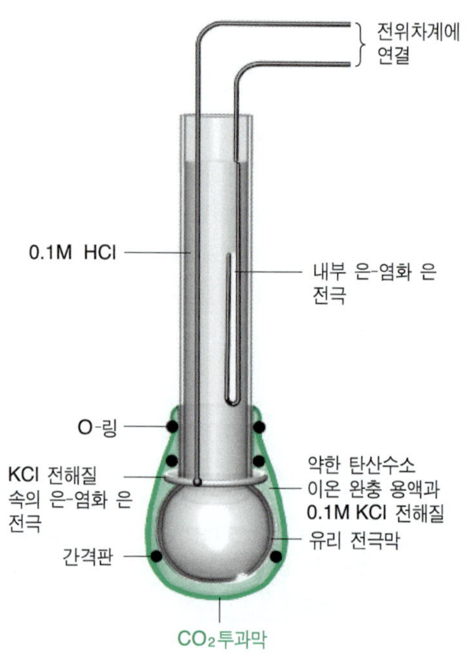

그림 15-16 CO_2 기체-감응 전극. 유리 전구 바로 위에 있는 은-염화 은 기준 전극은 그림 15-7에 있는 결합 pH 전극에 있는 바깥쪽 은-염화 은 전극과 같은 기준 전극이다.

[Rachwal/Dreamstime.com.]

해 보자. 그 과정은 100.0 mL의 미지 혹은 표준 용액에 1.0 mL의 10 M NaOH를 섞고 난 후에 전극으로 NH_3를 측정하는 것이다. NaOH를 넣는 이유는 pH를 11 이상으로 올리기 위해서인데, 그렇게 함으로써 암모니아는 거의 모두가 NH_4^+가 아닌 NH_3로 있다(훨씬 엄격한 실험방법에서는 NaOH를 넣기 전에 EDTA를 첨가하여 금속 이온과 결합하게 하여, 금속 이온과 결합하고 있던 NH_3를 분리해 낸다.).

(a) 연속해서 표준 용액들을 측정한 결과는 아래와 같다. 전위(mV) 대 log(질소 농도를 ppm으로)의 검정 곡선을 그리고, 최소 제곱법으로 직선의 식을 구하시오(원래 표준 용액에 있는 질소에 대해 검정을 한다. 여기서는 NaOH에 의한 희석 인자를 고려하지 않는다).

NH_3 질소 농도 (ppm)	log [N]	전극 전위 (S.C.E.에 대한 mV)
0.100	−1.000	72
0.500	−0.301	42
1.000	0.000	25

(b) 두 학생이 수족관에 있는 NH_3를 측정하고, 106과 115 mV의 값을 관찰하였다. 각 학생들이 보고한 NH_3 질소 농도(ppm으로)는 얼마인가?

(c) 수족관에 필요한 인공해수는 정확한 부피의 증류수에 상업용 해수염 혼합물을 첨가하여 만든다. 해수염 혼합물에 있는 NH_4Cl 불순물은 건강에 해로운 수준이다. 따라서 물고기가 들어 있는 어항에 넣기 전에 금방 만든 인공해수에서 $NH_3(g)$를 제거하기 위해 수 시간 동안 공기를 불어 넣어주는 것이 필요하다. 한 학생이 금방 만든 인공해수에 공기를 불어 넣기 전에 NH_3의 농도를 측정하여 56 mV의 전위를 얻었다. 금방 만들어진 인공해수 내 NH_3의 농도는 얼마인가?

주요식

전체 전지의 전압 $E = E_+ - E_-$ (14장부터 반복된다)
E_+ = 계기의 + 단자에 연결된 전극의 전압
E_- = 계기의 − 단자에 연결된 전극의 전압

M^+로 X^- 적정하기
V_e 이전 : $[M^+] = K_{sp}/[X^-]$
V_e 에서 : $[M^+] = [X^-] = [\sqrt{K_{sp}}]$
V_e 이후 : $[M^+] = \dfrac{\text{과량의 } M^+ \text{ 몰수}}{\text{전체 부피}}$

유리 pH 전극의 감응
E = 상수 + $\beta(0.059\ 16)\,\Delta\text{pH}$
ΔpH = (분석물질의 pH) − (전극 내부 용액의 pH)
$\beta(\approx 1.00)$는 표준 완충 용액으로 측정한다.
상수 = 비대칭 전위(검정으로 측정한다)

이온 선택성 전극 감응
$E = \text{상수} + \beta\left(\dfrac{0.059\ 16}{n}\right)\log\left[[A] + \sum_X K_{A,X}^{Pot}[X]\right]$
n = 부호를 포함해서 이온이 띤 전하의 수
A = 전하 n을 띤 분석물질 이온
X = 전하 n을 띤 방해 이온
$k_{A,X}^{Pot}$ = 선택 계수

알아두어야 할 술어

결합 전극(combination electrode)
고체상 이온 선택성 전극(solid-state ion-selective electrode)
복합 전극(compound electrode)
선택 계수(selectivity coefficient)
액상 이온 선택성 전극(liquid-based ion-selective electrode)
유리 전극(glass electrode)
이온 선택성 전극(ion-selective electrode)
전위차법(potentiometry)
접촉 전위(junction potential)
항원(antigen)
항체(antibody)

문제

15-1. 0.10 M $CuSO_4$ 용액에 Cu 선과 포화된 Ag | AgCl 전극을 담가서 전지를 만들었다. Cu 선은 전위차계의 플러스 단자에 연결되었고, 기준 전극은 마이너스 단자에 연결되었다.
(a) Cu 전극에 대한 반쪽 반응을 적으시오.
(b) Cu 전극에 대한 네른스트 식을 적으시오.
(c) 전지 전압을 계산하시오.

15-2. 0.002 17 M $Br_2(aq)$와 0.234 M Br^-이 포함된 용액에 Pt와 포화 칼로멜 전극을 담갔다. Pt는 전위차계의 플러스 단자에 연결되어 있다,
(a) Pt에서 일어나는 반응을 적고, 반쪽 전지 전압 E^+를 구하시오.
(b) 순전지 전압, E를 구하시오.

15-3. 그림 15-1에 있는 전지에서 0.200 M $AgNO_3$로 0.100 M NaSCN 50.0 mL 용액을 적정하였다. V_{Ag^+} = 0.1, 10.0, 25.0, 30.0 mL일 때 $[Ag^+]$와 E를 구하고, 적정 곡선을 그리시오.

15-4. 그림 15-1에 있는 전지에서 0.025 0 M NaBr로 0.050 0 M $AgNO_3$ 10.0 mL 용액을 적정하였다. V_{Br^-} = 0.1, 10.0, 20.0, 30.0 mL일 때 전지 전압을 구하고, 적정 곡선을 그리시오.

15-5 그림 15-1에 있는 전지에서 0.025 0 M $AgNO_3$로 0.050 0 M NaCl 25.0 mL 용액을 적정하였다. V_{Ag^+} = 1.0, 10.0, 50.0, 60.0 mL일 때 $[Ag^+]$와 E를 구하고, 적정 곡선을 그리시오.

15-6. 고급 문제. 그림 15-1에 있는 것과 유사한 전지에서 0.100 M $Hg_2(NO_3)_2$로 0.100 M NaCl 50.0 mL 용액을 적정하였다. 다만 은 전극 대신 수은 전극을 사용하였다. 전지는 S.C.E ‖ 적정 반응 | Hg(l)이다.
(a) 적정 반응식을 쓰고 당량 부피를 구하시오.
(b) 수은 전극에서 전기화학적 평형은 $Hg_2^{2+} + 2e^- \rightleftharpoons 2Hg(l)$이다. 식 15-1과 유사한 전지 전압에 대한 식을 유도하시오.
(c) $Hg_2(NO_3)_2$를 다음과 같이 첨가할 때 전지 전압을 계산하시오. 0.1, 10.0, 25.0, 30.0 mL. 적정 곡선을 그리시오.

15-7. 0.1 M KNO_3 | 0.1 M NaCl에서 어느 쪽의 액간 접촉이 마이너스인가? 그 이유를 설명하시오.

15-8. 표 15-3에는 액간 접촉 0.1 M HCl | 0.1 M KCl은 +27 mV의 전압을 갖고, 접촉 0.1 M HCl | 3.5 M KCl은 +3.1 mV의 전압을 갖는다. 각 접촉에서 어느 쪽이 플러스가 되겠는가? 전압

이 0.1 M KCl일 때보다 3.5 M KCl일 때 왜 훨씬 더 적은가?

15-9. 그림 15-9에 있는 전극 C가 pH 11.0 용액에 놓여 있다면 읽은 pH는 얼마인가?

15-10. 그림 15-7에 있는 Ag | AgCl 외부 전극을 포화 KCl 대신에 0.1 M NaCl로 채웠다고 가정하자. 이 전극을 25°C와 pH 6.54에서 0.1 M KCl을 포함하는 묽은 완충 용액에서 검정하였다고 가정하자. 그런 후에 이 전극을 **같은 pH**와 같은 온도이지만, 3.5 M KCl을 포함하는 두 번째 완충 용액에 담갔다.

(a) 표 15-3을 이용하여 접촉 전위의 변화를 추정해 보시오. 그리고 표시된 pH는 얼마나 변할 것인지를 추정하시오.

(b) 접촉 전위에 있어서 변동이 겉보기 pH를 6.54에서 6.60으로 변화를 주었다고 가정하자. $[H^+]$는 몇%가 변한 것으로 보이나?

15-11. pH 전극으로 산-염기 적정시에 종말점을 매우 정확하게 찾을 수 있다. 이에 비해 다소 부정확함에도 불구하고 왜 pH 전극을 이용하여 H^+의 농도를 측정하는가?

15-12. 액상 이온 선택성 전극의 작동 원리를 설명하시오.

15-13. 단순한 이온 선택성 전극과 복합 전극은 어떻게 다른가?

15-14. 선택 계수는 무엇을 말해 주는가? 선택 계수가 큰 것과 작은 것 중 어느 쪽이 더 좋은 것인가?

15-15. 보충 15-2에 있는 NH_4^+ 전극과 비슷한 마이크로피펫 H^+ 이온 선택성 전극을 살아 있는 커다란 세포의 내부 pH를 측정하기 위해 만들었다. 전극을 세포 안에 찔러 넣어 사용한다(기준 전극도 비슷하게 작은 크기로 만들었다.)[7]. H^+ 이온 선택성 전극의 끝부분에 있는 이온 교환물질은 *o*-나이트로페닐 옥틸 에터(*o*-nitrophenyl octyl ether)에 녹인 10 wt% 트라이도데실아민(tri(dodecyl) amine)$[(C_{12}H_{25})_3N]$과 0.7 wt% 테트라페닐붕산화소듐(sodium tetraphenylborate)을 이용하여 만든다. Na^+, K^+, Mg^{2+}, Ca^{2+}의 금속 이온의 방해 없이 세포 내부나 외부 측정을 하기에 충분한 H^+의 선택성이 있다. 이 전극이 어떻게 동작하는지 설명하시오.

15-16. 보충 15-3에 있는 이온 선택성 전극에서 전기 전도성 고분자의 목적은 무엇인가? 액상 이온 선택성 전극의 충전 용액을 전도성 고분자로 대체하면 장점은 무엇인가?

15-17. 전극을 1.00×10^{-4} M $MgCl_2$에서 1.00×10^{-3} M $MgCl_2$로 옮긴다면 이상적인 Mg^{2+} 이온 선택성 전극의 전위는 몇 볼트나 변하는가?

15-18. 25°C에서 네른스트 방식의 감응을 따르는 F^- 이온 선택성 전극을 이용하여 측정한 결과, Massachusetts주의 Foxboro 지방의 플루오르 처리를 하지 않은 지하수에 있는 F^-로 인한 전위는 Rhode Island의 Providence 지방에 있는 수돗물의 전위보다 40.0 mV 더 플러스였다. Providence 지방에서는 권고하는 플루오르 농도를 1.00 ± 0.05 mg F^-/L 수준으로 유지한다. Foxboro 지방의 지하수에 있는 F^-의 농도(mg/L)는 얼마인가?(불확정성은 무시하라.)

15-19. 사이안화 이온 선택성 전극은 다음 식을 따른다. $E = \text{상수} - (0.059\ 16)\log[CN^-]$ 전극이 1.00×10^{-3} M NaCN에 담겨 있을 때 전위는 -0.230 V였다.

(a) 전극에 대한 식에 있는 상수를 구하시오.

(b) 만약에 $E = -0.300$ V라면 CN^-의 농도를 구하시오.

15-20. 리튬 전극에 대한 선택 계수 $K^{Pot}_{Li^+,Na^+}$은 5×10^{-3}이다. 이 전극을 3.44×10^{-4} M Li^+ 용액에 두었을 때, 전위는 S.C.E에 대해 -0.333 V이다. Na^+를 첨가해서 0.100 M Na^+가 되었을 때 전위는 얼마가 될 것인가? Na^+가 방해 이온인지를 알지 못했다면 Na^+를 포함하는 용액으로서 같은 전위를 띠게 하는 Li^+의 겉보기 농도는 얼마가 되겠는가?

15-21. Ca^{2+} 이온 선택성 전극은 선택 계수 $K^{Pot}_{Ca^{2+},Mg^{2+}} = 0.010$을 갖고 있다. 0.100 mM Ca^{2+}에 1.0 mM Mg^{2+}를 첨가한다면 전극 전위는 얼마가 될 것인가? 똑같은 전위차를 만들기 위해서는 $[Ca^{2+}]$는 몇 퍼센트 변해야 하는가?

15-22. 모든 용액이 1 M NaOH를 포함했을 때 암모니아 기체 감응 전극은 다음과 같은 검정 점들을 나타내었다.

NH_3(M)	E(mV)	NH_3(M)	E(mV)
1.00×10^{-5}	268.0	5.00×10^{-4}	368.0
5.00×10^{-5}	310.0	1.00×10^{-3}	386.4
1.00×10^{-4}	326.8	5.00×10^{-3}	427.6

312.4 mg 무게의 건조한 음식 시료를 모든 질소를 NH_4^+로 바꾸려고 Kjeldahl 과정(10-6절)에 의해 삭혔다(digest). 그 삭인 용액을 1.00 L로 묽히고, 그 중 20.0 mL를 100 mL 부피 플라스크로 옮겼다. 그 20.0 mL를 10.0 mL의 10.0 M NaOH로 처리하였고, 또한 삭임 과정에서 나온 Hg 촉매를 복합물을 만들기에 충분한 NaI를 첨가하고 100.0 mL로 묽혔다. 암모니아 전극으로 측정했더니 이 용액은 339.3 mV 값을 나타냈다.

(a) 검정 자료로부터 100 mL 용액에 있는 $[NH_3]$를 구하시오.

(b) 음식 시료에 있는 질소의 wt%를 계산하시오.

15-23. 2개의 NH_4^+ 이온 선택성 전극의 선택성은 보충 15-2에 나타나 있다.

(a) 각 전극에 대해서 어떤 알카리 금속(1족)이 가장 많이 방해하는가?

(b) K^+ 방해는 논액틴에서 크라운 에터로 전환함으로써 감소된다. 다음을 추정하시오

$K^{Pot}_{NH_4^+,K^+}$(크라운 에터)/$K^{Pot}_{NH_4^+,K^+}$(논액틴)

15-24. **(a)** La^{3+} 이온에 대한 La^{3+} 이온 선택성 전극의 감응에 대해서 15-8과 유사한 표현을 적으시오.

(b) 만약 $\beta \approx 1.00$이라면 전극을 1.00×10^{-4} M $LaClO_4$에서 1.00×10^{-3} M $LaClO_4$로 옮기면 전위가 몇 밀리볼트까지 변하겠는가?

(c) 만약에 전극을 2.36×10^{-4} M $LaClO_4$에서 4.44×10^{-3} M $LaClO_4$로 옮기면 전극의 전위는 몇 밀리볼트까지 변하겠는가?

(d) 1.00×10^{-4} M $LaClO_4$에서 전극 전위가 +100 mV이고, 선택 계수 $K_{La^{3+}, Fe^{3+}}$가 $\frac{1}{1200}$이다. 0.010 M Fe^{3+}를 첨가할 때 전위는 얼마가 될까?

15-25. Ca^{2+} 이온 선택성 전극을 표준 용액에 담갔을 때 다음과 같은 데이터를 얻었다.

Ca^{2+}(M)	E(mV)
3.38×10^{-5}	−74.8
3.38×10^{-4}	−46.4
3.38×10^{-3}	−18.7
3.38×10^{-2}	+10.0
3.38×10^{-1}	+37.7

(a) E 대 $\log[Ca^{2+}]$의 그래프를 만드시오. 4-8절에서 얻은 최소 제곱 스프레스시트를 사용해서 점을 통과하는 최적의 직선 기울기와 y절편(그리고 그들의 표준 편차)을 구하시오.

(b) −22.5 mV를 나타내는 시료의 농도를 계산하시오.

(c) 스프레드시트는 $\log [Ca^{2+}]$에 불확정성을 나타내고 있다. $\log [Ca^{2+}]$에 대한 위쪽과 아래쪽 한계를 이용하여 Ca^{2+} 농도를 $[Ca^{2+}] = x \pm y$로 표현하시오.

15-26. 14개 이온 선택성 전극을 동일한 용액에 있는 Ca^{2+}를 측정하기 위해 사용했고 다음과 같은 결과를 얻었다. $[Ca^{2+}]$ = 1.24, 1.13, 1.20, 1.20, 1.30, 1.12, 1.27, 1.19, 1.27, 1.22, 1.23, 1.23, 1.25, 1.24 mM. 평균에 대한 95% 신뢰 구간을 구하시오. 실제 농도가 1.19 mM이라고 알려져 있다면 이온 선택성 전극을 이용한 측정 결과는 95% 신뢰 구간에서 알려진 값의 실험오차 범위 안에 있는가?

15-27. 금속 이온 완충 용액. EDTA와 Pb^{2+}가 반응하여 금속 착화합물을 생성하는 반응을 생각해 보자. $Pb^{2+} + EDTA \overset{K_f'}{\rightleftharpoons} PbY^{2-}$, 위 식에서 EDTA는 금속에 결합되지 않은 모든 형태의 EDTA를 나타낸다(식 13-1, 13-7). 유효 형성 상수 K_f'은 형성 상수 K_f와 연관되어 있다. $K_f' = \alpha_{Y^{4-}} K_f$이고, $\alpha_{Y^{4-}}$는 Y^{4-} 형태로 있는 결합되지 않은 EDTA의 분율이다. EDTA와 PbY^{2-}의 농도를 고정시키면 납 이온 완충용액을 만들 수 있다. 이 두 개의 농도와 형성 상수를 알면 $[Pb^{2+}]$를 계산할 수 있다. 그림 15-15에 있는 컬러 곡선에 대한 전극에서 사용되는 납 이온 완충 용액은 0.10 M $Pb(NO_3)_2$ 0.74 mL와 0.050 M Na_2EDTA 100.0 mL를 섞어 만든다. 측정된 pH가 4.34일 때 $\alpha_{Y^{4-}} = 1.5 \times 10^{-8}$이다(식 13-5). $[Pb^{2+}] = 1.0 \times 10^{-12}$ M임을 보이시오.

응용문제

15-28. 다음 그래프는 액상 아질산 (NO_2^-) 이온 선택성 전극의 감응에 대한 pH의 영향을 보여주고 있다. 이상적으로는 감응은 pH와 무관하게 평탄할 것이다.

(a) 아질산 이온은 아질산의 짝염기이다. 낮은 pH 영역에서는 왜 곡선이 올라가는가?

(b) 높은 pH 영역에서는 왜 곡선이 내려가는가?

(c) 이 전극을 사용할 때 최적의 pH는 얼마인가?

(d) 최적의 pH에서 그래프 위에서 점들을 측정하고 mV와 $\log[NO_2^-]$ 간의 곡선을 그리시오. 직선 감응을 하는 영역에서 가장 낮은 농도는 얼마인가?

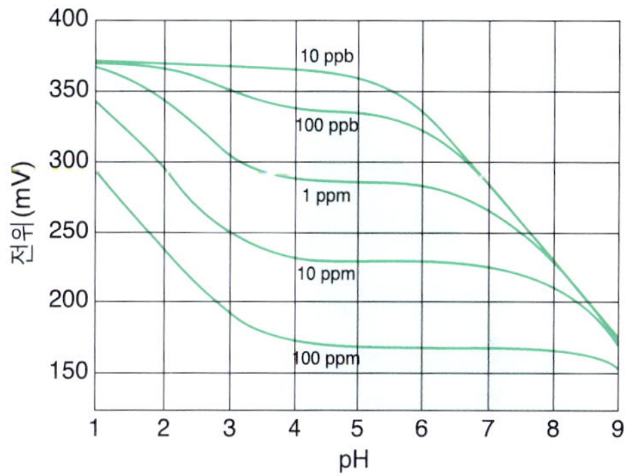

아질산 이온 선택성 전극의 감응. 음영이 진 부분은 pH와 거의 무관하게 감응하는 영역이다. [From S. J. West and X. Wen, *Am. Environ. Lab.* September 1997, p.15.]

주와 참고문헌

1. M. H. Hecht, S. P. Kounaves, R. C. Quinn, S. J. West, S. M. M. Young, D. W. Ming, D. C. Catling, B. C. Clark, W. V. Boynton, J. Hoffman, L. P. DeFlores, K. Gospodinova, J. Kapit, and P. H. Smith, *Science* **2009**, *325*, 64.

2. E. Bakker, P. Bühlmann, and E. Pretsch, *Chem. Rev.* **1997**, *97*, 3083.

3. Make a glass electrode from a glass Christmas tree ornament in an instructive experiment : R. T. da Rocha, I. G. R. Gutz, and C. L. do Lago, *J. Chem. Ed.* **1995**, *72*, 1135.

4. The reference electrode in the Ross combination electrode is Pt | I_2, I^-. This electrode gives improved precision and accuracy over conventional pH electrodes [R. C. Metcalf, *Analyst* **1987**, *112*, 1573].

5. For a review, of ion-selective electrode detection limits, see E. Bakker and E. Pretsch, *Angew. Chem. Int. Ed.* **2007**, *46*, 5660.

6. Build a CO_2 compound electrode : S. Kocmur, E. Cortón, L. Haim, G. Locascio, and L. Galagosky, *J. Chem. Ed.* **1999**, *76*, 1253.

7. D. Ammann, F. Lanter, R. A. Steiner, P. Schulthess, Y. Shijo, and W. Simon, *Anal. Chem.* **1981**, *53*, 2267.

고온 초전도체

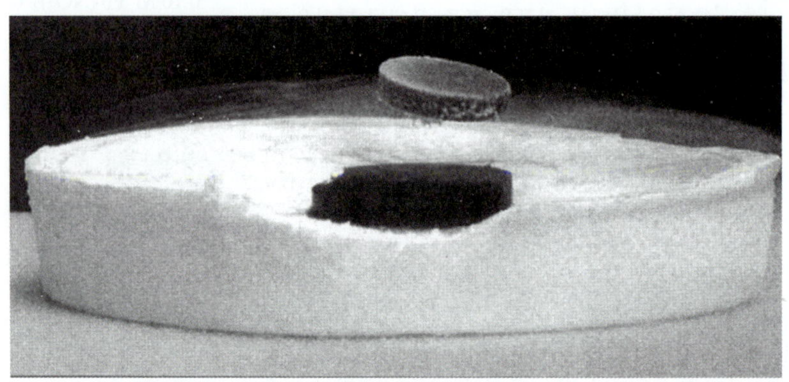

액체 질소 통에서 냉각된 초전도체 원판 위에 영구자석이 떠 있다. 산화환원 적정은 초전도체의 화학적 조성을 측정하는 데 결정적이다. [사진: D. Cornelius, and T. Vanderah. Michelson Laboratory]

초전도체 (*superconductor*) 는 임계 온도 이하로 냉각시키면 전기 저항을 완전히 잃는 물질이다. 1987년 이전까지 알려진 모든 초전도체들은 액체 헬륨의 온도 (4 K) 근처까지 냉각시키는 것이 필요했다. 그것은 몇몇 경우를 제외하고는 비용도 비싸고 실요적이지 못한 과정이다. 1987년에 액체 질소의 끓는점 (77 K) 보다 높은 온도에서도 초전도성을 유지하는 "고온" 초전도체가 발견되었을 때 커다란 진전이 있었다.

초전도체의 가장 놀라운 특성은 위에 보여준 자기 부상 효과이다. 초전도체에 자기장을 걸어주면 외부에서 걸어준 자기장이 유도 자기장에 의해서 정확히 상쇄되도록 그 물체의 표면에 전류가 흐른다. 그래서 물체 내부의 순(net)자기장은 0이 된다. 초전도체 표면에 있는 전류 흐름으로 자석은 밀려나고 초전도체 위에 떠 있게 된다. 초전도체로부터 자기장을 축출하는 것을 Meissner **효과** (*Meissner effect*) 라고 한다.

고온 초전도체의 전형적인 예는 이트륨 바륨 구리 산화물 $YBa_2Cu_3O_7$이다. 이 물질의 구리 중 2/3는 +2의 산화 상태에 있고, 1/3은 흔하지 않은 +3 산화 상태에 있다. 또 다른 예는 $Bi_2Sr_2(CA_{0.8}Y_{0.2})Cu_2O_{8.295}$인데, 이 물질에서 구리의 평균 산화 상태는 +2.105이고, 비스무트의 평균 산화 상태는 +3.090이다 (정식으로는 Bi^{3+}와 Br^{5+}의 혼합물이다.) 이 복합 화학물질의 화학식을 밝혀낼 가장 믿을 만한 방법은 이 장의 마지막 문제에서 설명할 산화환원 적정법이다.

16

산화환원 적정

산화환원 반응은 어디에라도 있다. 식물에서 광합성과 사람의 몸에서 음식의 대사도 산화환원 반응이다. 환경공학에서는 **환원제** (*reducing agent*) Fe(0)로 지하수 층에 있는 오염원을 치료할 수 있다. FeO_4^{2-}에 있는 Fe(IV) **산화제** (*oxidizing agent*)는 다른 오염원들을 파괴한다(그림 17-2). 예를 들어, 필름현상, 금속 분리, 전기도금, 코크스 생산에서 발생하는 싸이오사이안산 이온(SCN^-)은 Fe(IV)에 의해서 환경 친화적인 생성물인 SO_4^{2-}로 산화된다.

분석 화학에서 **산화환원 적정(redox titration)**은 분석물과 적정액 사이에 진행되는 산화환원 반응에 기반을 두고 있다. 일반적인 분석에서 사용되는 산화제는 아이오딘(I_2), 과망가니즈산 이온(MnO_4^-), 세륨 이온(Ce^{4+}), 다이크로뮴산 이온(CrO_7^{2-})을 포함하고 있다. Fe^{2+} (ferrous ion)와 Sn^{2+} (stannous ion) 같은 환원제로 적정하는 것은 일반적이지 못한데 그것은 대부분의 환원제 용액은 O_2와 반응이 되는 것을 막으려면 공기로부터 보호해할 필요기 있기 때문이다.

보충 16-1은 환경 분석에서 **화학적 산소 요구량**을 측정하기 위해서 다이크로뮴산 이온이 어떻게 사용되는지를 설명한다.

16-1 산화환원 적정의 이론

Fe(II) 이온을 표준 Ce(IV)으로 적정하는 반응을 생각해 보자. 그 과정은 그림 16-1에 보여준 것처럼 전위차법으로 추적할 수 있다. (표준이라는 단어는 Ce(IV)의 농도를 이미 알고 있다는 것을 의미한다.) 적정 반응은 다음과 같다.

적정 반응 :

$$\underset{\text{세륨 4가 이온 (적정시약)}}{Ce^{4+}} + \underset{\text{철 2가 이온 (분석물질)}}{Fe^{2+}} \longrightarrow \underset{\text{세륨 3가 이온}}{Ce^{3+}} + \underset{\text{철 3가 이온}}{Fe^{3+}} \qquad (16\text{-}1)$$

적정 반응은 적정액을 매번 첨가한 후에 완결된다. 평형 상수는 14-23식으로 표현된다. : 25°C에서 $k = 10^{nE°/0.05916}$이다.
강산은 다음과 같은 가수분해 반응을 방지한다.
$Fe^{3+} + H_2O \rightleftharpoons Fe(OH)^{2+} + H^+$

위 반응에 대해서 1 M $HClO_4$에서 $K \approx 10^{16}$이다. 1몰의 세륨 이온(Ce^{4+})은 빠르고 정량적으로 1몰의 철이온(Fe^{2+})을 산화시킨다. 적정 반응은 그림 16-1에 있는 비커에 Ce^{4+}, Ce^{3+}, Fe^{2+} 및 Fe^{3+}의 혼합물을 만든다.

반응 과정을 추적하기 위하여 Pt 지시 전극과 칼로멜(혹은 다른) 기준 전극을 사용한다. **Pt 지시 전극** (*Pt indicator electrode*)에서 **두** 반응은 각각 평형에 도달한다.

지시 반쪽 반응 : $Fe^{3+} + e^- \rightleftharpoons Fe^{2+} \qquad E° = 0.767\ V$ (16-2)

지시 반쪽 반응 : $Ce^{4+} + e^- \rightleftharpoons Ce^{3+} \qquad E° = 1.70\ V$ (16-3)

평형 16-2와 16-3은 모두 Pt 전극에서 일어난다.

여기서 인용한 전위는 1 M $HClO_4$에서 적용되는 형식 전위이다.

보충 16-1 환경 탄소 분석과 산소 요구량

산업 폐수는 탄소 함량이나 산소 요구량을 기본으로 어느 정도 특성이 결정되고 규제를 받는다. **총 탄소**(*total carbon*, TC)는 하나의 시료를 고온에서 완전히 연소시켰을 때 발생하는 CO_2의 양으로 정의된다.

총 탄소 분석 : 모든 탄소 $\xrightarrow[\text{촉매}]{O_2/900°C}$ CO_2

천연색 사진 11은 산소로 연소하는데 필요한 높은 온도 없이도 모든 탄소를 CO_2로 산화시키기 위한 또 다른 광화학 방법을 보여 준다.

총 탄소는 녹아 있는 유기물(**총 유기탄소**, *total organic carbon*, TOC)과 녹아 있는 CO_3^{2-}와 HCO_3^-(**무기탄소**, *inorganic carbon*, IC)를 포함한다. 정의에 의해 TC = TOC + IC이다. TOC를 IC와 구별하기 위해서 방금 준비된 시료의 pH를 2 이하로 낮춰 CO_3^{2-}와 HCO_3^-를 CO_2로 바꾼 뒤, N_2로 용액에서 몰아낸 후 나머지 물질에 대한 연소 분석을 하면 TOC가 측정된다. 두 실험값의 차가 IC 함량이다.

폐수 방류법을 지키는가를 결정하기 위해서 TOC가 널리 사용된다. 시 단위의 폐수는 리터당 TOC를 ~ 1 g을 포함할 수도 있다. 다른 극단적인 경우로는 마이크로전자공학 과정(microelectronic process)에 요구되는 초순수물은 리터당 TOC ~ 1 μg을 포함할 수도 있다.

총 산소 요구량(*total oxygen demand*, TOD)은 폐수에 있는 오염물을 완전히 연소하는데 O_2가 얼마나 많이 필요한지를 알려준다. 이미 양을 알고 있는 O_2가 포함된 N_2 기체를 시료와 섞은 후 완전 연소시킨다. 남아 있는 산소는 클락크(Clark) 전극(그림 17-3)으로 측정한다. 이 측정은 폐수에 있는 화학종의 산화 상태에 민감하다. 예를 들어, 요소($(NH_2)_2CPO$)는 폼산(HCO_2H)보다 다섯 배 많은 산소를 소모한다. 또한 NH_3와 H_2S와 같은 화학종도 TOD에 기여한다.

오염 물질은 다이크로뮴산 이온($Cr_2O_7^{2-}$)과 환류시켜(refluxing) 산화될 수 있다. **화학적 산소 요구량**(*chemical oxygen demand*, COD)은 이 과정에서 소비되는 $Cr_2O_7^{2-}$와 화학적으로 동등한 O_2로써 정의된다. 한 개의 $Cr_2O_7^{2-}$는 $6e^-$ ($2Cr^{3+}$ 생성하려고)를 소비하고, 한 개의 O_2는 $4e^-$ ($2H_2O$를 생성하려고)를 소비한다. 그러므로 이 계산에서 $Cr_2O_7^{2-}$ 1몰은 O_2 1.5몰과 화학적으로 동등하다. COD 분석은 Ag^+ 촉매를 포함한 황산 용액에 있는 과량의 표준 $Cr_2O_7^{2-}$로 오염된 물을 두 시간 동안 환류시켜서 수행한다. 반응하지 않은 $Cr_2O_7^{2-}$는 표준화된 Fe^{2+}로 적정하거나 혹은 분광광도법으로 측정한다. 공장 가동에 대한 많은 허가증에는 폐수의 COD 분석 항목이 구체적으로 명시되어 있다.

그림 16-1 Ce^{4+}로 Fe^{2+}의 전위차 적정에 대한 장치.

Fe^{2+}를 Ce^{4+}로 적정할 때 전지 전압이 어떻게 변화하는지를 계산한다. 적정 곡선은 세 개의 영역을 갖고 있다.

영역 1: 당량점 이전

Ce^{4+} 용액을 첨가할수록 적정 반응 16-1은 Ce^{4+}를 소비하고, 같은 몰수의 Ce^{3+}와 Fe^{3+}를 생성한다. 당량점 이전에는 용액 중에 반응하지 않은 Fe^{2+}가 여분으로 남아 있다. 그러므로 Fe^{2+}와 Fe^{3+}의 농도를 쉽게 구할 수 있다. 반면에 약간 까다로운 평형 문제를 풀지 않고서는 Ce^{4+}의 농도는 구할 수 없다. Fe^{2+} 및 Fe^{3+}의 농도는 둘 다 알기 때문에 반응 16-3 대신에 반응 16-2를 이용해서 전지 전압을 계산하는 것이 **편리하다**.

E_+는 그림 16-1에 있는 전위차계의 플러스 단자에 연결된 Pt 전극의 전위이다.
E_-는 마이너스 단자에 연결된 칼로멜 기준 전극의 전위이다.

$$E = E_+ - E_- = \left[0.767 - 0.059\ 16\ \log\left(\frac{[Fe^{2+}]}{[Fe^{3+}]}\right)\right] - 0.241 \qquad (16\text{-}4)$$

↑ 1 M $HClO_4$ 용액 중에서 Fe^{3+} 환원의 형식 전위 (0.767)

↑ 포화 칼로멜 전극의 전위 (0.241)

$$E = 0.526 - 0.059\ 16\ \log\left(\frac{[Fe^{2+}]}{[Fe^{3+}]}\right) \qquad (16\text{-}5)$$

생화학적 산소 요구량(*biological oxygen demand*, BOD)은 미생물에 의해 유기물이 생분해되는 데 필요한 O_2로 정의된다. 이 과정은 미생물이 폐기물을 소화하는 동안 20°C, 어둠 속에서 5일 동안 공기가 없는 밀폐된 용기에 폐수를 담아 배양하는 것을 필요로 한다. 용존 산소를 배양 전과 후에 측정한다. 그 차이가 BOD이다.[1] BOD는 물에 있을 수 있는 HS^-와 Fe^{2+}와 같은 화학종도 또한 측정한다. NH_3와 같은 질소 화학종의 산화를 막기 위해 억제제를 가한다.

San Joaquin강은 San Francisco만으로 배출되는 생태적으로 민감한 수계이다. 강에 녹아 있는 산소는 여름과 가을에 종종 5 mg/L 이하로 감소하여 상류로 거슬러가는 연어의 이동을 방해하고 수생 생물을 죽이거나 또는 스트레스를 준다. 조류(algae)가 많으면 용존 O_2가 낮아진다. 막대 차트는 높은 BOD와 많은 양의 조류 사이의 관련성을 보여 준다. 미생물은 조류를 소비하며 그 과정에서 강에 있는 산소를 소비한다. 조류 탄소 1 그램에는 조류 질소 0.177 g과 관련되어 있다. 조류 농도가 1 mg/L일 때 조류를 CO_2와 NO_3^-로 산화시키려면 3.4 mg의 O_2/L를 소비한다. 조류는 농사에서 유출되는 비료에서 나오는 질소와 인 영양분을 먹고 번창한다. 강에 있는 용존 산소량을 증가시키기 위한 가능한 전략은 강으로 흘러들어 가는 영양분을 감소시키고 상류에서 조류의 종자(seed)를 감소시키는 것이다.

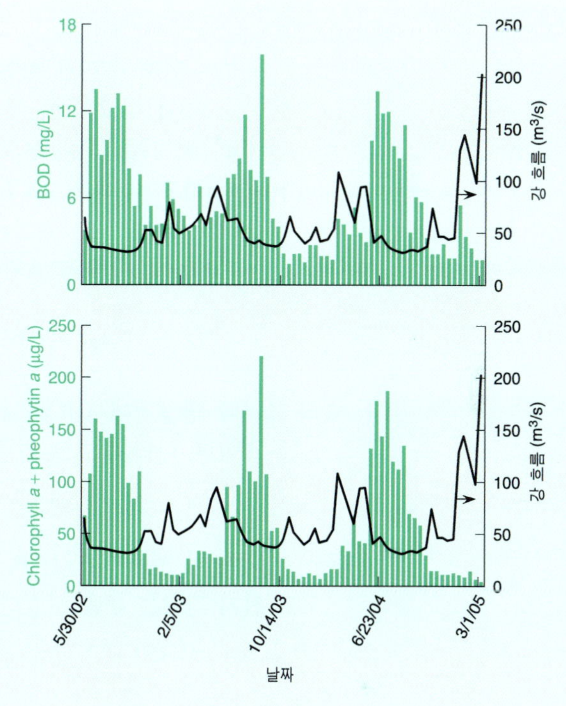

CA. Mossdale에서 San Joaquin강 하류에 있는 BOD와 조류. 강에서 추출한 클로로필 a와 페오피틴 *a*(클로로필 *a*의 분해물)로 조류에 대한 측정을 대신했다. 그래프의 오른쪽에 있는 값으로 표시한 검은색 선은 강으로 흐르는 수량을 나타낸다. [From E. C. Volkmar and R. A. Dahlgren, *Environ. Sci. Technol.* **2006**, *40*, 5653.]

하나의 특별한 점이 당량점 이전에 도달하게 된다. 적정액의 부피가 당량점에 도달하는 데 필요한 양의 $\frac{1}{2}$이 될 때 ($V = \frac{1}{2}V_e$), Fe^{3+} 및 Fe^{2+}의 농도는 같다. 이 경우 위 식의 log 항은 0이 되고, $Fe^{3+} \mid Fe^{2+}$쌍에 대한 전위 $E_+ = E°$이다. **$V = \frac{1}{2}V_e$인 점은 마치 산-염기 적정에서 $V = \frac{1}{2}V_e$일 때 pH = pK_a인 점과 유사하다.**

반응 16-2에서 $V = \frac{1}{2}V_e$일 때 E_+는 $Fe^{3+} \mid Fe^{2+}$쌍에 대한 $E°$이다.

영역 2: 당량점에서

모든 Fe^{2+} 이온이 반응하기 위한 정확하게 Ce^{4+}를 첨가한다. 사실상 모든 세륨은 Ce^{3+}로, 모든 철은 Fe^{3+}로 된다. 극소량의 Ce^{4+} 및 Fe^{2+}만이 평형에서 존재한다. 반응 16-1의 화학량론으로부터 다음과 같이 말할 수 있다.

$$[Ce^{3+}] = [Fe^{3+}] \quad (16\text{-}6)$$

$$[Ce^{4+}] = [Fe^{2+}] \quad (16\text{-}7)$$

식 16-6과 16-7이 왜 타당한지를 이해하기 위해서는 **모든** 세륨과 철은 Ce^{3+} 및 Fe^{3+}로 변환되었다는 것을 상상해 보자. 당량점에 있기 때문에 $[Ce^{3+}] = [Fe^{3+}]$이다. 그러면 반응 16-8이 평형에 이르게 하자.

$$Fe^{3+} + Ce^{3+} \rightleftharpoons Fe^{2+} + Ce^{4+} \quad (16\text{-}8,\ 16\text{-}1\text{의 역반응})$$

만약 소량의 Fe^{3+}가 Fe^{2+}로 되돌아간다면 같은 몰수의 Ce^{4+}가 생성되어야만 한다. 그러므로 $[Ce^{4+}] = [Fe^{2+}]$이다.

언제든지 반응 16-2와 16-3은 백금 전극에서 **둘 다** 평형 상태에 있다. 당량점에서 두 반응을 전지 전압을 알아내는 데 이용하면 **편리하다**. 반응에 대한 네른스트 식은 다음과 같이 나타낼 수 있다.

당량점에서 전지 전압을 계산하기 위해서 반응 16-2와 16-3을 이용한다. 이것은 순전히 대수학적인 편이성이다.

$$E_+ = 0.767 - 0.059\ 16\ \log\left(\frac{[Fe^{2+}]}{[Fe^{3+}]}\right) \qquad (16\text{-}9)$$

$$E_+ = 1.70 - 0.059\ 16\ \log\left(\frac{[Ce^{3+}]}{[Ce^{4+}]}\right) \qquad (16\text{-}10)$$

이곳이 현재 우리가 있는 곳이다. 식 16-9와 16-10은 대수학적으로 참이라고 말하는 것이다. 그러나 식 2개 중 어느 하나만 가지고는 E_+를 구할 수 없게 만든다. 왜냐하면 Fe^{2+} 및 Ce^{4+}의 아주 작은 농도가 정확히 얼마인지 알 수 없기 때문이다. 먼저 식 16-9와 16-10을 **더하고** 식 16-6, 16-7, 16-9, 16-10의 네 개의 연립 방정식을 풀 수 있다.

$$2E_+ = 0.767 + 1.70 - 0.059\ 16\ \log\left(\frac{[Fe^{2+}]}{[Fe^{3+}]}\right) - 0.059\ 16\ \log\left(\frac{[Ce^{3+}]}{[Ce^{4+}]}\right)$$

$\log a + \log b = \log ab$

$$2E_+ = 2.46_7 - 0.059\ 16\ \log\left(\frac{[Fe^{2+}][Ce^{3+}]}{[Fe^{3+}][Ce^{4+}]}\right)$$

그러나 당량점에서 $[Ce^{3+}] = [Fe^{3+}]$이며, $[Ce^{4+}] = [Fe^{2+}]$이기 때문에 log항에 있는 지수는 1이다. 따라서 그 로그항은 0이고 다음과 같이 계산된다.

$$2E_+ = 2.46_7\ \mathrm{V} \Rightarrow E_+ = 1.23\ \mathrm{V}$$

이 특별한 예에서 E_+는 Pt 전극에서 진행되는 두 반쪽 반응에 대한 표준 전위의 평균이다.

전지 전압은 다음과 같다.

$$E = E_+ - E(\text{칼로멜}) = 1.23 - 0.241 = 0.99\ \mathrm{V} \qquad (16\text{-}11)$$

이 특별한 적정에서 당량점 전압은 반응물의 농도와 부피와 무관하다.

영역 3: 당량점 이후

V_e 이후에, $[Ce^{3+}]$ 및 $[Ce^{4+}]$를 알고 있기 때문에 반응 16-3을 이용한다. 이미 "다 사용된" $[Fe^{2+}]$는 알지 못하기 때문에 반응 16-2의 이용하는 것은 맞지 않다.

이제 모든 철 원자는 사실상 Fe^{3+}로 존재한다. Ce^{3+}의 몰수는 Fe^{3+}의 몰수와 같고, 이미 알고 있는 과량의 Ce^{4+}가 있다. $[Ce^{3+}]$와 $[Ce^{4+}]$를 모두 다 알고 있기 때문에, Pt 전극에 있는 화학을 설명하기 위해서는 반응 16-3을 이용하는 것이 **편리하다**.

$$E = E_+ - E(\text{칼로멜}) = \left[1.70 - 0.059\,16\ \log\left(\frac{[Ce^{3+}]}{[Ce^{4+}]}\right)\right] - 0.241 \qquad (16\text{-}12)$$

$V = 2V_e$가 되는 특별한 점에서는 $[Ce^{3+}] = [Ce^{4+}]$이고, $E_+ = E°(Ce^{4+}/Ce^{3+}) = 1.70$ V이다.

당량점 전에서 전압은 거의 일정하게 $E = E_+ - E(\text{칼로멜}) \approx E°(Fe^{3+} \mid Fe^{2+}) - 0.241$ V = 0.53 V 근처이다. 당량점 이후에 전압은 $E \approx E°(Ce^{4+} \mid Ce^{3+}) - 0.241$ V = 1.46 V로 거의 변동이 없다. 당량점에서 전압은 급격히 증가한다.

예 제 **산화환원 전위차 적정**

그림 16-1에 있는 전지를 이용하여 0.050 0 M Fe^{2+} 100.0 mL를 0.100 M Ce^{4+}로 적정한다고 가정하자. 당량점은 $V_{Ce^{4+}} = 50.0$ mL일 때 나타난다. 그것은 Ce^{4+}가 Fe^{2+}보다 두 배 되는 농도이기 때문이다. 부피가 36.0, 50.0 및 63.0 mL일 때 전지 전압을 계산하시오.

해답 36.0 mL : 이 점은 당량점까지 36.0/50.0이 되는 지점이다. 그러므로 철의 36.0/50.0은 Fe^{3+}형으로 있고, 14.0 / 50.0은 Fe^{2+}형으로 있다. 식 16-5에 $[Fe^{2+}]/[Fe^{3+}] = 14.0/36.0$을 넣으면 $E = 0.550$ V가 된다.

50.0 mL : 식 16-11은 이 특별한 적정에 대해서 시약의 농도에 상관 없이 당량점에서 전압이 0.99 V라는 것을 알려준다.

63.0 mL : 처음 50.0 mL 세륨은 Ce^{3+}로 변환되었다. Ce^{4+}를 과량으로 13.0 mL 첨가했기 때문에, 식 16-12에서 $[Ce^{3+}]/[Ce^{4+}] = 50.0/13.0$이고, 그 결과 $E = 1.424$ V이다.

복습 문제 부피가 37.0과 64.0 mL일 때 E를 계산하시오. 답이 36.0과 63.0 mL일 때 값과 비교해서 앞뒤가 맞는가? (**답** : 0.553 V, 1.426 V)

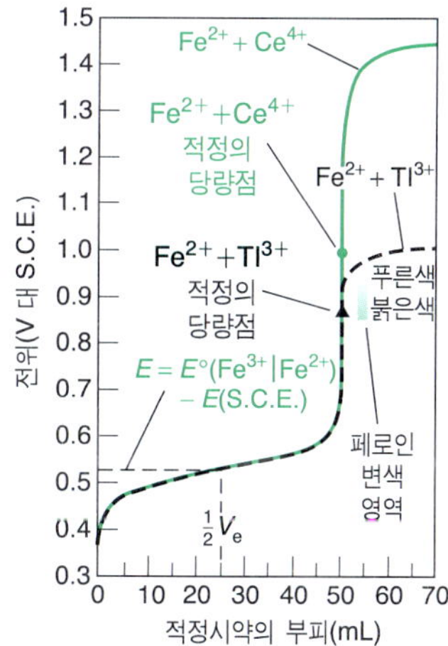

그림 16-2 **실선 :** 1 M $HClO_4$에서 0.050 0 M Fe^{2+} 100.0 mL를 0.100 M Ce^{4+}로 적정하는 것에 대한 이론적 곡선. 적정액의 부피가 0일 때 전위를 계산할 수 없었지만, 0.1 mL 같이 작은 부피에서 계산을 시작할 수 있다. **점선 :** 1 M $HClO_4$에서 0.050 0 M Fe^{2+}를 0.050 0 M Tl^{3+}로 적정하는 것에 대한 이론적 곡선.

산화환원 적정 곡선의 모양

우리의 계산 결과는 반응 16-1에 대해서 그림 16-2에 실선 적정 곡선을 그릴 수 있게 해 준다. 이 그림은 전위를 첨가한 적정액의 부피 함수로써 주고 있다. 당량점은 전압의 급격한 증가가 뚜렷하다. $\frac{1}{2}V_e$일 때 계산된 E_+값은 $Fe^{3+} | Fe^{2+}$쌍의 형식 전위인데, 그 이유는 $[Fe^{2+}]/[Fe^{3+}]$가 이 점에서 1이기 때문이다. 이 적정에서 어떤 점에 있는 계산된 전압은 단지 반응물의 **농도비**(*concentration ratio*)에만 의존한다. 이 예에서는 반응물의 **절대 농도**(*absolute concentration*)는 영향을 미치지 않는다. 그러므로 그림 16-2에 있는 곡선은 두 반응물의 농도를 10배로 희석시켜도 변화하지 않을 것이다.

적정액의 부피가 0일 때 전압은 Fe^{3+} 이온이 얼마나 있는지를 모르기 때문에 계산할 수 없다. 만약 $[Fe^{3+}] = 0$이면 식 16-9로 계산된 전압은 $-\infty$가 될 것이다. 사실은 각 시약에는 약간의 Fe^{3+}가 있음에 틀림이 없다. 그것은 불순물 혹은 대기 산소에 의해서 Fe^{2+}가 산화되어 생기는 것이다. 어떠한 경우든 전압은 용매가 환원 ($H_2O + e^- \longrightarrow \frac{1}{2}H_2 + OH^-$)되는 데 필요한 전압보다 결코 낮아질 수 없다.

반응 16-1에 대해 그림 16-2에 있는 적정 곡선은 당량점 부근에서 대칭인데, 그것은 반응이 화학량론(stoichiometry)으로 1 : 1이기 때문이다. TI(III)으로 Fe(II)를 산화시킬 때,

$$2Fe^{2+} + Ti^{3+} \longrightarrow 2Fe^{3+} + Ti^{+} \quad (16\text{-}13)$$

그림 16-2에 있는 곡선의 모양은 본질적으로 분석물과 적정액의 농도에는 무관하다. 실선 곡선은 V_e 근처에서 대칭적이다. 그것은 화학량론이 1 : 1이기 때문이다.

그림 16-2에 있는 점선 곡선은 당량점에 대해 대칭이 아니다. 그것은 반응물의 화학량론이 1 : 1이 아니고 2 : 1이기 때문이다. 그래도 곡선은 여전히 당량점 부근에서 가파르기 때문에 종말점을 가장 가파른 부분의 중심으로 잡아도 무시할 만한 오차가 발생한다. 시범 16-1은 비대칭 적정곡선의 예를 제공하는데, 그것의 모양은 반응 매질의 pH에도 의존한다.

그림 16-2에 있는 점선 곡선에 대한 당량점 부근의 전압 변화는 실선 곡선의 전압 변화보다 작다. 이것은 Ti^{3+}가 Ce^{4+}보다 약한 산화제이기 때문이다. 제일 분명한 결과는 가장 강한 산화제와 환원제를 사용하면 얻을 수 있다. 같은 규칙이 산-염기 적정에 적용되는데, 산염기 적정에서도 센산 혹은 센염기 적정액일 때 당량점에서 제일 예리한 변화를 준다.

약염기를 적정할 때 약산을 선택하지 않는다. 왜냐하면 V_e에서 변화는 그리 크지 않을 것이기 때문이다.

자습문제

16-A. 1 M HCl에 있는 0.005 00 M Sn^{2+} 용액 20.0 mL를 0.020 0 M Ce^{4+}로 적정하여 Sn^{4+}과 Ce^{3+}를 만든다. Ce^{4+}의 다음과 같은 부피에서 전위(S.C.E.에 대해)는 얼마인가? 0.100, 1.00, 5.00, 9.50, 10.00, 10.10, 12.00 mL. 적정 곡선을 그리시오.

시범 16-1 MnO_4^-로 Fe^{2+}의 전위차 적정

$KMnO_4$로 Fe^{2+}를 적정하는 것은 전위차 적정의 원리를 잘 설명해 준다.

$$\underset{\text{적정시약}}{MnO_4^-} + \underset{\text{분석물질}}{5Fe^{2+}} + 8H^+ \longrightarrow Mn^{2+} + 5Fe^{3+} + 4H_2O \quad \text{(A)}$$

1 M H_2SO_4 400 mL에 0.60 g의 $Fe(NH_4)_2(SO_4)_2 \cdot 6H_2O$ (FM 392.14, 1.5 mmol)를 녹인다. 잘 저은 용액을 Pt 및 포화 칼로멜 전극을 사용하고, 전위차계로 pH 미터를 이용하여 0.02 M $KMnO_4$로 적정하라($V_e \approx 15$ mL). pH 미터의 기준 콘센트(reference socket)는 마이너스 입력 단자이다. 적정을 시작하기 전에 두 개의 입력 콘센트를 도선으로 직접 연결하고, 미터의 밀리볼트 눈금을 0으로 맞추어서 검정한다.

실험을 하기 전에 이론적인 적정 곡선의 몇 지점을 계산한다면 시범이 더 의미가 있다. 그 후에 이론 결과와 실험 결과를 비교하시오. 아울러 전위차법 종말점과 색 변화 종말점이 서로 일치하는 것도 주목하시오.

질문 과망가니즈산 포타슘은 자주색이고 이 적정에서 다른 모든 화학종들은 무색(또는 매우 연한 색을 띤다)이다. 당량점에서 어떤 색 변화를 예상되는가?

이론적인 적정 곡선에 있는 점들을 계산하기 위해서 다음 반쪽 반응을 이용한다.

$$Fe^{3+} + e^- \rightleftharpoons Fe^{2+} \qquad E° = 0.68 \text{ V in 1 M } H_2SO_4 \quad \text{(B)}$$

$$MnO_4^- + 8H^+ + 5e^- \longrightarrow Mn^{2+} + 4H_2O \qquad E° = 1.507 \text{ V} \quad \text{(C)}$$

당량점 이전에 계산은 Fe^{2+}를 Ce^{4+}로 적정에 대해 16-1절에서 한 것과 $E° = 0.68$ V라는 것을 제외하고는 비슷하다. 당량점 이후에서는 반응 C를 이용해서 전위를 구할 수 있다. 예를 들어, 만약 3.75 mM Fe^{2+} 용액 0.400 L를 0.020 0 M $KMnO_4$로 적정한다고 가정하자. 반응 A의 화학량론으로부터 당량점은 $V_e = 15.0$ mL이다. $KMnO_4$가 17.0 mL 첨가되었을 때, 반응 C에서 화학종의 농도는 $[Mn^{2+}] = 0.719$ mM, $[MnO_4^-] = 0.095\,9$ mM, $[H^+] = 0.959$ M이다(적정에서 소모되는 소량의 H^+는 무시한다).

전지 전압은 다음과 같다.

$$\begin{aligned} E &= E_+ - E(\text{칼로멜}) \\ &= \left[1.507 - \frac{0.059\,16}{5}\log\left(\frac{[Mn^{2+}]}{[MnO_4^-][H^+]^8}\right)\right] - 0.241 \\ &= \left[1.507 - \frac{0.059\,16}{5}\log\left(\frac{7.19\times10^{-4}}{(9.59\times10^{-5})(0.959)^8}\right)\right] \\ &\quad -0.241 = 1.254 \text{ V} \end{aligned}$$

당량점에서 전압을 계산하기 위해 16-1절에서 세륨과 철에 대해 한 것과 같이 반응 B와 반응 C에 대한 네른스트 식을 더한다. 그러나 그렇게 하기 전에, 과망가니즈산에 대한 식을 5배 하면 log 부분을 더할 수 있게 한다.

$$E_+ = 0.68 - 0.059\,16\log\left(\frac{[Fe^{2+}]}{[Fe^{3+}]}\right)$$

$$5E_+ = 5\left[1.507 - \frac{0.059\,16}{5}\log\left(\frac{[Mn^{2+}]}{[MnO_4^-][H^+]^8}\right)\right]$$

이제 두 식을 더하여 다음의 식을 얻는다.

$$6E_+ = 8.215 - 0.059\,16\log\left(\frac{[Mn^{2+}][Fe^{2+}]}{[MnO_4^-][Fe^{3+}][H^+]^8}\right) \quad \text{(D)}$$

그러나 적정 반응 A의 화학량론은 당량점에서 $[Fe^{3+}] = 5[Mn^{2+}]$이며, $[Fe^{2+}] = 5[MnO_4^-]$라는 것을 말해준다. 이 값들을 반응식 D에 치환하면 다음과 같은 식이 된다.

$$\begin{aligned} 6E_+ &= 8.215 - 0.059\,16\log\left(\frac{\cancel{[Mn^{2+}]}(5\cancel{[MnO_4^-]})}{\cancel{[MnO_4^-]}(5\cancel{[Mn^{2+}]})[H^+]^8}\right) \\ &= 8.215 - 0.059\,16\log\left(\frac{1}{[H^+]^8}\right) \quad \text{(E)} \end{aligned}$$

$[H^+]$의 농도, (400/415)/(1.00 M) = 0.964 M를 넣으면 다음과 같은 식을 구할 수 있다.

$$6E_+ = 8.215 - 0.059\,16\log\left(\frac{1}{(0.964)^8}\right) \Rightarrow E_+ = 1.368 \text{ V}$$

V_e에서 예측된 전지 전압은 $E = E_+ - E(\text{칼로멜}) = 1.368 - 0.241 = 1.127$ V이다.

16-2 산화환원 지시약

지시약이 산-염기 적정에서 사용할 수 있는 것처럼 산화환원 적정의 종말점을 검출하는 데에도 지시약을 사용할 수 있다. **산화환원 지시약(redox indicator)**은 지시약이 산화형에서 환원형으로 될 때 색이 변한다. 보통 사용하는 지시약으로 페로인(ferroin)이 있다. 그것의 색은 연한 푸름(거의 무색)에서 붉음으로 변한다.

$$[Fe(III)(\text{phen})_3]^{3+} + e^- \rightleftharpoons [Fe(II)(\text{phen})_3]^{2+}$$

산화된 페로인(연한 푸른색)
In(산화형)

환원된 페로인(붉은색)
In(환원형)

지시약의 색 변화는 범위에 해당하는 전위 범위를 예상하기 위하여, 먼저 지시약에 대한 네른스트 식을 적는다.

$$\text{In(산화형)} + ne^- \rightleftharpoons \text{In(환원형)}$$

$$E = E^\circ - \frac{0.059\ 16}{n}\log\frac{[\text{In(환원형)}]}{[\text{In(산화형)}]}$$

산-염기 지시약과 마찬가지로 In(환원형)의 색은 다음과 같을 때 관찰될 것이다.

$$\frac{\text{In(환원형)}}{\text{In(산화형)}} \gtrsim \frac{10}{1}$$

그리고 In(산화형)의 색은 다음과 같을 때 관찰된다.

$$\frac{\text{In(환원형)}}{\text{In(산화형)}} \lesssim \frac{1}{10}$$

위의 지수들을 지시약에 대한 네른스트 식에 넣으면, 색 변화가 다음과 같은 범위에 걸쳐 일어날 것이라는 것을 알 수 있다.

산화환원 지시약의 변색 범위 :

$$E = \left(E^\circ \pm \frac{0.059\ 16}{n}\right) \text{볼트} \qquad (16\text{-}14)$$

산화환원 지시약은 지시약의 E°을 중심으로 해서 $\pm(59/n)$ mV 범위에서 색이 변한다. n은 지시약 반쪽 반응에서 전자의 수이다.

$E^\circ = 1.147$ V (표 16-1)를 가진 페로인에 대해서 그것의 변색은 표준 수소 전극에 대해 대략 1.088 ~ 1.206 V 범위에서 일어날 것이라고 예상한다. 만약 기준 전극으로 포화 칼로멜 전극을 대신 사용한다면, 변색 범위는 다음과 같다.

$$\begin{pmatrix}\text{칼로멜 전극에 대한}\\ \text{지시약의 변색 범위}\end{pmatrix} = \begin{pmatrix}\text{표준 수소 전극(S.H.E.)}\\ \text{에 대한 변색 범위}\end{pmatrix} - E\text{(칼로멜)} \qquad (16\text{-}15)$$

$$= (1.088 \sim 1.206) - (0.241)$$

$$= 0.847 \sim 0.965\ \text{V (S.C.E.에 대하여)}$$

그림 14-13은 식 16-15를 이해하는 데 도움을 준다.

그러므로 페로인은 그림 16-2에 있는 실선 곡선에 대한 유용한 지시약이 될 것이다.

적정액과 분석물의 표준 전위에 있어서 차이가 클수록 적정 곡선에서는 당량점에서 더 예리한 변화가 있다. 만약 분석물과 적정 시약 사이의 표준 전위 차이가 $\gtrsim 0.2$ V라면 보통

지시약의 변색 범위는 적정 곡선의 급경사 부분과 겹쳐야 한다.

표 16-1 산화환원 지시약들

지시약	색깔		$E°$
	환원형	산화형	
페노사프라닌	무 색	붉은색	0.28
테트라설폰산 인디고	무 색	푸른색	0.36
메틸렌 블루	무 색	푸른색	0.53
다이페닐아민	무 색	보라색	0.75
4′-에톡시-2,4-다이아미노아조벤젠	붉은색	노란색	0.76
다이페닐아민 설폰산	무 색	붉은색–보라색	0.85
다이페닐벤지딘 설폰산	무 색	보라색	0.87
트리스(2,2′-바이피리딘)철	붉은색	연한 푸른색	1.120
트리스(1,10-페난트롤린)철(페로인)	붉은색	연한 푸른색	1.147
트리스(5-나이트로-1,10-페난트롤린)철	붉은 보라색	연한 푸른색	1.25
트리스(2,2′-바이피리딘)루테늄	노란색	연한 푸른색	1.29

산화환원 적정은 가능하다. 그러나 그와 같은 적정의 종말점은 매우 예민하지 못하므로, 전위차법으로 검출하는 것이 좋다. 만약 형식 전위에 있어서 차이가 ≥0.4 V이면 산화환원 지시약은 대개 만족할 만한 종말점을 나타낼 것이다.

자습문제

16-B. 1 M HCl에서 $Fe(CN)_6^{4-}$를 Tl^{3+}로 적정하는 것에 대해서 표 16-1에 있는 산화환원 지시약에서 최상은 어떤 것일까? (**힌트 :** 당량점에서 전압은 각각의 산화환원 반응쌍에 대한 전위값들 사이에 있어야 한다). 무슨 색 변화를 볼 수 있을까?

16-3 아이오딘을 포함하는 적정

아이오딘(I_2, 약한 산화제) 혹은 아이오딘화 이온(I^-, 약한 환원제)을 사용하여 많은 분석물에 대해 산화환원 적정(표 16-2와 16-3)을 할 수 있다.

산화제로서 아이오딘 : $$I_2(aq) + 2e^- \longrightarrow 2I^- \quad (16\text{-}16)$$

환원제로서 아이오딘화 이온 : $$2I^- \longrightarrow I_2(aq) + 2e^- \quad (16\text{-}17)$$

예를 들어, 음식에 있는 비타민 C와 초전도체의 구성 성분(이 장의 첫 부분에서)은 아이오딘을 사용해서 측정할 수 있다. 환원형 분석물은 아이오딘(I_2)으로 적정할 때 그 방법을 **직접 아이오딘법**(iod*i*metry)이라 한다. **간접 아이오딘법**(iod*o*metry)은 산화형 분석물을 과량의 I^-에 첨가할 때 생성되는 아이오딘을 적정하는 것이다. 생성된 아이오딘은 싸이오황산 표준 용액으로 적정한다.

아이오딘은 물에 약간 녹지만(20°C에서 1.3 mM), 아이오딘화 이온과 착물을 형성하면 용해도가 크게 증가한다.

$$\underset{\text{아이오딘}}{I_2(aq)} + \underset{\text{아이오딘화 이온}}{I^-} \longrightarrow \underset{\text{삼아이오딘화 이온}}{I_3^-} \qquad K = 7 \times 10^2 \quad (16\text{-}18)$$

적정에 사용하는 전형적인 0.05 M I_3^- 수용액은 1 L의 물에 0.12 mol의 KI와 0.05 mol의 I_2

표 16-2 직접 아이오딘법 : 표준 아이오딘(사실상 I_3^-)으로 적정

분석 화학종	산화 반응	요점
SO_2	$SO_2 + H_2O \rightleftharpoons H_2SO_3$ $H_2SO_3 + H_2O \rightleftharpoons SO_4^{2-} + 4H^+ + 2e^-$	묽은 산 용액 중에서 과량의 표준 I_3^-에 SO_2(H_2SO_3, HSO_3^- 또는 SO_3^{2-})를 가하고, 미반응의 I_3^-를 표준 싸이오황산 용액으로 역적정한다.
H_2S	$H_2S \rightleftharpoons S(s) + 2H^+ + 2e^-$	1 M HCl 용액 중에서 과량의 I_3^-에 H_2S를 가하고, 싸이오황산 용액으로 역적정한다.
Zn^{2+}, Cd^{2+}, Hg^{2+}, Pb^{2+}	$M^{2+} + H_2S \longrightarrow MS(s) + 2H^+$ $MS(s) \rightleftharpoons M^{2+} + S + 2e^-$	금속 황화물로 침전시키고 씻는다. 3 M HCl 용액에서 과량의 표준 I_3^-로 녹이고, 싸이오황산 용액으로 역적정한다.
시스테인, 글루타치온 머캅토에탄올	$2RSH \rightleftharpoons RSSR + 2H^+ + 2e^-$	설프하이드릴(sulfhydryl) 화합물을 pH 4~5에서 I_3^-로 적정한다.
$H_2C{=}O$	$H_2CO + 3OH^- \rightleftharpoons HCO_2^- + 2H_2O + 2e^-$	미지 시료에 NaOH가 함유된 과량의 I_3^-를 가한다. 5분 후에 HCl을 가하고, 싸이오황산으로 역적정한다.
글루코스 (기타 환원당)	$RC(=O)H + 3OH^- \rightleftharpoons RCO_2^- + 2H_2O + 2e^-$	NaOH가 첨가된 과량의 I_3^-를 시료에 가한다. 5분 후 HCl을 가하고, 싸이오황산으로 역적정한다.

표 16-3 간접 아이오딘법 : 분석물에 의해 생성된 아이오딘(사실상 I_3^-)의 적정

분석 화학종	반응	요점
HOCl	$HOCl + H^+ + 3I^- \rightleftharpoons Cl^- + I_3^- + H_2O$	0.5 M H_2SO_4 중에서 반응.
Br_2	$Br_2 + 3I^- \rightleftharpoons 2Br^- + I_3^-$	묽은 산 중에서 반응.
IO_3^-	$2IO_3^- + 16I^- + 12H^+ \rightleftharpoons 6I_3^- + 6H_2O$	0.5 M HCl 중에서 반응.
IO_4^-	$2IO_4^- + 22I^- + 16H^+ \rightleftharpoons 8I_3^- + 8H_2O$	0.5 M HCl 중에서 반응.
O_2	$O_2 + 4Mn(OH)_2 + 2H_2O \rightleftharpoons 4Mn(OH)_3$	시료를 Mn^{2+}, NaOH 및 KI로 처리한다.
	$2Mn(OH)_3 + 3I^- \rightleftharpoons 2Mn^{2+} + 2I_3^- + 6OH^-$	1분 후 H_2SO_4로 산성화시키고, I_3^-로 적정한다.
H_2O_2	$H_2O_2 + 3I^- + 2H^+ \rightleftharpoons I_3^- + 2H_2O$	NH_4MoO_3를 촉매로 하고, 1 M H_2SO_4 중에서 반응
O_3[a]	$O_3 + 3I^- + H_2O \rightleftharpoons O_2 + I_3^- + 2OH^-$	O_3를 2 wt% KI 중성 용액 중에 통과시킨다. H_2SO_4를 가하고 적정한다.
NO_2^-	$2HNO_2 + 2H^+ + 3I^- \rightleftharpoons 2NO + I_3^- + 2H_2O$	I_3^-로 적정하기 전에 산화 질소를 제거한다(반응시 용액 중에 생성된 CO_2 기포를 발생시킴).
$S_2O_8^{2-}$	$S_2O_8^{2-} + 3I^- \rightleftharpoons 2SO_4^{2-} + I_3^-$	중성 용액 중에서 반응. 산성화시킨 후 적정.
Cu^{2+}	$2Cu^{2+} + 5I^- \rightleftharpoons 2CuI(s) + I_3^-$	NH_4HF_2를 완충 용액으로 사용.
MnO_4^-	$2MnO_4^- + 16H^+ + 15I^- \rightleftharpoons 2Mn^{2+} + 5I_3^- + 8H_2O$	0.1 M HCl 중에서 반응.
MnO_2	$MnO_2(s) + 4H^+ + 3I^- \rightleftharpoons Mn^{2+} + I_3^- + 2H_2O$	0.5 M H_3PO_4 또는 HCl 중에서 반응.

a. I^- 용액에 O_3를 첨가할 때 pH는 반드시 7 이상 되어야 한다. 산성 용액에서 O_3 1개는 I_3^-를 1개가 아니라 1.25개를 생성시킨다.
[N. V. Klassen, D. Marchington, and H. C. E. McGowan, *Anal. Chem.* **1994**, *66*, 2921.]

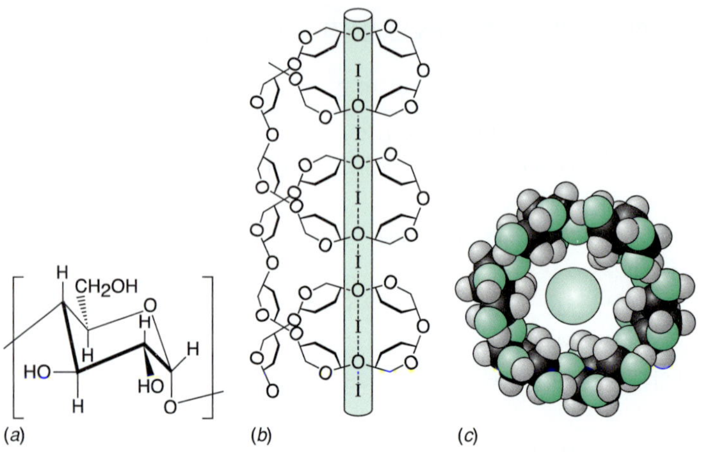

그림 16-3 (*a*) 녹말에 발견되는 아밀로스당의 반복되는 단위의 구조. (*b*) 녹말-아이오딘 착물에서 당 사슬은 거의 직선형인 I_6 단위 주위로 나선을 형성한다. [V. T. Calabrese and A. Khan, *J. Polymer Sci.* **1999**, *A37*, 2711.] (*c*) 녹말 나선을 아래로 본 면. [Drawing from R. D. Hancock, Power Engineering, Salt Lake City.]

를 녹여서 만든다. "아이오딘"을 사용한다고 말할 때는 대개는 I_2와 과량의 I^-를 섞은 것을 의미한다. 식 16-18을 통하여 1 mol의 I_2는 1 mol의 I_3^-와 동등하다.

녹말 지시약

녹말(starch)은 아이오딘과 진한 푸른색 착물을 형성하기 때문에 선택되는 지시약이다. 녹말의 활성 부분은 α-D-글루코스 당의 고분자인 아밀로스(amylose, 그림 16-3)이다. 고분자는 나선형으로 감겨 있고 그 내부에 있는 I_6 ($3I_2$에서 만들어짐) 사슬은 짙은 푸른색을 만들어낸다. 색을 띠는 화학종이 없는 용액에서 $\sim 5 \times 10^{-6}$ M I_3^-의 색을 보는 것이 가능하다. 녹말을 사용하면 검출 한계가 10배 정도 확장된다.

녹말은 생분해성이므로 사용 직전에 녹이거나 혹은 용액에 HgI_2 혹은 티몰(thymol)과 같은 방부제를 넣어야 된다. 녹말의 가부순해 생성물은 글루코오스인데, 글루코오스는 환원제이다. 부분적으로 가수분해가 된 녹말은 산화환원 적정에서 오차의 원인이 될 수 있다.

녹말의 대안은 격렬하게 젓는 적정 용기에 몇 밀리미터의 *p*-자일렌을 더하는 것이다. 종말점 근처에서 매번 시약을 첨가한 후에 자일렌의 색깔을 검사하기 위해 충분한 시간 동안 젓는 것을 멈춘다. I_2는 물보다 자일렌에서 400배 더 잘 녹으므로 그 색깔은 자일렌에서 쉽게 관찰된다.

직접 아이오딘법(I_3^-**로** 적정)에서는 녹말을 적정하기 시작할 때 첨가할 수 있다. 당량점 이후 첫 번째로 첨가되는 과량의 I_3^- 한 방울이 용액을 진한 푸른색으로 변하게 한다. 간접 아이오딘법(I_3^- **의** 적정)에서는 I_3^-는 당량점에 도달할 때까지 전체 반응 과정에 존재한다. **녹말은 당량점 바로 직전까지 첨가하면 안된다**(I_3^-의 색이 흐려지는 것으로 당량점에 가까이 온 것을 눈으로 확인한다. 천연색 사진 12). 그렇지 않으면, 일부 아이오딘은 당량점 도달 이후에도 녹말 입자와 결합한 채 남아 있는 경향이 있다.

I_3^- 용액의 제조와 표준화

고체 I_2 및 I_3^- 수용액 위에는 유독성 I_2의 증기압은 상당하다. I_2 또는 I_3^-를 포함하는 용기는 반드시 밀봉되거나 혹은 증기 후드에서 보관해야 한다. I_3^- 폐기 용액은 결코 개방된 실험실에 있는 하수구에 그대로 버려서는 안 된다.

고체 I_2를 과량의 KI에 녹여서 I_3^- (triiodide)를 만든다. I_2는 1차 표준물질로 거의 사용하지 않는데 그것은 I_2의 일부가 무게를 재는 동안에 승화하기 때문이다. 그 대신 대략의 무게를 빠르게 재고, I_3^- 용액을 정량하려는 분석물의 순수한 시료, As_4O_6 또는 $Na_2S_2O_3$를 사용하여 표준화한다.

I_3^-의 산성 용액은 과량의 I^-가 공기에 의해서 서서히 산화되기 때문에 불안정하다.

$$6I^- + O_2 + 4H^+ \longrightarrow 2I_3^- + 2H_2O \qquad (16\text{-}19)$$

불균등화 반응은 한 종류의 산화 상태에 있는 반응물이 그보다 더 높은 산화상태와 더 낮은 산화 상태의 같은 원소로 변하는 것을 의미한다.

중성 pH에서 열, 빛 및 금속 이온이 존재하지 않으면 산화는 미미하다. pH 11 이상에서는 아이오딘은 하이포아이오딘산(HOI), 아이오딘산 이온(IO_3^-) 및 아이오딘화로 동종간 주고받기를 한다(불균등화 반응).

보충 16-2 아이오딘으로 음용수를 살균하기

도보 여행자(hiker)들은 개울과 강물을 마시려고 물을 소독하는 데 아이오딘을 사용한다. 아이오딘은 거름 펌프보다 더욱 효과적이다. 거름 펌프로 박테리아는 제거할 수 있지만, 바이러스는 너무 작아서 필터를 통과하므로 걸러낼 수 없다. 아이오딘은 물에 있는 모든 것을 죽인다.

도보 여행을 할 때 나는 고체 아이오딘 결정을 약간 포함한 60 mL 유리병과 테플론으로 만든 뚜껑을 가지고 다닌다. 이 결정은 용액이 아이오딘으로 포화된 상태를 유지한다. 나는 I_2 기체가 내 배낭 속의 모든 물건을 공격하는 것을 막기 위해 두 겹으로 된 비닐봉투 안에 그 병을 항시 넣어둔다.

개울이나 강에서 물을 떠온 1 L 물통에 넣을 액체를 측정하기 위해서 병 뚜껑을 사용한다. 필요한 포화 I_2 수용액은 다음 표에 나와 있다. 예를 들면, 공기 온도가 20°C 근처일 때, 1 L 물통에 약 13 mL의 살균제를 넣어야 되므로 아이오딘 용액을 4번 뚜껑을 사용한다. 고체 아이오딘 결정이 아니라 표면에 떠 있는 액체만

식수를 살균하는 방법

$I_2(aq)$로 포화된 수용액의 온도	1 L에 첨가할 부피
3°C (37°F)	20 mL
20°C (68°F)	13 mL
25°C (77°F)	12.5 mL
40°C (104°F)	10 mL

을 사용하는 것이 중요하다. 그것은 너무 많은 아이오딘은 사람에게 해롭기 때문이다. 아이오딘이 모든 균을 죽이기 위해 30분 동안 놔둔 후에 그 물은 마시기에 안전하다. 다음 번 물을 먹는 곳에서 포화 I_2 수용액을 사용할 수 있도록 작은 병에 물을 다시 채운다.

비타민 C는 많은 음식에 있는 환원제로, I_2와 재빠르게 반응한다.

[아스코브산 (비타민 C) 구조식] $+ I_2 + H_2O \longrightarrow$ [디하이드로아스코브산 구조식] $+ 2I^- + 2H^+$

아스코브산 (비타민 C)   디하이드로아스코브산

Tang 오렌지 주스 같은 음료들은 비타민 C가 많이 들어 있다. **30분 기다리는 시간이 끝날 때까지 소독한 개울물에 Tang 혹은 다른 음료를 넣지 마시오.** 너무 일찍 음료를 첨가하나다면 물이 소독되기도 전에 I_2가 소모된다.

I_3^- 표준 용액은 약간 과량의 KI에 순수한 아이오딘산 포타슘의 무게를 잰 일정량을 첨가하여 만든다. 과량의 센산을 첨가하면(pH ≈ 1로 만듦), I_3^-가 만들어진다.

표준 I_3^- 만들기: $$\underset{\text{아이오딘산 이온}}{IO_3^-} + 8I^- + 6H^+ \longrightarrow 3I_3^- + 3H_2O \qquad (16\text{-}20)$$

KIO_3는 I_3^- 생성에 대한 1차 표준물질이다.

새롭게 산성으로 만든 아이오딘화 이온을 포함하는 아이오딘산 이온은 싸이오황산 이온을 표준화하는 데 사용할 수 있다. I_3^- 시약은 만든 즉시 사용해야만 하는데, 왜냐하면 시약이 공기에 의해 산화되기 때문이다. KIO_3의 유일한 단점은 KIO_3가 받아들이는 전자수에 비해서 상대적으로 분자량이 작다는 점이다. 용액을 만들 때에 소량의 KIO_3를 사용하면 바람직한 상대 무게 오차보다 더 큰 오차가 발생된다.

싸이오황산 소듐의 이용

싸이오황산 소듐은 아이오딘에 대한 거의 만능 적정액이다. pH < 9에서 아이오딘은 싸이오황산 이온을 테트라싸이온산 이온으로 깨끗하게 산화시킨다.

인간 창자에서 테트라싸이온산 이온을 산화제로 사용하는 살모넬라 박테리아의 비상한 능력이 이 병원균이 번창하고 사람들을 매우 아프게도 만든다. 사람은 단지 산화제로 O_2를 사용한다.

$$I_3^- + 2S_2O_3^{2-} \rightleftharpoons 3I^- + O{=}\underset{\underset{\displaystyle O^-}{|}}{\overset{\overset{\displaystyle O}{\|}}{S}}{-}S{-}S{-}\underset{\underset{\displaystyle O^-}{|}}{\overset{\overset{\displaystyle O}{\|}}{S}}{=}O \qquad (16\text{-}21)$$

싸이오황산 이온 테트라싸이온산 이온

반응 16-21에서 I_3^- 1몰은 I_2 1몰과 동등하다. I_2와 I_3^-는 평형 $I_2 + I^- \rightleftharpoons I_3^-$를 통해서 서로 교환된다. 싸이오황산염의 일반적인 형태, $Na_2S_2O_3 \cdot 5H_2O$는 1차 표준물질이 될 만큼 충분히 순수하지 않다. 대신에 싸이오황산 이온은 KIO_3와 KI로 새로 만든 I_3^- 용액으로 표준화한다.

$Na_2S_2O_3$의 안정한 용액은 즉시 끓인 증류수에 고순도 시약을 녹여 만들 수 있다. 녹아 있는 CO_2가 $S_2O_3^{2-}$의 동종간 주고받기를 촉진시킨다.

$$S_2O_3^{2-} + H^+ \rightleftharpoons \underset{\text{아황산수소 이온}}{HSO_3^-} + \underset{\text{황}}{S(s)} \qquad (16\text{-}22)$$

그리고 금속 이온은 싸이오황산 이온의 공기에 의한 산화에 촉매작용을 한다. 싸이오황산 이온 용액은 최적 pH를 유지하기 위해서 Na_2CO_3 0.1 g을 넣고 어두운 곳에 보관한다. 클로로폼 3방울을 박테리아의 번식을 방지하기 위해서 싸이오황산 이온 용액에 넣는다. 싸이오황산 이온의 산성 용액은 불안정하지만, 산에서 아이오딘의 적정에 사용할 수 있다. 왜냐하면 반응 16-21이 반응 16-22보다 빠르기 때문이다.

자습문제

16-C. **(a)** 500 mL 부피 플라스크에 1.022 g KIO_3 (FM 214.00)를 녹여서 KIO_3 용액을 만들었다. 그 후 이 용액의 50.00 mL를 플라스크에 피펫으로 옮기고, 반응 16-20을 완결시키려고 과량의 KI (2 g)와 산(10 mL의 0.5 M H_2SO_4)을 넣어 처리하였다. 반응에 의해서 몇 몰의 I_3^-가 만들어지는가?

(b) 반응 16-21을 위해서 **(a)**에서 나온 I_3^-는 싸이오황산화 소듐 37.66 mL가 필요했다. 싸이오황산화 소듐의 농도는 얼마인가?

(c) 아스코브산과 비활성 성분이 함유되어 있는 고체 시료 1.223 g을 묽은 황산 용액에 녹이고, KI 2 g과 **(a)**에서 나온 KIO_3 용액 50.00 mL로 처리하였다. 반응 16-20과 보충 16-2에 있는 아스코브산이 사용된 반응이 완결된 후, 반응하지 않은 과량의 삼아이오딘화 이온은 적정이 완결되기 위해서 **(b)**에서 얻는 싸이오황산화 소듐 용액 14.22 mL가 필요했다. 미지 시료에 있는 아스코브산의 몰수와 아스코브산(FM 176.13)의 질량 백분율을 구하시오.

주요식

산화환원 적정 전위 계산	전지 전압 = $E_+ - E$ (기준 전극), E_+는 지시 전극 전위이다. **당량점 이전 :** 분석물은 과량으로 있다. 지시 전극 전위를 구하려면 분석물에 대한 네른스트 식을 사용한다. **당량점에서 :** 분석물과 적정액에 대한 네른스트 식을 더하고(같은 전자수일 때), 많은 항을 삭제하기 위해 화학량론을 이용한다. 필요하다면 로그항을 계산하기 위해 알고 있는 농도를 사용한다. **당량점 이후 :** 적정액이 과량으로 있다. 지시 전극 전위를 구하기 위해 적정액에 대한 네른스트 식을 사용한다.
산화환원 지시약의 변색 범위	$E = \left(E° \pm \frac{0.059\ 16}{n}\right)$ volts n = 지시약 반쪽 반응에 있는 전자의 수

알아두어야 할 술어

산화환원 적정(redox titration)　　　산화환원 지시약(redox indicator)

문제

16-1. 25°C 1 M $HClO_4$에서 적정 반응 16-1에 대한 $E°$와 K를 구하시오.

16-2. 그림 16-2에 있는 Ce^{4+}로 Fe^{2+}를 적정하는 것을 생각해 보자.
(a) 완결된(balanced) 적정 반응식을 쓰시오.
(b) 지시 전극에 대한 두 가지 반쪽 반응을 쓰시오.
(c) 전지 전압에 대한 두 가지 네른스트 식을 쓰시오.
(d) Ce^{4+}가 다음과 같은 부피일 때 E를 계산하시오. 10.0, 25.0, 49.0, 50.0, 51.0, 60.0, 100.0 mL. 그 결과를 그림 16-2와 비교하시오.

16-3. Pt와 포화 Ag | AgCl 전극을 사용하여, 1 M $HClO_4$에서 0.010 0 M Ce^{4+} 100.0 mL를 0.040 0 M Cu^+로 반응시켜 Ce^{3+}와 Cu^{2+}가 생성되는 적정을 생각해 보자.
(a) 완결된 적정 반응식을 쓰시오.
(b) 지시 전극에 대한 두 가지 반쪽 반응식을 쓰시오.
(c) 전지 전압에 대한 두 가지 네른스트 식을 쓰시오.
(d) Cu^+의 부피가 다음과 같을 때 E를 계산하시오. 1.00, 12.5, 24.5, 25.0, 25.5, 30.0, 50.0 mL. 적정 곡선을 그리시오.
(e) 이 적정에 적절한 지시약을 표 16-1에서 찾으시오.

16-4. Pt와 포화 칼로멜 전극을 사용하여, 1 M HCl에서 0.010 0 M Sn^{2+} 25.0 mL를 0.050 0 M Tl^{3+}로 적정하는 것을 생각해 보자.
(a) 완결된 직정 반응식을 쓰시오.
(b) 지시 전극에 대한 두 가지 반쪽 반응식을 쓰시오.
(c) 전지 전압에 대한 두 가지 네른스트 식을 쓰시오.
(d) Tl^{3+}의 부피가 다음과 같을 때 E를 계산하시오. 1.00, 2.50, 4.90, 5.00, 5.10, 10.0 mL. 적정 곡선을 그리시오.
(e) 이 적정에 적합한 지시약을 표 16-1에서 찾으시오.

16-5. 1 M H_2SO_4에서 **pH가** 0.00으로 **고정되어** 있을 때 3.75 mM Fe^{2+} 400.0 mL를 20.0 mM MnO_4^-로 적정하는 시범 16-1에 내한 적정 곡신을 계산하시오. 적정액의 부피기 다음과 같을 때 전지 전압을 계산하고 적정 곡선을 그리시오. 용액의 부피 : 1.0, 7.5, 14.0, 15.0, 16.0, 그리고 30.0 mL.

16-6. Pt와 포화 칼로멜 전극을 사용하여, 1 M HCl에서 0.050 0 M 25.0 ml의 Sn^{2+}를 0.100 M Fe^{3+}로 적정하여 Fe^{2+}와 Sn^{4+}가 생성되는 적정을 생각하자.
(a) 완결된 적정 반응식을 쓰시오.
(b) 지시 전극에 대한 두 가지 반쪽 반응을 쓰시오.
(c) 전지 전압에 대한 두 가지 네른스트 식을 쓰시오.
(d) Fe^{3+}의 부피가 다음과 같을 때 E를 계산하시오. 1.0, 12.5, 24.0, 25.0, 26.0, 30.0 mL. 적정 곡선을 그리시오.

16-7. pH 0.30으로 완충된 용액에서 0.020 0 M Fe^{3+} 10.0 mL에 아스코브산(0.010 0 M, 보충 16-2 구조)을 첨가하였고, Pt와 포화 Ag | AgCl 전극으로 전위를 추적하였다.

$$\text{디하이드로아스코브산} + 2H^+ + 2e^- \rightleftharpoons \text{아스코브산} + H_2O \quad E° = 0.390\ V$$

(a) 적정 반응에 대한 완결된 반응식을 쓰시오.
(b) Fe^{3+} | Fe^{2+}쌍에 대해서 $E°$ − 0.767 V를 사용하고, 아스코브산이 5.0, 10.0, 15.0 mL 첨가되었을 때 전지 전압을 계산하시오. (**힌트 :** 네른스트 식에 $[H^+]$가 나타날 때마다 $10^{-pH} = 10^{-0.30}$의 값을 사용하라.)

16-8. 그림 16-2에서 두 종말점을 확인하는 데 적절한 지시약을 표 16-1에서 선택하시오. 어떤 색깔의 변화가 관찰되겠는가?

16-9. 1M HCl에서 Sn^{2+}를 $Mn(EDTA)^-$로 적정하는 데 트리스(2,2′-바이피리딘) 철은 유용한 지시약이 될 수 있는가? (**힌트:** 당량점의 전위는 각 산화환원쌍의 전위 사이에 반드시 있어야 한다.)

16-10. 과량의 I^-를 포함하는 용액에서 아이오딘은 거의 언제나 사용되는 이유는 무엇인가?

16-11. pH 11 이상에서 아이오딘은 HOI, IO_3^-와 아이오드로 **동종간 주고받기 반응**을 한다. 동종간 주고받기 반응을 정의하고 각 화합물에서 I의 산화 상태를 구하시오. 그 반응들에 대해서 완결된 반응식을 쓰시오.

16-12. 오존(O_3)은 자극성 냄새의 무색 기체이다. 공기를 통해서 고전압 스파크를 통과시키면 오존이 발생될 수 있다. O_3는 중성 용액에서 다음 식과 같이 I^-로 화학량론적인 반응을 통해서 분석할 수 있다.

$$O_3 + 3I^- + H_2O \longrightarrow O_2 + I_3^- + 2OH^-$$

(반응은 반드시 중성 용액에서 진행되어야 한다. 산성 용액에서는 위 반응보다 더 많은 I_3^-가 생성된다.) 전기 스파크로 생성한 O_3를 포함한 공기 1.00 L 용기를 2 M KI 25 mL로 처리한 후 잘 흔들고 용기를 닫은 후에 30분 동안 놔두면 모든 O_3가 반응할 것이다. 그 용기에서 수용액을 빼내어 1 M H_2SO_4 2 mL로 산성으로 만들었다. I_3^-를 적정하기 위해서 0.050 44 M $S_2O_3^{2-}$가 29.33 mL 필요했다.

(a) O_3 반응 전과 후에 KI 용액의 색은 무엇으로 예측되는가?

(b) 1.00 L 용기에 있는 O_3 질량을 계산하시오.

(c) 이 적정에서 녹말 지시약을 적정을 시작할 때 혹은 종말점 근처에 첨가하는 것이 문제가 되는가? 왜 그런가?

16-13. 10-6절에서 Kjeldahl 분석법은 유기화합물의 질소 함량을 측정할 때 쓰인다. 유기화합물을 암모니아로 분해하기 위해서 끓는 황산에서 삭이고, 그 다음에 암모니아는 표준 산용액 내로 증류시킨다. 남은 산은 염기로 역적정한다. Kjeldahl 자신도 역적정 과정에서 1883년에 있던 등잔불 가지고는 메틸 레드 지시약의 종말점을 찾기가 어려웠다. 밤에 일하는 것을 그만둘 수도 있었지만, 대신 그는 분석을 완결하기 위해서 다른 방법을 선택하였다. 암모니아를 표준 황산 용액 내로 증류시킨 후, 그 산에 KIO_3와 KI의 혼합물을 첨가했다. 그리고는 생성된 아이오딘을 싸이오황산화 이온로 적정했다. 그때 등잔불로도 쉽게 종말점을 찾는 지시약을 사용했다. 싸이오황산화 이온 적정이 미지 시료의 질소 함량과 어떤 연관이 되어 있는지 설명하시오. 삭임 과정에서 나온 NH_3의 몰수와 아이오딘 적정에 필요한 싸이오황산 이온의 몰수 사이의 관계를 유도하시오.

16-14. 아황산 이온(SO_3^{2-})은 방부제로서 많은 음식에 첨가된다. 아황산 이온에 알레르기 반응을 가진 사람들이 있으므로, 아황산 이온의 양을 조절하는 것이 중요하다. 와인에 있는 아황산 이온은 다음과 같은 과정으로 측정된다. 와인 50.0 mL에 100 mL당 0.804 3 g의 KIO_3, 6.0 g KI를 포함하는 용액 5.00 mL를 첨가한다. 6.0 M의 황산 1.0 mL로 산성으로 만들면 반응 16-20에 따라서 IO_3^-에서 I_3^-로 정량적으로 변환된다. I_3^-는 아황산 이온과 반응하여 황산 이온이 되고 용액에는 과량의 I_3^-가 남는다. 과량의 I_3^-는 녹말 종말점에 도달하기까지 0.048 18 M의 $Na_2S_2O_3$ 12.86 mL가 필요하였다.

(a) 황산이 KIO_3 + KI에 첨가되었을 때 일어나는 반응식을 쓰고, 왜 6 g의 KI가 저장액(stock solution)에 첨가되었는지를 설명하시오. 6 g을 정확하게 측정하는 것이 필요한가? 1.0 mL의 H_2SO_4는 정확하게 측정하는 것이 필요한가?

(b) I_3^-와 아황산 이온 사이에 완결된 반응식을 쓰시오

(c) 와인에서 아황산 이온의 농도를 구하시오. SO_3^{2-}에 대해서 리터당 몰농도와 리터당 몇 밀리그램일지 답하시오.

(d) ***t* 시험.** 다른 와인은 직접 아이오딘법을 이용하여 세 번 실험한 결과, ±2.2 mg/L의 표준 편차를 지닌 277.7 mg/L의 SO_3^{2-}를 포함한 것을 알고 있다. 분광광도법으로 세 번 실험을 한 결과는 273.2 ± 2.1 mg/L를 얻었다. 이 결과는 95%의 신뢰도에서 상당한 다른가?

16-15. 다음의 환원 전위로부터

$$I_2(s) + 2e^- \rightleftharpoons 2I^- \qquad E^\circ = 0.535\ \text{V}$$
$$I_2(aq) + 2e^- \rightleftharpoons 2I^- \qquad E^\circ = 0.620\ \text{V}$$
$$I_3^- + 2e^- \rightleftharpoons 3I^- \qquad E^\circ = 0.535\ \text{V}$$

(a) 반응 $I_2(aq) + I^- \rightleftharpoons I_3^-$의 평형 상수를 계산하시오.

(b) 반응 $I_2(s) + I^- \rightleftharpoons I_3^-$의 평형 상수를 계산하시오.

(c) 물에서 I_2의 용해도(g/L)를 계산하시오.

응용문제

16-16. 스모그에 있는 오존(O_3)은 공기에 있는 산화 질소(NO)와 유기물 증기에 태양 자외선이 작용해서 형성된다. 1시간 동안 100 ~ 200 ppb(공기 1 L당 nL)의 오존 수준은 "1차 오존 주의보"를 발령하고, 건강에 해롭다고 여긴다. 200 ppb 이상 수준은 "2차 오존 주의보"로 정의되며, 건강에 매우 해롭다.

(a) 이상 기체 방정식은 $PV = nRT$이고, 이 식에서 P는 압력(bar), V는 부피(L), n은 몰수, R은 기체 상수(0.083 14 L · bar/(mol · K)), T는 온도(K)이다. 만약에 하나의 플라스크에서 공기의 압력이 1 bar라면, 1 ppb 성분의 부분압력은 10^{-9} bar이다. 만약에 온도가 300 K이고 O_3의 농도가 200 ppb라면 1 L의 공기에 있는 O_3의 몰수를 계산하시오.

(b) 스모그에 있는 200 ppb 수준의 O_3를 측정하기 위해서 문제 16-11의 간접 아이오딘법의 사용은 적절한가?

16-17. **초전도체의 간접 아이오딘법 :** 구리의 유효한 산화 상태, 따라서 $YBa_2Cu_3O_{7-z}$ 초전도체에서, z는 0 ~ 0.5 범위에 있는 산

소 원자의 수를 확인하기 위해서 분석하였다. 이트륨과 바륨의 통상적인 산화 상태는 Y^{3+}, Ba^{2+}이고, 구리는 Cu^{2+}와 Cu^{+}이다. 만약 구리가 Cu^{2+}라면 초전도체의 화학식은 $(Y^{3+})(Bd^{2+})_2(Cu^{2+})_3(O^{2-})_{6.5}$이고 이때 양이온의 전하는 +13이고, 음이온의 전하는 −13이다. 화학식이 $YBa_2Cu_3O_7$은 Cu^{3+}가 필요하며 이는 드문 일이다. $YBa_2Cu_3O_7$은 $(Y^{3+})(Ba^{2+})_2(Cu^{2+})_2(Cu^{3+})(O^{2-})_7$로 생각될 수 있고, 이때 양이온의 전하는 +14이고, 음이온의 전하는 −14이다.

$YBa_2Cu_3O_x$의 간접 아이오딘법은 2가지의 실험을 수반한다. **첫 번째 실험**에서 $YBa_2Cu_3O_x$를 묽은 산에 녹이는데, 이때 Cu^{3+}가 Cu^{2+}로 변환된다. 간결하게 화학식 $YBa_2Cu_3O_7$로 반응식을 적지만, $x \neq 7$에 대해서 반응식을 완결할 수 있을 것이다.

$$YBa_2Cu_3O_7 + 13H^+ \longrightarrow Y^{3+} + 2Ba^{2+} + 3Cu^{2+} + \tfrac{13}{2}H_2O + \tfrac{1}{4}O_2 \quad \text{(A)}$$

아이오딘화 이온으로 처리하고,

$$Cu^{2+} + \tfrac{15}{2}I^- \longrightarrow CuI(s) + \tfrac{3}{2}I_3^- \quad \text{(B)}$$

계속해서 발생된 I_3^-를 표준 싸이오황산 이온으로 적정해서 총 구리 함량이 측정된다(반응 16-21). $YBa_2Cu_3O_7$에서 1몰의 Cu는 실험 1에서 $S_2O_3^{2-}$ 1몰과 동등하다.

실험 2에서 $YBa_2Cu_3O_x$는 I^-가 포함된 묽은 산에 녹인다. 반응 B에 의해서 1몰의 Cu^{2+}는 0.5몰의 I_3^-를 생성하고, 1몰의 Cu^{3+}는 1몰의 I_3^-를 생성한다.

$$Cu^{3+} + 4I^- \longrightarrow CuI(s) + I_3^- \quad \text{(C)}$$

실험 1에서 필요한 싸이오황산 이온의 몰수는 초전도체에 있는 구리의 총 몰수와 같다. 실험 2와 1에서 요구되는 싸이오황산 이온의 차이는 Cu^{3+}의 양을 말해준다.

(a) 실험 1에서 초전도체 1.00 g은 $S_2O_3^{2-}$ 4.55 mmol이 필요하다. 실험 2에서는 1.00 g 초전도체는 $S_2O_3^{2-}$ 5.68 mmol이 필요하다. 화학식 $YBa_2Cu_3O_{7-z}$(FM 666.246 − 15.999 4z)에서 z값은 얼마인가?

(b) 불확정도의 전파. 실험 1을 수차례 반복한 결과, 필요한 싸이오황산 이온은 $YBa_2Cu_3O_{7-z}$ 1그램당 4.55 (± 0.10) mmol이다. 실험 2에서는 그램당 5.68 (± 0.05) mmol이었다. 식 $YBa_2Cu_3O_x$에서 x의 불확정도를 구하시오.

주와 참고문헌

1. Biochemical oxygen demand and chemical oxygen demand procedures are described in *Standard Methods for the Examination of Water and Wastewater,* 21st ed. (Washington, DC : American Public Health Association, 2005); www.standardmethods.org/.

개인 포도당 감시를 위한 바이오센서

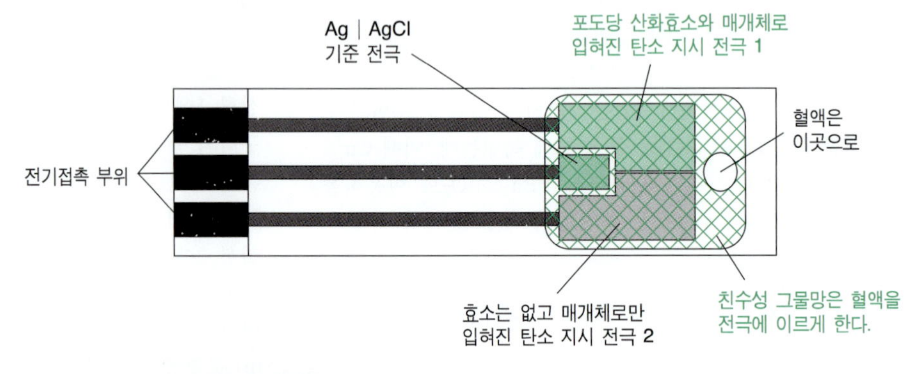

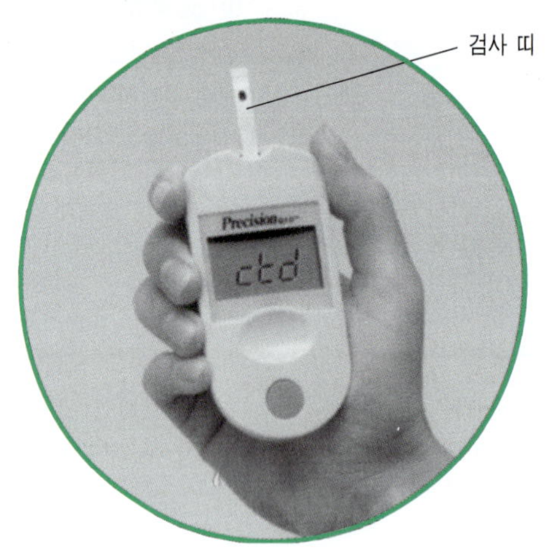

개인용 포도당 모니터는 당뇨병 환자들의 혈당량 수치를 재는 데 사용한다. 이 그림은 혈액 한 방울을 놓을 수 있는 일회용 검사띠의 중요한 요소를 보여준다. [Courtesy Abbott Laboratories MediSense Products, Bedford, MA.]

바이오센서(**biosensor**)는 하나의 물질에 아주 구체적으로 감지하는 효소, 항체 혹은 심지어 세포 전체와 같은 생물학적 부품을 사용하는 분석장치이다. 수많은 당뇨병 환자들은 인슐린 주사와 식이요법으로 질병을 제어하기 위해서 하루에도 여러 번 혈당 수준을 반드시 추적해야 된다. 위 사진은 일회용 검사띠를 가진 가정용 포도당 모니터를 보여 주고 있다. 이 센서는 한 번 측정에 4 μL 정도 소량의 혈액을 필요로 한다. 이 바이오센서는 포도당의 산화를 촉진시키는 포도당 산화효소를 사용한다. 전극들은 산화 생성물을 측정한다. 17-2절에서 센서가 어떻게 동작하는지를 설명한다. 포도당 센서 시장은 2009년도 미국에서 연간 25억 달러였고, 2014년에는 전 세계적으로 140억 달러까지 증가할 것이라고 예상된다.

17

전기화학에서 기기분석법

이제 화학 분석에 사용되는 다양한 전기화학 방법들을 소개한다. 이러한 기법은 가정용 포도당 모니터, 식품가공에서 품질 관리, 크로마토그래피 검출기와 같은 응용 분야에 이용된다.

17-1 전해무게 분석법과 전하량 분석법

전기분해(**electrolysis**)는 전압을 걸어주지 않으면 진행되지 않았을 산화환원 반응을 진행하기 위해서 전압을 걸어주는 일종의 화학반응이다. **전극활성 화학종**(**electroactive species**)은 전극에서 산화 혹은 환원될 수 있는 화학종을 말한다.

전해무게 분석법

정량분석에서 가장 오래된 전해 방법의 하나는 **전해무게 분석법**(**electrogravimetric analysis**)으로, 이 방법에서 분석물은 전극에서 석출되고 무게를 측정한다. 예를 들어, 구리의 측정에 대한 아주 좋은 방법은 환원전극에서 모든 구리가 석출될 수 있도록 구리 염 용액에 전류를 통과시키는 것이다.

$$Cu^{2+}(aq) + 2e^- \longrightarrow Cu\,(s,\ \text{환원전극에서 석출}) \qquad (17\text{-}1)$$

환원전극의 무게 증가는 용액에 얼마나 많은 구리가 있었는지를 말해준다.

그림 17-1은 이 실험이 어떻게 이루어지는지를 보여주고 있다. 보통 분석물은 아주 깨끗하게 씻은 화학적으로 안정하고, 표면적이 큰 Pt 망 전극에 석출된다.

전기분해가 완결된 것을 어떻게 알겠는가? 한 방법은 Cu^{2+}와 같이 색을 띠는 이온이 용액에서 제거되는 경우, 용액의 색이 사라지는 것을 관찰하는 것이다. 또 다른 방법은 전기분해하는 동안 환원전극의 대부분을, 전부는 아님, 용액에 노출시키는 것이다. 반응이 완결되었는지를 검사하기 위해 비커를 높이든지 물을 더 넣어서 지금까지 잠기지 않았던 환원전극의 표면을 용액에 노출시키는 것이다. 전기분해를 더 계속한 후에(15분 정도), 새롭게 노출시킨 전극 표면에 석출물이 있는지를 살펴본다. 만약 석출물이 있다면 이 과정을 되풀이 한다. 만약에 석출물이 없다면 전기분해가 끝난 것이다. 세 번째 방법은 시료 용액을 조금 덜어내서 분석물의 정성분석을 하는 것이다.

석출의 완결에 대한 검사
1. 색이 없어짐.
2. 새롭게 노출된 전극 표면에 석출
3. 용액에 있는 분석물에 대한 정성분석.

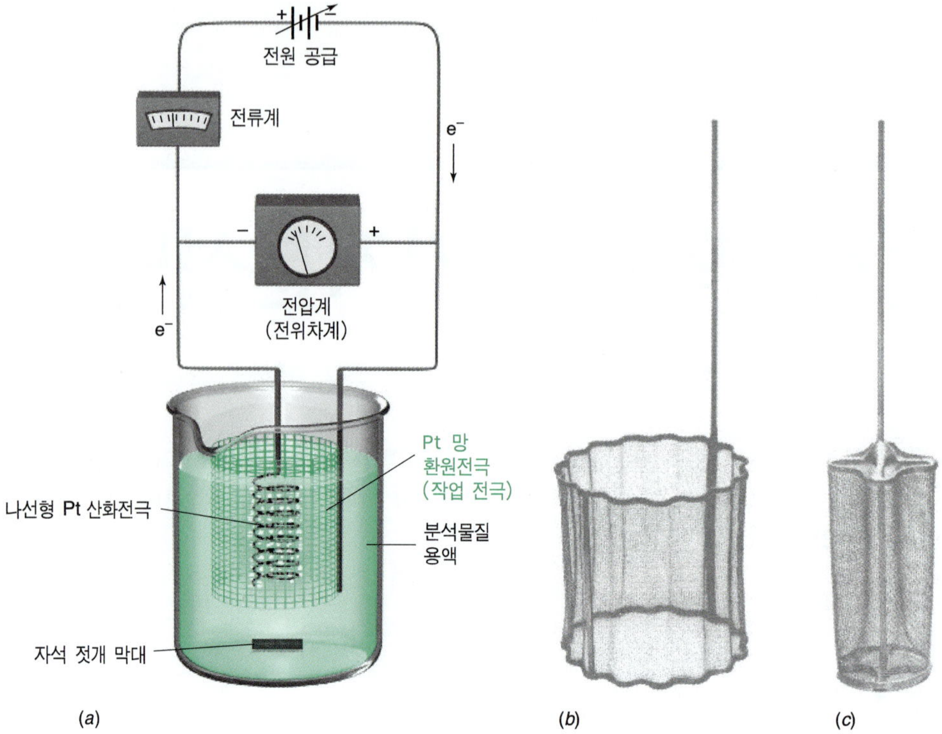

전원 공급

전류계

e^-

전압계
(전위차계)

e^-

Pt 망
환원전극
(작업 전극)

나선형 Pt 산화전극

분석물질
용액

자석 젓개 막대

(a)

(b)

(c)

그림 17-1 (a) 전해무게 분석법. 분석물은 Pt 망 전극 위에 석출됨. 만약 분석물이 환원되는 대신에 산화되어야 한다면 전원 공급 장치의 극성을 바꾸어 항상 넓은 전극 위에 석출되도록 한다. (b) 외부 Pt 망 전극. (c) 자석 젓개 대신 회전이 가능하도록 고안된 또 다른 내부 Pt 망 전극.

전해무게 분석법은 만약에 분석물이 없었다면 화학적으로 안정한 용액에서 오직 분석물 하나만 있다면 간단할 것이다. 실제로는 분석을 방해하는 다른 전기활성 화학종이 있을 수 있다. 물은 충분히 높은 전압에서 산화전극에서 O_2, 환원전극에서 H_2로 분해된다. 기체 방울들은 전극에서 고체의 석출을 방해한다. 이러한 복잡함으로 인해서 전극 전위를 조절하는 것은 성공적인 분석을 위해서 중요하다.

전하량 분석법

전하량법 (coulometry) 에서는 분석물이 얼마나 반응하였는지를 알기 위해서 화학반응에 참여하는 전자의 수를 헤아린다. t초 동안에 흐르는 일정한 전류 I암페어 (= C/s) 는 전하, $q = It$를 공급해 준다.

14-1절의 복습 :
전하량은 **쿨롱** (C) 으로 측정됨.
전류 (단위 시간당 전하) 는 **암페어** (A) 로 측정됨.

$$1\text{A} = 1\text{C/s}$$

패러데이 상수는 몰당 쿨롱수와 연관되어 있다.

$$\text{F} \approx 96\,485\ \text{C/mol}$$

$$\underset{\text{전하량}}{q} = \underset{\text{분자당 전하}}{n} \cdot \underset{\text{몰수}}{N} \cdot \underset{\text{C/mol}}{\text{F}}$$

n (분자당 전하) 은 **무차원**이다.

$$q = e^- \text{의 쿨롱} = I\left(\frac{\text{C}}{\text{s}}\right) \times t(s) \qquad (17\text{-}2)$$

예를 들면, 황화 수소 (H_2S) 는 산화전극에서 생성된 I_2와 반응을 통해서 측정된다.

산화전극에서 I_2가 생성 : $\quad 2I^- \longrightarrow I_2 + 2e^- \qquad$ (17-3a)

용액 내에서 일어나는 반응 : $\quad I_2 + H_2S \longrightarrow S(s) + 2H^+ + 2I^- \qquad$ (17-3b)

반응 17-3b의 당량점에 도달하기 위해서 반응 17-3a에서 충분한 I_2가 생성되는데 필요한 시간과 전류를 측정한다. 측정된 전류와 시간으로부터 반응 17-3a에 참여했던 전자의 수를 계산한다. 그러므로 반응 17-3b에 참여했던 H_2S의 몰수를 계산할 수 있다. 이 예에서 종말점을 찾는 방법은 용액에 소량의 녹말을 첨가하는 것이다. I_2가 H_2S에 의해 빠르게 소모되는 한 용액은 색을 나타내지 않는다. 당량점 이후에는 과량의 I_2가 축적되므로 용액은 푸른색으로 변한다.

예제 전하량법

반응 17-3b에서 종말점이 0.058 2 A의 전류가 184초 동안 흐른 후에 왔다면 미지 시료에 있는 H_2S의 몰수를 구하시오.

해답 반응 17-3a에서 전하량은 $q = It = (0.058\ 2\ C/s)(184\ s) = 10.7_1\ C$이다. 전하량을 반응식 14-1을 사용해서 전자의 몰수로 변환한다. 전자에 대해서 반응식 14-1에서 n은 전자당 1 전하로, **무차원의 (dimensionless)** 양이다.

$$n = \text{mol e}^- = \frac{q}{nF} = \frac{10.7_1\ C}{(1\text{전하/전자})(96\ 485\ C/mol)} = 1.11_0 \times 10^{-4}\ \text{mol e}^-$$

반응 17-3a에서 2개의 전자는 1개의 I_2에 해당한다. 반응 17-3b에서 1개의 I_2는 1개의 H_2S와 반응한다. 따라서 2개의 전자는 1개의 H_2S 반응에 해당한다. 미지 시료에 있는 H_2S의 몰수는 $\left(\frac{1\ \text{mol}\ H_2S}{2\ \text{mol e}^-}\right)(1.11_0 \times 10^{-4}\ \text{mol e}^-) = 5.55 \times 10^{-5}$ mol이 된다.

복습 문제 100.0 mA의 전류로 1.00 mmol H_2S를 적정하는 데 얼마나 오래 걸릴 것인가? (**답** : 1.94×10^{-3} s)

자습문제

17-A. 그림 17-2에 있는 전기분해는 FeO_4^{2-}로써 강력한 산화제 Fe(VI)를 생성하는데, 이것은 폐수에 있는 유독 물질을 산화시킬 수 있다. 예를 들어, 황화 이온(S^{2-})은 싸이오황산 이온($S_2O_3^{2-}$)으로, 사이안화 이온은(CN^-)은 사이안산 이온(CNO^-)으로, 아비산 이온(AsO^{2-})은 비산화 이온(AsO_4^{3-})으로 변환된다.

(a) 염기성 용액에서 Fe 산화전극에 대한 완결된 반쪽 반응을 적으시오.

(b) $FeO_4^{2-} + S^{2-} \longrightarrow Fe(OH)_3(s) + S_2O_3^{2-}$에 대해서 완결된 반응을 쓰시오.

(c) 1.00 h 동안 16.0 A의 전류를 가한다면 폐수에서 몇 몰의 S^{2-}가 제거되는가?

(d) 10.0 mM S^{2-}를 포함하는 폐수는 1.00 h 동안에 얼마만한 부피가 정화되는가?

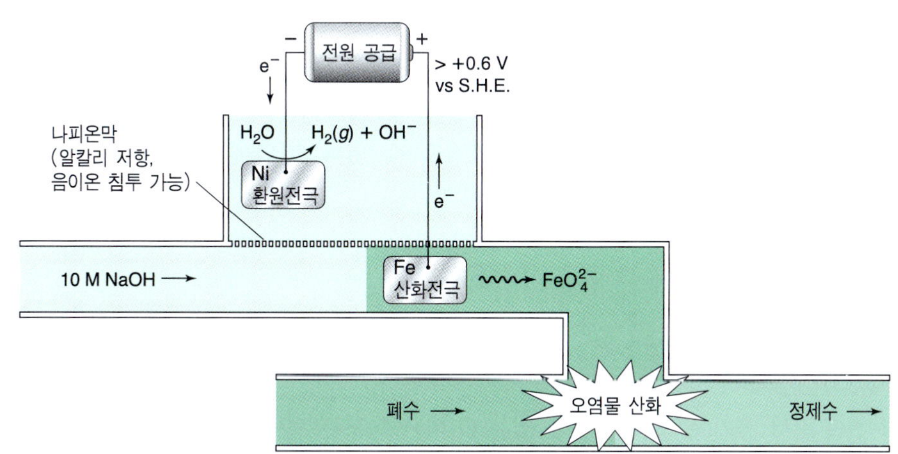

그림 17-2 전기화학적으로 생성시킨 Fe(VI)로 폐수의 산화 정제. [출처 : S. Licht and X. Yu, *Environ. Sci. Technol.* **2005**, *39*, 8071.]

17-2 전류법

전류법에서는 용액에 있는 화학종의 농도에 비례하는 전류를 측정한다.

전하량법에서는 화학 반응하는 동안 흐르는 전자의 총수(= 전류 × 시간)를 측정한다.

전류법(**amperometry**)은 전기 분해 반응이 일어나는 한 쌍의 전극들 사이에 흐르는 전류를 측정하는 것이다. 반응물 중 하나는 측정하려는 분석물이며, 측정된 전류는 분석물의 농도에 비례한다.

중요한 전류법의 하나는 **클라크 전극**(**Clark electrode**)으로[1] 용존 O_2를 측정하는 것이다. 클라크 전극은 보충 6-1에서 해양 퇴적물에 있는 산소를 측정하기 위해서 사용된 그림 17-3에 있는 것과 같은 전극이다. 유리 몸체의 끝이 5 μm 크기의 미세한 구멍이 있도록 유리 몸체를 끌어당겨 뽑는다.. 구멍 안에는 10 ~ 40 μm 길이의 실리콘 고무가 있으며, 그것은 산소가 투과될 수 있다. 산소는 고무를 통해 전극으로 확산되고 백금선 위에 있는 금 촉에서 환원된다. 금 촉은 Ag | AgCl 기준 전극에 대해서 −0.75 V로 고정되어 있다.

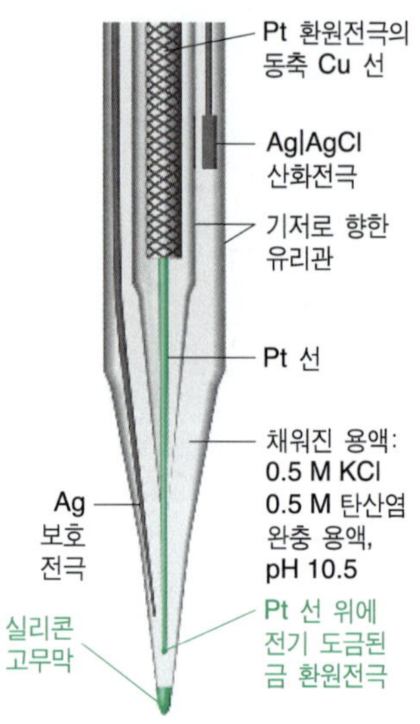

그림 17-3 보충 6-1에서 해양 퇴적물에 있는 용존 O_2를 측정하기 위한 클라크 산소 미세전극. 환원전극의 팁은 금으로 도금되어 있다. 금 전극은 시험 용액으로부터 물질의 흡착으로 인해 더러워지는 경향이 Pt보다 적다. [Adapted from N. P. Revsbech, *Limnol. Oceanogr.* **1989**, *34*, 474.]

Pt | Au 환원전극 : $\quad O_2 + 4H^+ + 4e^- \longrightarrow 2H_2O \qquad$ (17-4)

Ag | AgCl 산화전극 : $\quad 4Ag + 4Cl^- \longrightarrow 4AgCl + 4e^-$

전류는 미지 시료 용액에 있는 용존 산소의 농도에 비례한다. 클라크 전극은 이미 농도를 알고 있는 산소를 포함하는 용액에 전극을 담그어 검정되고, 전류 대 산소 농도의 그래프를 만들 수 있다.

그림 17-3에 있는 전극은 또한 거의 바닥까지 늘어져 있는 Ag **보호 전극**(*guard electrode*)을 포함한다. 가드 전극은 전극의 윗부분에서 확산해 오는 모든 산소가 환원되도록 하며, 밑에서 실리콘막을 통해 확산되는 산소 측정에는 방해가 되지 않도록 충분한 마이너스 전위를 유지하고 있다.

클라크 전극은 신생아의 호흡곤란증을 검출하고 배꼽 동맥에 있는 O_2를 측정하기 위해서 수술용 관 끝에 삽입될 수 있다. 이 센서는 호흡을 위해서 산소를 처치할 경우 혹은 폐의 기계적인 배기에 20 ~ 50초 이내 반응한다.

예제 헨리의 법칙에서 이탈

헨리의 법칙(*Henry's law*)은 묽은 농도에서 용존 기체의 농도는 용액과 접촉하고 있는 기체의 압력에 비례한다는 것이다. 25°C 물에 있는 O_2에 대해서 헨리의 법칙은 다음과 같은 형태를 갖춘다.

$$[O_2(aq)] = (0.001\ 26\ \text{M/bar}) \times P_{O_2}\ (\text{bar})$$

위 식에서 P_{O_2}는 bar 단위로, $[O_2(aq)]$는 mol/l 단위로 표시되었다. 클라크 전극은 보통 $[O_2(aq)]$보다는 P_{O_2}에 대해서 검정된다. 왜냐하면 P_{O_2}가 측정하기 더 쉽기 때문이다. 예로 이 전극은 순수한 질소($P_{O_2} = 0$) 혹은 수분을 뺀 공기($P_{O_2} \approx 0.21$ bar), 순수한 산소($P_{O_2} \approx 1.0$ bar)를 불어 넣은 용액에서 검정될 수 있다. 만약에 클라크 전극이 "0.100 bar"로 읽힌다면 $O_2(aq)$의 몰농도는 얼마인가?

해답 헨리의 법칙으로 다음과 같은 결과를 얻는다.

$$[O_2(aq)] = 0.001\ 26 \times P_{O_2} = (0.001\ 26\ \text{M/bar}) \times (0.100\ \text{bar}) = 0.126\ \text{mM}$$

 **복습 문제** 공기로 포화된 물에 있는 O_2의 몰농도는 얼마인가? (**답** : 0.26 mM)

포도당 모니터

이 장의 첫부분에 있는 혈액 포도당 모니터는 아마도 가장 널리 사용되는 **바이오센서(biosensor)** 일 것이다. 바이오센서는 하나의 분석물에 매우 선택적으로 감응하기 위해서 **효소**(*enzyme*) 혹은 **항체**(*antibody*)와 같은 생물체의 구성품을 사용하는 장치이다. 포도당 모니터는 매년 팔리는 모든 전류법 측정기기의 95% 이상을 차지한다. 이 장의 첫부분에서 보여준 일회용 검사띠는 2개의 탄소 지시 전극과 Ag | AgCl 기준 전극을 갖고 있다. 그림의 오른쪽에 있는 둥근 입구에 넣는 4 μL밖에 안 되는 소량의 혈액은 얇은 **친수성**(*hydrophilic*) 그물망에 의해서 3개의 모든 전극에 이른다. 액체가 기준 전극에 도달하면 20초 동안 측정이 시작된다.

효소 : 생화학 반응을 촉진시키는 단백질. 효소는 반응 속도를 여러 자릿수만큼 증가시킨다.

항체 : 항원이라는 특정한 표적 분자에 결합하는 단백질. 신체를 감염시키는 외래 세포는 항체에 의해 표지되고 **분해**에 의해 파괴되거나 대식세포(macrophage)에 의해 먹힌다.

지시 전극 1은 포도당 산화효소와 바로 아래에 설명하는 **매개체**(*mediator*)로 입혀져 있다. 효소는 포도당이 산소와 반응하는 것을 촉진시키는 단백질이다.

지시 전극 1 위의 코팅층에서 진행되는 반응 :

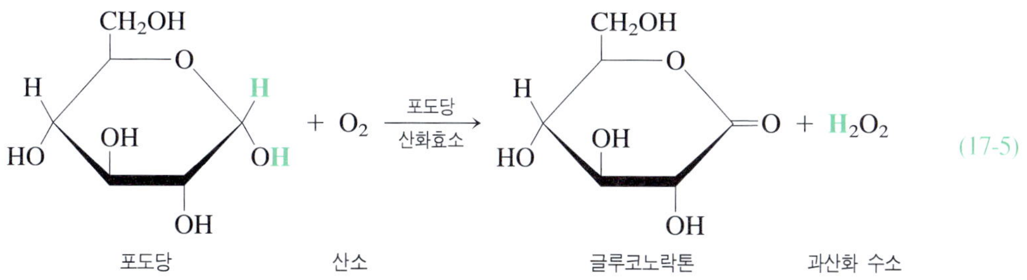

(17-5)

효소가 없다면 반응 17-5의 속도는 무시할 수 있을 정도이다.

초기의 포도당 모니터는 1개의 지시 전극에서 산화에 의해서 반응 17-5로부터 생성되는 H_2O_2를 측정하였다. 지시 전극은 Ag | AgCl 전극에 대해 +0.6 V로 고정되었다.

지시 전극 1에서 반응 : $H_2O_2 \longrightarrow O_2 + 2H^+ + 2e^-$ (17-6)

전류는 H_2O_2 농도에 비례하고, H_2O_2는 결과적으로 혈액에 있는 포도당 농도에 비례한다(그림 17-4).

그림 17-4 용존 O_2 농도가 P_{O_2} = 0.027 bar에 상응할 때 전류법 포도당 전극에 대한 검성 곡선. 이 정도 압력은 피하조직에 있는 평상시 농도보다 20% 작다. [데이터 출처: S.-K. Jung and G. W. Wilson. *Anal. Chem.* **1996**, *68*, 591.]

초기의 포도당 모니터가 지닌 문제는 측정기의 감응이 효소층에 있는 O_2 농도에 의존한다는 것이었다. 왜냐하면 반응 17-5에서 O_2가 참여하기 때문이다. 만약에 O_2 농도가 낮았다면 모니터는 포도당 농도가 낮은 것처럼 반응했었다.

O_2의 의존도를 줄이는 좋은 방법은 반응 17-5에서 O_2를 대체할 수 있는 화학종을 효소층에 넣어주는 것이다. 분석물(이 경우에는 포도당)과 전극 사이에서 전자를 이동하는 물질을 **매개체(mediator)**라 한다. 페로센염(ferricinium salt)은 이런 목적에 아주 잘 맞는다.

매개체(mediator)는 분석물과 작업 전극 사이에서 전자를 전달한다. 매개체 자체는 전체적으로 볼 때는 반응하지 않는다.

지시 전극 1 위의 코팅층에서 진행되는 반응 :

포도당 + 2 [1,1′-다이메틸페로센 양이온]⁺ —(포도당 산화효소)→ 글루코노락톤 + 1,1′-다이메틸페로센 + $2H^+$ (17-7)

페로센은 벤젠과 비슷하게 평평한 5개의 방향족 탄소 고리를 갖고 있다. 각 고리는 형식적인 −1 전하를 가지고 있어서 철의 산화 상태는 +2이다. 철 원자는 2개의 평면 고리 사이에 놓여 있다. 이러한 형태의 분자는 **샌드위치 착물**(*sandwich complex*)이라 한다.

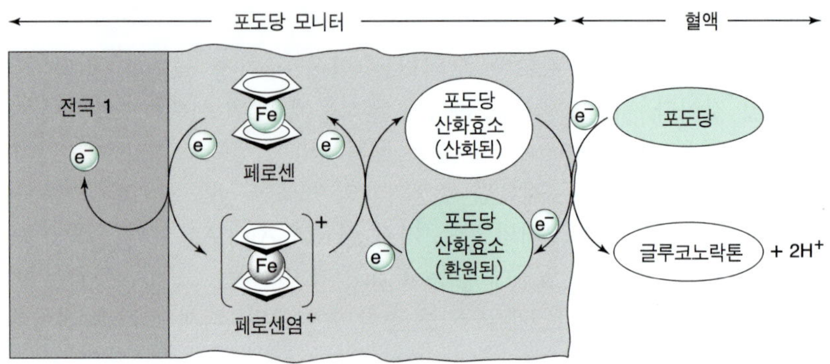

그림 17-5 전자는 포도당(혈액 내)에서 포도당 산화효소로 그리고 페로센 이온(전극에 피복된)으로 흐른다. 결국에는 포도당 모니터의 전극 1로 흐른다. 색칠된 부분은 환원된 상태에 있는 화학종이다.

반응 17-7에서 소모된 매개체는 지시 전극에서 다시 생성된다.

페리시늄 매개체는 작업 전극에 요구되는 전위를 0.6 V에서 0.2 V (Ag | AgCl 전극에 대해서)로 낮춘다. 따라서 포도당 센서의 안정성을 향상시키고 혈액에 있는 다른 화학종의 방해를 없애준다.

학생들 실험을 위해서 학생들 자신의 포도당 바이오센서를 만들 수 있다.[2]

지시 전극 1에서 반응 :

$$Fe(C_5H_4CH_3)_2 \xrightarrow[-e^-]{\text{지시 전극}} [Fe(C_5H_4CH_3)_2]^+ \qquad (17\text{-}8)$$

포도당이 산화되고 지시 전극으로 전자가 흐르는 연속적인 과정을 그림 17-5에서 보여준다. 전극에서 전류는 페로센의 농도에 비례하고, 페로센의 농도는 결과적으로 혈액에 있는 포도당의 농도에 비례한다.

포도당 모니터가 지닌 또 다른 문제는 반응 17-8에 있는 매개체 산화에 필요한 전위에서 혈액에서 발견되는 다른 화학종들이 산화될 수 있다는 것이다. 이러한 방해 화학종에는 아스코브산(비타민 C), 요산, 아세트아미노펜(Tylenol) 등이 포함된다. 이러한 방해를 정정하기 위해서 이 장의 첫부분에 있는 일회용 검사띠는 **포도당 산화효소는 입히지 않고** 매개체만 입힌 2번째 지시 전극을 갖추고 있다. 전극 1에서 환원되는 방해 화학종은 전극 2에서도 역시 환원된다. 포도당 때문에 발생된 전류는 전극 1의 전류에서 전극 2의 전류를 뺀 것이다(두 전극 모두 같은 기준 전극에 대해 측정). 이제 검사띠가 3개의 전극을 갖는 이유를 알게 되었을 것이다.

중요한 도전은 검정이 필요없이 재현성 있는 포도당 모니터를 만들어내는 것이다. 사용자는 혈액에서 이미 알고 있는 농도를 알고 있는 포도당으로 검정 곡선을 만들지 않고 한 방울의 혈액을 검사띠에 첨가하여 믿을 만한 농도를 얻는 것을 기대한다. 검사띠의 각 묶음(lot)은 반드시 재현성이 뛰어나야 되며, 공장에서 검정되어야 한다.

3개의 전극으로 구성된 전지

현재까지 토론한 전지는 2개의 전극, 즉 지시 전극과 기준 전극에 기반을 두고 있다. 전류는 두 개의 전극 사이에서 측정된다. 명백한 예외—이 장의 첫부분에 있는 포도당 모니터—는 두 개의 지시 전극을 갖추고 있다.

많은 전기화학적 기법에서 3개의 전극으로 구성된 용기(cell)는 전기화학의 미세한 조

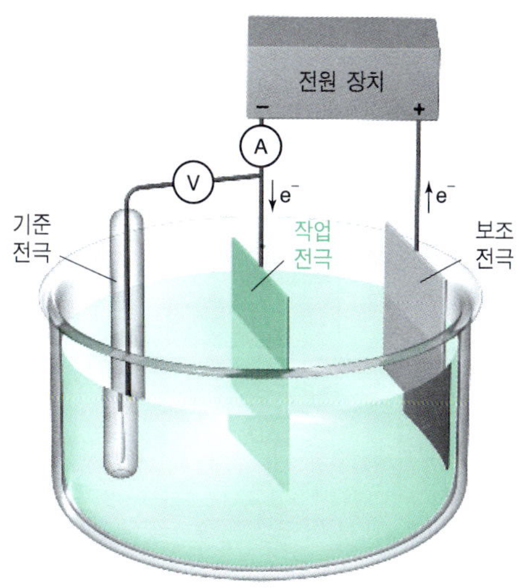

그림 17-6 3 전극 용기를 사용한 조절 전위 전기분해. 전압은 작업 전극과 기준 전극 사이에서 측정된다. 전류는 작업 전극과 보조 전극 사이에서 측정된다. 기준 전극을 통해서는 무시할 수 있을 정도의 전류가 흐른다. Ⓥ는 전압계(전위차계)이며, Ⓐ는 전류계이다.

절을 위해서 필요하다. 그림 17-6에 있는 용기는 전통적인 **기준 전극**(**reference electrode**, 칼로멜 혹은 은-염화 은과 같은), 관심이 있는 반응이 일어나는 **작업 전극**(**working electrode**), 그리고 작업 전극의 전류가 흐르는 데 짝이 되는 **보조 전극**(**auxiliary electrode**, **상대 전극**(*counter electrode*))을 갖추고 있다. 작업 전극은 2개 전극으로 구성된 용기에서 지시 전극에 해당한다. 보조 전극은 우리가 전에 마주치지 못했던 새로운 것이다. **전류는 작업 전극과 보조 전극 사이에서 흐른다. 전압은 작업 전극과 기준 전극 사이에서 측정된다.**

기준 전극 : 무시할 수 있을 정도의 전류가 흐르면서 고정된 기준 전위를 제공해 준다.

작업 전극 : 분석물은 이 전극에서 반응한다. 전압은 작업 전극과 기준 전극 사이에서 측정된다.

보조 전극 : 전기화학의 나머지 반은 여기서 진행된다. 전류는 작업 전극과 보조 전극 사이에서 흐른다.

일정전위기 : 작업 전극과 기준 전극 사이의 전위차를 조절한다.

작업 전극과 기준 전극 사이의 전압은 **일정전위기**(**potentiostat**)라는 장치로 조절된다. 사실상 기준 전극을 통해서는 전류가 흐르지 않는다. 기준 전극은 일정한 전위로 유지되며 그것으로 작업 전극 전위를 측정한다. 전류는 작업 전극과 보조 전극 사이에서 흐른다. 보조 전극 전위는 전기분해 용기에서 전류와 농도 변화에 대응하여 제어될 수 없는 방식으로 시간에 따라 변화한다. 왜 보조 전극의 전위가 변화되는지를 설명하는 것은 이 책의 범위를 벗어나는 것이다. 그러나 지금은 두 전극 용기(cell)에서 작업 전극 전위는 반응이 진행됨에 따라 표류될 수 있다는 것을 말하는 것으로 충분하다. 전위가 표류함에 따라서 분석하려고 했던 분석물의 반응 이외에도 다른 반응들이 일어날 수 있다. 전극 용기에서 일정전위기는 작업 전극을 원하는 전위에 유지시키고, 동시에 보조 전극 전위는 제어되지 않고 표류한다.

그림 17-6은 작업 전극에서 분석물의 환원을 보여준다, 그러므로 작업 전극은 이 그림에서 환원전극이다. 다른 경우에는 작업 전극은 산화전극이 될 수도 있다. 작업 전극은 항상 분석물의 반응이 일어나는 지시 전극이다.

크로마토그래피를 위한 전류법 검출기

그림 0-4는 화학 분석에서 테오브로민으로부터 카페인을 분리시키는 데 이용되는 크로마토그래피의 한 예를 보여 준다. 빛의 흡수와 전기화학 반응은 분석물이 칼럼에서 유출될

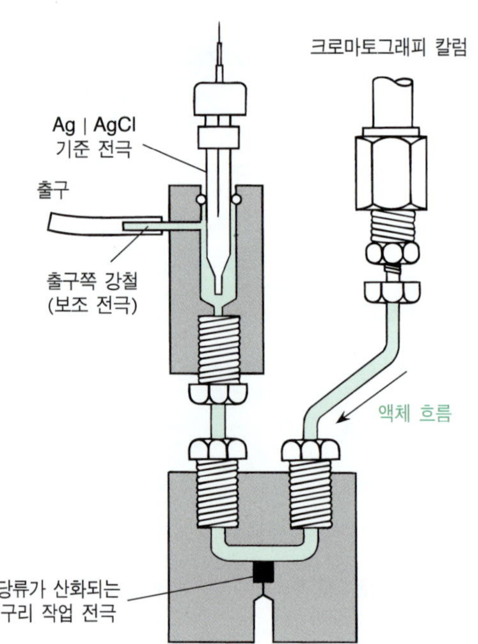

그림 17-7 전기화학 검출기는 전류법을 사용해서 크로마토그래피 칼럼에서 빠져 나오는 설탕을 측정한다. 설탕은 Cu 전극에서 산화되고, 물은 출구 쪽에 있는 강철에서 환원된다. [Adapted from Bioanalytical Systems, West Lafayette, IN.]

때 분석물을 검출하기 위한 일반적인 방법이다. 음료수에 있는 설탕들은 음이온 교환 크로마토그래피로 분리하고, 크로마토그래피 칼럼에서 나올 때 전극으로 검출하여 측정할 수 있다(23장에서 설명). 포도당과 같은 설탕의 —OH기는 0.1 M NaOH에서 $—O^-$ 음이온으로 부분적으로 해리된다. 음이온들은 고정된 플러스 전하를 띤 입자들로 채워진 칼럼을 통과할 때 서로 분리된다.

그림 17-7에 있는 전류법 검출기는 Cu 작업 전극 위로 칼럼에서 빠져 나오는 액체가 흐르는 모습을 보여 준다. Ag | AgCl 기준 전극과 강철 보조 전극은 그림의 왼쪽 위에 있는 흐름의 더 아랫부분에 놓여 있다. 작업 전극은 일정전위기에 의해 Ag | AgCl에 대해 +0.55 V의 전위로 유지된다. 설탕은 칼럼에서 나온 후 Cu 표면에서 산화된다. 물의 환원($H_2O + e^- \rightarrow \frac{1}{2}H_2 + OH^-$)은 보조 전극에서 일어난다. 작업 전극과 보조 전극 사이에서 흐르는 전류는 칼럼에서 나오는 각각의 설탕 농도에 비례한다. 그림 17-8은 크로마토그램을 보여주는데, 그것은 크로마토그래피 칼럼에서 다른 종류의 설탕이 나오는 것에 따라 시간 대 검출 전류를 나타낸 것이다. 표 17-1은 이 방법으로 측정된 여러 음료수에 있는 설탕 내용물을 보여 준다.

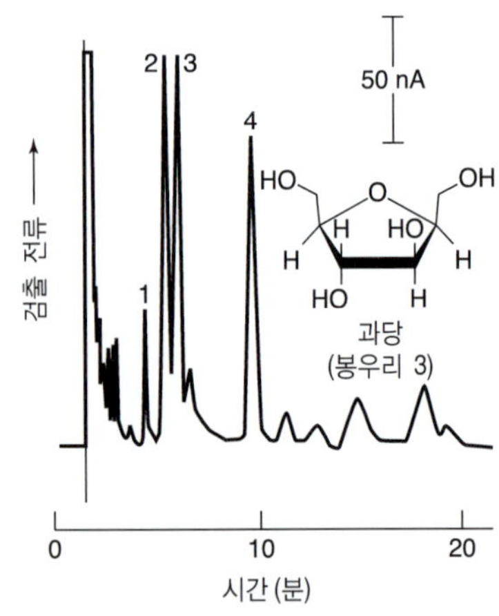

그림 17-8 물로 100배 정도 묽히고 0.45 μm 막을 통해 입자를 걸러낸 Bud Dry 맥주의 음이온 교환 크로마토그램. 칼럼의 정지상은 CarboPac PA1이고, 이동상은 0.1 M NaOH이다. 표시된 각 봉우리는 (1) 아라비노스, (2) 포도당, (3) 과당, (4) 젖당이다. [출처 : P. Luo, M. Z. Luo, and R. P. Baldwin, *J. Chem. Ed.* **1993**, *70*, 679.]

자습문제

17-B. **(a)** 포도당 모니터는 어떻게 작동하는가?
(b) 포도당 모니터에서 매개체는 왜 유리한가?

표 17-1 음료수에 있는 설탕의 부분 목록[a]

상표	설탕 농도(g/L)			
	포도당	과당	젖당	엿당
Budweiser	0.54	0.26	0.84	2.05
Bud Dry	0.14	0.29	0.46	—
Coca Cola	45.1	68.4	—	1.04
Pepsi	44.0	42.9	—	1.06
Diet Pepsi	0.03	0.01	—	—

a. P. Luo, M. Z. Luo, and R. P. Baldwin, *J. Chem. Ed.* **1993**, *70*, 679.

17-3 전압전류법

전압전류법(voltammetry)에서 전류는 두 전극 사이의 전압이 변하는 동안 측정된다(전류법에서 전류를 측정하는 동안 전압은 고정되었다.). 과일 음료에 있는 비타민 C(아스코브산)를 측정하기 위해서 사용되는 그림 17-9에 있는 장치를 생각해 보자. 분석물의 산화는 흑연 작업 전극의 노출된 끝에서 일어난다.

흑연 전극은 비싸지 않아서 선택된다. 작은 면적이 노출된 팁 전극은 용액의 전기 저항과 전극의 정전 용량에 의해 발생되는 신호의 뒤틀림을 감소시킨다.

작업 전극 :

$$\text{아스코브산 (비타민C)} + H_2O \longrightarrow \text{탈수소화 아스코브산} + 2H^+ + 2e^- \qquad (17\text{-}9)$$

그리고 H^+의 환원은 보조 전극에서 일어난다.

보조 전극 : $$2H^+ + 2e^- \longrightarrow H_2(g)$$

기준 전극에 대한 작업 전극의 전위가 변하면서 작업 전극과 보조 전극 사이의 흐르는 전류를 측정한다.

그림 17-10에서 오렌지 주스의 **전압전류그림(voltammogram**, 전위 대 전류의 그래프)을 기록하기 위해, 용액을 저으면서 처음에 작업 전극의 전위를 2분 동안 −1.5 V(Ag | AgCl에 대해)로 고정시킨다. 이 **조절 과정**(*conditioning*)은 전극의 끝에서 유기 물질을 환원시키고 제거시킨다. 그 후에 전위는 −0.4 V로 바뀌며, 가볍게 전극을 두드려서 전극에서 기포를 떨어뜨리는 30초 동안 계속해서 젓는다. 그 후 30초 동안 젓는 것을 중단하면 용액은 측정을 위해서 안정이 될 것이다. 마지막으로 그림 17-10에 있는 제일 밑에 있는 선을 기록하기 위해 전압을 +33 mV/s의 속도로 −0.4 V에서 +1.2 V로 훑는다(scan).

매번 측정하기 전에(표준물 첨가를 포함해서) 깨끗하고 매우 재현성 있는 전극 표면을 얻기 위해서 컨디션 조절을 반복한다.

전압이 훑어질 때 어떤 일이 일어나는가? −0.4 V에서 어떤 의미있는 반응이 없으며 따라서 전류도 거의 흐르지 않는다. 그림 17-10에 있는 +0.2 V 근처의 전위에서 아스코브산은 작업 전극의 끝에서 산화되기 시작하고 그 결과 전류가 상승한다. +0.8 V 이상에서 전극 부근에 있는 아스코브산은 전기화학 반응에 의해 고갈된다. 분석물은 최고 반응 속도를 유지하기 위해서 전극으로 충분히 빠르게 확산되지 못하기 때문에 전류가 약간 감소한다.

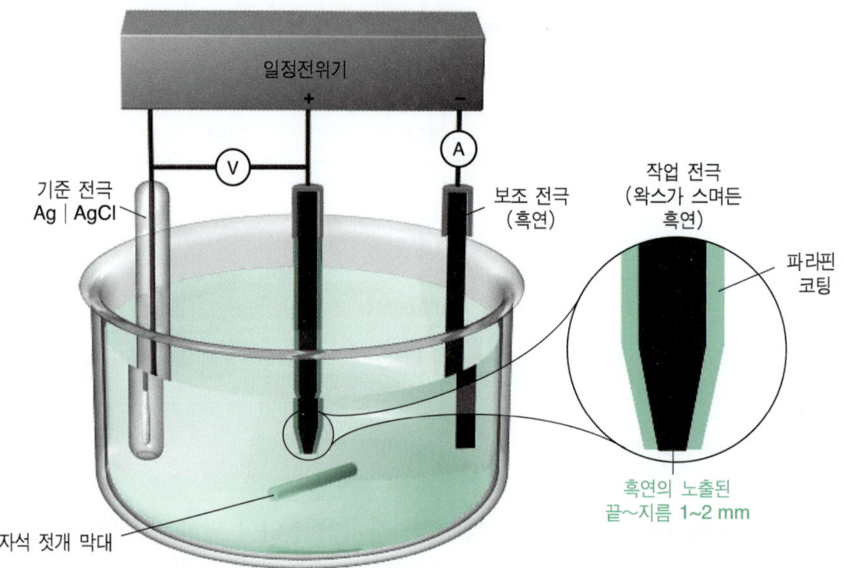

그림 17-9 과즙 음료에 있는 비타민 C의 전압전류법 측정을 위한 세 전극 용기. 작업 전극과 지시 전극 사이의 전압은 전압계 Ⓥ에 의해 측정되며, 작업 전극과 보조 전극 사이의 전류는 전류계 Ⓐ에 의해 측정된다. 일정전위기는 정해진 방법에서 전압을 변화시킨다.

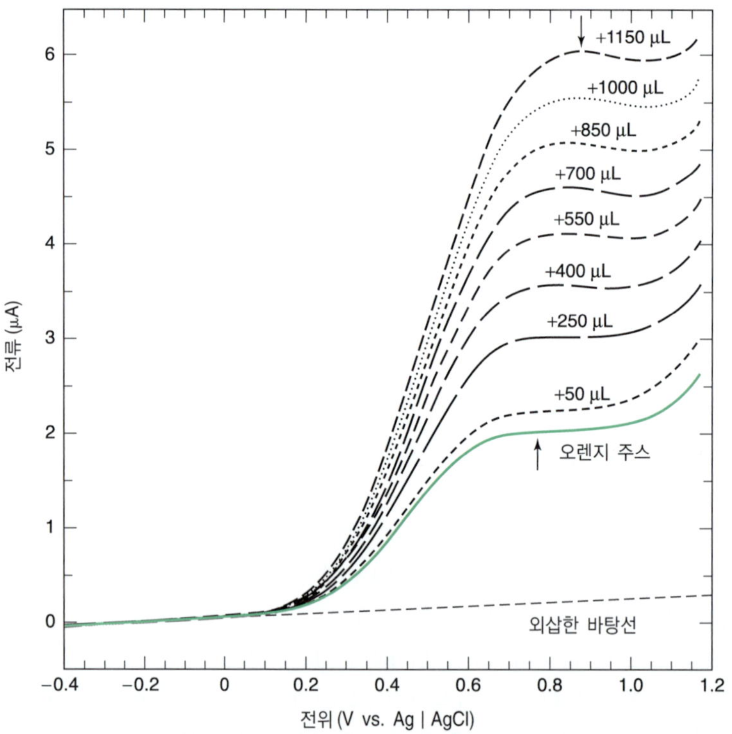

그림 17-10 50.0 ml의 오렌지 주스와 0.029 M HNO_3에 있는 0.279 M 아스코브산의 표준물 첨가의 전압전류그림. 전압은 그림 17-9에 있는 기구로 +33 mV/s로 훑었다. 가장 낮은 곡선과 가장 높은 곡선에서 화살표로 표시된 봉우리 위치는 표준물이 첨가되면서 용액이 점점 더 산성이 되기 때문에 약간 변한다.

봉우리 전류(*peak current*)**는 오렌지 주스에 있는 아스코브산의 농도에 비례한다.** 봉우리 전류는 그림 17-10에 있는 화살표 지점에서 측정된다. 그것은 반응이 거의 일어나지 않는 −0.4 V ~ 0 V 사이에서 있는 범위를 외삽한 바탕선에 비교해서 측정된다. +0.8 V 근처에서 산화되는 주스에 있는 모든 화학종은 분석을 방해할 것이다. 그러나 아직 전류와 아스코브산의 농도 사이의 비례 상수를 알지 못하고 있다. 측정을 완결하려면 그림 17-10에 있는 점선 곡선에 의해 나타낸 것과 같은 아스코브산의 이미 알고 있는 양의 **표준물 첨가**(*standard additions*)를 몇 번 정도 하는 것이다.

표준물 첨가법은 5-3절에서 설명하였다. 문제 5-19는 표준물 첨가법 그래프에서 불확정성에 대한 식을 제시한다.

자습문제

17-C. 만약 자습문제 5-C를 하지 않았다면, 지금이 표준물 첨가 방법을 연습해 보는 때이다.

17-4 폴라로그래피

폴라로그래피는 1959년에 노벨상을 받았던 자로스라브 헤이로브스키(Jaroslav Heyrovsky)에 의해서 1922년에 처음으로 발명되었다.

폴라로그래피(**polarography**)는 **적하수은 전극**(*dropping-mercury electrode*)으로 수행한 전압전류법이다. 그림 17-11에 있는 용기(cell)는 적하수은 작업 전극, 백금 보조 전극, 칼로멜 기준 전극을 갖추고 있다. 전자적으로 제어되는 분배기(dispenser)는 분석용액에 잠겨 있는 모세관 끝에 수은 방울이 한 방울씩 매달리도록 한다. ~1초 동안 측정하고 방울은 떨어뜨리고 다음 측정을 위해 새로운 방울이 매달리게 된다. 따라서 매 측정마다 새롭고 재현성 있는 금속 표면이 있게 된다.

수은 전극은 특별히 환원 과정에 유용하다. Pt, Au 또는 탄소와 같은 다른 작업 전극에서 H^+는 그다지 그지도 않은 마이너스 전위에서 H_2로 쉽게 환원된다. 이 반응으로 인한 큰 전류는 분석물의 환원으로 인한 신호를 불분명하게 만든다. Hg 표면에서 H^+의 환원은 힘들고 그래서 더 큰 마이너스 전위를 필요로 한다. 역으로 Hg는 산화를 위한 유용한 전위 범위가 거의 없다. 왜냐하면 그다지 크지 않은 플러스 전위에서 Hg 자체가 Hg^{2+}로 산화되기 때문이다. 따라서 적하수은 전극은 분석물의 환원에 대개 이용된다. Pt, Au, 탄소 전극은 반응(17-9)에 있는 비타민 C와 같은 분석물의 산화에 이용된다.

1 M H_2SO_4에서 여러 전극에 대한 전위 한계 (S.C.E.에 대해)

백금	−0.2 to + 0.9 V
금	−0.3 to + 1.4 V
유리질 탄소	−0.8 to + 1.1 V
붕소 도핑된 다이아몬드	−1.5 to + 1.7 V
수은	−1.3 to + 0.1 V

1 M Cl^-에서 Hg는 다음과 같은 반응에 의해서 0 V 부근에서 산화된다.

$$Hg(l) + 4Cl^- \longrightarrow HgCl_4^{2-} + 2e^-$$

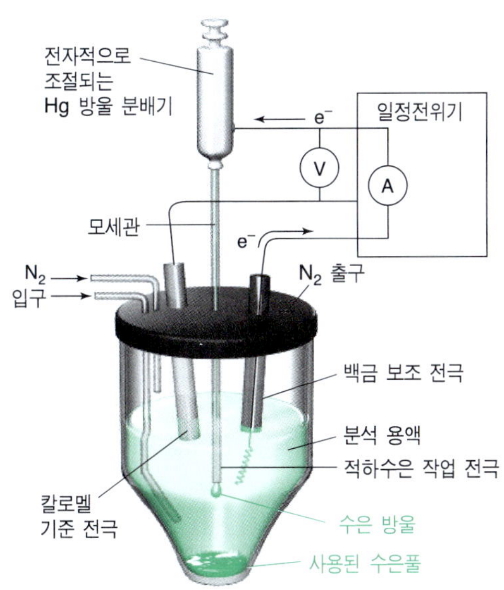

그림 17-11 폴라로그래피를 위한 용기(cell).

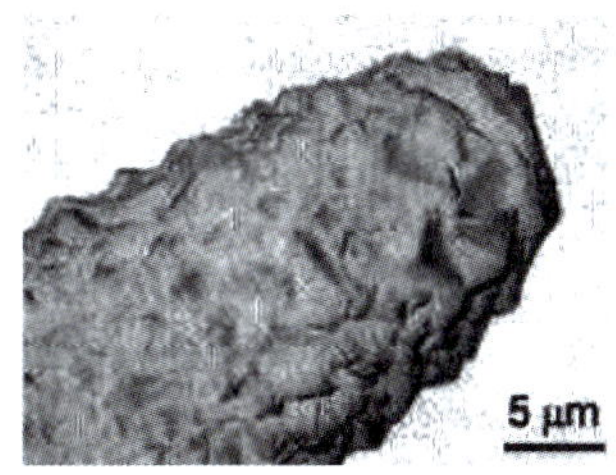

붕소 도핑된 다이아몬드는 가장 넓은 활용가능한 전위 범위를 갖고 있으며 화학적으로 비활성이다. [출처 : J. Cvačka et al., *Anal. Chem.* **2003**, *75*, 2678. Courtesy G. M. Swain, Michigan State University.]

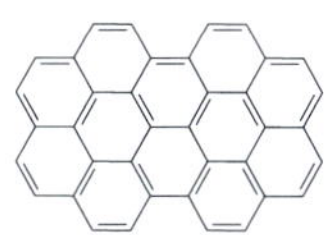

그래핀은 6각형 탄소의 단일 면이다.

그래핀이라 하는 흑연의 단일 분자층은 붕소 도핑된 다이아몬드의 작업 전위 범위와 유사한 작업 전극 범위를 가진 전극을 만든다.

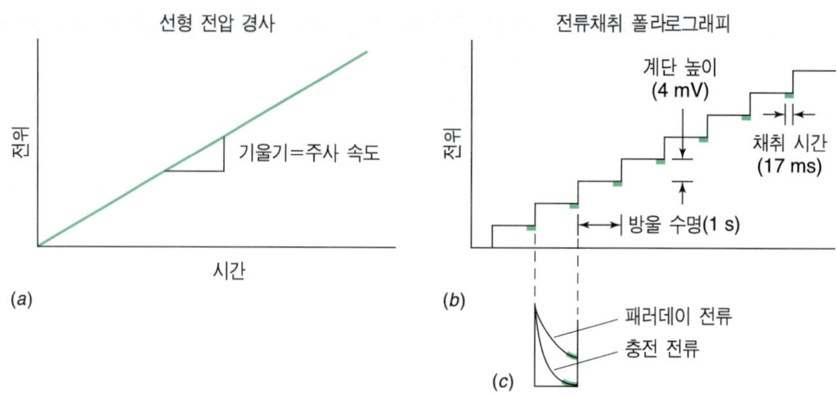

그림 17-12 전압전류법을 위한 전압 모습. (*a*) 비타민 C 실험에서 사용된 선형 전압 경사로. (*b*) **채취된 전류** 폴라로그래피를 위한 계단 전압 경사로. 삽인된 (*c*)는 각 전위 단계 후에 충전 전류와 패러데이 전류가 어떻게 줄어드는지 보여준다.

폴라로그램

그림 17-10에 있는 비타민 C의 전압전류그림을 기록하기 위해서 작업 전극의 전압을 일정한 속도로 −0.4 V에서 +1.2 V까지 일정한 속도로 훑은 것이다. 이러한 전압 모양을 **선형 전압 경사로**(*linear voltage ramp*)라 한다(그림 17-12a).

폴라로그래피 실험을 하기 위한 많은 방법 중 하나는 **계단 전압 경사로**(*staircase voltage ramp*)를 이용하는 것이다.(그림 17-12b). 각각의 Hg 방울이 제공될 때마다 전위는 4 mV 정도 더 마이너스 전위로 이동한다. 거의 1초 후에 각 Hg 방울 수명의 마지막 17 ms 동안 전류를 측정한다. 그림 17-13a에 있는 **폴라로그램**(**polarogram**)은 Cd^{2+}가 분석물 일 때 전압 대 전류 그림이다. 작업 전극에서 일어나는 화학반응은 다음과 같다.

작업 전극에서 반응 : $$Cd^{2+} + 2e^- \longrightarrow Cd\ (\text{Hg에 용해된}) \quad (17\text{-}10)$$

생성물 Cd(0)는 액체 Hg 방울에 녹는다. 수은에 있는 어떠한 것의 용액을 **아말감**(**amalgam**)이라 한다. 그림 17-13a를 **전류채취 폴라로그램**(**sampled current polarogram**)이라 하는데 그것은 전류를 각 방울의 수명 끝에서만 측정되기 때문이다.

그림 17-13a에 있는 곡선은 **폴라로그래피 파**(**polarographic wave**)라 한다. 최대 전류의 1/2에 도달할 때 전위를 그림 17-13a에 있는 **반파 전위**(**half-wave potential,** $E_{1/2}$)라 한다. 평평한 범위에 있는 일정한 전류는 **확산 전류**(**diffusion current**)라 한다. 왜냐하면 전극으로 다가 오는 분석물의 확산 속도에 의해 제한을 받기 때문이다. **정량분석을 위해서 확산 전류는 분석물의 농도에 비례한다.** 그림 17-13b에서 확산 전류는 분석물이 없을 때 기

$E_{1/2}$는 특정 매질에 있는 특정 분석물의 특성이다. 따라서 분석물들의 반파 전위에 의해서 각각의 분석물로 구별할 수 있다.

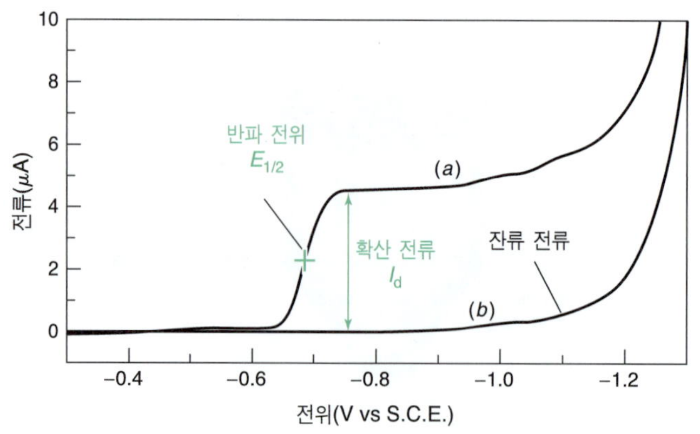

그림 17-13 채취된 전류 폴라로그램. (*a*) 1 M HCl에 있는 5 mM Cd^{2+} (*b*) 1 M HCl.

록한 바탕선으로부터 측정한다. 분석물이 없을 때 작은 **잔류 전류**(**residual current**)는 주로 전극 표면 위에 혹은 용액에 있는 불순물의 환원에 기인된 것이다. 충분한 마이너스 전위에서(그림 17-13에서는 -1.2 V) 수용액에서 H^+가 H_2로 환원되기 시작하면서 전류는 급격히 증가한다.

정량 분석은 봉우리 전류(확산 전류)가 분석물이 전극으로 확산되는 속도에 반드시 지배를 받아야 된다는 것을 필요로 한다. 분석물은 또한 대류와 정전기적 인력에 의해 전극에 도달된다. 젓지 않은 용액을 사용해서 대류를 최소화시킨다. 정전기적 인력을 그림 17-13에 있는 1 M HCl처럼 비활성 이온(**지지 전해질**(*supporting electrolyte*))의 농도를 높여서 줄일 수 있다.

산소는 처음에는 H_2O_2로 그 다음에는 H_2O로 환원되기 때문에 두 개의 폴라로그래피 파를 만들기 때문에 반드시 제거해야 한다. 그림 17-11에서는 O_2를 제거하기 위해 N_2를 분석 용액으로 10분간 불어 넣는다. 그 후 용액으로 불어 넣은 것을 멈추고, 산소가 들어가지 않도록 액체 위로 계속해서 흐르는 N_2 장막을 유지시켜야 한다. 전극으로 분석물의 대류를 최소화하려면 측정하는 동안 액체는 반드시 잔잔해져야 한다.

오래된 문헌에 있는 폴라로그램은 그림 17-13a에 있는 곡선 위에 겹쳐진 커다란 진동을 포함한다. 폴라로그래피의 처음 50년 동안 전류는 수은이 열린 모세관을 따라 흐를 때 연속적으로 측정되었다. 각각의 방울은 떨어질 때까지 성장을 하고 새로운 방울로 대체된다. 전류는 방울이 작을 때의 작은 값에서 방울이 클 때의 큰 값까지 진동한다.

패러데이 전류와 충전 전류

전압전류법에 측정하려는 전류는 작업 전극에서 일분석물의 환원(혹은 산화) 때문에 생기는 **패러데이 전류**(**faradaic current**)이다. 그림 17-13a에서 패러데이 전류는 수은 전극에서 Cd^{2+}의 환원에 의한 것이다. **충전 전류**(**charging current, 축전 전류**(*capacitor current*))라 하는 또 다른 전류는 매 측정마다 방해한다. 작업 전극을 좀 더 마이너스 전위로 이동을 하면, 전자는 일정전위기에서 전극으로 어쩔 수 없이 흐르게 된다. 그것에 대응해서 용액에 있는 양이온은 전극 쪽으로 흐르고, 음이온은 전극에서 멀리 떨어진 쪽으로 흐른다. 이온과 전자들의 이러한 흐름을 **충전 전류**(*charging current*)라고 하며 이것은 산화환원 반응에 의한 것이 아니다. 이것은 패러데이 전류를 모호하게 만들기 때문에 최소화시키도록 노력해야 한다. 충전 전류는 대개 폴라로그래피와 전압전류법에서 검출 한계를 제어한다.

그림 17-12c는 그림 17-12b에 있는 각 단계의 전위로 이동한 후에 패러데이 전류와 충전 전류가 어떻게 되는지를 보여준다. 패러데이 전류가 감소하는 것은 빠른 반응 속도를 유지할 정도로 충분히 빨리 분석물이 전극으로 확산되지 못하기 때문이다. 충전 전류가 더 빨리 감소하는 것은 전극 근처의 이온이 빠르게 재분배되기 때문이다. 각 단계 전위 이동 후에 1초를 기다리는 것은 패러데이 전류는 아직도 상당히 크지만, 충전 전류는 작은 것을 확실하게 해준다.

패러데이 전류 : 전극에서 산화환원 반응에 의한 것

충전 전류 : 정전기적 인력 또는 반발력에 때문에 전극 쪽으로 혹은 전극에서 먼쪽으로 이온의 이동에 의한 것. 산화환원 반응은 충전 전류에서 아무런 역할을 하지 않는다.

전류를 측정하기 전에 각 전위 단계 후에 기다리는 것으로 해서 충전 전류로부터 거의 방해받지 않고 산화환원 반응으로부터 나오는 중요한 패러데이 전류를 관찰한다.

네모파 전압전류법

네모파 전압전류법(**square wave voltammetry**)이라 하는 폴라로그래피 혹은 전압전류법에 대한 가장 효과적인 전압 모습(profile)은 그림 17-14에 있는 파형을 사용한다. 이것은 계단 전압이 겹쳐진 네모파 전압으로 이루어져 있다.[3] 그림 17-14에 있는 각각의 환원성 펄스 동안에는 전극 표면에서 환원되려는 분석물이 빠르게 이동이 되며, 산화성 펄스 동안에는 방금 환원된 분석물이 다시 산화된다. 그림 17-15에 있는 네모파 폴라로그램은 그림 17-14이 있는 간격 1과 2의 전류에서 **차이**(*difference*)이다. 점 1에서 전자는 전극에서 분석물로 흐르고, 점 2에서는 그 반대 방향이다. 두 전류는 서로 반대 신호를 가지고 있으므로 두 전류의 차이는 각각의 전류 보다는 크다. 그 차이를 기록했기 때문에 그림 17-15에 있는 네모파 폴라로그램의 모양은 기본적으로는 채취된 전류 폴라로그램을 미분한 것이다.

네모파의 최적 높이(그림 17-14에서 E_p)는 $50/n$ mV이다. n은 반쪽 반응에 있는 전자의 수이다. 반응 17-10에 대해서 $n = 2$이고, 그래서 $E_p = 25$ mV이다.

네모파 전압전류법의 장점

- 증가된 신호
- 미분(봉우리) 모습은 서로 이웃하고 있는 신호의 더 나은 분리를 해 준다.
- 빠른 측정

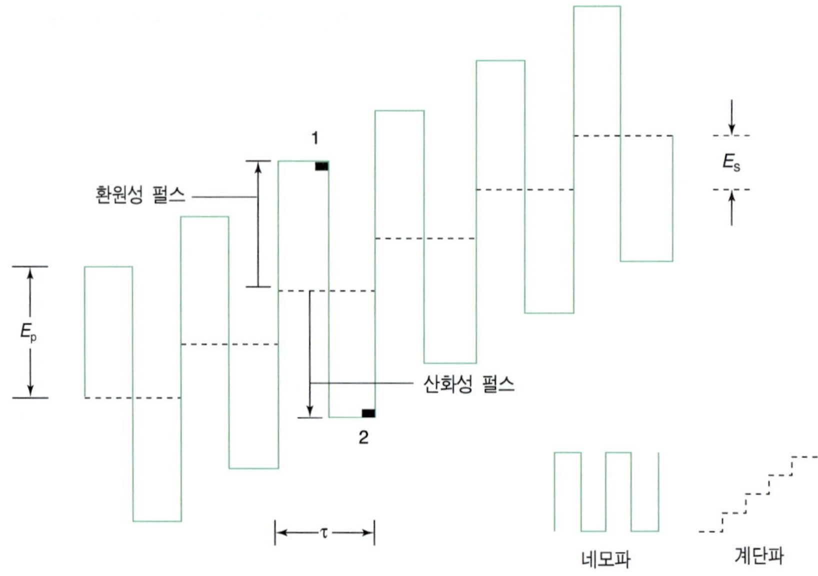

그림 17-14 네모파 전압전류법을 위한 파형. 전형적인 변수들은 펄스 높이 (E_p) = 25 mV, 계단 높이 (E_s) = 10 mV, 펄스 간격 (τ) = 5 ms이다. 전류는 1과 2 영역에서 측정된다.

네모파 전압전류법에서 신호는 채취된 전압전류그림에 비해서 상대적으로 크고, 파는 봉우리 모양이 된다. 검출 한계는 채취된 전류 폴라로그래피에서 $\sim 10^{-5}$ M에서 네모파 폴라로그래피에서 $\sim 10^{-7}$ M까지 감소된다. 서로 이웃하고 있는 파보다 서로 이웃하고 있는 봉우리를 분리하는 것이 쉬어서 네모파 폴라로그래피는 반파 전위가 ~0.05 V만큼 차이나는 화학종을 분리할 수 있는 반면에 채취된 전류 폴라로그래피에서 분리하기 위해서는 전위가 반드시 ~0.2 V만큼 차이가 나야 된다. 네모파 전압전류법이 다른 방법보다 더 빠르다. 그림 17-15에 있는 네모파 폴라피로그래램은 채취된 전류 폴라로그램에 요구되는 시간의 1/5로 기록한 것이다. 원칙적으로 그림 17-14에 있는 펄스 간격 τ가 짧을수록 더 큰 전류를 관찰할 것이다. 실제 측정을 할 때 5 ms 펄스 간격은 실제로 낮출 수 있는 최소 펄스이다.

벗김 분석

벗김 분석
1. 환원에 의해서 분석물을 수은 방울에 농축시킨다.
2. 전위를 좀 더 플러스로 해서 분석물을 다시 산화시킨다.
3. 산화하는 동안 폴라로그래피 신호를 측정한다.

벗김 분석(stripping analysis) 에서 묽은 용액의 분석물은 먼저 전기화학적 환원에 의해 한 개의 수은 방울에(또는 얇은막 Hg이나 고체 전극 위에) 농축된다. 전위가 더 플러스로 되면 화학종들은 전극에서 **벗겨진다(stripped)**. 그래서 분석물은 산화되어 다시 용액으로 되돌아간다. 산화되는 동안에 측정된 전류는 처음에 석출된 분석물의 양에 비례한다. 그림 17-16은 꿀에서 나온 극소량의 Cd, Pb, Cu에 대한 산화 벗김 전압전류그림이다. 산화 벗김은 혈액에 있는 Pb의 측정에 쓰이고, 납에 노출된 어린이들을 검진하는 데 유용한 방법이다.

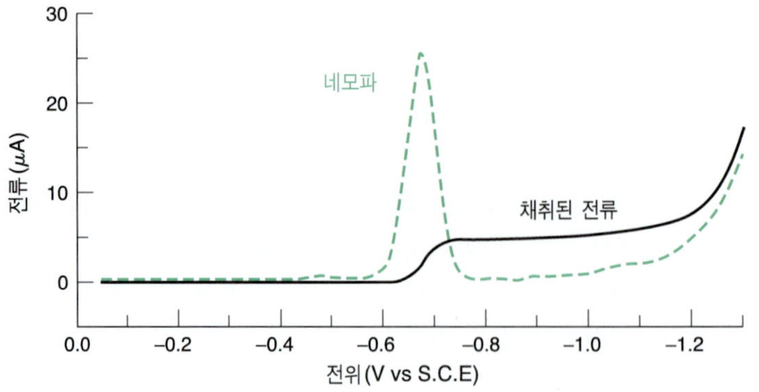

그림 17-15 1 M HCl에서 5 mM Cd^{2+}의 폴라로그램의 비교. 실험 변수는 그림 17-12b와 17-14에서 정의되었다. 채취된 전류 : 낙하 시간 = 1초, 계단 폭 = 4 mV, 채취 시간 = 17 ms, 네모파 : 낙하 시간 = 1초, 계단 폭 (E_s) = 4 mV, 펄스 간격 (τ) = 67 ms. 펄스 높이 (E_p) = 25 mV, 채취 시간 17 ms.

그림 17-16 (*a*) HCl로 pH를 1.2까지 산성화된 물에 녹은 꿀의 산화 벗김 전압전류그림. 전압전류그림을 기록하기에 앞서서 수은 박막으로 −1.4 V (S.C.E.에 대해)에서 5분간 Cd, Pb와 Cu가 용액으로부터 환원되었다. (*b*) 5분간의 환원 단계를 거치지 않고 얻은 전압전류그림. 꿀에 있는 Cd와 Pb의 농도는 각기 7과 27 ng/g (ppb)이었다. 분석 정밀도는 2 ~ 4%였다. [출처 : Y. Li, F. Wahdat, R. Neeb, *Fresenius J. Anal. Chem.* **1995**, *351*, 678.]

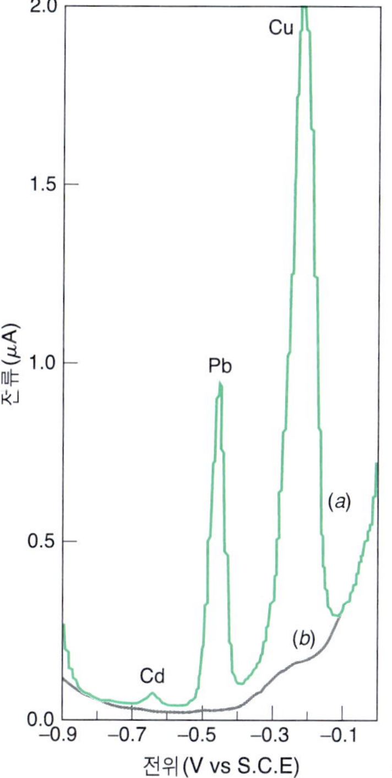

분석물이 묽은 용액으로부터 농축되기 때문에, 벗김 분석은 가장 예민한 전압전류 기법이다. 농축 시간이 길수록 분석의 감도는 더 좋다. 분석물질 중 일부만이 농축되기 때문에 농축시간 (5분 정도) 동안 반드시 재현성 있게 용액 젓기를 해야 된다. 검출 한계는 ~ 10^{-10} M이다.

자습문제

17-D. (a) 패러데이 전류와 충전 전류의 차이점은 무엇인가?

(b) 전압전류법에서 전류를 기록하기 전에 전위 펄스 후 1초를 기다리는 것이 왜 바람직한 것인가?

(c) 채취된 전류 폴라로그래피보다 네모파 폴라로그래피의 장점은 무엇인가?

(d) 산화 벗김 전압전류법에서 어떤 일이 진행되었는지 설명하라. 벗김 분석이 왜 가장 예민한 폴라로그래피 기법인가?

알아두어야 할 술어

기순 전극 (reference electrode)
네모파 전압전류법 (square wave voltammetry)
매개체 (mediator)
바이오센서 (biosensor)
반파 전위 (half-wave potential)
벗김 분석 (stripping analysis)
보조 전극 (auxiliary electrode)
아말감 (amalgam)
일정전위기 (potentiostat)
작업 전극 (working electrode)
잔류 전류 (residual current)
전극활성 화학종 (electroactive species)
전기분해 (electrolysis)
전류법 (amperometry)
전압전류그림 (voltammogram)
전압전류법 (voltammetry)
전하량법 (coulometry)
전해무게 분석법 (electrogravimetric analysis)
충전 전류 (charging current)
클라크 전극 (Clark electrode)
패러데이 전류 (faradaic current)
폴라로그래피 (polarography)
폴라로그래피 파 (polarographic wave)
폴라로그램 (polarogram)
확산 전류 (diffusion current)

문제

17-1. (a) 전해무게 분석법의 일반적인 개념을 언급하시오.

(b) 전해무게 분석법에서 석출이 완결된 시기를 어떻게 알 수 있는가?

17-2. 반응 17-3a에 있는 전류와 시간 측정이 어떻게 반응 17-3b에서 H_2S의 양을 측정할 수 있게 하는가?

17-3. 다음 그림에서 ──○는 작업 전극을, ──⊣는 보조 전극을, ──→ 는 기준 전극을 나타낸다. 3 전극으로 전기분해를 할 때 V_1이나 V_2 중에서 어느 전압을 일정하게 유지하는가?

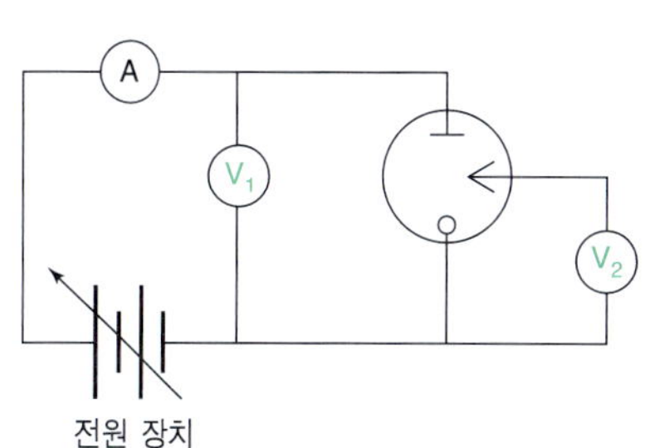

17-4. 그림 17-11에 있는 폴라로그래피 용기에서 각 전극의 기능

을 설명하시오.

17-5. 패러데이 전류와 충전 전류의 차이점은 무엇이고, 그림 17-12b에서 전류를 측정하기 전에 각 전압 단계 후에 왜 1초를 기다려야 하는가?

17-6. 미지의 Cu(II) 용액 50.0 mL를 환원전극에서 Cu로 석출하기 위해서 완전히 전기분해하였다. 전기분해 전 환원전극의 질량은 15.327 g이고, 전기분해 후 환원전극의 질량은 16.414 g이다. 미지 시료에 있는 Cu(II) 몰농도를 구하시오.

17-7. $CoCl_2 \cdot xH_2O$ 0.402 49 g이(수화된 물의 양이 얼마인지 모르는 시료) 포함된 용액을 $Co^{2+} + 2e^- \longrightarrow Co(s)$ 반응으로 백금 전극에 0.099 37 g의 금속 코발트로 석출하려고 완전히 전기분해 하였다. 시약에 있는 코발트 1몰당 물의 몰수를 계산하시오. Co의 몰수, $CoCl_2$의 몰 수, $CoCl_2$의 질량을 구하고 그 차이로부터 시료에 있는 H_2O의 질량을 구하는 것이 좋은 접근이다.

17-8. Ag^+와 반응하는 이온은 Ag 산화전극에 다음과 같은 반응을 통해서 전해무게 분석법으로 석출시켜 결정할 수 있다. $Ag(s) + X^- \longrightarrow AgX(s) + e^-$. 만약 산화전극의 초기 질량이 12.463 8 g이라면 0.023 80 M KSCN 75.00 mL를 전기분해하기 위해서 사용되는 Ag 산화전극의 최종 질량은 얼마가 되겠는가?

17-9. 젖산 납 $Pb(CH_3CHOHCO_2)_2$ (FM 385.3)와 비활성 물질을 포함한 미지 시료 0.326 8 g을 전기분해하여 PbO_2(FM 239.2) 0.111 1 g을 얻었다. PbO_2는 산화전극 혹은 환원전극 중 어느 곳에서 석출되는가? 미지 시료에 있는 젖산 납의 무게 백분율을 구하시오.

17-10. $H_2S(aq)$는 반응 17-3a와 17-3b에서 전하량법으로 생성되는 I_2로 적정하여 분석한다. 미지 H_2S 시료 50.00 mL에 KI를 4 g 첨가하였다. 52.6 mA로 전기분해하는 데 812초가 걸렸다. 시료에 있는 H_2S의 농도(μg/mL)를 계산하시오.

17-11. 그림에 있는 장치의 오른쪽에서 생성된 OH^-는 미지의 산을 적정하기 위해 사용되었다.

(a) OH^-, H^+는 어떠한 화학 반응으로 생성되는가?

(b) 미지의 산, HA 5.00 mL를 적정하는 데 종말점에 도달하기 위해서는 666초 동안 89.2 mA의 전류가 필요했다면 HA의 몰농도는?

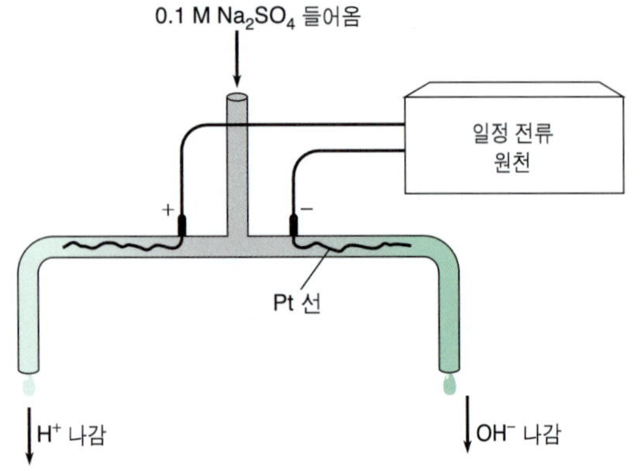

17-12. 전하량 측정기의 감도는 최소 전류와 최소 시간을 전달하는 데 지배를 받는다. 5 mA를 0.1 s 동안 전달할 수 있다고 가정을 하자.

(a) 5 mA를 0.1 s 동안 전달되는 전자의 몰수는 얼마인가?

(b) 같은 수의 전자를 전달하려면 2전자 환원제의 0.01 M 용액 몇 mL가 필요한가?

17-13. 다음에 있는 전기분해 용기는 0.021 96 A의 일정한 전류로 작동되었다. 한쪽에서는 H_2 49.22 mL가 생성되었고(303 K, 0.996 bar에서), 다른쪽에서는 Cu 금속이 Cu^{2+}로 산화되었다.

(a) H_2가 몇 몰 만들어졌는가?(이상 기체 법칙에 대해서는 문제 16-16을 보라.)

(b) 전기분해로 생성된 Cu^{2+}를 적정하는 데 EDTA 용액 47.36 mL가 필요했다면, EDTA의 몰농도는 얼마인가?

(c) 전기분해는 몇 시간 동안 진행되는가?

17-14. 2 M KCl, 2.5 M NH_3, 1 M NH_4Cl을 포함한 용액에서 트라이클로로아세트산 이온과 다이클로로아세트산 이온의 혼합물은 선택적 환원으로 분석할 수 있다. −0.90 V (S.C.E.에 대해)의 전위가 걸린 수은 환원전극에서는 오직 트라이클로로아세트산 이온만이 환원된다.

$$Cl_3CCO_2^- + H_2O + 2e^- \longrightarrow Cl_2CHCO_2^- + OH^- + Cl^-$$

전위가 −1.65 V일 때는 다이클로로아세트산 이온이 반응한다.

$$Cl_2CHCO_2^- + H_2O + 2e^- \longrightarrow ClCH_2CO_2^- + OH^- + Cl^-$$

양을 알 수 없는 물을 포함한 흡습성 트라이클로로아세트산(FM 163.39)과 다이클로로아세트산(FM 128.94)의 혼합물 무게가 0.721 g이었다. 조절 전위 전기분해로 −0.90 V에서 224 C이 흐르고, −1.65 V에서 전기분해를 완결하는 데는 758 C이 흘렀다. 혼합물에 있는 각 산의 무게 백분율을 계산하시오.

17-15. 염소는 음용수를 소독하기 위해 수십 년 동안 사용되어 왔다. 이러한 처리 방법의 바람직하지 않는 부작용은 유기 불순물과 염소가 반응하여 유기염소 화합물을 생성하는 것이며, 이들 중 일부는 독성일 수 있다. 많은 물 공급업체에 대해서 총 유기

할로젠 화합물검사(TOX로 명명)를 요구하고 있다. TOX에 대한 표준 절차는 유기 화합물을 흡착하는 활성 숯(charcoal)을 통해 물을 흘리는 것이다. 그후 숯은 수소 할로젠 화합물을 방출하려고 연소된다.

$$\text{유기 할로젠 화합물(RX)} \xrightarrow{O_2/800°C} CO_2 + H_2O + HX$$

HX는 수용액에 흡수되고 은 산화전극으로 전하량 적정법으로 측정된다.

$$X^-(aq) + Ag(s) \longrightarrow AgX(s) + e^-$$

1.00 L의 음용수를 분석하는 데 4.23 mA의 전류가 387초 동안 필요했다. 숯을 산화시켜 만든 바탕용액은 4.23 mA가 6초 동안 필요했다. 음용수의 TOX를 μmol 할로젠/L로 나타내시오. 모든 할로젠이 염소라면 TOX를 μg Cl/L로 표시하시오.

17-16. **불확정성의 전파.** 패러데이 상수를 아주 정확하게 측정하는데 있어서 순수한 은 산화전극에 0.203 639 0 (±0.000 000 4) A의 일정한 전류를 18 000.075 (±0.010)초 동안 흘려주면서 Ag^+로 산화시켰더니, 산화전극에 4.097 900 (±0.000 003) g의 질량 손실이 생겼다. Ag의 원자량을 107.868 2 (±0.000 2)라 할 때, 패러데이 상수와 그것의 불확정성을 구하시오.

17-17. **(a)** 그림 17-3에서 어떻게 클라크 전극이 용존산소의 농도를 측정하는가? 전극의 응답은 전류인가 혹은 전압인가?
(b) 용존 산소의 농도가 "0.20 bar"라고 말할 때 이것은 무엇을 의미하는가? O_2의 실제 몰농도는 얼마인가?

17-18. 그림 17-10은 50.0 mL 오렌지 주스에 0.279 M 아스코브산(비타민 C)을 연속해서 표준물 첨가한 것을 보여준다. 데이터는 그림 5-5의 B와 D 열에 있다.
(a) 그림 5-6과 같은 그래프를 만들기 위해서 스프레드시트(spreadsheet)를 사용하고 오렌지 주스에 있는 아스코브산의 농도를 구하시오.
(b) x-절편에서 불확정성을 구하기 위해서 문제 5-19에 있는 식을 사용하시오. 이것이 그 방법에 있어 중요한 불확정성이라고 가정을 하고 오렌지 주스에 있는 아스코브산의 농도에 대한 불확정성을 추정하시오.

17-19. 그림 17-9, 17-10에 있는 실험에서 2.4 mM 아스코브산 50 mL를 산화시킬 때 봉우리 전류 3.9 μA을 관찰하였다고 가정하자. 또, 이런 크기의 전류가 2~3번 측정하는 과정에서 10분 동안 흘렀다고 가정하자. 전류와 시간으로부터 전극에서 산화된 아스코브산의 분율을 계산하시오. 측정하는 동안 아스코브산의 농도가 거의 일정하다고 말하는 것은 정당한가?

17-20. 폴라로그래피에서 적하수은 전극의 장점은 무엇인가? 왜 폴라로그래피는 산화 반응보다 환원 반응을 조사하기에 적합한가?

17-21. **교정 곡선과 오차 추정.** 2 M NH_4Cl/2M NH_3에 있는 $CuSO_4$에 대한 확산 전류는 −0.6 V에서 측정되었다. I_d = 15.6 μA를 나타내는 미지 용액의 몰농도(그것의 불확정성)를 추정하기 위해서 최소 제곱법을 사용하라.

$[Cu^{2+}]$(mM)	I_d(μA)	$[Cu^{2+}]$(mM)	I_d(μA)
0.039 3	0.256	0.990	6.37
0.078 0	0.520	1.97	13.00
0.158 5	1.058	3.83	25.0
0.489	3.06	8.43	55.8

17-22. 약품 리브륨(Librium)은 0.05 M H_2SO_4에서 $E_{1/2}$ = −0.265 V (S.C.E.에 대해)를 갖는 폴라로그래피 파를 나타낸다. 리브륨을 포함하는 시료 50.0 mL는 0.37 μA 파고를 나타냈고, 0.05 M H_2SO_4에서 3.00 mM 리브륨 2.00 mL가 시료에 첨가되었을 때 파고는 0.80 μA까지 증가했다. 미지 시료에 있는 리브륨의 몰농도를 계산하시오.

17-23. 시약등급 메탄올의 폴라로그램은 아래 그림 a에 있다. 그림 b는 0.001 00 wt% 아세톤, 0.001 00 wt% 아세트알데하이드, 0.001 00 wt% 폼알데하이드를 첨가한 시약등급 메탄올의 폴라로그램이다. 척도(scale)는 두 그림에서 같다. 용액들은 메탄올 25 mL를 완충 용액과 황산 하이드라진을 포함한 물로 100 mL까지 묽혀 준비했다. 황산 하이드라진은 전극 활성물질인 하이드로존을 형성하기 위해서 카르보닐 화합물과 반응한다. 그 예는 다음과 같다.

$$\underset{\text{아세톤}}{(CH_3)_2C{=}O} + \underset{\text{하이드라진}}{H_2N{-}NH_2} \longrightarrow$$

$$\underset{\text{아세톤 하이드라존}}{(CH_3)_2C{=}N{-}NH_2} \xrightarrow{2e^- + 2H^+} (CH_3)_2CH{-}NH{-}NH_2$$

두 개의 폴라로그램으로부터 시약등급 메탄올에 있는 아세톤의 무게 백분율을 추정하시오.

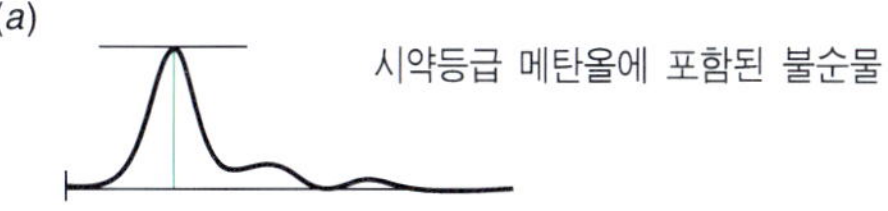

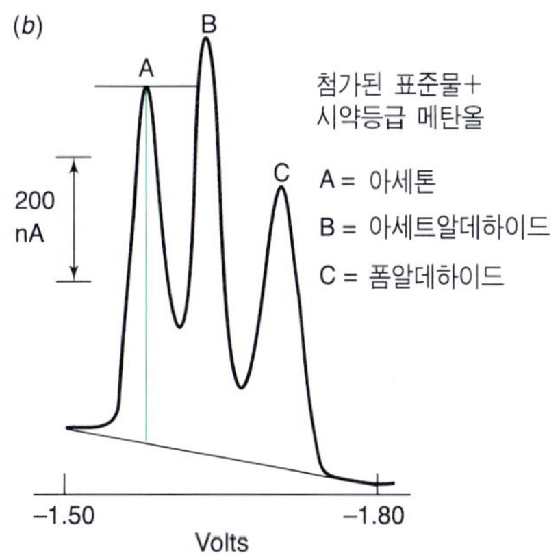

시약급 메탄올(a)과 첨가한 표준물을 포함하는 메탄올(b)의 폴라로그램 [자료: D. B. Palladino, *Am. Lab.* August 1992, p. 56.]

17-24. 문제 5-20은 고체 Ir 전극에서 산화 벗김 전압전류법으로 측정한 산성으로 만든 수돗물에 Cu^{2+}를 표준물 첨가한 것을 보여준다.

(a) 분석의 농축 단계 동안에 일어나는 화학 반응은 무엇인가?

(b) 분석의 벗김 단계 동안에는 어떤 화학 반응이 일어나는가?

17-25. **표준물 첨가.** 크로뮴은 혈액에서 ~3 − 10 ppb 범위까지 존재하는 필수 극미량 원소이다. 유기물질을 파괴하려고 강력한 산화제로 혈액을 삭인 후에 환원 벗김 전압전류법으로 크로뮴을 측정할 수 있다.[4] 삭임에 앞서서 혈액에 Cr (VI)을 표준물 첨가하면 다음과 같은 (가상적인) 벗김 전류를 나타내었다.

표준물 첨가 (ppb)	봉우리 전류 (μA)
0	9
0.26	13
0.78	18

각 실험에서 0.50 mL 혈액은 표준 Cr (VI)과 산화제로 처리되었다. 삭임 후에, 용액은 벗김 분석을 하기 전에 최종 부피가 20.0 mL가 되도록 했다. 일정한 최종 부피에 대한 표준물 첨가 그래프를 작성하시오. 0.50 mL 본래 혈액과 20.0 mL 부피에 있는 Cr의 농도 (그리고 불확정성)를 구하시오.

17-26. 포도주 안에 있는 아황산 이온의 전하량 적정.[5] 이산화황은 방부제로서 많은 음식에 첨가된다. 수용액에서는 다음 화학종들이 서로 평형을 이루고 있다.

$$\underset{\text{이산화 황}}{SO_2} \rightleftharpoons \underset{\text{아황산}}{H_2SO_3} \rightleftharpoons \underset{\text{아황산염}}{HSO_3^-} \rightleftharpoons \underset{\text{황산염}}{SO_3^{2-}} \quad \text{(A)}$$

아황산수소 이온 (bisulfite)은 중성 pH 근처에서 음식에 있는 알데하이드기와 반응한다.

$$\underset{\text{알데하이드}}{RHC{=}O} + HSO_3^- \rightleftharpoons \underset{\text{합체}}{RHC(OH)SO_3^-} \quad \text{(B)}$$

아황산 이온은 2 M NaOH에서 부가물 (adduct)로부터 방출되며, 부가물이 I_3^-와 반응하여 I^-와 황산 이온을 내놓은 반응에 의해 분석될 수 있다. 정량적으로 반응하기 위해서는 과량의 I_3^-가 반드시 존재해야 한다.

백포도주에 있는 총 아황산 이온의 분석을 위한 전하량법 과정은 다음과 같다. 총 아황산 이온은 반응 (A)에 있는 모든 화학종과 반응 (B)에 있는 부가물을 의미한다. 백포도주를 사용해서 녹말-아이오딘 종말점의 색을 볼 수 있도록 하였다.

1. 0.8 g의 NaOH에 포도주 9.00 mL를 섞고 10.00 mL까지 희석한다. NaOH은 유기 부가물에서 아황산 이온을 방출시킨다.

2. 다음과 같은 용기로 이미 알고 있는 전류를 이미 알고 있는 시간 동안 흘려주어 작업 전극 (산화전극)에서 이미 알고 있는 I_3^-의 양을 생성시킨다.

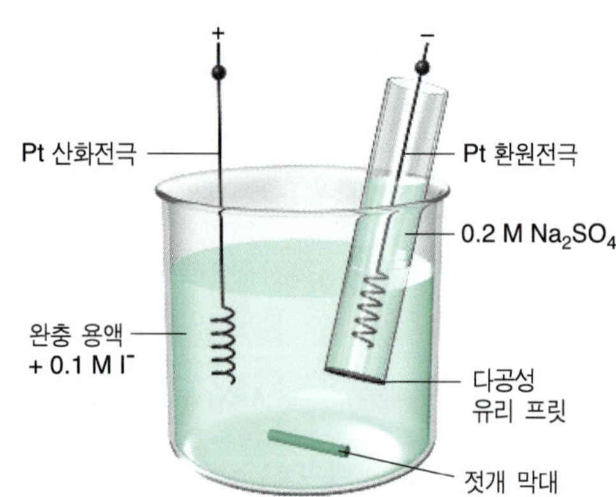

비커는 0.1 M KI를 넣은 1 M 아세트산 완충 용액 (pH 3.7) 30 mL를 포함하고 있다. 환원전극에서 반응은 H_2O가 $H_2 + OH^-$로 환원이다. 환원전극은 이온이 천천히 확산되도록 하는 다공성 유리 프릿 (frit)를 갖춘 유리 막대에 담겨 있다. 다공성 유리 혼합체는 주된 칸으로 OH^-가 확산되는 것을 더디게 만든다. 확산된 OH^-는 I_3^-와 반응하여 IO^-를 생성할 수 있다.

3. 4.00분 동안에 10.00 mA의 전류로 산화전극에서 I_3^-를 만든다.

4. 용기로 포도주/NaOH 용액 2.000 mL를 주입한다. 용기에서는 아황산 이온이 I_3^-와 반응하고 여분의 I_3^-는 남는다.

5. 반응 16-21에 의해서 I_3^-를 소모하기 위해서 0.050 7 M 싸이오황산 이온 0.500 mL를 첨가하고 여분의 싸이오황산 이온은 남는다.

6. 용기에 녹말 지시약을 첨가하고 일정한 전류 10.0 mA로 새롭게 I_3^-를 생성한다. 여분의 싸이오황산 이온을 소모하고 녹말 종말점에 도달하는 데 131초가 필요하다.

(a) 어떤 pH 영역에서 어떤 아황산 종들이 각각 우세한가?

(b) 산화전극과 환원전극에 대한 완결된 반쪽 반응을 쓰시오.

(c) pH 3.7에서 아황산의 주된 형태는 HSO_3^-이고, 황산의 주된 형태는 SO_4^{2-}이다. I_3^-, HSO_3^- 사이 있는 완결된 반응과 I_3^-와 싸이오황산 이온 사이에 있는 완결된 반응을 적으시오.

(d) 희석되지 않은 포도주에 있는 총 아황산 이온의 농도를 구하시오.

응용문제

17-27. 아질산 이온 (NO_2^-)은 인간에게 잠재적인 발암 물질이지만 또한 베이컨과 핫도그 같은 음식에서 중요한 방부제이기도 하다. 음식에 있는 아질산 이온과 질산 이온 (NO_3^-)은 다음과 같은 과정으로 측정될 수 있다.

1. 10 g 음식 시료를 0.07 M NaOH 82 mL와 섞은 후에 200 mL 부피 플라스크에 옮기고 증기중탕에서 한 시간 가열한다. 그 후에 0.42 M $ZnSO_4$ 10 mL를 첨가한다. 추가로 10분간 가열하고 혼합물을 냉각시키고 20 mL까지 묽힌다.

2. 고체가 가라앉은 후에 상층액 일부를 덜어서 유기 용질을 없

애기 위해서 200 mg의 숯과 섞고 거른다.

3. 거른 용액 5.00 mL를 9 M H_2SO_4 5 mL와 85 wt% NaBr 150 μL를 포함한 시험관에 넣는다. NaBr은 질산 이온은 반응하지 않고 아질산 이온과 반응한다.

$$HNO_2 + Br^- \longrightarrow NO(g) + Br_2$$

4. 순수한 질소로 거품이 이는 방법으로 다이페닐아민 용액으로 NO를 불어넣으면 다이페닐나이트로사민(diphenylnitrosamine)으로 변환된다.

$$\underset{\text{다이페닐아민}}{NO + (C_6H_5)_2NH} \xrightarrow{H^+\text{와 촉매}} \underset{\text{다이페닐나이트로사민}}{(C_6H_5)_2N{-}N=O}$$

5. 음식 시료에서 방출된 NO를 측정하기 위해서 산성이 된 다이페닐나이트로사민은 −0.66 V (Ag | AgCl에 대해)에서 전류법으로 분석한다.

$$(C_6H_5)_2N{-}N{=}OH^+ + 4H^+ + 4e^- \longrightarrow (C_6H_5)_2N{-}NH_3^+ + H_2O$$

6. 질산 이온을 측정하기 위해 단계 3에 있는 시료관에 추가로 18 M H_2SO_4 6 mL를 첨가한다. 산이 HNO_3가 NO로 환원되는 것을 촉진시킨다. NO는 N_2로 모두 몰아내서 모으고 단계 4와 5에 있는 것처럼 분석한다.

$$HNO_3 + Br^- \xrightarrow{\text{센산}} NO(g) + Br_2$$

10.0 g 베이컨 시료는 단계 5에서 8.9 μA 전류를 나타냈으며 단계 6에서 23.2 μA까지 증가하였다(단계 6은 단지 질산 이온으로 인한 신호만이 아니라 아질산 이온과 질산 이온 모두로 인한 신호의 합을 측정한다). 또 다른 실험에서 단계 3에 있는 시료 5.00 mL에 NO_2^- 이온 5.00 μg을 한 차례 표준물 첨가를 한다. 그 후에 분석을 반복했더니 단계 5에서 14.6 μA 전류와 단계 6에서 28.9 μA의 전류가 얻어졌다.

(a) 베이컨에서 아질산 이온의 양을 베이컨 1그램당 몇 마이크로그램으로 나타내시오.

(b) 첫 단계 실험에서 아질산 이온과 질산 이온의 전류비로부터, 베이컨 1그램당 몇 마이크로그램의 질산 이온이 있는지 구하시오.

주와 참고문헌

1. L. C. Clack, R. Wolf, D. Granger, and A. Taylor, "Continuous Recording of Blood Oxygen Tension by Polarography," *J. Appl. Physiol*. **1953**, *6*, 189. To construct an oxygen electrode, see J. E. Brunet, J. I. Gardiazabal, and R. Schrebler, *J. Chem. Ed*. **1983**, *60*, 677.

2. Make an enzymatic amperometric glucose electrode : M. C. Blanco-López, M. J. Lobo-Castañón and A. J. Miranda-Ordieres, *J. Chem. Ed*. **2007**, *84*, 677.

3. For an excellent account of square wave voltammetry, see J. G. Osteryoung and R. A. Osteryoung, *Anal. Chem*. **1985**, *57*, 101A.

4. L. Yong, K. C. Armstrong, R. N. Dansby-Sparks, N. A. Carrington, J. Q. Chambers, and Z.-L. Xue, *Anal. Chem*. **2006**, *78*, 7582.

5. D. Lowinsohn and M. Bertotti, *J. Chem. Ed*. **2002**, *79*, 103. Some other species in wine, in addition to sulfite, react with I_3^-. A blank titration to correct for such reactions is described in this article.

오존 구멍

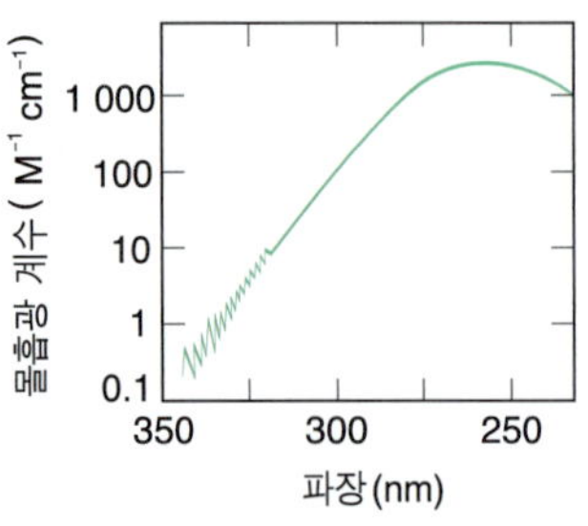

파장 260 nm 부근에서 자외 복사선의 최대 흡수를 나타내는 오존의 스펙트럼. 이 파장에서 오존층은 같은 질량의 금층보다 더 불투명하다. [R. P. Wayne, *Chemistry of Atmospheres* (Oxford: Clarendon Press, 1991).]

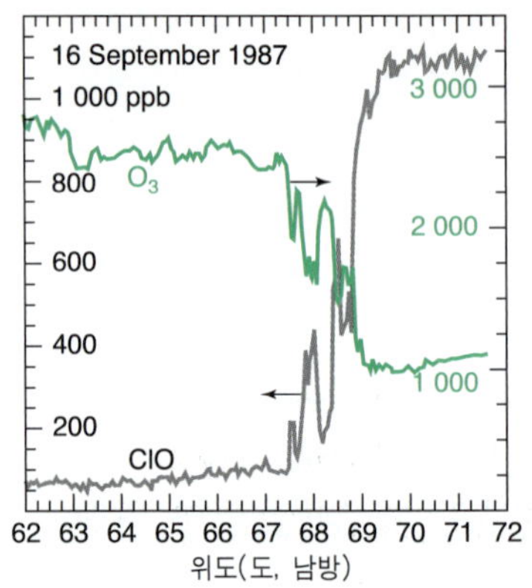

1987년 분광법으로 측정한 남극 성층권에서의 O_3와 ClO의 농도 (ppb = nL/L). 위도 688 이상에서 보이는 O_3의 파괴와 ClO의 증가는 반응 (2)의 결과이다. [출처: J. G. Anderson, W. H. Brune, and M. H. Proffitt, *J. Geophys. Res.* **1989**, *94D*, 11465.]

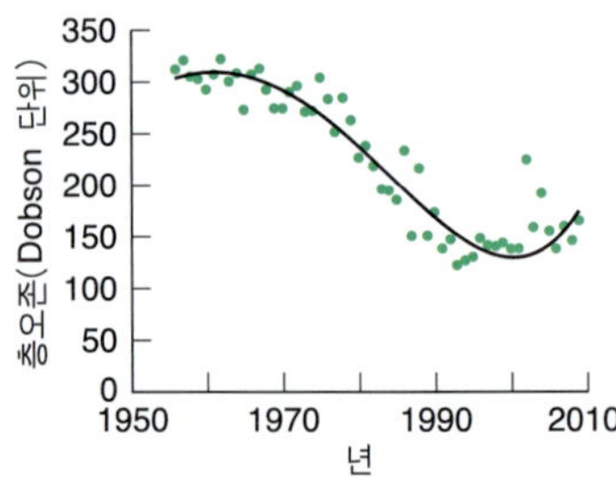

남극대륙 내 Halley의 10월 중 평균 대기 오존 수준. **Dobson 단위**는 총 오존의 척도이다. [출처: J. D. Shanklin, British Antarctic Survey, http://www.antarctica.ac.uk/met/jds/ozone/.]

오존은 산소와 태양의 자외 복사선 ($h\nu$) 의 작용에 의해 20 ~ 40 km 위도에서 형성되며, 햇볕에 타거나 피부암을 유발시키는 자외 복사선을 흡수한다.

$$O_2 \xrightarrow{h\nu} 2O \qquad O + O_2 \longrightarrow \underset{\text{오존}}{O_3}$$

1985년 영국의 남극탐험대는 이른 봄 남극대륙을 덮고 있는 오존을 20년 전에 측정된 수준과 비교한 결과, 50% 정도 감소하고 있다는 사실을 보고하였다. "오존 구멍"은 주로 이른 봄에 형성되고 점차적으로 더 커진다고 하였다.

오존 파괴는 냉매로부터 방출되는 프레온-12 (CCl_2F_2) 와 같은 클로로플루오로탄소에 의해서 시작된다. 수명이 긴 이들 화합물은 성층권으로 확산되어 오존의 분해 반응을 촉진시킨다.

$$\text{(1)} \quad CCl_2F_2 \xrightarrow{h\nu} CClF_2 + Cl \qquad \text{Cl의 광화학적 생성}$$

$$\left.\begin{array}{ll} \text{(2)} & Cl + O_3 \longrightarrow ClO + O_2 \\ \text{(3)} & O_3 \xrightarrow{h\nu} O + O_2 \\ \text{(4)} & O + ClO \longrightarrow Cl + O_2 \end{array}\right\} \quad \begin{array}{l} \text{(2) ~ (4) 의 순반응 :} \\ \text{촉매에 의한 } O_3 \text{의 파괴} \\ 2O_3 \longrightarrow 3O_2 \end{array}$$

단계 4에서 생성된 $Cl^{\cdot}$는 되돌아가 단계 2에서 또 다른 오존 분자를 파괴한다. 한 개의 $Cl^{\cdot}$ 원자는 > 10^5개의 O_3 분자를 파괴시킬 수 있다. 그리고 연쇄 반응은 $Cl^{\cdot}$ 또는 $^{\cdot}ClO$가 NO_2와 반응하여 HCl 또는 $ClONO_2^{\cdot}$를 형성함으로써 종결된다.

겨울철 동안 남극에서 형성된 성층권 구름은 Cl_2를 형성하는 HCl과 $ClONO_2$의 반응에서 촉매로 작용한다. 햇볕에 의해서 Cl_2는 $Cl^{\cdot}$ 원자로 연속적인 분해를 일으키고, 이것이 O_3을 파괴시킨다.

$$HCl + ClONO_2 \xrightarrow[\text{극지방 구름}]{\text{성층권}} Cl_2 + HNO_3 \qquad Cl_2 \xrightarrow{h\nu} 2Cl$$

추운 겨울철에 이 구름이 형성된다. 남극에서는 단지 9 ~ 10월에만 해가 뜬다. 그러나 여전히 구름으로 덮여 있기 때문에, 이것이 오존 파괴의 적당한 조건이 된다.

자외 복사선으로부터 생명체를 보호하기 위하여 현재 클로로플루오로탄소의 방출을 금지하거나 단계적으로 감소시키려고 하는 국제 조약이 체결되고 있다. 그러나 이미 이들 화합물이 상당량 방출되었기 때문에 오존 고갈 상황은 21세기 말이 되어야 비로소 과거의 값으로 되돌아갈 수 있을 것으로 기대된다.

18

빛이 있어라

전자기 복사선(*electromagnetic radiation*, 빛에 대한 별칭)의 흡수와 방출은 정량 및 정성 분석에서 이용되는 분자의 특성이다. 이 장에서는 **분광광도법(spectrophotometry)**의 기본 개념—전자기 복사선을 이용한 화학 농도 측정—에 관하여 논의하고, 19장에서는 분광광도법의 기기장치와 응용에 관하여 더 자세히 다루기로 한다.

1985년 남극에서 오존 "구멍"이 발견된 다음 대기 화학자인 Susan Solomon은 1986년 고 고도 풍선기구와 지상기지에 설치된 자외선 분광광도계를 이용하여 남극 대기의 화학적 측정을 위한 첫 번째 탐사대를 이끌었다. 이 탐사대는 일출 후에 오존의 고갈 현상이 일어난다는 사실과 성층권 내 화학적으로 활성인 염소의 농도가 기체상 화학에서 예상되는 것보다 100배 이상 높다는 사실을 발견하였다. Solomon 연구팀은 염소를 오존 파괴의 주범으로, 그리고 극지방의 성층권 구름은 많은 양의 염소를 방출하는 촉매의 표면으로 작용하고 있다는 사실을 확인하였다.

18-1 빛의 성질

빛은 입자와 파동이란 두 가지 술어로 기술할 수 있다. 빛의 파동은 서로 수직으로 진동하는 전기장과 자기장으로 이루어져 있다(그림 18-1). **파장(wavelength)** λ는 파동의 꼭짓점과 꼭짓점 사이의 거리이다. **주파수(진동수, frequency)** ν는 파동이 매 초당 일으키는 진동의 횟수이다. 주파수의 단위는 s^{-1}이다. 그리고 매 초당 한 번 진동하는 것을 1 **헤르츠(hertz, Hz)**라고 한다. 그러므로 주파수, $10^9\ s^{-1}$는 10^9 Hz 또는 1 **기가헤르츠**(*gigahertz*, GHz)라고 한다. 주파수와 파장을 곱하면 빛의 속도 c(진공에서 2.998×10^8 m/s)가 된다.

주파수와 파장의 관계: $$\nu\lambda = c \qquad (18\text{-}1)$$

예제 파장과 주파수의 관계

마이크로파 오븐에서 방출되는 복사선의 주파수가 2.45 GHz일 때 파장은 얼마인가?

해답 먼저 주파수 2.45 GHz는 2.45×10^9 Hz $= 2.45\times10^9\ s^{-1}$이라는 것을 인식하라. 따라서 식 18-1로부터 다음과 같이 파장을 구할 수 있다.

$$\lambda = \frac{c}{\nu} = \frac{2.998\times10^8\ \text{m/s}}{2.45\times10^9\ \text{s}^{-1}} = 0.122\ \text{m}$$

복습 문제 $\lambda = 500$ nm인 초록색 빛의 주파수는 얼마인가?(**답**: $6.00\times10^{14}\ s^{-1} = 600$ THz)

빛은 또한 **광자(photon)**라고 하는 입자라고도 생각할 수 있다. 광자 한 개의 에너지 E(주울, J로 측정됨)는 주파수에 비례한다.

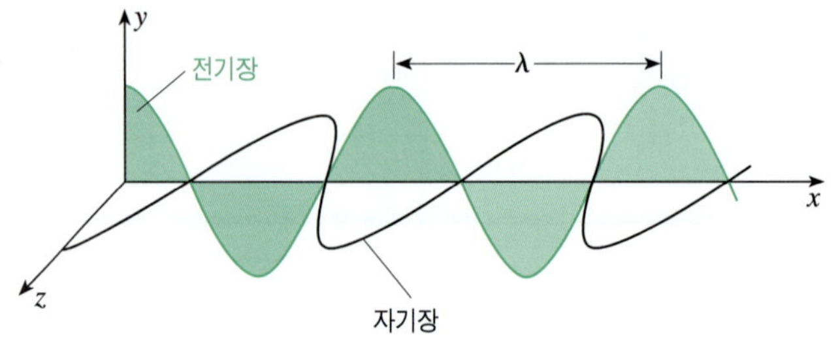

그림 18-1 x축을 따라 전파되고 있는 파장이 λ인 평면 편광 전자기 복사선. 전기장은 xy 평면에서, 그리고 자기장은 xz 평면에서 진동한다. 일반적으로 편광되지 않은 빛은 모든 평면에서 전기장과 자기장 성분을 갖는다.

에너지와 주파수의 관계 : $$E = h\nu \tag{18-2}$$

물리적 상수들은 이 책의 뒤표지 안쪽 면에 수록하였다.

여기에서 h는 **Planck 상수**(*Planck's constant*, = 6.626 × 10^{-34} J · s)이다.

식 18-1과 18-2를 합하면 다음과 같이 나타낼 수 있다.

$$E = h\frac{c}{\lambda} = hc\frac{1}{\lambda} = hc\tilde{\nu} \tag{18-3}$$

다음과 같을 경우 에너지가 증가한다.
- 주파수(ν)가 증가할 때
- 파장(λ)이 감소할 때
- 파수($\tilde{\nu}$)가 증가할 때

여기에서 $\tilde{\nu}$(= 1/λ)는 **파수**(**wavenumber**)라고 한다. 그러므로 에너지는 파장에 반비례하고, 파수에 정비례한다. 즉, 푸른색 빛보다 파장이 긴 붉은색 빛의 에너지는 푸른색의 경우보다 약하다. 파수의 SI 단위는 m^{-1}이다. 그러나 가장 일반적인 파수의 단위는 cm^{-1}로서, "센티미터의 역수" 또는 "파수"라고 읽는다. 파수 단위는 적외선 분광법에서 널리 이

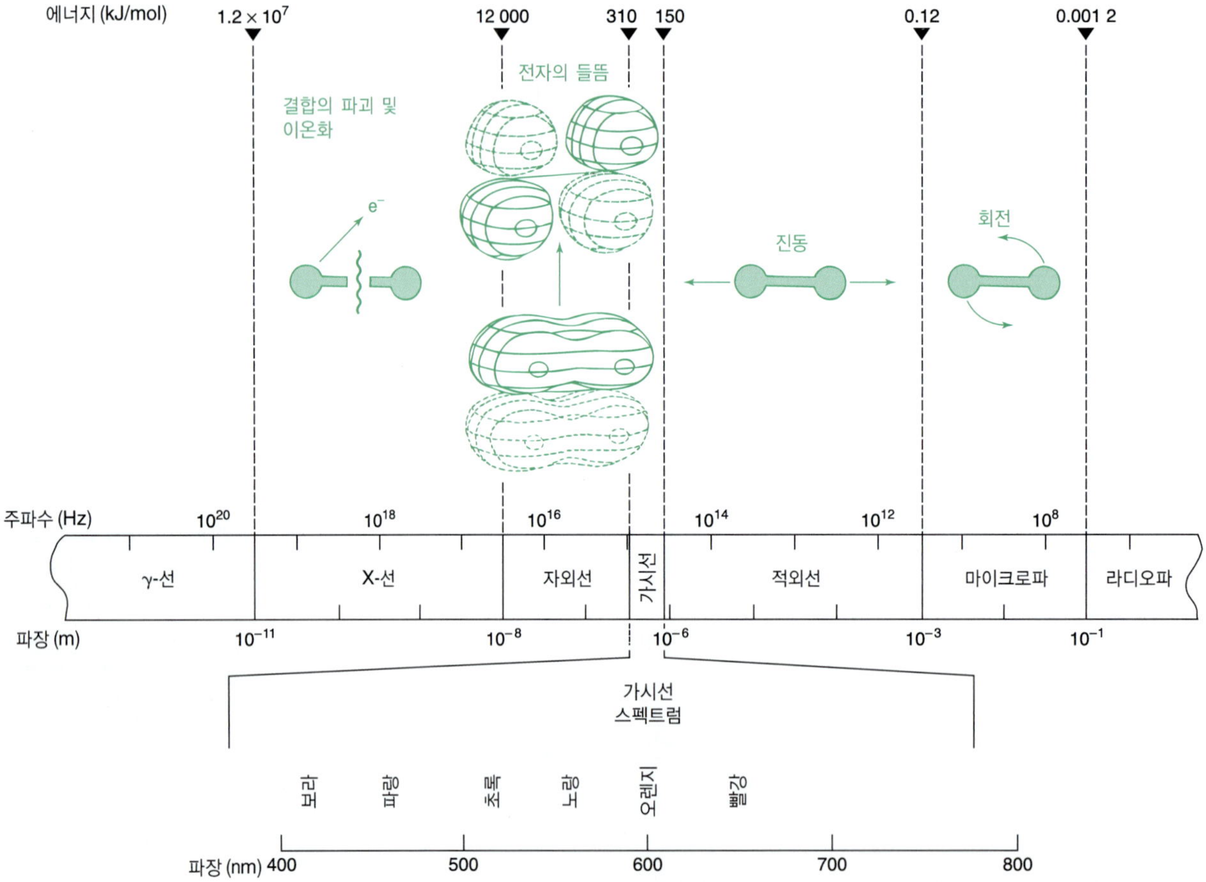

그림 18-2 각 영역의 빛이 흡수될 때 일어나는 대표적인 분자의 변화 과정을 보여 주는 전자기 스펙트럼. 가시선 스펙트럼은 380 ~ 780 nm의 파장 범위에 걸쳐 있다 (1 nm = 10^{-9} m).

용되고 있다.

전자기 스펙트럼(electromagnetic spectrum)의 영역들을 그림 18-2에 나타내었다. 가시선–육안으로 감지할 수 있는 종류의 빛–은 단지 전자기 스펙트럼의 작은 일부분에 해당한다.

분자의 최저 에너지 상태를 **바닥 상태(ground state)**라고 한다. 분자가 광자를 흡수하면 분자의 에너지는 증가하고, 분자는 **들뜬 상태(excited state)**로 올라간다고 말한다(그림 18-3). 분자가 광자를 방출하면 분자의 에너지는 감소한다. 그림 18-2는 분자가 마이크로파의 복사선을 흡수하였을 때 빠르게 회전하는 것을 나타내고 있다. 마이크로파 오븐은 식품 중에 있는 물의 회전 에너지를 증가시킴으로써 식품을 가열한다. 적외선은 분자의 진동을 일으킨다. 가시선과 자외선은 전자를 낮은 에너지 상태에서 높은 에너지 상태로 들뜨게 한다. (색깔을 띠는 분자는 가시선을 흡수한다).

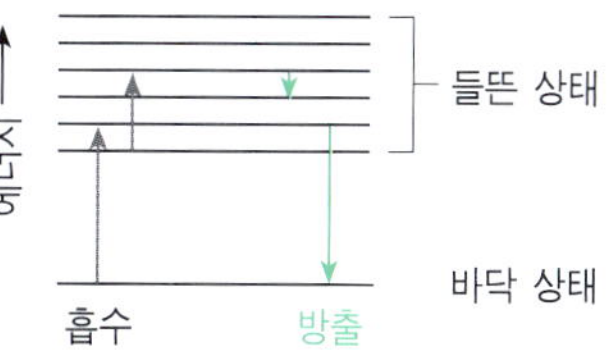

그림 18-3 빛의 흡수는 분자의 에너지를 증가시킨다. 빛의 방출은 분자의 에너지를 감소시킨다.

X-선과 짧은 파장의 자외선은 화학결합을 파괴시킬 뿐만 아니라 분자를 이온화시키기 때문에 해로우며, 이것이 의료용 X-선에 노출되는 것을 최소한으로 줄여야 하는 이유이다. 재미있는 X-선 광원은 10^{-5}에서 10^{-6} bar의 진공에서 스카치테이프® 말이(roll)에서 테이프를 벗기는 것이다.[1] 그림 18-4는 가시선 방출과 함께 나노초 사이에 10^5개의 X-선 광자가 튀어나오는 것을 보여준다. 이 복사선의 세기는 1초 내에 치과용 필름 위에 뼈의 X-선 영상을 만들기에 충분하다. 테이프를 벗기면 접착제와 폴리에틸렌 면 사이에 전하 분리를 일으킨다. 전기장이 충분히 커서 접착제와 폴리에틸렌 면 사이에 주기적으로 전하 분리를 일으킨다. 빠르게 가속된 전자가 양으로 하전된 접착제에 부딪히면 갑자기 감속되면서 X-선 광자가 방출된다. 대기압에서 테이프를 벗기면 전자가 X-선을 방출할 만큼 충분히 가속되기 전에 기체 분자와 충돌하기 때문에 X-선이 방출되지 않는다.

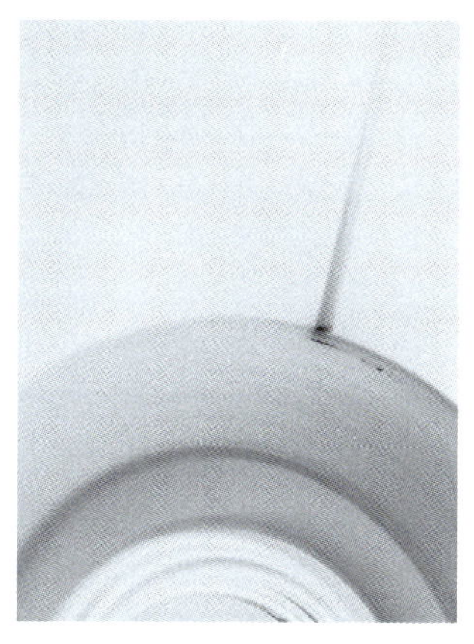

그림 18-4 1.3 μbar에서 스카치테이프® 말이(roll)로부터 테이프를 벗길 때 가시선(청색) 방출과 함께 X-선이 튀어나온다. [출처: C. Camara and S. Putterman, University of California, Los Angeles.]

예제 광자의 에너지

분자가 **(a)** 파장이 500 nm인 가시선을 흡수하였을 때, **(b)** 파수가 1 251 cm^{-1}인 적외선을 흡수하였을 때 증가된 분자의 에너지는 몇 주울(J)인가?

해답 **(a)** 가시 파장은 500 nm $= 500 \times 10^{-9}$ m이다.

$$E = h\nu = h\frac{c}{\lambda}$$

$$= (6.626 \times 10^{-34}\ \text{J} \cdot \text{s})\left(\frac{2.998 \times 10^8\ \text{m/s}}{500 \times 10^{-9}\ \text{m}}\right) = 3.97 \times 10^{-19}\ \text{J}$$

이 에너지는 한 개의 분자가 한 개의 광자를 흡수할 때의 에너지이다. 1몰의 분자가 1몰의 광자를 흡수할 때, 에너지 증가는

$$E = \left(3.97 \times 10^{-19}\ \frac{\text{J}}{\text{분자}}\right) \times \left(6.022 \times 10^{23}\ \frac{\text{분자}}{\text{mol}}\right) = 2.39 \times 10^5\ \frac{\text{J}}{\text{mol}}$$

$$= \left(2.39 \times 10^5\ \frac{\text{J}}{\text{mol}}\right)\left(\frac{1\ \text{kJ}}{1\ 000\ \text{J}}\right) = 239\ \frac{\text{kJ}}{\text{mol}}$$

(b) 파수가 주어졌으므로 식 18-3을 이용한다. 먼저 환산인자 100 cm/m를 이용하여 cm^{-1}의 파수 단위를 m^{-1}로 환산하시오.

$$E = hc\tilde{\nu} = (6.626 \times 10^{-34}\ \text{J} \cdot \text{s})\left(2.998 \times 10^8\ \frac{\text{m}}{\text{s}}\right)\underbrace{(1\ 251\ \text{cm}^{-1})\left(100\ \frac{\text{cm}}{\text{m}}\right)}_{\text{cm}^{-1}\text{를 m}^{-1}\text{로 환산}}$$

$$= 2.485 \times 10^{-20}\ \text{J}$$

위의 값에 Avogadro 수를 곱하면 광자의 에너지는 14.97 kJ/몰로서, 적외선 영역에 속하며 분자의 진동을 일으킨다.

복습 문제 H_2의 제1 들뜬 진동 상태는 "바닥 상태 위 4 160 cm^{-1}"에 있다. 이 상태에서 H_2의 에너지 (kJ/mol) 를 구하시오. (**답** : 49.76 kJ/mol)

자습문제

18-A. 파장이 **(a)** 100 nm, **(b)** 500 nm, **(c)** 10 μm, **(d)** 1 μm인 빛의 주파수 (Hz), 파수 (cm^{-1}) 및 에너지 (kJ/mol) 를 각각 구하시오. 각각의 복사선은 어떤 스펙트럼 영역에 속하며, 이 복사선을 흡수하였을 때 분자에 어떤 과정이 일어나는가?

18-2 빛의 흡수

분광광도계 (spectrophotometer) 는 빛의 투과도를 측정한다. 빛을 물질에 통과시켰을 때, 물질이 빛을 흡수하면 빛살의 **복사 세기** (*radiant power*) 는 감소한다. 복사 세기 P는 빛살의 단위 면적당 초당 에너지를 의미한다. 파장띠가 아주 좁은 빛을 **단색 (monochromatic**, 한 가지 색깔) 이라고 한다. 그림 18-5에서 빛은 좁은 띠의 파장을 선택하는 장치인 **단색화장치** (*monochromator*) 를 통과한다. 복사 세기가 P_0인 빛이 길이가 b인 시료를 지나간다. 시료의 반대편으로 통과하여 나온 빛살의 복사 세기는 P이다. 빛의 일부는 시료에 의해서 흡수될 것이므로 $P \le P_0$이다.

투광도, 흡광도 및 Beer의 법칙

투광도 (transmittance) T는 시료를 통과한 입사광의 분율이다.

투과율 :

$$T = \frac{P}{P_0} \tag{18-4}$$

투광도는 0에서 1 사이이다. 시료에 의해서 빛이 전혀 흡수되지 않으면, 투광도는 1이 된다. 모든 빛이 흡수되면 투광도는 0이 된다. **퍼센트 투광도** (*percent transmittance*, 100 T) 의 범위는 0%와 100% 사이이다. 따라서 투광도가 30%이면 70%의 빛이 시료를 통과하지 못한다는 것을 의미한다.

화학 분석에서 가장 유용한 양은 **흡광도 (absorbance**, A) 로서, 다음과 같이 정의한다.

물론, 여러분은

$$\log\left(\frac{1}{x}\right) = -\log x$$

라는 것을 기억할 것이다.

흡광도 :

$$A = \log\frac{P_0}{P} = -\log\frac{P}{P_0} = -\log T \tag{18-5}$$

전혀 빛을 흡수하지 않았을 때 $P = P_0$이며, $A = 0$이다. 90%의 빛이 흡수되었다면 10%가 투과되었으므로, $P = P_0/10$이다. 따라서 $A = 1$이 된다. 1%의 빛이 투과되었다면 $A = 2$이다.

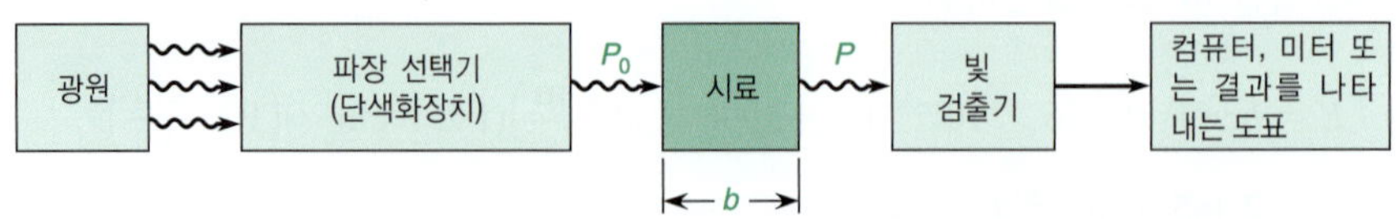

그림 18-5 홑빛살 분광광도법 실험의 개략도.

P/P_0	%T	A
1	100	0
0.1	10	1
0.01	1	2

예 제 **흡광도와 투광도**

99%와 0.10%의 투광도에 대응하는 흡광도는 각각 얼마인가?

해답 식 18-5에 나타낸 흡광도의 정의를 이용하면,

99% T: $A = -\log T = -\log 0.99 = 0.004\ 4$

0.10% T: $A = -\log T = -\log 0.001\ 0 = 3.0$

흡광도가 커질수록 시료를 투과하는 빛의 세기는 감소한다.

복습 문제 1% 투광도에 대응하는 흡광도는 얼마인가? 50% 투광도의 경우는?

(**답** : 2.0, 0.30)

흡광도는 시료 내 빛을 흡수하는 분자의 농도에 비례한다. 그림 18-6은 $KMnO_4$의 흡광도가 네 자릿수 이상의(0.6 μM에서 3 mM까지) 농도에 비례하는 것을 보여 준다.

흡광도는 빛이 통과하는 물질의 경로 길이에도 비례한다. 따라서 농도와 경로 길이에 대한 흡광도의 의존도는 **Beer의 법칙**(**Beer's law**)으로 나타낸다.

Beer의 법칙 : $$A = \epsilon bc \tag{18-6}$$

흡광도(A)는 무단위(dimensionless)이다. 시료의 농도(c)는 리터당 몰수(M)로, 경로 길이(b, 그림 18-5)는 보통 센티미터로 표시한다. ϵ(엡실론)은 **몰흡광 계수**(**molar absorptivity**)이다. 곱 ϵbc가 무단위이기 때문에, ϵ의 단위는 $M^{-1}\ cm^{-1}$이다. 몰흡광 계수는 특정 파장에서 얼마만큼의 빛을 흡수하는가를 말해준다.

보충 18-1은 강의실에서의 실습에 기초가 될 수 있는 Beer의 법칙에 대한 물리적인 실험 모형을 보여 주고 있다.

천연색 사진 13은 빛을 흡수하는 분자의 농도가 증가할 때 색깔의 세기가 증가하는 것을 보여준다. 흡광도는 색깔 세기의 척도이다. 색깔이 진해질수록 흡광도는 증가한다.

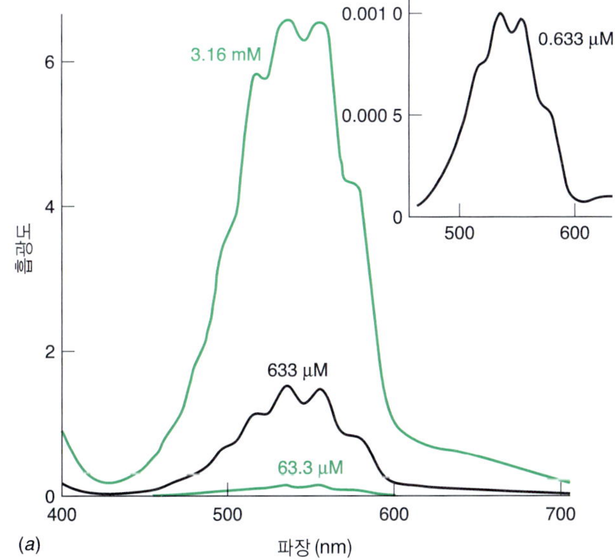

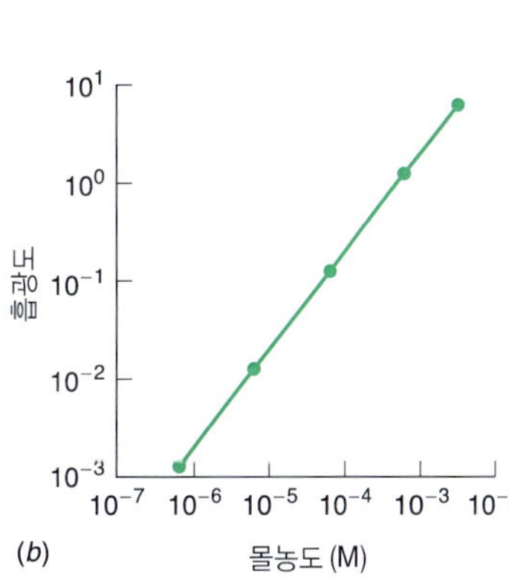

그림 18-6 (a) 네 가지 다른 농도의 $KMnO_4$ 용액의 흡수 스펙트럼. (b) 555 nm에서 봉우리 흡광도는 0.6 μM에서 3 mM에 걸쳐 농도에 비례한다. 이 실험에서 사용된 Cary 5000 자외-가시-근적외선 분광광도계는 대부분의 다른 기기들보다 작동 범위가 넓다. 일반적으로 2 이상 또는 0.01 이하의 흡광도는 정확하게 측정하기 어렵다. [출처: A.R.Hind, *Am. Lab.* December 2002, p. 32. Courtesy Varian, Inc., Palo Alto, CA.]

예제 Beer의 법칙의 이용

그림 18-6에서 경로 길이가 1.000 cm일 때 파장 555 nm에서 3.16×10^{-3} M $KMnO_4$의 봉우리의 흡광도는 6.54이다. **(a)** 이 용액의 몰흡광 계수와 %투광도를 구하시오. **(b)** 경로 길이가 0.100 cm일 때 흡광도는 얼마가 되는가? **(c)** 농도를 1/4로 감소시키면 1.000 cm 흡수 용기에서의 흡광도는?

해답 Beer의 법칙에 따라 몰흡광 계수는 흡광도와 경로 길이 × 농도 사이의 비례 상수이다.

(a) $A = \epsilon bc$

$$6.54 = \epsilon (1.000 \text{ cm})(3.16 \times 10^{-3} \text{ M}) \Rightarrow \epsilon = 2.07 \times 10^{3} \text{ M}^{-1} \text{ cm}^{-1}$$

식 18-5는 $A = -\log T$ 또는 $\log T = -A$를 의미한다. 식 양변을 10의 거듭 제곱으로 나타내면 T를 구할 수 있다. 즉,

보충 18-1 Beer의 법칙의 발견[2]

용액을 통과하는 각각의 광자는 일정한 확률로 빛을 흡수하는 분자와 충돌하여 흡수된다. 흡수 분자를 나타내는 구멍이 뚫린 경사진 평면을 생각함으로써 이 과정에 대한 모형을 만들어보자. 여기에서 분자의 수는 구멍의 수와 같으며, 경로 길이는 평면의 길이와 같다. 1 000개의 광자를 나타내는 1 000개의 공이 경사진 평면을 따라 굴러간다고 가정하자. 한 개의 공이 한 개의 구멍 속으로 떨어질 때마다 한 개의 광자가 한 개의 분자에 "흡수"된다고 생각하자.

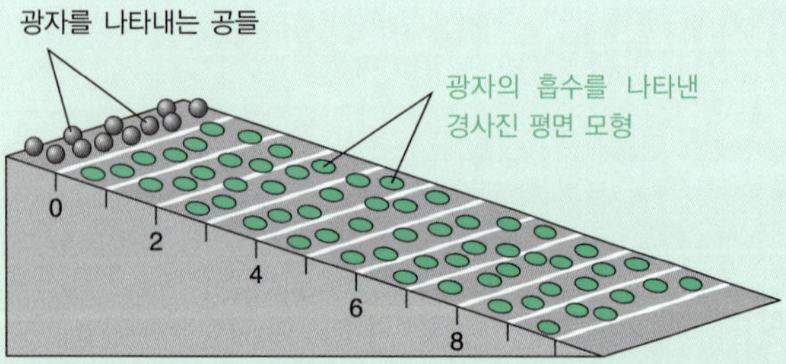

광자 흡수의 경사진 평면 모델

평면을 10개의 동일한 구간으로 나누고, 한 개의 공이 첫 번째 구간 안에 있는 한 개의 구멍 속으로 떨어지는 확률이 1/10이라고 하자. 첫 번째 구간으로 들어간 1 000개의 공 중에서 1/10 – 100개의 공–이 "흡수"되고(구멍 속으로 떨어지고), 나머지 900개는 두 번째 구간으로 지나갈 것이다. 이 중의 1/9 – 90개의 공–이 흡수되고, 810개의 공은 세 번째 구간으로 옮아간다. 마찬가지로, 810개 공들 중에서 81개는 흡수되고, 729개는 네 번째 구간으로 들어간다. 이와 같은 작용을 아래의 표에 요약하였다.

투광도는 다음과 같이 정의된다.

$$T = \frac{\text{구멍 속으로 떨어지지 않은 공의 수}}{\text{처음 공의 수}(= 1\,000)}$$

투광도 대 구간의 수를 도시한 그래프 a (분광광도법

구간	흡수된 광자	투과된 광자	투과율 (P/P_0)
0		1 000	1.000
1	100	900	0.900
2	90	810	0.810
3	81	729	0.729
4	73	656	0.656
5	66	590	0.590
6	59	531	0.531
7	53	478	0.478
8	48	430	0.430
9	43	387	0.387
10	39	348	0.348

$$\log T = -A$$

$$\underbrace{10^{\log T}}_{10^{\log T}\text{는 } T\text{와 같음}} = 10^{-A}$$

$$T = 10^{-A} = 10^{-6.54} = 2.88 \times 10^{-7}$$

계산기로 $10^{-6.54}$을 계산하려면 y^x 또는 역로그를 사용하라. y^x를 사용하면 $y = 10$이고, $x = -6.54$이다. 역로그를 사용하면 -6.54의 역로그 값을 구하시오. $10^{-6.54} = 2.88 \times s10^{-7}$임을 보일 수 있어야 한다.

퍼센트 투광도는 100 $T = 2.88 \times 10^{-5}$%이다. 흡광도가 6.54일 때 투광도는 대단히 작다.
(b) 경로 길이를 1/10로 감소시키면 흡광도가 1/10로 감소되어 6.54/10 = 0.654가 된다.
(c) 농도를 1/4로 감소시키면 흡광도 역시 1/4로 감소되어 6.54/4 = 1.64가 된다.

복습 문제 몰흡광 계수가 $4.64 \times 10^4\ M^{-1}\ cm^{-1}$일 때 1.00 cm와 2.00 cm의 흡수 용기에서 13.0 μM 화합물 용액의 흡광도를 각각 구하시오. (**답** : 0.603, 1.206.)

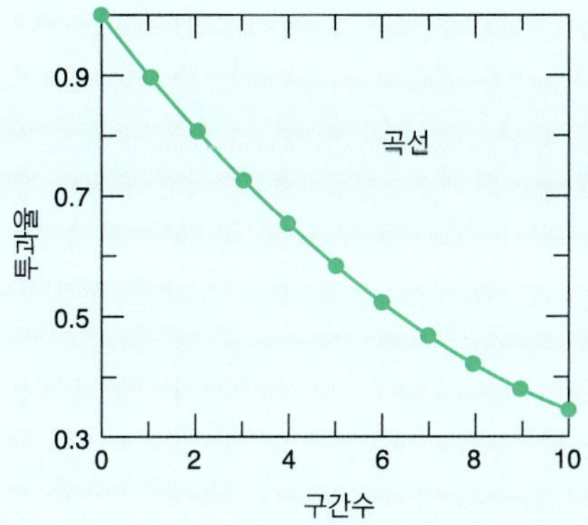

(*a*) 투과율 대 구간은 *T*대 경로 길이와 유사하다

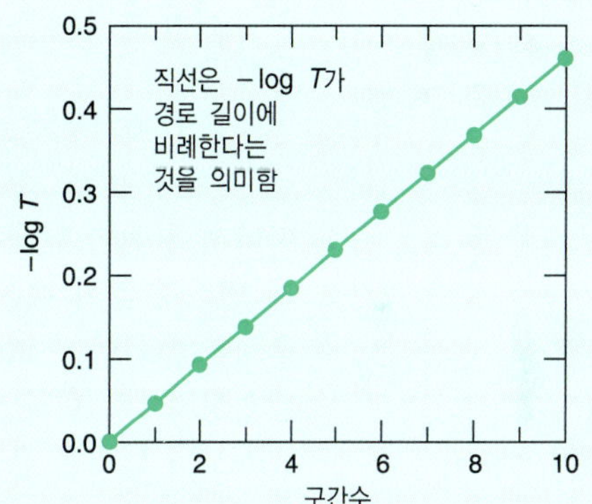

(*b*) −log *T* 대 구간은 −log *T* 대 경로 길이와 유사하다.

실험에서 투광도 대 경로 길이를 도시한 그래프와 유사)는 직선이 아니다. 그러나 그래프 *b*와 같이 −log (투광도) 대 구간의 수를 도시하면 원점을 통과하는 직선이 된다. 그래프 *b*는 −log *T*가 경로 길이에 비례함을 보여준다.

투광도가 흡수되는 분자의 농도에 어떻게 의존하는가를 조사하기 위하여, 구멍의 수가 서로 다른 경사진 평면에서 이와 같은 방법으로 실험을 할 수 있다. 예컨대, 각 구간에서의 흡수 확률이 전체 길이의 1/10 대신 1/20이라고 할 경우 일어나는 변화를 보여 주는 표를 작성해 보라. 이 변화는 흡수 화학종의 농도가 초기 농도의 반으로 감소되는 것과 일치한다. −log *T* 대 구간의 수를 도시한 그래프의 기울기는 그래프 *b*에서 얻어진 기울기의 반이 된다는 것을 발견하게 될 것이다. 즉, −log *T*는 경로 길이와 마찬가지로 농도에 정비례한다. 그러므로 −log *T*는 농도와 경로 길이에 모두 비례한다는 것을 알 수 있다. 흡광도를 −log *T*로 정의하면, 다음과 같이 Beer의 법칙의 기본적인 항을 얻을 수 있다.

$$A \equiv -\log T \propto \text{농도} \times \text{경로 길이}$$

기호 ∝은 "비례한다"는 뜻이다.

예제 **흡광도로부터 농도 계산**

오존 기체의 몰흡광 계수는 이 장의 시작 부분에서 나타낸 스펙트럼의 최대 흡수 봉우리인 260 nm 부근에서 2 700 M^{-1} cm^{-1}이다. 10.0 cm 흡수 용기에서 측정한 시료의 흡광도가 0.23일 때, 공기 중에 함유된 오존의 농도(mol/L)를 구하시오. 단, 260 nm에서 공기 자체의 흡광도는 무시한다.

해답 Beer의 법칙을 다음과 같이 재배열하고 농도를 구하면,

$$c = \frac{A}{\epsilon b} = \frac{0.23}{(2\,700\ M^{-1}\ cm^{-1})\ (10.0\ cm)} = 8.5 \times 10^{-6}\ M$$

복습 문제 흡수 용기의 경로 길이가 2.00 m일 때 260 nm에서의 A = 0.18이다. O_3의 농도는 얼마인가? (**답** : 0.33 μM)

Beer의 법칙의 한계

다음의 경우 Beer의 법칙에서 벗어남이 생긴다.

- 빛이 단색이 아니고 흡수 봉우리가 아닌 파장에서 측정할 때
- 분석물질 또는 다른 용질의 농도가 너무 높을 때
- 분석물질이 농도의존성 화학 평형에 참여할 때
- 너무 많은 떠돌이 빛이 검출기에 도달할 때
- 시료의 온도가 변할 때

Beer의 법칙은 흡광도가 흡수종의 농도에 비례함을 말해준다. Beer의 법칙은, 단색 복사선이 흡수종이 농도의존성 평형에 참여하지 않는 묽은 용액(≲ 0.01 M)을 통과할 때 성립한다.

그림 18-6의 555 nm의 봉우리와 같은 흡수 봉우리에서 몰흡광 계수는 봉우리로부터 조금 벗어나더라도 크게 변하지 않는다. 단색화장치에서 오는 빛은 작은 파장 폭을 가지며 따라서 완전히 단색은 아니다. 그러나 입사 복사선의 좁은 폭에 걸쳐서 몰흡광 계수가 크게 변하지 않기 때문에 Beer의 법칙을 따른다. 590 nm 봉우리의 가파른 쪽에서 흡광도를 측정하였다면 수 nm의 파장에서도 몰흡광 계수의 변화가 크므로 흡광도가 농도에 따라 비선형적으로 변하였을 것이다.

Beer의 법칙은 용액 내 분석물질 또는 다른 종의 농도가 너무 높으면 성립하지 않는다. 용질 분자가 서로 가까워져 몰흡광 계수가 약간 변하기 때문이다. 아주 높은 농도에서 용질은 용매가 **된다**. 용매가 달라지면 분자의 몰흡광 계수는 달라진다. 용액 내 비흡수 용질도 흡수종과 상호작용하여 흡광계수를 변화시킨다.

흡수 분자가 농도의존성 화학평형에 참여하면 흡광계수가 변한다. 예컨대, 진한 용액에서 약산 HA는 대부분 비해리 상태이다. 용액이 묽어질수록 해리도가 증가한다. A^-의 흡광 계수가 HA의 흡광계수와 다르면 묽어짐에 따라 용액은 Beer의 법칙을 따르지 않게 된다.

불완전한 기기는 Beer의 법칙에서의 벗어남을 일으킬 수 있다. 모든 기기에서 약간의 **떠돌이 빛**(*stray light*, 단색화장치에서 얻어지는 띠폭 바깥의 파장들)이 검출기에 닿는다. 시료의 흡광도가 아주 높으면 검출기에 도달하는 빛의 대부분이 떠돌이 빛일 수 있다. 그러므로 떠돌이 빛은 Beer의 법칙에서의 벗어남을 일으킨다. 시료의 온도를 일정하게 유지하지 않으면 몰흡광 계수가 변한다.

선형 교정 곡선은 Beer의 법칙이 성립하는 범위에서 측정이 이루어지고 있음을 확인해준다.

Beer의 법칙에서의 벗어남에 따르는 문제를 해소하려면 고정된 실험조건에서 사용할 분광광도계로, 분석물질의 예상 농도 범위에 걸쳐 측정한 흡광도를 보여주는 교정 곡선을 작성해야 한다. 이 농도 범위에서 실험 결과를 얻으면 Beer의 법칙이 성립될 것이다.

흡수 스펙트럼과 색

흡수 스펙트럼(absorption spectrum)은 A(또는 ϵ)가 파장(주파수 또는 파수)에 따라 어떻게 변하는가를 나타내는 그래프이다. 그림 18-6은 $KMnO_4$의 가시선 흡수 스펙트럼을 보여주며 이 장의 앞부분은 오존의 자외선 흡수 스펙트럼을 보여준다. 그림 18-7은 350 nm 이하의 유해한 태양 복사선을 흡수하는 전형적인 햇볕 차단 로션의 흡수 스펙트럼을 보여 준다. 시범 18-1은 흡수 스펙트럼의 의미를 설명해준다.

예제 햇볕 차단제의 효과는 어느 정도인가?

그림 18-7에 나타낸 300 nm 부근의 흡광도 봉우리에서 햇볕 자단제를 투과하는 자외선의 분율은 얼마인가?

해답 300 nm에서의 흡광도는 약 0.35이다. 그러므로 투과율은 $T = 10^{-A} = 10^{-0.35} = 0.45 = 45\%$이다. 따라서 반보다 약간 더 많은 자외선(55%)만이 이와 같은 두께로 바른 햇볕 차단제에 흡수되어 피부에 도달되지 않는다.

시범 18-1 흡수 스펙트럼[3,4]

가시선 스펙트럼은 암실에서 다음과 같은 방법으로 스크린에 비춰 볼 수 있다. 오버헤드 영사기의 렌즈를 덮을 정도로 충분히 큰 사각형 구멍이 뚫려 있는 마분지 틀에 4개 층의 플라스틱 회절발*을 끼운 다음 고정시키고, 이것을 스크린을 향하고 있는 영사기 렌즈 위에 부착하였다. 두 개의 1 × 3 cm 슬릿을 갖는 두꺼운 마분지를 영사기의 작업 면 위에 설치하였다.

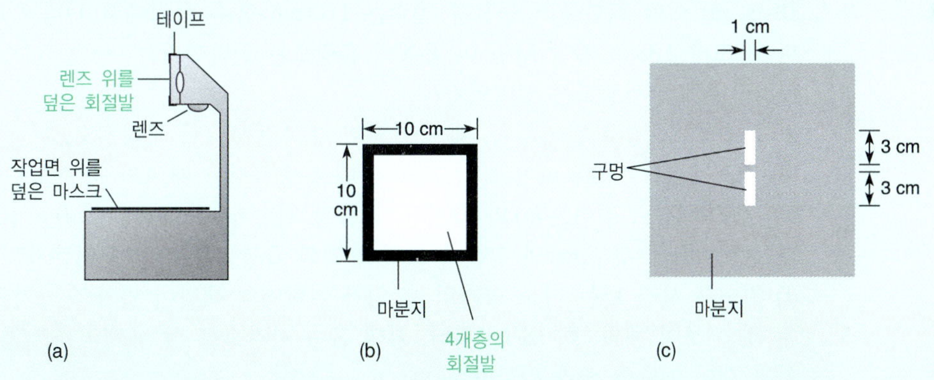

(a) 오버헤드 영사기. (b) 마분지에 끼운 회절발. (c) 작업면 위의 마스크.

램프를 켜면 각 슬릿의 흰 영상이 스크린 중앙에 비춰진다. 가시선 스펙트럼은 각 영상의 양쪽 옆에 나타난다. 색깔이 있는 용액을 담은 비커를 한 개의 슬릿 위에 놓으면 앞에서 흰 영상이 나타났던 스크린 위에 용액의 색깔이 비춰지는 것을 볼 수 있을 것이다. 색깔을 띤 영상 옆에 나타난 스펙트럼의 세기는 색깔을 띠는 용액이 빛을 흡수하는 파장 영역에서 감소한다.

천연색 사진 14a는 백색광의 스펙트럼과 세 가지 다른 색의 용액의 흡수 스펙트럼을 보여 주고 있다. 오렌지색 또는 노란색인 다이크로뮴산 포타슘 용액은 푸른색 파장의 빛을 흡수하는 것을 알 수 있다. 브로모페놀 블루는 노란색과 오렌지색의 파장을 흡수하므로 우리 눈에는 푸른색으로 보인다. 페놀프탈레인의 흡수는 가시선 스펙트럼 영역의 중앙부에 해당된다. 분광광도계로 기록한 이들 세 가지 용액의 스펙트럼을 비교하여 천연색 사진 14b에 나타내었다.

*Edmund Scientific Co., edmundoptics.com, catalog no. NT 40-267..

"스펙트럼(spectrum)"의 복수가 "스펙트라(spectra)"이다.

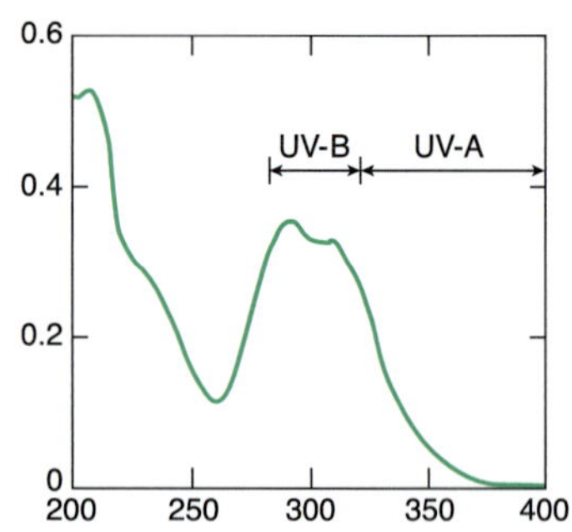

그림 18-7 자외선 영역에서 흡광도 대 파장의 관계를 보여주는 전형적인 햇볕 차단 로션의 흡수 스펙트럼. 이 측정을 위하여 햇볕 차단제를 투명한 창 위에 얇게 입혔다. [출처: D. W. Daniel, *J. Chem. Ed.* **1994**, *71, 83*.] 햇볕 차단제 제조사는 400 ~ 320 nm 영역을 UV-A로, 320 ~ 280 nm을 UV-B로 부른다.

문제 18-13에서 햇볕 차단지수 "SPF"를 정의하였다.

물질의 색은 물질이 흡수하는 색의 보색이다.

표 18-1 가시선의 색깔

최대 흡수파장 (nm)	흡수된 색	관찰된 색
380 ~ 420	보라색	초록색-노란색
420 ~ 440	보라색-푸른색	노란색
440 ~ 470	푸른색	오렌지색
470 ~ 500	푸른색-초록색	붉은색
500 ~ 520	초록색	진한 붉은색
520 ~ 550	노란색-초록색	보라색
550 ~ 580	노란색	보라색-푸른색
580 ~ 620	오렌지색	푸른색
620 ~ 680	붉은색	푸른색-초록색
680 ~ 780	붉은색	초록색

복습 문제 햇볕 차단제의 두께를 두 배로 바르면, 흡광도는 두 배로 될 것이다. 300 nm 부근에서 투과율은 얼마이며, 몇 퍼센트의 자외선이 차단되는가? (**답** : $T = 0.20$, 80%가 차단된다.)

백색광은 무지개의 모든 색깔을 포함하고 있다. 가시선을 흡수하는 물질은 백색광을 투과 또는 반사시킴으로써 색을 나타낸다. 물질이 어떤 파장의 백색광을 흡수하면 사람의 눈은 흡수하지 않은 파장의 빛을 감지한다. 색깔에 대한 **대략적인** 참고자료를 표 18-1에 수록하였다. 관찰된 색은 흡수된 색의 **보색**(*complement*)이라고 한다. 예를 들면, 천연색 사진 14의 브로모페놀은 591 nm에서 최대 가시선 흡광도를 나타내며, 관찰된 색은 푸른색이다.

자습문제

18-B. **(a)** 어떤 화합물의 몰흡광 계수는 1.00 cm 흡수 용기에서 $1.05 \times 10^3\ M^{-1}\,cm^{-1}$이다. 농도가 2.33×10^{-4} M인 이 용액의 흡광도는 얼마인가?

(b) **(a)** 용액의 투광도는 얼마인가?

(c) 2.00 cm로 경로 길이를 두 배 증가시킬 때 A와 % T를 구하시오.

(d) 경로 길이가 1.00 cm이고, 농도를 두 배로 증가시킬 때 A와 % T를 구하시오.

(e) 농도와 경로 길이는 **(a)**와 같지만, 몰흡광 계수가 두 배 ($\epsilon = 2.10 \times 10^3\ M^{-1}\,cm^{-1}$)인 다른 화합물의 경우, **(a)**와 같은 농도의 용액의 흡광도는 어떻게 되는가?

(f) 천연색 사진 15는 나노 크기의 은 입자 현탁액의 색깔이 입자의 크기와 모양에 의존하는 것을 보여 준다. 표 18-1로부터, 최대 흡수 파장으로 각 용액의 색깔을 예측하시오. 관찰된 색이 예측한 색과 일치하는가?

18-3 실제적인 문제들

화학 분석에서는 투광도를 흡광도로 변환한다. $A = -\log T$.

분광광도계가 갖추어야 할 최소한의 구성요소를 그림 18-5에 나타내었다. 기기는 시료를 통과하여 검출기에 도달하는 입사광의 분율(투광도)을 측정한다. 시료는 일반적으로 편평한 용융 실리카 또는 석영 면이 있는 **큐벳(cuvet)**이라고 하는 흡수 용기(cell, 셀)에 넣는다(그림 18-8). 용융 실리카(SiO_2로 만든 유리)는 가시선 및 자외선을 투과한다. 플라스틱과 보통 유리는 자외선을 흡수하므로 투명한 플라스틱과 유리 큐벳은 가시선 파장에서의 측정에만 사용할 수 있다. 적외선 흡수 용기들은 주로 염화 소듐 또는 브로민화 포타슘 결정으로 만든다. 기체는 액체보다 더 묽고, 경로 길이가 전형적으로 10 cm에서 수 미터까지의 긴 흡수 용기가 요구된다. 수 미터의 경로 길이는 검출기에 도달하기 전에 빛을 여러 번 시료를 통과시켜 반사시킴으로써 얻을 수 있다.

그림 18-5에 보인 장치는 **홑빛살 분광광도계**(*single-beam spectrophotometer*)라고 하는데, 그 이유는 단지 한 개의 빛살만 지나가기 때문이다. 입사 복사선의 세기, P_0를 직접 측정하는 것이 아니라, 식 18-4에서 순수한 용매가 들어 있는 기준 큐벳(reference cuvet)을 통과한 빛의 복사 세기를 P_0로 **정의한다**. 그런 다음, 기준 큐벳을 들어내고 대신 시료가 담긴 동일한 큐벳을 놓는다. 검출기에 닿는 빛의 복사 세기는 식 18-4에서 P가 된다. 그러므로 T 또는 A를 측정할 수 있다. 순수한 용매가 들어 있는 기준 큐벳은 큐벳과 용매에 의한 빛의 반사, 산란 또는 흡수를 보정한다. 검출기에 도달하는 빛의 복사 세기는 기준 큐벳을 빛살로부터 들어내었을 때와 같지 않다. 순수 용매를 담은 기준 큐벳은 투광도 측정에서 바탕으로 작용한다. 시료 큐벳과 기준 큐벳을 동시에 설치할 수 있는 겹빛살 분광광도계는 19-1절에서 논의한다.

용매가 채워진 큐벳을 통과하는 복사선 세기 $\equiv P_0$
시료가 채워진 큐벳을 통과하는 복사선 세기 $\equiv P$
투광도 $= P/P_0$

올바른 조작방법

큐벳은 표면에 지문이 생기는 것을 피하기 위하여 깨끗한 화장지로 닦아야 하며, 매우 깨끗하게 유지되도록 해야 한다. 지문이나 앞에서 측정한 시료로부터의 오염은 빛을 산란시키거나 흡수할 수 있다. 사용한 다음에는 즉시 큐벳을 씻고 증류수로 헹구어야 한다. 물이 제거되도록 거꾸로 뒤집어 말리고, 큐벳 벽에 물자국이 남지 않도록 해야 한다. 먼지는 빛을 산란시킴으로써 마치 시료의 흡광도가 증가하는 것처럼 보이기 때문에 모든 용기는 먼지가 끼어 들어가는 것을 막기 위해 반드시 뚜껑을 덮어야 한다. 큐벳의 뚜껑을 덮는 또 다른 이유는 시료의 증발을 막기 위해서이다.

손가락이 큐벳의 깨끗한 면에 닿으면 안 된다. 큐벳을 매우 깨끗하게 유지하라.

경로 길이가 동일하도록 만들어진 **짝맞는** 큐벳을 사용하라. 시료와 기준 큐벳이 같지 않으면 계통 오차를 일으킨다. 그리고 분광광도계 안에 각 큐벳을 가능한 한 재현성 있게 놓아라. 큐벳의 한쪽 면에는 큐벳이 항상 같은 방향으로 놓일 수 있도록 표시가 되어 있다. 큐벳 잡개(cuvet holder)에 큐벳을 약간 잘못 놓거나, 편평한 모양의 큐벳을 180° 회전시키거나 원형 큐벳을 회전시키면 흡광도를 측정할 때 우연 오차를 일으킨다. 짝맞는 큐벳이 없으면, 같은 큐벳을 사용하여 시료와 기준 용액의 흡광도를 측정하여라.

최신 분광광도계는 중간 정도의 흡광도 범위(즉, $A \approx 0.3 \sim 2$)에서 가장 정밀한(재현성 있는) 결과를 얻을 수 있다. 너무 적은 양의 빛이 시료를 통과하면(높은 흡광도) 그 세기를 측정하기가 어렵다. 너무 많은 양의 빛이 통과하면(낮은 흡광도) 기준과 시료의 투광도 차이를 측정하기 어렵다.

그림 18-9는 다이오드 배열 분광광도계로 350 nm에서 반복 측정하였을 때의 상대 표준편차를 보여준다. 두 개의 곡선은 새 큐벳 잡개(실선) 또는 10년 된 큐벳 잡개(색으로 된 점선)로 측정한 결과를 보여 주는데, 새 큐벳 잡개의 경우 측정할 때마다 들어내고 다시 놓더라도 큰 차이가 없다. 0.3 ~ 2의 흡광도 범위에서 두 경우의 상대 표준 편차는 0.1%

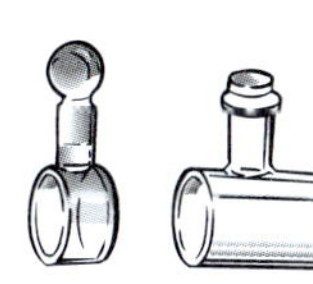

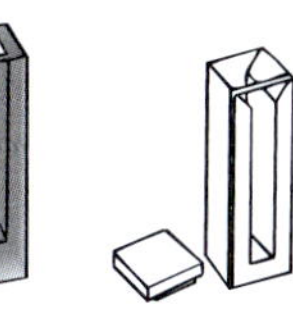

그림 18-8 자외선 및 가시선 측정에 흔히 사용되는 큐벳. [출처: A. H. Thomas Co., Philadelphia, PA.]

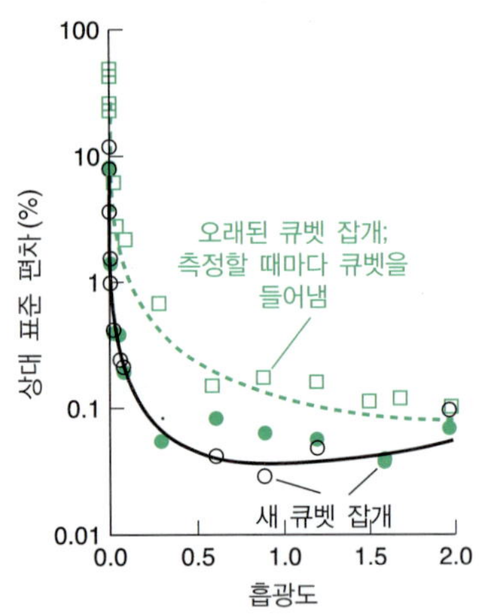

그림 18-9 350 nm에서 다이오드 배열 분광계로 다이크로뮴산염 용액의 흡광도를 반복 측정하였을 때의 정밀도. 채운 원은 측정시 큐벳 잡개에서 시료를 들어내지 않고 반복 측정한 결과이다. 빈 원은 측정시 큐벳 잡개에서 시료를 들어내고 다시 넣은 다음 측정한 것이다. 중간 범위의 흡광도(A ≈ 0.3 ~ 2)에서 최고의 재현성이 관찰되었다. 로그 좌표임을 유의하라. 선들은 데이터를 이론식에 따라 최소 제곱법으로 처리한 것이다. [출처: J. Galbán, S. de Marcos, I. Sanz, C. Ubide, and J. Zuriarrain, *Anal. Chem.* **2007**, *79*, 4763.]

이하이다. 사각형은 10년 된 큐벳 잡개를 사용하여 측정할 때마다 큐벳 잡개에 시료를 들어냈다가 다시 놓았을 때 측정한 결과를 나타내고 있다. 큐벳 위치의 가변성 때문에 상대 표준편차가 두 배 이상으로 나타났다. 결론은 최신 분광계들은 정밀성이 매우 높고, 새 용기 잡개들은 대단히 좋은 재현성을 나타낸다는 것이다. 오래된 용기 잡개를 사용하고, 아울러 측정 사이에 시료를 들어내고 다시 놓을 때 정밀성은 감소한다.

분광광도법 분석에서 흡수 스펙트럼의 봉우리와 일치하는 파장(λ_{max})에서 측정을 수행한다. 주어진 농도의 분석물질에 대하여 이 파장에서 가장 큰 감도—최대의 응답—를 나타낸다. 최대 흡광도를 나타내는 파장에서 스펙트럼은 거의 변하지 않기 때문에 파장이 변하거나 단색화장치에서 선택한 파장의 매우 한정된 띠폭에 기인하는 오차를 최소화시킬 수 있다.

스펙트럼 측정에서는 기준 및 시료 큐벳 **둘 다** 순수한 용매, 또는 시약 바탕을 채우고 바탕선을 먼저 기록하는 것이 기본적이다. 큐벳은 서로 가능한 한 꼭같은, 짝맞는 쌍으로 판매한다. 원칙적으로 바탕선의 흡광도는 0이다. 그러나 두 큐벳이 서로 약간 다르거나 기기적인 결함으로 인하여 작은 양 또는 음의 바탕선 흡광도를 나타낸다. 그러므로 참 흡광도를 얻기 위해서는 시료의 흡광도를 기록한 다음, 이것으로부터 바탕선의 흡광도를 빼 주어야 한다.

자습문제

18-C. **(a)** 큐벳을 다룰 때와 분광광도계에 놓을 때 무엇을 주의해야만 하는가?
(b) A = 0.3 ~ 2 범위에서 흡광도를 측정할 때, 가장 정확한 이유는 무엇인가?

18-4 Beer의 법칙의 이용

가시선을 이용한 분광광도법 분석을 **비색**(*colorimetric*) 분석이라고 한다. 보충 18-2는 비색 분석법을 합리적으로 설계하는 예를 보여준다.

화합물을 분광광도법으로 분석하기 위해서는 화합물이 전자기 복사선을 흡수해야 할 뿐만 아니라, 이들의 흡수는 시료 속에 있는 다른 화학종에 의한 흡수로부터 구별될 수 있어야 한다. 생화학자들은 주로 자외선 영역인 280 nm에서 단백질을 분석한다. 그 이유는 방향족 아미노산인 타이로신, 페닐알라닌과 트립토판이 280 nm에서 최대 흡광도를 나타내기 때문이다(표 11-1). 염, 완충 용액 및 탄수화물 등과 같은 일반적인 용질들은 이 파장에서 흡광도를 거의 또는 전혀 나타내지 않는다. 이 절에서는 간단한 분석에서 Beer의 법칙의 이용과 수족관의 물 속에 함유된 아질산 이온의 분석에 관하여 논의한다.

보충 18-2 인산염 검출을 위한 비색법 시약의 설계[5]

한국의 화학자들이 인산염의 분광광도법 분석을 위한 시약을 설계하는, 독창적이고 합리적인 방법을 발표하였다. 2개의 Zn^{2+} 이온과 결합하는 6개의 질소 원자와 1개의 산소 원자를 포함하는 리간드를 선택하였다. Zn^{2+}이온들 사이의 거리는 아래의 왼쪽 그림에 보인 바와 같이 금속이온 지시약인 파이로카테콜 바이올렛과 결합하기에 적당하다. 파이로카테콜 바이올렛은 금속과 결합하면 푸른색을, 유리되면 노란색을 나타낸다.

중성 pH 근처에서 인산 이온은 두 개의 Zn^{2+} 이온과 강하게 결합한다. 인산염이 첨가되면 지시약은 치환되고, 색깔은 푸른색에서 노란색으로 변한다. 흡수 스펙트럼의 변화는 첨가된 인산염의 양을 정량적으로 측정할 수 있게 해준다. 천연색 사진 16은 대부분의 음이온들이 Zn^{2+}로부터 지시약을 치환하지 않으므로 분석에서 방해를 일으키지 않음을 보여준다.

파이로카테콜 바이올렛이 금속과 결합하면 푸른색이 된다.

$H_2PO_4^{2-}$

인산 이온과 결합한 금속

유리 파이로카테콜 바이올렛 지시약은 노란색이다.

예제 핵세인 중에서 벤젠의 측정

(a) 벤젠(C_6H_6, FM 78.11) 25.8 mg을 헥세인에 녹인 다음 250.0 mL로 묽힌 용액을 1.000 cm 흡수 용기에 넣고 측정하면 256 nm에서 흡광도가 0.266인 최대 흡수 봉우리를 나타낸다. 헥세인은 256 nm에서 흡수하지 않는다. 이 파장에서 벤젠의 몰흡광 계수를 구하시오.

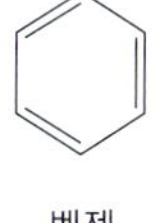

벤젠
C_6H_6

해답 벤젠의 농도는 다음과 같다.

$$[C_6H_6] = \frac{(0.025\,8\ \text{g})/(78.11\ \text{g/mol})}{0.250\,0\ \text{L}} = 1.32_1 \times 10^{-3}\ \text{M}$$

Beer의 법칙으로부터 몰흡광 계수를 구하면,

$$\text{몰흡광 계수} = \epsilon = \frac{A}{bc} = \frac{0.266}{(1.000\ \text{cm})(1.32_1 \times 10^{-3}\ \text{M})} = 201._3\ \text{M}^{-1}\ \text{cm}^{-1}$$

Beer의 법칙:

$A = \epsilon bc$

A = 흡광도(무단위)
e = 몰흡광 계수(M^{-1} cm^{-1})
b = 경로 길이(cm)
c = 농도(M)
ϵ는 ϵbc곱을 무단위로 만드는 묘한 단위를 가지고 있다.

(b) 벤젠이 오염된 어떤 헥세인 시료를 경로 길이가 5.000 cm인 흡수 용기에 넣고, 256 nm에서 흡광도를 측정한 결과 0.070이었다. 벤젠의 농도를 구하시오.

해답 **(a)** 에서 Beer의 법칙으로부터 구한 몰흡광 계수를 이용하여 벤젠의 농도를 계산하면 다음과 같다.

$$[C_6H_6] = \frac{A}{\varepsilon b} = \frac{0.070}{(201_3\ M^{-1}\ cm^{-1})(5.000\ cm)} = 7.0 \times 10^{-5}\ M$$

복습 문제 1.000 cm의 용기에서 흡광도가 0.188일 때 헥세인 중 벤젠의 농도를 구하시오. (**답** : 0.934 mM)

0.150
0.100
0.050
0
흡광도
400 450 500 550 600 650
파장 (nm)

그림 18-10 0.915 ppm의 질소를 함유한 아질산 이온 표준 용액으로 출발한 반응 18-7의 적자색 생성물의 스펙트럼. [출처: Kenneth Hughes, Georgia Institute of Technology.]

염수 수족관은 물에 염 혼합물을 첨가시켜 만든 인공 바닷물로 채운다.

아질산 이온의 분석에서 표준 곡선의 이용

보충 6-1은 동식물로부터 나온 질소 화합물이 이종(heterotrophic) 박테리아에 의해서 암모니아로 분해되는 과정을 보여 주고 있다. 암모니아는 먼저 아질산 이온(NO_2^-)으로 산화된 다음 질소화 박테리아에 의해서 질산 이온(NO_3^-)으로 산화된다. 6-3절에서 우리는 과망가니즈산 이온의 적정법을 어떻게 아질산 이온 저장 용액의 농도 결정에 이용하는가를 알았다. 여기에서 아질산 이온 용액은 수족관의 물 중에 함유된 아질산 이온을 분광광도법으로 분석하기 위한 표준 용액의 제조에 이용된다.

수족관의 물 중에 함유된 아질산 이온의 분석은 다음과 같이 543 nm에서 최대 흡광도를 나타내는, 색을 띠는 생성물의 형성 반응에 기초를 두고 있다(그림 18-10).

$H_2N-SO_2-C_6H_4-NH_2$ + NO_2^- + $C_{10}H_7-\overset{+}{N}H_2-CH_2CH_2-\overset{+}{N}H_3$ $\xrightarrow{H^+}$

설파닐아마이드   아질산 이온   *N*-(1-나프틸)-에틸렌다이암모늄 이온

$H_2N-SO_2-C_6H_4-N=N-C_{10}H_6-\overset{+}{N}H_2-CH_2CH_2-\overset{+}{N}H_3$ (18-7)

적자색 생성물($\lambda_{최대}$=543 nm)

정량 분석에서 **표준 곡선(standard curve**, 교정 곡선이라고도 함)은 543 nm에서 측정한 흡광도를 일련의 표준 용액 중에 함유된 아질산 이온의 농도에 대하여 도시함으로써 작성할 수 있다(그림 18-11).

아질산 이온 측정의 일반적인 과정은 먼저 미지 또는 표준 용액에 발색 시약을 가하고, 반응이 완결될 때까지 10분 정도 기다린 다음 흡광도를 측정한다. **시약 바탕**(*reagent blank*) 용액은 미지 또는 표준 용액 대신, 아질산 이온을 함유하지 않은 인공 해수로 만든다. **계산하기 전에 모든 시료의 흡광도로부터 바탕 용액의 흡광도를 빼주어야 한다.** 바탕 용액의 목적은 출발 물질 또는 불순물들이 543 nm에서 나타내는 흡광도를 빼주기 위해서이다. 자세한 과정은 다음과 같다.

시약:

1. 발색 시약(*color-forming reagent*)은 1.0 g의 설파닐아마이드, 0.10 g의 *N*-(1-나프틸)에틸렌다이아민 이염산염과 10 mL의 85 wt% 인산을 혼합한 다음 100 mL로 묽혀 만든다. 열분해나 광화학적 분해를 막기 위하여 용액은 갈색병에 넣고, 냉장고 속에 보관한다.

2. 아질산 이온 표준용액(*standard nitrite*, ~0.02 M)은 $NaNO_2$(FM 68.995)를 물에 녹인 다음, 6-3절에서 설명한 적정법으로 표준화(농도 결정)한다. 진한 표준 용액은 인공 해수로 묽혀 0.5 ~ 3 ppm의 아질산성 질소가 함유된 용액을 만든다.

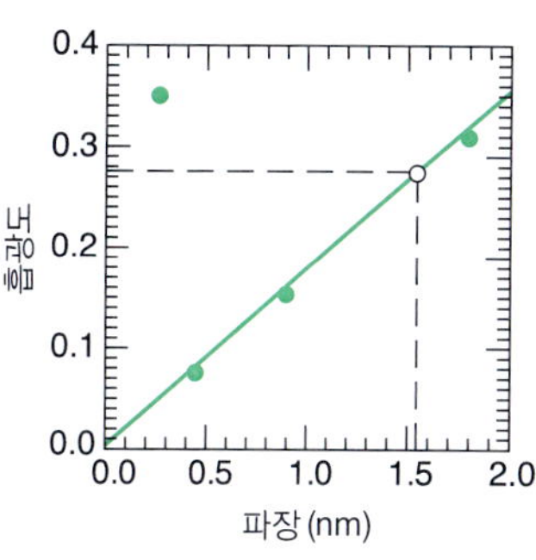

그림 18-11 표 18-2의 보정된 흡광도로 작성힌 아질산이온 분석용 교정 곡선.

분석 과정:

각각의 분석을 위하여 10.00 mL의 표준(0.5 ~ 3 ppm의 아질산성 질소를 함유하는) 및 미지 용액을 물로 100.0 mL 되게 묽힌다. 묽힌 용액은 0.05 ~ 0.3 ppm 아질산성 질소를 함유할 것이다. 묽힌 용액 25.00 mL을 정확히 플라스크에 취한 다음, 1.00 mL의 발색 시약을 가한다. 10분 후 용액을 경로 길이가 1.000 cm인 큐벳에 넣고 흡광도를 측정한다.

1. 기지의 아질산 이온 용액으로부터 **표준 곡선**을 작성하라. 표준 용액과 같은 과정에 따라 인공 해수로 **시약 바탕** 용액을 만들어라.

2. 묽히기 전에 미리 걸러 부유 고체들을 제거시킨 두 개의 **미지**(*unknown*) 수족관 물 시료를 분석하라. 아질산 이온의 농도가 교정 곡선의 농도 범위 내에 들어가도록 수족관의 물을 충분히 묽히기 위하여 몇 번의 묽힘 조작을 해야 한다.

미지 시료의 농도는 항상 교정 곡선의 범위 내에 들어가도록 조절해야 한다. 선형 감응이 농도 범위 밖에서도 얻어지는지 확인하기 어렵기 때문이다.

대표적인 결과를 표 18-2와 그림 18-11에 나타내었다. 최소 제곱법으로 구한, 그림 18-11의 교정 곡선의 식은 다음과 같다.

$$\text{흡광도} = 0.176\,9[\text{ppm}] + 0.001\,5 \quad (18\text{-}8)$$

여기에서 [ppm]은 밀리리터당 아질산성 질소의 마이크로그램수를 나타낸다. 이론적으로 절편은 0이 되어야 한다. 그러나 계산에서는 측정된 절편(0.001 5)을 이용하였다. 그 다음 미지 용액의 평균 흡광도를 식 18-8에 대입하면, 미지 용액 중에 함유된 아질산 이온의 농도(ppm)를 구할 수 있다.

예제 아질산 이온 표준 용액의 제조

0.018 74 M $NaNO_2$의 진한 표준 용액으로부터 약 2 ppm의 아질산성 질소를 함유한 아질산 이온의 표준 용액을 어떻게 만드는가?

표 18-2 수족관 물 중에 함유된 아질산 이온의 분석

시료	543 nm에서 1.000 cm 용기로 측정한 흡광도	보정된 흡광도 (바탕값을 보정한)
바탕 용액	0.003	—
표준 용액		
0.457 5 ppm	0.085	0.082
0.915 0 ppm	0.167	0.164
1.830 ppm	0.328	0.325
미지 용액	0.281	0.278
미지 용액	0.277	0.274

묽힘 공식 1-5 :

$M_{진한} \cdot V_{진한} = M_{묽은} \cdot V_{묽은}$

식 양변에 같은 단위를 사용하는 한 M과 V는 어떤 단위를 사용해도 무방하다. 즉, M은 ppm, V는 mL가 될 수도 있다.

해답 먼저 0.018 74 M $NaNO_2$ 용액 중에 함유된 질소의 ppm을 구하자. 1 몰의 아질산 이온은 1 몰의 질소를 함유하기 때문에 진한 표준 용액 중에 있는 질소의 농도는 0.018 74 M이 된다. 1 mL 중에 함유된 질소의 질량을 구하면,

$$\frac{\text{g N}}{\text{mL}} = \left(0.018\,74\ \frac{\cancel{\text{mol}}}{\cancel{\text{L}}}\right)\left(14.007\ \frac{\text{g N}}{\cancel{\text{mol}}}\right)\left(0.001\ \frac{\cancel{\text{L}}}{\text{mL}}\right) = 2.625 \times 10^{-4}\ \frac{\text{g N}}{\text{mL}}$$

용액 1.00 mL의 질량이 1.00 g이라고 가정하면, ppm의 정의로부터 질소의 질량은 다음과 같이 ppm으로 환산할 수 있다.

$$\text{ppm} = \frac{\text{g N}}{\text{g 용액}} \times 10^6 = \frac{2.625 \times 10^{-4}\ \text{g N}}{1.00\ \text{g 용액}} \times 10^6 = 262.5\ \text{ppm}$$

~2 ppm의 N를 함유하는 표준 용액을 만들기 위하여 진한 표준 용액을 100배 묽히면, 그 농도는 2.625 ppm N가 된다. 이와 같은 묽힘 조작은 10.00 mL의 진한 표준 용액을 피펫으로 정확하게 취하여 1 L 부피 측정용 플라스크에 넣고 물로 표선까지 묽히면 된다.

 **복습 문제** 어떻게 0.013 37 M $NaNO_2$로부터 ~5 ppm의 N를 함유하는 표준 용액을 만들 것인가? (**답** : 저장 용액의 농도가 187.3 ppm N이므로, 이 용액 25.00 mL을 1.000 L로 묽히면 ⇒ 4.682 ppm N이 된다.)

예제 표준 곡선의 이용

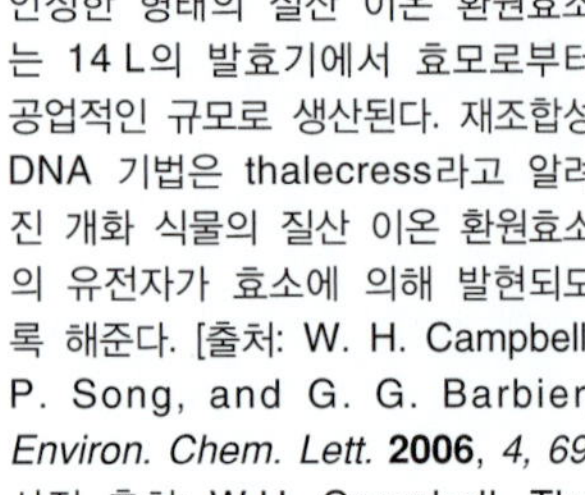

그림 18-12 NO_3^- 분석에 쓰이는 안정한 형태의 질산 이온 환원효소는 14 L의 발효기에서 효모로부터 공업적인 규모로 생산된다. 재조합성 DNA 기법은 thalecress라고 알려진 개화 식물의 질산 이온 환원효소의 유전자가 효소에 의해 발현되도록 해준다. [출처: W. H. Campbell, P. Song, and G. G. Barbier, *Environ. Chem. Lett.* **2006**, *4*, 69. 사진 출처: W.H. Campbell, The Nitrate Elimination Co., Lake Linden, MI.]

표 18-2의 데이터로부터 수족관 물 중에 함유된 아질산 이온의 몰농도를 구하시오.

해답 표 18-2에 나타낸 미지 용액의 평균 보정 흡광도는 0.276이다. 이 값을 식 18-8에 대입하고 수족관 물 중에 함유된 아질산성 질소의 ppm을 구하면,

$$0.276 = 0.176\,9[\text{ppm}] + 0.001\,5$$

$$[\text{ppm}] = \frac{0.276 - 0.001\,5}{0.176\,9} = 1.55\ \text{ppm} = 1.55\ \frac{\mu\text{g N}}{\text{mL}}$$

아질산성 질소의 몰농도를 구하기 위해서는, 먼저 1리터 중에 든 질소의 질량을 구한다. 즉,

$$1.55 \times 10^{-6}\ \frac{\text{g N}}{\cancel{\text{mL}}} \times 1\,000\ \frac{\cancel{\text{mL}}}{\text{L}} = 1.55 \times 10^{-3}\ \frac{\text{g N}}{\text{L}}$$

그 다음 질소의 질량을 몰수로 환산하면,

$$[\text{아질산성 질소}] = \frac{1.55 \times 10^{-3}\ \cancel{\text{g N}}/\text{L}}{14.007\ \cancel{\text{g N}}/\text{mol}} = 1.11 \times 10^{-4}\ \text{M}$$

1몰의 아질산 이온(NO_2^-)은 1몰의 질소를 함유하고 있기 때문에, 아질산 이온의 농도는 1.11×10^{-4} M이다.

 **복습 문제** 측정된 흡광도가 0.400일 때 아질산 이온의 몰농도는 얼마인가?

(**답** : 1.60×10^{-4} M)

효소-기반 질산 이온의 분석 - 녹색 아이디어

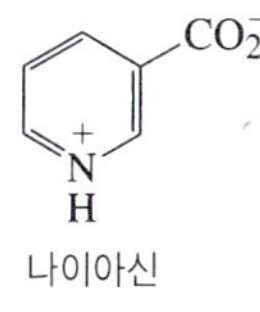

나이아신

자연수에서 질산 이온(NO_3^-)은 비료와 처리되지 않은 동물 및 사람의 배설물과 같은 원천으로부터 생성된다. 미국의 환경 규정에 따르면 식수 중 NO_3^- 함량은 10 ppm을 넘지 못하도록 정하고 있다. 질산 이온은 흔히 아질산 이온(NO_2^-)으로 환원시킨 다음, NO_2^-를 비색 분석법으로 분석한다. 금속 Cd는 가장 일반적인 NO_3^-의 환원제이다. 그러나 유독성 Cd의 사용은 환경 보호를 위해 제한되어야 한다.

그러므로 NO_3^-의 현장 시험에서는 Cd 대신 β-니코틴아마이드 아데닌 다이뉴클레오타이드(β-nicotinamide adenine dinucleotide, NADH, 비타민인 나이아신으로부터 생성됨)를 생물학적 환원제로 사용하는 방법을 개발하였다. 질산 이온 환원효소(그림 18-12)는 환원 반응의 촉매로 작용한다.

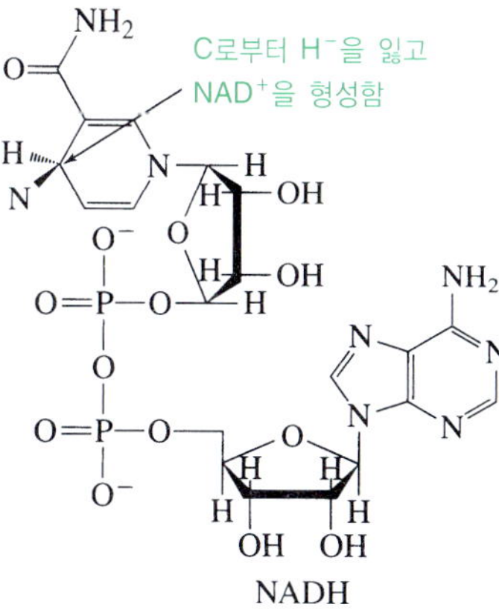

β-니코틴아마이드 아데닌 다이뉴클레오타이드

$$NO_3^- + NADH + H^+ \xrightarrow[\text{pH 7}]{\text{질산 이온 환원효소}} NO_2^- + NAD^+ + H_2O \quad (18\text{-}9)$$

그 다음 과량의 NADH는 반응 18-9에서 생기는 NO_2^-를 비색법으로 측정할 때 18-7과 같은 반응에 의해 발색에 방해를 일으키므로, NAD^+로 산화시켜 제거한다. 현장 정량 분석에서는 질산 이온 표준용액 세트가 갖춰진 소형 전지작동 분광광도계가 이용된다. 분광광도계를 사용하는 대신 여러 개 표준물질의 색을 나타낸 차트와 육안으로 색을 비교할 수도 있다. 현장 분석키트는 0.05 ~ 10 ppm 범위의 질산성 질소를 분석할 수 있다. 실험실 장치는 검출 한계가 3 ppb이고, 0.2 ppm NO_3^-를 측정할 때 2%의 정밀도를 나타낸다. 질산 이온 환원효소 방법은 강의실 수족관 속 질산 이온의 측정에 이용되었다.[6]

자습문제

18-D. 아이오딘 결핍에 기인한 갑상선 질병의 발병을 조사하기 위하여 인도에 파견되었다. 조사의 일부분으로 지하수 중에 함유된 흔적량의 아이오딘화 이온(I^-)을 현장에서 측정해야 한다. 이 방법은 먼저 I^-를 I_2로 산화시킨 다음, 유기 용매인 톨루엔 중에서 선명한 초록색을 나타내는 염료와 I_2를 반응시켜 진한 색깔을 띤 착물로 변화시킨다.

(a) 3.15×10^{-6} M의 색깔을 띤 착물 용액을 635 nm에서 1.000 cm 큐벳으로 흡광도를 측정하였을 때 0.267을 나타내었다. 지하수 대신 증류수로 만든 바탕 용액의 흡광도는 0.019였다. 색깔을 띤 착물의 몰흡광 계수를 구하시오.

(b) 지하수로부터 만든 미지 용액의 흡광도는 0.175이다. 미지 용액의 흡광도에서 바탕 용액의 흡광도를 빼준 다음, Beer의 법칙을 이용하여 미지 용액의 농도를 구하시오.

주요식

주파수-파장의 관계	$\nu\lambda = c$ ν = 주파수, λ = 파장, c = 빛의 속도
파수	$\tilde{\nu} = 1/\lambda$
광자 에너지	$E = h\nu = hc/\lambda = hc\tilde{\nu}$ h = Plank 상수
투과율	$T = P/P_0$ P_0 = 시료에 쪼여주는 빛의 복사 세기 P = 시료를 투과한 빛의 복사 세기

흡광도	$A = -\log T$
Beer의 법칙	$A = \epsilon bc$
	ϵ = 흡수 화학종의 몰흡광 계수 ($M^{-1}\ cm^{-1}$)
	b = 경로 길이 (cm)
	c = 흡수 화학종의 농도 (M)

알아두어야 할 술어

Beer의 법칙 (Beer's law)
광자 (photon)
단색광 (monochromatic light)
들뜬 상태 (excited state)
몰흡광 계수 (molar absorptivity)
바닥 상태 (ground state)
분광광도계 (spectrophotometer)
분광광도법 (spectrophotometry)
전자기 스펙트럼 (electromagnetic spectrum)
주파수 (frequency)
큐벳 (cuvet)
투광도 (transmittance)
파수 (wavenumber)
파장 (wavelength)
표준 곡선 (standard curve)
헤르츠 (hertz)
흡광도 (absorbance)
흡수 스펙트럼 (absorption spectrum)

문제

18-1. **(a)** 전자기 복사선의 주파수를 두 배로 하면, 에너지는 배로 된다.
(b) 파장을 두 배로 하면, 에너지는 ____________ 배로 된다.
(c) 파수를 두 배로 하면, 에너지는 ____________ 배로 된다.

18-2. **(a** λ = 650 nm인 붉은 빛에서 광자 한 개의 에너지 (J) 는 얼마인가? **(b)** λ = 400 nm인 보라색 빛에서 광자 한 개의 에너지 (J) 는 얼마인가? 각 파장에서 광자 한 개의 에너지를 구한 다음, 1몰의 광자의 에너지 (kJ/mol) 를 계산하시오.

18-3. 전자볼트 (eV) 는 1 V의 전위차에서 가속된 단위전하의 에너지이다. 스카치 테이프를 벗길 때 (그림 18-4) 방출되는 X-선의 에너지는 15×10^3 eV (15 keV) 이다. 표 1-4의 eV 전환인자를 사용하여 미터 (m) 와 나노미터 (nm) 단위로 이 X-선의 파장을 구하고 그림 18-2에서 그 위치를 찾아보시오.

18-4. 다음 파장에서 최대 흡수를 일으키는 용액을 투과하는 빛의 색깔은 각각 무엇인가?
(a) 450 nm **(b)** 550 nm **(c)** 650 nm

18-5. 투광도, 흡광도 및 몰흡광 계수의 차이를 설명하시오. 이 중 어느 것이 농도에 비례하는가?

18-6. 흡수 스펙트럼은 ____________ 또는 ____________ 대의 그래프이다.

18-7. 480 nm (청록색) 에서 가시선의 최대 흡수를 일으키는 화합물은 왜 붉은색으로 보이는가?

18-8. 아래 스펙트럼에 나타낸 네 가지 용액의 색은 보라, 오렌지, 청 및 황색이다. 표 18-1은 **대략적인** 가이드임을 유의하면서 스펙트럼 A-D는 각각 관찰된 색에 해당하는지 말하시오. 용액 D는 왜 표 18-1을 따르지 않는지 설명하시오.

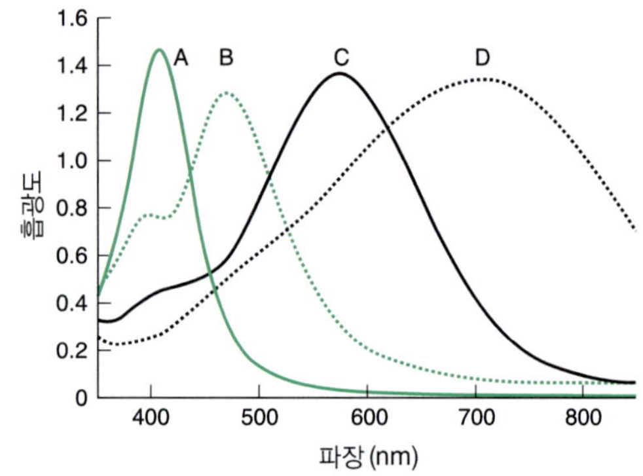

4가지 용액의 흡수 스펙트럼. [출처: A. J. Frank, N. Cathcart, K. E. Maly, and V. Kitaev, *J. Chem. Ed.* **2010**, *87*, 1098.]

18-9. **(a)** 파장이 250 nm인 자외선과 **(b)** 파장이 2.50 μm인 적외선의 주파수 (Hz), 파수 (cm^{-1}) 및 에너지 (J/광자 및 kJ/mol 광자) 를 각각 계산하시오.

18-10. λ = 10.6 μm인 산업용 CO_2 레이저는 절단과 용접에 이용된다. 출력이 5.0 kW인 레이저로부터 몇 개의 광자/초가 생성되는가? 1 와트 = 1 주울/초임을 기억하라.

18-11. 다음의 투광도 (T) 를 흡광도 (A) 로 환산하시오.

T:	0.99	0.90	0.50	0.10	0.010	0.001 0	0.000 10
A:				1.0			

18-12. 경로 길이가 2.00 cm인 용기에서 몰흡광 계수가 1.00×10^2 또는 $2.00 \times 10^2\ M^{-1}\ cm^{-1}$일 때, 0.002 40 M 화합물 용액

의 흡광도와 %투광도를 구하시오.

18-13. 햇볕 차단 "SPF 지수"는 햇볕 차단제가 빛을 더 많이 흡수하여 더 많이 보호해줌에 따라 증가한다.[7] SPF = $1/T$이며, 여기서 T는 2 mg/cm^2 농도로 일정하게 입힌 햇볕 차단층을 통과하는 UV-B 복사선(그림 18-7)의 투광도이다. SPF가 2, 10, 20일 때일 때 투광도와 흡광도는 각각 얼마인가? 각 햇볕 차단제에 의해 흡수되는 UV-B 복사선의 분율은 얼마인가?

18-14. 2.31×10^{-5} M 용액을 1.00 cm 용기에 넣고 파장 266 nm에서 측정한 흡광도가 0.822이었다. 266 nm에서의 몰흡광 계수를 계산하시오.

18-15. 혈액 중에 있는 철 운반 단백질을 트랜스페린(transferrin)이라고 한다. 이 단백질 내 두 개의 철결합 자리에 금속 이온이 결합되어 있지 않으면 아포트랜스페린(apotransferrin)이라고 한다.
(a) 280 nm에서 아포트랜스페린의 몰흡광 계수는 8.83×10^4 M^{-1} cm^{-1}이다. 0.100 cm 용기에서 측정한 흡광도가 0.244일 때, 물 중에 함유된 아포트랜스페린의 농도를 구하시오.
(b) 아포트랜스페린의 분자량이 81 000일 때, **(a)**의 농도를 g/L로 나타내시오.

18-16. 화학식량이 384.63인 화합물 시료 15.0 mg을 5 mL 부피 플라스크에 넣고 물로 녹인 다음 표선까지 묽혔다. 1.00 mL을 정확히 분취한 다음 10 mL 부피 플라스크에 옮기고 물로 표선까지 묽혔다.
(a) 5 mL 플라스크에 들어 있는 시료의 농도를 구하시오.
(b) 10 mL 플라스크에 들어 있는 시료의 농도를 구하시오.
(c) 10 mL 시료 용액을 0.500 cm 큐벳에 넣고 495 nm에서 측정한 흡광도는 0.634였다. 495 nm에서의 몰흡광 계수를 구하시오.

18-17. **(a)** 그림 18-7의 350 nm에서 햇볕 차단제의 흡광도를 대략적으로 구하시오.
(b) 350 nm 부근에서 햇볕 차단제를 투과하는 자외선의 분율을 구하시오.

18-18. **(a)** 45.0% T에 대응하는 흡광도는 얼마인가?
(b) 용액의 농도를 두 배로 증가시키면, **흡광도**는 두 배로 된다. 어떤 파장에서 0.010 0 M 용액이 45.0% T를 나타낼 때, 0.020 0 M의 같은 물질에 대한 퍼센트 투광도는 얼마인가?

18-19. 화학식량이 337.69인 어떤 화합물 0.267 g을 100.0 mL의 에탄올에 녹인 다음, 2.000 mL를 분취하여 100.0 mL로 묽혔다. 2.000 cm 용기로 이 용액의 스펙트럼을 438 nm에서 측정한 결과 최대 흡광도는 0.728이었다. 이 화합물의 몰흡광 계수는 얼마인가?

18-20. 고체 화합물에서 생긴 30.3 μbar의 피라진 증기의 투광도를 298 K에서 3.00 cm 흡수 용기를 사용하여 파장 266 nm에서 측정하니 24.4%였다.

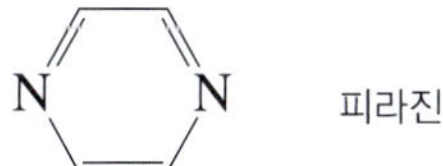

피라진

(a) 투광도를 흡광도를 변환하시오.
(b) 이상기체 법칙(문제 16-16)을 사용하여 압력을 농도(mol/L)로 변환하시오.
(c) 266 nm에서 기체 피라진의 몰흡광 계수를 구하시오.

18-21. **(a)** 238 nm에서 1.000 cm 큐벳으로 측정한 3.96×10^{-4} M 화합물 A 용액의 흡광도는 0.624였다. 같은 파장에서 단지 용매만을 함유한 바탕 용액의 흡광도는 0.029이었다. 화합물 A의 몰흡광 계수를 구하시오.
(b) 238 nm에서 같은 용매 및 큐벳으로 측정한 미지 화합물 A 용액의 흡광도는 0.375이었다. 미지 시료의 흡광도에서 바탕 용액의 흡광도를 빼준 다음 Beer의 법칙을 이용하여 미지 시료의 농도를 구하시오.
(c) 같은 용매를 사용하여 화합물 A의 진한 용액을 2.00 mL 취한 후 25.00 mL의 최종 부피로 묽힌 용액의 흡광도는 0.733이었다. 묽힌 용액 25.00 mL 중에 함유된 화합물 A의 농도를 구하시오.
(d) 시료 용액 2.00 mL을 취하여 25.00 mL로 묽혔다는 것을 고려하여 **(c)**의 2.00 mL 용액 중에 함유된 화합물 A의 농도를 구하시오.

18-22. 화학식량이 292.16인 화합물을 5 mL 부피 플라스크에 녹였다. 1.00 mL의 분취액을 10 mL 부피 플라스크에 옮기고 표선까지 묽혔다. 340 nm에서 1.000 cm 큐벳으로 측정한 흡광도는 0.427이었다. 340 nm에서 이 화합물의 몰흡광 계수는 6 130 M^{-1} cm^{-1}이다.
(a) 큐벳 중에 있는 화합물의 농도를 구하시오.
(b) 5 mL 부피 플라스크 중에 있는 화합물의 농도를 구하시오.
(c) 몇 밀리그램의 화합물로 5 mL 용액을 만들었는가?

18-23. 내가 어렸을 때 Wilbur 아저씨가 그의 바나나 농장에서 빗물 중에 함유된 철의 함량을 분석하는 과정을 관찰한 적이 있었다. 25.0 mL의 시료를 질산으로 산성화시킨 다음, 과량의 KSCN(무색)으로 처리하여 붉은색의 착물을 형성시켰다. 그 다음 용액을 100.0 mL로 묽히고 경로 길이를 변화시킬 수 있는 흡수 용기에 넣었다. 비교하기 위하여 6.80×10^{-4} M Fe^{3+}의 기준 시료 10.00 mL를 HNO_3와 KSCN으로 처리하고 50.0 mL로 묽혔다. 기준 시료는 경로 길이가 1.00 cm인 흡수 용기에 넣었다. 빗물 시료는 경로 길이가 2.48 cm인 흡수 용기에서 기준 시료와 같은 흡광도를 나타내었다. Wilbur 아저씨 농장의 빗물 중에 함유된 철의 농도는 얼마인가?

18-24. 18-4절의 방법에 따라 아질산 이온을 분석하여 얻은 자료를 다음 표에 나타내었다. 측정된 흡광도로부터 바탕 용액의 평균 흡광도(0.023)를 뺀 보정 흡광도를 빈 칸에 채우시오. 교정 곡선을 작성하고, 수족관 물 중에 함유된 **(a)** 아질산성 질소의 ppm±불확정성과 **(b)** 아질산 이온의 몰농도를 구하시오. 이때 바탕 및 미지 시료의 평균 흡광도를 사용하시오.

시료	흡광도	보정된 흡광도
바탕 용액	0.022	—
바탕 용액	0.024	—

표준 용액		
0.538 ppm	0.121	0.098
1.076 ppm	0.219	
2.152 ppm	0.413	
3.228 ppm	0.600	
4.034 ppm	0.755	
미지 용액	0.333	
미지 용액	0.339	
미지 용액	0.338	

18-25. 0.015 83 M $NaNO_2$ 용액으로부터 **대략** 0.5, 1, 2, 3 ppm의 질소를 함유하는 표준 용액을 만드는 방법을 설명하시오 (1 ppm = 1 μg/mL). 이때 표 2-2 및 2-3에서 언급한 부피 플라스크와 이동 피펫을 사용하시오. 이와 같은 방법으로 만든 표준 용액의 정확한 농도는 얼마인가?

18-26. **(a)** 교실 수족관의 질산 이온은 18-4절 끝부분에서 설명한 질산 이온 환원효소법에 의해서 정량한다. 질산 이온으로부터 시작하여 유색 생성물이 얻어질 때까지 일련의 화학 반응을 쓰시오. 어느 단계에서 효소의 촉매화 반응이 일어나는가?

(b) 흡광도를 측정하는 각각의 용액은 50.0 μL의 표준 또는 수족관 물에 시약을 가하여 총 부피가 2.02 mL가 되도록 혼합시킨 것이다. 흡광도 대 50 μL 표준 용액 중에 함유된 질산성 질소의 관계를 나타내는 교정 곡선을 작성하시오. 바탕 용액의 데이터가 없으므로 측정한 흡광도로부터 아무것도 빼지 마시오. 수족관 물 중의 질산성 질소의 평균 농도(ppm)와 불확정도(식 4-16)를 구하시오.

50 μL 시료 중 질산성 질소 (ppm)	540 nm에서 흡광도
0.250	0.062
0.500	0.069
1.00	0.108
1.50	0.126
2.50	0.209
5.00	0.423
7.50	0.592
10.00	0.761
수족관	0.192
수족관	0.201

자료 출처: H. Van Ryswyk, E. W. Hall, S. J. Petesch, and A. E. Wiedeman, *J. Chem. Ed.* **2007**, *84*, 306.

(c) 질산성 질소(ppm)는 용액 g당 질산성 질소 마이크로그램을 의미한다. 교정 곡선의 기울기는(흡광도)/(표준 용액 중 질산성 질소의 ppm)이다. 표준 용액이 1.00 ppm 질산성 N를 함유하였을 때 유색 생성물의 몰농도를 구하시오. 큐벳의 경로 길이가 1.00 cm이며, 표준 용액의 밀도가 1.00 g/mL 근처라고 가정하고 유색 생성물의 몰흡광 계수를 구하시오.

18-27. 분광광도법 교정 곡선을 작성하기 위하여 28.6 wt% NH_3로부터 정확하게 1.00, 2.00, 4.00 및 8.00 ppm의 질소(1 ppm = 1 μg/mL)를 함유하는 NH_3 표준 용액을 만드는 방법을 설명하시오. 진한 시약의 기지 **질량**과 표 2-2 및 2-3에 수록한 플라스크와 피펫을 사용하시오.

18-28. 암모니아(NH_3)는 다음과 같이 하이포아염소산 이온(OCl^-) 존재 하에 페놀과 반응시켜 분광광도법으로 정량한다.

$$\underset{\text{무색}}{\text{페놀}} + \underset{\text{무색}}{\text{암모니아}} \xrightarrow{OCl^-} \underset{\lambda_{최대} = 625\text{ nm}}{\text{푸른색 생성물}}$$

1. 4.37 mg의 단백질 시료를 화학적으로 파괴시켜 시료 중에 함유된 질소를 암모니아로 변화시킨 다음 100.0 mL로 묽혔다.
2. 10.00 mL의 용액을 취하여 50 mL 부피 플라스크에 옮긴 다음, 2 mL의 아염소산 소듐 용액을 첨가한 5 mL의 페놀 용액으로 처리하였다. 시료를 50.0 mL로 묽힌 다음 30분 후 625 nm에서 1.00 cm 큐벳으로 흡광도를 측정하였다.
3. 0.010 0 g의 NH_4Cl (FM 53.49)을 1.00 L의 물에 녹여 표준 용액을 만들었다. 이 표준 용액 10.0 mL을 정확히 분취하여 50 mL 부피 플라스크에 옮기고, 미지 시료와 같은 방법으로 분석하였다.
4. 시약 바탕은 미지 시료 대신 증류수를 사용하여 만들었다.

시료	625 nm에서의 흡광도
바탕 용액	0.140
표준 용액	0.308
미지 용액	0.592

(a) 단계 3으로부터 푸른색 생성물의 몰흡광 계수를 구하시오.
(b) 몰흡광 계수를 이용하여 단계 2에서의 $[NH_3]$를 구하시오.
(c) **(b)**에서 얻어진 답으로부터 단계 1의 100 mL 용액에 함유된 $[NH_3]$를 구하시오.
(d) 단백질 중에 함유된 질소의 무게 백분율을 구하시오.

18-29. Cu^+는 네오쿠프로인(neocuproine)과 반응하여 454 nm에서 최대 흡수를 일으키는 색깔을 띤 (네오쿠프로인)$_2Cu^+$ 착물을 형성한다. 네오쿠프로인은 다른 금속과 거의 반응하지 않기 때문에 특히 유용하다. 구리 착물은 물에 거의 녹지 않는 유기 용매인 아이소아밀 알코올에 녹는다. 다시 말하면, 아이소아밀 알코올을 물에 가하면, 비중이 큰 물이 아래층에 있게 되는 두 층의 혼합물이 얻어진다는 것을 의미한다. (네오쿠프로인)$_2Cu^+$가 존재하면, 거의 모두 유기상으로 녹아 들어간다. 이 문제를 풀기 위하여 아이소아밀 알코올은 전혀 물에 녹지 않을 뿐만 아니라 색깔을 띤 모든 착물은 유기상에만 존재한다고 가정하라. 다음의 과정이 진행되었다고 생각하자.
1. 구리가 함유된 암석을 가루로 만들고, 모든 금속을 센산으로 추출하였다. 산성 용액을 염기로 중화시키고 플라스크 A에서 250.0 mL가 되게 묽혔다.
2. 용액 10.00 mL를 플라스크 B에 옮긴 다음 10.00 mL의 환원제로 처리하여 모든 Cu^{2+}를 Cu^+ 이온으로 환원시켰다. 그 다음 네

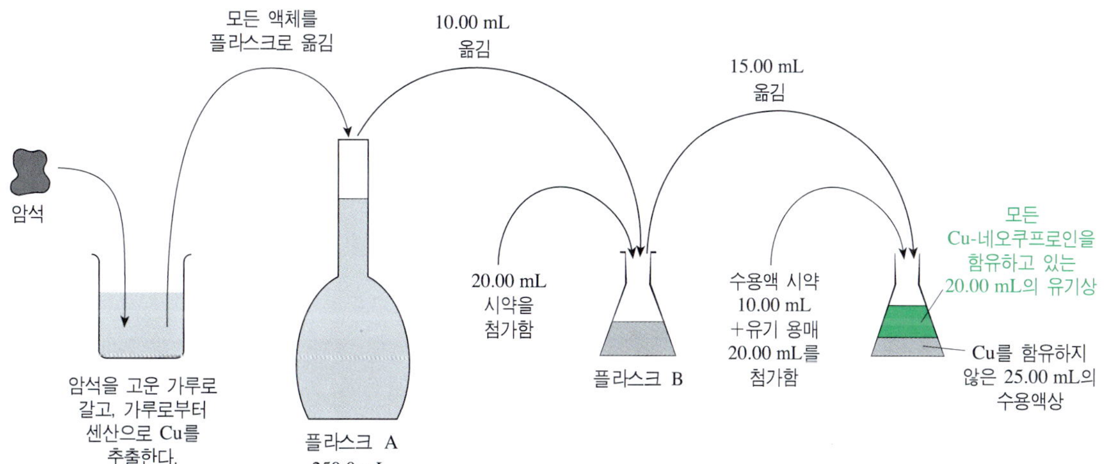

오쿠프로인과 착물을 형성할 수 있는 적당한 pH가 되도록 10.00 mL의 완충 용액을 가하였다.

3. 다음 이 용액 15.00 mL를 취하여 플라스크 C에 옮겼다. 플라스크 C에 네오쿠프로인을 함유한 수용액 10.00 mL와 아이소아밀 알코올 20.00 mL를 가하였다. 플라스크를 잘 흔든 후 상이 분리되도록 방치하면, 모든 (네오쿠프로인)$_2Cu^+$은 유기상에 존재하게 된다.

4. 상층의 용액 수 밀리리터를 취하여 1.00 cm 측정 용기에 넣고 454 nm에서 흡광도를 측정하였다. 같은 방법으로 처리한 바탕 용액의 흡광도는 0.056이었다.

(a) 암석은 Cu 1.00 mg을 함유하고 있다고 가정하자. 아이소아밀 알코올상에 있는 Cu의 농도 (mol/L) 는 얼마인가?

(b) (네오쿠프로인)$_2Cu^+$의 몰흡광 계수가 $7.90 \times 10^3\ M^{-1}cm^{-1}$이라면, 측정된 흡광도는 얼마인가? 같은 방법으로 측정한 바탕 용액의 흡광도는 0.056이라는 것을 기억하시오.

(c) 암석을 분석한 다음 최종 흡광도가 0.874 (바탕 용액으로 보정하지 않은 값) 인 것으로 밝혀졌다. 암석 중에는 몇 mg의 Cu가 함유되어 있는가?

18-30. 인산염의 분광광도법 분석은 다음 방법에 따라 할 수 있다.

표준 용액:

A. KH_2PO_4 (인산 이수소 포타슘, FM 136.09): 81.37 mg을 500.0 mL H_2O에 녹인다.

B. $Na_2MoO_4 \cdot 2H_2O$ (몰리브데넘산 소듐): 1.25 g을 5 M H_2SO_4 50 mL에 녹인다.

C. $H_3NNH_3^{2+}SO_4^{2-}$ (황산 하이드라진): 0.15 g을 100 mL H_2O에 녹인다.

실험 과정 :

시료 용액 (미지 시료 또는 표준 인산 용액 A) 을 5 mL 부피 플라스크에 넣고 B 용액 0.500 mL와 C 용액 0.200 mL를 각각 가한다. 대략 5 mL가 되도록 물로 묽히고 푸른색의 생성물 ($H_3PO_4(MoO_3)_{12}$, 12-몰리브도인산) 이 형성될 때까지 10분간 100°C에서 가열하라. 플라스크를 실온으로 식힌 후 표선까지 물로 묽히고 잘 섞은 다음, 1.00 cm 흡수 용기를 사용하여 830 nm에서 흡광도를 측정한다.

(a) A 용액 0.140 mL를 분석하였을 때 흡광도는 0.829로 기록되었다. 이 방법으로 측정한 바탕 용액의 흡광도는 0.017이었다. 푸른색 생성물의 몰흡광 계수를 구하시오.

(b) 철을 함유하는 인산 저장 단백질인 페리틴 (ferritin) 용액을 같은 방법으로 분석하였다. 1.35 mg의 페리틴을 함유하는 미지 물질을 단백질로부터 인산기를 유리시키기 위하여 전체 부피가 1.00 mL가 되도록 삭였다. 그 다음 이 용액 0.300 mL를 취하여 위와 같은 방법으로 분석한 결과 흡광도는 0.836이었고, 바탕 용액의 흡광도는 0.038이었다. 페리틴 중 인의 wt%를 구하시오.

주와 참고문헌

1. C. G. Camara, J. V. Escobar, J. R. Hird, and S. J. Putterman, *Nature* **2008**, *455*, 1089; E. Constable, J. Horvat, and R. A. Lewis, *Appl. Phys. Lett.* **2010**, *97*, 131502.

2. R. W. Ricci, M. A. Ditzler, and L. P. Nestor, *J. Chem. Ed.* **1994**. *71*, 983.

3. D. H. Alman and F. W. Billmeyer, Jr., *J. Chem. Ed.* **1976**. *53*, 166.

4. Classomm demonstrations of absorption and emission spectra with a Web camera and fiber-optic spectrophotometer are described by B. K. Niece, *J. Chem Ed.* **2006**, *83*, 761.

5. M. S. Han and D. H. Kim, *Angew. Chem. Int. Ed.* **2002**, *41*, 3809.

6. H. Van Ryswyk, E. W. Hall, S. J. Petesch, and A. E. Wiedeman, *J. Chem. Ed.* **2007**, *84*, 306.

7. C. Walters, A.Keeney, C. T. Wigal, C. R. Johnston, and R. D. Cornelius, *J. Chem. Ed.* **1997**, *74*, 99.

RNA 배열과 형광 표지로 유행성 독감 바이러스의 확인

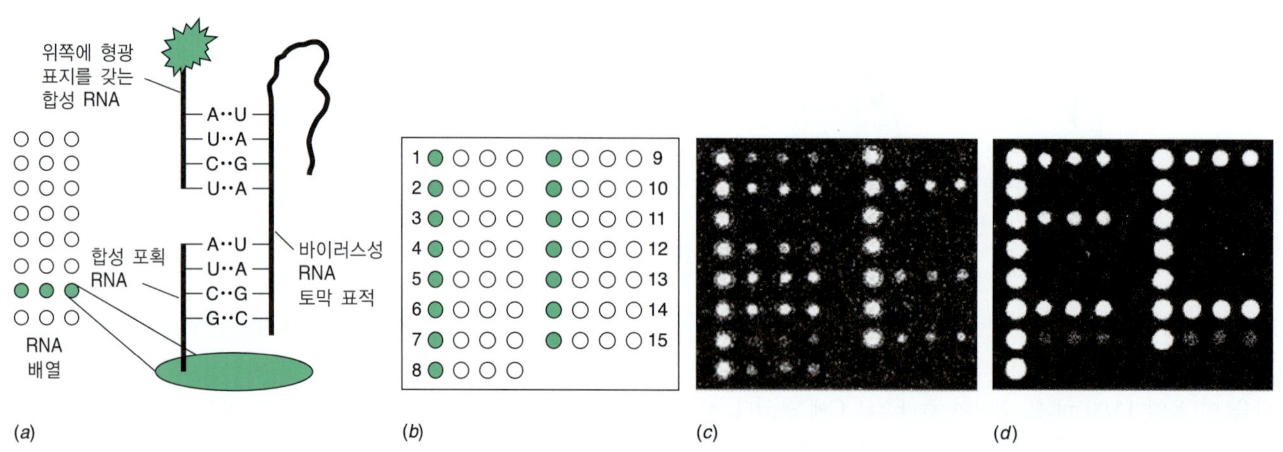

(*a*) 혼성 형광의 개략도. RNA 내 염기들은 아데닌(A), 유라실(U), 구아닌(G)과 사이토신(C)이며, 이들 중에서 A와 U, G와 C가 수소 결합을 한다. (*b*) 마이크로배열 위 반점들의 배치. (c) 유행성 독감 A의 H3N2형 변종의 형광 이미지. (*d*) H5N1형 변종(조류독감)의 형광 이미지. [출처: E. Dawson, C. L. Moore, J. A. Smagala, D. M. Dankbar, M. Mehlmann, M. B. Townsend, C. B. Smith, N. J. Cox, R. D. Kuchta, and K. L. Rowlen, *Anal. Chem.* **2006**, *78*, 7610; *Anal. Chem.* **2007**, *79*, 378.]

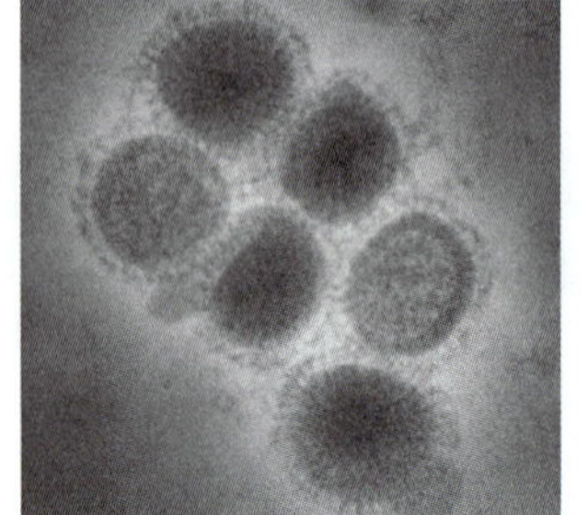

2009 H1N1 독감 바이러스. [출처: C. S. Goldsmith and A. Balish, CDC.]

인플루엔자 바이러스는 미국에서 36 000명 사망/년의 주원인이었다. 바이러스는 세균성 단백질의 차이에 따라 A, B, C형과 유사한 아류형 ("변종(strain)")으로 분류된다. 조류독감 바이러스 ("조류독감(bird flue)")의 한 가지 특이 변종은 광범위 인간 질환을 일으킬 가능성을 가지고 있어서 특별한 우려의 대상이다. 세계보건기구는 백신을 얻기 위해 유행성 독감의 변종들을 확인한다. 종래의 고전적인 방법들은 고가이고, 며칠 또는 몇 주일이 요구되지만 RNA 배열법은 비용과 시간을 크게 절약할 수 있다.

위 그림의 배열은 합성 "포획" RNA를 유리판에 공유결합으로 부착시킨 15줄의 반점을 보여 주고 있다. 각 가로줄에서 세 개의 반점들은 한 가지 바이러스성 RNA 변종의 짧은 부분과 결합할 수 있도록 만든 동일한 포획 RNA를 포함하고 있다. 각 줄에서 왼쪽의 반점은 시험할 때마다 형광을 나타내는 동시에 내부 표준으로 이용되는 대조부(control)이다. 단백질로부터 추출된 바이러스성 RNA는 **증폭되고**(*amplified*, 여러 개의 복제물로 재생됨), **삭여진다**(*digested*, 토막들로 분해됨). 유리판 위의 포획 RNA는 선택된 바이러스성 RNA 토막과 결합한다. 형광 표지를 갖는 다른 합성 RNA는 바이러스성 RNA의 다른 부분과 결합하도록 디자인되었다. 삭인 바이러스성 RNA가 포획 RNA 및 형광 RNA와 결합하도록 한 다음, 과량의 형광 RNA를 씻어버린다. 각 반점의 형광 세기는 반점에 결합된 바이러스성 RNA의 양과 관계가 있다.

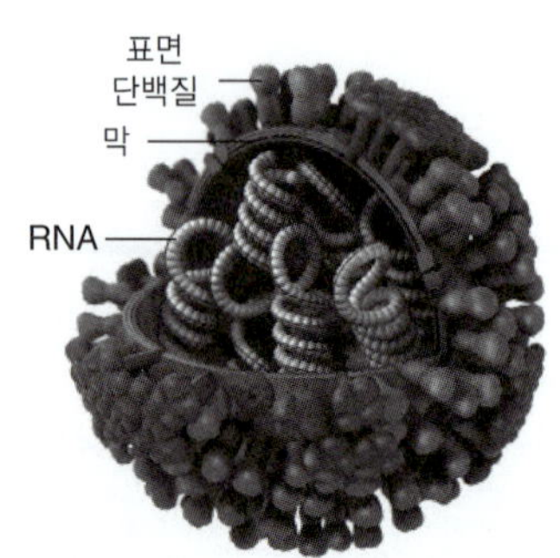

일반 독감 바이러스의 도식적 구조 [출처: Dan Higgins, CDC.]

패턴 인식법은 서로 다른 반점들의 상대적 밝기로 특정 독감 변종을 확인한다. 첫 번째 임상시험에서 53개 시료 중 50개가 정확하게 확인되었다. 또한 이 시험에서 한 개의 **양성 오류**와 2개의 **음성 오류**가 나타났다. 양성 오류는 찾는 변종이 없는데도 존재하는 것으로 확인된 것을 의미한다. 음성 오류는 찾고자 하는 변종이 있는데 확인에 실패한 것이다. 성공률이 현재 사용하고 있는 신속 진단시험보다 높으므로, 임상시험 결과를 받은 후 휴지 기간을 가질 수 있게 해줄 것이다.

19

분광광도법: 기기 및 응용

이 장에서는 분광광도계를 구성하는 부품, 분자가 빛을 흡수하였을 때 일으키는 몇 가지 물리적 과정, 그리고 분석 화학에서 분광광도법의 몇 가지 중요한 응용에 관해서 기술하기로 한다. RNA 배열과 같은 의학 및 생물학적으로 이용되는 새로운 분석기기와 방법들은 감도 높은 광학적 방법과 생물학적 특이인식 원리를 결합시킴으로써 개발되고 있다.

19-1 분광광도계

홑빛살 분광광도계(*single-beam spectrophotometer*)가 갖추어야 할 최소한의 구성요소(부품)는 그림 18-5에 보인 바 있다. 램프로부터 나온 **다색광**(*polychromatic light*)은 여러 파장들을 서로 분리하고 좁은 파장의 띠를 선택하는 **단색화장치**(*monochromator*)를 통과하여 시료를 지나간다. 투광도는 P/P_0이며, 여기에서 P_0는 시료 용기에 분석물질을 포함하지 않는 바탕 용액이 들어 있을 때 검출기에 도달하는 복사선 세기이고, P는 시료 용기에 분석물질이 들어 있을 때 검출기에 도달하는 세기이다. 홑빛살 분광광도계는 두 가지 다른 시료를 빛살에 번갈아가며 놓아야 하기 때문에 다소 불편하다. 두 가지 시료를 측정할 때 광원의 세기 또는 검출기의 응답이 변하면 오차가 발생하게 된다.

다색광(*polychromatic light*)은 여러 파장의 빛(말 그대로, "여러 가지 색깔")을 포함한다.

기억해 둘 것

투과율 $= T = \frac{P}{P_0}$

흡광도 $= -\log T$

그림 19-1의 **겹빛살 분광광도계**(*double-beam spectrophotometer*)는 빛이 시료와 기준 용기를 초당 수회 번갈아 지나가도록 회전 거울(**빛살 토막틀**, *beam chopper*)가 설치된

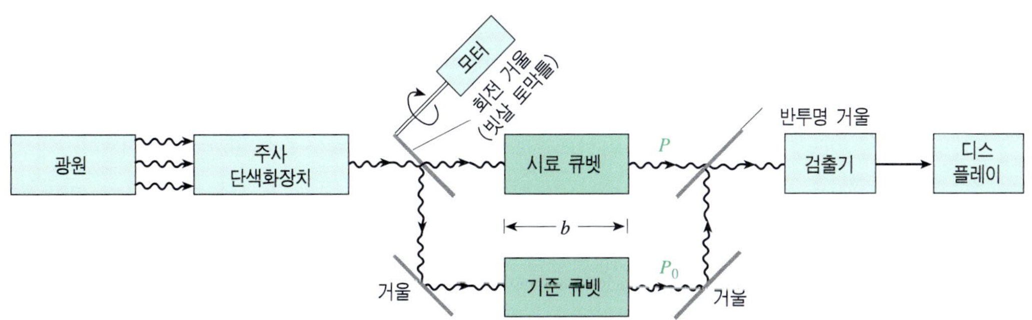

그림 19-1 겹빛살 주사 분광광도계. 회전 빛살 토막기에 의해 입사 빛살은 시료와 기준 큐벳을 교대로 지나간다.

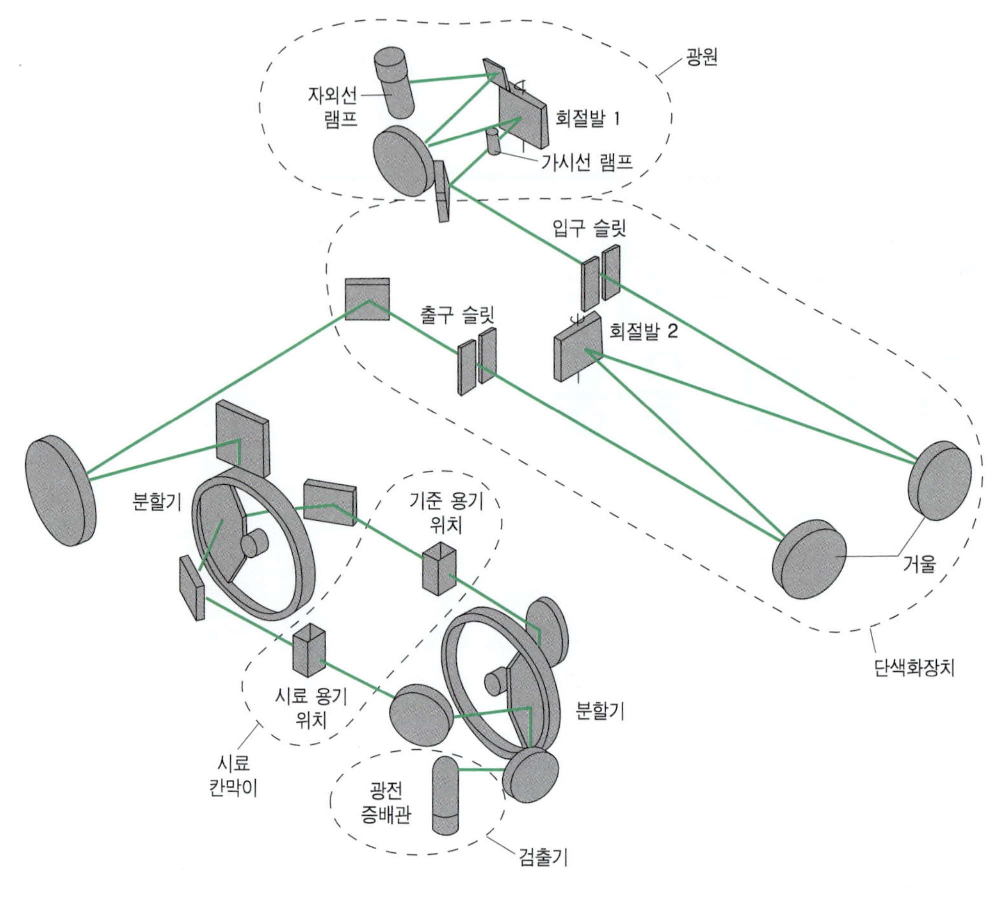

그림 19-2 Varian Cary 3E 자외선-가시선 분광광도계. [출처 : Varian Australia Pty. Ltd., Victoria, Australia.]

것이 특징이다. 바탕 용액 또는 순수한 용매가 들어 있는 기준 용기를 통과한 복사선 세기는 P_0이며, 시료 용기를 통과한 광의 세기는 P이다. 초당 수회 P와 P_0를 측정함으로써 기기는 광원 세기 또는 검출기 응답의 편류를 보정한다. 겹빛살 기기와 구성 부품의 배열을 그림 19-2와 19-3에 나타내었다. 주요한 구성부품들을 살펴보자.

광원

그림 19-2 및 19-3b 윗부분 두 개의 램프는 가시 또는 자외선을 방출한다. 전형적인 **텅스텐 램프**(*tungsten lamp*)는 필라멘트가 약 3 000 K의 온도에서 가열되어 파장이 320 ~ 2 500 nm인 가시선과 근적외선 영역의 복사선을 방출한다(그림 19-4). 자외선 분광법에서는 주로 **중수소 아크 램프** (*deuterium arc lamp*)를 사용하는데, D_2 분자를 전기적으로 방전(스파크)시켜 분해함으로써 200 ~ 400 nm 영역의 자외선을 방출한다(그림 19-4). 최대 복사를 일으키는 광원을 사용하기 위하여 보통 360 nm를 지날 때마다 중수소와 텅스텐 램프를 서로 바꾼다. 가시선과 자외선의 또 다른 광원은 수은 증기 또는 Xe 기체가 채워진 전기 방전(아크) 램프이다. 적외선(5 000 ~ 200 cm^{-1}) 영역의 복사선은 보통 **글로바**(*globar*)라고 불리는 탄화 실리콘 막대에 전류를 통하여 약 1 500 K까지 가열하여 얻는다. 레이저는 한두 가지 파장만을 방출하는 대단히 강한 세기의 광원이다.

주의 : 자외선은 눈을 상하게 한다. 따라서 보호 장비 없이 자외선 광원을 쳐다보면 안 된다.

질문 : 5 000 및 200 cm^{-1}은 파장으로 몇 nm와 μm인가?

답 :
5 000 cm^{-1} = 2 μm = 2 000 nm
200 cm^{-1} = 50 μm = 50 000 nm

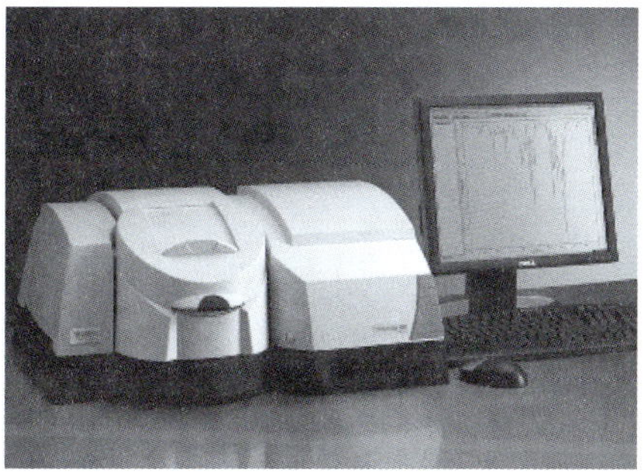

(*a*)

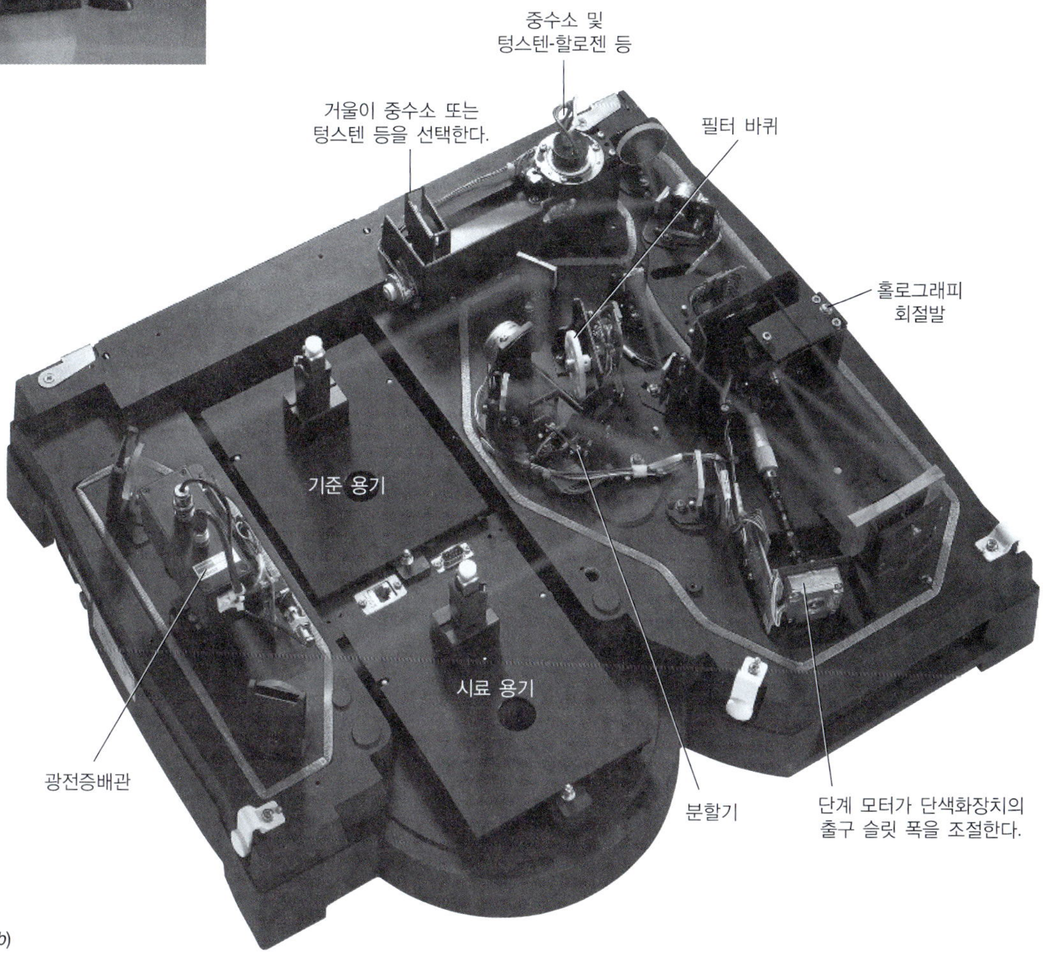

중수소 및
텅스텐-할로젠 등
거울이 중수소 또는
텅스텐 등을 선택한다.
필터 바퀴
홀로그래피
회절발
기준 용기
시료 용기
광전증배관
분할기
단계 모터가 단색화장치의
출구 슬릿 폭을 조절한다.

(*b*)

그림 19-3 (*a*) Thermo Scientific Evolution 600 자외선-가시선 겹빛살 분광광도계 (*b*) 부품의 배치를 보여주는 Evolution 600의 광학 경로. [출처: Thermo Fisher Scientific, Madison, WI.]

단색화장치

단색화장치 (monochromator) 는 빛을 각 성분 파장으로 분산시키고 좁은 띠의 파장을 선택한다. 그림 19-2의 단색화장치는 입구 및 출구 슬릿, 거울, 그리고 빛을 분산시키는 **회절발** (*grating*) 로 구성되어 있다. 구형 기기는 **프리즘** (*prism*) 을 사용하여 빛을 분산시켰다.

회절발 (grating) 은 촘촘히 그어진 일련의 선들을 가지고 있다. 빛이 회절발로부터 반사되거나 또는 투과되면 각 선들은 독립된 복사선원의 역할을 한다. 파장이 다른 빛은 회절발로부터 서로 다른 각도로 반사 또는 투과된다 (천연색 사진 17). 회절발에 의해서 빛이 구부러지는 현상을 **회절 (diffraction)** 이라고 한다 (이와 대조적으로 프리즘이나 렌즈에 의해서 빛이 구부러지는 것은 **굴절** (*refraction*) 이라고 하며, 천연색 사진 18에 나타내었다).

그림 19-5의 회절발 단색화장치에서 입구 슬릿을 통하여 들어온 **다색** (*polychromatic*) 의

빛의
세기
중수소
램프
텅스텐 램프
200
400
600
800
1 000
파장(nm)

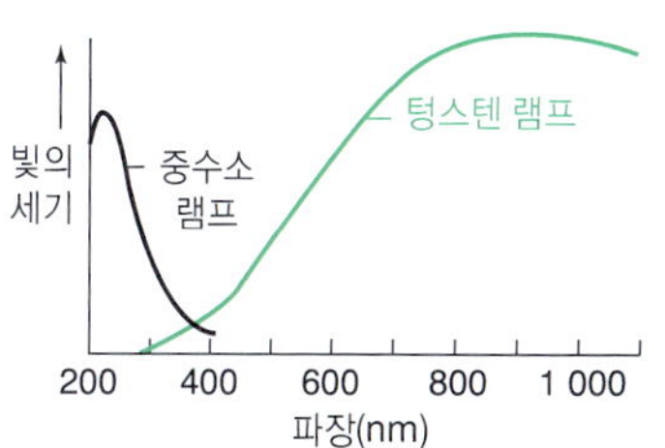

그림 19-4 3 200 K에서 텅스텐 필라멘트와 중수소 아크 램프의 세기.

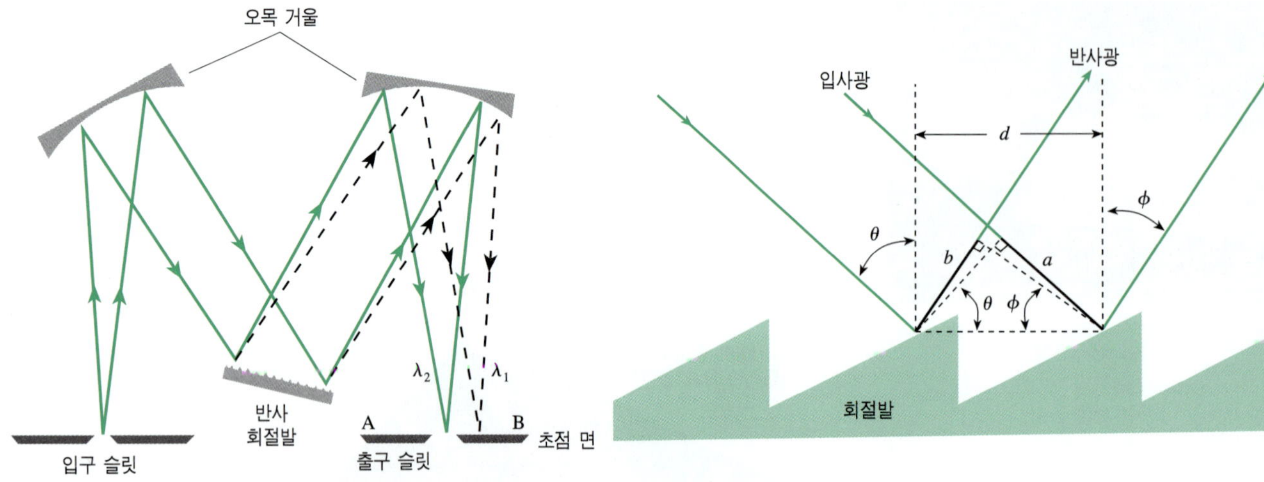

그림 19-5 Czerny-Turner 회절발 단색화장치.

그림 19-6 반사 회절발의 원리.

회절발 : 촘촘히 선이 그어진 광학 부품.

회절 : 회절발에 의한 빛의 구부러짐.

굴절 : 렌즈 또는 프리즘에 의한 빛의 구부러짐.

빛은 오목 거울에서 **평행화된다**(*collimated*, 평행 광선의 빛살로 됨). 이 빛이 반사 회절발에 도달하면, 각 파장들은 서로 다른 각도로 회절된다. 빛이 두 번째 오목 거울에 닿고, 이 거울은 각 파장의 빛이 각각 다른 점에 집속되게 한다. 회절발은 한 가지 좁은 띠 파장의 빛이 출구 슬릿 쪽을 향하도록 한다. 회절발을 회전시키면 다른 파장의 빛이 출구 슬릿을 빠져나가게 된다.

반사 회절발에서의 회절을 그림 19-6에 나타내었다. 회절발에서는 반복거리가 d인 일련의 평행한 홈(groove)이 촘촘하게 그어져 있다. 빛이 회절발로부터 반사될 때 각각의 홈은 복사 원으로 작용한다. 인접한 빛과 위상이 맞으면, 그 빛은 강화된다. 그러나 위상이 어긋나면 그 빛은 부분적으로 또는 완전히 약화된다(그림 19-7).

그림 19-6에 나타낸 것처럼 진행하는 두 빛의 경로 길이 차이$(a-b)$가 파장의 정수배가 되면 보강간섭이 일어난다.

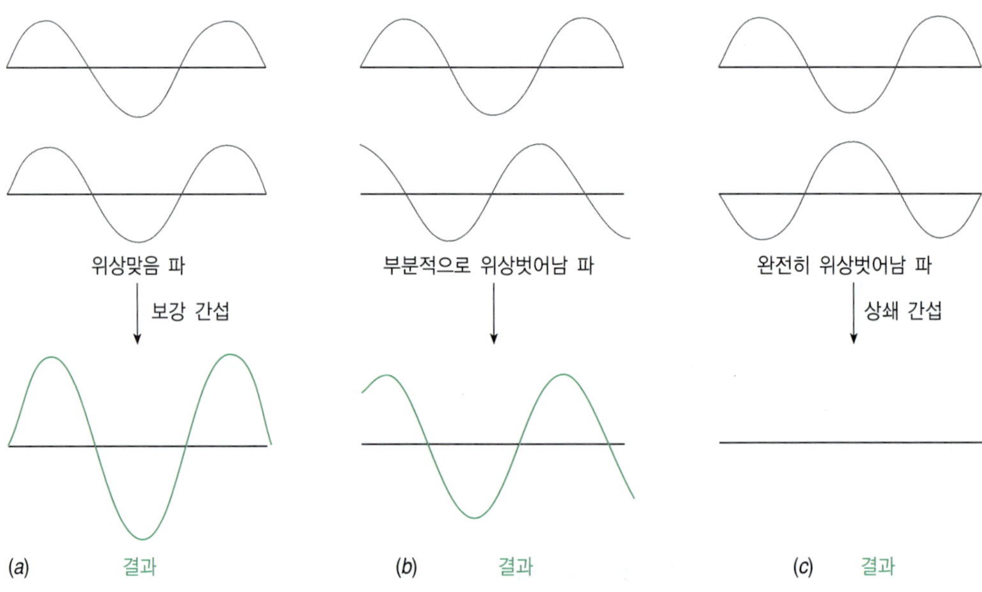

그림 19-7 (*a*) 0° (*b*) 90° (*c*) 180° 위상차가 있는 인접한 파들의 간섭.

$$n\lambda = a - b \tag{19-1}$$

여기에서 회절차수(diffraction order) n은 ±1, ±2, ±3, ±4, …이다. $n = \pm 1$인 경우 최대 간섭을 **1차 회절**(*first-order diffraction*)이라고 한다. $n = \pm 2$인 경우는 2차 회절(second-order diffraction)이라고 하며, 그 다음도 마찬가지 방법으로 부른다.

그림 19-6에서 입사각 θ는 양으로 정의한다. 그림 19-6에서 회절각 ϕ는 θ의 반대 방향에 있기 때문에 규정상 음의 값이 된다. 그러나 ϕ와 θ가 법선의 같은 쪽에 있을 수 있는데, 이 경우 ϕ는 양이 된다. 그림 19-6에서 $a = d\sin\theta$, $b = -d\sin\phi$ (ϕ와 $\sin\phi$가 음이기 때문에)가 된다. 이것을 식 19-1에 대입하면 보강간섭을 일으킬 수 있는 조건이 얻어진다.

회절발 식 :

$$n\lambda = d(\sin\theta + \sin\phi) \tag{19-2}$$

천연색 사진 19에서 나타낸 바와 같이, 각 입사각 θ에 대하여, 그 위치에서 주어진 파장이 최대 보강간섭을 일으킬 수 있는 일련의 반사각 ϕ가 있다.

일반적으로 한 파장의 1차 회절은 다른 파장의 높은 차수 회절과 겹친다. 그러므로 여러 파장을 제거할 수 있는 필터(filter)는 같은 회절각에서 다른 파장을 제거하고 원하는 한 파장만을 선택하는데 이용된다. 고급 분광광도계는 다른 파장에 최적화된, 다른 선 간격을 갖는 여러 개의 회절발을 사용한다. 두 개의 단색화장치가 직렬로 연결(이중 단색화장치)되어 있는 분광광도계는 원하지 않는 복사를 여러 배 감소시킬 수 있다.

분해능과 신호 사이의 교환. 출구 슬릿이 좁을수록 인접한 봉우리의 분리도는 커지고, 스펙트럼은 잡음이 더 커진다.

그림 19-5에서 출구 슬릿 폭이 감소하면 선택된 띠폭이 감소하고 검출기에 도달하는 에너지가 감소된다. 즉, **좁은 슬릿폭이 요구되는, 가깝게 인접한 흡수띠의 분리는 신호 대 잡음비가 감소되는 대가로 얻어진다.** 정량 분석에서 단색화장치의 띠폭은 흡수띠 폭의 $\lesssim \frac{1}{5}$ 정도가 되는 것이 적당하다(그림 19-8).

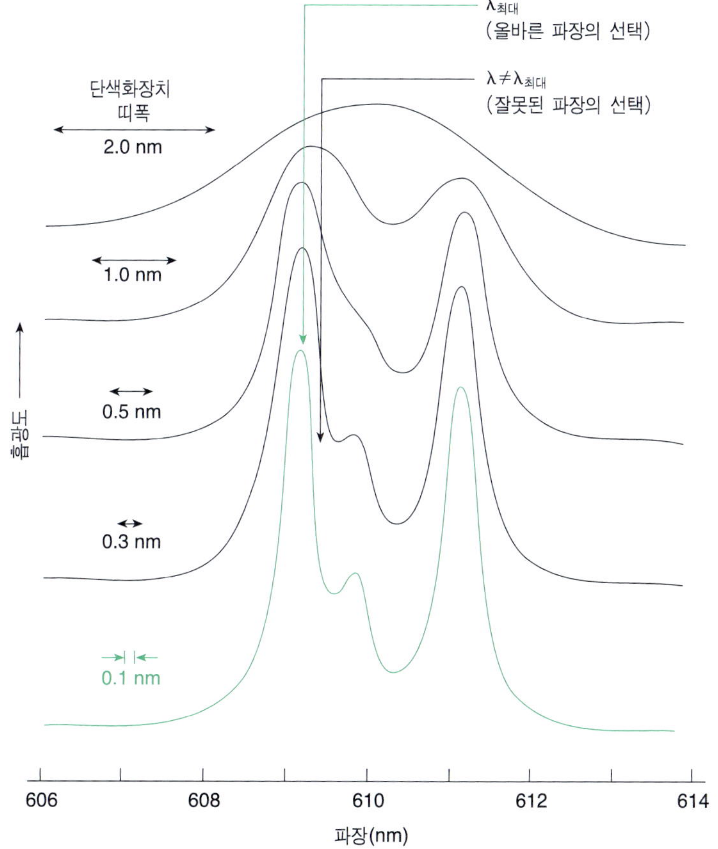

그림 19-8 파장 및 단색화장치의 띠폭 선택. 정량 분석에서는 파장의 작은 차이가 흡광도를 크게 변화시키지 않는 최대 흡수 파장을 사용하라. 단색화장치의 띠폭은, 띠 모양은 일그러지지 않고 스펙트럼의 잡음은 너무 크지 않을 정도로 작게 선택하라(그림 19-5에서 출구 슬릿폭을 조절하여). 슬릿폭이 넓어지면 스펙트럼이 일그러진다. 가장 아래쪽 그림에서 단색화장치의 띠폭은 날카로운 흡수 띠폭 (봉우리 반 높이에서 측정한)의 1/5 정도로, 봉우리의 일그러짐을 방지한다. [M. D. Seltzer, Michelson Laboratory, China Lake, CA.]

그림 19-9 검출기의 응답. 각 곡선은 최대값을 1로 정규화하였다 [Barr Associates, Inc., Westford, MA. GaN data from APA Optics, Blaine, MN. InGaAs data from Shimadzu Corp. Tokyo.]

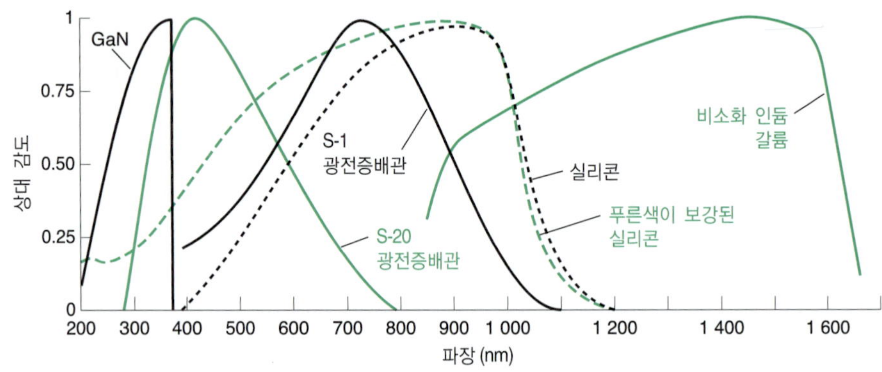

검출기

검출기의 응답은 입사 파장의 함수이다.

검출기는 광자가 검출기에 닿을 때 전기신호를 발생한다. 그림 19-9는 검출기의 응답이 입사 광자의 파장에 따라 다르다는 것을 보여 준다. 홑빛살 분광광도계에서는 파장이 바뀔 때마다 100% 투광도가 되도록 조절해 주어야 하는데, 검출기의 가능한 최대 신호가 파장에 의존하기 때문이다. 이어 읽은 신호값은 100% 값에 비교한 값이다.

광전증배관(**photomultiplier tube**, 그림 19-10)은 감도가 매우 높은 검출기이다. 충분한 에너지를 가지는 빛이 감광성 음극에 닿으면 전자들이 진공상태의 관 내부로 방출된다. 방출된 전자들은 음극에 비하여 양인, **다이노드**(*dynode*)라고 하는 두 번째 표면을 두드린다. 전자들은 원래의 운동 에너지보다 큰 에너지로 다이노드를 두드린다. 높은 에너지의 전자가 다이노드를 두드리면, 한 개 이상의 전자가 다이노드로부터 방출된다. 이들 새로운 전자들은 첫 번째 다이노드보다 더 큰 양의 값을 가지는 두 번째 다이노드를 향하여 가속된다. 두 번째 다이노드를 두드림으로써 더 많은 수의 전자들이 방출되고, 세 번째 다이노드를 향하여 가속된다. 이러한 과정이 여러 번 반복되면 결국 음극을 두드린 한 개의 광자에 대해 10^6개 이상의 전자가 발생한다. 따라서 아주 낮은 세기의 빛도 측정 가능한 전기신호로 바뀌게 된다.

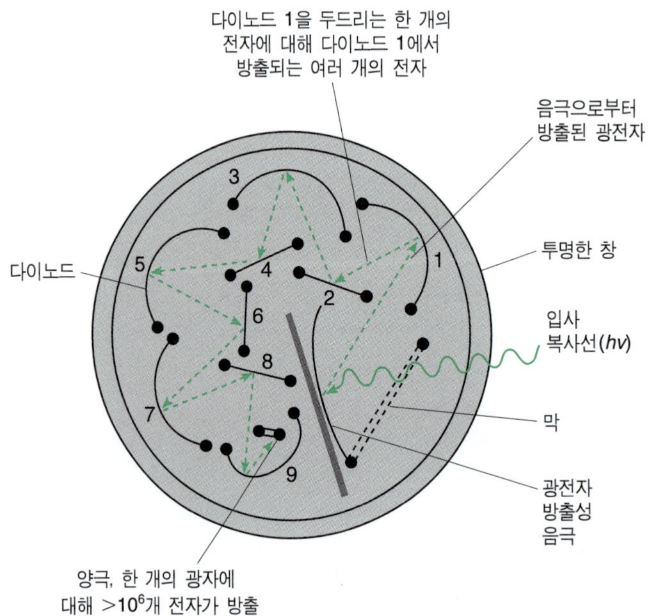

그림 19-10 왼쪽: 9개의 다이노드가 배열된 광전증배관의 약도. 앞쪽 다이노드보다 뒤쪽 다이노드의 전압이 약 90V 더 높기 때문에 각 다이노드에서 신호가 증폭된다. 오른쪽: 광전증배관. [사진: David J. Green/Alamy.]

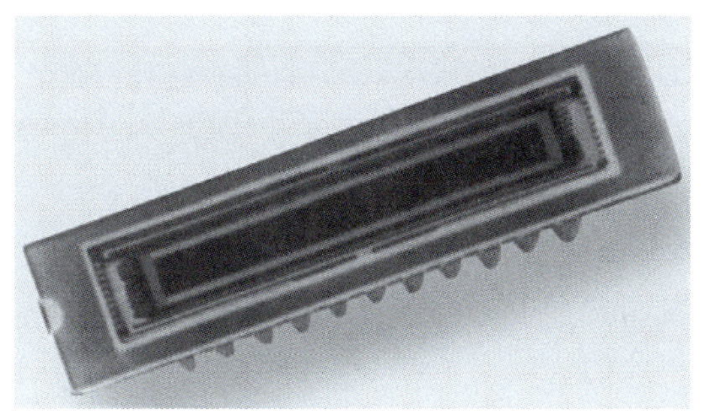

그림 19-11 너비 25 μm, 높이 2.5 mm인 1 024개의 광다이오드 배열. 칩의 전체 길이는 5 cm이다. [출처: Oriel Corp., Stratford, CT.]

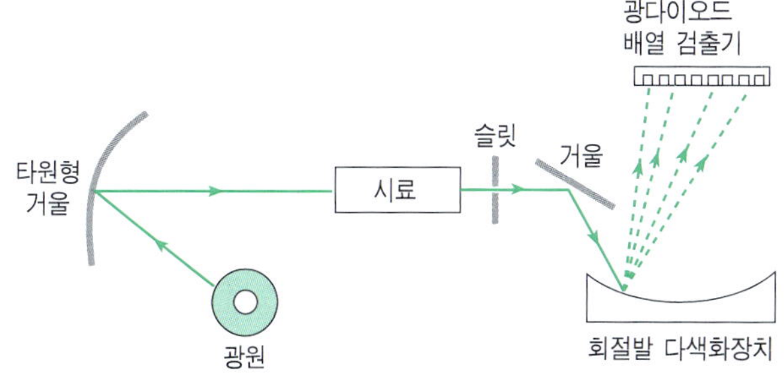

그림 19-12 다이오드 배열 분광광도계. 그림 20-16의 스펙트럼 (다음 장)은 광다이오드 배열 검출기로 측정한 것이다.

광다이오드 배열 분광광도계

분산식 분광광도계 (*dispersive spectrophotometer*)에서는 한 번에 한 파장씩 주사하여 스펙트럼을 얻는다. 그러나 **다이오드 배열 분광광도계** (*diode array spectrophotometer*)는 전체 스펙트럼을 한 번에 기록한다. 즉, 광다이오드 배열 분광광도계로 크로마토그래피 칼럼으로부터 용출되는 한 물질의 전체 스펙트럼을 1초 미만의 짧은 시간 내에 기록할 수 있다. 이와 같은 고속 분광계의 핵심 장치는 그림 19-11에 나타낸 **광다이오드 배열 (photodiode array)** 이며, 1 024개의 개별 반도체 검출기 소자(다이오드)가 일렬로 배열되어 있다.

분산식 (*dispersive*) 분광광도계는 광원으로부터 방출된 빛을 성분 파장으로 분산시킨다. 그 다음 한 번에 한 가지 좁은 띠의 파장에서의 흡광도를 측정한다.

그림 19-12의 광다이오드 배열 분광광도계에서는 **백색광** (*White light*, 모든 파장의 빛을 포함)이 시료를 통과한다. 그 다음 빛살은 **다색화장치 (polychromator)** 로 들어가며, 이곳에서 빛을 구성하는 각각의 성분 파장으로 분산된 빛이 광다이오드 배열 쪽으로 향한다. 즉, **서로 다른 파장의 빛이 각각의 다이오드에 닿는다.** 분리도는 다이오드 사이의 간격과 다색화장치의 분산력에 의해 결정되는데, 일반적으로 1에서 3 nm이다. 이와 비교하면 고성능 분산식 분광광도계는 0.1 nm 간격으로 분산시킬 수 있다. 다이오드 배열 분광광도계는 분산식 분광광도계보다 대단히 빠르다. 왜냐하면 한 번에 한 파장이 아니라 모든 파장을 측정할 수 있기 때문이다. 다이오드 배열 분광광도계는 주로 홑빛살 기기이므로, 검량 사이에 광원의 세기와 검출기 응답의 편류로 인하여 흡광도 오차를 수반할 수 있다.

대표적인 광다이오드 배열은 가시선 및 자외선을 감응한다. 그림 19-9에 보인 푸른색 증강 실리콘 검출기와 비슷한 감응 곡선을 나타낸다.

다이오드 배열 분광광도계의 특징 :
- 속도(스펙트럼 당 ~1초)
- 우수한 파장 반복성(회절발이 회전하지 않기 때문에)
- 여러 파장에서의 동시 측정
- 떠돌이 빛에 의한 오차에 상대적으로 덜 민감.
- 상대적으로 낮은 분해능(1에서 3 nm)

자습문제

19-A. 그림 19-2에서와 같이 램프로부터 시작하여 검출기까지 광의 진행경로에 있는 각 부품의 기능을 설명하시오. 그림 19-3에서 같은 부품을 가능한 한 모두 찾아보시오.

19-2 혼합물의 분석

용액 중에 두 가지 이상의 흡수종이 존재할 때, **특정 파장에서의 흡광도는 그 파장에서 모든 화학종이 나타내는 흡광도의 합이 된다.**

흡광도는 가성적(additive)이다.

혼합물의 흡광도 :

$$A = \varepsilon_X b[X] + \varepsilon_Y b[Y] + \varepsilon_Z b[Z] + \cdots \quad (19\text{-}3)$$

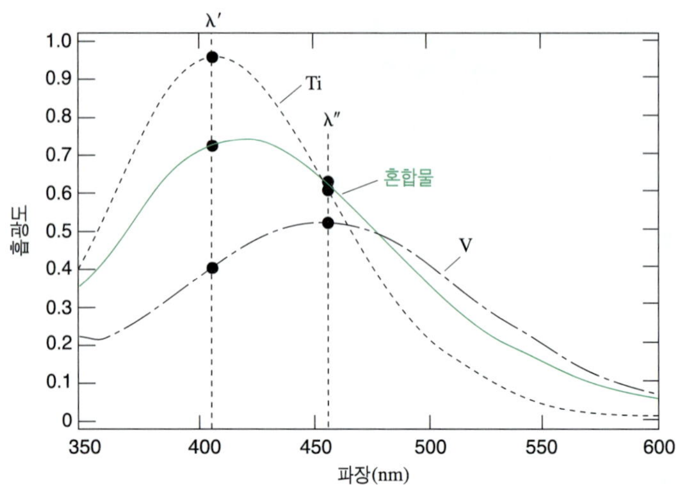

그림 19-13 Ti(IV) (1.32 mM), V(V) (1.89 mM) 및 두 이온이 함유된 미지 혼합물의 과산화수소 착물의 가시선 스펙트럼. 경로 길이가 1.00 cm인 흡수 용기 속에 있는 모든 용액은 0.5 wt% H_2O_2와 ~0.01 M H_2SO_4를 함유하고 있다. [출처: M. Blanco, H. Iturriaga, S. Maspoch, and P. Tarín, *J. Chem. Ed.* **1989**, *66*, 178. 두 개 이상의 파장을 이용하여 더 정확하게 혼합물의 성분을 측정할 수 있는 방법을 알려면 이 논문을 참고하라.]

여기에서 ε는 각 화학종(X, Y, Z 등)의 몰흡광 계수이고, b는 경로 길이이다. 별도 실험에서 순수한 성분들의 스펙트럼을 측정한다면, 수학적인 방법으로 혼합물의 스펙트럼을 각 성분의 스펙트럼으로 분해시킬 수 있다.

항상 최대 흡광도를 나타내는 파장을 선택한다. 혼합물의 흡광도는 너무 작거나 너무 크지 않아야 흡광도의 불확정도가 작다.

그림 19-13은 타이타늄과 바나듐 착물 및 미지의 두 혼합물의 스펙트럼을 보여 주고 있다. 타이타늄 착물을 X로, 바나듐 착물을 Y로 표시하자. 혼합물을 분석하기 위하여 항상 각 성분들의 최대 흡수 파장을 선택해야 한다. 화합물 Y가 화합물 X의 최대 흡수 파장에서 약하게 흡수되고, 화합물 X가 화합물 Y의 최대 흡수 파장에서 약하게 흡수한다면 정확도가 향상된다. 그림 19-13에서는 두 스펙트럼이 잘 분리되지 않고 겹쳐 있으므로 어느 정도 정확도가 줄어들 것이다.

그림 19-13에서 흡광도가 최대인 파장 λ′과 λ″를 선택하면 각 파장에서 Beer의 법칙은 다음과 같이 쓸 수 있다.

$$A' = \varepsilon'_X b[X] + \varepsilon'_Y b[Y] \qquad A'' = \varepsilon''_X b[X] + \varepsilon''_Y b[Y] \tag{19-4}$$

식 19-4를 [X]와 [Y]에 대해서 풀면,

스펙트럼이 분해되었을 때 혼합물의 분석 :

$$[X] = \frac{1}{D}(A'\varepsilon''_Y - A''\varepsilon'_Y)$$
$$[Y] = \frac{1}{D}(A''\varepsilon'_X - A'\varepsilon''_X) \tag{19-5}$$

여기에서 $D = b(\varepsilon'_X\varepsilon''_Y - \varepsilon'_Y\varepsilon''_X)$이다. 혼합물을 분석하기 위해서는 두 파장에서의 흡광도를 측정해야 하는 동시에, 각 파장에서 각 화합물의 ε값을 알아야 한다.

예제 식 19-5에 의한 혼합물의 분석

그림 19-13에서 X (Ti 착물)와 Y (V 착물)의 몰흡광 계수는 각 순수한 시료로 측정하였다. 즉,

	ε (M^{-1} cm^{-1})	
λ (nm)	X	Y
$\lambda' \equiv 406$	$\varepsilon'_X = 720$	$\varepsilon'_Y = 121$
$\lambda'' \equiv 457$	$\varepsilon''_X = 479$	$\varepsilon''_Y = 274$

1.00 cm 흡수 용기에서 X와 Y 혼합물의 흡광도는 406 nm에서 $A' = 0.722$였고, 457 nm에서는 $A'' = 0.641$이었다. 혼합물 중 X와 Y의 농도를 각각 구하시오.

해답 식 19-5를 사용하고 $b = 1.00$ cm라고 하면 다음과 같이 구할 수 있다.

$$D = b(\varepsilon'_X \varepsilon''_Y - \varepsilon'_Y \varepsilon''_X) = (1.00)[(720)(274) - (212)(479)] = 9.57_3 \times 10^4$$

$$[X] = \frac{1}{D}(A'\varepsilon''_Y - A''\varepsilon'_Y) = \frac{(0.722)(274) - (0.641)(212)}{9.57_3 \times 10^4} = 6.47 \times 10^{-4}\ M$$

$$[Y] = \frac{1}{D}(A''\varepsilon'_X - A'\varepsilon''_X) = \frac{(0.614)(720) - (0.722)(479)}{9.57_3 \times 10^4} = 1.21 \times 10^{-3}\ M$$

복습 문제 혼합물의 흡광도가 406 nm에서 0.600, 457 nm에서 0.500일 때 [X]와 [Y]를 구하시오. (**답** : 0.610 mM, 0.758 mM)

등흡수점

화학종 X가 화학반응 과정 중에 화학종 Y로 변화된다면, 그림 19-14에서 보는 바와 같이 혼합물의 스펙트럼은 대단히 뚜렷한 특성 거동을 나타낸다. 순수한 X와 Y의 스펙트럼이 어떠한 파장에서 서로 교차된다면, 화학반응 과정에서 기록된 이들의 모든 스펙트럼은 **등흡수점 (isosbestic point)** 이라고 하는 동일한 한 점에서 교차될 것이다. **화학반응 과정에서 한 개의 등흡수점이 관찰되면, 이것은 두 가지 주요 화학종만 존재한다는 좋은 증거이다.**

옆에 나타낸 산-염기 지시약 메틸 레드는 pH 5.1 부근에서 붉은색 (HIn)과 노란색 (In^-) 사이에서 변한다. 그림 19-14에 나타낸 바와 같이 같은 농도에서 HIn과 In^-의 스펙트럼

$(H_3C)_2N$ … $N{=}\overset{+}{N}$–H, ^-O_2C — HIn (붉은)

$pK_2 = 5.1$

$(H_3C)_2N$ … N=N, ^-O_2C — In^- (노란)

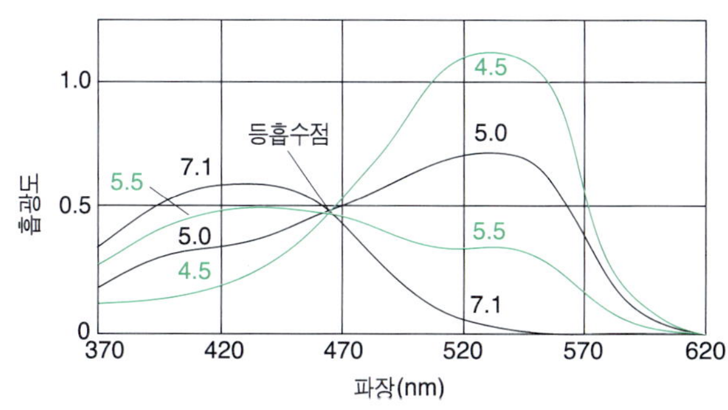

그림 19-14 pH 4.5와 pH 7.1 사이에 pH의 함수로서 나타낸 3.7×10^{-4} M 메틸 레드의 흡수 스펙트럼. [출처: E. J. King, *Acid-Base Equilibria* (Oxford: Pergamon Press, 1965).]

은 465 nm에서 교차하기 때문에 **모든** 스펙트럼들은 이 점에서 교차한다 HIn과 In^-의 스펙트럼이 몇 개의 점에서 교차한다면, 각 점은 하나의 등흡수점이 될 것이다).

한 개의 등흡수점을 갖는 이유를 알아보기 위하여, 465 nm에서 용액의 흡광도에 대한 식을 나타내면 다음과 같다.

$$A^{465} = \varepsilon_{HIn}^{465}\, b[HIn] + \varepsilon_{In^-}^{465}\, b[In^-] \qquad (19\text{-}6)$$

그러나 같은 농도의 순수한 HIn과 In^-의 스펙트럼이 465 nm에서 교차되기 때문에, ε_{HIn}^{465}는 $\varepsilon_{In^-}^{465}$과 같아야 된다. 따라서 $\varepsilon_{HIn}^{465} = \varepsilon_{In^-}^{465} = \varepsilon^{465}$로 놓으면 식 19-6은 다음과 같이 나타낼 수 있다.

$$A^{465} = \varepsilon^{465}\, b\,([HIn] + [In^-]) \qquad (19\text{-}7)$$

그림 19-14에서 모든 용액은 동일한 총 농도의 메틸 레드(= [HIn] + $[In^-]$)를 함유하고 있다. 단지 pH만 변한다. 그러므로 식 19-7에서 농도의 합은 일정한 동시에 A^{465}도 일정하기 때문에 한 개의 등흡수점이 존재하게 된다. 등흡수점은 $\varepsilon_X = \varepsilon_Y$이고 [X] + [Y]가 일정할 때 나타난다.

자습문제

19-B. (a) 식 19-5 다음의 예제에서 **0.100 cm 흡수 용기로** 측정한 X와 Y 혼합물의 흡광도가 406 nm에서 0.233이었고, 457 nm에서는 0.200이었다. [X]와 [Y]를 구하시오.
(b) 그림 19-14에서 메틸 레드의 농도가 얼마였던지 간에 메틸 레드의 총 농도가 37% 증가하였다면, 465 nm의 등흡수점이 여전히 있겠는가? 그 이유는?

19-3 분광광도법 적정

분광광도법 적정(spectrophotometric titration)에서는 종말점을 검출하기 위하여 전자기 복사선의 흡수 또는 방출의 변화를 모니터한다. 지금부터 생화학에 관련된 예를 생각해 보자.

생합성을 위하여 철은 **트랜스페린**(*transferrin*) 단백질에 의해(그림 19-15) 혈류를 따라 운반된다. 트랜스페린 용액을 철로 적정함으로써 트랜스페린의 철-결합 용량을 측정할 수 있다. 철을 함유하지 않은 트랜스페린을 **아포트랜스페린**(*apotransferrin*)이라 하며, 이것은 무색이다. 화학식량이 81 000인 단백질 분자는 두 개의 Fe^{3+} 이온 결합자리를 가진다. 철이 단백질과 결합하면 465 nm에서 최대 흡광도를 나타내는 붉은색을 띠게 된다. 붉은색의 세기는 표준 Fe^{3+} 용액으로 미지 양의 아포트랜스페린을 적정하는 과정을 추적하는 데 이용될 수 있다.

Fe^{3+}은 중성 용액에서 $Fe(OH)_3$로 침전되기 때문에 나이트릴로트라이아세트산 철(III) 염을 사용한다. 나이트릴로아세트산염은 네 개의 O와 N 원자를 통하여 Fe^{3+}과 결합한다.

^-O_2C–CH_2–N($CH_2CO_2^-$)$_2$

나이트릴로트라이아세트산 음이온

$$\underset{\text{무색}}{\text{아포트랜스페린}} + 2Fe^{3+} \longrightarrow \underset{\text{붉은색}}{(Fe^{3+})_2\text{트랜스페린}} \qquad (19\text{-}8)$$

그림 19-16은 2.000 mL의 아포트랜스페린 용액을 1.79×10^{-3} M의 나이트릴로트라이아세트산 철 용액으로 적정한 결과를 보여 주고 있다. 철을 단백질에 가하면 붉은색이 나타나면서 흡광도가 증가한다. 단백질이 철로 포화되면 더 이상 철은 단백질에 결합하지 않으며, 선은 수평으로 된다. 두 직선을 외삽하였을 때 교차점인 203 μL이 종말점이 된다. 그러나 나이트릴로트라이아세트산 철 용액은 465 nm에서 약간의 흡광도를 나타내기 때

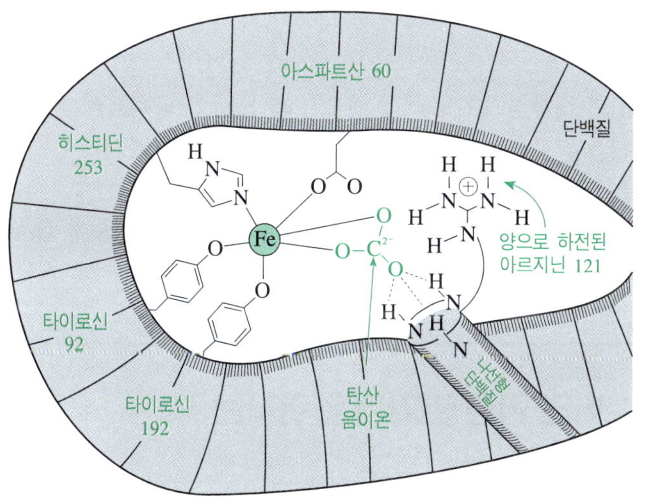

그림 19-15 트랜스페린 내 두 개의 철-결합 자리 각각은 단백질의 갈라진 틈새에 위치한다. Fe^{3+} 이온은 아미노산인 히스티딘의 질소 원자 한 개와 타이로신 및 아스파트산의 산소 원자 세 개와 결합한다. 두 개의 산소 리간드는 양하전의 아르지닌과의 정전기적 상호작용과 단백질 나선에 수소 결합에 의해 고정된 탄산 음이온(CO_3^{2-})으로부터 온다. 트랜스페린이 한 개의 세포에 의해서 흡수되면, pH가 5.5보다 낮은 소낭 속으로 들어간다(보충 1-1). 그 다음 H^+ 이온이 탄산 이온과 반응하여 HCO_3^-와 H_2CO_3를 형성하고, 그 결과 단백질로부터 Fe^{3+}이온이 유리된다. [출처: E. N. Baker, B. F. Anderson, H. M. Baker, M. Haridas, G. E. Norris, S. V. Rumball, and C. A. Smith, *Pure Appl. Chem.* **1990**, *62*, 1067.]

문에 당량점 이후에도 흡광도는 서서히 증가한다.

한편, 그림 19-16에서 반응의 완결에 필요한 Fe^{3+}의 양은 $(203 \times 10^{-6}\ L) \times (1.79 \times 10^{-3}\ mol/L) = 0.363\ \mu mol$이다. 각 단백질 분자는 2개의 Fe^{3+}이온과 결합하므로 시료 내 단백질 분자의 몰수는 $\frac{1}{2}(0.363\ \mu mol) = 0.182\ \mu mol$이다.

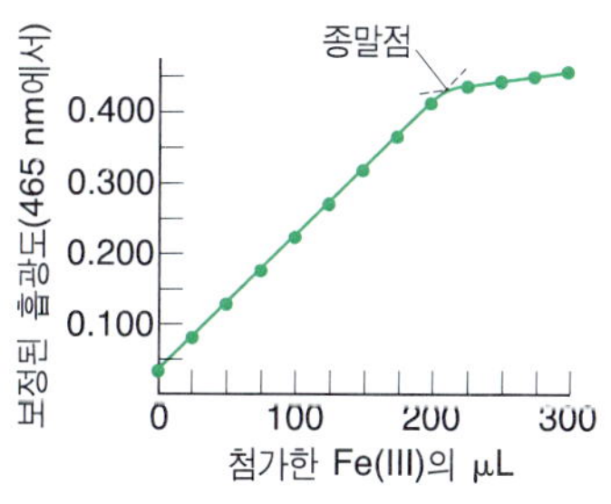

그림 19-16 나이트릴로트라이아세트산 철(III)에 의한 아포트랜스페린의 분광광도법 적정. 흡광도는 묽힘을 고려하여 보정되어야 한다. 철을 가하기 전 용액의 초기 흡광도는 색깔을 띠는 불순물에 의한 것이다.

그림 19-16의 그래프를 작성하려면 적정액이 첨가에 따른 부피 변화를 고려하여야 한다. 그래프에 도시한 각 점은 **용액이 원래의 부피인 2.000 mL로부터 묽혀지지 않았다고 가정하였을 때** 측정되는 흡광도를 나타낸다.

$$\text{보정된 흡광도} = \left(\frac{\text{전체 부피}}{\text{원래의 부피}}\right)(\text{측정된 흡광도}) \qquad (19\text{-}9)$$

예제 묽힘 효과에 대한 흡광도의 보정

2.000 mL의 아포트랜스페린에 125 μL (= 0.125 mL)의 나이트릴로트라이아세트산 철(III) 용액을 첨가한 후 측정된 흡광도는 0.260이다. 그림 19-16에 도시할 보정된 흡광도를 계산하시오.

해답 전체 부피는 2.000 + 0.125 = 2.125 mL이다. 부피가 2.000 mL이면, 흡광도는 0.260의 2.125/2.000배만큼 더 커진다.

$$\text{보정된 흡광도} = \left(\frac{2.125\ \text{mL}}{2.000\ \text{mL}}\right)(0.260) = 0.276$$

따라서 그래프에 도시된 흡광도는 0.276이다.

복습 문제 100 μL의 나이트릴로트라이아세트산 철(III)을 첨가하였을 때 흡광도가 0.210이었다. 도시할 보정된 흡광도를 계산하시오. (**답** : 0.221)

자습문제

19-C. 그림 19-16과 같이 2.00 mL의 아포트랜스페린 용액을 1.43 mM의 나이트릴로트라이아세트산 철(III) 용액으로 적정할 때 종말점에 도달하는데 163 μL가 필요하다.

(a) 종말점에 도달하는데 필요한 Fe^{3+}의 몰수는 얼마인가?

(b) 각 아포트랜스페린 분자는 두 개의 Fe^{3+} 이온과 결합한다. 2.00 mL의 용액 중에 함유된 아포트랜스페린의 농도를 구하시오.

(c) 왜 당량점에서 그림 19-6의 기울기가 급격히 변하는가?

19-4 분자가 빛을 흡수하면 어떤 변화가 일어나는가?

분자가 광자를 흡수하면 분자는 더 높은 에너지의 **들뜬 상태**(*excited state*)로 올라가게 된다(그림 18-3). 반대로 분자가 광자를 방출하면 분자의 에너지는 광자의 에너지와 같은 양만큼 감소한다. 그림 18-2는 분자가 다른 영역의 전자기 스펙트럼의 복사선을 흡수함으로써 들뜬 전자 상태, 진동 및 회전 상태로 올라가는 것을 보여 준다.

그림 19-17에 나타낸 바와 같이 바닥 상태와 한 가지 들뜬 상태에 있는 폼알데하이드를 생각해 보자. 바닥 상태에서 분자는 탄소와 산소 사이에 이중결합을 갖는 평면 구조이다. 이중결합은 탄소와 산소 원자 사이에 한 개의 시그마 결합과 탄소와 산소의 $2p_y$(면외(out-of-plane)의 원자궤도함수로부터 형성된 한 개의 파이 결합으로 이루어진다.

폼알데하이드의 전자 상태

시그마 궤도함수에서는 전자가 원자 사이에 편재화되어 있다.
파이 궤도함수에서는 전자가 폼알데하이드 분자의 평면 어느 쪽에든지 모여 있다.

원자 궤도함수(*atomic orbital*)가 원자에서의 전자 분포를 나타내는 것과 마찬가지로, **분자 궤도함수**(**molecular orbital**)는 분자에서의 전자 분포를 나타낸다. 그림 19-18에서 σ_1에서 σ_4로 표시한 폼알데하이드의 네 개의 낮은 에너지 궤도함수는 각각 반대 스핀(스핀 양자수 $= +\frac{1}{2}$ 및 $-\frac{1}{2}$, ↑와 ↓로 표시)을 갖는 전자쌍으로 채워져 있다. 높은 에너지에 있는 한 개의 파이 결합궤도함수(π)는 탄소와 산소의 p_y 원자 궤도함수에 의해서 형성된다. 최고 에너지 점유 궤도함수(highest energy occupied orbital)는 산소의 $2p_x$ 원자궤도함수로 이루어진 비결합궤도함수(n)이다. 최저 에너지 비점유 궤도함수(lowest energy unoccupied orbital)는 한 개의 파이 반결합 궤도함수(π^*)이다. 이 궤도함수에 있는 전자는 탄소와 산소 원자들 사이에서 인력보다는 반발을 일으킨다.

전자 전이(**electronic transition**)에서는 한 개의 전자가 한 궤도함수로부터 다른 궤도함수로 이동한다. 폼알데하이드에서 최저 에너지의 전자전이는 한 개의 비결합(n) 전자가 반결합 파이 궤도함수(π^*)로 올라가는 것이다. 이 경우에는 실제로 들뜬 상태의 스핀양자수에 의존하는 두 가지 가능한 전이가 있다. 그림 19-19에서 스핀이 반대인 상태를 **단일항 상태**(**singlet state**)라고 한다. 스핀이 평행한 경우는 들뜬 **삼중항 상태**(**triplet state**)라고 한다.

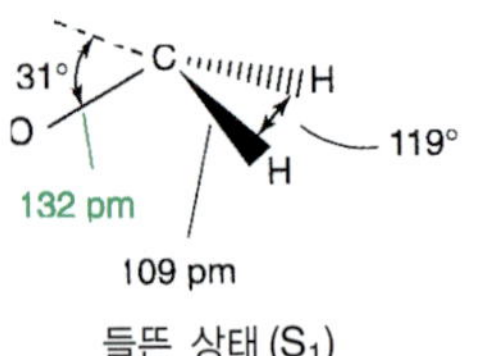

들뜬 상태 (S_1)

바닥 상태 (S_0)

그림 19-17 바닥 상태(S_0)와 최저 들뜬 단일항 상태(S_1)에 있는 폼알데하이드의 기하구조

최저 에너지의 들뜬 단일항 및 삼중항 상태를 각각 S_1 및 T_1이라고 한다. 일반적으로 T_1은 S_1보다 낮은 에너지의 상태에 있다. 폼알데하이드 분자에서 $n \rightarrow \pi^*(T_1)$ 전이는 파장이 397 nm인 가시선의 흡수가 필요하다. 그러나 $n \rightarrow \pi^*(S_1)$ 전이는 파장이 355 nm인 자외선을 흡수할 때 일어난다.

폼알데하이드는 바닥 상태(S_0)에서 평면이지만, S_1(그림 19-17) 및 T_1 들뜬 상태에서는 둘 다 피라미드 구조를 갖는다. 비결합 전자가 반결합 C—O 궤도함수로 전이하는 것은 C—O 결합을 약하고 길어지게 하는 동시에 분자의 기하구조를 변화시킨다.

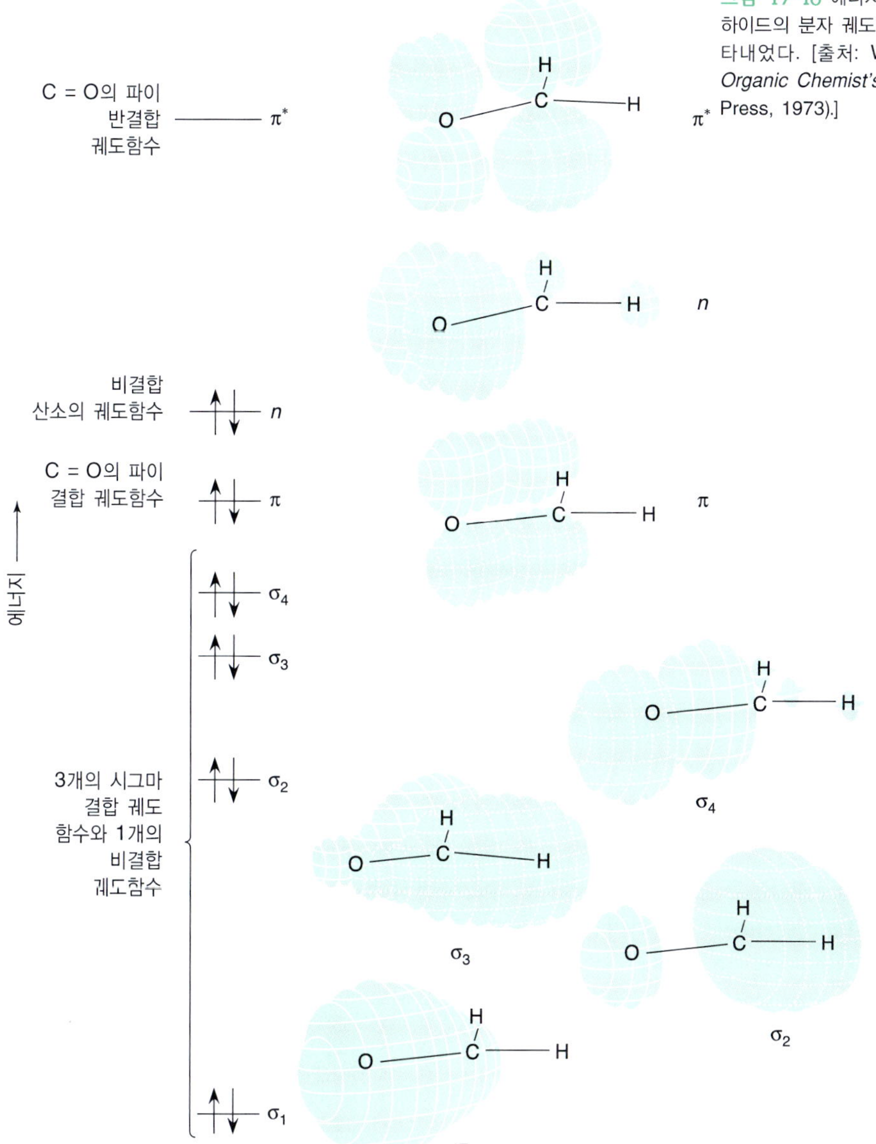

그림 19-18 에너지 준위와 궤도함수 모양을 보여주는 폼알데하이드의 분자 궤도함수. 분자구조의 좌표계는 그림 19-17에 나타내었다. [출처: W. L Jorgensen and L. Salem, *The Organic Chemist's Book of Orbitals* (New York: Academic Press, 1973).]

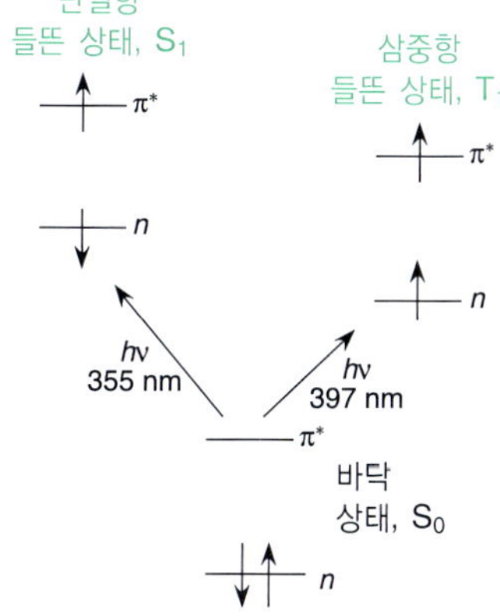

그림 19-19 $n \rightarrow \pi^*$ 전이에서 생기는 두 가지 가능한 전자 상태. 단일항과 삼중항이라는 술어를 사용하는 이유는, 자기장 하에서 삼중항 상태는 세 개의 약간 다른 에너지 준위로 갈라지고, 단일항 상태는 갈라지지 않기 때문이다.

폼알데하이드의 진동 및 회전 상태

적외선과 마이크로파 복사선은 전자 전이를 일으킬 만큼 에너지가 충분히 크지 않지만, 분자의 진동이나 회전 운동을 변화시킬 수 있다. 여섯 개의 폼알데하이드 진동은 그림 19-20에 나타내었다. 예를 들어, 폼알데하이드 분자는 파수가 1 746 cm^{-1}인 적외선 광자를 흡수하게 되면, C—O의 신축진동을 일으킨다. 즉, 원자 진동의 진폭이 증가하고, 동시에 분자의 에너지도 증가한다.

분자의 회전 에너지는 진동 에너지보다 작다. 10 cm^{-1} 정도의 마이크로파 복사선의 흡수는 그림 19-20에 나타낸 x, y 및 z축을 중심으로 한 폼알데하이드의 회전 속도를 증가시킨다.

반결합 π 궤도함수에 전자가 분포할 때 C—O 결합의 세기가 감소하므로 C—O 신축진동수는 S_0 상태일 때 1746 cm^{-1}에서 S_1 상태일 때 1183 cm^{-1}로 감소한다.

복합된 전자, 진동 및 회전 전이

일반적으로 분자가 전자전이를 일으킬 수 있는 충분한 에너지의 빛을 흡수하면 **진동(vibrational)** 및 **회전 전이(rotational transition)**—즉, 진동 및 회전 상태의 변화—가 동시에 일어난다. 예를 들면, 폼알데하이드가 적당한 에너지를 갖는 한 개의 광자를 흡수하

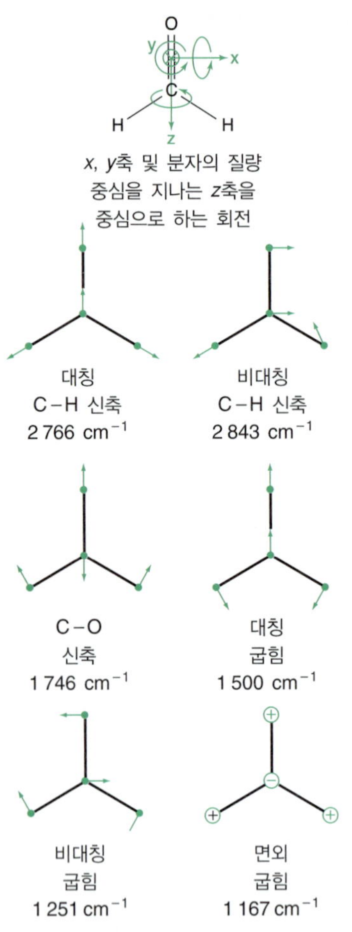

그림 19-20 폼알데하이드의 여섯 가지 진동 방식. 여러 가지 형태의 진동을 일으키는데 필요한 적외선의 파수는 센티미터의 역수, cm^{-1} 단위로 나타낸다. 분자는 C = O의 중간에 가까운 질량중심에 위치한 x, y 및 z축을 중심으로 하여 회전한다.

게 되면, 다음과 같은 변화가 동시에 일어난다. 즉, (1) S_0에서 S_1 전자 상태로의 전이, (2) S_0 바닥 진동 상태에서 S_1 들뜬 진동 상태로의 진동 에너지 증가, 그리고, (3) 한 개의 S_0 회전 상태에서 S_1인 다른 회전 상태로의 전이이다. 전자의 흡수띠가 보통 아주 넓은(그림 18-6 및 18-10에서 ~100 nm) 이유는 여러 개의 다른 진동 및 회전 준위가 약간씩 서로 다른 에너지에서 들뜨기 때문이다.

흡수된 에너지는 어떻게 될까?

분자가 광자를 흡수하여 바닥 전자 상태인 S_0로부터 들뜬 전자 상태인 S_1의 진동 및 회전 들뜬 준위로 전이하였다고 가정하자(그림 19-21). 항상 이와 같은 흡수 다음에 가장 먼저 일어나는 과정은 S_1의 최저 진동 준위로 전이하는 **진동 이완**(*vibrational relaxation*)이다. 그림 19-21에서 R_1으로 표시한 이 과정에서 에너지는 충돌에 의해서 다른 분자(예를 들면, 용매)로 전이되어 잃게 된다. 순효과는 흡수된 광자의 일부의 에너지가 매질 전체로 퍼져나가는 열로 전환된다.

S_1 준위로부터 분자는 S_1과 에너지가 같은 높은 들뜬 진동 상태인 S_0 준위로 옮아갈 수 있다. 이 과정을 **내부 전환**(*internal conversion*)이라고 한다. 그 다음 분자는 이완을 일으키면서 바닥 진동 상태로 되돌아가는 동시에 에너지는 충돌에 의하여 인접 분자로 전이된다. 분자가 그림 19-21에 나타낸 바와 같이 흡수 → R_1 → 내부 전환 → R_2 경로를 따른다면, 광자의 모든 에너지는 열로 전환될 것이다.

한편 분자는 S_1으로부터 T_1 들뜬 진동 준위로 옮아갈 수 있다. 이러한 현상은 **계간 전이**(*intersystem crossing*)라고 알려져 있다. 이완 과정 R_3 다음에 분자는 T_1의 최저 진동 준위에 있게 된다. 이 준위로부터 분자는 S_0로 두 번째 계간 전이를 일으킬 수 있으며, 이 완과정 R_4가 이어서 일어나면서 열을 방출한다.

또 분자가 S_1 또는 T_1에서 광자를 방출하면서 S_0로 이완될 수도 있다. $S_1 \rightarrow S_0$ 전이는 **형광**(**fluorescence**)이라 하며(보충 19-1), $T_1 \rightarrow S_0$ 복사 전이는 **인광**(**phosphorescence**)이라고 한다(그림 19-21에서 보는 바와 같이 형광과 인광의 전이는 반드시 바닥 상태만이 아니고, S_0의 어떤 진동 준위로도 전이가 종결될 수 있다). 내부 전환, 계간 전이, 형광 및 인광의 속도는 용매와 온도 및 압력 등과 같은 조건에 의존한다. 그림 19-21에서 보는 바와 같이 인광은 형광보다 낮은 에너지(긴 파장)에서 나타난다.

형광: 같은 스핀을 갖는 두 상태 사이의 전이에서 광자의 방출(예, $S_1 \rightarrow S_0$)

인광: 같은 스핀을 갖는 두 상태 사이의 전이에서 광자의 방출(예, $T_1 \rightarrow S_0$)

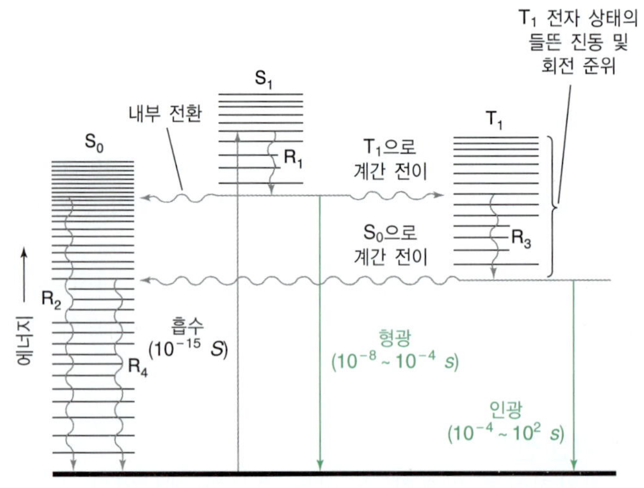

그림 19-21 분자가 자외선 또는 가시선 광자를 흡수한 뒤에 일어나는 물리적 과정. S_0는 분자의 바닥 전자 상태이고, S1과 T_1은 각각 최저 들뜬 단일항 및 삼중항 상태이다. 직선 화살표는 광자가 관련된 과정을, 그리고 구부러진 화살표는 비복사 전이를 나타낸다. R은 진동 이완이다.

내부 전환: 스핀 변화 없는 상태 간 비복사 전이(예, $S_1 \rightarrow S_0$)

계간 전이: 스핀 변화 있는 상태 간 비복사 전이(예, $T_1 \rightarrow S_0$)

시범 19-1 강의실이 환하게 빛날 때[1,2,3]

세탁용 세제 중의 형광성 표백제

흰색 옷감을 형광염료로 처리하면 "더욱 하얗게 된다". 어두운 강의실에서 자외선램프를 켠 다음, 강의실 앞쪽에 서 있는 몇 사람을 비추어 보라(자외선은 눈에 해로우므로 **램프를 똑바로 쳐다보지 마라**). 셔츠, 바지, 구두끈 및 그 외의 여러 가지 흰색 옷감으로부터 놀랄 만한 양의 빛이 방출되는 것을 발견하게 될 것이다. 또한 치아뿐만 아니라 표면의 상처가 보이지 않는, 최근에 입은 타박상 부위로부터 방출되는 형광을 보면 아마 놀라게 될 것이다.

형광등은 수은 증기가 채워진 유리관이다. 안쪽 벽은 적색과 녹색의 **인광체**(*phosphor*, 발광 물질)의 혼합물

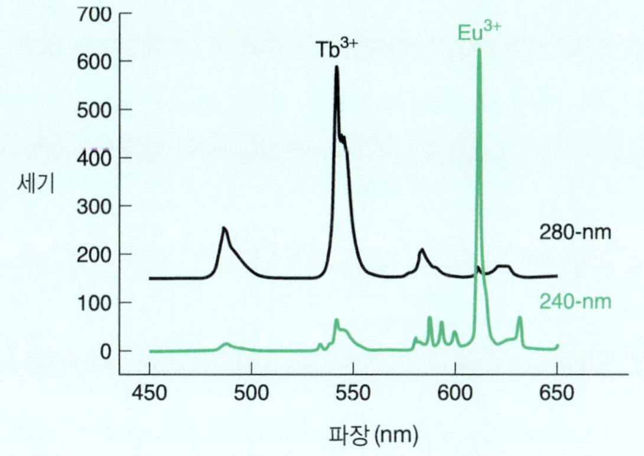

로 입혀져 있다 적색 인광체는 Y_2O_3에 도핑된 Eu^{3+}이고 녹색 인광체는 $CeMgAl_{11}O_{19}$에 도핑된 Tb^{3+}이다. (도핑(doping)이란 도핑제(dopant)라고 하는 불순물을 의도적으로 첨가시키는 것을 의미한다.) 전류에 의해 들뜬 상태로 올라간 수은 증기는 주로 254 및 185 nm의 자외선과 일련의 가시선을 방출한다. Hg 방출은 우리 눈에 푸르게 보인다. 자외 복사선이 인광체에 흡수되면, Eu^{3+}는 612 nm의 붉은빛을, Tb^{3+}는 542 nm의 초록빛을 방출하는데, 청색, 적색 및 녹색 방출이 합쳐지면 우리 눈에는 희게 보인다.

형광등은 전기를 빛으로 전환시키는 백열등보다 너 효율적이다. 가까운 장래에 더 효율적인 LED(광-방출 다이오드, light-emitting diode) 램프가 형광 램프를 대체할 것이다. 75 W 백열전구를 18 W의 소형 형광램프로 바꾸면 57 W가 절약된다. 형광 램프의 수명인 10 000 h 동안 대기 중으로의 CO_2 방출을 ~600 kg, SO_2 발생을 10 kg 줄이는 효과가 발생한다(문제 19-22 참조). 안타깝게도 형광램프는 Hg를 함유하고 있으므로 수집센터에서 모아 Hg를 빼내고 재활용하여야 한다. 형광램프는 절대로 일반 폐기물과 같이 버리면 안 된다.

램프	대략적 효율 (루멘/와트)[a,b]
손전등 (백열등)	<6
백열등	15
긴 형광램프	80
소형 형광램프[c]	60
백색 LED[d]	100 ~ 150
고압 소듐가로등	130

a. 출처: C. J. Humphreys, *Mater. Res. Bull.* April 2008, vol. 33, p.459.

b. 루멘(lm)은 광속의 척도이다. 1 lm = 주파수 540 THz(가시 스펙트럼의 중간 부근)에서 모든 방향으로 일정하게 1/683 W/sr을 복사하는 광원으로부터 1 스테라디안(sr)의 입체각에 방출되는 복사 에너지.

c. 소형 형광램프를 자주 켰다가 수분 내에 끄면 수명이 10배 정도 짧아진다.

d. LED 등의 수명 $\approx 10^5$ h, 형광등의 수명 $\approx 10^4$ h, 백열등의 수명 $\approx 10^3$ h

일반적으로 분자는 빛을 방출하지 않고 충돌에 의하여 들뜬 상태로부터 바닥 상태로 되돌아간다. 형광의 **수명**(*lifetime*)은 항상 대단히 짧고(10^{-8} ~ 10^{-4}초), 인광의 수명은 이보다 길다(10^{-4} ~ 10^{2}초). 인광은 형광보다 드물게 일어난다. 그 이유는 T_1 상태에 있는 분자가 인광을 내기 전에 충돌에 의하여 탈활성화되는 경우가 많기 때문이다.

그림 19-22에 안트라센의 흡수 및 형광 스펙트럼을 비교하였다. 형광은 낮은 에너지에서 일어나며, 거의 흡수의 거울상이다. 거울상의 관계를 이해하기 위하여 그림 19-23에 나

그림 19-22 안트라센의 스펙트럼은 흡수와 형광의 전형적인 근사 거울상의 관계를 보여준다. 형광 스펙트럼은 흡수보다 낮은 에너지(긴 파장)에서 나타난다. [출처: C. M. Byron and T. C. Werner, *J. Chem. Ed.* **1991**, *68*, 433.]

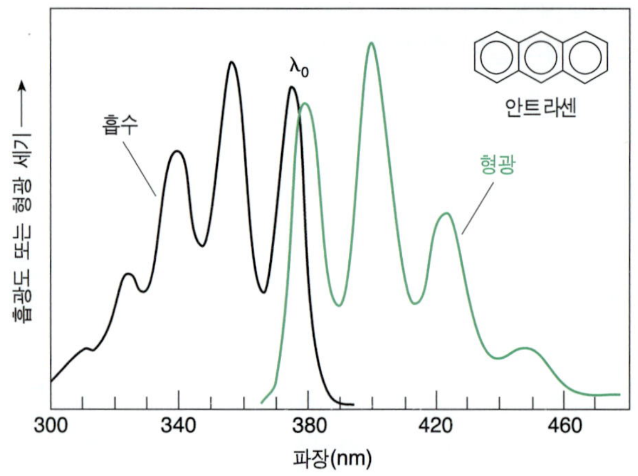

타낸 에너지 준위를 생각해 보자. 흡수 스펙트럼에서 파장 λ_0는 S_0 바닥 상태 진동 준위로부터 S_1의 최저 진동 준위로의 전이에 해당된다. 높은 에너지(짧은 파장)에서의 최대 흡수는 한 개 이상의 진동 에너지 양자의 흡수를 수반하는 $S_0 \rightarrow S_1$ 전이에 해당된다. 극성 용매에서는 진동 구조가 확인할 수 없을 정도로 넓어져 흡수 스펙트럼이 단지 완만한 띠 형태로 관찰되기도 한다. 그림 19-22에서 용매는 사이클로헥세인으로 비극성이며, 진동 구조를 쉽게 관찰할 수 있다.

흡수보다 낮은 에너지(긴 파장)에서 일어나는 방출의 예는 천연색 사진 20에서 볼 수 있다. 결정에 의해서 흡수된 푸른빛은 **붉은색** 빛으로 방출한다.

흡수를 일으킨 다음에 진동으로 들뜬 S_1 분자는 복사선을 방출하기에 앞서 S_1의 최저 진동 준위로 이완된다. 그림 19-23과 같이 S_1으로부터의 방출은 S_0의 어떤 진동 준위로도 갈 수 있다. 최고 에너지 전이는 파장 λ_0에서 나타나며, 더 긴 파장에서 일련의 봉우리들이 뒤따라 나타난다. 진동 준위들 사이의 에너지 차이가 거의 같고 전이확률이 비슷하게

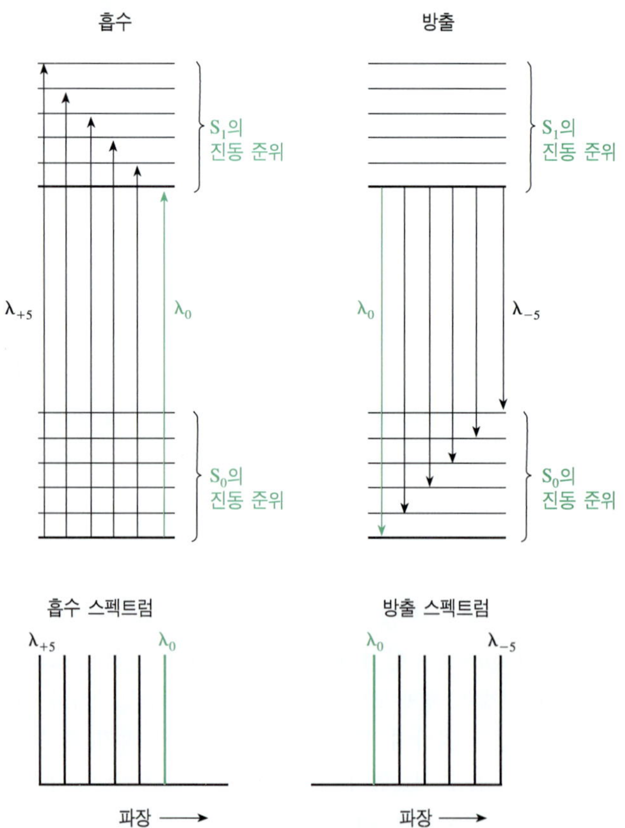

그림 19-23 왜 흡수 및 방출 스펙트럼에서 구조가 보이고, 스펙트럼이 서로 근사적인 거울상이 되는지를 보여 주는 에너지 준위 그림. 흡수에서 파장 λ_0는 최저 에너지에서, 그리고 λ_{+5}는 최고 에너지에서 나타난다. 방출에 있어서 λ_0는 최고 에너지이고, λ_{+5}는 최저 에너지이다.

되면, 흡수와 방출 스펙트럼은 거의 거울상의 관계를 가질 것이다.

빛의 흡수에 의해서 일어날 수 있는 또 다른 결과는 화학결합의 파괴이다. **광화학(photochemistry)**은 빛의 흡수에 의해서 일어나는 화학 반응이다(18장의 시작 부분에서 언급한 상층 대기에서의 $O_2 \xrightarrow{h\nu} 2O$ 분해반응에서와 같은). 몇 가지 화학 반응은 빛의 형태로 에너지를 방출하는데, 이를 **화학발광(chemiluminescence)**이라고 한다. 개똥벌레 또는 야광막대[4]로부터 방출되는 빛이 화학발광이다.

자습문제

19-D. **(a)** 전자, 진동 및 회전 전이의 차이점은 무엇인가?

(b) 빛을 방출하지 않고 흡수된 광자의 에너지를 어떻게 방출하는가?

(c) 형광과 인광을 일으키는 과정은 무엇인가? 어느 것이 더 높은 에너지에서 일어나는가? 어느 것이 더 빠르게 일어나는가?

(d) 형광이 흡수의 거울상이 되는 이유는 무엇인가?

(e) 광화학과 화학발광의 차이는 무엇인가?

19-5 분석 화학에서의 발광

발광(luminescence)은 모든 전자기 복사선의 방출 현상이며, 형광, 인광 및 그밖에 다른 과정들을 포함하고 있다. 그림 19-24와 같이 발광은 시료가 흡수하는 파장($\lambda_{들뜸}$)에서 들뜨고, 최대 방출 피장($\lambda_{방출}$)에서 관찰히여 측정한다. 발광은 산란 복사선의 검출이 최소화되는, 입사선에서 수직인 방향에서 관찰된다. 입사 복사선은 시료 중의 입자 또는 큰 분자들에 의해서 측면으로 산란된다.

발광은 흡수보다 더 감도가 좋다. 전등이 꺼진 야간 경기장에서 50 000명의 열광적인 관중들이 각자 촛불을 들고 있다고 상상해 보라. 그 중에서 500명이 촛불을 껐다고 하여도 거의 별다른 차이를 느끼지 못할 것이다. 그러나 칠흑같이 어두운 경기장에서 500명의 관중들이 일시에 촛불을 켰다고 생각해 보라. 그 변화는 대단히 클 것이다. 첫 번째 예는

발광은 흡수보다 더 민감하므로, 대단히 낮은 농도의 분석물질을 검출할 수 있다.

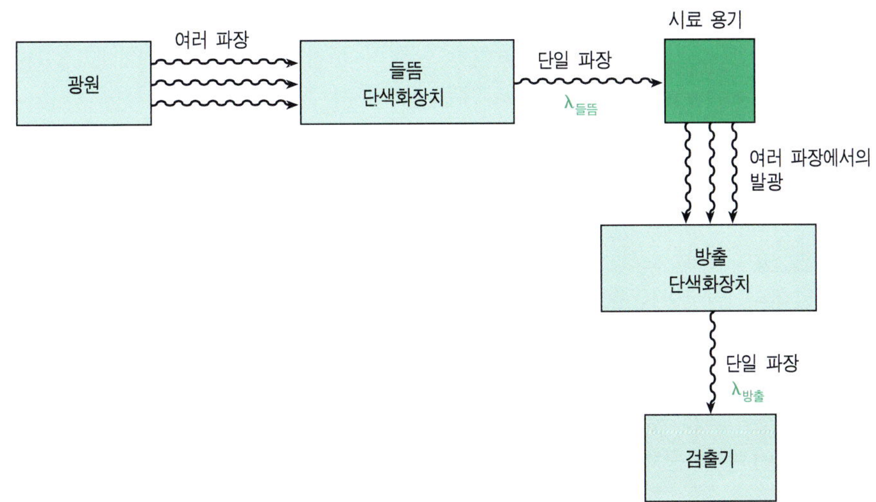

그림 19-24 발광 실험. 시료는 단일 파장의 빛에 의해서 조사되고, 방출은 파장 범위에 걸쳐 관찰된다. 방출 단색화장치는 한 번에 한 가지 방출 파장을 선택하여 방출 스펙트럼을 측정한다.

투광도가 100%에서 99%로 변하는 것과 비슷하다. 이 경우 50 000개 촛불에 의한 배경이 너무 밝기 때문에 이와 같이 작은 변화를 측정하기가 매우 어렵다. 두 번째 예는 시료 중에 함유된 1%의 분자로부터 형광을 관찰하는 것과 유사하다. 그러므로 어두운 배경으로부터 발광을 검출하는 것이 쉽다. 발광은 아주 민감하여 과학자들은 **단일 분자**(*single molecule*)로부터의 방출을 관찰할 수 있다.

발광은 입사 복사력을 증가시키면 증가한다.

정량 분석에서 발광 세기(I)는 제한된 농도 범위에 걸쳐 (1) 방출 화학종의 농도(c)와 (2) 입사 복사력(P_0)에 비례한다. 즉,

방출 세기와 농도와의 관계 : $$I = kP_0c \quad (19\text{-}10)$$

여기에서 k는 방출 분자와 모든 환경 조건에 의존하는 상수이다. 발광 세기는 모든 조건이 일정하면 방출 분자의 농도에 비례한다는 것이 요점이다.

브라질산 견과류에서 셀레늄의 형광 분석

셀레늄은 생명에 필수적인 미량 원소이다. 예를 들면, 셀레늄을 함유한 효소인 글루타싸이온 과산화효소(glutathione peroxidase)는 세포에 유해한 과산화물(ROOH)의 파괴를 촉진시킨다. 반대로 높은 농도의 셀레늄은 유독하다.

유도체화는 분석물질을 편리하게 검출하거나 다른 화학종으로부터 쉽게 분리할 수 있도록 화학적으로 변화시키는 것이다.

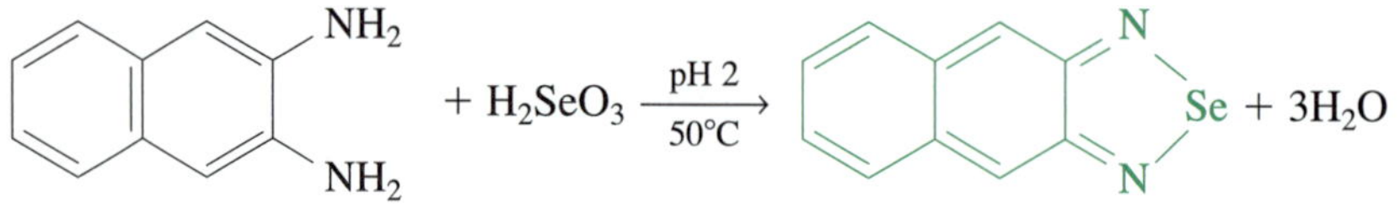

브라질산 견과류 중에서 셀레늄을 측정하기 위하여 견과류 0.1 g을 마이크로파 오븐의 테플론통 속에서 70 wt% HNO_3 2.5 mL로 삭였다(그림 2-18). 삭은 액 속의 셀레늄산(H_2SeO_4)은 하이드록실아민(NH_2OH)에 의해 아셀레늄산(H_2SeO_3)으로 환원된다. 그 다음, 아셀레늄산을 사이클로헥세인으로 추출되는 형광성 생성물로 만들기 위하여 다음과 같이 **유도체화(derivatized)** 반응을 진행한다.

$$\text{2,3-다이아미노나프탈렌} + H_2SeO_3 \xrightarrow[50°C]{pH\ 2} \text{형광성 생성물} + 3H_2O \quad (19\text{-}11)$$

형광성 생성물의 최대응답은 들뜸 파장 378 nm와 방출 파장 518 nm에서 관찰되었다. 그림 19-26의 형광 교정 곡선은 ~0.1 μg Se/mL까지는 식 19-10을 만족하는 직선이다. 0.1 μg Se/mL 이상이 되면 응답은 굽어져 최대에 도달하였다가 셀레늄의 농도가 더 증가하면, 결국 감소하는 곡선을 나타낸다.

이때 어떤 현상이 일어났을까? 형광은 들뜬 상태의 분자로부터 방출되는 빛이다. 농도가 너무 진하면 들뜨지 않은 인접한 분자들이 빛이 큐벳 밖으로 나가기 전에 들뜬 분자로부터 빛을 흡수한다. 가까이에 있는 동일한 물질의 분자들이 들뜸 에너지를 흡수하는 것을 **자체흡수(self-absorption)**라고 한다. 인접 분자들이 흡수한 일부 들뜸 에너지의 분율은 열로 전환된다. 농도가 높을수록 분석물질의 자체 형광흡수는 증가하고 관찰되는 방출은 감소한다. 이것을 분자가 자가 방출에 의해 **소광**(*quench*)된다고 한다.

형광 세기 →
0 1 2 3 4 5 6
Se (μg/mL)

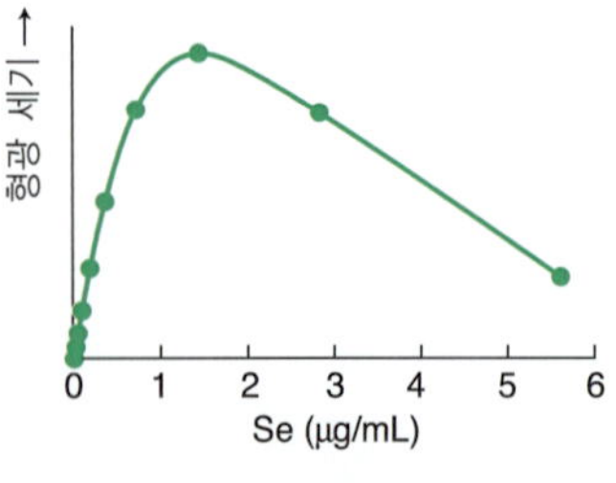

그림 19-25 반응 19-11의 셀레늄-함유 생성물의 형광 교정 곡선. 곡선성과 최대 점은 자체 흡수에 기인한 것이다. [출처: M.-C. Sheffield and T. M. Nahir, *J. Chem. Ed.* **2002**, *79*, 1345.]

그림 19-25에서 나타낸 거동은 일반적인 현상이다. 낮은 농도에서 발광 세기는 분석물질의 농도에 비례한다. 높은 농도에서는 자체흡수가 주로 일어나므로 결과적으로 발광은 최대에 도달한다. 식 19-10은 낮은 농도에만 적용할 수 있다.

면역분석

발광의 중요한 응용 중 하나는 항체를 사용하여 분석물질을 검출하는 **면역분석(immunoassay)**이다. **항체(antibody)**는 동물의 면역체계에 의해 생성되는 일종의 단백질

로서, 이것은 **항원(antigen)**이라고 하는 외부 분자에 감응한다. 항체는 그 자체의 합성을 자극한 항원만을 선택적으로 인식하고, 결합한다.

그림 19-26은 생화학 관련 문헌에서 약자인 ELISA로 나타내는, **효소결합 면역흡착제 분석**(*enzyme-linked immunosorbent assay*)의 원리를 설명해준다. 대상 분석물질(항원)에 대하여 특이적으로 반응하는 항체 1은 고분자 지지체에 결합되어 있다. 단계 1과 2에서 분석물질은 고분자에 결합된 항체와 함께 배양되어 항원-항체 착물을 형성한다. 분석물질과 결합하는 항체 자리의 분율은 미지 시료 중에 함유된 분석물질의 농도에 비례한다. 그 다음 표면을 씻어 결합되지 않은 물질을 제거한다. 단계 3과 4에서 항체-항원 착물은 분석물질의 다른 자리를 인식하는 항체 2로 처리한다. 나중에 이용될 효소는 항체 2에 공유결합으로 붙어 있다(단계 3 이전에). 다시 과량의 결합되지 않은 물질을 씻어 버린다.

그림 19-27은 항체 2에 결합된 효소가 정량 분석에 사용되는 두 가지 방법을 보여 주고 있다. 그림 19-27a에서 효소는 무색의 반응물을 색깔을 띤 생성물로 변환시킨다. 한 개의 효소 분자는 같은 반응에서 여러 차례 촉매 작용을 하기 때문에, 한 분자의 항원에 대하여 색깔을 띤 여러 분자의 생성물을 만든다. 그러므로 효소는 화학 분석에서 신호를 **증폭**(*amplify*)시킨다. 미지 시료 중에 함유된 분석물질의 농도가 높을수록, 더 많은 효소가 결합되는 동시에 효소-촉매 반응을 일으키는 정도도 증가한다. 그림 19-27b에 효소가 비형광성 반응물을 형광성 생성물로 변환시키는 과정을 나타내었다. 효소결합 면역흡착제 분석에서 분석물질의 감도는 <1 ng이다. 임신 여부의 확인 검사는 소변 중에 있는 태반 단백질의 면역분석법에 기초를 두고 있다. 보충 19-1은 면역분석이 현장 환경 분석에 어떻게 이용되는가를 보여 주고 있다.

1. 분석물질을 함유한 시료를 첨가
2. 결합되지 않은 분자는 씻어서 제거

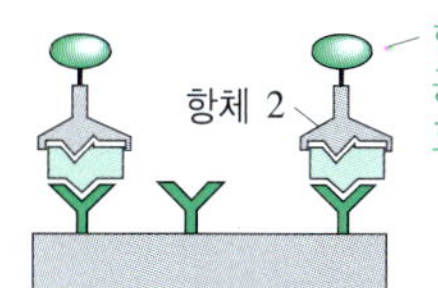

3. 항체 2로 표지된 효소를 첨가
4. 결합되지 않은 항체는 씻어서 제거

항체 2
항체 2에 공유 결합된 효소

그림 19-26 효소-결합 면역흡착제 분석. 대상 분석물질과 특성적으로 반응하는 항체 1은 고분자 지지체에 결합되어 있으며 미지 시료로 처리한다. 과량의 결합되지 않은 분자들을 씻어버린 후, 나머지 분석물질은 항체 1에 결합된 채로 남아 있다. 그 다음 결합된 분석물질을 항체 2로 처리하는데, 항체 2는 분석물질에 있는 다른 자리를 인식한다. 효소가 항체 2에 공유 결합한다. 결합되지 않은 물질을 씻어버린 후, 각 분석물질 분자들은 그림 19-27에서 사용될 효소에 결합되어 있다.

자습문제

19-E. **(a)** 그림 19-25는 왜 곡선이며, 최대에 도달하는가?
(b) 효소결합 면역흡착제 분석에서 어떻게 신호의 증폭이 일어나는가?

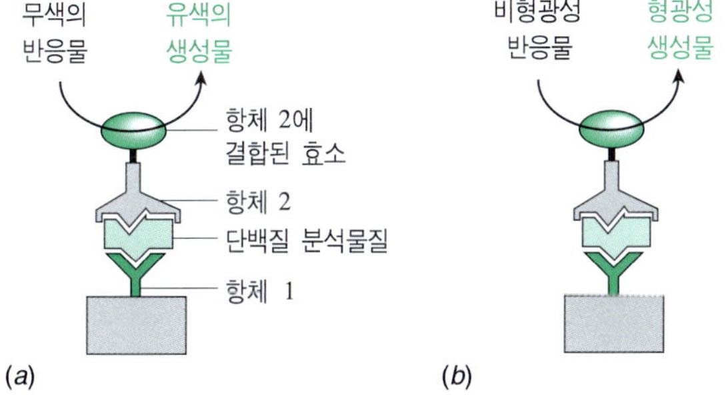

그림 19-27 항체 2에 결합된 효소는 (*a*) 색깔을 띠거나 (*b*) 형광성 생성물을 형성하는 반응에서 촉매로 작용한다. 면역분석에서는 결합된 각 분석물질 분자들이 쉽게 측정할 수 있도록 색깔을 띠거나 형광을 내는 생성물이 된다.

보충 19-1 가정용 임신 테스트는 어떻게 작동하는가?

가장 흔한 가정용 임신 테스트 중의 하나는 오줌 속 인간 융모막성생식선 자극 호르몬(hcG)을 검출하는 면역분석이다. HcG는 α와 β로 부르는 두 아단위 내 244개의 아미노산으로 이루어진 단백질이다. β 아단위는 hcG에만 있지만 α 아단위는 몇 가지 다른 단백질에서도 발견된다. 임신이 되면 이 호르몬이 분비되기 시작한다.

그림에 개략적으로 나타낸 **측면 흐름 가정용 임신 면역분석**(*lateral flow home pregnancy immunoassay*)은 hcG를 정성적으로 검출한다. 니트로셀룰로오스로 만들어진 수평의 시험 조각의 왼쪽 끝에 있는, 심지로 작용하는 시료 패드에 오줌을 묻히면 모세관 작용에 의해 액체가 왼쪽에서 오른쪽으로 흐른다. 이 액체는 먼저 "결합제" 패드 위에 있는 검출 시약과 만난다. 이 시약은 적색의 금 나노입자에 붙은 hcG 모노클로널 항체로 이루어져 있기 때문에 '결합제'라고 부른다. 항체는 hcG의 β 사슬의 한 자리에 결합한다.

액체가 오른쪽으로 흐름에 따라 결합제에 결합한 hcG는 "시험선"에 붙잡히는데 여기에는 hcG의 β 사슬의 다른 자리에만 선택적으로 결합하는 항체가 들어 있다. 시험선에 잡혀 있는 금 나노입자는 눈에 보이는 적색 선을 만든다. 액체가 계속 오른쪽으로 흐르면 결합제 시약과 결합하는 항체를 가지고 있는 "대조선"과 만난다. 대조선에서 두 번째 적색 선이 생긴다. 오른쪽 끝에는 액체, 여분의 시약 및 시험선이나 대조선에 머무르지 않은 분석물질을 흡수하는 흡수제 패드가 놓여 있다.

두 개의 선이 모두 적색이면 임신 양성이며, 대조선만 적색으로 바뀌면 임신 음성이다. 대조선이 적색으로 바뀌지 않으면 테스트가 실패한 것이다.

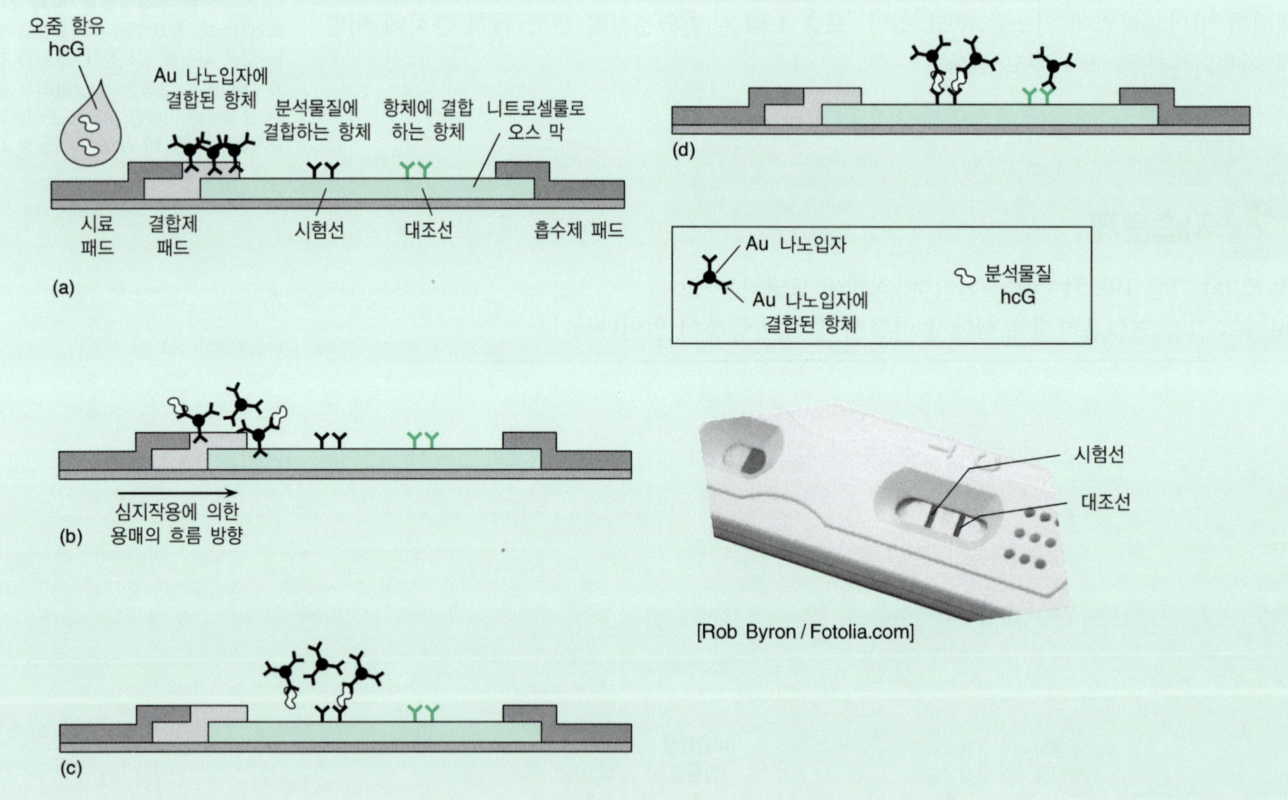

[Rob Byron / Fotolia.com]

주요식

화학종 X, Y 등의 혼합물에 의한 흡수 $A = \epsilon_X b[X] + \epsilon_Y b[Y]$

A = 파장 λ에서의 흡광도

ϵ_i = 파장 λ에서 화학종 i의 몰흡광 계수
b = 통로 길이
식 19-5를 사용하여 혼합물의 스펙트럼으로 분석할 수 있어야 한다.

형광 세기 (낮은 농도에서)

$I = kP_0c$
I = 형광 세기
k = 상수
P_0 = 입사 복사선의 세기
c = 형광성 화학종의 농도

알아두어야 할 술어

광다이오드 배열 (photodiode array)
광전증배관 (photomultiplier tube)
광화학 (photochemistry)
다색화장치 (polychromator)
단색화장치 (monochromator)
단일항 상태 (singlet state)
등흡수점 (isosbestic point)
면역분석법 (immunoassay)
발광 (luminescence)
분광광도법 적정 (spectrophotometric titration)
분자 궤도함수 (molecular orbital)
삼중항 상태 (triplet state)
유도체화 (derivatization)
자체흡수 (self-absorption)
인광 (phosphorescence)
전자 전이 (electronic transition)
진동 전이 (vibrational transition)
항원 (antigen)
항체 (antibody)
형광 (fluorescence)
화학발광 (chemiluminescence)
회전전이 (rotational transition)
회절 (diffraction)
회절발 (grating)

문제

19-1. 홑빛살 및 겹빛살 분광광도계의 차이를 기술하고, 시료의 투광도를 각각 어떻게 측정하는지 설명하시오. 홑빛살 기기에서의 오차 발생원 중 겹빛살 기기에서는 나타나지 않는 것은 무엇인가?

19-2. 파장 300 nm 복사선의 광원으로서, 텅스텐 또는 중수소 램프 중 어느 것을 사용할 것인가?

19-3. 단색화장치의 슬릿폭을 감소시킬 때 장단점은 각각 무엇인가?

19-4. 그림 19-6에서 입사각 40°로 작동되는 반사 회절발을 생각하자.

(a) 600 nm (가시선)의 빛에 대한 1차 회절각이 −30°이면, 회절발에 새겨질 홈(선)은 cm당 몇 개인가?

(b) 1 000 cm^{-1}의 적외선에 대하여 같은 질문에 답하시오.

19-5. **(a)** 천연색 사진 19a에서 파장이 633 nm인 붉은색 빛은 수직의 입사각 (θ = 0)으로 회절발을 두드린다. 회절발 간격 d = 1.6 μm이다. 어떤 각도에서 $n = -1$, $n = +1$, $n = +2$의 회절 빛살이 관찰되겠는가?

19-6. 광전증배관이 감도가 높은 이유는 무엇인가?

19-7. 어떤 특징으로 해서 광다이오드 배열 분광광도계는 크로마토그래피 칼럼으로부터 용출되는 화합물의 스펙트럼을 측정하는 데 적합하고, 분산식 분광광도계는 적합하지 않은가? 광다이오드 배열 분광광도계의 단점은 무엇인가?

19-8. 언제 등흡수점이 관찰되며, 그 이유는 무엇인가?

19-9. 순수한 시료로부터 측정한 화합물 X와 Y의 몰흡광 계수는 다음과 같다.

	ε (M^{-1} cm^{-1})	
λ (nm)	X	Y
λ′ ≡ 272	ε'_X = 16 440	ε'_Y = 3 870
λ″ ≡ 327	ε''_X = 3 990	ε''_Y = 6 420

1.000 cm 흡수 용기에서 측정한 X와 Y의 혼합물의 흡광도는 272 nm에서 A' = 0.957이었고, 327 nm에서 A'' = 0.559였다. 혼합물 중 X와 Y의 농도를 각각 구하시오.

19-10. **연립방정식을 풀기 위한 스프레드시트.** 식 19-5를 사용하여 혼합물을 분석하는 스프레드시트를 작성하시오. 입력 자료는 시료 경로길이, 두 파장에서 측정된 흡광도 및 두 파장에서 두 가지 순수한 화합물로부터 구한 몰흡광계수이다. 출력 자료는 혼합물 중에 있는 각 성분의 농도이다. 문제 19-9의 데이터들을 사용하여, 작성한 스프레드시트를 검사하시오.

19-11. 1.00 × 10^{-4} M MnO_4^-, 1.00 × 10^{-4} M $Cr_2O_7^{2-}$ 및 두 이온의 미지 혼합물의 자외선 흡광도 (모두 1.000 cm 흡수

용기에서 측정하였음)는 다음 표와 같다. 혼합물 중에 있는 각 화학종의 농도를 구하시오.

파장 (nm)	MnO_4^- 표준	$Cr_2O_7^{2-}$ 표준	혼합물
266	0.042	0.410	0.766
320	0.168	0.158	0.422

19-12. 트랜스페린은 혈액에 존재하는 철운반 단백질이다. 분자량은 81 000이고, 두 개의 Fe^{3+} 이온을 운반한다. 데스페리옥사민(desferrioxamine) B (13장 머리글)는 철이 과량인 환자의 치료에 사용되는 매우 강한, 철의 킬레이트제이며, 분자량은 약 650이고 한 개의 Fe^{3+}와 결합할 수 있다. 데스페리옥사민은 인체 내의 여러 부위에 있는 철과 반응하여 신장을 통해서 배설된다. 두 파장에서 측정된 이들 화합물(철로 포화된)의 몰흡광 계수를 아래의 표에 수록하였다. 두 화합물은 철이 존재하지 않으면 모두 무색이다(가시선 흡수를 일으키지 않음).

	ε (M^{-1} cm^{-1})	
λ (nm)	트랜스페린	데스페리옥사민
428	3 540	2 730
470	4 170	2 290

(a) 트랜스페린 용액은 1.000 cm의 용기를 사용하였을 때 470 nm에서 0.463의 흡광도를 나타낸다. 트랜스페린의 농도(mg/mL)와 철의 농도(μg/mL)를 계산하시오.

(b) 소량의 데스페리옥사민을 가한 즉시(시료를 묽힌다) 측정한 흡광도는 470 nm에서 0.424이고, 428 nm에서는 0.401이었다. 트랜스페린 내 철의 분율을 계산하시오. 트랜스페린은 두 개의 Fe^{3+}와 결합하고, 데스페리옥사민은 한 개의 Fe^{3+}와 결합한다는 사실을 기억하시오.

19-13. 분광광도법에 의한 pK_a의 결정. 파장 440 nm에서 얻은 어떤 지시약 HIn과 In^-의 몰흡광 계수는 각각 2 080 및 14 200 M^{-1} cm^{-1}이었다.

$$HIn \underset{}{\overset{K_{HIn}}{\rightleftharpoons}} H^+ + In^-$$

(a) 1.00 cm 큐벳에서 농도 [HIn] 및 $[In^-]$인 용액이 440 nm에서 나타내는 흡광도에 대한 Beer의 법칙 표현식을 쓰시오.

(b) HIn 용액의 pH를 6.23으로 조절하여 전체 농도가 1.84×10^{-4} M인 HIn과 In^-의 혼합물을 만들었다. 440 nm에서 이 용액의 흡광도는 0.868이었다. **(a)**에서 얻은 식과 질량 균형식 $[HIn] + [In^-] = 1.84 \times 10^{-4}$ M로부터 이 지시약의 pK_{HIn}을 계산하시오.

19-14. 분광광도법으로 pK_a를 구하는 그래프 법. 이 방법은 다른 pH값에서 일정한 농도의 미지 화합물을 함유하는 일련의 용액이 필요하다. 다음 그림은 화학종들 중 한 가지, 예컨대 In^-의 흡광도 (A_{In^-})가 최대이고 HIn은 다른 흡광도 (A_{HIn})를 나타내는 파장을 선택한 것을 보여 준다.

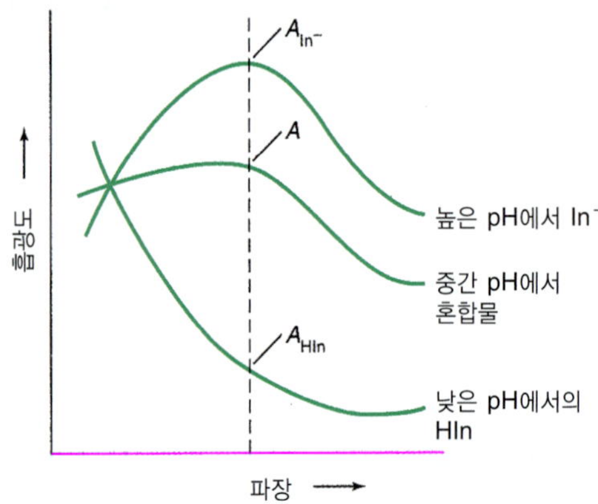

중간 pH에서의 흡광도 (A)는 위아래 두 흡광도 사이의 중간값을 갖는다. 전체 농도를 $c_0 = [HIn] + [In^-]$라고 하자. 높은 pH에서의 흡광도는 $A_{In^-} = \varepsilon_{In^-} bc_0$이고, 낮은 pH에서의 흡광도는 $A_{HIn} = \varepsilon_{HIn} bc_0$이다. 여기서 ε는 몰흡광 계수이고, b는 =경로 길이이다. 중간 pH에서는 두 가지 화학종이 함께 존재하므로 흡광도 $A = \varepsilon_{HIn} b[HIn] + \varepsilon_{In^-} b[In^-]$이다. 이들 식을 결합하여 다음 식을 나타낼 수 있다.

$$\frac{[In^-]}{[HIn]} = \frac{A - A_{HIn}}{A_{In^-} - A}$$

위 식을 Henderson-Hasselbalch 식에 대입하면,

$$pH = pK_{HIn} + \log\left(\frac{[In^-]}{[HIn]}\right) \Rightarrow \log\left(\frac{A - A_{HIn}}{A_{In^-} - A}\right) = pH - pK_{HIn}$$

중간 pH에 있는 여러 개의 용액으로 $\log[(A - A_{HIn})/(A_{In^-} - A)]$ 대 pH의 그래프를 그리면, 기울기가 1이며, pK_{HIn}이 되는 점에서 x축과 교차하는 직선이 얻어지게 될 것이다.

pH	흡광도
~ 2	$0.006 \equiv A_{HIn}$
3.35	0.170
3.65	0.287
3.94	0.411
4.30	0.562
4.64	0.670
~ 12	$0.818 \equiv A_{In^-}$

590 nm에서 얻은 HIn = 브로모페놀 블루의 데이터.
출처: G. S. Patterson, *J. Chem. Ed.* **1999**, *76*, 395.

$\log[(A - A_{HIn})/(A_{In^-} - A)]$ 대 pH의 그래프를 그리고, 기울기와 절편을 구한 다음 pK_{HIn} 값을 구하시오.

19-15. 적외선 스펙트럼은 약하거나 강한 흡수띠를 같은 눈금의 그래프에 나타낼 수 있도록 관례적으로 %투광도로 기록된다. 화합물 A와 B의 적외선 스펙트럼에서 2 000 cm^{-1} 근처의 파수를 다음 표에 나타내었다. 이 눈금에서 흡수는 아래로 향한 봉우리에 해당한다는 것을 유의하라. 경로 길이가 0.05 00 cm인 용기를 사용하여 0.010 0 M인 각 화합물 용액의 스펙트럼들을 측정하였다. 0.005 00 cm 용기에서 A와 B의 혼합물은 2 022 cm^{-1}에서

34.0%, 1 993 cm^{-1}에서 38.3%의 투광도를 나타내었다. 문제 19-10의 스프레드시트를 이용하여 [A]와 [B]를 구하시오.

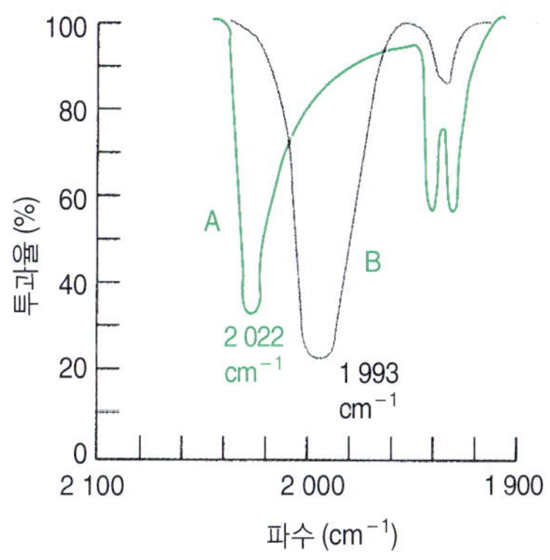

파수	순수한 A	순수한 B
2 022 cm^{-1}	31.0 % T	97.4 % T
1 993 cm^{-1}	79.7 % T	20.0 % T

19-16. 그림 19-15에 나타낸 트랜스페린의 철결합 자리는 Fe^{3+} 외의 다른 금속 이온과 CO_3^{2-} 외의 음이온을 받아들일 수 있다. 트랜스페린 (2.00 mL에 3.57 mg 함유)을 옥살산 음이온 $C_2O_4^{2-}$가 존재할 때와 적당한 음이온이 존재하지 않을 때 6.64 mM Ga^{3+} 용액으로 적정한 자료를 다음 표에 수록하였다. 표의 두 가지 자료들을 이용하여 그림 19-16과 유사한 그래프를 작성하시오. 단백질 한 분자당 두 개의 Ga^{3+} 이온이 결합하는 이론적 당량점을 나타내시오. 옥살산 이온이 존재할 때와 존재하지 않을 때 몇 개의 Ga^{3+} 이온이 트랜스페린과 결합하는가?

$C_2O_4^{2-}$ 존재하에서의 적정		음이온이 존재하지 않을 때의 적정	
첨가한 Ga^{3+}의 총 μL수	241 nm 에서의 흡광도	첨가한 Ga^{3+}의 총 μL수	241 nm 에서의 흡광도
0.0	0.044	0.0	0.000
2.0	0.143	2.0	0.007
4.0	0.222	6.0	0.012
6.0	0.306	10.0	0.019
8.0	0.381	14.0	0.024
10.0	0.452	18.0	0.030
12.0	0.508	22.0	0.035
14.0	0.541	26.0	0.037
16.0	0.558		
18.0	0.562		
21.0	0.569		
24.0	0.576		

19-17. 금속 킬레이트제인 세미-자일레놀 오렌지 (semi-xylenol orange)는 pH 5.9에서 노란색이지만, Pb^{2+}와 반응하면 붉은색 (λ_{max} = 490 nm)으로 변한다. 세미-자일레놀 오렌지 2.025 mL를 7.515×10^{-4} M $Pb(NO_3)_2$로 적정하였을 때 다음과 같은 결과를 얻었다.

첨가한 Pb^{2+}의 총 μL수	490 nm에서 1 cm 용기로 측정한 흡광도	첨가한 Pb^{2+}의 총 μL수	490 nm에서 1 cm 용기로 측정한 흡광도
0.0	0.227	42.0	0.425
6.0	0.256	48.0	0.445
12.0	0.286	54.0	0.448
18.0	0.316	60.0	0.449
24.0	0.345	70.0	0.450
30.0	0.370	80.0	0.447
36.0	0.399		

첨가한 Pb^{2+}의 mL 대 보정된 흡광도의 그래프를 작성하시오. 보정된 흡광도는 처음의 부피인 2.025 mL로부터 부피가 변하지 않았을 때 관찰되는 값이다. 세미-자일레놀 오렌지와 Pb^{2+}가 1 : 1의 화학량론으로 반응한다고 가정하고, 원래 용액에서의 세미-자일레놀 오렌지의 몰농도를 계산하시오.

19-18. 토양의 유기용매 추출물 중에 함유된 트라이나이트로 톨루엔 (TNT)과 같은 폭발물 측정을 위한 **면역분석**은 세포 **유동 분석계** (*flow cystometer*)를 이용하는데, 좁은 관을 통하여 검출기로 흘러가는 작은 입자들 (살아 있는 세포와 같은)의 수를 계측한다. 이 실험에서 유동 분석계는 초록색 레이저를 입자에 쪼이고, 검출기를 통과하여 흐를 때 각 입자에서 나오는 형광을 측정한다.

1. TNT가 결합된 항체를 지름이 5 μm인 라텍스 구슬에 화학적으로 결합시킨다.
2. 항체를 포화시키기 위해 구슬을 TNT 형광 유도체와 함께 배양시킨다.

NO_2 / O_2N / CH_3 / NO_2 — 트라이나이트로톨루엔(NTN)

NO_2 / O_2N / 신축성 연결고리 / 형광성기 / NO_2 — 형광성 표지 TNT

3. 5 μL의 구슬 현탁액을 100 μL의 시료에 첨가한다. 시료 중의 TNT는 항체로부터 일부 유도체화된 TNT를 치환시킨다. TNT의 농도가 높을수록 유도체화된 TNT가 더 많이 치환된다.
4. 시료/구슬 현탁액을 세포 유동 분석계에 주입하고, 검출기를 통과할 때 각 구슬의 형광을 측정한다. 아래 그림은 형광 세기의 중앙값±표준편차를 보여 준다. ppm에서 ppb 범위에서 TNT를 정량할 수 있다.

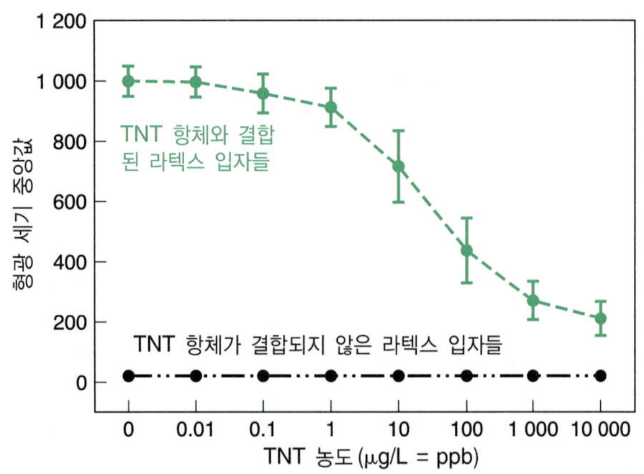

TNT-항체-구슬의 형광 세기 대 TNT 농도. [출처: G. P. Anderson, S. C. Moreira, P. T. Charles, I. L. Medintz, E. R. Goldman, M. Zeinali, and C. R. Taitt, *Anal. Chem.* **2006**, *78*, 2279.]

단계 1, 2 및 3에서 구슬의 상태를 나타내는 그림을 그리고 이 방법을 어떻게 작동하는지 설명하시오.

19-19. 표준물 첨가. 브라질 견과류 시료 0.108 g 중에 함유된 셀레늄을 반응 19-11에 따라 형광성 생성물로 변화시키고 사이클로헥세인 10.0 mL로 추출하였다. 다음 사이클로헥세인 용액 2.00 mL을 큐벳에 넣고 형광 측정을 하였다.

(a) 1.40 μg Se/mL을 함유하는 형광성 생성물을 표준물 첨가하여 얻은 결과를 표에 수록하였다. 그림 5-6과 같은 표준물 첨가 곡선을 작성하여 미지 시료 2.00 mL 중의 Se 농도를 구하시오. 견과류 중 Se의 wt%을 구하시오.

첨가한 표준 용액 부피 (μL)	형광 세기 (임의 단위)
0	41.4
10.0	49.2
20.0	56.4
30.0	63.8
40.0	70.3

(b) 문제 5-19의 식을 사용하여 x절편의 불확정도와 wt% Se의 불확정도를 각각 구하시오.

19-20. 살아 있는 세포에서 pH 측정. C-SNARF-1이라고 하는 형광 지시약의 산성 형 (HIn)과 염기성 형 (In^-)은 서로 다른 스펙트럼을 나타낸다.

$$HIn \xrightleftharpoons{pK_a = 7.50} In^- + H^+$$

아래 그림은 인체 lymphoblastoid 세포 내 지시약의 방출과 지시약이 없을 때 세포의 방출을 보여 준다. 별도의 실험에서 같은 농도의 순수한 HIn (산성 용액에서) 과 In^- (염기성 용액에서) 의 방출을 측정하였다. 아래의 표에 결과를 수록하였다.

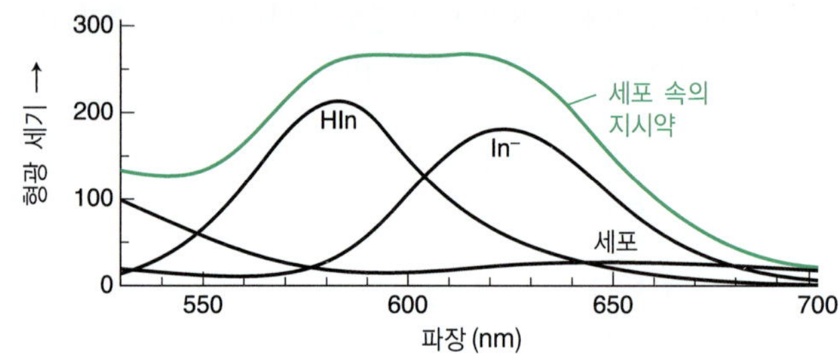

인체 lymphoblastoid 세포에 녹아 있는 C-SNARF-1과 지시약이 없을 때 세포로부터 방출되는 형광. HIn, In^- 및 순수한 세포의 형광 세기가 (세포+지시약)의 방출 세기가 되도록 HIn과 In^-의 방출 스펙트럼을 보정한 세기로 겹쳐 나타내었다. [출처: A.-C. Ribou, J. Vigo, and J.-M. Salmon, *J. Chem. Ed.* **2002**, *79*, 1471.]

방출 물질	형광 세기 (임의 단위) 590 nm	625 nm	세기비 (I_{590}/I_{625})
세포+지시약	269	258	
세포	13	21	
차이	256	237	$1.08_0 \equiv R$
HIn	14 780	4 700	$3.14_5 \equiv R_{HIn}$
In^-	3 130	9 440	$0.332 \equiv R_{In^-}$

방출 세기는 가성적이다. 파장 $\lambda' = 590$ nm와 $\lambda'' = 625$ nm에서 세기는,

$$I' = a'_{HIn}[HIn] + a'_{In^-}[In^-] \quad (A)$$

$$I'' = a''_{HIn}[HIn] + a''_{In^-}[In^-] \quad (B)$$

여기서 계수 a는 방출 세기를 농도와 관계 지어 준다. 세포 속에 녹아 있는 미지 $HIn + In^-$ 혼합물의 방출 세기비를 $R = I'/I''$로 나타내었다. 마찬가지로 HIn과 In^-에 대한 비를 R_{HIn}과 R_{In^-}로 표시하였으며, 얻어진 값들을 표에 수록하였다. 연립 방정식 A와 B를 재배열하면 다음 식을 얻을 수 있다.

$$\frac{[In^-]}{[HIn]} = \left(\frac{R - R_{HIn}}{R_{In^-} - R}\right)\frac{a''_{HIn}}{a''_{In^-}} \quad (C)$$

지수 a''_{HIn}/a''_{In}는 농도가 같을 때 $\lambda'' = 625$ nm에서 HIn과 In^-의 방출 세기비이다. 표로부터 $a''_{HIn}/a''_{In} = 4\ 700/9\ 440 = 0.497_9$이다. 파장 590과 625 nm는 식 C의 비가 어느 정도 정확하게 측정되도록 선택하였다. 세포 내부의 $[In^-]/[HIn]$ 비를 구하고, 이 비로부터 세포 내의 pH를 구하시오.

19-21. 효소-결합 면역분석 (ELISA) 이 어떻게 분석물질에 대한 응답을 증폭하는지 설명하시오.

19-22. 온실 기체의 감소. 18-W 소형 형광전구는 동일한 소켓에 끼운 75-W 백열전구와 대략 비슷한 양의 빛을 발한다. 형광전구의 수명은 ~10 000 h이고, 백열전구의 경우는 ~750 h이다. 형광전구의 수명 동안 (75 − 18 W) (104 h) = 570 kW · h의 전기가 절약된다. 1 킬로그램의 석탄은 ~2 kW · h의 전기를 발생한다.

석탄이 60 wt% 탄소를 함유하고 있다면, 형광전구보다 백열전구에서 얼마만큼 더 많은 kg의 CO_2가 생성되는가? 석탄이 2 wt% 황을 함유하고 있다면 몇 kg의 SO_2가 더 생성되는가?

응용문제

19-23. 금속 이온 지시약인 자일레놀 오렌지(표 13-2)는 pH 6에서 노란색($\lambda_{최대}$ = 439 nm)이다. pH 6에서 지시약을 VO^{2+}(바나딜 이온)으로 적정할 때 일으키는 스펙트럼의 변화를 아래의 그림에 나타내었다. 각 점에서 VO^{2+}/자일레놀 오렌지의 몰비는 다음 표와 같다. 스펙트럼의 변화, 특히 457과 528 nm에서의 등흡수점을 설명할 수 있는 화학 반응 과정을 제시하시오.

그림번호	몰비	그림번호	몰비	그림번호	몰비
0	0	6	0.60	12	1.3
1	0.10	7	0.70	13	1.5
2	0.20	8	0.80	14	2.0
3	0.30	9	0.90	15	3.1
4	0.40	10	1.0	16	4.1
5	0.50	11	1.1		

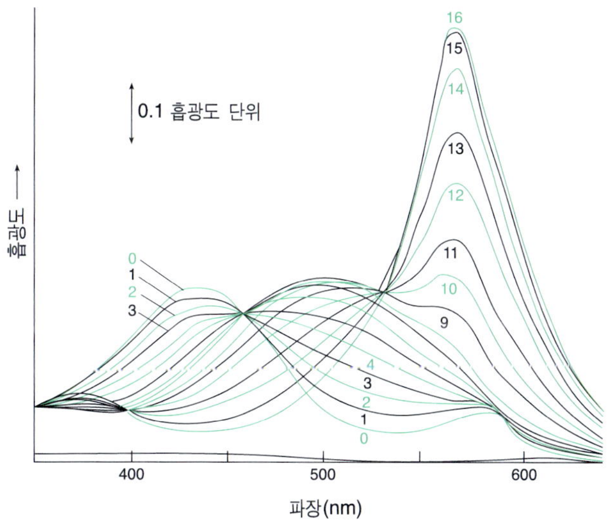

pH 6.0에서 VO^{2+}로 자일레놀 오렌지를 적정 [출처: D. C. Harris and M. H. Gelb, *Biochim, Biophys. Acta*, **1980**, *623*, 1.]

주와 참고문헌

1. J. A. DeLuca, *J. Chem. Ed.* **1980**, *57*, 541.

2. Demonstrations with a spectrophotometer and fiber-optic probe: J. P. Blitz, D. J. Sheeran, and T. L. Becker, "Classroom Demonstrations of Concepts in Molecular Fluorescence," *J. Chem. Ed.* **2006**, *83*, 758. More fluorescent object: A. MacCormac, E. O' Brien, and R. O' Kennedy, *J. Chem. Ed.* **2010**, *87*, 685.

3. R. B. Weinberg, *J. Chem. Ed.* **2007**, *84*, 797. Demonstration of fluorescence-quenching clock reaction with laundry detergent and household chemicals.

4. C. Salter, K. Range, and G. Salter, *J. Chem. Ed.* **1999**, *76*, 84.

빙하(snow pack) 속 수은의 역사적 기록

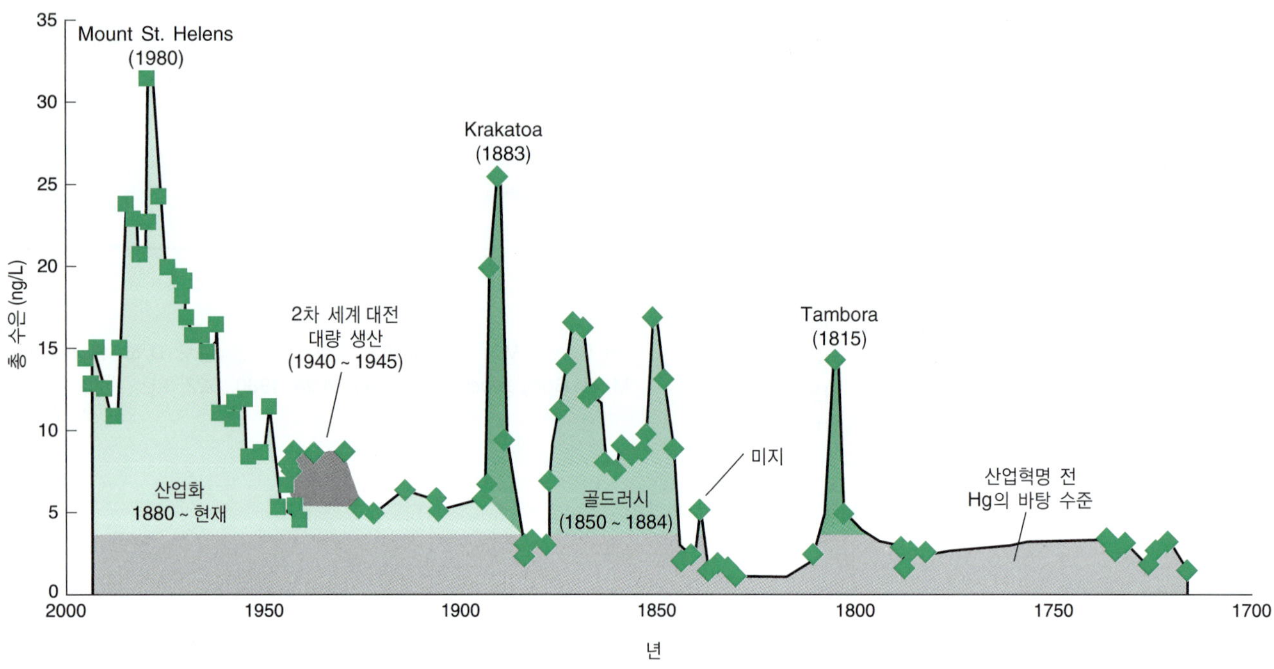

Fremont 빙하 상층부의 수은. [출처: P. F. Schuster, D. P. Krabbenhoft, D. L. Naftz, L. D. Cecil, M. L. Olson, J. F. Dewild, D. D. Susong, J. R. Green, and M. L. Abbott, *Environ. Sci. Technol.* **2002**, *36*, 2303.]

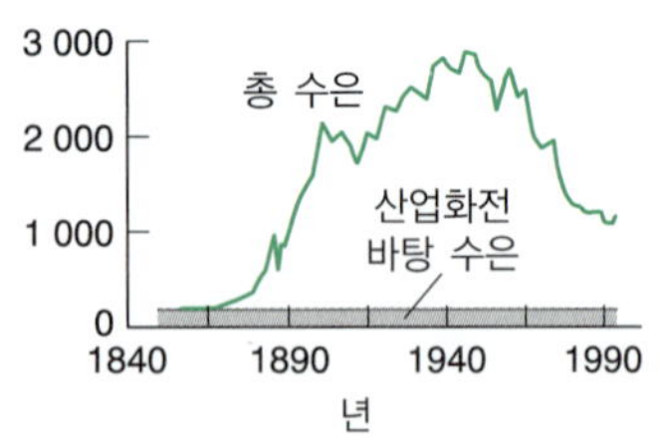

퇴적물 중심으로부터 미시간 호수의 수은 유입 추산값. 대부분의 수은은 공기로부터 퇴적되며 석탄 연소와 같은 인류발생적 발생에 의한 것이다. [R. Rossmann, *Environ. Sci. Technol.* **2010**, *44*, 935.]

깊이 160 m의 Wyoming주 빙하 중에 함유된 pptr (ng/L)의 수은은 1720년 이래 발생한 사건들의 기록을 제공해주었다. 1958년과 1963년의 깊이 검량은 핵폭탄 실험으로부터 얻어진 방사성 조각에 의해서 측정되었다. 1815년과 1883년의 깊이는 Krakatoa와 Tambora 화산에서 생성된 산의 전기 전도도 봉우리로부터 확인하였다.

인간에 의해 발생된 수은은 수 톤에 달하는 Hg를 광석으로부터 금을 추출하기 위하여 사용하였던 캘리포니아 골드러시 시기인 1850 ~ 1884년에 관찰된다. 금을 회수하기 위한 Hg의 사용은 1884년에 제한되었다. 20세기의 높은 농도의 수은은 석탄의 연소, 폐기물 소각과 아울러 염소–알칼리 공정에서 Cl_2의 생산에 사용된 Hg에 기인되었다. 대기 중 Hg는 20세기 후반 국제 협약에 따라 수은의 사용을 제한한 이래 최고값으로부터 감소하였다. 석탄의 연소는 Hg의 주요 원천으로 남아 있다. "원시시대"의 지역 연구는 어류 중에 함유된 메틸수은(CH_3Hg^+)의 원천이 대기 중 축적임을 확인한다.[1,2] 높은 수준의 수은은 식이 중 생선의 양을 제한하도록 경고해 준다.

녹은 얼음 속 Hg는 Hg(0) 상태로 환원시키고, Ar 기체로 기포를 발생시키면서 용액으로부터 추출하여 측정한다. Hg(*g*)는 모래 표면에 입힌 금속 Au에 의해서 포집된다(Hg는 금 속에 녹는다). 분석을 위하여 포집장치는 가열하여 Hg를 유리시켜 큐벳 속으로 지나가도록 한다. 수은램프로 큐벳을 쪼여 Hg 증기로부터 방출되는 형광을 측정한다. 검출 한계는 0.04 ng/L이다. 녹은 빙하 시료 대신 순수한 물을 사용하여 전 과정을 동일하게 조작하여 만든 바탕은 0.66 ± 0.25 ng Hg/L이었으며, 빙하 시료의 측정값에서 이 바탕값을 빼주어야 한다. 흔적량 분석에서 모든 실험 과정은 대단히 청결한 환경에서 수행한다.

20

원자 분광법

원자 분광법(*atomic spectroscopy*)은 산업체 및 환경 관련 연구실에서 주성분 또는 미량의 금속 원소를 분석하기 위한 주요 도구이다. 시료를 자동으로 주입하는 자동 시료채취기를 함께 사용하면 이 기기는 하루에 수백 개의 시료를 분석할 수 있다.

20-1 원자 분광법이란 무엇인가?

그림 20-1에 나타낸 원자 분광법 실험에서 액체 시료는 플라스틱관을 통하여 분자를 원자로 분해할 수 있는 불꽃 속으로 **흡입된다**(*aspirated*, 또는 sucked). 불꽃 속 원소의 농도는 복사선의 흡수 또는 방출에 의해서 측정된다. **원자 흡수 분광법(atomic absorption spectroscopy)**에서는 정확한 주파수의 복사선을 불꽃으로 통과시킨 다음 투과된 복사선의 세기를 측정한다(그림 20-2). **원자 방출 분광법(atomic emission spectroscopy)**는 램프가 필요하지 않다. 불꽃 속에서 전자가 들뜬 상태로 올라간 뜨거운 원자로부터 복사선이 방출된다. 그림 20-2에 나타낸 두 가지 실험에서 단색화장치는 검출기에 도달할 복사선의 파장을 선택한다. 이들 방법은 2%의 정밀성으로 ppm 수준인 분석물질의 농도를 측정한다. 주성분을 분석하기 위해서는 농도가 ppm 수준이 되도록 시료의 농도를 묽혀야 한다. 보충 20-1은 우주 탐험에 원자 방출을 응용한 예를 설명해 준다.

원자 분광법:
- 흡수(원자들이 흡수할 수 있는 주파수의 빛을 방출하는 램프가 필요)
- 방출(들뜬 원자로부터의 발광—램프가 필요 없음)

용액 속에 있는 분자의 전형적인 흡수와 방출띠는 너비가 ~10에서 100 nm이다(그림 19-22). 반면, 불꽃 속에 있는 기체 원자의 스펙트럼은 너비가 10^{-3}에서 10^{-2} nm인 대단히 날카로운 선이다(그림 20-3). 선이 아주 날카롭기 때문에 같은 시료 속에 있는 다른 원소들의 스펙트럼이 거의 겹치지 않는다. 선들이 거의 겹치지 않기 때문에 몇몇 기기는 같은 시료에 든 70개 이상의 원소를 동시에 분석할 수 있다.

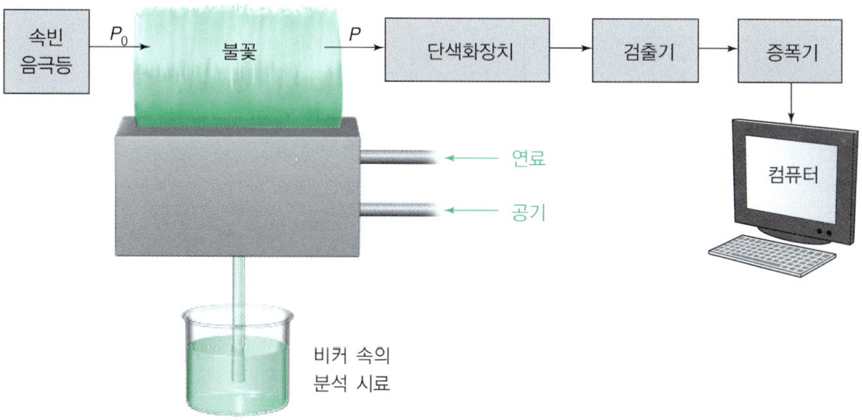

ppm(백만분율)은 용액 g당 용질의 μg수를 의미한다. 묽은 수용액의 밀도는 거의 1.00 g/mL이기 때문에, 흔히 ppm은 μg/mL를 의미하기도 한다. 1 ppm Fe = 1 μg Fe/mL ≈ 2×10^{-5} M.

그림 20-1 원자 흡수 실험.

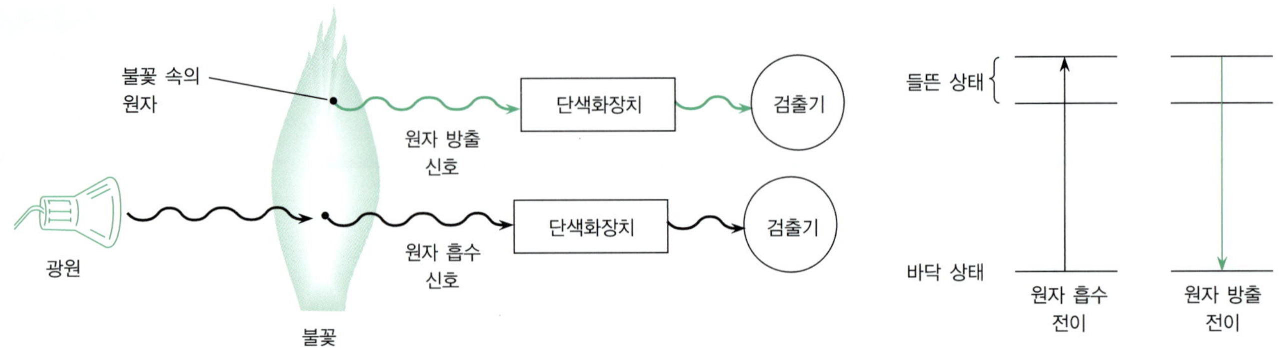

그림 20-2 불꽃 속의 원자에 의한 빛의 흡수 및 방출. 원자 흡수에서 원자들은 광원에서 오는 빛을 흡수하고 흡수되지 않은 빛이 검출기에 도달한다. 원자 방출에서는 불꽃 속에 있는 들뜬 원자에 의해 빛이 방출된다.

자습문제

20-A. 원자 흡수 및 원자 방출 분광법의 차이는 무엇인가?

보충 20-1 화성에서 원자방출분광법의 사용

2012년에 화성 탐사를 시작한 **화성 과학 실험실**(*Mars Science laboratory*) 이동차, **큐리오시티**(*Curiosity*)는 미국/프랑스 합작으로 제작한 레이저 유발 브레이크다운 분광법 장치를 가지고 있는데, 이 장치는 7미터 떨어진 바위와 토양의 화학 조성을 측정한다. 지구의 과학자는 이동차의 고분해능 망원경을 사용하여 목표를 선정한 다음 적외선 레이저를 발사하여, 지름 0.5 ~ 1 mm의 면적을 증발시킨다. 각 레이저 펄스는 레이저가 쪼여진 표면으로부터 발광하는 원자의 플라스마를 생성시킨다. 초기 몇 개의 펄스는 표면의 먼지를 제거하여, 뒤이은 펄스가 벌크물질을 탐사할 수 있게 해준다. 플라스마로부터 나오는 자외선 및 가시광선 발광을 망원경으로 수집하여 3개의 분광그래프로 보내 쪼인 영역의 원자조성 프로파일을 생성시킨다. 기준 물질의 스펙트럼들과 비교하여 쪼여진 타깃 속 광물을 동정할 수 있다.

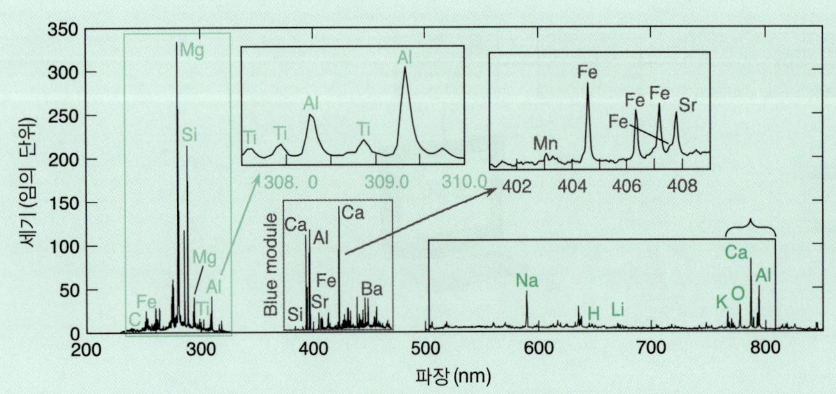

5.3 m 거리에서 기록한 토양의 레이저 유발 브레이크다운 스펙트럼은 15가지 상량 및 흔적량 원소들을 보여 준다.

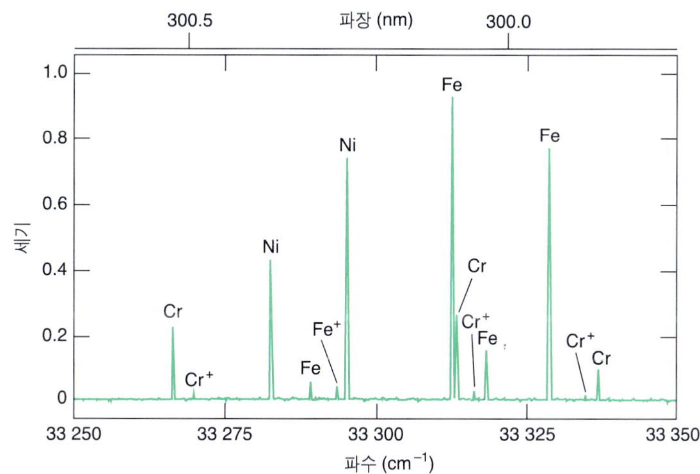

그림 20-3 강철 속빈 음극등에서 방출된 스펙트럼의 일부로, Fe, Ni 및 Cr 기체 원자들의 특성적인 좁은 선과 Cr^+ 및 Fe^+ 이온으로부터 방출된 약한 선을 보여 주고 있다. 분해능은 약 0.001 nm로서, 신호의 참 선폭의 약 반이다. [출처: A. P. Thorne, *Anal. Chem.* **1991**, *63*, 57A.]

20-2 원자화: 불꽃, 노 (furnace) 및 플라스마

원자화(atomization) 는 분석물질을 기체 원자들로 분해시키는 과정이며, 이어서 원자들에 의한 복사선의 흡수 또는 방출을 측정한다. 구형 원자 흡수 분광계—학생 실험실에서 흔히 볼 수 있음—는 그림 20-1과 같이 분석물질을 원자로 분해시키기 위하여 연소 불꽃을 사용한다. 신형 기기들은 유도 결합 아르곤 플라스마 또는 전기 가열 흑연관(흑연로라고도 함)을 사용하여 원자화한다. 연소 불꽃과 흑연로는 원자 흡수 및 원자 방출 측정에서 모두 유용한다. 플라스마는 아주 뜨거워서 많은 수의 원자들을 들뜬 상태에 머물게 하여 이들의 방출을 쉽게 측정할 수 있다. 플라스마는 주로 원자 방출 측정에 이용된다. 산업체, 환경 및 연구 실험실에 널리 보급되고 있는 최신 방법은 플라스마로 시료를 원자화시키고, 플라스마 속에 있는 이온들의 농도를 **질량분석계**(*mass spectrometer*)로 측정한다. 이 방법은 전자기 복사선의 흡수나 방출이 없으므로 분광법이 아니다.

원자화 방법	정량 방법
불꽃	흡수 또는 방출
흑연로	흡수 또는 방출
플라스마	방출 또는 질량 분석법

불꽃

그림 20-4와 같이 대부분의 불꽃 분광계는 **예비혼합 버너**(*premix burner*)를 이용하여 시료, 산화제 및 연료를 미리 혼합시켜 불꽃으로 주입한다. 시료 용액은 산화제의 빠른 흐름에 의해서 흡입되고, **분무기**(*nebulizer*)의 끝부분에 도달하면 유리구슬에 부딪쳐 아주 미세한 방울로 쪼개진다. 이와 같이 작은 방울을 만드는 것을 **분무**(*nebulization*)라고 한다. 그 다음 안개방울은 일련의 차폐장치를 지나가는데, 이때 혼합이 계속되고 큰 방울들은 차단된다(배수관으로 버려진다). 원래 시료의 약 5%에 해당하는 아주 미세한 방울들만이 불꽃 속으로 들어가고, 나머지는 배수구로 흘러나간다.

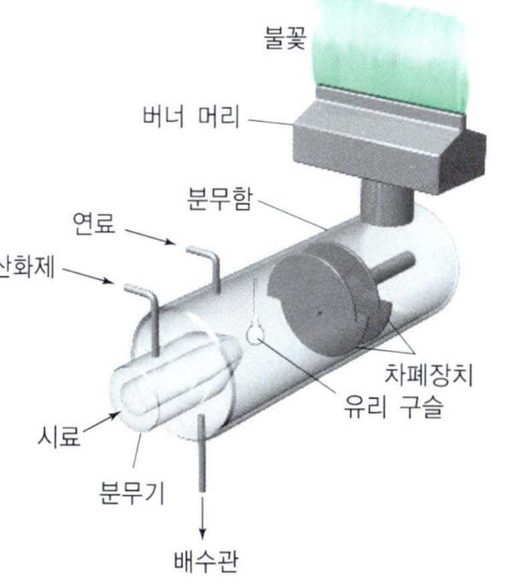

그림 20-4 기압식 분무기가 있는 예비혼합 버너. 일반적으로 버너 머리에 있는 긴 틈새의 길이는 10 cm이고, 폭은 약 0.5 mm이다.

용매가 불꽃 속에서 증발되고 남은 시료는 기화되고, 원자 상태로 분해된다. 대부분의 금속 원자(M)들은 불꽃을 통하여 위로 올라가면서 산화물(MO) 및 수산화물(MOH)을 형성한다. 분자는 원자와 동일한 스펙트럼을 나타내지 않으므로 원자 신호는 약해진다. 상대적으로 연료가 많은 불꽃("연료 짙은(rich)" 불꽃)에서는 과량의 탄소가 MO와 MOH를 다시 M으로 환원시킴으로써, 그 결과 감도가 증가한다. 연료 짙은 불꽃의 반대는 "연료 옅은(lean)" 불꽃이다. 이 불꽃은 과량의 산화제를 함유하고 있으므로 연료 짙은 불꽃보다 더 뜨겁다. 분석 원소의 종류에 따라 최적 조건을 얻을 수 있도록 연료 옅은 또는 짙은 불꽃 중에서 적당한 것을 선택해야 한다.

가장 일반적인 연료-산화제의 짝은 약 2 400 ~ 2 700 K의 불꽃 온도를 나타내는 아세

표 20-1 불꽃의 최대 온도

연료	산화제	온도 (K)
아세틸렌	공기	2 400 ~ 2 700
아세틸렌	산화 이질소	2 900 ~ 3 100
아세틸렌	산소	3 300 ~ 3 400
수소	공기	2 300 ~ 2 400
수소	산소	2 800 ~ 3 000
사이아노젠	산소	4 800

틸렌과 공기이다(표 20-1). **내화성**(*refractory*, 끓는점이 대단히 높은) 원소들을 기화시키기 위해 뜨거운 불꽃이 필요한 경우에는, 아세틸렌과 산화 이질소가 가장 적합한 혼합물이다. 최대 원자 흡수 또는 방출을 일으키는 버너 머리 위의 높이는 시료, 연료 및 산화제의 흐름 속도뿐만 아니라 측정 원소에 의존한다. 분석할 때 이 인자들을 최적화할 수 있다.

노 (furnace)

노는 불꽃보다 더 높은 감도를 나타내며, 더 적은 양의 시료를 필요로 한다.

흑연은 탄소의 한 종류이다. 공기 중 높은 온도에서 일으키는 산화 반응은 $C(s) + O_2 \rightarrow CO_2$ 이다.

그림 20-5a에 나타낸 전기 가열 **흑연로**(**graphite furnace**)는 불꽃보다 감도가 좋은 동시에 보다 적은 부피의 시료를 필요로 한다. 1 ~ 100 μL의 시료는 중앙에 있는 구멍을 통하여 노 속으로 주입된다. 빛살은 관의 양쪽 끝에 있는 창을 통하여 지나간다. 추천하는 흑연로의 최대 온도는 2 550°C로서, 약 7초 이하의 짧은 시간 동안 유지된다. Ar 분위기로 둘러싸인 흑연로는 산화를 막아준다.

흑연로는 원자들을 수 초 동안 광 경로에 가둘 수 있기 때문에 높은 감도를 나타낸다. 불꽃 분광법에서는 시료가 분무될 때 묽혀지는 동시에 불꽃을 통과할 때 광 경로에 머무르는 체류 시간이 단지 몇 분의 일 초 정도밖에 되지 않는다. 불꽃 분석에서는 시료가 일정하게 불꽃 속으로 흘러 들어가야 하기 때문에 적어도 10 mL 부피의 시료가 필요하다. 그러나 흑연로에서는 수십 마이크로미터만 필요하다. 한 가지 극단적인 예로써, 신장관액 시료를 수 나노리터 채취한 경우에도 관액 중 Na과 K를 분석하기 위하여 0.1 nL 부피의 시료를 재현성 있게 흑연로 속으로 주입할 수 있는 장치가 고안되었다. 그러나 수동으로 조작되는 노는 불꽃의 경우보다 정밀성이 낮다. 수동적인 방법으로 시료를 주입하면 정밀성이 5 ~ 10 %보다 좋을 때가 거의 없다. 그러나 자동 시료 주입으로 재현성을 향상시킬 수 있다.

시료는 그림 20-5a에 나타낸 노 속의 **L'vov 시료대**(*L'vov platform*) 위에 주입된다. 분석물질은 노벽이 일정 온도에 도달할 때까지 기화되지 않는다(그림 20-5b). 시료가 노의 안벽에 직접 주입되면 노벽이 2 000 K/s의 속도로 가열되는 동안 원자화가 일어날 것이고

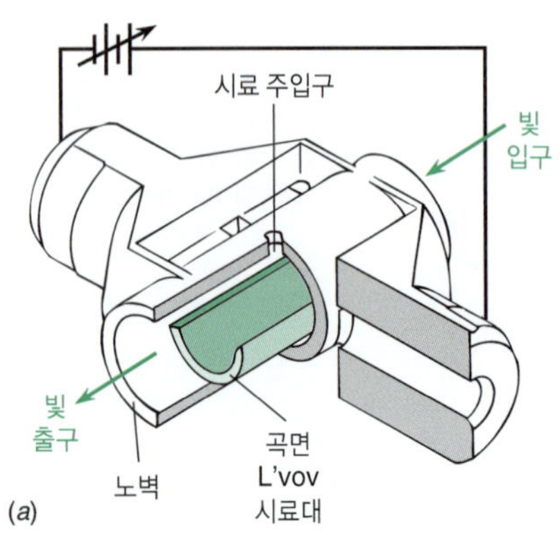

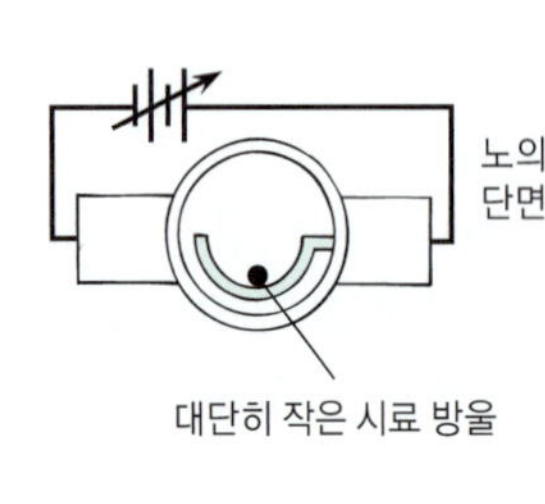

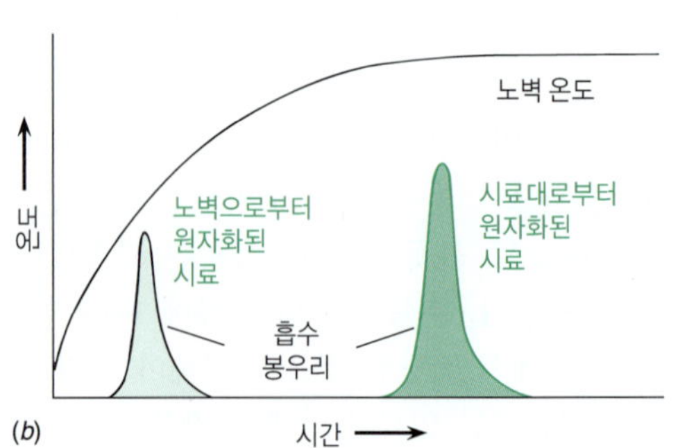

그림 20-5 *(a)* 원자 분광법에 쓰이는 전기 가열 흑연로. 시료는 노 위쪽에 있는 주입구로 주입되고, 빛은 노의 한쪽 끝에서 다른쪽 끝으로 통과한다. 노 속에 설치된 L'vov 시료대는 천천히 가열된 바깥 노벽으로부터의 복사에 의해 균일하게 가열된다. 시료대는 그림에 나타나지 않은 작은 연결장치에 의해서 노벽에 부착되어 있다. [출처: Perkin-Elmer Corp., Norwalk, CT.] *(b)* 노벽과 시료대로부터 분석물질의 증발을 비교한 가열 프로필.

(그림 20-5b), 따라서 시료대의 경우보다 신호의 재현성이 크게 낮아지게 될 것이다.

숙련된 실험자는 시료를 효율적으로 원자화시키기 위해 세 단계 이상의 단계의 가열 조건을 결정해야 한다. 철-저장 단백질인 페리틴 중에 함유된 Fe를 분석하기 위하여 ~0.1 ppm의 철을 함유하는 시료 10 mL를 냉각된 흑연로 속에 주입한다. 노는 용매를 제거하기 위하여 125°C에서 20초 동안 **건조**(*dry*)하도록 프로그램 되어 있다. 건조 후, 철을 광학적 방법으로 측정할 때 방해가 되는 연기를 발생하는 유기물을 파괴시키기 위하여 1 400°C에서 60초 간 **탄화**(*charring*, 또는 **열분해**(*pyrolysis*) 라고도 함) 시킨다. 그 다음 2 100°C에서 10초 동안 **원자화**(*atomization*) 시키는데, 이때 흡광도는 최대에 도달하고, Fe가 노로부터 증발되면 흡광도가 감소한다. 이때 분석신호로 시간-적분 흡광도(봉우리 넓이)를 측정한다. 마지막으로 노를 2 500°C로 3초간 가열하여 남아 있는 모든 찌꺼기를 기화시킨다.

실험자는 각 분석 단계의 적합한 시간과 온도를 결정해야만 한다. 한 번 프로그램이 완성되면 비슷한 시료에 적용할 수 있다.

시료 **매트릭스**(**matrix**, 분석물질을 함유하고 있는 매질)를 탄화시키는 온도에서 분석물질이 증발될 가능성이 있다. 적당한 **매트릭스 개질제**(*matrix modifier*)는 매트릭스가 탄화되어 제거될 때까지 분석물질의 증발을 지연시켜 주는 화학물질이다. 매트릭스 개질제가 매트릭스의 증발을 증가시킴으로써 원자화 동안 매트릭스로부터 방해를 감소시킬 수도 있다. 예컨대, 바닷물에 매트릭스 개질제로 질산 암모늄을 첨가하면 NaCl에 의한 방해가 감소한다. 그림 20-6a는 바닷물 중 Mn 분석에서 흑연로 가열 과정을 보여 준다. 이 과정에서 0.5 M NaCl을 가하면 그림 20-6b와 같이 Mn의 분석 파장에서 신호가 관찰된다. 겉보기 흡광도의 대부분은 아마도 NaCl의 가열로 생성된 연기에 의한 빛의 산란에 기인한 것이다. 원자화를 시작할 때 나타나는 NaCl의 신호는 Mn의 측정에 방해가 된다. 그림 20-6c와 같이 NH_4NO_3를 시료에 첨가하면 연기를 발생하는 대신 깨끗하게 증발되는 NH_4Cl과 $NaNO_3$를 형성함으로 매트릭스 신호를 감소시킬 수 있다.

흑연로를 사용할 때 그림 20-6과 같이 흡수 신호를 시간의 함수로 측정하는 것이 중요하다. 봉우리 모양은 분석물질의 깨끗한 신호가 얻어질 수 있게 각 단계의 시간과 온도를 조절하는데 도움을 준다. 또한 흑연로는 수명이 유한하다. 봉우리 모양의 일그러짐, 정밀도의 감소 또는 교정 곡선의 큰 기울기 변화는 노를 교체해야 하는 시기라는 것을 알려준다.

탄화와 원자화 과정 이전에 노에 시료 분취량을 여러 번 주입하고 증발시킴으로써 **예비 농축**(*preconcentrate*)을 할 수 있다. 예컨대, 식수 중 흔적량 수준의 비소를 측정하기 위하여 매트릭스 개질제를 첨가한 물 30 mL을 분취하여 주입하고 증발시킨다. 이 과정을 총 시료가 180 mL가 되도록 다섯 번 이상 반복한다. As의 검출 한계는 0.3 mg/L (ppb)이다. 예비 농축을 하지 않으면 검출 한계는 이보다 6배 정도 높아진다(1.8 mg/L). 예비농축으로 분석능력을 향상시키는 것은 매우 중요한데, As가 수 ppb 정도의 농도에서도 건강에 위험하기 때문이다.

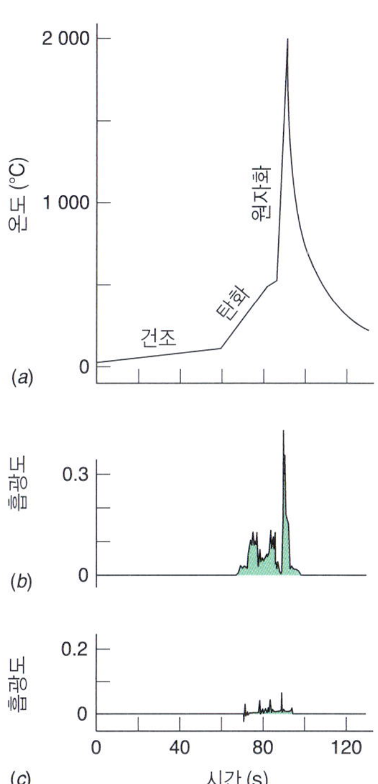

그림 20-6 매트릭스 개질제에 의한 방해의 감소. (*a*) 바닷물 중 Mn 분석의 흑연로 온도 프로필. (*b*) 이 온도 프로필에서 10 mL의 0.5 M 시약급 NaCl의 흡광도 프로필. 흡광도는 띠폭이 0.5 nm인 279.5 nm의 Mn 파장에서 측정하였다. (*c*) 10 mL 0.5 M NaCl에 매트릭스 개질제인 10 mL 50 wt% NH_4NO_3를 첨가했을 때 크게 감소된 흡광도. [출처: M. N. Quigley and F. Vernon, *J. Chem. Ed.* **1996**, *73*, 980.]

유도 결합 플라스마

그림 20-7에서 나타낸 **유도 결합 플라스마**(**inductively coupled plasma**)는 연소 불꽃보다 훨씬 더 높은 온도에 도달한다. 이와 같은 높은 온도와 안정성은 종래의 불꽃에서 나타나는 여러 가지 문제점들을 제거해준다. 플라스마의 단점은 기기 구입과 가동에 비용이 많이 든다는 점이다.

플라스마는 석영 토치 주위에 감겨 있는 라디오 주파수 유도 코일에 의해 에너지를 얻는다. 분석물질 에어로솔을 포함한 고순도 아르곤 기체가 토치를 통하여 공급된다. 테슬라 코일(Tesla coil)에서 생성된 스파크(spark)가 Ar 기체를 이온화시키면 자유 전자들이 라디오 주파수의 장에 의해서 가속되고, 이들이 원자들과 충돌하여 기체를 6 000 ~ 10 000

표 20-2 231 nm에서 Ni^+ 이온의 검출 한계 비교[a]

방법	여러 가지 다른 기기들의 검출 한계 (ng/mL)
유도 결합 플라스마-원자 방출(기압식 분무기)	3 ~ 50
유도 결합 플라스마-원자 방출(초음파 분무기)	0.3 ~ 4
흑연로-원자 흡수	0.02 ~ 0.06
유도 결합 플라스마-질량 분석법	0.001 ~ 0.2

a. J. M. Mermet and E. Poussel, *Appl. Spectros.* **1955**, *49*, 12A

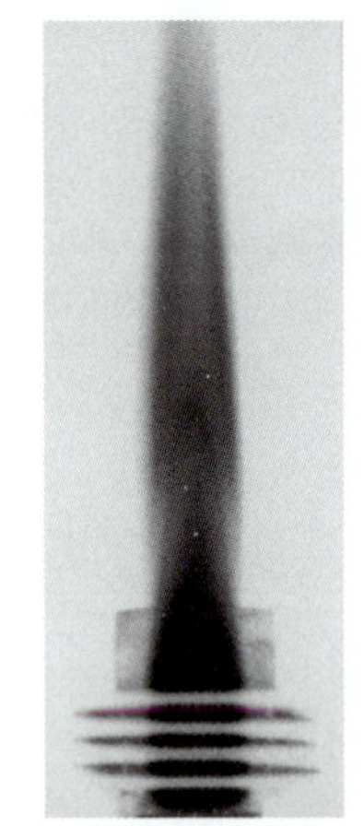

그림 20-7 분광 분석법에 사용되는 전형적인 유도 결합 플라스마의 온도 프로필. [제공: V. A. Fassel, *Anal. Chem.* **1979**, 51, 1290A.]

K로 가열한다.

그림 20-4의 기압식 분무기에서 액체 시료는 기체의 흐름에 의해서 흡입되고, 유리 구슬에 부딪쳐 작은 방울로 쪼개진다. 시료 용액을 약 1 MHz의 주파수로 진동하는 석영결정 속으로 도입시키는 그림 20-8의 **초음파 분무기**(*ultrasonic nebulizer*)를 사용하면 적당한 신호를 얻는데 필요한 분석물질의 농도(표 20-2)를 10배 정도 감소시킬 수 있다. 진동결정은 대단히 미세한 에어로솔을 생성하고 용매를 증발시키는 가열된 관을 통하여 아르곤 기체를 흘려 이를 운반시킨 다음 용매를 응축시키고 제거하는 냉각 지역을 통과한다. 그리고 160°C로 유지되는 방 속의 미세다공 테플론막을 함유하고 있는 탈용매화기 속으로 흘러간다. 남은 용매 증기는 막을 통하여 확산하고 Ar 흐름에 의해 쓸려나간다. 분석물질은 건조된 고체 입자의 에어로솔 상태로 플라스마 속으로 들어간다. 플라스마 에너지로 용매를 증발시킬 필요가 없으므로 대부분의 에너지는 원자화에 이용될 수 있다. 또한 종래의 분무기보다 많은 양의 시료 용액이 불꽃 속으로 분무된다. 유도 결합 플라스마의

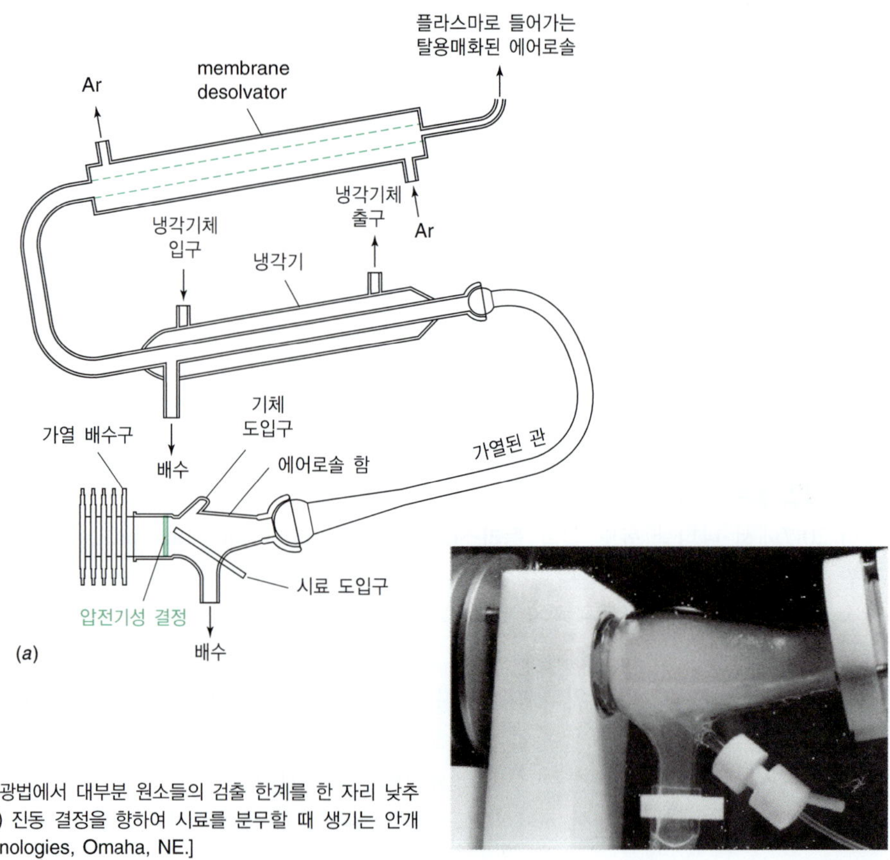

그림 20-8 (*a*) 원자 분광법에서 대부분 원소들의 검출 한계를 한 자리 낮추어주는 초음파 분무기. (*b*) 진동 결정을 향하여 시료를 분무할 때 생기는 안개 방울. [제공: Cetac Technologies, Omaha, NE.]

Li 0.7 2 0.1 0.0002	**Be** 0.07 1 0.02 0.0009											**B** 1 500 15 0.0008	**C** 10 — —	**N**	**O**	**F**	**Ne**
Na 3 0.2 0.005 0.0002	**Mg** 0.08 0.3 0.004 0.0003											**Al** 2 30 0.01 0.0002	**Si** 5 100 0.1 <0.0001	**P** 7 40 000 30 <0.0001	**S** 3 — — 0.0001	**Cl** 60 — — —	**Ar**
K 20 3 0.1 0.0002	**Ca** 0.07 0.5 0.01 0.007	**Sc** 0.3 40 — 0.0002	**Ti** 0.4 70 0.5 0.004	**V** 0.7 50 0.2 0.0003	**Cr** 2 3 0.01 0.0003	**Mn** 0.2 2 0.01 0.0002	**Fe** 0.7 5 0.02 0.008	**Co** 1 4 0.02 0.0002	**Ni** 3 90 0.1 0.001	**Cu** 0.9 1 0.02 0.0005	**Zn** 0.6 0.5 0.001 0.003	**Ga** 10 60 0.5 0.006	**Ge** 20 200 — 0.002	**As** 7 200 0.2 0.003	**Se** 10 250 0.5 0.05	**Br** 150 — — 0.02	**Kr**
Rb 1 7 0.05 0.0003	**Sr** 0.2 2 0.1 0.0003	**Y** 0.6 200 — 0.0003	**Zr** 2 1000 — 0.0006	**Nb** 5 2000 — 0.0008	**Mo** 3 20 0.02 0.002	**Tc**	**Ru** 10 60 1 0.001	**Rh** 20 4 — 0.0003	**Pd** 4 10 0.3 0.001	**Ag** 0.8 2 0.005 0.0007	**Cd** 0.5 0.4 0.003 0.0008	**In** 20 40 1 0.0003	**Sn** 9 30 0.2 0.0009	**Sb** 9 40 0.1 0.001	**Te** 4 30 0.1 0.02	**I** 40 — — 0.002	**Xe**
Cs 40 000 4 0.2 0.0003	**Ba** 0.6 10 0.04 0.0003	**La** 1 2000 — 0.0003	**Hf** 4 2000 — 0.0008	**Ta** 10 2000 — 0.0005	**W** 8 1000 — 0.002	**Re** 3 600 — 0.0007	**Os** 0.2 100 — 0.002	**Ir** 7 400 — 0.0004	**Pt** 7 100 0.2 0.001	**Au** 2 10 0.1 0.0009	**Hg** 7 150 2 0.0009	**Tl** 10 20 0.1 0.0004	**Pb** 10 10 0.05 0.0006	**Bi** 7 40 0.1 0.0005	**Po**	**At**	**Rn**

Ce 2 — — 0.0003	**Pr** 9 6000 — 0.0002	**Nd** 10 1000 — 0.001	**Pm**	**Sm** 10 1000 — 0.001	**Eu** 0.9 20 0.5 0.0004	**Gd** 5 2000 — 0.001	**Tb** 6 500 0.1 0.0002	**Dy** 2 30 1 0.0009	**Ho** 2 40 — 0.0002	**Er** 0.7 30 2 0.0007	**Tm** 2 900 — 0.0002	**Yb** 0.3 4 — 0.001	**Lu** 0.3 300 — 0.0002
Th 7 — — 0.0003	**Pa**	**U** 60 40 000 — 0.0005	**Np**	**Pu**	**Am**	**Cm**	**Bk**	**Cf**	**Es**	**Fm**	**Md**	**No**	**Lr**

Fe 검출 한계 (ng/mL)
0.7 — 유도 결합 플라스마 방출
5 — 불꽃 원자 흡수
0.02 — 흑연로 원자 흡수
0.008 — 유도 결합 플라스마-질량 분석법

(음영 상단) N_2O/C_2H_2 불꽃이 필요하다. 따라서 유도 결합 플라스마에 의해 분석이 더 잘되는 원소들
(음영) 방출에 의해서 가장 분석이 잘되는 원소들

그림 20-9 불꽃, 노 및 유도 결합 플라스마 방출과 유도 결합 플라스마-질량 분석법의 검출 한계(ng/g = ppb). [출처: R. J. Gill, *Am. Lab.* November 1993, p. 24F; T. T. Nham, *Am. Lab.* August 1998, p. 17A; and V. B. E. Thomsen, G. J. Roberts, and D. A. Tsourides, *Am. Lab.,* August 1997, p. 18H.] 정확한 정량 분석을 하려면 보통 검출 한계보다 10 ~ 100배 정도 높은 농도에서 측정한다.

검출 한계는 플라스마에 직각 방향으로 방출을 측정하는 대신, 플라스마 길이를 따라 방출을 측정함으로써 3에서 10배 정도 더 향상시킬 수 있다.

검출 한계

식 5-4의 **검출 한계**(*detection limit*)는 농도가 검출 한계의 ~1 ~5배 되는 분석물질 시료를 반복 측정하여 얻는 표준편차로부터 구한다. 노 속에서 시료는 상대적으로 오랫동안 작은 부피에 가두어지므로 노의 검출 한계는 불꽃에서보다 100배 정도 낮다(그림 20-9).

검출 한계 $\equiv \frac{3s}{m}$

s = 검출한계 부근에서 저농도 시료의 표준편차.
m = 검량선의 기울기

자습문제

20-B. (a) 불꽃 또는 플라스마보다 노를 사용할 때 어떻게 더 낮은 농도의 더 적은 시료 시료를 검출할 수 있는가?

(b) 주석은 강철에 주석을 도금한 식품 캔(깡통)으로부터 녹아나올 수 있다. 식품의 잠정적 주간 섭취허용량은 14 mg Sn/체중 kg이다. 몇 kg의 캔에 들어 있는 토마토 주스가 55 kg 여성의 주간 섭취허용량을 초과할 것인가?

유도 결합 플라스마로 측정한 몇 가지 캔 식품 중의 주석(mg Sn/식품 kg)

토마토 주스	241	복숭아 반쪽	58
포도 주스	182	초콜릿 음료	2
파인애플	114	칠리 콘카나(멕시코 스튜요리)	2
과일 칵테일	73	헝가리 수프	2

출처: L. Perring and M. Basic-Dvorzak, *Anal. Bioanal. Chem.* **2002**, *374*, 235.

20-3 원자 분광법에서 온도의 영향

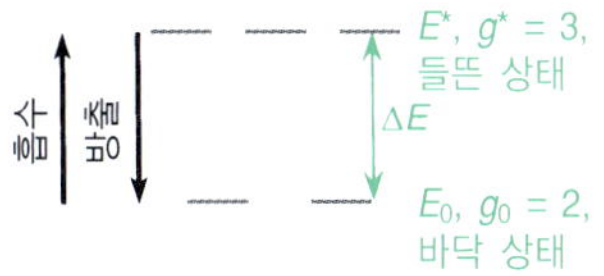

그림 20-10 축퇴도 g_0과 g^*를 가지는 두 에너지 준위. 바닥 상태 원자들은 빛을 흡수하여 들뜬 상태로 올라간다. 들뜬 상태 원자들은 빛을 방출하면서 바닥 상태로 되돌아온다.

온도는 시료를 원자 상태로 분해시키는 정도뿐만 아니라 주어진 원자가 바닥 상태, 들뜬 상태 또는 이온화 상태에서 발견되는 정도를 결정한다. 이와 같은 효과들은 각각 신호의 세기에 영향을 미친다.

Boltzmann 분포

한 분자가 에너지 ΔE로 분리된 두 개의 에너지 준위를 가지고 있다고 생각하자(그림 20-10). 낮은 에너지 준위를 E_0, 높은 준위를 E^*라고 하자. 일반적으로 한 원자(또는 분자)는 주어진 에너지 준위에서 한 가지 이상의 상태를 가질 수 있다. 그림 20-10에서 E^*에는 세 개, E_0에는 두 개의 상태를 볼 수 있다. 각 에너지 준위에서 가능한 에너지 상태의 수를 준위의 **축퇴도**(*degeneracy*)라고 하는데, 여기서는 축퇴도를 g_0와 g^*라고 하자.

Boltzmann 분포(**Boltzmann distribution**)는 열적 평형에서 두 가지 다른 상태에 있는 입자의 상대적인 수를 나타낸다. 평형이 존재하면(모든 불꽃 영역에서 평형이 존재하지는 않음), 두 에너지 준위의 상대 입자 분포(N^*/N_0)는 다음 식과 같이 나타낼 수 있다.

Boltzmann 분포 :

$$\frac{N^*}{N_0} = \left(\frac{g^*}{g_0}\right) e^{-\Delta E/kT} \qquad (20\text{-}1)$$

여기에서 T는 온도(K), k는 Boltzmann 상수(1.381×10^{-23} J/K), e는 자연대수의 밑(2.718…)이다.

들뜬 상태의 원자 분포에 미치는 온도의 영향

소듐 원자의 최저 들뜬 상태는 바닥 상태 위에 있는 3.371×10^{-19} J/원자에 있다. 들뜬 상태의 축퇴도는 2이고, 바닥 상태는 1이다. 2 600 K의 아세틸렌-공기 불꽃에서 들뜬 상태에 있는 소듐 원자의 분율을 계산해 보자.

$$\frac{N^*}{N_0} = \left(\frac{2}{1}\right) e^{-(3.371 \times 10^{-19}\ \text{J})/[(1.381 \times 10^{-23}\ \text{J/K})(2\ 600\ \text{K})]} = 0.000\ 167$$

따라서 들뜬 상태의 원자 분율은 0.02% 미만이다.

온도를 2 610 K로 올리면 들뜬 상태의 원자 분율은 어떻게 변화될까?

이 예에서 온도가 10 K 상승하면 들뜬 상태의 입자수는 4% 증가한다.

$$\frac{N^*}{N_0} = \left(\frac{2}{1}\right) e^{-(3.371 \times 10^{-19}\ \text{J})/[(1.381 \times 10^{-23}\ \text{J/K})(2\ 610\ \text{K})]} = 0.000\ 174$$

들뜬 상태의 원자 분율은 여전히 0.02%보다 작지만, 분율은 $[(1.74 - 1.67)/1.67] \times 100 = 4\%$만큼 증가하였다.

흡수 및 방출에 미치는 온도의 영향

원자 흡수는 원자 방출만큼 온도에 민감하지 않다.

2 600 K에서 99.98% 이상의 소듐 원자가 바닥 상태에 있다는 것을 알았다. **10 K의 온도 변화는 바닥 상태의 입자수에 영향을 거의 주지 않으므로, 원자 흡수 신호에 큰 영향을 주지 않는다.**

표 20-3 들뜬 상태의 원자수에 미치는 에너지 차이와 온도의 영향

상태간의 파장 차이 (nm)	상태간의 에너지 차이 (J)	들뜬 상태의 원자 분율 (N^*/N_0)[a]	
		2 500 K	6 000 K
250	7.95×10^{-19}	1.0×10^{-10}	6.8×10^{-5}
500	3.97×10^{-19}	1.0×10^{-5}	8.3×10^{-3}
750	2.65×10^{-19}	4.6×10^{-4}	4.1×10^{-2}

a. $N^*/N_0 = (g^*/g_0)\, e^{-\Delta E/kT}$에 근거하고 있으며, 여기에서 $g^* = g_0 = 1$이다.

온도가 10 K 상승하면 방출 세기는 어떤 영향을 받을까? 그림 20-10에서 흡수는 바닥 상태의 원자에 의해서, 그리고 방출은 들뜬 상태의 원자에 의해서 일어난다는 것을 알았다. 방출 세기는 들뜬 원자의 수에 비례한다. **온도가 10 K 상승하면 들뜬 상태의 입자수가 4% 변하기 때문에, 방출 세기는 4% 증가한다.** 따라서 원자 **방출** 분광법에서는 아주 안정한 온도의 불꽃이 중요한데, 온도가 방출 세기는 변화될 것이다. 원자 **흡수** 분광법에서는 불꽃 온도의 변화가 방출의 경우보다는 덜 중요하다.

유도 결합 플라스마는 흡수보다는 주로 방출에 이용된다. 플라스마는 많은 분율의 원자 및 이온들이 들뜰 정도로 대단히 뜨거울 뿐만 아니라 방출 측정에서는 램프가 필요 없기 때문이다. 표 20-3에 2 500 K의 불꽃과 6 000 K의 플라스마에서 들뜬 원자의 분율을 비교하였다. 들뜬 원자의 분율이 작아도 각 원자는 1초당 많은 수의 광자를 방출하는데, 이는 각 원자가 충돌에 의해서 재빨리 들뜬 상태로 다시 올라오기 때문이다.

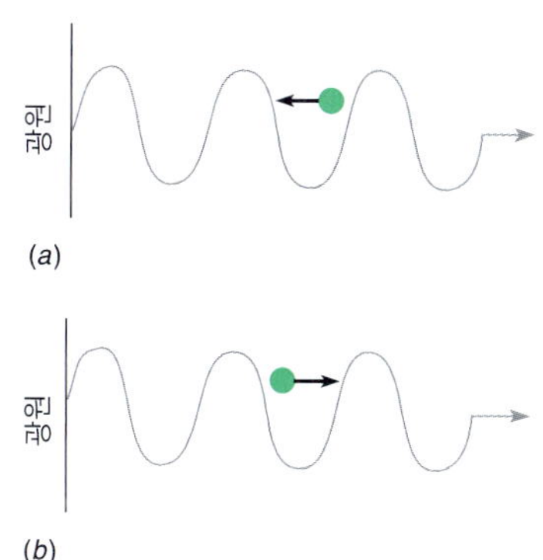

그림 20-11 Doppler 효과. 광원을 향하여 움직이는 분자 (a) 는 광원으로부터 멀어져가는 분자 (b) 보다 진동하는 전자기장을 더 자주 "감지"하게 된다.

자습문제

20-C. **(a)** 바닥 상태의 원자가 파장이 400 nm인 빛을 흡수하여 들뜬 상태로 올라간다. 두 상태 사이의 에너지 차이 (joule) 를 구하시오.
(b) 두 상태의 축퇴도가 $g_0 = g^* = 1$이면, 2 500 K의 열적 평형 상태에서 들뜬 상태 원자의 분율 (N^*/N_0) 을 구하시오.

20-4 기기

원자 흡수 실험의 요건을 그림 20-1에 나타내었다. 원자 분광법과 용액 분광법의 근본적인 차이는 광원 및 시료용기 (불꽃, 노 또는 플라스마), 그리고 측정 신호에서 바탕 방출의 보정 등이다.

선폭 문제

흡광도가 분석물질의 농도에 비례하려면 실제로 측정되는 복사선의 선폭(linewidth) 이 흡수 원자의 선폭보다 충분히 좁아야 한다. 원자 흡수선은 본래의 그 폭이 단지 ~10^{-4} nm로 대단히 좁다.

Beer의 법칙을 만족하기 위해서는 광원의 선폭이 원자 증기의 선폭보다 좁아야 한다 (18-2절). "선폭" 및 "띠폭"이라는 술어를 교환하여 사용하지만, "선"은 "띠"보다 더 좁다.

원자 분광법에서는 두 가지 메커니즘에 의해서 선폭이 넓어진다. 그 하나는 광원을 향하여 움직이는 원자는 광원으로부터 멀어지는 원자보다 진동하는 전자기파와 더 자주 만나는 것에 기인하는 **Doppler 효과** (*Doppler effect*) 이다 (그림 20-11). 즉, 광원을 향하여 움직이는 원자는 광원으로부터 멀어지는 원자보다 더 높은 주파수의 빛을 "감지"한다. 선폭은 원자들의 충돌에 기인하는 **압력 폭넓어지기** (*pressure broadening*) 의 영향도 받는다. 충돌하는 원자들은 고립된 원자보다 넓은 범위의 주파수를 흡수한다. 폭넓어지기는 압력에 비례한다. Doppler 효과와 **압력 폭넓어지기**는 그 크기가 거의 비슷하며, 이로 인해 원자 분광법에서의 선폭이 10^{-3} ~ 10^{-2} nm 정도가 된다.

Doppler 효과와 압력 효과는 원자선을 고유 선폭보다 10 ~ 100배 넓힌다.

속빈 음극등

원자 흡수에서 정확한 주파수의 좁은 선을 얻기 위해 분석 원소와 같은 원소의 증기를 함유하고 있는 **속빈 음극등 (hollow-cathode lamp)** 를 사용한다. 그림 20-12에 나타낸 바와 같이 약 130 ~ 700 Pa 입력의 Ne 또는 Ar으로 채워져 있다. 양극과 음극 사이에 높은 전압을 걸어주면 기체가 이온화되어 양이온은 음극 쪽으로 가속된다. 양이온들은 음극을 두

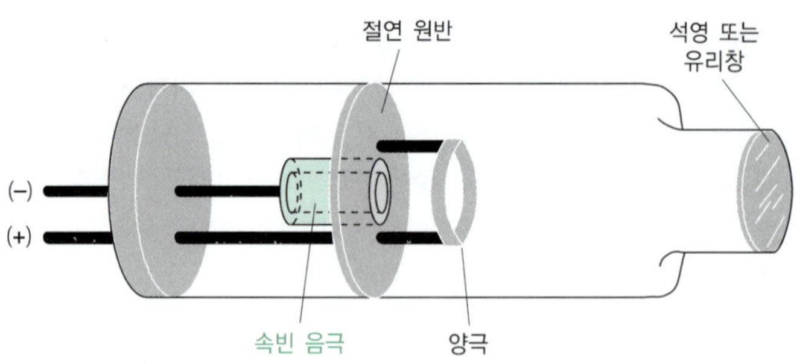

그림 20-12 속빈 음극등.

드려 음극 금속으로부터 기체상의 원자를 "튕겨(sputter)" 낸다. 이때 유리된 기체 금속 원자는 높은 에너지의 전자와 충돌하여 들떠서, 광자를 방출하고 다시 바닥 상태로 되돌아온다. 그림 20-3에 나타낸 원자 복사선은 불꽃이나 노 중에 있는 분석물질의 원자에 의해서 흡수되는 빛의 주파수와 정확하게 같다. 그림 20-13의 선폭은 Beer의 법칙을 만족시킬 수 있을 정도로 대단히 좁다. **한 원소를 분석하려면 같은 원소로 만든 음극을 갖는 등(lamp)을 써야 한다.**

바탕 신호는 불꽃, 플라스마, 또는 노에 의한 흡수, 방출 및 산란에 의한 신호와 분석물질 외에 시료 중에 함유된 모든 화학종(**매트릭스**)에서 오는 신호에 의해 나타난다.

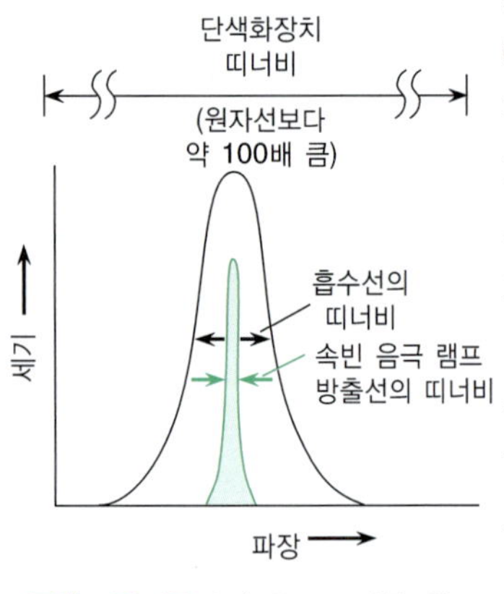

그림 20-13 속빈 음극등 방출, 원자 흡수 및 단색화장치의 상대적 선폭. 속빈 음극등의 선폭은 상대적으로 좁다. 등 속의 기체 온도가 불꽃 온도보다 낮을 뿐만 아니라(따라서 Doppler 폭넓어지기 감소) 등 속의 압력이 불꽃 압력보다 낮기 때문이다(압력 폭넓어지기 감소).

바탕 보정

원자 분광법은 흡수, 방출, 그리고 시료 매트릭스, 불꽃, 플라스마 또는 뜨거운 백열 흑연로에 의한 광학적 산란으로부터 분석물질의 신호를 구별할 수 있도록 **바탕 보정(background correction)**을 해야 한다. 예컨대, 그림 20-14는 흑연로에서 나타내는 Fe, Cu 및 Pb의 흡수 스펙트럼을 보여준다. 최대 흡광도가 약 1.0인 날카로운 원자 신호가 흡광도가 0.3인 넓고 편평한 바탕선과 겹쳐 있어서, 바탕 흡광도를 측정하지 않으면 큰 오차가 발생하게 된다. 바탕 보정은 탄화 단계에서 발생되는 연기로 가득 차기 쉬운 흑연로에서 가장 중요하다. 분석물질에 의한 빛의 흡수를 연기에 의한 광학적 산란으로부터 어떻게든 구별하여야 한다.

원자 흡수에서 **Zeeman 바탕 보정**(*Zeeman background correction*, '제이만'으로 발음)은 연구 및 산업체 실험실용 기기들 중에서 가장 흔하게 볼 수 있다. 불꽃 또는 노를 통과하는 광의 경로에 평행하게 강한 자기장을 걸어주면, 분석 원자들의 흡수(또는 방출) 선은 세 개의 성분으로 갈라지고(그림 20-15), 이 중 두 개 성분은 약간 낮거나 높은 파장으로 이동한다. 세 번째 성분의 파장은 이동하지 않지만, 등으로부터 나온 빛을 흡수하기에 적합하지 않은 전자기 편극을 가진다. 그 결과, 자기장 존재 하에 분석물질의 흡수는 현저하게 감소된다. Zeeman 바탕 보정에서는 자기장을 걸어 주었다가 꺼준다. 자기장은 걸어주지 않을 때 시료와 바탕 흡수가 함께 측정되고, 자기장을 걸어주면 바탕 자체만의 흡수가 측정된다. 두 흡광도의 차이가 바로 분석물질의 흡광도이다.

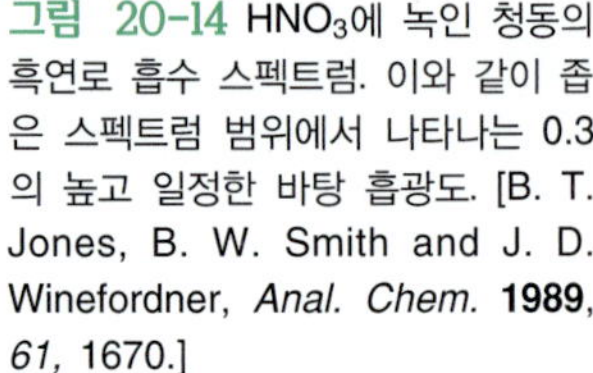

그림 20-14 HNO_3에 녹인 청동의 흑연로 흡수 스펙트럼. 이와 같이 좁은 스펙트럼 범위에서 나타나는 0.3의 높고 일정한 바탕 흡광도. [B. T. Jones, B. W. Smith and J. D. Winefordner, *Anal. Chem.* **1989**, *61*, 1670.]

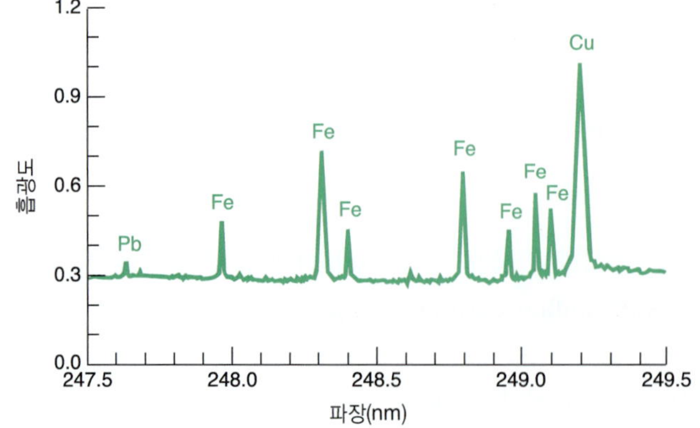

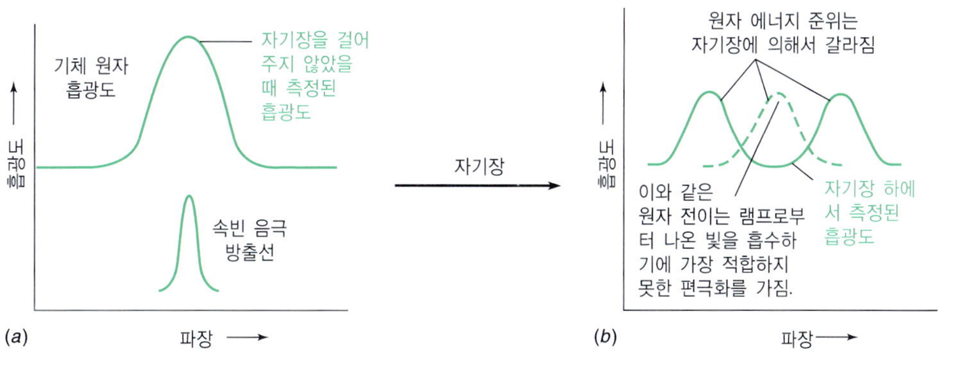

그림 20-15 원자 흡수 분광법에서 Zeeman 바탕 보정의 원리. (*a*) 자기장이 없을 때 분석물질의 흡광도와 바탕 흡광도의 합이 측정된다. (*b*) 자기장이 있을 때 분석물질의 흡광도는 속빈 음극등의 방출 파장에서 갈라져 나오므로 흡광도는 단지 바탕에 의한 것이다. (*c*) 자기장이 없을 때와 있을 때 측정된 흡광도의 차이가 원하는 신호이다.

원자 방출 분광계는 봉우리 방출 파장에서의 신호를 측정하고, 이 파장보다 약간 위쪽 및 아래쪽에 있는 파장에서 신호(바탕 신호)를 각각 측정하여 바탕 보정을 한다. 봉우리 양쪽의 신호의 평균값을 봉우리 신호에서 빼준다.

유도 결합 플라스마를 사용한 다원소 분석

유도 결합 플라스마 원자 방출 분광법은 각 원소 측정을 위한 개별 등이 필요하지 않기 때문에 원자 흡수보다 더 유용하다. 시료 속의 각 원소는 여러 가지 특정 주파수의 빛을 방출한다. 70여 개의 원소들을 동시 분석할 수 있다. 천연색 사진 21에서 오른편 위쪽에서 들어오는 원자 방출은 프리즘의 경우 수직면에서 회절발은 수평면에서 분산된다. 이 복사선은 2차원적인 패턴을 형성하여 디지털 카메라 안에 있는 것과 비슷한 반도체 검출기에 닿는다. 각 화소가 다른 파장의 빛을 받으므로 다른 원소들을 감응한다.

분광계에 N_2 또는 Ar을 주입하여 O_2를 쫓아내면 100 ~ 200 nm 범위에서 관찰되는 자외선 파장을 측정할 수 있다. 이 스펙트럼 영역에서는 주로 긴 파장에서 검출되는 몇 가지 원소들을 더 민감하게 검출할 수 있는 동시에 할로젠, P, S 및 N (검출 한계 수십 ppm 정도로 좋지 못함)을 측정할 수 있다. 이들 원소는 200 nm 이상의 파장에서는 측정할 수 없다. 한 가지 응용으로, 비료 중 질소는 다른 주성분 원소들과 함께 측정된다. 플라스마 토치는 Ar으로 공기 중 질소를 제거하도록 특수하게 제작되었다. 미지 시료는 He으로 녹아 있는 공기를 제거한다. N로부터의 방출은 174 nm 부근에서 측정한다.

방법의 비교 :

불꽃 원자 흡수
- 가장 저렴한 장비
- 원소마다 다른 등 필요
- 낮은 감도

노 원자 흡수
- 고가의 장비
- 원소마다 다른 등 필요
- 높은 바탕 신호
- 아주 높은 감도

플라스마 방출
- 고가의 장비
- 등 불필요
- 낮은 바탕과 낮은 방해
- 보통 감도

ICP-MS
- 가장 높은 고가의 장비
- 등 불필요
- 가장 낮은 바탕과 방해
- 가장 높은 감도

자습문제

20-D. 원자 흡수 및 원자 방출 분광법에서 어떻게 바탕 보정을 하는가?

20-5 방해

방해 (*interference*)는 분석물질의 농도가 변하지 않을 때 신호를 변화시키는 효과이다. 방해는 방해 요인을 제거하거나 또는 동일한 방해를 나타내는 표준물질을 제조함으로써 보정할 수도 있다.

방해의 종류

스펙트럼 방해 (**spectral interference**)는 분석물질의 신호가 시료 중에 있는 다른 화학종에서 나오는 신호나 불꽃 또는 노에 의한 신호와 겹칠 때 일어난다. 불꽃으로부터의 방해는 바탕 보정에 의해서 제거시킬 수 있다. 시료 중에 공존하는 다른 원소의 선과 겹치는 것을 처리하는 가장 좋은 방법은 다른 파장을 선택하여 분석하는 것이다. 분자 스펙트럼

방해의 종류:

- **스펙트럼**: 원하지 않은 신호가 분석 신호와 겹친다.
- **화학적**: 화학 반응이 분석물 원자의 농도를 감소시킨다.
- **이온화**: 분석물 원자의 이온화는 불꽃 속 중성 원자의 농도를 감소시킨다.

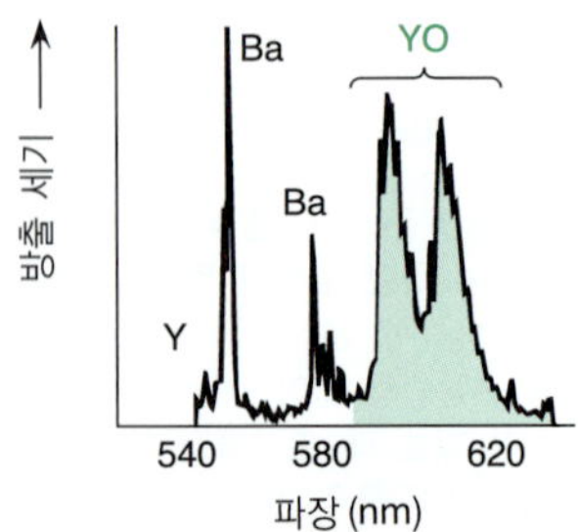

그림 20-16 레이저를 고온 초전도체인 $YBa_2Cu_3O_7$에 쪼여 얻은 플라스마 방출 스펙트럼. 고체는 레이저에 의해 기화되고, 기체상의 들뜬 원자와 분자들은 특정 파장의 빛을 방출한다. [W. A. Weimer, *Appl. Phys. Lett.* **1988**, *52*, 2171.]

은 원자 스펙트럼보다 넓기 때문에 스펙트럼 방해는 여러 파장에서 일어날 수 있다. YO 분자와 함께 Y 및 Ba 원자를 함유하고 있는 플라스마의 스펙트럼을 그림 20-16에 나타내었다. 불꽃에서 안정한 산화물을 형성하는 원소들은 스펙트럼 방해를 흔히 일으키는 요인이라고 할 수 있다.

화학적 방해(**chemical interference**)는 어떤 물질에 의해서든 분석물질이 원자화되는 정도가 감소되는 것을 말한다. 예컨대, SO_4^{2-}와 PO_4^{3-}는 비휘발성 염을 형성하여 Ca^{2+}의 원자화를 방해한다. **해방제**(*releasing agent*)는 화학적 방해를 감소시키기 위하여 시료에 첨가하는 시약이다. EDTA와 8-하이드록시퀴놀린은 SO_4^{2-}와 PO_4^{3-}의 방해 효과로부터 Ca^{2+}를 보호해준다. 또한 La^{3+}는 우선적으로 PO_4^{3-}와 반응하여 Ca^{2+}를 유리시켜 주기 때문에 해방제로 이용된다. 연료 짙은 불꽃은 원자화되기 어려운 산화된 분석물질 종을 감소시킨다. 또한 높은 불꽃 온도는 여러 종류의 화학적 방해를 제거시켜 준다.

이온화 방해(**ionization interference**)는 특히 이온화 에너지가 아주 낮은 알칼리 금속을 분석할 때 문제가 된다. 어떤 원소이든 기체상에서의 이온화 반응은 다음과 같이 나타낼 수 있다.

$$\mathrm{M}(g) \rightleftharpoons \mathrm{M}^+(g) + \mathrm{e}^-(g) \qquad K = \frac{[\mathrm{M}^+][\mathrm{e}^-]}{[\mathrm{M}]} \tag{20-2}$$

2 450 K와 0.1 Pa의 압력에서 소듐은 5% 정도 이온화된다. 이보다 이온화 퍼텐셜이 낮은 포타슘은 같은 조건에서 33%정도 이온화된다. 이온화된 원자의 에너지 준위는 중성 원자와 다르기 때문에 측정하려는 신호가 감소된다.

이온화 억제제(*ionization suppressor*)는 분석물질의 이온화를 감소시키기 위해 시료에 첨가하는 원소이다. 예컨대, 포타슘의 분석에서 1 mg/mL의 CsCl을 시료에 첨가하는데, 이는 세슘이 포타슘보다 더 잘 이온화되기 때문이다. 불꽃에서 높은 농도의 전자를 생성함으로써, Cs의 이온화는 K에 대한 반응 20-2를 역방향으로 진행시키는데, 이는 Le Châtelier 원리의 한 예가 된다.

표준물 첨가법(*the method of standard addition*)은 5-3절에서 기술한 바와 같이 기지량의 분석물질을 복잡한 시료 매트릭스 내의 미지 시료에 첨가함으로써 여러 가지 형태의 방해 영향을 보정한다. 예컨대, 그림 20-17은 표준물 첨가를 사용한 수족관 물 속 스트론튬의 분석을 보여 준다. 표준물 첨가선의 기울기는 0.018 8 흡광도 단위/ppm이다. 증류수에 Sr을 첨가할 경우 기울기는 0.030 8 흡광도 단위/ppm이다. 즉, 증류수에서의 흡광도는 각 표준 Sr의 농도에 대해 수족관 물의 경우보다 0.030 8/0.018 8 = 1.64배 정도 크다. 수족관 물에서의 낮은 감응은 그 속에 존재하는 다른 화학종들에 의해 방해를 받기 때문

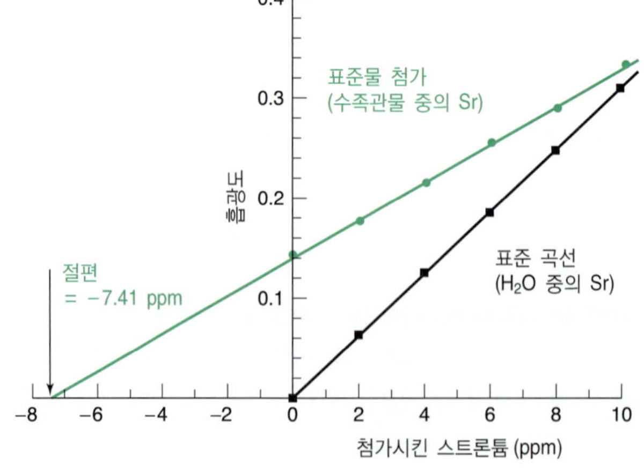

그림 20-17 증류수에 Sr을 첨가한 것과 수족관 물에 Sr을 표준물 첨가한 경우의 원자흡수 검량선. 모든 용액은 일정한 부피로 묽혀지므로, 가로축은 좌표는 최종용액 속 첨가된 Sr의 농도이다. [출처: L. D. Gilles de Pelichy, C. Adams, and E. T. Smith, *J. Chem. Ed.* **1997**, *74*, 1192.]

표 20-4 원자 분석 방법들의 비교[a]

	불꽃 흡수	노 흡수	플라스마 방출	플라스마-질량 분석법
검출 한계 (ng/g)	10 ~ 1 000	0.01 ~ 1	0.1 ~ 10	0.000 01 ~ 0.000 1
선형 범위	10^2	10^2	10^5	10^8
정밀성				
단기 (5 ~ 10분)	0.1 ~ 1%	0.5 ~ 5%	0.1 ~ 2%	0.5 ~ 2%
장기 (시간)	1 ~ 10%	1 ~ 10%	1 ~ 5%	< 5%
방해				
스펙트럼	거의 없음	거의 없음	많음	소수
화학적	많음	대단히 많음	거의 없음	약간 있음
질량	—	—	—	많음
시료 처리량	10 ~ 15초/원소	3 ~ 4분/원소	6 ~ 60원소/분	2 ~ 5분 내 모든 원소
용해된 고체	0.5 ~ 5%	> 20% 슬러리와 고체	1 ~ 20%	0.1 ~ 0.4%
시료 부피	큼	대단히 적음	중간	중간
구입 가격	1	2	4 ~ 9	10 ~ 15

a. Adapted from TJA Solutions, Franklin, MA.

이다. 표준물 첨가선에서 음의 x-절편인 7.41 ppm은 수족관 물 속에 있는 Sr의 신뢰성 있는 측정값이다. 증류수에 대하여 작성한 교정 곡선을 이용하여 수족관 물 속에 함유된 Sr을 원자흡수법으로 측정하였다면, Sr의 농도는 64% 정도 높은 값을 얻었을 것이다.

유도 결합 플라스마의 장점

아르곤 플라스마는 흔히 나타나는 방해를 제거해준다. 플라스마는 통상적인 불꽃보다 두 배 정도 더 뜨거운 동시에, 플라스마 속에서 분석물질의 체류시간도 두 배 정도 더 길다. 따라서 원자화가 불꽃에서부다 더욱 완전히 일어나고, 이에 따라 신호가 증가된다. 플라스마에서는 분석물질의 산화물 및 수산화물 생성도 무시할 수 있을 만큼 적다. 또한 플라스마는 바탕 복사선이 거의 없다.

불꽃 방출 분광법의 경우 더 차가운 불꽃 바깥 지역 내 들뜬 원자의 농도는 불꽃 중심부인 뜨거운 지역보다 낮다. 중심 지역에서의 방출은 바깥 지역에서 흡수된다. 이러한 **자체흡수**(*self-absorption*)는 분석물질의 농도가 증가함에 따라 증가하고, 교정 곡선이 비선형이 되게 한다. 플라스마에서는 온도가 더 일정하므로 자체 흡수는 크게 중요하지 않다. 표 20-4는 교정 곡선의 직선 범위가 불꽃이나 노에서는 단지 두 자리 정도인데 비하여 플라스마 방출에서는 약 다섯 자리 이상임을 보여 준다.

자체흡수: 차가운 바깥 불꽃 지역에 있는 바닥 상태 원자들이 불꽃 중심부의 들뜬 원자들의 방출을 흡수하며, 이에 따라 전체 방출이 감소한다. 분석물질의 농도가 높을수록 자체흡수가 증가하고, 교정 곡선은 비선형이 된다.

자습문제

20-E. **(a)** 스펙트럼 방해, **(b)** 화학적 방해, **(c)** 이온화 방해는 각각 무엇을 의미하는가? **(d)** 흑연로 원자흡수법으로 측정한 고고학적 인간 뼈 중에 함유된 Pb의 함량은 그 시대 사람의 관습이나 경제적 상태를 조명해 준다. 예컨대, 식민지 아메리카에서 부자들은 약 20 wt%의 납을 함유한 영국제 백랍으로 만든 식기, 사발 모양 술잔 및 음료 저장용기를 사용하였다. 농장 소유주는 백랍 용기를 접하기 어려웠던 노예와 하인보다 백랍에 든 음식으로부터 납을 많이 흡수하였다.[3] 뼈는 단백질인 콜라젠과 광물 하이드록시애퍼타이트(hydroxyapatite) $Ca_{10}(PO_4)_6(OH)_2$로 이루어져 있다. 뼈를 공기 중에서 가열하여 유기물을 산화시키고 무기 산화물(재)만 남긴다. Pb 분석에서 매트릭스 방해를 억제하기 위하여 녹인 뼈의 재에 La^{3+}를 첨가하는 이유를 설명하시오.

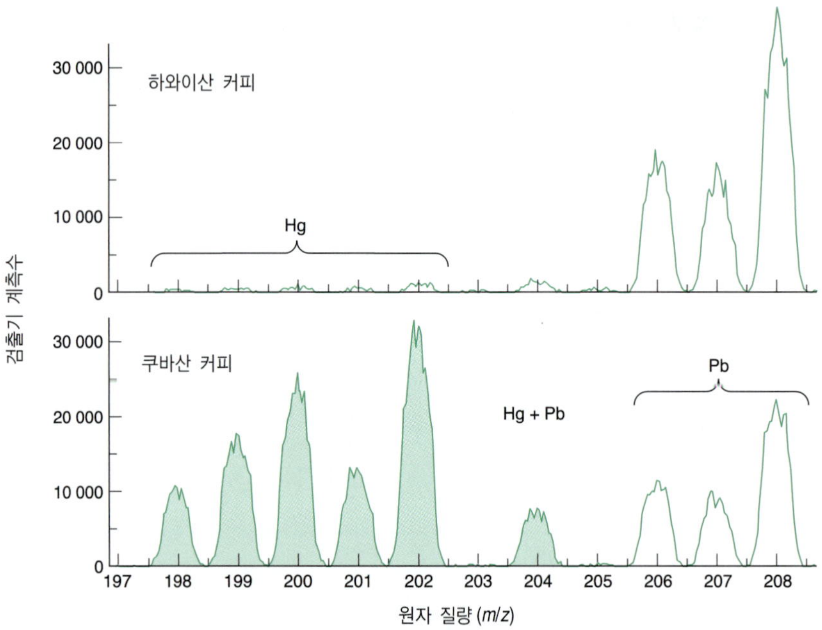

30 000
하와이산 커피
20 000
10 000
Hg
0
검출기 계측수
30 000
쿠바산 커피
Pb
20 000
Hg + Pb
10 000
0
197 198 199 200 201 202 203 204 205 206 207 208
원자 질량 (*m/z*)

그림 20-18 유도 결합 플라스마-질량 분석법으로 측정한 커피 원두 속 원소 프로필의 일부. 두 산지의 콩에서 Pb 함량은 비슷하지만, 수은 함량은 쿠바산 원두가 하와이산보다 더 높다. 각 스펙트럼에서 바탕을 빼주지 않았으므로 위쪽 스펙트럼에서 소량의 Hg가 바탕에 함유된 것으로 나타났다. [제공: G. S. Ostrom and M. D. Seltzer, Michelson Laboratory, China Lake, CA.]

20-6 유도 결합 플라스마-질량 분석법

유도 결합 플라스마-질량 분석법은 흔적량 분석에 이용할 수 있는 가장 감도 높은 방법 중의 하나이다. 플라스마에서 생성된 분석물질 이온들은 질량 대 전하 비에 따라 분리해 주는 질량분석계의 입구 쪽으로 들어간다. 이온들은 광전증배관과 작동이 비슷한 고감도 검출기에 의해 측정된다. 표 20-4에 수록한 선형 범위는 여덟 자리 크기 이상에 걸쳐 있으며, 검출 한계는 노 원자 흡수법보다 100 ~ 1 000배 정도 낮다.

Ar은 화학 반응을 거의 일으키지 않는 "비활성" 기체이다. 그러나 Ar^+은 Cl과 동일한 전자 배치를 가지며, 할로젠과 비슷한 화학 반응을 일으킨다. $^{40}Ar^{16}O^+$와 $^{56}Fe^+$는 원자질량 단위 0.02의 차이가 있다.

그림 20-18은 커피 원두를 흔적량 금속급 시약인 질산으로 추출하고, 수용액 추출물을 유도 결합 플라스마-질량 분석법으로 분석한 일례를 보여 준다. 쿠바산 또는 하와이산 원두로 끓인 커피는 ~ 15 ng Pb/mL를 함유하고 있다. 그러나 쿠바산 원두에는 Pb과 비슷한 농도의 Hg도 들어 있다.

질량 분석법에 고유한 문제점은, 비슷한 질량-대-전하 비를 갖는 이온들을 서로 분리할 수 없어서 일어나는 **동중(원소) 핵 방해(isobaric interference)** 이다. 예컨대, Ar 플라스마에서 발견되는 $^{40}Ar^{16}O^+$는 $^{56}Fe^+$와 질량이 거의 같다. 두 번 이온화된 $^{138}Ba^{2+}$는 $^{69}Ga^+$를 방해하는데, 이는 각 이온의 질량 대 전하 비(138/2 = 69/1)가 거의 같기 때문이다. 한 원소가 여러 개의 동위원소를 갖는다면, 동위원소 비를 측정하여 동중원소 방해를 확인해야 한다. 예컨대, Se 동위원소의 비가 자연에서 발견되는 동위원소의 비($^{74}Se : {}^{76}Se : {}^{77}Se : {}^{78}Se : {}^{80}Se : {}^{82}Se$ = 0.008 7 : 0.090 : 0.078 : 0235 : 0.498 : 0.092)와 일치한다면, 이들 질량 중 어느 한 가지에서 방해가 일어날 가능성은 거의 없다.

검출 한계가 아주 낮기 때문에 용액은 대단히 순수한 물과 흔적량 금속급의 HNO_3로 먼지 유입을 방지할 수 있는 테플론 또는 폴리에틸렌 용기에서 만든다. HCl과 H_2SO_4는 동중 방해를 일으킬 가능성이 있으므로 사용을 피하는 것이 좋다. 고체를 높은 농도로 녹이면 플라스마와 질량 분석계 사이에 있는 관의 작은 구멍을 막을 수 있다. 플라스마는 유기물을 탄소로 환원시키므로, 이것이 구멍을 막을 수 있다. 플라스마 속으로 산소를 유입시켜 탄소를 산화시키면 유기물을 분석할 수 있다.

플라스마 내 이온들에 미치는 매트릭스 영향은 중요하므로, 교정 곡선 작성에 사용하는

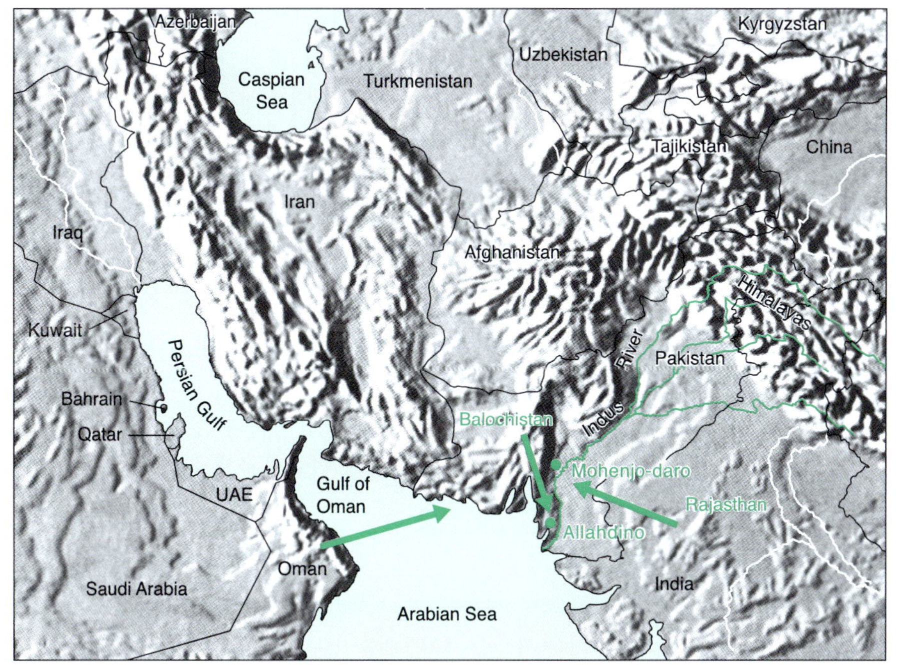

그림 20-19 남아시아 지도. 화살표는 Mohenjo-daro와 Allahdino의 인더스 문명 유적에서 발견된 은의 채광자리였을 수도 있는 지역을 가리킨다. Balochistan은 오늘날 파키스탄의 영토이며, Rajasthan은 오늘날 인도의 영토이다. [Relief map adapated from Виктор В, Wikipedia Commons, http://en.wikipedia.org/wiki/File:Relief_Map_of_Middle_East. jpg.]

표준 용액은 미지 시료와 같은 매트릭스 내에 있어야 한다. 분석물질과 이온화 에너지가 거의 같은 내부 표준물질을 사용한다. 예를 들면, Tm은 U의 내부 표준으로 사용되는데, 이들 두 원소의 이온화 에너지는 각각 5.81과 6.08 eV이며, 다른 매트릭스 중에서 거의 같은 정도로 이온화된다. 단지 한 개의 주된 동위원소만을 갖는 내부 표준을 사용하면 최대 감응을 얻을 수 있다.

고고학자는 유도 결합 플라스마-질량 분석법을 사용하여 납을 함유하는 유물의 기원을 알아낸다. 납을 채굴한 지역에 따라 납 동위원소의 비가 다르다. 지역에 따라 존재 정도가 다른 ^{238}U, ^{235}U 및 ^{232}Th의 방사성 붕괴에 의해 납의 동위원소가 생기기 때문에 납 동위원소의 비가 다른 것이다.

히말라야 산맥에서 녹아 나온 눈의 유입으로 중앙 파키스탄의 인더스 강과 그 지류에서 생명이 유지된다. 기원전 2600~1900 사이에 남아시아 최초의 도시화된 문명이 인더스 강 골짜기에서 발생하였다. 한 고고학자가 "인더스 문명의 사람들이 암석과 광물원을 얻

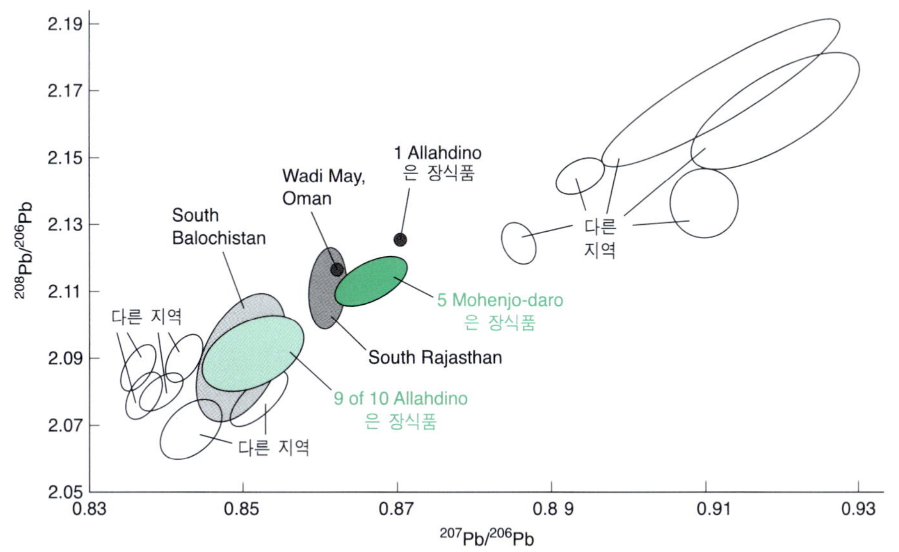

그림 20-20 인더스 강 유역 근처의 채광지에서 나온 납광석의 알려진 동위원소 비와 비교한 은 장식품의 납 동위원소 비. Allahdino 근처에서 발견된 장식품의 대부분의 동위원소 비는 South Balochistan에서 나온 광석의 조성과 일치한다. Mohenjo-daro 근처에서 발견된 장식품의 대부분의 동위원소 비는 South Rajasthan과 Oman의 한 광산에서 나온 광석의 조성과 유사하다. [Adapted from R. W. Law and J. H. Burton, *Am. Lab. News Ed.*, September 2008, p. 14; R. W. Law, *Inter-Regional Interaction and Urbanism in the Ancient Indus Valley* (Kyoto: Research Institute for Humanity and Nature, 2010).]

었을 때 누구와 교류하였을까?"라는 질문을 던졌다.[4] 많은 고고학적 암석과 광물성 유물이 연구되었지만 여기서는 Allahdino와 Mohenjo-daro에서 발견된 은 장식물을 중심으로 살펴본다(그림 20-19).

납은 은 속의 불순물이다. 특정 지역에서 채굴된 은은 그 지역에 고유한 납 동위원소 패턴을 가지기 때문에 유도 결합 플라스마-질량 분석법으로 측정한 납 동위원소의 조성은 은의 기원에 관한 정보를 제공해준다.

Allahdino에서 발견된 열 가지 장식품 중 아홉 가지가, Allahdino 인근의 South Balochistan의 은 함유 납광석의 납 동위원소 조성과 유사한 조성을 가지고 있다(그림 20-20). Mohenjo-daro에서 발견된 다섯 가지 장식품은 파키스탄 내 어느 채광지의 광석의 납 동위원소 조성과도 일치하지 않지만 Oman 내 아라비아 해 건너의 채광지와 인도의 South Rajasthan에서 온 광석의 납 동위원소 조성과 유사하다. 은은 이들 더 먼 지역에서 왔을 가능성이 있다. 고고학자는 인류학에서 나타나는 의문을 해결하기 위하여 더욱 정교한 분석 기법을 점점 더 많이 사용하고 있다.

자습문제

20-F. 수은은 중요한 자연 존재비를 갖는 여섯 개의 동위원소, 즉 ^{198}Hg (10.0%), ^{199}Hg (16.9%), ^{200}Hg (23.1%), ^{201}Hg (13.2%), ^{202}Hg (29.9%), ^{204}Hg (6.9%)를 가지고 있다. 이다. 납은 네 개의 동위 원소, 즉 ^{204}Pb (1.4%), ^{206}Pb (24.1%), ^{207}Pb (22.1%), ^{208}Pb (52.4%)를 가지고 있다. 그림 20-18에서 왜 Hg은 6개의 봉우리를 보이는 반면 Pb의 경우는 세 개의 봉우리만 나타내는가? 왜 질량 203과 205에서는 봉우리가 나타나지 않는가?

주요식

Boltzmann 분포

$$\frac{N^*}{N_0} = \left(\frac{g^*}{g_0}\right) e^{-\Delta E/kT}$$

N^* = 들뜬 상태의 원자수
N_0 = 바닥 상태의 원자수
ΔE = 들뜬 상태와 바닥 상태의 에너지 차이
g^* = E^* 에너지에서의 상태의 수(들뜬 상태의 축퇴도)
g_0 = E_0 에너지에서의 상태의 수(바닥 상태의 축퇴도)

알아두어야 할 술어

Boltzmann 분포(Boltzmann distribution)
동중(원소) 핵 방해(isobaric interference)
매트릭스(matrix)
바탕 보정(background correction)
속빈 음극등(hollow-cathode lamp)
스펙트럼 방해(spectral interference)
원자 방출 분광법(atomic emission spectroscopy)
원자화(atomization)
원자 흡수 분광법(atomic absorption spectroscopy)
유도 결합 플라스마(inductively coupled plasma)
이온화 방해(ionization interference)
화학적 방해(chemical interference)
흑연로(graphite furnace)

문제

20-1. 원자 흡수 분광법에서 불꽃과 노의 장단점을 비교하시오.

20-2. 유도 결합 플라스마와 불꽃 원자 분광법의 장단점을 비교하시오.

20-3. 원자 흡수 또는 원자 방출 법 중 어떤 방법이 불꽃 온도의 안정성에 더 민감한가? 그 이유는 무엇인가?

20-4. 원자 **방출** 분광계는 봉우리 방출 파장에서, 그리고 봉우리의 약간 위, 아래 파장에서 신호(바닥 신호)를 측정함으로써 바탕 보정을 한다. 평균 바탕을 봉우리 신호에서 빼준다. 왜 원자 **흡수**에서는 이와 같은 바탕보정법을 사용하지 않는가? (힌트: 등을 생각하라.)

20-5. 원자 분광법에서 매트릭스 개질제의 사용 목적은 무엇인가?

20-6. Ca이 422.7 nm의 빛을 흡수하면 첫 번째 들뜬 상태로 전이한다.

(a) 바닥 상태와 들뜬 상태의 에너지 차이(J)는 얼마인가? (*힌트* 18-1절 참조)

(b) Ca의 축퇴도 비 $g^*/g_0 = 3$이다. 2 500 K에서 N^*/N_0는 얼마인가?

(c) 온도를 15 K 증가시키면 **(b)**에서의 분율은 몇 퍼센트 변화될까?

(d) 6 000 K에서 N^*/N_0는 얼마인가?

20-7. Cu는 327 nm의 복사선을 흡수하면 첫 번째 들뜬 상태로 전이한다.

(a) 바닥 상태와 들뜬 상태의 에너지 차이는(J) 얼마인가?

(b) Cu의 축퇴도 비 $g^*/g_0 = 3$이다. 2 400 K에서 N^*/N_0는 얼마인가?

(c) 온도를 15 K증가시키면 **(b)**에서의 분율은 몇 퍼센트 변화될까?

(d) 6 000 K에서 N^*/N_0는 얼마인가?

20-8. 검출 한계 (5-2절 참조). 노 원자 흡수법으로 수돗물 중 비소의 검출 한계를 구하기 위하여 낮은 농도의 As가 함유한 8개의 수돗물 시료를 측정하였다. 그 다음 0.50 ppb (ng/mL)의 As을 첨가한 8개의 수돗물 시료를 측정한 결과는 다음과 같다.

수돗물 신호: 0.014, 0.005, 0.011, 0.001, −0.002, 0.002, 0.010, 0.008

수돗물 +0.50 ppb As: 0.046, 0.043, 0.036, 0.037, 0.041, 0.031, 0.039, 0.034

(a) 교정 곡선은 신호 대 분석물질의 농도를 나타낸 그래프이다. 즉, 신호 = m[As] + 바탕 신호, 여기서 [As]는 ppb로 나타낸 농도이고, m은 기울기이다. As 첨가 수돗물은 무첨가 수돗물보다 As가 0.50 ppb 더 많다. 식(첨가시료의 평균 신호−무첨가 시료의 평균 신호) = m[0.50 ppb]을 풀어 교정 곡선의 기울기 m을 구하시오.

(b) 식 5-4로부터 검출 한계를 구하시오.

(c) 식 5-5로부터 정량 하한을 구하시오.

20-9. **표준곡선.** 일련의 포타슘 표준 용액이 404.3 nm에서 다음 표와 같은 방출 세기를 나타내었다.

(a) 각 방출 세기에서 바탕값을 뺀 보정된 방출 세기 대 시료 농도(μg/mL)의 교정 곡선(4-7절 참조)을 작성하시오. 그리고 m, b, s_m, s_b와 s_y를 각각 구하시오.

(b) 미지 시료 중 $[K^+]$(μg/mL)와 불확정도를 구하시오.

시 료 (μg K/mL)	상대적 방출 세기
바탕	6
5.00	130
10.0	249
20.0	492
30.0	718
미지 시료	423

20-10. 표준물 첨가법. 혈청 5.00 mL 중에 미지 농도의 포타슘, $[K+]_i$를 함유하고 있는 용액이 3.00 mV의 원자 방출 신호를 나타내었다고 가정하자. 30.0 mM K^+ 표준 용액 1.00 mL를 첨가한 다음 10.00 mL되게 묽혔을 때 방출 신호가 4.00 mV로 증가하였다.

(a) 혼합물에 첨가한 표준물의 농도 $[S]_f$를 구하시오.

(b) 초기 5.00 mL의 시료를 10.00 mL로 묽혔다. 그러므로 혈청 중 포타슘의 농도는 $[K^+]_i$에서 $[K^+]_f = \frac{1}{2}[K^+]_i$로 감소하였다. 식 5-6을 이용하여 혈청 중에 함유된 원래의 K^+ 함량 $[K^+]_i$를 구하시오.

20-11. 표준물 첨가법. Na^+을 함유한 혈청 시료의 방출 신호는 4.27 mV이다. 농도가 진한 Na^+의 표준 용액을 소량 첨가하여 Na^+의 농도가 0.104 M로 증가되었다. 이때 시료의 묽힘은 크지 않기 때문에 무시한다. 표준물을 첨가한 혈청 시료의 원자 방출 신호는 7.98 mV였다. 혈청 중에 함유된 원래 Na^+의 농도를 구하시오.

20-12. 표준물 첨가법. 원자 흡수 분석에서 미지 시료 중에 함유된 Cu^{2+}의 흡광도는 0.262였다. 95.0 mL의 미지 시료에 100.0 ppm (= μg/mL)의 Cu^{2+}을 함유한 용액 1.00 mL을 가하고, 부피 플라스크에서 혼합 용액을 100.0 mL로 묽혔다. 이 용액의 흡광도가 0.500이었다면, 미지 시료 중 Cu^{2+}의 원래 농도를 구하시오.

20-13. **표준물 첨가법.** 원자 흡수 분광법에서 원소 X를 함유한 미지 시료를 일정량의 원소 X의 표준 용액과 혼합시켰다. 표준 용액은 밀리리터 당 1.000×10^3 μg의 X를 함유하고 있다.

미지 시료의 부피 (mL)	표준물의 부피 (mL)	전체 부피 (mL)	흡광도
10.00	0	100.0	0.163
10.00	1.00	100.0	0.240
10.00	2.00	100.0	0.319
10.00	3.00	100.0	0.402
10.00	4.00	100.0	0.478

(a) 각 용액에 첨가한 표준물의 농도 (μg X/mL)를 계산하시오.

(b) 그림 5-7에서와 같은 그래프를 작성하여 미지 시료의 [X]를 구하시오.

(c) 문제 5-19의 식을 이용하여 (b)에서의 불확정도를 구하시오.

20-14. **표준물 첨가법.** 1.62 μg Li^+/mL을 함유한 표준 용액을 사용한 표준물 첨가법으로 Li^+를 원자 방출법으로 정량하였다. 다음 표의 데이터로부터 원래 미지 시료 중 Li^+의 농도를 구하기 위한 표준물 첨가 그래프를 작성하시오. 문제 5-19의 식을 이용하여 농도에 대한 불확정도를 구하시오.

미지 시료 (mL)	표준물 (mL)	최종 부피 (mL)	방출 세기 (임의 단위)
10.00	0.00	100.0	309
10.00	5.00	100.0	452
10.00	10.00	100.0	600
10.00	15.00	100.0	765
10.00	20.00	100.0	906

20-15. **내부 표준법.** 10.00 mL의 미지 시료 (X)와 8.24 μg S/mL를 함유하고 있는 내부 표준 용액 (S) 5.00 mL를 혼합시킨 용액을 50.0 mL 되게 묽혔다. 측정된 신호의 비, (X에 의한 신호/S에 의한 신호) = 1.69였다. 별도의 실험에서 X의 농도가 S의 농도의 3.42배일 때, X의 신호는 S의 신호의 0.93배라는 것을 알았다. 미지 시료 중에 함유된 X의 농도를 구하시오.

20-16. **내부 표준법.** 원자 흡수법에 의한 Fe의 정량을 위하여 Mn을 내부 표준물로 사용하였다. 2.00 μg Mn/mL와 2.50 μg Fe/mL를 함유한 표준 혼합물의 신호비 (Fe의 신호/Mn의 신호) = 1.05이다. 미지 Fe 용액 5.00 mL에 13.5 μg Mn/mL를 함유한 용액 1.00 mL를 혼합하여 부피가 6.00 mL인 혼합 용액을 만들었다. Mn의 파장에서 이 혼합물의 흡광도는 0.128이었고, Fe 파장에서의 흡광도는 0.185였다. 미지 Fe 용액의 몰농도를 구하시오.

20-17. **(a)** 유도 결합 플라스마-질량분석법으로 $^{56}Fe^+$를 분석할 때 Ar 플라스마 내 $^{40}Ar^{16}O^+$는 **동중 방해**를 일으킨다. 동중 방해는 무슨 뜻인가?

(b) 다음 중 어느 이온이 $^{40}Ar^{16}O^1H^+$, $^{32}S^{16}O_2^+$ 및 $^{23}Na^{35}Cl^+$에 의한 동중 방해를 받을 수 있겠는가? [$^{51}V^+$, $^{52}Cr^+$, $^{53}Cr^+$, $^{54}Fe^+$, $^{55}Mn^+$, $^{56}Fe^+$, $^{57}Fe^+$, $^{58}Ni^+$, $^{59}Co^+$, $^{60}Ni^+$, $^{61}Ni^+$, $^{63}Cu^+$, $^{64}Zn^+$, $^{65}Cu^+$, $^{66}Zn^+$]

20-18. **품질 보증.** 주석을 도금한 강철 캔으로부터 식품 속으로 주석이 녹아나올 수 있다.

(a) 유도 결합 플라스마-원자 방출 분석을 위하여 식품을 테플론 통(그림 2-18) 속에 넣고 세 단계로 HNO_3, H_2O_2와 HCl을 가하면서 전자레인지로 가열하여 삭였다. 농도가 1 g/L인 최종 용액에 CsCl을 첨가하였다. CsCl을 첨가하는 목적은 무엇인가?

(b) 189.927 nm의 Sn 방출선에서 측정한 교정 곡선 데이터를 아래 표에 수록하였다. Excel의 LINEST 함수 (4-8절)를 사용하여 기울기와 절편, 표준편차와 데이터가 직선에 일치하는 척도인 R^2을 구하시오. 교정 곡선을 작성하시오.

Sn (μg/L)	방출 세기 (임의 단위)
0	4.0
10.0	8.5
20.0	19.6
30.0	23.6
40.0	31.1
60.0	41.7
100.0	78.8
200.0	159.1

출처: L. Perring and M.Basic-Dvorzak, *Anal. Bioanal. Chem.* **2002**, *374*, 235.

(c) 농도가 높은 다른 원소들의 방해는 Sn의 다른 방출선에서 확인한다. 소량의 주석을 함유하는 식품을 삭이고 100.0 μg/L의 Sn을 첨가하였다. 그런 다음 다른 원소들을 의도적으로 첨가하여 얻은 결과를 다음 표에 수록하였다. 두 파장에서 각각 어떤 원소가 방해를 하는가? 어떤 파장이 분석에 적당한가?

50 mg/L에서 첨가한 원소	189.927 nm 방출선에서 Sn의 측정값 (μg/L)	235.485 nm 방출선에서 Sn의 측정값 (μg/L)
없음	100.0	100.0
Ca	96.4	104.2
Mg	98.9	92.6
P	106.7	104.6
Si	105.7	102.9
Cu	100.9	116.2
Fe	103.3	강한 방출
Mn	99.5	126.3
Zn	105.3	112.8
Cr	102.8	76.4

출처: L. Perring and M.Basic-Dvorzak, *Anal. Bioanal. Chem.* **2002**, *374*, 235.

(d) **검출 한계와 정량 하한.** 교정 곡선 **(b)**의 기울기는 Sn(μg/L)당 0.782 단위이다. 소량의 Sn을 함유하는 식품을 7번 반복 측정한 결과 5.1 단위의 평균 신호를 나타내었다. 30.0 μg Sn/L을 첨가한 식품을 7번 반복 측정하였을 때 평균 신호는 29.3 단위였고, 표준편차는 2.4 단위이었다. 식 5-4와 5-5를 사용하여 검출 한

계와 정량 하한을 각각 구하시오.

(e) 시료 준비과정에서 분석을 위하여 2.0 g의 식품을 삭이고 50 mL로 묽혔다. **(d)** 로부터 구한 정량 하한을 μg Sn/식품 kg으로 나타내시오.

20-19. 이염화 타이타노센(titanocene dichloride, $(\pi\text{-}C_5H_5)_2TiCl_2$)은 트랜스페린 단백질(그림 19-15)에 의해 암세포 쪽으로 운반된다고 알려진 강력한 항암제이다($\pi\text{-}C_5H_5$는 그림 17-5에서 페로센으로 알려진 사이클로펜타다이엔일기이다). 트랜스페린의 Ti(IV) 결합 용량을 측정하기 위하여, 단백질을 과량의 이염화 타이타노센으로 처리하였다. Ti(IV)이 단백질과 결합히도록 일정시간 기다린 후, 과량의 작은 분자들을 투석으로 제거하였다(시범 7-1). 다음 단백질을 2 M HNO_3로 삭이고 화학 분석을 위하여 표준물을 첨가하고 같은 부피로 만든 일련의 용액을 만들었다. 각 용액에서 타이타늄과 황을 유도 결합-원자 방출법으로 측정하여 그 결과를 다음 표에 수록하였다. 트랜스페린 각 분자는 39개의 황 원자를 함유하고 있다. 단백질 내 Ti/트랜스페린 몰비를 구하시오.

첨가한 Ti (mg/L)	신호	첨가한 S (mg/L)	신호
0	0.86	0	0.0174
3.00	1.10	37.0	0.0221
6.00	1.34	74.0	0.0268
12.0	1.82	148.0	0.0362

출처: A. Cardona and E.Meléndez, *Anal. Bioanal. Chem.* **2006**, *386*, 1689.

응용문제

20-20. 지구 화학자들은 바닷물(염수) 중 Li^+을 측정하여 유전에서 이 유체의 원천을 결정한다. Li의 불꽃 방출 및 흡수는 산란, 이온화와 다른 원소의 방출 스펙트럼과의 겹침에 의해 방해받는다. 여러 개의 해양 침강 시료를 원자 흡수 분석하여 다음 표와 같은 결과를 얻었다.

시료와 처리 방법	Li^+의 검출량 (μg/g)	분석 방법	불꽃의 종류
1. 묽히지 않음	25.1	표준 곡선법	공기/C_2H_2
2. H_2O로 1/10되게 묽힘	64.8	표준 곡선법	공기/C_2H_2
3. H_2O로 1/10되게 묽힘	82.5	표준물 첨가법	공기/C_2H_2
4. 묽히지 않음	77.3	표준 곡선법	N_2O/C_2H_2
5. H_2O로 1/10되게 묽힘	79.6	표준 곡선법	N_2O/C_2H_2
6. H_2O로 1/10되게 묽힘	80.4	표준물 첨가법	N_2O/C_2H_2

출처: B. Baraj, L. F. H. Niencheski, R. D. Trapaga, R. G. França, V. Cocoli, and D. Robinson, *Fresenius J. Anal. Chem.* **1999**, *364*, 678.

(a) 시료 1~3에서 Li^+의 겉보기 농도가 증가하는 이유를 설명하시오.

(b) 시료 4~6에서 거의 일정한 결과를 나타내는 이유는?

(c) 시료 중 Li^+의 실제 농도는 얼마인가?

주와 참고문헌

1. J. G. Weiner, B. C. Knights, M. B. Sandheinrich, J. D. Jeremiason, M. E. Brigham, D. R. Engstrom, L. G. Woodruff, W. F. Cannon, and S. J. Balogh, *Environ. Sci. Technol.* **2006**, *40*, 6261; D. M. Orihel, M. J. Paterson, C. C. Gilmour, R. A. Bodaly, P. J. Blanchfield, H. Hintelmann, R. C. Harris, and J. W. M. Rudd, *Environ. Sci. Technol.* **2006**, *40*, 5992.

2. For a student experiment on mercury analysis in biological and environmental samples, see J. V. Cizdziel, *J. Chem. Ed.* **2001**. *88*. 209.

3. L. Wittmers, Jr., A. Aufderheide, G. Rapp, and A. Alich, *Acc. Chem. Res.* **2002**, *35*, 669.

4. R. W. Law and J. H. Burton, *Am. Lab, News Ed.*, September 2008, p. 14; R. W. Law, *Inter-Regional Interaction and Urbanism in the Ancient Indus Valley* (Kyoto: Research Institute for Humanity and Nature, 2010).

비스페놀 A

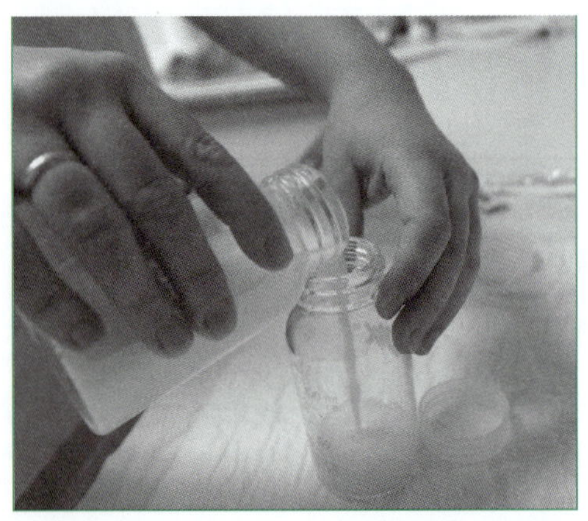

폴리카보네이트 젖병. [Dani Cardona/Reuters.]

비스페놀 A + 포스젠 $\xrightarrow{NaOH}$ 폴리카보네이트 분자식

폴리리카보네이트 플라스틱과 에폭시 수지를 만들기 위하여 매년 300만 톤 이상의 **비스페놀 A** (BPA) 가 생산된다. 젖병이나 등산용 물병은 폴리카보네이트로 만든다. 음료수 캔이나 음식 보관용 유리병의 금속 뚜껑은 에폭시 수지로 코팅되어 있다. 젖병이나 캔에서는 미량의 BPA가 침출된다.[1] BPA는 배란이나 다중적인 대사경로를 조절하는 에스트로젠 수용체들과 결합하는 내분비교란물 (환경호르몬) 이다.[2] BPA는 발암물질, 돌연변이 유발물질로 분류되며 신경발달장애를 야기한다. 1988년 미국환경보호국 (USEPA) 은 BPA의 하루 허용 섭취량을 체중 1 kg당 BPA 0.05 mg으로 정하였다. 체중이 70 kg이라면 하루 허용치는 3.5 mg이다.

2010년 미국식약청은 "BPA가 뇌, 행동, 그리고 태아 및 유아, 어린이의 전립선에 악영향을 미칠 수도 있다"라고 발표하였다. 식약청은 BPA를 함유하는 젖병이나 유아용 급식병의 생산중지를 지지하며, 새로운 분유캔 내벽용 물질의 개발을 촉진하고 있다. 2010년 유럽연합 (EU) 은 젖병에 BPA의 사용을 금지하였다. 동물 독성 연구 결과들이 일치하지 않아서, 아직 성인의 허용 섭취량을 낮추고자 하는 데에는 합의점을 찾지 못하고 있다.[3]

2010년에 널리 알려진, 의외의 BPA 소스는 금전등록기의 영수증이다. 열감지용 종이에는 발색제로 BPA를 사용한다.[4] 한 연구에 의하면, 13장 중 11장의 영수증에서 0.8 ~ 1.7 wt% BPA가 검출되었다.[5] 5초 동안 영수증을 잡고 있으면, 건조한 손가락에는 약 1 μg, 젖거나 기름진 손가락에는 그보다 약 10배의 BPA가 묻는다. BPA를 에탄올에 녹여 손가락에 바르면, BPA가 피부를 침투하여 2시간 후에는 손가락 피부에서 BPA가 사라진다.

BPA를 측정하는 방법은 기체 및 액체 크로마토그래피에 질량 분석 검출기를 연결하는 것이다. 보충 21-3과 그림 22-27은 크로마토그램을 보여준다.

VT 1% LOWFAT MILK*		2.59 F
POST SHRD WHEAT		1.99 F
YOU JUST SAVED	2.50	
POST SHRD WHEAT		1.99 F
YOU JUST SAVED	2.50	
POST SHRD WHEAT		1.99 F
YOU JUST SAVED	2.50	
FRENCH BREAD		1.49 F
2.72 lb @ .69 / lb		
BANANAS*		1.88 F
CUCUMBERS*		.99 F
LETTUCE-ICEBERG*		1.69 F
2.49 lb @ 1.99 / lb		
GRAPES-RED SDLS*		4.96 F
1.24 lb @ .79 / lb		
JICAMA*		.98 F
2.31 lb @ 1.25 / lb		
APPLE-PINK LADY*		2.89 F
1.28 lb @ 1.50 / lb		
TOMATO-ROMA*		1.92 F
1 @ 2/ 3.00		
BELL PEPPERS-RED*		1.50 F
	SUBTOTAL	26.86
	TOTAL TAX	.00
	TOTAL DUE	26.86
Gift/Scrip	TENDER	26.86

21

크로마토그래피와 질량 분석법의 원리

크로마토그래피는 분석 화학자의 도구에서 복잡한 혼합물의 성분들을 측정하고 분석하기 위한 가장 강력한 도구이다. 질량 분석 검출기를 가지고, 우리는 요소를 잘 확인할 수 있다. 이 장은 크로마토그래피와 질량 분석법의 원리를 소개하고 다음 장은 기체와 액체 크로마토그래피를 설명한다.

크로마토그래피 (chromatography)는 **정량 분석** (성분이 얼마나 많이 존재하는가?) 과 **정성 분석** (그 성분이 무엇인가?) 에 폭넓게 사용된다.

21-1 크로마토그래피는 무엇인가?

크로마토그래피 (chromatography) 는 화합물들을 분리하는 방법으로서, 혼합물이 칼럼을 통과할 때 어떤 화합물은 다른 화합물보다 더 오래 머물게 되어 분리된다. 그림 21-1에서 화합물 A와 B를 포함하는 용액을 칼럼에 주입한다. 칼럼은 미리 고체 입자로 충전되어 있고 용매로 채워져 있다. 칼럼의 출구가 열리면 A와 B는 칼럼 아래로 이동하는데, 칼럼

폴란드의 식물학자인 M. Tswett는 1903년에 고체 $CaCO_3$ 입자(정지상)를 포함하는 칼럼과 탄화수소 용액(이동상)을 가지고 식물 색소를 분석하기 위해 크로마토그래피를 발명했다. 색을 띤 띠의 분리는 그리스어로 "색"이라는 의미로 **chromatos** 와 "쓰다"라는 의미로 **graphein** 에 의해 **chromatography**라는 이름으로 불렸다.

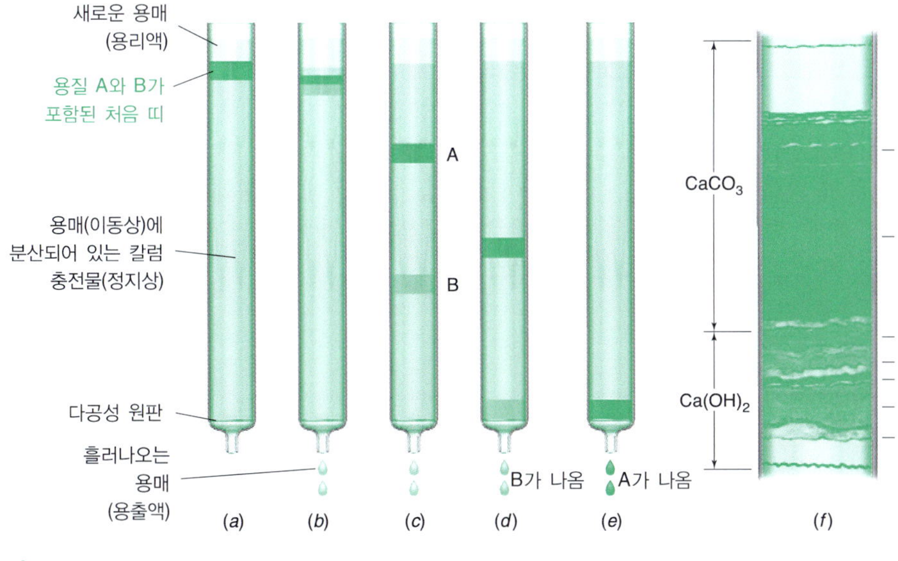

그림 21-1 크로마토그래피에 의한 분리(그림 a ~ e). 용질 A는 정지상에 용질 B보다 더 친화성이 크다. 그래서 A는 칼럼에서 B보다 더 오래 머무른다. 그림 f는 1930년대에 L.Zechmeister에 의한 연구로부터 $CaCO_3$와 $Ca(OH)_2$ 정지상을 가지는 빨간 파프리카 껍질로부터 색소 분석의 재현이다. [L. S. Ettre, *LCGC* **2007**, *25*, 640.]

훌륭한 학습활동은 학생들에게 크로마토그래피에 대한 기본을 이해시키고 발견하기 위해 **분배계수**를 소개시켜라. M. J. Samide, *J. Chem. Ed.* **2008**, *85*, 1512를 보아라. 분배계수(K)는 이동상과 정지상 사이의 용리되는 정도를 나타내는 평형 상수이다.

이동상에서의 용질 $\overset{K}{\rightleftharpoons}$ 정지상에서의 용질

흡착 (*adsorption*)은 고체 입자의 표면에 붙는 현상이다. 천연색 사진 22는 흡착 크로마토그래피의 형태인 얇은층 크로마토그래피 (thin-layer chromatography)를 보여준다.

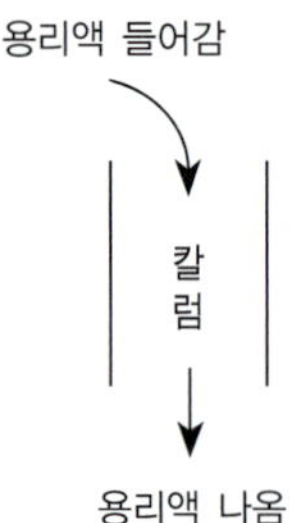

1941년에 액체-액체 분배 크로마토그래피에 대한 선구적인 연구로 A. J. P. Martin과 R. L. M. Synge는 1952년에 노벨상을 받았다.

1935년에 B. A, Adams와 E. L. Holmes는 합성 이온 교환 수지를 개발하였다. **수지**는 비교적 단단하고 무정형의(비결정) 유기 고체이다. **젤**은 비교적 연하다.

분자 배제 크로마토그래피에서, 큰 분자들은 작은 분자들보다 더 빨리 칼럼을 통과한다.

위에서 새로운 용매를 계속 흘려주면 이들은 결국 칼럼을 빠져나간다. 만일 용질 A가 B보다 고체 입자에 더 강하게 **흡착된다면**, A는 B보다 상대적으로 더 짧은 시간 동안 용액에 머무른다. 용질 A는 B보다 더 느리게 칼럼을 통과하므로 B보다 늦게 빠져나온다.

크로마토그래피에서 **이동상** (**mobile phase**, 칼럼을 통해 움직이는 용매)은 액체나 기체이다. **정지상** (**stationary phase**, 칼럼 안에 고정되어 머물러 있는 물질)은 고체이거나, 혹은 고체 입자 표면이나 속빈 모세관 칼럼의 내벽에 공유결합되어 있는 액체이다. 이동상과 정지상 사이에서 용질의 분배에 의해 분리가 얻어진다. **기체 크로마토그래피** (**gas chromatography**)에서 이동상은 기체이고, **액체 크로마토그래피** (**liquid chromatography**)에서 이동상은 액체이다.

칼럼으로 공급되는 유체는 **용리액** (**eluent**)이라고 한다. 칼럼을 빠져나오는 유체는 **용출액** (**eluate**)이라 부른다. 크로마토그래피 칼럼에 액체나 기체를 통과시키는 과정을 **용리** (**elution**)라고 한다.

크로마토그래피는 그림 21-2에서와 같이 용질과 정지상 사이의 상호작용의 종류에 따라 분류된다.

흡착 크로마토그래피 (**adsorption chromatography**)는 고체 정지상과 액체 또는 기체 이동상을 사용한다. 용질은 고체 입자 표면에 흡착된다.

분배 크로마토그래피 (**partition chromatography**)에서는 고체 지지체 표면에 입힌 얇은 액체 정지상을 사용한다. 용질은 정지상과 이동상 사이에서 평형을 이룬다.

이온교환 크로마토그래피 (**ion-exchange chromatography**)는 보통 **수지** (*resin*)라고 하는 정지상 고체에 공유 결합에 의해 붙어 있는 $—SO_3^-$ 혹은 $—N(CH_3)_3^+$와 같은 이온성 기를 사용한다. 용질 이온은 정전기적 인력에 의해 정지상에 끌린다. 이동상은 액체이다.

분자 배제 크로마토그래피 (**molecular exclusion chromatography**, **크기 배제** (*size exclusion*)나 **젤 거르기** (*gel filtration*) 또는 **젤 투과** (*gel permeation*) 크로마토그래피라고도 한다)는 큰 분자일수록 더 빨리 통과되므로 크기에 의해 분자들을 분리시킨다. 이 방법에서는 정지상과 용질 사이에 인력이 없다. 정지상은 큰 용질 분자를 배제하기에 충분하도록 작으나, 작은 분자들을 배제할 만큼 작지 않은 구멍을 가지고 있다. 큰 분자는 구멍을 들어가지 않고 통과한다. 그러나 작은 분자는 구멍을 들어가기 때문에 칼럼을 통과하는 데 오래 걸리며 칼럼을 빠져나올 때까지 많은 부피의 용리액이 필요하다.

친화 크로마토그래피 (**affinity chromatography**)는 가장 선택적인 크로마토그래피 방법으로, 정지상에 공유 결합(고정)된 다른 분자와 용질 분자 중 한 분자 사이의 특별한 상호작용을 이용한다. 예를 들면, 고정된 분자가 특별한 단백질에 대해 항체인 경우이다. 100가지 종의 단백질을 포함하는 혼합물이 칼럼을 통과할 때, 항체와 반응하는 하나의 단백질만 칼럼에 결합된다. 칼럼을 통해 다른 단백질들이 씻겨 나간 후, 원하는 단백질은 pH나 이온 세기를 변화시킴으로써 회수한다.

자습문제

21-A. 아래 1~5의 용어와 A~E의 정의를 짝지으시오.

1. 흡착 크로마토그래피
2. 분배 크로마토그래피
3. 이온 교환 크로마토그래피
4. 분자 배제 크로마토그래피

5. 친화 크로마토그래피

A. 이동상 이온이 정지상 이온에 이끌린다.
B. 용질이 정지상에 고정된 특정 기에 이끌린다.
C. 용질이 이동상과 정지상의 표면 사이에서 평형을 이룬다.
D. 용질이 이동상과 정지상 막 사이에서 평형을 이룬다.
E. 용질이 정지상 구멍을 통과한다. 큰 용질이 먼저 용리된다.

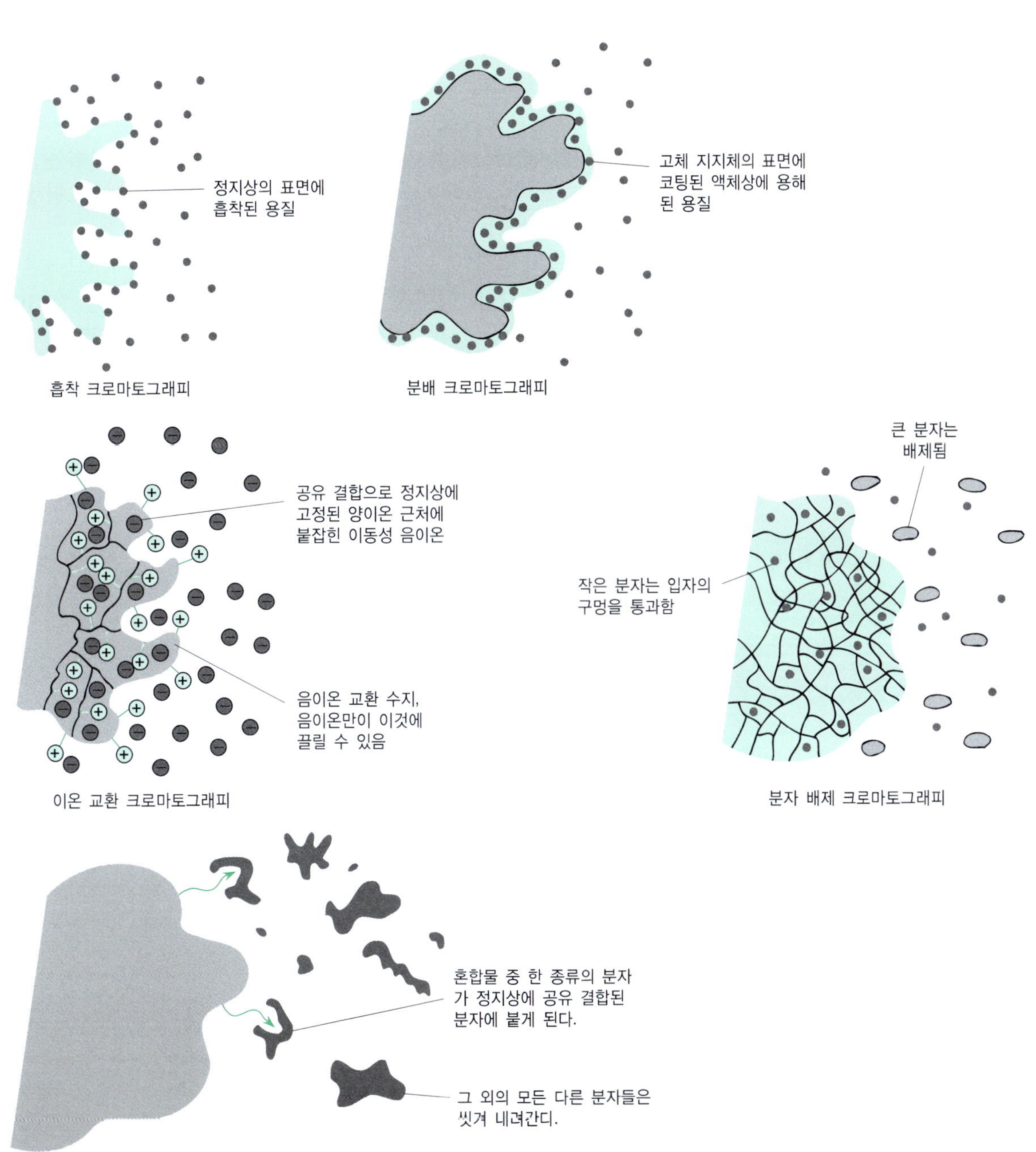

그림 21-2 크로마토그래피의 종류.

21-2 크로마토그램의 해석

검출기는 22장에서 다루며, 크로마토그래피 칼럼을 빠져나오는 용질에 감응한다. **크로마토그램** (**chromatogram**)은 크로마토그래피 분리(그림 21-3)에서 시간(또는 용리 부피)의 함수로 나타낸 검출기 신호이다. 각 봉우리는 칼럼을 통해 용출되는 서로 다른 물질에 해당한다. **머무름 시간**(**retention time**, t_r)은 주입 후 각 용질이 검출기에 이르는데 필요한 시간이다.

이론단

이상적인 크로마토그래피 봉우리는 그림 21-3에서 보이는 것처럼 Gauss 모양이다. 만약 봉우리의 높이가 h라면 **반높이 너비** (*width at half-height*) $w_{1/2}$는 $\frac{1}{2}h$에서 측정된다. Gauss 봉우리에서 $w_{1/2}$는 2.35σ이다. σ는 봉우리의 표준 편차이다. 그림 21-3에서 보이는 것처럼 바탕선에서 봉우리의 폭은 4σ이다. 바탕선에서 폭을 나타내는 점선은 Gauss 봉우리의 가장 가파른 부분에서의 접선으로 그린다.

"이론단"이 불연속적인 것처럼 말하지만, 크로마토그래피는 연속적인 과정이다. 이론단은 과정을 묘사하기 위한 가상적인 방법이다.

과거에는 휘발성 물질을 분리하는 가장 강력한 방법이 증류였다. 증류 칼럼은 액체와 증기가 서로 평형을 이루는 칸(**단** (*plate*))으로 나누다. 칼럼에 단이 많을수록 평형 단계가 많아지고, 끓는점이 다른 화합물들 간의 분리가 더 잘된다.

증류에서 쓰는 명명법을 크로마토그래피에서도 그대로 사용한다. 크로마토그래피 칼럼도 용질 분자가 이동상과 정지상 사이에 평형을 이루는 불연속적인 칸(**이론단** (**theoretical plates**))으로 나누어졌다고 생각한다. 칼럼에서 화합물의 머무름은 주입과 용리 사이에 이론적인 평형 단계의 수로 설명할 수 있다. 평형 단계가 많아질수록(이론단이 많아질수록) 화합물이 나올 때 띠너비가 더 좁아진다.

그림 21-3에서 어떤 봉우리에서도, 이론단수는 반높이 너비와 머무름 시간을 측정함으로써 다음과 같이 계산된다.

주기적으로 표준 시료를 주입하여 봉우리 대칭성과 단수의 변화를 조사함으로써 칼럼의 성능 저하를 테스트한다.

칼럼에서 단수:

$$N = \frac{5.55\, t_r^2}{w_{1/2}^2} \tag{21-1}$$

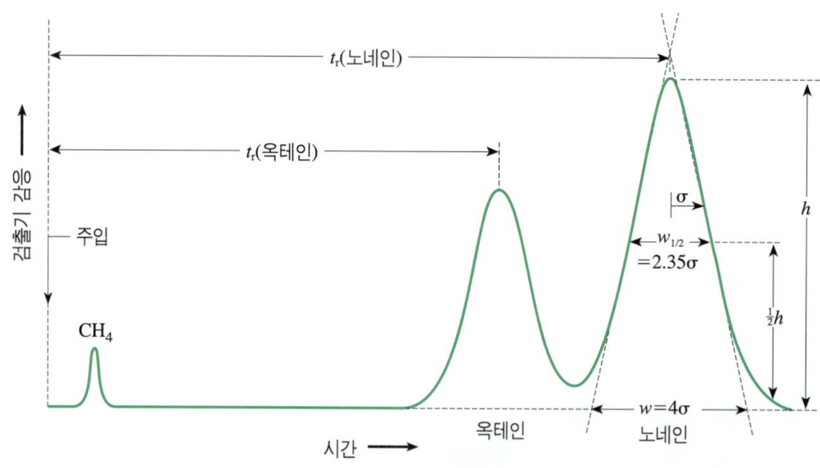

그림 21-3 머무름 시간(t_r)과 반높이에서 너비($w_{1/2}$)의 측정을 보여 주는 기체 크로마토그램 도식. 바탕선 너비(w)는 Gauss 곡선의 가장 가파른 부분에서의 탄젠트를 바탕선에 대해서 외삽하여 얻는다. Gauss 곡선의 표준 편차는 σ이다. 기체 크로마토그래피에서 0.1 ~ 2 μL 시료와 함께 주입된 적은 부피의 CH_4는 주로 첫 번째로 용출된다.

머무름과 너비는 시간 혹은 부피의 단위(용출액의 mL와 같은)로 측정할 수 있다. t_r과 $w_{1/2}$ 두 값은 식 21-1에서 같은 단위로 표현되어야 한다.

만약 칼럼이 N개의 이론단으로(단지 생각으로) 나누어진다면, **단높이(plate height)** H는 한 개의 단의 높이이다. H는 칼럼의 길이(L)를 이론단수로 나눈 값이 된다.

단높이: $$H = L / N \qquad (21\text{-}2)$$

단높이가 낮을수록 봉우리의 너비는 좁아진다. 혼합물의 성분을 분리할 때 칼럼의 능력은 단높이가 감소할수록 향상된다. 칼럼의 효율은 비효율적인 칼럼보다 높은 이론단을 갖는다. 서로 다른 용질들은 칼럼이 다소 다른 단높이를 갖는 것처럼 행동한다. 그 이유는 서로 다른 성분들이 서로 다른 속도로 이동상과 정지상 사이에서 평형을 이루기 때문이다. 기체 크로마토그래피에서는 단높이가 ~100에서 1000 μm이며, 고성능 액체 크로마토그래피에서는 ~10 μm, 모세관 전기이동법에서는 <1 μm이다.

작은 단높이 ⇒ 좁은 봉우리 ⇒ 좋은 분리

예제 단의 계산

12.2 m 길이의 칼럼에서 머무름 시간이 400.0 초인 용질은 반높이 너비가 8.0초였다. 단수와 단높이를 구하시오.

해답

$$\text{단수} = N = \frac{5.55\, t_r^2}{w_{1/2}^2} = \frac{5.55 \cdot (400.0\ s)^2}{8.0^2} = 1.39 \times 10^4$$

$$\text{단높이} = H = \frac{L}{N} = \frac{12.2\ \text{m}}{1.39 \times 10^4} = 0.88\ \text{mm}$$

복습 문제 단수가 1.39×10^4이라면 600초에 용리된 성분의 너비는 얼마인가?(**답**: 12.0 s)

분리도

서로 인접한 봉우리의 **분리도(resolution)**는 그림 21-3에서 보이는 것처럼 바탕선에서 측정된 평균 봉우리 너비(w_{av})로 봉우리 분리(Δt_r)를 나눈 것이다.

분리도: $$\text{분리도} = \frac{\Delta t_r}{w_{av}} = \frac{0.589 \Delta t_r}{w_{1/2av}} \qquad (21\text{-}3)$$

두 번째 식에서 $w_{1/2av}$는 높이의 1/2에서의 평균 너비이며, $w_{1/2av}$가 계산하기 더 쉽기 때문에 w_{av}보다 더 자주 사용된다. 분리가 좋을수록 서로 인접한 봉우리 사이의 분리가 더 완전하다. 그림 21-4는 분리도가 0.50과 1.00인 봉우리를 보여준다. 정량 분석을 위해서 두 봉우리의 중첩이 무시될 경우 ≥2의 분리도가 바람직하다. 만일 이상적인 크로마토그래피 칼럼의 길이를 두 배로 한다면 분리도는 $\sqrt{2}$로 향상될 것이다.

분리도 $\propto \sqrt{\text{칼럼 길이}}$
($\propto$은 비례를 뜻함)

정성 및 정량 분석

정성 분석(*qualitative analysis*)에서 크로마토그래피 봉우리를 확인하기 위한 가장 간단한 방법은 의심스러운 화합물과 정확한 시료의 머무름 시간을 비교하는 것이다. 신뢰할 만한 방법은 **동시크로마토그래피**(*co-chromatography*)라고 불리는 정확한 시료를 미지

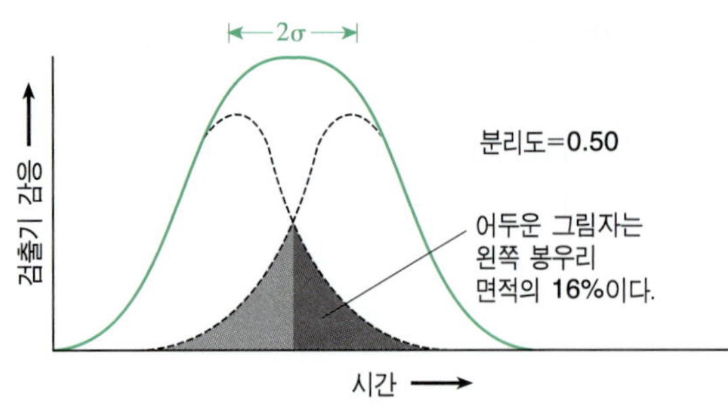

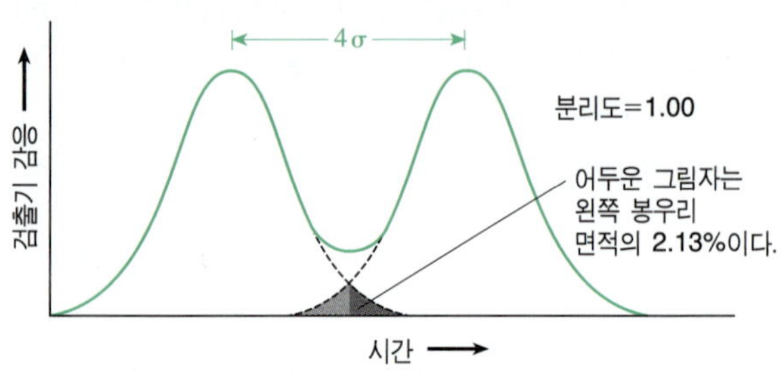

그림 21-4 동일한 면적과 크기의 Gauss 봉우리의 분리도. 점선은 각각의 봉우리, 실선은 두 봉우리의 합을 보여준다. 그림자는 중첩 면적.

시료에 첨가하는 방법인 **소량첨가(spiking)** 에 의해서이다. 첨가된 화합물이 미지 시료의 화합물 중 하나와 일치한다면 봉우리 하나의 상대적인 크기는 증가할 것이다. 두 개의 서로 다른 화합물은 특정한 칼럼에서 동일한 머무름 시간을 가지게 된다. 그러나 다른 정지상에서 같은 머무름 시간을 가지기는 어렵다.

정성 분석에서 각각의 크로마토그래피 봉우리는 칼럼으로부터 용리된 물질의 스펙트럼을 확인하기 위해서 질량 분광계로 곧장 연결될 수도 있다. 화합물의 스펙트럼은 컴퓨터에 내장된 데이터와 비교하여 화합물을 확인할 수 있다.

정량 분석(*quantitative analysis*) 에서 크로마토그래피 봉우리의 면적은 분석물의 양에 비례한다. 내부 표준(5-4절)은 주입된 양과 정확한 크로마토그래피 조건이 작동 과정으로부터 약간 변하기 때문에 크로마토그래피에서 흔히 사용된다. 그러나 변하는 조건은 대개 내부 표준과 분석물질에 동일하게 영향을 미친다. 내부 표준과 분석물질 봉우리의 면적을 비교하여 분석물질의 농도를 측정할 수 있다.

대규모 분리

분석용 크로마토그래피: 소규모 분석
제조용 크로마토그래피: 대규모 분석

분석용(*analytical*) 크로마토그래피는 혼합물의 성분을 분리하고 확인하고 정량하기 위하여 소규모로 수행했다. **제조용**(*preparative*) 크로마토그래피는 혼합물의 하나 혹은 그 이상의 성분의 상당량을 분리시키기 위해 대규모로 수행했다. 분석용 크로마토그래피는 전형적으로 좋은 분리도를 얻기 위하여 길고 얇은 칼럼을 사용한다. 제조용 크로마토그래피는 대개 많은 양의 시료를 다루기 위하여 짧고 굵은 칼럼을 사용하는데 분리도는 좋지 못하다.(길고 굵은 칼럼은 가격이 비싸며 다루기 어렵다.)

만일 지름 1.0 cm의 칼럼으로 혼합물 2 mg을 분리하기 위한 크로마토그래피 방법을 개발하였다면 혼합물 20 mg을 분리하기 위해 사용해야 할 칼럼 크기는 얼마인가? 규모를 크게 하는 가장 쉬운 방법은 칼럼 길이는 고정시키고, 단면적은 증가시키되 미지의 값과 칼럼 부피의 비는 일정하게 하는 것이다. 단면적은 칼럼의 반지름(r) 제곱에 비례한다. 따라서

규모 계산식:
$$\frac{\text{큰 주입(g)}}{\text{작은 주입(g)}} = \left(\frac{\text{큰 칼럼의 반지름}}{\text{작은 칼럼의 반지름}}\right)^2 \tag{21-4}$$

$$\frac{20\ \text{mg}}{2\ \text{mg}} = \left(\frac{\text{큰 칼럼의 반지름}}{0.50\ \text{cm}}\right)^2$$

$$\text{큰 칼럼의 반지름} = 1.58\ \text{cm}$$

지름이 약 3 cm인 칼럼이 적당하다.

작은 칼럼의 조건을 큰 칼럼에서 재현하려면, **부피 흐름 속도** (*volume flow rate*, mL/min)를 칼럼의 단면적에 비례하여 증가시켜야 한다. 만일 작은 칼럼보다 큰 칼럼의 면적이 10배 크면 부피 흐름 속도 또한 10배 빠르게 해야 한다. 만일 작은 시료의 부피가 V라면 큰 시료의 부피는 10 V여야 한다.

분리도를 유지하면서 규모를 크게 하는 규칙:

- 칼럼의 단면적 ∝ 분석물질의 질량
- 칼럼 길이를 일정하게 유지
- 부피 흐름 속도 ∝ 칼럼의 단면적
- 시료의 양 ∝ 분석물질의 질량

자습문제

21-B. **(a)** 그림 21-3에서 최단거리가 0.1 mm인 옥테인과 노네인의 머무름 시간과 반높이 너비 ($w_{1/2}$)를 측정하기 위해 ruler를 사용하여라.
(b) 옥테인과 노네인의 이론단수를 계산하여라.
(c) 칼럼의 길이가 1.00 m일 때 옥테인과 노네인의 단높이를 구하여라.
(d) **(a)**로부터 측정된 값을 이용하여 옥테인과 노네인 사이의 분리도를 컴퓨터로 계산하여라.
(e) 그림 21-3에서 시료 크기는 3.0 mg이고 칼럼의 면적은 지름 4.0 mm × 길이 1.00 m이며 유속은 7.0 mL/min일 때 27.0 mg의 시료를 분리하기 위해 사용되는 칼럼 크기와 흐름 속도는 얼마인가?

21-3 띠는 왜 퍼지는가?

용질이 아주 얇은 띠로 칼럼에 주입되더라도 칼럼을 지나는 동안 띠는 넓어진다(그림 21-5a). 넓어짐은 확산, 이동상과 정지상 간의 용질의 느린 평형 및 칼럼 속의 불규칙한 흐름 통로 때문이다.

띠 확산

칼럼 내 정지상 안에 있는 용질의 아주 좁은 띠는 서서히 넓어진다. 왜냐하면 용질 분자

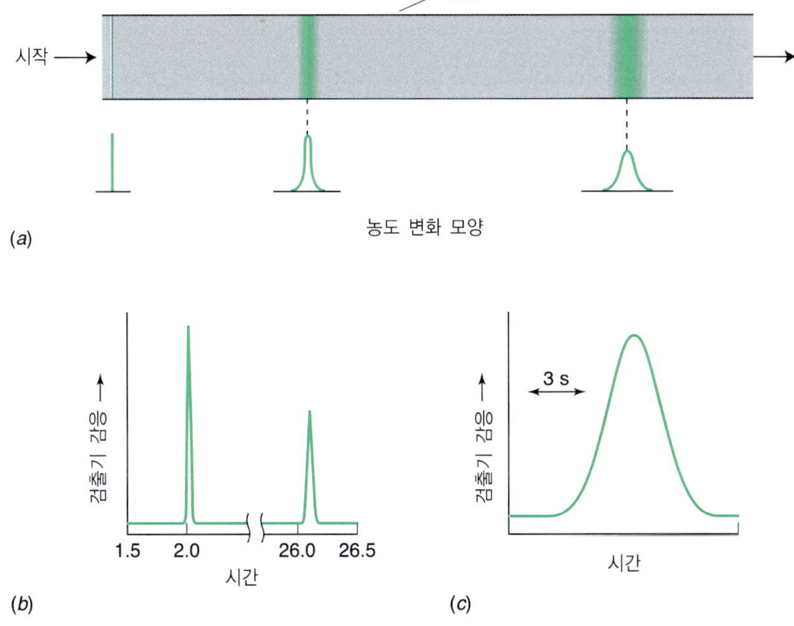

그림 21-5 (*a*) 초기의 좁은 용질의 띠가 크로마토그래피 칼럼을 지나면서 퍼지는 현상의 설명도. (*b*) 모세관 전기이동 칼럼에서 2분과 26분 후에 관찰된 확산에 의한 띠넓힘(broadening). (*c*) 약 26분에 Gauss 띠모양의 확대 그림. [출처: M. U. Musheev, S. Javaherian, V. Okhonin, and S. N. Krylov, *Anal. Chem.* **2008**, *80*, 6752.]

는 띠의 중심으로부터 양방향으로 퍼져나가기 때문이다. 불가피한 과정인 **세로 확산** (*longitudinal diffusion*)은 용질이 칼럼에 주입되는 순간 시작된다. 크로마토그래피에서 띠가 오래 움직일수록 더 많은 시간 확산되며 넓어지게 된다(그림 21-5b와 c).

엄밀히 말하면 식 21-5에서 21-7까지 흐름 속도는 **선형** 흐름 속도(cm/min)이다. 이 속도는 이동상이 정지상을 통해 지나가는 속도이다. 주어진 칼럼의 지름에서 **부피** 흐름 속도(mL/min)는 선형 흐름 속도에 비례한다.

흐름 속도가 빨라지면 띠가 칼럼에서 머무는 시간이 짧아지며, 확산이 일어나는 시간이 줄어든다. 흐름 속도가 빠를수록 봉우리는 좁아진다. 세로 확산에 의한 띠넓어짐은 흐름 속도에 반비례한다.

세로 확산에 의한 띠넓어짐: 띠넓어짐 $\propto \frac{1}{u}$ (21-5)

u는 흐름 속도(mL/min)이다.

용질은 두 상 사이에 평형을 이루는 데 시간이 필요하다

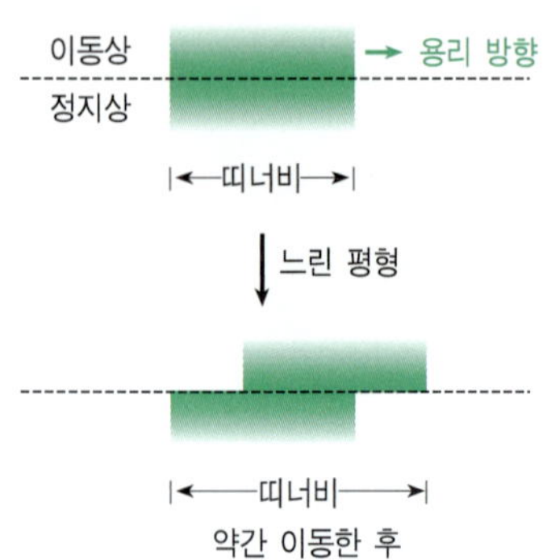

그림 21-6 용질은 이동상과 정지상 사이에서 평형을 이루기 위해 약간의 시간이 필요하다. 평형이 느리면 정지상에 있는 용질은 이동상에 있는 것보다 뒤처지게 되어 띠는 넓어지게 된다. 흐름 속도가 느리게 되면 이 같은 메커니즘에 의해 넓어짐은 줄어든다.

흐름 속도가 영(0)인 칼럼 내 어느 위치에서 어느 순간 이동상과 정지상 사이에 분포된 용질을 상상해보자. 지금 흐름이 시작됐다. 만일 용질이 두 상 사이에서 빨리 평형을 이룰 수 없다면 정지상에 있는 용질이 이동상에 있는 것보다 뒤처지게 된다(그림 21-6). 두 상 사이의 **질량 이동의 일정 속도**(*finite rate of mass transfer*) 때문에 야기되는 띠넓어짐은 흐름 속도가 증가할수록 더 심해진다.

질량 이동의 일정 속도에 의한 띠넓어짐: 띠넓어짐 $\propto u$ (21-6)

최적 흐름 속도에서의 분리

아주 가까이 인접된 띠를 분리하려면 띠넓힘을 최소화해야 한다. 만일 띠들이 너무 넓으면 각각을 분리할 수 없다. 세로 확산에 의한 띠넓어짐은 흐름 속도가 증가할수록 감소하고(식 21-5), 질량 이동의 일정 속도에 의한 띠넓어짐은 흐름 속도가 증가할수록 증가하므로(식 21-6) 최소 띠넓어짐과 최적 분리도(식 21-7)가 가능한 중간 정도의 흐름 속도가 있다. 혼합물 성분 간의 적당한 분리를 하기 위한 흐름 속도와 용매 조성의 실험 조건을 결정하는 것은 과학의 묘미이며 크로마토그래피의 예술이라고 볼 수 있다.

두 상 간의 질량 이동 속도는 온도가 올라가면 증가한다. 칼럼의 온도를 올리는 것은 분리도를 향상시키거나 분리도를 떨어뜨리지 않고 분리를 빠르게 할 수 있는 방법이 된다.

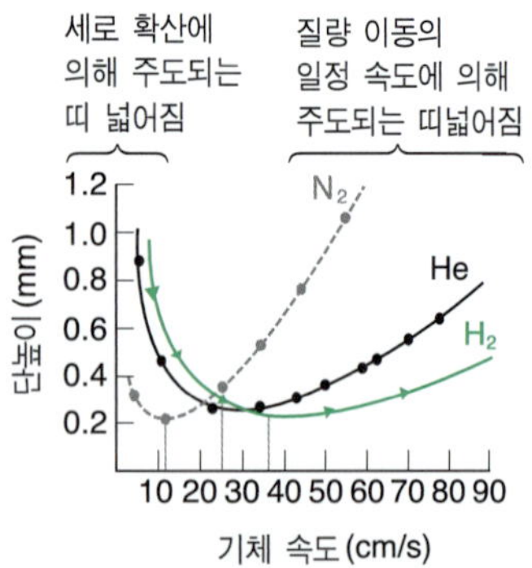

그림 21-7 중간 정도의 흐름 속도에서 가능한 최적 분리도(즉, 최소 단높이). 이동상으로 N_2, He 혹은 H_2를 사용하고, 175°C에서 *n*-$C_{17}H_{36}$의 기체 크로마토그래피에서 측정한 단높이의 곡선. [출처: R. R. Freeman, ed., *High Resolution Gas Chromatography* (Palo Alto, CA: Hewlett Packard Co., 1981).]

흐름 속도와 무관한 띠넓어짐

띠넓어짐이 흐름 속도와는 무관한 메커니즘이 몇 가지 있는데, 그림 21-8은 그 중 하나인 **다통로**(*multiple paths*)로 고체 입자로 채워진 칼럼에서 일어난다. 제멋대로 된 흐름 통로의 어떤 것들은 다른 것에 비해 길기 때문에, 칼럼 왼쪽으로 동시에 들어간 용질 분자들은 오른쪽에서는 서로 다른 시간에 용출된다.

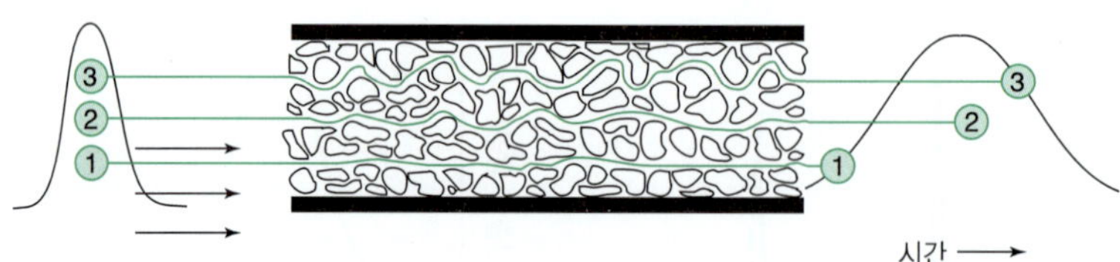

그림 21-8 다통로에 기인한 띠넓어짐. 정지상 입자가 작을수록 이 문제는 덜 심각해진다. 열린관 칼럼에서는 이 과정이 없다. [출처: H. M. McNair and E. J. Bonelli, *Basic Gas Chromatography* (Palo Alto, CA: Varian Instruments Division, 1968).]

단높이 식

흐름 속도(u)의 함수로서의 단높이(H)에 대한 **van Deemter 식(van Deemter equation)**은 지금 논의된 3가지 띠넓어짐 현상의 알짜 결과이다.

단높이에 대한 van Deemter 식:

$$H \approx A + \frac{B}{u} + Cu \qquad (21\text{-}7)$$

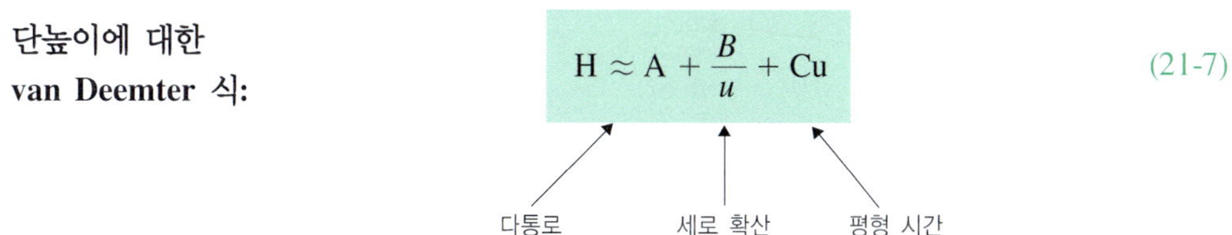

여기서 A, B, C는 칼럼, 정지상, 이동상, 그리고 온도에 의해 결정되는 상수이다. 그림 21-7의 각 곡선들은 서로 다른 A, B와 C값으로 식 21-7에 의해 설명된다.

식 21-7은 용질이 크로마토그래피 칼럼을 지나가면서 띠넓어짐 현상이 일어남을 나타낸다. 만일 시료띠가 칼럼 안으로 도입될 때 어떤 일정 띠너비를 갖고 있다면, 칼럼 끝으로 나오는 용리띠는 van Deemter 식으로 예측한 것보다 훨씬 넓게 될 것이다. 만일 칼럼 밖에서 흐름이 통과하는 관이 너무 길거나 검출기의 시료 용기 부피가 너무 크다면 띠넓어짐 현상이 생길 수 있다. 만일 칼럼 밖에 연결된 모든 관의 길이와 지름을 최소화하면 최적의 결과를 얻을 수 있다. 또한 칼럼 안의 시료와 만나는 부분에 틈새 부피가 없도록 해야 한다.

열린관 칼럼

정지상으로 고체 입자를 충전한 **충전 칼럼(packed column)**과는 달리 **열린관 칼럼(open tubular column)**은 속빈 모세관으로 안벽이 얇은층의 정지상으로 덮여있다(그림 21-9). 열린관 칼럼에서는 다통로에 기인한 띠넓어짐은 없다. 왜냐하면 흐름 통로에 정지상 입자가 없기 때문이다. 그러므로 주어진 길이의 열린관 칼럼은 일반적으로 같은 길이의 충전 칼럼보다 더 좋은 분리도를 갖는다. 열린관 칼럼은 충전 칼럼보다 이론단이 더 많다(혹은 단높이가 더 작다).

열린관 칼럼은 충전 칼럼보다 분리도가 높다. 왜냐하면
- 다통로에 기인한 띠넓어짐이 없고(van Deemter 식의 $A = 0$)
- 열린관 칼럼은 더 길게 만들 수 있기 때문이다.

충전 크로마토그래피 칼럼은 열린관 칼럼보다 기체 흐름의 저항을 크게 받는다. 그러므로 열린관 칼럼은 같은 압력 조건에서 충전 칼럼보다 더 길게 만들 수 있다. 기체 흐름의 저항 때문에 충전 기체 크로마토그래피 칼럼은 보통 길이가 2~3 m이며, 열린관 칼럼은 길이가 100 m나 된다. 열린관 칼럼의 길이가 길고 단높이가 작을수록 충전 칼럼보다 더 좋은 분리도를 보인다.

열린관 칼럼은 충전 칼럼처럼 많은 양의 용질을 다룰 수 없다. 왜냐하면 열린관 칼럼에

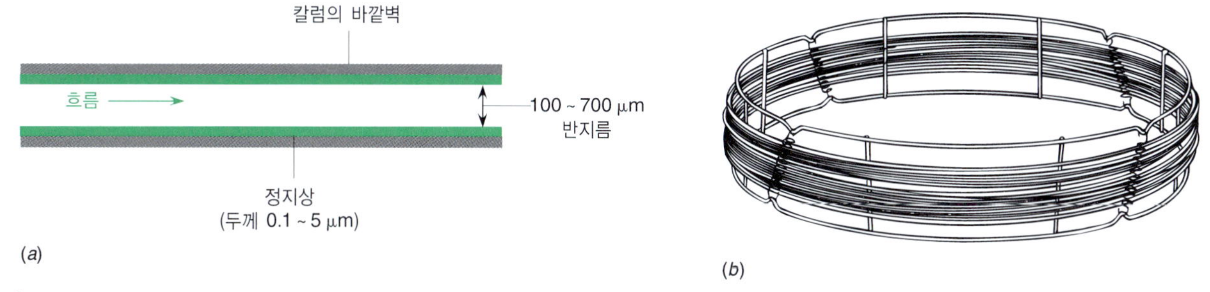

그림 21-9 (a) 기체 크로마토그래피용 열린관 칼럼의 전형적 크기. (b) 길이 15 ~ 100 m의 용융 실리카 칼럼은 크로마토그래프 안에 장착할 수 있도록 작은 코일에 감겨 있다.

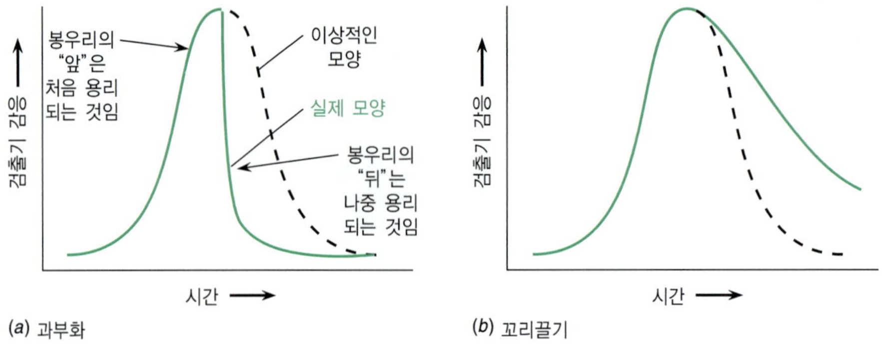

그림 21-10 (a) 과부하의 경우 크로마토그래피 띠의 앞의 모양은 정상이고, 뒤는 급격히 떨어진다. (b) 꼬리끌기 모양의 앞은 정상이고 뒤는 상당히 끌린다.

는 정지상이 적기 때문이다. 그러므로 열린관 칼럼은 분석용 분리에 유용하고 정제용 분리로는 적당하지 않다.

띠의 비대칭 모양

한 띠의 용질이 너무 많이 칼럼에 주입되면 띠가 칼럼에서 나올 때 앞에서는 서서히 올라가고 뒤에서는 급격히 내려가는 모양을 보인다(그림 21-10a). 이같은 거동의 이유는 화합물이 그 자체에 가장 잘 녹기 때문이다. 띠의 앞에서는 농도가 0이나 서서히 증가하여 띠 가운데에서 높게 되면 **과부하**(*overloading*) 현상이 일어난다. 과부하의 경우 용질은 띠의 농후한 부분에서는 너무 잘 녹아 뒷부분에서는 덜 끌리게 된다.

보충 21-1은 **극성**을 다룬다.

꼬리끌기(*tailing*)는 띠의 꼬리 끌리는 부분이 상당히 긴 비대칭 봉우리 모양을 말한다(그림 21-10b). 이러한 봉우리는 정지상에 매우 강한 극성인 흡착자리(겉에 드러난 —OH기와 같이)가 있어 다른 자리보다 용질을 강하게 잡는 경우에 일어난다. **실란화**(*silanization*)라 부르는 화학적 처리를 하면 극성인 —OH기는 —$OSi(CH_3)_3$기로 바뀌어 꼬리끌기가 제거된다. 칼럼의 수명 내에 꼬리끌기가 증가하게 되면 칼럼을 교체해야 한다.

자습문제

21-C. **(a)** 액체 크로마토그래피보다 기체 크로마토그래피에서 세로 확산이 더 심각한 문제가 되는 이유는 무엇인가?

(b) **(i)** 그림 21-7에서 He 이동상으로 가장 좋은 용질의 분리를 위한 최적의 흐름 속도는 무엇인가? **(ii)** 높은 흐름 속도에서 단높이가 증가하는 이유는 무엇인가? **(iii)** 낮은 흐름 속도에서 단높이가 증가하는 이유는 무엇인가?

(c) 열린관 기체 크로마토그래피 칼럼이 같은 길이의 충전 칼럼보다 더 좋은 분리도를 주는 이유는 무엇인가?

(d) 아주 긴 길이의 열린관 칼럼을 사용하고자 하는 이유는 무엇인가? 매우 긴 열린관 칼럼의 사용을 가능하게 하는 충전된 칼럼과 열린관 칼럼의 차이는 무엇인가?

보충 21-1 극성

극성 화합물(polar compound)들은 정전기적 힘에 의해 이웃하는 분자들을 끌어당기는 양극과 음극 범위(positive and negative regions)를 가지고 있다.

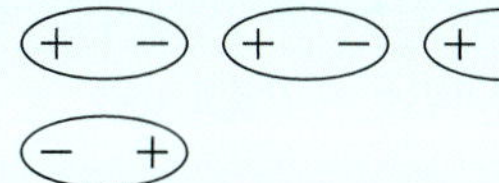

극성 분자들은 정전기적 힘에 의해 서로를 끌어당긴다. 양전하를 띤 부분은 음전하를 띤 부분을 끌어당긴다.

원자들은 각기 다른 전기음성도(electronegativity)−화학적 결합으로부터 전자를 당기는 다른 능력을 가지고 있기 때문에 극성은 증가한다. 예를 들면 산소는 탄소보다 더 전기음성도가 크다. 아세톤의 경우 산소는 C = O 이중 결합으로부터 전자들을 끌어당기고, δ−로 할당된 부분적인 음전하를 띠게 된다. 이런 변화(shift)는 이웃하는 탄소를 부분적으로 양전하(δ+)를 띠게 만든다.

아세톤

헥세인

아세톤과는 반대로 헥세인은 헥세인 분자 사이에 작은 전하 분리가 있기 때문에 **비극성 화합물(nonpolar compound)**로 간주한다.

물은 하나의 분자에 음의 산소 원자와 다른 분자의 양의 수소 원자 사이에 수소 결합에 의한 강한 극성 분자이다.

분자 내 O—H 결합을 끊는데에는 ~460 kJ/mol 이 필요하다.

분자 사이의 수소 결합을 끊는 데에는 ~25 kJ/mol이 필요하다.

이온 화합물들은 대개 물 속에 용해되어 있다. 일반적으로 극성 유기 화합물들은 극성 용매에서 가장 잘 용해되고, 비극성 용매에서 가장 적게 용해된다. 비극성 화합물들은 비극성 용매에서 가장 잘 용해된다. "좋아하는 것은 좋아하는 것을 녹인다."

대표적인 비극성, 약한 극성인 화합물들		대표적인 극성 화합물	
(구조식)	옥테인(C_8H_{18})	CH_3OH	메탄올
(구조식)	벤젠	CH_3CH_2OH	에탄올
(구조식) $-CH_3$	톨루엔	$CHCl_3$	클로로폼
(구조식) CCl_4	사염화 탄소	$CH_3-C(=O)OH$	아세트산
(구조식)	다이에틸 에테르($C_4H_{10}O$)	$CH_3C\equiv N$	아세토나이트릴

21-4 질량 분석법

질량 분석법(mass spectrometry)은 기체상에서 이온의 질량과 존재를 측정한다. 질량 분석법은 낮은 농도의 분석물질에 민감하고, 정성 및 정량에 대한 정보를 제공하기 때문에 크로마토그래피에서 매우 유용한 검출기이며, 동일한 머무름 시간을 갖는 시료를 구별할

Francis W. Aston (1877~1945)은 1919년에 이온들을 분리하고 그들을 사진판에 모을 수 있는 "질량 분석기"를 개발하였다. Aston은 네온이 두 개의 동위원소(^{20}Ne과 ^{22}Ne)를 가진다는 점과 자연에 존재하는 281개의 동위원소 중 212개를 발견하였다. 그는 1922년에 노벨상을 수상하였다.

원자 질량 단위는 **달톤** Da이라 부른다. $^{37}Cl^-$의 질량은 36.966 Da이다.

수도 있다. 489쪽에서 보는 바와 같이 같은 크로마토그래피의 봉우리를 갖는 두 시료를 각각 관찰할 수 있다. 질량 분석법은 크로마토그래피 검출기만 사용하는 것보다 훨씬 더 많이 사용된다. 예를 들면 레이저 펄스로 표면에서 흡수제에서 제거된 생체고분자를 확인하고 단백질에서 아미노산 배열을 해독하기 위해서 사용된다.

질량 분석계로 분리하기 전에, 분자들은 이온 상태로 전환되어야만 한다. 이들 이온들은 이온들의 **질량 대 전하 비율(mass-to-charge ratio,** m/z)에 의해 분리된다. $^{37}Cl^-$처럼 $z = \pm1$의 전하를 갖는 이온의 경우 m/z는 질량 m에 근접한 37이다. 16개의 양성자를 갖는 단백질 사이토크롬은 $m = 12\ 230$, $z = +16$, 그리고 $m/z = 12\ 230/16 = 764.4$이다.

질량 분석계

그림 21-11은 오늘날 가장 흔히 사용되는 질량 분석계인 **투과형 사중극자 질량 분석기 (transmission quadrupole mass spectrometer)**를 보여주고 있다. 기체 크로마토그래피 칼럼과 연결되어 각 성분이 용리될 때 이들의 스펙트럼을 기록한다. 칼럼으로부터 용출되는 화합물들은 가열된 연결관을 통해 전자 이온화함(ionization chamber)으로 들어가서 이온화되고, 사중극자 질량 분석기로 들어가기 전에 15 V 전위로 가속된다.

질량 분석기는 일정한 전압과 고주파 진동 전압이 걸린 네 개의 평행 금속 막대로 이루어진다. 전기장은 이온들이 이온화함에서 검출기 쪽으로 이동할 때 복잡한 비행 궤도로 굽어지게 하고, 또한 독특한 질량 대 전하 비율을 갖는 이온들만 검출기에 도달하게 한다. 다른 비공명 이온들은 막대에 부딪혀 검출기에 도달하기 전에 사라지게 된다. 질량 분석계는 사중극자를 통과할 때 바탕 기체와 이온들의 충돌을 최소화하기 위하여 ~10^{-9} bar 정도로 배기시켜 준다. 막대에 적용하는 전압을 조절함으로써 질량이 다른 이온들이 검출기에 선택적으로 도달하게 된다. 투과형 사중극자는 4000 m/z 단위로 초당 2~8 스펙트럼

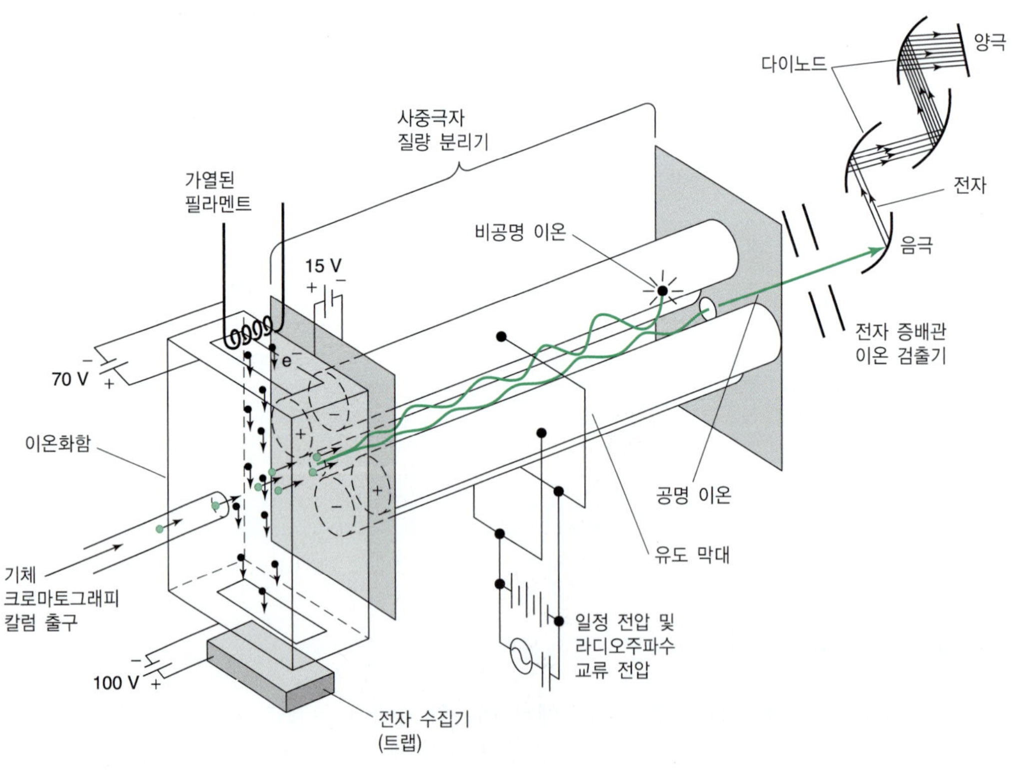

그림 21-11 투과형 사중극자 질량 분석기

을 기록할 수 있다. 이 장치는 *m/z* 0.3으로 분리된 봉우리를 분해시킬 수 있다.

그림 21-11 오른편의 **전자 증배관**(*electron multiplier*) 이온 검출기는 그림 19-10의 광전증배관(photomultiplier)과 유사하다. 이온들이 환원전극에 부딪히고 밀려난(dislodging) 전자들은 양전하를 띤 다이노드(dynode)로 가속된다. 전자들이 첫 번째 다이노드를 두드리고 두 번째 다이노드로 가속된다. 여기서 더 많은 전자들이 밀려난다. 대략 각 이온들이 환원전극에 부딪혔을 때 $10^5 \sim 10^6$ 개의 전자들이 산화전극에 도달한다. 몇 가지 검출기들은 그림 22-27에서처럼 검출기에 이르는 초당 이온들의 수를 산출한다. 검출기는 이온들이 매우 근접하게 도달하기 때문에 이온들을 식별하지 못한다. 그래서 봉우리가 매우 강하다면 신호는 손실된다.

이온화

분자들을 이온으로 전환하기 위한 방법으로는 **전자 이온화**(*electron ionization*)와 **화학 이온화**(*chemical ionization*) 두 가지 방법이 있다. 그림 21-11에서 이온화함으로 들어간 분자들은 **전자 이온화**(**electron ionization**)에 의해서 이온으로 전환된다. 뜨거운 필라멘트(전구의 필라멘트처럼)로부터 방출된 전자들은 유입된 분자들과 상호작용을 하기 전에 70 V로 가속된다. 소량(~0.01%)의 분자(M)들은 이온화를 일으키기에 충분한 에너지(9~15 eV, 전자 볼트)를 흡수한다.

이곳에서 우리는 양이온의 질량 분석법의 예를 보여주지만, 음이온 또한 질량 분석법에 의해 만들어지고 분리될 수 있다.

$$\underset{}{M} + \underset{70\ eV}{e^-} \longrightarrow \underset{\text{분자 이온}}{M^+} + \underset{\sim 55\ eV}{e^-} + \underset{0.1\ eV}{e^-}$$

양이온 M^+는 **분자 이온**(**molecular ion**)이라 부른다. 이온화된 다음 M^+는 일반적으로 토막 이온(fragment)으로 깨질 수 있는 충분한 잔류 내부 에너지(~1 eV)를 가지고 있다.

M^+가 소량 생성되면 질량 스펙트럼에서 이것의 봉우리는 아주 작거나 나타나지 않게 된다. 그림 21-12 왼편의 전자 이온화 질량 스펙트럼에서는 *m/z* 226으로 예상되는 M^+ 봉우리가 보이지 않았고, 대신에 M^+의 토막들은 *m/z*가 197, 156, 141, 112, 98, 69, 55에서 나타난다. 이들 봉우리는 분자의 구조에 대한 단서를 제공한다. 컴퓨터 조사(search)는 흔히 미지 시료의 스펙트럼과 저장된 정보(library)와 매치(match)시키기 위해서 사용된다.

여러분은 http://webbook.nist.gov/chemistry에서 많은 화합물의 전자 이온화 질량 스펙트럼을 찾아볼 수 있다.

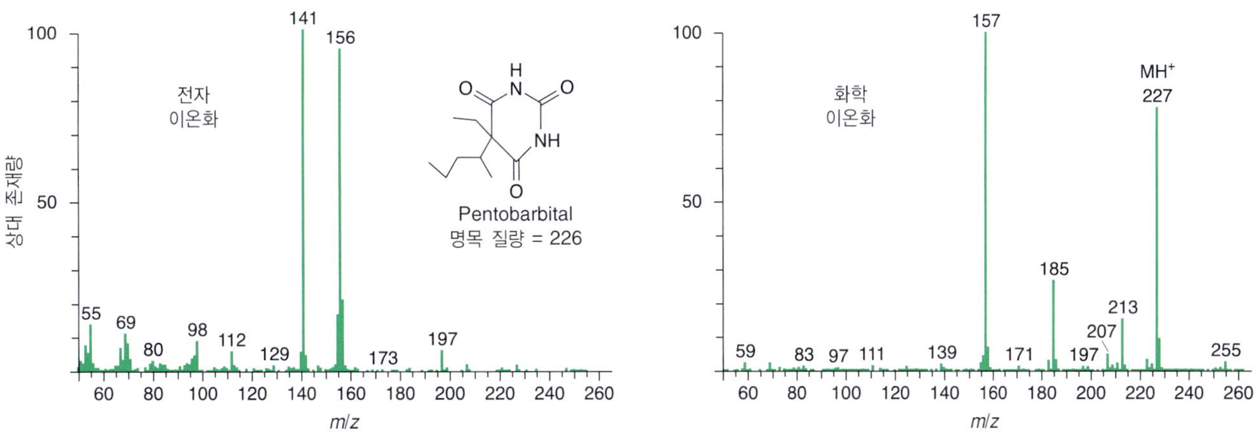

그림 21-12 전자 이온화(왼쪽)와 화학 이온화(오른쪽)에 의한 pentobarbital 진정제의 질량 스펙트럼. 전자 이온화의 경우 분자 이온 (*m/z* 226)이 분명하지 않다. 화학 이온화의 경우 주된 이온은 MH^+이다. 화학 이온화 스펙트럼에서 *m/z* 255 봉우리는 $M(C_2H_5)^+$이다. 화학 이온화에서 $C_2H_5^+$는 다음 반응에 의해 형성된다. (1) $CH_4^+ \rightarrow CH_3^+ + H$ (2) $CH_3^+ + CH_4 \rightarrow C_2H_5^+ + H_2$ [제공: Varian Associates, Sunnyvale, CA.]

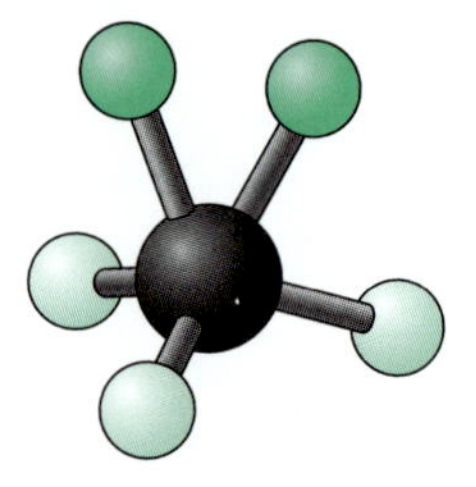

그림 21-13 CH_5^+는 CH_3 삼각대에 H_2가 추가된 형태이다. [H--C--H]는 세 원자에 분배된 두 개의 전자에 의해 묶여 있다. H_2 단위의 원자들은 CH_3 단위의 원자들과 빠르게 교환된다. [출처: O. Asvany, P. Kumar P, B. Redlich, I. Hegemann, S. Schlemmer, and D. Marx, *Science* **2005**, *309*, 1219.]

질량 스펙트럼에서 가장 센 봉우리를 **기준 봉우리(base peak)** 라고 한다. 다른 봉우리의 세기(intensity)들은 기준 봉우리 세기에 대한 퍼센트로 표현되어진다. 그림 21-12의 전자 이온화 스펙트럼에서 기준 봉우리는 *m/z*이 141이다.

화학 이온화(chemical ionization) 는 일반적으로 전자 이온화보다 토막이 적게 발생된다. 화학 이온화의 경우 이온화함이 ~1 mbar 압력의 메테인과 같은 **시약 기체**(*reagent gas*)로 구성되어 있다. 강력한 전자들(energetic electrons, 100~200 eV)은 CH_4를 다양한 생성물로 전환시킨다.

$$CH_4 + e^- \longrightarrow CH_4^+ + 2e^-$$
$$CH_4^+ + CH_4 \longrightarrow CH_5^+ + CH_3$$

CH_5^+ (그림 21-13)는 강력한 양성자주개로서 분석물질과 반응하여 **양성자첨가 분자**(*protonated molecule*)가 가장 많이 존재하는 MH^+를 생성한다.

$$CH_5^+ + M \longrightarrow CH_4 + MH^+$$

그림 21-12의 화학 이온화 질량 스펙트럼에서 *m/z* 227에서의 MH^+는 강한 봉우리이고, 전자 이온화 스펙트럼에서보다 적은 토막들을 생성한다.

총 이온과 선택 이온 크로마토그램

크로마토그래피용 검출기로 질량 분석기를 사용하는 한 가지 방법은 용출액에 의해 생성

보충 21-2 사탕의 휘발성(volatile) 향기 화합물

미국 Indiana 대학의 학생들은 사탕과 껌의 화합물들을 기체 크로마토그래피와 검출기로 질량 분석계를 이용하여 검출했다. 정성 분석에서 매우 간단한 시료 처리 기술은 **윗공간 분석**(*headspace analysis*)이라고 불린다. 사탕이나 껌의 잘게 부숴진 조각들은 유리병에 놓여지고, **휘발성**(*volatile*) 화합물(높은 증기압에서)이 증기와 함께 기체상으로 **윗공간**이 채워지고 증발시키기 위해서 몇 분 동안 세워둔다. 기체상의 5 μL의 시료는 주사기를 통하여 기체 크로마토그래피에 주입된다. 봉우리들은 머무름 시간과 질량 스펙트럼을 아는 화합물과 비교함으로써 확인된다.

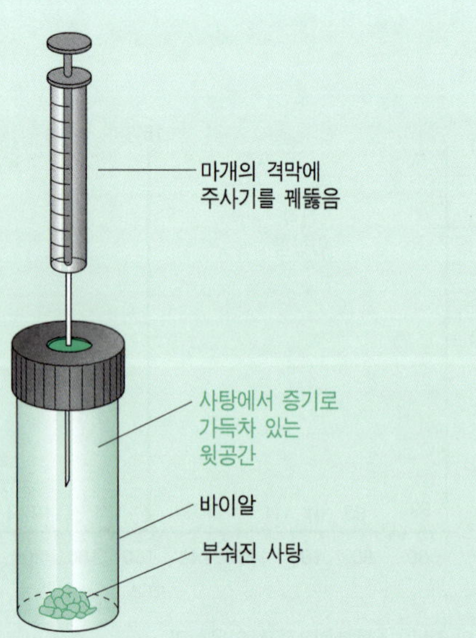

윗공간 시료채취. 용기 뚜껑에 있는 고무 **격막**(고무판)을 통해 뚫고 들어가 기체를 뽑아 분석하게 한다.

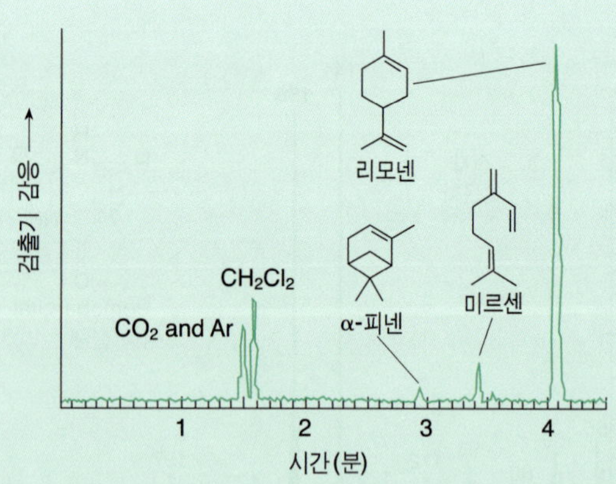

오렌지 Life Savers® 시료의 윗공간 증기에 대한 크로마토그램. 질량 스펙트럼 검출기는 34 원자 질량 단위 이상의 이온을 측정한다. CO_2와 Ar은 공기에서 나온 것이며, CH_2Cl_2는 주사기를 청소하기 위해 사용한 용매이다. [출처: R. A. Kjonaas, J. L. Soller, and L. A. McCoy, *J. Chem. Ed.* **1997**, *74*, 1104.]

된 모든 이온들로부터의 모든 전류를 기록하는 것이다. 보충 21-2는 사탕으로부터 증기의 **재작성 총 이온 크로마토그램(reconstructed total ion chromatogram)**을 보여준다. 이 크로마토그램은 크로마토그래피로 분리하는 동안 기록된 각각의 질량 스펙트럼을 컴퓨터에 의해서 "재작성된" 것이다. 이런 경우 분석계는 *m/z* 34 이상의 모든 이온들을 측정한다. 그러므로 그림에 보여진 모든 화합물들에 대해 반응하지만 운반기체와 H_2O, N_2, O_2에는 반응하지 않는다.

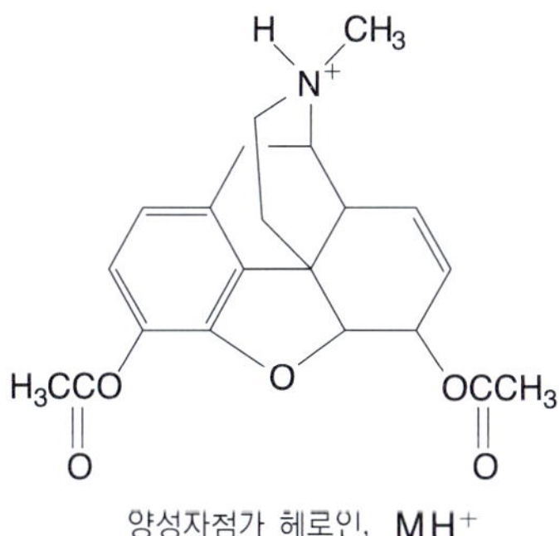

양성자점가 헤로인, MH^+
$C_{21}H_{23}NO_5H^+$, $m/z = 370$

그림 21-14a는 거리의 헤로인(street heroin)에서 발견된 일곱 가지의 아편 알카로이드(opium alkaloid)의 모든 이온을 보여주는 재작성 총 이온 크로마토그램이다. 미량의 *b-h*는 각 미량성분 중에 단지 하나의 질량에 상응하는 상태의 질량 분석계의 **선택 이온 크로마토그램(selected ion chromatogram)**들이다. *f*의 헤로인의 양자화된 이온(MH^+)과 일치하는 *m/z* 370의 분석계를 나타낸다. *f*의 봉우리는 다른 화합물의 경우는 *m/z* 370에서 충분한 세기를 가지지 못하기 때문에 단지 헤로인으로부터 증가하게 된다. 비록 헤로인이 다른 화합물과 같이 같은 시간에 용리된다고 하더라도, 단지 헤로인은 선택 이온 크로마토그램에서 관찰된다.

선택 이온 크로마토그램은 크로마토그래피 분석을 단순화하고 원하는 분석물질에 대한 신호 대 잡음비(signal-to-noise ratio)를 개선한다. 신호 대 잡음비는 선택된 *m/z* 값의 데이터들을 수집하는데 더 많은 시간이 소비되기 때문에 증가한다. 보충 21-3은 통조림 음식에서 발견된 비스페놀 A의 분석으로부터 얻은 선택 이온 크로마토그램을 보여준다.

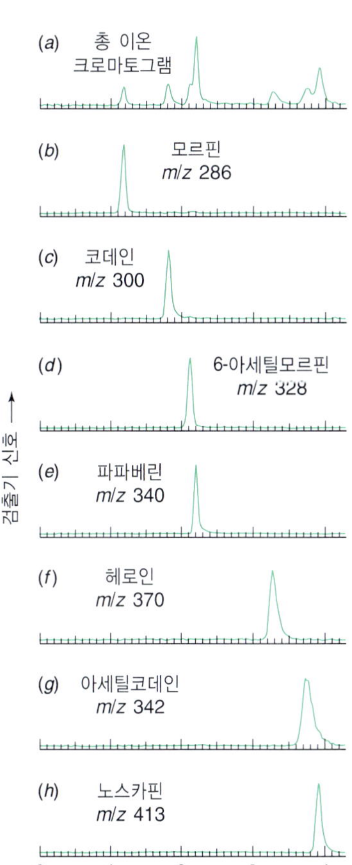

그림 21-14 길거리에서 구한 헤로인에서 발견된 아편 알카로이드의 액체 크로마토그래피. 그림 (*a*)는 *m/z* 100~450 사이의 모든 질량의 재작성 총 이온 크로마토그램이다. 그림 (*b*)~(*h*)는 각 *m/z* 값에 대한 선택 이온 크로마토그램이다. [출처: R. Dams, T. Benjits, W. Günther, W. Lambert, and A. De Leenheer, *Anal. Chem.* **2002**, *74*, 3206.]

자습문제

21-D. (a) 재작성 총 이온 크로마토그램과 선택 이온 크로마토그램의 차이점은 무엇인가? 선택 이온 크로마토그램의 신호 대 잡음비가 총 이온 크로마토그램보다 더 높은 이유는 무엇인가?

(b) 그림 21-14에서 미량 *h*는 크로마토그래프로 주입된 시료가 7가지 화합물의 혼합물인데도 단지 하나의 봉우리를 가지는 이유는 무엇인가?

21-5 질량 스펙트럼의 정보

분자의 잘량 스펙트럼은 분자의 구조에 대한 정보를 준다. 오늘날 첨단의 질량 분석법은 과학자들이 단백질의 아미노산 서열과 그들의 토막 양식에 의해서 복잡한 탄수화물의 구조를 밝힐 수 있게 해준다. 이 절에서는 질량 분석법으로부터 유용한 정보를 다루고자 한다.

명목 질량

원자 질량의 단위는 ^{12}C 질량의 1/12에 해당하는 질량으로 정의되는 달톤(Da)이다. **원자 질량(atomic mass)**은 동위원소 질량의 평균이다. 표 21-1에서 브로민은 78.918 34 Da의 ^{79}Br 50.69%와 80.916 29 Da 49.31%의 ^{81}Br로 이루어졌음을 보여 준다. 무게 평균으로 볼 때 각각의 질량은 그들의 존재량에 곱에 해당된다. 그러므로 Br의 원자 질량은 (0.506 9)(78.918 34) + (0.493 1)(80.916 29) = 79.904 Da.

분자나 이온의 **분자 질량(molecular mass)**은 주기율표의 원자 질량들의 합이다. 분자식이 C_4H_9Br인 1-브로모뷰테인의 분자 질량은 (4 × 12.010 7) + (9 × 1.007 94) + (1 × 79.904) = 137.018이다.

분자나 이온의 **명목 질량(nominal mass)**은 각각을 구성하는 원자들의 가장 풍부한 동

보충 21-3 통조림에 들어 있는 비스페놀 A

이 장 도입부에서 설명된 비스페놀 A (BPA) 는 통조림 캔의 플라스틱 라이너에서 음식으로 침출된다. 에폭시 수지와 접착제, 고무, 플라스틱의 성분인 다음 두 가지 비스페놀 S (BPS) 와 2,2′-비스페놀 (BP) 도 캔의 라이너에서 음식으로 침출된다.

비스페놀 S (BPS), $C_{12}H_{10}SO_4$ 2,2′-비스페놀 (BP), $C_{12}H_{10}O_2$

분석 화학에서 통조림 야채는 분쇄한 후 초음파 교반을 이용하여 추출했다. 극성 물질들은 40분 동안 70°C에서 교반 용액에 폴리아크릴산을 첨가하여 만든 **고체상 미량추출법** (*solid-phase microextraction*) 섬유 (22-4절에 설명) 를 담금으로써 수집하였다. 음식 현탁액에 있는 BPA, BPS와 BP의 추출은 0.01M 인산 완충 용액으로 가장 효과적인 pH 6에서 이루어진다. 섬유는 N_2 흐름에서 건조되고 비스트라이메틸실릴트라이플루오로아세트아미드 (BSTFA) 증기로 **유도체화되었다**. 이 시약은 수소결합을 없애기 위해 트라이메틸실릴기로 산의 수소를 교체하고 기체 크로마토그래피에서 증기압을 증가시킨다.

비스페놀 A + BSTFA ⟶ 기체 크로마토그래피의 휘발성 치환체

고체상 미량추출 섬유는 80°C에서 섬유에서 크로마토그래피 칼럼으로 유도체화된 분석 물질들의 흡수제를 제거하기 위해 4분 동안 280°C에서 기체 크로마토그래프에 소개되었다. 분석물질들은 80°C에서 무시해도 될 정도의 증기압을 갖기 때문에 칼럼 온도가 상승할때까지 칼럼의 처음 부분에서 머무르게 된다.

선택 이온 크로마토그램은 BP, BPS, BPA와 다수 다른 봉우리들을 보여준다. BP, BPS와 BPA는 그들의 머무름 시간과 질량 스펙트럼으로 확인된다. 선택 이온 크로마토그램에서 질량 분광계는 어느 정도의 시간 동안 오직 하나의 질량에만 반응하도록 설정한다. BP는 *m*/*z* 186에서 신호가 가장 강하고 검출기는 6.0분에서 8.0분 사이에 오직 *m*/*z* 186에서 반응하도록 설정한다. 7.7분 근처에서 관찰된 강한 신호는 BP로 *m*/*z* 186이다. 8.0분 전에 보이는 다른 신호들은 *m*/*z* 186에서 음식의 다른 성분에서 추출된 이온들이다. 8.0분에서 9.6분 사이에 검출기는 *m*/*z* 165에서 BPS로 가장 강한 신호로 관찰된다. 9.6분 이후 검출기는 *m*/*z* 213으로 설정하고 BPA에 대한 강한 신호이다.

크로마토그램은 식품점에서 구입한 완두와 당근 통조림 액체에서 분리된 BPA, BPS와 BP를 보여준다. 액체에서 이러한 물질들의 관찰된 수준은 각각 254, 175 그리고 176 ppb (ng/g) 이다. 같은 통조림의 고체 완두와 당근에서 관찰된 농도는 78, 36, 21 ppb이다. 음식에서 이러한 물질들의 성분의 건강 효과는 알 수 없다.

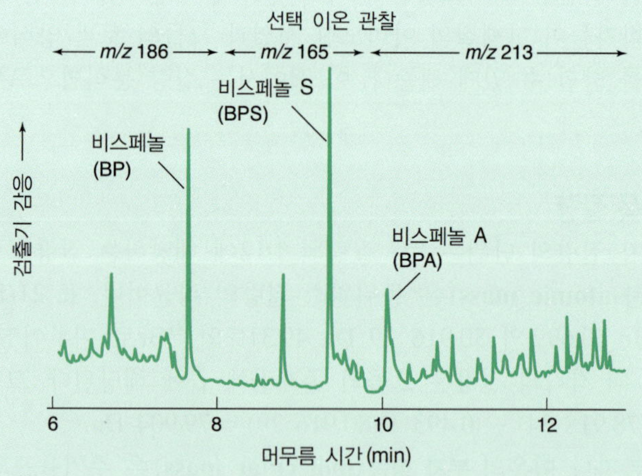

완두와 당근 통조림에 있는 액체에서 추출된 BPA, BPS와 BP에 대해 전자충격 이온화 선택 이온 관찰과 기체 크로마토그램. [출처: P. Viñas, N. Campillo, N. Martínez-Castillo, and M. Hernández-Córdoba, *Anal. Bioanal. Chem.* **2010**, *397*, 115.]

표 21-1 선택된 원소의 동위원소

원소	질량수	질량 (Da)[a]	존재량 (atom %)[b]	원소	질량수	질량 (Da)[a]	존재량 (atom %)[b]
전자	—	0.000 548 580	—	F	19	18.998 40	100
H	1	1.007 825	99.988	P	31	30.973 76	100
	2	2.014 10	0.012	S	32	31.972 07	94.93
C	12	12 (정확히)	98.93		33	32.971 46	0.76
	13	13.003 35	1.07		34	33.967 87	4.29
N	14	14.003 07	99.632		36	35.967 08	0.02
	15	15.000 11	0.368	Cl	35	34.968 85	75.78
O	16	15.994 91	99.757		37	36.965 90	24.22
	17	16.999 13	0.038	Br	79	78.918 34	50.69
	18	17.999 16	0.205		81	80.916 29	49.31

a. 1 dalton (Da) ≡ 1/2 질량의 ^{12}C = 1.660 538 783 (83) × 10^{-27} kg (http://physics.nist.gov/constants). Nuclide masses from G. Audi, A. H. Wapsta, and C. Thibault, *Nucl. phys*. **2003**, *A729*, 337 (found at www.nndc.bnl.gov/masses/).
b. 존재량은 자연에서 발견되는 양이다. J. K. Böhlke et al., *J. Phys. Chem. Ref. Data* **2005**, *34*, 57을 보아라.

위원소와 함께 화학종들의 **정수**(*integer*) 질량이다. 탄소, 수소, 브로민의 경우 가장 풍부한 동위원소인 ^{12}C, ^{1}H, ^{79}Br로 표시한다. 그러므로 C_4H_9Br의 명목 질량은 (4 × 12) + (9 × 1) + (1 × 79) = 136이다.

분열 양식

그림 21-15의 1-브로모뷰테인의 전자 이온화 질량 스펙트럼은 *m/z*이 각각 136과 138에서 거의 같은 세기의 두 개의 봉우리를 가진다. *m/z* 136의 봉우리는 $C_4H_9{}^{79}Br^+$ 이온의 봉우리이다. 브로민은 79, 81 동위원소가 거의 비슷하게 존재하기 때문에 거의 동등한 세기의 두 번째 봉우리는 $C_4H_9{}^{81}Br^+$의 봉우리이다. 단지 하나의 브로민이 포함되어 있는 분자나 토막(fragment)은 질량 스펙트럼에서 거의 같은 봉우리 짝을 가진다. *m/z*이 107, 57, 41일 때 다른 주요한 봉우리들은 그림 21-16에 나오는 1-브로모뷰테인의 결합들의 파열(rupture)을 통해 설명할 수 있다. 107의 봉우리는 109와 같은 세기를 가지고 Br이 반드시 포함되었음을 의미한다. Br이 포함되지 않은 57과 41의 경우는 다른 세기의 봉우리를 가진다.

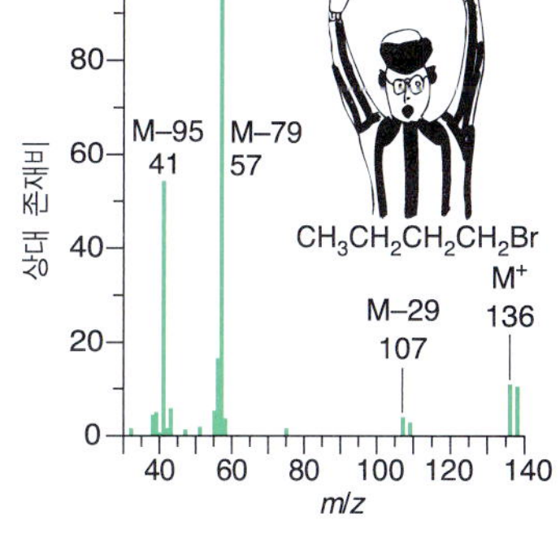

그림 21-15 1-브로모뷰테인의 전자 이온화 질량 스펙트럼 [출처: A. Illies, P. B. Shevlin, G. Childers, M. Peschke, and J. Tsai, *J. Chem. Ed.* **1995**, *72*, 717. Referee from Maddy Harris.]

$H_3C-CH_2-CH_2-CH_2-Br$:
↓ 전자 이온화
$H_3C-CH_2-CH_2-CH_2-Br^{+}$
m/z 136과 138
H_2C-CH_2 / :Br:+ — *m/z* 107과 109
$H_3C-CH_2-CH_2-CH_2^+$ — *m/z* 57
$H_2C=CH-CH_2^+$ — *m/z* 41

그림 21-16 1-브로모뷰테인의 주된 토막화 과정.

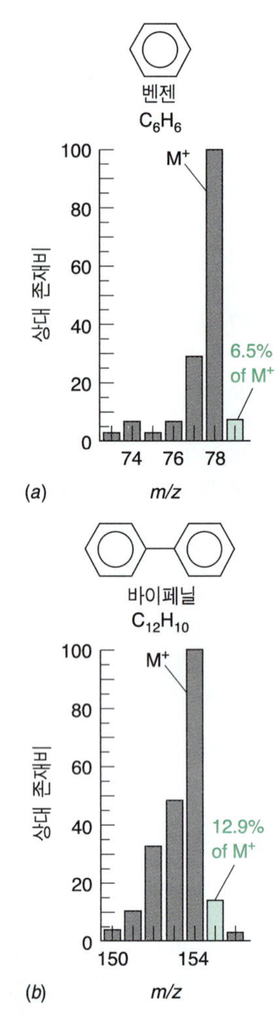

그림 21-17 벤젠(C_6H_6)과 바이페닐($C_{12}H_{10}$)의 분자 이온 영역에서의 전자 이온화 질량 스펙트럼 [출처: NIST/EPA/NIH Mass Spectral Database, SRData@enh.nist.gov.]

동위원소 양식과 질소 규칙

그림 21-15의 ^{79}Br과 ^{81}Br의 봉우리들은 독특한 **동위원소 양식**(*isotope pattern*)이다. 유기 화합물의 구성 정보는 분자 이온 이상의 하나의 질량 단위인 M + 1과 M^+의 상대적인 세기로부터 얻을 수 있다. 표 21-1에서 ^{12}C는 흔한 동위원소이지만, ^{13}C는 1.1% 정도만 자연계에 존재한다는 것을 보여준다. 유기 화합물 내에 다른 흔한 원소들인 H, O, N은 각각 다음으로 높은 질량(next-higher-mass)을 가지는 동위원소는 적고 하나의 주요 동위원소만을 가진다. 그러므로 $C_nH_xO_yN_z$의 화합물은 식 21-8에 의해서 분자 이온의 세기에 대한 비율을 구할 수 있다.

$C_nH_xO_yN_z$의 M^+에 대한 $M + 1$의 세기:

$$\text{세기} = n \times 1.1\% \tag{21-8}$$

그림 21-17은 벤젠의 분자 이온 영역에서의 질량 스펙트럼을 보여 준다. C_6H_6의 경우 식 21-8에 의해서 상대적인 세기를 $(M + 1)/M^+ = 6 \times 1.1\% = 6.6\%$로 예상할 수 있다. 관찰된 비율은 6.5%이다. 보통의 질량 스펙트럼 세기 비율은 ±10%보다 더 정확하지 않다. 5.9~7.3% 범위에서의 값은 6.6%로부터 예상된 불확실성에 속한다.

질소 규칙(**nitrogen rule**)은 분자 이온들에 적합한 구성에 대해 알려준다. 만약 화합물이 홀수의 질소 원자들을 갖는다면—부가적으로 C, H, 할로젠, O, S, Si, P—M^+는 홀수의 명목 질량을 가진다. 짝수의 질소 원자(0, 2, 4 등)와 M^+는 짝수의 명목 질량을 가진다. *m/z* 128에서 분자 이온은 0 또는 2N 원자들을 가질 수 있지만, 1개의 질소 원자는 가질 수 없다.

예제 질량 스펙트럼으로부터의 원소 정보

그림 21-17은 바이페닐의 분자 이온 범위의 스펙트럼을 보여 준다. M^+가 *m/z*이 154일 때 관찰되고, M + 1의 세기가 M^+의 12.9%이다. 스펙트럼과 일치하는 $C_nH_xO_yN_z$의 분자식은 무엇인가?

해답 분자 이온(154)의 짝수 명목 질량으로부터 N 원자량은 짝수이다(0, 2, 4 등). $(M + 1)/M^+ = 12.9\%$, 식 21-8에 의해 탄소 원자는 $12.9\%/1.1\% = 11.7 \approx 12$를 구할 수 있다. $(12 \times 12) + (10 \times 1) = 154$이므로, 가능한 분자식은 $C_{12}H_{10}$이다. 다른 가능한 분자식은 154를 갖는 $C_{11}H_6O$이다. 예상할 수 있는 $C_{11}H_6O$의 세기비는 $(M + 1)/M^+ = 11 \times 1.1\% = 12.1\%$인데, 이것은 관찰된 값 12.9%와 일치한다. $C_{10}H_6N_2$는 $(M + 1)/M^+ = 10 \times 1.1\% = 10.8\%$이고, 이것은 관찰된 값에 비해 다소 작은 값이다.

복습 문제 *m/z* 94와 $(M + 1)/M^+ = 6.8\%$의 세기비의 분자 이온의 $C_nH_xO_yN_z$의 분자식을 완성하시오.(**답** : $n = 6$, z는 짝수이다. 가능한 분자식은 C_6H_6O와 C_6H_{22}이지만, 대부분의 6 C에 결합할 수 있는 수소 원자는 14이다. $C_5H_6N_2$는 $(M + 1)/M = 5.5\%$이고, 이 값은 관찰된 값인 6.8%보다 너무 낮다. C_7H_{10}는 $(M + 1)/M = 7.7\%$이고, 이것은 너무 높다. 따라서 가장 적합한 분자식은 C_6H_6O이다.)

크로마토그래피와 동위원소 분석은 운동선수들이 근육 강화를 위해서 불법적인 합성 테스토스테론을 사용하는 것을 검사한다. 남자의 경우에는 테스토스테론과 입체 이성질체인 epitestosterone의 자연적인 비율은 전형적으로 거의 1:1이고, 아주 드물게 4:1을 넘는다. 크로마토그래피에 의해서 측정된 소변 내에서 초과된 4:1의 비율은 운동선수가 테스토스테론을 복용했음을 의미한다. 만약 두 번째 시료가 첫 번째 시료와 같은 머무름 시간을 갖는다면, 운동선수가 합성 테스토스테론과 복용을 의심할 만한 이유가 된다. 동위원소 측정은 합성 테스토스테론의 특징을 구별할 수 있다. 소변 내의 테스토스테론은 기체 크로마토그래피에 의해 분리되고, 이산화탄소로 연소된다. 이산화탄소 내의 $^{13}C/^{12}C$의 비는 **동위원소비 질량 분석법**(*isotope ratio mass spectrometry*)에 의해서 정확히 측정된다. 이러한 동위원소비 질량 분석법은 m/z가 44 ($^{12}CO_2^+$)와 45 ($^{13}CO_2^+$)를 수집하기 위해서 교정된 두 개의 검출기를 사용한다. 합성 테스토스테론은 인체에서의 비율보다 낮은 $^{13}C/^{12}C$는 ~0.5%인 식물성 기름으로부터 만들어진다. 높은 테스토스테론 대 epitestosterone의 비율은 불법적인 테스토스테론의 사용을 강하게 의미한다. 운동선수들은 기체 크로마토그래피—동위원소비 질량 분석법 검사에 근거하여 어렵게 얻은 승리를 박탈당하게 된다.[6]

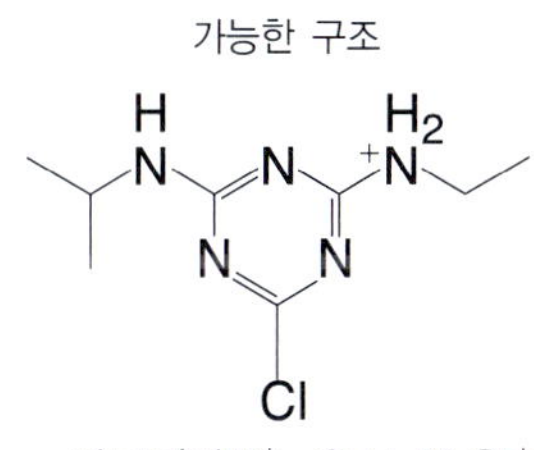

아트라진H^+, $C_8H_{15}N_5Cl^+$

싸이목사닐NH_4^+, $C_7H_{14}N_5O_3^+$

고분리능 질량 분석법

지금까지 우리는 투과형 사중극자 질량 분석기의 분리능의 한계가 하나 이상의 질량 단위로 다양한 이온을 보여주는 질량 스펙트럼만을 생각했다. 예를 들어 **비행시간**(*time-of-flight*)과 **오비트랩**(*orbitrap*) 질량 분석계와 같은 기기는 $C_7H_{14}N_5O_3^+$로부터 $C_8H_{15}N_5Cl^+$를 구별할 수 있다. 두 이온 모두 명목 질량이 216이다. ^{12}C, ^{1}H, ^{14}N, ^{16}O 그리고 ^{35}Cl의 정확한 질량은 표 21-1에서 추가하고 **하나의 잃은 전자의 질량을 뺀다**. 이 두 이온이 0.008 1 Da가 다르다는 것을 알 수 있다.

$C_8H_{15}N_5Cl^+$ (아트라진H^+)		$C_7H_{14}N_5O_3^+$ (싸이목사닐NH_4^+)	
$8\,^{12}C$	$8 \times 12.000\ 00$	$7\,^{12}C$	$7 \times 12.000\ 00$
$15\,^{1}H$	$+15 \times\ 1.007\ 825$	$14\,^{1}H$	$14 \times\ 1.007\ 825$
$5\,^{14}N$	$+5 \times 14.003\ 07$	$5\,^{14}N$	$+5 \times 14.003\ 07$
$1\,^{35}Cl$	$+1 \times 34.968\ 85$	$3\,^{16}O$	$+3 \times 15.994\ 91$
$-e^-$	$-1 \times\ 0.000\ 55$	$-e^-$	$-1 \times\ 0.000\ 55$
	216.101 0		216.109 1

그림 21-18은 오비트랩 질량 분석계로 두 이온의 분리능을 보여 준다. 이 스펙트럼은 12분간 액체 크로마토그래피를 작동시켜 야채에서 10-9 (ppb) 단위로 510개의 농약 분리, 확인 그리고 측정한 것이다. 농약 아트라진에 있는 $C_8H_{15}N_5Cl^+$ 이온은 싸이목사닐에 있는 $C_7H_{14}N_5O_3^+$ 이온으로부터 분리했다. 정확한 질량을 구할 때 발생한 에러는 아트라진에서 0.000 3이고 싸이목사닐에서는 0.001 0이다.

액체 크로마토그래피와 연결된 비행시간 질량 분석계와 오비트랩 질량 분석계의 **정확도**는 일반적으로 3~5 ppm 정도이다. $m/z \approx 200$에서 3 ppm의 에러는 $(200)(3 \times 10^{-6}) = m/z$ 0.000 6이고 5 ppm의 에러는 m/z 0.001 0이다. 만일 분석기가 특정 봉우리에서 m/z 184.126이라면, 실험적으로 m/z 0.001보다 더 차이나는 성분을 제외시킬 수 있다.

만일 봉우리들이 매우 인접하다면 분석기는 봉우리들을 분리할 수 없다. 그림 21-18에서처럼 $m/z \approx 200$에서 비행시간 분석기는 $m/z \approx 0.02$ 차이로 이온들을 분리할 수 있고, 오비트랩 분석기는 $m/z \approx 0.01$ 차이로 분리할 수 있다. 봉우리의 위치가 m/z 0.001로 정확할지라도 두 봉우리가 $m/z \approx 0.01$보다 인접하면 잘 분리할 수 없다.

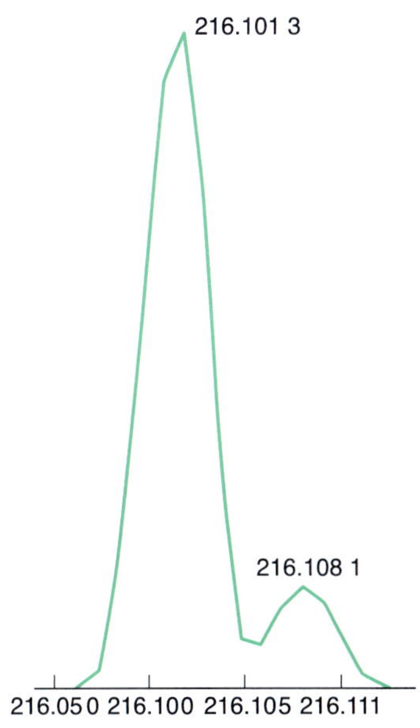

그림 21-18 m/z 0.008 1 차이를 가지는 두 농약의 오비트랩 스페트럼의 분리능. [출처: A. Zhang, J. S. Chang, C. Gu, and M. Sanders, *Current Trends in Mass Spectrometry*, July 2010, p. 40.]

자습문제

21-E. **(a)** $C_nH_xO_yN_z$의 명목 질량은 194이고, $(M+1)/M^+ = 8.8\%$이다. 이 분자식에 C 원

자는 몇 개 있으며, 몇 개의 N 원자가 허용되는가? 이 화합물의 가능한 식을 쓰시오.
(b) 명목 질량이 모두 84인 $C_5H_8O^+$와 $C^6H_{12}^+$ 이온의 정확한 질량을 구하시오. 그림 21-18에서 이 두 이온을 분리하기 위해서 사용된 기기로 예상되는 것은 무엇인가?

주요식

이론단수

$$N = \frac{5.55\, t_r^2}{w_{1/2}^2}$$

t_r = 분석물질의 머무름 시간
$w_{1/2}$ = 반높이 봉우리 너비
(t_r과 $w_{1/2}$는 같은 단위로 측정해야 한다)

단높이

$$H = L/N$$

(L = 칼럼 길이)

분리도

$$\text{분리도} = \frac{\Delta t_r}{w_{av}} = \frac{0.589\,\Delta t_r}{w_{1/2av}}$$

Δt_r = 두 봉우리 사이의 머무름 시간의 차이
w_{av} = 바탕선에서 측정된 두 봉우리의 평균 너비
$w_{1/2av}$ = 바탕선에서 두 봉우리의 평균 너비

규모 계산식

$$\frac{\text{큰 부하}}{\text{작은 부하}} = \left(\frac{\text{큰 칼럼의 반지름}}{\text{작은 칼럼의 반지름}}\right)^2$$

van Deemter 방정식

$$H \approx A + \frac{B}{u} + Cu$$

H = 단높이, u = 흐름 속도
A = 다통로항 상수
B = 용질의 세로 확산항 상수
C = 상 사이에서 용질의 평형 시간에 기인한 항에서의 상수

알아두어야 할 술어

van Deemter 방정식 (van Deemter equation)
기준 봉우리 (base peak)
기체 크로마토그래피 (gas chromatography)
극성 화합물 (polar compound)
단높이 (plate height)
머무름 시간 (retention time)
명목 질량 (nominal mass)
분배 크로마토그래피 (partition chromatography)
분리도 (resolution)
분자 배제 크로마토그래피 (molecular exclusion chromatography)
분자 이온 (molecular ion)
분자 질량 (molecular mass)
비극성 화합물 (nonpolar compound)
선택 이온 크로마토그램 (selected ion chromatogram)
소량첨가 (spiking)
열린관 칼럼 (open tubular column)
용리 (elution)
용리액 (eluent)
용출액 (eluate)
원자 질량 (atomic mass)
액체 크로마토그래피 (liquid chromatography)
이동상 (mobile phase)
이론단 (theoretical plate)
이온교환 크로마토그래피 (ion-exchange chromatography)
재작성 총 이온 크로마토그램 (reconstructed total ion chromatogram)
전자 이온화 (electron ionization)
정지상 (stationary phase)
질량 대 변화 비율 (mass-to-change ratio, m/z)
질량 분석법 (mass spectrometry)
질소 규칙 (nitrogen rule)
충전 칼럼 (packed column)
친화 크로마토그래피 (affinity chromatography)
크로마토그래피 (chromatography)
크로마토그램 (chromatogram)
투과형 사중극자 질량 분석기 (transmission quadrupole mass spectrometer)
화학 이온화 (chemical ionization)
흡착 크로마토그래피 (adsorption chromatography)

문제

21-1. 용리액과 용출액의 차이는 무엇인가?

21-2. 단높이가 0.1 mm와 1 mm인 칼럼 중 어느 것이 효율이 더 좋은가?

21-3. **(a)** 그림 21-5b는 2분과 26분 동안 칼럼을 따라 이동한 분석 물질의 띠의 농도를 보여 준다. 왜 26분 후에 띠가 더 넓어지는가?
(b) 일반적으로 크로마토그래피 분리는 최적의 흐름 속도에서 가장 좋은 분리를 보인다. 그 이유를 설명하여라.

21-4. 액체 크로마토그래피보다 기체 크로마토그래피에서 최적 선형 흐름 속도가 많이 높은 이유를 제안하시오.

21-5. 실란화를 하면 왜 크로마토그램 봉우리의 꼬리끌기가 줄어드는가?

21-6. 정성 및 정량 분석에 이용되는 기체 크로마토그래피에서 질량 스펙트럼 검출기를 통해 얻는 정보는 무엇인가?

21-7. 소량첨가가 정성 분석에 어떻게 이용되는지 설명하시오. 한 성분을 확인하기 위하여 왜 서로 다른 형의 여러 칼럼이 필요한가?

21-8. **(a)** 반높이 너비가 8.7 s인 크로마토그래피 봉우리가 12.83분에서 용리되기 위해서는 이론단수가 얼마여야 하는가?
(b) 칼럼의 길이가 15.8 cm이다. 단높이를 구하시오.

21-9. 다음은 톨루엔과 아세트산에틸의 혼합물의 기체 크로마토그램이다.

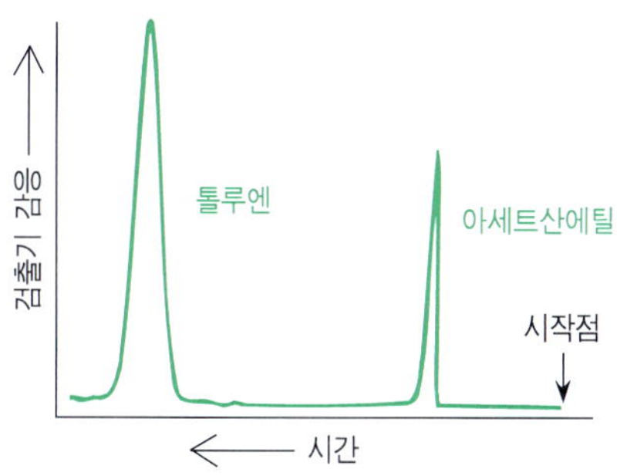

(a) 0.1 mm 수준으로 각 봉우리의 반높이 너비 ($w_{1/2}$)를 측정하시오. 펜 자국의 두께가 측정되는 길이에 비교할 때 상당하다면 펜의 너비도 고려하는 것이 중요하다. 다음 그림과 같이 한쪽 펜 자국의 끝에서 다른쪽 자국의 같은 끝까지 측정하는 것이 가장 바람직하다.

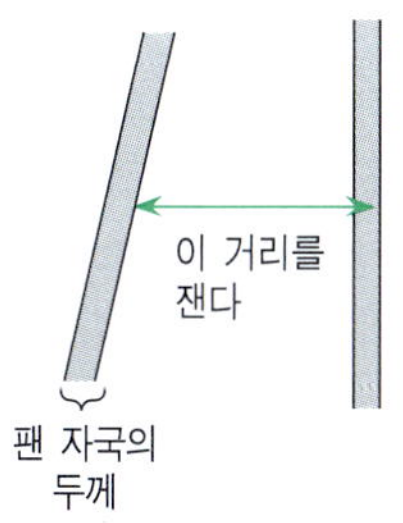

(b) 각 봉우리의 이론단수를 구하시오.

21-10. 두 성분을 함유하는 시료 12 mg을 지름 1.5 cm, 길이가 25 cm인 칼럼으로 0.8 mL/분의 흐름 속도로 잘 분리하였다. 시료 250 mg을 비슷한 정도로 분리한다면 칼럼의 규모와 흐름 속도는 어느 정도가 되어야 하는가?

21-11. 다음 크로마토그램은 13.81분에서 아이소옥테인의 봉우리를 보이고 있다. 칼럼의 길이는 30.0 m이다.
(a) 이 봉우리의 반높이 너비와 이론단수를 측정하시오.
(b) 단높이를 구하시오.
(c) 그림 21-3에서 정의한 아이소옥테인의 바탕선에서의 너비, w를 측정하시오. 그림 21-3에서 보면 Gauss 봉우리에 대한 기대되는 $w/w_{1/2}$는 4 σ/2.35 σ = 1.70이다. 실측한 $w/w_{1/2}$값을 이론적인 비와 비교하시오.

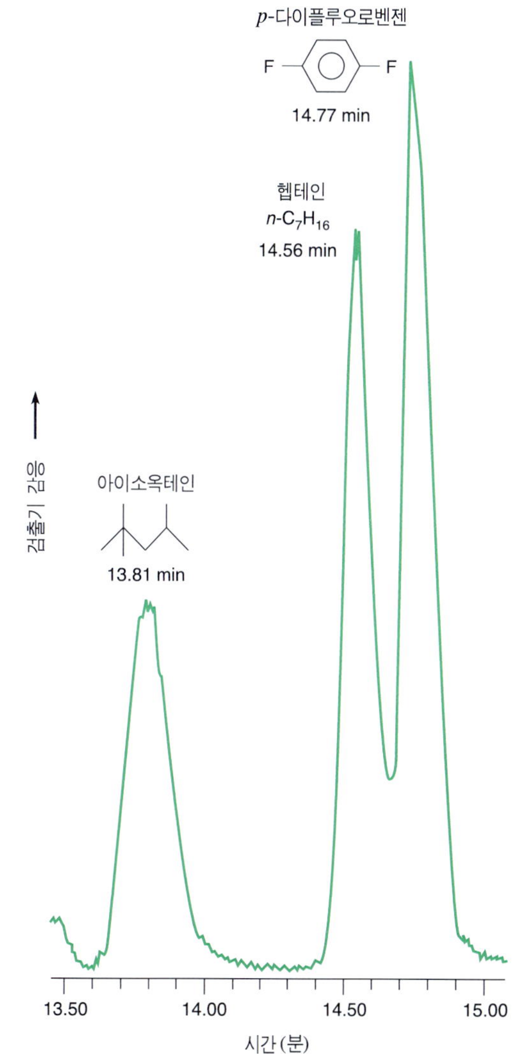

21-12. 앞의 문제의 크로마토그램에서 헵테인(14.56 분)과 *p*-다

이플루오로벤젠(14.77 분)의 봉우리를 생각해 보자. 칼럼의 길이는 30.0 m이다.

(a) 각 봉우리의 $w_{1/2}$를 측정하고 두 화합물의 단수와 단높이를 구하시오.

(b) $w_{1/2}$를 이용하여 두 봉우리 간의 분리도를 구하시오.

21-13. 지름이 3.00 cm이고 길이가 32.6 cm인 칼럼으로 72.4 mg의 미지 혼합물을 0.500 mL에 녹인 시료 용액을 적당히 분리하였다.

(a) 만일 10.0 mg의 같은 혼합물을 최소의 정지상과 용매로 분리시킨다면, 어떤 길이와 지름을 가진 칼럼을 사용하겠는가?

(b) 시료를 몇 mL의 부피로 녹이겠는가?

(c) 큰 칼럼을 사용했을 때 흐름 속도가 1.85 mL/분이었다면 작은 칼럼에서는 어떤 흐름 속도로 시도하겠는가?

21-14. 그림 21-7에서 흐름 속도는 기체 속도(cm/초)로 표현한다. 기체는 내부 지름이 0.25 mm인 열린관 칼럼을 지난다. 기체 속도가 50 cm/초는 부피 흐름 속도(mL/분)로는 얼마인가? (실린더의 부피는 반지름이 r일 때 $\pi r^2 \times$ 길이이다.)

21-15. 내부 표준. 분석물질 3.47 mM X와 표준물질 1.72 mM S가 함유된 용액의 크로마토그래피 분석 결과 봉우리 면적이 각각 3 473과 10 222이다. 8.47 mM S 1.00 mL를 미지 시료 X 5.00 mL에 넣고, 혼합 용액을 10.0 mL로 희석시켰다. 이 용액으로 얻은 X와 S의 봉우리 면적은 각각 5 428과 4 431이다.

(a) 식 5-9에서 S에 관계되는 X를 구하시오.

(b) 혼합 용액 10.0 mL 중의 [S]의 농도(mM)를 구하시오.

(c) 혼합 용액 10.0 mL 중의 [X]의 농도(mM)를 구하시오.

(d) 원래 미지 시료 [X]의 농도를 구하시오.

21-16. 내부 표준. 화합물 C와 D의 크로마토그래피 결과는 다음과 같다.

화합물	혼합물에서 농도 (μg/mL)	봉우리 면적 (cm²)
C	236	4.42
D	337	5.52

1.23 mg의 D 5.00 mL를 C를 포함하는 미지 시료 10.00 mL와 혼합하고, 25.00 mL로 희석시킨 용액을 만든다. 측정된 C와 D의 봉우리 면적은 3.33과 2.22 cm²이다. 미지 시료에 있는 C의 농도(μg/mL)를 구하시오.

21-17. 내부 표준 그래프. 내부 표준물을 이용하는 방법을 개발하려면 식 5-9에서 감응 인자 F가 교정 범위에서 일정하다는 것을 증명하는 것이 중요하다. 다음 표는 내부 표준물로 중수소화한 나프탈렌($C_{10}D_8$)을 이용하여 나프탈렌($C_{10}H_8$)을 기체 크로마토그래피로 분석한 자료이다(여기서 D는 동위원소 ^2H이다.). 두 화합물은 거의 동시에 칼럼을 빠져나오고 질량 분석계로 측정하였다. 식 5-9의 감응인자의 정의에 따라 다음과 같이 쓸 수 있다.

$$\frac{\text{분석물질 신호의 면적}}{\text{표준물질 신호의 면적}} = F\left(\frac{\text{분석물질의 농도}}{\text{표준물질의 농도}}\right) \qquad (5\text{-}9)$$

시료	$C_{10}H_8$ (ppm)	$C_{10}D_8$ (ppm)	$C_{10}H_8$ 봉우리 면적	$C_{10}D_8$ 봉우리 면적
1	1.0	10.0	303	2 992
2	5.0	10.0	3 519	6 141
3	10.0	10.0	3 023	2 819

칼럼에 주입한 용액의 부피는 세 실험에서 모두 다르다.

식 5-9에 따르면 봉우리 면적비($C_{10}H_8/C_{10}D_8$) 대 농도비($[C_{10}H_8]/[C_{10}D_8]$)의 그래프를 기울기 F를 이용하여 영점을 통과하는 직선으로 그리고 최소 제곱법을 이용하여 기울기, 절편과 그 표준편차를 구하시오. 감응 인자 F와 그 표준편차를 구하시오. 그래프는 영점을 통과하는가? 즉, 0 (zero)에서 크게 벗어난 절편인가?

21-18. (a) 특별히 충전된 기체 크로마토그래피 칼럼에 있어서 단높이는 van Deemter 식에 의해 계산된다. $H\,(\text{mm}) = A + B/u + Cu$, $A = 1.50$ mm, $B = 25.0$ mm · min/mL, $C = 0.025\ 0$ mm · mL/min이고, u은 흐름 속도(mL/min)이다. 흐름 속도에 대해 단높이의 그래프를 그리고, 최소의 단높이에 대한 최적의 흐름 속도를 구하시오.

(b) van Deemter 식에서 B는 세로 확산 속도에 비례한다. 만약 세로 확산 흐름 속도가 두 배로 될 때 최적의 흐름 속도는 증가하는지 감소하는지 예측하시오. 예측 결과를 확인하기 위해 B를 50.0 mm · min/mL로 증가시키고, 새로운 그래프를 그린 후 최적의 흐름 속도를 구하시오. 최적의 단높이는 증가하는가 감소하는가?

(c) 파라미터 C는 이동상과 정지상 사이에서 분석 시료의 평형 속도에 반비례한다. ($C \propto 1/$평형비) 만약 두 상 사이에서 평형 속도가 두 배가 될 때 최적의 흐름 속도가 증가할지 감소할지 예측하시오. 최적의 단높이는 증가하는가 감소하는가?

21-19. (a) 앞의 문제 **(a)**에 있는 van Deemter 식을 사용하여 20.0 mL/min의 흐름 속도에 대해 단높이를 구하시오.

(b) 칼럼의 길이가 2.00 m라면 단높이는 얼마인가?

(c) 8.00 분에 용리되는 봉우리의 반높이에서의 띠너비는 얼마인가?

21-20. 분자 질량과 명목 질량의 차이점을 설명하고, 벤젠(C_6H_6)의 분자 질량과 명목 질량을 구하시오.

21-21. 표 21-1을 통해 이 책의 앞표지 안쪽에 있는 주기율표를 통한 계산치와 직접한 계산값과 비교하고, C1의 컴퓨터로 계산하시오.

21-22. 질량 분석법에 의한 원소 분석. 특별히 높은 분리도 질량 분석계는 $1/10^5$의 정확도로 m/z를 측정한다. 이것은 m/z 100은 $(100)(10 \times 10^{-6}) = 0.001$의 정확도로 측정된다는 의미이다(다음 소수 자리 정밀도). $C_4H_{11}N_3S^+$ 또는 $C_4H_{11}N_3O^+$로 존재하는 분자 이온은 m/z 133.068 6에서 관찰된다. 각 원자에 맞는 동위원소의 추가된 질량과 전자의 질량을 빼고, 각 이온들의 예상되는

질량을 컴퓨터로 계산하시오. 어떤 분자식이 맞는가?

21-23. **(a)** 액체 크로마토그래피—질량 분석법에서 제초제인 프로파진은 명목 질량이 230 Da인 프로파진 H^+ 형태이다. 표 21-1에서 각 원소의 가장 흔한 동위원소를 포함하는 프로파진 H^+의 정확한 질량을 계산하시오. 이온은 m/z 230.116 4에서 관찰된다.[7]

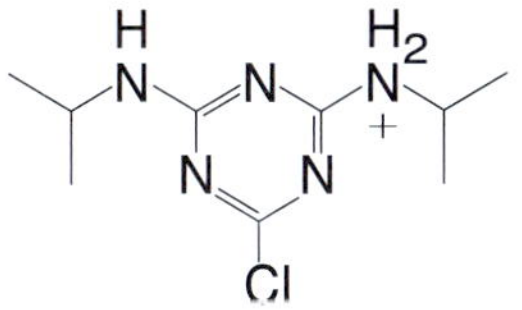

프로파진 H^+
$C_9H_{17}N_5Cl^+$

(b) m/z 231에서 이온의 두드러진 동위원소 조성은 하나의 ^{13}C를 가지는 $^{12}C_8{}^{13}CH_{17}N_5Cl^+$이다. 이 이온의 정확한 질량을 계산하시오. m/z 230에서 프로파진 H^+에 비례하여 m/z 231에서 예상되는 봉우리의 세기는 얼마인가? 이온은 m/z 232.118 8에서 11.7%의 세기로 관찰된다.

(c) m/z 232에서 이온은 ^{35}Cl 대신에 ^{37}Cl이다. 자연에서 존재하는 ^{37}Cl의 비율은 24.22%이며 ^{35}Cl의 비율은 75.78%이다. m/z 232와 m/z 230에서 예상되는 봉우리의 상대적 세기는 24.22/75.78 = 0.319 6:1이다. m/z 232에서 봉우리의 정확한 질량을 계산하시오. m/z 232.113 4에서 이온은 32.4%의 세기로 관찰된다.

21-24. 분자식이 $CH_3CH_2CH_2CH_2OH$인 1-뷰탄올의 질량 스펙트럼에서 m/z이 31, 41, 43, 56의 주요한 봉우리들이 나타날 때 각각의 분자식을 나타내시오.

21-25. 아래의 경우에 맞게 $C_nH_xO_yN_z$ 형태의 가능한 분자식을 나타내시오.

(a) M^+의 명목 질량 = 79, $(M + 1)/M^+$ = 5.9%
(b) M^+의 명목 질량 = 123, $(M + 1)/M^+$ = 6.1%
(c) M^+의 명목 질량 = 148, $(M + 1)/M^+$ = 7.4%
(d) M^+의 명목 질량 = 168, $(M + 1)/M^+$ = 12.5%

21-26. 표 21-1을 사용하여 m/z가 36, 37, 38의 HCl의 상대적인 세기를 예상하시오. 분자 이온의 세기는 100이고, 0.1% 미만의 기여(contribution)는 무시한다.

21-27. 표 21-1을 사용하여 m/z가 34, 35, 36의 H_2S의 상대적인 세기를 예상하시오. 분자 이온의 세기는 100이고, 0.1% 미만의 기여(contribution)는 무시한다.

21-28. 아교 증기의 기체 크로마토그래피—질량 분석법의 학생들 실험에서 몇몇 가정용 접착제에서 테트라클로로에텐이 확인된다.[8] 분자 이온 M^+의 범위 안에서 아래의 봉우리들은 m/z 164(779), 166(999), 168(479), 170(101), 172(10)이다(괄호 안은 상대적인 세기). 보여지는 봉우리들과 그들의 세기를 도표로 그리시오. 세기의 경향에 대한 정성적인 설명과 각 봉우리에 대한 설명을 하시오. 표 21-1의 동위원소의 존재를 언급하라.

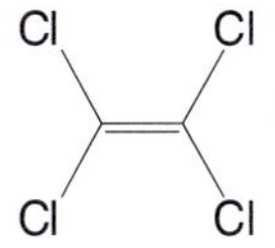

테트라클로로에텐

응용문제

21-29. 카페인은 내부 표준 $^{13}C_3$ 카페인을 이용하여 크로마토그래피에 의해 측정된다.[9] $^{13}C_3$ 카페인은 일반적인 ^{12}C-카페인의 머무름 시간과 같다.

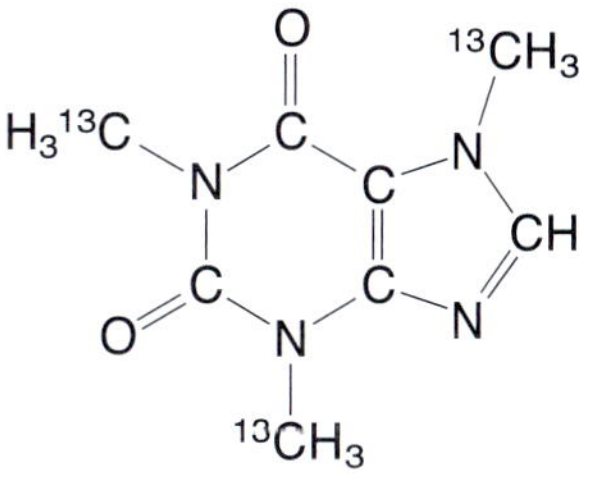

$^{13}C_3$-카페인
197 Da

카페인은 **고체상 마이크로추출**(22-4절)에 의해 수용액으로부터 추출된다. 이 과정에서 폴리머로 코팅된 실리카 섬유는 액체에 담겨지고, 액체에서의 용질은 폴리머상과 액체 사이에서 분배된다. 그런 후 섬유는 액체로부터 빠져나오고 기체 크로마토그래피의 포트 안에서 가열된다. 용질은 폴리머로부터 증발된 후 칼럼 안으로 들어간다. $^{13}C_3$-카페인 내부 표준을 이용한 고체상 마이크로추출 방법을 사용하여 커피 안에 있는 카페인의 정량 분석 과정을 제시하시오.

주와 참고문헌

1. A. V. Krishnan, P. Stathis, S. F. Permuth, L. Tokes, and D. Feldman, *Endocrinology* **1993**, *132*, 2279; P. Viñas, N. Campillo, N. Martínez-Castillo, and M. Hernández-Córdoba, *Anal. Bioanal. Chem.* **2010**, *397*, 115.

2. National Toxicology Program Monograph, *Potential Human Reproductive and Developmental Effects of Bisphenol A*, NIH Publication No. 08-5994, 2008; http://cerhr.niehs.nih.gov/evals/bisphenol/bisphenol.pdf.

3. S. K. Ritter, *Chem. Eng. News*, 6 June 2011, p. 13, http://pubs.acs.org/cen/coverstory/89/8923cover.html.

4. T. Mendum, E. Stoler, H. VanBenschoten, and J. C. Warner, *Green Chem. Lett. & Rev.* **2010**, *4*, 81; http://www.tandfonline.com/doi/abs/10.1080/17518253.2010.502908.

5. S. Biedermann, P. Tschudin, and K. Grob, *Anal. Bioanal. Chem.* **2010**, *398*, 571.

6. T. C. Werner and C. K. Hatton, *J. Chem. Ed.* **2011**, *88*, 34.

7. E. M. Thurman and I. Ferrer, *Anal. Bioanal. Chem.* **2010**, *397*, 2807.

8. J. Richer, J. Spencer, and M. Baird, *J. Chem. Ed.* **2006**, *83*, 1196.

9. M. J. Yang, M. L. Orton, and J. Pawliszyn, *J. Chem. Ed.* **1997**, *74*, 1130.

단백질 전기분무

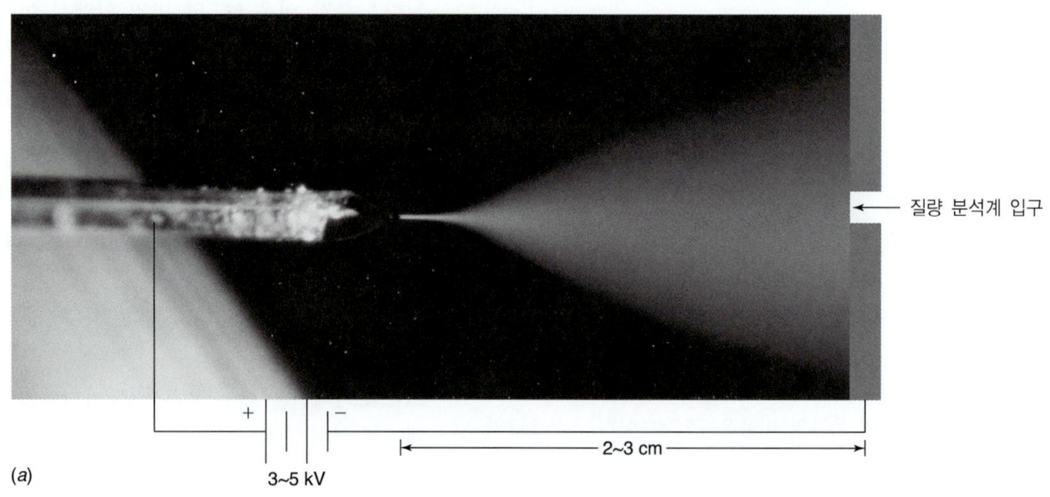

(*a*) 질량 분석계의 입구에 대해 약 5 kV의 전위차가 적용되는 모세관으로부터의 액체의 전기분무. [제공: R. D. Smith, Pacific Northwest Laboratory, Richland, WA.]

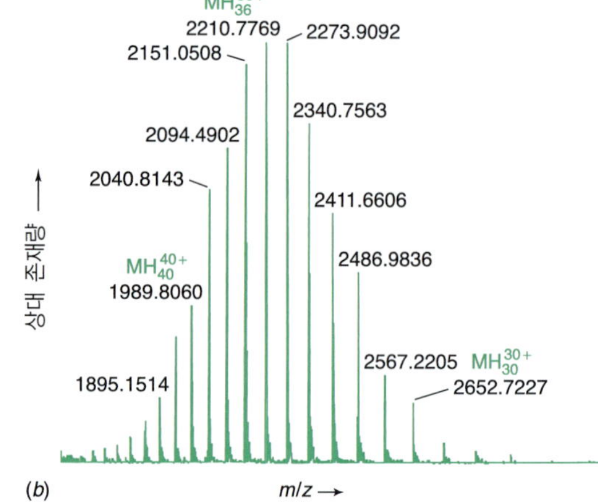

(*b*) 액체 크로마토그래피 칼럼을 통해 용리된 단백질 트랜스페린의 전기분사 비행시간 질량 스펙트럼. 봉우리는 $n = 27 \sim 47$인 양자를 주는 MH_n^{n+}으로 발생한다. [출처: M. E. Del Castillo Busto, M. Montes-Bayón, E. Blanco-González, J. Meija, and A. Sanz-Medel, *Anal. Chem.* **2005**, *77*, 5615.]

칼럼과 질량 분석계 입구 사이에 높은 전압이 가해지면, 크로마토그래피 칼럼을 빠져나오는 액체는 전기분무 (*electrospray*) 에 의해, 그림 (*a*) 에서 보듯이 미세한 안개 (mist) 로 전환된다. 마이크로미터 크기의 물방울들은 빠르게 증발하여 기체상의 용질들 (이온 포함) 이 남는다.

전기분무는 질량 분석계로 거대분자를 도입하는 몇 안 되는 방법 중 하나이므로, 생화학에서 중요한 영향을 가진다. 대표적인 단백질은 순 양전하 (net positive charge) 또는 음전하를 가지고 pH에 의존하는 아민과 카복실산 곁사슬 (표 11-1) 을 가진다. 전기분무는 용액에서 기체상으로 이온들을 내보낸다. 그림 (*b*) 는 액체 크로마토그래피 칼럼을 통해 용리된 80 kDa인 단백질 트랜스페린 (그림 19-25) 의 질량 스펙트럼을 보여 준다. pH ≈ 2.6 에서 아르지닌, 라이신, 그리고 히스티딘 아민 곁사슬의 양성자첨가 (protonation) 에 의존하며 트랜스페린의 전하 범위는 +27에서 +47이다.

전기분무는 2002년에 노벨상을 공동 수상한 John B. Fenn에 의해 1980년대에 개발되었다. 그보다 50여 년 전에, Fenn은 수학시험 성적이 낮아서 수학선생님이 '과학자나 공학자가 되려고 하지 마라' 고 하였다.[1]

22

기체, 액체 크로마토그래피

기체, 액체 크로마토그래피는 분석, 환경화학 실험실들의 편리한 기계들이다. 이 장에서는 장치와 기본적인 기술에 대해서 묘사한다.[2]

22-1 기체 크로마토그래피

기체 크로마토그래피 (gas chromatography) 에서는 기체 상태의 이동상이 정지상을 입힌 길고 얇은 칼럼을 통과하도록 기체 상태의 용질(혹은 휘발성 액체에서 나온 증기)을 운반한다. 기체 크로마토그래피의 개략도는 그림 22-1과 같다. 휘발성 액체 시료는 얇은 원판 모양의 **고무마개** (*septum*)를 통해 주입되어 가열된 주입구 속으로 들어가는데, 여기서 시료가 증발하게 된다. 시료는 **운반 기체** (*carrier gas*) He, N_2, 혹은 H_2에 의하여 칼럼 속으로 밀려 들어가고, 분리된 용질들은 검출기를 통과하게 되며, 그 감응이 기록계나 컴퓨터에 나타난다. 칼럼은 각 용질이 적당한 증기압을 갖고 적당한 시간 내에 용리될 수 있을 정도로 충분히 높아야 한다. 검출기는 칼럼보다도 높은 온도를 유지하여야 하는데, 이것은 모든 용질이 기체 상태로 있어야 하기 때문이다. 전형적인 분석용 크로마토그래피에서 주입되는 액체 시료의 용량은 0.1 ~ 2 μL이며, 제조용의 경우 20 ~ 1 000 μL이다. 기체 시료는 기밀(gas-tight) 주사기나 기체-시료 밸브로 0.5 ~ 10 mL 주입된다.

칼럼

열린관 칼럼(그림 21-9)은 내벽에 코팅된 액체 또는 고체 정지상을 가진다(그림 22-2).

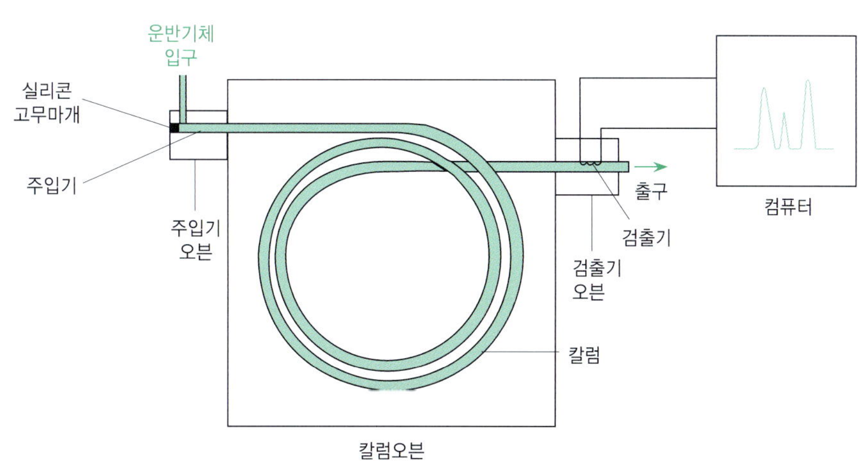

그림 22-1 기체 크로마토그래프의 개략도.

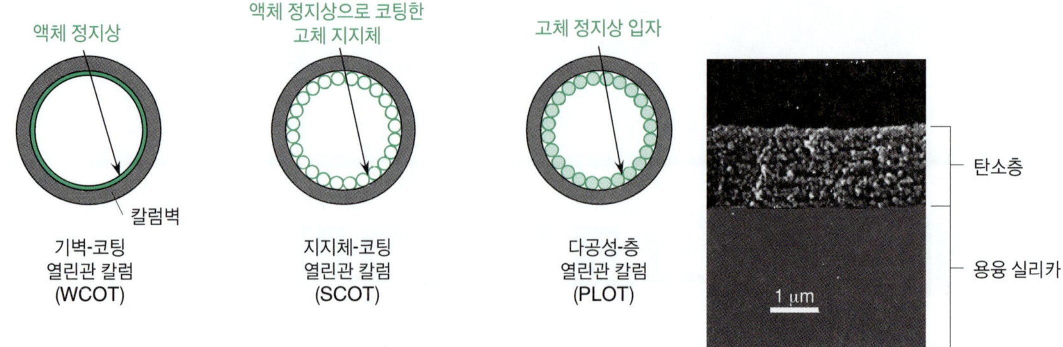

그림 22-2 기벽-코팅, 지지체-코팅, 다공성-층 칼럼의 단면도. 현미경 사진은 용융 실리카 열린관 칼럼 내부의 다공성 탄소 정지상을 보여 준다.

열린관 칼럼은 보통 용융 실리카(SiO_2)로 만든다. 칼럼이 오래되면 정지상이 벗겨지면서 실리카 표면의 실란올기(Si—O—H)가 노출된다. 실란올기들은 수소 결합에 의해 극성 화합물들을 강하게 붙들고, 그로 인해 크로마토그래피의 봉우리의 **꼬리끌기**(*tailing*)를 야기한다(그림 21-10b). 정지상이 높은 온도에서 칼럼으로부터 **빠져나오는**(*bleeding*) 것을 감소시키기 위해, 보통 실리카 표면에 정지상을 **결합**(화학적 결합)시키고, 공유 결합으로 정지상끼리 **가교결합**(*cross-linked*)시킨다.

극성은 보충 21-1에서 언급했다.

표 22-1의 액체 정지상들은 극성이 서로 다르다. 액체상의 선택은 "비슷한 종을 잘 녹인다(like dissolves like)"는 규칙에 기초한다. 비극성 칼럼은 비극성 용질에 가장 적당하고, 극성 칼럼은 좀 더 강한 극성 용질에 가장 적당하다.

그림 22-3에서 분리에 미치는 칼럼 극성의 효과를 볼 수 있다. 그림 22-3a에서 10개의 화합물은 폴리-다이메틸실록산(poly-dimethylsiloxane) 정지상으로부터 거의 끓는점이 증가하는 순서로 용출된다. 더 높은 증발 압력에서 화합물은 더 빨리 용출된다. 그림 22-3b에서 좀 더 강한 극성 폴리에틸렌 글리콜(polyethylene glycol) 정지상에는 극성 용질이

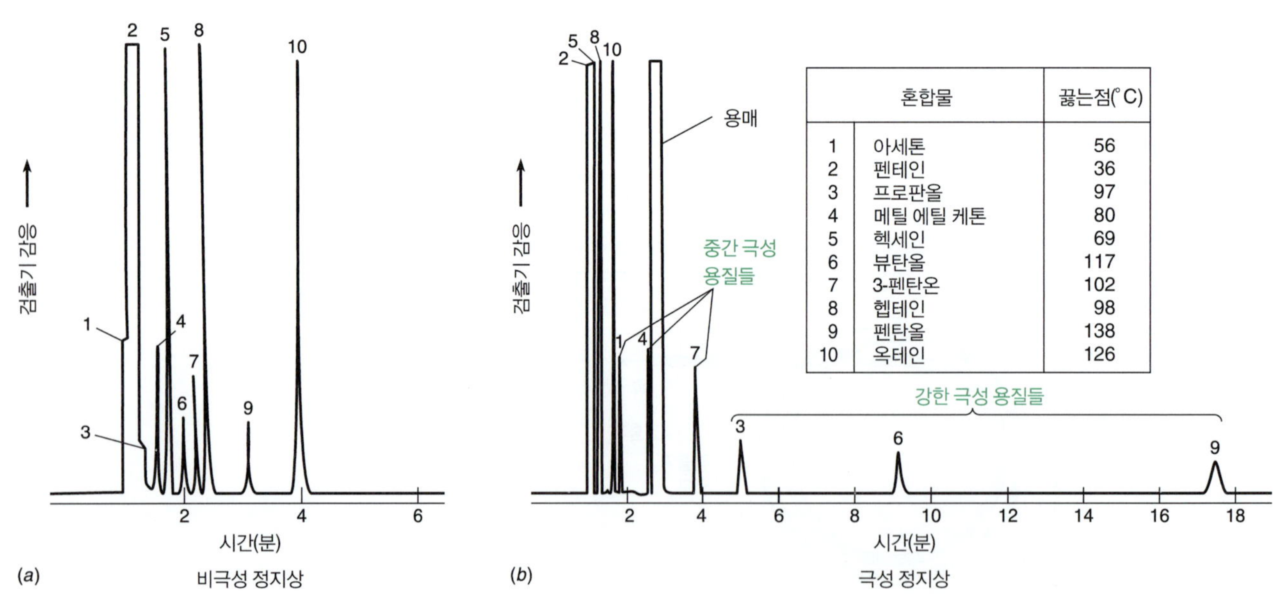

	혼합물	끓는점(°C)
1	아세톤	56
2	펜테인	36
3	프로판올	97
4	메틸 에틸 케톤	80
5	헥세인	69
6	뷰탄올	117
7	3-펜탄온	102
8	헵테인	98
9	펜탄올	138
10	옥테인	126

그림 22-3 70°C에서 0.32 mm (지름) × 30 m (길이)의 열린관 칼럼에 1 μm 두께로 입혀진 (*a*) 비극성이 강한 폴리(다이메틸실록세인) 정지상과 (*b*) 극성이 강한 폴리에틸렌 글리콜 정지상에 의한 화합물의 분리. [Restek Co., Bellefonte, PA.]

표 22-1 모세관 기체 크로마토그래피에서 흔히 사용되는 정지상

구조		극성	온도 범위
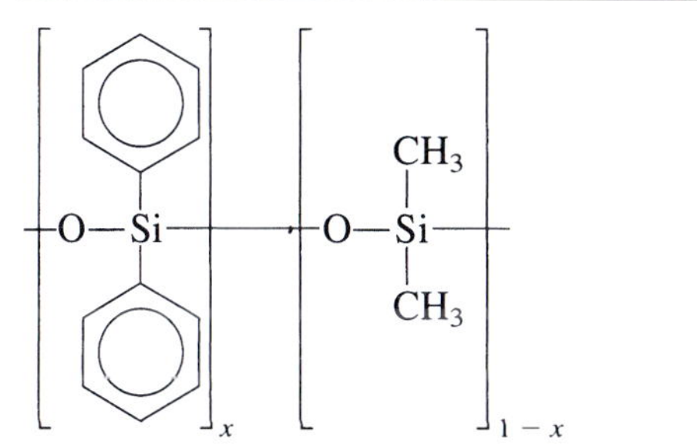 (다이페닐)$_x$(다이메틸)$_{1-x}$ 폴리실록세인	$x = 0$	비극성	$-60° \sim 360°C$
	$x = 0.05$	비극성	$-60° \sim 360°C$
	$x = 0.35$	중간 정도의 극성	$0° \sim 300°C$
	$x = 0.65$	중간 정도의 극성	$50° \sim 370°C$
$—O—Si(CH_3)_2—O—Si(CH_3)_2—C_6H_4—Si(CH_3)_2—O—Si(CH_3)_2—$ 아릴렌 폴리실록세인		이 표의 다른 폴리실록세인과 비슷한 조성을 가지며, 고온에서도 새어나오는 현상(bleed, 열분해가 적은)이 적은 아릴렌 정지상들이 있다.	
$[—O—Si((CH_2)_3CN)(C_6H_5)—]_{0.14}[—O—Si(CH_3)_2—]_{0.86}$ (사이아노프로필페닐)$_{0.14}$ (다이메틸)$_{0.86}$ 폴리실록세인		중간 정도의 극성	$-20° \sim 280°C$
$[CH_2CH_2—O]_n$ 카보왁스 (폴리에틸렌 글리콜)		강한 극성	$40° \sim 250°C$
$[—O—Si((CH_2)_3CN)_2—]_{0.9}[—O—Si((CH_2)_3CN)(C_6H_5)—]_{0.1}$ (비스사이아노프로필)$_{0.9}$ (사이아노프로필페닐)$_{0.1}$ 폴리실록세인		강한 극성	$0° \sim 275°C$

좀 더 강하게 남아 있다. 3개의 알코올은(—OH기를 포함한) 4개의 알케인(C—H 결합을 포함한) 다음에 용출되는 3개의 케톤($>C=H$ 기를 가진) 다음으로 가장 늦게 용출된다. 용질과 정지상 사이의 수소 결합은 강한 머무름의 원인이 된다.

그림 22-4는 **트랜스** 지방의 함량표시를 위해 22개의 탄소로 이루어진 지방의 우수한 분리를 보여준다(그림 5-3). 봉우리 1, 2, 3, 4, 11, 12, 13, 15, 16, 17, 18, 19, 20 그리고 21은 모두 **트랜스** 지방이다. 지방산은 메틸에스터(methyl esters)로 기체 크로마토그래피를 위한 충분한 휘발성을 갖도록 변환(**유도체화**)되었다. 고정상은 상온 이하에서 녹고 고온에서도 넓은 범위에서 낮은 휘발성을 갖는 **이온성 액체**이다. 이온성 액체는 극성 물질에 대하여 새로운(novel) 선택성을 제공할 수 있으며, 블리딩을 줄이면서도 칼럼 온도를 높일 수 있다(정지 단계에서 낮은 손실). 극성 비스사이아노프로필(biscyanopropyl) 정지상으로 비슷한 혼합물(지방산)의 모든 분석은 되지 않는다.

흔히 고체 정지상들은 H_2, O_2, N_2, CO_2 그리고 CH_4와 같은 작은 분자들이 분리되고 머

분자체는 물을 강하게 머무르게 하기 때문에 기체를 건조시키는 데 많이 이용된다. 분자체는 진공 상태로 300° C까지 열을 가해 줌으로써 재생된다.

유도체화반응

$RC(=O)OH$ —— $RC(=O)OCH_3$

지방산 휘발성 에스터 치환제

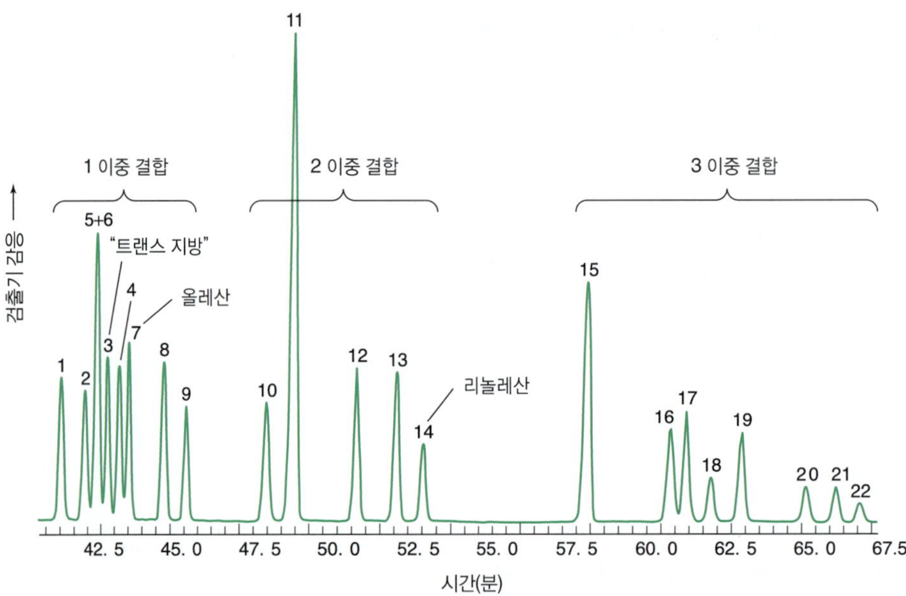

그림 22-4 22, 18-탄소 지방산 메틸에스터 (fatty acid methyl esters)의 1, 2 또는 3 이중결합으로 분리. 그림 5-3에서 지방산의 표기를 보여준다 (봉우리 3, 7, 14). Supelco IL100의 이온성 액체로 코팅된 벽의 열린관 기체 크로마토그래피 칼럼 (100m × 0.25 mm의 내경과 0.2 μm의 필름 두께) 과 150° C에서 25 cm/s의 흐름 속도와 불꽃 이온화 검출기를 사용. [출처: C. Ragonese, P.Q. Tranchida, P. Dugo, G. Dugo, L. M. Sidisky, M. V. Robillard and L. Mondello, *Anal. Chem.*, **2009**, *81*, 5561.]

이온성 액체 1,9-다이 (3-비닐이미다졸리움) 노네인 비스 (트라이플루오로메틸) 술포닐이미데이트
(Supelco IL 100 정지상)

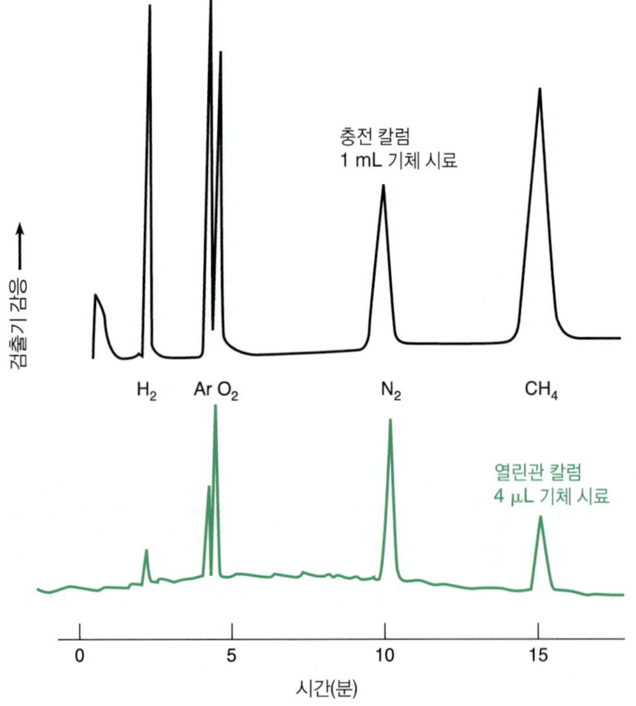

그림 22-5 5A 분자체를 정지상으로 이용한 기체 크로마토그래피. 위의 크로마토그램은 40° C에서 3.2 mm (지름) × 4.6 m (길이) 의 충전 칼럼에 시료 2 ppm 중 1 mL 주입하여 얻었고, 아래의 크로마토그램은 30° C에서 0.32 mm (지름) × 30 m (길이) 의 열린관 칼럼에 같은 농도의 시료 4 μL를 주입하여 얻었다. [출처: J. Madabushi, H. Cai, S. Steams, and W. Wentworth, *Am. Lab.* October 1995, p. 21.]

물 수 있는 나노 크기의 공동(cavity)을 가진 무기 물질들인 다공성 탄소(그림 22-2 현미경 사진)와 **분자체**(*molecular sieves*)를 포함한다. 그림 22-5는 고체 정지상 입자들로 채워진 내벽-코팅된 열린관 칼럼과 **충전 칼럼**(*packed column*) 안의 분자체에 의한 기체의 분리를 비교하고 있다. 열린관 칼럼은 일반적으로 보다 나은 분리를 주지만, 충전 칼럼은 보다 큰 시료들을 처리할 수 있다. 그림 22-5에서 충전 칼럼으로 주입된 시료는 열린관 칼럼으로 주입된 시료에 비해 250배 크다.

크로마토그래피(chromatographers)에서 크로마토그래피 칼럼 앞에 놓여서 5~10 m 길이의 **보호 칼럼**(**guard column**)이 흔히 사용된다. 기체 크로마토그래피의 보호 칼럼은 정지상을 가지고 있지 않고, 용질의 머무름을 최소화하기 위하여 내부 벽은 **실란화되어**(*silanized*) 있다(466쪽). 보호 칼럼의 목적은 크로마토그래피 칼럼에 휘발되지 않은 채로 주입되거나 결코 용출되지 않는 비휘발성 화합물을 모으기 위함이다. 비휘발성 "junk"는 끝내 크로마토그래피 칼럼을 못쓰게 한다. 보호 칼럼 안에서 비휘발성 화합물의 축적은 크로마토그래피 봉우리의 왜곡을 통하여 나타난다.

온도 프로그래밍

그림 22-1에서 칼럼의 온도를 높이면 용질의 증기압이 증가하고, 머무름 시간은 감소한다. 넓은 범위의 끓는점과 극성을 통해 화합물을 분리하기 위해서, 분리하는 **동안** 칼럼 온도를 증가시키는데, 이 기술을 **온도 프로그래밍**(**temperature programming**)이라고 부른다. 그림 22-6은 끓는점 69°C의 C_6H_{14}에서 356°C $C_{12}H_{44}$의 비극성 화합물의 분리에 대한 온

칼럼의 온도를 높이면
- 머무름 시간의 감소
- 뾰족한 봉우리 형성

일정한 온도 조건을 **등온** 조건이라 말한다.

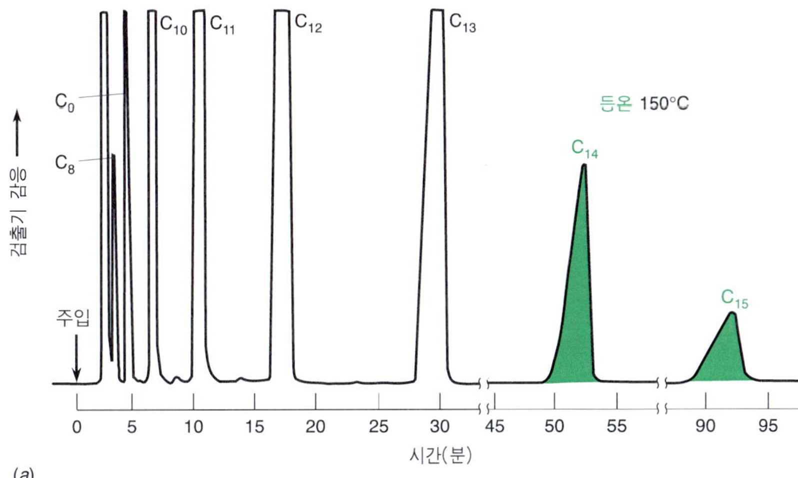

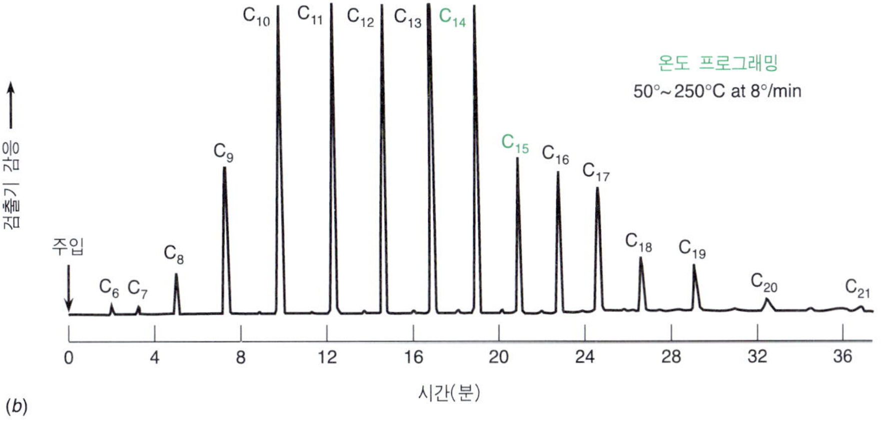

그림 22-6 비극성 정지상인 충전 칼럼에서 선형 알케인을 포함하는 각 시료들의 (*a*) 등온, (*b*) 온도 프로그래밍 크로마토그램의 비교. 검출기의 감도는 (*a*)가 (*b*)보다 16배 높다. [출처: H. M. McNair and E. J. Bonelli, Basic gas chromatography (Palo Alto, CA: Varian Instrument Division, 1968.)]

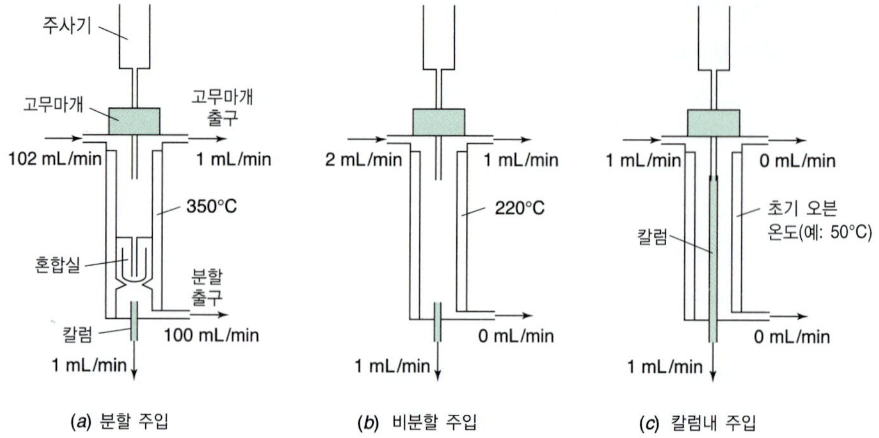

그림 22-7 열린관 칼럼 안으로 주입하는 (*a*) 분할 주입 (*b*) 비분할 주입 (*c*) 칼럼내 주입 장치. 기체의 느린 흐름이 고무마개 표면을 지나 배출구로 나가면서, 고무를 냉각시켜서 휘발성 시료가 크로마토그래피 칼럼 안으로 잘 들어가게 해준다.

주사기
고무마개
고무마개 출구
102 mL/min
1 mL/min
350°C
혼합실
분할 출구
칼럼
100 mL/min
1 mL/min
(*a*) 분할 주입
2 mL/min
1 mL/min
220°C
0 mL/min
1 mL/min
(*b*) 비분할 주입
1 mL/min
0 mL/min
초기 오븐 온도(예: 50°C)
칼럼
0 mL/min
1 mL/min
(*c*) 칼럼내 주입

도 프로그래밍의 효과를 보여 준다. 온도를 150°C로 고정시키면 휘발성이 큰 화합물들은 서로 밀집되어 빨리 나오는 반면, 휘발성이 작은 화합물 중 어떤 것들은 칼럼에서 아예 나오지도 않는다. 그러나 온도를 50°에서 250°C로 올리면 모든 화합물들은 용리되고, 봉우리들의 분리는 매우 일정하다. 비록 250°C가 혼합물 중에서 몇몇 화합물의 끓는점보다 낮을지라도, 이러한 화합물들은 용리되기 위한 충분한 증기압을 가지고 있다.

운반 기체

그림 21-7는 H_2와 He이 빠른 유속에서 N_2보다 나은 분리도(좀 더 작은 단높이)를 갖는 것을 보여 준다. 이것은 용질이 N_2에서보다 H_2와 He에서 더 빠르게 확산되는 이유에서이다. 정지상을 보호하기 위하여 크로마토그래프에 들어가기 전에 운반 기체는 O_2, H_2O와 탄화수소를 제거하기 위하여 트랩을 통과시킨다. 기체의 순도를 유지하기 위하여 플라스틱 관보다는 금속관이 적극 권장된다.

시료 주입

약 1 μL의 액체 시료들은 고무마개(septum)를 통하여 가열된 유리 주입부로 주입된다. 약 10 μL에서 최대 5 μL의 기체 시료는 기밀 주사기 또는 그림 22-21과 같은 액체 크로마토그래피에서 사용하는 시료 주입 밸브를 통해 주입이 가능하다. 운반 기체는 기화된 시료를 크로마토그래피 칼럼으로 보낸다. 열린 모세관 칼럼의 경우 전체 주입을 하면 시료양이 너무 많다. **분할 주입**(**split injection**, 그림 22-7a)의 경우 주입된 시료의 0.1 ~ 10%만 칼럼에 도달한다. 나머지는 버려진다. 그러나 만약 주입 시에 시료 전체가 기화되지 않는다면, 높은 끓는점을 가지는 화합물들은 완전히 주입되지 않게 되어 정량 분석에 오차가 발생하게 된다. 그림 22-4에서의 지방산 분석은 시료를 99% 사용하는 분할 주입법을 사용하였다.

혼합물의 미량 화합물의 분석과 정량적인 분석을 위해 **비분할 주입**(**splitless injection**)이 적합하다(**미량 화합물**들은 매우 낮은 농도로 존재하는 것들이다). 이 목적을 위해 낮은 온도에서 끓는 용매에 희석된 시료를 용매의 끓는점보다 40°C 낮은 칼럼 온도에서 주입한다. 용매는 칼럼 앞부분에서 응축이 일어나고, 용질의 좁은 띠를 잡는다(그러므로 이 기술은 **용매 트래핑**(**solvent trapping**)이라고 불린다). 부가적인 증기들이 주입부로부터 흡입되고 난 후에, 칼럼 온도는 올라가고 크로마토그래피는 시작된다. 비분할 주입에서 시료의 약 80%는 칼럼에 적용되고 적은 부분(fractionation, 화합물의 선택적인 증발)은 주입시 발생한다.

냉각 트래핑(cold trapping)이라 불리는 기술은 칼럼의 앞부분에서 높은 끓는점의 용질들에 초점을 맞추기 위하여 사용된다. 이 경우 칼럼은 초기 온도가 원하는 용질의 끓는점보다 150℃ 낮다. 용매와 끓는점이 낮은 성분은 빨리 용출되지만, 높은 끓는점의 용질들은 칼럼의 시작 부분 좁은 띠에 응축되어 머무르게 된다. 칼럼의 온도를 나중에 높여 원하는 화합물을 나오게 한다. 보충 21-3에서 비스페놀 A(bisphenol A)의 크로마토그램은 고체상 미량추출 섬유의 증기를 냉각 트래핑하여 시작했다.

열린관 칼럼으로의 시료 주입:

- **분할**: 일반적인 방법
- **비분할**: 정량 분석 시 적당한 방법
- **칼럼내**: 열적으로 불안정한 용질에 적당한 방법

그들의 끓는점 이상에서 분해되는 민감한 화합물들을 위해 뜨거운 주입부를 통하지 않고, 직접 칼럼에 시료를 주입하는 **칼럼내 주입(on-column injection)**을 사용한다(그림 22-7c). 분석물질들은 용매 트래핑이나 냉각 트래핑에 의해 좁은 띠에 모이게 된다. 크로마토그래피는 칼럼의 온도를 높임으로써 시작된다.

"넓은 구경(wide-bore)" 칼럼들(지름 $\geq$ 0.53 mm)은 구경이 충분히 넓어서 칼럼내 주입 시에 일반적인 주사기 바늘을 사용할 수 있다. 좁은 칼럼들(보통 지름이 0.10에서 0.32 mm 사이)은 더 높은 분리도(더 좁은 봉우리)를 제공하지만, 용량(capacity)이 작고 높은 압력을 요구한다. 지름이 0.32 mm 이상이 되면 대부분의 진공 펌프가 처리하기에는 질량 유속(mass flow rate)가 너무 높으므로, 질량 스펙트럼의 검출에 사용하기에는 너무 크다.

불꽃 이온화 검출기

불꽃 이온화 검출기(flame ionization detector)에서 용출액(eluate)은 수소와 공기 혼합물 내에서 태워진다(그림 22-8). 탄소 원자(카보닐과 카복실 탄소를 제외하고)는 CH 라디칼을 생성하고 불꽃 속에서 CHO^+ 이온을 형성한다.

$$CH + O \rightleftharpoons CHO^+ + e^-$$

불꽃 속에서 생긴 CHO^+는 불꽃 위의 음극에 모이고, 검출기의 음극과 양극 사이의 전기 전류는 CHO^+의 수에 비례한다. 탄소 원자 10^5개 중의 약 1개만이 하나의 이온을 만드나, 이온 형성은 불꽃 속에 들어온 탄소 원자의 수에 비례한다. 불꽃 이온화 검출기는 O_2, CO_2, H_2O 및 NH_3에 대해서는 상대적으로 감응이 없다. 유기 화합물에 대한 검출기의 감응은 용질 질량의 10^7에 비례한다. 검출 한계는 열전도도 검출기보다 100배 정도 낮으며,

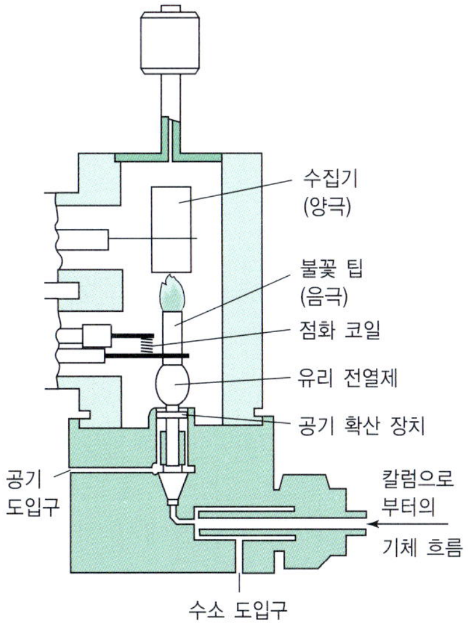

그림 22-8 불꽃 이온화 검출기 [출처: Varian Associates, Palo Alto, CA.]

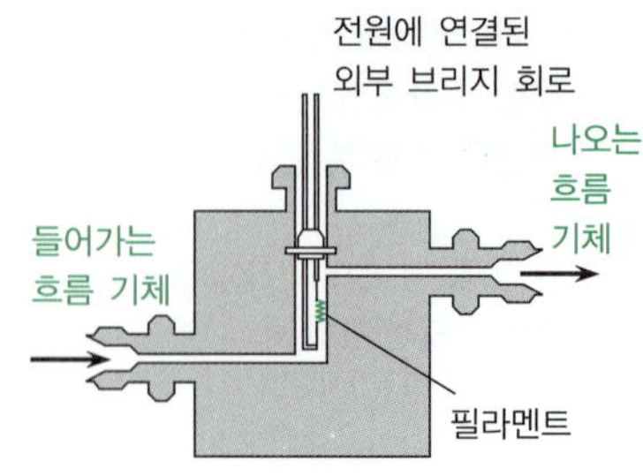

그림 22-9 열전도도 검출기 [출처: Varian Associates, Palo Alto, CA.]

운반 기체로 N_2를 사용하는 것이 적당하다. 열린관 칼럼을 사용할 경우에는 낮은 유속에서 He이나 H_2를 사용하며, 용출액이 검출기로 들어가기 전에 N_2 **지원 기체**(*makeup gas*)를 첨가시킨다. 지원 기체는 검출기의 유속을 증가시키며, 감도를 개선한다. 그림 22-4에서 지방산 분리는 불꽃 이온화 검출기를 사용하였다.

열전도도 검출기

열전도도는 한 물질이 열을 이동시킬 수 있는 능력을 측정하는 것이다. 그림 22-9의 **열전도도 검출기**(**thermal conductivity detector**)에서 크로마토그래피 칼럼으로부터 나오는 기체가 가열된 텅스텐-레늄의 필라멘트 위로 흐른다. 용질이 칼럼으로부터 나올 때는 기체 흐름에 의한 열전도도가 감소되어, 필라멘트는 더욱 뜨거워지며, 전기 저항은 증가되고, 필라멘트를 가로지르는 전압은 증가된다. 전압의 변화가 검출기의 신호가 된다. 열전도도 검출의 감도는 유속이 낮을수록 좋아진다. 필라멘트의 과열이나 산화를 막기 위하여 운반 기체가 흐르지 않을 때는 검출기를 작동시키지 말아야 한다.

검출기의 감응은 열전도도의 **변화**에 의하므로 용질과 운반 기체의 전도도의 차이가 가능한 클수록 바람직하다. H_2와 He이 가장 열전도도가 크고, 열전도도 검출기를 사용할 경우는 이 두 기체를 운반 기체로 사용한다. 열전도도 검출기는 운반 기체를 제외하고 모든 물질에 감응한다.

열전도도 검출기는 0.53 mm 지름보다 작은 열린관 칼럼에서 용출되는 분석물질은 그 양이 적어 예민하게 검출하기는 어렵다. 더 좁은 칼럼의 경우는 다른 검출기를 사용해야 된다.

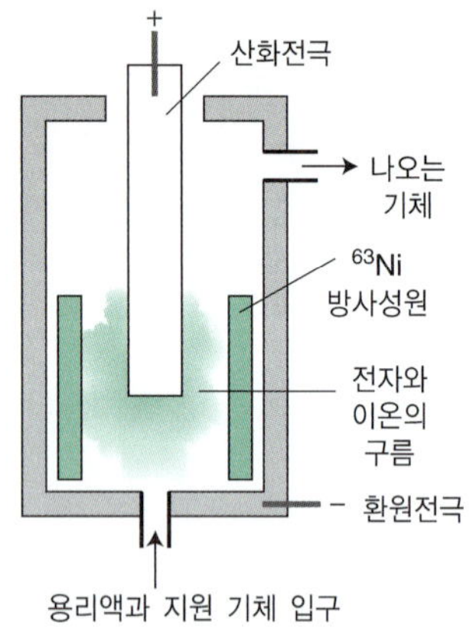

그림 22-10 전자 포착 검출기

전자 포착 검출기

그림 22-10에서 **전자 포착 검출기**(**electron capture detector**)는 염소 처리된 농약류, 환경 시료 중에 플루오르화탄소와 같이 할로겐을 함유하고 있는 분자에 대하여 특히 민감하나, 탄화수소, 알코올 및 케톤에는 상대적으로 감도가 낮다. 검출기로 들어가는 기체는 방사성 동위원소 ^{63}Ni를 포함하는 포일(foil)로부터 방출된 높은 에너지의 전자("베타선")에 의해 이온화된다. 기체로부터 생성된 전자는 산화전극 쪽으로 끌리고, 작고 안정한 전류를 만든다. 전자 친화도가 큰 분자가 검출기로 들어가면, 그 분자들이 전자의 일부를 포획하고 전류를 감소시킨다. 전기전류의 감소는 분석 신호가 된다. 전자 포착 검출기는 초당 약 5 fg (10^{-15} g)의 용출 시료를 검출할 만큼 민감하다. 운반 기체는 보통 N_2나 Ar내 5 vol% CH_4 (부피%) 혼합 기체를 사용한다. 열린관 칼럼에 대해서는 H_2를 사용하거나 낮은 유속의 He를, 그리고 N_2 지원 기체를 검출기에 들어가기 전에 운반 기체 흐름에 넣어준다. 지원 기체는 검출기가 필요로 하는 빠른 유속을 내게 하며 감도를 높인다.

전자 포착 검출기

$^{63}Ni \longrightarrow \beta^-$

높은 에너지의 전자

$\beta^- + N_2 \longrightarrow N_2^+ + 2e^-$

산화전극에 모임

분석물질 + $e^- \longrightarrow$ 분석물질$^-$

산화전극에 도달하는 데는 너무 느림

그 밖의 검출기

불꽃 광도 검출기(*flame photometric detector*)는 인이나 황 화합물로부터의 발광을 측정한다. 용출액이 수소-공기 불꽃을 통과할 때 들뜬 황과 인의 화학종은 고유의 빛을 방출하며, 광전증배관에서 검출된다. 방출된 빛은 시료 농도에 비례한다.

질소-인 검출기(*nitrogen-phosphorus detector*)라고도 불리는 **알칼리 불꽃 검출기**(*alkali flame detector*)는 인이나 질소에 선택적으로 감도가 높도록 보완한 불꽃 이온화 검출기이다. 이것은 특히 의약품 분석에 중요하다. 버너 팁에서 시료 원소가 Rb_2SO_4를 포함하는 유리 구슬과 접촉할 때 생긴 NO_2^-, CN^-, PO_2^-와 같은 이온은 전류를 발생시키며, 이 전류가 측정된다. 물론 N_2 운반 기체는 질소를 함유하고 있는 시료에 사용할 수 없다. 이와 같은 현상이 일어나게 되면 보호 칼럼을 교체하거나, 시작 부분을 잘라내야 한다.

황 화학발광 검출기(*sulfur chemiluminescence detector*)는 불꽃 이온화 검출기의 배기구에서 황은 SO로 산화되고, O_3과 섞여 SO_2의 들뜬 상태로 되어 검출한다.

기체 크로마토그래피 검출기
- **불꽃 이온화**: C—H를 포함하는 화합물에 감응
- **열전도도 검출기**: 대부분의 화합물에 감응하지만, 0.53 mm 이하의 칼럼에서 예민하게 검출할 수 없다.
- **전자 포착**: 할로젠, 콘쥬게이션된 C = O, —C ≡ N, —NO_2
- **불꽃 광도계**: P와 S
- **알칼리 불꽃**: P와 N
- **황 화학발광**: S
- **질량 분석계**: 대부분의 시료

질량 스펙트럼 검출과 선택 반응 검출법

질량 분석계(21-4절)는 가장 다목적으로 사용되는 검출기이다. **재작성 총 이온 크로마토그램**(*reconstructed total ion chromatogram*, 그림 21-14a)은 혼합물 내의 모든 화합물들을 보여 준다. 기록된 각 화합물의 질량 스펙트럼은 정성적인 정보를 준다. 대신, m/z(그림 21-14b~h)의 하나의 값에 **선택 이온 검출법**은 혼합물의 1개나 또는 약간의 구성 성분에 반응한다. 모든 시료에 대해서 반응하지 않기 때문에 선택 이온 검출법은 크로마토그래피 봉우리들의 중첩에 의해서 간섭이 감소된다.

간섭은 더 감소되고 **신호 대 잡음비**는 **선택 반응 검출법(selected reaction monitoring)**을 이용함으로서 더 증가된다. 그림 22-11은 이온들이 사중극자 Q1에 들어가면, 한 개의 선택 이온인 **선구 이온**(*precursor ion*)만이 두 번째 단계인 Q2로 이동하는 **삼중 사중극자 질량 분석기**(*triple quadrupole mass spectrometer*)를 보여 준다. 두 번째 단계에서 생성된 모든 질량의 모든 이온들이 세 번째 단계인 Q3으로 들어간다. 그러나 **충돌 용기**(*collision cell*)인 Q2 내부에서 $\sim 10^{-8} \sim 10^{-6}$ bar 정도 압력의 N_2나 Ar 기체가 선구 이온과 충돌하여 **생성 이온**(*product ion*)이라고 불리는 토막 이온으로 깨어진다. 사중극자 Q3은 단지 한 종류의 생성 이온을 선택하여 검출기로 보낸다.

신호는 우리가 측정하고자 하는 것에 의해 발생하고, **잡음**은 기기 감응에서의 불규칙한 변화이다. **검출 한계** 신호는(5-2절 참조) 잡음보다 3배 크다. 낮은 **정량 한계**에서는 신호 대 잡음비가 10이며, 이는 보통의 정밀도로 측정할 수 있다.

선택 반응 검출법은 흥미있는 분석물질에 대한 선택성이 매우 높다. 예를 들어, 오수에 의한 오염을 검출하기 위해서 자연수에 존재하는 미량의 카페인을 검출할 수 있다. 유럽과 북미에서 하루에 한 사람이 소비하는 카페인의 평균은 대략 200~400 mg이며, 하수에 다량으로 포함되어 있다. 도시에 공급되는 물에서 카페인이 검출된다면 그것은 오수로부터 이동되어 나타나는 것이다. 1조분율(ppt) 단위에 해당하는 카페인을 검출하기 위해서, 카페인이나 다른 주요한 유기물을 머무르게 하는 흡착 폴리스타이렌이 10 mL를 함유하는 칼럼을 통해서 물 1 L를 통과시켜야 한다. 카페인과 다른 물질들은 유기 용매와 함께 용출되고, 0.1~1 mL로 건조, 증발된다. **고체상 추출**(*solid-phase extraction*) 과정에 의해 카페인은 크로마토그래피에 의해 분석되기 전에 $10^3 \sim 10^4$ 정도로 **사전 농축**(*preconcentrated*)된다.

두 개의 질량 분석계를 연속해서 사용하므로 선택 반응 검출법은 이중 질량 분광 분석기, 혹은 질량-질량 분광 분석기, 혹은 그냥 MS-MS라 **부른다**.

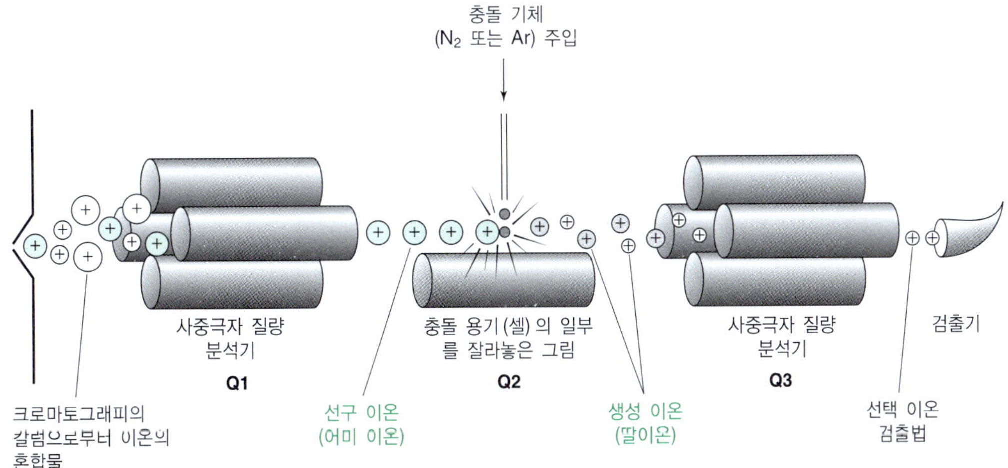

그림 22-11 선택 반응 검출법의 원리.

m/z 194 $\downarrow$ $-\ C_3H_3NO_2$

$C_5H_7N_3^+$
m/z 109

그림 22-12a는 카페인의 전자 이온화 질량 스펙트럼을 보여 준다. 선택 반응 검출법의 경우, m/z 194 선구 이온은 그림 22-11의 사중극자 Q1에 의해 선택되고, m/z 109 생성 이온은 검출을 위해 Q3에 의해서 선택된다. 카페인 이외의 몇몇 화합물들은 m/z 194 선구 이온을 생성하고 카페인과 같은 토막으로 분해되기 어렵기 때문에, 카페인 이외의 화합물에 의해서 생성된 선구 이온들은 m/z 109 생성 이온의 발생은 드물다. 그림 22-12b는 하나의 충분한 봉우리를 보여 주고, 비록 카페인이 물 시료 속에서 단지 4 ng/L (ppt 단위에 해당하는) 일지라도 확실히 다른 화합물들의 농도는 매우 높다는 것을 알 수 있다.

정량 분석에서 $^{13}C_3$-카페인은 **내부 표준** 시료로 추가하였다. 이 동위원소 분자는 보통의 카페인과 같은 시간에 용리되지만, 선택 반응 검출법에 의해서 ^{13}C-카페인과 카페인 둘은 분리되어 검출된다. 내부 표준은 m/z 197 선구 이온과 m/z 111 생성 이온에 의해 검출된다. 그림 22-12에 인용된 논문은 스위스의 한 집수지 (catchment area) 근처 호수에서 주민에 의해 배출된 1~4%의 카페인에 대한 것이다. 대부분의 카페인은 분명히 장마 (rain event) 때 유입되었고, 폐수 처리 시설의 용량이 초과되어 직접 호수로 유입되었다.

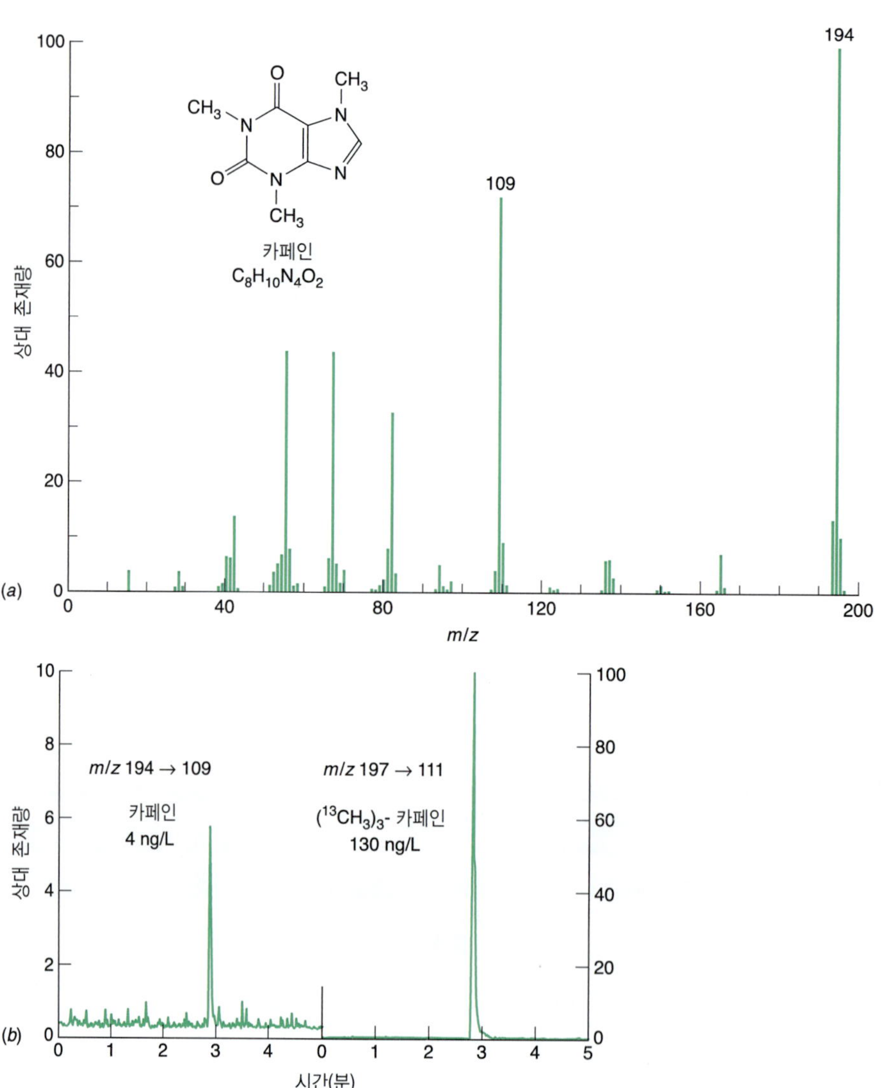

그림 22-12 (a) 카페인의 전자 이온화 질량 스펙트럼. [출처: NIST/EPA/NIH Mass Spectral Database.] (b) 리터당 4 ng의 카페인을 함유하는 지중해 수심 5 m 물의 선택 반응 검출법 기체 크로마토그램. [출처: I. J. Buerge, T. Poiger, M. D. Müller, and H.-R Buser, *Environ. Sci. Technol.* **2003**, *37*, 691.]

자습문제

22-A. (a) 기체 크로마토그래피에서 온도 프로그래밍의 장점은 무엇인가?
(b) 충전 칼럼에 비해 열린관 칼럼이 가지는 장점은 무엇인가? 열린관 칼럼에 비해 충전 칼럼이 갖는 장점은 무엇인가?
(c) H_2와 He는 칼럼 효율의 손실(그림 21-7 참조) 없이 N_2보다 기체 크로마토그래피에서 더 빠른 선형 유속을 가지는가?
(d) 분할 주입, 비분할 주입, 칼럼내 주입은 언제 하는가?
(e) 아래의 검출기에 반응하는 분석물질은 어떤 것인가? (i) 불꽃 이온화 (ii) 열 전도도 (iii) 전자 포착 (iv) 불꽃 광도 (v) 알칼리 불꽃 (vi) 황 화학발광 (vii) 질량 분석계
(f) 재작성 총 이온 크로마토그래피, 선택 이온 검출법, 선택 반응 검출법에서 얻는 정보는 무엇인가? 가장 선택성이 좋은 것과 나쁜 것은? 그 이유는?
(g) 그림 22-12에서 높은 농도 시료의 경우 카페인의 단일 봉우리가 나타나는가?

22-2 고전 액체 크로마토그래피

현대의 크로마토그래피는 정지상이 들어 있는 열림 칼럼 위에 중력을 이용하여 분석물질과 용리액을 넣어주는 그림 21-1에 나와 있는 실험장치로부터 발전하였다. 22-3절은 오늘날 가장 일반적으로 이용하는 고성능 액체 크로마토그래피에 대하여 설명할 것이며, 이 방법은 고압하에서 밀폐된 칼럼을 사용한다. 열린 칼럼은 생화학과 화학 합성에서 제조용 분리를 하기 위해 이용된다.

대칭인 용리띠를 얻는 일, 시료를 균일하게 주입하는 일, 균일하게 정지상을 칼럼에 채우는 일은 어느 정도의 기교가 필요하다. 정지상은 일반적으로 **곤죽**(*slurry*, 고체와 액체의 혼합물)을 만들어 칼럼에 채우는데, 이때 칼럼의 벽면을 따라 천천히 채워야 한다. 또한 구분되는 층을 형성하는 것은 피해야 한다. 층은 곤죽이 연속적으로 흘러 들어가기 전에 일부가 가라 않으면서 형성되므로 주의하자. 또한 정지상의 바로 위에서 아래로 용매를 흘리지 말아야 한다. 그것은 공기가 들어가 불규칙적인 흐름이 생기게 되기 때문이다. 용매는 칼럼의 벽면을 따라 천천히 흐르도록 해야 한다. 어떠한 경우에서도 용매가 정지상 안으로 통로를 파도록 해서는 안된다. 최대의 분리도를 얻으려면 낮은 유속을 요구한다.

정지상

흡착 크로마토그래피에서 **실리카**(*silica*, $SiO_2 \cdot xH_2O$ 또는 규산이라고도 함)는 가장 흔히 쓰이는 정지상이다. 활성 흡착 자리는 표면의 Si−O−H(실란올)기로써, 공기 중에서 수분을 흡수하여 서서히 비활성화된다. 실리카는 200°C에서 가열하여 수분을 제거시키면 활성화된다. 가장 흔히 쓰이는 다른 흡착제로는 **알루미나**(*alumina*, $Al_2O_3 \cdot xH_2O$)가 있다. 생화학 실험에서 제조용 크로마토그래피는 대부분 분자 배제와 이온 교환에 기반을 두고 수행된다. 이것은 다음 장(23장)에서 설명할 것이다.

용매

흡착 크로마토그래피(*adsorption chromatography*)에서 용매는 정지상에 있는 흡착 자리에 대해서 용질과 경쟁한다. **어떤 한 용질을 칼럼으로부터 용리시키기 위한 여러 용매의 상대적인 능력은 용질의 성질과는 거의 무관하다.** 용리는 흡착제로부터 용질을 용매로 치환

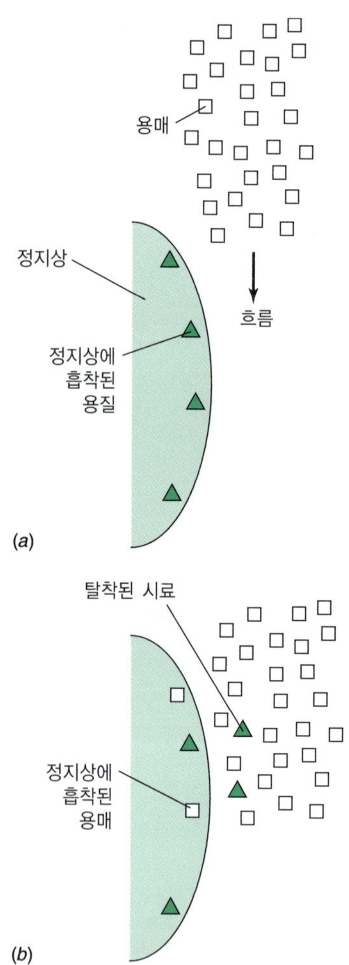

그림 21-13 용매 분자는 정지상의 결합 자리에 대해 시료 분자와 경쟁한다. 용매가 정지상에 강하게 결합할수록 용매의 용리액 세기는 커진다.

표 22-2 실리카 흡착 크로마토그래피에서 용매의 용리 서열과 자외선 한계 파장[a]

용매	용리액 세기 (ε°)	자외선 한계 파장 (nm)[b]
펜테인	0.00	190
헥세인	0.01	195
헵테인	0.01	200
트라이클로로트라이 플루오로 에테인	0.02	231
톨루엔	0.22	284
클로로폼	0.26	245
다이클로로메테인	0.30	233
다이에틸 에테르	0.43	215
아세트산 에틸	0.48	256
메틸 *t*-뷰틸 에테르	0.48	210
다이옥세인	0.51	215
아세토나이트릴	0.52	190
아세톤	0.53	330
테트라하이드로퓨란	0.53	212
2-프로판올	0.60	205
메탄올	0.70	205

a. L. R. Snyder in *High-Performance Liquid Chromatography* (C. Horváth, ed.), vol. 3 (New York: Academic Press, 1983); *Burdick & Jackson Solvent Guide*, 3rd ed. (Muskegon, MI: Burdick & Jackson Laboratories, 1990).
b. 자외선 한계는 용매의 자외선 흡수 위로 용질을 검출할 수 있는 대략적인 최소 파장이다. 물의 자외선 한계는 190 nm이다.

시키는 것이라고 설명할 수 있다(그림 22-13).

용매의 **용리 서열**(*eluotropic series*)은 주어진 흡착제로부터 용질을 치환시킬 수 있는 용매의 상대적 능력의 서열이다. 표 22-2의 **용리액 세기**(**eluent strength**)는 용매의 흡착 에너지의 척도인데, 펜테인의 값을 0으로 정한다. 용매의 극성이 셀수록 용리액 세기는 더욱 증가한다. 일반적으로 용리액 세기가 클수록 용질은 더 빨리 칼럼으로부터 용리된다.

용리액 세기의 **기울기 방법**(*gradient*, 일정한 변화)은 많은 분리실험에 적용된다. 처음에는 비교적 약하게 머무르는 용질이 낮은 세기의 용매에 의하여 용리된다. 다음에는 두 번째 용매를 첫 번째 용매와 섞어 불연속적으로 혹은 연속적으로 용리액 세기를 증가시킨다. 이런 방법으로 하면 매우 강하게 흡착된 용질이 칼럼으로부터 용리된다. 그래서 비극성 용매에 극성 용매를 조금 넣어주면, 용리액 세기는 급증한다.

액체 크로마토그래피에서의 기울기 용리는 기체 크로마토그래피에서의 온도 프로그래밍과 유사하다. 좀 더 강하게 머무르는 용질을 용출시키기 위해서는 용리액의 세기를 증가시킬 필요가 있다.

 **자습문제**

22-B. 흡착 크로마토그래피에서 용매의 상대적인 용리액 세기가 용질과 거의 무관한 이유는 무엇인가?

22-3 고성능 액체 크로마토그래피 (HPLC)

21-2절에서 기술한 규모 원칙에 따라 칼럼의 지름을 4 mm에서 40 mm로 크게 하고, 다른 조건은 동일하게 했을 때, 두 분리도가 같으려면 시료의 양을 얼마나 주입해야 하는가?

고성능 액체 크로마토그래피(**high-performance liquid chromatography**, HPLC)는 높은 압력으로 마이크로 크기 입자로 충전된 칼럼을 통해 용리시키는 정교한 분석법이다. 그림 22-14에 있는 분석용 HPLC 장치는 지름이 1~5 mm이며, 지름가 5~30 cm인 칼럼을 사용하고, 미터당 50 000에서 100 000단수를 갖는다. 중요한 부분은 용매 공급계, 시료의

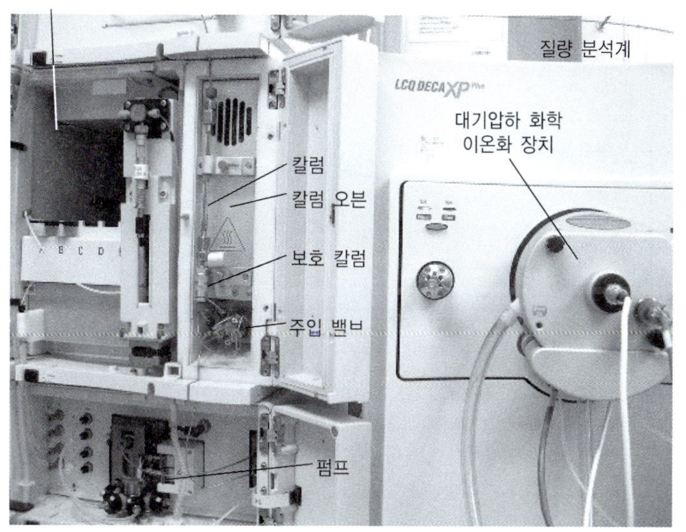

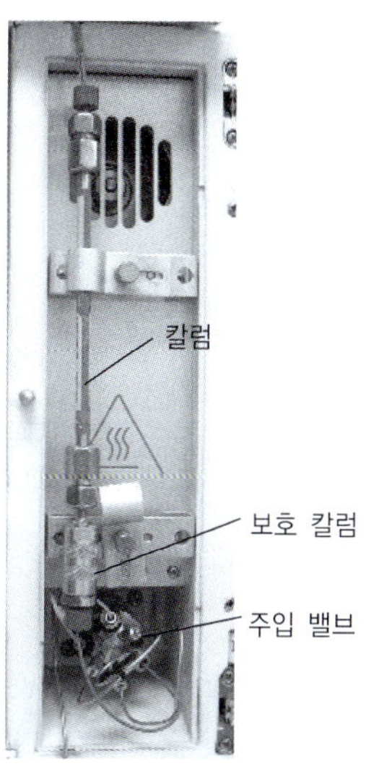

그림 22-14 질량 분석계가 달린 고성능 액체 크로마토그래피(HPLC) 장치. 분석이 진행되는 동안에는 칼럼 오븐의 뚜껑을 닫아 일정한 온도로 유지한다. [출처: E. Erickson, Michelson Laboratory, China Lake, CA.]

그림 22-15 300 L 제조용 크로마토그래피 칼럼은 1 킬로그램의 물질을 정제할 수 있다. [출처: Prochrom, Inc., Indianapolis, IN.]

주입 밸브, 검출기 및 결과를 보여줄 기록계나 컴퓨터이다. 산업용 정제 칼럼은 시료를 1 kg까지 다를 수 있다(그림 22-15).

그림 22-16은 정지상의 입자 크기를 줄임(4 ~ 1.7 μm)으로써 분리도가 증가하는 것을 보여 주고 있다. 적절한 해상도를 유지하며, 폭이 좁은 봉우리는 용매의 세기 또는 유속을 증가시켜 분리시간을 줄임으로써 조절된다. 그림 22-16b에서 그림 22-16c처럼 용리시간의 단축은 4배 더 강한 용매를 사용하여 이루어졌다.

입자의 크기를 줄이면 분리도는 증가하나 바람직한 유속을 유지하기 위해서는 높은 압력이 요구된다.

그림 22-17의 van Deemter 그래프에서 봉우리가 얼마나 뾰족해지는지, 그리고 뒤에 나오는 성분으로부터 분해된 물질이 어떻게 분리되는지를 살펴보아라. 정지상의 입자가 더 작으면 정지상과 이동상 사이의 더 빠른 확산을 유도한다(van Deemter 식 21-7의 C항이 줄어듦). 또한 더 작은 입자는 불규칙한 흐름 경로의 크기를 줄인다(van Deemter 식의 A).

미세한 입자 사용의 단점은 용매 흐름에 대한 저항이다. 최근까지 HPLC는 유속이 약 0.5 ~ 5 mL/min이 되게 하기 위해 약 70 ~ 400 bar의 압력에서 작동했다. 2004년에 장비는 1 000 bar 이상의 압력에서 1.5 ~ 2 μm 지름의 입자들을 분리하기 위해 사용되었다. 이런 장비는 분리도를 증가시키거나 실험 시간을 줄일 수 있다. 보통 고압에서 1.5 ~ 2 μm인 입자를 사용하는 크로마토그래피를 초고성능 액체 크로마토그래피(Ultra-Performance Liquid Chromatography, UPLC)라고 한다.

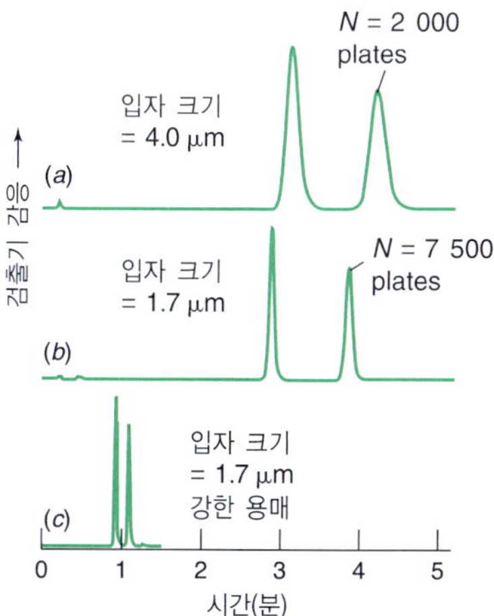

그림 22-16 (*a*와 *b*) C_{18}-실리카로 충전된 5.0 cm 칼럼을 이용하여 동일 유속에서 얻은 동일 시료의 크로마토그램. (*c*) 시료들을 *b*에서보다 더 빨리 용리시키기 위해 더 강한 용매를 사용하였다. [출처: Y. Yang and C. C. Hodges, *LCGC Supplement*, May 2005, p. 31.]

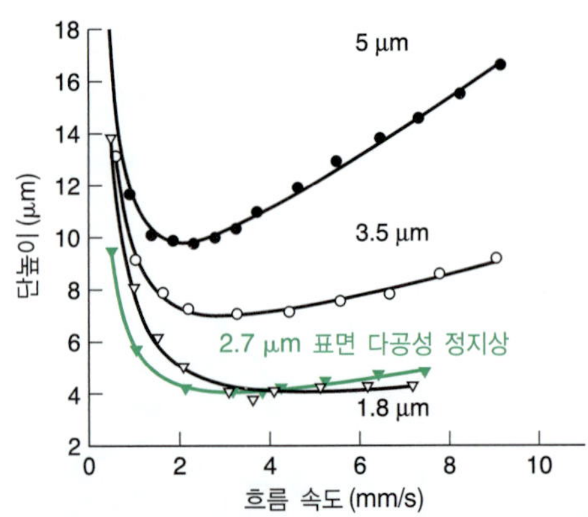

그림 22-17 지름이 5.0, 3.5, 1.8 μm인 미세다공성(microporous, 그림 22-18) 정지상과 지름이 2.7 μm인 표면 다공성(그림 24-9, 다공성층 두께 = 0.5 μm) 정지상에서의 van Deemter 그래프 [입자 **흐름 속도**(mm/s)의 함수로서의 단높이]. 시료: 나프탈렌, 칼럼: C_{18}-실리카(길이 50 mm × 지름 4.6 mm), 이동상: 60 vol% 아세토나이트릴/40 vol% 물, 온도: 24°C. [제공: MAC-MOD Analytical, Chadds Ford, PA.]

정지상

정상 크로마토그래피: 극성 정지상과 극성이 적은 용매

역상 크로마토그래피: 낮은 극성의 정지상과 극성 용매

정상 크로마토그래피(normal-phase chromatography)란 극성 정지상과 극성이 적은 용매를 사용함을 일컫는다. **용리액 세기는 극성 용매를 더할수록 증가한다. 역상 크로마토그래피(reversed-phase chromatography)**란 정지상이 비극성이거나 약한 극성이고, 용매가 좀 더 극성으로 가장 일반적인 방법이다. **용리액 세기는 극성이 적은 용매를 더할수록 증가한다.** 역상 크로마토그래피로는 뛰어난 분리를 얻을 수 있으며, 극성 물질이 극성 충전물에 흡착되어 일어나는 봉우리 꼬리끌기 현상을 제거할 수 있다(그림 21-10b). 또한 역상 크로마토그래피는 용리액에 포함되는 극성 불순물(물과 같은)에 덜 민감하다.

흔히 사용되는 고체 정지상 지지체는 지름이 1.5~10 μm인 실리카의 **미세다공성 입자(microporous particle)**이다(그림 22-18). 미세다공성 지지체는 용매에 대한 투과성이 있으며, 실리카 1 g당 표면적이 500 m^2이다. 흡착 크로마토그래피는 실리카 입자 표면에서 직접 이루어진다.

대부분의 경우 액체-액체 분배 크로마토그래피는 실리카 표면의 실란올기에 공유결합으로 붙어 있는 **결합 정지상(bonded stationary phase)**에서 이루어진다(표 22-3). 옥타데실(C_{18}) 정지상이 지금까지의 HPLC 중에서 가장 일반적이다. 실리카에 정지상을 붙이는 Si—O—Si 결합은 pH 2~8 범위에서 안정하다. 더 강한 산성 또는 염기성 용리액은 일반적으로 실리카에서는 사용할 수 없다.

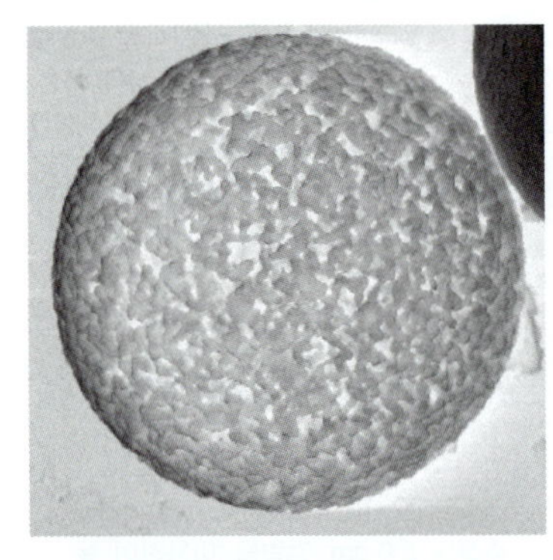

그림 22-18 Waters 사의 K. Wyndham이 만든 지름이 4.4 μm인 미세다공성 실리카 크로마토그래피 입자들의 주사 전자 현미경 사진(SEM). [사진 제공: J. Jorgensen, University of North Carolina.]

다른 정지상은 같은 용질로 되어 있는 것과 다르게 상호작용한다. 예를 들면 비극성 옥타데실(C_{18}) 칼럼에서 비극성 펜타플루오로페닐 칼럼으로 전환될 때 서로 다른 성분들의 머무름 시간과 용리 순서는 일반적으로 다르다. C_{18}에 충분하지 않은 분리가 펜타플루오로페닐에서는 정확할 수도 있다.

그림 22-19는 **표면 다공성 입자(superficially porous particles**, *fused-core particle*이라고도 함)로 채운 칼럼을 이용한 단백질의 빠른 분리를 보여준다. 입자의 내부는 다공성이 없는(nonporous) 5 μm 실리카 core이고, 외부에는 0.25 μm 두께의 다공성 실리카 층을 가진다. 얇은 다공성 바깥층 전체에 걸쳐 C_{18}과 같은 정지상이 결합되어 있다. 0.25 μm 두께의 층 안으로 용질의 확산은 2.5 μm의 반지름을 가지며 전체가 다공성인 입자 안으로의 확산보다 더 빠르므로, 높은 유속에서 높은 크로마토그래피의 효율을 제공한다. 표

표 22-3 액체 크로마토그래피에서 사용되는 일반적인 결합형 정지상

일반적 극성 정지상		일반적 비극성 정지상	
R = $(CH_2)_3NH_2$	아미노	R = $(CH_2)_{17}CH_3$	옥타데실
R = $(CH_2)_3C \equiv N$	사이아노	R = $(CH_2)_7CH_3$	옥틸
R = $(CH_2)_3OCH_2CH(OH)CH_2OH$	다이올	R = $(CH_2)_3C_6H_5$	페닐
R = $CH_2N^+(CH_3)_2(CH_2)_3SO_3^-$	ZIC-HILIC®	R = $(CH_2)_3C_6F_5$	펜타플루오로페닐

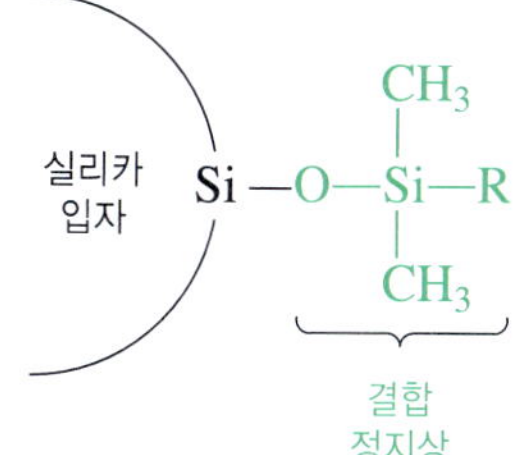

면 다공성 입자들은 작은 분자보다 확산 속도가 느린, 단백질과 같은 거대 분자의 분리에 특히 유용하다. 그림 22-17은 전체 지름이 2.7 μm이고 다공성 층의 두께가 0.5 μm인 표면 다공성 입자에 대한 van Deemter 그래프가 지름이 1.8 μm인 전체 다공성 입자에 대한 그래프와 비슷함을 보여준다. 표면 다공성 입자는 높은 압력을 요구하지 않으면서도, 지름이 1.8 μm인 전체 다공성 입자가 제공하는 것과 비슷한 수준의 분리가 가능하게 해준다.

광학 이성질체(*optical isomer*, **거울상체**라고도 불림)들은 D-와 L-아미노산과 같이 거울상을 가지고 있는 화합물이다. 부제탄소에 서로 다른 네 가지의 작용기가 있는 모든 화합물은 2개의 거울상 이성질체를 가지고 있다. 광학 이성질체들은 한쪽의 광학 이성질체를 포함하고 있는 정지상에 의하여 서로 분리될 수 있다. 광학 이성질체들의 분리는 의약산업에서 주로 추진되었는데, 그것은 생리활성이 없거나 독성을 가지고 있는 한쪽의 광학 이성질체로부터 생리활성을 지니고 있는 다른쪽의 광학 이성질체를 분리해야 했기 때문이다. 탈리도마이드(thalidomide)는 1960년에 임산부의 입덧 치료제로 사용했는데 언청이와 같은 선천적 결손증을 갖는 아이가 10,000명 이상이 태어나게 되었으며, 그로 인해 사용이 금지되었다. 시간이 흘러 탈리도마이드의 거울상 이성질체 중 하나가 생리적 효과를 가지고 있으며, 이런 거울상은 선천적 결손증의 원인으로 밝혀졌다. 그림 22-20은 소염제인 Naproxen의 두 광학 이성질체들을 완벽히 분리한 예이다.

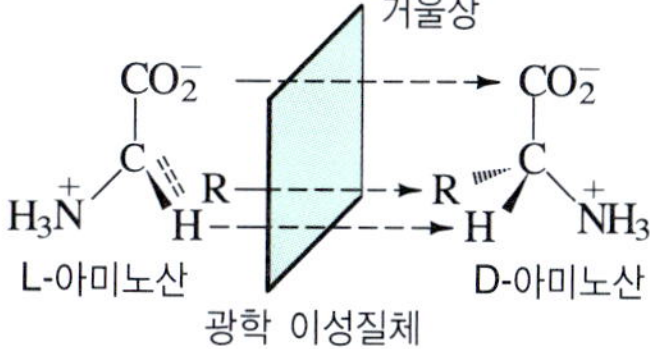

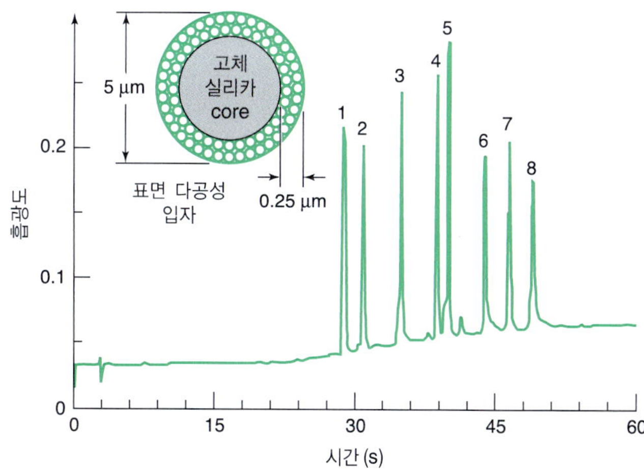

그림 22-19 표면 다공성 C_{18}-실리카 입자(Poroshell 300SB-C18)로 채운 75 × 2.1 mm 칼럼과 70°C, 26MPa (260bar)의 3 mL/min 유속에서 UV 검출기 215 nm으로 8개의 단백질의 빠른 분리. [출처: R. E. Majors, *LCGC Column Technology Supplement*, June 2004, p. 8K. Courtesy Agilent Technologies.]

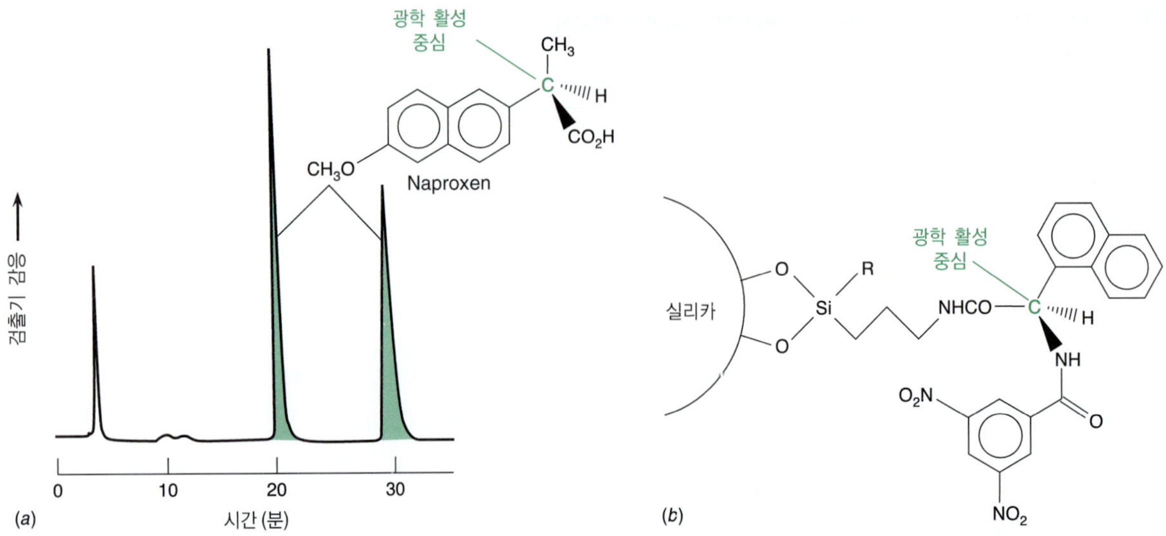

그림 22-20 (*a*) 약성분인 Naproxen의 두 광학 이성질체(거울상 이성질체)를 0.05 M 암모늄 아세테이트를 포함하는 메탄올로 용리시킨 HPLC 분리. Naproxen은 소염제인 Aleve®의 주요 활성 성분이다. (*b*) 결합 정지상의 구조 [출처: Phenomenex, Torrance, CA.]

칼럼

HPLC 칼럼은 가격이 비싸고 시료와 용매로부터 불순물이 비가역적으로 흡착하므로 쉽게 성능이 떨어진다. 그러므로 주칼럼에 대한 입구를 짧고 교체 가능하며, 주칼럼과 같은 정지상으로 충전된 **보호 칼럼**(*guard column*)으로 보호해야 한다(그림 22-14의 오른쪽 하단). 보호 칼럼은 비가역적으로 흡착되는 용질을 모으며 주기적으로 교환된다.

칼럼은 일반적으로 스테인리스 스틸로 만들어졌다. 컬럼 양끝의 스테인리스 스틸 프릿에 의해 고정상의 다공성은 유지된다. 입구의 프릿 막은 입자 필터 역할을 하고 칼럼 내경을 따라 균등하게 액체를 분배하는 도움을 준다. 입자에 의한 칼럼 오염, 튜브 막힘, 펌프 손상 등을 방지하기 위하여 주입하기 **전에** 시료를 0.5 ~ 2 μm 필터에 통과시켜야 한다. 봉우리 모양이 나빠지는 것은 일반적으로 프릿이 막힘을 나타내며, 이런 현상은 프릿을 씻어내거나 용매의 교체를 통해 개선할 수 있다.

칼럼은 고압하에서 사용되기 때문에 시료를 주입할 때 특별한 기술이 필요하다. 그림 22-21에 있는 **주입 밸브**(*injection valve*)는 2 ~ 1000 μL 범위의 고정된 부피를 가지고 있는 교환 가능한 강철 시료 루프로 되어 있다. 준비(load) 위치에서는 세척해 주거나 대기압에서 순수한 시료로 루프를 채워주는 데 주사기가 사용된다. 밸브가 시계 반대방향으로 60°C 돌아가면, 시료 루프 안에 있던 시료가 고압으로 칼럼에 주입된다.

액체 크로마토그래피에서는 기체 크로마토그래피에서 사용하는 뾰족한 바늘을 쓰지 않고 **끝이 무딘 주사기**(*blunt nose syringe*)를 사용한다. 작은 입자들이 비싼 칼럼을 손상시키지 못하도록 주입 밸브나 자동 시료 채취기와 크로마토그래피 칼럼 사이에는 0.5 μm 프릿(일종의 필터)을 추가로 설치한다. 용매와 펌프 사이는 인라인 필터(in-line filter)를 사용한다.

용매

한 가지 용매나 균일 용매 혼합물로 용리될 때 **등용매 용리**(**isocratic elution**)라고 말한다. 만일 한 용매가 혼합물 중의 여러 성분을 적당히 분리시키지 못하거나 모든 성분을 적당한 빠르기의 속도로 용리시키지 못하는 경우에는 **기울기 용리**(**gradient elution**)가 사용될

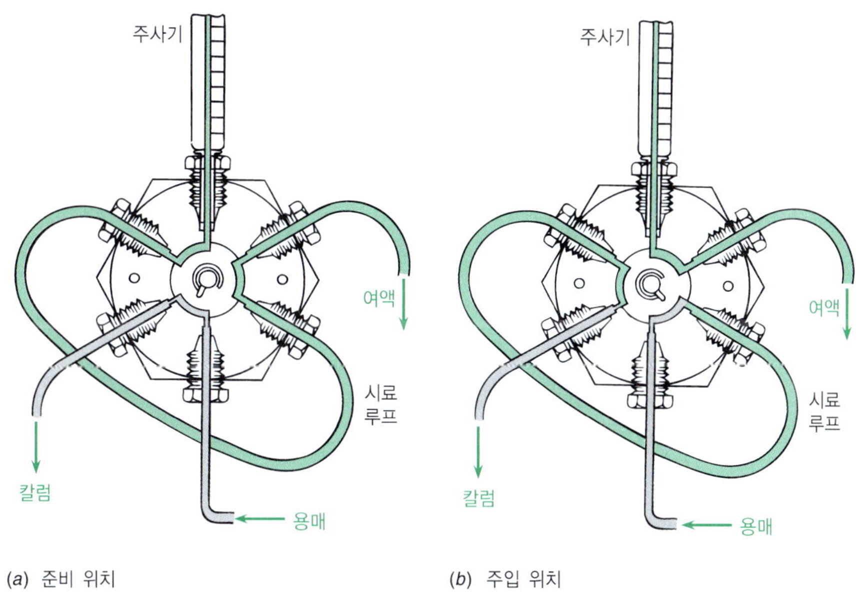

(*a*) 준비 위치

(*b*) 주입 위치

그림 22-21 HPLC에서 사용되는 주입 밸브. 교환이 가능한 시료 루프는 부피가 다양하다. 기체 크로마토그래피에서 기체 시료 주입하는 데 비슷한 밸브를 사용할 수 있다.

수 있다. 기울기 용리에서는 크로마토그래피가 수행되는 동안 용매는 약한 용리액 세기로부터 연속적으로 강한 용매액 세기로 변해가는데, 그 방법은 약한 용매에 강한 용매를 점점 더 혼합시키는 것이다.

그림 21-22은 역상 칼럼으로부터 8가지 성분을 **등용매** 조건에서 용리시키는 경우, 용리액 세기의 증가에 따른 영향을 보여 주고 있다. 역상 분리에서 용매의 극성이 약해질수록 용리액 세기는 증가한다. 왼쪽 위의 크로마토그램은 90 vol% 아세토나이트릴과 10 vol% 수용성 완충 용액(aqueous buffer)으로 구성된 용매를 사용했을 때 얻은 결과이다. 아세토나이트릴은 강한 용리액 세기를 갖고 있기 때문에 모든 성분은 빠르게 용리된다. 그러나 봉우리 겹침 때문에 실제로는 단지 3개의 봉우리만이 인식될 뿐이다. 통상적으로 용매 A는 수용성 용매를, 용매 B는 유기 용매를 일컫는다. 첫 번째 크로마토그램은 90% B 용매하에서 얻어진 결과이다. 용매를 80% B 용매로 바꾸어 용리액 세기를 **감소시켰을** 때, 분리가 조금 더 잘 되어 5개의 봉우리를 확인할 수 있다. 60% B 용매하에서는 6개의 봉우리를 볼 수 있다. 40% B 용매하에서는 8개의 봉우리 모두를 확인할 수 있으나 성분 2와 3은 완전히 분리되지 못했다. 30% B 용매하에서는 모든 봉우리가 분리되었으나, 분리에 걸린 시간이 너무 길어 실질적으로 사용하기에는 문제가 있다. 다시 돌아가 35% B 용매에서는(맨 아래 그림) 약 2시간 조금 넘는 시간 안에 모든 봉우리를 분리할 수 있었다(이것 역시 여러 목적을 감안하면 여전히 오랜 시간이다).

유기 용매와 수용성 완충 용액의 혼합액을 제조하기 위해 유기 용매와 혼합하기 **전에** 완충 용액의 pH를 조절한다. 일단 유기 용매를 혼합하면 "pH"의 의미는 명확하지 않게 된다.

수용성 용매 ≡ A
유기 용매 ≡ B

그림 22-22의 등용매 용리 결과를 바탕으로 그림 22-23에 나와 있는 것처럼 모든 봉우리를 2시간에서 38분 안에 분리할 수 있는 **기울기** 용리 조건을 선택하였다. 우선 30% B (B는 아세토나이트릴)으로 8분간 용리시켜 성분 1, 2, 3을 분리하였다. 다음으로 용리액 세기를 5분간에 걸쳐 45% B까지 천천히 증가시킨 후 15분간 유지시켜 봉우리 4, 5를 용리시켰다. 마지막으로 용매를 약 2분간에 걸쳐 80% B로 교체한 후 유지시켜 나머지 봉우리를 용리시켰다.

순수한 HPLC용 용매는 비싸며, 대부분의 유기 용매를 안전하게 처리하는 데에도 비용이 든다. 낭비를 줄이기 위해서 4.6 mm 지름의 칼럼 대신 2.1 mm 지름의 칼럼을 선택하였다. 만약에 더 작은 입자들을 분리한다면 짧은 칼럼을 사용하여 동일한 해상도를 유지하면서 용매의 사용을 줄일 수 있을 것이다.

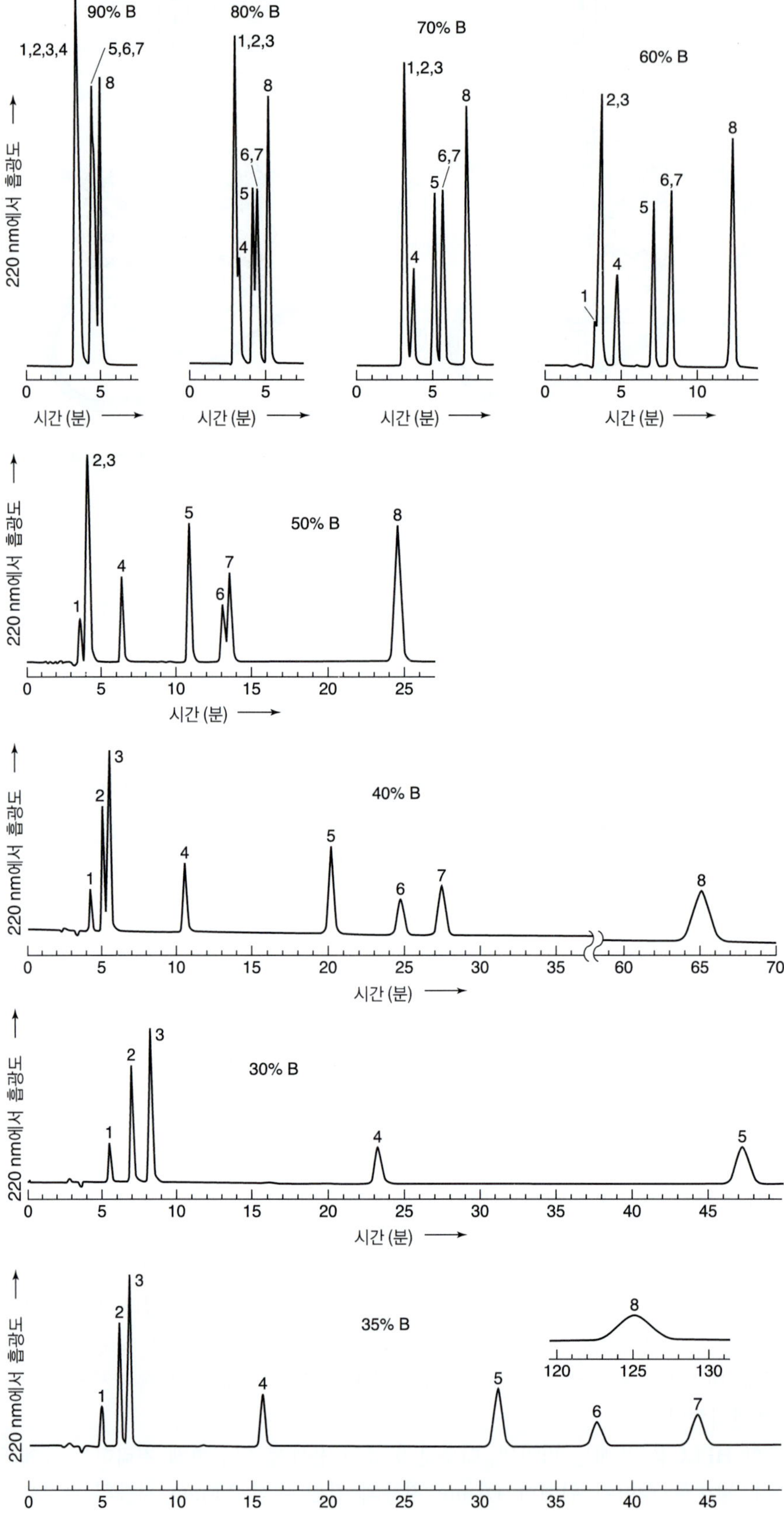

그림 22-22 실온 (~ 22°C) 에서 0.46 × 25 cm Hypersil ODS 칼럼 (C_{18} on 5 μm 실리카) 상에서 이동상 유속이 1.0 mL/min일 때 방향족 화합물들의 혼합물의 등용매 HPLC 분리. (1) 벤질 알코올, (2) 페놀, (3) 3′,4′-다이메톡시아세토페논, (4) 벤조인, (5) 에틸 벤조에이트, (6) 톨루엔, (7) 2.6-다이메톡시톨루엔, (8) *o*-메톡시바이페닐. 용리액은 완충 수용액 (A로 지정) 과 아세토나이트릴 (B) 로 지정) 로 구성되었다. 첫 번째 크로마토그램에서 90% B 기호는 10% 부피를 의미한다. 25 mM KH_2PO_4와 0.1 g/L 아자이드화 소듐을 포함하는 완충 용액은 염산을 이용하여 pH 3.5로 조절되었다.

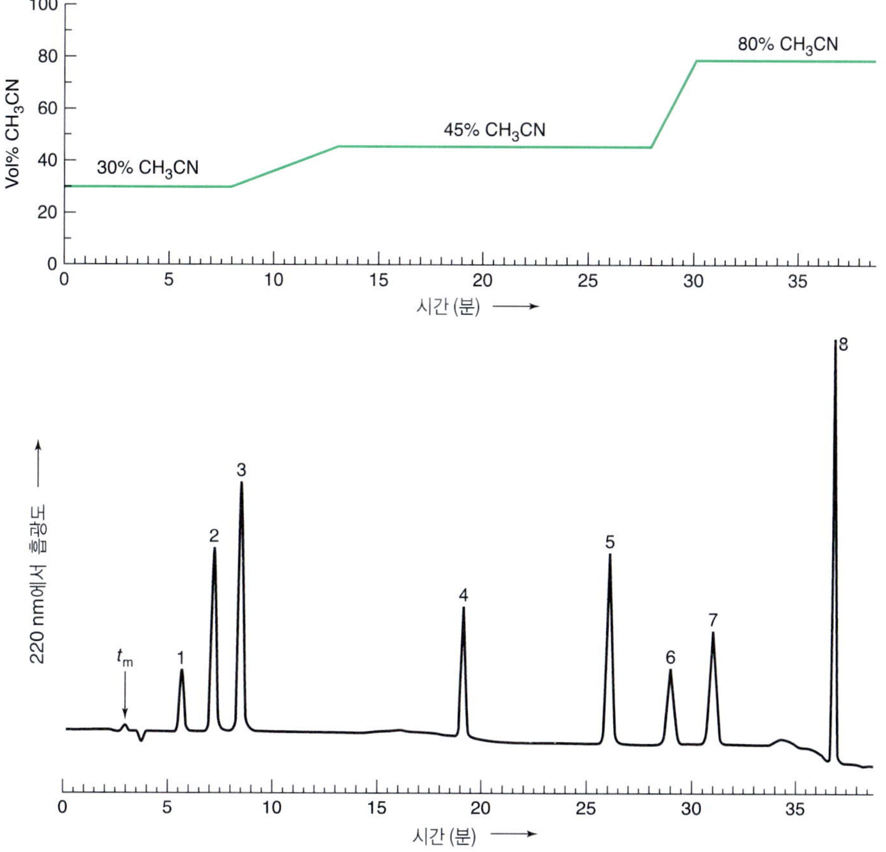

그림 22-23 그림 22-22에서와 같은 칼럼, 유속, 용매 조건에서 같은 방향족 화합물의 혼합물 시료의 기울기 용리. 위 그림은 **단계적 기울기** 용리 모양이다. 위의 그래프는 기울기 용매에서 부분적인 용매의 조성의 변화를 나타낸 것으로 분할 기울기라고 불린다.

검출기

자외선 검출기(**ultraviolet detector**)는 용리액의 흡광도를 하나 또는 다양한 범위에서 측정한다. 용질은 자외선을 흡수해야만 감지된다. 그림 22-24에서와 같이 도파관으로 흐름 셀은 효과적인 경로 길이를 증가시키기 위해 벽에서 광선을 반사시킨다. 몇몇 기기들은 수은 램프의 강한 254 nm 방출을 이용한다. 다른 기기들은 중수소 혹은 제논 램프와 단색화장치를 사용함으로써 분석물질에 대해 최적의 파장을 선택할 수 있다. 몇몇 기기에서는 용리될 때 각 용질의 자외선-가시선 흡수 스펙트럼이 배열 광다이오드(그림 19-12)에 의해서 기록된다.

그림 17-7에서 보인 **전기화학 검출기**(*electrochemical detector*)는 용출액이 지나가는 전극에서 산화나 환원(전자의 유입이나 방출)이 될 수 있는 분석 물질에 감응한다. 전극을 통과하는 전기 전류는 용출액 속에 용질의 농도에 비례한다. **형광 검출기**(*fluorescence detector*)는 감도가 아주 높지만, 오직 형광을 내는 소수의 분석물질에 대해서만 감응한다(그림 19-24). 형광 검출기는 한 파장에서 용출액 속의 시료를 들뜨게 하고, 다른 파장(좀 더 긴 파장)에서 발광을 기록하여 사용한다. 발광 감도는 시료의 농도에 비례한다. **기화 빛산란 검출기**(*evaporative light-scattering detector*)에서 용출액이 증발되면 비휘발성의 용질로 이룬 미립자의 에어로솔이 남아 빛산란에 의해 검출된다. **굴절률 검출기**(*refractive index detector*)는 기본적으로 거의 모든 용질에 감응하지만, 감도가 매우 낮고, 다른 검출기와 다르게 기울기 용리와 함께 사용되지 않는다.

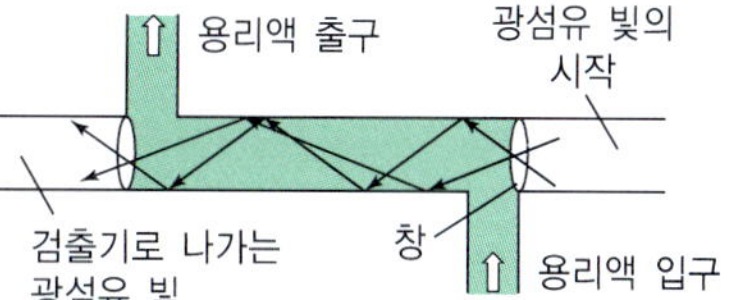

그림 22-24 분광광도 검출기의 마이크로 흐름 셀 내에서의 광경로. 현재 사용하는 셀은 5 mm 또는 10 mm의 경로 길이를 가지며, 용량은 단지 0.25 μL 또는 1 μL의 액체이다.

그림 22-25의 **전하 에어로솔 검출기**(*charged aerosol detecter*)는 민감한 검출기로서 거의 모든 용질에 반응하여 기울기 용리와 함께 사용할 수 있다. 용출액은 비휘발성의 에어로솔 형태로 증발된다. 미세한 입자들은 높은 전압의 방전 속에서 N_2^+ 이온의 흐름과

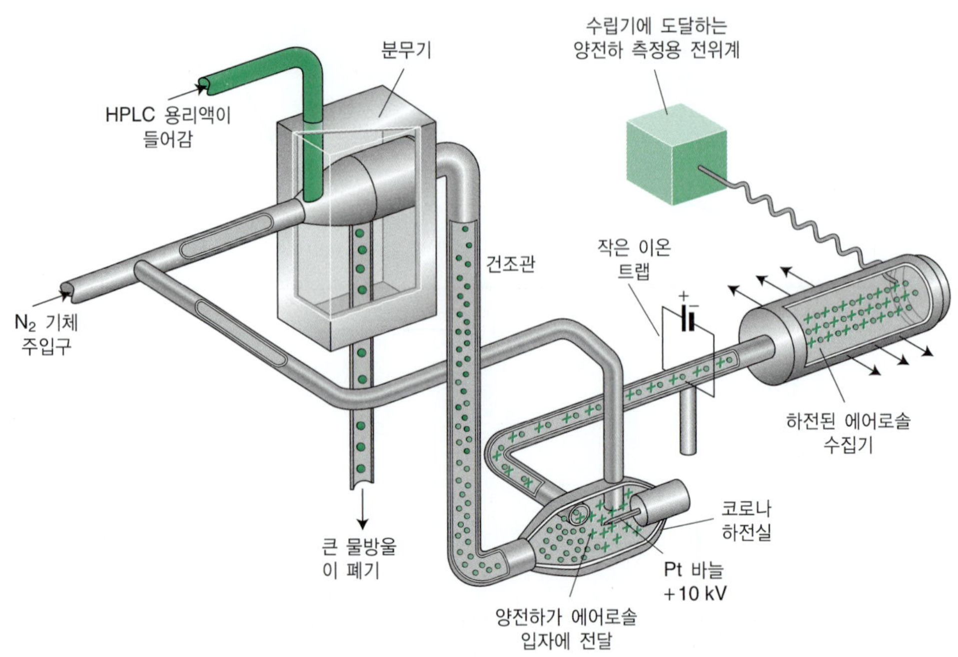

그림 22-25 전하 에어로솔 검출기의 작동 [제공: ESA, Inc., Chelmsford MA.]

함께 혼합되고, 에어로솔 입자들은 높은 양전하를 준다. 흡착되지 않은 N_2^+는 전기장에 의해 에어로솔로부터 분리되고 하전된 에어로솔은 수집기로 흐른다. 크로마토그램은 시간에 대한 함수로서 수집기에 도달한 전하를 표시한다(다음 장의 그림 23-4). 그림 5-1의 **동적 범위**는 분석물질의 질량이 약 $5 \sim 10^5$ ng까지다. 분석물질들의 같은 질량은 15% 내에서 같은 값을 준다.

액체 크로마토그래피–질량 분석법

질량 분석계(*mass spectrometer*)는 정성, 정량 분석에 대한 좋은 성능 때문에 액체 크로마토그래피에 일반적으로 가장 유용한 분석법이다. 액체 크로마토그래피는 분석물질이 질량 분석계의 진공 시스템(vacuum system)을 오염시키지 않도록 용매를 제거하는 것이다. 이 장의 시작 부분에서 보여 준 **전기분무(electrospray)**는 용매를 증발시키고 기체상에서 이온 용질을 남겨서 미세 방울(fine mist)을 만든다. 인산염과 같은 비휘발성 완충 용액은 질량 분석계의 입구를 막기 때문에 질량 분석계 검출(mass spectrometric detection)에는 사용할 수 없다. 산성 pH를 만들기 위해서는 폼산 암모늄과 아세트산 암모늄 완충 용액을 사용할 수 있고, 알카리성 pH를 위해서는 이탄산 암모늄(ammonium bicarbonate)이 휘발성 완충 용액이다.

액체 크로마토그래피에서 질량 분석계로 도입되는 용출액의 다른 일반적인 측정은 **대기압하에서의 화학적 이온화(atmospheric pressure chemical ionization)**이다(그림 22-26). N_2의 가열 동축 흐름(heat and coaxial flow)은 용매와 분석물질을 증발시켜 용출액을 미세 에어로솔로 전환한다. 이 기술의 주목할 만한 기능은 에어로솔 내의 금속 바늘에 높은 전압이 적용된다는 것이다. 전기 코로나(electric corona, 하전된 입자들을 포함하는 플라스마)는 에어로솔에 전자들을 주입하는 바늘에서 연속 반응이 양이온과 음이온 모두를 생성할 수 있는 바늘 주위에 형성된다. 보통의 이온화 생성물들은 양성자화된 분석물질(MH^+)와 M^-를 포함한다. 질량 분석계에서의 전압은 양이온이나 음이온을 측정하기 위해 역전될 수 있다.

전기분무: 질량 분석계에서 발견되는 이온들은 크로마토그래피 칼럼의 용액 내에 이미 존재한다. 중성 물질들은 전기분무에 의해 이온으로 변환되지 않는다.

대기압하에서의 화학적 이온화: 양성자첨가된 분석물질과 같은 새로운 이온들이 화학적 이온화에 의해 생성된다.

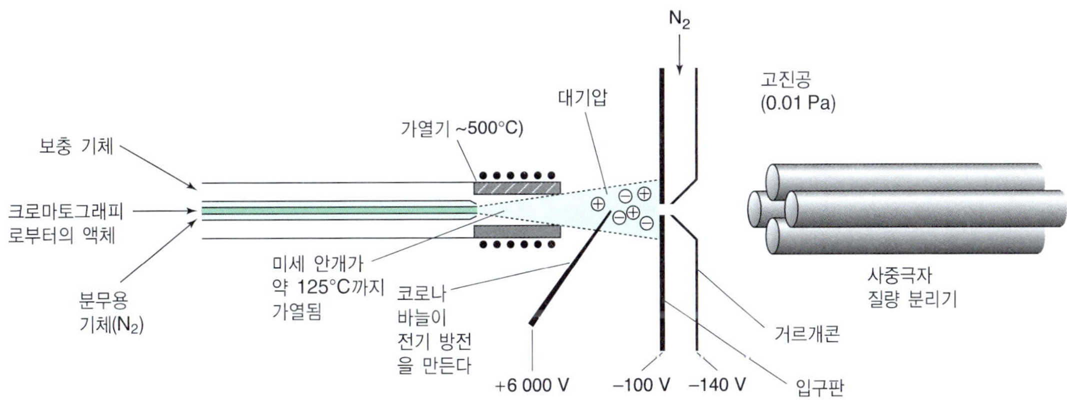

그림 22-26 액체 크로마토그래피 칼럼과 질량 분석계 사이를 연결하는 대기압하에서의 화학적 이온화 분무용 기체 흐름과 가열기에 의해 에어로솔이 생성된다. 코로나 바늘로부터 발생하는 전기 방전에 의해 분석물질로부터 기체상 이온들이 생성된다. [출처: E. C. Huang, T. Wachs, J. J. Conboy, and J. D. Henion, *Anal. Chem.* **1990**, *62*, 713A.]

일반적으로 전기분무와 대기압하에서의 화학적 이온화에서는 구조적 정보를 제공하는 적은 토막내기가 존재한다. 하지만 이 두 기술에서 그림 22-26에 보이는 거르개콘과 입구판 사이의 전압은 질량 분리기(mass separator)에 유입되는 이온을 가속하기 위해 변경될 수 있다. 최초로 움직이는 이온은 주위의 N_2 기체와 충돌하고, 정성적 구별을 목적으로 하는 더 작은 토막으로 부서진다. **충돌 활성화 해리**(*collisionally activated dissociation*)라 불리는 이 처리는 널리 사용된다.

물병으로부터 침출되는 비스페놀 A(bisphenol A)의 측정을 위해 액체 크로마토그래피와 질량 분석계를 사용된다(BPA는 21장에서 설명되었다). 끓는 물에 플라스틱 병을 넣은 뒤 실내 온도로 냉각시켰다. pH는 폼산(formic acid)으로 3으로 낮추었고, 물은 고체상 추출 카트리지(505쪽)에 통과되며, BPA와 소수성 물질은 카트리지에 남는다. 대부분의 수용성 물질들은 카트리지를 통과하여 제거된다. BPA와 소수성 물질은 알코올-에터 용매에 의하여 카트리지에서 씻겨 나오고, 적은 부피의 용매에 의해 증발하고 대체되며 크로마토그래피에 주입된다. 그림 22-27은 489쪽에서 설명된 선택 반응 검출법(selected reaction monitoring)으로 얻은 크로마토그램을 보여준다. 그림 22-11에서 Q1의 선택된

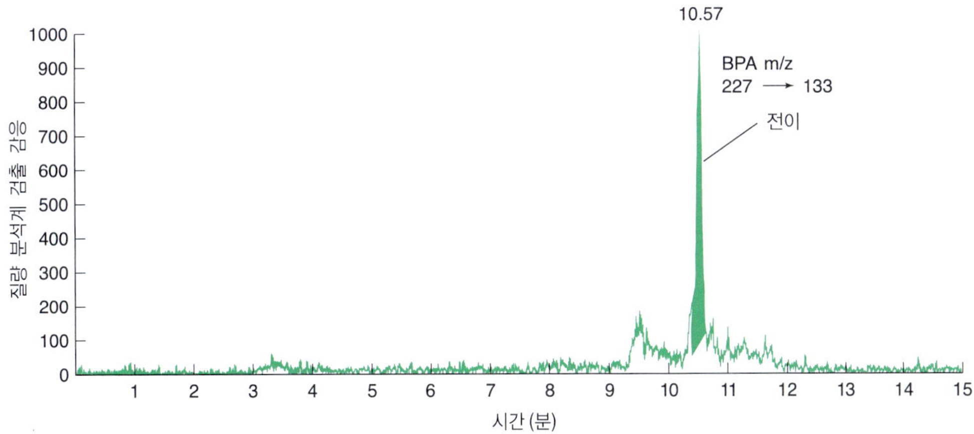

그림 22-27 폴리카보네이트 병에서 침출된 20 ppb의 BPA의 크로마토그램을 보여준다. 5 μm RP18의 150 × 3.9 mm 역상 크로마토그래피 칼럼으로 40~100% 용매 B로 15분 이상 기울기 용리 조건에서 실행. 용매 A = 물에 0.1 wt% 폼산(formic acid), 용매 B = 아세토나이트릴(acetonitrile). 전기분무 이온화 장치와 음이온 질량 분석계로 *m/z* 227에서 133로 변화의 선택 반응 검출. [출처: M. Swartz, *LCGC*, January 2010, p. 42.]

m/*z* 227는 Q2에서 충돌에 의해 조각나게 되고, 여기서 조각난 *m*/*z* 133의 이온은 Q3에 의해 선택되고 검출기에서 측정된다. 강조된 봉우리는 20 ppb (parts per billion) 의 BPA를 나타낸다 (20 μg BPA/kg H_2O). 만약 이 물을 1리터 마신다면 20 μg의 BPA를 먹은 것이 된다.

친수성 상호작용 크로마토그래피 (HILIC)

친수성: "물을 좋아하는" – 물에 녹는다. 표면이 물에 젖는다.

소수성: "물을 싫어하는" – 물에 녹지 않는다. 표면이 물에 젖지 않는다.

친수성 물질 (*hydrophilic substance*) 은 물에 녹거나, 물질의 표면으로 물을 끌어당긴다. **친수성 상호작용 크로마토그래피** (**hydrophilic interaction chromatography**, HILIC) 는 극성이 너무 커서 역상 컬럼에는 머무르지 않는 분자들의 분리에 사용된다. 생화학 분야에서 HILIC는 펩타이드와 당류를 분리하는 데 유용하다.

친수성 상호작용 크로마토그래피의 정시상은 표 22-3에서 아미노와 ZIC-HILIC® 상과 같이 매우 강한 극성이다. 칼럼 내부는 얇은 층의 물로 코팅된다. 극성 용질들은 극성 결합상과 얇은 수용성 층에 의해 머무르게 된다. 이동상은 25 ~ 97 vol%의 CH_3CN이나 다른 극성 유기 용매가 완충 수용액과 섞인 용액이다. 이동상에서 유기 용매의 농도가 높을수록 극성 용질은 덜 용해된다.

그림 22-28은 사면체의 탄소 원자 (C_5) 에서 배열이 다른 아스코브산 (비타민 C) 과 아이소아스코브산의 분리를 보여준다. 이런 분자들은 서로 거울상이 아니기 때문에 **광학 이성질체** (**거울상체**) 가 아니다. 이것들은 C_5에서 반대의 배열을 가지만 C_4에서는 같은 배열을 가진다. 거울상이 아닌 상이한 분자들은 **부분입체 이성질체** (*diastereoisomer*) 라고 한다. 역상 크로마토그래피에서 아스코브산과 아이소아스코브산은 극성이 너무 커서 머무르지 않아 분리되지 않는다. 그러나 HILIC에서는 손쉽게 분리된다. 그림 22-28에서 정지상은 아미노기로 결합되어 있으며 pH 7의 용매에서 완전히 양자를 가한다. 용액은 아세토나이트릴:물의 비율이 90:10 (vol/vol) 이다. 여기서 물은 0.1 M 아세트산 암모늄을 포함하고 있다. 그림 22-29는 HILIC에서 혼합물의 아세토나이트릴이 증가할수록 머무름 시간이 **증가한다**. 이러한 행동은 아세토나이트릴이 증가할수록 머무름 시간이 **감소하는** 역상 크로마토그래피와 반대이다.

정상 크로마토그래피, 역상 크로마토그래피, 그리고 친수성 상호작용 크로마토그래피 (HILIC) 에서 용액의 극성 영향을 요약해보자. 기본 실리카나 알루미나와 같은 정지상을

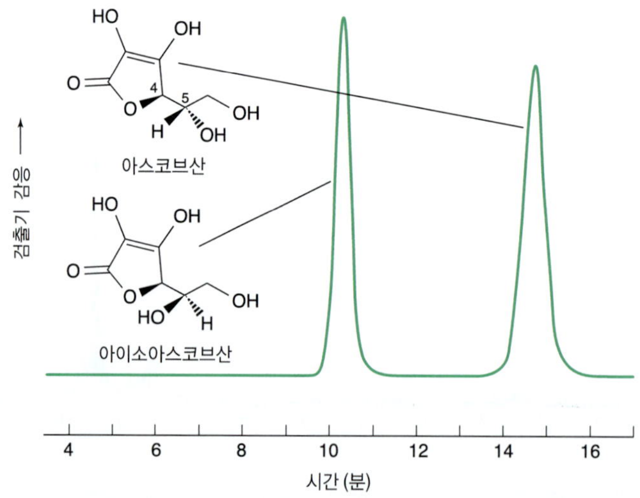

그림 22-28 아미노 정지상 (표 22-3) 을 이용하는 친수성 상호작용 크로마토그래프 (HILIC) 로 아스코브산과 아이소아스코브산의 분리. 이동상은 0.1M의 아세트산 암모늄을 포함하는 아세토나이트릴 : 물, 90 : 10 비율의 등용매를 사용. [출처: S. Drivelos, M. E. Dasenaki, and N. S. Thomaidis, *Anal. Bioanal. Chem.* 2010, 397, 2199.]

가진 고전적인 정상 크로마토그래피에서 용액은 수용성이 아니다. 용리액의 세기를 증가시키려면 수용성이 아닌 용액의 극성을 증가시키면 된다. 역상 크로마토그래피에서 용액은 수용성이며 용리액의 세기는 이동상에서 물을 **감소시키면** 증가한다. 기울기 용리는 높은 수용성 함량에서 낮은 수용성 함량으로 이동한다. 강한 극성 상으로 결합된 HILIC에서 용리액의 세기는 이동상에 있는 물을 **증가시키면** 증가한다. 기울기 용리는 낮은 수용성 함량에서 높은 수용성 함량으로 이동한다.

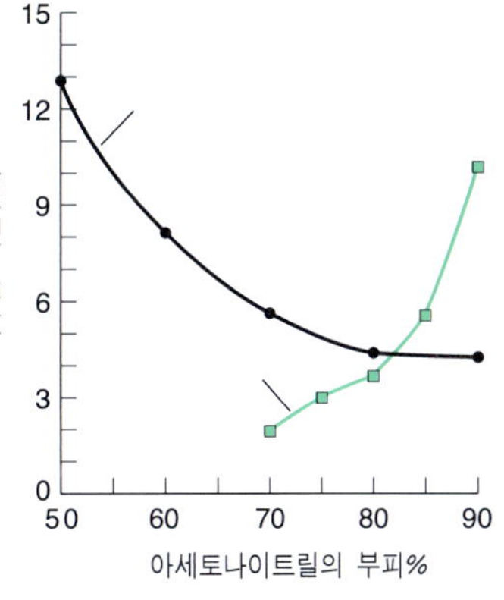

그림 22-29 역상 HPLC와 HILIC에서 유기용매의 효과는 서로 반대이다. 역상 결과는 그림 22-22의 톨루엔의 결과이며, HILIC의 결과는 그림 22-28에서 아이소아스코브산을 이용. [출처: S. Drivelos, M. E. Dasenaki, and N. S. Thomaidis, *Anal. Bioanal. Chem.* **2010**, 397, 2199.]

자습문제

22-C. **(a)** 정상, 역상 크로마토그래피의 차이점은 무엇인가?

(b) 역상 크로마토그래피와 친수성 상호작용 크로마토그래피(HILIC)의 차이점은 무엇인가?

(c) 등용매 용리와 기울기 용리의 차이점은 무엇인가?

(d) 높은 극성 용매를 첨가했을때 정상 크로마토그래피에서 용리액 세기가 증가하는 이유는 무엇인가?

(e) 낮은 극성 용매를 첨가했을때 역상 크로마토그래피에서 용리액 세기가 증가하는 이유는 무엇인가?

(f) 친수성 상호작용 크로마토그래피(HILIC)에서 유기 용매의 비율이 감소할 때 용리액 세기가 증가하는 이유는 무엇인가?

(g) 보호 칼럼(guard column)을 사용하는 이유는 무엇인가?

(h) 크로마토그래피–질량 분석계에서 전기분무 또는 대기압하에서의 화학적 이온화를 통해 기체상의 새로운 이온을 만든다. 액체상 이온이 아닌 기체상으로 넣는가?

(i) 그림 22-17에서 2.7 μm의 지름인 표면 다공성 정지상과 1.8 μm의 지름인 미세다공성 정지상의 van Deemter 그래프가 비슷한 이유는 무엇인가?

22-4 크로마토그래피를 위한 시료 처리

시료 전처리(sample preparation)는 시료를 분석하는데 적합한 형태로 바꾸는 과정을 말한다. 이 과정들은 복잡한 매트릭스에서 분석물질을 추출하는 일, 매우 묽은 분석물질을 측정하기에 충분할 정도로 진하게 하는 **예비농축**(*preconcentrating*), 방해물질을 제거하거나 막아주는 일, 또는 분석물질을 화학적으로 바꾸어 좀 더 편리하게 혹은 좀 더 쉽게 검출할 수 있는 형태로 바꾸는 일들이다. 분석물질의 화학적 변형은 **유도체화**(*derivatization*)라고 부른다. **고체상 미량추출**(*solid-phase microextraction*)과 **퍼지 및 포착**(*purge and trap*)은 시료 처리 기술로써 특히 기체 크로마토그래피에 중요하게 쓰이는 방법이다. **고체상 추출**(*Solid-phase extraction*)은 액체와 기체 크로매토그래피에 유용한 시료 처리 기술이다.

유도체화의 예 : 기체 크로마토그래피에서 알코올 RCH_2OH는 $RCH_2OSi(CH_3)_3$로 변환되어 휘발성이 높아지고, 특징적인 질량 스펙트럼 봉우리를 주어 정성 분석이 용이해진다.

고체상 미량추출(solid-phase microextraction)은 어떤 용매도 사용하지 않고 액체, 공기 혹은 슬러지로부터 화합물을 추출하는 간단한 방법이다. 핵심 부분은 기체 크로마토그래피에서 사용하는 것과 비슷한 비휘발성 액체 정지상을 10~100 μm 두께로 입힌 용융 실리카 섬유이다. 그림 22-30에서 보면 고정된 금속 바늘이 달린 주사기 끝에 섬유가 붙어 있다. 섬유만이 바늘에 뻗쳐 나올 수도 있고, 또는 바늘 속으로 들어갈 수도 있다. 그림

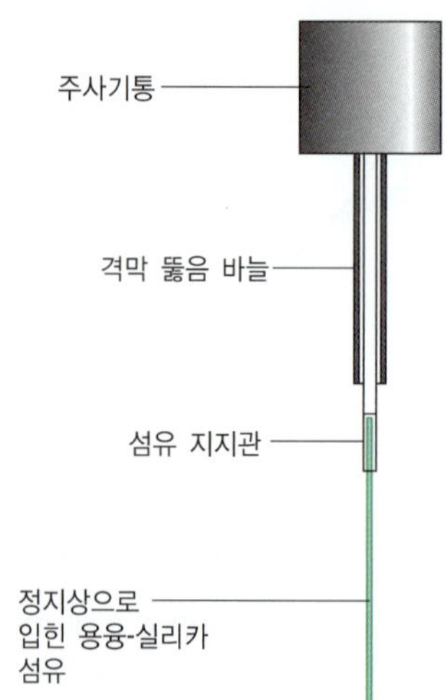

그림 22-30 고체상 미량추출에 사용되는 주사기. 용융 실리카 섬유는 시료를 수집한 후, 혹은 주사기로 격막을 뚫을 때 강철 바늘 속으로 들어간다.

22-31에서 섬유가 고정된 시간에 저어주거나 가열할 때 시료 용액(또는 액체 위의 기체상 상층 부분)에 노출되는 과정을 보여 준다. 시료에서 분석물질의 일부분만이 섬유로 추출된다.

시료채취 후에는 섬유는 바늘 속으로 들어가고 바늘은 기체 크로마토그래피의 주입구(내부 지름 0.7 mm) 속으로 옮겨진다. 섬유는 뜨거운 주입관 통로로 나오게 되며, 분석물질은 일정시간 비분할 형태로 섬유에서 열적으로 탈착된다. **냉각 트래핑** (*cold trapping*)은 크로마토그래피가 진행되기 전에 칼럼 상층 부분에 분석물질이 탈착되게 하는 것이다. 고체상 미량추출은 또한 액체 크로마토그래피에도 적합한 방법으로서, 섬유가 주입관 속으로 들어가서 강한 용매에 의해 씻겨져 분석물질이 칼럼에 주입되는 것이다.

고체상 미량추출의 변형은 **교반막대 흡착추출** (*stir-bar sorptive extraction*)이라고 불리며 0.5 ~ 1 mm 두께 층의 흡착제로 입힌 얇은 유리 캡슐에 둘러싸인 자석 젓개 막대를 이용한다. 샘플 안에서 막대는 샘플에서 추출한 분석물질을 휘젓는다. 흡착제의 양은 고체상 미량추출에서 사용되는 주사기보다 약 100배 더 많다. 그러므로 약 100배 더 분석물질을 모을 수 있으며 젓개 막대 흡착추출은 미량의 분석물질을 모으는 데 탁월한 방법이다.

퍼지 및 포착(purge and trap)은 액체 또는 고체(지하수 또는 토양)로부터 휘발성 분석물질을 제거하거나, 분석물질을 농축시키거나, 이들을 기체 크로마토그래피에 주입시키는 방법이다. 분석물질 일부만을 시료로부터 제거시키는 고체상 미량추출과는 달리 퍼지 및 포착 목적은 분석물질 100%를 시료로부터 제거시키는 것이다. 극성 매트릭스에서 극성 분석물질을 정량적으로 제거하기란 어렵다.

그림 22-32는 청량음료 속에 있는 휘발성 향료 성분을 측정하는 기구이다. 헬륨 퍼지 기체는 스테인레스강 바늘로부터 나와 분석물질의 증발을 돕기 위해 50°C로 가열할 시료병 속에 있는 청량 음료 속에서 거품 방울을 낸다. 시료병에서 나오는 퍼지 및 포착 기체는 흡착제의 강도를 증가시키는 3층의 흡착제가 들어 있는 흡착관을 통과한다. 예를 들면, 보통 정도의 흡착제는 비극성 페닐메틸폴리실록세인이 될 수 있으며, 더 강한 흡착제는 폴리머 테낙스(tenax)일 수 있고, 가장 강한 흡착제는 탄소 분자체일 수 있다.

퍼지 및 포착 과정 중에서 기체는 그림 22-32의 A 끝에서 B 끝으로 흡착관을 통해 흐

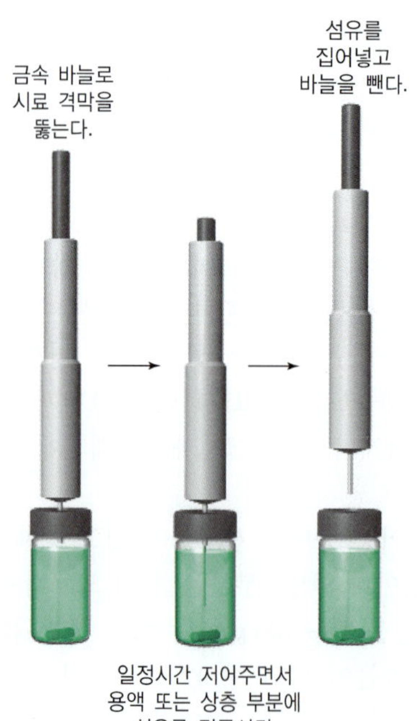

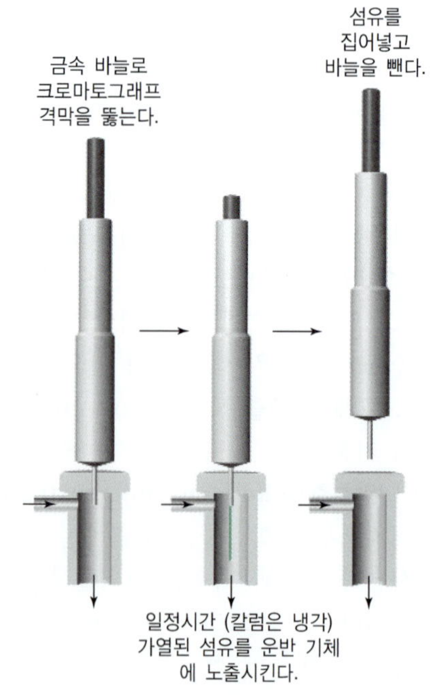

그림 22-31 고체상 미량추출에 의한 시료 채취와 입힌 섬유로부터 분석물질을 탈착시켜 기체 크로마토그래프에 주입하는 그림.
[출처: Supelco Chromatography Products catalog, Bellefonte, PA.]

른다. 시료로부터 모든 분석물질을 흡착관으로 퍼지 및 포착 후엔 기체 흐름은 반대로 B에서 A로 흐르게 되며, 포착은 흡착제에서 나올 수도 있는 물이나 다른 용매를 제거하기 위해 25℃에서 퍼지 및 포착된다. 그 후 흡착관의 A출구는 비분할 주입 형태의 기체 크로마토그래피의 주입부에 연결된다. 그리고 트랩은 ~200℃까지 가열된다. 탈착된 분석물질은 크로마토그래피 칼럼 속으로 흘러 들어가서 냉각 트래핑에 의해 농축된다. 포착으로부터 완전히 탈착되면 크로마토그래피 칼럼은 분리를 시작하기 위해 데워진다.

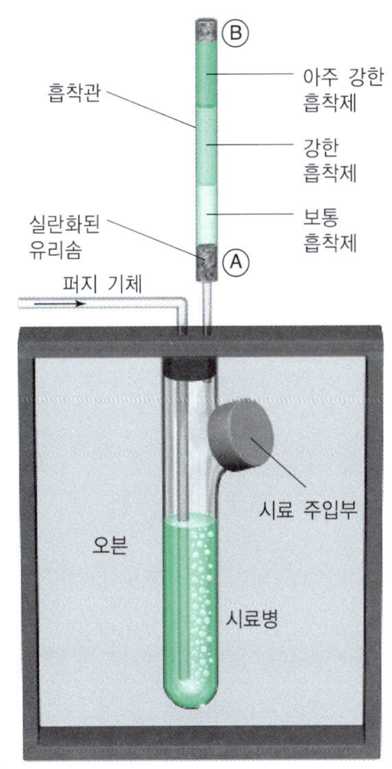

그림 22-32 기체 흐름을 이용하여 액체 또는 고체로부터 휘발성 물질을 추출하는 퍼지 및 포착 장치. 별도의 실험을 통해 분석물질을 시료로부터 100% 뽑아내는 데 필요한 시간과 온도 조건을 결정해야 한다.

고체상 추출(solid-phase extraction)은 액체 혼합물에서 한 개 또는 그 이상의 분석물질을 분리하기 위하여, 짧고 열린 칼럼 안에 액체 크로마토그래피용 고체상을 사용한다. 예를 들면, 0장(2~3쪽)에서와 같이 Denby와 Scott은 초콜릿에서 지방을 추출한 뒤 카페인과 테오브로민(theobromine)을 뜨거운 물로 추출하고 원심분리와 여과를 통해 미세입자를 제거했다. 고체상 추출은 원심분리 및 여과를 대체할 수 있다.[3] 초콜릿 0.5 g을 물 20 mL에 넣고 80℃에서 15분 동안 카페인, 테오브로민 그리고 다른 수용성 물질들을 추출하였다. 고체상 추출 칼럼은 C_{18}로 코팅된 실리카 입자 0.5 g을 포함하고 물 1 mL 다음으로 메탄올 1 mL로 세척되고 준비되었다(그림 22-33). 수용성 추출물 0.5 mL가 칼럼에 들어가면, 테오브로민과 카페인은 C_{18} 실리카에 의해서 고정된다. 당과 같은 대부분의 수용성 물질들은 물 1 mL에 의해서 씻겨나간다. 카페인과 테오브로민은 2.5 mL의 메탄올에 의해서 용리된다. 건조에 의해서 메탄올이 증발된 후 잔류물은 물 1 mL에 녹아 있고 크로마토그래피에 사용할 준비가 된다. 고체상 추출에서 초당 1~2 방울의 낮은 시료주입과 용리 속도는 회수율과 재현성을 향상시킨다.

시료 세척(sample cleanup)는 분석물질의 분석을 방해하는 미지의 불순물들을 제거하는 과정을 말한다. 초콜릿 분석에서 당과 같은 극성 분자들은 C_{18}-실리카에서 머무르지 않으므로, 칼럼을 통하여 빠져나가게 되어 분석물질로부터 분리할 수 있다. 또한 방해할 수 있는 지방들은 C_{18} 칼럼에 의해서 유지되기 때문에 카페인과 테오브로민과 분리된다(그림 22-33).

분자 각인 고분자(molecularly imprinted polymer)는 고체상을 추출을 위한 가장 최근의 새로운 방법이다. 예를 들어, 상업적 각인 고분자는 우유의 항생물질인 클로람페니콜(chloramphenicol)의 추출 및 예비농축이 가능하다. 이 항생물질은 재생 불량성 빈혈을 야기하고, 발암 의심물질이기도 하다. 그래서 북미와 유럽에서는 가축에 사용하는 것을 금지하고 있다. 아직까지 다른 곳에서는 사용되고 있어서 몇몇 음식들은 클로람페니콜을 차단하고 있다. 분자 각인 고분자는 클로람페니콜의 존재하에 고분자 빌딩 블록을 중합하

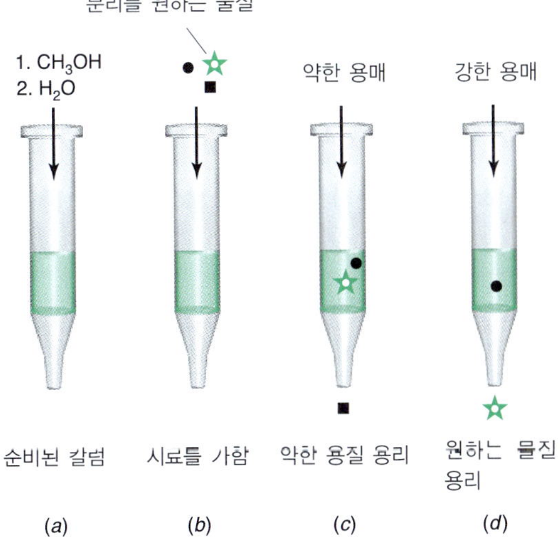

그림 22-33 고체상 추출을 이용한 초콜릿의 당과 지방에서 카페인과 테오브로민의 분리.

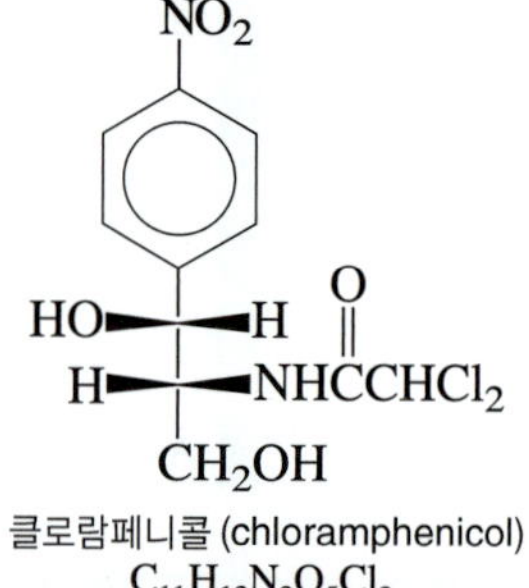

클로람페니콜 (chloramphenicol)
$C_{11}H_{12}N_2O_5Cl_2$

여 만든다 (그림 22-34). 우유에서 클로람페니콜를 추출하기 위해서는 메탄올과 물로 씻은 분자 각인 고분자로 체워진 카트리지를 통과한 우유의 액체상으로부터 지방을 분리하기 위해 원심분리한다. 이 고분자는 클로람페니콜을 제외한 모든 흡착 분자들은 제거한 용매로 용출된다. 끝으로 이 항생물질은 적은 부피의 메탄올 : 아세트산 : 물 (89:1:10 vol/vol/vol) 용액으로 제거한다. 크로마토그래피를 위해서 용리액은 건조되고, HPLC 이동상 150 μL에 용해되었다.

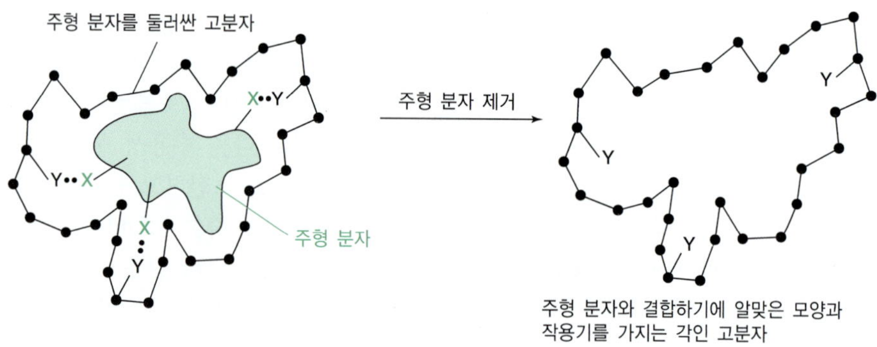

그림 22-34 분자 각인 고분자는 특정 주형 분자에 대한 결합 포켓을 가진다.

자습문제

22-D. **(a)** 만약 시료가 고체상 미량추출 주사기나 퍼지 및 포착 흡착관으로부터 도입된다면, 기체 크로마토그래피 칼럼에 냉각 포착을 사용해야 하는 이유는 무엇인가?

(b) 고체상 추출의 목적은 무엇인가? 고체상 추출의 경우 큰 입자들 (50 μm) 의 사용에는 유리하고, 작은 입자들 (5 μm) 은 크로마토그래피에 유리한 이유는 무엇인가?

(c) 초콜릿 중에 테오브로민과 카페인을 분석하기 위해 고체상 추출을 하기 위한 시료 세척 방법은 무엇인가?

(d) 클로람페니콜 (Chloramphenicol) 은 HPLC-전기분무 질량 분석법에 의해 측정되고, 음이온들이 관찰된다. 기준 봉우리는 *m/z* 321이고, 기준 봉우리의 60%에 해당하는 세기의 두 번째로 강한 봉우리는 *m/z* 323이다. 각 봉우리의 분자식을 제시하시오.

알아두어야 할 술어

결합된 정지상 (bonded stationary phase)
고성능 액체 크로마토그래피 (high-performance liquid chromatography)
고체상 미량추출 (solid-phase microextraction)
고체상 추출 (solid-phase extraction)
기울기 용리 (gradient elution)
기체 크로마토그래피 (gas chromatography)
냉각 트래핑 (cold trapping)
대기압하에서의 화학적 이온화 (atmospheric pressure chemical ionization)
등용매 용리 (isocratic elution)
미세다공성 입자 (microporous particle)
보호 칼럼 (guard column)
분자 각인 고분자 (molecularly imprinted polymer)
분할 주입 (split injection)
불꽃 이온화 검출기 (flame ionization detector)
비분할 주입 (splitless injection)
선택 반응 검출법 (selected reaction monitoring)
시료 세척 (sample cleanup)
시료 전처리 (sample preparation)
역상 크로마토그래피 (reversed-phase chromatography)
열전도도 검출기 (theermal conductivity detector)
온도 프로그래밍 (temperature programming)
용리액 세기 (eluent strength)
용매 트래핑 (solvent trapping)
자외선 검출기 (ultraviolet detector)
전기분무 (electrospray)
전자 포착 검출기 (electron capture detector)
정상 크로마토그래피 (normal-phase chromatography)
친수성 상호작용 크로마토그래피 (hydrophilic interaction chromatography)
칼럼내 주입 (on-column injection)
퍼지 및 포착 (purge and trap)
표면 다공성 입자 (superficially porous particle)

문제

22-1. **(a)** 기체 크로마토그래피에서 벽에 입힌 칼럼, 지지체에 입힌 칼럼, 다공성 층 열린관 칼럼 사이의 차이점은 무엇인가?
(b) 기체 크로마토그래피에서 결합 정지상의 장점은 무엇인가?
(c) 몇몇 기체 크로마토그래피 검출기에서 보충 기체를 사용하는 이유는 무엇인가?
(d) 분할 주입시 용매 트래핑과 냉각 트래핑을 설명하시오.

22-2. **(a)** 그림 22-17에서 5 μm와 3.5 μm 입자에 대해서 매우 낮은 유속과 매우 빠른 유속에서 단높이가 증가하는 이유를 설명하시오.(힌트: 21-3절 참조)
(b) 그림 22-17에서 1.8 μm 입자의 경우 빠른 유속에서 단높이가 더 이상 증가하지 않는다. 이러한 관찰은 이동상과 고정상 사이 용질의 평균 속도에 관해서 어떠한 의미를 갖는가?

22-3. 운반 기체를 제외한 모든 분석물질을 열전도도 검출기는 왜 검출하는가? 불꽃 이온화 검출기는 왜 일반적이지 못한가?

22-4. 미터당 5 000단수를 가지는 얇은 필름의 정지상(0.10 μm 두께)으로 코팅된 좁은 구멍(0.25 mm 지름) 열린관 기체 크로마토그래피가 있다. 또한 미터당 1 500 단수를 가지는 두꺼운 필름(5.0 μm 두께)의 정지상을 가지는 넓은 구멍(0.53 μm 지름)의 칼럼이 있다.
(a) 얇은 필름이 왜 두꺼운 필름의 정지상을 갖는 칼럼보다 더 큰 이론단수를 가지는가?
(b) 정지상의 밀도가 대략 1.0 g/mL이다. 이론단수 1과 동등한 길이에서 각 칼럼의 정지상의 질량은?
(c) 분석물질의 질량이 이론단수 1 내에서 정지상 질량의 1.0%가 넘지 않는다면, 각각의 칼럼에 얼마만큼의 나노그램양으로 분석물질을 주입할 수 있는가?

22-5. **(a)** 그림 22-4의 11번 봉우리의 이론단수(식 21-1의 N)와 단높이(식 21-2의 H)를 계산하여라. 16번과 17번 봉우리(식 21-3) 간의 분리도를 구하여라.
(b) 그림 22-17에서 액체 크로마토그래피의 단높이가 약 10 μm이다. 기체 크로마토그래피에서 계산된 단높이가 얼마나 더 큰가? 단높이가 왜 기체 크로마토그래피에서 훨씬 더 큰가?

22-6. 크로마토그래피 봉우리의 경우 머무름이 없는 물질의 시간을 빼면 보정 머무름 시간(adjusted retention time, t_r')을 얻을 수 있다. 메테인의 경우 기체 크로마토그래피에서는 머무름이 없기 때문에 적은 양을 첨가하여 머무름이 없는 시간을 구한다($t_r' = t_r - t_r$(메테인)). 같은 족 화합물(비슷한 구조이지만 사슬에서 CH_2기의 수는 다르다)의 등온 용리를 위해, log t_r'은 대개 탄소 원자의 수에 대한 직선 함수이다. 화합물들은 $(CH_3)_2CH(CH_2)_nCH_2OSi(CH_3)_3$로 알려졌다. 아래의 머무름 시간들의 경우, log t_r'에 대한 n의 그래프를 만들기 위해 스프레드시트를 사용하고, 3개의 알려진 값을 엑셀을 이용하여(4-8절)이 직선함수의 기울기와 절편을 구하시오. 직선을 이용하여 미지의 n값을 계산하시오.

$n = 7$	4.0 min	CH_4	1.1 min
$n = 8$	6.5 min	미지 시료	42.5 min
$n = 14$	86.9 min		

22-7. 휘발유 첨가제인 메틸-*t*-뷰틸 에터(MTBE)는 1990년에 도입된 이후로 지하수에 유입되어 왔다. MTBE는 지하수로부터 고체상 미량추출에 의해서 10억분의 1단위까지 측정할 수 있다.

250 g/L의 NaCl는 MTBE의 낮은 용해도를 위해 첨가된다. 미량 추출 후에 분석물질은 기체 크로마토그래프의 섬유(fiber)로부터 열적으로 떨어져 나온다. 위의 그림은 섬유로부터 열적으로 떨어져 나온 물질의 재작성 총 이온 크로마토그램과 선택 이온 검출법을 보여 준다.

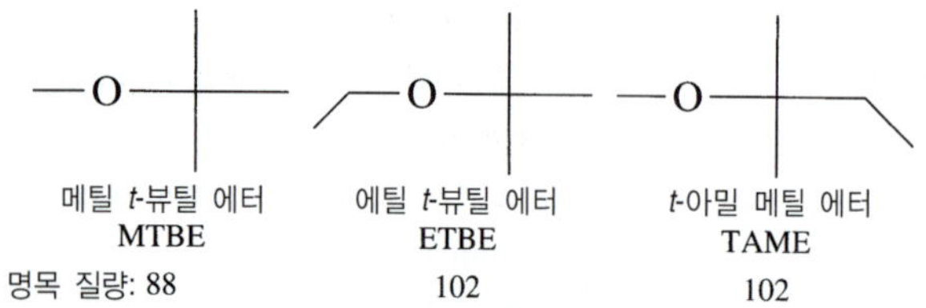

(a) 관찰된 선택 이온 검출법을 통한 명목 질량은 무엇인가?

(b) 이것은 확실한 전자 이온화 질량 스펙트럼에서 *m/z* 50의 주요 이온 목록이다. 주어진 *m/z* 73에서 MTBE와 TAME가 가지는 강한 봉우리와 *m/z* 73에서 ETBE의 충분한 봉우리가 없고, *m/z* 73에서 구조일 때 ETBE와 TAME의 구조를 제시하시오.

MTBE	ETBE	TAME
73	87	87
57	59	73
	57	71
		55

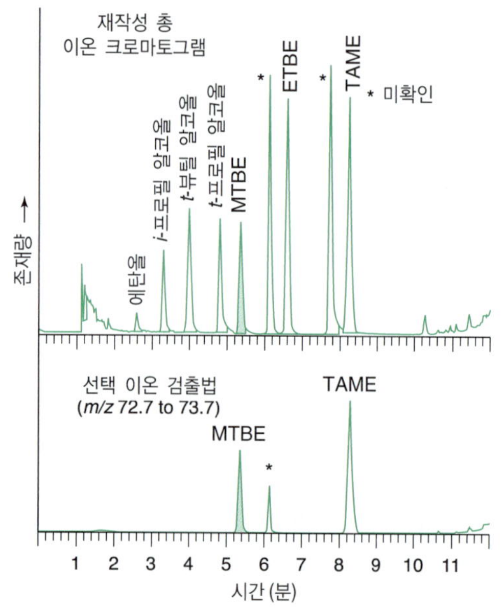

지하수의 고체상 미량추출의 선택 이온 검출과 재작성된 총 이온 크로마토그램. [출처: D. A. Cassada, Y. Zhang, D. D. Snow, and R. F. Spalding, *Anal. Chem.* **2000**, *72*, 4654.]

22-8. **(a)** 그림 22-12의 카페인 선택 반응 검출법에서 *m/z* 194 ⟶ 109로 전이되었다. 카페인 분자 이온의 명목 질량은 얼마인가? 내부 표준($(^{13}CH_3)_3$-카페인의 경우 *m/z* 197 ⟶ 111의 전이가 일어나는 이유는 무엇인가?

(b) 분석물질의 동위원소가 다른 것이 우수한 내부 표준이 되는 이유는 무엇인가?

(c) 그림 22-12에서 카페인의 상대 세기는 *m/z* 195/194 = 10.3%이다. *m/z* 195에서 동위원소의 구성은 무엇인가? *m/z* 195/194 비율의 예상 세기는 무엇인가? (힌트: 식 21-8 참조)

22-9. **(a)** 비극성 방향족 화합물들이 실리카에 옥타데실기 [—$(CH_2)_{17}CH_3$]가 공유 결합적으로 붙은 결합상을 사용하여 HPLC로 분리되었다. 용리액은 65 vol%의 메탄올-물이었다. 만약 메탄올을 90%로 바꾸면 머무름 시간은 어떻게 되는가?

(b) 극성 용질들은 극성 다이올 치환기 [—$CH(OH)CH_2OH$]를 갖는 결합상과 함께 HPLC에 의해 분리된다. 만일 용리액이 물 속에서 아세토나이트릴의 부피가 40~60 vol%로 바뀐다면 머무름 시간에 어떤 영향을 미치는가? 아세토나이트릴($CH_3C \equiv N$)은 물보다 극성이 작다.

(c) 극성 용질들은 매우 강한 극성 결합상을 이용하여 친수성 상호작용 크로마토그래피(HILIC)로 분리한다. 만일 용리 수용액 내 아세토니트릴의 부피가 80 vol%에서 90 vol%로 바뀐다면 머무름 시간에 어떠한 영향을 미치는가?

(d) 극성 용질들은 메틸 *t*-뷰틸 에터와 2-프로판올 용액과 실리카 정지상을 사용하여 정상 크로마토그래피로 분리한다. 만일 용액 내 2-프로판올의 부피가 40 vol%에서 60 vol%로 바뀐다면 머무름 시간에 어떠한 영향을 미치는가? (힌트: 표 22-2를 참고하라.)

22-10. HPLC에서 사용되는 비극성 결합상과 극성 결합상의 화학구조를 각각 2개씩 그리시오. 단 실리카 입자의 표면에서 실리콘 원자로부터 시작하라.

22-11. **(a)** HPLC에서 높은 압력이 필요한 이유는?

(b) 액체 크로마토그래피에서 정지상 입자의 크기가 감소할수록 효율(단높이는 감소)이 증가하는 이유는 무엇인가?

(c) 2 μm 입자(UPLC)를 이용할 때의 장점과 단점은 무엇인가?

(d) 표면 다공성 입자를 이용할 때의 장점은 무엇인가?

22-12. 그림 22-17에서 15 cm 길이, 5 μm의 단높이를 갖는 칼럼에서, 10.0분에 용리되는 봉우리의 반높이 너비는 어떻게 될 것인가? 만약 입자 크기가 3 μm이고, 단높이가 5 μm이라면 반높이 띠너비는 무엇인가?

22-13. **(a)** UPLC는 느리게 실험하면 정교한 분리도를 제공하고, 빠르게 실험하면 적당한 분리도와 빠른 분리를 제공한다. 길이 50 mm × 지름 2.1 mm의 C_{18} UPLC 칼럼으로 약인 아세트아미노펜을 분리할 때 머무름 시간은 0.63 분이며 반높이에서 너비는 2.3초이다. 단높이와 단수를 구하시오. 얼마나 많은 1.7 μm 지름의 입자들이 한 개의 이론단에 나란히 위치하는가?

(b) 그림 22-17에서 최적 단높이가 4 μm이다. 얼마나 많은 입자들이 한 개의 이론단에 나란히 위치하는가? **(a)**에서 칼럼의 최대 분리도와 최대 속도는 얼마인가?

22-14. C_{18} 결합상과 HCl로 pH를 3.0으로 조절한 20 vol% 메탄올-물 용리액을 이용하여 옥탄산과 1-아미노옥테인을 분리하였다.

$CH_3(CH_2)_6CO_2H$	$CH_3(CH_2)_7NH_{23}$
옥탄산	1-아미노옥테인

(a) pH 3.0에서 아민과 카복실산의 우세 형태(중성 또는 이온성)를 그리시오.

(b) 먼저 용리될 것으로 예상되는 화합물을 쓰고 그 이유를 설명하시오.

22-15. **(a)** 미지 혼합물 50% 아세토나이트릴과 50% 물을 이용한 역상 크로마토그래피로 분리하고자 할 때, 봉우리들의 $k' = 2-6$의 범위에서 매우 가까이 나타난다. 다음에 분리를 시도할 때에는 아세토나이트릴의 농도를 더 높게 혹은 더 낮게 하여야 하는가?

(b) 미지 혼합물을 50% 헥세인과 50% 메틸 *t*-뷰틸 에테르를 이용한 정상 크로마토그래피로 분리하고자 할 때, 봉우리들의 $k' = 2-6$의 범위에서 매우 가까이 나타난다. 다음에 분리를 시도할 때에는 헥세인의 농도를 더 높게 혹은 더 낮게 하여야 하는가?

22-16. 최적의 용매에 의한 등용매 용리 후 두 봉우리 사이의 분리도는 1.2이다. 용매나 정지상의 변화없이 분리도를 증가시키는 방법은 무엇인가?

22-17. **(a)** van Deemter 식의 그래프를 그리시오(단높이 대 유속). 만일 다중 통로의 항이 0일 때, 곡선이 어떻게 보이는가? 만일 세로 확산항이 0인 경우는? 또한 유한 평형 시간항이 0인 경우에는 어떻게 되는가?

(b) UPLC 칼럼에서 임계속도보다 더 빠르다면 띠넓어짐 현상이 일어나는가?

22-18. **내부 표준.** 화합물 C와 D에 대한 HPLC 결과는 아래와 같다.

화합물	혼합물 내의 농도(mg/mL)	봉우리 면적 (cm^2)
C	1.03	10.86
D	1.16	4.37

용액은 C를 포함하는 미지 시료 10.00 mL에 12.49 mg의 D가 혼합되고, 25.00 mL로 희석되었다. C와 D의 봉우리 면적들은 5.97과 6.38 cm^2이다. 미지 시료 안에 포함된 C의 농도(mg/mL)를 구하시오.

22-19. 미세다공성 실리카 입자의 밀도가 2.2 g/ml이고, 지름이 10.00 μm일 때 측정된 표면적은 300 m^2/g이다.

(a) 구형 입자의 부피는 $4/3\pi r^2$ (r은 반지름)이고, 구의 질량은 부피 × 밀도(= mL × g/mL)일 때 1.00 g 안에 실리카 입자의 개수는?

(b) 구의 표면적이 $4\pi r^2$일 때, 구형 실리카 입자 1.00 g의 표면적을 계산하시오.

(c) 계산된 표면적과 측정된 표면적을 비교할 때 입자의 다공성에 대해서 어떻게 말할 수 있는가?

22-20. C_{18} 칼럼과 이동상을 바꾸기 위한 지침에서 각 항목의 이론적 근거를 설명하시오.

(1) 용질들이 오랫동안 머물지 않도록 하기 위하여 완충 용액 **없이** 가장 최근의 이동상(60 : 40 H_2O-아세토나이트릴 같은)의 5~10의 칼럼 부피로 칼럼을 씻어준다. 그것은 순수한 물과 함께 완충 용액을 교환한다.

(2) 강한 용매(10 : 90 H_2O-아세토나이트릴과 같은)의 10~20의 칼럼 부피로 씻어준다.

(3) 강한 용매에서 칼럼을 저장한다.

(4) 원하는 새로운 이동상으로 10~20의 부피로 평형 상태에 도달하게 한다.

(5) 혼합한 표준물을 이용하여 머무름 시간과 단수를 보정하고 확인한다.

22-21. **크로마토그래피－질량 분석법.** 쥐의 코카인 대사를 연구하기 위해 마약을 주입하고, 주기적으로 피를 뽑아 HPLC－질량 분석법으로 대사물질의 농도 수준을 측정한다. 정량 분석을 위해 동위원소를 표지한 내부 표준을 혈액 시료에 섞는다. 혈액은 역상 크로마토그래피로 분석하는데 산성 용리액을 사용하고 검출은 대기압하 화학 이온화 질량 분석법으로 한다. 충돌 활성화 해

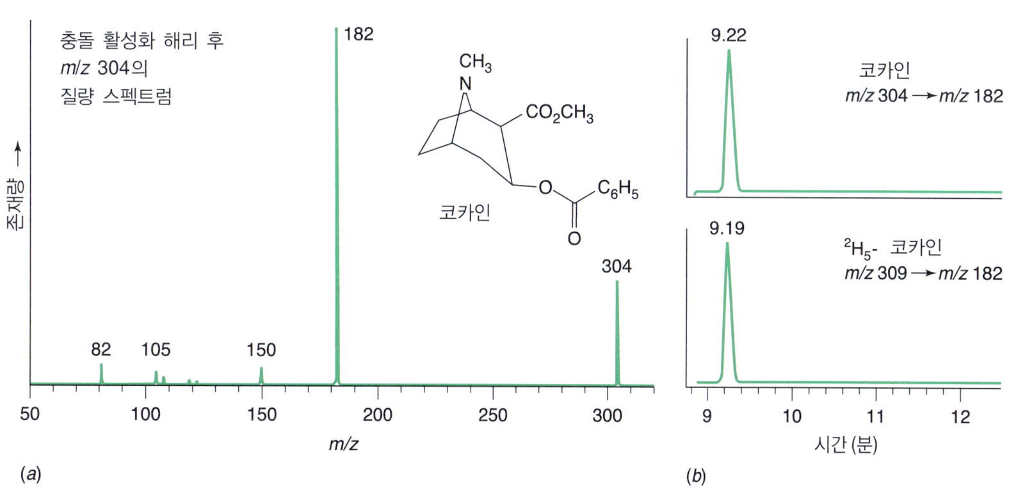

(*a*) 코카인의 대기압하에서의 화학적 이온화 질량 스펙트럼에서의 *m/z* 304 양이온으로부터 생성된 충돌 활성화 해리 생성물의 질량 스펙트럼. (*b*) 선택 반응 검출법으로 얻은 크로마토그램. [출처: G. Singh, V. Arora, P. T. Fenn, B. Mets, and I. A. Blair, *Anal. Chem.* **1999**, *71*, 2021.]

리 생성물의 질량 스펙트럼은 *m/z* 304 양이온을 아래 그림 *a*와 같이 보여 준다. 선택 반응 검출법(질량 필터 Q1에서의 *m/z* 304와 그림 22-11의 Q3로부터의 *m/z* 182)은 9.22분에서 코카인(그림 6) 단일 크로마토그래피의 봉우리를 보여 준다. 표준물인 $^2H_5$-코카인은 9.19분에 단일 크로마토그래프를 보여 준다. 이는 *m/z* 309 (Q1) ⟶ 182 (Q3)이다.

(a) *m/z* 182에서의 이온의 구조를 제시하고 *m/z* 304에서의 이온 구조를 그리시오.

(b) *m/z* 182와 304에서의 큰 봉우리는 *m/z* 183과 305에서의 ^{13}C 동위원소 짝을 가지지 않는 이유는?

(c) 쥐의 혈장은 모든 혈액의 성분과 코카인 그리고 이들의 대사 생성물을 포함하므로 매우 복잡하다. 그런데 왜 크로마토그램에서는 단 하나의 깨끗한 봉우리를 보이는가?

(d) $^2H_5$-코카인은 단지 두 개의 주 질량 스펙트럼 봉우리 *m/z* 309와 182를 보인다. 어느 원소가 중수소로 표지되는가?

(e) 혈액 중 코카인을 측정하는데 $^2H_5$-코카인을 어떻게 사용하는가?

22-22. 21장 도입부에서 비스페놀 A의 구조를 보여 주며 전기분무 이온화와 음이온 질량 스펙트럼 검출의 크로마토그램은 그림 22-27에서 보여 준다. *m/z* 227 ⟶ 133로 전이되었다. *m/z* 227과 133에서 이온들의 구조를 제안하시오.

22-23. 왜 비분할 주입이 퍼지 및 포착 시료 처리법과 함께 사용되는가?

22-24. 크로마토그래피의 유도체화의 목적은 무엇인가? 예를 설명하시오.

22-25. 고체상 미량추출 방법을 설명하시오. 이 방법으로 시료 주입 동안 냉각 트래핑이 필요한 이유는 무엇인가?

22-26. 분자 각인 고분자가 원하는 분석물질에 결합하는 이유는 무엇인가?

22-27. 소변 중의 니코틴을 측정하는 방법은 다음과 같다. 1.00 mL의 시료를 0.7 g의 Na_2CO_3 분말을 포함하는 12 mL 유리병에 넣는다. 유리병에 5.00 μg의 내부 표준, 5-아미노퀴놀린을 주입한 후, 테플론 코팅된 실리콘 고무마개로 막는다. 유리병을 20분 동안 80°C로 가열한 후, 고체상 미량추출용 주사 바늘로 격막을 통과시켜 유리병 내 상층 부분에 5.00분 동안 방치한다. 추출 섬유를 빼내어 기체 크로마토그래피 칼럼에 삽입한다. 휘발성 물질들은 시료 입구 내에서 250°C에서 9.5분 동안 추출섬유로부터 탈착된다. 이때 칼럼은 60°C로 유지된다. 칼럼을 1분에 25°C의 속도로 260°C까지 가열하면서 전자 이온화 질량 분석계로 측정한다. 이때 니코틴 검출을 위해 *m/z* = 84에서 내부 표준 검출을 위해 *m/z* = 144에서 선택 이온 검출법을 이용한다. 동일한 과정을 반복하여 얻은 교정 자료가 다음 표에 주어져 있다.

소변 중의 니코틴 (μg/L)	면적비 *m/z* 84/144
12	0.05_6, 0.05_9
51	0.40_2, 0.39_1
102	0.68_4, 0.66_9
157	1.01_1, 1.06_3
205	1.27_8, 1.35_5

출처: A. E. Wittner, D. M. Klinger, X. Fan, M. Lam, D. T. Mathers, and S. A. Mabury, *J. Chem. Ed.* **2002**, *79*, 1257.

(a) 왜 추출 전과 추출 과정 중에 유리병을 80°C로 가열하는가?

(b) 왜 추출 섬유의 열탈착 과정 중에 크로마토그래피 칼럼을 60°C로 유지하는가?

(c) 니코틴으로부터 생성되는 *m/z* 84 물질의 구조를 제시하고, 내부 표준 5-아미노퀴놀린으로부터 생성되는 *m/z* 144 물질은 무엇인가?

니코틴 $C_{10}H_{14}N_2$ 5-아미노퀴놀린 $C_9H_8N_2$

(d) 비흡연 성인 여성의 소변을 2회 반복 분석한 결과, 면적비 *m/z* 84/144는 0.51과 0.53이었다. 애연가 부모를 둔, 비흡연 여학생의 소변을 2회 반복 분석한 결과 면적비는 1.18과 1.32였다. 이 두 사람의 소변 내 니코틴 농도(μg/L)와 불확정성을 구하시오.

응용문제

22-28. 레서핀 (reserpine) 화합물은 608 Da의 명목 질량과 $C_{33}H_{40}N_2O_9$의 분자식을 가진다. 양이온 질량 스펙트럼은 아래와 같다.

(i) 기체 크로마토그래피 칼럼으로부터 레서핀의 전자 이온화법.

(ii) 액체 크로마토그래피 칼럼으로부터 레서핀의 전기분무.

(iii) 이중(tandom) 질량 분석법에 의한 전기분무. (ii)로부터의 바탕 봉우리는 충돌 용기를 통하여 나온다. 결과물 토막들의 full scan 질량 스펙트럼을 얻는다.

NO_3^- NO_2^- $O-NO_2$ *m/z* 62 for ^{14}N *m/z* 63 for ^{15}N $O-NO$ *m/z* 46 for ^{14}N *m/z* 47 for ^{15}N

브로민화 펜타플루오로벤질

세 개의 스펙트럼을 무작위로 설명하였다. (i) ~ (iii) 스펙트럼 중에 속하는 것을 고르고 이유를 설명하시오.

a. 다른 중요한 봉우리 없이 *m/z* 609와 *m/z* 610에서 40% 세기의 바탕 봉우리.

b. 다른 중요한 봉우리와 함께 *m/z* 195 바탕 봉우리. 두 개의 가장 큰 질량 봉우리들은 *m/z* 608 = 19%, *m/z* 609 = 6%. *m/z* 610에서는 봉우리가 없다.

c. *m/z* 610에서 충분한 봉우리가 없고 *m/z* 609의 바탕 봉우리. 낮은 *m/z*에서 충분한 봉우리들이 있다.

22-29. 산화 질소(NO)는 혈관 확장, 응고 액체 및 감염을 포함하는 여러 가지 생리 작용에 사용하는 세포 신호제이다. 감도가 좋은 크로마토그래피–질량 분석법은 생체액 중 대사물질인 아질산 이온(NO_2^-)과 질산 이온(NO_3^-)의 두 이온을 측정하는 데 개발되었다. 내부 표준으로 $^{15}NO_2^-$와 $^{15}NO_3^-$가 생체액에 80.0 및 800.0 μM의 농도로 각각 첨가되었다. 자연에 존재하는 $^{14}NO_2^-$와 $^{14}NO_3^-$와 함께 내부 표준이 아세톤 수용액에서 휘발성 유도체로 전환하였다.

생체액은 매우 복잡하므로 유도체들이 먼저 HPLC에 의해 용리된다. 정량을 위해 두 생성물의 액체 크로마토그래피 봉우리들을 기체 크로마토그래피에 주입하고, **음이온** 화학 이온화에 의해서 이온화(주 봉우리로 NO_2^- NO_3^-) 시킨 후, 선택 이온 검출법을 이용하여 측정한다. 결과는 그림에서 볼 수 있다. 만일 ^{15}N 내부 표준이 같은 반응을 하고, ^{14}N 분석물질과 같은 속도로 분리가 이루어진다면 분석물질의 농도는 간단히 다음과 같다.

$$[^{14}NO_x^-] = [^{15}NO_x^-](R - R_{\text{바탕}})$$

여기에서 *R*은 측정된 봉우리의 면적비(*m/z* 46/47의 아질산 이온과 질산 이온의 *m/z* 62/63)이며, $R_{\text{바탕}}$은 같은 완충 용액과 질산 이온과 아질산 이온이 없는 시약으로 만든 바탕에서의 봉우리 면적비이다. 그림에서 봉우리 면적의 비는 *m/z* 46/47 = 0.062이며, *m/z* 62/63 = 0.538이다. 바탕의 비는 *m/z* 46/47 = 0.040이며, *m/z* 62/63 = 0.058이다. 소변 속의 질산과 아질산 이온의 농도는 얼마인가?

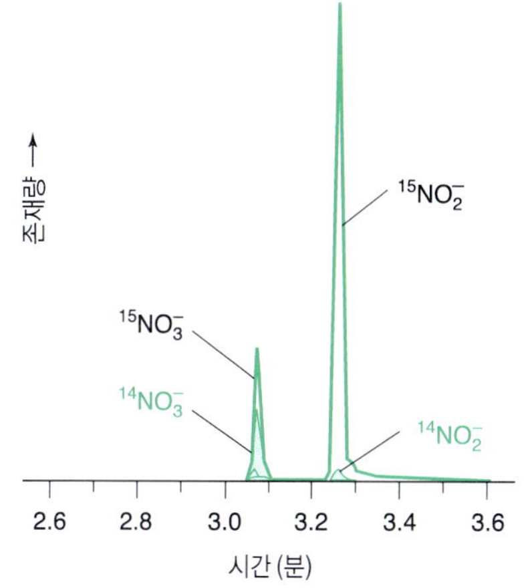

선택 이온 크로마토그램에 아질산과 질산 이온과 함께 내부 표준($^{15}NO_2^-$와 $^{15}NO_3^-$)을 유도체화시켜 얻은 *m/z* 46, 47, 62, 63에서의 **음이온**이 보인다. [출처: D. Tsikas, *Anal. Chem.* **2000**, *72*, 4064; *Anal. Chem.* **2010**, *82*, 2585.]

주와 참고문헌

1. D. J. Frederick, "John Fenn: Father of Electrospray Ionization," *Chemistry*, Winter 2003, p. 13.

2. Training modules for chromatography, electrophoresis, mass spectrometry, and spectroscopy are available from www.academysavant.com. See also D. C. Stone, "Teaching Chromatography Using Virtual Laboratory Exercises," *J. Chem. Ed.* **2007**, *84*, 1488.

3. A. Carlin-Sinclair, I. Marc, L. Menguy, and D. Prim, "The Determination of Methylxanthines in Chocolate and Cocoa by Different Separation Techniques: HPLC, Instrumental TLC, and MECC," *J. Chem. Ed.* **2009**, *86*, 1307.

CCA 나무 방부제

주택 외부 목제 구조. [Colin Buckland/Fotolia.com.]

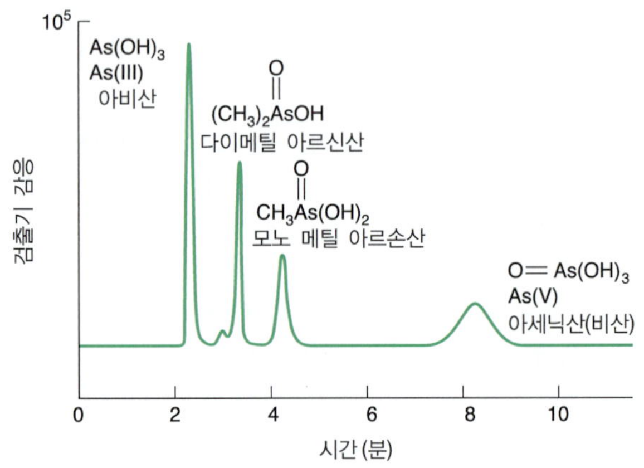

Hamilton PRP-X100 칼럼과 원자 형광 검출기를 이용하는 음이온 크로마토그래피에서 pH 5.8인 15 mM K_2HPO_4/KH_2PO_4로 비소 화합물의 분리(각 10 ppb). 위의 구조는 원래의 화합물을 보여 주며, 비소 화합물은 AsH_3로 변하고 있는 검출기에서 원자로 분해된다. [제공: Y. Cai and L. Yehiayan, Florida International University.]

1930년대 이후 구리, 크로뮴, 비소 화합물을 혼합하여 만든 크롬산 구리 비소(CCA)는 부패와 곤충으로부터 야외 용품의 나무를 보호하기 위해 사용되었다. 가공된 나무는 특유의 밝은 녹색이다. 2004년 미국과 유럽에서는 환경보호를 위해 주택 목제에 이러한 방부제의 사용을 제한하기 시작했다. 가공된 나무는 여러 분야에서 여전히 합법적이며, 가공된 나무의 상당량은 금지하기 전 내장 구조에 남아 있었다.

최근 플로리다에서는 가공된 잡동사니로부터 빗물에 의해 비소가 침출되는 속도를 측정하였다.[1] 가공되지 않은 잡동사니로 만든 갑판에서는 비소 농도가 2 μg/L인 것에 비해, 건설 후 첫 해에 마당 나무 갑판으로부터 유출된 빗물은 총 평균 비소 농도가 600 μg/L (600 ppb)이다.(미국에서는 음료수에 있는 비소를 10 ppb로 제한한다.) 비소의 약 90%는 비산염 As(V)이고 10%는 아비산염 As(Ⅲ)이다. 유기비소 화학종은 검출되지 않았다. 연말에 갑판에 있는 비소의 5%에 해당되는 양인 2.2 g의 비소가 침출된다. 0.7 m 깊이에 있는 갑판 아래의 모래에 침투한 물에서 비소의 농도는 연말에 18 μg/L이다. 나무로부터 침출된 비소의 대부분은 모래에 흡착된다. CCA로 처리한 나무를 폐기할 때에는 환경을 보호하기 위해 쓰레기 매립지로 보내야 한다.

23

크로마토그래피법과 모세관 전기이동법

앞에서 기술한 액체 크로마토그래피에서 시료는 **흡착** (*adsorption*) 과 **분배** (*partition*) 메커니즘에 의해 분리된다. 이 장에서는 그림 21-2에 소개하였던 **이온교환**, **분자 배제**, **친화** 크로마토그래피에 대해 고찰한다. 또, 전기장 내에서 화학종의 이동 속도 차이에 의해서 분리가 일어나는 **모세관 전기이동법**에 대해서도 고찰할 것이다.

23-1 이온교환 크로마토그래피

이온교환 크로마토그래피 (ion-exchange chromatography) 는 용질 이온과 정지상에 결합된 하전된 자리 사이의 인력에 근거를 둔다 (그림 21-2). **음이온 교환체 (anion exchangers)** 는 정지상에 양으로 하전된 기를 갖고 있어서, 음이온 용질을 끌어당긴다. **양이온 교환체 (cation exchangers)** 는 음으로 하전된 기를 갖고 있어서, 양이온 용질을 끌어당긴다.

이온교환 크로마토그래피에서 정지상은 보통 폴리스타이렌 같은 **수지** (*resin*) 이며 무정형 (비결정형) 입자 형태이다. 폴리스타이렌이 양이온 교환체인 경우는 설폰산기 ($-SO_3^-$) 나 카복실산기 ($-CO_2^-$) 를 벤젠 고리에 붙여서 만들어진다 (그림 23-1). 폴리스타이렌이 암모늄기 ($-NR_3^+$) 를 붙이면 음이온 교환체이다. 그림 23-1에서 보면 폴리스타이렌 사슬 간에는 다리결합 (cross-link, 공유 결합) 은 입자 내의 기공 (pore) 크기를 조절할 수 있으며, 이 크기에 따라 용질이 확산할 수 있다.

음이온 교환제 (Anion exchangers) 는 양으로 하전된 작용기가 붙어 있다.

양이온 교환제 (Cation exchangers) 는 음으로 하전된 작용기가 붙어 있다.

일회용 기저귀의 폴리 아크릴산 (poly acrylic acid) 는 우리가 흔히 접하는 양이온 교환체이다.[2]

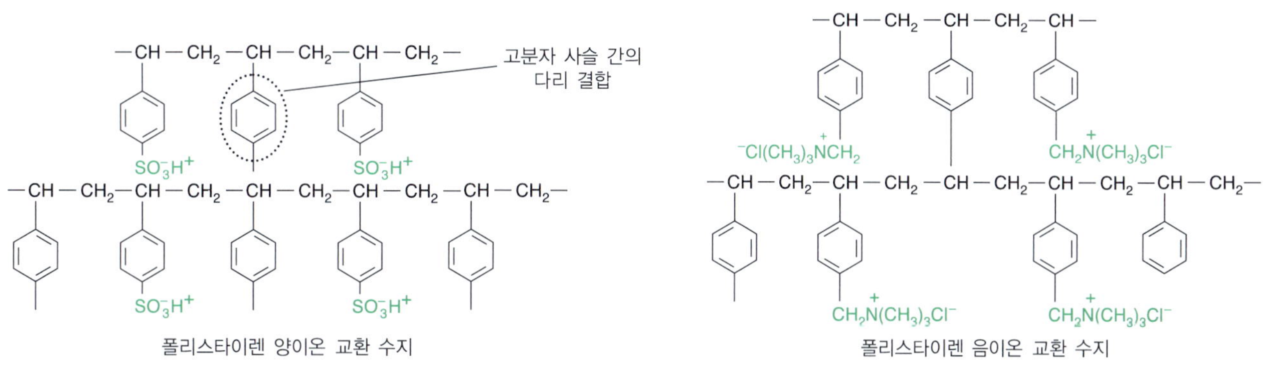

그림 23-1 폴리스타일렌 이온교환 수지의 구조. **다리 결합**은 고분자 사슬간의 공유 결합이다.

젤(*gel*) 입자는 수지 입자보다 더 연하다. 셀룰로오스와 덱스트란은 이온교환 젤의 형태로 설탕 글루코스의 중합체이며, 기공 크기가 크고, 전하 밀도는 낮다. 젤은 단백질과 같은 거대분자의 이온교환에 수지보다 적합하다. 고성능 액체 크로마토그래피의 경우 유기 및 무기 이온 교환체는 적절한 기공 크기와 단백질 상호작용에 따른 전하 밀도 그리고 높은 압력에서 사용할 수 있는 강도를 가진다.

이온교환 선택성

양이온교환 수지의 교환 자리 R^-에 대해서 K^+와 Li^+가 경쟁적으로 그 자리를 차지하려고 한다면,

$$R^-K^+ + Li^+ \rightleftharpoons R^-Li^+ + K^+ \qquad K = \frac{[R^-Li^+][K^+]}{[R^-K^+][Li^+]} \tag{23-1}$$

평형 상수는 수지에서 Li^+와 K^+ 이온들의 상대적인 친화도를 표현하는 값이므로, 여기서는 **선택 계수**(*selectivity coefficient*)라 한다. 이온들 간의 차이는 다리 결합이 증가하면 커지는데, 이것은 다리 결합이 증가함에 따라 수지의 기공 크기가 수축되기 때문이다.

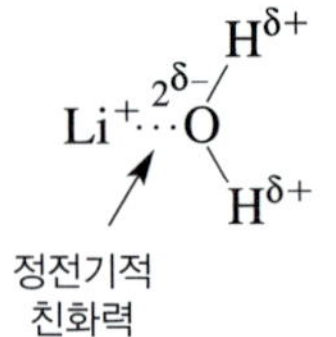

한 이온의 **수화 반지름**(**hydrated radius**)은 양이온 혹은 음이온에 물 분자가 강하게 결합된 이온의 유효 반지름이다.(그림 12-3) 크기가 큰 $Li(H_2O)_x^+$는 작은 $K(H_2O)_y^+$와 비교해서 수지에 접근하기 어렵다.

전하가 큰 이온일수록 이온교환 수지에 강하게 결합된다. 전하량이 같은 이온의 경우, 수화 반지름이 큰 이온이 약하게 결합된다. 몇 가지 양이온의 대략적인 선택성은 다음과 같다.

$$Pu^{4+} >> La^{3+} > Y^{3+} > Sc^{3+} > Al^{3+} >> Ba^{2+} > Pb^{2+} > Sr^{2+} >$$
$$Ca^{2+} > Ni^{2+} > Cd^{2+} > Cu^{2+} > Co^{2+} > Zn^{2+} > Mg^{2+} >> Tl^{+} >$$
$$Ag^{+} > CS^{+} > Rb^{+} > K^{+} > NH_4^{+} > Na^{+} > H^{+} > Li^{+}$$

한 이온이 과량이 되면 수지에서 다른 이온으로 교환이 일어난다.

반응식 23-1은 양방향으로 진행될 수 있다. K^+가 포함된 칼럼에 과량의 Li^+을 통과시키면 K^+는 Li^+로 치환될 것이며, Li^+가 포함된 칼럼에 과량의 K^+를 통과시키면 K^+로 치환될 것이다.

한 종류의 이온이 교환되어 있는 이온 교환체는 일반적으로 적은 양의 다른 이온을 거의 정량적으로 부착시킨다(완전히). 그러므로 K^+가 붙어 있는 수지는 비록 K^+에 대한

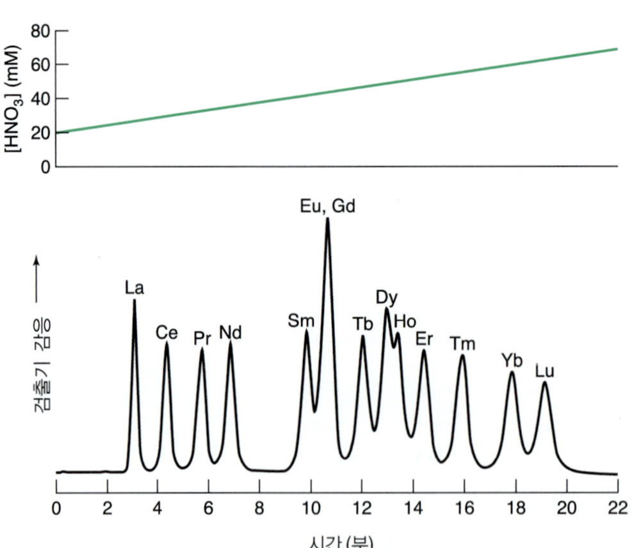

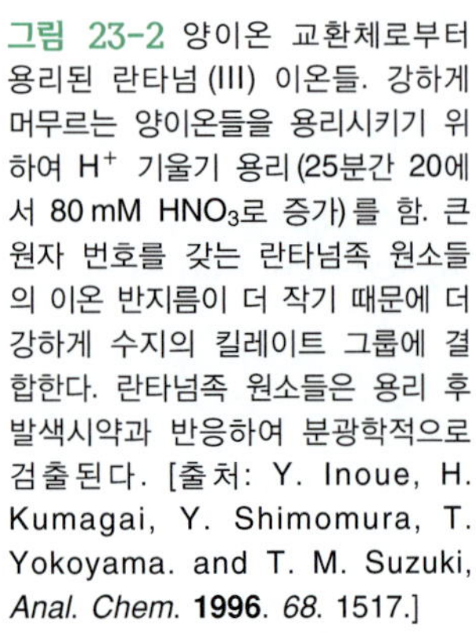
그림 23-2 양이온 교환체로부터 용리된 란타넘(III) 이온들. 강하게 머무르는 양이온들을 용리시키기 위하여 H^+ 기울기 용리(25분간 20에서 80 mM HNO_3로 증가)를 함. 큰 원자 번호를 갖는 란타넘족 원소들의 이온 반지름이 더 작기 때문에 더 강하게 수지의 킬레이트 그룹에 결합한다. 란타넘족 원소들은 용리 후 발색시약과 반응하여 분광학적으로 검출된다. [출처: Y. Inoue, H. Kumagai, Y. Shimomura, T. Yokoyama. and T. M. Suzuki, *Anal. Chem.* **1996**. *68*. 1517.]

선택성이 크지만, 적은 양의 Li^+를 거의 정량적으로 부착시킬 수 있다. 같은 수지가 K^+보다는 많은 양의 Ni^{2+}를 강하게 부착시키는데, 이것은 Ni^{2+}의 선택성이 더 크기 때문이다. 비록 Fe^{3+}는 H^+보다 더 강하게 수지에 붙지만, Fe^{3+}는 과량의 산으로 세척함으로써 수지로부터 정량적으로 제거된다.

이온교환 크로마토그래피를 이용하여 한 이온을 다른 이온으로부터 분리하려면, 이온 세기(이온 농도)를 증가시켜 가면서 **기울기 용리**(*gradient elution*)을 하는 것이 매우 유용하다. 그림 23-2에서 란타넘족 양이온(M^{3+})의 분리에 $[H^+]$의 농도 기울기가 사용되었다. 보다 강한 결합을 하는 금속 이온은 용리하기 위해 더 높은 농도의 H^+로 흘려주어야 한다. 이러한 이온 세기 기울기는 HPLC에서 용매 기울기나 기체 크로마토그래피에서의 온도 기울기와 유사하다. 보충 23-1에 이온교환 크로마토그래피의 몇 가지 응용을 나타내었다.

"정량적"이란 말은 "완전함"을 나타내는 화학자들의 전문용어이다.

보충 23-1 이온교환의 응용

제2차 세계대전 중에 원자 폭탄의 개발에 박차를 가할 때, 충분한 양의 순수한 란타넘족(lanthanide) 원소들(57~71번째 희토류 원소들)의 분리가 필요하였다.[3] 사진은 Iowa State College의 비행 공장(pilot plant)에 있는 12 이온교환 칼럼들(지름 10 cm × 길이 3.0 m)의 일부를 보여 준다. 각 칼럼은 희토류 염화 혼합물 50에서 100 g의 분리를 위해서 몇 **주간**이 소비되었다.

제2차 세계 대전 당시 맨해튼 프로젝트를 위한 제조용 이온교환 칼럼을 이용한 희토류 원소의 분석장치. [Iowa State University Library Special Collections Department.]

1950년대 W. H. Stein과 S. Moore는 Rockefeller 연구소에서 효소(enzyme) 라이보핵산분해효소(ribonuclease)의 구조를 이해하기 위한 선구자적인 작업을 수행했고, 이들은 1972년에 노벨상을 받았다. 아미노산의 측정에 대한 지속적인 필요는 그들이 이온교환에 의한 아미노산의 분리를 개척하도록 하였다.[4] 1958년에 그들은 첫 번째로 상업용 아미노산 자동 분석기를 설계했다. – 생화학을 위한 혁신적인 진보.

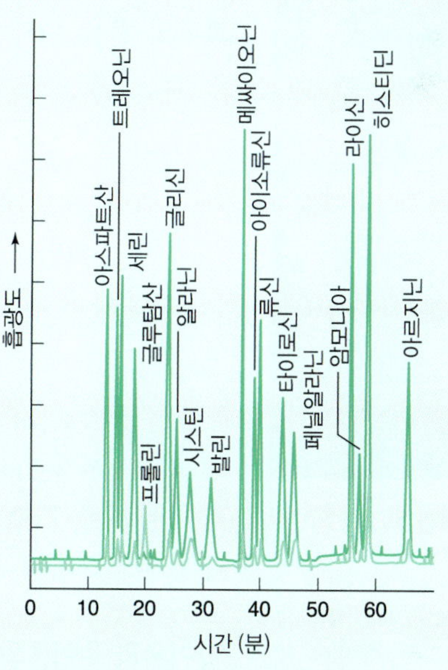

1969년에 소개된 Beckman-Spino 모델 121 MB 아미노산 분석기로 얻은 이온교환 크로마토그램. 분리 후 아미노산을 닌하이드린으로 처리하여 색을 띠게 한 후 가시선 흡수를 이용하여 검출한다. [제공: Beckman-Coulter, Fullerton, CA.]

가정용 정수기는 "센물(hard water)"에서 Ca^{2+}와 Mg^{2+}를 이온 교환을 통해서 제거한다(보충 13-2).

이온 교환 과정에서 전하는 변화가 없다. 하나의 Cu^{2+}는 $2H^+$와 교환되며, 하나의 Fe^{3+}를 교환하는데는 $3H^+$가 필요하다. 또, SO_4^{2-}를 교환하는 데는 $2OH^-$가 필요하다.

탈이온수란 무엇인가?

OH^-가 붙어 있는 음이온교환 수지와 H^+가 붙어 있는 양이온교환 수지에 물을 통과시켜서 얻어지는 것이 **탈이온수(deionized water)** 이다. 예를 들어, $Cu(NO_3)_2$가 물에 들어 있다고 생각해 보자. 양이온교환 수지에서 Cu^{2+}는 $2H^+$와 교환이 이루어지고, 음이온교환 수지에서 NO_3^-는 OH^-와 교환이 이루어진다. 여기서 생성된 H^+와 OH^-는 결합하여 물이 되고 순수한 물만이 용리된다.

$$\left.\begin{array}{l} Cu^{2+} \xrightarrow{H^+\text{ 이온 교환}} 2H^+ \\ 2NO_3^- \xrightarrow{OH^-\text{ 이온 교환}} 2OH^- \end{array}\right\} 2H^+ + 2OH^- \longrightarrow \text{순수한 } H_2O$$

예비농축

매우 낮은 농도의 분석물질의 측정을 **미량 분석(trace analysis)** 이라 한다. 미량 분석은 특히 낮은 농도의 분석이 요구되는 환경 문제에 있어서 중요하다. 예를 들어, 물고기 속에 있는 수은의 경우 사람들이 물고기를 섭취함으로써 수년간에 걸쳐 체내에 축적될 수 있다. 미량 분석에 있어서 분석물질의 농도가 너무 낮은 경우, **예비농축(preconcentration)** 과정 없이 측정이 불가능하기도 한데, 분석에 앞서 분석물질의 농도를 높이는 과정이 선행되어야 한다.

자연수 중에 있는 금속들은 양이온교환 칼럼을 이용하여 예비농축할 수 있다.

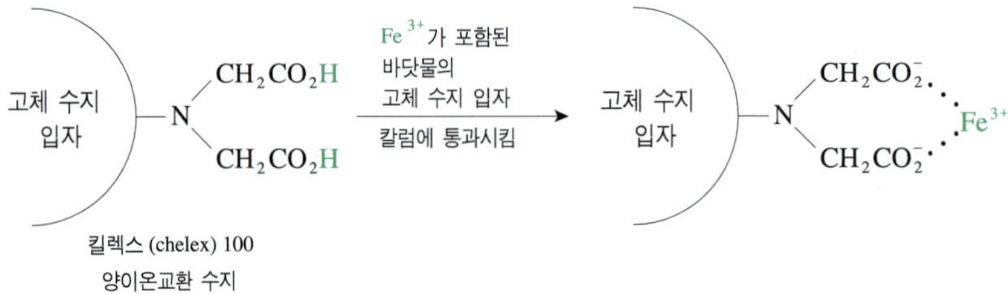

과량의 물을 수지에 통과시키면 양이온들은 작은 칼럼 위에 농축된다. 칼럼에 붙은 양이온들은 진한 고농도의 산들을 이용하면 작은 부피로 치환될 수 있다.

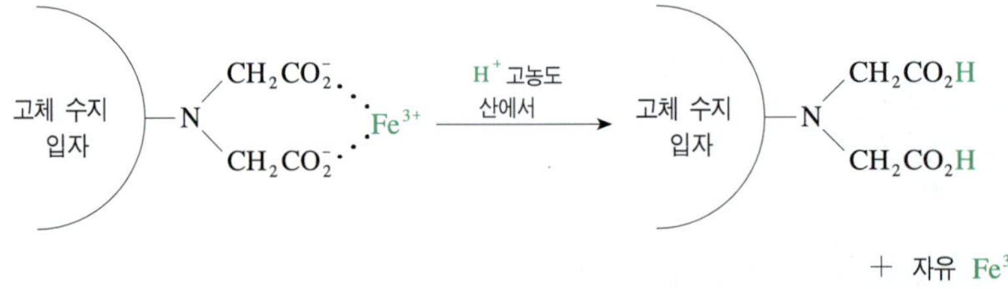

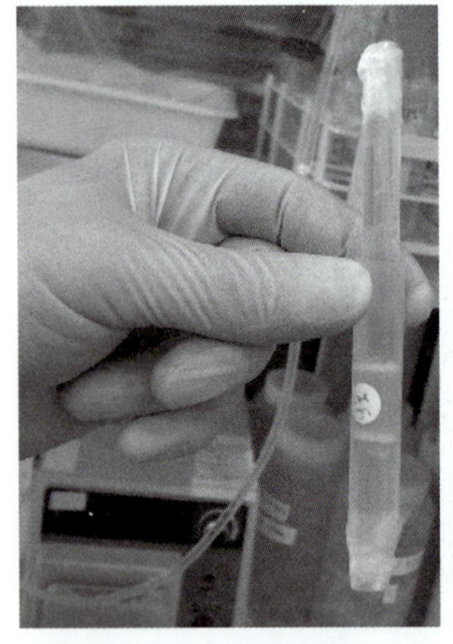

그림 23-3 여과된 10 L의 바닷물로부터 얻은 미량의 Fe^{3+}를 예비농축시키기 위해 사용된 1.2 mL의 수지를 포함하는 양이온 교환 칼럼. [출처: F. Lacan, A. Radic, M. Labatut, C. Jeandel, F. Poitrasson, G. Sarthou, C. Pradoux, J. Chmeleff, and R. Freydier, *Anal. Chem.* **2010**, *82*, 7103. Figure courtesy F. Lacan, Observatoire Midi Pyrenees.]

그림 23-3은 여과된 10 L의 바닷물에서 얻은 미량의 Fe^{3+} (11-330 ng)를 예비농축하기 위해 사용한 1.2 mL의 양이온교환 수지가 채워진 칼럼을 보여준다. 1.5 M HNO_3를 포함하는 수지에서 10 mL Fe^{3+}를 용리하면 농도가 1 000배 증가된다. shipboard clean-room에서 **극도로** 주의를 기울인다면 바탕값은 약 Fe의 1 ng이다.

양이온과 음이온의 동시 분리

표 22-3의 ZIC-HILIC 결합상과 같이 고정상이 양이온성 및 음이온성 작용기를 가진다면, 양이온과 음이온의 동시 분리가 가능하다(그림 23-4). 그림 22-25는 하전 에어로솔 검출기를 이용하여 얻은 크로마토그램을 보여 준다. 이 검출기는 거의 모든 분석물질에 감응하며, 기울기 용리에도 응용이 가능하다.

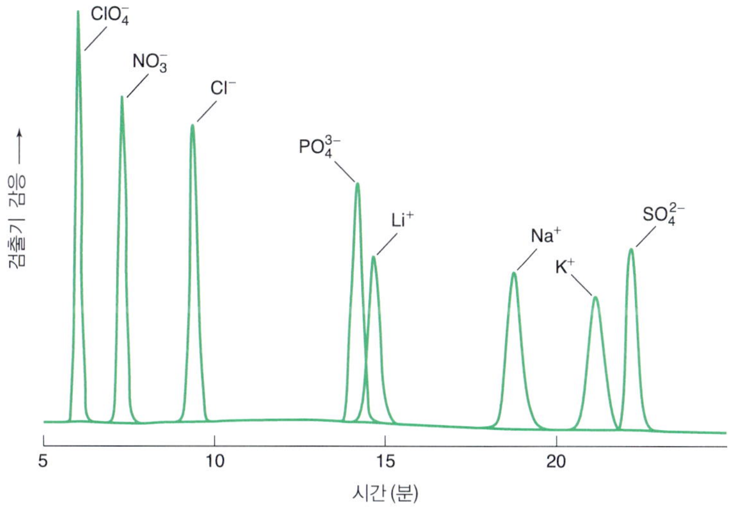

그림 23-4 ZIC-HILIC® 양쪽성 이온 정지상과 하전 에어로솔 검출기로 음이온과 양이온의 동시 분리. 지름 5 μm의 정지상을 갖는 150 × 4.6 mm 칼럼은 30°C에서 흐름 속도 0.5 mL/min으로 26분 이후에는 용액 B를 20에서 70%까지 기울기로 용리했다. 용액 A: 물에서 15 vol% 100 mM 아세트산 암모늄 (pH 4.68), 5% 메탄올, 20% 2-프로판올, 60% 아세토나이트릴. 용액 B: 물에서 50 vol% 30 mM 아세트산 암모늄 (pH 4.68), 5% 메탄올, 20% 2-프로판올, 25% 아세토나이트릴. [출처: M. Swartz, *LCGC*, July 2010, p. 530.]

자습문제

23-A. **(a)** 탈이온수는 무엇인가? 어떤 종류의 불순물들이 탈이온화에 의해 제거되지 않는가?

(b) 그림 23-2에서 왜 기울기 용리가 사용되었는가?

(c) 이온 교환제를 이용한 양이온의 예비농축이 어떻게 이루어지는지 설명하시오. 왜 진한 산 용리액이 매우 순수해야 하는가?

(d) 그림 23-4에서 이온교환 칼럼으로 어떻게 양이온과 음이온을 분리할 수 있는가?

(e) 그림 23-4 작업에서 어떻게 하전 에어로솔 검출기를 사용하였는지 설명하시오.

23-2 이온 크로마토그래피

이온 크로마토그래피 (ion chromatography)는 이온교환 크로마토그래피의 성능을 높인 방법으로 분석 이온을 검출하기 전에 용리액 이온을 제거하는 것이 관건이 되는 개량법이다. 이온 크로마토그래피는 음이온 분석에 선택적 방법이다. 이온 크로마토그래피는 반도체 산업에서 탈이온수 내에 존재하는 0.1 ppb 수준의 음이온과 양이온을 조사하기 위해 사용된다. 그림 23-5에는 음이온 크로마토그래피를 환경 분석에 적용한 예를 나타내었다.

이온 크로마토그래피에서 음이온은 이온 교환에 의해서 분리되고, 전기 전도도를 이용

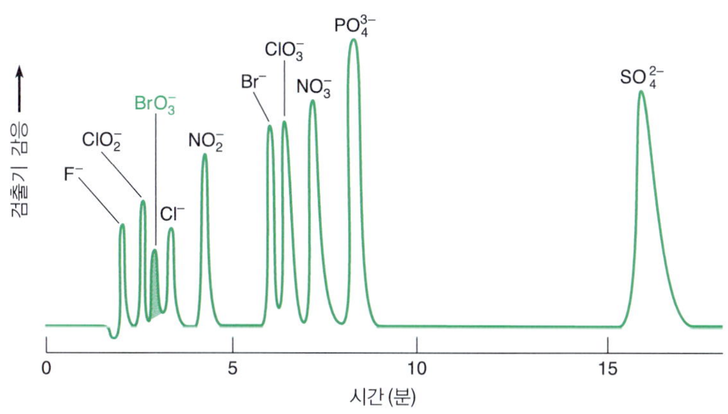

그림 23-5 인체에 유해한 물질은 다른 물질로 변환되기도 한다. 음용수가 염소화 과정을 거치게 되면 몇 가지 발암성 물질로 전환되기도 하는데, 대표적인 예로 $CHCl^3$을 생각할 수 있다. 이러한 위험성을 줄이기 위해서 몇몇 정제 시스템에서는 오존 (O_3)을 이용하여 Cl_2로 변환시키는 장치가 사용되기도 한다. 그러나 O_3은 브로민화 이온(Br^-)과 반응하여 또 다른 발암 물질인 브로민산 이온 (BrO_3^-)으로 변환되기도 한다. 이 그림은 음용수에서 발견되는 이온을 음이온 크로마토그래피를 이용하여 분리한 예이다. 예비농축을 통해서 얻은 것으로 브로민산의 검출 한계는 약 2 ppb이다. [출처: R. J. Joyce, *Am. Environ. Lab.* May 1994, 1.]

분리용 칼럼에서 분리가 이루어지고, 억압 칼럼에서 이온성 용리액은 중성 물질로 변경된다.

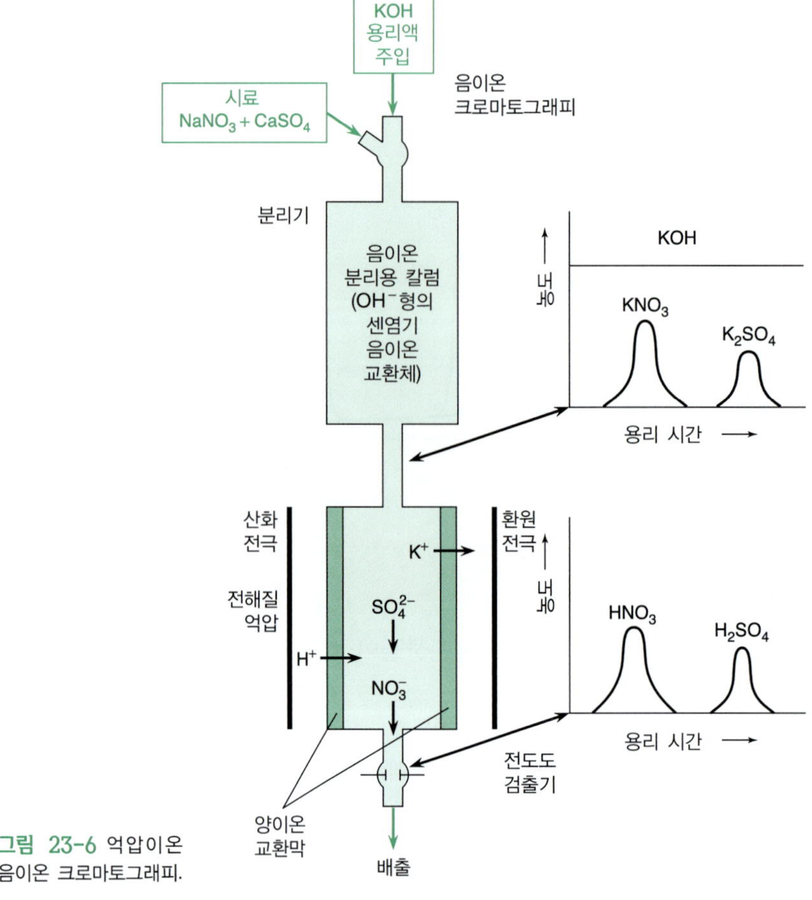

그림 23-6 억압이온 음이온 크로마토그래피.

하여 검출된다. 용리액에 포함된 전해질의 전도도는 비교적 높아서, 분석 대상 이온이 용리될 때 나타나는 전도도 변화보다 크며, 따라서 시료는 검출되지 않는다. **억압이온**(*suppressed-ion*) 크로마토그래피의 중요한 특징은 전도도 측정에 앞서 원하지 않는 전해질을 제거하는 것이다.

예를 들면, 그림 23-6에서처럼 $NaNO_3$와 $CaSO_4$가 포함된 시료를 OH^-형의 음이온 교환 칼럼인 **분리 칼럼**(*separator column*)에 주입하여 KOH로 용리한다. NO_3^-와 SO_4^{2-}는 수지와 평형을 이루어서, OH^- 용리액에 의하여 서서히 치환된다. Na^+와 Ca^{2+}는 전혀 머무르지 않고 곧바로 칼럼을 통해서 배출된다. 잠시 후 KNO_3와 K_2SO_4는 분리용 칼럼을

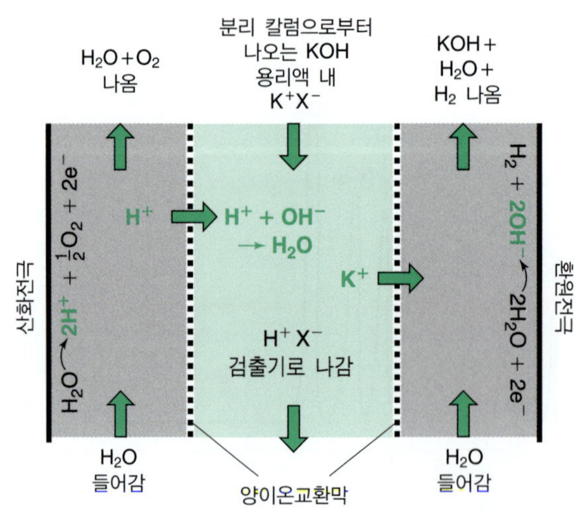

그림 23-7 음이온 크로마토그래피에서의 전해질 억압. KOH가 H_2O로 바뀌어 용리. [출처: Y. Liu, Z. Lu, C. Pohl, J. Madden, and N. Shirakawa, *Am. Lab.* February **2007**, p. 17.]

통과하며 나오게 된다. 그러나, 용매에 포함된 Na_2CO_3의 전도도 때문에 분석물질만의 전기 전도도 검출은 방해를 받아 검출이 어렵게 된다.

이 문제를 해결하기 위해서 용액은 전해질 **억압제**(*suppressor*)에 통과시키게 되는데, 여기서 양이온들은 H^+의 형태로 된 양이온 교환 수지에 의하여 H^+로 치환된다. 이 예에서는 억압 칼럼내의 양이온 교환막을 통과할 때 H^+가 K^+와 교환된다. 결과적으로 높은 전도도를 가지는 KOH 용리액은 낮은 전도도를 가진 H_2O로 바뀐다. 분석물질이 존재할 때는 높은 전도도를 가지는 HNO_3 또는 H_2SO_4가 생겨서 검출된다.

전해질 억압제는 그림 23-7에서 자세하게 보여 준다. 왼쪽에 있는 산화전극은 흐르는 H_2O를 H^+와 O_2로 만든다. H^+는 용출액으로 확산되어 H_2O를 만들기 위해 OH^-와 반응한다. 오른쪽에 있는 환원전극은 OH^-와 H_2를 만든다. 전하 균형을 위해서 K^+는 환원전극으로 이동하고 물의 흐름 방향으로 이동한다. 결과적으로 용출액에서 KOH가 H_2O로 바뀐다.

자동화된 장치에서는 전기분해에 의해 KOH 용리액이 만들어진다. 자동화된 장치를 4 mm 지름의 칼럼으로 한 달 동안 계속해서 사용하기 위해서는 증발된 양만큼의 탈이온수를 보충해야 한다.

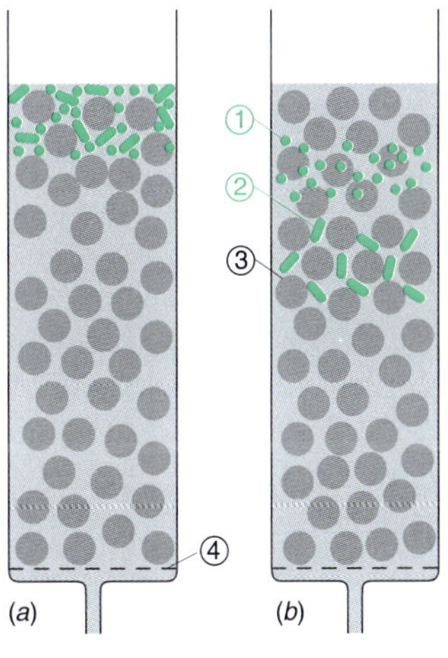

① 작은 분자
② 큰 분자
③ 정지상
④ 정지상을 가두어 두기 위한 프릿

그림 23-8 (a) 크고 작은 분자의 혼합물을 분자 배제 크로마토그래피 칼럼의 윗부분에 넣었다. (b) 큰 분자는 정지상의 기공을 투과하지 못하지만, 작은 분자는 가능하다. 그러므로 큰 분자는 빠르게 아래로 이동하여 칼럼을 통과한다.

자습문제

23-B. **(a)** 이온 크로마토그래피에서 분리용 칼럼과 억압 칼럼은 무슨 역할을 하는가?
(b) 그림 23-6에서 질산염과 황산염이 분리되는 이유는 무엇인가?
(c) 억압제에서 KOH를 H_2O로 전환시키는 것이 왜 필요한가?

23-3 분자 배제 크로마토그래피

분자 배제 크로마토그래피(**molecular exclusion chromatography**, **젤 거르기**(*gel filtration*) 또는 **젤 투과**(*gel-permeation*) 크로마토그래피라고도 함)는 분자를 크기에 따라 분리하는 방법이다. 작은 분자는 정지상의 작은 기공 사이로 들어갈 수 있으나, 큰 분자는 들어갈 수 없다(그림 21-2). 따라서 작은 분자가 칼럼을 통과하는 유효 부피는 커져서 큰 분자가 먼저 용리된다(그림 23-8). 이 기술은 생화학이나 고분자 화학에서 고분자를 정제하고 분자량을 측정하는 데 널리 이용된다(그림 23-9). 그림 23-10은 재료 화학에 적용되는 예를 보여 준다.

분자 배제 크로마토그래피에서 칼럼 내에서 정지상을 **제외한** 이동상(용매)이 차지하는 부피를 **틈새 부피**(*void volume*) V_0라 한다. 큰 분자는 정지상에서 배제되므로 틈새 부피에서 용리된다. 틈새 부피는 기공에 들어갈 수 없는 크기를 가지는 고분자를 칼럼에 통과시킴으로써 측정할 수 있다. 염료, 푸른색 덱스트란(분자 질량 = 2×10^6)이 일반적으로 사용된다.

큰 분자는 작은 분자보다 더 **빨리** 칼럼을 통과한다.

분자량의 결정

머무름 부피(**retention volume**)는 특정 용질이 칼럼에서 용리되는데 요구되는 이동상의 부피이다. 각 정지상에는 분자량과 머무름 부피 사이에는 대수 관계가 성립하는 범위가 있다. 미지 시료의 분자량은 표준 물질의 머무름 부피와 비교하여 추정할 수 있다. 단백질의 분리에서 간혹 있을 수 있는 젤 속의 전하를 띤 자리와 용질의 정전기적 흡착을 제거하기 위해서 충분히 높은 이온 세기(0.05 M NaCl)를 사용하는 것이 중요하다.

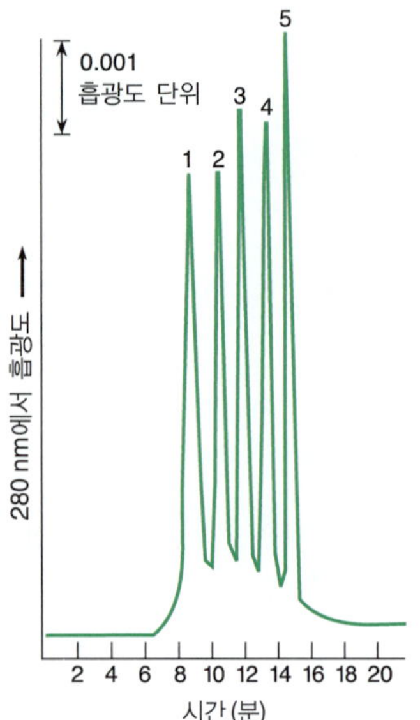

그림 23-9 TSK 3000SW HPLC 칼럼을 이용하여 분자 배제 크로마토그래피로 분리한 단백질. 최대 분자량의 단백질이 먼저 용리된다. [Varian Associates, Palo Alto, CA.]

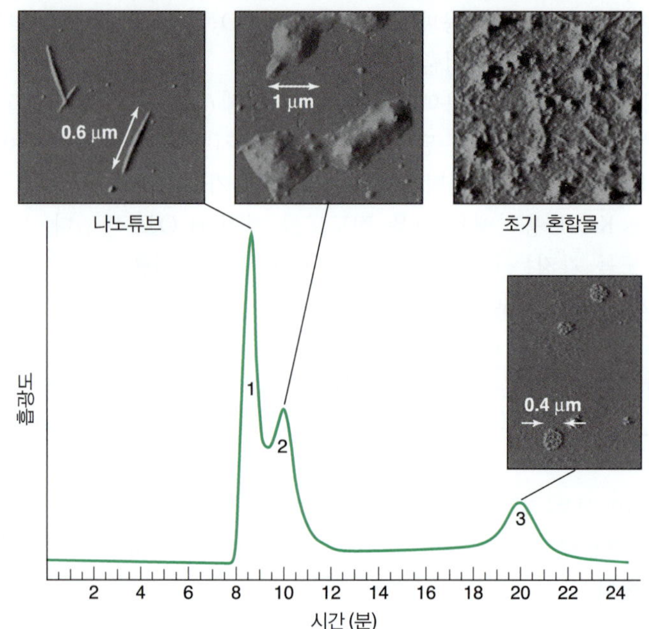

그림 23-10 분자 배제 크로마토그래피를 이용한 탄소 나노튜브의 정제. 흑연 막대 사이의 전기아크에 의해 나노미터 크기의 탄소 생성물이 생성되는데, 엄청나게 강하고 전자장비에 사용 가능한 튜브도 만들어진다. 분자 배제 크로마토그래피는 봉우리 2와 3의 다른 형태의 탄소들로부터 나노튜브(봉우리 1)를 분리한다. 정지상은 PLgel MIXED-A (2000 ~ 4천만) 범위의 분자량에 해당하는 기공 크기를 가지는 폴리스타이렌-다이바이닐벤젠 수지 (polystyrene-divinylbenzene resin)이다. 각 사진은 원자힘 현미경법으로 얻었다. [출처: B. Zao, H. Hu, S. Niyogi, M. E. Itkis, M. A. Hamon, P. Bhowmik, M. S. Meier, and R. C. Haddon, *J. Am. Chem. Soc.* **2001**, *123*, 11673.]

예 제 젤 거르기에 의한 분자량의 결정

젤 거르기 칼럼에서 단백질의 크로마토그램을 얻어서 머무름 부피 (V_r)를 측정하였다. 미지 시료의 분자 질량 (MM)을 추정하시오.

혼합물	V_r (mL)	분자 질량	log (분자 질량)
푸른색 덱스트란 2000	17.7	2×10^6	6.301
알돌레이스	35.6	158 000	5.199
카탈레이스	32.3	210 000	5.322
페리딘	28.6	440 000	5.643
티로글로뷸린	25.1	669 000	5.825
미지 시료	30.3	?	

해답 그림 23-11에 V_r 대 log (MM)를 도시하였다. 5종의 교정용 표준 물질을 최소 제곱법으로 구한 것이다. 미지 시료의 머무름 부피를 최소 제곱법으로 구한 식에 도입하여 구하면, 분자량을 구할 수 있다.

$$V_r\,(\text{mL}) = -15.75\,[\log(\text{MM})] + 117.0$$

$$30.3 = -15.75\,[\log(\text{MM})] + 117.0$$

$$\Rightarrow \log(\text{MM}) = 5.505 \Rightarrow \text{MM} = 10^{5.505} = 320\ 000$$

복습 문제 분자 질량이 888 000인 단백질의 예상 머무름 부피는 얼마인가? (**답**: 23.3 mL)

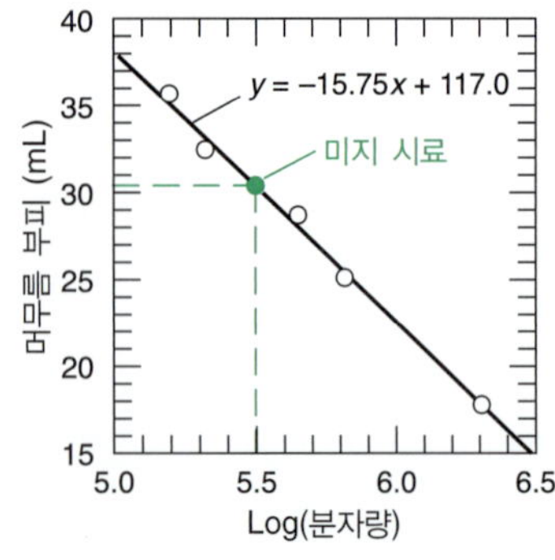

그림 23-11 분자 배제 크로마토그래피로 미지 단백질의 분자 질량을 추정하기 위해 작성한 교정 곡선.

자습문제

23-C. 어떤 젤 거르기 칼럼의 반지름(r)이 0.80 cm이고, 길이(l)는 20.0 cm이다.

(a) 칼럼의 총부피($\pi r^2 l$)를 계산하시오.

(b) 푸른색 덱스트란의 머무름 부피는 18.2 mL이다. 정지상과 정시상의 기공 내부의 용매가 차지하는 부피의 합은 얼마인가?

(c) 기공이 정지상 부피의 60.0%를 차지한다고 하자. 모든 용질들이 용리할 것으로 예상되는 부피 범위(가장 큰 분자의 x mL로부터 가장 작은 분자의 y mL까지)는 얼마인가?

23-4 친화 크로마토그래피

친화 크로마토그래피(affinity chromatography)는 복잡한 혼합물 중 하나의 화합물을 분리해내는데 사용된다. 이 기술은 한 개의 화합물이 특정한 정지상에 결합하는 것에 그 기초를 둔다(그림 21-2). 시료를 이 칼럼에 통과시키면 단지 하나의 용질만이 결합한다. 그 밖의 성분들을 잘 씻어 버린 후, 달라붙은 한 개의 용질은 정지상과의 결합을 약화시킬 수 있는 조건으로, 즉 pH나 이온 세기를 바꿔줌으로써 용출시킨다. 이 방법은 효소와 기질, 항체와 항원 혹은 수용체와 호르몬들 사이의 특수 상호작용 때문에 특히 생화학에 응용된다.

그림 23-12에는 칼럼에 **단백질** A를 공유 결합으로 부착하여 친화 크로마토그래피로 immunoglobuline G(IgG) 단백질을 분리한 예를 보여 주고 있다. 단백질 A는 pH $\gtrsim$ 7.2의 특정 조건에서만 IgG와 결합한다. IgG를 포함하는 혼합물이 pH 7.6에서 칼럼을 통과하게 되면, 0.3분 이내에 IgG를 제외한 모든 물질은 칼럼에서 배출되며, 1분 후 pH를 2.6으로 낮추면 IgG 성분만이 1.3분에 용리된다.

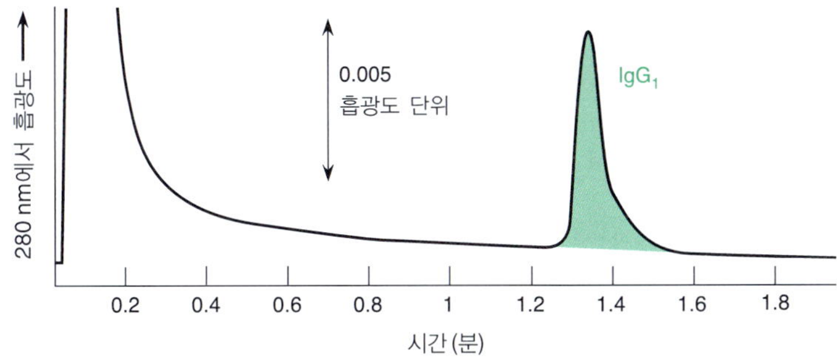

그림 23-12 고분자 지지체에 단백질 A를 공유 결합시킨 칼럼(길이 5 cm × 지름 4.6 mm)을 이용한 친화 크로마토그래피로 얻은 IgG 단세포군 항체(monoclonal antibody)의 정제. 시료 속에 있던 다른 단백질은 pH 7.6에서 0~0.3분 이내 용리된다. pH를 2.6으로 낮추면 IgG는 단백질 A에서 분리되고, 칼럼에서 용리된다. [출처: B. J. Compton and L. Kreilgaard, *Anal. Chem.* **1994**, *66*, 1175A.]

23-5 모세관 전기이동법이란 무엇인가?

2007년 후반에 혈액 응고 방지제 **헤파린**(*heparin*)을 맞은 사람들 중에서 200명 이상이 심한 알레르기 반응을 일으키고 사망했다.[5] 헤파린은 분자량이 2~50 kDa인 황산화 다당류(단당류 단위로 만들어진 고분자)의 혼합물로 돼지의 장에서 추출한다. 이 문제가 2008

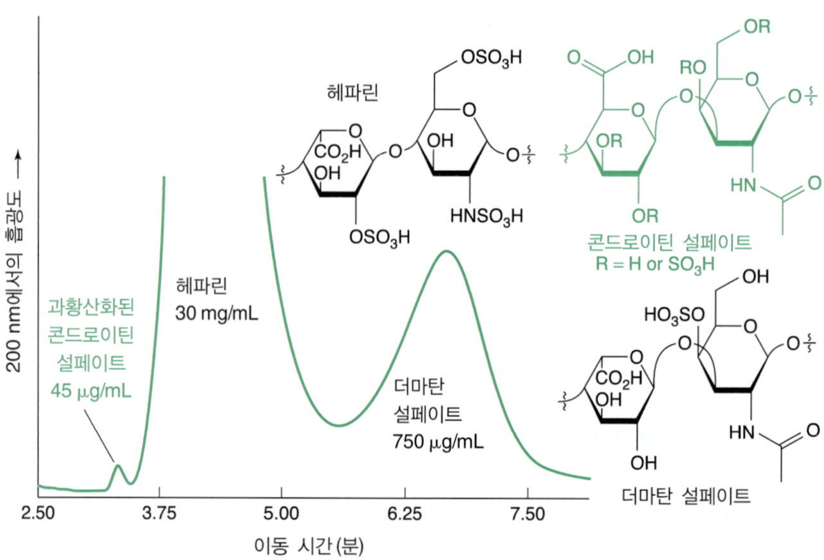

그림 23-13 과황산화된 콘드로이틴 설페이트와 더마탄 설페이트가 첨가된 헤파린(30 mg/mL)의 전기이동그림. 오염된 헤파린은 이보다 약 200배의 과황산화된 콘드로이틴 설페이트가 들어 있었다. [출처: Robert Weinberger, CE Technologies, and Todd Wielgos, Baxter Healthcare; T. Wielgos, K. Havel, N. Ivanova, and R. Weinberger, *J. Pharma. Biomed. Anal.* **2009**, *49*, 319.]

년 1월에 인식되자마자 미국의 공급 회사들은 회수 조치를 하였고, 미국 식품의약청은 조사를 시작하였다. 헤파린은 하루에도 수천 건씩 생명이 위급한 환자들에게 사용되기 때문에 문제의 원인과 해법을 찾아야만 했다.

양이온은 음극 쪽으로 끌려간다. 음이온은 양극 쪽으로 끌려간다.

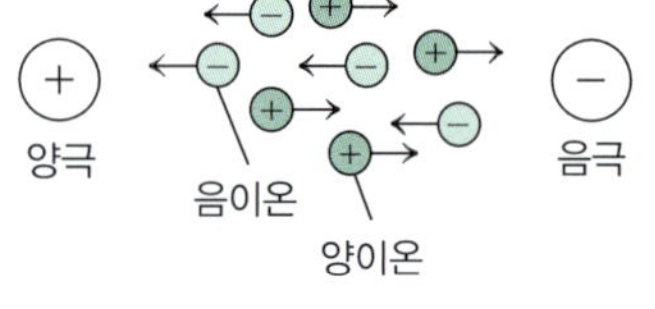

헤파린은 헤파린 분해 효소에 의해 이당류로 잘라진다. 문제가 된 헤파린은 헤파린 분해 효소에 의해 잘라지지 않는 거대분자 조성이 20~50 wt%나 되었다. **모세관 전기이동법**(*capillary electrophoresis*)이 두 가지 불순물을 찾아내는 데 사용되었다.(그림 23-13)[6, 7] 하나는 알레르기 반응이 알려지지 않은 더마탄 설페이트(dermatan sulfate)였다. 다른 하나는 핵자기 공명법(NMR)에 의해 과황산화된 콘드로이틴 설페이트(chondroitin sulfate)임을 알 수 있었다. 동물 실험에 의해 콘드로이틴 설페이트가 알레르기 반응을 일으킴이 밝혀졌다. 2008년 3월에는 미국에 수입되는 헤파린을 모세관 전기이동법과 핵자기 공명법으로 검사하는 긴급 조치가 취해졌고 오염된 헤파린으로 인한 사망은 그치게 되었다. 오염된 헤파린은 중국에서 만들어진 것이었다. 과황산화된 콘드로이틴 설페이트가 혈액 응고 작용도 있고 헤파린보다 값이 싸기 때문에 넣었던 것으로 추정된다.

전기이동(**electrophoresis**)은 전기장의 영향하에서 용액 중 이온의 이동이다. 음이온은 양극으로, 양이온은 음극으로 끌린다. 이온의 종류에 따라 이동 속도가 다르게 된다. **모세관 전기이동법**(**capillary electrophoresis**)은 가는 모세관을 이용하여 용액 중 이온을 고분리도로 분리해내는 방법이다. 이온이 아닌 중성 상태의 분석물질을 위해서는 기술적인 방법이 요구되기도 한다. 모세관 전기이동법은 거대분자인 단백질이나 DNA를 쉽게 분리할 수 있을 뿐만 아니라, Na^+나 벤젠 같이 작은 분자들도 쉽게 분리할 수 있다. 모세관 전기이동법은 세포 하나에 들어 있는 성분까지 분석 가능하다.

바탕 전해질은 run buffer라고도 하는데, 전극 용기에 있는 용액을 말한다. 모세관 내의 pH와 전해질 성분을 조절한다.

그림 23-14에는 전형적인 실험 장치를 보여 주는데, 용융 실리카(SiO_2) 모세관의 길이는 50 cm, 지름은 25~75 μm 정도이다. 모세관의 양끝은 **지지 전해질**(*background electrolyte*)에 담겨 있다. 실험은 모세관의 한쪽 끝을 시료 용기에 넣고 시료 용기에 압력을 가하면 약 10 nL (10^{-9} L) 정도의 시료 용액이 모세관에 도입하는 과정으로 시작된다. 그 다음 모세관을 전해질 용액으로 다시 이동시키고, 20~30 kV의 전압을 가해주면 모세

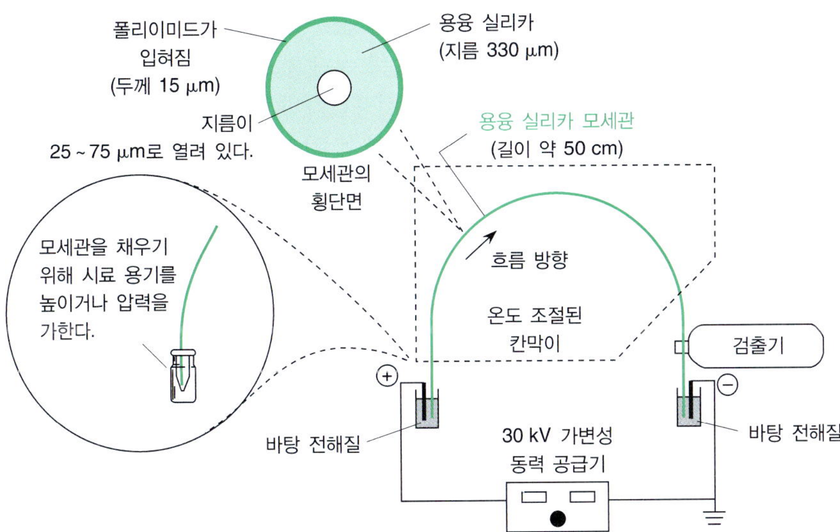

그림 23-14 모세관 전기이동법. 시료 주입은 한쪽 모세관을 시료 용기에 넣고 압력을 가하거나 높이 조절, 또는 모세관의 반대편에서 흡입하는 방법을 이용한다.

관 내의 이온들이 이동하기 시작한다. 이온의 종류에 따라 이동 속도는 차이가 있으며, 모세관을 통과하는 과정에서 시료 간에 분리가 일어난다. 이온 검출은 모세관의 끝부분에 장치된 자외선 흡광기를 통해서 이루어진다(다른 검출기를 사용하기도 함). 그림 23-15에서 보듯이 시간에 대한 검출기 감응의 그래프를 **전기이동그림**(*electropherogram*)이라고 부른다(크로마토그래피에서는 같은 그래프를 **크로마토그램**이라 부른다). 모세관 전기이동법은 이온 크로마토그래피만큼 예민하지는 않으나 이온선택 전극보다는 예민하다.

이온의 전하가 커지면 전기장에서 빠르게 이동한다. 분자의 크기가 커질수록 천천히 이동한다.

Cl^- 분석에 있어 방법 간의 비교

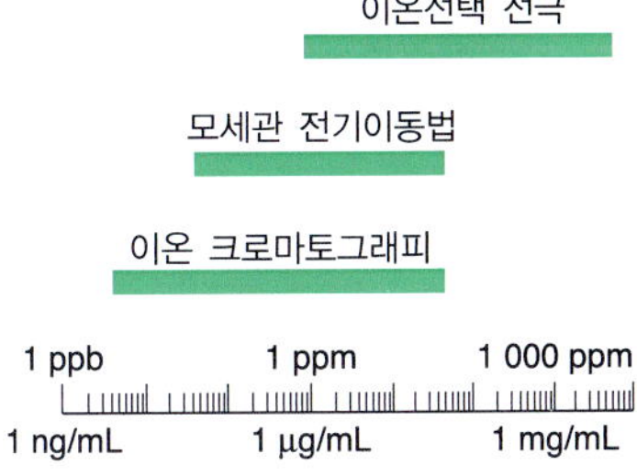

모세관 전기이동법에서 얻은 봉우리의 폭은 매우 좁을 수 있다. 크로마토그래피에서 띠

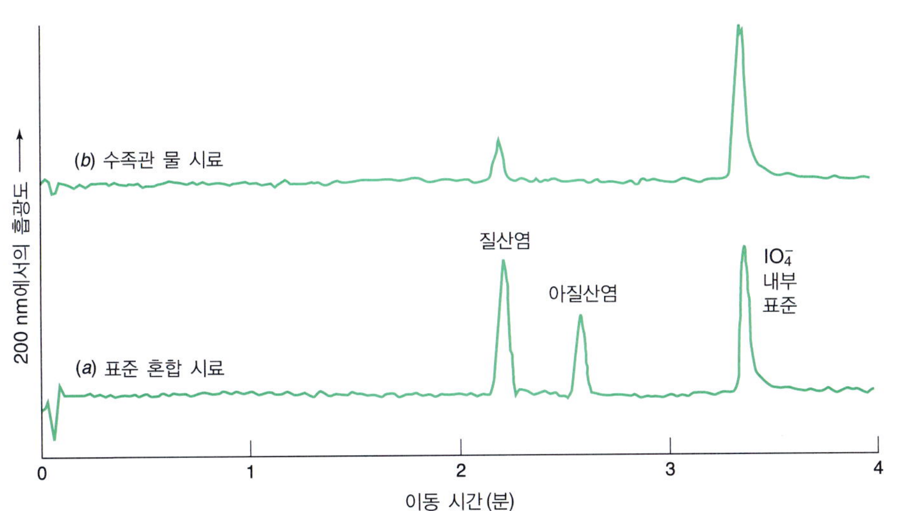

그림 23-15 모세관 전기이동법에 의한 수족관 물(보충 6-1) 안의 질산염 측정. 검출 파장에서 222 nm 물 안의 많은 화학종들은 흡광도가 너무 작기 때문에 측정하기 어렵다. (*a*) 15 μg/mL의 질산염(NO_3^-), 5 μg/mL의 질산염(NO_2^-), 10 μg/mL의 내부 표준인 과아이오딘산염(IO_4^-)이 포함된 표준 혼합 시료. (*b*) 내부 표준 물질을 첨가하여 증류수로 1:100으로 희석한 수족관 물. 수족관에는 고농도의 질산염이 포함되어 있으나 이 실험에서는 아질산염은 검출되지 않았다. [출처: D. S. Hage, A. Chattopadhyay, C. A. C. Wolte, J. Grundman, and P. B Kelter, *J. Chem. Ed.* **1998**. *75*. 1588]. 과아이오딘산염은 의구심이 드는 표준 물질이다. 왜냐하면 이것은 강한 산화제여서 수족관 물 안의 유기 물질과 반응할 수도 있기 때문이다.

넓어짐의 이유는 설명하였다. 그 세 가지 이유는 세로 확산(van Deemter 식 21-7의 *B*항), 정지상과 이동상에서 일어나는 질량 이동의 속도 문제(*C*항), 입자 사이로의 다양한 이동 경로(*A*항) 등 때문이다. 만약 열린관 칼럼을 사용한다면 경로(*A*항) 차이로 발생하는 띠 넓어짐을 크로마토그래피와 모세관 전기이동법에서 감소시킬 수 있다(충전된 칼럼과 비교해서). 모세관 전기이동법은 더 나아가 **정지상이 없기** 때문에 질량 이동 문제(*C*항)로 나타나는 봉우리 넓어짐 현상이 없다. 이상적인 조건에서 봉우리 넓어짐 현상을 일으킬 수 있는 요인은 용질이 모세관을 이동하면서 발생하는 세로 확산뿐이다. 모세관 전기이동법은 일반적으로 50 000에서 500 000 정도의 이론단수를 가지며, 이 값은 크로마토그래피와 비교해서 대략 10배 큰 값에 해당한다.

자습문제

23-D. 모세관 전기이동법은 작은 부피의 시료를 분석할 수 있고, 높은 분리도의 분리를 제공한다는 점에서 주목받고 있다.

(a) 주입된 시료는 보통 모세관의 5 mm를 차지한다. 만약 모세관의 지름이 25 μm라면 시료가 부피는 얼마인가? 50 μm라면?(반지름이 r인 원통의 부피는 $\pi r^2 \times$ 길이이다.)

(b) 크로마토그래피에서 발생하는 띠넓어짐 현상 중에서 모세관 전기이동법에서는 나타나지 않는 현상은 무엇인가?

23-6 모세관 전기이동법의 작동 원리

모세관 전기이동법의 두 가지 작동 원리

전기이동: 양이온은 음극, 음이온은 양극으로의 이동

전기삼투: 음극 쪽으로 전체 유체의 이동

모세관 전기이동법은 **전기이동**(*electrophoresis*) 및 **전기삼투**(*electroosmosis*)라고 하는 두 가지 과정이 포함되어 있다. 전기이동은 전기장 하에서 이온의 이동을 의미하며, 전기삼투는 모세관 내의 전체 용액이 양극에서 음극으로 움직이도록 한다. 이렇게 전체 용액은 한 방향으로만 흐르지만, 유체 속에는 양이온이 음극으로, 음이온이 양극으로 끌려가는 현상이 포함되어 있다. 그림 23-14를 보면 양이온은 시료의 주입이 이루어지는 왼쪽에서 검출기가 위치한 오른쪽으로 이동하며, 음이온은 왼쪽으로 이동한다. 그러나 용액 내 양이온과 음이온의 흐름은 전기삼투에 의해서 왼쪽에서 오른쪽으로 향하게 된다. 따라서 양이온은 음이온보다 먼저 검출기에 도달하며, 중성 분자는 전기삼투만의 힘에 의해 검출기에 음이온보다 빠르게 도착된다.

전기삼투

전기삼투(Electroosmosis)는 용융 실리카(fused silica) 성분의 모세관 내부에서 양극으로부터 음극으로 유체가 흘러가는 것으로 전기장에 의해서 생성된다. 전기삼투가 발생하는 이유를 이해하려면 모세관의 내벽에서 일어나는 현상을 고찰할 필요가 있다. 모세관 내벽은 실란올(Si—OH)기로 덮여 있으며, pH 2 이상에서는 음전하 형태($Si—O^-$)로 되어 있다. 그림 23-16a는 모세관 내벽을 나타낸 것으로 벽에 가까운 영역은 **전기 이중층**(*electric double layer*)이 형성되어 있다. 이중층은(1) 음전하를 띤 벽면과(2) 음전하와 같은 양의 양전하를 갖는 벽면 가까이의 용액으로 구성되어 있다. 양전하를 띠는 부분을 **이중층의 확산 영역**(*diffuse part of the double layer*)이라 부르며, 두께는 대략 1 nm이다. 전기장이 걸리면 양이온들은 음극으로, 음이온은 양극으로 이동한다. 이중층의

확산 영역에는 과량의 양이온이 존재하므로 용액 전체가 음극으로 끌린다(그림 23-16b). 더 큰 전기장이 걸리면 흐름 속도는 증가한다.

모세관 벽에 인접한 이중층의 확산 영역 내에 존재하는 이온은 전기삼투 흐름을 추진시키는 "펌프"이다.

천연색 사진 23은 전기장에 의해 생긴 전기삼투 흐름과 일반적인 압력차에 의해 형성되는 유체역학 흐름 사이의 극단적인 차이를 보여 주고 있다. 모세관 벽 위의 이온에 의해서 이동되기 때문에 그림 23-16c에서 나타낸 개략도와 같이 전기삼투 흐름 지름의 단면은 일정하다. 이동띠를 넓히는 유일한 메커니즘은 확산이다. 반대로 유체역학적 흐름에서 포물선 형태의 속도를 갖고 있기 때문에, 모세관 중앙에서는 가장 빠른 속도를 나타내고 벽에서는 낮은 속도를 나타낸다. 포물선 형태의 속도는 띠넓어짐을 일으킨다.

전기삼투 현상은 pH가 낮아지면 감소하는데, 이것은 $Si—O^-$가 $Si—OH$로 전환되면서 이중층에 있는 양이온의 수가 줄어들기 때문이다. 중성이면서 자외선을 흡수하는 시료인 메탄올을 이용해서, 시료가 검출기에 도달하는 시간(**이동 시간**(*migration time*)이라고 함)을 측정함으로써 전기삼투 속도를 확인하였다. 30 kV 전압에서 50 cm, 모세관을 통과하는데 소요된 시간은 pH 9에서 4.8 mm/s, pH 3에서 0.8 mm/s였다.

전기이동에서 이동 시간은 크로마토그래피의 머무른 시간과 같다.

그림 23-14와 23-16을 보면, 이중층의 양이온이 음극으로 이동하므로 전기삼투는 왼쪽에서 오른쪽으로 향한다. 비록 전체 용액의 이동은 전기삼투에 영향으로 오른쪽으로 향하지만, 전기이동의 영향으로 양이온은 오른쪽으로, 음이온은 왼쪽으로 이동시키는 흐름이

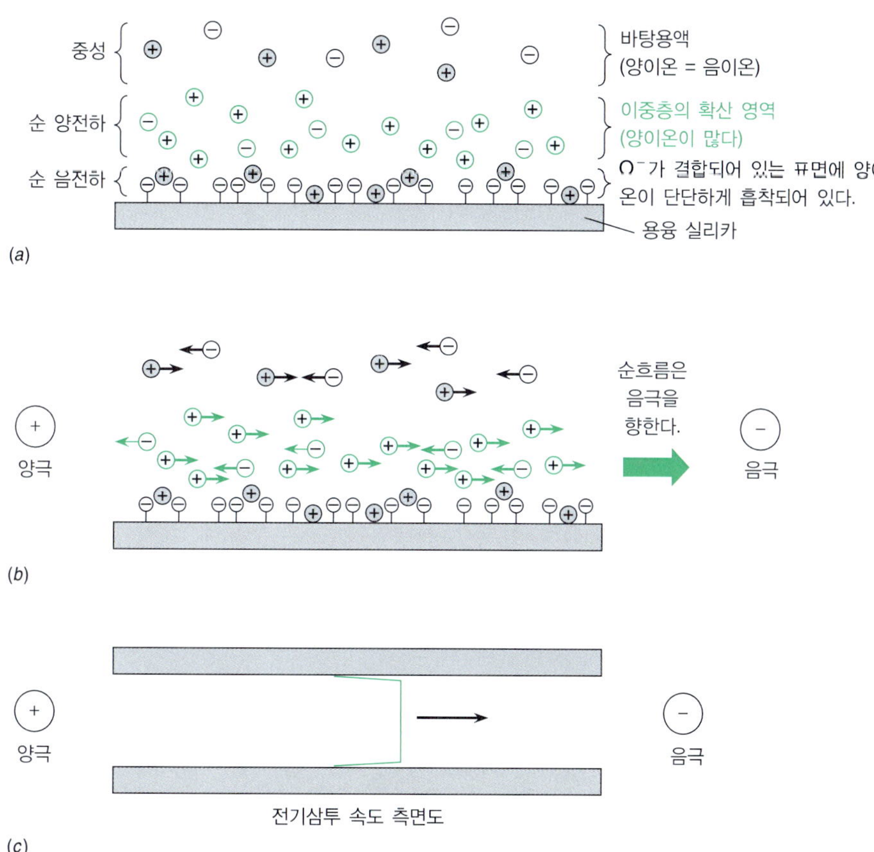

그림 23-16 (*a*) 실리카 표면은 음전하를 띠고 있으며, 이중층의 확산 영역에는 과량의 양이온이 존재하는 전기 이중층이 벽면 가까운 용액 내에 형성되었다. 벽면은 음으로 하전되어 있고, 이중층의 확산 영역은 양전하를 갖는다. (*b*) 전기장이 걸리면 이중층의 확산 영역에 있는 양이온의 영향으로 전기삼투에 의한 유체의 흐름은 음극을 향한다. (*c*) 전기삼투 속도 측면을 보여 주는 것으로 모세관 단면의 99.9% 이상이 균일 흐름을 갖는다. 모세관에 있는 액체는 일정한 온도를 유지해야 한다. 지름이 큰 관에서 온도 변화는 띠넓어짐 현상을 야기한다.

동시에 존재한다. 중성이나 높은 pH에서 전기삼투는 전기이동보다 빠르기 때문에 궁극적인 흐름은 음이온을 오른쪽으로 향하게 한다. 낮은 pH에서는 전기삼투가 약해지므로 음이온이 왼쪽으로 흘러서 검출기에 도달하지 않을 수도 있다. 만약 낮은 pH에서 음이온을 분리하려면 기기 장치에서 방향을 역으로, 즉 시료를 양극에서 주입하고 검출기를 음극에 설치하기도 한다.

정량 분석의 경우

$$\text{정규화된 봉우리 면적} = \frac{\text{봉우리 면적}}{\text{이동 시간}}$$

전기이동법을 이용하여 정량 분석을 하기 위해서는 **정규화된 봉우리 면적**(*normalized peak areas*)을 이용해야 한다. 정규화된 봉우리 면적은 측정한 봉우리 면적을 이동 시간으로 나눈 값이다. 크로마토그래피에서는 각 분석물질이 같은 속도로 검출기를 통과하므로 봉우리 면적은 분석물질의 양과 비례 관계가 있다. 전기이동에서는 분석물질이 서로 다른 실질 이동도를 갖기 때문에 서로 다른 속도로 검출기를 통과한다. 겉보기 이동도가 클수록 이동 시간이 짧아지고 분석물질이 검출기를 통과하면서 보내는 시간이 단축된다. 검출기 내에서 보내는 시간을 보정하기 위해서 각 분석물질의 봉우리 면적을 이동 시간으로 나누는 것이다.

검출기

가장 일반적으로 사용하는 검출기는 **자외선 흡수 검출기**(*ultraviolet absorbance monitor*)로, 많은 시료의 흡수가 일어나는 200 nm 근처의 파장을 사용한다. 지름이 큰 칼럼을 사용하는 경우에는 용매가 너무 많은 양의 빛을 흡수하므로 이렇게 짧은 파장을 사용할 수 없다. **형광 검출기**(*fluorescence detector*)는 형광성 물질이나 형광성 유도체에 사용된다. 흡광도나 형광을 측정하기 위해서는 검출기 위치에서 그림 23-14의 모세관의 보호용 폴리이마이드 코팅을 벗겨낸다. **전기화학 검출**(*electrochemical detection*)은 전극에서 전자를 잃거나 얻을 수 있는 시료에 민감하게 작동한다. 용리액을 직접 **질량 분석기**(*mass spectrometer*)에 도입할 수도 있는데, 이 경우, 정량적인 정보와 시료의 분자 구조에 관한 정보를 얻을 수 있다. **전도도 검출**(*conductivity detection*)은 지지 전해질의 억압 이온교환 방법(이온 크로마토그래피의 그림 23-7)을 이용하면 작은 이온의 경우 1~10 ppb까지 검출이 가능하다.

직접 검출과 비교해서 **간접 검출**(**indirect detection**)은 시료가 검출기를 지나갈 때 약한 신호를 나타내는데 반해서, 지지 전해질이 센 신호를 나타내는 것을 이용한다. 그림 23-17은 간접 형광 검출을 나타낸 것으로 모든 검출에서 같은 원리가 적용된다. 시료와 같은 전하를 띤 형광 이온을 지지 전해질에 첨가하면 검출기는 일정한 바탕 신호를 갖게 된다. 모세관 내의 어느 부위에 시료가 존재한다면 그 부분에 있어서 바탕 이온의 양은 전기중성을 유지하기 위해서 시료의 개수만큼 줄어들게 된다. 만약 분석물질이 형광을 나타내지 않는다면 분석물질이 검출기를 통과하는 동안 형광 강도는 감소하게 되며, 검출기에서 **음**(*negative*)의 신호가 나타난다.

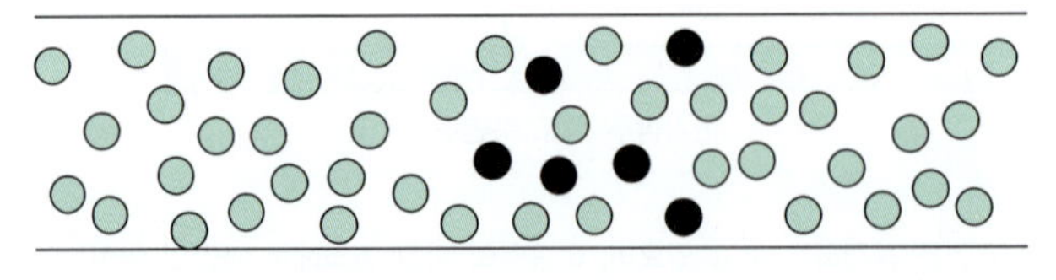

그림 23-17 **간접 검출법의 원리.** 모세관으로부터 분석물질이 나올 때 바탕 신호가 크게 감소한다.

그림 23-18는 간접 자외선 검출로 Cl^-를 검출한 것인데, 자외선 흡수를 위해서 크로뮴산 음이온 CrO_4^{2-}를 사용하였다. 분석물질이 없을 때 CrO_4^{2-}는 254 nm에서 일정한 흡광도를 보인다. 검출기에 Cl^- 이온이 도착하면 상대적으로 CrO_4^{2-}의 양은 감소하게 되고, Cl^-는 흡광도를 나타내지 않는다. 그러므로 검출기 신호는 **감소한다**. $^{35}Cl^-$과 $^{37}Cl^-$는 단지 0.1% 전기이동의 차이가 나타난다. 그림 23-18에서 보여준 것처럼 정교하게 분리하려면, 두 화학종이 최대의 시간 간격으로 떨어져 이동하는 것이 필요하다. 이런 목표를 이루기 위해서는 높은 pH 9.2를 선택해야 된다. 이 경우에는 음극으로 향하는 전기삼투 흐름이 양극으로 향하는 Cl^-의 전기이동 흐름보다 약간 크며, 두 동위원소를 분리하는 데 40분이 걸렸다.

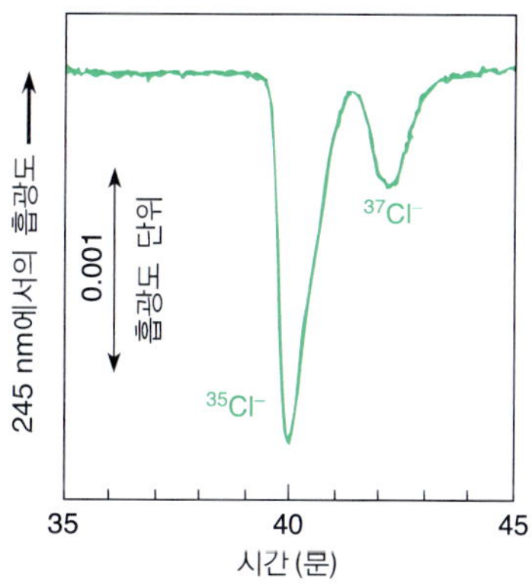

그림 23-18 0.56 mM Cl^- 동위원소의 분리한 예로, 모세관 전기이동법에서 간접 분광광도 검출을 사용하여 254 nm 파장에서 검출하였다. 254 nm에서 흡광도를 유지하기 위해서 지지 전해질은 5 mM CrO_4^{2-}를 사용하였다. 동위원소를 완벽하게 분리하는 방법은 몇 가지가 있으며, 여기 나타낸 훌륭한 분리는 Calgary 대학의 학부생이 수행한 결과이다. [출처: C. A. Lucy and T. L. McDonald, *Anal. Chem.* **1995**, *67*, 1074.]

자습문제

23-E. **(a)** pH 9에서 모세관 전기이동법을 수행하였다. 이 pH에서는 전기삼투 속도가 특히 음이온에 대한 전기이동 속도보다 크다. 모세관, 양극, 음극, 주입기, 그리고 검출기를 포함하는 그림을 그리시오. 양이온과 음이온의 전기삼투 및 전기이동의 방향을 보이시오. 각 이온의 이동 방향을 보이시오.

(b) 만약 pH가 3으로 낮아진다면, 전기삼투 속도는 전기이동 속도보다 낮아진다. 양이온과 음이온은 어떤 방향으로 이동하는가?

(c) 그림 23-18에서 왜 검출기의 신호가 음인지 설명하시오.

23-7 모세관 전기이동법의 종류

현재까지 언급한 모세관 전기이동법은 **모세관 띠 전기이동법(capillary zone electrophoresis)**으로 전기이동 속도가 이온마다 다르다는 것을 근거로 시료를 분리한다. 전체 유체의 흐름은 전기삼투로 인해서 음극으로 이동한다(그림 23-16b). 전체 유체의 흐름 속도와 비교해서 양이온은 더 빠르게 움직이며, 음이온의 이동 속도는 느리다. 그러므로 용리 순서는 양이온이 가장 빠르고, 중성, 음이온 순서로 용리된다. 만약 전극의 극성을 바꾸면 양이온, 중성 시료보다 음이온이 먼저 용리될 것이다. 중성 분자들은 서로 분리되지 않는다.

모세관 띠 전기이동법에서 용리 순서
1. 양이온(이동 속도가 빠른 것이 가장 먼저 용리)
2. 중성물질(분리되지 않음)
3. 음이온(이동 속도가 빠른 것이 가장 느리게 용리)

모세관 띠 전기이동법은 적당한 **광학 활성** 착화제(*optically active* complexing agent)를 지지 전해질에 가하면 광학 이성질체를 분리할 수 있다. **카이랄**(*chiral*) 물질이라고 불리는 광학 활성 물질은 자신의 거울상과 겹쳐지지 않는 물질이다. 그림 23-19의 카이랄 크라운 에터(crown ether)는 NH···O 수소 결합을 통해 아미노산의 암모늄기와 결합할 수 있다. 크라운 에테르는 L-아미노산보다 D-아미노산에 대해 더 큰 친화력을 가진다(495쪽의 구조 참조). 전기이동 칼럼을 통해 이동하는 아미노산은 크라운 에터와 착물을 형성한 채 시간의 일부를 보내는데, 착물을 형성하고 있는 동안에는 착물을 형성하지 않는 아미노산과 다른 속도로 이동한다. 만약 D-와 L-아미노산 중 어느 하나가 크라운 에터와 결합한 채 더 많은 시간을 보낸다면 이들의 이동 시간은 달라진다. 그림 23-19는 카이랄 크라운 에터의 존재하에서 D-와 L-아미노산의 분리를 보여 준다.

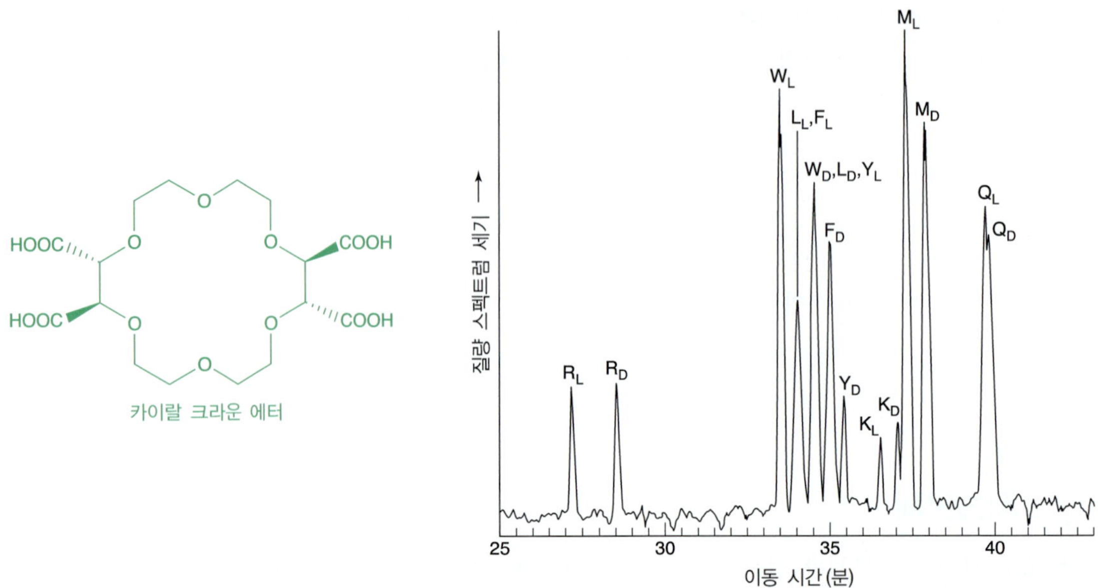

그림 23-19 모세관 띠 전기이동법에 의한 D-와 L-아미노산의 분리. 카이랄 크라운 에테르를 지지 전해질에 첨가하였음. 아미노산들은 표 11-1에 열거한 약자로 표시하였다. 크라운 에테르는 L-아미노산보다는 D-아미노산과 더 강하게 결합하므로, L-아미노산보다는 D-아미노산의 이동 시간을 더 많이 변화시킨다. 칼럼을 빠져나오는 액체의 광범위(m/z 74.5 ~ 250) 질량 스펙트럼을 연속으로 기록하였다. m/z값 132, 147, 150, 166, 175, 182, 205에 해당하는 이온 세기의 합을 나타내었다. 예를 들어, m/z 150은 양성자첨가된 메싸이오닌(전기이동그림에서 M으로 표시)에만 해당한다. [출처: C. L. Schultz and M. Moini, *Anal. Chem.* **2003**, *75*, 1508.]

또한 모세관 전기이동법은 식품 오염과 의학적 진단을 위해 박테리아류를 확인하고 분리하는 데 이용된다(그림 23-20). 박테리아의 표면은 많은 하전된 작용기를 가지고 있으므로 전기장에서 이동한다. 박테리아나 단백질에서 하전된 작용기의 높은 밀도는 모세관의 하전된 표면에 달라붙기 쉽게 만든다. 그러므로 모세관 벽은 벽들과의 상호작용을 줄이기 위해서 화학적으로 변형시키거나 고분자로 코팅한다.

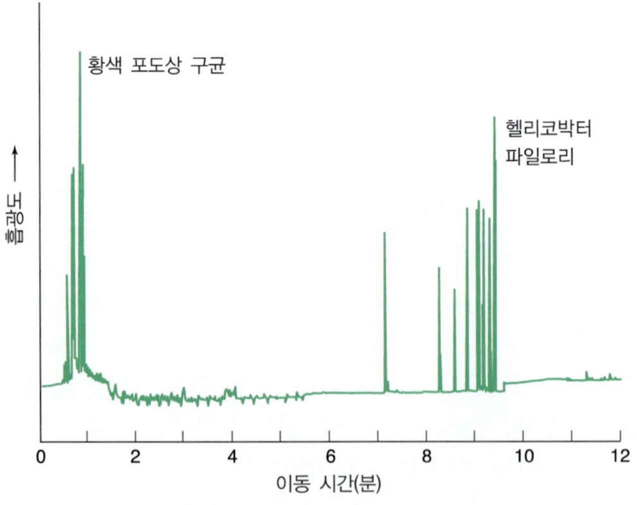

그림 23-20 모세관 전기이동법을 이용한 전체 박테리아에서 상처나 환부의 박테리아 분리
[출처: E. K. Łodzińska and B. Buszewski, *Anal. Chem.* **2009**, *81*, 8.]

마이셀 동전기 모세관 크로마토그래피

이 방법은 중성 분자를 이온만큼 잘 분리할 수 있는 모세관 전기이동법 중 한 가지 형태이다(그림 23-21). **마이셀 동전기 모세관 크로마토그래피(micellar electrokinetic capillary chromatography)**의 핵심되는 요소는 보충 23-2에 언급한 바와 같이 **마이셀**(*micelles*)이 용액 내에서 형성된다는 것이다.

어떤 원리로 중성 분자가 분리되는가를 이해하기 위해서 지지 전해질에 음전하를 띠는 마이셀이 들어 있다고 가정하자. 그림 23-22에서 전기삼투에 의한 흐름은 오른쪽으로 향한다. 음전하를 띤 마이셀은 전기이동에 의해 왼쪽으로 움직인다. 그러나 전기삼투가 전기이동에 의한 흐름보다 빨라서 전체 흐름은 오른쪽을 향하게 된다.

마이셀이 없다면 모든 중성 분자는 동시에 검출기에 도달할 것이며, 이 시간을 t_0라고 하자. 그 다음 마이셀이 형성된 조건에서 시료를 주입하고 검출기에 도달하는 시간을 t_{mc}라 하면, 이 값은 t_0보다 긴 값을 갖는데, 음으로 하전된 마이셀이 전기삼투의 반대 방향으로 이동하기 때문이다. 만약 중성 분자가 용액과 마이셀 내에서 평형 상태를 유지한다면 이동 시간은 증가하게 되는데, 음으로 하전된 마이셀 내에 시료가 있을 때 중성 상태보다 이동 시간이 더 느리기 때문이다. 이 경우 중성 분자는 t_0와 t_{mc} 사이에 검출기에 도달하게 된다.

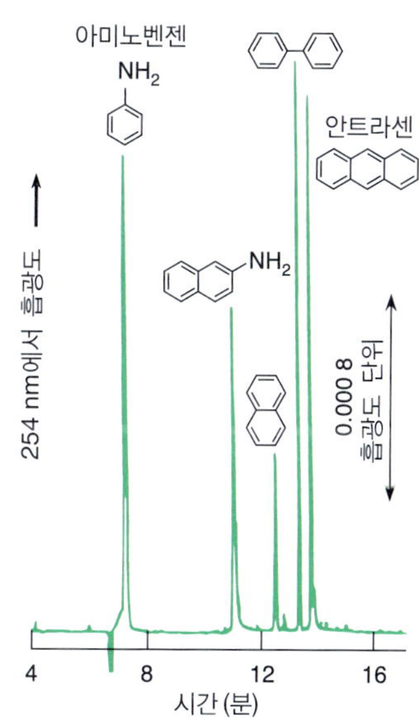

그림 23-21 마이셀 동전기 모세관 크로마토그래피를 이용한 중성 분자의 분리. 이 실험에서 50 cm 길이의 모세관으로 얻은 평균 이론단 수는 250 000이다. [출처: J. T. Smith, W. Nashabeh, and Z. E. Rassi, *Anal. Chem.*, **1994**, *66*, 1119.]

보충 23-2 마이셀이란 무엇인가?

마이셀(micelle)은 이온성 머리기(headgroup)와 비극성 꼬리기를 가지는 분자들의 집합이다. 이런 분자들을 **계면활성제**(*surfactant*)라 부르는데, 그 예로 황산 도데실 소듐이 있다.

O–S–O⁻ Na⁺

황산 도데실 소듐 (계면활성제)
$C_{12}H_{25}SO_4^-Na^+$

긴 유기성 꼬리기와 하전된 머리를 갖는 분자

마이셀의 내부에 용해된 비극성 유기 분자

용액 내 반대이온

마이셀의 극성 머리기는 바깥쪽을 향하는데, 그곳에서 그들은 극성 물 분자에 둘러싸인다. 비극성 꼬리기는 안쪽을 향하는데, 그곳에서 비극성 탄화수소 용액과 닮은 작은 공간(pocket)을 형성한다. **비극성 용질은 마이셀 내부에서 녹는다.**

농도가 낮으면 계면활성제 분자들은 마이셀을 형성하지 않는다. 농도가 **임계 마이셀 농도**(*critical micelle concentration*)를 초과하면 자발적으로 집합하여 마이셀을 형성한다. 격리된 계면활성제 분자들은 마이셀과 평형 관계에 존재한다.

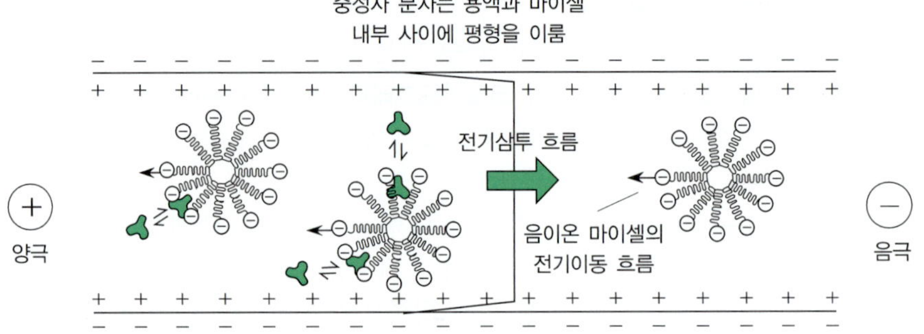

그림 23-22 음으로 하전된 황산 도데실 소듐 마이셀은 전기삼투 흐름의 반대 방향으로 이동한다. 중성 분자는 용액과 마이셀 내부 사이에서 동적 평형을 이룬다. 마이셀 내에서 보내는 시간이 길수록 이동 속도는 느려지고, 순수한 전기삼투에 의한 흐름보다 느리게 용리된다.

마이셀 동전기 모세관 크로마토그래피: 마이셀 내부에서 오래 머무르게 되고 이동 시간은 길어지게 된다.

중성 분자가 마이셀에 잘 용해된다면 마이셀 내부에서 오래 머무르게 되고 이동 시간은 길어지게 된다. 황산 도데실 소듐 내부의 비극성 부위는 비극성 용질을 쉽게 용해시킨다. 극성 용질은 마이셀에 잘 용해되지 않으므로 비극성 용질에 비해서 먼저 용리된다. 양이온과 음이온의 이동 시간도 마이셀에 의해서 영향을 받을 수 있는데, 이온은 일부 마이셀에 용해되기 때문이다. 마이셀 동전기 모세관 크로마토그래피는 크로마토그래피의 한 형태로 생각할 수 있는데, 마이셀이 가상적인 정지상으로 작용하기 때문이다. 용질이 이동상(수용액)과 유사정지상인 마이셀 사이에서 분배된다.

모세관 젤 전기이동법

$-(CH_2CH_2O)_n-$
폴리(에틸렌 옥사이드)

$-(CH_2CH(CONH_2))_n-$
폴리아크릴아마이드

모세관 젤 전기이동법(capillary gel electrophoresis)은 시료가 모세관 내부의 젤을 통과하면서 **체질**(*sieving*) 방법에 의해서 거대분자를 분리하는 방법이다. 큰 분자는 통과하면서 젤과 얽히게 되고, 이동 속도가 느려진다. 작은 분자는 큰 분자보다 빠르게 젤을 통과한다. 이러한 현상은 분자 배제 크로마토그래피에서와 반대되는 것으로, 분자 배제 크로마토그래피에서 큰 분자는 정지상 입자로부터 배제되므로 작은 분자들보다 빨리 이동한다. DNA 염기서열을 결정하기 위해 모세관 전기이동법은 길이가 다른 500개의 DNA를 20분 이내에 분리한다(천연색 사진 24). 모세관 젤 전기이동법에서 젤들은 가교 결합(cross-linked) 된 고분자가 아니라, 폴리(에틸렌 옥사이드)나 폴리아크릴아마이드 같은 고분자의 용액인데, 고분자의 긴 사슬이 엉켜서 젤처럼 행동한다.

자습문제

23-F. (a) 중성 용질들이 마이셀 동전기 모세관 크로마토그래피 t_0과 t_{mc} 사이에 용리되는 이유를 설명하시오. t_0는 마이셀이 없는 상태에서 중성 분자들의 용리 시간이고, t_{mc}는 마이셀의 용리 시간이다.

(b) pH 10에서 음이온 마이셀을 이용하여 그림 23-21의 마이셀 동전기 모세관 크로마토그래피를 작동하였다. 그림 23-14에서와 같이 시료 쪽을 양극으로 하였다. (i) 이 실험에서 아미노벤젠($C_6H_5NH_2$)은 양이온, 음이온 또는 중성 분자 중 어느 것인가? (ii) 어떻게 그림 23-21이 아미노벤젠과 안트라센(anthracene) 중에서 어느 것이 마이셀에 더 잘 녹는지를 결정하는데 도움을 주는지 설명하시오.

23-8 랩온어칩(Lab on a chip): DNA 프로파일링

분석 화학에서 가장 흥미로우며 빠르게 발전하는 분야 중의 하나는 "랩온어칩(Lab on a chip)" 또는 **유체역학 칩**(*microfluidic chip*)이라고 불리기도 한다. 현미경 슬라이드만한

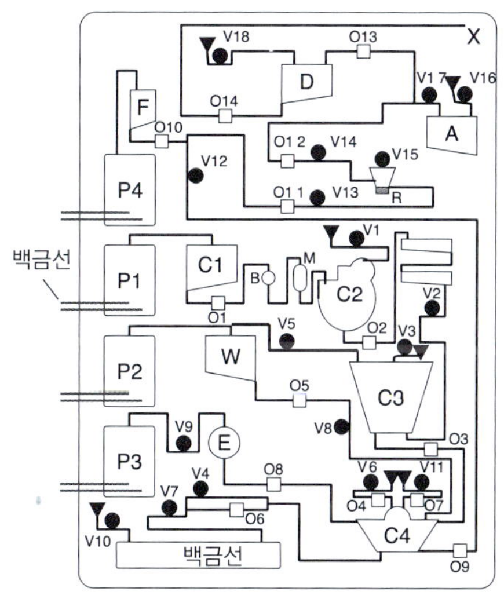

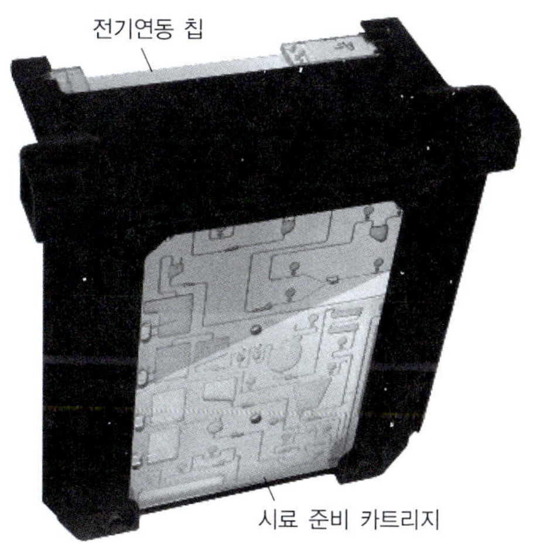

그림 23-23 애리조나 대학과 영국 법과학연구소에서 개발한 DNA 자동 감식 장치. 시료 준비 카트리지 다이어그램에 표시된 V와 O는 밸브 역할을 한다. 추가 설명은 참고문헌 참조. [출처: F. Zenhausern, University of Arizona. From. A. J. Hopwood, C. Hurth, J. Yang, Z. Cai, N. Moran, J. G. Lee-Edghill, A. Nordquist, R. Lenigk, M. D. Estes, J. P. Haley, C. R. McAlister, X. Chen, C. Brooks, S. Smith, K. Elliott, P. Koumi, F. Zenhausern, and G. Tully, *Anal. Chem.* **2010**, *82*, 6991.]

크기의 유리 또는 플라스틱 칩은 전기삼투(그림 23-16) 또는 압력을 이용하여 마이크로 크기의 통로를 통한 액체의 이동을 정밀하게 제어한다. 서로 다른 용기로부터 마이크로리터 또는 피코리터 정도의 액체를 이동시켜 섞이게 함으로써 반응시키고 생성물은 전기영동에 의해서 유리 또는 고분자에 새겨진 좁은 채널 안에서 분석된다.

법과학적 DNA (디옥시리보핵산) 분석은 높은 확률로 한사람의 시료를 배치하고 다른 사람을 제외하기 위해서 혈액이나 타액과 같은 시료로부터 DNA를 수집한다.[8] 이 과정은 보통 두 주 정도 걸리는데, 그동안 구속피의자는 석방될 수도 있다. 그림 23-23에 보이는 미세유체공학 장치는 용의자가 체포되어 있는 동안 2시간 내에 DNA 수집을 가능하게 하기위해서 개발하였다. 23 × 18 cm의 폴리카보네이트 플라스틱 시료 준비 카트리지는 이전의 시료에 시료가 오염되는 것을 막기 위해 일회용으로 제작하여 사용하였다.

만들어진 DNA 수집의 첫 번째 단계에서 사람의 볼에서 닦아낸 셀을 1 mL 액체로 **용해했고** 원심분리한 후 150 μL의 액체는 그림 23-23에서 C1실로 주입되었다. 펌프 P1은 H_2와 O_2 기체를 만들기 위해서 백금 전극으로 NaCl 용액을 전기분해함으로써 액체를 누르는 압력을 일으킨다. B, M, C2 그리고 C3실을 통하는 통로에서 시료는 음으로 하전된 DNA와 결합된 자성의 이온교환 구슬과 혼합된다. C4실에서 DNA를 갖는 beads는 자기장에 포획되었다. 다른 세포의 성분을 포함하는 액체는 포획된 DNA에서 폐기통으로 씻겨진다. 펌프 P2는 pH를 올리기 위해서 W실에서 완충제를 보내고 beads의 전하를 양전하에서 중성으로 바꾼다. DNA는 beads로부터 풀리며 10 μL의 DNA 용액은 펌프 P3를 통해 R실로 보내진다.

R실에서는 **중합효소 연쇄반응**(*polymerase chain reaction*, PCR)이 일어난다. 이 기발한 반응은 1984년에 Kary Mullis가 DNA 부분에서 **증폭시키는**(많이 복제되는) 과정을 발견했으며 노벨상을 수상하였다. 미세유체공학 시스템은 인간 유전체에서 발견된 DNA 각각 16개의 **단연쇄반복**(*short tandem repeat*)으로 약 10^7 복제하기 위해 증폭의 27번 순환이 일어난다. 각 PCR 증폭 순환은 4분간 일어나고 R실의 온도가 94°, 59° 그리고 72℃로 바꾸는 것이 필요하며 온도의 모든 반복은 선택된 DNA 양을 두 배로 한다. 각 DNA 복제를 시작하기 위해 사용된 프라이머는 네 개의 다른 형광 염료의 하나를 붙였다. 복제된 16가지의 다른 DNA 각각은 DNA에 있는 염기쌍의 수와 형광색의 결합으로 독특하게 특성화하였다.

F실은 포름아마이드 용액을 포함하며 겔 전지 영동법에서 속도를 조정하기 위해 서로 다른 길이로 이동하는 DNA 표준물질을 사용하였다. 이러한 표준물질은 알지 못하는

DNA를 증폭하는데 사용된 네 가지 염료를 구별할 수 있는 형광 염료가 붙여 있다. 펌프 P4는 복제된 DNA를 이동시키기 위해서 포름아마이드 용액을 R실을 통해 F실에서 D실로 보내며 95°C에서 변성된다. **변질** (*denaturation*) 은 수소 결합이 끊어지고 이중 나선이 두 개의 분리된 사슬로 풀린다는 것을 의미하고, 변질된 DNA는 그림 23-23의 위의 오른쪽에 있는 유리 전기이동 칩 위에 테플론 모세관을 통해 출구 X로 움직인다.

전기이동 칩은 13 cm 길이로 유리에 애칭된 얇은 채널(깊이 25 μm × 폭 50 μm)을 갖는다. 이 칩 위에서 겔 전기영동법 동안 DNA의 짧은 가닥은 긴 가닥보다 빠르게 이동한다. 주입구에서 11 cm 떨어진 형광 검출기를 통과하는 DNA는 그것의 형광 파장과 이동 시간으로 확인한다. 내부 표준의 이동 시간을 비교함으로써 알지 못하는 각각의 DNA에서 뉴클레오티드의 수를 알 수 있다. 그림 23-24과 같이 발생한 DNA 개요는 알지 못하는 DNA를 확인하기 위해 국제적인 데이터 베이스(FBI-CODIS[9]와 같은)로 정보를 얻어 사용하거나 의심함으로써 정확한 DNA 개요와 비교할 수 있다.

DNA 흔적은 무죄인 사람을 제외하는데 좋지만 엉성한 문서 작업은 부적절한 사람이 유죄인 것처럼 보이게 한다. 법과학적인 분석은 유죄인 사람의 예상 없이 세심한 수행을

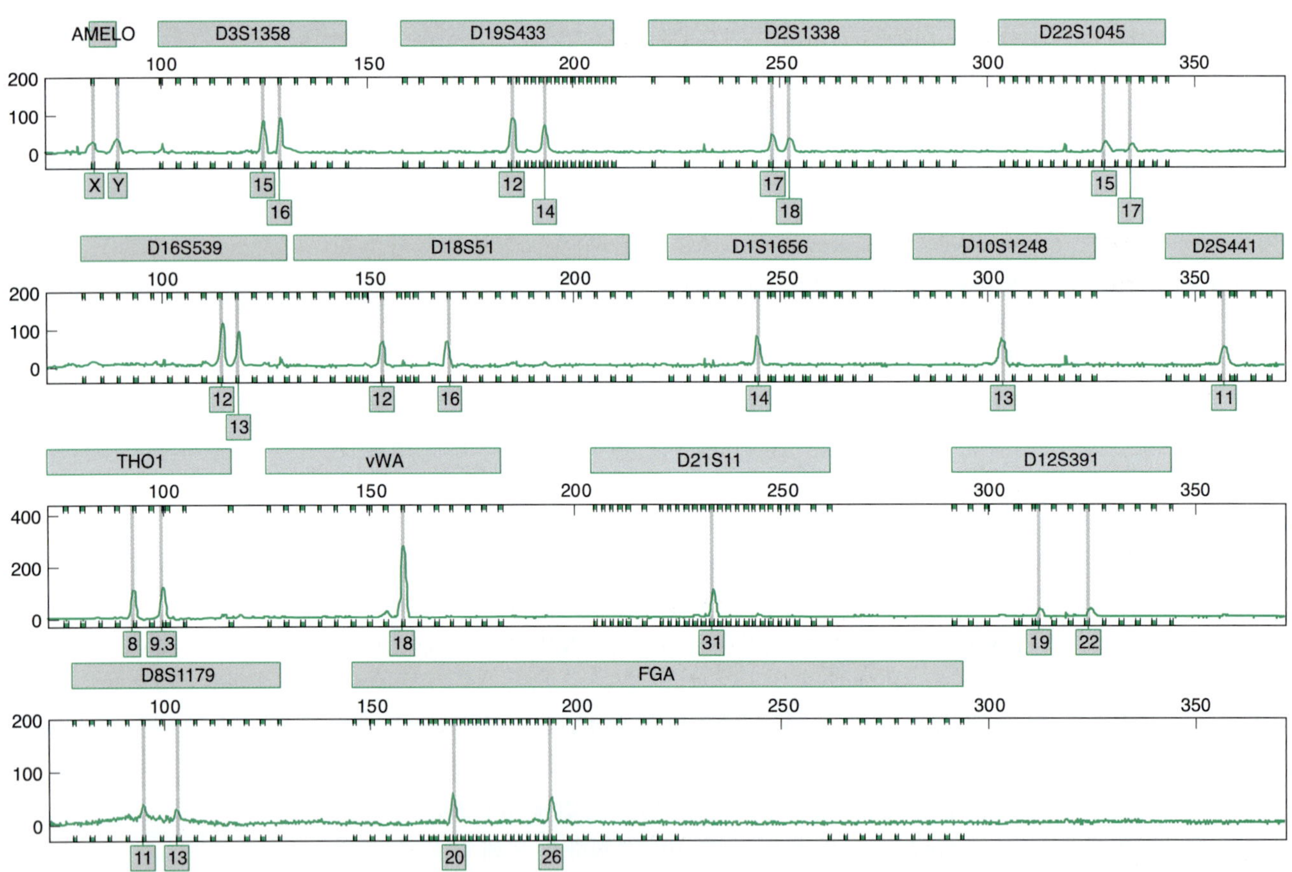

그림 23-24 그림 23-23에서 미세유체공학적 장치로 만든 DNA 수집. 각 열은 네 개의 형광 염료의 하나를 붙인 DNA의 전기이동도이다. 미지 시료와 동시에 분석되는 DNA 교정 표준으로 이동 시간은 뉴클레오티드의 염기의 수로 변환된다. 뉴클레오티드 염기의 수로 바꾼다. 증폭된 16개의 다른 DNA 종류는 각 열 위의 회색 상자로 분류했다. 맨 위의 열에서 DNA D3S1358은 100, 104, 108, 112, ⋯ 140나 144 뉴클레오티드 염기를 가지며 12개 막대로 표시하였다. 이 DNA의 각 다른 길이를 **대립유전자**(*allele*)라고 부른다. D3S1358의 대립유전자가 가능한 것은 9에서 20까지 12개이다. 대립유전자 15와 16을 갖는 타액을 제공하는 사람은 하나는 어머니로부터 다른 하나는 아버지로부터 물려받은 것이다. 만일 어머니와 아버지 모두 같은 대립유전자를 갖는다면 이 개요에서 오직 하나의 대립유전자를 나타낸다. 두 번째 열에 있는 DNA 토막 D1S1656은 오직 대립유전자 14만 갖는다. DNA 16가지 대립유전자들의 가능한 결합의 수는 높은 확률로 이 개요가 한 사람에 배정될수록 좋다. [출처: C. Hurth, University of Arizona. See C. Hurth, S. D. Smith, A. R. Nordquist, R. Lenigk, B. Duane, D. Nguyen, A. Surve, A. J. Hopwood, M. D. Estes, J. Yang, Z. Cai, X. Chen, J. G. Lee-Edghill, N. Moran, K. Elliott, G. Tully, and F. Zenhausern, *Electrophoresis* **2010**, *31*, 3510.]

필요로 한다. 자동화된 미세유체공학 장치는 DNA 수집 시간을 줄이며 결과로부터 오는 많은 인간적인 오류의 원인을 제거한다.

알아두어야 할 술어

간접 검출 (indirect detection)
마이셀 (micelle)
마이셀 전기속도론[동전기] 모세관 크로마토그래피 (micellar electrokinetic capillary chromatography)
머무름 부피 (retention volume)
모세관 띠 전기이동법 (capillary zone electrophoresis)
모세관 전기이동법 (capillary electrophoresis)
모세관 젤 전기이동법 (capillary gel electrophoresis)
미량 분석 (trace analysis)
분자 배제 크로마토그래피 (molecular exclusion chromatography)
수화 반지름 (hydrated radius)
양이온 교환체 (cation exchanger)
예비농축 (preconcentration)
음이온 교환체 (anion exchanger)
이온교환 크로마토그래피 (ion-exchange chromatography)
이온 크로마토그래피 (ion chromatography)
전기삼투 (electroosmosis)
전기이동 (electrophoresis)
친화 크로마토그래피 (affinity chromatography)
탈이온수 (deionized water)

문제

23-1. **(a)** 헥산산 (Hexanoic acid) 과 1-아미노헥세인을 NaOH로 pH 12를 맞춘 후 양이온교환 칼럼에 pH 12인 NaOH를 용리액으로 주입하였다. 용리되는 화학종과 용리 순서를 예측하시오.

$$CH_3CH_2CH_2CH_2CH_2CO_2H$$
헥산산

$$CH_3CH_2CH_2CH_2CH_2CH_2NH_2$$
1-아미노헥세인

(b) 헥산산과 1-아미노헥세인을 HCl로 pH 3를 맞춘 후 양이온교환 칼럼에 pH 3인 HCl를 용리액으로 주입하였다. 용리되는 화학종과 용리 순서를 예측하시오.

23-2. 이온교환 수지의 교환 용량은 건조된 수지 1 g당 하전된 치환기의 몰수로 표현된다. NaOH, HCl 또는 다른 표준물질을 이용하여, 음이온교환 수지의 교환 용량을 측정할 수 방법을 설명하시오.

23-3. 공업용 황산 바나듐 ($VOSO_4$, FM 163.00) 에는 불순물로 H_2SO_4 및 H_2O가 포함되어 있다. 이러한 0.244 7 g을 50.0 mL 물에 용해시킨 후, 분광광도법으로 푸른색 VO^{2+}의 농도를 측정한 결과 0.024 3 M이었다. 이 시료 5.00 mL를 취하여 H^+로 양이온교환 칼럼에 주입하였다. 이 과정에서 VO^{2+}는 $2H^+$와 교환된다. H_2SO_4는 양이온교환 칼럼에서 교환이 일어나지 않는다.

$$VOSO_4 \longrightarrow \frac{H^+\text{로 양이온교환}}{\text{칼럼에 주입}} \longrightarrow H_2SO_4$$

$$H_2SO_4 \longrightarrow \frac{H^+\text{로 양이온교환}}{\text{칼럼에 주입}} \longrightarrow H_2SO_4$$

칼럼에서 용리된 H^+를 0.022 74 M NaOH로 적정할 때 13.03 mL가 필요하였다면, 황산 바나듐에서 $VOSO_4$, H_2SO_4, H_2O의 질량 백분율을 구하시오.

23-4. 음으로 하전된 단백질이 pH 8에서 음이온교환 젤에 강하게 흡착되어 있다.
(a) 단백질을 용리시키기 위해서 pH = 8에서 pH를 감소시키는 기울기 용리를 하는 것은 알맞는 방법인가?
(b) NaCl 농도를 증가시키는 기울기 용리 (pH는 일정하게 유지)로 단백질을 용리시키는 것은 알맞은 방법인가?

23-5. pK_a값은 트라이메틸아민, 다이메틸아민, 암모니아의 순서로 증가한다. 양이온교환 칼럼에서 pH = 7부터 pH를 증가시키는 기울기 용리를 하였다면 이 화합물의 용리 순서를 예상하시오.

23-6. **(a)** 이온 크로마토그래피에서는 왜 억압제 (suppressor)를 사용해야 하는가?
(b) 그림 23-7에서 전해질 억압의 원리를 설명하라.

23-7. 1,2-에탄다이올의 1몰은 과아이오딘산 이온 1몰과 반응한다.

$$\begin{array}{c} CH_2OH \\ | \\ CH_2OH \end{array} + IO_4^- \longrightarrow 2CH_2O + H_2O + IO_3^-$$

1,2-에탄다이올 (FM 62.068) / 과아이오딘산 / 폼알데하이드 / 아이오딘산 이온

1,2-에탄다이올을 분석하기 위해서 과량의 IO_4^-로 산화시키는 반응은 IO_4^-와 IO_3^- 두 이온을 붙인 음이온교환 수지에 반응 용액을 통과시켜 수행한다. IO_3^-를 NH_4Cl로 용리시키면 수지로부터 선택적이며 정량적으로 제거된다. 반응에 의해서 생기는 IO_3^-의 양은 용출액의 흡광도를 232 nm에서 측정 ($\epsilon = 900\ M^{-1}\,cm^{-1}$) 하므로 가능하다. 어떤 실험에서 0.213 9 g의 1,2-에탄다이올을 물

10.00 mL에 녹인 다음, 용액 1.000 mL를 0.15 M KIO_4 3 mL와 반응시키고, 미반응의 IO_4^-로부터 IO_3^-의 분리를 이온교환으로 수행한다. 용출액(250.0 mL로 묽힌)은 1.000 cm의 용기에서 흡광도(A_{232})가 0.521이 되고, 바탕 용액은 0.049의 흡광도를 보인다. 원래 시료에 있는 1,2-에탄다이올의 무게 백분율을 구하시오.

23-8. 독일에 있는 산정상의 구름 내의 평균 구성 요소를 보고 답하시오.

이온	농도 (μM)	이온	농도 (μM)
Cl^-	101	H^+	131
NO_3^-	360	Na^+	100
SO_4^{2-}	156	NH_4^+	472
		K^+	1.3
		Ca^{2+}	26
		Mg^{2+}	12

데이터 출처: K. Acker, D. Möller, W. Wieprecht, D. Kalaβ, and R. Auel, *Fresenius J. Anal. Chem.* **1998**, *361*, 59.

(a) 구름 내의 물의 pH는?

(b) 구름 내의 존재하는 양이온 전하에 대한 음이온 전하가 서로 동등하게 맞는가?

(c) 각 밀리리터 양의 물에 녹아 있는 이온들의 총질량은?

23-9. **이온-배제 크로마토그래피**에서는 이온 물질들이 이온교환 칼럼을 통과할 때 비전해질로부터 분리된다. 비전해질은 정지상으로 스며들어가고, 이온(반 정도)은 전하를 띠고 있기 때문에 고정된 전하에 의해 밀쳐진다. 따라서 전해질은 정지상과의 접근이 어려워 비전해질보다 먼저 용출된다. 오른쪽의 크로마토그램은 0.01 M HCl을 용리액으로 사용하여 양이온교환 수지를 통과시켜 얻은 트라이클로로아세트산(TCA, $pK_a = -0.5$), 다클로로아세트산(DCA, $pK_a = 1.1$), 모노클로로아세트산(MCA, $pK_a = 2.86$)의 분리이다. 세 가지 산이 분리된 이유와 용리 순서를 설명하라.

23-10. 폴리스타이렌 표준물질의 교정 곡선을 분자 배제 칼럼을 사용하여 작성하고자 한다. 표에 있는 머무름 시간(t_r)과 log(MM)를 이용하여 교정 곡선의 방정식을 최소 제곱법으로 구하시오. 또, 미지 시료가 13.00분에 용리되었다면 이 시료의 분자량을 계산하시오.

분자 질량	머무름 시간, t_r (분)
8.50×10^6	9.28
3.04×10^6	10.07
1.03×10^6	10.88
3.30×10^5	11.67
1.56×10^5	12.14
6.60×10^4	12.74
2.85×10^4	13.38
9.20×10^3	14.20
3.25×10^3	14.96
5.80×10^2	16.04

23-11. 폴리스티렌 수지 분자 배제 HPLC 칼럼의 지름이 7.8 mm이고, 길이가 30 cm이다. 젤 입자 고체는 칼럼 부피의 20%를 점유하며, 기공은 40%, 입자 사이의 부피는 40%를 각각 점유한다.

(a) 배제된 분자가 빠져나오는데 필요한 총 부피는 얼마인가?

(b) 가장 작은 분자가 빠져나오는데 필요한 총 부피는 얼마인가?

(c) 여러 분자량으로 이루어진 폴리에틸렌글리콜 혼합물이 23 mL와 27 mL 사이에서 용출된다. 이 결과로부터 칼럼 내 용질의 머무름 메커니즘은 어떻다고 생각되는가?

23-12. **약품 농도의 면역 친화 측정.** 혈액의 치료 단계에서 항간질제(antiepileptic drug) 페니토인(phenytoin)의 약 90%는 단백질 세륨 알부민에 속한다. 나머지 10%는 활성 약물이 된다. 자유 페니토인은 37°C에서 실리카와 공유 결합된 항간질제 항체를 가진 얇은 층(높이 0.94 mm × 지름 2.1 mm) 친화 칼럼으로 측정된다.

단계 1. 형광 페니토인 유도체는 항체에 포화되기 위해서 $t = 0$에서 칼럼에 적용된다. 초과된 유도체는 pH 7.4 완충 용액으로 세척된다.

단계 2. $t = 6$분에서 세륨 5 μL가 주입되고, 칼럼을 통해 흐름에 따라 자유 페니토인은 실리카로부터 형광을 띤 페니토인으로 나타난다. 형광은 레이저 들뜸이 785 nm에서 820 nm에서 측정된다.

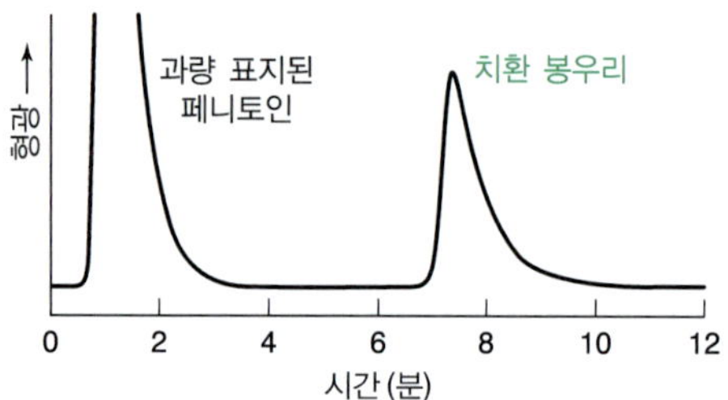

페니토인 분석 과정에서 얻어진 형광 신호. [출처: C. M. Ohnmacht, J. E. Schiel, and D. S. Hage, *Anal. Chem.* **2006**, *78*, 7547.]

(a) 아래의 기호들을 사용하여 단계 1전과 단계 2 동안에 칼럼에서 일어나는 것을 그리시오.

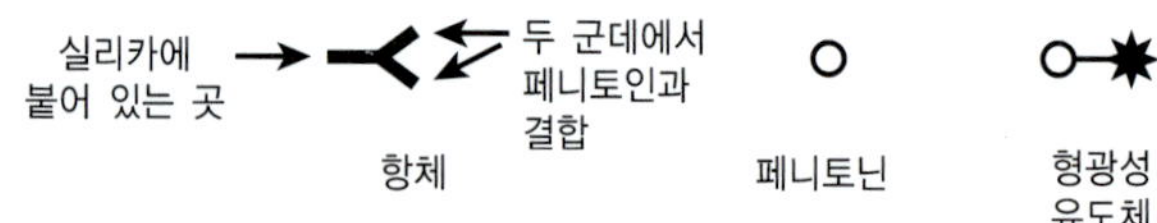

(b) 크로마토그램에서 두 개의 봉우리가 나타나는 이유는 무엇인가?

(c) 칼럼에서 세륨의 머무름 시간이 매우 짧아서 알부민으로부터 페니토인의 충분한 해리가 일어나지 않기 때문에 이러한 분석이 필요하다. 액체가 칼럼 부피의 약 50%이고 용리 속도가 1.2 mL/min일 때 칼럼에서 시료의 머무름 시간은?

(d) **신뢰 수준.** 교정 곡선은 8분 근처의 봉우리 면적에 대한 칼럼에 적용된 자유 페니토인의 농도이다. 40.0 μM의 총 페니토인의 세륨은 교정 곡선에 의해 5.99 ± 0.14 μM의 자유 페니토인이다.

불확정성은 세 번 반복시에 표준 편차이다. 다른 분석법(한외여과(ultrafiltration))은 세 번 반복시 $6.11 \pm 0.44\ \mu M$의 자유 페니토인이다. 95% 신뢰 수준에서 두 방법에서 차이는?

23-13. **(a)** 그림 23-14과 같이 모세관의 끝부분이 양으로, 검출기의 끝부분이 음으로 설치되었다면 양이온, 음이온과 중성 분자의 용리 순서는 무엇인가?

(b) 그림 23-15 전기이동도는 분석 완충 용액 pH 4.0에서 주입구 끝에서 **음으로** 얻은 것이다. 전기삼투 흐름이 높게 또는 낮게 될 것인가? 음이온은 전기삼투 흐름과 함께 이동하는가? 시료와 양이온이 함께 주입되면 검출기에서는 음이온보다 먼저 또는 나중에 도달할 것인가?

(c) 폴리브렌(polybrene)을 실리카 모세관에 주입하면, 양전하를 띠는 암모늄 그룹이 $-SiO^-$ 기를 향하게 되어 벽의 전하는 음에서 양으로 변한다. 모세관은 시료 주입으로 음으로, 검출기는 양으로 된다. 이때 양이온, 음이온 그리고 중성 분자의 용리 순서는 어떻게 되겠는가?

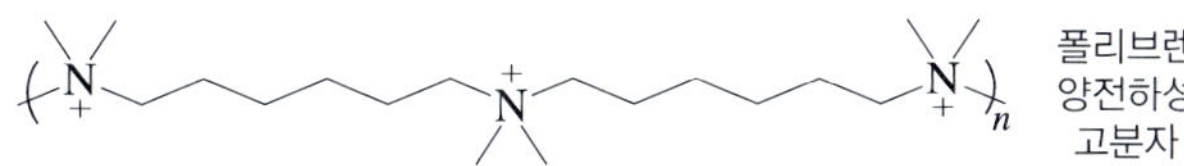

23-14. 그림 23-15에서 수족관 물 내 질산의 농도를 **측정하기** 위해, 수족관 물 1 mL를 100 mL로 희석하고, IO_4^- 10 ppm을 포함하는 표준물을 준비하였다. 이때 제일 높은 봉우리를 예상하라. 이때 전기이동법에서 얻어지는 이동 시간은 거의 동일하기 때문에 봉우리 면적의 정규화는 필요하지 않다.

23-15. **(a)** 전기삼투란 무엇인가?

(b) 실리카 모세관을 사용하는 경우, pH 3보다 pH 9에서 전기삼투가 5배 빠른 이유는?

(c) 실리카 모세관 위의 Si—OH 작용기를 $Si-O(CH_2)_{17}CH_3$로 변환시킨 후 전기삼투 흐름은 감소하고, pH에 따른 속도 변화가 나타나는 않았다. 그 이유는?

23-16. 간접 분광광도 검출이 **음의** 신호를 주는 이유는 무엇인가?

23-17. 마이셀 동전기 모세관 크로마토그래피에서 중성 분자들을 분리하는 방법은 무엇인가? 이것이 크로마토그래피인 이유는 무엇인가?

23-18. 모세관 전기이동법에서 van Deemter 좌표는 단높이에 대한 이동 속도의 그래프이다. 여기에서 이동 속도는 전기삼투 흐름과 전기이동 흐름의 최종적인 합이다.

(a) 이상적인 모세관 띠 전기이동법에서 띠넓어짐의 원인은 무엇인가? 예상되는 van Deemter 곡선을 그리시오.

(b) 마이셀 동전기 모세관 크로마토그래피에서 띠넓어짐의 원인은 무엇인가? 예상되는 van Deemter 곡선을 그리시오.

23-19. **(a)** 그림 23-18에서 $^{35}C^-$의 이동 시간과 봉우리 너비를 구하고, 이론단수를 구하시오.

(b) 주입기로부터 검출기의 거리가 40 cm일 때 (a)의 단높이는?

(c) 봉우리는 왜 음인가?

23-20. 수용성 비타민 나이아신아마이드(중성 화합물), 라이보플라빈(중성 화합물), 나이아신(음이온), 싸이아민(양이온)들은 15 mM의 붕산염 완충 용액(pH 8.0)과 황산 도데실 소듐으로 마이셀 동전기 모세관크로마토그래피로 분리된다. 이동 시간은 각각 나이아신아마이드 8.1분, 라이보플라빈 13.0분, 나이아신 14.3분, 싸이아민 21.9분이다. 황산 도데실 소듐이 존재하지 않을 때 순서는 무엇인가? 마이셀에서 가장 수용성의 화합물은 무엇인가?

23-21. **모세관 젤 전기이동법에 의한 분자 질량.** 단백질의 분자 질량은 황산 도데실 소듐(SDS)-젤 전기이동에 의해서 측정된다. 단백질은 SDS (보충 23-2)에 의해 **변성**되고, 이것은 소수성 영역으로 둘러싸인다. 그리고 단백질의 길이에 비례하여 단백질은 음전하를 준다. 또한, 이황화물 결합(—S—S—)은 과량의 2-머캅토에탄올($HSCH_2CH_2OH$)에 의해 설프하이드릴(sulfhydryl (—SH))로 줄어든다. 변성 단백질은 체질의 기능을 하는 젤을 통하여 전기이동에 의해 분리된다. 큰 분자들은 작은 분자들보다 더 지연된다 —크기 배제 크로마토그래피와 반대. SDS-코팅된 단백질의 분자 질량에 log값은 젤을 통한 단백질의 1/(이동 시간)에 비례한다. 절대 이동 시간들은 다소 차이가 있기 때문에 상대 이동 시간은 측정된다. 상대 이동 시간은 속도가 아주 빠른 작은 안료 분자의 이동 시간에 의해서 나누어진 단백질의 이동 시간이다. 표준 물질과 미지 단백질의 이동 시간은 아래의 표에서 주어졌다.

단백질	분자 질량 (Da)	이동 시간 (분)
오렌지 G 표지물 염료	작은 분자	13.17
a-락트알부민	14 200	16.46
탄산탈수효소	29 000	18.66
흰자위 알부민	45 000	20.16
소의 혈청 알부민	66 000	22.36
가인산분해효소 B	97 000	23.56
b-갈락토스분해효소	116 000	24.97
미오신	205 000	28.25
페리틴 경쇄		17.07
페리틴 중쇄		17.97

데이터 출처: J. K. Grady, J. Zang, T. M. Laue, P. Arosio, and N. D. Chasteen, *Anal. Biochem.* **2002**, *302*, 263.

미지의 단백질은 페리틴(ferritin)의 가볍고 무거운 사슬들이고, 철저장 단백질(iron-storage)은 동물과 미생물에서 발견된다. 페리틴은 무거운(H), 가벼운(L) 사슬의 혼합인 24 소단위체(subunit)를 함유한 속이 빈 껍질이고, 정팔면체(octahedral) 대칭 구조를 가진다. 속이 빈 중심 부분(core)은 8 nm의 지름과 미네랄 페리하이드라이트(ferrihydrite ($5Fe_2O_3 \cdot 9H_2O$))의 형태에 4 500개의 철 원자를 가진다. 철(II) 8면체의 삼중 대칭축(threefold symmetry axis) 상에 위치한 여섯 개의 기공을 통해 단백질로 들어간다. 철(III)의 산화는 수소 사슬의 촉매 위치에서 일어난다. L-사슬 내부의 다른 장소는 페리하이드라이트의 결정화의 핵을 이루는 것을 보인다.

Log(분자 질량)을 y축으로, 1/(상대 이동 시간)을 x축으로 하는 그래프를 그리시오. 상대 이동 시간은(이동 시간)/(표지물 염료의 이동 시간)이다. 페리틴 L-사슬과 H-사슬의 분자량을 계산하시오. 아미노산 배열로부터 계산된 사슬의 질량은 각각 19 766과 21 099 달톤이다.

23-22. 검출 및 정량 한계. 이온 크로마토그래피는 음용수에서 10억분의 1단위 이하에 해당하는 소독약의 부산물인 아이오딘산 이온(IO_3^-), 염소산 이온(ClO_2^-), 브로민산 이온(BrO_3^-)의 측정을 위해서 발전되었다. oxyhalide가 용리됨에 따라 그들은 Br_3^-를 만들기 위해서 Br^-와 함께 반응한다. 이것은 267 nm (흡광도 = 40 900 M^{-1} cm^{-1})에서 강한 흡수를 보인다. 예를 들어, BrO_3^-의 각 몰들은 Br_3^-: $BrO_3^- + 8Br^- + 6H^+ \longrightarrow 3Br_3^- + 3H_2O$의 세 개의 몰을 만든다.

(a) 브로민산염 근처의 검출 한계는 크로마토그래피 봉우리 높이와 표준 편차는 아래에 주어진다. 크로마토그래피 봉우리 높이는 봉우리 부근의 바탕선으로부터 측정되기 때문에 바탕은 0이다. 네 가지 값의 검출 및 정량 한계의 평균을 구하시오.

브로민산 농도 (μg/L)	봉우리 높이 (임의 단위)	상대 표준 편차 (%)	측정 횟수
0.2	17	14.4	8
0.5	31	6.8	7
1.0	56	3.2	7
2.0	111	1.9	7

데이터 출처: H. S. Weinberg and H. Yamada, *Anal. Chem.* **1998**, *70*, 1.

(b) 만약 Br_3^-의 농도가 평균 브로민산의 검출 한계라면, 크로마토그래프의 6.00 mm 경로 길이 검출기 용기에서 Br_3^-의 흡광도는?

응용문제

23-23. (a) 전기이동법에서 두 약산의 가장 좋은 분리를 얻기 위해서 그들의 전하차가 가장 최대인 pH를 사용하는 것이 바람직하다. 이유는 무엇인가?

(b) pH함수로써 **오쏘**-하이드록시벤조산과 **파라**-하이드록시벤조산(*para*-hydroxybenzoic)의 전하를 검사하기 위해 스프레드시트를 사용하라. 어느 pH에서 차이가 가장 큰가?

o-하이드록시벤조산 pK_a = 2.97

p-하이드록시벤조산 pK_a = 4.54

23-24. NaCl, $NaNO_3$, Na_2SO_4 수용액은 C_{18}-실리카 역상 액체 크로마토그래피 칼럼을 물과 함께 통과한다. 양이온, 음이온 모두 C_{18} 정지상에 의해 머무르지 않기 때문에, 세 개의 염은 머무름 시간 0.9분에 하나의 날카로운 띠로 용리된다. 그리고 칼럼은 소수성 꼬리가 C_{18} 정지상에 가용성인 10 mM의 폼산 펜틸암모늄(pentylammonium formate) 수용액으로 평형 상태에 도달한다.

C_{18} 정지상에 가용성인 탄화수소 꼬리 $\overset{+}{N}H_3\ HCO_2^-$

NaCl, $NaNO_3$, Na_2SO_4의 혼합 용액이 칼럼을 통과하고, 10 mM의 폼산 펜틸암모늄과 함께 용리될 때, 모든 양이온들은 0.9분의 머무름 시간에 하나의 봉우리로 나타난다. 그러나 음이온들은 Cl^- 1.9분, NO_3^- 2.1분, SO_4^{2-} 4.1분의 머무름 시간으로 분리된다. 음이온 교환체로 칼럼을 설명하시오. SO_4^{2-}가 가장 늦게 용리되는 이유를 설명하시오.

23-25. 우주선(*cosmogenic*)에 의해 발생하는 ^{35}S.[10] 방사선 ^{35}S은 아르곤 원자에 우주선(cosmic ray)의 반응에 의해 대기에 발생한다. ^{35}S 원자는 SO_4^{2-}로 산화되고, 비나 마른 고체 상태로 땅으로 떨어진다. ^{35}S 방사선의 계산은 대기에서 황을 제거하기 위한 제거 시간과 다른 환경에서 체류하는 시간을 측정할 수 있게 해준다. 빗물이나 호숫물의 ^{35}S의 미세 정량 분석을 위해서, 30 L 부피의 시료를 0.45 μm 필터를 통과시키고, 염산에 의해 pH 3~4로 산처리 된 후 20 mg의 Na_2SO_4 (^{35}S를 함유하지 않은)가 첨가된다. 모든 부피의 시료는 50 g의 음이온교환 수지를 통과한다. SO_4^{2-}는 3 M의 NaCl 300 mL와 함께 정량적으로 용리된다. 염산에 의해서 pH 3~4로 조절된 후 10 wt%의 $BaC_{l2} \cdot 3H_2O$ 5 mL가 가해진다. 5시간 후에 침전물들은 정량적으로 필터에 의해 회수되고, ^{35}S는 섬광 계측기(scintillation counting)에 의해서 측정된다.

(a) 0.45 μm-필터에 의한 처음 여과의 목적을 설명하시오.

(b) 음이온교환 수지를 통과시키는 목적을 설명하시오.

(c) BaC_2의 첨가 목적을 설명하고, 섬광 계측기에 의해서 측정되는 ^{35}S의 최종적인 화학적 형태는 무엇인가?

(d) 음이온 교환 전에 Na_2SO_4를 가하는 이유는 무엇인가?

23-26. 1 mM $MgSO_4$와 1 mM CaC_2를 함유하는 완충 용액은 모세관 전기이동법에서의 전기삼투 흐름을 매우 감소시킨다.[11] 전기삼투는 3 mM의 EDTA를 완충 용액에 가함으로써 복원된다. 이에 대해 설명하시오.

주와 참고문헌

1. B. I. Khan, H. M. Solo-Gabriele, T. G. Townsend, and Y. Cai, *Environ. Sci. Technol.* **2006**, *40*, 988; B. I. Khan, J. Jambeck, H. M. Solo-Gabriele, T. G. Townsend, and Y. Cai, *Environ. Sci. Technol.* **2006**, *40*, 994.

2. Y.-H. Chen, J.-Y. Lin, L.-P. Lin, H. Liang, and J.-F. Yaung, *J. Chem. Ed.* **2010**, *87*, 920.

3. L. S. Ettre, *LCGC* **1999**, *17*, 1104; F. H. Spedding, *Disc. Faraday Soc.* **1949**, *7*, 214. See also F. A. Settle, "Analytical Chemistry and the Manhattan Project," *Anal. Chem.* **2002**, *74*, 36A.

4. L. S. Ettre, *LCGC* **2006**, *24*, 390.

5. J. Kemsley, "Heparin Undone," *Chem, Eng. News*, 12 May 2008, p. 38.

6. M. Guerrini, D. Beccati, Z. Shriver, A. Naggi, K. Viswanathan, A. Bisio, I. Capila, J. C. Lansing, S. Guglieri, B. Fraser, A. Al-Hakim, N. S. Gunay, Z. Zhang, L. Robinson, L. Buhse, M. Nasr, J. Woodcock, R. Langer, G. Venkataraman, R. J. Linhardt, B. Casu, G. Torri, and R. Sasisekharan, *Nature Biotech.* **2008**, *26*, 669.

7. Liquid chromatographic methods for routine heparin analysis have since been perfected. See S. Beni, J. F. K. Limtiaco, and C. K. Larive, *Anal. Bioanal. Chem.* **2011**, *399*, 527.

8. J. T. Millard, *J. Chem. Ed.* **2011**, *88*, 1385.

9. http://www.fbi.gov/about-us/lab/codis.

10. Y.-L. Hong and G. Kim, *Anal. Chem.* **2005**, *77*, 3390.

11. Z. D. Sandlin, M. Shou, J. G. Shackman, and R. T. Kennedy, *Anal. Chem.* **2005**, *77*, 7702.

부록 A
용해도곱[a]

Formula	K_{sp}
Azides: $L = N_3^-$	
CuL	4.9×10^{-9}
AgL	2.8×10^{-9}
Hg_2L_2	7.1×10^{-10}
TlL	2.2×10^{-4}
PdL_2 (α)	2.7×10^{-9}
Bromates: $L = BrO_3^-$	
$BaL \cdot H_2O$	7.8×10^{-6}
AgL	5.5×10^{-5}
TlL	1.7×10^{-4}
PbL_2	7.9×10^{-6}
Bromides: $L = Br^-$	
CuL	5×10^{-9}
AgL	5.0×10^{-13}
Hg_2L_2	5.6×10^{-23}
TlL	3.6×10^{-6}
HgL_2	1.3×10^{-19}
PbL_2	2.1×10^{-6}
Carbonates: $L = CO_3^{2-}$	
MgL	3.5×10^{-8}
CaL (calcite)	4.5×10^{-9}
CaL (aragonite)	6.0×10^{-9}
SrL	9.3×10^{-10}
BaL	5.0×10^{-9}
Y_2L_3	2.5×10^{-31}
La_2L_3	4.0×10^{-34}
MnL	5.0×10^{-10}
FeL	2.1×10^{-11}
CoL	1.0×10^{-10}
NiL	1.3×10^{-7}
CuL	2.3×10^{-10}
Ag_2L	8.1×10^{-12}
Hg_2L	8.9×10^{-17}
ZnL	1.0×10^{-10}
CdL	1.8×10^{-14}
PbL	7.4×10^{-14}
Chlorides: $L = Cl^-$	
CuL	1.9×10^{-7}
AgL	1.8×10^{-10}
Hg_2L_2	1.2×10^{-18}
TlL	1.8×10^{-4}
PbL_2	1.7×10^{-5}

Formula	K_{sp}
Chromates: $L = CrO_4^{2-}$	
BaL	2.1×10^{-10}
CuL	3.6×10^{-6}
Ag_2L	1.2×10^{-12}
Hg_2L	2.0×10^{-9}
Tl_2L	9.8×10^{-13}
Cobalticyanides: $L = Co(CN)_6^{3-}$	
Ag_3L	3.9×10^{-26}
$(Hg_2)_3L_2$	1.9×10^{-37}
Cyanides: $L = CN^-$	
AgL	2.2×10^{-16}
Hg_2L_2	5×10^{-40}
ZnL_2	3×10^{-16}
Ferrocyanides: $L = Fe(CN)_6^{4-}$	
Ag_4L	8.5×10^{-45}
Zn_2L	2.1×10^{-16}
Cd_2L	4.2×10^{-18}
Pb_2L	9.5×10^{-19}
Fluorides: $L = F^-$	
LiL	1.7×10^{-3}
MgL_2	7.4×10^{-9}
CaL_2	3.2×10^{-11}
SrL_2	2.6×10^{-9}
BaL_2	1.5×10^{-6}
LaL_3	2×10^{-19}
ThL_4	5×10^{-29}
PbL_2	3.6×10^{-8}
Hydroxides: $L = OH^-$	
MgL_2 (amorphous)	6×10^{-10}
MgL_2 (brucite crystal)	7.1×10^{-12}
CaL_2	6.5×10^{-6}
$BaL_2 \cdot 8H_2O$	3×10^{-4}
YL_3	6×10^{-24}
LaL_3	2×10^{-21}
CeL_3	6×10^{-22}
$UO_2 (\rightleftharpoons U^{4+} + 4OH^-)$	6×10^{-57}
$UO_2L_2 (\rightleftharpoons UO_2^{2+} + 2OH^-)$	4×10^{-23}
MnL_2	1.6×10^{-13}
FeL_2	7.9×10^{-16}
CoL_2	1.3×10^{-15}
NiL_2	6×10^{-16}
CuL_2	4.8×10^{-20}

[a] Solubility products generally apply at 25°C and zero ionic strength. The designations α, β, or γ after some formulas refer to particular crystalline forms.

Formula	K_{sp}
VL_3	4.0×10^{-35}
CrL_3	1.6×10^{-30}
FeL_3	1.6×10^{-39}
CoL_3	3×10^{-45}
VOL_2 ($\rightleftharpoons VO^{2+} + 2OH^-$)	3×10^{-24}
PdL_2	3×10^{-29}
ZnL_2 (amorphous)	3.0×10^{-16}
CdL_2 (β)	4.5×10^{-15}
HgO (red) ($\rightleftharpoons Hg^{2+} + 2OH^-$)	3.6×10^{-26}
Cu_2O ($\rightleftharpoons 2Cu^+ + 2OH^-$)	4×10^{-30}
Ag_2O ($\rightleftharpoons 2Ag^+ + 2OH^-$)	3.8×10^{-16}
AuL_3	3×10^{-6}
AlL_3 (α)	3×10^{-34}
GaL_3 (amorphous)	10^{-37}
InL_3	1.3×10^{-37}
SnO ($\rightleftharpoons Sn^{2+} + 2OH^-$)	6×10^{-27}
PbO (yellow) ($\rightleftharpoons Pb^{2+} + 2OH^-$)	8×10^{-16}
PbO (red) ($\rightleftharpoons Pb^{2+} + 2OH^-$)	5×10^{-16}
Iodates: L=IO_3^-	
CaL_2	7.1×10^{-7}
SrL_2	3.3×10^{-7}
BaL_2	1.5×10^{-9}
YL_3	7.1×10^{-11}
LaL_3	1.0×10^{-11}
CeL_3	1.4×10^{-11}
ThL_4	2.4×10^{-15}
UO_2L_2 ($\rightleftharpoons UO_2^{2+} + 2IO_3^-$)	9.8×10^{-8}
CrL_3	5×10^{-6}
AgL	3.1×10^{-8}
Hg_2L_2	1.3×10^{-18}
TlL	3.1×10^{-6}
ZnL_2	3.9×10^{-6}
CdL_2	2.3×10^{-8}
PbL_2	2.5×10^{-13}
Iodides: L=I^-	
CuL	1×10^{-12}
AgL	8.3×10^{-17}
CH_3HgL ($\rightleftharpoons CH_3Hg^+ + I^-$)	3.5×10^{-12}
CH_3CH_2HgL ($\rightleftharpoons CH_3CH_2Hg^+ + I^-$)	7.8×10^{-5}
TlL	5.9×10^{-8}
Hg_2L_2	4.6×10^{-29}
SnL_2	8.3×10^{-6}
PbL_2	7.9×10^{-9}
Oxalates: L=$C_2O_4^{2-}$	
CaL	1.3×10^{-8}
SrL	4×10^{-7}
BaL	1×10^{-6}
La_2L_3	1×10^{-25}
ThL_2	4.2×10^{-22}
UO_2L ($\rightleftharpoons UO_2^{2+} + C_2O_4^{2-}$)	2.2×10^{-9}

Formula	K_{sp}
Phosphates: L = PO_4^{3-}	
$MgHL \cdot 3H_2O$ ($\rightleftharpoons Mg^{2+} + HL^{2-}$)	1.7×10^{-6}
$CaHL \cdot 2H_2O$ ($\rightleftharpoons Ca^{2+} + HL^{2-}$)	2.6×10^{-7}
SrHL ($\rightleftharpoons Sr^{2+} + HL^{2-}$)	1.2×10^{-7}
BaHL ($\rightleftharpoons Ba^{2+} + HL^{2-}$)	4.0×10^{-8}
LaL	3.7×10^{-23}
$Fe_3L_2 \cdot 8H_2O$	1×10^{-36}
$FeL \cdot 2H_2O$	4×10^{-27}
$(VO)_3L_2$ ($\rightleftharpoons 3VO^{2+} + 2L^{3-}$)	8×10^{-26}
Ag_3L	2.8×10^{-18}
Hg_2HL ($\rightleftharpoons Hg_2^{2+} + HL^{2-}$)	4.0×10^{-13}
$Zn_3L_2 \cdot 4H_2O$	5×10^{-36}
Pb_3L_2	3.0×10^{-44}
GaL	1×10^{-21}
InL	2.3×10^{-22}
Sulfates: L=SO_4^{2-}	
CaL	2.4×10^{-5}
SrL	3.2×10^{-7}
BaL	1.1×10^{-10}
RaL	4.3×10^{-11}
Ag_2L	1.5×10^{-5}
Hg_2L	7.4×10^{-7}
PbL	6.3×10^{-7}
Sulfides: L=S^{2-}	
MnL (pink)	3×10^{-11}
MnL (green)	3×10^{-14}
FeL	8×10^{-19}
CoL (α)	5×10^{-22}
CoL (β)	3×10^{-26}
NiL (α)	4×10^{-20}
NiL (β)	1.3×10^{-25}
NiL (γ)	3×10^{-27}
CuL	8×10^{-37}
Cu_2L	3×10^{-49}
Ag_2L	8×10^{-51}
Tl_2L	6×10^{-22}
ZnL (α)	2×10^{-25}
ZnL (β)	3×10^{-23}
CdL	1×10^{-27}
HgL (black)	2×10^{-53}
HgL (red)	5×10^{-54}
SnL	1.3×10^{-26}
PbL	3×10^{-28}
In_2L_3	4×10^{-70}
Thiocyanates: L=SCN^-	
CuL	4.0×10^{-14}
AgL	1.1×10^{-12}
Hg_2L_2	3.0×10^{-20}
TlL	1.6×10^{-4}
HgL_2	2.8×10^{-20}

부록 B
산해리 상수[a]

Name	Structure[b]	pK_a[c]	K_a
Acetic acid (ethanoic acid)	CH_3CO_2**H**	4.756	1.75×10^{-5}
Alanine	NH_3^+–CH(CH_3)–CO_2**H**	2.344 (CO_2H) 9.868 (NH_3)	4.53×10^{-3} 1.36×10^{-10}
Aminobenzene (aniline)	C_6H_5–N**H**$_3^+$	4.601	2.51×10^{-5}
2-Aminobenzoic acid (anthranilic acid)	C_6H_4(N**H**$_3^+$)(CO_2**H**)	2.08 (CO_2H) 4.96 (NH_3)	8.3×10^{-3} 1.10×10^{-5}
2-Aminoethanol (ethanolamine)	$HOCH_2CH_2N$**H**$_3^+$	9.498	3.18×10^{-10}
2-Aminophenol	C_6H_4(O**H**)(N**H**$_3^+$)	4.70 (NH_3) (20°) 9.97 (OH) (20°)	2.0×10^{-5} 1.05×10^{-10}
Ammonia	N**H**$_4^+$	9.245	5.69×10^{-10}
Arginine	N**H**$_3^+$–CH(CO_2**H**)$CH_2CH_2CH_2NHC$(=N**H**$_2^+$)NH_2	1.823 (CO_2H) 8.991 (NH_3) (12.1) (NH_2)	1.50×10^{-2} 1.02×10^{-9} 8×10^{-13}
Arsenic acid (hydrogen arsenate)	**H**O–As(=O)(O**H**)–O**H**	2.24 6.96 (11.50)	5.8×10^{-3} 1.10×10^{-7} 3.2×10^{-12}
Arsenious acid (hydrogen arsenite)	As(O**H**)$_3$	9.29	5.1×10^{-10}
Asparagine	N**H**$_3^+$–CH(CO_2**H**)CH_2C(=O)NH_2	2.16 (CO_2H) 8.73 (NH_3)	6.9×10^{-3} 1.86×10^{-9}
Aspartic acid	N**H**$_3^+$–CH(α-CO_2**H**)CH_2β-CO_2**H**	1.990 (α-CO_2H) 3.900 (β-CO_2H) 10.002 (NH_3)	1.02×10^{-2} 1.26×10^{-4} 9.95×10^{-11}

a. A. E. Martell, R. M. Smith, and R. J. Motekaitis, *NIST Critically Selected Stability Constants of Metal Complexes,* NIST Standard Reference Database 46, Gaithersburg, MD, 2001.
b. Each acid is written in its protonated form. The acidic protons are indicated in **bold** type.
c. pK_a values refer to 25°C unless otherwise indicated. Values in parentheses are considered to be less reliable.

Name	Structure[b]	pK_a[c]	K_a
Benzene-1,2,3-tricarboxylic acid (hemimellitic acid)	$C_6H_3(CO_2H)_3$ (1,2,3)	2.86 4.30 6.28	1.38×10^{-3} 5.0×10^{-5} 5.2×10^{-7}
Benzoic acid	$C_6H_5-CO_2H$	4.202	6.28×10^{-5}
Benzylamine	$C_6H_5-CH_2NH_3^+$	9.35	4.5×10^{-10}
2,2′-Bipyridine	(2,2′-bipyridine, both N protonated: NH^+ ^+HN)	— 4.34	— 4.6×10^{-5}
Boric acid (hydrogen borate)	$B(OH)_3$	9.237 (12.74) (20°) (13.80) (20°)	5.79×10^{-10} 1.82×10^{-13} 1.58×10^{-14}
Bromoacetic acid	$BrCH_2CO_2H$	2.902	1.25×10^{-3}
Butane-2,3-dione dioxime (dimethylglyoxime)	$HON{=}C(CH_3)-C(CH_3){=}NOH$	10.66 (12.0)	2.2×10^{-11} 1×10^{-12}
Butanoic acid	$CH_3CH_2CH_2CO_2H$	4.818	1.52×10^{-5}
cis-Butenedioic acid (maleic acid)	*cis*-$HO_2CCH{=}CHCO_2H$	1.92 6.27	1.20×10^{-2} 5.37×10^{-7}
trans-Butenedioic acid (fumaric acid)	*trans*-$HO_2CCH{=}CHCO_2H$	3.02 4.48	9.5×10^{-4} 3.3×10^{-5}
Butylamine	$CH_3CH_2CH_2CH_2NH_3^+$	10.640	2.29×10^{-11}
Carbonic acid (hydrogen carbonate)	$HO-C(=O)-OH$	6.351 10.329	4.46×10^{-7} 4.69×10^{-11}
Chloroacetic acid	$ClCH_2CO_2H$	2.865	1.36×10^{-3}
Chlorous acid (hydrogen chlorite)	$HOCl{=}O$	1.96	1.10×10^{-2}
Chromic acid (hydrogen chromate)	$HO-Cr(=O)_2-OH$	−0.2 (20°) 6.51	1.6 3.1×10^{-7}
Citric acid (2-hydroxypropane-1,2,3-tricarboxylic acid)	$HO_2CCH_2C(OH)(CO_2H)CH_2CO_2H$	3.128 4.761 6.396	7.44×10^{-4} 1.73×10^{-5} 4.02×10^{-7}
Cyanoacetic acid	$NCCH_2CO_2H$	2.472	3.37×10^{-3}
Cyclohexylamine	$C_6H_{11}-NH_3^+$	10.567	2.71×10^{-11}

(continued)

Name	Structure[b]	pK_a[c]	K_a
Cysteine	NH_3^+–$CHCH_2SH$–CO_2H	(1.7) (CO_2H) 8.36 (SH) 10.74 (NH_3)	2×10^{-2} 4.4×10^{-9} 1.82×10^{-11}
Dichloroacetic acid	Cl_2CHCO_2H	(1.1)	8×10^{-2}
Diethylamine	$(CH_3CH_2)_2NH_2^+$	11.00	1.10×10^{-11}
1,2-Dihydroxybenzene (catechol)	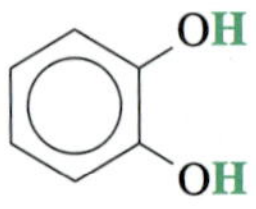 benzene ring with OH, OH (ortho)	9.45 (13.3)	3.5×10^{-10} 5.0×10^{-14}
1,3-Dihydroxybenzene (resorcinol)	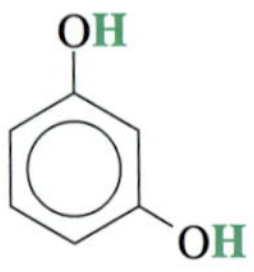 benzene ring with OH, OH (meta)	9.30 11.06	5.0×10^{-10} 8.7×10^{-12}
D-2,3-Dihydroxybutanedioic acid (D-tartaric acid)	$HO_2CCH(OH)CH(OH)CO_2H$	3.036 4.366	9.20×10^{-4} 4.31×10^{-5}
Dimethylamine	$(CH_3)_2NH_2^+$	10.774	1.68×10^{-11}
2,4-Dinitrophenol	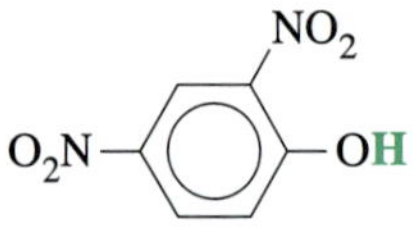 O_2N–benzene ring(NO_2)–OH	4.114	7.69×10^{-5}
Ethane-1,2-dithiol	$HSCH_2CH_2SH$	8.85 (30°) 10.43 (30°)	1.4×10^{-9} 3.7×10^{-11}
Ethylamine	$CH_3CH_2NH_3^+$	10.673	2.12×10^{-11}
Ethylenediamine (1,2-diaminoethane)	$H_3\overset{+}{N}CH_2CH_2\overset{+}{N}H_3$	6.848 9.928	1.42×10^{-7} 1.18×10^{-10}
Ethylenedinitrilotetraacetic acid (EDTA)	$(HO_2CCH_2)_2\overset{+}{N}HCH_2CH_2\overset{+}{N}H(CH_2CO_2H)_2$	(0.0)(CO_2H) (1.5)(CO_2H) 2.00 (CO_2H) 2.69 (CO_2H) 6.13 (NH) 10.37 (NH)	1.0 0.032 0.010 0.002 0 7.4×10^{-7} 4.3×10^{-11}
Formic acid (methanoic acid)	HCO_2H	3.744	1.80×10^{-4}
Glutamic acid	NH_3^+–$CHCH_2CH_2CO_2H$ (γ)–CO_2H (α)	2.16 (α-CO_2H) 4.30 (γ-CO_2H) 9.96 (NH_3)	6.9×10^{-3} 5.0×10^{-5} 1.10×10^{-10}
Glutamine	NH_3^+–$CHCH_2CH_2C(=O)NH_2$–CO_2H	2.19 (CO_2H) 9.00 (NH_3)	6.5×10^{-3} 1.00×10^{-9}
Glycine (aminoacetic acid)	NH_3^+–CH_2–CO_2H	2.350 (CO_2H) 9.778 (NH_3)	4.47×10^{-3} 1.67×10^{-10}

Name	Structure[b]	pK_a[c]	K_a
Guanidine	$H_2N{-}C({=}NH_2^+){-}NH_2$	(13.5)	3×10^{-14}
1,6-Hexanedioic acid (adipic acid)	$HO_2CCH_2CH_2CH_2CH_2CO_2H$	4.424 5.420	3.77×10^{-5} 3.80×10^{-6}
Histidine	NH_3^+, $CHCH_2$–(imidazolium ring, NH, $\overset{+}{N}H$), CO_2H	(1.6) (CO_2H) 5.97 (NH) 9.28 (NH_3)	2.5×10^{-2} 1.07×10^{-6} 5.2×10^{-10}
Hydrazoic acid (hydrogen azide)	$HN{=}\overset{+}{N}{=}\overset{-}{N}$	4.65	2.2×10^{-5}
Hydrogen cyanate	$HOC{\equiv}N$	3.48	3.3×10^{-4}
Hydrogen cyanide	$HC{\equiv}N$	9.21	6.2×10^{-10}
Hydrogen fluoride	HF	3.17	6.8×10^{-4}
Hydrogen peroxide	HOOH	11.65	2.2×10^{-12}
Hydrogen sulfide	H_2S	7.02 14.0	9.5×10^{-8} 1×10^{-14}
Hydrogen thiocyanate	$HSC{\equiv}N$	(−1.1)	1.3×10^{1}
Hydroxyacetic acid (glycolic acid)	$HOCH_2CO_2H$	3.832	1.48×10^{-4}
Hydroxybenzene (phenol)	C_6H_5–OH	9.997	1.01×10^{-10}
2-Hydroxybenzoic acid (salicylic acid)	C_6H_4(CO_2H)(OH)	2.972 (CO_2H) (13.7) (OH)	1.07×10^{-3} 2×10^{-14}
Hydroxylamine	$HO\overset{+}{N}H_3$	5.96	1.10×10^{-6}
8-Hydroxyquinoline (oxine)	(quinolinium ring, NH^+, HO)	4.94 (NH) 9.82 (OH)	1.15×10^{-5} 1.51×10^{-10}
Hypochlorous acid (hydrogen hypochlorite)	HOCl	7.53	3.0×10^{-8}
Hypophosphorous acid (hydrogen hypophosphite)	$H_2P({=}O)OH$	(1.3)	5×10^{-2}
Imidazole (1,3-diazole)	(imidazolium ring, NH^+, NH)	6.993	1.02×10^{-7}
Iminodiacetic acid	$H_2\overset{+}{N}(CH_2CO_2H)_2$	(1.85) (CO_2H) 2.84 (CO_2H) 9.79 (NH_2)	1.41×10^{-2} 1.45×10^{-3} 1.62×10^{-10}
Iodic acid (hydrogen iodate)	$HO{-}I({=}O){=}O$	0.77	0.17
Iodoacetic acid	ICH_2CO_2H	3.175	6.68×10^{-4}

(*continued*)

Name	Structure[b]	pK_a[c]	K_a
Isoleucine	NH_3^+ | $CHCH(CH_3)CH_2CH_3$ | CO_2**H**	2.318 (CO_2H) 9.758 (NH_3)	4.81×10^{-3} 1.75×10^{-10}
Leucine	NH_3^+ | $CHCH_2CH(CH_3)_2$ | CO_2**H**	2.328 (CO_2H) 9.744 (NH_3)	4.70×10^{-3} 1.80×10^{-10}
Lysine	$\alpha \rightarrow NH_3^+$ | $CHCH_2CH_2CH_2CH_2NH_3^+$ ($\leftarrow \varepsilon$) | CO_2**H**	(1.77) (CO_2H) 9.07 (α-NH_3) 10.82 (ε-NH_3)	1.70×10^{-2} 8.5×10^{-10} 1.51×10^{-11}
Malonic acid (propanedioic acid)	$HO_2CCH_2CO_2H$	2.847 5.696	1.42×10^{-3} 2.01×10^{-6}
Mercaptoacetic acid (thioglycolic acid)	$HSCH_2CO_2H$	3.64 (CO_2H) 10.61 (SH)	2.3×10^{-4} 2.5×10^{-11}
2-Mercaptoethanol	$HSCH_2CH_2OH$	9.72	1.9×10^{-10}
Methionine	NH_3^+ | $CHCH_2CH_2SCH_3$ | CO_2**H**	2.18 (CO_2H) 9.08 (NH_3)	6.6×10^{-3} 8.3×10^{-10}
Methylamine	$CH_3\overset{+}{N}H_3$	10.632	2.33×10^{-11}
4-Methylaniline (*p*-toluidine)	$CH_3-C_6H_4-\overset{+}{N}H_3$	5.080	8.32×10^{-6}
2-Methylphenol (*o*-cresol)	$C_6H_4(CH_3)(OH)$ (ortho)	10.31	4.9×10^{-11}
4-Methylphenol (*p*-cresol)	$CH_3-C_6H_4-OH$	10.269	5.4×10^{-11}
Morpholine (perhydro-1,4-oxazine)	$O(CH_2CH_2)_2NH_2^+$	8.492	3.22×10^{-9}
1-Naphthoic acid	$C_{10}H_7CO_2H$ (1-position)	3.67	2.1×10^{-4}
2-Naphthoic acid	$C_{10}H_7CO_2H$ (2-position)	4.16	6.9×10^{-5}
1-Naphthol	$C_{10}H_7OH$ (1-position)	9.416	3.84×10^{-10}

Name	Structure[b]	pK_a[c]	K_a
2-Naphthol	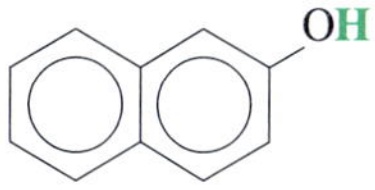 (2-naphthyl)–OH	9.573	2.67×10^{-10}
Nitrilotriacetic acid	$H\overset{+}{N}(CH_2CO_2H)_3$	(1.0) (CO_2H) (25°) 2.0 (CO_2H) (25°) 2.940 (CO_2H) (20°) 10.334 (NH) (20°)	0.10 0.010 1.15×10^{-3} 4.63×10^{-11}
4-Nitrobenzoic acid	 O_2N–C_6H_4–CO_2H	3.442	3.61×10^{-4}
Nitroethane	$CH_3CH_2NO_2$	8.57	2.7×10^{-9}
4-Nitrophenol	 O_2N–C_6H_4–OH	7.149	7.10×10^{-8}
N-Nitrosophenylhydroxylamine (cupferron)	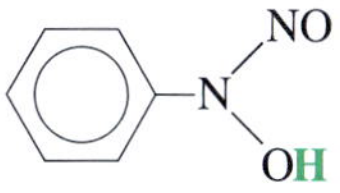 C_6H_5–N(NO)–OH	4.16	6.9×10^{-5}
Nitrous acid	HON=O	3.15	7.1×10^{-4}
Oxalic acid (ethanedioic acid)	HO_2CCO_2H	1.250 4.266	5.62×10^{-2} 5.42×10^{-5}
Oxoacetic acid (glyoxylic acid)	HC(=O)CO_2H	3.46	3.5×10^{-4}
Oxobutanedioic acid (oxaloacetic acid)	$HO_2CCH_2C(=O)CO_2H$	2.56 4.37	2.8×10^{-3} 4.3×10^{-5}
2-Oxopentanedioic (α-ketoglutaric acid)	$HO_2CCH_2CH_2C(=O)CO_2H$	(1.9) 4.44	1.3×10^{-2} 3.6×10^{-5}
2-Oxopropanoic acid (pyruvic acid)	$CH_3C(=O)CO_2H$	2.48	3.3×10^{-3}
1,5-Pentanedioic acid (glutaric acid)	$HO_2CCH_2CH_2CH_2CO_2H$	4.345 5.422	4.52×10^{-5} 3.78×10^{-6}
1,10-Phenanthroline	(1,10-phenanthroline, $\overset{+}{N}H$ $H\overset{+}{N}$)	1.8 4.91	0.016 1.23×10^{-5}
Phenylacetic acid	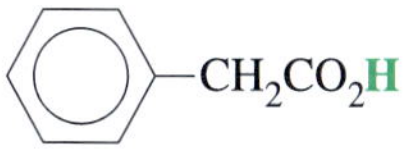 C_6H_5–CH_2CO_2H	4.310	4.90×10^{-5}
Phenylalanine	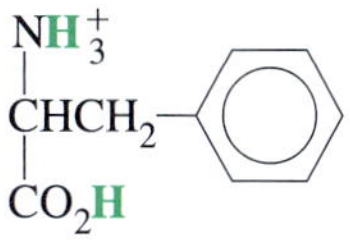 NH_3^+–$CH(CO_2H)$–CH_2–C_6H_5	2.20 (CO_2H) 9.31 (NH_3)	6.3×10^{-3} 4.9×10^{-10}

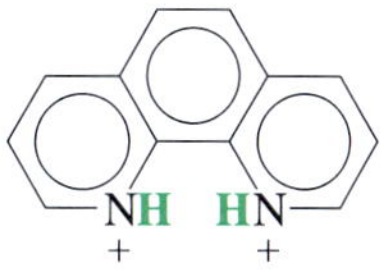

(continued)

Name	Structure[b]	pK_a[c]	K_a
Phosphoric acid (hydrogen phosphate)	$HO{-}P(=O)(OH){-}OH$	2.148 7.198 12.375	7.11×10^{-3} 6.34×10^{-8} 4.22×10^{-13}
Phosphorous acid (hydrogen phosphite)	$HP(=O)(OH){-}OH$	(1.5) 6.78	3×10^{-2} 1.66×10^{-7}
Phthalic acid (benzene-1,2-dicarboxylic acid)	$C_6H_4(CO_2H)_2$	2.950 5.408	1.12×10^{-3} 3.90×10^{-6}
Piperazine (perhydro-1,4-diazine)	$H_2\overset{+}{N}$ ring $\overset{+}{N}H_2$	5.333 9.731	4.65×10^{-6} 1.86×10^{-10}
Piperidine	ring $\overset{+}{N}H_2$	11.125	7.50×10^{-12}
Proline	ring $\overset{+}{N}H_2$, $-CO_2H$	1.952 (CO_2H) 10.640 (NH_2)	1.12×10^{-2} 2.29×10^{-11}
Propanoic acid	$CH_3CH_2CO_2H$	4.874	1.34×10^{-5}
Propenoic acid (acrylic acid)	$H_2C{=}CHCO_2H$	4.258	5.52×10^{-5}
Propylamine	$CH_3CH_2CH_2NH_3^+$	10.566	2.72×10^{-11}
Pyridine (azine)	ring NH^+	5.20	6.3×10^{-6}
Pyridine-2-carboxylic acid (picolinic acid)	ring NH^+, CO_2H	(1.01) (CO_2H) 5.39 (NH)	9.8×10^{-2} 4.1×10^{-6}
Pyridine-3-carboxylic acid (nicotinic acid)	HO_2C, ring NH^+	2.03 (CO_2H) 4.82 (NH)	9.3×10^{-3} 1.51×10^{-5}
Pyridoxal-5-phosphate	$HO{-}P(=O)(HO){-}OCH_2$, $O{=}CH$, OH, ring $\overset{+}{N}H$, CH_3	1.4 (POH) 3.44 (OH) 6.01 (POH) 8.45 (NH)	0.04 3.6×10^{-4} 9.8×10^{-7} 3.5×10^{-9}
Pyrophosphoric acid (hydrogen diphosphate)	$(HO)_2P(=O)OP(=O)(OH)_2$	0.9 2.28 6.70 9.40	0.13 5.2×10^{-3} 2.0×10^{-7} 4.0×10^{-10}

Name	Structure[b]	pK_a[c]	K_a
Serine	NH_3^+—CH(CH_2OH)—CO_2H	2.187 (CO_2H) 9.209 (NH_3)	6.50×10^{-3} 6.18×10^{-10}
Succinic acid (butanedioic acid)	$HO_2CCH_2CH_2CO_2H$	4.207 5.636	6.21×10^{-5} 2.31×10^{-6}
Sulfuric acid (hydrogen sulfate)	HO—S(=O)(=O)—OH	1.987 (pK_2)	1.03×10^{-2}
Sulfurous acid (hydrogen sulfite)	HOS(=O)OH	1.857 7.172	1.39×10^{-2} 6.73×10^{-8}
Thiosulfuric acid (hydrogen thiosulfate)	HOS(=O)(=O)SH	(0.6) (1.6)	0.3 0.03
Threonine	NH_3^+—CH($CHOHCH_3$)—CO_2H	2.088 (CO_2H) 9.100 (NH_3)	8.17×10^{-3} 7.94×10^{-10}
Trichloroacetic acid	Cl_3CCO_2H	(−0.5)	3
Triethanolamine	$(HOCH_2CH_2)_3NH^+$	7.762	1.73×10^{-8}
Triethylamine	$(CH_3CH_2)_3NH^+$	10.72	1.9×10^{-11}
1,2,3-Trihydroxybenzene (pyrogallol)	$C_6H_3(OH)_3$ (benzene ring with OH at 1,2,3)	8.96 11.00 (14.0) (20°)	1.10×10^{-9} 1.00×10^{-11} 10^{-14}
Trimethylamine	$(CH_3)_3NH^+$	9.799	1.59×10^{-10}
Tris(hydroxymethyl) aminomethane (tris or tham)	$(HOCH_2)_3CNH_3^+$	8.072	8.47×10^{-9}
Tryptophan	NH_3^+—CH(CH_2-indolyl)—CO_2H	2.37 (CO_2H) 9.33 (NH_3)	4.3×10^{-3} 4.7×10^{-10}
Tyrosine	NH_3^+—CH(CH_2—C_6H_4—OH)—CO_2H	2.41 (CO_2H) 8.67 (NH_3) 11.01 (OH)	3.9×10^{-3} 2.1×10^{-9} 9.8×10^{-12}
Valine	NH_3^+—CH($CH(CH_3)_2$)—CO_2H	2.286 (CO_2H) 9.719 (NH_3)	5.18×10^{-3} 1.91×10^{-10}

부록 C
표준 환원 전위

Reaction[a]	$E°$ (volts)
Aluminum	
$Al^{3+} + 3e^- \rightleftharpoons Al(s)$	−1.677
$Al(OH)_4^- + 3e^- \rightleftharpoons Al(s) + 4OH^-$	−2.328
Arsenic	
$H_3AsO_4 + 2H^+ + 2e^- \rightleftharpoons H_3AsO_3 + H_2O$	0.575
$H_3AsO_3 + 3H^+ + 3e^- \rightleftharpoons As(s) + 3H_2O$	0.247 5
$As(s) + 3H^+ + 3e^- \rightleftharpoons AsH_3(g)$	−0.238
Barium	
$Ba^{2+} + 2e^- \rightleftharpoons Ba(s)$	−2.906
Beryllium	
$Be^{2+} + 2e^- \rightleftharpoons Be(s)$	−1.968
Boron	
$2B(s) + 6H^+ + 6e^- \rightleftharpoons B_2H_6(g)$	−0.150
$B_4O_7^{2-} + 14H^+ + 12e^- \rightleftharpoons 4B(s) + 7H_2O$	−0.792
$B(OH)_3 + 3H^+ + 3e^- \rightleftharpoons B(s) + 3H_2O$	−0.889
Bromine	
$BrO_4^- + 2H^+ + 2e^- \rightleftharpoons BrO_3^- + H_2O$	1.745
$HOBr + H^+ + e^- \rightleftharpoons \frac{1}{2}Br_2(l) + H_2O$	1.584
$BrO_3^- + 6H^+ + 5e^- \rightleftharpoons \frac{1}{2}Br_2(l) + 3H_2O$	1.513
$Br_2(aq) + 2e^- \rightleftharpoons 2Br^-$	1.098
$Br_2(l) + 2e^- \rightleftharpoons 2Br^-$	1.078
$Br_3^- + 2e^- \rightleftharpoons 3Br^-$	1.062
$BrO^- + H_2O + 2e^- \rightleftharpoons Br^- + 2OH^-$	0.766
$BrO_3^- + 3H_2O + 6e^- \rightleftharpoons Br^- + 6OH^-$	0.613
Cadmium	
$Cd^{2+} + 2e^- \rightleftharpoons Cd(s)$	−0.402
$Cd(NH_3)_4^{2+} + 2e^- \rightleftharpoons Cd(s) + 4NH_3$	−0.613
Calcium	
$Ca(s) + 2H^+ + 2e^- \rightleftharpoons CaH_2(s)$	0.776
$Ca^{2+} + 2e^- \rightleftharpoons Ca(s)$	−2.868
$Ca(acetate)^+ + 2e^- \rightleftharpoons Ca(s) + acetate^-$	−2.891
$CaSO_4(s) + 2e^- \rightleftharpoons Ca(s) + SO_4^{2-}$	−2.936
Carbon	
$C_2H_2(g) + 2H^+ + 2e^- \rightleftharpoons C_2H_4(g)$	0.731
O=⟨ring⟩=O $+ 2H^+ + 2e^- \rightleftharpoons$ HO–⟨ring⟩–OH	0.700
$CH_3OH + 2H^+ + 2e^- \rightleftharpoons CH_4(g) + H_2O$	0.583
dehydroascorbic acid $+ 2H^+ + 2e^- \rightleftharpoons$ ascorbic acid $+ H_2O$	0.390
$(CN)_2(g) + 2H^+ + 2e^- \rightleftharpoons 2HCN(aq)$	0.373
$H_2CO + 2H^+ + 2e^- \rightleftharpoons CH_3OH$	0.237
$C(s) + 4H^+ + 4e^- \rightleftharpoons CH_4(g)$	0.131 5
$HCO_2H + 2H^+ + 2e^- \rightleftharpoons H_2CO + H_2O$	−0.029
$CO_2(g) + 2H^+ + 2e^- \rightleftharpoons CO(g) + H_2O$	−0.103 8
$CO_2(g) + 2H^+ + 2e^- \rightleftharpoons HCO_2H$	−0.114
$2CO_2(g) + 2H^+ + 2e^- \rightleftharpoons H_2C_2O_4$	−0.432
Cerium	
$Ce^{4+} + e^- \rightleftharpoons Ce^{3+}$	1.72 1.70 1 F $HClO_4$ 1.44 1 F H_2SO_4 1.61 1 F HNO_3 1.47 1 F HCl
$Ce^{3+} + 3e^- \rightleftharpoons Ce(s)$	−2.336
Cesium	
$Cs^+ + e^- \rightleftharpoons Cs(s)$	−3.026
Chlorine	
$HClO_2 + 2H^+ + 2e^- \rightleftharpoons HOCl + H_2O$	1.674
$HClO + H^+ + e^- \rightleftharpoons \frac{1}{2}Cl_2(g) + H_2O$	1.630
$ClO_3^- + 6H^+ + 5e^- \rightleftharpoons \frac{1}{2}Cl_2(g) + 3H_2O$	1.458
$Cl_2(aq) + 2e^- \rightleftharpoons 2Cl^-$	1.396
$Cl_2(g) + 2e^- \rightleftharpoons 2Cl^-$	1.360 4
$ClO_4^- + 2H^+ + 2e^- \rightleftharpoons ClO_3^- + H_2O$	1.226
$ClO_3^- + 3H^+ + 2e^- \rightleftharpoons HClO_2 + H_2O$	1.157
$ClO_3^- + 2H^+ + e^- \rightleftharpoons ClO_2 + H_2O$	1.130
$ClO_2 + e^- \rightleftharpoons ClO_2^-$	1.068
Chromium	
$Cr_2O_7^{2-} + 14H^+ + 6e^- \rightleftharpoons 2Cr^{3+} + 7H_2O$	1.36
$CrO_4^{2-} + 4H_2O + 3e^- \rightleftharpoons Cr(OH)_3$ (*s*, hydrated) $+ 5OH^-$	−0.12
$Cr^{3+} + e^- \rightleftharpoons Cr^{2+}$	−0.42
$Cr^{3+} + 3e^- \rightleftharpoons Cr(s)$	−0.74
$Cr^{2+} + 2e^- \rightleftharpoons Cr(s)$	−0.89
Cobalt	
$Co^{3+} + e^- \rightleftharpoons Co^{2+}$	1.92 1.817 8 F H_2SO_4 1.850 4 F HNO_3
$Co(NH_3)_6^{3+} + e^- \rightleftharpoons Co(NH_3)_6^{2+}$	0.1
$CoOH^+ + H^+ + 2e^- \rightleftharpoons Co(s) + H_2O$	0.003

[a] All species are aqueous unless otherwise indicated.

Reaction[a]	$E°$ (volts)
$Co^{2+} + 2e^- \rightleftharpoons Co(s)$	−0.282
$Co(OH)_2(s) + 2e^- \rightleftharpoons Co(s) + 2OH^-$	−0.746
Copper	
$Cu^+ + e^- \rightleftharpoons Cu(s)$	0.518
$Cu^{2+} + 2e^- \rightleftharpoons Cu(s)$	0.339
$Cu^{2+} + e^- \rightleftharpoons Cu^+$	0.161
$CuCl(s) + e^- \rightleftharpoons Cu(s) + Cl^-$	0.137
$Cu(IO_3)_2(s) + 2e^- \rightleftharpoons Cu(s) + 2IO_3^-$	−0.079
$Cu(ethylenediamine)_2^+ + e^- \rightleftharpoons$ $Cu(s) + 2\ ethylenediamine$	−0.119
$CuI(s) + e^- \rightleftharpoons Cu(s) + I^-$	−0.185
$Cu(EDTA)^{2-} + 2e^- \rightleftharpoons Cu(s) + EDTA^{4-}$	−0.216
$Cu(OH)_2(s) + 2e^- \rightleftharpoons Cu(s) + 2OH^-$	−0.222
$Cu(CN)_2^- + e^- \rightleftharpoons Cu(s) + 2CN^-$	−0.429
$CuCN(s) + e^- \rightleftharpoons Cu(s) + CN^-$	−0.639
Fluorine	
$F_2(g) + 2e^- \rightleftharpoons 2F^-$	2.890
$F_2O(g) + 2H^+ + 4e^- \rightleftharpoons 2F^- + H_2O$	2.168
Gallium	
$Ga^{3+} + 3e^- \rightleftharpoons Ga(s)$	−0.549
$GaOOH(s) + H_2O + 3e^- \rightleftharpoons Ga(s) + 3OH^-$	−1.320
Germanium	
$Ge^{2+} + 2e^- \rightleftharpoons Ge(s)$	0.1
$H_4GeO_4 + 4H^+ + 4e^- \rightleftharpoons Ge(s) + 4H_2O$	−0.039
Gold	
$Au^+ + e^- \rightleftharpoons Au(s)$	1.69
$Au^{3+} + 2e^- \rightleftharpoons Au^+$	1.41
$AuCl_2^- + e^- \rightleftharpoons Au(s) + 2Cl^-$	1.154
$AuCl_4^- + 2e^- \rightleftharpoons AuCl_2^- + 2Cl^-$	0.926
Hydrogen	
$2H^+ + 2e^- \rightleftharpoons H_2(g)$	0.000 0
$H_2O + e^- \rightleftharpoons \frac{1}{2}H_2(g) + OH^-$	−0.828 0
Indium	
$In^{3+} + 3e^- \rightleftharpoons In(s)$	−0.338
$In^{3+} + 2e^- \rightleftharpoons In^+$	−0.444
$In(OH)_3(s) + 3e^- \rightleftharpoons In(s) + 3OH^-$	−0.99
Iodine	
$IO_4^- + 2H^+ + 2e^- \rightleftharpoons IO_3^- + H_2O$	1.589
$H_5IO_6 + 2H^+ + 2e^- \rightleftharpoons HIO_3 + 3H_2O$	1.567
$HOI + H^+ + e^- \rightleftharpoons \frac{1}{2}I_2(s) + H_2O$	1.430
$ICl_3(s) + 3e^- \rightleftharpoons \frac{1}{2}I_2(s) + 3Cl^-$	1.28
$ICl(s) + e^- \rightleftharpoons \frac{1}{2}I_2(s) + Cl^-$	1.22
$IO_3^- + 6H^+ + 5e^- \rightleftharpoons \frac{1}{2}I_2(s) + 3H_2O$	1.210
$IO_3^- + 5H^+ + 4e^- \rightleftharpoons HOI + 2H_2O$	1.154
$I_2(aq) + 2e^- \rightleftharpoons 2I^-$	0.620
$I_2(s) + 2e^- \rightleftharpoons 2I^-$	0.535
$I_3^- + 2e^- \rightleftharpoons 3I^-$	0.535
$IO_3^- + 3H_2O + 6e^- \rightleftharpoons I^- + 6OH^-$	0.269
Iron	
$Fe(phenanthroline)_3^{3+} + e^- \rightleftharpoons$ $Fe(phenanthroline)_3^{2+}$	1.147
$Fe(bipyridyl)_3^{3+} + e^- \rightleftharpoons Fe(bipyridyl)_3^{2+}$	1.120

Reaction[a]	$E°$ (volts)	
$FeOH^{2+} + H^+ + e^- \rightleftharpoons Fe^{2+} + H_2O$	0.900	
$FeO_4^{2-} + 3H_2O + 3e^- \rightleftharpoons$ $FeOOH(s) + 5OH^-$	0.80	
$Fe^{3+} + e^- \rightleftharpoons Fe^{2+}$	0.771	
	0.732	1 F HCl
	0.767	1 F $HClO_4$
	0.746	1 F HNO_3
	0.68	1 F H_2SO_4
$FeOOH(s) + 3H^+ + e^- \rightleftharpoons$ $Fe^{2+} + 2H_2O$	0.74	
$ferricinium^+ + e^- \rightleftharpoons ferrocene$	0.400	
$Fe(CN)_6^{3-} + e^- \rightleftharpoons Fe(CN)_6^{4-}$	0.356	
$FeOH^+ + H^+ + 2e^- \rightleftharpoons Fe(s) + H_2O$	−0.16	
$Fe^{2+} + 2e^- \rightleftharpoons Fe(s)$	−0.44	
$FeCO_3(s) + 2e^- \rightleftharpoons Fe(s) + CO_3^{2-}$	−0.756	
Lanthanum		
$La^{3+} + 3e^- \rightleftharpoons La(s)$	−2.379	
Lead		
$Pb^{4+} + 2e^- \rightleftharpoons Pb^{2+}$	1.69	1 F HNO_3
$PbO_2(s) + 4H^+ + SO_4^{2-} + 2e^- \rightleftharpoons$ $PbSO_4(s) + 2H_2O$	1.685	
$PbO_2(s) + 4H^+ + 2e^- \rightleftharpoons Pb^{2+} + 2H_2O$	1.458	
$3PbO_2(s) + 2H_2O + 4e^- \rightleftharpoons$ $Pb_3O_4(s) + 4OH^-$	0.269	
$Pb_3O_4(s) + H_2O + 2e^- \rightleftharpoons$ $3PbO(s, red) + 2OH^-$	0.224	
$Pb_3O_4(s) + H_2O + 2e^- \rightleftharpoons$ $3PbO(s, yellow) + 2OH^-$	0.207	
$Pb^{2+} + 2e^- \rightleftharpoons Pb(s)$	−0.126	
$PbF_2(s) + 2e^- \rightleftharpoons Pb(s) + 2F^-$	−0.350	
$PbSO_4(s) + 2e^- \rightleftharpoons Pb(s) + SO_4^{2-}$	−0.355	
Lithium		
$Li^+ + e^- \rightleftharpoons Li(s)$	−3.040	
Magnesium		
$Mg(OH)^+ + H^+ + 2e^- \rightleftharpoons Mg(s) + H_2O$	−2.022	
$Mg^{2+} + 2e^- \rightleftharpoons Mg(s)$	−2.360	
$Mg(C_2O_4)(s) + 2e^- \rightleftharpoons Mg(s) + C_2O_4^{2-}$	−2.493	
$Mg(OH)_2(s) + 2e^- \rightleftharpoons Mg(s) + 2OH^-$	−2.690	
Manganese		
$MnO_4^- + 4H^+ + 3e^- \rightleftharpoons MnO_2(s) + 2H_2O$	1.692	
$Mn^{3+} + e^- \rightleftharpoons Mn^{2+}$	1.56	
$MnO_4^- + 8H^+ + 5e^- \rightleftharpoons Mn^{2+} + 4H_2O$	1.507	
$Mn_2O_3(s) + 6H^+ + 2e^- \rightleftharpoons 2Mn^{2+} + 3H_2O$	1.485	
$MnO_2(s) + 4H^+ + 2e^- \rightleftharpoons Mn^{2+} + 2H_2O$	1.230	
$Mn(EDTA)^- + e^- \rightleftharpoons Mn(EDTA)^{2-}$	0.825	
$MnO_4^- + e^- \rightleftharpoons MnO_4^{2-}$	0.56	
$3Mn_2O_3(s) + H_2O + 2e^- \rightleftharpoons$ $2Mn_3O_4(s) + 2OH^-$	0.002	
$Mn_3O_4(s) + 4H_2O + 2e^- \rightleftharpoons$ $3Mn(OH)_2(s) + 2OH^-$	−0.352	
$Mn^{2+} + 2e^- \rightleftharpoons Mn(s)$	−1.182	
$Mn(OH)_2(s) + 2e^- \rightleftharpoons Mn(s) + 2OH^-$	−1.565	

(continued)

Reaction[a]	$E°$ (volts)
Mercury	
$2Hg^{2+} + 2e^- \rightleftharpoons Hg_2^{2+}$	0.908
$Hg^{2+} + 2e^- \rightleftharpoons Hg(l)$	0.852
$Hg_2^{2+} + 2e^- \rightleftharpoons 2Hg(l)$	0.796
$Hg_2SO_4(s) + 2e^- \rightleftharpoons 2Hg(l) + SO_4^{2-}$	0.614
$Hg_2Cl_2(s) + 2e^- \rightleftharpoons 2Hg(l) + 2Cl^-$	0.268 0.241 (saturated calomel electrode)
$Hg(OH)_3^- + 2e^- \rightleftharpoons Hg(l) + 3OH^-$	0.231
$Hg(OH)_2 + 2e^- \rightleftharpoons Hg(l) + 2OH^-$	0.206
$Hg_2Br_2(s) + 2e^- \rightleftharpoons 2Hg(l) + 2Br^-$	0.140
$HgO(s, \text{yellow}) + H_2O + 2e^- \rightleftharpoons Hg(l) + 2OH^-$	0.098 3
$HgO(s, \text{red}) + H_2O + 2e^- \rightleftharpoons Hg(l) + 2OH^-$	0.097 7
Molybdenum	
$MoO_4^{2-} + 2H_2O + 2e^- \rightleftharpoons MoO_2(s) + 4OH^-$	−0.818
$MoO_4^{2-} + 4H_2O + 6e^- \rightleftharpoons Mo(s) + 8OH^-$	−0.926
$MoO_2(s) + 2H_2O + 4e^- \rightleftharpoons Mo(s) + 4OH^-$	−0.980
Nickel	
$NiOOH(s) + 3H^+ + e^- \rightleftharpoons Ni^{2+} + 2H_2O$	2.05
$Ni^{2+} + 2e^- \rightleftharpoons Ni(s)$	−0.236
$Ni(CN)_4^{2-} + e^- \rightleftharpoons Ni(CN)_3^{2-} + CN^-$	−0.401
$Ni(OH)_2(s) + 2e^- \rightleftharpoons Ni(s) + 2OH^-$	−0.714
Nitrogen	
$HN_3 + 3H^+ + 2e^- \rightleftharpoons N_2(g) + NH_4^+$	2.079
$N_2O(g) + 2H^+ + 2e^- \rightleftharpoons N_2(g) + H_2O$	1.769
$2NO(g) + 2H^+ + 2e^- \rightleftharpoons N_2O(g) + H_2O$	1.587
$NO^+ + e^- \rightleftharpoons NO(g)$	1.46
$2NH_3OH^+ + H^+ + 2e^- \rightleftharpoons N_2H_5^+ + 2H_2O$	1.40
$NH_3OH^+ + 2H^+ + 2e^- \rightleftharpoons NH_4^+ + H_2O$	1.33
$N_2H_5^+ + 3H^+ + 2e^- \rightleftharpoons 2NH_4^+$	1.250
$HNO_2 + H^+ + e^- \rightleftharpoons NO(g) + H_2O$	0.984
$NO_3^- + 4H^+ + 3e^- \rightleftharpoons NO(g) + 2H_2O$	0.955
$NO_3^- + 3H^+ + 2e^- \rightleftharpoons HNO_2 + H_2O$	0.940
$NO_3^- + 2H^+ + e^- \rightleftharpoons \frac{1}{2}N_2O_4(g) + H_2O$	0.798
$N_2(g) + 8H^+ + 6e^- \rightleftharpoons 2NH_4^+$	0.274
$N_2(g) + 5H^+ + 4e^- \rightleftharpoons N_2H_5^+$	−0.214
$N_2(g) + 2H_2O + 4H^+ + 2e^- \rightleftharpoons 2NH_3OH^+$	−1.83
$\frac{3}{2}N_2(g) + H^+ + e^- \rightleftharpoons HN_3$	−3.334
Oxygen	
$OH + H^+ + e^- \rightleftharpoons H_2O$	2.56
$O(g) + 2H^+ + 2e^- \rightleftharpoons H_2O$	2.430 1
$O_3(g) + 2H^+ + 2e^- \rightleftharpoons O_2(g) + H_2O$	2.075
$H_2O_2 + 2H^+ + 2e^- \rightleftharpoons 2H_2O$	1.763
$HO_2 + H^+ + e^- \rightleftharpoons H_2O_2$	1.44

Reaction[a]	$E°$ (volts)
$\frac{1}{2}O_2(g) + 2H^+ + 2e^- \rightleftharpoons H_2O$	1.229 1
$O_2(g) + 2H^+ + 2e^- \rightleftharpoons H_2O_2$	0.695
$O_2(g) + H^+ + e^- \rightleftharpoons HO_2$	−0.05
Palladium	
$Pd^{2+} + 2e^- \rightleftharpoons Pd(s)$	0.915
$PdO(s) + 2H^+ + 2e^- \rightleftharpoons Pd(s) + H_2O$	0.79
$PdCl_6^{4-} + 2e^- \rightleftharpoons Pd(s) + 6Cl^-$	0.615
$PdO_2(s) + H_2O + 2e^- \rightleftharpoons PdO(s) + 2OH^-$	0.64
Phosphorus	
$\frac{1}{4}P_4(s, \text{white}) + 3H^+ + 3e^- \rightleftharpoons PH_3(g)$	−0.046
$\frac{1}{4}P_4(s, \text{red}) + 3H^+ + 3e^- \rightleftharpoons PH_3(g)$	−0.088
$H_3PO_4 + 2H^+ + 2e^- \rightleftharpoons H_3PO_3 + H_2O$	−0.30
$H_3PO_4 + 5H^+ + 5e^- \rightleftharpoons \frac{1}{4}P_4(s, \text{white}) + 4H_2O$	−0.402
$H_3PO_3 + 2H^+ + 2e^- \rightleftharpoons H_3PO_2 + H_2O$	−0.48
$H_3PO_2 + H^+ + e^- \rightleftharpoons \frac{1}{4}P_4(s) + 2H_2O$	−0.51
Platinum	
$Pt^{2+} + 2e^- \rightleftharpoons Pt(s)$	1.18
$PtO_2(s) + 4H^+ + 4e^- \rightleftharpoons Pt(s) + 2H_2O$	0.92
$PtCl_4^{2-} + 2e^- \rightleftharpoons Pt(s) + 4Cl^-$	0.755
$PtCl_6^{2-} + 2e^- \rightleftharpoons PtCl_4^{2-} + 2Cl^-$	0.68
Potassium	
$K^+ + e^- \rightleftharpoons K(s)$	−2.936
Rubidium	
$Rb^+ + e^- \rightleftharpoons Rb(s)$	−2.943
Scandium	
$Sc^{3+} + 3e^- \rightleftharpoons Sc(s)$	−2.09
Selenium	
$SeO_4^{2-} + 4H^+ + 2e^- \rightleftharpoons H_2SeO_3 + H_2O$	1.150
$H_2SeO_3 + 4H^+ + 4e^- \rightleftharpoons Se(s) + 3H_2O$	0.739
$Se(s) + 2H^+ + 2e^- \rightleftharpoons H_2Se(g)$	−0.082
$Se(s) + 2e^- \rightleftharpoons Se^{2-}$	−0.67
Silicon	
$Si(s) + 4H^+ + 4e^- \rightleftharpoons SiH_4(g)$	−0.147
$SiO_2(s, \text{quartz}) + 4H^+ + 4e^- \rightleftharpoons Si(s) + 2H_2O$	−0.990
$SiF_6^{2-} + 4e^- \rightleftharpoons Si(s) + 6F^-$	−1.24
Silver	
$Ag^{2+} + e^- \rightleftharpoons Ag^+$	1.989
$Ag^{3+} + 2e^- \rightleftharpoons Ag^+$	1.9
$AgO(s) + H^+ + e^- \rightleftharpoons \frac{1}{2}Ag_2O(s) + \frac{1}{2}H_2O$	1.40
$Ag^+ + e^- \rightleftharpoons Ag(s)$	0.799 3
$Ag_2C_2O_4(s) + 2e^- \rightleftharpoons 2Ag(s) + C_2O_4^{2-}$	0.465
$AgN_3(s) + e^- \rightleftharpoons Ag(s) + N_3^-$	0.293
$AgCl(s) + e^- \rightleftharpoons Ag(s) + Cl^-$	0.222 0.197 (saturated KCl)
$AgBr(s) + e^- \rightleftharpoons Ag(s) + Br^-$	0.071
$Ag(S_2O_3)_2^{3-} + e^- \rightleftharpoons Ag(s) + 2S_2O_3^{2-}$	0.017
$AgI(s) + e^- \rightleftharpoons Ag(s) + I^-$	−0.152
$Ag_2S(s) + H^+ + 2e^- \rightleftharpoons 2Ag(s) + SH^-$	−0.272

Reaction[a]	$E°$ (volts)	
Sodium		
$Na^+ + \frac{1}{2}H_2(g) + e^- \rightleftharpoons NaH(s)$	−2.367	
$Na^+ + e^- \rightleftharpoons Na(s)$	−2.714 3	
Strontium		
$Sr^{2+} + 2e^- \rightleftharpoons Sr(s)$	−2.889	
Sulfur		
$S_2O_8^{2-} + 2e^- \rightleftharpoons 2SO_4^{2-}$	2.01	
$S_2O_6^{2-} + 4H^+ + 2e^- \rightleftharpoons 2H_2SO_3$	0.57	
$4SO_2 + 4H^+ + 6e^- \rightleftharpoons S_4O_6^{2-} + 2H_2O$	0.539	
$SO_2 + 4H^+ + 4e^- \rightleftharpoons S(s) + 2H_2O$	0.450	
$2H_2SO_3 + 2H^+ + 4e^- \rightleftharpoons S_2O_3^{2-} + 3H_2O$	0.40	
$S(s) + 2H^+ + 2e^- \rightleftharpoons H_2S(g)$	0.174	
$S(s) + 2H^+ + 2e^- \rightleftharpoons H_2S(aq)$	0.144	
$S_4O_6^{2-} + 2H^+ + 2e^- \rightleftharpoons 2HS_2O_3^-$	0.10	
$5S(s) + 2e^- \rightleftharpoons S_5^{2-}$	−0.340	
$2S(s) + 2e^- \rightleftharpoons S_2^{2-}$	−0.50	
$2SO_3^{2-} + 3H_2O + 4e^- \rightleftharpoons S_2O_3^{2-} + 6OH^-$	−0.566	
$SO_3^{2-} + 3H_2O + 4e^- \rightleftharpoons S(s) + 6OH^-$	−0.659	
$SO_4^{2-} + 4H_2O + 6e^- \rightleftharpoons S(s) + 8OH^-$	−0.751	
$SO_4^{2-} + H_2O + 2e^- \rightleftharpoons SO_3^{2-} + 2OH^-$	−0.936	
$2SO_3^{2-} + 2H_2O + 2e^- \rightleftharpoons S_2O_4^{2-} + 4OH^-$	−1.130	
$2SO_4^{2-} + 2H_2O + 2e^- \rightleftharpoons S_2O_6^{2-} + 4OH^-$	−1.71	
Thallium		
$Tl^{3+} + 2e^- \rightleftharpoons Tl^+$	1.280	
	0.77	1 F HCl
	1.22	1 F H_2SO_4
	1.23	1 F HNO_3
	1.26	1 F $HClO_4$
$Tl^+ + e^- \rightleftharpoons Tl(s)$	−0.336	
Tin		
$Sn(OH)_3^+ + 3H^+ + 2e^- \rightleftharpoons Sn^{2+} + 3H_2O$	0.142	
$Sn^{4+} + 2e^- \rightleftharpoons Sn^{2+}$	0.139	1 F HCl
$SnO_2(s) + 4H^+ + 2e^- \rightleftharpoons Sn^{2+} + 2H_2O$	−0.094	
$Sn^{2+} + 2e^- \rightleftharpoons Sn(s)$	−0.141	
$SnF_6^{2-} + 4e^- \rightleftharpoons Sn(s) + 6F^-$	−0.25	
$Sn(OH)_6^{2-} + 2e^- \rightleftharpoons Sn(OH)_3^- + 3OH^-$	−0.93	
$Sn(s) + 4H_2O + 4e^- \rightleftharpoons SnH_4(g) + 4OH^-$	−1.316	
$SnO_2(s) + H_2O + 2e^- \rightleftharpoons SnO(s) + 2OH^-$	−0.961	

Reaction[a]	$E°$ (volts)	
Titanium		
$TiO^{2+} + 2H^+ + e^- \rightleftharpoons Ti^{3+} + H_2O$	0.1	
$Ti^{3+} + e^- \rightleftharpoons Ti^{2+}$	−0.9	
$TiO_2(s) + 4H^+ + 4e^- \rightleftharpoons Ti(s) + 2H_2O$	−1.076	
$TiF_6^{2-} + 4e^- \rightleftharpoons Ti(s) + 6F^-$	−1.191	
$Ti^{2+} + 2e^- \rightleftharpoons Ti(s)$	−1.60	
Tungsten		
$W(CN)_8^{3-} + e^- \rightleftharpoons W(CN)_8^{4-}$	0.457	
$W^{6+} + e^- \rightleftharpoons W^{5+}$	0.26	12 F HCl
$WO_3(s) + 6H^+ + 6e^- \rightleftharpoons W(s) + 3H_2O$	−0.091	
$W^{5+} + e^- \rightleftharpoons W^{4+}$	−0.3	12 F HCl
$WO_2(s) + 2H_2O + 4e^- \rightleftharpoons W(s) + 4OH^-$	−0.982	
$WO_4^{2-} + 4H_2O + 6e^- \rightleftharpoons W(s) + 8OH^-$	−1.060	
Uranium		
$UO_2^+ + 4H^+ + e^- \rightleftharpoons U^{4+} + 2H_2O$	0.39	
$UO_2^{2+} + 4H^+ + 2e^- \rightleftharpoons U^{4+} + 2H_2O$	0.273	
$UO_2^{2+} + e^- \rightleftharpoons UO_2^+$	0.16	
$U^{4+} + e^- \rightleftharpoons U^{3+}$	−0.577	
$U^{3+} + 3e^- \rightleftharpoons U(s)$	−1.642	
Vanadium		
$VO_2^+ + 2H^+ + e^- \rightleftharpoons VO^{2+} + H_2O$	1.001	
$VO^{2+} + 2H^+ + e^- \rightleftharpoons V^{3+} + H_2O$	0.337	
$V^{3+} + e^- \rightleftharpoons V^{2+}$	−0.255	
$V^{2+} + 2e^- \rightleftharpoons V(s)$	−1.125	
Xenon		
$H_4XeO_6 + 2H^+ + 2e^- \rightleftharpoons XeO_3 + 3H_2O$	2.38	
$XeF_2 + 2H^+ + 2e^- \rightleftharpoons Xe(g) + 2HF$	2.2	
$XeO_3 + 6H^+ + 6e^- \rightleftharpoons Xe(g) + 3H_2O$	2.1	
Yttrium		
$Y^{3+} + 3e^- \rightleftharpoons Y(s)$	−2.38	
Zinc		
$ZnOH^+ + H^+ + 2e^- \rightleftharpoons Zn(s) + H_2O$	−0.497	
$Zn^{2+} + 2e^- \rightleftharpoons Zn(s)$	−0.762	
$Zn(NH_3)_4^{2+} + 2e^- \rightleftharpoons Zn(s) + 4NH_3$	−1.04	
$ZnCO_3(s) + 2e^- \rightleftharpoons Zn(s) + CO_3^{2-}$	−1.06	
$Zn(OH)_3^- + 2e^- \rightleftharpoons Zn(s) + 3OH^-$	−1.183	
$Zn(OH)_4^{2-} + 2e^- \rightleftharpoons Zn(s) + 4OH^-$	−1.199	
$Zn(OH)_2(s) + 2e^- \rightleftharpoons Zn(s) + 2OH^-$	−1.249	
$ZnO(s) + H_2O + 2e^- \rightleftharpoons Zn(s) + 2OH^-$	−1.260	
$ZnS(s) + 2e^- \rightleftharpoons Zn(s) + S^{2-}$	−1.405	

부록 D
산화수와 산화환원식의 균형 맞추기

산화수(*oxidation number*) 또는 **산화 상태**(*oxidation state*)는 어떤 특정한 원소와 관련된 전자의 수를 살펴보는 부기장과 같다. 산화수는 중성의 원자가 화합물을 이룰 때, 얼마나 많은 전자를 잃었거나 얻었는지를 말해준다. 산화수가 실제로 물질적 의미를 갖지 않기 때문에 비교적 임의적이고, 또 경우에 따라서는 화학자들도 특이한 화합물에 있는 어떤 원소의 산화수를 똑같이 풀이하지 않을 것이다. 그러나 몇 가지를 알면, 다음과 같이 유용한 기본적인 규칙이 있다.

1. 원소 자체의 산화수—예를 들어, Cu (*s*) 나 Cl_2 (*g*)—는 0이다.

2. H의 산화수는 항상 +1이다. 예외로 NaH와 같은 금속 수소화물에서는 H의 산화수가 −1이다.

3. 산소의 산화수는 보통 −2이다. 과산화물은 두 산소 원자가 서로 연결되어 있어서 각 산화수는 −1이 된다. 예를 들면, 과산화수소(H—O—O—H)와 그 음이온(H—O—O^-)과 같은 것이다. 물론 기체 상태의 산화수는 0이다.

4. 알칼리 금속(Li, Na, K, Rb, Cs, Fr)은 보통 산화수가 +1이다. 알칼리 토금속(Be, Mg, Ca, Sr, Ba, Ra)은 보통 산화수가 +2이다.

5. 할로젠(F, Cl, Br, I)은 보통 산화수가 −1이다. 서로 다른 할로젠이 결합하거나 한 할로젠이 두 개 이상의 원자와 결합할 때에는 예외이다. 서로 다른 할로젠이 결합할 때에는 전기음성도가 큰 할로젠의 산화수가 −1이다.

한 분자 내의 각 원자의 산화수의 합은 그 분자의 전하와 같다. 예를 들어, H_2O에서

2 수소 = 2(+1)	= +2
산소	= −2
알짜 전하	= 0

SO_4^{2-}에서 황의 산화수는 +6이어야 산화수 합이 −2가 된다.

산소 = 4(−2)	= −8
황	= +6
알짜 전하	= −2

벤젠(C_6H_6)에서 탄소와 산화수는 수소의 산화수가 +1일 때, −1이어야 한다. 사이클로헥세인(C_6H_{12})에서 탄소의 산화수는 같은 이유로 −2이어야 한다. 벤젠에서 탄소의 산화 정도는 사이클로헥세인에서 탄소의 산화 정도보다 더 높다.

ICl_2^-에서 아이오딘의 산화수는 +1이다. 이것은 할로젠이 보통 −1인데 대한 특별한 경우이다. 그러나 염소의 전기음성도가 더 크므로, Cl의 산화수는 −1, I는 +1이다.

As_2S_3에서 As의 산화수는 +3이고, S는 −2이다. 이것은 S가 As보다 전기음성도가 더 크므로, S는(−)로, As는(+)로 한 것이다. 황은 산소와 같은 족이므로, 산화수를 −2로 하고, As를 +3으로 한다.

$S_4O_6^{2-}$(테트라싸이온산 이온)에서 황의 산화수는 +2.5이다. **분수의 산화 상태**는 6개의 산소 원자가 −12를 기여하기 때문이다. 전체 전하가 −2이므로, 4개의 S 원자는 +10을 기여해야 한다. 따라서, S의 평균 산화수는 $+\frac{10}{4} = 2.5$이다.

$K_3Fe(CN)_6$에서 Fe의 산화수는 +3이다. 이것을 확인하려면 사이안화 이온(CN^-)이 보통 이온처럼 −1의 전하를 갖는다는 데 유의해야 한다. 6개의 사이안화 이온이 −6, 3개의 포타슘(K^+) 이온이 +3을 나타낸다. 따라서, 전체 분자식이 중성이 되어야 하므로, Fe의 산화수는 +3이어야 한다. CN의 전류가 −1인 것을 안다면, 굳이 탄소와 질소의 산화수를 계산할 필요가 없다.

문제

답은 이 부록의 끝에 있다.

1. 다음의 물질에서 굵은 문자로 쓰인 원자의 산화수를 구하시오.

(a) **Ag**Br	**(b)** $\mathbf{S}_2O_3^{2-}$	**(c)** **Se**F_6
(d) $H\mathbf{S}_2O_3^-$	**(e)** H**O**$_2$	**(f)** **N**O
(g) $\mathbf{Cr}^{3+}$	**(h)** **Mn**O_2	**(i)** $\mathbf{Pb}(OH)_3^-$
(j) $\mathbf{Fe}(OH)_3$	**(k)** $\mathbf{Cl}O^-$	**(l)** $K_4\mathbf{Fe}(CN)_6$
(m) $\mathbf{Cl}O_2$	**(n)** $\mathbf{Cl}O_2^-$	**(o)** $\mathbf{Mn}(CN)_6^{4-}$
(p) $\mathbf{N}_2$	**(q)** $\mathbf{N}H_4^+$	**(r)** $\mathbf{N}_2H_5^+$
(s) $H\mathbf{As}O_3^{2-}$	**(t)** $(CH_3)_4\mathbf{Li}_4$	**(u)** $\mathbf{P}_4O_{10}$
(v) $\mathbf{C}_2H_6O$	**(w)** **V**O(SO4)	**(x)** $\mathbf{Fe}_3O_4$

2. 다음 각 식의 좌변에서 산화제와 환원제를 나타내시오.

(a) $Cr_2O_7^{2-} + 3Sn^{2+} + 14H^+ \longrightarrow 2Cr^{3+} + 3Sn^{4+} + 7H_2O$

(b) $4I^- + O_2 + 4H^+ \longrightarrow 2I_2 + 2H_2O$

(c) $5CH_3\overset{\overset{\displaystyle O}{\|}}{C}H + 2MnO_4^- + 6H^+ \longrightarrow 5CH_3\overset{\overset{\displaystyle O}{\|}}{C}OH + 2Mn^{2+} + 3H_2O$

산화환원 반응의 균형 맞추기

산화환원이 있는 반응의 균형을 맞추기 위해, 맨 처음 어느 원소가 산화되고, 어느 원소가 환원되는지를 알아야 한다. 그 다음 알짜 반응을 두 개의 가상적인 **반쪽 반응**으로부터 만들 수 있는데, 하나는 산화만, 다른 하나는 환원만을 나타낸다. 균형 맞추어진 알짜 반응식에는 자유 전자가 나타나지 않지만, 반쪽 반응에서는 나타난다. 만약 수용액에서의 반응이라면 필요에 따라서 H_2O, H^+, 또는 OH^-를 써서 반쪽 반응의 균형을 맞출 수 있다. **양쪽에서 각 원소의 원자수가 같고, 전하량이 같을 때 균형이 이루어졌다고 한다.**

산성 용액

여기서는 다음의 단계를 따른다.

1. 산화되거나 환원되는 원소의 산화수를 배정한다.
2. 반응을 산화와 환원을 포함하는 두 개의 반쪽 반응으로 나눈다.
3. 각 반쪽 반응에 대해 산화되거나 환원된 원자의 수를 맞춘다.
4. 각 반쪽 반응의 한쪽에 전자를 더해 산화수의 변화를 맞춘다.
5. 산소 원자의 수는 각 반쪽 반응의 한쪽에 H_2O를 더해 맞춘다.
6. 수소 원자의 수는 각 반쪽 반응의 한쪽에 H^+를 더해 맞춘다.
7. 각 반쪽 반응에 다른 반쪽 반응에 있는 전자의 수를 곱하므로, 전체 반응에서는 전자수가 상쇄되게 한다. 그런 다음 두 반쪽 반응을 더하고, 최소의 정수 계수가 되게 식을 간단히 한다.

예제 산화환원 반응식의 균형 맞추기

다음 식을 OH^-가 아닌 H^+를 써서 균형을 맞추시오.

$$\underset{+2}{Fe^{2+}} + \underset{\substack{+7 \\ \text{과망가니즈산 이온}}}{MnO_4^-} \rightleftharpoons \underset{+3}{Fe^{3+}} + \underset{+2}{MnO^{2+}}$$

해답

1. **산화수 배정.** 위 식의 각 화학종에 Fe와 Mn의 산화수가 나타나 있다.
2. **두 반쪽 반응으로 나눈다.**

산화 반쪽 반응 : $\underset{+2}{Fe^{2+}} \rightleftharpoons \underset{+3}{Fe^{3+}}$

환원 반쪽 반응 : $\underset{+7}{MnO_4^-} \rightleftharpoons \underset{+2}{Mn^{2+}}$

3. **산화 또는 환원된 원자수의 수를 맞춘다.** 반응의 양쪽에 Fe와 Mn이 각각 한 개씩 있으므로 이미 맞추어진 상태이다.
4. **전자수 맞추기.** 각 산화 상태의 변화를 맞추기 위해 전자를 더한다.

$$Fe^{2+} \rightleftharpoons Fe^{3+} + e^-$$
$$MnO_4^- + 5e^- \rightleftharpoons Mn^{2+}$$

두 번째 경우, Mn이 +7에서 +2의 상태가 되기 위해 왼쪽에 $5e^-$가 필요하다.

5. **산소 원자수 맞추기.** Fe 반쪽 반응에는 산소 원자가 없다. Mn 반쪽 반응의 왼쪽에 4개의 산소 원자가 있으므로, 오른쪽에 4분자의 H_2O를 더한다.

$$MnO_4^- + 5e^- \rightleftharpoons Mn^{2+} + 4H_2O$$

6. **수소 원자수 맞추기.** Fe 반응식은 이미 균형이 맞추어졌다. Mn 반응식은 왼쪽에 $8H^+$를 더한다.

$$MnO_4^- + 5e^- + 8H^+ \rightleftharpoons Mn^{2+} + 4H_2O$$

이때 각 반쪽 반응은 완전히 균형이 맞아야 한다(전하의 양이나 원자의 수가 양쪽에서 같아야 한다). **그렇지 않으면 틀린 것이다.**

7. **곱해서 더하기.** Fe 반응식에 5를 곱하고, Mn 반응식에 1을 곱해 더한다.

$$5Fe^{2+} \rightleftharpoons 5Fe^{3+} + \cancel{5e^-}$$
$$MnO_4^- + \cancel{5e^-} + 8H^+ \rightleftharpoons Mn^{2+} + 4H_2O$$
$$\overline{5Fe^{2+} + MnO_4^- + 8H^+ \rightleftharpoons 5Fe^{3+} + Mn^{2+} + 4H_2O}$$

양쪽의 전체 전하는 +17이고, 양쪽의 원자수는 같다. 이제 식은 균형이 맞추어졌다.

염기성 용액

염기성 용액의 경우 많은 사람들은 먼저 H^+로 균형을 맞추는 방법을 좋아한다. 이때의 답은 OH^-가 대신 쓰이는 것과 같게 된다. 이것은 반응의 양쪽에 H^+의 수와 같은 OH^-를 더함으로써 가능하다. 예를 들어, 반응 D-1을 H^+ 대신에 OH^-로 균형을 맞추어 보시오.

$$2I_2 + IO_3^- + 10Cl^- + 6H^+ \rightleftharpoons 5ICl_2^- + 3H_2O \quad \text{(D-1)}$$
$$+ 6OH^- \qquad\qquad + 6OH^-$$

$$2I_2 + IO_3^- + 10Cl^- + \underbrace{6H^+ + 6OH^-}_{\substack{6H_2O \\ \Downarrow \\ 3H_2O}} \rightleftharpoons 5ICl_2^- + \cancel{3H_2O} + 6OH^-$$

$6H^+ + 6OH^- = 6H_2O$이므로 $3H_2O$를 상쇄시키면 된다.

$$2I_2 + IO_3^- + 10Cl^- + 3H_2O \rightleftharpoons 5ICl_2^- + 6OH^-$$

문제

3. 다음 반응을 OH^- 대신 H^+를 써서 균형을 맞추시오.

(a) $Fe^{3+} + Hg_2^{2+} \rightleftharpoons Fe^{2+} + Hg^{2+}$

(b) $Ag + NO_3^- \rightleftharpoons Ag^+ + NO$

(c) $VO^{2+} + Sn^{2+} \rightleftharpoons V^{3+} + Sn^{4+}$

(d) $SeO_4^{2-} + Hg + Cl^- \rightleftharpoons SeO_3^{2-} + Hg_2Cl_2$

(e) $CuS + NO_3^- \rightleftharpoons Cu^{2+} + SO_4^{2-} + NO$

(f) $S_2O_3^{2-} + I_2 \rightleftharpoons I^- + S_4O_6^{2-}$

(g) $Cr_2O_7^{2-} + CH_3\overset{\overset{\displaystyle O}{\|}}{C}H \rightleftharpoons CH_3\overset{\overset{\displaystyle O}{\|}}{C}OH + Cr^{3+}$

(h) $MnO_4^{2-} \rightleftharpoons MnO_2 + MnO_4^-$

(i) $ClO_3^- \rightleftharpoons Cl_2 + O_2$

4. 다음 반응을 H^+ 대신 OH^-를 써서 균형을 맞추시오.

(a) $PbO_2 + Cl^- \rightleftharpoons ClO^- + Pb(OH)_3^-$

(b) $HNO_2 + SbO^+ \rightleftharpoons NO + Sb_2O_5$

(c) $Ag_2S + CN^- + O_2 \rightleftharpoons S + Ag(CN)_2^- + OH^-$

(d) $HO_2^- + Cr(OH)_3^- \rightleftharpoons CrO_4^{2-} + OH^-$

(e) $ClO_2 + OH^- \rightleftharpoons ClO_2^- + ClO_3^-$

(f) $WO_3^- + O_2 \rightleftharpoons HW_6O_{21}^{5-} + OH^-$

해답

1.

(a) +1	**(i)** +2	**(q)** −3
(b) +2	**(j)** +3	**(r)** −2
(c) +6	**(k)** +1	**(s)** +3
(d) +2	**(l)** +2	**(t)** −4
(e) −1/2	**(m)** +4	**(u)** +5
(f) +2	**(n)** +3	**(v)** −2
(g) +3	**(o)** +2	**(w)** +4
(h) +4	**(p)** 0	**(x)** +8/3

2.

	산화제	환원제
(a)	$Cr_2O_7^{2-}$	Sn^{2+}
(b)	O_2	I^-
(c)	MnO_4^-	CH_3CHO

3. **(a)** $2Fe^{3+} + Hg_2^{2+} \rightleftharpoons 2Fe^{2+} + 2Hg^{2+}$

(b) $3Ag + NO_3^- + 4H^+ \rightleftharpoons 3Ag^+ + NO + 2H_2O$

(c) $4H^+ + 2VO^{2+} + Sn^{2+} \rightleftharpoons 2V^{3+} + Sn^{4+} + 2H_2O$

(d) $2Hg + 2Cl^- + SeO_4^{2-} + 2H^+ \rightleftharpoons Hg_2Cl_2 + SeO_3^{2-} + H_2O$

(e) $3CuS + 8NO_3^- + 8H^+ \rightleftharpoons 3Cu^{2+} + 3SO_4^{2-} + 8NO + 4H_2O$

(f) $2S_2O_3^{2-} + I_2 \rightleftharpoons S_4O_6^{2-} + 2I^-$

(g) $Cr_2O_7^{2-} + 3CH_3CHO + 8H^+ \rightleftharpoons 2Cr^{3+} + 3CH_3CO_2H + 4H_2O$

(h) $4H^+ + 3MnO_4^{2-} \rightleftharpoons MnO_2 + 2MnO_4^- + 2H_2O$

(i) $2H^+ + 2ClO_3^- \rightleftharpoons Cl_2 + \frac{5}{2}O_2 + H_2O$

4. **(a)** $H_2O + OH^- + PbO_2 + Cl^- \rightleftharpoons Pb(OH)_3^- + ClO^-$

(b) $4HNO_2 + 2SbO^+ + 2OH^- \rightleftharpoons 4NO + Sb_2O_5 + 3H_2O$

(c) $Ag_2S + 4CN^- + \frac{1}{2}O_2 + H_2O \rightleftharpoons S + 2Ag(CN)_2^- + 2OH^-$

(d) $2HO_2^- + Cr(OH)_3^- \rightleftharpoons CrO_4^{2-} + OH^- + 2H_2O$

(e) $2ClO_2 + 2OH^- \rightleftharpoons ClO_2^- + ClO_3^- + H_2O$

(f) $12WO_3^- + 3O_2 + 2H_2O \rightleftharpoons 2HW_6O_{21}^{5-} + 2OH^-$

용어 모음

1차 도함수(first derivative): 곡선을 따라 각 지점에서 측정된 곡선의 기울기(D_y/D_x). 1차 도함수는 곡선의 기울기가 가장 큰 지점에서 최대값을 가진다.

10의 제곱(order of magnitude): 10의 제곱.

Avogadro 수(Avogadro's number): 정확히 0.012 kg의 ^{12}C에 들어 있는 원자수, 대략 6.022×10^{23}.

Beer의 법칙(Beer's law): 시료의 흡광도(A)와 농도(C), 빛이 지나간 거리(b), 몰흡광 계수(ϵ) 사이의 관계. 즉, $A = \epsilon bc$.

Boltzmann 분포(Boltzmann distribution): 열적 평형에서 두 상태의 상대적인 입자수는

$$\frac{N_2}{N_1} = \frac{g_2}{g_1} e^{-(E_2 - E_1)/kT}$$

여기서 N_i는 각 상태의 입자수, g_i는 각 상태의 축퇴도, E_i는 각 상태의 에너지, k는 Boltzmann 상수, T는 절대 온도이다. 축퇴도는 같은 에너지를 갖는 상태의 수를 말한다.

Brønsted-Lowry 산(Brønsted-Lowry acid): 양성자(수소 이온)를 제공하는 물질.

Brønsted-Lowry 염기(Brønsted-Lowry base): 양성자(수소 이온)를 받아들이는 물질.

Clark 선극(Clark electrode): 선류법으로 녹아 있는 산소의 활동도를 측정하는 전극.

Debye-Hükel 식(Debye-Hückel equation): 활동도 계수(γ)를 이온 세기(μ)의 함수로 나타낸 식. 확장된 **Debye-Hückel 식**은 이온 세기가 약 0.1 M까지 적용 가능하며, $\log \gamma = [-0.51z^2 \sqrt{\mu}] / [1 + (\alpha\sqrt{\mu}/305)]$ 로 주어진다. 여기서 z는 이온의 전하이고, α는 유효 수화 반지름의 pm 단위이다.

$E°$: 표준 환원 전위.

$E°'$: pH 7(또는 약간 다른 특정 조건)에서 유효 표준 환원 전위.

EDTA(에틸렌다이아민테트라아세트산, ethylenediaminetetraacetic acid): 분자식 $(HO_2CCH_2)_2NCH_2CH_2N(CH_2CO_2H)_2$이며, 착물화법 적정에 가장 널리 쓰이는 물질. 이 물질은 대부분의 양이온과 1:1 착물을 형성하며, 전하는 2가 이상을 띠게 된다.

F 시험(F test): 두 가변도 s_1^2와 s_2^2(s_1이 s_2보다 크다고 하자)에 대하여 F는 $F = s_1^2/s_2^2$로 정의된다. s_1이 s_2보다 확실히 큰가를 정하기 위해 어떤 신뢰수준에 기초로 한 표의 임계값과 비교한다. 계산한 F값이 표의 값보다 크면 그 차이는 확실하다.

Fajans 적정(Fajans titration): 침전물에 흡착된 지시약의 색으로 종말점을 알아내는 침전 적정법 중의 하나.

Faraday 전류(faradaic current): 산화나 환원 반응에 의하여 전기화학 전지에 흐르는 전류.

Gauss 분포(Gaussian distribution): 이 함수는 모든 오차가 무작위일 때, 측정의 분포는 이론적으로 종 모양의 곡선이 됨을 나타낸다. 이 곡선의 중심이 평균(μ)이며, 폭은 표준 편차(σ)와 관계된다. **정규** Gauss 분포 또는 **정규 오차 곡선**은 면적이 1이고, 다음과 같이 주어진다.

$$y = \frac{1}{\sigma\sqrt{2\pi}} e^{-(x-\mu)^2/2\sigma^2}$$

Grubbs 시험(Grubbs test): 벗어나는 데이터를 버릴 것인지 결정할 때 사용되는 통계학적 시험.

Henderson-Hasselbalch 식(Henderson-Hasselbalch equation): 산 해리 평형식을 로그 형태로 바꾸어 쓴 것.

$$\mathrm{pH} = \mathrm{p}K_a + \log\frac{[\mathrm{A^-}]}{[\mathrm{HA}]}$$

Henry의 법칙(Henry's law): 용액에 녹은 기체와 평형을 이루는 기체의 분압은 녹은 기체의 농도에 비례한다. $P = k$[녹은 기체]. k는 **Henry의 법칙 상수**라 부른다. 그것은 기체, 액체, 온도의 함수이다.

HILIC: 소수성 작용 크로마토그래피 참조.

HPLC: 고성능 액체 크로마토그래피 참조.

Kjeldahl 질소 측정법(Kjeldahl nitrogen analysis): 유기 물질에서 질소를 분석하는 방법. 물질을 끓는 황산으로 삭임을 하여 질소를 NH_4^+로 바꾼다. 그 뒤에 염기로 처리하여 NH_3 형태로 증류하여 표준 산 용액에 받는다. 소모된 산의 몰수가 물질에서 발생 NH_3의 몰수와 같다.

L'vov 시료대(L'vov platform): 벽이 일정한 온도에 도달하기 전에 시료가 증발되는 것을 방지하기 위하여 원자 분광기의 흑연관 전기로 내에 시료를 놓는 받침대.

Le Châlier 원리(Le Châlier's principle): 어떤 계의 평형이 깨어질 때 평형을 위한 방향은 그 방해를 제거하는 방향이다.

Lewis 산(Lewis acid): 다른 화학종으로부터 전자쌍을 공유하며 화학 결합을 할 수 있는 물질.

Lewis 염기(Lewis base): 다른 화학종과 자신의 전자쌍을 공유하여 화학 결합을 할 수 있는 물질.

m/z: 질량 대 전하 비(mass-to-charge ratio) 참조.

Nernst 식(Nernst equation): 전지의 전압과 반응물과 생성물의 활동도 사이를 나타내는 식.

$$E = E° - \frac{RT}{nF}\ln Q = E° - \frac{0.059\ 16\mathrm{V}}{n}\log Q \text{ (at 298.15 K)}$$

p 함수(p function): 어떤 양에 대한 음의 로그값 $\mathrm{pX} = -\log \mathrm{X}$.

pH(pH) $= -\log \mathcal{A}_{H^+}$로 정의된다. 여기에서 $\mathcal{A}_{H^+}$는 H^+의 활동도이다. 대부분의 경우 근사적으로 pH는 $-\log[H^+]$로 나타낸다.

pK: 평형 상수의 음의 로그값. $\mathrm{p}K = -\log K$.

ppb(parts per billion): 용액 1그램당 용질 1나노그램(10^{-9} g)에

해당하는 농도의 정의.

ppm (parts per million): 용액 1그램당 용질 1마이크로그램(10^{-6} g)에 해당하는 농도의 정의.

S.C.E.: 포화 칼로멜 전극 참조.

Student의 *t* (Student' *t*): 신뢰 구간을 표시하고 다른 실험 결과를 비교하는 데 쓰이는 통계학적 도구.

***t* 시험 (*t* test):** 두 실험의 결과가 서로 실험상의 오차에 들어가는지를 결정할 때 쓰인다. 오차는 어떤 확률 내로 지정된다.

UPLC: 초고성능 액체 크로마토그래피 (ultra-performance liquid chromatography) 참조.

van Deemter 식 (van Deemter equation): 크로마토그래피에서 단 높이(H)를 선형 흐름 속도(u, m/s와 같은 단위로 나타냄)의 함수로 나타낸 것. $H = A + B/u + Cu$. 상수 A는 흐름 속도와는 무관한 다통로(multiple flow path)와 같은 띠넓어짐 과정에 의존한다. B는 이동상에서의 용질의 확산 속도에 의존한다. C는 고정상과 이동상 사이의 질량 이동 속도에 의존한다.

Volhard 적정 (Volhard titration): 붉은색의 착화합물 $Fe(SCN)^{2+}$로 종말점을 알아내는 Ag^+와 SCN^-의 적정.

Zeeman 바탕 보정 (Zeeman background correction): 원자 분광법에서 시료에 강한 자기장을 걸어주어 분석 시료의 신호가 검출기의 단색화장치 범위 밖으로 이동시키는 기법. 이때 나타나는 신호가 바탕값이다.

ㄱ

가동 완충 용액 (run buffer): 바탕 전해질 참조.

가림 (masking): 화학 분석에서 한 개 이상의 성분이 방해하는 것을 막기 위해 시료에 화학 물질(**가림제**)을 첨가하는 과정.

가림제 (masking agent): 용액 내 어떤 물질과 선택적으로 반응하여 그 물질이 다른 물질의 화학 분석에 방해하지 않도록 하는 시약.

가설 검증 (hypothesis test): 가설이 거짓일 확률을 평가하는 방법.

가수 (characteristic): 대수값에서 소수점의 왼쪽 부분.

가수분해 (hydrolysis): "물과의 반응." $B + H_2O \rightleftharpoons BH^+ + OH^-$의 반응은 종종 염기의 가수분해라고 한다.

가양성 (false positive): 실제로는 분석물질의 농도가 어떤 한계보다 낮은데 그 한계를 넘었다고 결론짓는 것.

가음성 (false negative): 실제로는 분석물질의 농도가 어떤 한계보다 높은데 그 한계보다 낮다고 결론짓는 것.

가측 오차 (determinate error): 계통 오차를 참조.

간섭 (interference): 어떤 물질을 분석할 때 다른 물질의 존재가 신호의 크기에 영향을 미치는 것.

간접 검출 (indirect detection): 바탕 화학종으로부터 신호가 없는 것에 기초한 크로마토그래피의 검출. 예를 들어, 이온 크로마토그래피에서 빛을 흡수하는 이온성 화학종을 용리액에 첨가할 수 있다. 분석물질이 칼럼을 빠져나올 때 빛을 흡수하는 용리액을 그것과 동일한 양의 비흡수 분석물질로 대치함으로써 용출액의 흡광도를 줄인다.

간접아이오딘적정법 (iodometry): 산화제를 I^-로 처리하여 I_3^-를 생성시킨 뒤 적정하는 방법(보통 싸이오황산염으로).

간접 적정 (indirect titration): 분석물질을 직접 적정할 수 없을 때 쓰인다. 예를 들어, 분석물질 A가 과량의 시약 R로 침전된다면, 생성물을 걸러내고 과량의 R를 씻어낸다. 그 다음에 AR를 다른 용액에 녹인 뒤 R를 적정한다.

갈바니 전지 (galvanic cell): 자발적인 화학 반응으로 전기를 생성하는 전지. 볼타 전지라고도 한다.

감도 (sensitivity): 분광광도법 분석에서 99%의 투광도(0.004 4의 흡광도)를 갖는 분석 시료의 농도.

감응 인자 (response factor): 주어진 화합물에 대해서 검출기의 상대적 감응을 측정하는 실험 인자. 기체 크로마토그래피에서 내부 표준에 대한 미지 시료의 양을 결정할 때 쓰인다. 분석물질 X와 표준물 S의 혼합물에 대해 감응 인자(F)는 다음과 같다. $[X]\ /\ [S] = F$ (X의 신호)/(S의 신호) 한 혼합물에서 F를 측정하면 [S]와(X의 신호)/(S의 신호)의 비를 알면 미지 시료 중 [X]를 구하는 데 감응 인자를 사용할 수 있다.

강열 (ignition): 무게 분석법에서 침전물의 무게를 달 수 있도록 알고 있는 형태나 일정한 형태의 조성으로 바꾸기 위하여 고온에서 세게 가열하는 것.

강화 (fortification): 소량첨가를 참조.

거른액 (filtrate): 거르개를 통과한 액체.

거울 반사 (specular reflection): 입사각과 같은 각도로 빛을 반사시킨다.

거울상이성질체 (enantiomers): 서로 겹치지 않는 거울상이성질체로 광학이성질체(optical isomers)라고도 한다.

건조용기 (desiccator): 건조제나 진공 펌프로 시료를 말릴 수 있게 만든 외부와 격리시키는 용기.

건조제 (desiccant): 습기를 제거하는 시약.

검출 한계 (detection limit): 바탕선에서의 잡음의 봉우리간 높이의 두 배 크기의 신호를 주는 원소의 농도.

격막 (septum): 기체 크로마토그래피의 주입부를 덮고 있는 실리콘 고무로 된 원판. 시료는 주사기로 격막을 통해 주입한다.

결과 (results): 통계로 데이터를 처리한 후 궁극적으로 보고하는 것.

결합형 정지상 (bonded stationary phase): HPLC에서 고체 지지체에 공유 결합된 정지 액체상.

겹접촉 전극 (double-junction electrode): 분석 용액과 내부 전극 물질의 접촉을 최소화하기 위해 내부와 외부 격실로 만들어진 전극.

계면활성제 (surfactant): 극성 또는 이온성 머리 부분과 긴 비극성 꼬리를 가진 분자. 계면활성제는 수용액에서 뭉쳐 마이셀을 만들 수 있다. 계면활성제는 극성과 비극성 상 사이의 경계에 모여 표면의 생성 자유 에너지인 표면 장력을 바꾸는 사실 때문에 그 이름이 붙여졌다. 비누는 계면활성제이다.

계산 교차 (intersystem crossing): 다른 전자스핀 다중도를 갖는 준위에서의 복사가 없는 등 에언지 전자 전이.

계통 오차 (systematic error): 측정이 계통적으로 너무 크거나 작아지는 계기나 실험 과정에 의한 오차. 대체로 이 오차는 발견되고 보정될 수 있다. 가측 오차라고도 한다.

광학 활성 분자(optically active molecule): 카이랄 분자(chiral molecule) 참조.

고무 청소기(rubber policeman): 유리막대 끝에 평편한 고무가 붙어 있다. 고무는 무게 분석에서 유리 표면에 있는 고체 입자를 쓸어 내리는 데 쓰인다.

고성능 액체 크로마토그래피(high-performance liquid chromatography, HPLC): 대단히 작은 정지상 입자를 쓰고 높은 압력을 가해서 용매가 칼럼을 빠져나가도록 하는 한 크로마토그래피 기법.

고체상 미량추출(solid-phase microextraction): 주사 바늘 끝에 매단 섬유로써 기체나 액체에 들어 있는 화합물을 추출 후, 섬유를 바늘 속으로 넣고 그 바늘을 크로마토그래피의 격막에 주입한다. 주입부 안에서 그 섬유를 펼쳐 흡착된 용질을 가열하거나(기체 크로마토그래피의 경우) 또는 용매를 써서(액체 크로마토그래피의 경우) 탈착시킨다.

고체상 이온 선택성 전극(solid-state ion-selective electrode): 무기염 결정으로 만들어진 고체막을 가진 이온 선택성 전극의 한 형태. 결정의 표면과 용액 사이의 이온 교환 평형이 전극 전위를 나타내게 된다.

고체상 추출(solid-phase extraction): 크로마토그래피 정지상의 짧은 칼럼을 통해 용액을 통과시키는 예비 농축 절차. 칼럼에 흡착된 미량의 용질은 용리 세기가 큰 소량의 용매로 용리시킬 수 있다.

곤죽(slurry): 어떤 용매에 있는 고체의 현탁액.

공침(coprecipitation): 포화되지 않은 물질이 포화된 용해도를 갖고 있는 다른 물질과 함께 침전하는 것.

공통 이온 효과(common ion effect): 염이 그 염의 이온 중의 하나가 이미 녹아 있는 용액에 녹을 때 생기는 효과. 염은 그 이온이 없을 때보다 덜 녹는다. Le Châelier 원리의 응용.

과포화 용액(supersaturated solution): 평형 상태보다 더 많은 용질이 녹아 있는 용액.

관리도(control chart): 정해진 한계 내에서 작업이 진행되는지 알기 위해 그 작업을 주기적으로 관찰하여 기록한 그래프.

광다이오드 배열(photodiode array): 빛을 검출하기 위하여 배열된 반도체 다이오드를 사용하는 것. 배열은 파장에 따라 펼쳐진 빛을 검출하는 데 사용한다. 각 파장의 작은 띠가 배열된 각 검출기에서 검출된다.

광전도도 검출기(photoconductive detector): 검출기 물질에 빛이 흡수되면 전도도가 변하는 검출기.

광전(자)증배관(photomultiplier tube): 음극에 빛을 쪼이면 전자가 방출되고, 이 전자는 일련의 다이노드(음극에 비하여 양의 전위를 가짐)에 부딪히며, 다이노드에 부딪힐 때마다 더 많은 전자가 방출된다. 결과적으로 환원전극에 광자가 부딪히면 약 10^6개의 전자가 산화전극으로 오게 된다.

광학이성질체(optical isomers): 거울상이성질체.

광화학(photochemistry): 광자의 흡수로 야기되는 화학 반응.

교반-막대 흡착 추출(stir-bar sorptive extraction): 흡착이 교반 막대의 표면에 생성된다는 것을 제외하고는 고체상 미량 추출법과 같은 시료 추출 방법이다. 코팅되는 부피는 고체상 미량추출법의 섬유(fiber) 부피보다 크기 때문에 ~10^2배 이상의 높은 감도를 갖는다. 분석물질은 열에 의해 탈착되어 크로마토그래피에 사용된다.

교정(calibration): 기기로부터 측정되는 신호의 크기와 시료의 물리적 성질(질량, 부피, 힘 또는 전류)을 관련시키는 과정.

교정 곡선(calibration curve): 분석물질의 농도에 대해 어떤 성질의 값을 표시한 그래프. 미지 시료의 그 성질을 측정하여 교정 곡선으로부터 미지 시료 속의 분석물질의 농도를 알 수 있다. 표준 곡선이라고도 한다.

교정 점검(calibration check): 일련의 측정에서 교정 점검은 분석자가 만든, 즉 아는 양의 분석물질을 함유하는 용액의 분석이다. 이는 분석 절차와 기기가 올바르게 수행되고 있는지를 분석자 스스로가 점검하는 것이다.

굴절(refraction): 빛이 굴절률이 다른 물질을 통과할 때 굽힘 현상.

굴절률(refractive index, n): 어떤 매질에서 빛의 속도가 c/n일 때, c는 진공 속에서의 광속도, n은 그 매질의 굴절률이다. 굴절률은 한 매질에서 다른 매질로 빛이 통과할 때 꺾이는 정도를 나타낸다. Snell의 법칙 $n_1 \sin \theta_1 = n_2 \sin \theta_2$에서 n_i는 각 매질의 굴절률, θ_i 각 매질의 수직에 대한 빛의 각도이다.

굴절률 검출기(refractive index detector): 용질이 칼럼을 빠져나옴에 따라 변화하는 용액의 굴절률을 측정하는 액체 크로마토그래피 검출기.

규약(protocol): 품질 보증에서 노트북에 정보를 어떻게 적어야 할지를 포함해서 무엇을 어떻게 서류화해야 하는지 등의 설명이 쓰여진 지침.

균일(homogeneous): 모든 곳에서 같은 조성을 가진 상태.

균일용액 침전(homogeneous precipitation): 침전제를 균일용액에서 서서히 생성시키는 방법. 빠른 생성물의 침전이 일어나는 대신, 천천히 결정화가 일어난다.

그램-원자(gram-atom): Avogadro 수만큼의 원자를 포함하는 어떤 원소의 양. 이것은 어떤 원소의 몰과 같다.

극성 물질(polar compound): 알코올과 같이 양전하와 음전하 영역을 가지고 있어서 정전기적 힘에 의해 주위 분자들을 끌어 당기는 물질. 극성 물질은 물에 녹는 경향이 있으며, 탄화수소와 같은 비극성 용매에는 녹지 않는다.

금속 이온 완충 용액(metal ion buffer): 금속 리간드 착물과 과량의 자유 리간드로 구성된다. $M + nL \rightleftharpoons ML_n$의 반응을 통하여 자유 금속 이온의 농도를 일정하게 하는 데 사용된다.

금속 이온 지시약(metal ion indicator): 금속 이온과 결합하였을 때 색이 변하는 물질.

기계식 저울(mechanical balance): 지렛점에 고정된 저울대를 갖고 있는 저울 표준추를 사용하여 미지 질량을 측정한다.

기압(atmosphere, atm): 1기압은 101 325 Pa의 압력으로 정의된다. 이것은 지표에서 수은 760 mm의 기둥이 만드는 압력과 같다.

기울기(slope): $y = mx + b$의 직선에서 m이 기울기에 해당된다. 직선의 어느 부분에서의 $\Delta y/\Delta x$ 비와 같다.

기울기 용리(gradient elution): 크로마토그래피에서 이동상의 성분이 계속적으로 변하여 용매의 용리 세기를 점점 증가시키는 방법.

기울여따르기 (decant): 고체나 더 밀도가 높은 용액으로부터 액체를 따라내는 것. 더 밀도가 높은 상은 아래에 모인다.

기준 봉우리 (base peak): 질량 스펙트럼에서 가장 높은 봉우리.

기준 전극 (reference electrode): 반쪽 전지의 전위를 측정할 때 일정한 전위를 유지하고 있는 전극.

기체 크로마토그래피 (gas chromatography): 이동상이 기체인 크로마토그래피.

꼬리끌기 (tailing): 뒷부분이 늘어나는 모양의 비대칭성 크로마토그래피의 용출띠. 보통 정지상의 활성지점(active site)에 용질이 흡착되어 발생한다.

ㄴ

내부 융합 입자 (fused-core particle): 표면 다공성 입자 참조.

내부 전환 (internal conversion): 같은 전자 스핀 다중도를 갖는 준위 사이에서의 복사가 없는 등 에너지 전자 전이.

내부 표준 (internal standard): 미지량의 분석물질이 있는 용액에 기지량의 화합물을 가하는 것. 분석물질의 농도는 내부 표준의 농도에 대하여 측정한다.

내연장 (interpolation): 두 값 사이에 있는 양의 값을 추정.

냉각 트랩핑 (cold trapping): 칼럼 첫머리에서 용질이 좁은 띠를 이루며 끓는점보다 훨씬 낮은 온도에서 응축되는 비분할형 기체 크로마토그래피의 주입 방법.

네모파 전압전류법 (square wave voltammetry): 계단파에 네모파를 합친 전위파형을 가지는 전압전류법의 형태. 이 방법은 다른 파형을 가지는 전압전류법보다 빠르고 감도가 더 좋다.

노말 농도 (normality): 산화환원제의 몰농도의 n배. 여기서 n은 그 물질이 특정한 화학 반응에서 주거나 받는 전자의 수이다. 산과 염기에서는 역시 몰농도의 n배이며, 그러나 여기서 n은 그 물질이 주거나 받는 양성자의 수이다.

노말 수소 전극 (normal hydrogen electrode, N.H.E.): 표준 수소 전극(S.H.E.) 참조.

녹색화학 (green chemistry): 지구의 환경을 유지하는 데 도움을 주는 방향으로 우리의 행동을 변화시키고자 하는 주의. 녹색화학은 화학적 생성물과 과정을 디자인하는 데 있어서 자원, 에너지, 그리고 유해 폐기물의 생성을 감소시키는 방향으로 노력한다.

농도 (concentration): 물질의 단위 부피나 단위 질량에 대한 양의 표현. 보통 농도의 표현은 몰농도(mol/L)나 몰랄농도(mol/용액 1 kg)이다.

누적 형성 상수 (cumulative formation constant, β_n): $M + nX \rightleftharpoons MX_n$형의 반응에 대한 평형 상수. 총괄 형성 상수라고도 한다.

눈금 실린더 (graduated cylinder): 길이에 따라 부피를 잴 수 있는 관.

뉴턴 (newton, N): 힘의 SI 단위. 1뉴턴은 질량 1 kg을 1 m/s^2만큼 가속시킨다.

ㄷ

다리 결합 (cross-inking): 서로 다른 고분자 가닥 사이의 공유 결합.

다색광 (polychromatic light): 많은 파장으로 구성된 빛(다색).

다색화장치 (polychromator): 빛을 파장별로 펼쳐서 각각 작은 띠의 파장을 서로 다른 영역으로 향하게 하는 장치.

다양성자 산과 염기 (polyprotic acids and bases): 하나 이상의 양성자를 주고받을 수 있는 물질.

다이노드 (dynode): 광전증배관이나 전자증배관에서 가속된 전자 1개가 충돌될 때마다 여러 개의 전자를 쉽게 방출할 수 있는 금속 표면.

단계적 형성 상수 (stepwise formation constant, K_n): $ML_{n-1} + L \rightleftharpoons ML_n$과 같은 반응에서의 평형 상수.

단높이 (plate height, H): 크로마토그래피 칼럼의 길이를 그 관의 이론 단수로 나눈 것.

단색광 (monochromatic light): 단일 파장의 빛(단색).

단색화장치 (monochromator): 빛에서 한 파장을 고르는 장치(보통 회절발 혹은 프리즘).

단일 클론 항체 (monoclonal antibody): 단일 유형의 동일한 항체 분자.

단일항 상태 (singlet state): 모든 전자의 스핀이 짝을 이룬 것.

달톤 (dalton, Da): 원자 질량의 단위를 말하며, 1 Da는 ^{12}C 질량의 1/12의 값이다.

당량 (equivalent): 산화환원 반응에서 1몰의 전자를 내놓거나 받아들이는 시약의 양. 산-염기 반응에서는 1몰의 양성자를 주거나 받는 시약의 양.

당량 (equivalent weight): 1당량을 포함하는 물질의 무게.

당량점 (equivalence point): 적정 중 적정시약의 양이 분석물질과 화학량론적 반응을 하는 데 정확히 충분한 점.

대기압 화학 이온화 (atmospheric pressure chemical ionization): 액체 크로마토그래피와 질량 분석법을 연결하는 방법 중의 하나. 액체의 흐름과 같은 방향으로 제공되는 기체 흐름과 열에 의해 액체는 미세한 에어로솔로 분무된다. 고전압 코로나 방전으로부터 발생하는 전자는 크로마토그래피 칼럼을 빠져 나오는 시료로부터 양이온과 음이온을 생성한다. 이 연결 방법에서 가장 흔히 발견되는 화학종은 시료가 거의 분해되지 않은 채 양성자화된 MH^+이다.

도핑 (doping): 물질의 속성을 변경하기 위해서 불순물을 고의적으로 추가하는 것.

동시크로마토그래피 (co-chromatography): 크로마토그래피에서 미지 혼합물에 소량의 기지 화합물을 첨가하여 동일한 시간에 용리되는지 확인. 소량첨가 참조.

동압 간섭 (isobaric interference): 질량 분석법에서 거의 비슷한 질량을 가지는 두 봉우리가 서로 겹침. 예를 들면, $^{41}K^+$ 와 $^{40}ArH^+$는 0.01 원자량 단위 가량 차이가 나고, 분광계의 분리도가 충분히 높더라도 하나의 봉우리로 나타난다.

동위원소비 질량분석법 (isotope ratio mass spectrometry): 선택된 요소의 서로 다른 이온의 비율의 정확한 측정을 제공하도록 설계된 질량분석 기술이다.

동적 범위(dynamic range): 분석 물질의 농도 변화가 검출기 반응의 변화를 일으키게 하는 농도 범위.

동적 플래시 연소(dynamic flash combustion): 원소 분석을 위한 방법으로 주석 캡슐에 시료를 넣고 예열된 노에서 빠르게 산화시키는 것.

들뜬 상태(excited state): 가능한 최소 에너지보다 많은 에너지를 갖는 원자나 분자의 상태.

등용매 용리(isocratic elution): 이동상으로 한 가지 용매만 사용하는 크로마토그래피.

등전점(isoelectric point): 다양성자 화학종의 평균 전하가 0이 되는 pH.

등전 집중(isoelectric focusing): 다양성자 분자를 포함한 시료가 pH 기울기가 있는 매질에서 강한 전기장하에 놓이는 방법. 각 화학종들은 등전 pH가 되는 영역까지 이동한다. 그 영역에서 분자는 알짜 전하가 없으며, 이동을 중지한다. 따라서 좁은 띠 모양으로 모인다.

등흡수점(isosbestic point): 두 스펙트럼의 흡광도가 서로 교차하는 파장. 화학 반응이 일어나는 용액에서 등흡수점이 존재한다는 것은 전체 농도가 일정하며, 오직 두 가지 물질만이 존재한다는 증거이다.

ㄹ

랩온어칩(lab-on-a-chip): 유체역학 칩(microfluidic chip) 참조.

로그(logarithm): $10^a = n$이라면 n의 로그는 a이다(이는 $\log n = a$를 뜻한다). 만약 $e^a = n$이면 n의 자연 로그는 a이다(이는 $\ln n = a$를 뜻한다). 숫자 e(= 2.718 28 …)는 자연 로그의 밑이라 한다.

롯(lot): 분석하려는 물질 전체. 예를 들면, 시약 한 병, 호수 하나, 자갈 한 트럭 등이다.

리간드(ligand): 분자 내 중심 원자에 붙은 원자나 기. 이 용어는 관심 있는 것에 붙은 모든 기를 지칭하기도 한다.

리터(liter, L): 정확히 1 000 cm^3로 정의되었다.

ㅁ

마이셀(micelle): 극성이거나 이온성인 머리 부분과 비극성인 꼬리 부분을 가진 분자들의 구형 뭉치. 머리 부분은 수용액 쪽을 향하고 꼬리 부분은 서로 모여 전체 구형 구조의 내부를 이룬다.

마이셀 전기속도론[동전기] 모세관 크로마토그래피(micellar electrokinetic capillary chromatography): 마이셀을 만드는 계면활성제가 있는 모세관 전기이동의 한 형태. 용질의 이동 시간은 마이셀 내에서 보내는 시간 분율에 따른다.

막기(blocking): 금속 이온이 금속 이온 지시약과 너무 강하게 결합할 때 생긴다. 막힌 지시약은 종말점에서 색이 변하지 않기 때문에 적정에 사용할 수 없다.

막자사발과 막자(mortar and pestle): 막자사발은 단단한 막자로 고체 시료를 갈아낼 때 쓰는 세라믹이나 강철 용기이다.

매개체(mediator): 전기분해와 관련하여, 전극과 녹은 화학종 간에 전자를 운반하기 위해 용액에 첨가하는 분자. 대상 화학종이 전극에서 직접 반응할 수 없거나 또는 대상 물질의 농도가 너무 낮아서 다른 시약이 대신 반응할 경우에 쓰인다.

매트릭스(matrix): 분석물질을 포함한 매질. 많은 분석에 있어서 표준 물질을 미지 시료의 매트릭스(기질)와 같은 조건에서 만들어야 한다.

매트릭스 변형제(matrix modifier): 원자 분광법에서 시료를 가하여 분석물질의 증발을 매트릭스가 완전히 연소될 때까지 늦추는 역할을 한다.

매트릭스 효과(matrix effect): 시료 내 분석물질이 아닌 물질에 의해 야기되는 분석 신호의 변화.

머무름 시간(retention time, t_r): 주입한 때부터 용질이 크로마토그래피의 칼럼을 통과하는 데 걸린 시간.

머무름 부피(retention volume, V_r): 크로마토그래피 칼럼으로부터 용질이 유출되는 데 쓰이는 용매의 부피.

메니스커스(meniscus): 액체의 곡선 모양의 표면.

면역분석(immunoassay): 항체를 사용하는 분석 측정.

면편광(plane-polarized light): 빛 전기장이 한 면 위에서 진동하는 빛.

명목 질량(nominal mass): 화학종을 구성하고 있는 원자의 가장 많이 존재하는 동위원소로부터 얻은 정수로 나타낸 그 화학종의 질량.

명세서(specifications): 품질 보증에서 분석법이 얼마나 좋은 분석 결과가 필요하며, 어떤 주의가 필요한지를 기술하는 서면 진술서.

모세관 띠 전기이동법(capillary zone electrophoresis): 이온성 용질을 전기이동 이동도의 차이에 따라 분리하는 모세관 전기이동의 한 형태.

모세관 전기이동법(capillary electrophoresis): 전해질 용액으로 채운 가는 모세관의 양 끝에 강한 전기장을 걸어 혼합물을 그 성분으로 분리하는 것.

모세관 젤 전기이동법(capillary gel electrophoresis): 모세관을 거대 분자에 대해 체로 작용하는 중합체 젤로 채운 모세관 전기이동의 한 형태.

모액(mother liquor): 물질의 결정화가 이루어진 용액.

모평균(population mean, μ): 정해지지 않은 범위에 대한 평균.

모표준 편차(population standard deviation, σ): 정해지지 않은 범위에 대한 표준 편차.

몰농도(molarity, M): 용액 1리터당 용질의 몰수. 1몰에는 약 $6.022\,136\,7 \times 10^{23}$ 분자가 들어 있다.

몰랄농도(molality m): 용매 1 kg당 용질의 몰수.

몰분율(mole fraction): 혼합물에서 한 물질의 몰수를 모든 물질의 전체 몰수로 나눈 것.

몰흡광 계수(molar absorptivity, ε): Beer 법칙, $A = \varepsilon bc$에서 비례 상수. A는 흡광도, b는 경로 길이, c는 흡수 화학종의 몰농도.

무게 백분율(weight percent, wt%): (용질의 질량/용액의 질량) × 100.

무게/부피 백분율 (weight/volume percent): (용질의 질량/용액의 부피) × 100.

무게 분석법 (gravimetric analysis): 물질(침전물과 같은)의 질량을 측정하여 분석하는 방법.

무게 적정 (gravimetric titration): 부피 대신에 적정시약의 질량을 측정하는 적정. 적정시약의 농도는 편리하게 mol(시약)/ kg(적정시약 용액)으로 표현한다. 무게 적정은 부피 적정보다 정확하고 정밀할 수 있다.

무기 탄소 (inorganic carbon): 자연수나 공장 폐수 중의 용존 CO_3^{2-}과 HCO_3^-의 양.

무수 (anhydrous): 물이 전부 제거된 물질을 기술하는 형용사.

무작위 불균일 물질 (random heterogeneous material): 조성의 차이를 정해진 규격으로나 또는 예측으로 할 수 없고, 작은 규모에서 조성의 차이가 있는 물질. 분석용으로 물질의 부분을 취하면 조금씩 다른 조성의 시료를 얻게 된다.

무작위 추출 (random sampling): 물질의 여러 부분에서 무작위로 시험 부분을 취하는 것. 이것은 몸체를 여러 개의 가상적 혹은 실제 부분으로 나눈 뒤 무작위로 그 부분을 추출한다. 선택은 난수표를 이용하면 가장 좋다.

물 (aqueous): 물(물 용액).

물림 (occlusion): 결정 성장시 불순물이 결정 내에 갇히는 것.

묽힘 인자 (dilution factor): 묽힌 농도를 구하기 위해 시료의 처음 농도에 곱하는 인자(시약의 처음 부피/용액의 전체 부피).

미량성분 분석 (trace analysis): 전형적으로 ppm 이하의 매우 낮은 수준의 분석물질에 대한 화학 분석.

미세다공성 입자 (microporous particles): HPLC에 사용되는 정지상의 형태로서, 지름 5 ~ 10 mm의 다공성 입자이다. 용매에 대하여 높은 효율성과 높은 용량을 갖는다.

미터 (meter, m): 빛이 진공 상태에서 (299 792 458) −1초간 진행한 거리.

밀도 (density): 한 물질의 단위 부피당 질량.

ㅂ

바닥 상태 (ground state): 최소 가능한 에너지를 가지고 있는 분자나 원자의 상태.

바이오센서 (biosensor): 전기적, 광학적, 또는 다른 신호의 형태로 한 가지 성분에 대한 선택적인 감응을 얻기 위해 효소, 항체, 또는 DNA와 같은 생물학적인 물질을 사용하는 장치.

바탕 (blank): 분석물질을 포함하지 않는 시료. 장 보정, 방법 보정, 바탕 시약 참조.

바탕 보정 (background correction): 원자 흡광법에서 불꽃, 노, 플라스마, 시료 매트릭스 등에 의한 흡수, 방출, 산란으로 인한 신호와 분석물질의 신호를 구별하는 방법.

바탕 시약 (reagent blank): 분석 시료를 제외한 나머지로 이루어진 용액. 이 바탕액은 분석 시료 이외의 물질이나 불순물이 분석 방법에 감응하는 정도를 측정하는 데 쓰인다.

바탕 적정 (blank tiration): 분석물질만을 제외한 모든 시약을 포함한 용액에 대한 적정. 미지 시료를 적정한 적정시약의 부피로부터 바탕 적정을 하는 데 소모된 적정시약의 부피를 빼야 한다.

바탕 전해질 (background electrolyte): 모세관 전기영동에서의 분리에 사용되는 완충 용액. 가동 완충 용액이라고도 한다.

반높이 (half-height): 신호의 최대 높이의 절반.

반높이 너비 (width at half height, $w_{1/2}$): 크로마토그래피 또는 분광계의 신호 최대 봉우리의 반높이의 너비.

반대이온 (counterion): 관심이온과 반대 전하를 가지는 이온.

반대전극 (counter electrode): 작업 전극의 상대 전극으로서 전류를 운반한다. 보조 전극과 같다.

반복 측정 (replicate measurements): 같은 시료를 반복해서 측정.

반응물 (reactant): 화학 반응에서 소모되는 화학종. 주로 화학식의 좌변에 쓰인다.

반응 지수 (reaction quotient, Q): 반응의 평형 상수와 같은 형태이다. 평형 상태의 값과는 다른 값의 활동도(농도)로 표시된다. 평형에서 $Q = K$이다.

반쪽 반응 (half-reaction): 모든 산화환원 반응은 두 개의 반쪽 반응으로 나눌 수 있다. 하나는 산화 반응이고, 다른 하나는 환원 반응이다.

반쪽 전지 (half-cell): 전기화학 전지에서 전기화학 반응의 반쪽 반응(산화 혹은 환원 반응)이 일어나는 부분.

반파 전위 (half-wave potential): 폴라로그래피파에 있어서 전류 크기의 절반에 해당하는 전위.

발광 (luminescence): 분자로부터의 빛의 방출.

발암물질 (carcinogen): 암 유발물질.

방법 보정 (method blank): 분석물질의 의도적으로 가하지 않은 시료. 방법 보정은 시료 제조 과정을 포함한 화학 분석의 모든 과정을 거친다. 바탕 시약 참조.

방법 확인 (method validation): 분석법이 의도한 목적에 받아들일 수 있음을 확인하는 절차.

방출 스펙트럼 (emission spectrum): 발광 파장(또는 진동수나 파수)에 대하여 발광 세기를 표시한 그래프. 들뜸 파장은 고정된다.

벌크 시료 (bulk sample): 분석하려는 대상의 무더기 속에서 채취한 물질(일반적으로 전체 시료를 대표할 수 있도록 골라진다). 통합 시료(gross sample)라고도 한다.

범위 (range): 데이터 중에서 가장 큰 값과 가장 작은 값의 차.

벗김 분석 (stripping analysis): 폴라로그래피 방법 중 감도가 높은 방법 중의 하나로서, 분석물질이 수은 방울(혹은 막)로의 환원에 의해 묽은 용액으로부터 농축된 후, 그 분석물질이 산화되면서 다시 녹는(벗겨지는) 동안 폴라로그래피에 의해 분석된다. 일부 분석물질의 경우, 수은이 아닌 다른 전극에서 산화에 의해 농축되고, 환원에 의해 녹는(벗겨지는) 경우도 있다.

변곡점 (inflection point): 기울기의 미분값이 0인 점. 즉, $d^2y/dx^2 = 0$. 이것은 기울기가 최대나 최소 값인 점이다.

변동 계수 (coefficient of variation): 표준 편차(S)를 평균값 $\bar{x}$ 백분

율로서 표시한다. 변동 계수 = 100 × $s/\bar{x}$. 상대 표준 편차(relative standard deviation)라고도 한다.

변위(parallax error): 관측자가 위치를 바꾸었을 때 물체의 겉보기 이동. 가령 계기의 바늘을 수직한 위치에서 보지 않으면, 바늘의 겉보기 눈금은 참값에 있지 않다.

보고 한계(reporting limit): 분석물질을 "검출 안됨"이라고 할 정도 미만의 농도. 대개 보고 한계는 검출 한계의 5~10배로 한다.

보조 전극(auxiliary electrode): 전기분해에서 전류를 전달하는 작업 전극의 상대. 반대 전극이라고도 한다.

보조 착화제(auxiliary complexing agent): 다른 화학종을 안정화시켜 용액에 녹아 있도록 용액에 첨가하는 암모니아와 같은 화학종. 느슨하게 결합되므로 적정시약으로 치환된다.

보충 가스(makeup gas): 분석 시료의 최적 검출 상태를 목적으로 기체 크로마토그래피 칼럼의 출구에서 유출 속도나 기체의 조성을 조절하기 위해 가해 주는 가스.

보호 칼럼(guard column): HPLC에서 주입기(injector)와 주칼럼 사이에 위치하는 사용 후 버리는 용도의 짧은 칼럼으로, 주칼럼과 같은 물질로 채워져 있다. 주칼럼에 비가역적으로 달라붙어서 주칼럼의 성능을 떨어뜨리는 불순물을 제거한다. 전치 칼럼(precolumn)이라고도 한다. 기체 크로마토그래피에서 보호 칼럼은 머무름을 최소화시키기 위해 화학적으로 비활성화된 내벽을 가지는 속이 빈 관(tubing)이다. 보호 칼럼은 분석 칼럼에 남아서 칼럼 성능을 떨어뜨리는 시료의 비휘발성 성분들을 모은다.

복사 세기(radiant power, P): 전자기 복사선의 단위 면적당 힘(W/m^2).

복합 시료(composite sample): 불균일 물질로부터 만든 대표 시료. 뚜렷이 구분되는 부분으로 그 물질이 구성되어 있다면, 각 부분의 크기에 비례하는 양으로 만들어진다.

복합 전극(combination electrode): 같은 몸체에 유리 전극과 기준 전극으로 구성된 전극.

볼트(volt, V): 전위차를 나타내는 SI 단위. 두 점 사이의 전위차가 1볼트이면, 두 점 사이에서 1쿨롱의 전하를 움직이는 데 1주울의 에너지가 필요하다는 것을 뜻한다.

봉우리 면적 정규화(normalized peak area): 모세관 전기이동법으로 측정된 봉우리 면적을 이동시간으로 나눈 값. 전기이동법에서 사용되는 이유는 각 용질들이 다른 속도로 이동하여 검출기를 통과하기 때문에 필요하며, 크로마토그래피에서는 모든 용질이 같은 속도로 검출기를 통과하므로 정규화가 필요하지 않다.

부력(buoyancy): 액체나 기체상 유체 내의 물체에 위를 향해 가해지는 힘. 공기 중에서 측정한 물체는 그 물체의 부피에 해당하는 공기의 질량만큼 실제 질량보다 가볍게 나타난다.

부분입체이성질체(diastereoisomers): 거울상이 존재하지 않는 비대칭 분자.

부피 백분율(volume percent, vol%): (용질의 부피/용액의 부피) × 100.

부피 분석(volumetric analysis): 분석물질과 반응하는 데 필요한 물질의 부피를 측정하는 기법.

부피 플라스크(volumetric flask): 보정 눈금이 있으며 길고 가는 목이 있는 플라스크. 눈금까지 용액을 채우면 그 용액의 부피를 알 수 있다.

부피 흐름 속도(volume flow rate): 크로마토그래피에서 단위 시간당 칼럼을 빠져나오는 이동상의 부피.

분광광도계(spectrophotometer): 빛의 흡수를 측정하는 장치. 광원, 파장 선택 장치(단색화장치) 및 빛을 감지하는 전기 장치로 이루어져 있다.

분광광도법(spectrophotometry): 넓은 의미로 화학 농도를 측정하기 위해 빛을 사용하는 모든 방법.

분광광도 분석(spectrophotometric analysis): 화학 농도를 측정하기 위해 빛을 흡수, 방출, 산란시키는 방법.

분광광도 적정(spectrophotometric titration): 빛을 흡수 또는 방출하는 것으로 화학 반응의 진행 정도를 알아내는 데 쓰인다.

분리도(resolution): 스펙트럼이나 크로마토그래피에서 두 띠가 얼마나 가까이 있는지를 나타내는 것. 크로마토그래피에서는 두 봉우리 사이의 머무름 시간 차이를 그 봉우리의 넓이로 나눈 것이다.

분리용 칼럼(separator column): 이온 크로마토그래피에서 분석물질을 분리하는 데 쓰이는 이온 교환 칼럼.

분리 혼성 물질(segregated heterogeneous material): 완전히 다른 조성의 물질이 다른 지역에 존재하는 것.

분무(nebulization): 액체를 가느다란 방울의 안개로 쪼개는 과정.

분무기(nebulizer): 원자 분광법에서 이 장치로 액체 시료를 안개 모양의 가는 방울로 바꾼다.

분배 크로마토그래피(partition chromatography): 두 상간의 용질의 평형에 의하여 분리를 하는 기술.

분산(variance): 표준 편차의 제곱.

분석 농도(analytical concentration): 포말 농도 참조.

분석물질(analyte): 분석하고자 하는 물질.

분석 크로마토그래피(analytical chromatography): 정성 혹은 정량, 혹은 정성과 정량 모두를 목적으로 소량의 시료를 이용하여 수행하는 크로마토그래피.

분자 각인 고분자(molecularly imprinted polymer): 주형 분자와 함께 합성한 고분자. 주형물을 제거한 후 고분자는 주형물을 받을 수 있는 정확한 모양의 빈 공간을 갖게 되고, 고분자의 작용기들은 주형물의 작용기와 결합할 수 있도록 바른 위치에 있게 된다.

분자 궤도함수(molecular orbital): 분자 내 전자의 분포를 기술하는 함수.

분자 배제 크로마토그래피(molecular exclusion chromatography): 정지상이 다공성 구조를 갖는 것으로써, 작은 분자는 들어가나 큰 분자는 들어가지 못한다. 분자는 크기에 의하여 분리된다. 큰 분자는 작은 분자보다 빨리 이동한다. 크기 배제 크로마토그래피, 젤 거르기(크로마토그래피) 또는 젤 투과 크로마토그래피라고도 한다.

분자 이온(molecular ion): 이온화 과정에서 어떤 원자라도 얻거나 잃지 않은 기체상 이온.

분자 질량(molecular mass): Avogadro 수만큼의 분자를 갖고 있는 물질의 그램수.

분자체 (molecular sieve): 작은 분자 크기의 공동을 가진 결정성 고체 입자. 제올라이트가 일반적인 유형.

분취량 (aliquot): 부분(전체 시료 용액 중에서 취한 일부분).

분할 주입법 (split injection): 칼럼에 시료의 적은 양만이 주입되고, 나머지는 버려지는 모세관 기체 크로마토그래피에서 사용되는 방법.

불가측 오차 (indeterminate error): 우연 오차 참조.

불균등화(반응) (disproportionation): 한 산화 상태의 원소가 그보다 높거나 낮은 산화 상태의 생성물로 바뀌는 반응. 예, $2Cu^+ \rightleftharpoons Cu^{2+} + Cu(s)$.

불균일상 (heterogeneous): 전체적으로 균일하지 않은 것.

불꽃 광도 검출기 (flame photometric detector): H_2-O_2 불꽃에서 S, P, Pb, Sn 또는 다른 원소가 내는 빛을 측정하는 기체 크로마토그래피 검출기.

불꽃 광도계 (flame photometer): 액체 시료 중 Li, Na, K 및 Ca를 정량하기 위하여 불꽃 원자 방출과 필터 광도계를 사용한 장치. 의학 실험실에서 많이 쓰인다.

불꽃 이온화 검출기 (flame ionization detector): 용질을 H_2-O_2 불꽃에서 태워서 CHO^+ 이온을 생성하는 기체 크로마토그래피의 검출기. 이들 이온에 의하여 불꽃을 통해 흐르는 전류는 용출액 중 관심 있는 물질의 전류에 비례한다.

불확실성 (uncertainty): 동일한 측정 집합에서의 다양성.

뷰렛 (buret): 바닥에 잠금꼭지가 달린 보정된 유리관. 일정한 부피의 액체를 가할 때 사용된다.

블리드 (bleed): 기체 크로마토그래피에서 증발과 열분해 또는 산화에 의한 고정상의 손실.

비극성 물질 (nonpolar compound): 탄화수소와 같이 분자 내에 전하 분리가 거의 일어나지 않으며, 알짜 이온 전하가 없는 물질. 비극성 물질은 약한 van der Waals 힘에 의해 다른 물질과 상호작용하고, 일반적으로 물에 녹지 않는다.

비대칭 전위 (asymmetry potential): 이온 선택성 전극의 안쪽과 바깥쪽에서 분석물질의 활동도가 같을 때 막을 통한 전위차는 없어야 한다. 그러나, 실제적으로 두 표면이 똑같을 수는 없기 때문에 약간의 전위차(비대칭 전위라고 하는)가 관찰된다.

비분할 주입법 (splitless injection): 미량 분석 및 정량 분석을 목적으로 모세관 기체 크로마토그래피에서 사용되는 방법. 시료 전체를 끓는점이 낮은 용매에 녹여 칼럼에 직접 주입한 다음, 용매 포집(끓는점 바로 아래서 용매를 응축시킴)이나 저온 포집(용질의 끓는점 영역보다 훨씬 낮은 온도에서 용질을 응축시킴)을 통해 농도를 높인다. 그 다음 칼럼의 온도를 높여 분리를 시작한다.

비양자성 용매 (aprotic solvent): 산-염기 반응에서 양성자를 내놓지 않는 용매.

비중 (specific gravity): 같은 부피의 물이 4°C에서 갖는 질량으로 어떤 물질의 질량을 나눈 단위가 없는 양. 4°C에서 물의 밀도는 1.000 0 g/mL이므로, 밀도와 비중은 비슷한 것이다.

빈그릇무게 (tare): 물질의 질량을 재기 위해 사용하는 텅빈 용기의 질량. 많은 저울은 빈그릇무게의 무게가 0이 되게 조절할 수 있다.

빛살 토막기 (beam chopper): 겹살 분광광도계의 시료 용기와 기준 용기로 교대를 통해 빛을 향하게 하는 회전 거울.

ㅅ

사용 목적 (use objectives): 품질 보증에서 결과가 어떻게 사용될 것인가에 대한 서면 진술서. 사용 목적이 명기된 후에 방법에 대한 상세한 기술이 가능하다.

사전 혼합식 버너 (premix burner): 원자 분광법에서 시료가 불꽃에 주입되기 전 분무되고, 동시에 연료와 산화제와 섞이는 버너.

삭임 (digestion): (1) 입자의 재결정과 성장을 증진시키기 위하여 모액 내에서 침전물을 방치(보통 따뜻한 상태로)하는 과정. (2) 한 분석물질을 분석하기에 적합한 형태로 분해하는 화학적 처리를 가리키기도 한다.

산 (acid): 물에 넣었을 때 H^+의 농도를 증가시키는 물질.

산란광 (stray light): 분광광도법에서 단색화장치에서 검출기까지 도달하는 빛 중에서 단색화되지 않은 다른 파장의 빛.

산성 용액 (acidic solution): H^+의 활동도가 OH^-의 활동도보다 큰 용액.

산 세척 (acid wash): 유리 표면에 흡착된 미량의 금속 이온을 없애고 대신 H^+로 대치하기 위해서, 유리 기구를 1시간 이상 3~6 M HCl에 담가두는 절차(증류수로 씻고 증류수에 담가두는 절차가 따른다).

산-염기 적정 (acid-base titration): 분석물질과 적정시약 사이의 반응이 산-염기 반응인 적정.

산 오차 (acid error): 유리 전극으로 pH를 측정할 때 나타나는 오차로 센 산성 용액에서 보다 더 높은 pH를 나타내는 현상을 말한다.

산해리 상수 (acid dissociation constant, K_a): 산 HA와 H_2O의 반응에 대한 평형 상수.

$$HA + H_2O \overset{K_a}{\rightleftharpoons} A^- + H_3O^+$$

$$K_a = \frac{[A^-][H_3O^+]}{[HA]} = \frac{[A^-][H^+]}{[HA]}$$

산화 (oxidation): 전자의 잃음 또는 산화 상태의 증가.

산화 상태 (oxidation state): 중성 원자가 화합물을 형성할 때 잃거나 얻은 전자의 개수를 나타내는 기록 방법.

산화수 (oxidation number): 산화 상태 참조.

산화전극 (anode): 산화 반응이 일어나는 전극. 이 전극은 전기영동법에서 양극이다.

산화제 (oxidant): 산화제 참조.

산화제 (oxidizing agent): 화학 반응에서 전자를 얻는 물질. 산화제(oxidant) 라고도 한다.

산화환원 반응 (redox reaction): 한 원소에서 다른 원소로 전자가 이동되는 화학 반응.

산화환원쌍 (redox couple): 전자 전달에 관여하는 반응물의 쌍. $Fe^{3+}|Fe^{2+}$ 또는 $MnO_4^-|Mn^{2+}$

산화환원 적정 (redox titration): 분석 시료와 적정시약과의 반응이 산화환원 반응인 적정.

산화환원 지시약(redox indicator): 다양한 산화 상태에서 다른 색을 띠게 되는 화합물로, 산화환원 적정의 종말점을 찾는 데 쓰인다. 지시약의 표준 전위는 적정 반응의 당량점 전위에서 색이 변하는 값이어야 한다.

삼중점(triple point): 어떤 물질의 고체 · 액체 · 기체 상태가 서로 평형을 이루는 어떤 온도와 압력.

삼중항 상태(triplet state): 두 개의 짝을 이루지 않은 전자가 있는 전자 상태.

상관 계수(correlation coefficient): 상관 계수의 제곱(R^2)은 데이터를 직선으로 표현할 때 얼마나 잘 맞는지를 나타내는 척도이다. R^2가 1에 가까울수록 직선에 잘 맞는다.

상대 표준 편차(relative standard deviation): 변동 계수(coefficient of variation) 참조.

상층액(supernatant liquid): 침전 이후 고체 위에 남아 있는 액체. supernate라고도 한다.

생데이터(raw data): 크로마토그램에서 얻은 봉우리 넓이나 뷰렛의 부피와 같은 측정된 개개의 값.

생성물(product): 화학 반응에서 생기는 물질. 화학식의 우변에 나타낸다.

생성 이온(product ion): 이중 질량 분석법에서(선택된 반응 모니터링) 마지막 질량 분리법에 의해 검출기로 도입되는 충돌 용기에서 분해된 이온.

생화학적 산소 요구량(biological oxygen demand, BOD): 미생물을 20℃의 밀폐된 용기에서 5일간 배양할 경우 필요로 하는 물 속의 용존 산소량. 산소의 소모량은 유기 영양분에 의해 제한되므로 BOD는 오염물질의 농도 기준이 된다.

섞이는 액체(miscible liquids): 어떤 비율로 섞든지 한 가지 상을 이루는 두 액체.

섞이지 않는 액체(immiscible liquids): 섞였을 때 하나의 상(phase)을 형성하지 않는 두 개의 액체.

선구 이온(precursor ion): 이중 질량 분석법에서(선택된 반응 모니터링) 첫 번째 질량분리 과정에서 충돌 용기에서 분해용으로 선택된 이온.

선택 계수(selectivity coefficient): 이온 선택성 전극에서 두 개의 다른 이온에 대한 상대 감응도를 측정한 것. 이온 교환 크로마토그래피에서는 수지에서 한 이온이 다른 이온으로 교체되는 평형 상수를 의미한다.

선택 반응 측정(selected reaction monitoring): 질량 분리법에서 선택한 이온을 충돌 용기에서 몇 개의 토막 이온(생성 이온)으로 쪼개는 기법. 두 번째 질량 분리법에서 이들 이온 중 하나(혹은 몇 개의)의 이온을 선택하여 검출한다. 선택 반응 측정은 의도한 분석물질 이외에는 거의 모든 것에 둔감하므로 크로마토그래피의 신호 대 잡음비를 향상시킨다. 질량 분석법-질량 분석법(MS-MS) 혹은 직렬식 질량 분석법(tandem mass spectrometry)이라고도 한다.

선택성(selectivity): 시료 내의 분석물질을 다른 화학종과 구별하는 분석법의 능력. 특이성(specificity)라고도 한다.

선택 이온 검출법(selected ion monitoring): 하나 혹은 몇 개의 질량 대 전하비(m/z)를 가지는 화학종만을 검출하는 질량 분석 방법.

선택 이온 크로마토그램(selected ion chromatogram): 크로마토그래프에서 용리되는 이온 중에서, 특정한 질량 대 전하비(m/z) 값을 가지는 하나 혹은 몇 개의 화학종만을 질량 분석계가 검출할 때 얻어지는 검출기 감응 대 시간의 그래프.

선택 흡착(specific adsorption): 분자가 van der Waals 힘에 의해 표면에 단단히 붙는 과정.

선형 내연장(linear interpolation): 어떤 양의 변화가 선형이라고 가정하고 행하는 내연장의 한 형태. 예를 들면, 다음과 같이 a = 32.4일 때 b의 값을 찾기 위해

a:	32	32.4	33
b:	12.85	x	17.96

다음과 같은 비례식으로 계산된다.

$$\frac{32.4 - 32}{33 - 32} = \frac{x - 12.85}{17.96 - 12.85}$$

따라서 $x = 14.89$이다.

선형 범위(linear range): 검출기의 감응의 변화가 시료의 농도에 비례하는 농도 범위.

선형성(linearity): 도표에 있는 자료가 얼마나 직선에 잘 따르는지의 척도.

선형 응답(linear response): 분석 신호가 분석물질의 농도에 직접 비례하는 경우.

선형 흐름 속도(linear flow rate): 크로마토그래피에서 단위 시간당 이동상의 이동한 거리.

성능 시험 시료(performance test sample): 분석 측정 도중에 분석자가 올바른 결과를 모를 때 실험 과정이 정확한 결과를 주는지 시험하기 위해 삽입하는 시료. 어림 시료 또는 품질 관리 시료라고도 한다.

세기(intensity): 전자기 복사선의 단위 면적당 힘(W/m^2). 복사 세기 또는 조사도라고도 한다.

세로좌표(ordinate): 그래프의 수직(y)축.

세로 확산(longitudinal diffusion): 크로마토그래피 칼럼에서 이동 방향과 평행하게 용질 분자가 이동하는 것.

센산 및 센염기(strong acids and bases): 물 속에서 H^+나 OH^-로 완전히 해리하는 물질.

센전해질(strong electrolyte): 용액에 이온으로 완전히 해리되는 것.

소듐 오차(sodium error): 매우 소량의 H^+와 진한 농도의 Na^+가 들어 있는 아주 진한 염기성 용액에 유리 pH 전극을 담갔을 때 발생. 전극은 마치 Na^+에 대해 H^+인 것처럼 감응하므로 실제 pH보다 낮은 값을 준다. 알칼리 오차라고도 한다.

소량첨가(spike): 미지 혼합물에(보통 아는 농도의) 소량의 기지 화합물을 첨가하는 것, 혹은 소량으로 첨가되는 물질. 동위원소 희석 질량 분석법의 경우, 소량으로 첨가하는 동위원소 물질. 동시 혹은 명사로 사용된다. 강화(fortification)라고도 한다.

소량첨가물 회수(spike recovery): 소량첨가된 물질을 함유하는 시

료를 분석함으로써 궁극적으로 찾아낸 소량첨가 물질의 일부분.

소멸파 (evansent wave): 광섬유 또는 내부 전반사로 빛을 전파시키는 도파관으로부터 "새어나온" 빛.

소수성 물질 (hydrophobic substance): 물에 녹지 않거나 그 표면에서 물을 밀어내는 물질.

소수성 작용 크로마토그래피 (hydrophilic interaction chromatography, HILIC): 소수성 용질과 소수성 정지상 사이의 상호작용에 근거한 크로마토그래피 분리법.

속빈 음극 램프 (hollow-cathode lamp): 음극으로 구성된 원소의 예리한 원자 선 특성을 방출하는 램프.

수명 (lifetime): 분광법에서 들뜬 상태의 전자들이 1/e의 상태로 감소되는 시간.

수지 (resin): 작고 단단한 입자로 있는 폴리스타이렌과 같은 이온 교환체.

수화 반지름 (hydrated radius): 이온이나 분자와 용액에서 화합된 물 분자를 합친 유효 크기.

슐리렌 (schlieren): 두 상이 섞이기 전 액체 혼합물에 나타나는 선. 빛을 다르게 굴절시키는 지역에서 나타난다.

스테라디안 (steradian, sr): 입체각의 SI 단위. 완전한 구는 4π 스테라디안이다.

스펙트럼 간섭 (spectral interference): 원자 분광법에서 분석하는 파장에서 빛의 세기에 영향을 주는 물리적 과정. 분석하는 과정의 빛을 흡수하거나 산란, 방출하는 물질에 의해 생긴다.

시료 세척 (sample cleanup): 분석물질을 포함하고 있지 않으나 분석에 방해가 되는 시료의 일부분을 제거하는 것.

시료 전처리 (sample preparation): 시료를 분석에 적당한 상태로 바꾸는 것. 이 과정은 희석된 분석물질의 농축, 그리고 방해종의 제거 또는 가림을 포함한다.

시료채취 (sampling): 분석하기 위해 대표 시료를 모으는 과정.

시약급 화합물 (reagent-grade chemical): 일반적으로 정량 분석에 쓰기에 적절하고, 미국화학회와 같은 기구에서 정한 순도의 요구 조건을 충족한다.

시험량 (test portion): 일회 분석을 위한 실험실 시료의 일부분. 분취량 (aliquot) 이라고도 함.

신뢰 구간 (confidence interval): 특정한 확률로 참값이 존재할 값들의 구간.

신호 대 잡음 비 (signal-to-noise ratio): 신호의 높이를 신호 주변의 바탕에 있는 잡음으로 나눈 것. 잡음은 보통 평균제곱근(root-mean-square)으로 나타낸다. 신호 대 잡음 비가 클수록 신호에는 불확정도가 적다.

신호 평균 (signal averaging): 계속된 주사의 평균을 구하는 신호의 개선 방법. 신호는 몇 개를 축적시키느냐에 따라 다르다. 잡음은 축적 횟수의 제곱근에 비례한다. 따라서 축적 횟수의 제곱근만큼 잡음 대 신호 비가 증가한다.

실레인화 (silanization): 크로마토그래피의 고체 지지체나 유리 칼럼을 가장 반응성이 큰 Si—OH기를 붙드는 실리콘 화합물로 처리하는 것. 비가역적인 흡착이나 극성이 큰 용질에 의한 꼬리끌기를 줄여준다.

실험실 시료 (laboratory sample): 분석을 위해 실험실로 가져온 벌크 시료의 일부분. 벌크 시료와 똑같은 조성이어야 한다.

ㅇ

아말감 (amalgam): 수은에 녹은 용액.

아미노산 (amino acid): 단백질을 만드는 단위. 다음과 같은 일반 구조를 가진다. 여기서 R은 각 아미노산마다 다른 치환체이다.

아민 (amine): 일반식이 RNH_2, R_2NH, R_3N을 갖는 화합물. 여기서 R은 원자의 무리이다.

안정도 상수 (stability constant): 형성 상수 참조.

안전성 (robustness): 분석 방법이 실험 파라미터의 작은 의도적 변화에 영향을 받지 않는 능력.

알칼리 오차 (alkaline error): 소듐 오차 참조.

암모늄 이온 (ammonium ion): 대표적인 암모늄 이온은 NH_4^+이다. 일반적으로는 RNH_3^+, $R_2NH_2^+$, R_3NH^+, R_4N^+형의 이온을 모두 일컫는다. 여기서 R는 유기 치환체이다.

암페어 (ampere, A): 1암페어는 진공에서 단면적이 거의 없고, "무한히" 긴 1 m 간격으로 평행하는 두 개의 도체에 정확히 2×10^{-7} N/m의 힘을 일으키는 전류이다.

압력 (pressure): 단위 면적당 힘. 보통 파스칼 (N/m) 이나 기압으로 측정된다.

압력 폭넓어지기 (pressure broadening): 분광법에서 분자들 사이의 충돌에 의한 선나비가 넓어지는 것.

액체 이온 선택성 전극 (liquid-based ion-selective electrode): 내부 기준 전극과 분석물질 용액 사이에 소수성의 막을 갖고 있는 전극. 막은 비극성 용매에 녹은 액체 이온 교환물질로 포화되어 있다. 액체 이온 교환 물질과 수용액 사이의 이온 교환 평형으로 전극 전위를 발생한다.

액체 크로마토그래피 (liquid chromatography): 크로마토그래피의 한 형태로서 이동상이 액체인 경우.

약한 산 및 약한 염기 (weak acids and bases): 해리 상수가 크지 않은 산과 염기.

약한 전해질 (weak electrolyte): 녹을 때 부분적으로 해리되는 전해질.

얇은층 크로마토그래피 (thin-layer chromatography): 평평한 유리나 플라스틱 판 위에 정지상을 붙여 놓은 것. 용질을 판의 아래에 점적하고, 용매와 판의 끝이 닿게 하면 모세관 현상에 의해 용질이 올라간다.

양성자 (proton): H^+ 이온.

양성자 받개 (proton acceptor): Brønsted-Lowry의 염기. H^+와 결합하는 분자.

양성자성 용매 (protic solvent): 산성 수소 원자가 있는 용매.

양성자 주개 (proton donor): Brønsted-Lowry의 산. H^+를 다른 분자에 내놓을 수 있는 분자.

양성자화 한 분자 (protonated molecule): 질량 분석법에서 분석물질에 H^+가 첨가된 MH^+이온.

양이온 (cation): 양의 전하를 갖는 이온

양이온 교환체 (cation exchanger): 음전하를 띤 원자단이 지지체에 공유 결합된 이온 교환체. 이것은 가역적으로 양전하와 결합할 수 있다.

양쪽성양성자성 분자 (amphiprotic molecule): 양성자를 받아들이기도 하며 주기도 하는 분자. 다양성자 산의 중간 화학종은 양쪽성양성자성이다.

어림 시료 (blind sample): 성능 시험 시료 참조.

억압 이온 크로마토그래피 (suppressed-ion chromatography): 이온 교환 칼럼을 통해 이온들을 분리한 후 억압 장치(막이나 칼럼)로 이온성 용매를 제거하는 크로마토그래피.

억압제 (suppressor): 이온 크로마토그래피에서 이온성 용리액을 비이온성 형태로 바꾸는 장치.

에어로솔 (aerosol): 공기나 가스 중에 매우 작은 액체나 고체 입자들이 떠 있는 계.

엔탈피 변화 (enthalpy change, DH): 정압 상태에서 반응이 일어날 때 흡수된 열.

엔트로피 (entropy): 물질의 "무질서도"의 척도.

여러자리 리간드 (multidentate ligand): 금속 이온과 한 원자 이상의 원자로 결합하는 리간드.

여섯자리 리간드 (hexadentate ligand): 금속 원자에 여섯 개의 리간드 원자로 결합하는 리간드.

역로그 (antilogarithm): $10^a = b$이면, b는 a의 역로그이다.

역상 크로마토그래피 (reversed-phase chromatography): 정지상이 이동상보다 더 적은 극성인 방법을 쓰는 액체 크로마토그래피의 기법.

역적정 (back titration): 분석물질과 반응하기 위해 과량의 시약을 넣는 방법. 그리고 나서 다른 시약이나 분석물질의 표준 용액으로 과량의 시약을 적정한다.

연소 분석 (combustion analysis): O_2 대기에서 시료를 가열하여 CO_2와 H_2O로 산화시키고, 그것을 모아 무게를 다는 방법. 개량된 방법은 N, S, 할로젠족을 동시에 분석한다.

열린관 칼럼 (open tubular column): 내벽이 정지상으로 코팅된 모세관 칼럼.

열무게 분석 (thermogravimetric analysis): 어떤 물질에 열을 가하여 그 물질의 질량을 측정하는 기술. 질량의 변화는 물질이 분해되거나 생성물을 나타낸다.

열분해 (pyrolysis): 물질의 열적 분해.

열전도도 (thermal conductivity, κ): 어떤 물질이 온도 기울기(단위 거리당 온도차)에 의해 열을 전달하는 속도(단위 시간, 단위 면적당 에너지). 에너지 흐름은 $[J/(s \cdot m^2)] = \kappa(dT/dx)$로 표현되는데, κ는 열전도도 $[W/(m \cdot K)]$, dT/dx는 온도 기울기(K/m)이다.

열전도도 검출기 (thermal conductivity detector): 기체 흐름에 의한 열전도도 변화를 측정하여 기체 크로마토그래피의 칼럼에서 유출되는 띠를 감지하는 장치.

염 (salt): 이온성 고체.

염기 (base): 물에 넣었을 때 H^+ 농도를 감소시키는 물질.

염기 가수분해 상수 (base hydrolysis constant): 염기 B와 H_2O의 반응에 대한 평형 상수. 즉,

$$B + H_2O \underset{}{\overset{K_b}{\rightleftharpoons}} BH^+ + OH^- \qquad K_b = \frac{[BH^+][OH^-]}{[B]}$$

염기성 불꽃이온 검출기 (alkali flame detector): 불꽃 이온화 검출기를 개선한 것으로써 불꽃 안에서 Rb_2SO_4가 들어 있는 유리 구슬에 닿으면 이온을 형성하는 질소와 인에 감응하는 검출기.

염기성 용액 (basic solution): OH^-의 활동도가 H^+의 활동도보다 큰 용액.

염기 해리 상수 (base dissociation constant, K_b): 염기 가수분해 상수, K_b와 같음.

염다리 (salt bridge): 두 전해질 용액을 잇는 도체성 이온 매질. 다른 두 전해질이 쉽게 섞이지 않고, 한쪽에서 다른쪽 전해질로 이온성 전류가 흐르게 한다.

영구 세기 (permanent hardness): 알칼리 토금속의 중탄산염을 제외한 나머지 종들에 의한 물의 세기. 따라서 끓인 후에도 물에 남아 있는 세기에 해당한다.

영의 가설 (null hypothesis): 두 양이 서로 다르지 않거나, 혹은 구 방법이 서로 다른 결과를 주지 않는다는 통계학에서의 가정.

예비농축 (preconcentration): 미량의 시료를 분석하기 전에 먼저 농축시키는 과정.

예비산화 (preoxidation): 어떤 산화환원 반응에서 분석물질의 산화수를 더 높은 값으로 바꿔서 환원제와 적정할 수 있도록 하는 것.

예비환원 (prereduction): 산화제와 적정하기 전에 먼저 분석물질을 더 낮은 산화수로 바꾸는 과정.

오차 막대 (error bar): 어떠한 측정에서 불확정도를 그래프로 나타낸 것.

온도 프로그래밍 (temperature programmiog): 분리하는 중에 늦게 용리되는 화합물의 머무름 시간을 줄이기 위해 기체 크로마토그래피 칼럼의 온도를 올리는 기법.

온실 가스 (greenhouse gas): 대기의 구성 요소로 지면으로부터 방출되는 적외선을 흡수하고 일부를 다시 땅으로 방출시킨다. 이는 지구를 따뜻하게 유지시키는 역할을 한다.

옴 (ohm, Ω): 전기 저항의 SI 단위로, 회로의 저항이 1Ω이면 전위차가 1V일 때 1A의 전류가 흐른다.

와트 (watt, W): 1초 동안 1주울의 에너지가 이동하는 일률의 SI 단위. 1암페어의 전류가 1볼트의 전위차를 통해 흐를 때도 1와트임.

완충 용량 (buffer capacity, β): 완충 용액이 pH의 변화에 저항하는 능력의 척도. 완충 용량이 클수록 pH의 변화가 작다. 완충 용량의 정의는 $\beta = dC_b/dpH = -dC_a/dpH$이다. 여기서 C_a와 C_b는 pH를 1만큼 변화시키는 데 필요한 센산과 센염기의 몰수이다.

왕수 (aqua regia): 진한(39 wt%) 염산과 진한(70 wt%) 질산의 3 : 1

(부피비) 혼합액.

외삽 (extrapolation): 측정 데이터의 범위 밖에 있는 값의 어림잡기.

용기 (bomb): 고온 · 고압 반응을 일으키는 데 쓰이는 용기.

용리 (elution): 크로마토그래피의 칼럼을 액체나 기체가 지나가는 과정.

용리 서열 (elutropic series): 흡착 크로마토그래피에서 정지상으로부터 용질을 치환할 수 있는 세기의 순서에 따라 용매를 분리하는 것.

용리 세기 (eluent strength, $\varepsilon°$): 크로마토그래피의 정지상에 용매의 흡수 에너지의 척도. 용리 세기가 크면 클수록 용매는 칼럼에서 더 빨리 용리된다. 용매 세기라고도 함.

용리액 (eluent): 크로마토그래피의 칼럼의 시작 부분에 가하는 용매.

용매 (solvent): 용액의 다수 구성물.

용매 세기 (solvent strength): 용리 세기를 참조.

용매 포집 (solvent trapping): 칼럼 첫머리에서 용매가 그 끓는점 근처에서 응축되는 비분할 기체 크로마토그래피 주입법. 용질은 응축된 용매의 좁은 띠 범위에서 녹는다.

용매화 (solvation): 용질과 용매 분자의 상호작용. 보통 용매 분자는 용질 주위를 둘러싸 쌍극자나 van der Waals 힘에 의한 용액의 에너지를 감소시킨다.

용융 (fusion): 비용해성 물질이 Na_2CO_3, Na_2O_2 또는 KOH 같은 용융염에 용해되는 것. 한 번 물질이 용해되면 식힌 후 수용액에 녹여서 분석한다.

용질 (solute): 용액의 소수 구성물.

용출액 (eluate or effluent): 크로마토그래피의 칼럼 밖으로 나오는 것.

용해도곱 (solubility product, Ksp): 고체염이 녹아서 용액 내의 자신의 이온들과 이루는 평형 상수. 반응 $M_mN_n(s) \rightleftharpoons mM^{n+} + nN^{m-}$에서 K_{sp}는 다음과 같다. 여기서 A는 각 화학종의 활동도. $K_{sp} = [M^{n+}]^m[N^{m-}]^n$.

우연 오차 (random error): 물리적 측정의 기본적인 한계에 기인한 오차로서, 제거할 수 없는 오차. 불가측 오차라고도 한다.

원자량 (atomic mass): Avogadro 수만큼의 원자를 포함한 원소의 그램수.

원자 방출 분광법 (atomic emission spectroscopy): 불꽃이나 노 속에서 열에 의하여 들뜬 원자가 내는 빛으로 원자의 농도를 결정하는 방법.

원자화 (atomization): 높은 온도에서 화합물이 원자로 쪼개지는 과정.

원자 흡수 분광법 (atomic absorption spectroscopy): 불꽃이나 노 속의 기체 상태의 자유 원자에 의해 흡수되는 빛의 양으로 원자의 농도를 결정하는 방법.

유도체화 (derivatization): 특정 작용기를 분자에 붙여 쉽게 검출될 수 있게 하는 화학 처리. 달리 휘발성이나 용해도를 바꾸는 조작도 할 수 있다.

유리 전극 (glass electrode): 얇은 유리막으로 되어 있어서 pH에 따른 전압을 방해하는 전극. 전압 (즉, pH) 은 막 양쪽에 있는 기준 전극과 함께 측정된다.

유체역학 칩 (microfluidic chip): 랩온어칩(lab-on-a-chip)이라고도 하며, 화학적 분리, 분석 그리고 다루기를 위하여 채널, 밸브, 펌프와 같은 기능을 하는 유리, 플라스틱이나 다른 칩들로 되어 있다.

유화 (emulsion): 서로 섞이지 않는 액체들이 안정하게 분산되어 있는 상태로서, 격렬하게 흔듦으로써 만들어질 수 있다. 우유는 물 속에 크림의 유화이다. 유화는 보통 안정화를 위해 유화제 (계면활성제)를 요구한다. 유화제는 두 개의 상에 대한 친화력 (affinity) 을 가지며, 그 친화력으로 인해 두 상 사이의 계면 (interface) 을 안정화시킨다.

유효 숫자 (significant figure): 과학적인 표기법에서 어떤 양을 나타내는 데 필요한 최소한의 숫자. 실험 데이터에서 처음 나타나는 불확실한 숫자가 유효 숫자의 마지막 수이다.

유효 형성 상수 (effective formation constant): pH, 이온 세기나 보조 착화합물 농도와 같은 특정한 상황에서의 착물 형성에 대한 평형상수. 조건부 형성 상수라고도 한다.

융제 (flux): 용융시 매질로 사용되는 물질.

은-염화 은 전극 (silver-silver chloride electrode): AgCl로 피막을 입힌 은선을 AgCl과 (대체로) KCl로 포화된 용액에 담가 보편적으로 사용하는 기준 전극. 반쪽 반응은 $AgCl(s) + e^- \rightleftharpoons Ag(s) + Cl^-$이다.

은적정법 (argentometric titration): Ag^+ 이온을 사용하는 적정.

음이온 (anion): 음의 전하를 갖는 이온

음이온 교환체 (anion exchanger): 양전하를 띤 원자단이 지지체에 공유 결합된 이온 교환체. 이것은 가역적으로 음이온과 결합할 수 있다.

응집 (flocculate): 콜로이드와 같은 분산된 입자에서 서로 합쳐져 큰 입자로 되는 것.

이동 (migration): 전기장의 영향하에서 용액내 이온들의 정전기적으로 유도된 운동.

이동 기체 (carrier gas): 기체 크로마토그래피에서 이동상.

이동 시간 (migration time): 모세관 전기이동법에서 용매에 의해서 시료가 검출기에 도달하는 시간.

이동도 (mobility): 1 V/m의 전기장에서 이온의 최종 속도. 속도 = 이동도 × 장의 세기.

이동상 (mobile phase): 크로마토그래피에서 칼럼 내를 이동하는 상.

이론단 (theoretical plate): 용질이 정지상과 이동상 사이에서 평형을 이룰 수 있는 칼럼 내부의 한 부분에 해당하는 크로마토그래피에서의 가상적인 구조물이다. 칼럼에 대한 이론단의 수는 Gauss 띠모양에 의해 $N = t_r^2/\sigma^2$으로 나타낸다. 여기서 t_r은 한 봉우리의 머무름 시간, σ는 그 띠의 표준 편차이다.

이론단 해당 높이 (HETP, height equivalent to a theoretical plate): 크로마토그래피 칼럼 길이를 칼럼 내의 이론단 수로 나눈 값.

이상치 (outlier): 데이터 세트에서 다른 데이터들과 많이 다른 데이터.

이양성자 산과 염기 (diprotic acid and bases): 두 개의 양성자를 주거나 받을 수 있는 산과 염기.

이온 교환 크로마토그래피 (ion-exchange chromatography): 용질 이온이 정지상의 반대전하 이온과의 작용으로 분리되는 크로마토그래피.

이온 반지름 (ionic radius): 결정 내 이온의 유효 크기.

이온 분위기 (ionic atmosphere): 이온이나 전하를 띤 입자 주위에 있는 용액의 영역. 이곳은 반대 전하의 이온들로 구성되어 있다.

이온 선택성 전극 (ion-selective electrode): 전위가 용액 내 특정 이온의 농도에 비례하는 전극.

이온성 액체 (ionic liquid): 실온 근처 또는 실온보다 낮은 온도에서 녹는 염. 넓은 온도 범위에서 액체상으로 존재.

이온 세기 (ionic strength, μ): $\mu = \frac{1}{2}\sum_i c_i z_i^2$으로 주어진다. 여기서 ci는 용액내 I번째 이온의 농도이고, z_i는 그 이온의 전하이다. 활동도 계수를 계산할 이온을 포함한 용액 내의 모든 이온에 대하여 합한 값이다.

이온운반체 (ionophore): 이온을 감쌀 수 있도록 극성의 내부 구조와 소수성의 외부 구조를 가진 분자로써, 이온을 소수성의 상에 통과시킬 수 있다(세포막 같은 것).

이온 크로마토그래피 (ion chromatography): 이온 교환 크로마토그래피를 고성능화한 변형.

이온화 방해 (ionization interference): 원자 분광법에서 분석물질 원자의 이온화로 신호 세기가 줄어드는 것.

이온화 억제제 (ionization suppressor): 분석물질의 이온화를 줄이려고 원자 분광법에서 사용하는 원소.

이중층의 확산 부분 (diffuse part of the double layer): 전하를 띠는 표면의 전하에 끌리는 여분이 반대 이온이 있는 용액이 영역. 이 층의 두께는 0.3 ~ 10 nm이다.

이차 도함수 (second derivative): 곡선을 따라 각 점에 측정된 그 곡선의 기울기의 기울기, Δ(기울기)/Δx, 기울기가 최대 혹은 최소에 도달할 때, 이차도함수는 0이다.

이차 방정식 (quadratic equation): $ax^2 + bx + c = 0$의 형태로 나타낼 수 있는 식.

이합체 (dimer): 두 개의 같은 단위 구조로 이루어진 분자.

인광 (phosphorescence): 다른 스핀 다중도를 갖는 준위간의 전이에 의한 빛의 방출(삼중항 n 단일항).

인증 표준 물질 (certified reference material): 어떤 물질의 농도나 양이 알려져 있는 물질을 말하며, 미국 표준 기술 연구소에서 판매하고 있고, 표준 기준 물질(standard reference materials)이라고도 한다. 다른 실험에서 측정 과정을 시험하는 데 쓰인다.

일 (work): 물체를 한 지점에서 다른 지점으로 옮길 때 요구되거나 방출되는 에너지. 일의 단위는 주울이다(joule, J).

일률 (power): 단위 시간당 소비되는 에너지 (J/s).

일시 세기 (temporary hardness): 물속의 알칼리 토금속의 중탄산염에 의한 물의 세기 성분. 끓이면 탄산염들은 침전되므로 이 성분들은 일시적이다.

일양성자 산과 염기 (monoprotic acids and bases): 한 개의 양자를 주거나 혹은 받을 수 있는 물질.

일정전위기 (potentiostat): 전극쌍 사이에 일정한 전압을 유지시키는 전자장치.

일정 질량 (constant mass): 무게 분석법에서 생성물을 가열한 뒤 일정한 무게가 될 때까지 건조용기에서 식힌다. 일정 질량에 대한 표준 정의는 없으나, 일반적으로 ±0.3 mg 이내로 간주한다. 건조용기 내부에서 식히는 도중과 무게를 다는 도중에 무게를 중의 수분이 시료에 영향을 미치는 정도가 일정 질량의 한계가 된다.

일차 표준 물질 (primary standard): 저울로 무게를 잰 후 바로 사용할 수 있을 만큼 순수하고 안정된 시약. 전체 질량은 순수한 물질로 간주된다.

입자 성장 (particle growth): 결정에 붙어 있는 분자가 더 큰 결정을 만드는 과정.

ㅈ

자동적정기 (autotitrator): 적정시약을 가하면서 용액의 pH 혹은 전극 전위와 같은 특성을 모니터하는 장치. 이 장치는 자동으로 적정을 수행하고, 자동으로 종말점을 결정할 수 있다. 적정 데이터는 추가 해석을 위해 스프레드시트로 옮길 수 있다.

자료보관 (archiving): 나중에 참조를 위해 보관.

자발적 과정 (spontaneous process): 에너지적으로 유리한 과정. 반응이 일어나기는 하나 열적학적으로는 그 반응이 일어나는 데 얼마나 걸리는 지 알 수 없다.

자연 로그 (natural logarithm): $e^b = a$이면 a의 자연 로그(ln)는 b이다. 로그 참조.

자외선 검출기 (ultraviolet detector): 칼럼을 빠져나오는 용질의 자외선 흡광도를 재는 액체 크로마토그래피 검출기.

자유도 (degree of freedom): 통계학에서 어느 결과가 기초로 하는 독립 변수의 수.

자체양성자이전 (autoprotolysis): 같은 분자들 사이에서 서로 양성자를 주고받는 중성 용매의 반응. 예를 들면, $CH_3OH + CH_3OH \rightleftharpoons CH_3OH_2^+ + CH_3O^-$.

자체양성자이전 상수 (autoprotolysis constant): 자체 양성자 이전 반응에 대한 평형 상수.

자체이온화 (self-ionization): 자체양성자이전(autoprotolysis) 참조.

자체흡수 (self-absorption): 불꽃 방출 원자 분광법에서 불꽃의 차가운 외부에는 내부의 뜨거운 곳보다 더 낮은 농도의 들뜬 상태의 원자가 존재한다. 따라서 차가운 원자는 방출되는 빛을 흡수할 수 있어서 결과적으로 관찰되는 신호가 줄어들게 된다.

작업 전극 (working electrode): 전기량법이나 폴라로그래피에서 분석물질의 반응이 일어나는 전극.

잔류 전류 (residual current): 전기분해에서 분해전위 이전에 관측되는 전류.

잡음 (noise): 측정코자 했던 것이 아닌 다른 소스로부터의 신호.

재없는 거름 종이 (ashless filter paper): 강열 후에 찌꺼기를 거의 남기지 않도록 특별히 만든 종이. 이것은 무게 분석에 사용된다.

재작성 총 이온 크로마토그램 (reconstructed total ion chromatogram): 크로마토그래피에서 시간에 대한 모든 질량에서 검출된 모든 이온 세기(정한 컷오프 이상)의 합의 그래프.

재침전 (reprecipitation): 무게법에 의한 침전물을 다시 녹여 재침전시키면 불순물이 제거된다. 불순물의 농도는 낮으므로, 두 번째의 침전에서 동시 침전될 확률이 낮다.

적정 (titration): 반응이 완결될 때까지 한 물질(적정시약)을 다른 물질(분석 용액)에 넣는 과정. 반응이 완결되는 데 필요한 적정시약의 양은 분석 용액의 양을 알려주게 된다.

적정값 (titer): 시약 A 1 mL와 반응하는 시약 B의 mg로 정의되는 농도값. 예를 들어, 적정값이 $AgNO_3$ 1 mL당 1.28 mg의 NaCl인 용액을 생각해 보자. 반응은 $Ag^+ + Cl^- \rightarrow AgCl(s)$이다. NaCl 1.28 mg은 2.19×10^{-5} mol/mL = 0.021 9 M이 된다. 같은 $AgNO_3$ 용액이 KH_2PO_4로는 0.993 mg이 적정값이 된다. 이것은 3몰의 Ag^+가 1몰의 PO_4^{3-}와 반응(Ag_3PO_4가 됨)하기 때문이다. 0.993 mg의 KH_2PO_4는 $\frac{1}{3}(2.19 \times 10^{-5}$ mol)과 같다.

적정 곡선 (titration curve): 반응물(적정시약)이 다른 반응물(분석물질)에 첨가됨에 따라 반응물의 농도나 용액의 성질이 어떻게 변하는지를 보이는 그래프.

적정시약 (titrant): 적정에서 분석 용액에 넣는 물질.

적정 오차 (titration error): 관찰되는 종말점과 실제 반응의 당량점과의 차이.

전극 (electrode): 산화환원 반응에 관여된 전자를 화학종으로 이동시키는 데 필요한 장치.

전기량법 (coulometry): 완전히 전기분해하는데 필요한 쿨롱을 측정함으로써 분석물질의 양을 측정하는 방법.

전기분무 (electrospray): 액체 크로마토그래피와 질량 분석법을 연결시키는 방법. 칼럼 출구에서 액체에 높은 전위를 걸어주면 미세한 에어로솔 상태의 하전된 물방울이 생성된다. 칼럼 내 이동상에 존재하는 이온들로부터 기체 이온이 생성된다. 일반적으로 양성자화된 염기(BH^+), 이온화된 산(A^-), 그리고 분석물질 M(중성이거나 하전된)과 용액 중에 이미 존재하고 있는 NH_4^+, Na^+, HCO_2^- 혹은 $CH_3CO_2^-$와 같이 안정한 이온들 사이에 형성된 착화합물들이 관찰된다.

전기분해 (electrolysis): 전류의 흐름에 의해 일어나는 화학반응.

전기삼투 (electroosmosis): 전기장에 의해 유도되는 모세관 내 유체의 전체적인 흐름(bulk flow). 모세관 벽에 형성된 이중층의 확산 영역에 있는 움직이는 이온들이 "펌프" 역할을 한다.

전기용량 (capacitance): 대전된 두 표면에서 평행한 상태의 전기용량, 다른 두 표면 사이의 전위 차이로 인해 나누어지는 각각의 표면 전하.

전기이동 (electrophoresis): 전기장 내의 용액 내 이온의 이동. 양이온은 환원극으로, 음이온은 산화전극으로 움직인다.

전기이동그림 (electropherogram): 전기이동법에서 얻어지는 검출기 신호 대 시간의 그래프.

전기 이중층 (electric double layer): 전하를 띤 입자의 표면과 그 주위의 반대 전하를 띤 이온들로 구성된 영역.

전기 전위 (electric potential): 한 점에서의 전기 전위(볼트)는 1쿨롱의 양전하를 무한대에서 그 점까지 가져오는 데 필요한 에너지(주울)이다. 두 점 사이의 전위차는 1쿨롱의 양전하를 음의 지점에서 양의 지점으로 이동할 때 필요한 에너지이다.

전기화학 (electrochemistry): 분석 목적으로 화학계에 전기적 측정을 이용한다. 화학 반응을 진행시키기 위하여 전기를 사용하거나 전기를 생성하기 위해 화학 반응을 사용하는 것도 포함된다.

전기화학적 검출기 (electrochemical detector): 칼럼에서 빠져나온 전기화학적 활성인 용질을 기준 전극에 대해 일정한 전위가 걸린 작업 전극에 통과시켜 전류를 측정하는 액체 크로마토그래피 검출기. 전류법 검출기(amperometric detector)라고도 함.

전기활성 화학종 (electroactive species): 전극에서 산화나 환원될 수 있는 화학종.

전류 (current, I): 단위 시간 동안 회로에 흐르는 전하량.

전류계 (ammeter): 전류를 측정하기 위한 장치

전류법 (amperometry): 분석 목적으로 전류를 재는 방법.

전압계 (voltmeter): 전위 차이를 측정하기 위한 장치. 전위차계(potentiometer) 참조.

전압전류그림 (voltammogram): 전기화학 전지에서 전극 전위에 대한 전류의 그래프.

전압전류법 (voltammetry): 전기화학 반응에서 전류와 전압의 관계를 측정하는 분석법.

전위 (potential): 전기 전위 참조.

전위차 (potential difference): 전기 전위(electric potential) 참조.

전위차계 (potentiometer): 반대 부호의 알고 있는 전위로 균형을 이루도록 하여 전기 전위를 측정하는 장치. 전위차계는 전압계와 측정하는 양은 같으나 측정하는 회로에서 더 적은 전류를 이끌어낸다.

전위차법 (potentiometry): 전기 전위를 측정하는 분석법.

전이 범위 (transition range): 산-염기 지시약에 대해서는 그 색깔이 변하는 pH 범위. 산화환원 지시약에 대해서는 그 색깔이 변하는 전위 범위.

전자기 스펙트럼 (electromagnetic spectrum): 모든 전자기 복사의 스펙트럼(가시선, 고주파, X-선 등).

전자 이온화 (electron ionization): 질량분석계의 주입구에서 고에너지 전자와 기체간의 충돌로 기체분자의 이온을 생성하는 방법.

전자 저울 (electronic balance): 전자기적 서보모터(servomotor)를 접시의 부하와 균형을 맞추는 데 사용하는 저울. 부하의 질량은 균형에 필요한 전류와 비례한다.

전자 전이 (electronic transition): 전자가 한 에너지 준위에서 다른 준위로 이동하는 것.

전자 전하 (electric charge, q): 쿨롱의 단위를 갖는 전기의 양.

전자 증배관 (electron multiplier): 광전자 증폭관처럼 작동하는 이온 검출기. 양이온이 음극에 부딪힘으로써 전자를 방출한다. 연속으로 배열된 다이노드(dynode)를 거치면서 양극에 도달할 때 전자수는 10^5배 정도 증가된다.

전자 포착 검출기 (electron capture detector): 할로젠 원자, 나이트로기 등과 같이 전자 친화도가 높은 화합물에 선택적으로 예민한 기체 크로마토그램의 검출기. ^{63}Ni으로부터 β선에 의한 기체의 이온으

로 유리된 전자는 약하지만 일정한 전류를 생성한다. 전자 친화도가 높은 분석물질이 일부의 전자를 포착함으로써 검출기의 전류를 감소시킨다.

전체 산소 요구량(total oxygen demand): 자연수나 공장 폐수 중 촉매하 900°C에서 화학종들의 완전한 산화에 필요한 O_2량.

전체 시료(gross sample): 벌크 시료 참조.

전체 유기 탄소량(total organic carbon): 자연수나 공장 폐수 중 먼저 산성화시킨 후 탄산염, 중탄산염 등은 제거하여 촉매하 900°C에서 산소로 산화시켰을 때 발생하는 CO_2량.

전체 이온 크로마토그램(total ion chromatogram): 크로마토그래프에서 용리되는 이온 중에서, 특정 m/z 이상의 모든 이온들을 질량분석계가 검출할 때 얻어지는 검출기 감응 대 시간의 그래프.

전체 탄소량(total carbon): 자연수나 공장 폐수 중 촉매하 900°C에서 산소로 완전히 산화시켰을 때 발생하는 CO_2량.

전치칼럼(precolumn): 보호 칼럼 참조.

전하 균형(charge balance): 용액에서 모든 양전하의 합과 모든 음전하의 합의 크기는 같다.

전해무게 분석(electrogravimetric analysis): 전해 석출에 의해 석출된 질량으로부터 분석물질의 양을 알아내는 방법.

전해질(electrolyte): 용해될 때 이온을 생성하는 물질.

절대 불확정성(오차) (absolute uncertainty): 측정에서의 불확정성(오차)의 표현. 또한, 절대 오차란 측정값과 "참"값 사이의 차이를 말한다.

절편(intercept): 직선의 식 $y = mx + b$에서 b의 값. 이것은 $x = 0$일 때 y의 값이다.

점도(viscosity): 유체 내에서의 흐름에 대한 저항.

접촉 전위(junction potential): 다른 전해질 용액이나 물질 사이의 접촉에 존재하는 전기 전위. 이것은 각각 다른 이온들의 서로 다른 확산 속도에 기인한다.

정량 분석(quantitative analysis): 물질에 각 구성 성분이 얼마나 들어 있는지를 측정하는 과정.

정량의 최저 한계(lower limit of quantitation): 적당한 정밀도로 측정할 수 있는 분석 시료의 최소량. 대개 낮은 농도 시료의 표준 편차의 10배를 의미한다. 정량 한계라고도 한다.

정량적인 옮김(quantitative transfer): 한 용기로부터 다른 용기로 전체의 내용물을 이동하는 것.

정밀도(precision): 측정에 있어서 재현성의 척도.

정상 오차 곡선(normal error curve): Gauss 곡선 참조.

정상 크로마토그래피(normal phase chromatography): 극성의 정지상과 그보다 극성이 적은 이동상을 사용하는 크로마토그래피 분리법.

정성 분석(qualitative analysis): 물질을 구성하고 있는 성분이 무엇인지를 결정하는 과정.

정지상(stationary phase): 크로마토그래피에서 칼럼을 통해 움직이지 않는 상.

정확도(accuracy): 측정값이 값에 얼마나 가까운지를 나타내는 척도.

제조 크로마토그래피(preparative chromatography): 순수한 물질을 분리할 목적으로 많은 양의 시료를 처리하기 위한 크로마토그래피.

젤(gel): 부드럽고 유연한 Sephadex나 폴리아크릴아마이드와 같은 크로마토그래피의 정지상에 사용하는 입자.

젤 거르기 크로마토그래피(gel filtration chromatography): 분자 배제 크로마토그래피 참조.

젤 투과 크로마토그래피(gel permeation chromatography): 분자 배제 크로마토그래피 참조.

조건부 형성 상수(conditional formation constant): 유효 형성 상수를 참조.

조사도(irradiance): 전자기 복사선의 단위 면적당 힘(W/m^2). 복사 세기(radiant power) 또는 세기(intensity)라고도 한다.

조정된 머무름 시간(adjusted retention time, t_r'): 크로마토그래피에서 이것은 $t_r' = t_r - t_m$으로 주어진다. 여기서 t_r는 용질의 머무름 시간이고, t_m은 이동상이 칼럼을 통과하는 데 걸린 시간이다.

종말점(end point): 지시약 색깔, pH, 전도도 또는 흡광도 등과 같은 물리적 성질이 적정도중 급격히 변한 점. 당량점을 측정하는 데 사용된다.

주사기(syringe): 피스톤에 의해 액체를 흡입하는 장치. 액체는 피스톤을 밀 때 바늘을 통해 유출된다.

주울(joule, J): 에너지의 SI 단위. 1 N의 힘으로 1 m 움직일 때 1 주울이 소모된다. 이 에너지는 102 g(약 $\frac{1}{4}$파운드)를 1 m 들어올리는 데 필요한 에너지와 같다.

주위 온도(ambient temperature): 주변의 온도(예: 실내 온도)

준투과막(semipermeable membrane): 전부가 아니라 몇 종류만 통과시키는 물질의 얇은 막. 투과막은 작은 분자만 통과시킨다.

중간값(median): 일련의 데이터 중 중간값보다 큰 값과 작은 값의 데이터수는 같다.

중화(neutralization): 화학량론적으로 같은 당량의 산(또는 염기)을 염기(또는 산)에 가하는 과정.

증발 광산란 검출기(evaporative light-scattering detector): 미세한 용출액의 안개 방울을 생성한 다음, 가열 지역에서 안개 방울로부터 용매를 증발시키는 액체 크로마토그래피의 검출기. 달아 있는 액체 또는 고체 용질 입자들이 레이저 빛을 통과하여 흐르고, 이들의 빛을 산란하는 정도(능력)를 검출한다.

지시약(indicator): 화학 반응의 당량점에서 물리적 성질(대부분 색깔)이 급격히 변화하는 물질.

지시약 오차(indicator error): 적정에서 당량점과 지시약에 의한 종말점간의 차이.

지시 전극(indicator electrode): 전극과 접하는 한 화학종이나 그 이상의 화학종의 활동도에 비례하는 전위를 갖는 전극.

지지 전해질(supporting electrolyte): 전압전류법(폴라로그래피와 같은)에서 용액에 큰 농도로 넣어주는 비반응성 염. 지지 전해질이 대부분의 이온 이동 전류에 관여하므로 전기활성 물질에 의해 흐르는 이동 전류가 매우 낮은 수준으로 감소한다. 전해질은 또한 용액의 저항을 줄여준다.

지표(mantissa): 로그값 중 소수점 오른쪽의 부분.

직렬식 질량 분석법(tandem mass spectrometry): 선택 반응 측정을 참조.

직접아이오딘적정법(iodimetry): 적정시약으로 I_3^- (또는 아이오딘)를 사용하는 적정법.

직접 적정(direct titration): 분석물질을 적정시약으로 적정하며, 반응을 완결하는 데 필요한 부피를 측정한다.

진동수(frequency): 파동의 매초당 발진수.

진동 전이(vibrational transition): 분자의 진동 에너지가 바뀔 때 일어난다.

질량 균형(mass balance): 어떤 원소의 총 몰수는 용액 내에서 그 원자가 갖는 모든 형태의 몰수의 합과 같다.

질량 대 전하 비(mass-to-charge ratio, m/z): 달톤 단위의 이온 질량을 그 이온의 전하로 나눈 값. 예를 들어 $23Na^+$ 경우 $m/z = 23/1 = 23$.

질량 분석계(mass spectrometer), 질량 분석법(mass spectrometry): 기체상의 분자를 이온으로 변화시킨 후, 전기장에서 이온들을 가속시켜 이들을 질량 대 전하 비(mass-to-charge)에 따라 분리하고 각 이온의 양을 검출하는 기기.

질량 분석법(mass spectrometry): 기체상의 분자를 이온으로 변화시킨 후, 전기장에서 이온들을 가속시켜 이들을 질량에 따라 분리하는 방법.

질량 스펙트럼(mass spectrum): 질량 분석법에서 이온의 질량 대 전하 비의 함수로 표시된 각 이온의 상대적인 존재비를 나타낸 그래프.

질량 작용의 법칙(law of mass action): 화학 반응 $aA + bB \rightleftharpoons cC + dD$에서 평형 상수는 $K = \mathcal{A}_C^c\mathcal{A}_D^d/\mathcal{A}_A^a\mathcal{A}_B^b$이다 여기서 $\mathcal{A}_i$는 i번째 화학종의 활동도이다. 이 법칙은 보통 활동도 대신 농도로 바꾼 근사식으로 쓰인다.

질량 적정(mass titration): 적정시약의 질량(부피가 아닌)으로 측정되는 적정.

질소 법칙(nitrogen rule): C, H, 할로젠, O, S, Si, P에 더하여 홀수의 질소를 가진 화합물은 홀수의 명목 질량을 갖는다. 짝수개의 질소를 갖는 화합물은 짝수의 명목 질량을 갖는다.

질소-인 검출기(nitrogen-phosphorous detector): 염기성 불꽃이온 검출기(alkali flame detector) 참조.

짝산-짝염기 쌍(conjugate acid-base pair): 한 개의 양성자가 붙거나 떨어져 있는 차이만 있는 산과 염기.

짝지어진 평형(coupled equilibria): 한 반응의 생성물이 다른 반응에서의 반응물이 되는 가역적인 화학 반응.

쯔비터 이온(zwitterion): 한쪽은 양전하, 다른 쪽은 음전하를 띠는 분자.

ㅊ

착물화법 적정(complexometric titration): 분석물질과 적정시약 사이의 착물 형성을 이용한 적정.

착이온(complex ion): 따로따로 그 자체로도 안정한 둘 이상의 이온이나 분자로 이루어진 이온의 역사적인 이름. 예를 들면, $CuCl_3^-$는 $Cu^+ + 3Cl^-$로 이루어져 있다.

처리한 데이터(treated data): 교정 곡선 또는 다른 교정 방법으로 원래 데이터로부터 구한 분석물질의 농도나 양.

천칭용 종이(weighing paper): 저울에서 고체의 무게를 잴 때 쓰인다. 표면이 매우 부드러워 쉽게 용기로 옮겨질 수 있다.

첨가생성물(adduct): Lewis 염기가 Lewis 산과 결합할 때의 생성물.

체질(sieving): 전기이동에서 중합체 젤을 통해 이동함으로써 거대분자의 분리. 가장 작은 분자는 가장 빨리 움직인다.

초(second, s): ^{133}Cs 바닥 상태의 두 초미세 준위간의 전이에 해당하는 빛의 9 192 631 770 주기의 기간.

초고성능 액체 크로마토그래피(ultra-performance liquid chromatography, UPLC): 1.5에서 2 μm 범위의 고정상 입자를 갖는 액체 크로마토그래피.

촉매(cayalyst): 화학 반응의 속도를 증가시키는 물질.

총괄 형성 상수(overall formation constant, β_n): 누적 형성 상수(cumulative formation constant) 참조.

최소 제곱(least square): 측정한 점으로부터 곡선까지 거리의 제곱의 합을 최소화함으로써 그 한 세트의 점에 수학적 함수를 맞추는 과정.

최소 제곱법(method of least squares): 한 세트의 측정값에 수학적 함수를 맞추는 과정으로써, 측정값과 곡선 사이의 거리의 제곱의 합을 최소화한다.

최저 검출 한계(lower limit of detection): 검출 한계(detection limit) 참조.

추출(extraction): 용질을 어떤 한 상으로부터 다른 상으로 이동시키는 과정. 때로는 분석물질을 가용성 용매로 추출함으로써 용매로부터 제거한다.

충돌 용기(collision cell): 직렬식 질량 분광계(tandem mass spectrometer)의 중간 단계. 첫 단계에서 선택된 이온이 기체 분자와의 충돌에 의해 분해된다.

충돌 활성화 해리(collisionally activated dissociation): 질량 분석계 내에서 기체 분자와의 고에너지 충돌에 의한 이온의 해리. 대기압 화학 이온화 혹은 전자분무 방식의 연결장치에서는 원뿔(cone)의 전압을 변화시킴으로써 질량 거르개(mass filter) 입구에서의 질량 충돌 활성화 해리를 촉진시킬 수 있다.

충전 전류(charging current): 전극-용액 경계에서 전기 이중층의 충전 또는 방전에 의해 생기는 전류.

충전 칼럼(packed column): 정지상 입자들로 채워진 크로마토그래피 칼럼.

충적(stacking): 전기이동에서 전기장에 의해 묽은 전해질이 가는 띠로 농축되는 것. 묽은 전해질에서 전기장은 더 진한 전해질에서보다 더 강하다.

치환 적정(displacement titration): Mg^{2+}로 치환하기 위해 과량의

$MgEDTA^{2-}$로 분석물질을 처리하는 EDTA 적정 절차. 즉, $M^{n+} + MgEDTA^{2-} \rightleftharpoons MEDTA^{n-4} + Mg^{2+}$이다. 분리된 Mg^{2+}를 EDTA로 적정한다. 이것은 M^{n+}의 직접 적정에 적합한 지시약이 없을 때 유용하다.

친수성 물질(hydrophilic substance): 물에 녹거나 그 표면에서 물을 끌어당기는 물질.

친화 크로마토그래피(affinity chromatography): 용질이 정지상에 공유 결합된 분자와 특정한 상호작용에 의해 칼럼에 머무르는 것을 이용한 방법.

침전(precipitation): 어떤 물질이 용액으로부터 빠르게 미세 결정성이나 비결정성 물질을 형성하는 것.

침전 적정(precipitation titration): 분석물질이 적정시약과 침전으로 되는 적정.

침전제(precipitant): 용액에서 어떤 화학종을 침전시키는 물질.

ㅋ

카복실산(carboxylic acid): 일반적 구조 RCO_2H를 가진 분자. 여기서 R은 원자단이다.

카복실산 음이온(carboxylate anion): 카복실산의 짝염기(RCO_2^-).

카이랄 분자(chiral molecule): 어떠한 공간 배치에서도 그것의 거울상과 겹쳐지지 않는 분자. 광학 활성 분자(optically active molecule)라고도 하는 카이랄 분자는 빛의 평광면을 회전시킨다.

칼럼내 주입(on-column injection): 주입구에서 과다한 가열 없이 열에 약한 시료를 칼럼에 직접 투입하는 기체 크로마토그래피의 한 방법. 용질은 칼럼 입구에서 낮은 온도로 인해 응축되었다가 점점 온도가 올라가면서 크로마토그래피가 시작된다.

칼로멜 전극(calomel electrode): 반쪽 반응 $Hg_2Cl_2(s) + 2e^- \rightleftharpoons 2Hg(l) + 2Cl^-$에 기초한 보편적 기준 전극. 포화 칼로멜 전극(saturated calomel electrode) 참조.

켈빈(kelvin, K): 삼중점(물, 얼음, 수증기가 평형인 점)에서 물의 온도가 273.16 K이고, 절대 영도를 0 K로 정의한 온도의 절대 단위.

콜로이드(colloid): 1 ~ 500 nm 범위의 지름을 갖는 녹은 입자. 이것은 하나의 분자로 보기에는 너무 크고, 침전물로 보기에는 너무 작다.

쿨롱(coulomb, C): 1암페어의 전류가 흐를 때 회로내 한 점에서 흐르는 단위 시간당의 전하량. 1몰의 전자는 96 485.309쿨롱이다.

큐벳(cuvet): 분광광도학적 측정에 사용되는 셀.

크기 배제 크로마토그래피(size exclusion chromatography): 분자배제 크로마토그래피 참조.

크로마토그래프(chromatograph): 크로마토그래피 수행을 위해 사용되는 기계장치.

크로마토그래피(chromatography): 정지상에 대한 친화도의 차이로 이동상 내의 분자들을 분리하는 기법.

크로마토그램(chromatogram): 용리 시간이나 부피의 함수로 칼럼을 통해 나오는 용질의 농도를 표시한 그래프.

킬레이트 리간드(chelating ligand): 하나 이상의 원자가 금속과 결합하는 리간드.

킬레이트 효과(chelate effect): 한 개의 여러자리 리간드(multidentate ligand)가 같은 리간드 원자를 가지는 여러 개의 한자리 리간드보다 더 안정한 금속 착물을 형성하는 현상.

킬로그램(kilogram, kg): 프랑스의 Sèvres에 위치한 Intenational Bureau of WeightsandMeasures에 있는 특수한 Pt-Ir 실린더의 질량.

ㅌ

탄화(charring): 무게 분석에서 처음에 침전물(과 거름종이)은 천천히 가열된다. 그러면 중간 온도에서 거름종이는 붉은 빛을 내지 않고 타서 없어진다. 마침내 침전물은 높은 온도에서 강열되어 분석 형태로 바뀐다.

탈염수(deionized water): 양이온 교환체(H^+ 형태)와 음이온 교환체(OH^- 형태)를 거쳐서 용액 내의 이온을 제거시킨 물.

투과 사중극자 질량 분석기(transmission quadrupole mass spectrometer): 직류와 교류전장을 가하는 네 금속 실린더 사이로 이온을 지나가게 함으로써 분리하는 질량 분석계. 질량 대 전하의 비가 맞는 공명 이온은 지나가지만, 그렇지 않은 것은 실린더로 휘어지고 만다.

투광도(transmittance, T): P_0를 시료의 한쪽 면에 쪼이는 빛의 복사 세기라 하고, P를 시료의 다른 쪽면으로 나오는 빛의 복사 세기라 할 때, $T = P/P_0$로 정의된다.

투석(dialysis): 반투막 양쪽에 있는 용액에서 작은 분자는 상호 이동이 가능하나 큰 분자는 그렇지 못하게 하는 방법. 양쪽 용액의 작은 분자는 확산하여 서로 평형을 이루게 되며, 큰 분자는 원래 용액 안에 그대로 있게 된다.

특이성(specificity): 시료 내의 분석물질을 다른 화학종과 구별하는 분석법의 능력. 선택성(selectivity)이라고도 한다.

틈새 부피(void volume, V_0): 분자 배제 크로마토그래피 칼럼 내 고정상 외부의 이동상 부피. 이동상의 총 부피는 틈새부피에 고정상 내부의 이동상의 부피를 더한 것이다.

ㅍ

파수(wavenumber, $\tilde{\nu}$): 파장 1의 역수.

파스칼(pascal, Pa): 1 N/m에 해당하는 압력 단위. 1기압은 101 325 Pa이다.

파장(wavelength, l): 파형의 봉우리에서 봉우리까지의 거리.

패러데이 상수(Faraday constant, F): 기본전하 1 mol이 갖는 전하로 약 9.6585 × 104 C/mol 의 값.

퍼지(purge): 유체(대개 기체)가 물체나 작은 방을 강제로 통하게 하여 씻어냄으로써 물체로부터 무엇을 추출하거나 작은방의 유체를 씻어내는 유체로 치환한다.

퍼지 및 포착(purge and trap): 기체를 통과시켜 용액으로부터 휘발성 물질을 쫓아내고 점차 강한 흡착제를 채운 칼럼에 가두는 기법. 가둔 물질을 분석하려면 그 칼럼을 기체 크로마토그래피에 연결하고, 빨리 가열하고, 반응성 없는 기체를 흘린다.

퍼짐(spread): 범위 참조.

평가(assessment): 품질 관리에서 (1) 분석 절차가 규정된 범위 내에서 수행되는지를 보여주기 위한 데이터를 수집하고, (2) 최종 결과가 사용 목적을 만족시키는지를 증명하는 과정.

평균(average): 여러 값의 합을 개수로 나눈 것.

평균(mean): 모든 결과들의 평균

평균 표준 편차(standard deviation of the mean): 표본의 측정횟수의 제곱근으로 나눈 표본의 표준 편차.

평행광(collimated light): 모든 파가 평행한 경로를 따라 진행하는 빛.

평행화(collimation): 광선이 서로 평행하게 진행하게 하는 과정.

평형(equilibrium): 모든 반응의 정반응과 역반응 속도가 같아지는 상태. 따라서 모든 화학종의 농도는 일정해진다.

평형 상수(equilibrium constant, K): 화학 반응 $a\mathrm{A} + b\mathrm{B} \rightleftharpoons c\mathrm{C} + d\mathrm{D}$에서 $K = \mathcal{A}_\mathrm{C}^c\mathcal{A}_\mathrm{D}^d/\mathcal{A}_\mathrm{A}^a\mathcal{A}_\mathrm{B}^b$이다. 여기서 $\mathcal{A}_i$는 i번째 화학종의 활동도이다.

평형의 체계적 처리(systematic treatment of equilibrium): 전하 균형, 질량 균형, 평형 등을 이용해 계의 조성을 알아내는 방법.

포말 농도(formal concentration, F): 용해시 화학 조성을 바꾸지 않는다고 가정했을 때의 몰농도를 말하며, 이것은 1L의 용액에 녹는 물질의 몰수에 해당한다. 용질이 녹았을 때 어떤 반응이 일어났는가에는 무관하다. 분석 농도(analytical concentration) 또는 포말 농도(formality)라고도 한다.

포말농도(formality, F): 포말 농도(formal concentration) 참조.

포말 전위(formal potential): 반응물과 생성물의 포말 농도가 1일 때 반쪽 반응의 전위(표준 수소 전극에 대한). 다른 조건(pH, 이온 세기, 리간드 농도 등)도 정해주어야 한다.

포함물(inclusion): 결정 격자 내부에 불규칙하게 있는 불순물.

포화 용액(saturated solution): 평형에서 녹을 수 있는 화합물의 최대량이 녹아 있는 것.

포화 칼로멜 전극(saturated calomel electrode, S.C.E.): KCl로 포화된 칼로멜 전극. 전극 반쪽 반응은 $\mathrm{Hg_2Cl_2}(s) + 2\mathrm{e}^- \rightleftharpoons 2\mathrm{Hg}(l) + 2\mathrm{Cl}^-$이다.

폴라로그래프(polarograph): 폴라로그램을 얻고, 기록하는 장치.

폴라로그래피(polarography): 전기분해 전지에서의 흐르는 전류를 인가한 전위의 함수로 측정하는 방법.

폴라로그래피파(polarographic wave): 폴라로그래피에서 산화환원 반응하는 동안 S자 모양의 전류 증가.

폴라로그램(polarogram): 폴라로그래피 실험에서 전류와 전위 사이의 관계를 그린 그래프.

표면 다공성 입자(superficially porous particle): 얇은 다공성 바깥층과 밀집 비다공성 내부를 가진 액체 크로마토그래피용 정지상 입자. 물질 이동은 같은 반지름을 갖는 전부 다공성인 입자보다 표면 다공성 입자에서 더 빠르다.

표준 곡선(standard curve): 기지 분석 시료의 양에 대한 분석법의 감응을 나타낸 그래프. 교정 곡선이라고도 한다.

표준 기준 물질(Standard Reference Materials): 인증 표준 물질(certified reference material) 참조.

표준물 첨가(standard addition): 미지 시료에 의한 분석 신호를 먼저 측정한 다음, 알고 있는 양의 시료를 더한 뒤 증가한 신호를 알아낸다. 선형으로 감응한다면 미지 시료의 양을 알 수 있다.

표준 상태(standard state): 평형 상수를 쓸 때 용질의 표준 상태는 1 M이고, 기체의 표준 상태는 1 atm이다. 순수한 고체와 액체는 표준 상태로 한다.

표준 수소 전극(standard hydrogen electrode, S.H.E.) 또는 노말 수소 전극(normal hydrogen electrode, N.H.E.): Pt 촉매 표면에서 $\mathrm{H_2}$ 기체와 $\mathrm{H^+}$가 접하고 있는 것. $\mathrm{H_2}$와 $\mathrm{H^+}$의 활동도는 가정적인 표준 전극에서 각기 1이다. 전지 반응은 $\mathrm{H^+} + \mathrm{e^-} \rightleftharpoons \frac{1}{2}\mathrm{H_2}(g)$이다.

표준 용액(standard solution): 순도가 알려진 물질로된 구성 성분이 알려진 용액.

표준 편차(standard deviation): 측정값들이 얼마나 가까이 평균값 근처에 모여있는지를 측정하기 위한 척도. 일정한 수의 데이터에 대해, 표준 편차 s는 다음 식에 의해 결정된다.

$$s = \sqrt{\frac{\sum_i (x_i - \bar{x})^2}{n-1}} = \sqrt{\frac{\sum_i (x_i)^2}{n-1} - \frac{\sum_i x_i^2}{n(n-1)}}$$

여기에서 n은 측정값의 수, x_i는 각 측정값, $\bar{x}$는 평균값이다. 측정값이 많으면 s는 그 집단의 참 표준 편차인 σ에 접근하고, $\bar{x}$는 참평균값인 μ에 접근한다.

표준화(standardization, 표정, 농도 결정): 한 물질의 농도를, 농도를 알고 있는 다른 물질과의 반응을 이용해 알아내는 방법.

표준 환원 전위(standard reduction potential, E0): 원하는 반쪽 반응(모든 화학종의 활동도 1)이 있는 가상적인 전지를 표준 수소 전극을 연결했을 때 측정되는 전압.

풀림(peptization): 어떤 이온성 침전물을 증류수로 씻을 때 각 입자의 전하가 중화되는 경우가 발생하는데, 입자는 다시 분리되어 세척액과 함께 거르개를 통과하여 빠져나간다.

품질 관리(quality control): 화학 분석에서 요구되는 정확도와 정밀도를 보장하기 위해 취해지는 조처.

품질 관리 시료(quality control sample): 성능 시험 시료 참조.

품질 보증(quality assurance): 분석 데이터의 신뢰성을 보여주는 절차.

퓨가시티(fugacity): 기체의 활동도. 기체의 활동도 계수는 퓨가시티 계수라고 한다.

프리즘(prism): 투명하고 삼각형의 고체 기둥. 프리즘을 통과하는 빛의 각 파장은 서로 다른 각도로 구부러진다. 따라서 빛은 프리즘에 의하여 성분 파장으로 분리된다.

플라스마(plasma): 매우 뜨거워서 중성분자 뿐만 아니라 자유이온과 전자들을 함유하는 기체.

피펫(pipet): 일정한 양의 액체를 따르는 데 사용되는 눈금이 있는 유리관.

ㅎ

하이드로늄 이온 (hydronium ion, H_3O^+): $H^+(aq)$ 의 실제 형태.

하전 에어로솔 검출기 (charged aerosol detector): 예민하면서도 거의 모든 시료에 사용이 가능한 액체 크로마토그래피용 검출기. 크로마토그래피 용출액으로부터 용매를 증발시켜 비휘발성 용질의 미세한 입자 에어로솔을 남긴다. 에어로솔 입자들은 N^{2+} 이온의 흡착에 의해 하전되며, 시간에 따라 검출기에 도착하는 전체 전하를 측정하는 수집기로 흘러간다.

한자리 리간드 (monodentate ligand): 금속 이온과 한 원자를 통하여 결합하는 리간드.

항원 (antigen): 조직에 대해 낯선 분자. 항체를 만들게 한다.

항체 (antibody): 파괴를 목적으로 낯선 분자를 떼어놓거나 표시하기 위해 조직이 만드는 단백질.

해리 분율 (fraction of dissociation, a): 산 (HA) 의 해리에 있어서 A^- 의 형태를 갖는 산의 비율.

해방제 (releasing agent): 원자 분광법에서 화학 방해를 없애는 물질.

핵심 생성 (nucleation): 용액 내의 분자가 무질서하게 합쳐져서 작은 응집체를 만드는 것.

허용오차 (tolerance): 제조업자가 제공한, 뷰렛이나 부피 플라스크와 같은 기구의 정확도에 있어서의 불확정성 (uncertainty). ±0.08 mL의 허용 오차를 가지는 100 mL 플라스크는 허용오차 내에서 99.92 ~ 100.08 mL 범위의 부피를 가질 것이다.

헤르츠 (hertz, Hz): 진동수 (주파수) 의 SI 단위, s^{-1}.

현장 바탕 (field blank): 시료 수집 장소의 환경에 노출시킨 후, 현장과 실험실 사이를 다른 시료와 동일한 방법으로 운송된 바탕 시료.

형광 (fluorescence): 분자가 광자를 흡수한 뒤 곧 (10^{-8} ~ 10^{-4} s) 광양자를 방출하는 과정. 이것은 같은 스핀 다중도를 갖고 있는 상태 사이의 전이에서 기인한다.

형광 검출기 (fluorescence detector): 칼럼으로부터 빠져나오는 용출액에 강한 빛 혹은 레이저를 쪼여준 후, 형광성 물질이 방출하는 빛을 검출하는 액체 크로마토그래피용 검출기.

형성 상수 (formation constant, K_f) 또는 안정도 상수 (stability constant): 금속-리간드 착물을 형성하는 금속과 리간드 사이의 반응에 대한 평형 상수.

혼합 전극 (compound electrode): 재래식 전극과 그를 둘러싼 관심 있는 분석물질만을 통과시키는 벽으로 이루어진 이온 선택성 전극. 또는 벽부분은 일부의 분석물질을 내부 전극이 검출할 수 있는 다른 물질로 바꿀 수도 있다.

화학량론 (stoichiometry): 화학 반응에 관여하는 물질의 비율.

화학발광 (chemiluminescence): 화학 반응에 의해 얻어지는 들뜬 상태의 생성물에 의한 발광.

화학식량 (formula mass, FM): 어떤 물질의 화학식 1몰에 해당하는 질량. 예를 들어, $CuSO_4 \cdot 5H_2O$의 화학식량은 구리, 황산이온, 그리고 다섯 개의 물 분자 질량의 합이다.

화학석 방해 (chemical interference): 원자 분광법에서 원자화 반응의 효율을 감소시키는 화학 반응.

화학적 산소 요구량 (chemical oxygen demand, COD): 자연수나 공장 폐수 시료를 Ag^+ 촉매를 넣은 황산 용액 및 표준 K2Cr2O7 용액과 함께 환류시켰을 때 소모되는 K2Cr2O7에 해당하는 O2의 당량. K2Cr2O7 1 mol은 6e- (Cr6+ → Cr3+)를 소모하는데, 이것은 O2(O → O2-) 1.5 mol에 해당한다.

화학적 이온화 (chemical ionization): 질량 분석법에서 분석물질 분자 (M) 의 과도한 분해 없이 이온을 생성시키는 온화한 방법. CH_4와 같은 기체에 전자충격을 가하여 CH_5^+를 만들고, CH_5^+는 M에 H^+를 전달하여 MH^+를 만든다.

화학종 (species): 관심 대상인 어떤 원소, 화합물, 또는 이온. 한 개이거나 여러 개에 대해 같이 화학종이라고 말한다.

확산 (diffusion): 액체나 기체에서(또는 고체에서 매우 천천히) 일어나는 분자의 무작정 운동.

확산 전류 (diffusion current): 폴라로그래피에서 반응의 속도가 분석물질의 전극 표면으로의 확산 속도로 지배받을 때 관찰되는 전류. 한계 전류도 참조.

확인 (validation): '방법 확인' 참조.

확장된 Debye-Hückel 식 (extended Debye-Hückel equation): Debye-Hückel 식 참조.

환원 (reduction): 전자를 받거나 산화 상태가 줄어드는 것.

환원전극 (cathode): 환원이 일어나는 전극. 이 전극은 전기영동법에서 음극이다.

환원제 (reducing agent): 화학 반응에서 전자를 내놓는 물질.

환원제 (reductant): 환원제 참조.

활동도 (activity, $\mathcal{A}$): 열역학적으로 정확한 평형 표현에서 농도를 대신하는 값. X의 활동도는 $\mathcal{A}_X = [X]\gamma_X$로 주어진다. 여기서 γ_X는 활동도 계수, [X]는 농도이다.

활동도 계수 (activity coefficient, γ): 활동도를 구하기 위해 농도에 곱하는 수.

황 화학발광 검출기 (sulfur chemiluminescence detector): 황 원소를 검출하는 기체 크로마토그래피 검출기. 불꽃이온 검출기에서 나오는 배기에 오존을 섞어 빛을 내는 들뜬 SO_2를 생성하는데 그 빛을 검출한다.

회전 전이 (rotational transition): 분자의 회전 에너지가 변할 때 발생.

회절 (diffraction): 전자기파가 그 파장과 비슷한 간격의 슬릿을 통과할 때 발생한다. 주변의 슬릿과의 간섭으로 각 파장마다 다른 각도의 값을 주는 복사 스펙트럼을 얻게 된다.

회절발 (grating): 촘촘히 선이 그어진 면으로, 반사나 투과할 수 있는 면. 빛을 파장에 따라 퍼뜨리는 데 사용된다.

회합 (gathering): 용액의 미량 성분을 주성분과 함께 공침시키는 과정.

회합비 (fraction of association, a): 염기 (B) 와 H_2O의 반응에 있어서 BH^+ 형태를 갖는 염기의 비율.

횡축 (abscissa): 그래프의 수평 (x) 축.

효소 (enzyme): 화학 반응을 촉진하는 단백질.

효소-결합면역측정법 (enzyme-linked immunosorbent assay,

ELISA): 항체에 부착된 효소를 통한 생화학 분석법. 분석 물질에 항체를 결합시키고, 결합되지 않은 항체를 제거한 뒤 시약을 추가하면 효소에 의해 분석물질이 변화되어(색을 띠거나 또는 형광체) 검출된다. 검출되는 양은 분석물질의 양에 따라 비례한다.

후침전 (postprecipitation): 침전이 끝난 후 용해되어 있는 불순물이 침전 표면에 흡착되는 것.

휘발성 (volatile): 쉽게 증발하는 것.

흑연노 (graphite furnace): 속이 빈 흑연봉을 전기적으로 2 500 K 까지 가열하여 시료를 분해하고 원자화시킴으로써 원자 분광법에 이용하는 장치.

흡광도 (absorbance, A): 또는 광학 밀도 (optical density, OD): $A = \log(P_0/P)$ 로 정의된다. 여기서 P_0는 시료의 한쪽 면에 쪼여주는 복사 세기이고, P는 다른쪽 면으로 나오는 복사선의 세기이다.

흡수 (absorption): 한 물질이 다른 물질 내부로 들어갈 때 일어난다. 흡착 참조.

흡수 스펙트럼 (absorption spectrum): 파장, 주파수 또는 파수에 대한 흡광도 또는 투광도의 그래프.

흡습성 물질 (hygroscopic substance): 주위로부터 쉽게 물을 흡수하는 물질.

흡착 (adsorption): 한 물질이 다른 것의 표면에 붙을 때 일어난다. 흡수를 참조.

흡착 지시약 (adsorption indicator): 침전 적정에서 사용된다. 이것은 침전물에 달라붙어 있다가 당량점에서 침전물 표면의 전하의 부호가 바뀌면 색을 바꾼다.

흡착 크로마토그래피 (adsorption chromatography): 용질이 이동상과 정지상의 흡착 자리 사이에서 평형을 이루는 것을 이용한 방법.

자습문제에 대한 해답

0장

0-A. **(a)** 불균일 물질은 부분에 따라 다른 조성을 가진다. 균일 물질은 모든 부분에서 동일한 조성을 가진다.

(b) 무작위 불균일 물질의 조성은 이리저리 바뀌는데 그 변화에는 일정한 패턴이 없으며 예측이 불가능하다. 격리된 불균일 물질은 뚜렷이 다른 조성을 가지는 상대적으로 큰 영역을 가진다.

(c) 무작위 시료는 로트(lot)로부터 무작위로 취함으로써 얻어진다. 즉, 어디에서 취하는가에 대한 일정한 패턴이 없어야 한다. 이를 위해 우선 로트를 가상의 여러 개의 영역으로 나눈 후 각 영역에 번호를 부여한다. 그 다음에 컴퓨터나 계산기를 이용하여 임의의 수를 생성시킨다. 생성된 번호에 해당하는 영역으로부터 시료를 취하면 된다. 혼합 시료는 선택한 영역으로부터 얻은 로트의 일부분을 의도적으로 미리 결정하여 취함으로써 선택한다. 무작위 시료 채취는 무작위 불균일 로트의 경우 적합하다. 혼합 시료채취는 로트가 서로 다른 조성을 가지는 몇 개의 영역으로 격리되어 있을 때 적당하다.

1장

1-A. **(a)** 표 1-3 참조.

(b) $8 \times 10^{-7}\ \cancel{\text{L}}\ O_3 \times \left(\dfrac{1\ \text{nL}}{10^{-9}\ \cancel{\text{L}}}\right)$
$= 800\ \text{nL}\ O_3$ 공기 $(800\ \text{nL}\ O_3/\text{L})$

$8 \times 10^{-7}\ \cancel{\text{L}}\ O_3 \times \left(\dfrac{1\ \mu\text{L}}{10^{-6}\ \cancel{\text{L}}}\right)$
$= 0.8\ \mu\text{L}\ O_3$ 공기 $(0.8\ \mu\text{L}\ O_3/\text{L})$

1-B. **(a)** 사무실 근무자: $2.2 \times 10^6 \dfrac{\cancel{\text{cal}}}{\text{일}} \times 4.184 \dfrac{\text{J}}{\cancel{\text{cal}}}$
$= 9.2 \times 10^6$ J/일

등산가: $3.4 \times 10^6 \dfrac{\cancel{\text{cal}}}{\text{일}} \times 4.184 \dfrac{\text{J}}{\cancel{\text{cal}}}$
$= 14.2 \times 10^6$ J/일

(b) $60 \dfrac{\text{s}}{\cancel{\text{min}}} \times 60 \dfrac{\cancel{\text{min}}}{\cancel{\text{h}}} \times 24 \dfrac{\cancel{\text{h}}}{\text{일}} = 8.64 \times 10^4$ s/일

(c) $\dfrac{9.2 \times 10^6\ \dfrac{\text{J}}{\text{일}}}{8.64 \times 10^4\ \dfrac{\text{s}}{\text{일}}} = 1.1 \times 10^2$ W,

$\dfrac{14.2 \times 10^6\ \dfrac{\text{J}}{\text{일}}}{8.64 \times 10^4\ \dfrac{\text{s}}{\text{일}}} = 1.6 \times 10^2$ W

(d) 사무실 근무자는 백열전구보다 더 많은 힘을 소비한다.

1-C. **(a)** $\left(1.67 \dfrac{\text{g 용액}}{\cancel{\text{mL}}}\right)\left(1\,000 \dfrac{\cancel{\text{mL}}}{\text{L}}\right) = 1\,670 \dfrac{\text{g 용액}}{\text{L}}$

(b) $\left(0.705 \dfrac{\text{g } HClO_4}{\cancel{\text{g 용액}}}\right)\left(1\,670 \dfrac{\cancel{\text{g 용액}}}{\text{L}}\right)$
$= 1.18 \times 10^3 \dfrac{\text{g } HClO_4}{\text{L}}$

(c) $\left(1.18 \times 10^3 \dfrac{\text{g}}{\text{L}}\right) \Big/ \left(100.458 \dfrac{\text{g}}{\text{mol}}\right) = 11.7 \dfrac{\text{mol}}{\text{L}}$

1-D. **(a)** $\left(1.50 \dfrac{\text{g 용액}}{\cancel{\text{mL 용액}}}\right)\left(1\,000 \dfrac{\cancel{\text{mL 용액}}}{\text{L 용액}}\right)$
$= 1.50 \times 10^3 \dfrac{\text{g 용액}}{\text{L 용액}}$

(b) $\left(0.480 \dfrac{\text{g HBr}}{\cancel{\text{g 용액}}}\right)\left(1.50 \times 10^3 \dfrac{\cancel{\text{g 용액}}}{\text{L 용액}}\right)$
$= 7.20 \times 10^2 \dfrac{\text{g HBr}}{\text{g 용액}}$

(c) $\left(7.20 \times 10^2 \dfrac{\cancel{\text{g HBr}}}{\text{L 용액}}\right) \Big/ \left(\dfrac{80.912\ \cancel{\text{g HBr}}}{\text{mol}}\right) = 8.90$ M

(d) $\text{M}_{\text{진한}} \cdot V_{\text{진한}} = \text{M}_{\text{묽은}} \cdot V_{\text{묽은}}$
$(8.90\ \text{M})(x\ \text{mL}) = (0.160\ \text{M})(250\ \text{mL}) \Rightarrow x = 4.49$ mL

1-E. **(a)** 와 **(b)**

$$\begin{array}{lll} \text{HOBr} + \text{OCl}^- \rightleftharpoons \text{HOCl} + \text{OBr}^- & & K_1 = 1/15 \\ \text{HOCl} \rightleftharpoons \text{H}^+ + \text{OCl}^- & & K_2 = 3.0 \times 10^{-8} \\ \hline \text{HOBr} \rightleftharpoons \text{H}^+ + \text{OBr}^- & & K_3 = K_1K_2 \\ & & \quad = 2 \times 10^{-9} \end{array}$$

(c) 생성물의 소비로 인해 반응은 정방향(오른쪽)으로 진행된다.

2장

2-A. 실험노트는 **(1)** 무엇이 진행되었는지, **(2)** 무엇을 관찰하였는지가 기록되어야 하며, **(3)** 다른 사람이 이해할 수 있도록 작성되어야 한다.

2-B. **(a)** $m = \dfrac{(24.913\ \text{g})\left(1 - \dfrac{0.001\,2\ \text{g/mL}}{8.0\ \text{g/mL}}\right)}{\left(1 - \dfrac{0.001\,2\ \text{g/mL}}{1.00\ \text{g/mL}}\right)} = 24.939$ g

(b) 밀도 $= \dfrac{\text{질량}}{\text{부피}} \Rightarrow$ 부피 $= \dfrac{\text{질량}}{\text{밀도}}$
부피 $= (24.939\ \text{g})/(0.998\,00\ \text{g/mL}) = 24.989$ mL

2-C. 250 mL 부피 플라스크에 물을 250 mL보다 적게 넣은

후, K_2SO_4 (0.025 0 L)(0.150 mol/L) = 0.037 50 mol을 녹인다. 물을 첨가한 후 섞는다. 250.0 mL 표선까지 물을 가하고, 완전히 섞이도록 플라스크를 여러 번 뒤집는다.

2-D. 이동 피펫. 부피조정용 100 μL 마이크로피펫은 10 μL에서 ±1.8%, 100 μL에서 ±0.6%의 허용오차를 가진다. 10 μL에서의 불확정성은 10 μL = (0.018) × (10 μL) = ±0.18 μL의 ±1.8%이다. 100 μL에서의 불확정성은 100 μL = (0.006) × (100 μL) = ±0.6 μL의 ±0.6%이다.

2-E. 전달된 질량 × 변환 인자
= (10.000 0 g)(1.002 0 mL/g) = 10.020 mL

2-F. $S^{2-} + 2H^+ \longrightarrow H_2S$. H_2S (*g*)는 건조를 위해 용액을 끓일 때 없어진다.

3장

3-A. **(a)** 5 **(b)** 4 **(c)** 3

3-B. **(a)** 3.71 **(b)** 10.7 **(c)** 4.0×10^1 **(d)** 2.85×10^{-6} **(e)** 12.625 1 **(f)** 6.0×10^{-4} **(g)** 242

3-C. **(a)** Carmen **(b)** Cynthia **(c)** Chastity **(d)** Cheryl

3-D. **(a)** 질량의 상대 불확정성 백분율
$= (0.002/4.635) \times 100 = 0.04_3\%$
부피의 상대 불확정성 백분율
$= (0.05/1.13) \times 100 = 4._4\%$

(b) $$\text{밀도} = \frac{4.635 \pm 0.002\ \text{g}}{1.13 \pm 0.05\ \text{mL}}$$
$$= \frac{4.635(\pm 0.04_3\%)\ \text{g}}{1.3(\pm 4._4\%)\ \text{mL}} = 4.10 \pm ?\ \text{g/mL}$$
$$\text{불확정성} = \sqrt{(0.04_3)^2 + (4._4)^2} = 4._4\%$$
$4._4\%$의 4.10 = 0.18. 답은 $4.1_0 \pm 0.1_8$이나 4.1 ± 0.2 g/mL와 같이 쓸 수 있다.

(c) pH = 8.82 ± 0.02에서 $[H^+] = 10^{-8.82} = 1.514 \times 10^{-9}$ M
$[H^+]$의 불확정성 = $2.303[H^+]$(pH의 불확정성)
$= 2.303[1.514 \times 10^{-9}\ \text{M}](0.02)$
$= 6.97 \times 10^{-11}\ \text{M} = 0.069\ 7 \times 10^{-9}$ M
$[H^+] = 1.51 (\pm 0.07) \times 10^{-9}$ M

3-E. −196°C = 77 K = −321°F

4장

4-A.
$$\bar{x} = \frac{821 + 783 + 834 + 855}{4} = 823._2$$
$$s = \sqrt{\frac{(821 - 823._2)^2 + (783 - 823._2)^2 + (834 - 823._2)^2 + (855 - 823._2)^2}{4 - 1}}$$
$= 30._3$

상대 표준 편차 = $(30._3/823._2) \times 100 = 3.6_8\%$
중앙값 = $(821 + 834)/2 = 827_{.5}$
범위 = 855 − 783 = 72

4-B. **(a)** $$\bar{x}_1 = \frac{31.40 + 31.24 + 31.18 + 31.43}{4}$$
$= 31.31_2$ mM
$$s_1 = \sqrt{\frac{(31.40 - 31.31_2)^2 + (31.24 - 31.31_2)^2 + \cdots + (31.43 - 31.31_2)^2}{4 - 1}}$$
$= 0.12_1$ mM
$$\bar{x}_2 = \frac{30.70 + 29.49 + 30.01 + 30.15}{4}$$
$= 30.08_8$ mM
$$s_2 = \sqrt{\frac{(30.70 - 30.08_8)^2 + (29.49 - 30.08_8)^2 + \cdots + (30.15 - 30.08_8)^2}{4 - 1}}$$
$= 0.49_7$ mM

(b) $$F_{\text{계산}} = \frac{s_2^2}{s_1^2} = \frac{(0.49_7)^2}{(0.12_1)^2} = 16._8$$
두 표준 편차 모두 자유도는 3이므로, $F_{\text{표}} = 9.28$이다.
$F_{\text{계산}} > F_{\text{표}}$, 따라서 표준 편차는 유의하게 다르다.

4-C. **(a)** $$\bar{x} = \frac{117 + 119 + 111 + 115 + 120}{5}$$
$= 116._4$ μmol/100 mL
$$s = \sqrt{\frac{(117 - 116._4)^2 + (119 - 116._4)^2 + \cdots + (120 - 116._4)^2}{5 - 1}}$$
$= 3._{58}$ μmol/100 mL

(b) $$F_{\text{계산}} = \frac{s_2^2}{s_1^2} = \frac{(3._{58})^2}{(2._8)^2} = 1._{63}$$
분자의 자유도는 4이고 분모의 자유도는 3이므로, $F_{\text{표}} = 9.12$이다.
$F_{\text{계산}} < F_{\text{표}}$, 따라서 표준 편차는 유의하게 다르지 않다.

(c) 표준 편차가 유의하게 다르지 않기 때문에 식 4-6과 4-5를 이용한다.
$$s_{\text{합동}} = \sqrt{\frac{2.8^2(4-1) + 3.58^2(5-1)}{4 + 5 - 2}} = 3.27$$
$$t_{\text{계산}} = \frac{|111.0 - 116.4|}{3.27}\sqrt{\frac{4 \cdot 5}{4 + 5}} = 2.46$$
95% 신뢰도와 자유도 4 + 5 − 2 = 7에 대한 $t_{\text{표}}$ = 2.365이다.
$t_{\text{계산}} > t_{\text{표}}$, 따라서 95% 신뢰도에서 그 차이는 유의하다.

x_i	y_i	x_iy_i	x_i^2	$d_i(=y_i - mx_i - b)$	d_i^2
1	3	3	1	−0.167	0.027 89
3	2	6	9	0.333	0.110 89
5	0	0	25	−0.167	0.027 89
$\Sigma x_i = 9$	$\Sigma y_i = 5$	$\Sigma x_iy_i = 9$	$\Sigma(x_i^2) = 35$		$\Sigma(d_i^2) = 0.166\ 67$

4-E. $\bar{x} = 201.8,\ s = 9.34$

$G_{계산} = |216 - 201.8|/9.34 = 1.52$

$G_{표} = 1.672$, 5회 측정에 대해서.

$G_{계산} < G_{표}$이므로 216을 버리지 않아야 한다.

$$D = n\Sigma(x_i^2) - (\Sigma x_i)^2 = (3 \cdot 35) - 9^2 = 24$$

$$m = [n\Sigma x_iy_i - \Sigma x_i\Sigma y_i]/D = [(3 \cdot 9) - (9 \cdot 5)]/24 = -0.750$$

$$b = [\Sigma(x_i^2)\Sigma y_i - \Sigma(x_iy_i)\Sigma x_i]/D = [(35 \cdot 5) - (9 \cdot 9)]/24 = 3.917$$

$$s_y = \sqrt{\frac{\Sigma(d_i^2)}{3-2}} = \sqrt{\frac{0.166\ 67}{1}} = 0.408\ 2$$

$$s_m = s_y\sqrt{\frac{n}{D}} = 0.408\ 2\sqrt{\frac{3}{24}} = 0.144$$

$$s_b = s_y\sqrt{\frac{\Sigma(x_i^2)}{D}} = 0.408\ 2\sqrt{\frac{35}{24}} = 0.493$$

$$y\,(\pm 0.4_{08}) = -0.75_0\,(\pm 0.14_4)x + 3.9_{17}\,(\pm 0.4_{93})$$

4-G.

$$x = \frac{y-b}{m} = \frac{1.00 - 3.9_{17}}{-0.750} = 3.89$$

$$\bar{x} = (1+3+5)/3 = 3,\ \bar{y} = (3+2+0)/3 = 1.667$$

$$x\text{의 불확정성} = \frac{s_y}{|m|}\sqrt{\frac{1}{k} + \frac{1}{n} + \frac{(y-\bar{y})^2}{m^2\Sigma(x_i - \bar{x})^2}}$$

$$= \frac{0.408\ 2}{0.750} \times \sqrt{\frac{1}{5} + \frac{1}{3} + \frac{(1.00 - 1.667)^2}{(-0.750)^2[(1-3)^2 + (3-3)^2 + (5-3)^2]}}$$

$= 0.43$

최종 답: $x = 3.9 \pm 0.4$

5장

5-A. 품질 보증은 사용 목적의 정의, 명세서의 설정, 결과의 평가 등 세 부분으로 구성된다.

사용 목적

질문: 데이터와 결과가 왜 필요하며 그들을 어떻게 사용할 것인가?

조치: 사용 목적을 적는다.

명세서

질문: 숫자는 얼마만큼 좋아야 하는가?

조치. 명세서를 직고 그것에 맞는 분석 방법을 택한다. 시료 채취, 정밀도, 정확도, 선택성, 감도, 검출 한계, 안정성 및 잘못된 결과의 수용 비율에 관한 요건을 고려하여야 한다. 바탕, 소량 첨가, 교정 점검, 품질 관리 시료, 관리도 등을 사용할 계획을 세운다.

평가

질문: 명세서를 만족시켰는가?

조치: 데이터와 결과를 명세서와 비교한다. 절차를 기록하고 사용 목적을 만족시키기에 적절한 기록을 유지한다. 사용 목적이 만족되는지 확인한다.

5-B. **정밀도**는 여러 시료를 분석할 때나 동일 시료를 여러 번 분석할 때 반복성에 의해 나타난다. **정확도**는 소량첨가의 회수, 교정 점검, 바탕, 품질 관리 시료(맹목 시료)에 의해 나타난다.

5-C. 데이터 점들을 지나는 최소제곱 직선의 식은 $y = 0.886x + 1.634$이다. x 절편을 구하려면 $y = 0$으로 둔다.

$$0 = 0.886x + 1.634 \Rightarrow x = -1.84\ \text{mM}$$

오렌지 주스에 들어 있는 아스코브산의 농도는 1.84 mM이다.

	A	B	C	D	E
1	Vitamin C standard addition experiment				
2	Add 25.0 mM ascorbic acid to 50.0 mL of orange juice				
3					
4		Vs =			
5	Vo (mL) =	mL ascorbic	x-axis function	I(s+x) =	y-axis function
6	50	acid added	Si*Vs/Vo	signal (μA)	I(s+x)*V/Vo
7	[S]i (mM) =	0.000	0.000	1.66	1.660
8	25	1.000	0.500	2.03	2.071
9		2.000	1.000	2.39	2.486
10		3.000	1.500	2.79	2.957
11		4.000	2.000	3.16	3.413
12		5.000	2.500	3.51	3.861
13					
14	C7 = $A$8*B7/$A$6		E7 = D7*($A$6+B7)/$A$6		

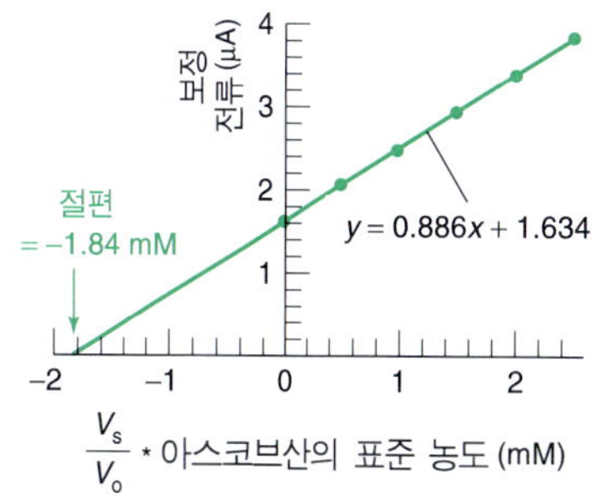

5-D. 기지 혼합물로부터 먼저 감응 인자를 구한다.

$$\frac{A_X}{[X]} = F\left(\frac{A_S}{[S]}\right)$$

$$\frac{0.644}{52.4\ nM} = F\left(\frac{1.000}{38.9\ nM}\right) \Rightarrow F = 0.478_1$$

미지 혼합물로부터 다음과 같이 쓸 수 있다.

$$\frac{A_X}{[X]} = F\left(\frac{A_S}{[S]}\right)$$

$$\frac{1.093}{[X]} = 0.478_1\left(\frac{1.000}{742\ nM}\right) \Rightarrow$$

$$[X] = 1.70 \times 10^3\ nM = 1.70\ \mu M$$

6장

6-A. **(a)** 분석에 사용된 시약의 농도는 순수한 일차 표준물질을 칭량하거나 또는 그러한 표준물질과의 반응에 의해서 정해진다. 표준물질이 순수하지 않으면, 어떤 농도도 정확하지 않을 것이다.

(b) 바탕 적정에서는 분석물질이 없을 때 종말점에 도달하는데 필요한 적정시약의 양을 측정한다. 이 양을 분석물질이 있을 때 필요한 적정시약의 양에서 빼준다.

(c) 직접 적정에서는 적정시약이 분석물질과 직접 반응한다. 역적정에서는 분석물질과 반응하는 기지 과량의 시약이 쓰이고, 여분의 양을 그 다음에 적정한다.

(d) 당량점에서 불확정도는 ±0.04 mL로 일정하다. 20 mL에 대한 상대 불확정도는 0.04/20 = 0.2%, 40 mL에 대한 상대 불확정도는 그 반이다. 0.04/40 = 0.1%

6-B. **(a)** 아스코브산 0.197 0 g = 1.118 6 × 10^{-3} mol이며, 1.118 6 × 10^{-3} mol I_3^-를 필요로 한다. $[I_3^-]$ = 1.118 6 × 10^{-3} mol/0.029 41 L = 0.038 03 M.

(b) I_3^- 몰이 반응하는데 비타민 C 0.424 2 g이 필요하다. (0.031 63 L I_3^-)(0.038 03 M) = 1.203 × 10^{-3} mol I_3^-. 1 mol의 I_3^-는 1 mol의 아스코브산과 반응하기 때문에 적정된 시료 안에는 아스코브산은 1.203 × 10^{-3} mol이 들어 있었다.

(c) 적정된 아스코브산의 질량
= (1.203 × 10^{-3} mol 아스코브산)(176.12 g/mol)
= 0.211 9 g 아스코브산
정제 안에 들어 있는 아스코브산 wt%

$$= \frac{0.211\ 9\ g\ \text{아스코브산}}{0.424\ 2\ g\ \text{정제}} \times 100 = 49.95\ \text{wt\%}$$

6-C. **(a)** 1 L 안의 $Na_2C_2O_4$의 mol = (3.514 g)/(134.00 g/mol)
= 0.0026 224_4 mol

25.00 mL 안의 $C_2O_4^{2-}$ = (0.026 224_4 M)(0.025 00 L)
= $6.556_0 \times 10^{-4}$ mol

$$MnO_4^-\ \text{몰} = (\text{mol}\ C_2O_4^{2-})\left(\frac{2\ \text{mol}\ MNO_4^-}{5\ \text{mol}\ C_2O_4^{2-}}\right)$$

$$= (6.556_0 \times 10^{-4}\ \text{mol})\left(\frac{2}{5}\right)$$

$$= 2.622_4 \times 10^{-4}\ \text{mol}$$

$KMnO_4$의 당량 부피 = 24.44 − 0.03 = 24.41 mL

$$[MnO_4^-] = \frac{2.622_4 \times 10^{-4}\ \text{mol}}{0.024\ 41\ L} = 0.010\ 74_3\ M$$

(b) 소모된 $KMnO_4$의 몰
= (0.025 00 L)(0.010 74_3 M) = $2.685_8 \times 10^{-4}$ mol
$KMnO_4$와 반응한 $NaNO_2$ mol

$$= (2.685_8 \times 10^{-4}\ \text{mol}\ KMnO_4)\left(\frac{5\ \text{mol}\ NaNO_2}{2\ \text{mol}\ KMnO_4}\right)$$

$$= 6.714_4 \times 10^{-4}\ \text{mol}$$

$$[NaNO_2] = \frac{6.714_4 \times 10^{-4}\ \text{mol}}{0.038\ 11\ L} = 0.017\ 62\ M$$

6-D. **(a)** $PbBr_2(s) \overset{K_{sp}}{\rightleftharpoons} \underset{x}{Pb^{2+}} + \underset{2x}{2Br^-}$

$x(2x)^2 = 2.1 \times 10^{-6} \Rightarrow$

$$x = [Pb^{2+}] = 8.0_7 \times 10^{-3}\ M$$

(b) $PbBr_2(s) \overset{K_{sp}}{\rightleftharpoons} \underset{x}{Pb^{2+}} + \underset{0.10\ M}{2Br^-}$

$[Pb^{2+}](0.10)^2 = 2.1 \times 10^{-6} \Rightarrow$

$$[Pb^{2+}] = 2.1 \times 10^{-4}\ M$$

6-E. **(a)** 양이온과 음이온의 화학량론이 같은 염의 경우 더 작은 K_{sp}를 가지는 염(AgBr)이 먼저 침전한다. 반응식을 거꾸로 쓰고 더 큰 평형상수를 가지는 것을 찾아도 알 수 있다.

$$Ag^+ + Br^- \rightleftharpoons AgBr(s) \qquad K = 1/K_{sp}(AgBr) = 2.0 \times 10^{12}$$

$$Ag^+ + Cl^- \rightleftharpoons AgCl(s) \qquad K = 1/K_{sp}(AgCl) = 5.6 \times 10^9$$

(b) mol Br^- = 제1 종말점에서의 mol Ag^+.
= (0.015 55 L)(0.033 33 M)
= 5.183 × 10^{-4} mol
그러므로 Br^-의 원래 농도는
$[Br^-]$ = (5.183 × 10^{-4} mol)/(0.025 00 L)
= 0.020 73 M

(c) mol Cl^- = 제2 종말점에서의 mol Ag^+
− 제1 종말점에서의 mol Ag^+
= (0.042 23 L − 0.015 55 L)(0.033 33 M)
= 8.892 × 10^{-4} mol
그러므로 Cl^-의 원래 농도는
$[Cl^-]$ = (8.892 × 10^{-4} mol)/(0.025 00 L)
= 0.035 57 M

6-F. **(a)** AgCl이 AgSCN보다 더 잘 녹고 과량의 SCN^-이 있으면 AgCl이 서서히 녹을 것이다. 이 반응이 SCN^-을 소비하고 붉은색이 옅어지게 한다. 나이트로벤젠이 AgCl을 덮어서 SCN^-과의 반응을 막는다. AgCl을

여과하여 제거하면, 역적정시 SCN^-를 가할 때 AgCl은 더 이상 존재하지 않는다.

(b) A^- (뷰렛 안)로 C^+ (플라스크 안)를 적정한다고 하자. 당량점 이전에는 용액에 과량의 C^+가 있다. CA 결정 표면에 C^+가 선택적으로 흡착되어 양전하를 띤다. 당량점 이후에는 용액에 과량의 A^-가 있다. CA 표면에 A^-가 선택적으로 흡착되어 음전하를 띤다.

(c) 당량점을 지나면, 용액에 과량의 $Fe(CN)_6^{4-}$가 있다. 이 이온이 침전에 흡착되어 입자가 **음전하**를 띠게 된다.

7장

7-A. **(a)** $\dfrac{0.214\,6 \text{ g AgBr}}{187.772 \text{ g AgBr/mol}} = 1.142\,9 \times 10^{-3} \text{ mol AgBr}$

(b) $[\text{NaBr}] = \dfrac{1.142\,9 \times 10^{-3} \text{ mol}}{50.00 \times 10^{-3} \text{ L}} = 0.022\,86 \text{ M}$

7-B. **(a)** 흡수된 불순물들은 물질 안에 있고, 흡착된 불순물들은 물질 표면에 있다.

(b) 내포된 불순물들은 주인 결정의 격자 자리를 차지한다. 흡장된 불순물들은 주인 결정 안의 주머니에 갇힌다.

(c) 이상적인 무게 분석 침전은 용해되지 않고, 쉽게 걸러지고, 알려진 일정한 조성을 가지며 열에 안정하다.

(d) 심한 과포화는 종종 많은 불순물을 포함한 콜로이드를 생성한다.

(e) 과포화는 대부분의 용액에서 온도를 높이거나, 침전제를 넣는 동안 잘 섞어 주거나, 묽힘제를 넣음으로써 줄일 수 있다. 균일 침전은 과포화를 감소시킨다.

(f) 전해질로 씻는 것은 전기 이중층을 보호하고 풀림을 막는다.

(g) 건조시키는 동안 휘발성이 강한 HNO_3는 증발한다. $NaNO_3$는 비휘발성이므로 침전의 질량을 높일 것이다.

(h) 첫 침전 동안 용액 내의 불순물 농도가 높으면, 침전 내 불순물 농도를 상대적으로 높인다. 재침전에서는 용액의 불순물 정도가 감소하고 따라서 더 순수한 침전이 얻어진다.

(i) 열무게법에서는 시료를 가열하면서 시료의 질량을 단다. 분해하는 동안 잃은 질량이 시료의 조성에 대한 정보를 제공한다.

7-C. **(a)** $\dfrac{0.104 \text{ g CeO}_2}{172.115 \text{ g CeO}_2\text{/mol}} = 6.043 \times 10^{-4} \text{ mol CeO}_2$

$6.043 \times 10^{-4} \text{ mol CeO}_2 \times \dfrac{1 \text{ mol Ce}}{1 \text{ mol CeO}_2} = 6.043 \times 10^{-4} \text{ mol Ce}$

$(6.043 \times 10^{-4} \text{ mol Ce})(140.116 \text{ g Ce/mol Ce}) = 0.084\,66 \text{ g Ce}$

(b) $\text{wt\% Ce} = \dfrac{0.084\,66 \text{ g Ce}}{4.37 \text{ g 미지 시료}} \times 100 = 1.94 \text{ wt\%}$

7-D. **(a)** 과량의 산소 존재하에서 **연소**할 때 물질에 들어 있는 탄소는 CO_2, 수소는 H_2O로 바뀐다. **열분해**에서는 산소 없이 가열 분해된다. 시료 안에 들어 있는 모든 산소는 적당한 촉매를 통과하면서 CO로 바뀐다.

(b) WO_3은 과량의 O_2 존재하에 C를 완전히 CO_2로 연소시키는 촉매 작용을 하고, Cu는 SO_3을 SO_2로 환원시키며, 기체 흐름으로부터 과량의 O_2를 제거한다.

(c) 주석 캡슐은 녹아서 SnO_2로 산화되며 열을 발생하여 시료를 내준다. 주석은 이용 가능한 산소를 즉시 사용해서 시료 산화과정이 기체상에서 일어나도록 해주며 산화 촉매로 작용한다.

(d) O_2가 많이 존재하지 않을 때 시료를 떨어뜨리면 시료는 산화되기 전에 열분해가 일어나며 기체 생성물을 낸다. 이것은 산화질소의 형성을 최소화한다.

(e) $C_8H_7NO_2SBrCl + 9\tfrac{1}{4}O_2 \rightarrow 8CO_2 + \tfrac{5}{2}H_2O + \tfrac{1}{2}N_2 + SO_2 + HBr + HCl$

8장

8-A. **(a)** 하이드로늄이온 … 양성자 주개 … 양성자 받개

8-B. **(a)** $Mg(OH)_2$의 용해도곱을 쓰고 $[Mg^{2+}] = 0.050$ M의 값을 치환하여 쓴다. $[OH^-]$에 대해 다음과 같이 계산한다.

$$\underset{0.050\text{ M}}{[\text{Mg}^{2+}]}\underset{?}{[\text{OH}^-]^2} = K_{sp} = 7.1 \times 10^{-12} = (0.050)[\text{OH}^-]^2$$

$$\Rightarrow [\text{OH}^-] = 1.1_9 \times 10^{-5} \text{ M}$$

(b) OH^-의 농도를 알면 $[H^+]$와 pH를 계산할 수 있다.

$[H^+] = K_w/[OH^-] = 8.3_9 \times 10^{-10}$ M $\Rightarrow$ $\text{pH} = -\log[H^+] = 9.08$

8-C. K_a가 더 큰 값을 갖는 **A**가 더 센산이다.

$$\text{A: } Cl_2CHCO_2H \xrightleftharpoons{K_a = 0.08} Cl_2CHCO_2^- + H^+$$

$$\text{B: } ClCH_2CO_2H \xrightleftharpoons{K_a = 9.5 \times 10^{-7}} ClCH_2CO_2^- + H^+$$

K_b가 더 큰 값을 갖는 **C**가 더 센염기이다.

$$\text{C: } H_2NNH_2 + H_2O \xrightleftharpoons{K_b = 9.5 \times 10^{-7}} H_2NNH_3^+ + OH^-$$

$$\text{D: } H_2NCONH_2 + H_2O \xrightleftharpoons{K_b = 1.5 \times 10^{-14}} H_2NCONH_3^+ + OH^-$$

8-D. **(a)** **(i)** $\text{pH} = -\log[H^+] = -\log(1.0 \times 10^{-3}) = 3.00$

(ii) $\text{pH} = -\log[H^+] = -\log(K_w/[OH^-]) = -\log(1.0 \times 10^{-14}/1.0 \times 10^{-2}) = 12.00$

(b) **(i)** $\text{pH} = -\log(3.2 \times 10^{-5}) = 4.49$

(ii) $= \text{pH} = -\log(1.0 \times 10^{-14}/0.007\,7) = 11.89$

(c) $[H^+] = 10^{-4.44} = 3.6 \times 10^{-5}$ M

(d) $[H^+] = K_w/[OH^-] = 1.0 \times 10^{-14}/0.007\,7 = 1.3 \times 10^{-12}$ M

H^+가 $H_2O \rightleftharpoons H^+ + OH^-$에서 유도되었다.

(e) 센염기의 농도가 너무 낮아 순수한 물의 pH를 교란시키지 못한다. pH는 7.00에 매우 가깝다.

8-E. (a) $pK_a = 3$ (b) $pK_b = 3$

(c) $HCO_2H \rightleftharpoons HCO_2^- + H^+$ (d) HCO_2^-

(e) $K_a = \dfrac{[HCO_2^-][H^+]}{[HCO_2H]} = 1.80 \times 10^{-4}$

(f) $K_b = \dfrac{[HCO_2H][OH^-]}{[HCO_2^-]}$

(g) $K_b = \dfrac{K_w}{K_a} = 5.56 \times 10^{-11}$

8-F. (a) $x = [H^+] = [A^-]$, 그리고 $0.100 - x = [HA]$라 놓는다.

$$\frac{x^2}{0.100 - x} = 1.00 \times 10^{-5} \Rightarrow$$

$$x = 9.95 \times 10^{-4}\ \text{M} \Rightarrow \text{pH} = -\log x = 3.00$$

해리의 분율은

$$= \frac{[A^-]}{[A^-] + [HA]} = \frac{9.95 \times 10^{-4}}{0.100} = 9.95 \times 10^{-3}$$

(b) 산해리 식과 치환을 $[H^+] = 10^{-pH} = 10^{-2.78}$로 쓴다. $[A^-] = [H^+]$와 $[HA] = F - [A^-]$를 알고 있다.

$$\underset{0.0450\ 0-10^{-2.78}}{HA} \rightleftharpoons \underset{10^{-2.78}}{H^+} + \underset{10^{-2.78}}{A^-}$$

$$K_a = \frac{(10^{-2.78})^2}{0.0450 - 10^{-2.78}} = 6.4 \times 10^{-5} \Rightarrow pK_a = 4.19$$

(c) $\dfrac{[A^-]}{[A^-] + [HA]} = 0.0060$이면 해리 분율 0.60%이다. 약한 산 평형과 $[H^+] = [A^-] = x$, $[HA] = F - x$라 하면 x를 구할 수 있다.

$$\underset{F-x}{HA} \rightleftharpoons \underset{x}{H^+} + \underset{x}{A^-}$$

$$\frac{[A^-]}{[HA] + [A^-]} = \frac{x}{F - x + x} = 0.0060$$

$F = 0.0450$ M을 대입하여, $x = 2.7 \times 10^{-4}$ M

$$\Rightarrow K_a \frac{[A^-][H^+]}{[HA]} = \frac{x^2}{F - x} = 1.6 \times 10^{-6}$$

$$\Rightarrow pK_a = 5.79$$

8-G. (a) $x = [OH^-] = [BH^+]$, 그리고 $0.100 - x = [B]$라 놓는다.

$$\frac{x^2}{0.100 - x} = 1.00 \times 10^{-5} \Rightarrow x = 9.95 \times 10^{-4}\ \text{M}$$

$$\Rightarrow [H^+] = \frac{K_w}{x} = 1.005 \times 10^{-11} \Rightarrow \text{pH} = 11.00$$

$$\frac{[BH^+]}{[B] + [BH^+]} = \frac{9.95 \times 10^{-4}}{0.100} = 9.95 \times 10^{-3}$$

(b) $[H^+] = 10^{-pH} = 10^{-9.28}$과 $[OH^-] = K_w/[H^+]$를 알고 있다. 약한 염기 평형은 $[BH^+] = [OH^-]$와 $[B] = F - [BH^+]$이다. 이 값을 대입하여 평형 상수를 구할 수 있다.

$$\underset{0.10-(K_w/10^{-9.28})}{B} + H_2O \rightleftharpoons \underset{K_w/10^{-9.28}}{BH^+} + \underset{K_w/10^{-9.28}}{OH^-}$$

$$K_b = \frac{(K_w/10^{-9.28})^2}{0.10 - (K_w/10^{-9.28})} = 3.6 \times 10^{-9}$$

(c) $\dfrac{[BH^+]}{[B] + [BH^+]} = 0.020$이면 해리 분율은 2.0%이다. 약한 염기 평형과 $[BH^+] = [OH^-] = x$, $[B] = F - x$를 알면, x를 구할 수 있다.

$$\underset{0.10-x}{B} + H_2O \overset{K_b}{\rightleftharpoons} \underset{x}{BH^+} + \underset{x}{OH^-}$$

$$\frac{[BH^+]}{[BH^+] + [B]} = 0.020$$

$$\frac{x}{0.10 - x + x} = 0.020 \Rightarrow x = 0.0020$$

$$K_b = \frac{[BH^+][OH^-]}{[B]} = \frac{x^2}{0.10 - x}$$

$$= \frac{(0.0020)^2}{0.10 - 0.0020} = 4.1 \times 10^{-5}$$

9장

9-A. (a) $\text{pH} = pK_a + \log\left(\dfrac{[A^-]}{[HA]}\right) = 5.00 + \log\left(\dfrac{0.050}{0.100}\right) = 4.70$

(b) $\text{pH} = 3.744 + \log\left(\dfrac{[HCO_2^-]}{[HCO_2H]}\right) = 3.744 + \log R$,

여기서, 비 $[HCO_2^-]/[HCO_2H]$를 R이라고 하였다. pH = 3.00에서 아래와 같이 R을 구하면,

$3.000 = 3.744 + \log R$

$\log R = 3.00 - 3.744 = -0.744$

$10^{\log R} = 10^{-0.744}$

$R = 0.180$

pH:	3.000	3.744	4.000
$[HCO_2^-]/[HCO_2H]$:	0.180	1.00	1.80

9-B. (a) $\text{pH} = pK_a + \log\left(\dfrac{[\text{트리스}]}{[\text{트리스 }H^+]}\right)$

$$= 8.07 + \log\left(\frac{(10.0\ \text{g})(121.14\ \text{g/mol})}{(10.0\ \text{g})/(157.60\ \text{g/mol})}\right) = 8.18$$

(b) 첨가한 $HClO_4$의 mmol은

(10.5 mL)(0.500 M) = 5.25 mmol이므로,

	트리스 +	H^+ →	트리스H^+ + H_2O
처음 mmol:	82.55	5.25	63.45
마지막 mmol:	77.30	—	68.70

$$\text{pH} = 8.07 + \log\left(\frac{77.30}{68.70}\right) = 8.12$$

(c) 첨가한 NaOH의 mmol은

(10.5 mL)(0.500 M) = 5.25 mmol이므로,

	트리스H^+ +	OH^- →	트리스 + H_2O
처음 mmol:	63.45	5.25	82.55
마지막 mmol:	58.20	—	87.80

$$\text{pH} = 8.07 + \log\left(\frac{87.80}{58.20}\right) = 8.25$$

9-C. (a) 트리스 몰 = 10.0/g(121.14 g/mol) = 0.082 5₅ mol

= 82.5₅ mmol

	트리스	+ H^+	→ 트리스H^+ + H_2O
처음 mmol:	82.5_5	x	—
마지막 mmol:	$82.5_5 - x$	—	x

$$pH = pK_a + \log\left(\frac{[\text{트리스}]}{[\text{트리스}H^+]}\right)$$

$$7.60 = 8.07 + \log\left(\frac{82.5_5 - x}{x}\right)$$

$$-0.47 = \log\left(\frac{82.5_5 - x}{x}\right) \Rightarrow 10^{-0.47} = 10^{\log[(82.5_5 - x)/x]}$$

$$0.33_{88} = \left(\frac{82.5_5 - x}{x}\right) \Rightarrow x = 61_{.66}\ \text{mmol}$$

HCl의 부피 = $(0.061_{66}$ mol)/(1.20 M) = $51_{.4}$ mL

(b) 먼저 아세트산 0.020 0몰(= 1.201 g)을 정확히 달아 약 75 mL의 물이 있는 비커에 넣는다. pH 전극으로 pH를 측정하면서 3 M NaOH (약 4 mL가 필요)를 pH가 정확히 5.00이 될 때까지 가한다. 그 다음 용액을 100 mL의 증류수로 비커를 5 ~ 6번 씻어서 부피 플라스크의 용액과 합한다. 이것은 비커에 있는 화합물이 정량적으로 옮겨지도록 하기 위함이다. 부피 플라스크를 몇 번 흔들고 난 뒤 증류수를 100 mL 눈금까지 조심스럽게 가한다. 마개를 닫은 뒤 완전히 혼합 뒤 되도록 여러 번 정도 플라스크를 거꾸로 뒤집는다.

9-D. (a)

화합물	pK_a	
하이드록시벤젠	9.98	
프로판산	4.87	
사이아노아세트산	2.47	← 가장 적합함. pK_a가 pH에 가장 가깝기 때문에
황산	1.99	

(b) 완충 용량은 농도비 $[A^-]/[HA]$가 크게 변하지 않도록 완충 용액이 가해진 산이나 염기와 반응하는 능력에 기초하고 있다. 따라서 각 항의 농도가 클수록 작은 양의 산이나 염기가 가해질 때 반응으로 인한 상대적인 변화가 적다.

(c) 주어진 K_b값으로부터 $K_a = K_w/K_b$을 구하고, $pK_a = -\log K_a$이다.

화합물	pK_a(짝산의)	
암모니아	9.26	← 가장 적합함. pK_a가 pH에 가장 가깝기 때문에
아닐린	4.60	
하이드라진	7.98	
피리딘	5.20	

9-E. (a) $[HIn]/[In^-]$의 비는 $pH = pK_{HIn} - 1$일 때 10 : 1에서 $pH = pK_{HIn} + 1$일 때 1 : 10으로 변한다. 이 변화 범위에서는 색깔 변화가 충분히 일어날 수 있다.

(b) 붉은색, 오렌지색, 노란색

10장

10-A. 적정 반응은 $H^+ + OH^- \rightarrow H_2O$이고, V_e = 5.00 mL이다. 왜냐하면,

$$\underbrace{(V_e(\text{mL}))(0.100\ \text{M})}_{V_e\text{에서 mmol HCl}} = \underbrace{(50.00\ \text{mL})(0.010\,0\ \text{M})}_{\text{처음 mmol NaOH}} \Rightarrow$$

V_e = 5.00 mL

대표적 계산 :

V_a = 1.00 mL

$$OH^- = \underbrace{(50.00\ \text{mL})(0.010\,0\ \text{M})}_{\text{처음 mmol NaOH}} - \underbrace{(1.00\ \text{mL})(0.100\ \text{M})}_{\text{첨가된 mmol HCl}}$$

= 0.400 mmol

$[OH^-]$ = (0.400 mmol)/(51.00 mL) = 0.007 84 M

$[H^+] = K_w$/(0.007 84 M) = 1.28×10^{-12} M

pH = $-\log(1.28 \times 10^{-12})$ = 11.89

$V_a = V_e$ = 5.00 mL:

$H_2O \rightleftharpoons H^+ + OH^-$

$K_w = x^2 \Rightarrow x = 1.00 \times 10^{-7}$ M ⇒ pH = 7.00

V_a = 5.01 mL :

과량의 H^+ = (0.01 mL)(0.100 M) = 0.001 mmol

$[H^+]$ = (0.001 mmol)/(55.01 mL) = $1_{.8} \times 10^{-5}$ M

pH = $-\log(1_{.8} \times 10^{-5})$ = 4.74

V_a (mL)	pH	V_a (mL)	pH	V_a (mL)	pH
0.00	12.00	4.50	10.96	5.10	3.74
1.00	11.89	4.90	10.26	5.50	3.05
2.00	11.76	4.99	9.26	6.00	2.75
3.00	11.58	5.00	7.00	8.00	2.29
4.00	11.27	5.01	4.74	10.00	2.08

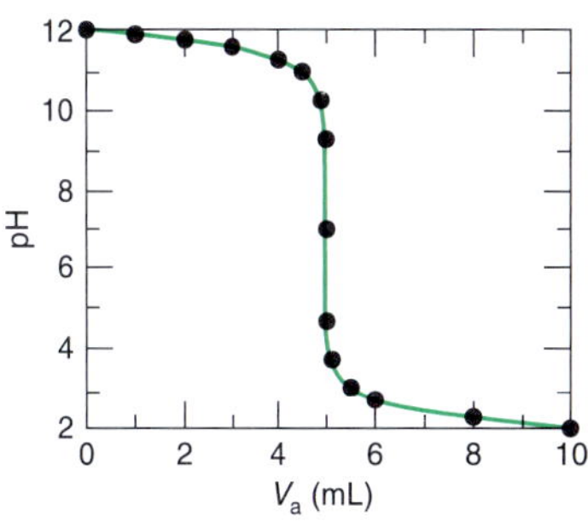

10-B. 적정 반응은 $HCO_2H + OH^- \rightarrow HCO_2^- + H_2O$이다.

$$\underbrace{(V_e(\text{mL}))(0.050\,0\ \text{M})}_{V_e\text{에서 mmol KOH}} = \underbrace{(50.0\ \text{mL})(0.050\,0\ \text{M})}_{\text{처음 mmol }HCO_2H}$$

⇒ V_e = 50.0 mL

대표적 계산 :

V_b = 0 mL : $\underset{0.050\,0 - x}{HA} \rightleftharpoons \underset{x}{H^+} + \underset{x}{A^-}$

$K_a = 1.80 \times 10^{-4}$ pK_a = 3.744

$$\frac{x^2}{0.050\,0 - x} = K_a \Rightarrow x = 2.91 \times 10^{-3} \Rightarrow pH = 2.54$$

V_b = 48.0 mL :

	HA	+	OH^-	→	A^-	+	H_2O
처음 mmol:	2.50		2.40		—		
마지막 mmol :	0.10		—		2.40		

$$pH = pK_a + \log\left(\frac{[A^-]}{[HA]}\right) = 3.744 + \log\left(\frac{2.40}{0.10}\right) = 5.12$$

$V_b = 50.0$ mL: A^-의 포말 농도

$$= \frac{(50.0\text{ mL})(0.050\,0\text{ M})}{100.0\text{ mL}} = 0.025\,0\text{ M}$$

$$\underset{0.025\,0-x}{A^-} + H_2O \rightleftharpoons \underset{x}{HA} + \underset{x}{OH^-}$$

$$K_b = K_w/K_a = 5.56 \times 10^{-11}$$

$$\frac{x^2}{0.025\,0-x} = K_b \Rightarrow x = 1.18 \times 10^{-6}$$

$$\Rightarrow pH = -\log\left(\frac{K_w}{x}\right) = 8.07$$

$$V_b = 60.0\text{ mL :과량의 }[OH^-] = \frac{(10.0\text{ mL})(0.050\,0\text{ M})}{110.0\text{ mL}}$$

$$= 4.55 \times 10^{-3}\text{ M} \Rightarrow pH = 11.66$$

V_a (mL)	pH	V_a (mL)	pH	V_a (mL)	pH
0.0	2.54	45.0	4.70	50.5	10.40
10.0	3.14	48.0	5.12	51.0	10.69
20.0	3.57	49.0	5.44	52.0	10.99
25.0	3.74	49.5	5.74	55.0	11.38
30.0	3.92	50.0	8.07	60.0	11.66
40.0	4.35				

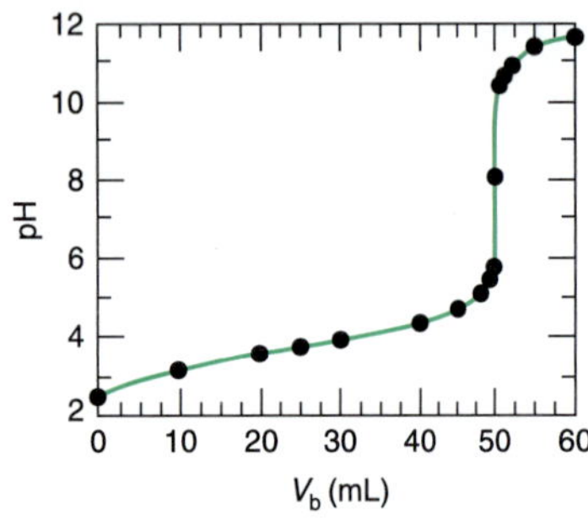

$V_b = \frac{1}{2}V_e$에서 pH는 pK_a와 같아야 한다. 실제 그렇다.

10-C. **(a)** 약염 B를 적정하면 짝산 BH^+가 생긴다. BH^+는 산성이다.

(b) 적정 반응은 $B + H^+ \rightarrow BH^+$이다.

V_e 구하기: $(V_e)(0.200\text{ M}) = (100.0\text{ mL})(0.100\text{ M})$

$\Rightarrow V_e = 50.0$ mL

대표적 계산 :

$$V_a = 0.0\text{ mL}: \underset{0.100-x}{B} + H_2O \rightleftharpoons \underset{x}{BH^+} + \underset{x}{OH^-}$$

$$K_b = 2.6 \times 10^{-6}$$

$$\frac{x^2}{0.100-x} = K_b = 2.6 \times 10^{-6} \Rightarrow x = 5.09 \times 10^{-4}$$

$$pH = -\log\left(\frac{K_w}{x}\right) = 10.71$$

$V_a = 20.0$ mL;

	B	+	H^+	→	BH^+
처음 mmol :	10.00		4.00		—
마지막 mmol :	6.00		—		4.00

$$pH = \underset{\underset{K_a = K_w/K_b}{\uparrow}}{pK_a}(\text{for } BH^+) + \log\left(\frac{[B]}{[BH^+]}\right)$$

$$= 8.41 + \log\left(\frac{6.00}{4.00}\right) = 8.59$$

$V_a = V_e = 50$ mL; 모든 B는 짝산인 BH^+로 바뀌었다. BH^+의 포말 농도는 다음과 같다.

$$F' = \frac{(100.0\text{ mL})(0.100\text{ M})}{150.00\text{ mL}} = 0.066\,7\text{ M}$$

pH는 다음 반응으로 정한다.

$$\underset{0.006\,7-x}{BH^+} \rightleftharpoons \underset{x}{B} + \underset{x}{H^+}$$

$$\frac{x^2}{0.066\,7-x} = K_a = \frac{K_w}{K_b} \Rightarrow x = 1.60 \times 10^{-5}$$

$$\Rightarrow pH = 4.80$$

$V_a = 51.0$ mL : 과량의 $[H^+]$가 있다.

$$\text{과량의 }[H^+] = \frac{(1.0\text{ mL})(0.200\text{ M})}{(151.0\text{ mL})} = 1.32 \times 10^{-3}$$

$$\Rightarrow pH = 2.88$$

V_a (mL)	pH	V_a (mL)	pH	V_a (mL)	pH
0.0	10.71	30.0	8.23	50.0	4.80
10.0	9.01	40.0	7.81	50.1	3.88
20.0	8.59	49.0	6.72	51.0	2.88
25.0	8.41	49.9	5.71	60.0	1.90

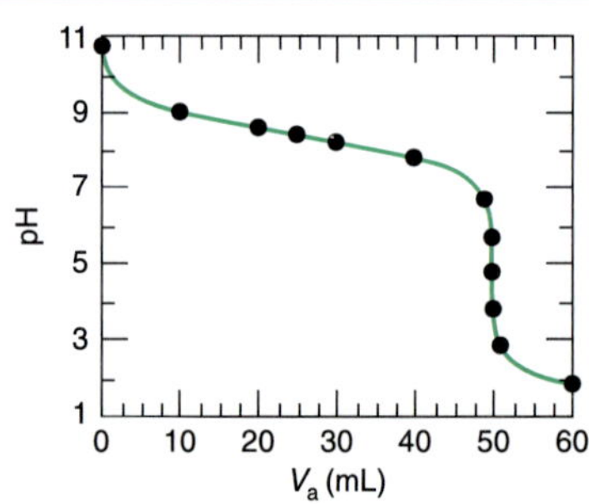

10-D. **(a)** 그림 10-1 : 브로모티몰 블루 : 푸른색 → 노란색

그림 10-2 : 티몰 블루 : 노란색 → 푸른색

그림 10-11 ($pK_a = 8$) : 티몰프탈레인 : 무색 → 푸른색

(b) 도함수는 다음 스프레드시트에 나와 있다. 1차 도함수 그래프에서 최대값은 119 μL근처이다. 그림 10-6에서 2차 도함수 그래프는 118.9 μL에서 종말점을 준다.

	A	B	C	D	E	F
1			First Derivative		Second Derivative	
2	μL NaOH	pH	μL	Derivative	μL	Derivative
3	107	6.921				
4	110	7.117	108.5	6.533E-02		
5	113	7.359	111.5	8.067E-02	110	5.11E-03
6	114	7.457	113.5	9.800E-02	112.5	8.67E-03
7	115	7.569	114.5	1.120E-01	114	1.40E-02
8	116	7.705	115.5	1.360E-01	115	2.40E-02
9	117	7.878	116.5	1.730E-01	116	3.70E-02
10	118	8.090	117.5	2.120E-01	117	3.90E-02
11	119	8.343	118.5	2.530E-01	118	4.10E-02
12	120	8.591	119.5	2.480E-01	119	−5.00E-03
13	121	8.794	120.5	2.030E-01	120	−4.50E-02
14	122	8.952	121.5	1.580E-01	121	−4.50E-02
15						
16	C4 = (A4+A3)/2			E5 = (C5+C4)/2		
17	D4 = (B4-B3)/(A4-A3)			F5 = (D5-D4)/(C5-C4)		

10-E. **(a)** 트리스(하이드록시메틸) 아미노메테인($H_2NC(CH_2OH)_3$), 탄산 소듐(Na_2CO_3), 또는 보락스($Na_2B_4O_7 \cdot 10H_2O$) 등이 HCl을 표준화할 수 있다. 프탈산 수소 포타슘($HO_2C—C_6H_4—CO_2^-K^+$) 또는 아이오딘산 수소 포타슘($KH(IO_3)_2$)은 NaOH를 표준화할 수 있다.

(b) 0.05 M OH^- 30 mL = 1.5 mmol OH^- = 1.5 mmol 프탈산 수소 포타슘 $(1.5 \times 10^{-3}$ mol)(204.22 g/mol) = 0.30 g 프탈산 수소 포타슘

10-F. **(a)** 0.033 6 M HCl 5.00 mL = 0.168_0 mmol

0.010 0 M NaOH 6.34 mL = 0.063 4 mmol

NH_3에 의해 소모된 HCl = 0.168_0 − 0.063 4 = 0.104_6 mmol

mol NH_3 = mol HCl = 0.104_6 mmol

(b) mol 질소 = mol NH_3 = 0.104_6 mmol

$(0.104_6 \times 10^{-3}$ mol N)(14.006 7 g/mol) = 1.465 mg 질소 (1.46$_5$ mg)

(c) $(256\ \mu L)\left(\dfrac{1\ mL}{1\ 000\ \mu L}\right)(3.79\ mg\ 단백질/mL) = 9.70_2\ mg\ 단백질$

(d) $wt\%\ N = \dfrac{1.46_5\ mg\ N}{9.70_2\ mg\ 단백질} \times 100 = 15.1\ wt\%$

10-G. **(a)** 스프레드시트는 그림 10-11의 결과를 재현해야 한다.

(b)

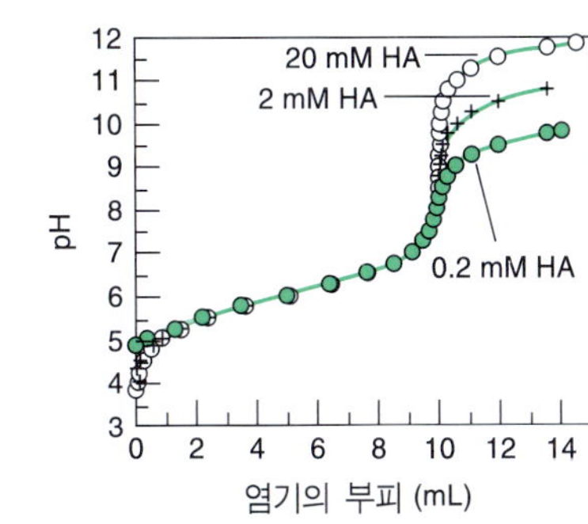

11장

11-A. **(a)** **(i)** $H_3\overset{+}{N}CH_2CH_2\overset{+}{N}H_3 \xrightleftharpoons{K_{a1} = 1.42 \times 10^{-7}} H_2NCH_2CH_2\overset{+}{N}H_3 + H^+$

$H_2NCH_2CH_2\overset{+}{N}H_3 \xrightleftharpoons{K_{a2} = 1.18 \times 10^{-10}} H_2NCH_2CH_2NH_2 + H^+$

(ii) $^-O_2CCH_2CO_2^- + H_2O \xrightleftharpoons{K_{b1} = K_w/K_{a2} = 4.98 \times 10^{-9}} HO_2CCH_2CO_2^- + OH^-$

$HO_2CCH_2CO_2^- + H_2O \xrightleftharpoons{K_{b2} = K_w/K_{a1} = 7.04 \times 10^{-12}} HO_2CCH_2CO_2H + OH^-$

(iii) $\overset{+}{N}H_3$–$CH(CO_2H)CH_2CO_2H \xrightleftharpoons{K_1}$ $\overset{+}{N}H_3$–$CH(CO_2^-)CH_2CO_2H \xrightleftharpoons{K_2}$

아스파트산

$\overset{+}{N}H_3$–$CH(CO_2^-)CH_2CO_2^- \xrightleftharpoons{K_3}$ NH_2–$CH(CO_2^-)CH_2CO_2^-$

(iv) $H_3\overset{+}{N}(HO_2C)CHCH_2CH_2CH_2NHC(=\overset{+}{N}H_2)NH_2 \xrightleftharpoons{K_1}$

$H_3\overset{+}{N}(^-O_2C)CHCH_2CH_2CH_2NHC(=\overset{+}{N}H_2)NH_2 \xrightleftharpoons{K_2}$

$H_2N(^-O_2C)CHCH_2CH_2CH_2NHC(=\overset{+}{N}H_2)NH_2 \xrightleftharpoons{K_3}$

아르지닌

$H_2N(^-O_2C)CHCH_2CH_2CH_2NHC(=NH)NH_2$

11-B. **(a)** H_2SO_3를 약한 일양성자 산으로 취급한다.

$$\underset{0.050 - x}{H_2SO_3} \rightleftharpoons \underset{x}{HSO_3^-} + \underset{x}{H^+}$$

$$\frac{x^2}{0.050 - x} = K_1 = 1.39 \times 10^{-2} \Rightarrow x = 2.03 \times 10^{-2}\ M$$

$[HSO_3^-] = [H^+] = 2.03 \times 10^{-2}\ M \Rightarrow pH = 1.69$

$[H_2SO_3] = 0.050 - x = 0.030\ M$

$$[SO_3^{2-}] = \frac{K_2[HSO_3^-]}{[H^+]} = K_2 = 6.73 \times 10^{-8}\ M$$

(b) HSO_3^-는 이양성자 산의 중간형이다.

$pH \approx \frac{1}{2}(pK_1 + pK_2) = \frac{1}{2}(1.857 + 7.172) = 4.51$

$[H^+] = 10^{-pH} = 3.1 \times 10^{-5}\ M,\ [HSO_3^-] \approx 0.050\ M$

$$[H_2SO_3] = \frac{[H^+][HSO_3^-]}{K_1} = \frac{(3.1 \times 10^{-5})(0.050)}{1.39 \times 10^{-2}}$$
$$= 1.1 \times 10^{-4}\ M$$
$$[SO_3^{2-}] = \frac{K_2[HSO_3^-]}{[H^+]} = \frac{(6.73 \times 10^{-8})(0.050)}{3.1 \times 10^{-5}}$$
$$= 1.1 \times 10^{-4}\ M$$

(c) SO_3^{2-}는 일염기인 것처럼 취급한다.

$$\underset{0.050-x}{SO_3^{2-}} + H_2O \rightleftharpoons \underset{x}{HSO_3^-} + \underset{x}{OH^-}$$

$$\frac{x^2}{0.050-x} = K_{b1} = \frac{K_w}{K_{a2}} = 1.49 \times 10^{-7} \Rightarrow$$
$$x = 8.62 \times 10^{-5}$$
$$[HSO_3^-] = 8.62 \times 10^{-5}\ M,$$
$$[H^+] = \frac{K_w}{x} = 1.16 \times 10^{-10}\ M \Rightarrow pH = 9.94$$
$$[SO_3^{2-}] = 0.050 - x = 0.050\ M$$
$$[H_2SO_3] = \frac{[H^+][HSO_3^-]}{K_1} = 7.2 \times 10^{-13}\ M$$

11-C. **(a)**

	pH 9.00	pH 11.00
주화학종:	(1,3-dihydroxybenzene: OH, OH)	(O⁻, OH)
두 번째 화학종:	(O⁻, OH)	(O⁻, O⁻)

이유 : 산해리 상수는 $pK_1 = 9.30$, $pK_2 = 11.06$이다. pH 9.00은 pK_1 아래이므로 H_2A가 주화학종이다. H_2A가 주화학종이면, HA^-가 두 번째로 많은 화학종이다. pH 11.00은 pK_2의 바로 아래이다. pH = 11.06에서는 HA^-와 A^{2-}가 같은 농도로 들어 있을 것이다. pH 11.00에서는 더 산성인 HA^-가 염기성 형인 A^{2-}보다 약간 더 많을 것이다.

(b) HC^- : $pH \approx \frac{1}{2}(pK_2 + pK_3) = \frac{1}{2}(8.36 + 10.74) = 9.55$

11-D. **(a)** $\underbrace{(50.0\ mL)(0.050\,0\ M)}_{mmol\ H_2A} = \underbrace{V_{e1}(0.100\ M)}_{mmol\ OH^-} \Rightarrow V_{e1} = 25.0\ mL$

$V_{e2} = 2V_{e1} = 50.0\ mL$

(b) 0 mL: H_2A를 약한 일양성자 산으로 취급한다.

$$\underset{0.050\,0-x}{H_2A} \overset{K_1}{\rightleftharpoons} \underset{x}{H^+} + \underset{x}{HA^-}$$

$$\frac{x^2}{0.050\,0-x} = K_1 = 1.42 \times 10^{-3}$$
$$\Rightarrow x = 7.75 \times 10^{-3} \Rightarrow pH = 2.11$$

12.5 mL: 첫 번째 당량점의 절반 위치에 있으므로 H_2A와 HA^-의 1 : 1 혼합물이 들어 있다.

$pH = pK_1 = 2.85.$

25.0 mL: 첫 번째 당량점이다. H_2A가 이양성자 산의 중간형인 HA^-로 바뀌었다.

$$pH \approx \frac{1}{2}(pK_1 + pK_2) = \frac{1}{2}(2.847 + 5.696) = 4.27$$

37.5 mL: HA^-의 반이 A^{2-}로 바뀌었으므로,

$pH = pK_2 = 5.70.$

50.0 mL: H_2A가 다음 농도의 A^{2-}로 바뀌었다.

$$F = \frac{(50.0\ mL)(0.050\,0\ M)}{100.0\ mL} = 0.025\,0\ M$$

$$\underset{0.025\,0-x}{A^{2-}} + H_2O \rightleftharpoons \underset{x}{HA^-} + \underset{x}{OH^-}$$

$$\frac{x^2}{0.025\,0-x} = K_{b1} = \frac{K_w}{K_{a2}}$$
$$\Rightarrow x = 1.12 \times 10^{-5}$$
$$\Rightarrow pH = -\log\frac{K_w}{x} = 9.05$$

55.0 mL: OH^-가 5.0 mL 과량으로 들어 있다.

$$[OH^-] = \frac{(5.0\ mL)(0.100\,0\ M)}{105.0\ mL}$$
$$= 0.004\,76\ M \Rightarrow pH = 11.68$$

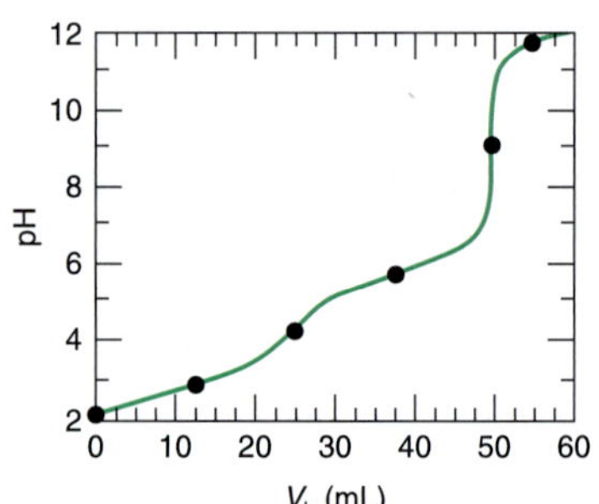

12장

12-A. **(a)** $PbI_2(s) \overset{K_{sp}}{\rightleftharpoons} \underset{x}{Pb^{2+}} + \underset{2x}{2I^-}$

$x(2x)^2 = K_{sp} = 7.9 \times 10^{-9} \Rightarrow 2x = [I^-] = 2.5\ mM$

순수한 물에 녹은 아이오딘의 측정된 농도는 약 3.8 mM로 예상보다 50% 크다. 이것의 첫 번째 이유는 용액 속에 Pb^{2+} 와 I^- 외에 PbI^+ 같은 더 많은 화학종이 존재하기 때문이다. 두 번째 이유는 PbI_2가 녹을 때, 용액에 이온들이 첨가되어, 녹아 있는 이온들 주변에 이온 분위기를 생성하고 이온들 간에 인력을 줄임으로써, PbI_2의 용해도를 증가시키기 때문이다. KNO_3가 첨가되었을 때, 이온 분위기 안의 이온들 수는 더 증가하게 되고, 따라서 Pb^{2+}와 I^-간의 인력이 줄고, PbI_2의 용해도가 증가한다.

(b) $\mu = \frac{1}{2}\{[Pb^{2+}] \cdot (+2)^2 + [I^-] \cdot (-1)^2\}$

$= \frac{1}{2}\{(0.001\,0 \cdot 4) + (0.002\,0 \cdot 1)\} = 0.003\,0$ M

12-B. **(a)** $HgBr_2(s) \rightleftharpoons \underset{x}{Hg^{2+}} + \underset{2x}{2Br^-} \Rightarrow$

$$K_{sp} = [Hg^{2+}]\gamma_{Hg^{2+}}[Br^-]^2\gamma^2_{Br^-}$$

$$1.3 \times 10^{-19} = (x)(1)(2x)^2(1)$$

$$1.3 \times 10^{-19} = 4x^3$$

$$x = [Hg^{2+}] = \sqrt[3]{\frac{1.3 \times 10^{-19}}{4}} = 3.2 \times 10^{-7}\ M$$

K_{sp}값은 부록에서 가져왔다. 어느 숫자의 세제곱근을 구하려면 계산기에서 그 수의 1/3 제곱을 한다

(b) Br^-의 농도는 NaBr에서 얻어진 0.050 M이다. 이온 세기는 0.050 M이다. 표 12-1에서 활동도 계수는 $\gamma_{Hg^{2+}} = 0.465$, $\gamma_{Br^-} = 0.805$이다.

$HgBr_2(s) \rightleftharpoons Hg^{2+} + 2Br^- \Rightarrow$

$$K_{sp} = [Hg^{2+}]\gamma_{Hg^{2+}}[Br^-]^2\gamma^2_{Br^-}$$

$$1.3 \times 10^{-19} = [Hg^{2+}](0.465)(0.050)^2(0.805)^2$$

$$[Hg^{2+}] = \frac{1.3 \times 10^{-19}}{(0.465)(0.050)^2(0.805)^2} = 1.7 \times 10^{-16}\ M$$

(c) 평형 $HgBr_2(s) + Br^- \rightleftharpoons HgBr_3^-$도 함께 일어난다면, Hg(II) 이온이 추가로 $HgBr_3^-$의 형태로 존재할 것이다. $HgBr_2$의 용해도는 **(b)**에서 계산한 것보다 더 많을 것이다.

12-C. **(a)** $C_2O_4^{2-} \xrightarrow{H^+} HC_2O_4^- \xrightarrow{H^+} H_2C_2O_4$

화학종은 Na^+, $C_2O_4^{2-}$, $HC_2O_4^-$, $H_2C_2O_4$, Cl^-, H^+, OH^-, H_2O.

(b) 전하 균형: $[Na^+] + [H^+]$

$$= 2[C_2O_4^{2-}] + [HC_2O_4^-] + [Cl^-] + [OH^-]$$

(c) 첫 번째 질량 균형에서 Na^+의 총농도는 다음과 같이 되어야 한다.

$$2 \times \frac{5.00\ \text{mmol}}{0.100\ \text{L}} \Rightarrow [Na^+] = 0.100\ M.$$

두 번째 질량 균형에서 옥살산 음이온의 총몰수는 다음과 같다.

$$\frac{5.00\ \text{mmol}}{0.100\ \text{L}} \Rightarrow 0.050\ 0\ M = [C_2O_4^{2-}] + [HC_2O_4^-] + [H_2C_2O_4].$$

세 번째 질량 균형에서 $[Cl^-] = 0.025\,0$ M이다.

(d) 염기인 옥살산 음이온 5.00 mmol에 2.50 mmol H^+를 가한다. 주요 화학종은 $C_2O_4^{2-} + HC_2O_4^-$이고, 무시할 만한 양의 $H_2C_2O_4$가 존재한다. pH는 옥살산의 pK_2인 4.27 근처가 된다. 그러므로 용액 속에 $[H^+] \approx 10^{-4.27}$ M이고, $[OH^-] = K_w/[H^+] \approx 10^{-9.73}$ M이다. 전하 균형과 질량 균형은 주요 화학종의 농도에 비해 $[H_2C_2O_4]$, $[H^+]$, $[OH^-]$을 무시함으로써 간단히 할 수 있다.

전하 균형: $[Na^+] \approx 2[C_2O_4^{2-}] + [HC_2O_4^-] + [Cl^-]$

질량 균형: $0.050\,0\ M \approx [C_2O_4^{2-}] + [HC_2O_4^-]$

12-D. **(a)** **타당한 반응들**: 문제에 주어진 두 반응과 $H_2O \rightleftharpoons H^+ + OH^-$.

전하 균형: pH가 고정되어 있기 때문에 이용할 수 없다.

질량 균형: $[Ag^+] = [CN^-] + [HCN]$ (A)

평형상수들: $K_{sp} = [Ag^+][CN^-] = 2.2 \times 10^{-16}$ (B)

$$1/K_a = \frac{[HCN]}{[CN^-][H^+]} = 1.6 \times 10^{-9} \quad (C)$$

$$K_w = [H^+][OH^-] = 1.0 \times 10^{-14} \quad (D)$$

대응식들과 미지수들: 4개의 식들(A-D)과 4개의 미지수: $[Ag^+]$, $[CN^-]$, $[HCN]$, $[OH^-]$. $[H^+]$는 알고 있다.

풀이: $[H^+] = 10^{-9.00}$ M을 C식에 대입하면,

$$1.6 \times 10^9 = \frac{[HCN]}{[CN^-][1.0 \times 10^{-9}]} \Rightarrow$$

$[HCN] = 1.6[CN^-]$

이것을 A 식에 대입한다.

$$[Ag^+] = [CN^-] + [HCN] = [CN^-] + 1.6[CN^-] = 2.6[CN^-]$$

이것을 B식에 대입한다.

$$K_{sp} = 2.2 \times 10^{-16} = [Ag^+][CN^-] = (2.6[CN^-])[CN^-] \Rightarrow [CN^-] = 9.2_0 \times 10^{-9}\ M$$

$$[Ag^+] = K_{sp}/[CN^-] = 2.2 \times 10^{-16}/9.2_0 \times 10^{-9} = 2.3_9 \times 10^{-8}\ M$$

$$[HCN] = 1.6[CN^-] = 1.6(9.2_0 \times 10^{-9}) = 1.4_7 \times 10^{-8}\ M$$

(b) **질량 균형**: 모든 화학종은 AgCN(*s*)로부터 나오기 때문에, 은의 몰수는 사이안화 이온의 몰수와 같아야 한다.

$$\underbrace{[Ag^+] + [AgCN(aq)] + [Ag(CN)_2^-] + [AgOH(aq)]}_{\text{은의 몰수}}$$

$$= \underbrace{[CN^-] + [HCN] + [AgCN(aq)] + 2[Ag(CN)_2^-]}_{\text{사이안화 이온의 몰수}}$$

간단히 하면,

$$[Ag^+] + [AgOH(aq)] = [CN^-] + [HCN] + [Ag(CN)_2^-]$$

12-E. pH 2.00에서: $\alpha_{HA} = \frac{10^{-2.00}}{10^{-2.00} + 10^{-3.00}} = 0.90_9$

$$\alpha_{A^-} = \frac{10^{-3.00}}{10^{-2.00} + 10^{-3.00}} = 0.090_9$$

$$\frac{[HA]}{[A^-]} = \frac{0.90_9}{0.090_9} = 10._0$$

3가지 pH 값에 대해 그 결과값들은,

pH	α_{HA}	α_{A^-}	[HA][A⁻]
2.00	0.90_9	0.090_9	$10._0$
3.00	0.50_0	0.50_0	1.0_0
4.00	0.090_9	0.90_9	0.10_0

물론, 이 경과 값들은 Henderson-Hasselbalch 식으로부터 알고 있다.

13장

13-A. 한자리 리간드는 한 개의 리간드 원자가 한 개의 금속 이온과 결합한다. 여러자리 리간드는 한 개 이상의 리간드 원자와 결합한다. 킬레이트 리간드는 여러자리 리간드이다. 데스페리옥사민 B는 3개의 하이드록사메이트기에서 6개의 리간드 산소 원자를 갖고 있다.

13-B. **(a)** $M^{n+} + Y^{4-} \rightleftharpoons MY^{n-4}$

$K_f = [MY^{n-4}]/([M^{n+}][Y^{4-}])$

(b) 낮은 pH에서 H^+는 EDTA의 리간드 원자와 결합하기 위해 M^{n+}와 경쟁한다.

(c) 보조 착화제는 높은 pH에서 금속 이온이 수산화물로 침전되는 것을 막아준다. EDTA는 금속 이온으로부터 보조 착화제를 밀어내고 그 자리를 차지한다.

(d) 각 구간을 나누는 경계는 pK_a이다. 각 구간의 중간지점은 그것을 둘러 쌓고 있는 두 개의 pK_a의 평균이다. 두 구간 사이에 있는 경계선에 있는 pH는 이웃하고 있는 두 구간에서 화학종의 농도가 같은 pH이다. 예를 들어, pH 2.69에서 $[H_2Y^-] = [H_2Y^{2-}]$. 어떤 구간의 중심에 있는 pH는 그 구간에서 순수한 화학종을 포함하는 pH이다. 예를 들어, H_2Y^{2-}의 염 (예: Na_2H_2Y)을 녹여 만든 용액의 pH는 4.41이다.

H_6Y^{2+}	H_5Y^+	H_4Y	H_3Y^-	H_2Y^{2-}	HY^{3-}	Y^{4-}

경계: 0.0 | 1.5 | 2.00 | 2.69 | 6.13 | 10.37

pH: 0.75 1.75 2.34 4.41 8.25

13-C. **(a)** 단지 소량의 지시약이 사용된다. 대부분의 Mg^{2+}는 지시약과 결합되어 있지 않다. MgIn이 반응하기 전에 결합하지 않은 Mg^{2+}와 EDTA가 반응한다. 그러므로 MgIn의 농도는 모든 Mg^{2+}가 소모될 때까지 일정하다. MgIn이 반응하기 시작할 때에만 색이 변한다.

(b) **(i)** pH 2.85와 6.70 사이에서 지시약의 주된 화학종은 **(ii)** 노란색인 H_3In^{3-}이다. 금속 지시약 착물은 **(iii)** 붉은색이다. pH 8에서 지시약의 주된 화학종은 보라색인 H_2In^{4-}이다. 따라서 적정의 색 변화는 **(iv)** 보라색에서 붉은색이다.

13-D. **(a)** (25.0 mL)(0.050 0 M) = 1.25 mmol EDTA

(b) (5.00 mL)(0.050 0 M) = 0.25 mmol Zn^{2+}

(c) mmol Ni^{2+} = mmol EDTA − mmol Zn^{2+}

= 1.25 − 0.25 = 1.00 mmol Ni^{2+}

$[Ni^{2+}]$ = (1.00 mmol) / (50.0 mL) = 0.020 0 M

13-E. **(a)** pH 5.00에서:

$K_f' = \alpha_{Y^{4-}} - K_f' = (2.9 \times 10^{-7})(10^{10.65}) = 1.3 \times 10^4$

	Ca^{2+}	+ EDTA	$\rightleftharpoons$ CaY^{2-}
처음 농도 (M) :	0	0	0.010
마지막 농도 (M) :	x	x	$0.010 - x$

$$\frac{[CaY^{2-}]}{[Ca^{2+}][EDTA]} = \frac{0.010 - x}{x^2} = K_f' = 1.3 \times 10^4$$

$$\Rightarrow x = [Ca^{2+}] = 8.4 \times 10^{-4}\ M$$

(b) 결합된 칼슘의 분율

$$= \frac{[CaY^{2-}]}{[CaY^{2-}] + [Ca^{2+}]} = \frac{[0.010 - 0.000\ 84]}{0.010} = 0.92$$

(c) pH 9.00에서: $K_f' = (0.041)(10^{10.65}) = 1.8 \times 10^9$

$$\frac{[CaY^{2-}]}{[Ca^{2+}][EDTA]} = \frac{0.010 - x}{x^2} = 1.8 \times 10^9$$

$$\Rightarrow x = [Ca^{2+}] = 2.4 \times 10^{-6}\ M$$

결합된 칼슘의 분포

$$= \frac{[CaY^{2-}]}{[CaY^{2-}] + [Ca^{2+}]} = \frac{[0.010 - 2.4 \times 10^{-6}]}{0.010} = 0.999\ 8$$

당량점인 pH 9.00에서 칼슘의 99.98%가 EDTA와 결합한다.

13-F. pH 10.0에서, $K_f' = (0.30)(10^{10.65}) = 1.3_4 \times 10^{10}$

V_{EDTA} = 5.00 mL일 때 Ca^{2+}에 대한 계산은 Mg^{2+}의 경우와 동일하다.

처음 mmol Ca^{2+} = (0.050 0 M Ca^{2+})(50.0 mL)

= 2.50 mmol

남아 있는 mmol = (0.900)(2.50 mmol) = 2.25 mmol

$$[Ca^{2+}] = \frac{2.25\ mmol}{55.0\ mL} = 0.040\ 9\ M$$

$\Rightarrow pCa^{2+} = -\log[Ca^{2+}] = 1.39$

당량점에서 V_{EDTA} = 50.00 mL이다.

$$[Ca^{2-}] = \frac{2.25\ mmol}{100.0\ mL} = 0.025\ 0\ M$$

	Ca^{2+}	+ EDTA	$\rightleftharpoons$ CaY^{2-}
처음 농도 (M) :	—	—	0.025 0
마지막 농도 (M) :	x	x	$0.025\ 0 - x$

$$\frac{[CaY^{2-}]}{[Ca^{2+}][EDTA]} = K_f' = 1.3_4 \times 10^{10}$$

$$\frac{0.025\ 0 - x}{x^2} = 1.3_4 \times 10^{10}$$

$\Rightarrow x = 1.3_7 \times 10^{-6}\ M \Rightarrow pCa^{2+} = -\log x = 5.86$

V_{EDTA} = 51.00 mL일 때 EDTA 1.00 mL가 초과되었다.

$$[EDTA] = \frac{0.050\ 0\ mmol}{101.0\ mL} = 0.000\ 49_5\ M$$

$$[CaY^{2-}] = \frac{2.50\ mmol}{101.0\ mL} = 0.024\ 8\ M$$

$$\frac{[CaY^{2-}]}{[Ca^{2+}][EDTA]} = K'_f = 1.3_4 \times 10^{10}$$

$$\frac{0.024\ 8}{[Ca^{2+}][0.000\ 49_5]} = 1.3_4 \times 10^{10}$$

$$\Rightarrow [Ca^{2+}] = 3.7 \times 10^{-9}\ M \Rightarrow pCa^{2+} = 8.43$$

14장

14-A. **(a)** $I_2 + 2e^- \rightleftharpoons 2I^-$
산화제

(b) $2S_2O_3^{2-} \rightleftharpoons S_4O_6^{2-} + 2e^-$
환원제

(c) $S_2O_3^{2-}$당 $n = 1$ 전자

(d) 쿨롱 $= q = nNF$

$N = 1.00\ g\ S_2O_3^{2-}/(112.13\ g/mol) = 8.92\ mmol\ S_2O_3^{2-}$

$q = nNF$

$= (1)(8.92 \times 10^{-3}\ mol)(9.649 \times 10^4\ C/mol) = 861\ C$

(e) 전류 (A) = 쿨롱/s = 861 C/60 s = 14.3 A

(f) 일 $= E \cdot q = (0.200\ V)(861\ C) = 172\ J$

14-B. **(a)** $Pt(s)\ |\ Br_2(l)\ |\ HBr(aq, 0.10\ M)$
$\|\ Al(NO_3)_3(aq, 0.010\ M)\ |\ Al(s)$

(b)

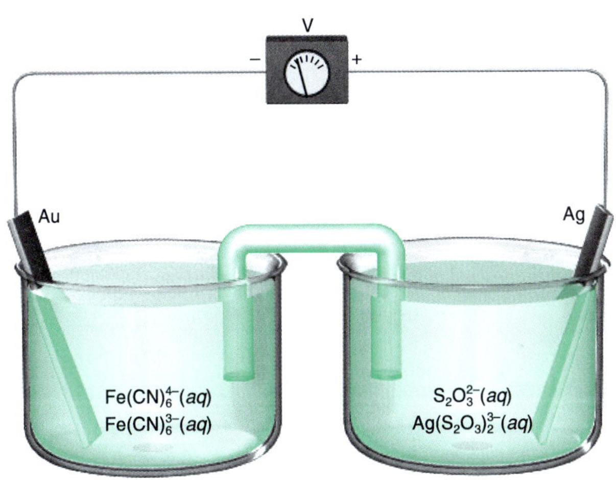

왼쪽 반쪽 전지: $Fe(CN)_6^{3-} + e^- \rightleftharpoons Fe(CN)_6^{4-}$
오른쪽 반쪽 전지: $Ag(S_2O_3)_2^{3-} + e^- \rightleftharpoons Ag(s) + 2S_2O_3^{2-}$

14-C. $Pt(s)\ |\ H_2(g, 1\ bar)\ |\ H^+(aq, 1\ M)$
$\|\ Fe^{2+}(aq, 1\ M), Fe^{3+}(aq, 1\ M)\ |\ Pt(s)$

반응 $Fe^{3+} + e^- \rightleftharpoons Fe^{2+}$의 $E°$는 0.771 V이다. 즉 전지에서 Fe는 Pt에 대해서 플러스이다. 그러므로 전자는 미터를 통하여 Pt에서 Fe로 흐른다.

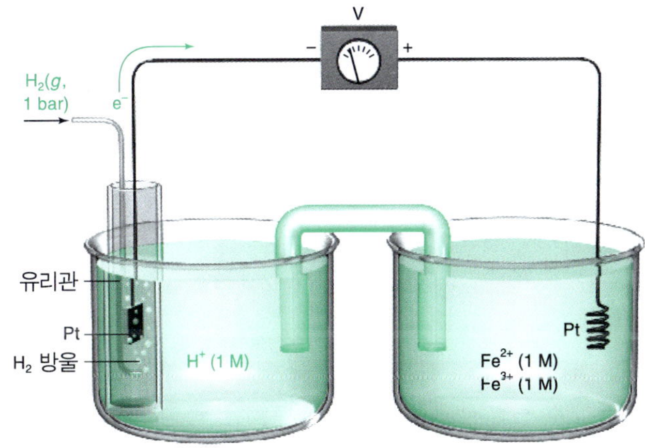

14-D. **(a)** $E = E° - \left(\frac{0.059\ 16}{3}\right)\log\left(\frac{P_{AsH_3}}{[H^+]^3}\right)$

$$E = -0.238 - \left(\frac{0.059\ 16}{3}\right)\log\left(\frac{0.010\ 0}{(10^{-3.00})^3}\right) = -0.376\ V$$

(b) $Zn(s)\,|\,Zn^{2+}(0.1\ M)\ \|\ Cu^{2+}(0.1\ M)\,|\,Cu(s)$

오른쪽 반쪽 전지: $Cu^{2+} + 2e^- \rightleftharpoons Cu(s)$ $E_+° = 0.339\ V$

왼쪽 반쪽 전지: $Zn^{2+} + 2e^- \rightleftharpoons Zn(s)$ $E_-° = -0.762\ V$

$$E = \left\{0.339 - \left(\frac{0.059\ 16}{2}\right)\log\left(\frac{1}{0.1}\right)\right\} - \left\{-0.762 - \left(\frac{0.059\ 16}{2}\right)\log\left(\frac{1}{0.1}\right)\right\} = 1.101\ V$$

플러스 전압은 전자가 Zn에서 Cu로 이동하는 것을 말한다. 순반응은 $Cu^{2+} + Zn(s) \rightleftharpoons Cu(s) + Zn^{2+}$이다.

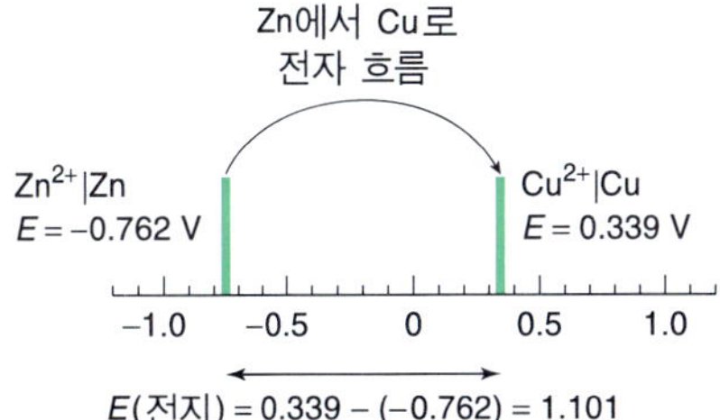

14-E. **(a)** 오른쪽 반쪽 전지: $Cu^{2+} + 2e^- \rightleftharpoons Cu(s)$

$E_+° = +0.339V$

왼쪽 반쪽 전지: $Zn^{2+} + 2e^- \rightleftharpoons Zn(s)$

$E_-° = -0.762V$

$E° = E_+° - E_-° = 1.101\ V$

$K = 10^{nE°/0.059\ 16} = 10^{2(1.101)/0.059\ 16} = 1.7 \times 10^{37}$

(b)

$$\begin{array}{lll} & AgBr(s) + e^- \rightleftharpoons Ag(s) + Br^- & E_+° = 0.071\ V \\ - & Ag^+ + e^- \rightleftharpoons Ag(s) & E_-° = 0.799\ V \\ \hline & AgBr(s) \rightleftharpoons Ag^+ + Br^- & E° = 0.071 - 0.799 = -0.728\ V \end{array}$$

$$K_{sp} = 10^{1E°/0.059\ 16} = 5 \times 10^{-13}$$

14-F. **(a)** $E = E_+ - E_-$

$$= \Big\{\underbrace{E_+^\circ}_{0.771\text{ V}} - (0.059\ 16)\log\underbrace{\left(\frac{[Fe^{2+}]}{[Fe^{3+}]}\right)}_{?}\Big\} - \underbrace{0.197}_{\text{기준 전극 전압}}$$

$$0.703 = \left\{0.771 - 0.059\ 16\log\left(\frac{[Fe^{2+}]}{[Fe^{3+}]}\right)\right\} - 0.197$$

$$0.059\ 16\log\left(\frac{[Fe^{2+}]}{[Fe^{3+}]}\right) = -0.129$$

$$\Rightarrow \log\left(\frac{[Fe^{2+}]}{[Fe^{3+}]}\right) = -2.18$$

$$\Rightarrow \frac{[Fe^{2+}]}{[Fe^{3+}]} = 10^{-2.18} = 6.6 \times 10^{-3}$$

(b) **(i)** 0.523 V대 S.H.E.의 전위는 그림 14-13에서 원점의 오른쪽에 놓여 있다. Ag | AgCl 전위는 원점의 오른쪽에서 0.197 V에 놓여 있다. 두 점 사이의 차이는 0.523 − 0.197 = 0.326 V이다.

(ii) 0.222 V 대 S.C.E.의 전위는 S.C.E.의 오른쪽으로 0.222 V에 놓여 있다. 그림 14-13에서 S.C.E.는 S.H.E.의 오른쪽으로 0.241 V에 놓여 있기 때문에 S.H.E.로부터 거리는 0.222 + 0.241 = 0.463 V이다.

15장

15-A. **(a)** 0.10 mL에서:

처음 Cl^- = 2.00 mmol, Ag^+ 첨가 = 0.020 mmol

$$[Cl^-] = \frac{(2.00 - 0.020)\text{ mmol}}{(40.0 + 0.10)\text{ mL}} = 0.049\ 4\text{ M}$$

$$[Ag^+] = K_{sp}/[Cl^-] = (1.8 \times 10^{-10})/(0.049\ 4) = 3.6 \times 10^{-9}\text{ M}$$

유사한 방법으로

2.50 mL: $[Cl^-]$ = 0.035 3 M $[Ag^+] = 5.1 \times 10^{-9}$ M

5.00 mL: $[Cl^-]$ = 0.022 2 M $[Ag^+] = 8.1 \times 10^{-9}$ M

7.50 mL: $[Cl^-]$ = 0.010 5 M $[Ag^+] = 1.7 \times 10^{-8}$ M

9.90 mL: $[Cl^-]$ = 0.000 401 M $[Ag^+] = 4.5 \times 10^{-7}$ M

(b) V_e에서: $[Ag^+][Cl^-] = x^2 = K_{sp} \Rightarrow$

$$[Cl^-] = [Ag^+] = \sqrt{K_{sp}} = 1.3 \times 10^{-5}\text{ M}$$

(c) 10.10 mL에서: 과량의 Ag^+는 0.10 mL이다. 그러므로

$$[Ag^+] = \frac{(0.10\text{ mL})(0.200\text{ M})}{50.1\text{ mL}} = 4.0 \times 10^{-4}\text{ M}$$

$$12.00\text{ mL에서: } [Ag^+] = \frac{(2.00\text{ mL})(0.200\text{ M})}{52.0\text{ mL}} = 7.7 \times 10^{-3}\text{ M}$$

(d) 0.10 mL에서:

$E = 0.558 + (0.059\ 16)\log\ [Ag^+]$

$E = 0.558 + (0.059\ 16)\log(3.6 \times 10^{-9}) = 0.059$ V

유사한 방법으로 다음의 결과를 얻을 수 있다.

mL $AgNO_3$	E (V)	mL $AgNO_3$	E (V)
0.10	0.059	9.90	0.182
2.50	0.067	10.00	0.270
5.00	0.079	10.10	0.357
7.50	0.099	12.00	0.433

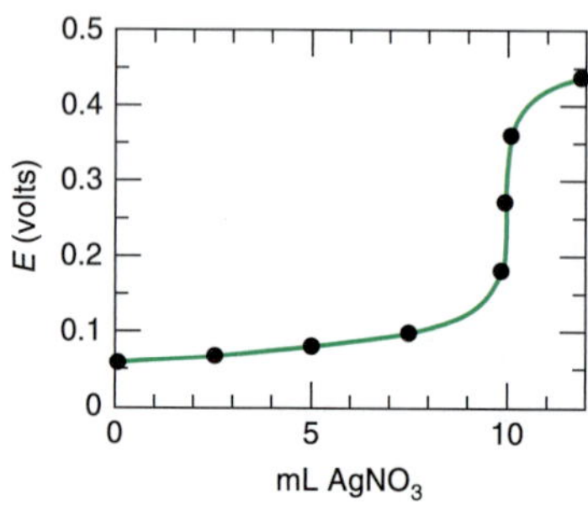

15-B. Cl^-는 $NaNO_3$ 안으로 확산되고 NO_3^-는 NaCl 안으로 확산된다. Cl^-의 이동도가 NO_3^-보다 크므로 NaCl 영역에서 Cl^-는 $NaNO_3$ 영역에서 NO_3^-가 소모되는 것보다 더 빨리 소모된다. 따라서, $NaNO_3$쪽이 마이너스가 되고, NaCl쪽이 플러스가 된다.

15-C. **(a)** 암모니아 전극

$$E = \frac{0.059\ 16}{n}\log\left(\frac{[NH_4^+]_{외부}}{[NH_4^+]_{내부}}\right)\text{에서}$$

$n = +1$이며 $[NH_4^+]_{내부}$ 농도는 고정되어 있다. $[NH_4^+]_{외부}$가 10배 증가하면 E는 (0.059 16/1) log 10 = 0.059 16 V이다.

플루오린화 이온 전극: $E = \dfrac{0.059\ 16}{n}\log\left(\dfrac{[F^-]_{외부}}{[F^-]_{내부}}\right)$

여기서 $n = -1$이다. $[F^-]_{외부}$가 10배 증가하면 E는 (−0.059 16) log 10 = −0.059 16 V로 변한다.

황 이온 전극: $E = \dfrac{0.059\ 16}{n}\log\left(\dfrac{[S^{2-}]_{외부}}{[S^{2-}]_{내부}}\right)$이며,

$n = -2$이다. $[S^{2-}]_{외부}$가 10배 증가하면 E는 (−0.059 16/2) log 10 = −0.029 58 V로 변한다.

(b) 소수성 **양이온**은 $L(CO_3^{2-})(H_2O)$의 전하 균형을 맞추기 위해서 그리고 막에 $L(CO_3^{2-})(H_2O)$를 붙잡아두기 위해서 필요하다. 그러므로 $(C_{12}H_{25})_3NCH_3^+$를 선택했다.

15-D. **(a)** 표준 완충 용액의 pH에 대한 불확정성, 접촉 전위, 양극단 pH 값에서 알칼리 오차와 산 오차, 전극이 평형에 이르는 시간

(b) (4.63)(0.059 16 V) = 0.274 V

(c) 유리 표면 위에 있는 양이온 교환 자리를 두고 Na^+는 H^+와 경쟁한다. 그러면 유리는 마치 H^+ 이온이 조금 있는 것처럼 응답을 하고, 겉보기 pH는 실제 pH보다 낮다.

15-E. **(a)**

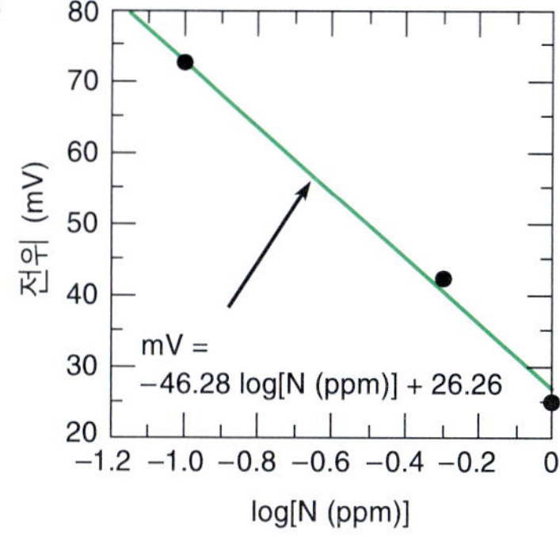

(b) **(a)**에 있는 교정 곡선 식에 전위의 실험 전위값을 넣으면 다음과 같다.

$106 = -46.28 \log [N] + 26.26$

$\Rightarrow [N] = 0.019$ ppm

$115 = -46.28 \log [N] + 26.26$

$\Rightarrow [N] = 0.012$ ppm

미지 시료 값이 교정 점들의 밖에 놓여 있는 것에 주목하라. 이 경우는 좋은 실험 과정이 아니다. 항상 미지 시료의 농도보다 더 낮은 농도에서 더 많은 교정 점을 얻는 것이 좋을 것이다.

(c) $56 = -46.28 \log [N] + 26.26 \Rightarrow [N] = 0.23$ ppm

16장

16-A. 적정 반응:

$Sn^{2+} + 2Ce^{4+} \longrightarrow Sn^{4+} + 2Ce^{3+} \quad V_e = 10.0$ mL

지시 전극 반쪽 반응:

$Sn^{4+} + 2e^- \longrightarrow Sn^{2+} \qquad E° = 0.139$ V

$Ce^{4+} + e^- \longrightarrow Ce^{3+} \qquad E° = 1.47$ V (1 M HCl)

지시 전극 네른스트 식:

$$E_+ = 0.139 - \frac{0.059\ 16}{2} \log\left(\frac{[Sn^{2+}]}{[Sn^{4+}]}\right) \qquad (A)$$

$$E_+ = 1.47 - 0.059\ 16 \log\left(\frac{[Ce^{3+}]}{[Ce^{4+}]}\right) \qquad (B)$$

대표적 계산:

0.100 mL에서: $[Sn^{2+}]/[Sn^{4+}]$ 비는 9.90/0.100이다.

$$E_+ = 0.139 - \frac{0.059\ 16}{2} \log\left(\frac{[Sn^{2+}]}{[Sn^{4+}]}\right)$$

$$= 0.139 - \frac{0.059\ 16}{2} \log \frac{9.90}{0.100} = 0.080 \text{ V}$$

$E = E_+ - E_- = 0.080 - 0.241 = -0.161$ V

10.00 mL에서: 네른스트 식 A와 B를 더하기 위해 로그항 앞에 있는 인자는 모두 같아야 한다. 그러므로 덧셈을 하기 전에 식 A에 2를 곱한다.

$$2E_+ = 2(0.139) - 0.059\ 16 \log \frac{[Sn^{2+}]}{[Sn^{4+}]}$$

$$E_+ = 1.47 - 0.059\ 16 \log \frac{[Ce^{3+}]}{[Ce^{4+}]}$$

$$3E_+ = 1.748 - 0.059\ 16 \log \frac{[Sn^{2+}]}{[Sn^{4+}]}\frac{[Ce^{3+}]}{[Ce^{4+}]} \qquad (C)$$

당량점에서 $[Ce^{3+}] = 2[Sn^{4+}]$, $[Ce^{4+}] = 2[Sn^{2+}]$이다. 식 C에 이런 값을 넣으면 로그항이 0이 된다.

그러므로 $3E_+ = 1.748$ and $E_+ = 0.583$ V

$E = E_+ - E_- = 0.583 - 0.241 = 0.342$ V

10.10 mL에서: $[Ce^{3+}]/[Ce^{4+}]$ 비는 10.00/0.10

$$E^+ = 1.47 - 0.059\ 16 \log \frac{[Ce^{3+}]}{[Ce^{4+}]}$$

$$E^+ = 1.47 - 0.059\ 16 \log \frac{10.00}{0.10} = 1.35_2 \text{ V}$$

$E = E_+ - E_- = 1.35_2$ V $- 0.241 = 0.11$ V

mL	E (V)	mL	E (V)
0.100	−0.161	10.00	0.342
1.00	−0.130	10.10	1.11
5.00	−0.102	12.00	1.19
9.50	−0.064		

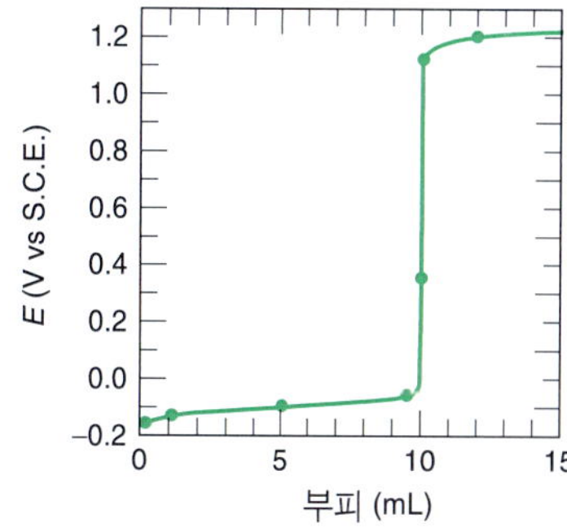

16-B. $Fe(CN)_6^{3-} + e^- \rightleftharpoons Fe(CN)_6^{4-} \quad E° = 0.356$ V

$Tl^{3+} + 2e^- \rightleftharpoons Tl^+ \qquad E° = 0.77$ V(1 M HCl에서)

종말점은 0.356 V와 0.77 V 사이에 있을 것이다. $E° = 0.53$ V인 메틸렌 블루는 적정 곡선의 가파른 부분 중간점에 가장 가깝다. 색 변화는 푸른색에서 무색으로 될 것이다.

16-C. **(a)** 50.0 mL는 정확하게 처음 용액의 1/10의 KIO_3를 포함하고 있다. 아이오딘산 이온 각 1몰은 3몰의 삼아이오딘화 이온을 만들고, 따라서 $I_3^- = 3(0.477\ 5_7) = 1.432_7$ mmol이다.

(b) 싸이오황산 이온 2몰은 I_3^- 1몰과 반응한다. 따라서, 37.66 mL에는 반드시 싸이오황산 이온 $2(1.432_7) = 2.865_4$ mmol이 있었을 것이다. 그러므로 농도는 $(2.865_4$ mmol$)/(37.66$ mL$) = 0.076\ 08_7$ M이다.

(c) KIO_3 50.00 mL는 I_3^- 1.432_7 mmol을 만든다. 반응하지 않은 I_3^-는 싸이오황산 소듐 14.22 mL를 필요로 한다. 이것은 $(14.22$ mL$)(0.076\ 08_7$ M$) = 1.082_0$ mmol이며, 이것과 반응하는 I_3^-는 $\frac{1}{2}(1.082_0$ mmol$) = 0.541_0$ mmol이다. 아스코브산은 반드시 그 차이, 즉, 1.432_7 −

$0.541_0 = 0.891_7$ mmol I_3^- 만큼 소비되어야 한다. 아스코브산 각 1몰은 I_3^- 1몰을 소비하며, 따라서 아스코브산의 몰수는 0.891_7 mmol이며, 그것의 질량은 $(0.891_7 \times 10^{-3}\text{ mol})(176.13\text{ g/mol}) = 0.157_1$ g이다. 미지 시료에 있는 아스코브산의 무게 백분율은 $100 \times (0.157_1\text{ g})/(1.223\text{ g}) = 12.8$ wt%이다.

17장

17-A. **(a)** 산화전극: $Fe + 8OH^- \longrightarrow FeO_4^{2-} + 4H_2O + 6e^-$

(b) $4FeO_4^{2-} + 3S^{2-} + 11.5H_2O \longrightarrow$

$$4Fe(OH)_3(s) + 1.5S_2O_3^{2-} + 11OH^-$$

(c) 산화전극 반응은 각각의 FeO_4^{2-}에 대해 $6e^-$가 생성된다. 황화 이온과 반응하는데 $3S^{2-}$를 소모하려면 $4FeO_4^{2-}$가 필요하다. 각 황화 이온의 산화에 필요한 전자수는

$$\left(\frac{6e^-}{FeO_4^{2-}}\right)\left(\frac{4FeO_4^{2-}}{3S^{2-}}\right) = \frac{8e^-}{S^{2-}} \text{ 황화 이온 몰당 8 mol } e^-$$

1시간(3600초) 동안 16.0 A(= 16.0 C/s)의 전류는 $q = It = (16.0\text{ C/s})(3600\text{ s}) = 5.76 \times 10^4$ C를 제공한다.

$$N = \text{mol } e^- = \frac{q}{nF} = \frac{5.76 \times 10^4\text{C}}{(1\text{ 전하/전자})(96\,485\text{ C/mol})}$$

$$= 0.597\text{ mmol } e^-$$

다음과 같이 반응한다.

$$\frac{0.597\text{ mol } e^-}{8\text{ mol } e^-/\text{mol } S^{2-}} = 0.074\,6\text{ mmol } S^{2-}$$

(d) $$\frac{0.0746\text{ mol } S^{2-}}{0.0100\text{ mol } S^{2-}/\text{L}} = 7.46\text{ L}$$

17-B. **(a)** 포도당 측정기는 두 개의 탄소 기준 전극과 은-염화은 기준전극을 가진 검사띠를 갖고 있다. 지시 전극 1은 포도당 산화효소와 매개체로 입혀져 있다. 혈액 한 방울을 검사띠에 놓으면 혈액에서 나온 포도당은 글루코노락톤으로 매개체에 의해서 지시 전극 1 부근에서 산화되고 매개체는 환원된다. 포도당 산화효소는 산화를 촉진한다. 지시 전극의 전위를 +0.2 V로 유지하면(Ag|AgCl 전극에 대하여) 환원된 매개체는 지시 전극에서 다시 산화된다. 지시 전극 1과 기준 전극 사이에서의 전류는 매개체의 산화되는 속도에 비례하고, 그것은 혈액에 있는 포도당의 농도와 방해물질의 농도를 더한 것에 비례한다. 지시 전극 2는 매개체를 갖추고 있지만 포도당 산화효소는 없다. 지시 전극 2와 기준 전극 사이에서 측정된 전류는 혈액에 있는 방해물질의 농도에 비례한다. 두 전류 사이의 차이는 혈액에 있는 포도당의 농도에 비례한다.

(b) 매개체가 없을 경우에는 포도당의 산화 속도는 혈액에 있는 O_2의 농도에 의존한다. 만약, O_2의 농도가 낮으면 전류도 작을 것이고, 기기는 포도당의 농도를 낮게 읽는 부정확한 결과를 보일 것이다. 1,1′-다이메틸페로센과 같은 매개체는 포도당의 산화에서 O_2와 대체하고 지시 전극에서 이어서 환원된다. 매개체의 농도는 일정하고, 충분히 높아서 전극 전류의 변화는 주로 포도당 농도의 변화에 의한 것이다. 또한 매개체를 산화시키기 위해 필요한 전극 전위가 낮아지는 것은 혈액에 있는 다른 화학종에 의한 방해 가능성을 낮춰준다.

17-C. 5-C의 해답 참조.

17-D. **(a)** 패러데이 전류는 전극에서 산화 환원반응으로부터 나온다. 그것은 우리가 측정하려는 값이다. 충전 전류는 단계 전위를 가했을 때, 전극으로 혹은 전극에서 전자가 흐르는 것에 따라 전극으로 혹은 전극에서 흐르는 이온 흐름으로부터 발생한다. 충전 전류는 전기화학 반응과 상관이 없다.

(b) 단계 전위를 가한 후에 충전 전류는 패러데이 전류보다 더 빠르게 감소한다. 전위를 가하고 전류를 측정하기 전, 1초 기다리는 것으로 충전 전류는 크게 감소하고 패러데이 전류는 여전히 크다는 것을 알았다.

(c) 네모파 폴라로그래피는 다른 종류의 폴라로그래피보다 훨씬 빠르다. 전류는 각 전위 순환에서 환원 전류와 산화 전류의 차이를 측정하기 때문에 증가된 신호를 나타낸다. 미분된 봉우리 모습은 서로 가까이 있는 신호들을 구분하는 것을 쉽게 해준다.

(d) 산화 벗김 전압전류법에서 분석물질은 일정한 시간 동안 조절된 전위에서 작업 전극에 환원되고 농축된다. 분석물질을 다시 산화시키기 위해 플러스(+)의 방향으로 전위를 기울어진다. 산화파의 높이는 분석물질의 농도에 비례한다. 분석물질이 묽은 용액에서 농축이 되기 때문에 벗김 분석은 폴라로그래피 방법 중에서 가장 예민한 방법이다. 농축시간을 늘리면 더욱 더 민감한 분석이 된다.

18장

18-A. **(a)** $\nu = c/\lambda = (2.998 + 10^8\text{ m/s})(100 \times 10^{-9}\text{ m})$

$= 2.998 + 10^{15}\text{ s}^{-1} = 2.998 \times 10^{15}$ Hz

$\tilde{\nu} = 1/\lambda = 1/(100 \times 10^{-9}\text{ m}) = 10^7\text{ m}^{-1}$

$$(10^7\text{ m}^{-1})\left(\frac{1\text{ m}}{100\text{ cm}}\right) = 10^5\text{ cm}^{-1}$$

$E = h\nu = (6.626\,2 \times 10^{-34}\text{ J}\cdot\text{s})(2.998 \times 10^{15}\text{ s}^{-1})$

$= 1.986 \times 10^{-18}$ J

$(1.989 \times 10^{-18}\text{ J/광자})(6.022 \times 10^{23}\text{ 광자/mol})$

$= 1\,196$ kJ/mol

(b) 다음 표에 보인 것처럼 **(b)**, **(c)**, **(d)**는 **(a)**와 유사한 방법으로 계산하라.

18-B. **(a)** $A = \varepsilon bc = (1.05 \times 10^3\text{ M}^{-1}\text{ cm}^{-1})(1.00\text{ cm})$

$(2.33 \times 10^{-4}\text{ M}) = 0.245$

λ	ν (Hz)	$\tilde{\nu}$ (cm^{-1})	E (kJ/mol)	스펙트럼 영역	분자내 변화 과정
100 nm	2.998×10^{15}	10^5	1.196×10^3	자외선	전자 들뜸
500 nm	5.996×10^{14}	2×10^4	239.3	가시선	전자 들뜸
10 μm	2.998×10^{13}	1 000	11.96	적외선	분자 진동
1 cm	2.998×10^{10}	1	0.011 96	마이크로파	분자 회전

(b) $T = 10^{-A} = 0.569 = 56.9\%$

(c) b를 두 배로 하면 A도 두 배가 된다.

$\Rightarrow$ A = 0.489 $\Rightarrow T = 10^{-A} = 32.4\%$

(d) c를 두 배로 하면, A도 두 배가 된다.

$\Rightarrow$ A = 0.489 $\Rightarrow T = 10^{-A} = 32.4\%$

(e) $A = \varepsilon bc = (2.10 \times 10^3\ \text{M}^{-1}\ \text{cm}^{-1})(1.00\ \text{cm})(2.33 \times 10^{-4}\ \text{M}) = 0.489$

(f)

곡선	흡수 봉우리 (nm)	예상되는 색 (표 18-1)	관찰되는 색
A	760	초록색	초록색
B	700	초록색	청록색
C	600	푸른색	푸른색
D	530	보라색	보라색
E	500	붉은색 또는 적자색	붉은색
F	410	초록–노란색	노란색

18-C. **(a)** 손가락으로 큐벳의 창(빛이 통과하는 면)을 만지지 마시오. 큐벳은 사용 후 즉시 씻고 물로 헹구어라. 짝 맞는 큐벳을 사용하라. 큐벳은 측정할 때마다 같은 방향으로 기기에 놓아라. 증발과 먼지 유입을 막기 위하여 큐벳의 뚜껑을 덮어라.

(b) 흡광도가 너무 높을 경우, 검출기에 도달하는 빛의 양이 너무 적기 때문에 정확한 측정이 어렵다. 또한, 흡광도가 너무 낮으면 시료와 기준 용액 사이의 차이가 너무 적기 때문에 정확한 측정이 어렵다.

18-D. **(a)** $\varepsilon = \dfrac{A}{cb} = \dfrac{0.267 - 0.019}{(3.15 \times 10^{-6}\ \text{M})(1.000\ \text{cm})} = 7.87 \times 10^4\ \text{M}^{-1}\ \text{cm}^{-1}$

(b) $c = \dfrac{A}{\varepsilon b} = \dfrac{0.175 - 0.019}{(7.87 \times 10^4\ \text{M}^{-1}\ \text{cm}^{-1})(1.000\ \text{cm})} = 1.98 \times 10^{-6}\ \text{M}$

19장

19-A. 가시선 및 자외선 램프 두 가지 광원 중에서 필요한 한 가지 광원만을 사용한다. 회절발 1은 광원으로부터 방출된 빛 중에서 일정한 파장 범위의 빛을 선택한다. 단색화장치에서 회절발 2는 임의의 파장을 선택하여 출구 슬릿으로 보내는 역할을 하는 주요 부품이다. 출구 슬릿의 폭은 단색화장치를 통과하여 나오는 파장의 폭을 결정한다. 회전 빛살 토막틀은 단색 파장의 빛을 시료실 속에 들어있는 시료 또는 기준 큐벳 쪽으로 번갈아가며 보내는 역할을 하는 거울이다. 시료실 다음에 있는 빛살 토막틀은 각각의 경로를 따라 나온 빛을 검출기인 광전증배관 쪽으로 보낸다.

19-B. **(a)** $b = 0.100$ cm이고, 식 19-5를 이용하면,

$$D = b(\varepsilon'_X\varepsilon''_Y - \varepsilon'_Y\varepsilon''_X) = (0.100)[(720)(274) - (212)(479)] = 9.57_3 \times 10^3\ (\text{단위는 M}^{-2}\,\text{cm}^{-1})$$

$$[X] = \frac{1}{D}(A'\varepsilon''_Y - A''\varepsilon'_Y) = \frac{(0.233)(274) - (0.200)(212)}{9.57_3 \times 10^3} = 2.24\ \text{mM}$$

$$[Y] = \frac{1}{D}(A''\varepsilon'_X - A'\varepsilon''_X) = \frac{(0.200)(720) - (0.233)(479)}{9.57_3 \times 10^3} = 3.38\ \text{mM}$$

(b) $\varepsilon^{465}_{\text{HIn}} = \varepsilon^{465}_{\text{In}^-}$이므로, 등흡수점은 여전히 465 nm이다.

19-C. **(a)** 163×10^{-6} L의 1.43×10^{-3} M Fe(III) $= 2.33 \times 10^{-7}$ mol Fe(III)

(b) 1.17×10^{-7} mol 아포트랜스페린 / 2.00×10^{-3} L $\Rightarrow 5.83 \times 10^{-5}$ M 아포트랜스페린

(c) 당량점 전에는 가한 모든 Fe(III)가 그림에서와 같이 단백질과 결합하여 흡광도를 나타내는 붉은색 착물을 형성한다. 당량점 후에는 더 이상 유용한 단백질의 결합 자리가 없다. 약간의 흡광도 증가는 적정시약 속의 철이 함유된 시약의 색깔 때문이다.

19-D. **(a)** 전자 전이에서 분자의 전자 분포가 변할 때 에너지가 흡수되거나 방출된다. 진동 전이에서는 진동의 진폭이 증가되거나 감소된다. 회전 전이는 분자의 회전을 빠르게 하거나 느리게 한다.

(b) 들뜬 상태에 있는 한 분자는 다른 분자들과 충돌하여 광자를 방출하지 않으면서 운동 에너지를 전이시킨다. 충돌에서 에너지를 흡수한 분자는 빠르게 운동하거나 큰 진폭으로 진동하거나 또는 빠르게 회전한다.

(c) 형광은 들뜬 단일항 전자 상태에서 바닥 단일항 상태로의 전이이다. 반면 인광은 들뜬 삼중항 상태로부터 바닥 단일항 상태로의 전이이다. 형광은 인광보다 더 높은 에너지 상태에 있으며, 더 빠르게 일어난다.

(d) 형광은 흡수와 반대되는 전이이다. 바닥 진동 상태인 S_0로부터 여러 가지 S_1 상태로 전이하는 흡수와는 반

대로 형광은 분자가 S_1의 바닥 진동 상태로부터 여러 가지 S_0 상태로 전이하는 과정이다. 따라서 흡수는 λ_0에서부터 더 높은 에너지를 갖는 일련의 봉우리를 나타낸다. 그러나 형광은 λ_0에서부터 더 낮은 에너지를 갖는 일련의 봉우리를 나타낸다.

(e) 광화학은 광자를 흡수하여 화학 결합이 파괴되는 것이다. 화학 발광은 화학 반응의 결과 빛이 방출되는 것이다.

19-E. **(a)** 낮은 농도에서 형광은 분석물질의 농도에 비례한다. 농도가 증가하면 형광이 큐벳을 빠져나가기 전에 들뜨지 않은 이웃 분자들이 그 일부를 흡수한다. 약간의 들뜬 이웃 분자들은 빛보다는 오히려 열을 방출하며 바닥상태로 되돌아온다. 그러므로 농도가 증가하면 형광은 보다 덜 효과적이다. 분석물질의 농도가 더욱 증가하면 형광이 더욱 감소되어 결국 자체흡수만 일어나는 점에 도달하게 된다.

(b) 항체 1에 결합된 각 분석물질 분자는 한 개의 효소 분자에 결합된 항체 2의 한 분자와도 결합한다. 각 효소 분자는 유색 또는 형광성 생성물을 형성하는 여러 가지 반응 과정을 촉진시킨다. 그러므로 각 분석물질 분자는 여러 개의 생성물 분자들을 형성한다.

20장

20-A. 원자 흡수 분광법에서는 특정 주파수의 빛이 자유 원자들이 들어 있는 불꽃을 통과한다. 빛의 흡광도를 측정하면, 흡광도는 원자의 농도에 비례한다. 원자 방출 분광법에서는 광원을 사용하지 않는다. 불꽃 중에 있는 들뜬 원자에 의해 방출된 빛의 세기를 측정하고, 방출 세기는 원자의 농도에 비례한다.

20-B. **(a)** 노 속에 있는 원자들은 상대적으로 더 긴 시간 동안 더 작은 부피 속에 머무른다. 따라서 기체상 원자들의 농도가 상대적으로 높기 때문에 검출 한계는 낮아진다. 또한 기체 원자들은 노로부터 빨리 빠져나가지 않기 때문에 많은 양의 시료가 필요하지 않다. 불꽃이나 플라스마에서 기체상의 부피가 비교적 크므로 원자의 농도는 상대적으로 낮다. 아울러 원자들은 빨리 움직이면서 불꽃이나 플라스마로부터 빠져나가기 때문에 많은 양의 시료가 필요하다.

(b) 몸무게가 55 kg인 사람의 주간 주석 섭취 허용량은 (14 mg Sn/kg, 몸무게)(55 kg) = 770 mg이다. 토마토 주스 1 킬로그램은 241 mg의 Sn을 함유하므로, 주석 770 mg을 함유하는 토마토 주스의 양은 (770 mg)/(241 mg/kg) = 3.2 kg이다.

20-C. **(a)** 먼저 빛의 주파수를 구하면,

$$\nu = c/\lambda = (2.998 \times 10^8\ \text{m/s})(400 \times 10^{-9}\ \text{m}) = 7.495 \times 10^{14}\ \text{s}^{-1}$$

$$\text{에너지} = h\nu = (6.626 \times 10^{-34}\ \text{J} \cdot \text{s})(7.495 \times 10^{14}\ \text{s}^{-1}) = 4.966 \times 10^{-19}\ \text{J}$$

(b)
$$\frac{N^*}{N_0} = \left(\frac{g^*}{g_0}\right)e^{-\Delta E/KT} = \left(\frac{1}{1}\right)e^{-(4.966 \times 10^{-19}\ \text{J})/[1.381 \times 10^{-23}\ \text{J/K})(2\,500\ \text{K})]} = 5.7 \times 10^{-7}$$

20-D. **흡수**는 강한 자기장이 있을 때와 없을 때 측정된다. Zeeman 효과는 자기장을 걸어줄 때 속빈 음극등의 파장에서 대단히 약한 빛을 흡수할 때 분석물질의 흡수 봉우리를 여러 개로 쪼갠다. 자기장을 걸어 줄 때와 걸어주지 않을 때 일어나는 흡수의 차이는 분석물질에 의한 것이다. **방출**은 봉우리 파장뿐만 아니라 봉우리 파장보다 약간 높고 낮은 파장에서 측정된다. 높고, 낮은 두 파장에서 측정한 평균 바탕 방출 세기를, 분석물질에 의한 봉우리 방출 세기로부터 빼준다.

20-E. **(a)** **스펙트럼 방해**는 시료 또는 불꽃 속에 있는 원소나 분자들로부터 일어나는 흡수 또는 방출이 분석물질의 흡수나 방출선과 겹칠 때 발생한다.

(b) **화학적 방해**는 공존하는 어떤 물질이 분석물질의 원자화 정도를 감소시킬 때 일어난다.

(c) **이온화 방해**는 원자의 이온화로 인하여 유리된 중성 원자의 농도를 감소시킨다.

(d) La^{3+}는 PO_4^{3-}와 강하게 결합하여 Pb^{2+}를 유리시키기 때문에 해방제로 작용한다.

20-F. **(a)** Hg에서 나타나는 6개의 봉우리는 상대 존재량이 다른 6개의 자연 동위원소들과 일치한다. 예를 들면, ^{202}Hg는 가장 존재비가 크고, ^{200}Hg은 존재비가 두 번째이다. Pb는 4개의 동위원소 중에서 단지 3개만이 확인된다. 그 이유는 ^{204}Pb의 존재비가 1.4%이므로 ^{204}Hg와 겹쳐 가리게 된다. ^{204}Hg와 ^{204}Pb과 같이 질량이 같은 경우 동중원소(핵)방해의 일례가 된다. Hg와 Pb는 질량 203과 205의 동위원소를 가지고 있지 않기 때문에 이들 질량에서는 봉우리가 나타나지 않는다.

21장

21-A. 1-C, 2-D, 3-A, 4-E, 5-B

21-B. **(a)**에 대한 여러분의 해답은 아래 해답과 다를 것이다. 왜냐하면 이 책의 해답은 이 책에서 보여주는 그림보다 더 큰 그림에서 측정되었기 때문이다. 그러나 **(b)**~**(e)**에 대한 여러분의 해답은 아래 해답과 같아야 한다.

(a) t_r : 옥테인 78.7 mm, 노네인 101.8 mm

$w_{1/2}$: 옥테인 9.1 mm, 노네인 12.4 mm

(b) 옥테인 : $N = \frac{5.55(78.7)^2}{(9.1)^2} = 411$

노네인 : $N = \frac{5.55(101.8)^2}{(12.4)^2} = 374$

(c) 옥테인 : $H = L/N = (1.00\ \text{m}/411) = 2.4\ \text{mm}$

노네인 : $H = L/N = (1.00\ \text{m}/374) = 2.7\ \text{mm}$

(d) 기준의 너비를 이용

옥테인 $w = 15.4$ mm, 노네인 $w = 21.4$ mm

$$\text{분리도} = \frac{\Delta t_r}{w_{av}} = \frac{101.8 - 78.7}{\frac{1}{2}(15.4 + 21.4)} = 1.26$$

반높이 너비를 이용

$$\text{분리도} = \frac{0.589\Delta t_r}{w_{1/2av}} = \frac{0.589(101.8 - 78.7)}{\frac{1}{2}(9.1 + 12.4)} = 1.27$$

(e) $$\frac{\text{큰 주입}}{\text{작은 주입}} = \left(\frac{\text{큰 칼럼 반지름}}{\text{작은 칼럼 반지름}}\right)^2$$

$$\frac{27.0\ \text{mg}}{3.0\ \text{mg}} = \left(\frac{\text{큰 칼럼 반지름}}{2.0\ \text{mm}}\right)^2 \Rightarrow$$

큰 칼럼 반지름 = 6.0 mm

큰 칼럼의 지름 = 12.0 mm

흐름 속도는 칼럼의 단면적에 비례한다. 즉, 칼럼 반지름의 제곱에 비례한다.

$$\frac{\text{큰 칼럼 흐름 속도}}{\text{작은 칼럼 흐름 속도}} = \left(\frac{\text{큰 칼럼 반지름}}{\text{작은 칼럼 반지름}}\right)^2 = \left(\frac{6.0\ \text{mm}}{2.0\ \text{mm}}\right)^2 = 9.0$$

만약, 작은 칼럼에서의 흐름 속도가 7.0 mL/min이라면, 큰 칼럼에서의 흐름 속도는 (9.0)(7.0 mL/min) = 63 mL/min이어야 한다.

21-C. (a) 기체 상태의 분자는 액체 상태에서보다 빠르게 움직인다. 따라서 기체 상태에서의 세로 확산은 액체 상태에서보다 훨씬 빠르고, 따라서 세로 확산에 의한 띠넓어짐은 액체 크로마토그래피보다 기체 크로마토그래피에서 훨씬 빠르다.

(b) (i) 최적 흐름 속도는 단높이가 최소가 될 때이다 (He의 경우 23 cm/초). (ii) 흐름 속도가 너무 빠르면 이동상 흐름이 정지상을 지나갈 때 용질이 두 상 사이에서 평형에 도달할 충분한 시간을 가지지 못하여 띠넓어짐이 발생한다. (iii) 흐름 속도가 너무 느리면, 용질이 칼럼 내에 오랫동안 머물게 되어 세로 확산에 의한 띠넓어짐이 증가한다.

(c) 열린관 칼럼에서는 다통로에 의한 띠넓어짐이 없다.

(d) 칼럼이 길어질수록, 분리도는 증가한다. 충전 칼럼 대신 길이가 긴 열린관 칼럼을 사용하는 이유는 충전 칼럼내 충전 입자들이 흐름을 막아, 흐름 속도가 빠른 경우 높은 압력을 필요로 하기 때문이다.

21-D. (a) 전체 이온 크로마토그램에서, 질량 분석계는 넓은 범위의 m/z값에 감응한다. 칼럼으로부터 용리되는 모든 화합물은 질량 분석계 신호를 주므로 크로마토그램에서는 모든 화합물이 관찰된다. 선택 이온 크로마토그램에서 질량 분석계는 단 하나의(혹은 몇 개의) m/z에 감응한다. 지정된 m/z값을 가지는 이온들을 생산하는 화합물만 관찰된다. 선택 이온 크로마토그램은 지정된 m/z 값에 해당하는 데이터를 수집하는데, 더 많은 시간을 소비하므로 전체 이온 크로마토그램보다 더 높은 신호 대 잡음비를 가진다.

(b) 그림 (h)에서 질량 분석계는 m/z 413에만 감응한다. noscapine이 용리하기 전에는 어떤 성분도 m/z 413인 이온을 생산하지 않으므로 noscapin이 용리하기 전까지 크로마토그램에는 변화가 없다. 비록 6개의 다른 성분들이 용리하고, 또한 acetylcodeine이 noscapine과 부분적으로 겹치지만 noscapine만 관찰된다.

21-E. (a) 분자 이온의 m/z가 194로 짝수라는 것은 질소 원자의 개수가 짝수임을 의미한다. 신호비 (M + 1) / M가 8.8%라는 것은 탄소 원자의 개수가 8.8% / 1.1% = 8임을 의미한다. C원자 8개, 짝수의 질소 원자, 명목 질량 194를 가지는 분자식들은 $C_8H_2O_6$, $C_8H_{18}O_5$, $C_8H_6O_4N_2$, $C_8H_{22}O_3N_2$, $C_8H_{10}O_2N_4$, $C_8H_{26}ON_4$, $C_8H_{14}N_6$ 등이 있다. 그러나, 만약 C가 4개의 결합, H가 1개의 결합, O가 2개의 결합, 그리고 N이 3개의 결합을 만든다면 $C_8H_{22}O_3N_2$나 $C_8H_{26}ON_4$의 구조는 불가능하다. 이 두 개의 분자식에는 수소 원자가 너무 많다.

(b) 양이온이기 때문에, 원자의 질량을 추가하고 전자 한 개의 질량을 빼면 정확한 질량을 계산할 수 있다.

$C_5H_8O^+$:		$C_6H_{12}^{+}$:	
5C	5 × 12.000 00	6C	6 × 12.000 00
8H	+ 8 × 1.007 825	12H	12 × 1.007 825
1O	+ 1 × 15.994 91		
$-e^-$	− 1 × 0.000 55	$-e^-$	− 1 × 0.000 55
	84.056 96		84.093 35

차이 = 84.093 35 − 84.056 96 = 0.036 39 Da

$C_5H_8O^+$와 $C_6H_{12}^{+}$ 사이의 정확한 0.036 39 Da의 질량 차이는 아트라진 H^+와 싸이목사닐 NH_4^+ (216.109 1 − 216.101 0 = 0.008 1)의 질량차이 보다 4.5배 크다. 그림의 분광계에 의해서 $C_5H_8O^+$와 $C_6H_{12}^{+}$의 결과를 예상할 수 있다.

22장

22-A. (a) 낮은 끓는점을 가지는 용질들은 낮은 온도에서 잘 분리된다. 높은 온도에서는 높은 끓는점을 가지는 용질들의 머무름이 합리적인 범위로 감소된다.

(b) 열린관 칼럼은 충전된 칼럼보다 높은 분리도를 준다.

칼럼이 좁을수록 높은 분리도를 얻을 수 있다. 충전 칼럼은 열린관 칼럼보다 훨씬 더 많은 양의 시료를 처리할 수 있는데, 이는 일정량의 성분들을 분리할 목적으로 수행하는 제조 크로마토그래피의 분리에서 꼭 필요하다.

(c) H_2와 He에서 용질의 확산은 N_2에서보다 빠르므로 이동상과 정지상 사이에서의 용질의 평형이 더 빠르다. 이동상과 정지상 사이에서의 제한된 질량 이동에 의한 과도한 띠넓어짐 없이 더 빠르게 칼럼을 작동할 수 있다.

(d) 분할 주입은 열린관 칼럼에서는 일반적인 방법이다. 비분할 주입은 미량 혹은 정량 분석에 유용하다. 칼럼위 주입(on-column injection)은 높은 온도에서 주입하는 동안 분해될 수 있는 온도에 민감한 용질의 용리에 유용하다.

(e) **(i)** 수소 원자들을 가지는 탄소 원자, **(ii)** 모든 분석물질, **(iii)** 할로젠족 원소, 콘쥬게이션된 C=O, CN, NO_2를 가지는 분자, **(iv)** P와 S, **(v)** P와 N, **(vi)** S, **(vii)** 모든 분석물질

(f) **재작성 총이온 크로마토그램**은 크로마토그래피 실험에서 각 시간 간격에서 얻은 질량 스펙트럼에서 지정된 *m/z*값보다 큰 이온들의 신호들을 합침으로써 만들어진다. 이때에는 칼럼으로부터 용리되는 모든 물질에 감응하므로 선택성이 없다. **선택 이온 검출법**에서는 하나 혹은 몇 개의 *m/z*값에서의 신호 세기만을 검출한다. 지정된 *m/z*값을 가지는 이온들만 검출되므로 재작성 총이온 크로마토그램에서보다 선택성이 훨씬 높다. 또한 전체 스펙트럼이 스캔될 때보다 더 오랫동안 각 *m/z*에 해당하는 이온들이 수집되기 때문에 신호 세기가 증가한다. 다른 물질들이 지정된 *m/z*값에서의 신호 세기에 기여할 가능성이 낮기 때문에 잡음이 감소한다.

선택 반응 검출법은 가장 선택성이 높다. 첫 번째 질량 분리기로부터 나온 이온이 충돌 용기를 통과하면서 생성 이온들로 깨어지고, 이들은 두 번째 질량 분리기에 의해 분리된다. 하나 또는 몇 개의 생성 이온들의 세기를 용리 시간의 함수로 그린다. 칼럼을 빠져나오는 화학종 중 동일한 첫 번째 선택 이온을 생성하는 경우는 거의 없으며, 게다가 충돌 용기에서 같은 이온을 생성하는 화학종은 매우 드물기 때문에 선택성이 높다. 이 방법은 매우 선택적이어서, 비록 크로마토그래피의 분리도가 높지 않더라도 거의 방해받지 않고 한 가지 성분을 매우 선택적으로 측정할 수 있게 해준다.

(g) 사중극자 Q1에서 *m/z* 194의 카페인$^+$ ($C_8H_{10}N_4O_2^+$) 어미 이온만이 선택된다. 이 이온은 Q2에서 충돌로 휘어진다. *m/z* 109의 딸 이온이 Q3에서 검출된다. 몇 가지 다른 시료의 구성은 *m/z* 194 이온에서 생산되고, 더 적은 딸 이온인 *m/z* 109가 나타난다. 선택 반응 검출법은 하나의 목표 물질에 높은 선택성을 갖으며 다른 물질은 거의 검출되지 않는다.

22-B. 용매는 흡착 지점을 놓고 용질과 경쟁한다. 용매-흡착제간 상호작용의 세기는 용질과는 무관하다.

22-C. **(a)** 정상 크로마토그래피에서 정지상은 이동상보다 더 극성이다. 역상 크로마토그래피에서는 이동상보다 정지상이 더 극성이다.

(b) 역상 크로마토그래피는 용질을 유지하기 위하여 결합 정지상을 사용한다. 이동상에 유기용매의 비율을 증가시키면 용리세기는 증가하며 보존시간은 낮아진다. 소수성 작용 크로마토그래피는 용질을 유지하기 위해 강한 극성 결합상을 사용한다. 이동상에 유기용매의 비율을 증가시키면 용리 세기는 낮아지며 보존시간은 증가된다.

(c) 등용매 용리에서 용리액의 조성은 일정하다. 기울기 용리에서는 용리액의 조성이 변하는데 — 보통 연속적으로 — 용리 세기가 점점 강해지는 방향으로 변한다.

(d) 정상 크로마토그래피에서 극성 용매는 정지상의 극성 지점을 놓고 분석물질과 경쟁해야 한다. 용매의 극성이 증가할수록 정지상과 더 잘 결합하므로 정지상으로부터 분석물질을 제거하는 능력이 증가한다.

(e) 역상 크로마토그래피에서는 비극성 분석물질이 비극성 정지상에 달라 붙는다. 극성 용매는 정지상의 비극성 지점을 놓고 분석물질과 경쟁하지 않는다. 용매의 극성이 감소하면 정지상으로부터 분석물질을 제거하는 능력이 증가한다.

(f) 소수성 작용 크로마토그래피에서 극성 분석물질은 극성 고정상에 의해 유지되며 고정상은 얇은 물 층으로 코팅된다. 무극성 용매는 극성 분석물질과 경쟁하지 않는다. 용매의 극성을 낮게 만드는 것은 고정상과 분석물질간의 낮은 치환을 제공한다.

(g) 보호 칼럼은 주칼럼과 같은 정지상을 가지는 사용 후 버리는 용도의 작은 칼럼이다. 시료와 용매는 보호 칼럼을 먼저 통과한다. 비가역적으로 달라붙는 불순물들은 보호 칼럼에 고착된 채로 결국은 버려진다. 보호 칼럼은 비싼 주칼럼에 쓰레기가 비가역적으로 달라붙지 못하도록 한다.

(h) 전기분무는 용액상 이온들을 기체상으로 바꾸어준다. 대기 중에서의 화학적 이온화는 새로운 이온들을 생성한다.

(i) 미세 다공성 입자는 용질이 입자 가운데로 확산할 수 있고 이동상이 들어가 잘 확산되어 빠져나와야 한다. 큰 입자의 정지상의 칼럼은 긴 확산 경로로 효율성이 떨어진다. 효율은 단높이로 확인할 수 있으며, 더 낮은

단높이가 더 효율적인 것이다. 표면 다공성 입자는 다공성 층에 용질만 확산이 되고, 그 두께는 0.5 μm이다. 작은 확산 거리로 인하여 큰 표면 다공성 입자는 작은 미세 다공성 입자와 비슷하게 작동한다.

22-D. **(a)** 분석물질들은 오랜 시간에 걸쳐(수분 정도) 가열된 섬유나 가열된 흡착관으로부터 방출되어 크로마토그래피 칼럼으로 들어간다. 만약 분석물질들이 크로마토그래피가 시작되기 전에 칼럼에 냉각 포착되지 않는다면 분석물질들은 좁은 봉우리 대신 매우 넓은 띠로 용리된다.

(b) 고체상 추출은 크로마토그래피 정지상을 가지는 짧은 칼럼을 사용한다. 칼럼은 넓은 범위에서 한 종류의 분석물질로부터 다른 종류의 분석물질을 분리한다(예를 들어, 극성 물질로부터 비극성 물질의 분리). 입자가 커서 높은 압력을 적용하지 않아도 시료는 고체상 추출 칼럼을 통과한다. 크로마토그래피에서 입자 크기가 작을수록 분리 효율이 증가하지만 용매가 칼럼을 통과하기 위해서는 높은 압력이 필요하다.

(c) 당과 같은 매우 강한 극성분자는 고체상 추출 칼럼을 통해 씻기고 손실된다. 지방과 같이 소수성 물질들은 칼럼에서 유지되고 카페인(caffeine)과 테오브로민(theobromine)은 메탄올에 의해서 분리된다.

(d) Chloramphenicol, $C_{11}H_{12}N_2O_5Cl_2$의 명목 질량은 $(11 \times 12) + (12 \times 1) + (2 \times 14) + (5 \times 16) + (2 \times 35) = 322$이다. m/z 321의 기준 봉우리는 $[M - H]^-$, 즉 $[C_{11}H_{11}N_2O_5{}^{35}Cl_2]^-$이다. m/z 323의 60% 존재 이온은 $[C_{11}H_{11}N_2O_5{}^{35}Cl^{37}Cl]^-$이다.

23장

23-A. **(a)** 탈이온수가 이온 교환 칼럼을 통과하면 양이온들은 H^+로, 음이온들은 OH^-로 전환되어 물이 생성된다. 이 과정에서 중성 유기물과 같은 비이온성 불순물은 제거되지 않는다.

(b) 칼럼에 묶인 양이온들을 순차적으로 제거하기 위해서는 H^+의 농도가 증가하는 기울기 용리가 요구된다.

(c) 많은 양의 물을 작은 이온-교환 칼럼에 통과시켜 양이온들을 모은 후, 소량의 고농도 산으로 용리시킨다. 만약 산이 순수하지 않다면 산 속 불순물이 물에서 모은 미량 화학종보다 더 많을 수도 있다.

(d) 고정상에는 일정한 양전하와 음전하 모두 포함하고 있다. 양전하는 음이온 교환체, 음전하는 양이온 교환체이다.

(e) 하전 에어로솔 검출기에서 분석물질은 비휘발성 용질의 에어로솔로 날아가 증발한다. 고전압 방전하에서 미세입자과 N_2^+ 이온의 혼합으로 에어로솔 입자에 양전하가 띠게 된다. 초과된 N_2^+는 전기장에 의해서 에어로솔로부터 분리되고, 전하를 띈 에어로솔은 검출기로 흐른다. 크로마토그램은 검출기에 도달한 전하를 시간에 따라 나타난다.

23-B. **(a)** 분리용 칼럼에서 이온 교환에 의해 이온들이 분리된다. 억압 칼럼은 용리액의 전도도를 감소시키기 위해서 반대 이온을 교환하고, 분석물질들이 그들의 전기 전도도에 의해서 검출되게 한다.

(b) 분리 칼럼에서 음이온 교환체는 질산염보다 황산을 잘 유지한다. 그것은 황산이 큰 음전하를 갖기 때문이다. 그래서 질산 후 황산이 칼럼에서 나온다.

(c) 전기 전도도에 의해 분석물질의 이온을 감지한다. 적당한 농도의 수산화칼륨(KOH)에서 낮은 농도의 분석물질 이온의 전도도를 측정하는 것은 매우 어려운 일이다. KOH를 H_2O로 전환하면, 분석물질이 칼럼에서 나올 때를 제외하고 영에 가까운 전도도를 갖는다.

23-C. **(a)** 총 부피 $= \pi(0.80\ \text{cm})^2(20.0\ \text{cm}) = 40.2\ \text{mL}$

(b) 만일 틈새 부피(= 젤로부터 배제된 이동상의 부피)가 18.2 mL라면 정지상과 정지상이 함유하는 용매의 부피의 합은 $40.2 - 18.2 = 22.0$ mL.

(c) 만약 기공(pore)이 정지상의 60.0%를 차지한다면, 기공 부피(pore volume)는 $(0.600)(22.0\ \text{mL}) = 13.2$ mL. 기공으로부터 배제되는 큰 분자들은 틈새 부피인 $x = 18.2$ mL에서 용리된다. 매우 작은 분자들은 모든 기공에 들어갈 수 있고, $y = 18.2 + 13.2 = 31.4$ mL에서 용리된다(사실은 일반적으로 약간의 용질이 정지상에 흡착된다. 따라서 실제 칼럼에서의 머무름부피는 31.4 mL보다 클 수도 있다).

23-D. **(a)** 25 μm 지름:

$$\text{부피} = \pi r^2 \times \text{길이}$$
$$= \pi(12.5 \times 10^{-6}\ \text{m})^2(5 \times 10^{-3}\ \text{m})$$
$$= 2.5 \times 10^{-12}\ \text{m}^3$$
$$= (2.5 \times 10^{-12}\ \text{m}^3)\left(\frac{1\ \text{L}}{10^{-3}\ \text{m}^3}\right)$$
$$= 2.5 \times 10^{-9}\ \text{L} = 2.5\ \text{nL}$$

50 μm 지름:

$$\text{부피} = \pi(25 \times 10^{-6}\ \text{m})^2(5 \times 10^{-3}\ \text{m}) = 9.8\ \text{nL}$$

(b) 모세관 전기이동에서는 **(1)** 정지상과 이동상 사이의 질량 이동 속도에의 제한과 **(2)** 정지상 입자 주위의 다통로로 인한 띠넓어짐이 없다.

23-E. **(a)**

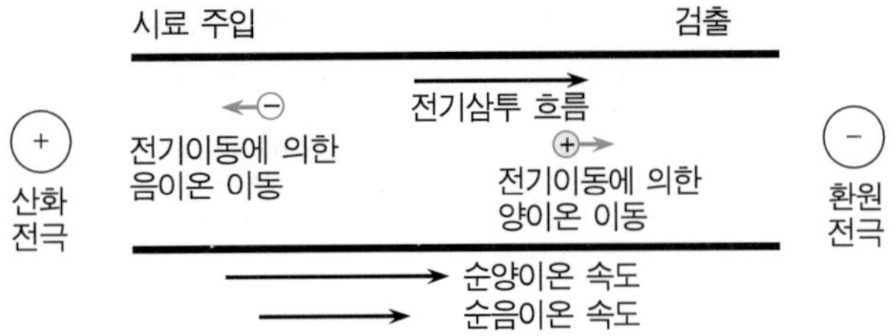

시료 주입

검출

전기삼투 흐름

$\oplus$ 산화 전극

전기이동에 의한 음이온 이동

전기이동에 의한 양이온 이동

$\ominus$ 환원 전극

순양이온 속도

순음이온 속도

높은 PH에서는 전기삼투 흐름이 전기 이동 흐름보다 강하므로 양이온과 음이온은 오른쪽으로 이동한다.

(b) pH 3에서 양이온은 **오른쪽**으로, 음이온은 **왼쪽**으로 이동한다.

(c) 분석물질이 존재하지 않을 때에는 바탕 완충 용액 내 크로뮴산염의 농도가 일정하므로 254 nm에서의 자외선 흡수는 일정하다. Cl^-가 나타나면 Cl^-는 전기적으로 중성을 유지하기 위해 일부 크로뮴산 음이온을 치환하는데, Cl^-는 254 nm에서 흡수하지 않으므로 흡광도는 **감소한다**.

23-F. **(a)** 마이셀이 없는 경우, 모든 중성 분자들은 전체 용매의 전기삼투 흐름 속도와 같은 속도로 이동하여 시간 t_0에 검출기에 도달한다. 음의 마이셀은 흐름에 거슬러서 이동하므로 시간 $t_{mc} > t_0$에 검출기에 도착한다. 중성 분자들의 용매와 마이셀 사이에 분배하므로 t_0과 t_{mc} 사이에 검출기에 도착한다. 중성 분자들이 마이셀 내에 머무르는 시간이 길수록 이동시간은 t_{mc}에 근접한다.

(b) **(i)** $C_6H_5NH_3^+$의 pK_a는 4.60이다. pH 10에서는 주로 중성 상태로 존재한다. **(ii)** 아트라센은 검출기에 가장 늦게 도착한다. 즉, 아트라센은 더 오랜 시간 동안 마이셀 내에 머무르므로, 마이셀 내에 더 잘 용해된다.

문제의 정답

모든 문제의 완전한 풀이는 **Solutions Manual for Exploring Chemical Analysis**에 수록되어 있다. 여기에서는 간단한 풀이와 답만을 수록하였다.

1장

1-2. **(a)** milliwatt = 10^{-3} 와트
(b) picometer = 10^{-12} 미터
(c) kiloohm = 10^{3} 옴
(d) microcoulomb = 10^{-6} 쿨롱
(e) terajoule = 10^{12} 주울
(f) nanosecond = 10^{-9} 초
(g) femtogram = 10^{-15} 그램
(h) decipascal = 10^{-1} 파스칼

1-3. **(a)** 100 fJ or 0.1 pJ **(b)** 43.172 8 nC
(c) 299.79 THz **(d)** 0.1 nm or 100 pm
(e) 21 TW **(f)** 0.483 amol or 483 zmol

1-4. **(a)** 7.475×10^4 W **(b)** 7.457×10^4 J/s
(c) 1.782×10^4 cal/s **(d)** 6.416×10^7 cal/h

1-5. **(a)** 0.025 4 m, 39.37 인치
(b) 0.214 마일/s, 770 마일/h
(c) 1.04×10^3 m, 1.04 km, 0.643 마일

1-6. **(a)** 1.74×10^{-22} N **(b)** 5×10^{-4}K
(c) 60Be = 8.979×10^{-25} kg,
힘 = 8.8×10^{-24} N = 8.8yN

1-8. 1.10 M

1-9. 0.054 8 ppm, 54.8 ppb

1-10. 4.4×10^{-3} M, 6.7×10^{-3} M

1-11. **(a)** 70.5 g **(b)** 29.5 g **(c)** 0.702 mol

1-12. 6.18 g

1-13. **(a)** 1.7×10^3 L **(b)** 2.4×10^5 g

1-14. 8.0 g

1-15. **(a)** 55.6 mL **(b)** 1.80 g/mL

1-16. 5.48 g

1-17. 10^{-3} g/L, 10^3 μg/L, 1 μg/mL, 1 mg/L,

1-18. 7×10^{-10} M

1-19. 흰 참치 고기 통조림은 15일; 라이트 참치 고기 통조림은 3.5일

1-20. **(a)** 804 g 용액, 764 g 에탄올 **(b)** 16.6 M

1-21. **(a)** 0.228 g Ni **(b)** 1.06 g/mL

1-22. 1.235 M

1-23. 100.0 mL에 12.1 M HCl의 8.26 mL를 묽힌다.

1-24. **(a)** 3.40 M **(b)** 14.7 mL

1-25. 밀조각: 3.6 Cal/g, 102 Cal/oz; 도넛 3.9, 111; 햄버거 2.8, 79; 사과 0.48, 14

1-27. **(a)** $K = 1/[Ag^+]^3[PO_4^{3-}]$ **(b)** $K = P_{CO_2}^6/P_{O_2}^{15/2}$

1-28. **(a)** $P_A = 0.028$ bar, $P_E = 48$ bar **(b)** 1.2×10^{10}

1-29. 불변

1-30. 4.5×10^3

1-31. **(a)** 3.6×10^{-7} **(b)** 3.6×10^{-7} M **(c)** 3.0×10^4

1-33. 2.3 mg 질산염 질소/L의 흐름에서 추측한 평균 농도 ≈ 5000 톤/년이다.

2장

2-7. 5.403 1 g

2-8. 14.85 g

2-9. 0.296 1 g

2-10. 9.980 mL

2-11. 5.022 mL

2-12. 15.631 mL

2-13. 0.70%

3장

3-1. **(a)** 1.237 **(b)** 1.238 **(c)** 0.135 **(d)** 2.1
(e) 2.00

3-2. **(a)** 0.217 **(b)** 0.216 **(c)** 0.217 **(d)** 0.216

3-3. **(a)** 4 **(b)** 4 **(c)** 4

3-4. **(a)** 12.3 **(b)** 75.5 **(c)** 5.520×10^3
(d) 3.04 **(e)** 3.04×10^{-10} **(f)** 11.9
(g) 4.600 **(h)** 4.9×10^{-7}

3-5. **(a)** 12.01 **(b)** 10.9 **(c)** 14 **(d)** 14.3
(e) −17.66 **(f)** 5.97×10^{-3} **(g)** 2.79×10^{-5}

3-6. **(a)** 208.233 **(b)** 560.594

3-7. 389.977

3-9. **(b)** 25.031, 계통; ± 0.009, 우연
(c) 1.98과 2.03, 계통; ± 0.01과 ± 0.02, 우연
(d) 우연 **(e)** 우연
(f) 빈 깔때기를 말리지 않았으므로 질량은 계통적으로 낮다.

3-10. **(a)** 3.124 (± 0.005) 또는 3.123_6(± 0.005_2)
(b) 3.124 (± 0.2%), 또는 3.123_6(± 0.1_7%)

3-11. **(a)** 2.1 ± 0.2 (또는 $2.1 \pm 11\%$)
(b) 0.151 ± 0.009 (또는 $0.151 \pm 6\%$)
(c) $0.22_3 \pm 0.02_4$ ($\pm 11\%$)
(d) $0.097_1 \pm 0.002_2$ ($\pm 2._3\%$)

3-12. **(a)** $21.0_9 (\pm 0.1_6)$ or 21.1 (± 0.2) ; 상대 불확정성 $= \pm 0.8\%$
(b) $27.4_3 (\pm 0.8_6)$; 상대 불확정성 $= 3._1\%$
(c) $(14._9 \pm 1._3) \times 10^4$ 또는 $(15 \pm 1) \times 10^4$; 상대 불확정성 $= \pm 9\%$

3-13. **(a)** $10.18 (\pm 0.07)(\pm 0.7\%)$ **(b)** $174 (\pm 3)(\pm 2\%)$
(c) $0.147 (\pm 0.003)(\pm 2\%)$ **(d)** $7.86 (\pm 0.01)(\pm 0.1\%)$
(e) $2\ 185.8$ (± 0.8) $(\pm 0.04\%)$

3-14. **(a)** $6.0 \pm 0.2 (\pm 4\%)$ **(b)** $1.30_8 \pm 0.09_2 (\pm 7._0\%)$
(c) $1.30_8 (\pm 0.09_2) \times 10^{-11} (\pm 7._0\%)$
(d) $2.7_2 \pm 0.7_8 (\pm 29\%)$

3-15. **(a)** $(3.8 \pm 0.4) \times 10^{-6}$ M **(b)** 12%
(c) $\text{상대 오차} = \dfrac{[H^+]\text{의 불확정성}}{[H^+]}$
$= 2.303(\text{pH의 불정확성})$

3-16. $(6.3 \pm 1.5) \times 10^{-9}$ M, $\pm 23\%$

3-17. 78.112 ± 0.005

3-18. 95.978 ± 0.009

3-19. **(a)** 58.443 ± 0.002 g/mol
(b) $0.450\ 7 (\pm 0.000\ 5)$ M

3-20. **(a)** $0.020\ 77 \pm 0.000\ 03$ M **(b)** 맞음

3-21. 1.235 ± 0.002 M

3-22. **(a)** 16.6_6 mL **(b)** $0.169 (\pm 0.002)$ M

3-23. formula in cell F3:
= B3*$A$4 + C3*$A$6 + D3*$A$8 + E3*$A$10

3-24. 방법 2가 더 정확하다. 방법 1에서 질량의 상대 불확정성은 다른 과정의 어떤 불확정성보다 훨씬 크다. 방법 1은 $0.002\ 72_6 \pm 0.000\ 01_8$ M $AgNO_3$. 방법 2는 $0.002\ 726 \pm 0.000\ 006_5$ M $AgNO_3$.

4장

4-2. 0.683, 0.955, 0.997

4-3. $F_{계산} (= 2.8_2) < F_{표} (= 3.18)$, 따라서 차이는 유의하지 **않다**.

4-4. **(a)** 1.527 67 **(b)** 0.001 26, 0.082 5%
(c) $1.527\ 93 \pm 0.000\ 10$

4-5. **(b)** 더 크다

4-6. 108.6_4, 7.1_4, $108.6_4 \pm 6.8_1$

4-7. **(a)** $\bar{x}_1 = 0.027\ 5_6$, $s_1 = 0.000\ 4_{88}$;
$\bar{x}_2 = 0.026\ 9_0$, $s_2 = 0.000\ 4_{06}$
(b) $F_{계산} (= 1._{44}) < F_{표} (= 6.39)$, 따라서 차이는 유의하지 **않다**.
(c) $s_{합동} = 0.000\ 4_{49}$; $t = 2._{32} > t_{표}$ (95%) = 2.306, 따라서 차이는 유의**하다**.

4-8. $2.299\ 47 \pm 0.001\ 15$, $2.299\ 47 \pm 0.001\ 71$

4-9. $F_{계산}(= 3._{56}) < F_{표} (= 6.39)$, 따라서 차이는 유의하지 **않다**. $s_{합동} = 8._{90}$; $t = 1.67 < t_{표}$ (95%) = 2.306, 따라서 차이는 유의하지 **않다**.

4-10. **(a)** $F_{계산} (= 5.2_7) < F_{표} (\approx 2.04)$, 따라서 차이는 유의**하다**.
(b) $t_{계산} (= 18.2$, 자유도 40에 대해) $> t_{표}$ $(= 2.021)$, 따라서 차이는 유의**하다**.
(c) $F_{계산} (= 1.3_3) < F_{표} (\approx 2.04)$, 따라서 차이는 유의하지 **않다**.
(d) $s_{합동} = 0.001\ 08$, t $(= 1.39) < t_{표}$ (≈ 2.01 자유도 47에 대해), 따라서 차이는 유의하지 **않다**.

4-11. $F_{계산} (= 1.5_6) < F_{표} (= 9.12)$, 따라서 표준 편차는 유의하게 다르지 **않다**. $s_{합동} = 9.20$, $t_{계산} (= 2.75) > t_{표} (= 2.365$ 자유도 7과 95% 신뢰도에 대해), 따라서 차이는 유의**하다**.

4-12. $F_{계산} (= 3.7_6) < F_{표} (= 6.26)$, 따라서 표준 편차는 유의하게 다르지 **않다**. $s_{합동} = 0.000\ 021_3$, $t_{계산} (= 2.48) > t_{표} (=$ 2.262 95% 신뢰도와 자유도 $5 + 6 - 2 = 9$에 대해), 따라서 차이가 유의**하다**.

4-13. **(a)** $F_{계산} (= 20._2) > F_{표} (= 5.05)$, 따라서 표준 편차는 유의하게 다르다. 자유도 $= 5.49 \approx 5$, $t_{계산} (=0.80) < t_{표} (=$ 2.571 95% 신뢰도와 자유도 5 에 대해), 따라서 차이는 유의하지 **않다**.
(b) $F_{계산} (= 9.00) > F_{표} (= 5.05)$, 따라서 표준 편차는 유의하게 다르다. 자유도 $= 6.10 \approx 6$, $t_{계산} (=5.4_2) < t_{표} (=$ 2.447 95% 신뢰도와 자유도 6에 대해), 따라서 차이는 유의**하다**.
(c) $F_{계산} (= 4._{94}) > F_{표} (= 5.05)$, 따라서 표준 편차는 유의하게 다르지 **않다**. $s_{합동} = 0.01_{55}$. $t_{계산} (= 2.6_8) > t_{표} (=$ 2.228 95% 신뢰도와 자유도 10에 대해), 따라서 차이는 유의**하다**.
(d) 뷰렛과 피펫은 비슷한 정확도를 갖지만, 플라스크는 적은 양을 옮긴다. 뷰렛과 피펫은 Class A의 허용오차 이내이다. 플라스크는 허용오차를 벗어났거나 학생이 메니스커스를 정확하게 읽지 못한 것이다.

4-14. $G_{계산} = (1.98) > G_{표}$ $(= 1.822)$, 0.195는 버린다.

4-15. 국외자 = 0.169; $G_{계산}$ $(= 2.26) > G_{표}$ $(= 2.176)$, 0.169는 버린다.

4-16. $y = -2x + 15$

4-17. -1.299 $(\pm 0.001) \times 10^4$, $3 (\pm 3) \times 10^2$

4-18. **(a)** $2.0_0 \pm 0.3_8$ **(b)** $2.0_0 \pm 0.2_6$

4-19. **(a)** $y (\pm 0.005_7) = 0.021\ 7_7 (\pm 0.000\ 1_9)x + 0.004_6 (\pm 0.004_4)$
(c) 단백질 $= 23.0_7 \pm 0.2_9$ μg

4-21. $CuCO_3$나 $CuCO_3 \cdot xH_2O$가 아닌 듯하다. 그 반과 강사의 데이터의 99% 신뢰구간이 $CuCO_3$에 들어 있는 Cu 51.43 wt%를 초과한다. 만약 물질이 수화물이면, 구리의 함량은 더 작을 것이다.

4-22. $^{87}Sr/^{86}Sr$ 비는 LGM 시기의 두 위치에서 95% 신뢰 한계에서 서로 잘 일치한다. 따라서 LGM 먼지는 두 위치에 대해 동일한 근원에서 유래했을 것이다. EH 시기에는 그 동위원소비가 같지 않다. 따라서 EH 먼지는 각 위치에 대해 근원이 다른 것이다.
pg/g = 10^{-12} g Sr per g 얼음 = parts per trillion.

5장

5-8. c

5-9. 붉은 우물의 50%는 초록색이이야 하고, 초록색 우물의 8%는 붉은색이어야 한다. 50% 가음성 비율이라면 더 나쁠 것이다.

5-10. $F_{계산} (= 1.9_4) < F_{표} (= 4.74)$, 따라서 표준 편차는 유의하게 다르지 **않다**. $t_{계산} (= 2.47) > t_{표} (= 2.262$ 95% 신뢰도와 자유도 9 에 대해), 따라서 평균값은 유의하게 다르다.

5-11. **(a)** 0.003_{12} **(b)** 8.6×10^{-8} M **(c)** 2.9×10^{-7} M

5-12. 한 개의 관찰 (101일)이 실행선 바깥에 있다. 다른 기준은 위반하지 않는다.

5-13. 예 : 7개의 연속 측정 모두 중앙선의 위 또는 아래

5-14. **(a)** 22.2 ng/mL : 정밀도 = 23.8%, 정확도 = 6.6%
88.2 ng/mL : 정밀도 = 13.9%, 정확도 = −6.5%
314 ng/mL : 정밀도 = 7.8%, 정확도 = −3.6%
(b) 신호 검출 한계 = 129_6; 검출 한계 = 4.8×10^{-8} M; 정량 한계 1.6×10^{-7} M

5-15. 96%, 0.064 μg/L (− 3s)

5-16. 0.644 mM

5-17. 1.21 mM

5-18. **(a)** 그림 5-7
(b) 표준물 첨가 그래프의 x절편 = −8.72 ppb
(c) Sr = 116 ppm

5-19. **(a)** 8.72 ± 0.43 ppb **(b)** 116 (± 6) ppm

5-20. 313 ppb

5-21. 표준물 첨가 식: $y = 42.852x + 1.0888$
4.60mL에서 Pb = 0.02541 ± 0.000 98ppm
(a) 와 **(b)** 1.00 mL에서 Pb = $0.116_9 \pm 0.004_5$ppm

5-22. 11.9 μM

5-23. 7.49 μg/mL

5-24. 0.47 mmol

5-25. 처음 시료와 같은 시간에 채취한 보존된 예비 시료를 반복해서 검사한다.

6장

6-2. 43.2 mL, 270.0 mL

6-3. 4.300×10^{-2} M

6-4. 0.149 M

6-5. 32.0 mL

6-6. **(a)** 0.045 00 M **(b)** 36.42 mg/mL

6-7. 947 mg

6-8. 1.72 mg

6-9. **(a)** 0.020 34 M **(b)** 0.125 7 g **(c)** 0.019 83 M

6-10. **(a)** 0.105 3 mol/kg 용액 **(b)** 0.286_9 mol/kg 용액

6-11. **(a)** 0.001 492 8 (± 0.06%) mol
(b) 0.001 434 (± 0.14%) mol
(c) $\frac{\text{부피 불확정성}}{\text{무게 불확정성}} = 2.2$; 무게 이동에서 가장 큰 불확실성은 $AgNO_3$이다. 부피 이동에서 가장 큰 불확실성은 피펫 부피이다.

6-12. 89.07 wt%

6-13. 9.066 mM

6-14. 3.555 mM

6-15. 30.5 wt%

6-16. 0.020 6 (±0.000 7) M

6-17. **(a)** $7._1 \times 10^{-5}$ M **(b)** $1._0 \times 10^{-3}$ g/100 mL

6-18. **(a)** $6.6_9 \times 10^{-5}$ M **(b)** 14.4 ppm

6-19. 8.5 zM, 아니오.

6-20. 1 400 ppb, 76 ppb, 0.98 ppb; AgBr이 최상의 선택이다.

6-21. **(a)** $[Hg_2^{2+}] = 6.8_8 \times 10^{-7}$ M;$[IO_3^-] = 1.3_8 \times 10^{-6}$ M
(b) $[Hg_2^{2+}] = 1.3 \times 10^{-14}$ M

6-22. I^- 다음에 Br^- 다음에 Cl^- 다음에 CrO_4^{2-}

6-23. 0.1060 M, 11.55 M

6-24. **(a)** $x = 0.000\ 945\ 4$

6-25. **(a)** SO_4^{2-}[흙으로부터] + Ba^{2+}[$BaCl_2(s)$로부터] → $BaSO_4(s)$
(b) 0.11_8 mmol **(c)** 0.11_8 mmol
(d) 1.1 wt%

7장

7-2. 2

7-3. 0.085 38 g

7-4. 50.79 wt% Ni

7-5. 7.22 mL

7-6. 8.665 wt% K

7-7. 0.339 g

7-8. **(a)** 5.5 mg/100 mL **(b)** 5.834 mg, 예

7-9. Ba, 47.35 wt%; K, 8.279 wt%; Cl, 31.95 wt%

7-10. **(a)** 19.98 wt%

7-11. 11.69 mg CO_2, 2.051 mg H_2O

7-12. **(a)** 51.36 wt% C, 3.639 wt% H **(b)** C_6H_5

7-13. $C_4H_9NO_2$

7-14. 104.1 ppm C

7-15. **(a)** 0.027 36 M **(b)** 계통적

7-16. 75.40 wt% Al_2O_3

7-17. $C_8H_{9.06 \pm 0.17}N_{0.997 \pm 0.010}$

7-18. 12.4 wt% S

7-19. **(a)** 2.270 wt% S　**(b)** 32만 톤 SO_2　**(c)** 56만 톤 재

7-20. **(a)** 98.3, 104.0, 98.6, 97.6, <0.3, 36.5, 6.4, <0.3, 4.2
(b) Fe^{3+}, Pb^{2+}, Cd^{2+}와 In^{3+}는 정량적으로 모은다.
(c) 10 배

7-21. $s_{합동} = 0.036_{36}$, $t = 5.1_3$ ⇒ 이 차이는 99% 신뢰수준 이상에서 유의하다.

8장

8-1. **(a)** HCN/CN^-, HCO_2H/HCO_2^-
(b) H_2O/OH^-, HPO_4^{2-}/PO_4^{3-}
(c) H_2O/OH^-, HSO_3^-/SO_3^{2-}

8-2. $[H^+] > [OH^-]$, $[OH^-] > [H^+]$

8-3. **(a)** 4　**(b)** 9　**(c)** 3.24　**(d)** 9.76

8-4. **(a)** 7.46　**(b)** 2.9×10^{-7} M

8-5. 2.5×10^{-5} M

8-6. 7.8

8-7. 표 8-1 참조.

8-8. 약산 : 카복실산, 암모늄염, 수용성 금속 이온의 전하는 ≥2이다.
약염 : 카복실산 음이온, 아민

8-9. **(a)** 0.010 M, 2.00　**(b)** $2.8_6 \times 10^{-13}$ M, pH 12.54
(c) 0.030 M, 1.52　**(d)** 3.0 M, −0.48
(e) 1.0×10^{-12} M, 12.00

8-10. **(b)** 트라이클로로아세트산

8-11. **(b)** 2-머캅토에탄올 소듐

8-12. $2H_2SO_4 \rightleftharpoons H_3SO_4^+ + HSO_4^-$

8-13. (피페리딘)NH + $H_2O \rightleftharpoons$ (피페리디늄)$\overset{+}{N}H_2$ + OH^-

(벤젠 고리)$-CO_2^- + H_2O \rightleftharpoons$ (벤젠 고리)$-CO_2H + OH^-$

8-14. $OCl^- + H_2O \rightleftharpoons HOCl + OH^-$, 3.3×10^{-7}

8-15. 9.78

8-16. 2.2×10^{-12} M

8-17. 3.02, 9.51×10^{-2}

8-18. 5.41, 2.59×10^{-5}

8-19. 3.14, 7.29×10^{-4} M, 0.084 3 M, 0.085 0 M

8-20. 5.00

8-21. 3.70

8-22. 7.30

8-23. 5.51, 3.1×10^{-6} M, 0.060 M

8-24. **(a)** 3.03, 0.094　**(b)** 7.00, 0.999

8-25. 5.50

8-26. $K_a = 2.71 \times 10^{-11}$, $K_b = 3.69 \times 10^{-4}$

8-28. 11.28, 0.058 M, 1.9×10^{-3} M

8-29. pH = 8.88, 0.007 56%, pH = 8.38, 0.023 9%;
pH = 7.00, 0.568%

8-30. 10.95

8-31. 9.97, 0.003 6

8-32. 3.4×10^{-6}

8-33. 2.2×10^{-7}

8-35. 2.93, 0.118

9장

9-3. 4.13

9-4. **(b)** 1/1000　**(c)** $pK_a - 4$

9-5. pH 10-붉은색, pH 8-오렌지색, pH 6-노란색

9-6. **(a)** 1.5×10^{-7}　**(b)** 0.15

9-7. **(a)** 14　**(b)** 1.4×10^{-7}

9-8. **(a)** 2.33×10^{-7}　**(b)** 1.00　**(c)** 23.3

9-9. 3.59

9-10. **(a)** 8.37　**(b)** 0.423 g　**(c)** 8.33　**(d)** 8.41

9-11. **(b)** 7.18　**(c)** 7.00　**(d)** 6.86 mL

9-12. **(a)** 2.56　**(b)** 2.86

9-13. 3.38 mL

9-14. 13.7 mL

9-15. 4.68 mL

9-16. **(a)** 시트르산 또는 아세트산
(b) 이미다졸 염화수소
(c) CAPS　**(d)** CHES, 붕산 또는 암모니아

9-17. (ii)

9-18. **(a)** NaOH

9-19. **(b)** HCl

9-20. **(a)** 90.8 mL HCl

9-21. **(a)** 붉은색　**(b)** 오렌지색　**(c)** 노란색　**(d)** 붉은색

9-22. **(a)** $p = 0.940\,6$ mol, $q = 0.059\,35$ mol
(b) $\Delta(\text{pH}) = -0.072$

9-23. 9.13

10장

10-6. $V_e = 10.0$ mL; pH = 13.00, 12.95, 12.68, 11.96, 10.96, 7.00, 3.04, 1.75

10-7. $V_e = 12.5$ mL; pH = 1.30, 1.35, 1.60, 2.15, 3.57, 7.00, 10.42, 11.12

10-8. $V_e = 5.00$ mL; pH = 2.66, 3.40, 4.00, 4.60, 5.69, 8.33, 10.96, 11.95

10-9. $V_e = 5.00$ mL; pH = 6.32, 10.63, 11.23, 11.85

10-10. 2.80, 3.65, 4.60, 5.56, 8.65, 11.96

10-11. 8.18

10-12. 3.72

10-13. 0.091 8 M

10-14. **(a)** 0.025 92 M　**(b)** 0.020 31 M　**(c)** 9.69
(d) 10.07

10-15. $V_e = 10.0$ mL; pH = 11.00, 9.95, 9.00, 8.05, 7.00, 5.02,

3.04, 1.75

10-16. $V_e = 47.79$ mL; pH = 8.74, 5.35, 4.87, 4.40, 3.22, 2.58

10-17. **(a)** 2.2×10^9 **(b)** 10.92, 9.57, 9.35, 8.15, 5.53, 2.74

10-18. **(a)** 9.44 **(b)** 2.55 **(c)** 5.15

10-19. $V_e = 10.0$ mL; pH = 9.85, 7.95, 6.99, 6.04, 5.00, 4.22, 3.45, 2.17

10-20. 아니오

10-21. 노란색, 초록색, 푸른색

10-23. **(a)** 무색 ⟶ 분홍색

(b) NaOH가 너무 과량이면, 계통 오차를 일으킨다

10-24. 크레솔 레드(오렌지색 ⟶ 붉은색)

또는 페놀프탈레인(무색 ⟶ 분홍색)

10-25. 10.727 mL

10-26. 0.063 56 M

10-27. **(a)** 0.087 99 **(b)** 25.74 mg **(c)** 2.860 wt%

10-28. **(a)** 5.62 **(b)** 메틸 레드

10-31. 삼염기산, 0.015 3 M

11장

11-2. $K_{a2} = 1.03 \times 10^{-2}$, $K_{b2} = 1.78 \times 10^{-13}$

11-3. 7.09×10^{-3}, 6.33×10^{-8}, 4.2×10^{-13}

11-4. 두 pK값은 아미노산의 카복실산과 암모늄기에 적용된다. 어떤 아미노산은 산 또는 염기인 치환기를 갖는데, 이것이 세 번째 pK값을 갖게 한다.

11-5. 피페라진 . $K_{b1} = 5.38 \times 10^{-5}$, $K_{b2} - 2.15 \times 10^{-9}$

프탈산염 : $K_{b1} = 2.56 \times 10^{-9}$, $K_{b2} = 8.93 \times 10^{-12}$

11-7. 2.49×10^{-8}, 5.78×10^{-10}, 1.34×10^{-11}

11-8. 1.62×10^{-5}, 1.54×10^{-12}

11-9. **(a)** 1.95, 0.089 M, 1.12×10^{-2} M, 2.01×10^{-6} M

(b) 4.27, 3.8×10^{-3} M,. 0.100 M, 3.8×10^{-3} M

(c) 9.35, 7.04×10^{-12} M, 2.23×10^{-5} M, 0.100 M

11-10. **(a)** 11.00, 0.099 0 M, 9.95×10^{-4} M, 1.00×10^{-9} M

(b) 7.00, 1.0×10^{-3} M, 0.100 M, 1.0×10^{-3} M

(c) 3.00, 1.00×10^{-9} M, 9.95×10^{-4} M, 0.099 0 M

11-11. 11.60, [B] = 0.296 M, $[BH^+] = 3.99 \times 10^{-3}$ M, $[BH_2^{2+}] = 2.15 \times 10^{-9}$ M

11-12. 7.53, $[BH_2^{2+}] = 9.4_8 \times 10^{-4}$ M, $[BH^+] \approx 0.150$ M, $[B] = 9.4_9 \times 10^{-4}$ M

11-13. 5.60

11-14. **(a)** pK_1: $[H_2A] = [HA^-]$; $\frac{1}{2}(pK_1 + pK_2)$: $[H_2A] = [A^{2-}]$;

pK_2: $[HA^-] = [A^{2-}]$

(b) 일양성자 : pK_a: $[HA] = [A^-]$

삼양성자 : pK_1: $[H_3A] = [H_2A^-]$; $\frac{1}{2}(pK_1 + pK_2)$: $[H_3A] = [HA^{2-}]$;

pK_2: $[H_2A^-] = [HA^{2-}]$; $\frac{1}{2}(pK_2 + pK_3)$: $[H_2A^-] = [A^{3-}]$; pK_3: $[HA^{2-}] = [A^{3-}]$

11-15. **(a)** HA **(b)** A^- **(c)** **(i)** 1.0, **(ii)** 0.10

11-16. **(a)** 4.00 **(b)** 8.00 **(c)** H_2A **(d)** HA^-

(e) A^{2-}

11-17.

pH	우세한 형	두 번째 형
2	H_3PO_4	$H_2PO_4^-$
3, 4	$H_2PO_4^-$	H_3PO_4
5, 6, 7	$H_2PO_4^-$	HPO_4^{2-}
8, 9	HPO_4^{2-}	$H_2PO_4^-$
10, 11, 12	HPO_4^{2-}	PO_4^{3-}
13	PO_4^{3-}	HPO_4^{2-}

11-18. **(a)** 9.00 **(b)** 9.00 **(c)** BH^+ **(d)** 1.0×10^3

11-19. **(a)** 6.85, 9.93 **(b)** 9.93 **(c)** 6.85

(d)

pH	우세한 형	두 번째 형
4, 5, 6	BH_2^{2+}	BH^+
7, 8	BH^+	BH_2^{2+}
9	BH^+	B
10	B	BH^+

(e) 1.2×10^2 **(f)** 7.1×10^4

11-20. 글루탐산 at pH 9.00:

주 화학종 $(NH_3^+)(RCO_2^-)(CO_2^-)$ (R = substituent);

두 번째 화학종 $(NH_2)(RCO_2^-)(CO_2^-)$

글루탐산 at pH 10.00:

주 화학종 $(NH_2)(RCO_2^-)(CO_2^-)$;

두 번째 화학종 $(NH_3^+)(RCO_2^-)(CO_2^-)$

타이로신 at pH 9.00:

주 화학종 $(NH_2)(ROH)(CO_2^-)$;

두 번째 화학종 $(NH_3^+)(ROH)(CO_2^-)$

타이로신 at pH 10.00:

주 화학종 $(NH_2)(ROH)(CO_2^-)$;

두 번째 화학종 $(NH_2)(RO^-)(CO_2^-)$

11-21. **(a)** 11.00 **(b)** 10.5

11-22.

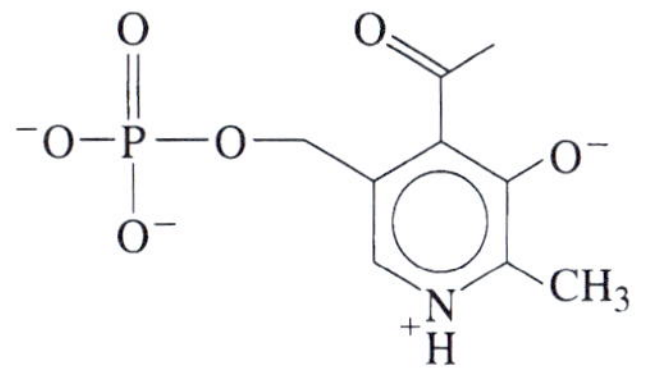

11-23. 5.41, $[H_3Arg^{2+}] = 1.3 \times 10^{-5}$ M, $[H_2Arg^+] = 0.050$ M, $[HArg] = 1.3 \times 10^{-5}$ M, $[Arg^-] = 3 \times 10^{-12}$ M

11-24. $HCit^{2-}$

11-25. $V_{e1} = 10.0$ mL, $V_{e2} = 20.0$ mL

pH = 2.51, 4.00, 6.00, 8.00, 10.46, 12.21

11-26. $V_{e1} = 10.0$ mL, $V_{e2} = 20.0$ mL

pH = 11.49, 10.00, 8.00, 6.00, 3.54, 1.79

11-27. **(a)** 페놀프탈레인 (무색 → 붉은색)

(b) *p*-나이트로페놀 (무색 → 노란색)

(c) 브로모티몰 블루 (노란색 → 초록색)

또는 브로모크레솔 퍼플 (노란색 → 노란색 + 보라색)

(d) 티몰프탈레인 (무색 → 푸른색)

11-28. $V_{e1} = 40.0$ mL, $V_{e2} = 80.0$ mL
pH = 11.36, 9.73, 7.53, 5.33, 3.41, 1.85

11-29. $V_{e1} = 20.0$ mL, $V_{e2} = 40.0$ mL, $V_{e3} = 60.0$ mL
pH = 1.86, 2.15, 4.68, 7.20, 9.79, 11.43
(0.04 M OH^-를 물에 가하더라도 예상보다 pH가 빠르게 오를 수 없기 때문에 42 mL에서는 계산한 것만큼 pH가 오를 수 없다. HPO_4^{2-}는 너무 약한 산이므로 묽은 OH^-와 눈에 띄게는 반응할 수 없다.)

11-30. $V_{e1} = 25.0$ mL, $V_{e2} = 50.0$ mL; pH = 7.62, 5.97, 3.8, 1.9

11-31. **(a)** 2.56, 3.46, 4.37, 8.42, 11.45 **(b)** 두 번째
(c) 티몰프탈레인; 맨 처음 푸른색이 나타난다.

11-32. **(a)** $[CO_3^{2-}] = K_{a2} K_{a1} K_H P_{CO_2}/[H^+]^2$
(b) 0°C: 6.6×10^{-5} mol kg^{-1}; 30°C: 1.8×10^{-4} mol kg^{-1}
(c) 0°C: $[Ca^{2+}][CO_3^{2-}] = 6.6 \times 10^{-7}$ mol^2 kg^{-2}
(선석은 녹지만 방해석은 녹지 않는다.);
30°C: $[Ca^{2+}][CO_3^{2-}] = 1.8 \times 10^{-6}$ mol^2 kg^{-2}
(둘 다 녹지 않는다.)

12장

12-4. **(a)** 맞다 **(b)** 맞다 **(c)** 맞다

12-9. **(a)** 0.2 mM **(b)** 0.6 mM **(c)** 2.4 mM

12-10. **(a)** 0.660 **(b)** 0.54 **(c)** 0.18 **(d)** 0.83

12-11. 0.004 6

12-12. **(a)** 0.88_7 **(b)** 0.87_1

12-13. **(a)** 0.42_2 **(b)** 0.43_2

12-14. **(a)** 1.3×10^{-6} M **(b)** 2.9×10^{-11} M

12-15. $\gamma_{H^+} = 0.86$, pH = 2.07

12-16. $[H^+] = 1.2 \times 10^{-7}$ M; pH = 6.99

12-17. 11.94, 12.00

12-18. **(a)** $[Mn^{2+}] = 3.4_2 \times 10^{-5}$ M, $[OH^-] = 6.8 \times 10^{-5}$ M; pH = 9.84
(b) $[Mn^{2+}] = 5.2_6 \times 10^{-5}$ M, $[OH^-] = 1.05 \times 10^{-4}$ M; pH = 9.92

12-19. 6.6×10^{-7} M

12-20. 1차 반복: $\mu = 0$, $[Pb^{2+}] = 2.0_8 \times 10^{-3}$ M
2차 반복: $\mu = 6.24 \times 10^{-3}$ M; $[Pb^{2+}] = 2.4_5 \times 10^{-3}$ M
3차 반복: $\mu = 7.35 \times 10^{-3}$ M; $[Pb^{2+}] = 2.4_8 \times 10^{-3}$ M
4차 반복: $\mu = 7.44 \times 10^{-3}$ M; $[Pb^{2+}] = 2.4_8 \times 10^{-3}$ M

12-21. 1차 반복: $\mu = 0$, $[Ca^{2+}] = 4.9_0 \times 10^{-3}$ M
2차 반복: $\mu = 0.019\,6$ M; $[Ca^{2+}] = 7.9_2 \times 10^{-3}$ M
3차 반복: $\mu = 0.031\,7$ M; $[Ca^{2+}] = 8.7_9 \times 10^{-3}$ M
4차 반복: $\mu = 0.035\,2$ M; $[Ca^{2+}] = 9.0_8 \times 10^{-3}$ M
5차 반복: $\mu = 0.036\,3$ M; $[Ca^{2+}] = 9.1_8 \times 10^{-3}$ M

12-22. $[H^+] + 2[Ca^{2+}] + [Ca(HCO_3)^+] + [Ca(OH)^+] + [K^+] = [OH^-] + [HCO_3^-] + 2[CO_3^{2-}] + [ClO_4^-]$

12-23. $[H^+] = [OH^-] + [HSO_4^-] + 2[SO_4^{2-}]$

12-24. $[H^+] = [OH^-] + [H_2AsO_4^-] + 2[HAsO_4^{2-}] + 3[AsO_4^{3-}]$

12-25. **(a)** $2[Mg^{2+}] + [H^+] = [Br^-] + [OH^-]$
(b) $2[Mg^{2+}] + [H^+] + [MgBr^+] = [Br^-] + [OH^-]$

12-26. $[CH_3CO_2^-] + [CH_3CO_2H] = 0.1$ M

12-27. **(a)** 0.20 M = $[Mg^{2+}]$ **(b)** 0.40 M = $[Br^-]$
(c) 0.20 M = $[Mg^{2+}] + [MgBr^+]$
(d) 0.40 M = $[Br^-] + [MgBr^+]$

12-28. **(a)** $[F^-] + [HF] = 2[Ca^{2+}]$
(b) $[F^-] + [HF] + 2[HF_2^-] = 2[Ca^{2+}]$

12-29. **(a)** $2[Ca^{2+}] = 3\{[PO_4^{3-}] + [HPO_4^{2-}] + [H_2PO_4^-] + [H_3PO_4]\}$
(b) $3\{[Fe^{3+}] + [Fe(OH)^{2+}] + [Fe(OH)_2^+] + [FeSO_4^+]\} = 2\{[SO_4^{2-}] + [HSO_4^-] + [FeSO_4^+]\}$

12-30. $[Y^{2-}] = [X_2Y_2^{2+}] + 2[X_2Y^{4+}]$

12-31. $[OH^-] = 1.4_8 \times 10^{-7}$ M; $[H^+] = 6.8 \times 10^{-8}$ M; $[Mg^{2+}] = 4.0 \times 10^{-8}$ M

12-32. 5.8×10^{-4} M

12-33. **(a)** In the pH range 3–9, no reactions consume Ca^{2+} or SO_4^{2-}, so the solubility of $CaSO_4$ is constant.
(b) Below pH 3, SO_4^{2-} becomes protonated. Above pH 12, Ca^{2+} makes $CaOH^+$. Solubility of $CaSO_4$ should increase below pH 3 and above pH 12.

12-34. **(a)** $[Ag^+] = 2.4 \times 10^{-8}$ M; $[CN^-] = 9.2 \times 10^{-9}$ M; $[HCN] = 1.5 \times 10^{-8}$ M
(b) $[Ag^+] = 2.9 \times 10^{-8}$ M, $[CN^-] = 1.3 \times 10^{-8}$ M; $[HCN] = 1.6 \times 10^{-8}$ M

12-35. **(a)** 5.0×10^{-9} mol **(b)** 4.0×10^{-6} mol
(c) 1.1×10^{-8} mol

12-36. **(a)** 0.98, 0.02 **(b)** 0.82, 0.18 **(c)** 0.60, 0.40

12-37. **(a)** 0.06, 0.94 **(b)** 0.39, 0.61 **(c)** 0.86, 0.14

12-38. **(a)** 0.09, 0.91 **(b)** 0.50, 0.50 **(c)** 0.67, 0.33

12-42. 0.63

13장

13-1. **(a)** 10.0 mL **(b)** 100 mL

13-8. 0.010 3 M

13-9. $[Ni^{2+}] = 0.012\,4$ M, $[Zn^{2+}] = 0.007\,18$ M

13-10. **(a)** 0.267_7 mmol **(b)** 0.152_2 mmol
(c) 노란색, 빨간색, 노란색, 빨간색

13-11. 0.024 30 M

13-12. 1.256(±0.003) mM

13-13. 0.014 68 M

13-14. 0.092 6 M

13-15. 5.150 mg Mg, 20.89 mg Zn, 69.64 mg Mn

13-16. 32.7 wt% (이론 = 32.90 wt%)

13-17. **(a)** 2.7×10^{-10} **(b)** 0.57

13-18. **(a)** $Co^{2+} + 4NH_3 \rightleftharpoons Co(NH_3)_4^{2+}$
(b) $Co(NH_3)_3^{2+} + NH^3 \rightleftharpoons Co(NH_3)_4^{2+}$, $\log K_4 = 0.64$

13-19. **(a)** 2.5×10^7 **(b)** 4.5×10^{-5} M

13-20. **(a)** 100.0 mL **(b)** 0.016 7 M **(c)** 0.041
(d) 4.1×10^{10} **(e)** 7.8×10^{-7} M
(f) 2.4×10^{-10} M

13-21. pMn^{2+} = 1.70, 2.18, 2.81, 3.87, 4.87, 5.66, 6.46, 8.15, 8.45

13-22. pCa^{2+} = ∞, 10.30, 9.52, 8.44, 7.43, 6.15, 4.88, 3.20, 2.93

13-23. EDTA는 약염(A^-)으로 금속 이온은 H^+처럼 된다.

13-24. pCu^{2+} = 1.10, 1.57, 2.21, 3.27, 6.91, 10.54, 11.24

13-25. pH 7에서 pCu^{2+} = 1.10, 1.57, 2.21, 3.27, 8.47, 13.66, 14.36

13-26. 5.6 g

13-27. **(a)** NH_3와 OH^-가 반응하면 적정 곡선이 로그 단위로 0.48만큼 상승한다.
(b) 당량점 이후에는 적정 곡선이 변하지 않는다.

14장

14-1. **(b)** 6.242×10^{18} e^-/C **(c)** 96 485 C/mol

14-2. 산화제 : Fe_2O_3; 환원제 : Al

14-3. 산화제 : H_2O; 환원제 : Na
$H_2O + e^- \rightleftharpoons OH^- + \frac{1}{2}H_2(g)$; $Na(s) \rightleftharpoons Na^+ + e^-$

14-4. **(a)** 산화제 : TeO_3^{2-}; $TeO_3^{2-} + 3H_2O + 4e^- \rightleftharpoons Te(s) + 6OH^-$;
환원제 : $S_2O_4^{2-}$; $S_2O_4^{2-} + 4OH^- \rightleftharpoons 2SO_3^{2-} + 2H_2O + 2e^-$
(b) 3.02×10^3 C **(c)** 0.840 A

14-5. **(a)** 산화제 : C_2HCl_3; 환원제 : Fe (b) 4.5%
(c) 5.78 A

14-6. 0.015 9 J

14-7. **(a)** $71._5$ A **(b)** 6.8×10^6 J

14-8. **(b)** $Hg_2Cl_2(s) + 2e^- \rightleftharpoons 2Hg(l) + 2Cl^-$
$Zn^{2+} + 2e^- \rightleftharpoons Zn(s)$
(c) e^-는 Zn(−0.75 V)에서 Pt(+0.25 V)로 흐른다.
순반응은 다음과 같다.
$Hg_2Cl_2(s) + Zn(s) \rightleftharpoons 2Hg(l) + Zn^{2+} + 2Cl^-$

14-10. **(a)** 0.572 V **(b)** 0.568 V
(a)와 **(b)** 사이의 불일치는 아마도 표준 전위와 용해도곱의 불확실성 범위 내에 있다.

14-11. **(a)** $Pt(s) \mid Cr^{2+}(aq), Cr^{3+}(aq) \parallel Tl^+(aq) \mid Tl(s)$
(b) 오른쪽: $E_+ = -0.336$ V; 왼쪽: $E_- = -0.42$ V
$E = E_+ - E_- = -0.336 - (-0.42) = 0.08_4$ V
(c) Pt
(d) $Tl^+ + Cr^{2+} \rightleftharpoons Tl(s) + Cr^{3+}$

14-12. **(a)** 오른쪽 반쪽 전지 : $Hg_2Cl_2(s) + 2e^- \rightleftharpoons 2Hg(l) + 2Cl^-$
$E = 0.309_4$ V;
왼쪽 반쪽 전지 : $2H^+ + 2e^- \rightleftharpoons H_2(g)$
$E = -0120_7$ V
(b) 산화전극은 수소 전극이다.
(c) 0.430 V

14-13. **(a)** 오른쪽 반쪽 전지 : $Al^{3+} + 3e^- \rightleftharpoons Al(s)$
$E^\circ_+ = -1.677$ V
왼쪽 반쪽 전지 : $Br_2(l) + 2e^- \rightleftharpoons 2Br^-$
$E^\circ_- = 1.078$ V
$E = E_+ - E_- = -1.716_4 - 1.137_2 = -2.854$ V
(b) 전자는 Al에서 Pt로 흐른다: $\frac{3}{2}Br_2(l) + Al(s) \rightleftharpoons 3Br^- + Al^{3+}$
(c) Br_2 **(d)** 1.31 kJ **(e)** 2.69×10^{-8} g/s

14-14. **(a)** −0.357 V; 9.2×10^{-7} **(b)** 0.722 V; 7×10^{48}

14-15. **(a)** $\frac{1}{2}O_2(g) + 2H^+ + 2e^- \rightleftharpoons H_2O(l)$
$2H_2O(l) + 2e^- \rightleftharpoons H_2(g) + 2OH^-$
$E = 2.057$ V
(b) $K = \dfrac{1}{P_{O_2}^{1/2}P_{H_2}[H^+]^2[H^-]^2} = 3.5 \times 10^{69}$
(c) 111일, 7.94 kg O_2

14-16. $E^\circ = -0.330$ V, $K = 7 \times 10^{-12}$

14-17. $E^\circ = 0.023$ V, $K_f = 6.0$

14-18. 전압은 일정하다. 왜냐하면 반응물의 하나가 완전히 소모될 때까지 반응물 혹은 생성물의 활동도 어느 것도 전지가 작동하는 동안 변하지 않는다.

14-19. **(a)** $E^\circ = -0.339$ V, $K = 1.9 \times 10^{-6}$ **(b)** −0.386 V
(c) 전자는 Ag에서 Au로 이동한다. $Ag(s)$는 $Ag(S_2O_3)_2^{3-}$로 산화된다.

14-20. $Br_2(l) \rightleftharpoons Br_2(aq)$에 대하여 $E^\circ = -0.020$ V와 $K = [Br_2(aq)] = 0.21$ M = 34 g/L.

14-21. **(a)** $2IO_3^- + 16I^- + 12H^+ \rightleftharpoons 6I_3^- + 6H_2O$
(b) 0.675 V; 10^{114}
(c) 0.178 V, 반응은 **(a)**에 적힌 대로 정방향으로 진행된다.
(d) pH 8.5

14-22. **(b)** 0.044 V

14-23. **(a)** 0.747 V **(b)** 0.506 V

14-24. **(a)** 0.086 V **(b)** −0.021 V **(c)** 0.021 V

14-25. 0.684 V

14-26. 반응 L + Fe(III) $\rightleftharpoons$ LFe(III)은
반응 L + Fe(III) $\rightleftharpoons$ LFe(II)보다 형성 상수가 크다.

14-27. 아마도 $Zn(s) + 2H_2O \rightleftharpoons Zn^{2+}(aq) + H_2(g) + 2OH^-(aq)$, $E^\circ = -0.064$ V. 이 반응은 표준상태 조건에서는 자발적이 아니지만 생성물의 농도가 충분히 낮을 때는 자발적이다.

14-28. 납-산 배터리 : 83.42 A · h/kg;
수소-산소 연료 전지 : 2 975 A · h/kg

15장

15-1. **(a)** $Cu^{2+} + 2e^- \rightleftharpoons Cu(s)$

(b) $E_+ = 0.339 - \frac{0.059\ 16}{2}\log\left(\frac{1}{[Cu^{2+}]}\right) = 0.309$ V

(c) 0.112 V

15-2. (a) $Br_2(aq) + 2e^- \rightleftharpoons 2Br^-$, $E_+ = 1.057$ V
(b) 0.816 V

15-3. 0.1 mL: $[Ag^+] = 1.1 \times 10^{-11}$ M, $E = -0.090$ V
10.0 mL: $[Ag^+] = 2.2 \times 10^{-11}$ M; $E = -0.073$ V
25.0 mL: $[Ag^+] = 1.0_5 \times 10^{-6}$ M; $E = 0.204$ V
30.0 mL: $[Ag^+] = 0.012\ 5$ M; $E = 0.445$ V

15-4. 0.1 mL, $E = 0.481$ V; 10.0 mL, 0.445 V; 20.0 mL, 0.194 V; 30.0 mL, −0.039 V

15-5. 1 mL, $E = 0.060$ V; 10.0 mL, 0.073 V; 50.0 mL, 0.270 V; 60.0 mL, 0.408 V

15-6. (a) $2Cl^- + Hg_2^{2+} \longrightarrow Hg_2Cl_2(s)$, $V_e = 25.0$ mL
(b) $E = 0.555 + \frac{0.059\ 16}{2}\log[Hg_2^{2+}]$
(c) 0.1 mL, $E = 0.084$ V; 10.0 mL, 0.102 V; 25.0 mL, 0.372 V; 30.0 mL, 0.490 V

15-7. 왼쪽이 음이다.

15-8. 오른쪽이 두 전지에서 모두 양이다.

15-9. 10.67

15-10. (a) +0.10 (b) 13%

15-14. 작다

15-17. +0.029 58 V

15-18. 0.211 mg/L

15-19. (a) −0.407 V (b) $1.5_5 \times 10^{-2}$ M

15-20. 상수 = −0.128 V; with Na^+, $E = -0.310$ V;
Li^+의 겉보기 농도 = 8.4×10^{-4} M

15-21. +1.2 mV, 10%

15-22. (a) 1.60×10^{-4} M (b) 3.59 wt% N

15-23. (a) 논악틴을 기본으로 하는 전극: K^+; 크라운 에터를 기본으로 하는 전극: Li^+
(b) $10^{-1.5}/10^{-1.0} = 0.3$

15-24. (a) E =상수 + $\beta\left(\frac{0.059\ 16}{3}\right)\log([La^{3+}]_{바깥})$
(b) 19.7 mV (c) +25.1 mV (d) +100.7 mV

15-25. (a) $E = 51.09\ (\pm 0.24) + 28.14\ (\pm 0.08_5)\log[Ca^{2+}]$
($s_y = 0.2_7$) (b), (c) $2.43(\pm 0.06) \times 10^{-3}$ M

15-26. $1.22_1 \pm 0.02_9 = 1.19_2$ to 1.25_0; 1.19는 95% 신뢰구간의 거의 바깥에 있다.

15-28. (a) pH ≈ 4 이하에는는 NO_2^-는 HNO_2로 변환된다.
(b) 높은 pH에서 전극은 방해 이온으로서 OH^-에 응답한다.
(c) ~ 4.5 (d) ~ 3 μM

16장

16-1. $E° = 0.93_3$; $K = 6 \times 10^{15}$ 또는 유효숫자의 기본을 따르면 10^{16}.

16-2. (d) 0.490, 0.526, 0.626, 0.99, 1.36, 1.42, 1.46 V

16-3. (d) 1.58, 1.50, 1.40, 0.733, 0.065, 0.005, −0.036 V
(e) 다이페닐벤지딘 설폰산(보라색 ⟶ 무색) 또는 다이페닐아민 설폰산(붉은-보라색 ⟶ 무색) 이 안정하다. 다이페닐아민(보라색 ⟶ 무색) 또는 트리스(2,2′-바이피리딘) 철(옅은 푸른색 ⟶ 붉은색) 같은 지시약도 안정하다.

16-4. (d) −0.120, −0.102, −0.052, 0.21, 0.48, 0.53 V
(e) 메틸렌 블루 (무색 ⟶ 푸른색)

16-5. 0.371, 0.439, 0.507, 1.128, 1.252, 1.266 V

16-6. (d) −0.143, −0.102, −0.061, 0.096, 0.408, 0.450 V

16-7. (b) 0.570, 0.307, 0.184 V

16-8. 실선 : 트리스(2,2′-바이피리딘) 철(붉은색 ⟶ 옅은 푸른색), 트리스(5-나이트로-1,10-페난트롤린) 철(붉은 보라색 ⟶ 연한 푸른색), 또는 트리스(2,2′-바이피리딘) 루테늄(노란색 ⟶ 연한 푸른색)
점선 : 다이페닐아민 설폰산 (무색 ⟶ 붉은-보라색) 또는 다이페닐벤지딘 설폰산 (무색 ⟶ 보라색)

16-9. 아니오

16-10. I^-는 I_3^-를 생성하기 위해서 I_2와 반응하는데, 그렇게 하면 I_2의 용해도는 증가하고 휘발성은 감소한다.

16-11. 산화상태: $I_2(0)$, $HOI(+1)$, $IO_3^-(+5)$, $I^-(-1)$
다음과 같은 2개의 완결된 동종간 주고 받기 반응은 어느 하나가 모두 일어나는 혹은 다른 하나가 모두 일어나는 범위에서 어떤 조합으로도 일어날 수 있다.
$2I_2 + 2H_2O \longrightarrow 2HOI + 2I^- + 2H^+$
$6I_2 + 6H_2O \longrightarrow 2IO_3^- + 10I^- + 12H^+$

16-12. (a) 무색 ⟶ 옅은 붉은색 (b) 35.50 mg
(c) 상관 있다.

16-13. mol NH_3 = 2(처음 mol $H_2SO_4^-$ − $\frac{1}{2}$ × mol 싸이오황산염)

16-14. (a) KI 또는 H_2SO_4를 정확하게 측정할 필요가 없다.
(b) $I_3^- + SO_3^{2-} + H_2O \longrightarrow 3I^- + SO_3^{2-} + 2H^+$
(c) $[SO_3^{2-}] = 5.079 \times 10^{-3}$ M = 406.6 mg/L
(d) 아니오

16-15. (a) 7×10^2 (b) 1.0 (c) 0.34 g I_2/L

16-16. (a) 8 nmol (b) 매우 드물다.

16-17. (a) 0.125 (b) $6.87_5 \pm 0.03_8$

17장

17-3. V_2

17-6. 0.342 M

17-7. 6.04; $CoCl_2 \cdot 6H_2O$

17-8. 12.567 5 g

17-9. 54.77 wt%

17-10. 151 μg/mL

17-11. (b) 0.123 M

17-12. (a) $5._2 \times 10^{-9}$ mol e^- (b) 0.000 2_6 mL

17-13. (a) 1.946 mmol H_2 (b) 0.041 09 M (c) 4.750 h

17-14. 트라이클로로아세트산 = 26.3 wt%; 다이클로로아세트산

= 49.5 wt%

17-15. 유기할로젠화물 = 16.7 μM; 592 μg Cl/L

17-16. 96 $486.6_7 \pm 0.2_8$ C/mol

17-17. **(a)** 전류 **(b)** 0.25 mM

17-18. **(b)** 2.89 ± 0.10 mM

17-19. 0.010% 아스코브산은 10분 내에 소모된다 ; 예

17-21. 2.37(±0.02) mM

17-22. 0.096 mM

17-23. 0.000 35 wt%

17-24. **(a)** $Cu^{2+} + 2e^- \longrightarrow Cu(s)$ **(b)** $Cu(s) \longrightarrow Cu^{2+} + 2e^-$

17-25. 혈액에서 9.1 ± 1.6 ppb

17-26. **(a)** $H_2SO_3 <$ pH 1.86; pH $1.86 < HSO_3^- <$ pH 7.17; $SO_3^{2-} >$ pH 7.17

(b) 환원전극 : $H_2O + e^- \longrightarrow \frac{1}{2}H_2(g) + OH^-$

산화전극 : $3I^- \longrightarrow + I_3^- + 2e^-$

(c) $I_3^- + HSO_3^- + H_2O \longrightarrow 3I^- + SO_4^{2-} + 3H^+$

$I_3^- + 2S_2O_3^{2-} \rightleftharpoons 3I^- + S_4O_6^{2-}$

(d) 3.64 mM

17-27. **(a)** 31.2 μg 아질산 이온/g 베이컨

(b) 67.6 μg 질산 이온/g 베이컨

18장

18-1. **(a)** 두 배 **(b)** 반 **(c)** 두 배

18-2. **(a)** 3.06×10^{-19} J/광자, 184 kJ/mol

(b) 4.97×10^{-19} J/광자, 299 kJ/mol

18-3. 8.266×10^{-11} m, 0.0826 6 nm

18-4. **(a)** 오렌지 **(b)** 푸른 보라 혹은 보라색

(c) 청록색

18-6. 흡광도 혹은 몰흡광 계수 대 파장

18-7. 투과된 빛의 색은 흡수된 빛의 보색이다.

18-8. A, 노란색; B, 오렌지색; C, 보라색; D, 푸른색. 용액 D는 여러 파장 영역을 포함하는 넓은 흡수를 하면서 푸른색을 띤다.

18-9. **(a)** 1.20×10^{15} Hz, 4.00×10^4 cm^{-1}, 7.95×10^{-19} J/광자, 479 kJ/mol

(b) 1.20×10^{14} Hz, 4 000 cm^{-1}, 7.95×10^{-20} J/광자, 47.9 kJ/mol

18-10. 2.7×10^{23} 광자/초

18-11. 0.004 4, 0.046, 0.30, 1.00, 2.00, 3.00, 4.00

18-12. 0.480, 33.1%; 0.960, 11.0%

18-13. SPF = 2; $T = 0.5$, $A = 0.30$; 복사선의 반 정도 흡수

SPF = 10; $T = 0.10$, $A = 1.00$, 90% 흡수;

SPF = 20; $T = 0.05$, $A = 1.30$, 95% 흡수

18-14. 3.56×10^4 M^{-1} cm^{-1}

18-15. **(a)** 2.76×10^{-5} M **(b)** 2.24 g/L

18-16. **(a)** 7.80×10^{-3} M **(b)** 7.80×10^{-4} M

(c) 1.63×10^3 M^{-1} cm^{-1}

18-17. **(a)** 0.052 **(b)** 89%

18-18. **(a)** 0.347 **(b)** 20.2%

18-19. 2.30×10^3 M^{-1} cm^{-1}

18-20. **(a)** 0.613 **(b)** 1.22×10^{-6} M

(c) 1.67×10^5 M^{-1} cm^{-1}

18-21. **(a)** 1.50×10^3 M^{-1} cm^{-1}

(b) 2.31×10^{-4} M

(c) 4.69×10^{-4} M **(d)** 5.87×10^{-3} M

18-22. **(a)** 6.97×10^{-5} M **(b)** 6.97×10^{-4} M

(c) 1.02 mg

18-23. 2.19×10^{-4} M

18-24. **(a)** 1.74 ± 0.02 ppm($\pm 0.01_7$ ppm)

(b) 1.24×10^{-4} M

18-25. 0.015 83 M $NaNO_2$ 저장 용액 = 221.7 ppm N (μg N/mL) 10.00 mL의 저장용액을 1.000 L로 묽혀 2.217 ppm N을 얻는다.

5.00 mL의 저장용액을 1.000 L로 묽혀 1.109 ppm을 얻는다.

1.109 ppm의 용액을 50%로 묽혀 0.554 ppm이 된다.

15.00 mL (= 5.00 + 10.00 mL)의 저장용액을 1.000 L로 묽혀 3.326 ppm을 얻는다.

18-26. **(b)** $2.2_1 \pm 0.1_4$ ppm 또는 2.2±0.1 ppm

(c) 4.2×10^4 M^{-1} cm^{-1}

18-27. 4.25_1 g의 28.6 wt% NH_3를 1.000 L에 녹여 1.000 mg N/mL = 1000 pm N을 얻어라. 1.00 ppm N을 준비하기 위하여 이 용액 1.000 mL를 1.000 L로 묽히시오. 8.00 ppm N을 준비하기 위하여 이 용액 8.000 mL를 1.000 L로 묽히시오.

18-28. **(a)** $4.49_3 \times 10^3$ M^{-1} cm^{-1} **(b)** $1.00_6 \times 10^{-4}$ M

(c) $5.03_0 \times 10^{-4}$ M **(d)** 16.1 wt%

18-29. **(a)** 1.57×10^{-5} M **(b)** 0.180 **(c)** 6.60 mg

18-30. **(a)** $2.42_5 \times 10^4$ M^{-1} cm^{-1} **(b)** 1.26 wt%

19장

19-2. 중수소

19-4. **(a)** 2.38×10^3 선/cm **(b)** 143 선/cm

19-5. **(a)** −23°, +23°, +52°

19-9. **(a)** $[X] = 4.42 \times 10^{-5}$ M, $[Y] = 5.96 \times 10^{-5}$ M

19-11. $[MnO_4^-] = 8.35 \times 10^{-5}$ M, $[Cr_2O_7^{2-}] = 1.78 \times 10^{-4}$ M

19-12. **(a)** [트랜스페린] = 8.99 mg/mL, [Fe] = 12.4 μg/mL

(b) 트랜스페린에서 철의 분율 = 73.7%

19-13. **(a)** $A = 2\,080[HIn] + 14\,200[In^-]$ **(b)** 6.79

19-14. 기울기 = 0.962, 절편 = −3.803, $pK_{HIn} = 3.95$

19-15. [A] = 0.009 11 M; [B] = 0.004 68 M

19-16. ~ 2 및 0

19-17. 1.73×10^{-5} M

19-19. **(a)** 미지 용액 내 [Se] = 0.038 4 μg/mL.

넛트 중 Se = 3.56×10^{-4} wt%

(b) 3.56($\pm$0.07) $\times 10^{-4}$ wt% (x-절편 = 0.038 4 $\pm$ 0.000 7)

19-20. $[In^-]/[HIn]$ = 1.37, pH = 7.64

19-21. 620 kg CO_2, 11 kg SO_2

20장

20-3. 방출

20-6. **(a)** 4.699×10^{-19} J **(b)** 3.67×10^{-6} **(c)** +8.4% **(d)** 0.010 3

20-7. **(a)** 6.07×10^{-19} J **(b)** 3.3×10^{-8} **(c)** +12% **(d)** 0.002 0

20-8. **(a)** 0.064_6 ppb^{-1} **(b)** 0.23 ppb **(c)** 0.76 ppb

20-9. **(a)** 기울기 = $23.5_9 \pm 0.2_8$ $(\mu g/mL)^{-1}$; 절편 = $7._9 \pm 5._2$; s_y = $5._3$

(b) 17.3 $\pm$ 0.3 μg/mL

20-10. **(a)** 3.00 mM **(b)** 3.60 mM

20-11. 0.120 M

20-12. 1.04 ppm

20-13. **(a)** 0, 10.0, 20.0, 30.0, 40.0 μg/mL

(b)와 **(c)** 204 $\pm$ 3 μg/mL

20-14. 1.64 $\pm$ 0.05 μg/mL

20-15. 25.6 μg/mL

20-16. 8.33×10^{-5} M

20-17. **(b)** $^{40}Ar^{16}O^{1}H^+$은 $^{57}Fe^+$를, $^{32}S^{16}O_2^+$는 $^{64}Zn^+$를, $^{23}Na^{35}Cl^+$은 $^{58}Ni^+$를 방해한다.

20-18. **(a)** CsCl은 Sn의 이온화를 억제한다.

(b) 기울기 = 0.782 $\pm$ 0.019; 절편 = 0.86 $\pm$ 1.56; R^2 = 0.997

(c) 189.927 nm에서 방해가 거의 없으므로 더 좋은 파장이다. 235.485 nm에서는 Fe, Cu, Mn, Zn, Cr과 Mg으로부터 방해를 받는다.

(d) 검출 한계 = 9 μg/L; 정량 하한 = 31 μg/L

(e) 0.8 mg/kg

20-19. Ti/트랜스페린 = 2.05

20-20. **(c)** 81 μg/g 근처.

21장

21-2. 0.1 mm

21-8. **(a)** 4.3×10^4 **(b)** 3.6 μm

21-9. **(a)** 아세트산 에틸에 대해서 $w_{1/2}$ = 0.8 mm

톨루엔에 대해서 $w_{1/2}$ = 2.6 mm

(b) $N = 1.1 \times 10^3$ (아세트산 에틸)과 1.1×10^3 (톨루엔)

21-10. 6.8 cm 지름 × 25 cm 길이, 17 mL/min

21-11. **(a)** $w_{1/2}$ = 0.172 min, $N = 3.58 \times 10^4$

(b) 0.838 mm

(c) w (측정된) = 0.311 min; $w/w_{1/2}$ (측정된) = 1.81

21-12. **(a)** 헵테인 : $w_{1/2}$ = 0.126 min, 7.4×10^4단, 0.40 mm 단높이; $C_6H_4F_2$: $w_{1/2}$ = 0.119 min, 8.6×10^4단, 0.35 mm 단높이

(b) w_{av} = 0.208 min, 분리도 = 1.01

21-13. **(a)** 1.11 cm 지름 × 32.6 cm 길이 **(b)** 0.069 mL **(c)** 0.256 mL/min

21-14. 1.47 mL/min

21-15. **(a)** 0.168_4 **(b)** 0.847 mM **(c)** 6.16 mM **(d)** 12.3 mM

21-16. 161 μg/ mL

21-17. 영역비 대 농도비의 그래프

$y = 1.076(\pm 0.052)x + 0.008(\pm 0.033)$.

기울기 = F = 1.08 $\pm$ 0.05

절편은 0에서 크게 벗어나지 않았다.

21-18. **(a)** $u_{최적}$ = 31.6 mL/min

(b) $u_{최적}$ = 44.7 mL/min, $H_{최적}$ 증가한다.

(c) $u_{최적}$ 증가한다, $H_{최적}$ 감소한다.

21-19. **(a)** 3.25 mm **(b)** 615 단 **(c)** 0.760 min

21-20. 분자 질량 = 78.111 8, 명목 질량 = 78

21-21. 35.453

21-22. $C_4H_{11}N_3S^+$ (예상 질량 = 133.066 81)

21-23. **(a)** $^{12}C_9{}^{1}H_{17}{}^{14}N_5{}^{35}Cl^+$, 230.116 68

(b) $^{12}C_8{}^{13}C_1{}^{1}H_{17}{}^{14}N_5{}^{35}Cl^+$, 231.120 03, 9.9%

(c) $^{12}C_9{}^{1}H_{17}{}^{14}N_5{}^{37}Cl^+$, 232.113 73

21-24. 31 = CH_2OH^+; 41 = $C_3H_5^+$; 43 = $C_3H_7^+$; 56 = $C_4H_8^+$ (H_2O의 손실)

21-25. **(a)** C_5H_5N **(b)** $C_5H_5ON_3$ 또는 $C_6H_5O_2N$

(c) $C_7H_4O_2N_2$, C_7O_4, $C_6H_{12}O_4$, $C_6H_{16}O_2N_2$

(d) $C_{11}H_{20}O$, $C_{11}H_4O_2$, $C_{11}H_8N_2$, $C_{12}H_{24}$, $C_{12}H_8O$

21-26. 세기비 36 : 37 : 38 = 100 : 0 : 31.96

21-27. 세기비 34 : 35 : 36 = 100 : 0.80 : 4.52

21-28. 가장 높은 봉우리는 $^{12}C_2{}^{35}C_{13}{}^{37}Cl$; 다른 봉우리들은 $^{12}C_2{}^{35}Cl_4$, $^{12}C_2{}^{35}Cl_2{}^{37}Cl_2$, $^{12}C_2{}^{35}Cl^{37}Cl_3$, 그리고 $^{12}C_2{}^{37}Cl_4$

22장

22-4. **(b)** 좁은 구멍 : 16 ng; 넓은 구멍 : 5.6 μg

(c) 좁은 구멍 : 0.16 ng; 넓은 구멍 : 5.6 ng

22-5. **(a)** $N = 2.0 \times 10^5$, H = 0.5 mm , 분리도 = 1.3

(b) 기체 크로마토그래피의 단높이 ≈ 액체 크로마토그래피의 단높이의 약 50배, 그 이유는 기체의 확산이 액체의 확산보다 훨씬 빠르기 때문이다.

22-6. n = 12.44 ≈ 12 or 13 CH_2기

22-7. **(a)** 선택 이온 크로마토그램에서의 명목 질량 = 73

(b) m/z 73은 MTBE의 M − 15 (CH_3를 잃은 분자)와 TAME의 M − 29 (C_2H_5를 잃은 분자)에 해당한다. TAME의 C에 붙어 있는 C_2H_5가 떨어져나간다는 것은 MTBE로부터 떨어진 CH_3 또한 O가 아니라 C에 붙어 있었음을 의미한다. 만약 MTBE와 TAME의 O

에 붙어 있는 CH_3가 쉽게 떨어진다면 ETBE의 O에 붙어 있던 C_2H_5를 관찰할 수 있을 것이다. 그러나 ETBE의 M − 29 (m/z 73)는 발견되지 않는다. 비슷한 논리로, TAME의 m/z 87은 두 분자의 C에 붙어 있던 CH_3가 떨어져나갔음을 의미한다.

22-8. **(a)** 카페인 $C_8H_{10}N_4O_2$ 명목 질량 = 194 Da, $(^{13}CH_3)_3$-카페인 = $^{13}C_3{}^{12}C_5H_{10}N_4O_2$ (194 Da), m/z 197 → 111로의 변화는 $^{13}C^{12}C_2H_3NO_2$의 손실을 나타낸다.

(c) m/z 195는 $^{13}C^{12}C_7H_{10}N_4O_2$로 인해 나타난 것으로 예상 세기는 (M+1)/M = 8 × 1.1% = 8.8%

22-9. **(a)** 감소, **(b)** 증가, **(c)** 증가, **(d)** 감소

22-12. 0.19_2 min, 0.13_6 min

22-13. **(a)** N = 1500단, H = 33 μm/단 ≈ 한단에 입자 20개

(b) 최적의 분리도 ≈ 한단에 입자 2개일 때 최대 속도로 분리

22-14. **(a)** RCO_2H, RNH_3^+

(b) 아민은 처음에 용리될 것이다.

22-15. **(a)** 더 낮은 **(b)** 더 높은

22-16. 흐름 속도를 낮추거나 더 긴 칼럼을 사용하거나 더 작은 입자를 사용한다.

22-17. **(b)** C항은 매우 작다. A항은 입자 크기가 작아질수록 감소한다.

22-18. 0.418 mg/mL

22-19. **(a)** 8.68 × 108 **(b)** 0.273 m^2/g

(c) 입자들은 다공성이 커야 한다.

22-21. **(a)** 질소에 붙은 $CocaineH^+$는 $C_{17}H_{22}NO_4$, m/z 304이다. m/z 182는 $CocaineH^+$에서 $C_6H_5CO_2H$가 떨어져나간 것일 것이다.

(b) m/z 304 = $^{12}C_{17}H_{22}NO_4$는 Q1에 의해 선택된다. $^{13}C^{12}C_{16}H_{22}NO_4$는 Q1에 의해 막힌다. m/z 304는 동위원소를 포함하지 않으므로 ^{13}C을 포함하는 토막 이온들을 생성하지 않는다.

(c) Q1은 m/z 304를 선택하므로 m/z 304에서 신호를 주지 않는 물질들은 제거된다. Q3는 m/z 304로부터 생성된 m/z 182를 선택하므로 m/z 182인 토막 이온을 생성하지 않는 다른 m/z 304는 제거된다.

^-O

(d) 페닐기

22-22. m/z 227은 BPA에서 페놀 양성자가 떨어져서 생성 $(C_{15}H_{15}O_2^-)$, m/z 133은 $C_9H_9O^-$일 것이다.

22-27. **(d)** 78 ± 5 μg/L; 192 ± 6 μg/L

22-28. **(i)** b **(ii)** a **(iii)** c

22-29. $[NO_2^-]$ = 1.8 μM; $[NO_3^-]$ = 384 μM

23장

23-1. **(a)** 혼합물은 RCO_2^-, RNH_2, Na^+, OH^-를 포함한다. 모든 물질들은 양이온 교환 칼럼을 통해 직접적으로 통과한다.

(b) 혼합물은 RCO_2H, RNH_3^+, H^+, 그리고 Cl^-를 포함한다. RNH_3^+는 보류되고 다른 것들은 용리된다.

23-3. $VOSO_4$ = 80.9 wt%, H_2SO_4 = $10._7$ wt% H_2O = $8._4$ wt%

23-5. $NH_3 < (CH_3)_3N < CH_3NH_2 < (CH_3)_2NH$

23-6. 38.0 wt%

23-7. **(a)** 3.88 **(b)** −773 μM and + 780 μM

(c) 0.053 2 mg/mL

23-9. 더 높은 평균 음전하의 화합물은 이온 교환 수지에서 더 빨리 제외되어 더 빨리 용리된다.

23-10. 4.9 × 10^4

23-11. **(a)** 5.7 mL **(b)** 11.5 mL **(c)** 흡착이 일어난다.

23-12. **(b)** 2분 근처에 나타난 봉우리는 칼럼 내 항체의 용량을 초과하는 과량의 형광-표시된 페니토인이다. 8분 근처에 나타난 봉우리는 칼럼 내에서 미지 혈청 내에 존재하는 자유 페니토인에 의해 치환된 형광-표시된 페니토인이다.

(c) 0.08 s

(d) $s_{합동}$ = 0.33 μM; $t_{계산}$ = 0.44, $t_{표}$ = 2.776, 따라서 차이는 그리 크지 않다.

23-13. **(a)** 양이온 < 중성 < 음이온

(b) 낮다, 거스른다, 검출기에 도달하지 못한다.

(b) 음이온 < 중성 < 양이온

23-14. 420 ppm = 420 μg/mL = 6.8 mM

23-18. **(a)** 세로 확산: $H \approx B/u$

(b) 세로 확산과 질량 이동 $H \approx B/u + Cu$

23-19. **(a)** t = 40.1 min, $w_{1/2}$ = 0.75 min, 1.6 × 10^4단

(b) 단높이 = 25 μm

23-20. 싸이아민 < (나이신아마이드 + 라이보플라빈) < 나이아신; 싸이아민은 대부분 용해한다.

23-21. 경쇄 : 17 300; 중쇄 : 23 500

23-22. **(a)** 평균 검출 한계 0.1 = μg/L; 평균 정량 한계 = 0.3 μg/L

(b) 0.000 058

23-23. **(b)** pH 3.76

23-24. 페닐암모늄 양이온은 소수성 꼬리가 C_{18}상에 용해하므로 정지상에 머무른다. 양이온성 머리 부분은 음이온에 대해서 이온교환자리 역할을 한다.

23-25. **(a)** 고체상 물질은 거르기에 의해 제거된다.

(b) SO_4^{2-}는 음이온 교환에 의해 약 100배 가량 농축된다.

(c) 최종 생성물은 고체 $BaSO_4$이다.

(d) Na_2SO_4는 분석이 끝났을 때 충분한 생성물이 남도록 하기 위한 **운반체** (*carrier*) 이다.

23-26. 아마도 Mg^{2+}와 Ca^{2+}는 —Si—O^-기와 결합함으로써 음으로 하전된 모세관벽을 중성화시킬 것이다. EDTA는 모세관벽보다 더 강하게 Mg^{2+}, Ca^{2+}와 결합한다.

찾아보기

Abbreviations:

b = box; d = demonstration; i = illustration; m = marginal note; p = problem; r = reference; t = table; AP = appendix; CP = color plate

최신분석화학 제5판

| 저　　자 Daniel C. Harris
| 역　　자 박정학 · 여인형 · 이범규 · 이승호 · 이인호
| 펴 낸 이 주정희
| 펴 낸 곳 자유아카데미
| 주　　소 경기도 파주시 문발동 527-2
파주출판도시
| 전　　화 031-955-1321
| 팩　　스 031-955-1322
| 전자우편 main@freeaca.com(대표)
editor@freeaca.com(편집)
| 홈페이지 www.freeaca.com
| 등　　록 제406-2003-017호, 1980. 7. 12
| 제5판1쇄 2013년 2월 20일 발행
| 정　　가 40,000원

역자와의
협의하에
인지생략

Printed in Korea
ISBN 978-89-7338-597-3 93430

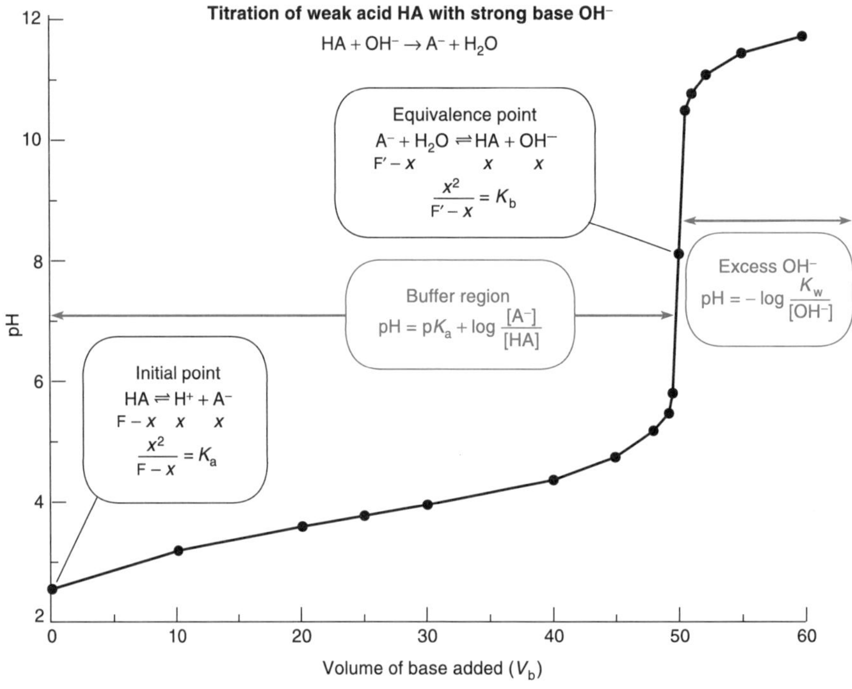

Titration of weak acid HA with strong base OH^-
$HA + OH^- \rightarrow A^- + H_2O$
Equivalence point
$A^- + H_2O \rightleftharpoons HA + OH^-$
$F' - x \quad x \quad x$
$\frac{x^2}{F' - x} = K_b$
Excess OH^-
$pH = -\log \frac{K_w}{[OH^-]}$
Buffer region
$pH = pK_a + \log \frac{[A^-]}{[HA]}$
Initial point
$HA \rightleftharpoons H^+ + A^-$
$F - x \quad x \quad x$
$\frac{x^2}{F - x} = K_a$
pH
Volume of base added (V_b)

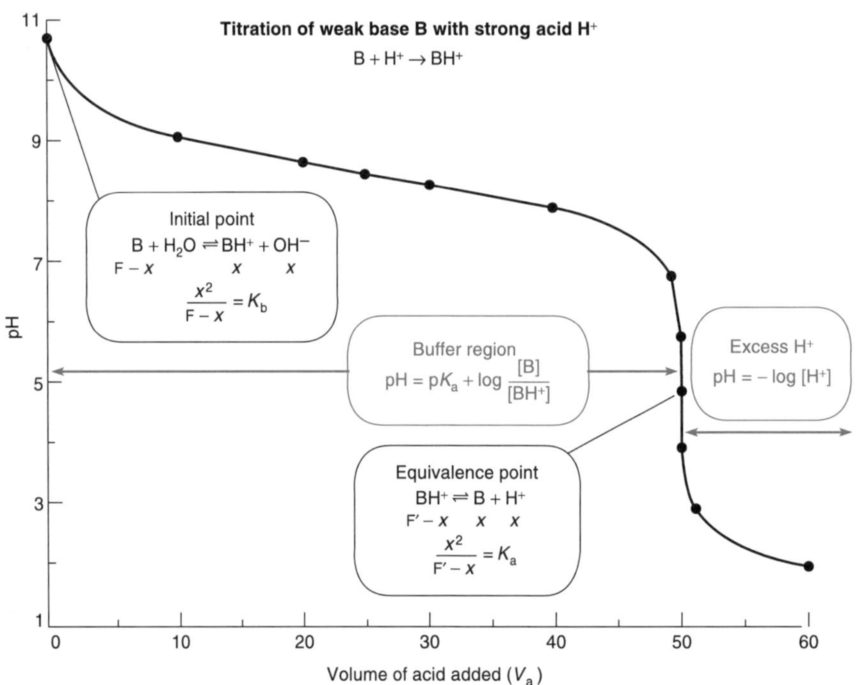

Titration of weak base B with strong acid H^+
$B + H^+ \rightarrow BH^+$
Initial point
$B + H_2O \rightleftharpoons BH^+ + OH^-$
$F - x \quad x \quad x$
$\frac{x^2}{F - x} = K_b$
Buffer region
$pH = pK_a + \log \frac{[B]}{[BH^+]}$
Excess H^+
$pH = -\log [H^+]$
Equivalence point
$BH^+ \rightleftharpoons B + H^+$
$F' - x \quad x \quad x$
$\frac{x^2}{F' - x} = K_a$
pH
Volume of acid added (V_a)

Physical Constants (2010)[a]

Term	Symbol	Value[b]	
Elementary charge	e	1.602 176 655 (35)	$\times 10^{-19}$ C
		4.803 204 78 (10)	$\times 10^{-10}$ esu
Speed of light in vacuum	c	2.997 924 58	$\times 10^{8}$ m/s
			$\times 10^{10}$ cm/s
Planck's constant	h	6.626 069 57 (29)	$\times 10^{-34}$ J·s
			$\times 10^{-27}$ erg·s
$h/2\pi$	$\hbar$	1.054 571 726 (47)	$\times 10^{-34}$ J·s
			$\times 10^{-27}$ erg·s
Avogadro's number	N	6.022 141 29 (27)	$\times 10^{23}$ mol^{-1}
Gas constant	R	8.314 462 1 (75)	J/(mol·K)
			V·C/(mol·K)
			$\times 10^{-2}$ L·bar/(mol·K)
			$\times 10^{7}$ erg/(mol·K)
		8.205 736 1 (74)	$\times 10^{-5}$ m^3·atm/(mol·K)
			$\times 10^{-2}$ L·atm/(mol·K)
		1.987 204 1 (18)	cal/(mol·K)
Faraday constant (= Ne)	F	9.648 533 65 (21)	$\times 10^{4}$ C/mol
Boltzmann's constant (= R/N)	k	1.380 648 8 (13)	$\times 10^{-23}$ J/K
			$\times 10^{-16}$ erg/K
Electron rest mass	m_e	9.109 382 91 (40)	$\times 10^{-31}$ kg
			$\times 10^{-28}$ g
Proton rest mass	m_p	1.672 621 777 (74)	$\times 10^{-27}$ kg
			$\times 10^{-24}$ g
Dielectric constant (permittivity) of free space	ε_0	8.854 187 817	$\times 10^{-12}$ C^2/(N·m^2)
Gravitational constant	G	6.673 84 (80)	$\times 10^{-11}$ m^3/(s^2·kg)

a. 2010 CODATA Values from http://physics.nist.gov/cuu/constants/index.html (August 2011).
b. Numbers in parentheses are the one-standard-deviation uncertainties in the last digits.

Concentrated Acids and Bases

Name	Approximate weight percent	Molecular mass	Approximate molarity	Approximate density (g/mL)	mL of reagent needed to prepare 1 L of ~1.0 M solution
Acid					
Acetic	99.8	60.05	17.4	1.05	57.3
Hydrochloric	37.2	36.46	12.1	1.19	82.4
Hydrofluoric	49.0	20.01	28.4	1.16	35.2
Nitric	70.4	63.01	15.8	1.41	63.5
Perchloric	70.5	100.46	11.7	1.67	85.3
Phosphoric	85.5	97.99	14.7	1.69	67.8
Sulfuric	96.0	98.08	18.0	1.84	55.5
Base					
Ammonia[a]	28.0	17.03	14.8	0.90	67.6
Sodium hydroxide	50.5	40.00	19.3	1.53	51.8
Potassium hydroxide	45.0	56.11	11.5	1.44	86.6

a. 28.0 wt% ammonia is the same as 56.6 wt% ammonium hydroxide.